Bundesanstalt für Geowissenschaften und Rohstoffe

Handbuch zur Erkundung des Untergrundes von Deponien und Altlasten

Band 8

Dieses Methodenhandbuch „Deponieuntergrund“ ist im Rahmen des vom Bundesministerium für Bildung und Forschung (BMBF) geförderten Forschungsverbundvorhabens „Methoden zur Erkundung und Beschreibung des Untergrundes von Deponien und Altlasten“ (Projektträger „Abfallwirtschaft und Altlastensanierung“ im Umweltbundesamt; Förderkennzeichen 1460605, 1460605A und 1460605B) entstanden.
Die Verantwortung für den Inhalt der jeweiligen Beiträge liegt bei den Autoren.

Springer-Verlag Berlin Heidelberg GmbH

Gerhard Lange • Klaus Knödel

Erkundungspraxis

Fallbeispiele Schöneiche-Mittenwalde, Eulenberg/Arnstadt und Rabenstein/Chemnitz

Mit Beiträgen von
Horst Aust, Stephan Bachmann, Manfred Birke, Olaf Böhme, Burckhard Burde, Uwe Casten, Imre Fejes, Johannes Flachowsky, Lieselotte Frohse, Michael Fuchs, Werner Hiltmann, Bernhard Hörig, Reinhard Jähnert, Thomas Kabelitz, Beate Keilert, Klaus Knödel, Paul Krull, Heinrich Krummel, Friedrich Kühn, Gerhard Lange, Harald Lindner, Werner Meyer, Ernst Niederleithinger, Karsta Parsiegla, Asaf Pekdeger, Uwe Rauch, Géza Rezessy, Bernd Röttger, Dietmar Schmidt, Jörg Schmidt, Volker Schulz-Rincke, Joachim Sebulke, Knut Seidel, Klaus-Peter Sengpiel, Bernhard Siemon, Christian Sommer von Jarmersted †, Dieter Steinbrecher, Günter Steiner, János Stickel, Lászlo Szabadváry, Uwe Tröger, Tomm Utecht †, László Verö, László Vértesy, Jürgen Wunderlich, Gerhard Zscherpe †

Mit 330 Abbildungen und 106 Tabellen

Springer

GERHARD LANGE
DR. KLAUS KNÖDEL

Bundesanstalt für Geowissenschaften
und Rohstoffe
Dienstbereich Berlin
Wilhelmstraße 25-30
D-13593 Berlin

ISBN 978-3-642-62848-1 ISBN 978-3-642-55790-3 (eBook)
DOI 10.1007/978-3-642-55790-3
Bibliografische Information der Deutschen Bibliothek

Die Deutsche Bibliothek verzeichnet diese Publikation in der Deutschen Nationalbibliografie; detaillierte bibliografische Daten sind im Internet über http://dnb.ddb.de abrufbar.

http://www.springer.de

Ursprünglich erschienen bei Springer-Verlag Berlin Heidelberg New York 2003
Softcover reprint of the hardcover 1st edition 2003

Einbandgestaltung: Erich Kirchner, Heidelberg
Satz: Reproduktionsfertige Vorlage vom Autor

Gedruckt auf säurefreiem Papier 30/3140/as – 5 4 3 2 1 0

Vorwort

Das Bundesministerium für Bildung und Forschung (BMBF) hat in den vergangenen Jahren über seinen Projektträger "Abfallwirtschaft und Altlastensanierung" im Umweltbundesamt das Verbundvorhaben "Methoden zur Erkundung und Beschreibung des Untergrundes von Deponien und Altlasten" (Kurztitel "Deponieuntergrund") gefördert. Als ein Produkt des Verbundvorhabens wird das „Handbuch zur Erkundung des Untergrundes von Deponien und Altlasten" vorgelegt. Der Herausgeber dankt dem BMBF für die Förderung des Vorhabens und des Handbuchs. Zu danken ist Herrn Dr. Heidborn und Mitarbeitern (BMBF) und dem Projektträger für die fachliche und administrative Betreuung des Verbundvorhabens und des Methodenhandbuchs. Die Ermutigungen, kritischen Fragen und zahlreichen Hinweise durch die Mitarbeiter des Projektträgers und der Fachreferate im Umweltbundesamt haben das Projekt wesentlich vorangebracht.

Neben der Entwicklung bzw. Weiterentwicklung der Methoden zur Erkundung und Beschreibung des Untergrundes von Deponien und Altlasten war die Forschung an Teststandorten ein weiterer Schwerpunkt im Verbundvorhaben „Deponieuntergrund". Durch die Anwendung ausgereifter und neuer Verfahren an ausgewählten Teststandorttypen konnten Verfahrenskombinationen für bestimmte Aufgabenstellungen getestet sowie Kriterien für die Auswahl der effektiven und kostengünstigsten Methoden der Standorterkundung abgeleitet werden. Darüber hinaus erbrachte die Teststandortforschung instruktive Beispiele für das Methodenhandbuch. Sie hat wesentlich zur Schließung von Forschungslücken beigetragen.

Angeregt durch eine Umfrage des Springer Verlages bei potentiellen Nutzern des Methodenhandbuchs hat die Bundesanstalt für Geowissenschaften und Rohstoffe (BGR) nach Beendigung des Verbundvorhabens "Deponieuntergrund" im Rahmen ihrer Querschnittsaufgaben „Beratung der Ministerien" und „Beratung der deutschen Wirtschaft" den Informationsinhalt der vielfältigen Untersuchungsergebnisse an den Teststandorten weiter ausgeschöpft und daraus ein Handbuch mit Fallbeispielen aus der Erkundungspraxis erarbeitet. Mit dem vorliegenden Band zur Erkundungspraxis für ausgewählte Standorttypen wird insbesondere für die Firmen eine noch zielgerichtetere Beratung der öffentlichen und privaten Auftraggeber durch überzeugende Fallbeispiele möglich sein.

Im Rahmen der Forschung an den Teststandorten war ein sehr vielfältiges Forschungsfeld zu bearbeiten. Eine umfassende Bearbeitung war mit dem vorgegebenen Finanzrahmen nicht möglich. Deshalb mußten Schwerpunkte gesetzt werden. Auswahlkriterien waren regionale Gesichtspunkte und die Übertragbarkeit der Ergebnisse auf möglichst viele andere „Fälle". Dafür wurden folgende typische Teststandorte ausgewählt:

Schöneiche, Brandenburg: Quartäre und tertiäre Lockergesteine, vielfältige Umweltbelastungen durch eine fast 100-jährige Nutzungsgeschichte als Abfallablagerungsplatz, Gewerbe-/Industriegebiet und Standort für intensive Landwirtschaft einschließlich Intensivtierhaltung. Das Untersuchungsgebiet zeigt eine sehr komplizierte Quartärstratigraphie und -tektonik. In "Stauchmoränen" ist mit einem vielfachen Wechsel rolliger und bindiger Partien zu rechnen. Es gibt weder einheitlich ausgebildete lithologisch/stratigraphische Horizonte noch aushaltende Aquifere und Grundwasserstauer. Festzustellen ist, daß sich die Lagerungsstörungen, wie sie u. a. im Untersuchungsgebiet beobachtet werden, nicht auf den Randbereich der Vereisung beschränken, sondern auch in den vermeintlich "ruhigen" Grundmoränen angetroffen werden. Das Gebiet Schöneiche - Mittenwalde ist ein Raum, der hinsichtlich der geologischen Situation und der vielfältigen Umweltbelastungen typisch für das Berliner Umland und weite Bereiche der neuen Bundesländer ist. Die methodischen Ergebnisse sind somit auf zahlreiche andere Standorte in Norddeutschland übertragbar.

Eulenberg, Thüringen: Verkarstete Karbonatgesteine der Muschelkalk-Formation und Ton-/Mergelsteine der Keuper-Formation mit anthropogenen Strukturen im Deponieuntergrund, Altablagerung mit Haus- und Industrieabfällen. Mit der Altablagerung Eulenberg bei Arnstadt in Thüringen wurde eine mögliche Altlast an einem Standort in mesozoischen Festgesteinen untersucht. Die Besonderheiten des Standortes Eulenberg liegen darin begründet, daß durch den mit der Errichtung eines unterirdischen Bauwerkes in den 40er Jahren verbundenen Steinbruchbetrieb die natürlichen geologischen Verhältnisse gestört wurden. Um die Auswirkungen der massiven Eingriffe in den Untergrund auf dessen Barrierewirkung abschätzen zu können, war die geologische Erkundung hier in besonders enger Weise mit der historischen Standortanalyse zu verknüpfen. Ohne die aus organistorischen Gründen erst zu einem relativ späten Zeitpunkt mögliche Einbeziehung von Geofernerkundung und Geophysik in den Erkundungsprozeß wäre es sicher nicht möglich gewesen, die Situation unter der Altablagerung durch eine lokal über 20 Meter mächtige Müllschicht zu erkunden. Beide Komponenten, anthropogene Veränderungen und natürliche geologische Gegebenheiten an der Deponiebasis, bestimmen maßgeblich das vom Standort auf das Umfeld ausgehende Gefährdungspotential. Das Untersuchungsgebiet zeigt ein kompliziertes Schollenmosaik, das durch die Störungsstaffeln der Eichenberg - Gotha - Saalfelder - Störungszone und verschiedenen dazu senkrecht verlaufenden Störungen gebildet wird. Die Gesteine des Untergrundes sind in erheblichem Umfang verkarstet. Es wurden mehrere Grundwasserhorizonte nachgewiesen, die ein kompliziertes hydraulisches System bilden. Vergleichbare Standortsituationen gibt es in weiten Bereichen Mittel- und Süddeutschlands.

Rabenstein, Sachsen: Kristalline Schiefer des Altpaläozoikums mit z. T. tiefgründiger Verwitterung, möglicher Standort für eine Deponieneuanlage.

Der Standort Rabenstein im Bereich des Autobahndreiecks Chemnitz-Nord westlich von Chemnitz wurde aus der vergleichenden Bewertung von insgesamt zehn Standortmöglichkeiten nach den Kriterien der Nutzwertanalyse für die Errichtung einer Deponie des Abfallwirtschaftsverbandes Chemnitz favorisiert. Mit methodischen Arbeiten im Rahmen des Forschungsverbundvorhabens „Deponieuntergrund" sollte gezeigt werden, welchen Beitrag die interdisziplinäre geowissenschaftliche Forschung zur Erkundung eines Standortes für eine Deponieneuanlage bei einem Untergrund aus metamorphen Gesteinen leisten kann. Es war nicht Ziel dieses Vorhabens, das Untersuchungsgebiet flächendeckend zu erkunden oder eine gutachterliche Bewertung der Eignung des Standortes für eine Deponieneuanlage vorzunehmen. Zur Erkundung der geologischen Barriere am Teststandort Rabenstein wurden stufenweise verschiedene Erkundungsmethoden eingesetzt. Einen ersten Überblick über die Standortsituation ergab eine geologische und tektonische Geländeaufnahme. Es folgte eine flächenhafte magnetische, geoelektrische und elektromagnetische Kartierung zur lithologischen und strukturellen Differenzierung des Untergrundes im Untersuchungsgebiet. Nach einem Bohrprogramm erfolgten u. a. Bohrkernaufnahmen, hydraulische Tests und geophysikalische Bohrlochmessungen zur Bewertung der hydraulischen Eigenschaften des Untergrundes. Das wichtigste Ergebnis für die Bewertung der geologischen Barriere am Standort Rabenstein war der Nachweis einer ca. 1 500 m langen, 400 m breiten und bis zu 70 m tiefen Rinnenstruktur, die mit Verwitterungsbildungen erfüllt ist, welche die Anforderungen an eine geologische Barriere erfüllen. Die methodischen Erkenntnisse des Fallbeispiels Rabenstein können auf vergleichbare Standorte in Mittel- und Süddeutschland übertragen werden.

Bei der Standortuntersuchung hat es sich bewährt, zuerst die Flächenaufnahmen mit geologischer Kartierung, Geofernerkundung, geophysikalischer Vermessung und oberflächengeochemischer Aufnahme durchzuführen und danach die punktweise Erkundung gezielt anzusetzen mit Schürfen, Sondierungen, Bohrungen (Auf- oder Ausbau des Netzes von Grundwassermeßstellen und nachgeordneten geophysikalischen und hydraulischen Bohrlochuntersuchungen, Bohrkernaufnahme und Laborversuche sowie geochemische Untersuchung von (teufenorientierten) Proben aus Grundwassermeßstellen). Zu allen diesen Erkundungsschritten gibt es methodische Beispiele in diesem Band „Erkundungspraxis", aus denen Hinweise zu Aufwand und Nutzen der durchgeführten Untersuchungen entnommen und auf andere Standorte übertragen werden können. Die Beratung durch erfahrene Fachleute sollte dadurch jedoch nicht ersetzt werden. Durchgängig wurde die Gliederung in eine komprimierte Beschreibung der Methodik und eine ausführliche Darstellung der Ergebnisse eingehalten. Aus Gründen der Lesbarkeit und Übersichtlichkeit wurde bei den Methodenkurzdarstellungen eine gewisse Redundanz in Kauf genommen und auf Querverweise zu anderen Kapiteln weitgehend verzichtet.

Der vorliegende Handbuchband ist ein Gemeinschaftswerk von Fachleuten in Firmen, Hochschulen, Forschungsinstituten und Behörden. Die Forschung an den Teststandorten, wo instruktive Beispiele für das Handbuch gewonnen sowie die Methoden nach Kosten und Nutzen bewertet wurden, ist nachhaltig von den zuständigen Geologischen Landesämtern, Kreisbehörden und Deponiebetreibern unterstützt worden. Herr Dr. Dieter Stoppel hat dankenswerterweise als Revisor bei Teilen des Fallbeispiels Rabenstein durch eine gründliche Durchsicht der Manuskripte und zahlreiche konstruktive Hinweise zu deren Verbesserung beigetragen. Frau Ingrid Boller hat unterstützt durch Frau Claudia Wießner mit Fleiß, Kreativität und Umsicht Text und Abbildungen in die vorliegende Form gebracht. Für ihre mühevolle Arbeit gebührt ihnen der herzliche Dank der Autoren und des Herausgebers.

Inhaltsverzeichnis

Fallbeispiel Schöneiche - Mittenwalde

1	**Aufgabe, Lösungsweg und Übertragbarkeit der Ergebnisse** *Klaus Knödel & Gerhard Lange*	1
2	**Geologisches Modell** *Karsta Parsiegla*	15
2.1	Lage, Morphologie und geologische Einordnung des Untersuchungsgebietes	15
2.2	Methodik	22
2.2.1	Umfang und Ablauf der Untersuchungsarbeiten	22
2.2.2	Benutzte Unterlagen	23
2.2.3	Anmerkungen zur Nutzung geophysikalischer Ergebnisse für die Erarbeitung geologischer Modellvorstellungen	26
2.2.4	Kartierung	30
2.3	Ergebnisse	31
2.3.1	Stratigraphisch - genetische Gliederung der quartären Schichtenfolge	31
2.3.2	Geologischer Aufbau des Deponieuntergrundes Schöneiche/Schöneicher Plan	40
2.3.3	Quartärgeologisches Modell von Schöneiche - Mittenwalde	43
3	**Geofernerkundung** *Friedrich Kühn, Bernhard Hörig mit einem Beitrag von Dietmar Schmidt*	63
3.1	Auswertung von Luftbildern und Scannerdaten	65
3.1.1	Untersuchung des Deponiekörpers	65
3.1.2	Untersuchung des Deponieuntergrundes	74
3.1.3	Untersuchung des Deponieumfeldes	80
3.1.3.1	Eigenschaften der Geländeoberfläche	80
3.1.3.2	Vitalitätskartierung an Einzelbäumen *Dietmar Schmidt*	89
3.2	Zusammenfassende Bewertung	93

4	**Geophysikalische Erkundung**	97
4.1	Aerogeophysik *Klaus-Peter Sengpiel, Bernd Röttger & Bernhard Siemon*	97
4.1.1	Methodik	98
4.1.2	Ergebnisse	102
4.2	Geoelektrik *Ernst Niederleithinger, Knut Seidel, Gerhard Lange & Klaus Knödel*	112
4.2.1	Gleichstromgeoelektrik und Induzierte Polarisation	112
4.2.1.1	Methodik	112
4.2.1.2	Ergebnisse	118
4.2.2	Kombinierter Einsatz von geoelektrischer Tiefensektion und tiefenorientierter Wasserprobennahme	142
4.2.3	Sondierungskartierung auf einem Testprofil bei Gallun	149
4.3	Geoelektrische Messung der Grundwasserbewegung *Joachim Sebulke*	152
4.4	Seismik *Tom Utecht †, Volker Schulz-Rincke, Heinrich Krummel, Gerhard Lange & Klaus Knödel*	155
4.4.1	Seismische Untersuchungen im Bereich der Deponie Schöneicher Plan	157
4.4.1.1	Methodik	158
4.4.1.2	Ergebnisse	162
4.4.2	Reprozessing von Meßergebnissen aus der seismischen Prospektion auf Erdöl und Erdgas	166
4.4.2.1	Methodik	166
4.4.4.2	Ergebnisse	174
4.5	Geophysikalische Penetrationssondierungen *Imre Fejes, Làszlò Szabadváry, Làszlò Verö & Jànos Stickel*	175
4.5.1	Methodik	175
4.5.2	Ergebnisse	178
4.6	Bohrlochmessungen *Gerhard Zscherpe †, Dieter Steinbrecher & Burckhard Burde*	193
4.7	Milieusondenmessungen *Klaus Knödel & Gerhard Lange*	199

5 Geochemische Untersuchungen 209
Manfred Birke, Uwe Rauch & Beate Keilert

5.1 Standortsituation und Untersuchungsstrategie 210
5.2 Untersuchungsmethodik und Datenerhebung 220
5.2.1 Probenahme 220
5.2.2 Geochemische Multielementanalytik 223
5.2.3 EDV-Bearbeitung geochemischer Daten 231
5.2.3.1 Dateiaufbau 231
5.2.3.2 Mathematisch-statistische Bearbeitung 232
5.2.3.3 Rechnergestützte Herstellung flächendeckender geochemischer Karten 236
5.3 Ergebnisse 239
5.3.1 Bachsediment- und Hydrogeochemie 239
5.3.1.1 Hydrogeochemie der Oberflächenwässer 240
5.3.1.2 Bachsedimentgeochemie 245
5.3.2 Bodengeochemie 252
5.3.2.1 Hauptkomponenten, pH-Wert, elektrische Leitfähigkeit und organischer Kohlenstoff 254
5.3.2.2 Anorganische Spurenelemente und Spurenmetalle 269
5.3.2.3 Organische Schadstoffe 300
5.3.3 Komplexe Multielementanalyse der geochemischen Bodendaten 319
5.3.3.1 Faktoranalyse 319
5.3.3.2 Clusteranalyse (Q-Modus) 335
5.3.4 Umweltgeochemische Bewertung 369
5.3.4.1 Vergleich der umweltgeochemischen Ergebnisse mit Gefahren- und Richtwerten 371
5.3.4.2 Geochemischer Belastungsgrad des Oberbodens 389
5.3.4.3 Untersuchungen zur Schwermetallbindung und -mobilisierung im Oberboden 410
5.3.4.4 Geochemische Abgrenzung von technogen belasteten Gebieten 413
5.4 Zusammenfassung 416

6 **Bodenkundliche Arbeiten und Bestimmung der Grundwasserneubildung** 429
Lieselotte Frohse & Reinhard Jähnert

6.1 Ziele und Ablauf der Arbeiten 429
6.2 Übersicht über das Untersuchungsgebiet 430
6.3 Methodische Ansätze zur Realisierung der bodenkundlichen Untersuchungen 441
6.4 Ergebnisse 474

7 **Hydrogeologische Untersuchungen und hydraulische Modellierung** 509
Thomas Kabelitz, Christian Sommer von Jarmersted † & Asaf Pekdeger

7.1 Methodik 510
7.1.1 Datenbasis für die Grundwassermodellierung 513
7.1.2 Modellaufbau 522
7.1.3 Modelleichung und Modellierung des Ist-Zustandes 527
7.2 Ergebnisse 528

Fallbeispiel Eulenberg/Arnstadt 533

8. **Aufgabe, Lösungsweg und Übertragbarkeit der Ergebnisse** 535
Gerhard Lange & Klaus Knödel

9 **Geologie** 547
Jörg Schmidt mit Beiträgen von Jürgen Wunderlich & Olaf Böhme

9.1 Lage, morphologische Verhältnisse und geologischer Rahmen des Standortes 547
9.2 Umfang und Ablauf der Untersuchungen 551
9.3 Verwendete Unterlagen 551
9.4 Geologisches Vormodell 558
Jürgen Wunderlich
9.5 Geländearbeiten 560
9.5.1 Kartierung 560
9.5.2 Schurfaufnahme 561
9.5.3 Bohrungen 562
9.5.4 Bohrkernaufnahme 565
9.6 Auswertung der Altbohrungen 568
9.7 Ergebnisse 574
9.7.1 Stratigraphische Einheiten im Arbeitsgebiet 574
9.7.2 Normalprofil 581
9.7.3 Tektonik 581
9.7.4 Hydrogeologische Verhältnisse 587
Olaf Böhme
9.7.5 Morphologie und Dimensionen des Abfallkörpers 592

10 **Geofernerkundung** 597
Friedrich Kühn, Paul Krull & Jörg Schmidt

10.1 Ergebnisse 599
10.1.1 Auswertung der Satellitenbilder 599
10.1.2 Luftbildauswertung 600

11	**Geophysikalische Erkundung** *Uwe Casten, Klaus Knödel, Heinrich Krummel, Gerhard Lange, Harald Lindner, Werner Meyer, Géza Rezessy, Knut Seidel, János Stickel & Lászlo Vértesy*	613
11.1	Magnetik *Klaus Knödel & Gerhard Lange*	613
11.1.1	Methodik	613
11.1.2	Ergebnisse	615
11.2	Gravimetrie *Harald Lindner & Uwe Casten*	618
11.2.1	Methodik	618
11.2.2	Ergebnisse	620
11.3	Gleichstromgeoelektrik *Gerhard Lange*	625
11.3.1	Methodik	625
11.3.2	Ergebnisse	628
11.4	Elektromagnetik *Knut Seidel, Gerhard Lange, Géza Rezessy & Lászlo Vértesy*	635
11.4.1	Methodik	635
11.4.2	Ergebnisse	638
11.5	Seismik *Heinrich Krummel & Werner Meyer*	648
11.5.1	Refraktionsseismik	652
11.5.1.1	Anlage und Durchführung der Feldmessungen	656
11.5.1.2	Auswertung und Interpretation	658
11.5.1.3	Methodenvergleich refraktionsseismischer Interpretationsverfahren	663
11.5.1.4	Schlußfolgerungen	670
11.5.2	Refraktionstomographie	673
11.5.2.1	Anlage und Durchführung der Feldmessungen	674
11.5.2.2	Auswertung und Interpretation	674
11.5.2.3	Schlußfolgerungen	682
11.5.3	2-D-Reflexionsseismik	684
11.5.3.1	Anlage und Durchführung der Feldmessungen	684
11.5.3.2	Auswertung und Interpretation	688
11.5.4	Vergleichende Bewertung seismischer Verfahren zur Erkundung von Deponien und Altlasten	704
11.6	Geophysikalische Penetrationssondierungen *János Stickel, Gerhard Lange & Klaus Knödel*	714
11.6.1	Methodik	714
11.6.2	Ergebnisse	717
11.7	Literatur	725

12 Milieusondenmessungen und hydrogeochemische Untersuchungen 731
Olaf Böhme, Klaus Knödel & Gerhard Lange

12.1 Methodik 732
12.2 Ergebnisse 736
12.2.1 Milieusondenmessungen 736
12.2.2 Analysenergebnisse der tiefenorientiert entnommenen Proben 744
12.2.3 Die Beschaffenheit der Wässer im Wasserwerk Schönbrunn 749

Fallbeispiel Rabenstein/Chemnitz 751

13 Aufgabe, Lösungsweg und Übertragbarkeit der Ergebnisse 753
Klaus Knödel & Gerhard Lange

14 Geologie 769
Horst Aust & Gerhard Lange

14.1 Lage und geologischer Rahmen des Standortes 769
14.2 Ältere geologische und geophysikalische Arbeiten 775

15 Luftbildinterpretation und geomorphologische Störungsanalyse 781
Stephan Bachmann

15.1 Methodik 781
15.2 Ergebnisse 782

16 Strukturtektonische Aufnahme 787
Stephan Bachmann

17 Geophysik 795
Gerhard Lange & Günter Steiner

17.1 Magnetik 795
17.2 Gleichstromgeoelektrik und Elektromagnetik 805

18 Bohrungen 817

18.1 Bohrungen der SDAG WISMUT 818
18.2 Flachbohrungen des BGR-Bohrteams 820
18.3 Kernbohrungen des Verbundvorhabens 824

19 Hydraulische Testverfahren 841
Uwe Tröger

19.1 Hydraulische Tests in den Bohrungen R1 und R2 844
19.2 Untersuchungen im hydrogeologischen Testfeld 851
19.2.1 Pumpversuche 852
19.2.2 Slug- und Bail-Tests 854
19.2.3 Versuche in Testintervallen der Zentralbohrung R5 857
19.3 Untersuchung einer Schadstoffausbreitung 872

19.3.1 Interferenztests 873
19.3.2 Slug- und Bail-Tests 879
19.3.3 Tracertests 880
19.3.4 Bewertung der Interferenz- und Tracer-Tests 885

20 Bohrlochmessungen 889

20.1 Messungen in den Bohrungen Rabenstein R1 bis R4 890
20.2 Messungen in der Bohrung Rabenstein R5 900

21 Ermittlung der Grundwasserneubildungsrate aus bodenkundlichen Daten 911
Michael Fuchs

21.1 Methodik 911
21.2 Bearbeitungsschritte und Ergebnisse 915

22 Untersuchung der geogenen Grundbelastung mit mobiler Vor-Ort-Analytik 925
Werner Hiltmann & Johannes Flachowsky

22.1 Methodik 926
22.2 Ergebnisse 926

23 Literatur zum Teststandort Rabenstein 932

Sachverzeichnis 939

Autorenverzeichnis

Dr. Horst Aust
Bundesanstalt für
Geowissenschaften und Rohstoffe
Stilleweg 2
D-30655 Hannover

Stephan Bachmann
ARCADIS
Trischler & Partner Consult GmbH
Glück-Auf-Straße 1
D-09599 Freiberg/Sachsen

Dr. Manfred Birke
Bundesanstalt für
Geowissenschaften und Rohstoffe
Dienstbereich Berlin
Wilhelmstraße 25-30
D-13593 Berlin

Olaf Böhme
Geologische Forschung und
Erkundung (GFE)
Köthener Straße 34
D-06118 Halle

Burckhard Burde
Bohrlochmessung – Storkow GmbH
Straße der Jugend 32
D-15859 Storkow

Dr. Uwe Casten
Ruhr-Universität Bochum
Institut für Geophysik
Universitätsstraße 150
D-44780 Bochum

Imre Fejes
Eötvös Lorand Geophysical Institute
of Hungary
Kolumbusz u. 17-23
H-1440 Budapest
Hungary

Dr. Johannes Flachowsky
UFZ – Umweltforschungszentrum
Leipzig-Halle GmbH
Sektion Analytik
Perrmoserstraße 15
D-04318 Leipzig

Lieselotte Frohse
Bundesanstalt für
Geowissenschaften und Rohstoffe
Dienstbereich Berlin
Wilhelmstraße 25-30
D-13593 Berlin
Jetzt: Vesaliusstraße
D-13187 Berlin

Michael Fuchs
Bundesanstalt für
Geowissenschaften und Rohstoffe
Dienstbereich Berlin
Wilhelmstraße 25-30
D-13593 Berlin

Dr. Werner Hiltmann
Bundesanstalt für
Geowissenschaften und Rohstoffe
Stilleweg 2
D-30655 Hannover

Bernhard Hörig
Bundesanstalt für
Geowissenschaften und Rohstoffe
Dienstbereich Berlin
Wilhelmstraße 25-30
D-13593 Berlin

Reinhard Jähnert
Bundesanstalt für
Geowissenschaften und Rohstoffe
Dienstbereich Berlin
Wilhelmstraße 25-30
D-13593 Berlin
Jetzt: BMWi Bundesministerium für
Wirtschaft und Technologie
Scharnhorststraße 34-37
D-11019 Berlin

Thomas Kabelitz
Johanniterstraße 24
D-10961 Berlin

Beate Keilert
Bundesanstalt für
Geowissenschaften und Rohstoffe
Dienstbereich Berlin
Wilhelmstraße 25-30
D-13593 Berlin

Dr. Klaus Knödel
Bundesanstalt für
Geowissenschaften und Rohstoffe
Dienstbereich Berlin
Wilhelmstraße 25-30
D-13593 Berlin

Dr. Paul Krull
Bundesanstalt für
Geowissenschaften und Rohstoffe
Dienstbereich Berlin
Wilhelmstraße 25-30
D-13593 Berlin

Dr. Heinrich Krummel
geoFact
Reichsstraße 19 b
D-53125 Bonn

Dr. Friedrich Kühn
Bundesanstalt für
Geowissenschaften und Rohstoffe
Dienstbereich Berlin
Wilhelmstraße 25-30
D-13593 Berlin

Gerhard Lange
Bundesanstalt für
Geowissenschaften und Rohstoffe
Dienstbereich Berlin
Wilhelmstraße 25-30
D-13593 Berlin

Prof. Dr. Harald Lindner
TU Bergakademie Freiberg
Institut für Geophysik
Gustav-Zeuner-Straße 12
D-09596 Freiberg

Werner Meyer
Geophysik GGD
Bautzner Straße 67
D-04347 Leipzig

Ernst Niederleithinger
Büro für Geophysik
B. Lorenz
Kochstraße 60/61
D-10969 Berlin
Jetzt: Bundesanstalt für Material-
forschung und-prüfung (BAM)
Unter den Eichen 87
D-12205 Berlin

Karsta Parsiegla
Landesamt für Geowissenschaften
und Rohstoffe Brandenburg
Stahnsdorfer Damm 77
14532 Kleinmachnow
Jetzt: Breitscheidstraße 1
D-14513 Teltow

Prof. Dr. Asaf Pekdeger
Freie Universität Berlin
Institut für Geologische
Wissenschaften
Malteserstraße 74-100, Haus B
D-12249 Berlin

Uwe Rauch
Bundesanstalt für
Geowissenschaften und Rohstoffe
Dienstbereich Berlin
Wilhelmstraße 25-30
D-13593 Berlin

Géza Rezessy
Hungarian Geological Survey
Stefánia ut. 14
H-1143 Budapest
Hungary

Bernd Röttger
Bundesanstalt für
Geowissenschaften und Rohstoffe
Stilleweg 2
D-30655 Hannover

Dietmar Schmidt
uve GmbH
Kantstraße 33
D-10625 Berlin
Jetzt: Hansa Luftbild
in Bundesanstalt für
Geowissenschaften und Rohstoffe
Dienstbereich Berlin
Wilhelmstraße 25-30
D-13593 Berlin

Dr. Klaus-Peter Sengpiel
Bundesanstalt für
Geowissenschaften und Rohstoffe
Stilleweg 2
D-30655 Hannover

Jörg Schmidt
Jena GEOS Ingenieurbüro GmbH
Saalbahnhofstraße 25c
D-07743 Jena

Dr. Bernhard Siemon
Institut für Geowissenschaftliche
Gemeinschaftsaufgaben (GGA)
Stilleweg 2
D-30655 Hannover

Volker Schulz-Rincke
THOR Geophysikalische Prospektion
GmbH
Im Saal 5
D-24145 Kiel
Jetzt: Wehrbergallee 11
D-24211 Schellhorn

Christian Sommer von Jarmersted †
Freie Universität Berlin
Institut für Geologie, Geophysik und
Geoinformatik Fachrichtung Rohstoff-
u. Umweltgeologie
Malteserstraße 74-100, Haus B
D-12249 Berlin

Dr. Joachim Sebulke
Umweltanalytik und
Geophysik GmbH
Dollartstraße 5 G
D-14167 Berlin

Dr. Dieter Steinbrecher
BLM Gesellschaft f. bohrloch-
geophysikalische und geoökologische
Messungen mbH
Niederlassung Leipzig
Bautzner Straße 67
D-04347 Leipzig

Knut Seidel
Geophysik GGD
Gesellschaft für
Geowissenschaftliche Dienste
Bautzner Straße 67
D-04347 Leipzig

Günter Steiner
Geophysik GGD
Bautzner Straße 67
D-04347 Leipzig

János Stickel
Eötvös Lorand Geophysical Institute of Hungary
Kolumbusz u. 17-23
H-1445 Budapest
Hungary

Dr. László Szabadváry
Eötvös Lorand Geophysical Institute of Hungary
Kolumbusz u. 17-23
H-1445 Budapest
Hungary

Prof. Dr. Uwe Tröger
Fachgebiet Hydrogeologie
Institut für Geologie und Paläontologie
Technische Universität Berlin
Helmholtzstraße 2-9
D-10587 Berlin

Tomm Utecht †
THOR Geophysikalische Prospektion GmbH
Im Saal 5
D-24145 Kiel

László Verö
Eötvös Lorand Geophysical Institute of Hungary
Kolumbusz u. 17-23
H-1445 Budapest
Hungary

László Vértesy
Eötvös Lorand Geophysical Institute of Hungary
Kolumbusz u. 17-23
H-1445 Budapest
Hungary

Dr. Jürgen Wunderlich
Thüringer Landesamt für Geologie
Carl-August-Allee 8-10
D-99423 Weimar

Prof. Dr. Gerhard Zscherpe †
BLM Gesellschaft für bohrlochgeophysikalische und geoökologische Messungen mbH
Niederlassung Leipzig
Bautzner Straße 67
D-04347 Leipzig

1 Aufgabe, Lösungsweg und Übertragbarkeit der Ergebnisse

KLAUS KNÖDEL & GERHARD LANGE

Das Gebiet Schöneiche - Mittenwalde südöstlich von Berlin ist ein Lockergesteinsstandort mit einer komplizierten geologischen Situation (Glazialtektonik) und vielfältigen Umweltbelastungen durch eine fast 100-jährige Nutzungsgeschichte als Abfallablagerungsplatz, Gewerbe-/Industriegebiet und Standort für intensive Landwirtschaft einschließlich Intensivtierhaltung. Mit einem methodischen Projekt im Rahmen des Forschungsverbundvorhabens „Methoden zur Erkundung und Beschreibung des Untergrundes von Deponien und Altlasten (Kurztitel Deponieuntergrund)“ sollte gezeigt werden, welchen Beitrag die interdisziplinäre geowissenschaftliche Forschung zur Erkundung eines Lockergesteinsstandortes mit Umweltbelastungen und damit zur Lösung von Umweltproblemen leisten kann.

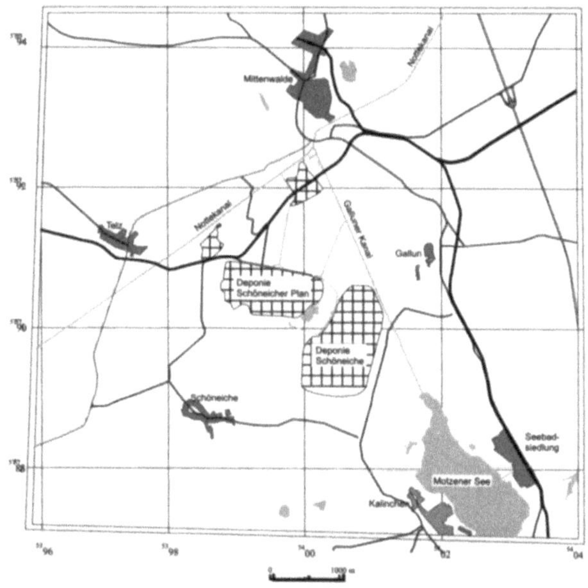

Abb. 1.1: Untersuchungsgebiet Schöneiche – Mittenwalde

Es war nicht Ziel dieses Vorhabens, das Untersuchungsgebiet flächendeckend zu erkunden oder eine gutachterliche Bewertung der Umweltsituation im Untersuchungsgebiet vorzunehmen. Im Vordergrund der Arbeiten stand immer der methodische Aspekt. Vollständigkeit konnte auch hinsichtlich der Methodik mit den verfügbaren Mitteln nicht erreicht werden. Dennoch gibt es in diesem Untersuchungsgebiet mehr methodische Versuche, Daten und Ergebnisse als für viele vergleichbare Standorte. Diese Erfahrungen und Ergebnisse werden in dem vorliegenden Ergänzungsband des „Handbuches zur Erkundung des Untergrundes von Deponien und Altlasten“ dargestellt, um Handlungsempfehlungen für die Arbeiten an vergleichbaren Standorten zu liefern. Die methodischen Beispiele geben Anhaltspunkte zur Leistungsfähigkeit und zu den Grenzen der eingesetzten Verfahren unter den Standortbedingungen der vielfältigen Umweltbelastungen und der komplizierten Quartärgeologie. Sie ersetzen nicht die Beratung durch erfahrene Geowissenschaftler.

Für die Erkundung gibt es eine von der Standortsituation und den Ergebnissen abhängige optimale Abfolge von Methoden. Hinweise dazu enthält der Band Handlungsempfehlungen des Handbuches. Diese Reihenfolge konnte bei den Untersuchungen im Gebiet Schöneiche - Mittenwalde nicht eingehalten werden, da diese Erkundungsmethodik im Rahmen der Teststandortforschung des Verbundvorhabens entwickelt und erprobt werden sollte. So wurden viele Untersuchungen parallel durchgeführt und erst später hinsichtlich ihrer Ergebnisse untereinander verglichen. Die daraus abzuleitende Erkundungsmethodik wird am Ende dieses Kapitels erläutert.

Standortsituation

Das Untersuchungsgebiet, in dessen Zentrum die im Betrieb befindlichen Großdeponien

- Schöneiche, Hausabfall, Betreiber Märkische Entsorgungsanlagen-Betriebsgesellschaft mbH (MEAB) und
- Schöneicher Plan, Mischdeponie, Betreiber Berliner Stadtreinigung (BSR)

liegen, zeigt *Abb. 1.1*. Neben den Großdeponien sind als weitere mögliche Quellen für Umweltbelastungen in Betracht zu ziehen

- Flächen, wo vor 1930 Müll untergepflügt wurde,
- weitere Ablagerungsplätze für Industrie- und Hausabfälle sowie für Bauschutt und Bodenaushub,
- Klärschlammbehandlungsanlagen (Klärwerk),
- Lagerung von Mineralölprodukten (Tanklager), Tankstellen,
- Ziegeleien,

- Gummi- und Kunststoffproduktion, Gummiverarbeitung, Vulkanisierbetriebe,
- Waschmittelindustrie (einschl. Herstellung von Körperpflegemitteln),
- Holzbe- und -verarbeitung,
- Galvanik,
- Leichtmetallbau,
- FE- und NE-Metallverarbeitung, Maschinenbau,
- Tierhaltung, Intensivtierhaltung,
- Fäkalienverkippungs- und Gülleverregnungsflächen, Güllekompostierung und -trocknung,
- Lackierbetriebe,
- Chemikalienlager und -handel, Agrochemisches Zentrum, Düngemittellager,
- Tierkörperbeseitigungsanlagen,
- Werkstätten, Betriebsbahnhöfe, Schienenverkehr, Gleisanlagen,
- Militärstandorte und Truppenübungsplätze.

Das Untersuchungsgebiet liegt in einer weiten weichselglazialen Talung, welche auf der Linie Königs-Wusterhausen-Mittenwalde-Zossen-Sperenberg eine Querverbindung zwischen dem Berliner und Baruther Urstromtal durch die Grundmoränenplatte der Teltow-Hochfläche herstellt. Erosionsreste dieser Grundmoränenplatte bilden zusammen mit gestauchten älteren Quartärsedimenten die Erhebungen dieses Gebietes. Die Lagerungsverhältnisse des quartären Stockwerks sind kompliziert. Grundwasserleiter und -stauer sind lückenhaft verbreitet und durch Erosions- und Stauchungsprozesse ineinander geschachtelt. Dadurch existieren hydraulische Fenster, durch welche die Grundwasserleiter miteinander kommunizieren. Es sind nach lithologisch-stratigraphischen Kriterien mehrere Grundwasserleiter und -stauer zu unterschieden. Die tertiären Sedimente - schluffige Feinsande, schluffarme Grob- und Mittelsande, kohlige Schluffe und Braunkohlen - besitzen in der Regel ungestörte Lagerungsverhältnisse. Entsprechend ihrer Lage in der südlichen Randsenke des Salzstockes Mittenwalde streichen die Schichten WNW - ESE und fallen, bezogen auf den 2. miozänen Flözhorizont mit 1 - 5° nach NE ein. Die Einzelheiten zur geologischen Situation im Untersuchungsgebiet sind im Kap. 2 dargestellt.

Erkundungsmethoden, Erkundungsziele und durchgeführte Arbeiten

Nachfolgend werden die Erkundungsmethoden, die Erkundungsziele und die durchgeführten Arbeiten aufgelistet:

Geologie

Aufgabe war es, auf der Grundlage vorliegender Archivunterlagen, der Revisionskartierung des Blattes Königs Wusterhausen 1:50 000 (1993), der Nutzung geophysikalischer Ergebnisberichte, der Auswertung von Sondierungen der Bodenkunde und der Aufnahme und Interpretation von neuen Bohrungen, ein geologisches Modell zu erstellen, welches Auskunft gibt über den lithologischen, faziellen und stratigraphischen Aufbau des geologischen Untergrundes und gleichzeitig die Grundlage darstellt für die Erarbeitung eines hydraulischen Modellkonzeptes.

Die Untersuchungen zur Geologie beinhalteten:

Geologische Spezialkartierung im Maßstab 1:10 000,

- Bewertung und gegebenenfalls Neuinterpretation der zur Verfügung stehenden Schichtenaufnahmen und anderer relevanter Unterlagen (u. a. Erkundungsberichte, Kartenmanuskripte),
- Dokumentation der im Rahmen des Projektes durchgeführten Bohr- und anderen Aufschlüsse,
- genetische und stratigraphische Interpretation der erbohrten Schichtenfolgen sowie
- Erarbeitung geologischer Profilschnitte und die Darstellung des geologischen Aufbaus des Untersuchungsgebietes (geologisches Modell).

Geofernerkundung

Die Untersuchungsziele für die Geofernerkundung waren:

- Erkundung der Besonderheiten der Abfallaufhaldung,
- des Zustands der Geländeoberfläche bzw. der obersten Bodenschichten unter dem heutigen Deponiekörper,
- des Zustands der Geländeoberfläche im Umfeld des Deponiekörpers,
- der Gefährdungspotentiale für den Boden und das Grundwasser ausserhalb des Deponiekörpers sowie der
- möglichen Migrationswege von Sickerwässern aus der Deponie.

Folgende Arbeiten wurden durchgeführt:

- Multitemporale Auswertung von Luft- und Satellitenbildern zur photogeologischen Ansprache des Deponie-Untergrundes, zur Beschreibung des Regimes der Müllaufhaldung,
- Auswertung aktueller Farbinfrarot-Luftbilder zur Abschätzung des Umfanges möglicher Belastungen im Umfeld der Deponien,
- Spektroradiometer-Untersuchungen an geländetypischen Pflanzen zur Erfassung und Bewertung von Stresserscheinungen, die auf mögliche Schadstoffausbreitungen zurückzuführen sind sowie
- Test nichtphotographischer Fernerkundungssysteme (z. B. Wärmebildtechnik) und Auswertung von Scannerdaten.

Geophysik

Mit geophysikalischen Messungen wurden Beiträge zur Strukturerkundung, zum Grundwasserströmungsmodell und zur Erkundung der Schadstoffbelastung gewonnen.

Aerogeophysik: Die Ziele der aerogeophysikalischen Messungen waren, Altlasten und Deponien geophysikalisch zu erfassen sowie Beiträge zur geologisch / hydrogeologischen Erkundung des Deponieuntergrundes im Untersuchungsgebiet zu liefern. Mit insgesamt 4 Meßflügen und einem Kontrollflug wurden 59 Profile auf einer Fläche von 27 km^2 mit insgesamt ca. 396 Profilkilometern geflogen. Die Flugrichtung war N-S, die 52 Fluglinien sind maximal 7,9 km lang. Bei einem Fluglinienabstand von nominal 80 m ergibt sich eine Überdeckung von ca. 4 km in EW-Richtung. In dieser Richtung wurden auch die 7 Kontrollprofillinien geflogen. Die mittlere Meßflughöhe des Hubschraubers lag bei ca. 75 m. Zum Einsatz kamen die drei Methoden Elektromagnetik, Magnetik und Radiometrie (Gammastrahlen-Spektrometrie). In der Elektromagnetik und Magnetik wurde viermal pro Sekunde gemessen; dies entspricht einem Meßpunktabstand von ca. 10 m. In der Radiometrie wurden die Zählraten einmal pro Sekunde aufgezeichnet, entsprechend einem Meßpunktabstand von ca. 40 m.

Gleichstromgeoelektrik und Induzierte Polarisation: Das Meßgebiet umfaßt das Umfeld der Deponien Schöneiche und Schöneicher Plan auf einer Fläche von ca. 3,5 x 4 km. Hauptziel der Arbeiten war die Erkundung des Untergrundes bis in ca. 100 m Tiefe im Hinblick auf die Tiefenlage und Verbreitung bindiger Schichten, die das Grundwasser vor dem Eindringen von Deponiesickerwasser schützen könnten. Solche abdichtenden, bindigen Schichten (z. B. Ton, Schluff, Mergel) unterscheiden sich von durchlässigen, rolligen Horizonten (Sand) meist durch einen niedrigeren spezifischen elektrischen Widerstand. Eingesetzt wurden geoelektrische Sondierungen nach Schlumberger mit maximalen Auslagen von 240 bis 1 000 m und acht Punkte je AB/2-Dekade. In einigen Fällen wurden statt der klassischen Schlumberger-Sondierungen Spezialmessungen durchgeführt. Außer dem spezifischen elektrischen Widerstand wurde auch die IP-Aufladefähigkeit (im Zeitbereich) gemessen, da man sich hiervon eine bessere Unterscheidungsmöglichkeit zwischen bindigen und nicht bindigen Sedimenten sowie zwischen kontaminierten und nicht kontaminierten Bereichen versprach. Es stellte sich jedoch während der Messungen heraus, daß die IP-Effekte im Meßgebiet überwiegend sehr gering sind. Bei größeren Auslagen wurden die Werte von anthropogenen Störungen überlagert. Daher wurde darauf verzichtet, die Aufladefähigkeit bei Auslagen über 130 m zu messen. Außerdem wurde der kombinierte Einsatz von geoelektrischer Tiefensektion und tiefenorientierter Wasserprobennahme getestet.

Geoelektrische Messung der Grundwasserbewegung: Voraussetzung für eine zuverlässige Beurteilung des Verunreinigungsrisikos von Grundwasser durch Schadstoffausbreitung ist die Kenntnis von Richtung und Geschwindigkeit der Grundwasserbewegung. Die Grundwasserfließrichtung wird oft aus Grundwassergleichenkarten abgeleitet. Die damit erhaltenen Angaben sind aber nur für relativ homogene Untergrundverhältnisse und eine entsprechende Dichte der Grundwassermeßstellen hinreichend sicher. Bei komplizierteren Untergrundverhältnissen versucht man, die Grundwasserbewegung durch Markierungsstoffe (Tracer), die über Bohrungen, Pegel, Brunnen etc. zugeführt werden, zu ermitteln. Ein geoelektrisches Verfahren zur Bestimmung der Grundwasserbewegung in Lockergesteinsaquiferen basiert auf dem Prinzip der Gleichstromgeoelektrik. Im Untersuchungsgebiet wurden geoelektrische Grundwasserbewegungsmessungen an 7 Meßstellen durchgeführt.

Seismik: Grundlage der seismischen Messungen ist die gezielte Anregung elastischer Wellen zur Durchschallung des Untergrundes. Die Aufzeichnung der aus dem Untergrund an die Erdoberfläche zurückkehrenden seismischen Wellen läßt Rückschlüsse auf den strukturellen und lithologischen Aufbau der Gesteinsschichten im Untergrund zu. Im Bereich der Deponie Schöneicher Plan wurden seismische Messungen mit hoher Überdeckung auf 2 Profilen mit einer Gesamtlänge von ca. 3 600 m durchgeführt. Die Arbeiten wurden als refraktionsseismische Messungen mit hoher Überdeckung ausgeführt, so daß auch eine refraktionstomographische Auswertung und eine reflexionsseismische Bearbeitung des Datenmaterials vorgenommen werden konnte. Außerdem wurde ein Reprozessing von 7 Profilen der seismischen Prospektion auf Erdöl und Erdgas aus den Jahren 1973/74 durchgeführt. Die Bearbeitungslänge betrug 1 s Zwei-Wege-Laufzeit. Für den Bereich bis zur Tertiärbasis erfolgte eine Interpretation und eine Zeit-Tiefen-Transformation.

Geophysikalische Penetrationssondierungen: Die geophysikalische Penetrationssondierung ist eine Methode zur Erkundung der oberflächennahen Lockersedimente. Dabei wird das Aufschlußverfahren der Penetrationssondierung (Drucksondierung) mit ausgewählten Methoden der geophysikalischen Bohrlochmessungen und einer Probenahmetechnik kombiniert. Die Penetrationssondierungen wurden im Untersuchungsgebiet neben anderen geophysikalischen Verfahren und Bohrungen zur Stukturerkundung eingesetzt. Außerdem wurden in bestimmten Tiefen Wasser- und Bodenproben entnommen. Sondiert wurde an 74 Meßpunkten auf ausgewählten Profilen. Die Gesamtlänge der Sondierungen beträgt 1 337 m und die maximale Sondierungstiefe 10 - 30 m.

Bohrlochmessungen: Im Rahmen geologischer Aufschlußarbeiten für eine tiefe Grundwassermeßstelle nahe der Deponie Schöneiche/Schöneicher Plan wurde eine Bohrung als Test- und Kalibrierbohrung ausgebaut und eine repräsentative bohrlochgeophysikalische Vermessung durchgeführt. Die Bohrung steht als ausgebaute Grundwassermeßstelle mit 99 m Teufe allen Interessenten für Test- und Kalibrierungsmessungen offen. Der kombinierte Einsatz einer Anzahl handelsüblicher Ringraumabdichtungsmaterialien und einer Reihe unterschiedlicher Rohrverbindertypen ermöglicht die Leistungsfähigkeit der Verfahren der Bohrlochgeophysik zu testen.

Milieusondenmessungen: Zur Bewertung der Umweltbelastungen eines Gebietes gehört die Erkundung der Beschaffenheit der Grund- und Oberflächenwässer sowie die Prognose von deren Entwicklung. Der Zustand der Wässer ist abhängig von der Struktur und vom Stoffbestand des Untergrundes (Böden und Gesteine), von der Menge und dem Chemismus der Niederschläge sowie von anthropogenen Veränderungen (z. B. Ablagerung von Abfällen). In Grund- und Oberflächenwässern laufen physikalische, chemische und biologische Prozesse ab. Somit ändert sich die Beschaffenheit der Wässer in Raum und Zeit. Eine Methode zur Erkundung der Beschaffenheit von Grund- und Oberflächenwässern ist die Messung der Milieuparameter elektrische Leitfähigkeit, Temperatur, pH-Wert und Redoxpotential. Die Milieuparameter wurden mit einer kombinierten Sonde in-situ in 10 ausgewählten Grundwassermeßstellen im Oktober und Dezember 1994 sowie im Februar, April und Juni 1995 gemessen.

Historische Nutzungsanalyse

Für die Untersuchung der vielfältigen Umweltbelastungen im Untersuchungsgebiet und insbesondere für die Zuordnung der möglichen Kontaminationen zu Verursachern ist die historische Nutzungsanalyse von großer Bedeutung. Eine Quelle dafür ist die Auswertung von Luftbildern (Kap. 3). Weitere Quellen sind Archivunterlagen und die Befragung von Zeitzeugen. Die Ergebnisse der Untersuchungen sind in den Kapiteln 5 und 6 dargestellt.

Bodenkunde

Ziel der Untersuchungen war die Feststellung der Bodenbeeinflussung im Umfeld der Deponien unter Berücksichtigung der natürlichen minerogenen Grundgehalte und die Erfassung der Bodenprozesse und Bodeneingenschaften zur Beurteilung des Verhaltens von Schadstoffen im Boden. Zur Ermittlung der Belastungssituation wurden 28 Schürfe bis max. 2 m Tiefe angelegt und diese horizontbezogen für bodenchemische und bodenphysikalische Untersuchungen beprobt. Die Ergebnisse wurden punktbezogen bewertet. Zur Ermittlung der jährlichen Sickerwassermengen wurde auf die Anwendung des bodenhydrologischen Verfahrens der Methodenbank des FIS Boden im Niedersächsisches Boden-Informationssystem (NIBIS) orientiert. Dieses Verfahren hat den Vorzug, mit wenigen Klimadaten und Bodenkennwerten auszukommen, und bietet die Möglichkeit, die im Untersuchungsgebiet vorhandenen morphologischen Verhältnisse zu berücksichtigen. Die Anwendung dieses Verfahrens gestattet auch die Nutzung der für das Untersuchungsgebiet vorliegenden mehr als siebenhundert in die KA4 umgesetzten Grablochbeschriebe der Reichsbodenschätzung aus den 30er und 50er Jahren. Die Arbeiten erfolgten in 3 Etappen:

- Recherche vorhandener Unterlagen und Durchführung von 35 Handbohrungen bis max. 20 dm unter Geländeoberfläche (GOF) für die Projektierung von Schurfpunkten.
- Anlegen von 28 Schürfen mit horizontbezogener Bodenprobenahme und Durchführung von 147 Handbohrungen bis max. 20 dm unter GOF.
- Laboruntersuchungen, Fortsetzung der Recherchearbeiten, Interpretation von 700 Grablochbeschrieben sowie der bodenkundlichen Untersuchungsergebnisse und Dokumentation, Darstellung der Bodenverhältnisse in Karten und Berechnung der jährlichen Sickerwasserrate.

Geochemie

Die geochemischen Arbeiten im Untersuchungsgebiet hatten das Ziel, das komplexe chemische Inventar von Böden und Gewässersedimenten (Oberflächenbereich) im Umland der Deponien Schöneiche und Schöneicher Plan nach Grundbelastung und Fremdstoffeintrag differenziert zu bewerten. Die eingesetzte geochemische Untersuchungsmethodik der regionalen Oberflächengeochemie im Bereich der Deponiestandorte und ihres Umfeldes liefert Informationen über das exogene geochemische Grundangebot, d. h. den natürlichen geogenen Einfluß auf das komplexe System Umwelt sowie den anthropogen/technogen bedingten Elementanteil und deren Ursachen.

Mit der umweltgeochemischen Bestandsaufnahme des Industrie- und Altlastengebietes Schöneiche (chemische und metallverarbeitende Industrie,

Lackiererei, Galvanik, Agrochemisches Zentrum) wurde eine breite Emissionsstruktur von Industrie- bzw. Produktionsprozessen, Müllentsorgungsflächen (Hausmülldeponien, gemischte Deponien, Industrierückstände) sowie Altablagerungen unterschiedlicher stofflicher Zusammensetzung und die Einflüsse der intensiven landwirtschaftlichen Nutzung im Oberboden nachgewiesen und geochemisch charakterisiert. Aus dem regionalen (lateralen) Verteilungstrend lassen sich anthropogene Schwermetallanreicherungen vom geogenen Untergrund abgrenzen und belastungsgefährdete Bereiche im Untersuchungsgebiet ausweisen.

An den luftgetrockneten 170 Boden- und 39 Bachsedimentproben der Fraktion < 2,0 mm wurden 56 anorganische Parameter, davon 11 Hauptkomponenten, 42 Spurenelemente sowie C_{org}, pH-Wert (in H_2O und $CaCl_2$) und die elektrische Leitfähigkeit bestimmt. Für die geochemische Multielementanalytik kamen folgende Verfahren zum Einsatz: Energiedispersive Röntgenfluoreszenzanalyse (EDRFA), Wellenlängendispersive Röntgenfluoreszenzanalyse (WDRFA), Atomemissionsspektrometrie mit induktiv gekoppeltem Plasma (ICP-AES), flammenlose Atomabsorptionsspektrometrie (AAS), Flammen-Atomabsorptionsspektrometrie mit Hydridsystem (AAS-HS), Flammen-Atomabsorptionsspektrometrie mit Graphitrohr (AAS-GR), Pyrohydrolyse und Naßchemie. Die pH-Wertbestimmung erfolgte potentiometrisch, während die Leitfähigkeit konduktometrisch ermittelt wurde. In 160 Bodenproben wurden die organischen Schadstoffe AOX, EOX, Cyanid, MKW, Phenol, BTEX, LCKW, PCB, PAK analysiert. Für 90 Bodenproben liegen Analysenergebnisse aus der Kopplung hochauflösender Gaschromatographie mit der Massenspektrometrie (HRGC/MS) zur PCDF/PCDD-Führung vor.

Die geochemischen Daten wurden mittels univariater und multivariater statistischer Verfahren bearbeitet und in flächendeckenden geochemischen Karten der Gehaltsverteilungen der Einzelelemente sowie in Form von Faktorwertkarten und als Clusterpunktlagekarte (Karte der geochemischen Anomalien) dargestellt. Des weiteren wurden auf der Grundlage der natürlichen Hintergrundgehalte der Region Karten des geochemischen Belastungsgrades des Oberbodens (Geochemische Kontaminationskarten) sowie Karten der Kontrastwerte der Elementgehalte zu den Gefahrenwerten der Berliner Liste erstellt. Erstmals wurden anorganische und organische Schadstoffdaten einer gemeinsamen Bearbeitung mittels multivariater statistischer Methoden unterzogen und die Ergebnisse der Faktor- und Clusteranalyse flächenhaft ausgewertet und dokumentiert.

Hydrogeologische Untersuchungen und hydraulische Modellierung

Mit Hilfe eines numerischen Strömungsmodells sollte die regionale Grundwasserströmung abgeschätzt werden. Dazu wurden einige hydrogeologische Basisdaten erhoben. Der Kenntnisstand ist insbesondere hinsichtlich der für wasserwirtschaftliche und ökologische Fragestellungen wichtigen Kenngrößen (z. B. Transmissivität) unzureichend. Das numerische Modell beschreibt den Ist-Zustand des Grundwasserleiters. Anschließend erfolgte die Simulation künstlicher Eingriffe in den Wasserhaushalt des Modellgebietes und Abschätzung von Auswirkungen auf die Grundwasserströmung.

Erkundungsmethodik

Bei der Bearbeitung der Verdachtsflächen, von denen eine Gefahr für die Schutzgüter Boden, Wasser und Luft ausgehen kann, ist folgender Verfahrensablauf Stand der Technik:

- Phase1: Erfassung und Erstbewertung kontaminationsverdächtiger Flächen
  - Lokalisierung
  - Bewertung des möglichen Schadstoffpotentials aus der vorherigen und derzeitigen Nutzung (Nutzungsanalyse)
  - Erfassung der lokalen geologischen, hydrogeologischen und hydrologischen Situation sowie von Vegetationsschäden
  - Zusammenstellung der relevanten Unterlagen (Karten, Bohrergebnisse, Gutachten, Photos etc.
  - Ableitung des Handlungsbedarfes
- Phase 2: Gefährdungsabschätzung
  - Phase 2a: Orientierende Untersuchung (Erkundung eines Verdachtsfalls mit eingeschränktem Aufwand)
  - Auffinden und Abgrenzung der Schadstoffquelle
  - Aufklärung der hydrogeologischen Standortbedingungen
  - Untersuchung der Faktoren (geologische Struktur, Schadstoffrückhaltepotential etc.), die für die Bewertung der Schadstoffausbreitung relevant sind
  - Aufbau oder ggf. Verdichtung eines Netzes von Grundwassermeßstellen
  - Entscheidung über Art und Umfang weiterer Maßnahmen auf der Grundlage der Untersuchungsergebnisse
  - Phase 2 b: Detaillierte Untersuchung (Verdichtung der Untersuchungen der Phase 2a)
  - Erarbeitung der Gefährdungsabschätzung mit Ableitung des Handlungsbedarfs
- Phase 3: Sicherung, Sanierung, Überwachung

Im Rahmen der methodischen Arbeiten im Untersuchungsgebiet Schöneiche - Mittenwalde wurden zu allen Phasen der Verdachtsflächenbearbeitung Untersuchungen durchgeführt und Ergebnisse erhalten. Welche Erkundungsaktivitäten zu den einzelnen Phasen bzw. Bearbeitungsschritten beitragen, kann der *Tab. 1.1* entnommen werden.

Tab. 1.1: Zuordnung der methodischen Arbeiten im Gebiet Schöneiche - Mittenwalde zu den Phasen und Schritten der Altlastenbearbeitung

	Geologie	Geofern-erkundung	Aerogeophysik	Gleichstromgeo-elektrik und IP	Geoelektr. Messung Grund-wasserbewegung	Seismik	Geoph. Pene-trationssondie-rungen	Bohrloch-messungen	Milieusonden-messungen	Historische Nutzungsanalyse	Bodenkunde	Geochemie	Hydraulische Modellierung
Phase 1: Erfassung und Erstbewertung													
Lokalisierung		X											
Bewertung des möglichen Schadstoffpotentials		X								X		X	
Erfassung der lokalen geologischen, hydrogeologischen und hydrologischen Situation sowie von Vegetationsschäden	X	X											
Zusammenstellung der relevanten Unterlagen	X	X								X		X	
Ableitung des Handlungsbedarfes	X	X										X	
Phase 2: Gefährdungsabschätzung													
Phase 2a: Orientierende Untersuchung (Erkundung mit eingeschränktem Aufwand)													
Auffinden und Abgrenzung der Schadstoffquelle		X	X	X			X		X		X	X	
Aufklärung der hydrogeologischen Standortbedingungen	X	X		X	X	X	X	X	X		X		X
Untersuchung der Faktoren (geologische Struktur, Schadstoffrückhaltepotential etc.), die für die Bewertung der Schadstoffausbreitung relevant sind	X	X	X	X	X	X	X	X	X		X	X	X
Aufbau oder ggf. Verdichtung eines Netzes von Grundwassermeßstellen	X			X	X		X	X	X			X	X
Entscheidung über Art und Umfang weiterer Maßnahmen	X	X	X	X	X	X	X	X	X	X		X	X
Phase 2 b: Detaillierte Untersuchung (Verdichtung der Untersuchungen der Phase 2a)													
Erarbeitung der Gefährdungsabschätzung mit Ableitung des Handlungsbedarfs	X			X	X	X	X	X	X	X		X	X
Phase 3: Sicherung, Sanierung, Überwachung													

Übertragbarkeit der methodischen Ergebnisse

Das Gebiet Schöneiche - Mittenwalde südöstlich von Berlin ist ein Raum, der hinsichtlich der geologischen Situation und der vielfältigen Umweltbelastungen typisch für das Berliner Umland und weite Bereiche der neuen Bundesländer ist.

Das Untersuchungsgebiet zeigt eine sehr komplizierte Quartärstratigraphie und -tektonik. In „Stauchmoränen" ist mit einem vielfachen Wechsel rolliger und bindiger Partien zu rechnen. Es gibt weder einheitlich ausgebildete stratigraphische Horizonte noch aushaltende Aquifere. So sagt HANNEMANN (1994): „Daß pleistozäne Sedimente häufig in gestörter Lagerung auftreten, ist schon seit Beginn der Erforschung des Quartärs bekannt. Wieweit auch das tiefere Quartär in den glazialen Störungsmechanismus einbezogen worden ist, konnte erst im Verlauf der letzten 40 Jahre über Kernbohrungen und geophysikalische Vermessungen erkannt werden. Heute wissen wir, daß - unabhängig von der Lagerung oberflächennaher Schichten - glaziale Lagerungsstörungen bis in sehr hohe Tiefen, auch tief bis in das Tertiär hinreichen. Es treten sowohl plastische, als auch rupturelle Deformationen auf, die zu Verstellungen mächtiger Schichtenpakete (Einfallen bis 90°), Überkippungen und zur Anlage von Schuppen und Schuppenstapeln und zu mächtigen Schollen geführt haben. Der Nachweis von Deformationen und von Schollen ist bei Beteiligung tertiärer, interglazialer oder südlich beeinflußter Sedimente relativ leicht, nicht so in den anteilmäßig überwiegenden glazialen Sedimenten i. e. S. (z. B. Geschiebemergel, glazifluviatile und glazilimnische Bildungen). Hier sind Lagerungsstörungen und das Auftreten von Schollen sicher zahlreicher als bisher in Bohrungen erkannt werden konnte."

Die Gebirgsdurchlässigkeit und die Schadstoffrückhaltewirkung dieser Schichten sind mit großer Sicherheit Funktionen, die von allen 3 Raumkoordinaten abhängen. Festzustellen ist, daß sich die Lagerungsstörungen, wie sie u. a. im Untersuchungsgebiet beobachtet werden, nicht auf den Randbereich der Vereisung beschränken, sondern auch in den vermeintlich „ruhigen" Grundmoränen angetroffen werden. Die methodischen Ergebnisse sind somit hinsichtlich der geologischen Situation auf zahlreiche andere Standorte in Norddeutschland übertragbar.

Jeder Deponie- oder Altlast-Standort befindet sich in einem regionalen Grundwassersystem mit einer Größe von mehreren 10 km^2, das in der Übersicht erkundet werden muß. Der Standort selbst ist mit einem engmaschigen Netz zu untersuchen. Für die Erkundung des Untergrundes von Altlasten (und neu anzulegenden Deponien) ist hauptsächlich der Tiefenbereich bis 50 m relevant. Für die Beschreibung des regionalen Grundwassersystems müssen vielfach auch Tiefen bis 300 m einbezogen werden.

Bei der Standortuntersuchung hat es sich bewährt, erst die Flächenaufnahmen mit

- geologischer Kartierung,
- Geofernerkundung,
- geophysikalische Vermessung und
- oberflächengeochemischer Aufnahme

durchzuführen und danach die punktweise Erkundung gezielt anzusetzen:

- Schürfe,
- Sondierungen,
- Bohrungen (Auf- oder Ausbau des Netzes von Grundwassermeßstellen und nachgeordnete geophysikalische und hydraulische Bohrlochuntersuchungen sowie Bohrkernaufnahme und Laborversuche sowie
- geochemische Untersuchung von (teufenorientierten) Proben aus Grundwassermeßstellen.

Zu allen diesen Erkundungsschritten gibt es methodische Beispiele in den nachfolgenden Kapiteln, aus denen Hinweise zu Aufwand und Nutzen der durchgeführten Untersuchungen entnommen und auf andere Standorte übertragen werden können. Die Beratung durch erfahrene Fachleute sollte dadurch jedoch nicht ersetzt werden.

Um die Großdeponien Schöneiche und Schöneicher Plan wurde mit Bedacht ein großes Untersuchungsgebiet gewählt, um das Grundwassersystem erkunden sowie den Einfluß verschiedener anderer möglicher Schadstoffquellen entsprechend dem Verursacherprinzip berücksichtigen zu können. Es zeigt sich, daß eine kleinräumige Betrachtung zu Fehlinterpretationen führen würde. Die Möglichkeit zur Bearbeitung großer Untersuchungsgebiete mit einem vertretbaren Aufwand bieten die Geofernerkundung, Aerogeophysik, Geochemie und in eingeschränktem Maße auch die Geoelektrik. Beispiele dafür bringen die Kap. 3, 4.1, 4.2 und 6.

Der Standort ist hinsichtlich des Schadstoffpotentials der Deponien und der weiteren Quellen für mögliche Umweltbelastungen typisch für zahlreiche andere Standorte in Norddeutschland besonders der neuen Bundesländer. Erstmals wurden anorganische und organische Schadstoffdaten einer gemeinsamen Bearbeitung mittels multivariater statistischer Methoden unterzogen und die Ergebnisse der Faktor- und Clusteranalyse flächenhaft ausgewertet und für die Zuordnung von Schadstoffbelastungen zu möglichen Verursachern (Schadstoffquellen) genutzt. Damit wurde eine optimale Methode zur Erkundung der regionalen und lokalen Schadstoffbelastung im oberflächennahen Bereich entwickelt.

Literatur

HANNEMANN, M. (1994): Über Intensität und Verbreitung glazigener Lagerungsstörungen im tieferen Quartär Brandenburgs, Schlußfolgerungen für die Umweltgeologie. Kurzfassungen der Vortrags- und Posterbeiträge der 27. Tagung der Deutschen Quartärvereinigung (DEUQUA), Leipzig 19. 09. - 21. 09. 1994.

2 Geologisches Modell

KARSTA PARSIEGLA[1]

Ziel der Arbeiten war es, auf der Grundlage vorliegender Archivunterlagen, der Kartierung des Blattes Königs Wusterhausen 1:50 000 (HERMSDORF 1993), der Nutzung geophysikalischer Ergebnisberichte, der Auswertung von Schürfen und Peilstangensondierungen der Bodenkunde sowie der Aufnahme und Interpretation von neuen Bohrungen, ein geologisches Modell zu erstellen, welches über den lithologischen, faziellen und stratigraphischen Aufbau des geologischen Untergrundes Auskunft gibt und gleichzeitig die Grundlage für die Erarbeitung eines hydrodynamischen Modells darstellt.

2.1 Lage, Morphologie und geologische Einordnung des Untersuchungsgebietes

Das geologisch untersuchte Gebiet umfaßt den seit den 20er Jahren betriebenen Deponiestandort Schöneiche (Schöneicher Plan und Schöneiche) und sein weiteres Umfeld mit einer Gesamtfläche von 60 km^2. Es liegt ca. 30 km südsüdöstlich der Bundeshauptstadt Berlin und etwa 9 km südwestlich von Königs Wusterhausen in den brandenburgischen Landkreisen Dahme-Spreewald und Teltow-Fläming.

Im Norden wird das Untersuchungsgebiet durch die märkische Kleinstadt Mittenwalde, im Süden durch den südlichen Ortsausgang Schöneiche markiert; die Ortslage Telz begrenzt das Gebiet im Westen, der westliche Abschnitt der Hochfläche Galluner Forst bildet die Begrenzung im Osten. Es erstreckt sich von 52°12' bis 52°16' nördlicher Breite und 13°9' bis 13°16' östlicher Länge; der größte Teil des Untersuchungsgebietes liegt auf dem Blatt 3747 (Mittenwalde) der TK 25, ein kleiner westlicher Randstreifen auf Blatt 3746 (Zossen). Das Zentrum des untersuchten Gebietes hat die Koordinaten (Gauß-Krüger): Hochwert: 5791000, Rechtswert: 5400000.

---

[1] Die Arbeiten waren in die Tätigkeit der Abteilung Geologische Landesaufnahme des Landesamtes für Geowissenschaften und Rohstoffe Brandenburg (LGRB) eingebunden und wurden fachlich von Herrn L. Lippstreu betreut. Die Aufnahme der Bohrungen erfolgte in der Anfangsphase des Projektes durch Herrn H. Jortzig.

Das Untersuchungsgebiet ist Teil des brandenburgischen Jungmoränengebietes (mittelbrandenburgische Platten und Niederungen) und liegt zwischen den brandenburgstadialen Randlagenbildungen der weichselzeitlichen Maximalausdehnung und der Frankfurter Staffel. Das Landschaftsbild dieses Jungmoränenabschnittes wird durch für viele Gebiete Mittelbrandenburgs typische kleinräumige, flachwellige, plattenartige Hochflächengebiete, morphologisch exponierte Höhenzüge oder Einzelhügel, aber auch weniger markante flache Hochflächeninseln geprägt. Verschieden breite, z. T. rinnenartig verlaufende Niederungsgebiete durchschneiden und isolieren die Hochflächen und geben so dem Gebiet ein mosaikartiges Aussehen.

Die Eisrandlage des Brandenburger Stadiums verläuft südlich des Untersuchungsgebietes und wird abschnittsweise durch mehr oder weniger deutliche Endmoränenbildungen markiert; sie zeigen die Maximalausdehnung des weichselzeitlichen Inlandeises an. Über ein radial zum Eisrand verlaufendes System von subglazialen Abflußkanälen, die sich z. T. tief in die liegenden Sedimentfolgen eingeschnitten haben, wurde das Schmelzwasser zum Eisrand hin abgeführt und ihre sandig-kiesige Sedimentfracht als Sanderbildung im Vorland des Eisrandes abgesetzt. Im Rückland der Randlagenbildungen entwickelten sich nach dem Abschmelzen der Eisbedeckung ausgedehnte Grundmoränenflächen, die sogenannten Platten. Das Untersuchungsgebiet gehört weitestgehend zu der sich an ihrem S-Rand inselartig auflösenden Teltow Hochfläche, die im Norden an das Berliner Urstromtal und im Osten an das Dahmetal grenzt. Das flachwellige bis kuppige, von Talungen und Erosionsstrukturen durchzogene Relief dieser Hochfläche ist auf die Gletscher- und Schmelzwasserdynamik der Zerfalls- und Abschmelzphase des Brandenburger Stadiums der Weichsel-Kaltzeit zurückzuführen.

Das seenreiche Abflußsystem der Dahme, im Untersuchungsgebiet durch den Motzener See repräsentiert, ist das Ergebnis der erodierenden Wirkung des Inlandeises sowie subglazialer und glazialer Schmelzwässer. Die Gestaltung der heutigen Seenlandschaft ist auf eingelagerte Toteisblöcke zurückzuführen, die im Spätglazial ausschmolzen und mit Wasser gefüllte Hohlformen hinterließen. Der Motzener See ist Bestandteil eines NE-SW verlaufenden Rinnensystems, welches subglazial während des Höchststandes der Weichseltransgression angelegt wurde und sich rezent durch untereinander verbundene Seen, Luche und Fließe auszeichnet. Heute sind ehemals stark vernäßte Gebiete wie das Alte Notte Fließ, das Alte Galluner Fließ und die Mittenwalder Seechen Niederungsgebiete (+35 m NN), in denen Torfablagerungen anstehen. Neben dem nach Norden bzw. Nordosten zur Spree entwässernden System der Dahme entwässern auch künstlich angelegte Wasserstraßen wie Zülowkanal, Nottekanal und Galluner Kanal nordwärts.

Glazialmorphologisch ist das Untersuchungsgebiet eine weichselglaziale Niederung, die eine Verbindung zwischen dem Berliner und dem Glogau-Baruther Urstromtal durch den südlichen Bereich der Teltower Grundmoränenplatte herstellt. Erosionsreste der Grundmoränenplatte bilden isolierte, bis ca. 70 m aufragende Hügel und Hochflächen, wie der Großmachnower Weinberg, der Galgenberg, die Telzer Hochfläche (Mühlenplan), Galluner Forst (Rauerberg) und Zossener Forst (Mühlenberg). In den Niederungen, deren Talniveau bei etwa +37,5 m NN liegt, lagern wechselnd mächtige fein- bis mittelkörnige Schmelzwassersande („Talsande") der Weichsel-Kaltzeit, die im Hangenden weitflächig von spätglazialen bis holozänen Torf- und Moorbildungen überdeckt werden. Ausgeprägte Dünensandaufwehungen überlagern im südlichen Teil des Untersuchungsgebietes die Talsandflächen.

Abb. 2.1: Geologische Spezialkarte von Schöneiche - Mittenwalde 1 : 10 000 (Verkleinerung), Karte der an der Oberfläche anstehenden Bildungen

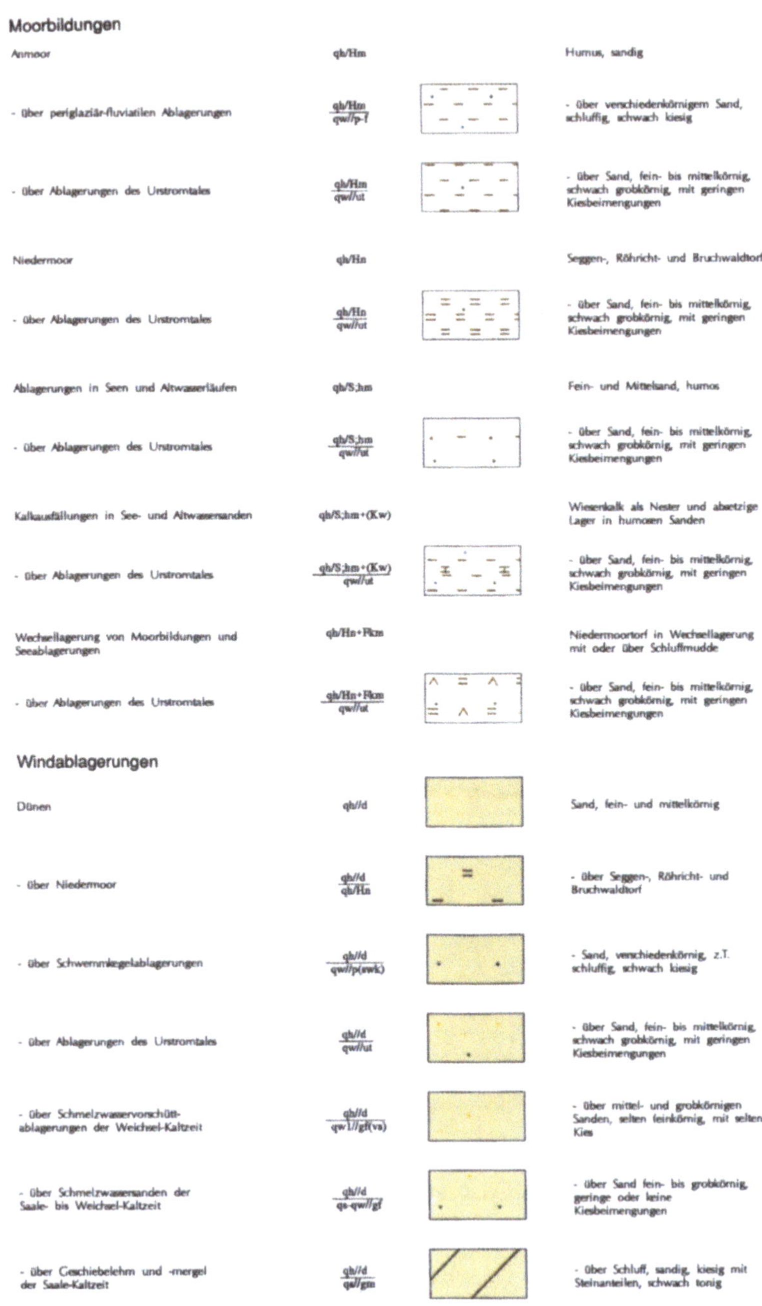

Abb. 2.1a: Geologische Spezialkarte, Legende

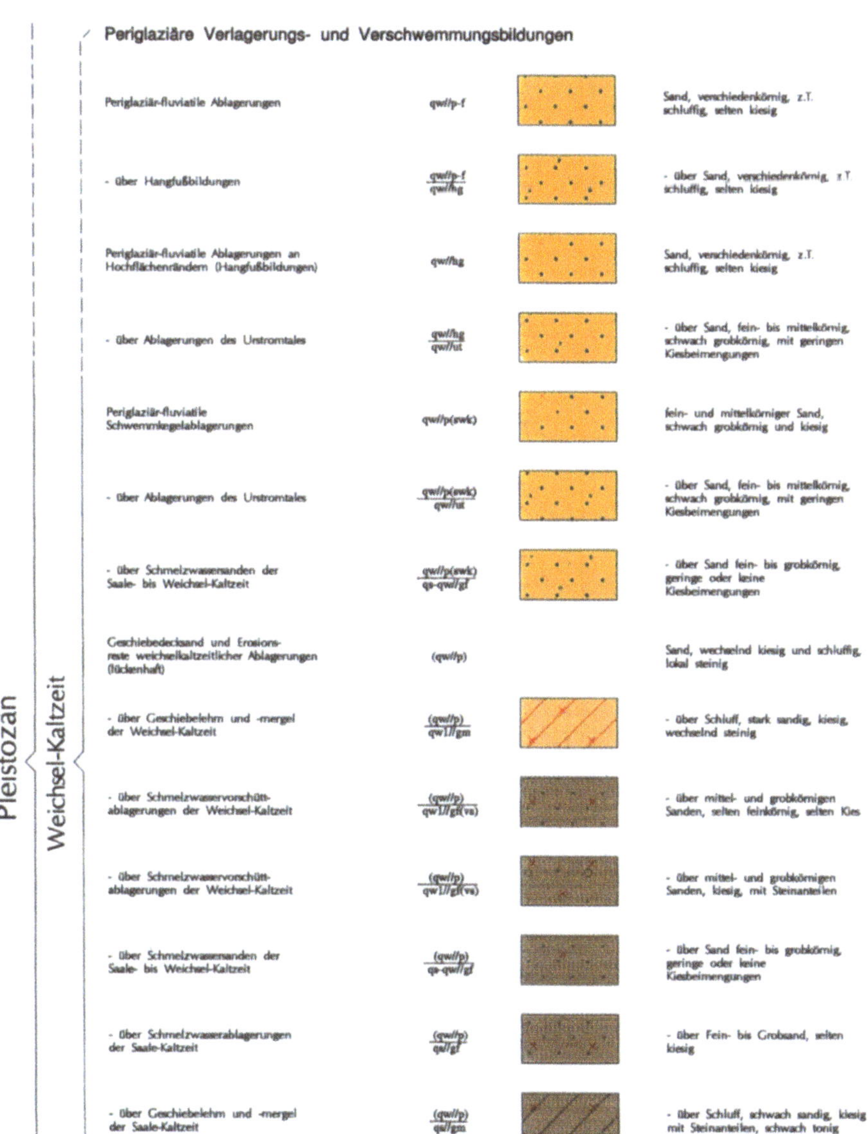

Abb. 2.1b: Geologische Spezialkarte, Legende

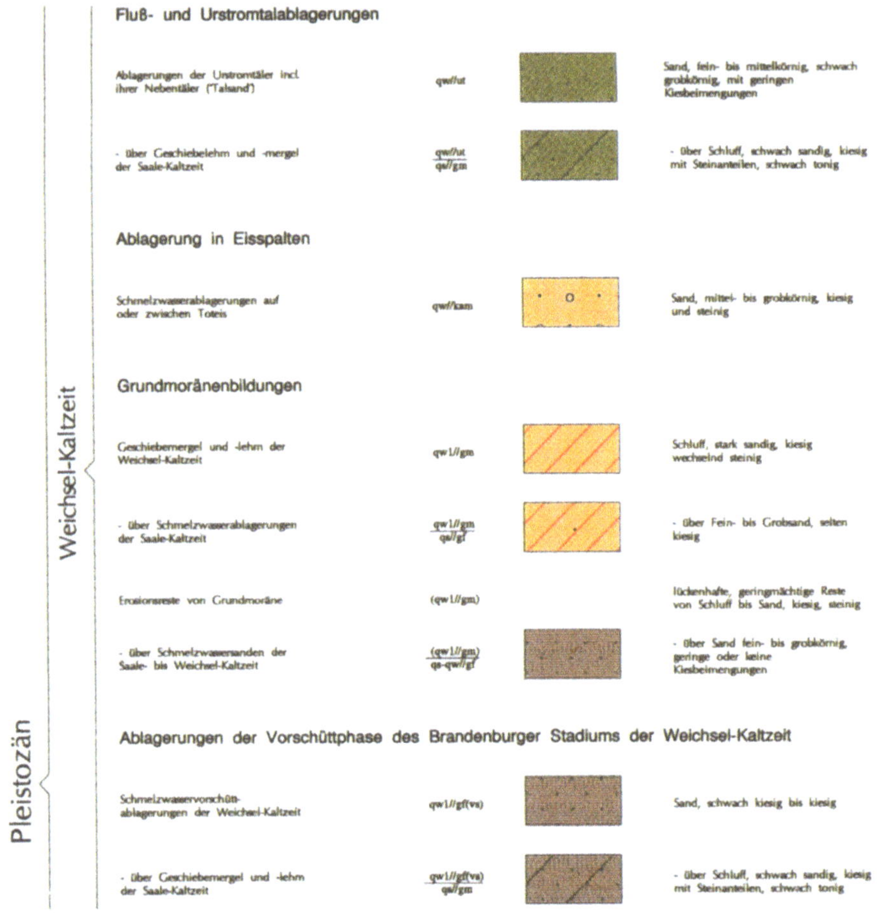

Pleistozän

Weichsel-Kaltzeit

Fluß- und Urstromtalablagerungen

Ablagerungen der Urstromtäler incl. ihrer Nebentäler ("Talsand") — qw//ut — Sand, fein- bis mittelkörnig, schwach grobkörnig, mit geringen Kiesbeimengungen

- über Geschiebelehm und -mergel der Saale-Kaltzeit — qw//ut / qs//gm — - über Schluff, schwach sandig, kiesig mit Steinanteilen, schwach tonig

Ablagerung in Eisspalten

Schmelzwasserablagerungen auf oder zwischen Toteis — qw//kam — Sand, mittel- bis grobkörnig, kiesig und steinig

Grundmoränenbildungen

Geschiebemergel und -lehm der Weichsel-Kaltzeit — qw1//gm — Schluff, stark sandig, kiesig wechselnd steinig

- über Schmelzwasserablagerungen der Saale-Kaltzeit — qw1//gm / qs//gf — - über Fein- bis Grobsand, selten kiesig

Erosionsreste von Grundmoräne — (qw1//gm) — lückenhafte, geringmächtige Reste von Schluff bis Sand, kiesig, steinig

- über Schmelzwassersanden der Saale- bis Weichsel-Kaltzeit — (qw1//gm) / qs-qw//gf — - über Sand fein- bis grobkörnig, geringe oder keine Kiesbeimengungen

Ablagerungen der Vorschüttphase des Brandenburger Stadiums der Weichsel-Kaltzeit

Schmelzwasservorschütt-ablagerungen der Weichsel-Kaltzeit — qw1//gf(vs) — Sand, schwach kiesig bis kiesig

- über Geschiebemergel und -lehm der Saale-Kaltzeit — qw1//gf(vs) / qs//gm — - über Schluff, schwach sandig, kiesig mit Steinanteilen, schwach tonig

Abb. 2.1c: Geologische Spezialkarte, Legende

Saale-Kaltzeit

Schmelzwasserablagerungen unsicherer Stellung zwischen Saale- und Weichsel-Kaltzeit

Schmelzwassersande der Saale- bis Weichsel-Kaltzeit	qs-qw//gf	Sand fein- bis grobkörnig, geringe oder keine Kiesbeimengungen
- über Geschiebemergel und -lehm der Saale Kaltzeit	qs-qw//gf / qs//gm	- über Schluff, schwach sandig, kiesig mit Steinanteilen, schwach tonig

Stillwasserablagerungen

Ablagerungen in Schmelzwasserbecken	qs//b	Schluff, feinsandig, tonig bis schwach tonig, feingeschichtet bis gebändert

Grundmoränenbildungen

Geschiebemergel und -lehm der Saale-Kaltzeit	qs//gm	Schluff,schwach sandig, kiesig, mit Steinanteilen, schwach tonig

Schmelzwasserablagerungen der Saale-Kaltzeit

Schmelzwasserablagerungen der Saale-Kaltzeit	qs//gf	Fein- bis Grobsand, selten kiesig

Sonderzeichen

Grenze geologischer Einheiten

vermutete Grenze einer überlagerten geologischen Einheit

Lithofazielle/fazielle Verzahnungsgrenze

Altbergbau

Müll

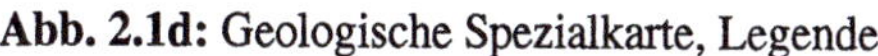

Abb. 2.1d: Geologische Spezialkarte, Legende

2.2 Methodik

2.2.1 Umfang und Ablauf der Untersuchungsarbeiten

Die Untersuchungen zur Geologie beinhalteten:

- Geologische Spezialkartierung im Maßstab 1:10 000,
- Bewertung und gegebenenfalls Neuinterpretation der zur Verfügung stehenden Schichtenaufnahmen von Altbohrungen und anderer relevanter Altunterlagen (u. a. Erkundungsberichte, Kartenmanuskripte),
- Dokumentation der im Rahmen des Projektes durchgeführten Bohr- und anderen Aufschlüsse,
- genetische und stratigraphische Interpretation der erbohrten Schichtenfolgen sowie
- Erarbeitung geologischer Profilschnitte und die Erstellung eines Abschlußberichtes mit Darstellung des geologischen Aufbaus des Untersuchungsgebietes (geologisches Modell).

Bei den von Juli bis Oktober 1993 für verschiedene Auftraggeber im Untersuchungsgebiet abgeteuften Bohrungen wurden die erbohrten Schichtenfolgen dokumentiert und zu Schichtenverzeichnissen zusammengestellt. Vorläufige Schichtenverzeichnisse wurden unmittelbar im Anschluß an die Bohrkampagne den anderen am Projekt beteiligten Firmen und Instituten zur Verfügung gestellt.

Von der Bohrung DS 1/93 wurden die 1 m Liner bemustert, dokumentiert, beprobt und anschließend im Kernlager des LGRB archiviert. Das aus den Geschiebemergelhorizonten entnommene Probenmaterial wurde aufbereitet und zur Ableitung stratigraphischer Bezugshorizonte geschiebeanalytisch untersucht.

Zur Überprüfung der makroskopischen Sedimentansprache wurden aus dem Haufwerksmaterial der Bohrungen DS 44/93 und DS 11/93 als warmzeitliche Bildungen angesprochene Horizonte für nachfolgende biostratigraphische Untersuchungen beprobt. Die pollenanalytische Bearbeitung erfolgte in der BGR (STRAHL 1995).

Parallel zu den Feldarbeiten wurden die das Untersuchungsgebiet und sein Umfeld betreffenden Archivunterlagen des LGRB aufgearbeitet und die Ergebnisse von Bohrungen mit Hilfe des Schichtenerfassungsprogramms (SEP) des NLfB erfaßt. Weitere Informationen zum geologischen Untergrund konnten von Braunkohlenerkundungsberichten und hydrogeologischen Berichten des Raumes Mittenwalde-Kallinchen gewonnen werden. Angaben zu den im Untersuchungsgebiet betriebenen oder historisch genutzten Brunnen des Wasserwerkes Mittenwalde (u. a. zu den erbohrten Schichtenfolgen) wurden im Wasserwerk Mittenwalde und bei der ehemaligen Potsdamer Wasserversorgung und Abwasserentsorgung GmbH recherchiert. Weitere Unterlagen (Schichtenverzeichnisse und andere Daten) stellten im Untersuchungsgebiet tätige Ingenieurbüros (AnalyTech Mittenwalde, Untergrundspeicher- und Geotechnologie-Systeme GmbH) und der Betreiber der Deponie Schöneiche, die Märkische Entsorgungsanlagen-Betriebsgesellschaft mbH (MEAB) zur Verfügung.

Eine wesentliche Verbesserung der Aufschlußsituation konnte mit den im Rahmen der Erstellung eines Baugrundgutachtens für die MEAB abgeteuften Trockenbohrungen (Zeitraum 12/1993 bis 2/1994) im Eingangsbereich, auf der S- und auf der SE-Halde der Deponie Schöneiche erreicht werden.

Auf Anregung des LGRB wurde im April 1994 zusätzlich zu den nördlich der Deponien gelegenen Bohrungen DS 1/93 und DS 2/93 eine Spülbohrung (DS 1/94) östlich der Deponie Schöneiche bis in die obere miozäne Schichtenfolge abgeteuft, bohrlochgeophysikalisch vermessen und im unteren Grundwasserleiter eine Grundwasserbeschaffenheitsmeßstelle ausgebaut.

Für die Erstellung des hydrodynamischen Modells des Untersuchungsgebietes war es notwendig, das bereits vorhandene Grundwassermeßstellennetz zu verdichten. In Zusammenarbeit mit den Mitarbeitern der FU Berlin wurde ein Bohrplan für 10 weitere Grundwassermeßstellen erarbeitet. Die Bohrungen wurden im April und Juni 1994 abgeteuft. Die geologische Dokumentation der Bohrungen und die Überwachung des Ausbaus der Grundwassermeßstellen erfolgte alternierend durch Mitarbeiter des LGRB und der FU Berlin.

Im April und Mai 1994 wurden im Auftrag der BGR 74 geophysikalische Penetrationssondierungen (Kap. 4.5) durch das Eötvös Lorand Geophysical Institute of Hungary (ELGI) durchgeführt. Die Auswertung der mit dieser Methode erzielten Ergebnisse erfordert regionalgeologische Vorkenntnisse zum Schichtenaufbau des Untergrundes oder Probemessungen am bisher unbekannten Substrat. Da diese beim ungarischen Auftragnehmer nicht vorlagen, wurden die Auswertungs- und Interpretationsarbeiten durch regionalgeologische Angaben, insbesondere zur Charakterisierung der im Untersuchungsgebiet verbreiteten Sedimente unterstützt.

2.2.2 Benutzte Unterlagen

Als Unterlagen für die Ableitung des geologischen Modells standen zur Verfügung:

- Bohrungen,
- geowissenschaftliche Berichte,
- geologische Karten.

Die Bohrungen DS 1/93 und mit Einschränkungen die Bohrung DS 2/93 ermöglichten einen vollständigen, ungestörten Kerngewinn und boten die Gelegenheit, die gesamte quartäre Schichtenfolge zu untersuchen. Damit war die Möglichkeit gegeben, die in der Qualität des Bohrgutaustrages unbefriedigenden Erkundungsbohrungen und darüber hinaus auch eine Vielzahl qualitativ sehr unterschiedlich bearbeiteter Altbohrungen (Bohrarchiv des LGRB) zumindest teilweise zu „eichen" und nach erfolgter sorgfältiger Bewertung und gegebenenfalls Neubewertung in die Untersuchung einzubeziehen.

Die Altbohrungen für das auf den Meßtischblättern 3647 und 3747 gelegene Untersuchungsgebiet wurden zum größten Teil mit Hilfe einer tabellarischen Auflistung der Bohrungen aus dem Datenspeicher „Grunddaten Geologischer Aufschlüsse (GGA)" im Bohrarchiv des LGRB recherchiert. Des weiteren standen für die Bearbeitung Bohrungen aus den unterschiedlichsten Quellen zur Verfügung:

- Brunnenbohrungen des Wasserwerkes Mittenwalde,
- Bohrungen der Fa. AnalyTech Mittenwalde,
- Baugrundbohrungen im Rahmen des von der MEAB für die Deponie Schöneiche in Auftrag gegebenen geotechnischen Gesamtberichtes sowie
- Sondierungen und Schürfe im Rahmen von Bodenuntersuchungen (siehe Kap. 6).

Für das Abteufen der Erkundungsbohrungen im Untersuchungsgebiet wurde aus Kostengründen von der Projektleitung ein drehendes Schneckenbohrverfahren mit Vollschnecke eingesetzt. Hierbei handelt es sich um ein Trockenbohrverfahren ohne Wasser- bzw. Spülungszugabe, bei dem das Bohrgut laufend über die Schnecke ausgetragen wird.

Für die Erkundung von wassergesättigten, lithologisch wechselhaft aufgebauten quartären Schichtenfolgen, die eine zweifelsfreie Ansprache der einzelnen erbohrten Horizonte mit exakter Teufenzuordnung erfordern, erscheint das eingesetzte Bohrverfahren nicht geeignet. Eine optimale geologische Modellierung des Untersuchungsgebietes erfordert die Verfügbarkeit eines Vollkernspektrums. Dies ist nicht nur notwendige Voraussetzung für eine zweifelsfreie litho- bzw. biostratigraphisch untersetzte Modellierung, sondern auch unerläßlich für die Eichung geophysikalischer (indikativer) Untersuchungsmethoden. Bei zukünftigen Arbeiten in sensibel aufgebauten Bereichen sollte daher auf geeignete Bohrverfahren und eine optimale Anzahl von Bohrungen mit fortlaufendem Kerngewinn zurückgegriffen werden.

Für die Erarbeitung der geologischen Spezialkarte im Maßstab 1:10 000 und der Profilschnitte zur Darstellung des geologischen Modells wurden neben den gesamten Bohrunterlagen auch folgende bereits vorliegende geologische bzw. hydrogeologische Karten genutzt:

- Geologische Spezialkarte von Preussen 1:25 000, Blatt Mittenwalde, Blatt Zossen (WAHNSCHAFFE 1883; BRANDT & BRAUNS 1882),
- Lithofazieskarte Quartär 1:50 000, Blatt Königs Wusterhausen (HARTWICH 1982),
- Hydrogeologische Karte der DDR 1:50 000, Blatt 0909-1/2 Königs Wusterhausen-Storkow (ANDREAE 1984),
- Geologische Karte von Brandenburg 1:50 000, Blatt 0909-1 Königs Wusterhausen (HERMSDORF 1993) und
- Karte ohne quartäre Bildungen 1:50 000, Teilblatt 0909-1 Königs Wusterhausen (AHRENS 1993).

In die Kartierung und Abgrenzung der oberflächennahen Bildungen fanden auch die Ergebnisse der Luftbildinterpretation des Untersuchungsgebietes (KÜHN & HÖRIG 1995) Eingang.

Abb. 2.2: Bohrpunktkarte mit Spuren der geologischen Schnitte

Desweiteren wurden auch die Ergebnisse der geophysikalischen Untersuchungen eingearbeitet:

- Geoelektrische Widerstands- und IP-Messungen (Kap. 4.2),
- geophysikalische Penetrationssondierungen (Kap. 4.5) sowie
- geophysikalische Bohrlochmessungen (Kap. 4.6).

So wurde das Schichtenverzeichnis der Spülbohrung DS 1/94 zum größten Teil mit Hilfe der bohrlochgeophysikalischen Messungen erstellt; anhand der γ-Messungen konnten die Schichtenaufnahme der zu Grundwasserbeschaffenheitsmeßstellen ausgebauten Pegelbohrungen überprüft und in einigen Fällen korrigiert werden.

2.2.3 Anmerkungen zur Nutzung geophysikalischer Ergebnisse für die Erarbeitung geologischer Modellvorstellungen

Geophysikalische Meßmethoden haben den Vorteil, daß sie gegenüber herkömmlichen geologischen Erkundungsmethoden zeitsparender und kostengünstiger sind sowie ein flächenhaftes bzw. räumliches Bild des Untergrundes liefern. Daher werden sie oft zur Lösung geologischer Fragestellungen herangezogen. Dabei ist die Aussagefähigkeit der geophysikalischen Meßergebnisse von der Möglichkeit einer Eichung anhand direkter geologischer Aufschlüsse (wie Bohrungen) sowie vom geologischen Kenntnisstand abhängig.

Im Vorfeld der geologischen Erkundung wurden im Untersuchungsgebiet einige geophysikalische Untersuchungen des Untergrundes (SEIDEL & NIEDERLEITHINGER 1993; STICKEL 1994) durchgeführt. Soweit vorhanden wurde die Schichtenaufnahme der Erkundungsbohrungen für die Eichung der Methoden zur Verfügung gestellt. Die seitens des LGRB erarbeitete geologische Karte und die Profilaufnahmen bieten die Möglichkeit, eine Beurteilung zur Aussagerelevanz der geophysikalischen Messungen am Modellstandort vorzunehmen.

Oberflächennahe Verteilung des spezifischen Widerstandes aus geoelektrischen Messungen

Die Messung des spezifischen Widerstandes (Kap. 4.2) einer Schichtenfolge gestattet anhand von Schichtenaufnahmen aus Bohrungen und Erfahrungswerten eine einfache lithologische Beschreibung und Zuordnung in sandige, schluffige, tonige, mergelige, organogene sowie anthropogen beeinflußte Horizonte. Entlang von Sondierungsprofilen wurde der spezifische Widerstand bestimmt und flächenhaft in Isolinienplänen dargestellt. Die gewählten

Auslagen von AB/2 = 5,6 m bzw. 24 m entsprechen Eindringtiefen von ca. 2 bzw. 8 m (*Abb. 4.12* und *4.14*).

In der Darstellung des spezifischen Widerstandes mit einer Eindringtiefe von 2 m kristallisieren sich deutlich sehr hochohmige, als trockene sandige Bereiche beschriebene Gebiete heraus. Ein Vergleich mit den geologischen Befunden der Oberflächenkartierung macht deutlich, daß die hochohmigen Areale südlich der Deponie Schöneiche und südwestlich der Deponie Schöneicher Plan Dünengebieten zuzuordnen sind, die aus gleichkörnigen trockenen Sanden bestehen.

Die inselartigen hochohmigen Bereiche nördlich der beiden Deponien entsprechen Sandaufschüttungen (Abraummaterial vom Tonabbau) und Talsandablagerungen. Diese Ablagerungen kann man als trockene Sande beschreiben. Die trockenen glazifluviatilen Sandablagerungen an den Hängen des Galgenberges spiegeln sich in dem nördlich des Feuchtgebietes gelegenen hochohmigen Areal wider.

Den größten Flächenanteil im geophysikalisch untersuchten Gebiet nehmen jedoch mittlere bis niedrige spezifische Widerstandswerte ein. Für die obersten 2 m wurde in der geologischen Spezialkarte 1:10 000 meist ein Zweischichtensystem kartiert, in dem geringmächtige mehr oder weniger organogene Bildungen weichselkaltzeitlichen Talsanden auflagern. Deshalb überlagern sich bei der Erfassung aller oberflächennahen Ablagerungen bis 2 m hochohmige und niedrigohmige Charakteristika, in deren Ergebnis die mittleren Meßwerte zunächst keine eindeutige lithologische Zuordnung zulassen.

Schluff- und Geschiebemergelablagerungen zeichnen sich durch niederohmige Widerstandswerte aus. Aus der geologischen Karte ist jedoch ersichtlich, daß Bereiche mit niederohmigen Werten nicht oberflächennahen Schluff- bzw. Geschiebemergelablagerungen zuzuordnen sind. Die morphologischen und geologischen Befunde weisen für diese Bereiche, die vorwiegend in Niederungen liegen, einen hohen Grundwasserstand bzw. Wassergehalt in den angetroffenen Bildungen aus. Beispiele für dieses Phänomen sind die Bereiche, in denen bis zu 1 m mächtige Torfablagerungen anstehen, wie nördlich und östlich der Deponie Schöneiche und nördlich der Altdeponie bei Mittenwalde.

Als Erklärung für das niederohmige Areal an der Südostecke der Deponie Schöneiche müssen anhand der geologischen Befunde mögliche Aufwölbungen bindiger Horizonte abgelehnt werden. Wasserhaltige organogene Ablagerungen, aber auch anthropogen verursachte Kontaminationen in den obersten Schichtenfolgen sind als mögliche Ursache eher in Betracht zu ziehen.

Mit der 24 m Auslage (*Abb. 4.14*) erreicht man eine Eindringtiefe von ca. 8 m, so daß oberflächenspezifische Effekte wie z. B. Feuchtgebiete mit geringmächtigen holozänen Ablagerungen eine geringere Rolle spielen. Die relativ gleichmäßige Widerstandsverteilung spiegelt die wenig wechselhafte Ausbildung des obersten Abschnitts der quartären Schichtenfolge in den Niederungsgebieten wider. Die von Urstromtalsanden unterlagerten Dünenbildungen und die sehr homogenen glazifluviatilen Schmelzwassersande am Galgenberg treten noch als hochohmige Bereiche hervor und bestätigen die Interpretation. Die mit der 5,6 m Auslage nachgewiesenen kleinflächigen hochohmigen Areale nördlich der Deponien sind nicht mehr erkennbar. Da ein deutlicher lithologischer Wechsel im Untergrund anhand der geologischen Befunde nicht vorliegt, läßt sich dies ohne weitere geologische und geophysikalische Untersuchungen nicht erklären.

Im untersuchten Niederungsgebiet stehen in dem betrachteten Teufenbereich überwiegend fein- bis mittelkörnige weichselkaltzeitliche Schmelzwassersande an. Feuchtgebiete mit organogenen Ablagerungen zeichnen sich auch bei dieser Eindringtiefe noch durch relativ niederohmige Werte aus, bindige Horizonte im Untergrund liegen im Arbeitsgebiet generell tiefer und scheiden als Ursache für Widerstandsminima aus. Die deutlich niederohmigen Widerstände im Bereich der Deponie Schöneicher Plan und des Lehrmittelwerkes lassen sich jedoch nicht eindeutig einer geologisch begründeten Ursache zuordnen; hier reichen Geschiebemergelhorizonte westlich des Lehrmittelwerkes bis in eine Höhe von +30 m NN. Zusätzlich bedingen Feuchtgebiete mit organogenen Sedimenten nördlich und südwestlich der Deponie Widerstandsminima; auch anthropogene Verunreinigungen des obersten Grundwasserleiters im Umfeld der Deponie sind als weitere Ursache für das Absinken der Widerstandswerte nicht auszuschließen.

Untergrundmodell nach geoelektrischen Sondierungen

Aus den einzelnen geoelektrischen Sondierungen wurden mit Hilfe des spezifischen Widerstandes und der Tiefenzuordnung, Tiefenlinienpläne erstellt. Die Darstellung von Basis bzw. Top eines bindigen und eines wasserleitenden Horizontes sollen den generellen Aufbau des geologischen Untergrundes abbilden.

Nach den geoelektrischen Befunden ist die Oberkante der bindigen Horizonte im Untersuchungsgebiet sehr wechselhaft und nicht niveaubeständig ausgebildet. Dies deckt sich im großen und ganzen mit den geologischen Befunden in den Schnittdarstellungen. Stichprobenhafte Überprüfungen anhand von Bohrungen ergaben weitestgehend Übereinstimmungen und nur in einem Fall eine nennenswerte Abweichung zur dargestellten Horizontoberkante. Das starke Abtauchen des bindigen Horizontes südwestlich der Deponie Schöneicher Plan kann durch Bohrungen nicht bestätigt werden. Hier weichen die geophysikalischen und geologischen Erkundungsergebnisse voneinander ab.

Problematisch ist die Darstellung von Top und Basis des tieferen Grundwasserleiters, der hier als tertiärer Grundwasserleiter definiert ist. Die Prüfung erfolgte mit Hilfe der geologischen Schnittdarstellungen für das geologische Modell und 4 tiefen Bohrungen. Allein die Definition des Grundwasserleiters als ein 70 m mächtiges Schichtpaket mit Einlagerungen von Ton- und Kohlehorizonten macht eine zweifelsfreie Zuordnung zu einer lithologisch und stratigraphisch abgegrenzten Schicht sehr schwierig.

Anhand der geoelektrischen Sondierungen stellen sich im Untersuchungsgebiet die Lagerungsverhältnisse im präquartären Untergrund sehr wechselhaft und wenig niveaubeständig dar. Bekannt sind solche Lagerungsverhältnisse für tertiäre Schichtenfolgen aus Stauchungsgebieten. Gebiete mit gestauchten Formationen wurden auch im geologischen Modell dargestellt, decken sich jedoch in ihrer Lage nicht mit den geophysikalischen Erkundungsergebnissen. Die geologischen Befunde, soweit sie gesichert für diese Teufenbereiche vorliegen, spiegeln nicht die dargestellte Horizontverteilung wider. Unklar ist, welche sandigen hochohmigen Schichtenfolgen zusammengefaßt wurden. Für Aussagen zu den hydraulischen Verhältnissen im Untersuchungsgebiet scheinen die vorgelegten Meßergebnisse und Interpretationen für den tieferen Untergrund wenig geeignet. Die entlang der geophysikalischen Sondierungen angelegten Profilschnitte sollen die komplizierten Lagerungsverhältnisse dokumentieren. Die starke Überhöhung in den geophysikalischen Schnitten gestattet nicht die Darstellung von kleinräumigen Schichtenwechseln oder Schichtenerosion, wie sie für quartäre Schichtenfolgen typisch sind. Abschnittsweise konnten die geophysikalisch aufgenommenen Profile 2 und 3 direkt mit den geologischen Befunden verglichen werden. Die komplizierte Lagerung der quartären Schichtenfolge kann mittels der geophysikalischen Sondierungen nicht erkannt werden. Die notwendige Pauschalisierung der Geophysik in Grundwasserstauer und -leiter und die damit verbundene Zusammenfassung von Schichtenfolgen ist für die Erstellung eines geologischen Modells unbefriedigend.

Geophysikalische Penetrationssondierungen

Die Meßergebnisse der Penetrationssondierungen wurden computergestützt ausgewertet und als Profilschnitte dargestellt. Mit Hilfe von Erkundungsbohrungen wurden die Sondierungen für das Untersuchungsgebiet geeicht. Die lithologische Charakterisierung der mit den Sondierungen erfaßten Schichtenfolgen konzentrierte sich auf die Unterteilung in bindige Horizonte (tonig-schluffige Beckenablagerungen und Geschiebemergel) und sandige Horizonte (glazifluviatile Schmelzwassersande).

Die im engeren Umfeld der Deponien gelegenen Profile konnten abschnittsweise sehr gut mit den geologischen Schnitten verglichen werden. Dabei lagen Bohrung, Sondierung, Schnitt- bzw. Profilspur nicht mehr als 100 m entfernt. Obwohl die geologischen Modelle unabhängig voneinander erstellt wurden, besteht meist eine gute Korrelation zur Schichtenverbreitung und den typischen Lagerungsverhältnissen.

Generell ermöglicht die Pentrationssondierung vor allem in den oberflächennahen Bereichen (bis 20 m unter GOK) eine detaillierte Erfassung des

Schichtenaufbaus. Die Sondierungen sowie die gewählte Darstellungs- und Interpretationsform (Maßstab) sind in der Lage, auch kleinräumige lithologische Wechsel in der Schichtenfolge abzubilden. Dadurch wird vor allem die Aussagefähigkeit in Hinblick auf die hydraulischen Verhältnisse im Untersuchungsgebiet stark erhöht. Schichtenverstellung, Schichtenerosion sowie Sandmittel können gut ausgehalten werden. Allerdings bereitet die Typisierung der bindigen Horizonte Schwierigkeiten. Für eine Abgrenzung von Beckenton zu Braunkohlenschluff bzw. geschiebearmen Geschiebemergel sind die Erfahrungen und vorliegenden Untersuchungsergebnisse zu gering, so daß eine zweifelsfreie lithologische Charakterisierung eines bindigen Horizontes über weite Entfernungen noch nicht möglich ist. Eine stratigraphische Einordnung der Schichtenfolgen ist nur mit Hilfe zusätzlicher Untersuchungen sinnvoll.

2.2.4 Kartierung

Einen wesentlichen Bestandteil des Projektes bildete die Erarbeitung einer geologischen Karte des Untersuchungsgebietes im Maßstab 1:10 000 (*Abb. 2.1*), in die der bisherige Kenntnisstand einzuarbeiten war.

Als topographische Grundlage dienten die entsprechenden Ausschnitte von 6 Blättern der TK 10 (AV mit Gauß-Krüger-Koordinaten) Rangsdorf S 0908-224, Zossen 0908-242, Mittenwalde 0909-113, Schöneiche 0909-131, Schenkendorf 0909-114, Gallun 0909-132. Der bearbeitete Sonderblattschnitt hat folgende Eckkoordinaten:

R 5396000	R 5396000	R 5404000	R 5404000
H 5787000	H 5794500	H 5787000	H 5794500

Die geologische Karte umfaßt somit eine Fläche von 60 km^2, in deren Zentrum sich der Deponiestandort Schöneiche befindet.

Die Darstellung der an der Oberfläche anstehenden geologischen Bildungen erfolgte in Anlehnung an die Kartierungsrichtlinie zur Geologischen Karte von Brandenburg 1:50 000 (LIPPSTREU 1993). Je nach geologischer Situation und Kenntnisstand wurden die an der Oberfläche und im oberflächennahen Bereich anstehenden Gesteine bis maximal 5 m und minimal 2 m Tiefe dargestellt. Auf die Abbildung von Gesteinen, deren Mächtigkeit unter 60 cm liegt, wurde in der Karte weitestgehend verzichtet. In vertikaler Abfolge werden maximal zwei Schichten dargestellt, die nach Lithologie, Fazies/Genese und Stratigraphie gekennzeichnet sind.

Zur Erfassung der räumlichen Schichtenzuordnung standen für die geologisch zu kartierende Fläche insgesamt 446 Bohrungen (*Abb. 2.2*) zur Verfügung. Dabei handelt es sich um 229 Altbohrungen sowie 47 neue Bohrungen, die im Rahmen des Projektes abgeteuft wurden. Von der Arbeitsgruppe Bodenkartierung (BGR) wurden zusätzlich Unterlagen von 170 2 m Peilstangensondierungen und 18 Schürfen für die Kartierung zur Verfügung gestellt. Die Verteilung der Bohrungen über das Untersuchungsgebiet ist sehr unregelmäßig. In unmittelbarer Nähe der Deponien sind die Bohrlochabstände oftmals nicht weiter als 300 m (HEIM 1994); zu den Randbereichen hingegen nimmt die Anzahl der Bohraufschlüsse deutlich ab. Im Gebiet südlich von Schöneiche konnte bei der Bearbeitung nur auf Archivmaterial und ältere geologische Karten zurückgegriffen werden, da dieses Gelände als Sperrgebiet auch weiterhin nicht zugänglich war.

2.3 Ergebnisse

2.3.1 Stratigraphisch-genetische Gliederung der quartären Schichtenfolge

Quartärbasis

Als Grundkonzept für die Erarbeitung der Quartärbasiskarte im Maßstab 1 : 25 000 (*Abb. 2.3*) mit 10 m - Isolinienintervallen wurde die „Karte ohne quartäre Bildungen 1 : 50 000 Blatt Königs Wusterhausen" (AHRENS 1993) verwendet, in der die für das Arbeitsgebiet bereits vorliegenden Daten zur Tiefenlage der Quartärbasisfläche von AHRENS, VOIGT & WILSDORF (1982) und HARTWICH (1982) punktuell überarbeitet in 50 m - Isolinienintervallen dargestellt wurde. Neue Daten, die eine Überarbeitung und Verdichtung der Aussage erforderlich und möglich machten, lieferten die Erkundungsbohrungen der BGR und der Grebner Ingenieure GmbH, Bohrungen der Hydrogeologischen Dargebotserkundung (SCHWALBE 1992), das Reprozessing der reflexionsseismischen Daten (Kap. 4.4) von Friedersdorf (SCHMIDT & KUBIG 1992) und der Geotechnische Gesamtbericht Deponie Schöneiche (HELLER 1994). Kenntnisse zu Quartärmächtigkeiten aus ca. 200 Bohrungen, die das Tertiär nicht erreichen, komplettieren die Grunddaten für die Erstellung der Quartärbasiskarte.

Unter Einbeziehung des Altbohrungsbestandes wurde in 47 Bohrungen aus dem Untersuchungsgebiet die Quartärbasis in Tiefen zwischen +26 m NN und -62 m NN angetroffen. Allerdings sind die Daten zur Quartärbasis im Untersuchungsgebiet sehr ungleichmäßig verteilt, so daß die Quartärbasis für den zentralen Teil sehr gut dokumentiert vorliegt, während die wenigen Bohrungen in den Randbereichen nur ein lückenhaftes Bild zeichnen.

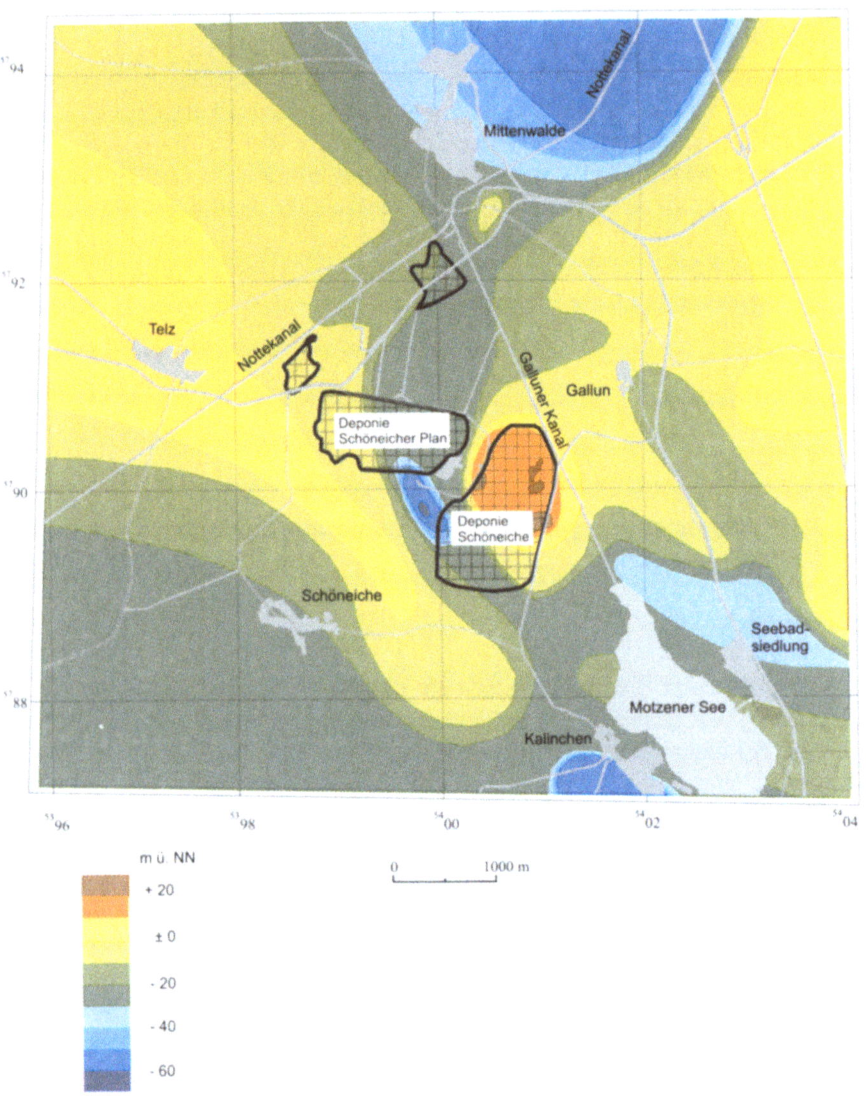

Abb. 2.3: Karte der Tiefenlage der Quartärbasisfläche

Lokale Übertiefungen bis unter -50 m NN sind meist Bestandteil regionaler quartärer Rinnenstrukturen. Mit ihrem nordwestlichen Flankenbereich tangiert die NE-SW verlaufende Töpchin-Ragower Quartärrinne den Bereich des Motzener Sees. Sie erreicht bei Töpchin Tiefen von mehr als -200 m NN. Die Kontur dieser Quartärrinne wird in den südöstlichen Randgebieten nur angedeutet, da der Hauptteil der Ausräumungszone außerhalb des Untersuchungsgebietes liegt. Eine NNW-SSE streichende Ausräumungszone, deren Basis im Raum Kallinchen bei Teufen unterhalb -100 m NN noch nicht erbohrt wurde (SCHWALBE 1992), erreicht im Südosten mit einer nach Nordwesten verlaufenden Ausbuchtung das Untersuchungsgebiet.

Im Norden, im Bereich der Randsenke von Mittenwalde, taucht die Quartärbasis auf Werte unterhalb -50 m NN ab. Dieser Bereich stellt sich als lokale Übertiefung mit einer steilen Südflanke dar, die jedoch auch außerhalb des Untersuchungsgebietes nicht die Tiefenlage einer Ausräumungszone erreicht und in keinem räumlichen Zusammenhang mit quartären Rinnenstrukturen steht. Auf Grund der unmittelbaren Nähe zur Mittenwalder Randsenke können sowohl halokinetische als auch glazigene Prozesse an der Gestaltung dieser schwachen Depression mitgewirkt haben.

Die tiefste erbohrte Quartärbasis von -62 m NN liegt am W-Rand der Deponie Schöneiche. Diese lokale steile Depression stellt sich im Kartenbild als lokales „Auswaschungsloch“ dar und kann aufgrund der heutigen Datenlage mit keiner der bereits bekannten regionalen Ausräumungsstrukturen in Verbindung gebracht werden.

Eine Tertiärhochlage mit Quartärbasiswerten bis zu +26 m NN zeichnet sich im Bereich der Deponie Schöneiche ab. Sie konnte anhand mehrerer Bohrungen identifiziert werden, wobei die extremen Höhen von mehr als +20 m NN punktuell aus einer lokalen Hochlage von +10 bis +20 m NN herausragen. Die räumliche Nähe zur Ausräumungsstruktur westlich der Deponie schafft für den zentralen Teil des Untersuchungsgebietes ein stark strukturiertes Relief der Quartärbasis.

Außerhalb der Hochlagen und Rinnenstrukturen lassen die Quartärbasiswerte ein welliges Relief der Tertiäroberfläche mit Werten von ±0 bis -40 m NN erkennen.

Die erbohrten Tertiärsedimente im Liegenden des Quartärs sind Schichtenfolgen der Oberen Briesker Folge. Lithologisch ist die gesamte Obere Briesker Folge einheitlich aufgebaut: Dunkle, kohlige, z. T. stark sandige Schluffe wechsellagern mit glimmerführenden, teilweise schluffig gebänderten Feinsanden oder feinsandigen Mittel- bis Grobsanden.

Elster-Kaltzeit (qe)

Nur wenige der Deponieerkundungsbohrungen erreichten elsterzeitliche Schichtenfolgen, so daß für die Darstellung ihrer Verbreitung und Mächtigkeit sowie für die Abgrenzung von jüngeren Ablagerungen meist stratifizierte

Altbohrungen herangezogen wurden. Die Stratifizierung basiert dabei auf Geschiebezählergebnissen und in einem Fall auf der Überlagerung durch holsteinzeitliche Mudden. Schichtenfolgen, für die keine bio- bzw. lithostratigraphischen Befunde vorlagen, wurden auf Grund ihrer Position im geologischen Modell (*Abb. 2.4*) eingeordnet.

Im Untersuchungsgebiet läßt sich nur eine Grundmoräne der Elster-Kaltzeit (qe//gm) nachweisen. Eine typisch elsterzeitliche flintreiche und an paläozoischen Kalken arme Kleingeschiebefracht wurde für die Bohrungen DS 1/93 und MWA KWH 105/81 analysiert. Allein aus der geologischen Position heraus ergab sich für die tendentiell eine saalezeitliche Kleingeschiebezusammensetzung aufweisenden Proben der Bohrungen DS 2/93 und KNC 108/91 eine elsterzeitliche Einstufung. Analoge Interpretationsschwierigkeiten mit den Ergebnissen der Geschiebeanalyse sind aus dem Raum Potsdam, Teltow und Ferch (HERMSDORF 1994) bekannt, wo die Überlagerung dieser atypischen Elster-Grundmoräne mit Sedimenten des Holsteinkomplexes ebenfalls eine Zuordnung zur Elster-Kaltzeit zwingend erforderlich macht.

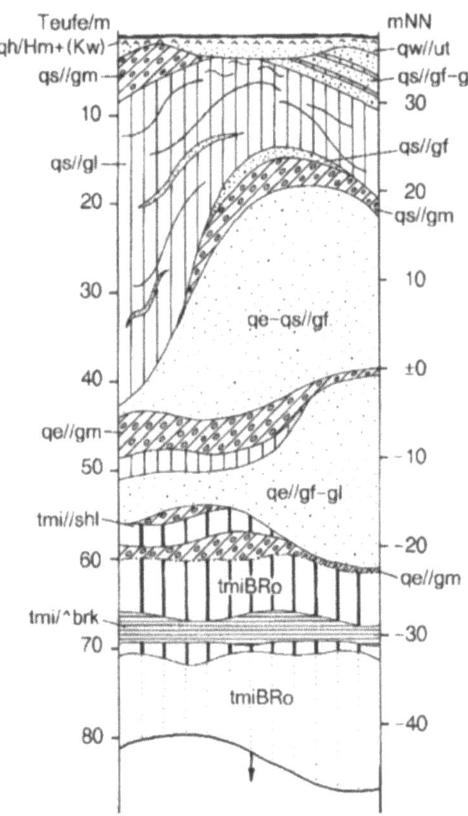

Abb. 2.4: Schematisches Normalprofil für die Deponie Schöneicher Plan

Die größten Geschiebemergelmächtigkeiten mit 40 - 50 m wurden nördlich von Mittenwalde und östlich von Gallun erbohrt. Durchschnittlich werden Mächtigkeiten von 10 - 20 m angetroffen. Die Grundmoränenoberkante liegt im größten Teil des Untersuchungsgebietes relativ horizont- und niveaubeständig bei +5 bis +10 m NN. Im glazigen deformierten Gebiet östlich von Gallun erreichen mächtige Geschiebemergelablagerungen das Talniveau von +28 m NN. Unter der Deponie Schöneiche hingegen ist in der aufgestauchten Tertiärhochlage die Grundmoräne nur noch in Form von geringmächtigen schollenartigen Geschiebemergelresten erhalten, die bis in ein Niveau von +25 m NN aufgeschleppt sind. Westlich der Deponiestandorte wurden Geschiebemergelablagerungen des Elster-Glazials vollständig erodiert.

Glazifluviatile Fein- bis Grobsande und glazilimnische Tone und Schluffe bzw. Feinsande, die im Hangenden der Elster-Grundmoräne bzw. im Liegenden der Saale Grundmoräne angetroffen werden, lassen sich auf Grund fehlender Befunde stratigraphisch nicht eindeutig zuordnen. Es kann deshalb nur eine elster- bis saalezeitliche Zuordnung vorgenommen werden (qe-qs//gf-gl). Im Liegenden der Elster-Grundmoräne dominieren glazifluviatile Fein- bis Grobsande (qe//gf), die häufig umgelagertes Tertiärmaterial führen. Nur untergeordnet gibt es Hinweise auf feinsandig, schluffig-tonige Beckenablagerungen (qe//gl).

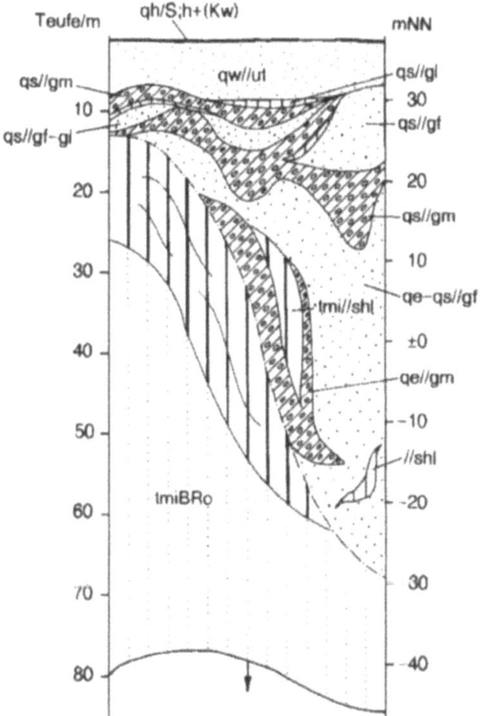

Abb. 2.5: Schematische Normalprofil Deponie Schöneiche

Die quartären Ausräumungszonen des Untersuchungsgebietes (s. o. Quartärbasis) wurden bereits während der Elster-Kaltzeit weitestgehend aufgefüllt (*Abb. 2.8*). Am Aufbau beteiligt sind tertiäres, kohliges Material führende Fein- bis Grobsande mit kiesigen Lagen, Schluffe und Tone, verstürzte Geschiebemergelpakete und von den Rinnenrändern glazigen abgescherte Tertiärschollen, die insgesamt auf Grund ihrer komplizierten gegenseitigen Lagerungsbeziehungen als Rinnenfazies (qe//rn) ausgehalten werden. Die mächtigsten elsterzeitlichen Ablagerungen im Untersuchungsgebiet sind an Depressionen und Tiefenzonen der Quartärbasisfläche gebunden.

Holsteinkomplex (qhol-qsu)

Limnische Sedimente, die vermutlich dem Holsteinkomplex zuzuordnen sind, wurden im Untersuchungsgebiet nur in der Bohrung TEZ 18/67 (*Abb. 2.14*) östlich des S-Randes der Deponie Schöneiche nachgewiesen (HARTWICH 1982). Dabei handelt es sich um eine etwa 2 m mächtige, kalkfreie, tonig-schluffige Muddelage, die von Geschiebemergel unterlagert wird.
Die Voreinstufung Holstein in der Bohrung DS 11/93 für einen Schluffhorizont bei ±0 m NN konnte durch die pollenanalytischen Untersuchungen (STRAHL 1995) nicht bestätigt werden. Das Pollenspektrum weist vorwiegend kaltzeitlich umgelagertes Neogen aus. Die elsterzeitliche Zuordnung des Schluffhorizontes wird somit gestützt (*Abb. 2.16*).

Saale-Komplex (qs)

Gerichtete Entwicklungen von glaziären Serien innerhalb der Saale-Eisvorstöße werden in den südlichen und mittleren Bereichen von Brandenburg nur selten beobachtet (LIPPSTREU 1995). In den Profilen fehlt entweder scheinbar die obere oder aber die untere Grundmoräne, so daß eine stratigraphische Zuordnung der erbohrten Schichtenfolgen sehr schwierig wird. Die relativ kurzzeitige Aufeinanderfolge beider Eisvorstöße und der sehr dynamische, mit kräftiger Exaration, glazigener Deformation und mächtiger Moränenbildung einhergehende 2. Saaleeisvorstoß, hinterließen ein schwer gliederbares saalezeitliches Sedimentpaket.

Das Untersuchungsgebiet zeichnet sich durch eine sehr wechselhafte Abfolge von saalekaltzeitlichen glazifluviatilen (qs//gf) bis glazilimnischen Bildungen (qs//gl) und Grundmoränen (qs//gm) aus. Sowohl die Grundmoränen als auch die Schmelzwasserbildungen sind weder niveau- noch horizontbeständig. Die Abgrenzung der saaleeiszeitlichen Ablagerungen stützt sich im wesentlichen auf zwei Bohrungen mit organogenen Bildungen der Holstein- bzw. der Eem-Warmzeit (TEZ 18/67, DS 44/93) und der Geschiebeanalyse einzelner Bohrungen.

In der Bohrung DS 44/93 wurde im Hangenden des Saale-Geschiebemergels ein 5 m mächtiger organogener Schluffmuddehorizont bei +25 m NN erbohrt, dessen geologische Position und lithologische Ausbildung eine Eem-warmzeitliche (qee) Zuordnung gestattet. Die pollenanalytischen Untersuchungen (STRAHL 1995) an zwei Proben aus dem Muddehorizont bestätigen die makroskopische Sedimentansprache. Für die Probe aus dem Hangenden des Horizontes ergibt sich aus dem Pollenspektrum die stratigraphische Einstufung ausgehendes Eem, Pollenzone 9 nach ERD. Die etwa aus der Mitte des Horizontes entnommene zweite Probe wird anhand ihres Pollenspektrums dem Eemklimaoptimum, Pollenzone 7 nach ERD zugeordnet. Für den südlichen Bereich des Untersuchungsgebietes ergibt sich somit eine eindeutige Abgrenzung zur Weichsel-Kaltzeit (*Abb. 2.17*).

Die Oberkante der Saale-Geschiebemergel erreicht in den Hochflächen von Telz und Kallinchen (*Abb. 2.11* und *2.13*) bei etwa +60 m NN und im glazigen deformierten Niederungsgebiet unterhalb der Deponie Schöneicher Plan bei +37 m NN die rezente Oberfläche (*Abb. 2.17*). Im Untersuchungsgebiet wird der saalezeitliche Geschiebemergel mit einer durchschnittlichen Mächtigkeiten von 10 m und i. a. in einem Niveau zwischen +20 und +30 m NN angetroffen. Bis zu 40 m mächtige Geschiebemergelpakete sind vor allem südlich und südwestlich der Deponie Schöneicher Plan und südlich der Deponie Schöneiche (*Abb. 2.8* und *2.11*) ausgebildet, wo elsterzeitliche Grundmoränen fehlen. Südlich und nördlich der Ortschaft Gallun sowie westlich der Deponie Schöneicher Plan fehlt in weiten Teilen der Nachweis einer saalezeitlichen Grundmoräne (*Abb. 2.16* und *2.12*). Am Südrand der Ortslage Mittenwalde zerflasert die saalezeitliche Grundmoräne in Einzellagen bzw. in mehr oder weniger voneinander isolierte „Schollen“, die nicht weit aushaltend sind (*Abb. 2.15*). Überdurchschnittliche oder sehr geringe Mächtigkeiten, stellenweise mit chaotischer Lagerung verbunden, deuten auf eine glazitektonische Ursache dieser anormalen Lagerungsverhältnisse hin. Der Saalegeschiebemergel, angetroffen in der Bohrung DS 1/93, wird im Hangenden als ein olivgrauer schluffiger Mittelsand mit nur geringer Kiesfracht beschrieben, der zum Liegenden in einen kompakten, dunkelolivgrauen, feinsandigen Schluff mit deutlicher Geschiebefracht übergeht. Die Geschiebeanalytik erbrachte eine typisch saalezeitliche Kleingeschiebezusammensetzung.

Mächtige feinsandig-schluffige und schluffig-tonige Stillwasserablagerungen im Bereich der Deponie Schöneicher Plan (*Abb. 2.10* und *2.17*), die im letzten Jahrhundert und Anfang dieses Jahrhunderts Gegenstand von Abgrabungen waren, sind aufgrund ihrer lithologischen Ausbildung und geologischen Position vermutlich mit den sogenannten „Glindower Tonen“ aus dem Raum Potsdam zu konnektieren. Sie sind im Bereich der Glindower Platte weit verbreitet und werden von ZIERMANN (1974,1993) aufgrund der Überlagerung durch eine Saale-Grundmoräne (S2-Fazies) als Bildungen nach dem 1. Saaleeisvorstoß interpretiert. Nach LIPPSTREU (1995) fehlt jedoch eine Drenthe-Grundmoräne (Älterer Saalevorstoß) im Liegenden des Glindower Tons in weiten Teilen. Die Bänderschluffolge entwickelt sich aus frühsaalezeitlichen Ablagerungen und den sogenannten „unteren Spatsanden“ (LAUFER

1884), die den saalezeitlichen Vorschüttsanden entsprechen, so daß eine Stellung zwischen dem 1. und 2. Saaleeisvorstoß nicht unbedingt als gesichert gilt. An der Typuslokalität (LAUFER 1882) und im Untersuchungsgebiet zeigen die „Glindower Bändertone" eindrucksvolle glazigene Stauchfaltenbildungen (*Abb. 2.10*); im Bereich der Deponie Schöneicher Plan treten sie nur wenige Dezimeter unterhalb der Oberfläche bzw. an der Oberfläche auf. Aus den ehemaligen Ziegeleigruben wurden sie als „emporgepresste, aufgequollene Tonbank" mit durchschnittlichen Mächtigkeiten von nicht mehr als 12 m beschrieben (WAHNSCHAFFE 1883). Bekannt sind jedoch auch Bohrungen (z. B. HY EHL 47/1900), in denen ein etwa 30 m mächtiges Tonpaket erbohrt wurde. Die lithologische Zusammensetzung des Tonhorizontes ist, wie in Bohrung DS 2/93 über eine Mächtigkeit von 28 m zu beobachten, relativ homogen. Der dunkelolivgraue, tonige Schluffhorizont enthält untergeordnet feinsandige und kiesige Komponenten und weist sowohl massige als auch schlierige oder gebänderte Abschnitte auf.
Im Bereich der Ortslage Gallun findet man in etwa ähnlicher geologischer Position ein feinsandig-schluffiges bis schluffig-toniges Sedimentpaket, welches von Geschiebemergelhorizonten überlagert und durchsetzt wird (*Abb. 2.14*). Die nur aus Bohrungen recht dürftig und ungenau beschriebene lithologische Ausbildung dieser Beckenablagerung erlaubt keine zweifelsfreie stratigraphische Zuordnung, so daß es ausgehend von den geologischen Lagerungsverhältnissen und einer durchschnittlichen Mächtigkeit von etwa 10 m, naheliegend erscheint, diesen Horizont ebenfalls den „Glindower Tonen" zuzuordnen.

Die glazifluviatilen Sande bis Kiessande im Liegenden und Hangenden des Geschiebemergels enthalten überwiegend nordisches Material (Flint, rote Späte, paläozoische Kalke, Schiefer). Ihre Abtrennung von den elsterzeitlichen glazifluviatilen Ablagerungen ist mit den spärlichen Vorkommen warmzeitlicher Bildungen (Holstein) nur stellenweise möglich. Die saalezeitlichen Schmelzwassersande im Hangenden des Saalegeschiebemergels wurden anhand ihrer überwiegend nordischen Zusammensetzung, ihrer makroskopisch erkennbaren gröberkörnigen Ausbildung, ihrer überwiegend graubraunen Farbe und ihrer allgemeinen geologischen Profileinbindung von den weichselzeitlichen Talsandbildungen abgetrennt.

Weichsel-Kaltzeit (qw)

Wie bereits für die glazifluviatilen Bildungen im Hangenden der Saalegrundmoräne beschrieben, ist eine methodisch einwandfreie Abtrennung der weichselkaltzeitlichen Schichten nur in Profilen mit dem palynologischen Nachweis eemzeitlicher Schichten möglich. Im Untersuchungsgebiet ermöglichte das eemzeitliche Muddesediment in der Bohrung DS 44/93 südlich der Deponie Schöneicher Plan eine solche Abgrenzung (*Abb. 2.7* und *2.17*). Die glazifluviatilen Sande sind hier als Vorschüttphase der Weichsel-Kaltzeit (qw//gf(vs) zu interpretieren.

Die Oberflächengestaltung des Untersuchungsgebietes wurde maßgeblich von der Weichsel-Kaltzeit bestimmt. Die rezente Zertalung der saale- und weichselzeitlichen Grundmoränenhochflächen geht auf die Anlage weichselzeitlicher Schmelzwasserabflußbahnen zurück und führte letztendlich zur Ausgestaltung des Untersuchungsgebietes als größtenteils weichselglazial geprägtes Niederungsgebiet (*Abb. 2.1*). Hauptsedimente dieser Niederung sind glazifluviatile, gelbe bis hellgraue, relativ gleichkörnige und gut sortierte Fein- bis Mittelsande (qw//ut). Die Mächtigkeit der Talsande schwankt in Abhängigkeit von der erosiven Schmelzwassereintiefung in die saalezeitlichen Ablagerungen zwischen 1 und 12 m. Die Talbasis liegt bei durchschnittlich +30 m NN.
Einige morphologische Elemente des Untersuchungsgebietes wurden bereits während der Saale-Kaltzeit angelegt. Die Bedeckung der Hochflächen von Telz und Kallinchen mit saalezeitlicher Grundmoräne weisen darauf hin, daß für das im südlichen Teil des Jungmoränengebietes relativ geringmächtige Weichsel-Inlandeis diese Bereiche wie „Strompfeiler“ wirkten, die nur geringfügig überprägt wurden (GELLERT 1965).

Die Grundmoräne des Brandenburger Stadiums der Weichsel-Kaltzeit (qw//gm) findet man nur in geringmächtigen, nicht horizontbeständigen Erosionsresten an den Hängen und in den Hochflächen des Galluner Forstes und am Galgenberg (*Abb. 2.9*, *2.12* und *2.16*), wo sie das Vorschüttglazifluviatil überlagert.

Die Weichsel-Grundmoräne wird in den Hochflächen von einer dünnen Schicht sogenannter „Oberer Sande“ (BEHRENDT & LAUFER 1882) überdeckt. Dabei handelt es sich um während der Rückschmelzphase (Nachschüttphase) abgelagerte geringmächtige und lückenhaft verbreitete Toteis-Schmelzwassersande (*Abb. 2.9*), die sich aber kaum von periglaziären Sanden unterscheiden und daher mit diesen zusammengefaßt wurden (qw//p). Die fein- bis grobkörnigen Sande weisen meist kiesige Beimengungen auf, sind reich an Geschieben und ungeschichtet. Sie sind in der Regel nie mächtiger als 5 m.

Während des Weichsel-Periglazials erfolgten umfangreiche Veränderungen und Umlagerungen des Sedimentmaterials im oberflächennahen Bereich. Die Auswirkungen dieser Verwitterungsprozesse sind im Untersuchungsgebiet besonders auf den Hochflächen und an den Hochflächenrändern erkennbar (*Abb. 2.1*), wo periglaziäre Sedimente (qw//p) auftreten. Insbesondere in Hangnähe konnte durch das zeitweilige Auftauen der obersten Sedimentschicht in den Sommermonaten eine wasserreiche, breiige Sedimentmasse entstehen, die schon bei geringstem Gefälle ins Fließen kam und als Fließerde am Hangfuß abgelagert wurde (HINZE et al. 1989). Die geringmächtigen, unsortierten Oberflächensande enthalten meist wenig Schluff und vereinzelt Kiese. Die Ablagerungen sind ungeschichtet und strukturlos.

Holozän (qh)

Nach dem Rückzug des Eises taute in den Rinnen das letzte Toteis aus. In den Hohlformen entstanden die großen Seen und ein Flußnetz bildete sich heraus. Die Besiedlung der Oberfläche mit Pflanzen führte zur Bodenentwicklung (LIEDTKE & MARCINEK 1994). Im Untersuchungsgebiet kam es vor allem in den Gebieten mit Talsandbedeckung zu einer weitflächigen Überlagerung mit holozänen, meist organogenen Bildungen.

Die Niederungsgebiete zeichneten sich durch einen hohen Wasserüberschuß aus, der in Verbindung mit der unvollständigen Zersetzung von Pflanzengesellschaften und Sauerstoffmangel die Bildung von Niedermoortorf (qh/Hn) und Moorerde (qh/Hm) sowie humosen Sanden (qh/S;h) mit nesterartigen Einlagerungen von Kalkmudden und Kalkausfällungen (Fkm, Kw) begünstigte (*Abb. 2.1*). Die flächenhafte Verbreitung dieser Sedimente im Untersuchungsgebiet ist in den letzten 50 Jahren sehr stark rückläufig, da die intensive landwirtschaftliche Bewirtschaftung der Flächen meist mit meliorativen Eingriffen verbunden war, die den Grundwasserspiegel absenkten. Die holozänen organogenen Bildungen im Untersuchungsgebiet umfassen kleinere, an Feuchtgebiete gebundene Flächen; ihre Mächtigkeit übersteigt nur selten 1 m, die Geländeoberkante liegt verbreitet bei +35 m NN.

Windablagerungen findet man im südlichen Teil des Untersuchungsgebietes. Sie sind zumeist Talsandablagerungen aufgesetzt und allein schon durch ihre morphologische Form als Dünen (qh//d) erkennbar (*Abb. 2.1*). Es sind überwiegend Fein- bis Mittelsande, die sich durch eine sehr gute Sortierung auszeichnen. Die Dünensande sind weißgrau bis gelb gefärbt.

2.3.2 Geologischer Aufbau des Deponieuntergrundes Schöneiche/Schöneicher Plan

Ausgangspunkt der Arbeiten im Untersuchungsgebiet war die Frage nach Ausbildung der geologischen Barriere im Untergrund und im Umfeld der Großdeponien Schöneicher Plan und Schöneiche. Die Deponie Schöneicher Plan wird bereits seit den 20er Jahren und die Deponie Schöneiche seit den 70er Jahren vorwiegend zur Einlagerung von Hausmüll und Bauschutt betrieben. Da sie zu Zeiten angelegt wurden, als die heute maßgeblichen Kriterien für Standortentscheidungen noch nicht zur Anwendung kamen, existieren nur unzureichende Informationen zum geologischen Untergrund der Standorte. Es ist daher vorrangig zu klären, inwieweit abdichtende Gesteinsschichten an der Deponiebasis (geologische Barriere) die Ausbreitung kontaminierter Wässer aus dem Deponiekörper verhindern, da beide Deponien weder über eine Basis- und Oberflächenabdichtung, noch über eine Sickerwasserfassung verfügen.

Die Deponie Schöneicher Plan wurde zunächst in den auflässigen Restlöchern des seit Ende des letzten Jahrhunderts bis in die 20er Jahre dieses Jahrhunderts betriebenen Tonabbaus für Ziegeleien angelegt. Frühe Luftbildaufnahmen zeigen die mit Wasser aufgefüllten Tongruben und lassen erkennen, daß das Deponiegelände heute weit darüber hinausreicht. Der heute bis 55 m NN aufgeschüttete, heterogen zusammengesetzte Deponiekörper erschwert das Abteufen von Bohrungen zum Aufschluß der unter der Deponie verbreiteten Gesteinsschichten beträchtlich; es muß auch beachtet werden, daß jedes Durchteufen der abdichtenden Gesteine die Möglichkeit neuer Kontaminationsbahnen in den Untergrund zumindest nicht ausschließt. Es mußte deshalb in diesem sensiblen Bereich auf Bohrungen verzichtet werden.

Die geologische Schichtenfolge in den auflässigen Tongruben wurde von WAHNSCHAFFE (1883) in den Erläuterungen zur Geologischen Spezialkarte 1 : 25 000 Blatt Mittenwalde 3747, beschrieben. Diese Aufzeichnungen und eine Bohrung von 1900, die sich auf dem Deponiegelände befindet, ergänzt durch Bohrungen in unmittelbarer Nähe des Deponiegeländes, bildeten die Grundlage für die Erarbeitung des schematischen Normalprofils der Deponie Schöneicher Plan (*Abb. 2.4*).

Das Gelände der heutigen Deponie Schöneiche ist in älteren Luftbildaufnahmen (aus den 40er Jahren) und Karten als landwirtschaftliche Nutzfläche ausgewiesen. Vor Errichtung der Deponie wurden in den 70er Jahren Baugrund- und Pegelbohrungen niedergebracht. Das Beräumen der S- und SE-Halde zur Anlage einer Basisabdichtung gestatteten 1994 weitere Baugrundbohrungen auf dem Deponiegelände. Die dokumentierten Schichtenfolgen liefern ein kompliziertes, jedoch gesichertes Bild über den Schichtenaufbau unter dem Deponiekörper (*Abb. 2.5*).

Beide Deponiestandorte liegen in einem weichselzeitlichen Niederungsgebiet, in dem, von anthropogenen Aufschüttungen abgesehen, überwiegend Anmoorbildungen (qh/Hm+Kw) und humose Sande mit zumeist nesterweise auftretenden Kalkausfällungen (qh/S;hm+Kw) des Holozäns die oberflächigen Ablagerungen bilden (Kap. 2.3.1). Ihre Mächtigkeit beträgt zumeist nur wenige Dezimeter. Die holozänen Bildungen werden überwiegend von fein- bis mittelkörnigen Niederungssanden mit vereinzelten Grobkornanteilen unterlagert. Diese Sande sind Ablagerungen von Schmelzwässern der Weichsel-Kaltzeit (qw//ut) und weisen im Bereich der Deponie Schöneiche 5 - 8 m Mächtigkeit auf. Sie dünnen jedoch am westlich gelegenen Standort der Deponie Schöneicher Plan deutlich aus. Hier erreichen diese Talsande nur noch eine Mächtigkeit von 2 m oder fehlen auch gänzlich insbesondere in Bereichen, wo der saalezeitliche Geschiebemergel (qs//gm) am Hang der liegenden tonig-schluffigen Beckenablagerungen (qs//gl) glazigen emporgepreßt wurde. Geringmächtig sind die feinkörnigen Talsande auch dort, wo sie von Sanden mit zunehmendem Grobkornanteil, in die partienweise tonig-schluffige Bänder und Lagen eingeschaltet sind (qs//gf-gl), unterlagert werden.

Im Profil Schöneicher Plan schließt sich im Liegenden eine glazitektonisch deformierte, jedoch lithologisch homogene Bänderschluffserie (qs//gl) an, in die Lagen von verlagertem Geschiebermergel (qs//gm) und Sand (qs//gf) eingeschaltet sind. Diese Ablagerungen, die mit dem Glindower Ton aus dem Potsdamer Raum konnektiert werden können, sind durchschnittlich 12 m mächtig, erreichen aber auch Mächtigkeiten bis 30 m.

Am Deponiestandort Schöneiche fehlen diese mächtigen glazilimnischen Ablagerungen vollständig. Im Liegenden des Talsandes folgt hier ein saalezeitlicher Geschiebemergelkomplex (qs//gm), der stellenweise von dünnen limnischen Schluffbändern über- und unterlagert bzw. von diesen durchsetzt wird. In den flachwellig lagernden Geschiebermergelhorizont schalten sich unterschiedlich mächtige Sandlinsen ein, so daß er abschnittsweise in mehrere Horizonte aufgespalten erscheint und randlich auskeilt. Der saalezeitliche Geschiebemergel zeigt sich nur kleinräumig horizont- und niveaubeständig.

Charakteristisch für den Zentralteil der Deponie Schöneiche ist eine relativ kleinräumige, extreme Tertiärhochlage (*Abb. 2.3*), in deren Bereich der saalezeitliche Geschiebemergelkomplex direkt den tertiären Braunkohlenschluffen der Oberen Briesker Schichten (tmiBRo) auflagert. Im Flankenbereich der Hochlage ist der Schichtenverband der auflagernden quartären Bildungen stark von den glazigenen Stauchungsprozessen beeinflußt; und auch für die tertiären Sedimente ist von glazigenen Deformationen auszugehen. Die elsterzeitliche Grundmoräne wurde an der N-Flanke der Tertiäraufwölbung aufgeschoben und hat dabei tertiäres Sedimentmaterial aufgenommen (*Abb. 2.15*). Auch in den im Hangenden folgenden, nicht weiter differenzierbaren elsterzeitlichen bis saalezeitlichen glazifluviatilen Ablagerungen treten Schollen tertiären Materials auf. Mit dem tieferen Einschneiden der quartären Sedimente in das Tertiär, wurden die Braunkohlenschluffe am Rinnenrand ausgeräumt, so daß miozäne Glimmersande die glazifluviatilen elsterzeitlichen Sedimente unterlagern.

Im Profil der Deponie Schöneicher Plan sind hingegen ruhigere Lagerungsverhältnisse zu beobachten. Im Liegenden der glazigen aufgestauchten, schluffig-tonigen Beckenablagerungen folgt ein mächtiger glazifluviatiler elsterzeitlicher bis saalezeitlicher Sandhorizont (qe-qs//gf), der von einem geringmächtigen, relativ niveau- und horizontbeständigen Elstergeschiebemergel (qe//gm) unterlagert wird. Im Liegenden folgt ein elsterzeitlicher glazifluviatiler bis glazilimnischer Sand-Schluff-Komplex (qe//gf-gl); an der Quartärbasis lagert ein elsterzeitlicher Geschiebemergelhorizont, der stark mit tertiärem Material durchsetzt ist. Die quartäre Sedimentfolge wird söhlig von flözführendem Braunkohlenschluff unterlagert.

Beide Profile deuten darauf hin, daß abdichtende Horizonte unterhalb der Deponiekörper vorhanden sind. Aufgrund der insgesamt komplizierten Lagerungsverhältnisse, insbesondere in den oberen Profilbereichen und vor allem wegen des z. T. unzureichenden Erkundungsgrades kann das Vorhandensein von glazitektonischen Wegsamkeiten, Klüften bzw. Engklüftungszonen oder Schichtenausdünnungen in den bindigen Horizonten und damit abwärts gerichtete Kontaminationswege zumindest nicht ausgeschlossen werden.

2.3.3 Quartärgeologisches Modell von Schöneiche - Mittenwalde

Geologischer Werdegang

Auf der Grundlage der Auswertung neuer Erkundungsbohrungen sowie der Einarbeitung des Altbohrungsbestandes wurde das geologische Modell für das Quartär des Untersuchungsgebietes erarbeitet (Karte der Quartärbasis *Abb. 2.3* und Schnittdarstellungen *Abb. 2.6 - 2.17*).

Die Verbreitung der quartären und tertiären Ablagerungen in der Randsenke des Diapirs Mittenwalde im Norden des Untersuchungsgebietes wird von der sich gegenläufig verhaltenden Intensität quartärer Abtragung und halokinetischer Senkung kontrolliert (AHRENS et al. 1982). Die Mächtigkeit der tertiären Sedimentserien geht außerhalb der Randsenke in Abhängigkeit vom pleistozänen Erosionschnitt zurück (AHRENS 1993). Eine lokale Tertiärhochlage im Bereich der Deponie Schöneiche deutet darauf hin, daß von den glazigenen Stauchungen auch tertiäre Ablagerungen erfaßt wurden. Eindeutige Hinweise darauf liefert der in unmittelbarer Nähe des Untersuchungsgebietes liegende und von WAHNSCHAFFE (1883) beschriebene Altbergbau auf Braunkohle bei Schenkendorf. Kerngebiet der Verteilung der mittelmiozänen Oberen Briesker Schichten unterhalb der Quartärbasisfläche ist die Randsenke des Diapirs Mittenwalde, wo durch syngenetischen Ausgleich von Senkungsimpulsen z. T. beträchtliche Mächtigkeiten erreicht werden (MWA KWH 105/81 = 103 m, MWA KWH 106/81 = 126 m). Lithologisch und auch faziell sind die gesamten Oberen Briesker Schichten einheitlich ausgebildet (AHRENS et al. 1982). Dunkle kohlige, teilweise feinsandig, glimmerführende, gebänderte Schluffe wechsellagern mit schluffig gebänderten Feinsanden, partienweise auch mit Mittel- bis Grobsanden (letztere mit Blauquarz). Wühlspuren und einzelne Glaukonitkörner sind relativ regelmäßig vorhanden.

Im Südosten wird das Untersuchungsgebiet von einer NNW-SSE streichenden quartären Rinne flankiert (SCHWALBE 1992). Sie ist Teil der von RUTHSATZ (1979) beschriebenen NE-SW streichenden Töpchin-Ragower-Ausräumungszone. LOTSCH et al. (1977) nehmen im Raum Berlin eine hydromechanisch subglaziäre Anlage der Rinnen vom Höchststand der 1. Inlandeistransgression bis in die Eiszerfallsphase des 1. Elstervorstoßes (qe1) an. Dabei spiegeln die Rinnen in ihrem Verlauf die verstärkte Herausbildung eines unterschiedlich dimensionierten, radialen Spaltennetzes mit marginalen Querverbindungen wider. Die Anlage der Rinnen erfolgte rückschreitend von S nach N entsprechend dem Eiszerfall während der Elsterkaltzeit. Die Verschüttung setzte während des 1. Vorstoßes des Elsterglazials ein und dauerte zwischen dem ersten und zweiten Elstereisvorstoß (qe1-2) an (LIPPSTREU et al. 1994). Die glazilimnischen Rinnenfüllungen sind arm an nordischem Material und bestehen überwiegend aus umgelagerten Tertiärsedimenten. Ergebnis exarativer und glazihydromechanischer Einflüsse ist auch eine lokal deutliche Übertiefung westlich der Deponie Schöneiche, die vorwiegend mit

Sanden, Kiesen, Beckenschluffen bzw. -feinsanden mit einem hohen Anteil an tertiärem Material verfüllt wurde.

Der anschließende 2. Elstereisvorstoß (qe2) transgredierte in ein sehr heterogenes, noch stark mit Toteis belastetes Relief, wobei nicht oder unvollkommen verfüllte Rinnen exarativ erweitert und die noch wenig kompaktierten Rinnenfüllungen sowie das liegende Miozän deformiert wurden. Tertiäre Sedimente wurden auch in den Rinnenzwischengebieten abgeschert und als glazigene Schollen verfrachtet. Die aus dem elsterzeitlichen Eis abgesetzte Grundmoräne zeigt im Untersuchungsgebiet eine insgesamt lückenhafte Verbreitung und schwankende Mächtigkeiten, bedingt durch spätelsterzeitliche bis saalezeitliche Erosions- und Stauchungsprozesse; sie ist lithologisch inhomogen entwickelt. Im südwestlichen Bereich des Untersuchungsgebietes wurde der Geschiebemergel von spätelsterzeitlicher bis saalezeitlicher Erosion vollständig abgetragen. Im Bereich der Tertiärhochlage sind nur geringmächtige Reste der elsterzeitlichen Sequenz erhalten. Große Mächtigkeiten der 2. Elstergrundmoräne bis zu 50 m sind im östlichen und nordöstlichen Teil des Untersuchungsgebietes erhalten, wo sie stellenweise, bedingt durch glazigene Aufstauchung weichselzeitliche Sedimente unterlagern. Den Abschluß der elsterzeitlichen Sequenz bilden Beckenschluffe sowie glazifluviatile Sande und Kiese.

Nach dem Abschmelzen des Elstereises verblieb das untersuchte Gebiet als flachwelliges Hochflächenareal ohne nennenswerte Akkumulationsräume für eine holsteinwarmzeitliche Sedimentation. Daraus resultiert, daß weitflächig verbreitete Ablagerungen der Holstein-Warmzeit (qhol) weitestgehend fehlen. Ausnahme bildet ein eng begrenztes lokales Vorkommen limnischer Bildungen nordöstlich des Motzener Sees, welches mit der Bohrung TEZ 18/67 erfaßt wurde und mit Vorbehalt der Holstein-Warmzeit zuzuordnen ist. Die Akkumulation der organogenen Stillwassersedimente erfolgte vermutlich in einer kleinräumigen, mehr oder weniger isolierten, flachen Senke innerhalb des elsterzeitlichen Hochflächenareals; eine Anbindung an den Berlin-westbrandenburgischen Sedimentationsraum deutet sich nicht an.

Die vielerorts im Berliner Raum und seinem Umland verbreiteten, das limnische Holstein subkonkordant überlagernden fluviatilen Ablagerungen des Saale-Frühglazials (qsu) konnten bislang im Untersuchungsgebiet nicht nachgewiesen werden. Beschreibungen zu Vorkommen charakteristischer frühsaalezeitlicher Sedimente (z. B. fluviatile Ablagerungen) des Saale-Frühglazials mit Fuhne-Kaltzeit (qsFN), Dömnitz-Warmzeit (qsDZ), Saale-Frühglazial s. str. (qsu) und der Vorschüttphase des 1. Saaleeisvorstoßes (qs//vs) fehlen bisher. Ursache scheint das Weiterbestehen einer der Verwitterung und Denudation ausgesetzten Hochfläche im Bereich des Untersuchungsgebietes zu sein, wo akkumulative Prozesse eine untergeordnete Rolle spielten.

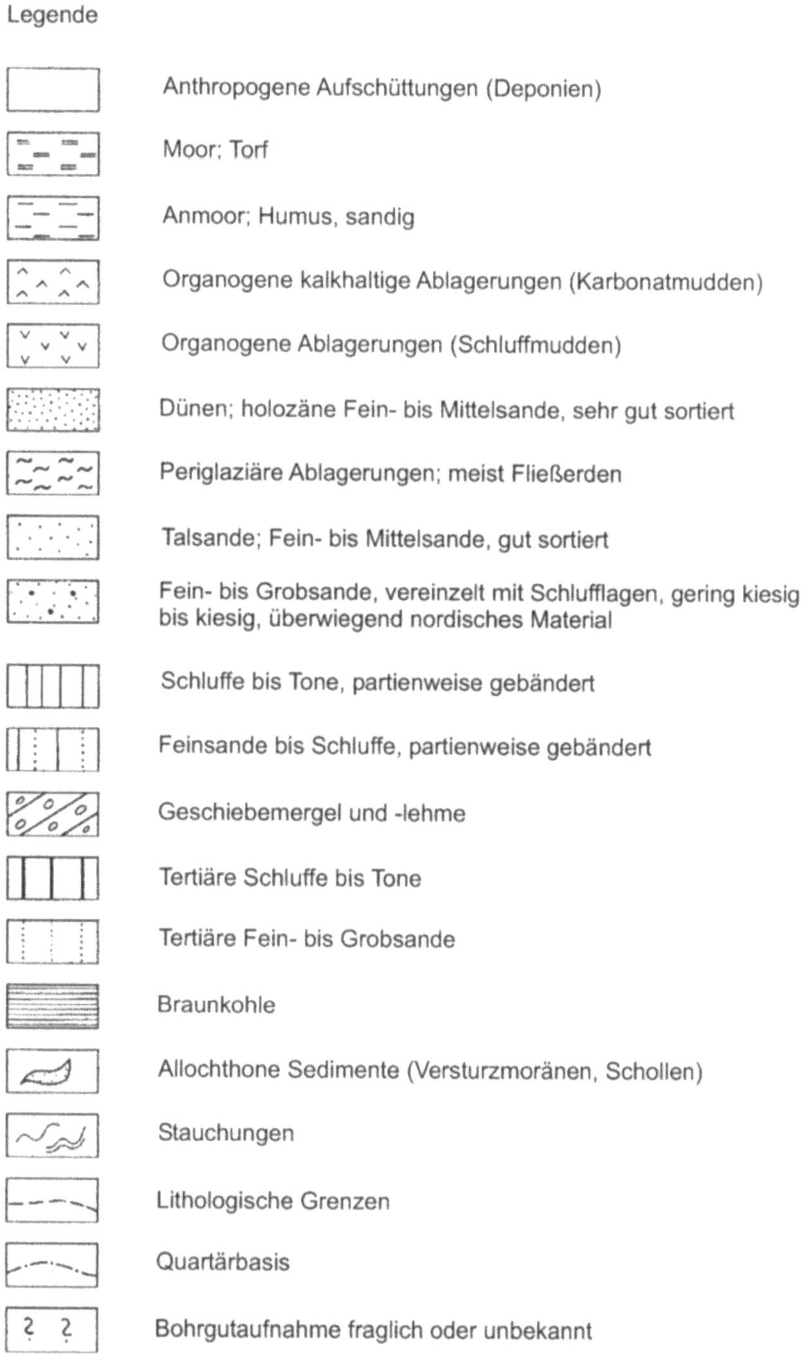

Legende

Anthropogene Aufschüttungen (Deponien)

Moor; Torf

Anmoor; Humus, sandig

Organogene kalkhaltige Ablagerungen (Karbonatmudden)

Organogene Ablagerungen (Schluffmudden)

Dünen; holozäne Fein- bis Mittelsande, sehr gut sortiert

Periglaziäre Ablagerungen; meist Fließerden

Talsande; Fein- bis Mittelsande, gut sortiert

Fein- bis Grobsande, vereinzelt mit Schlufflagen, gering kiesig bis kiesig, überwiegend nordisches Material

Schluffe bis Tone, partienweise gebändert

Feinsande bis Schluffe, partienweise gebändert

Geschiebemergel und -lehme

Tertiäre Schluffe bis Tone

Tertiäre Fein- bis Grobsande

Braunkohle

Allochthone Sedimente (Versturzmoränen, Schollen)

Stauchungen

Lithologische Grenzen

Quartärbasis

Bohrgutaufnahme fraglich oder unbekannt

Abb. 2.6: Legende für die geologischen Schnitte und die schematischen Normalprofile

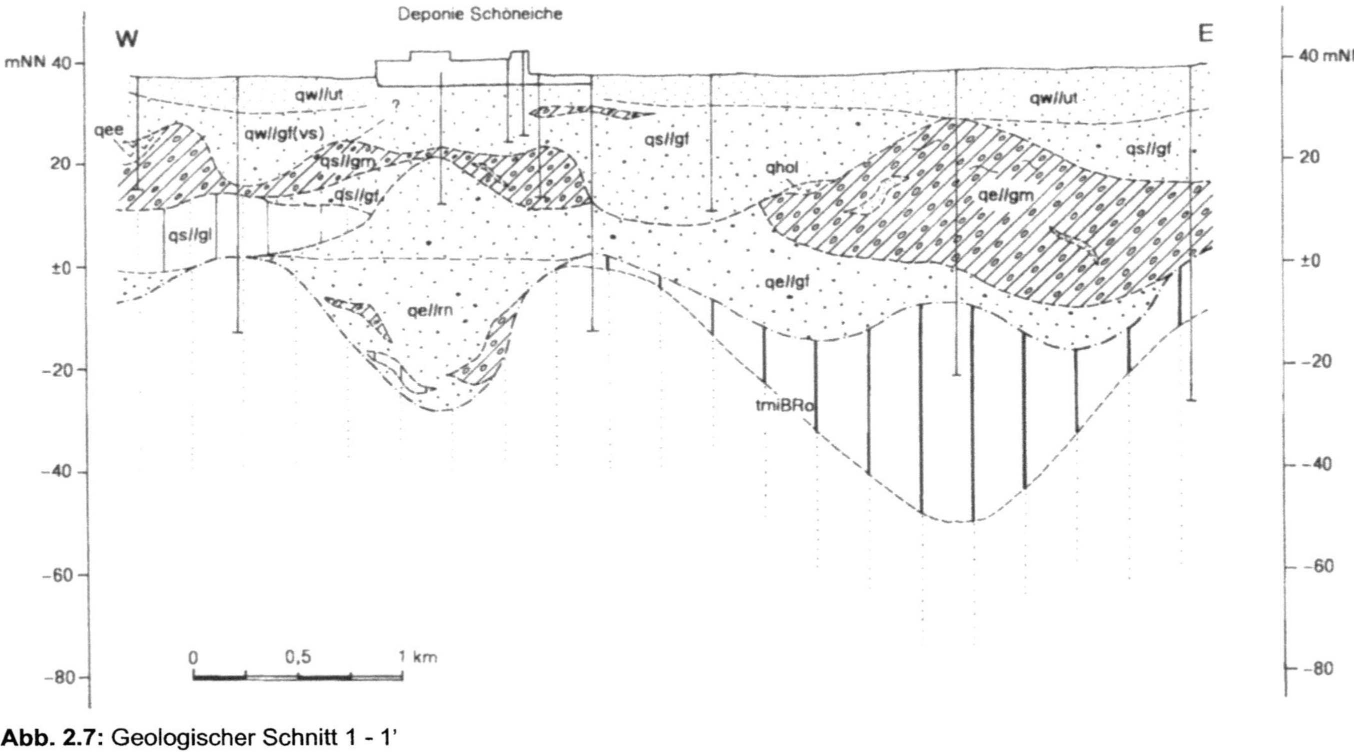

Abb. 2.7: Geologischer Schnitt 1 - 1'

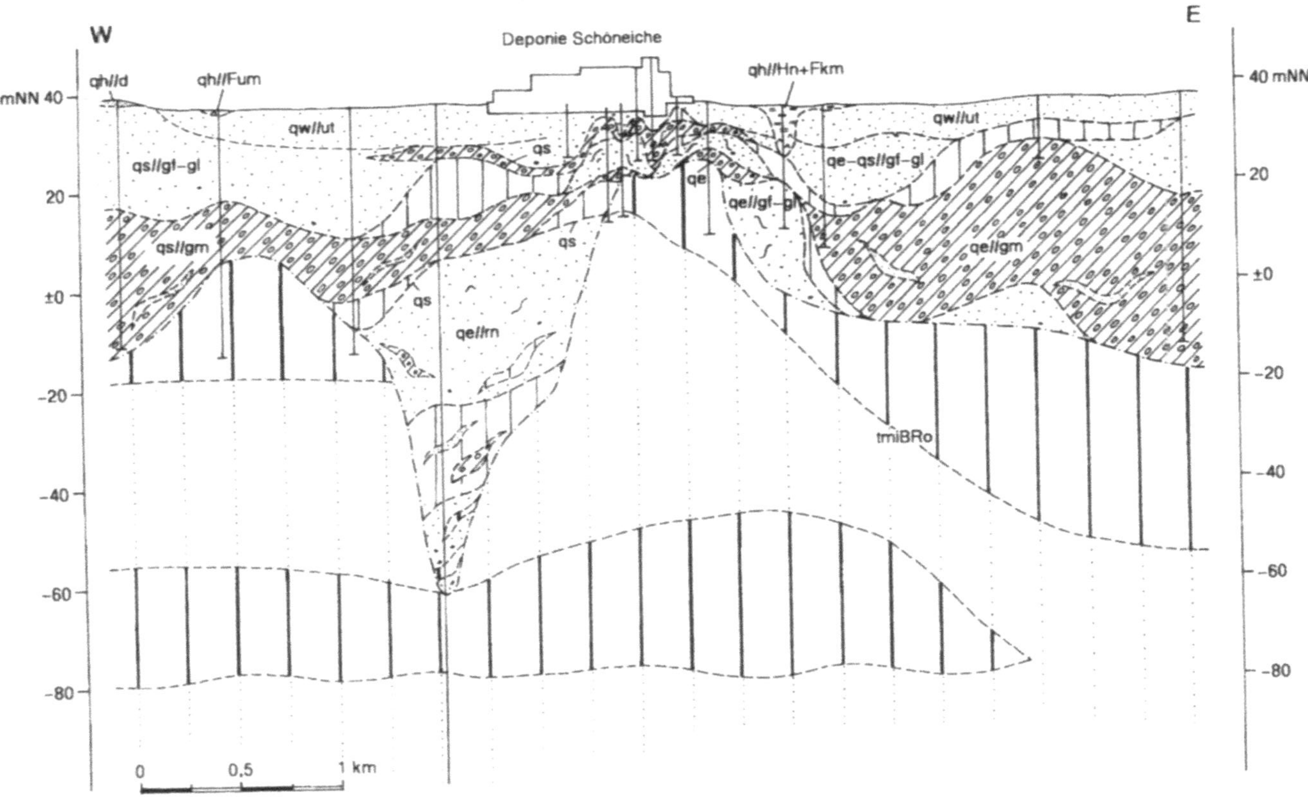

Abb. 2.8: Geologischer Schnitt 2 - 2'

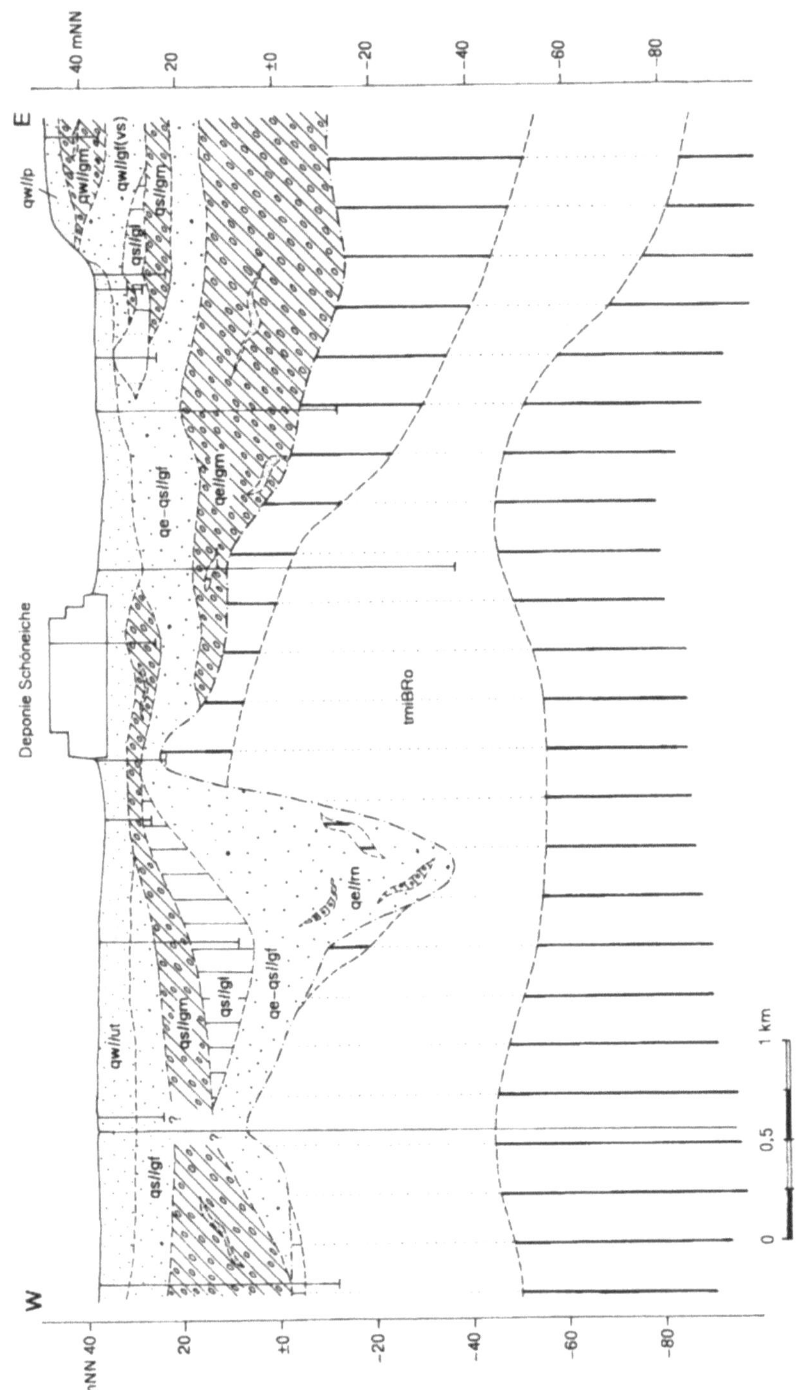

Abb. 2.9: Geologischer Schnitt 3 - 3'

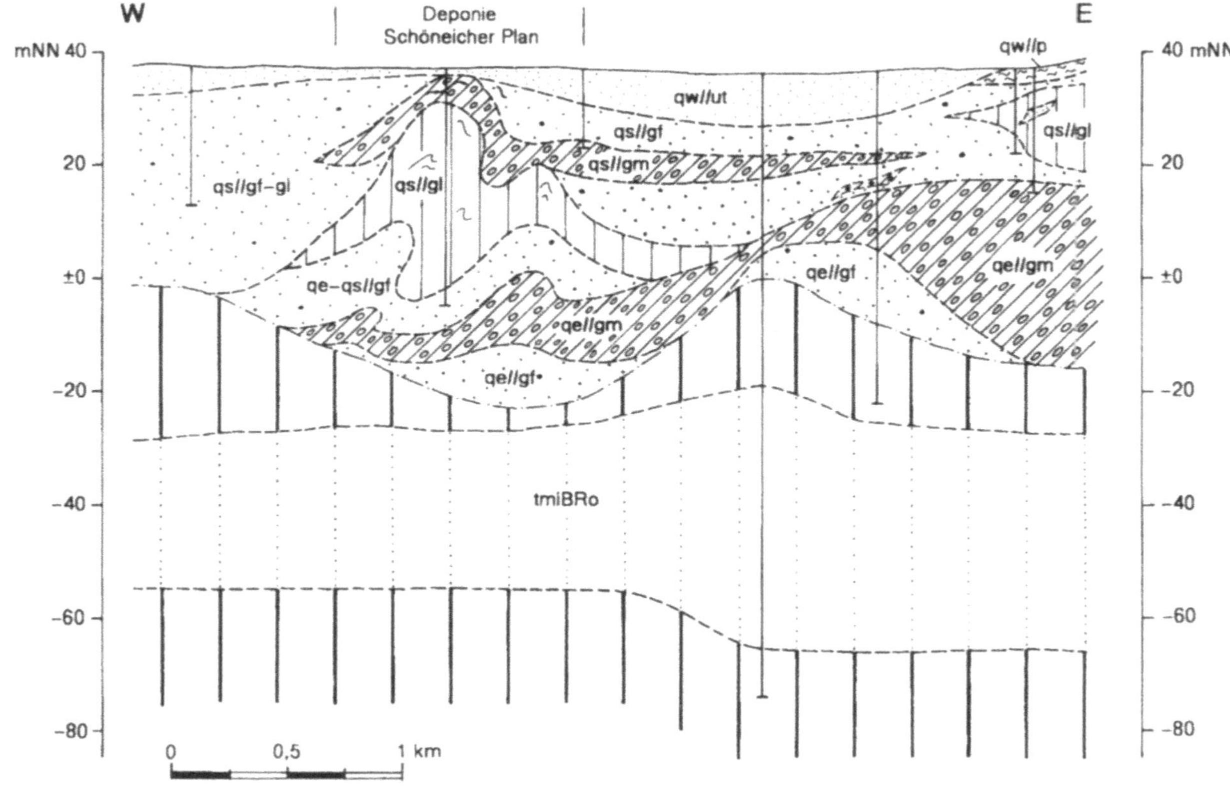

Abb. 2.10: Geologischer Schnitt 4 - 4'

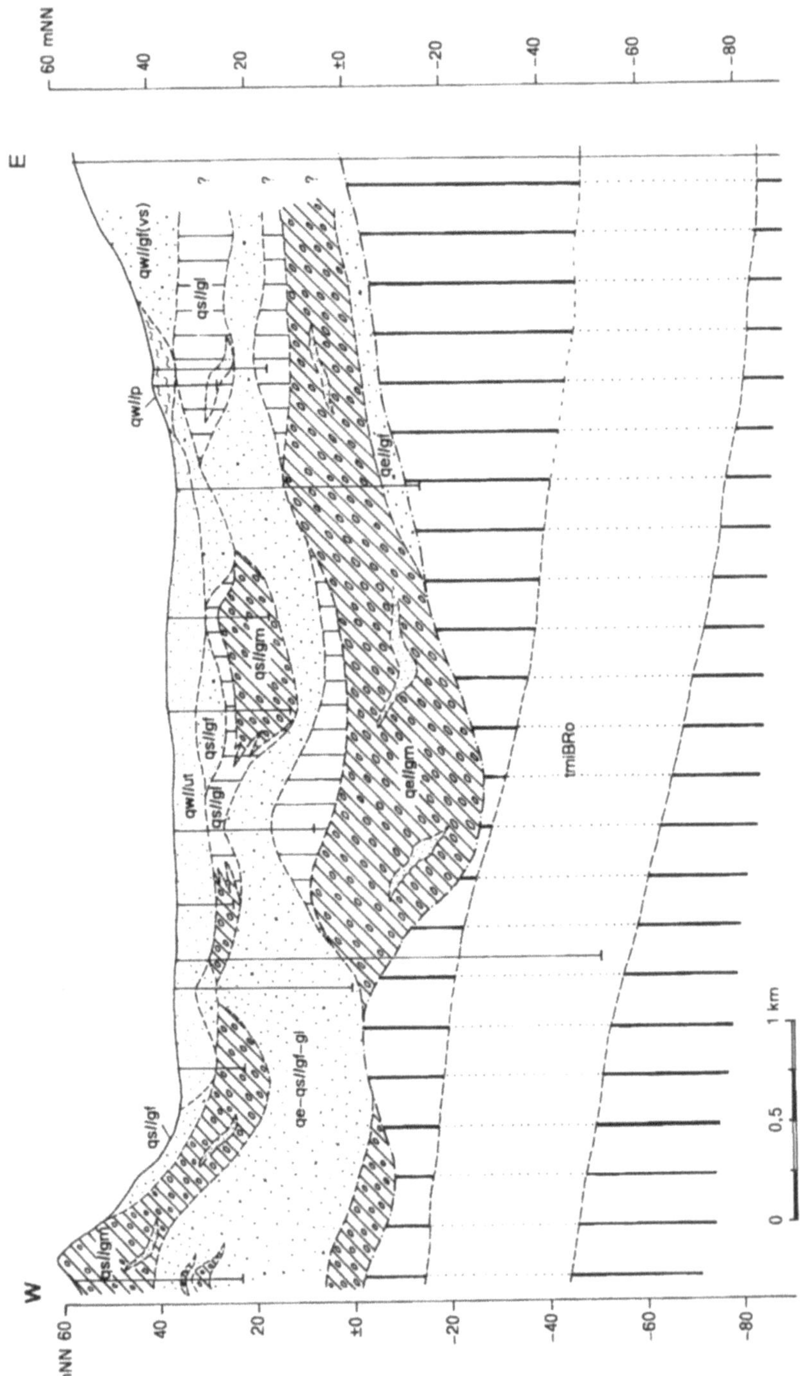

Abb. 2.11: Geologischer Schnitt 5 - 5'

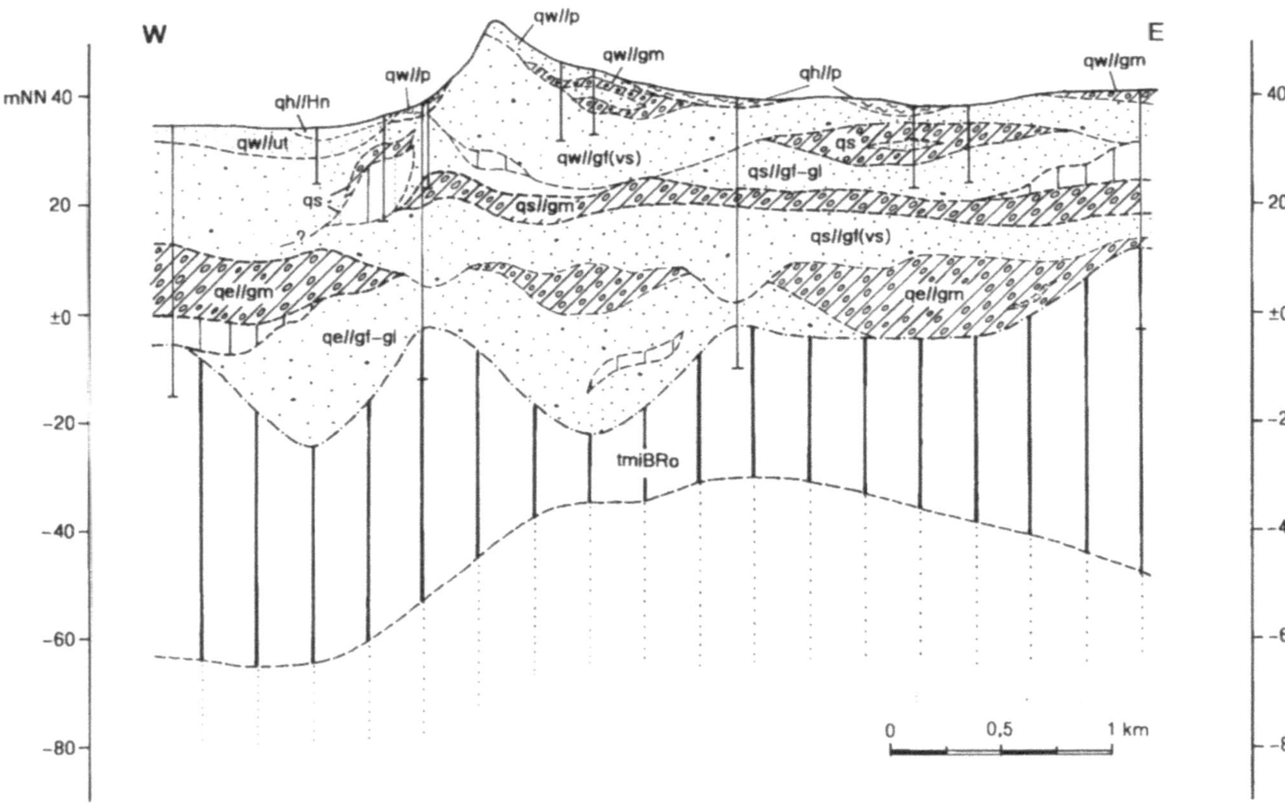

Abb. 2.12: Geologischer Schnitt 6 - 6'

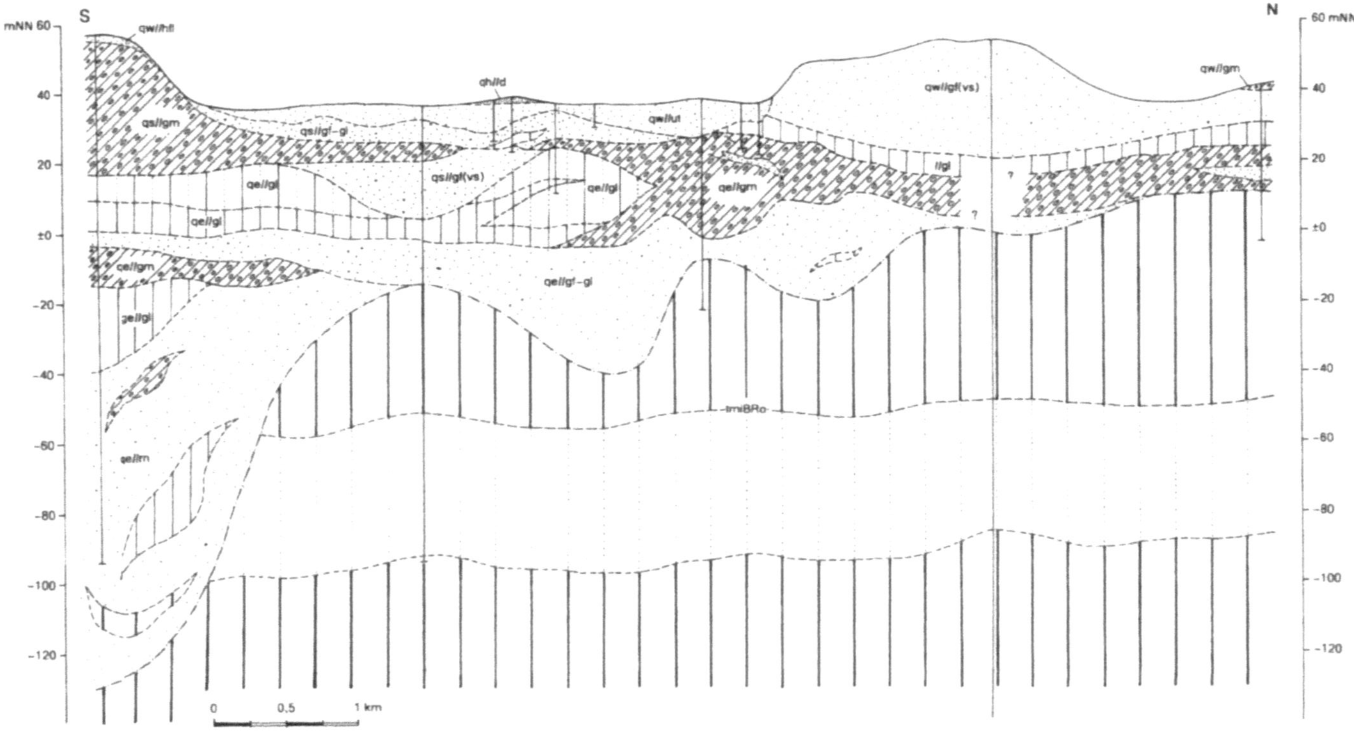

Abb. 2.13: Geologischer Schnitt 7 - 7'

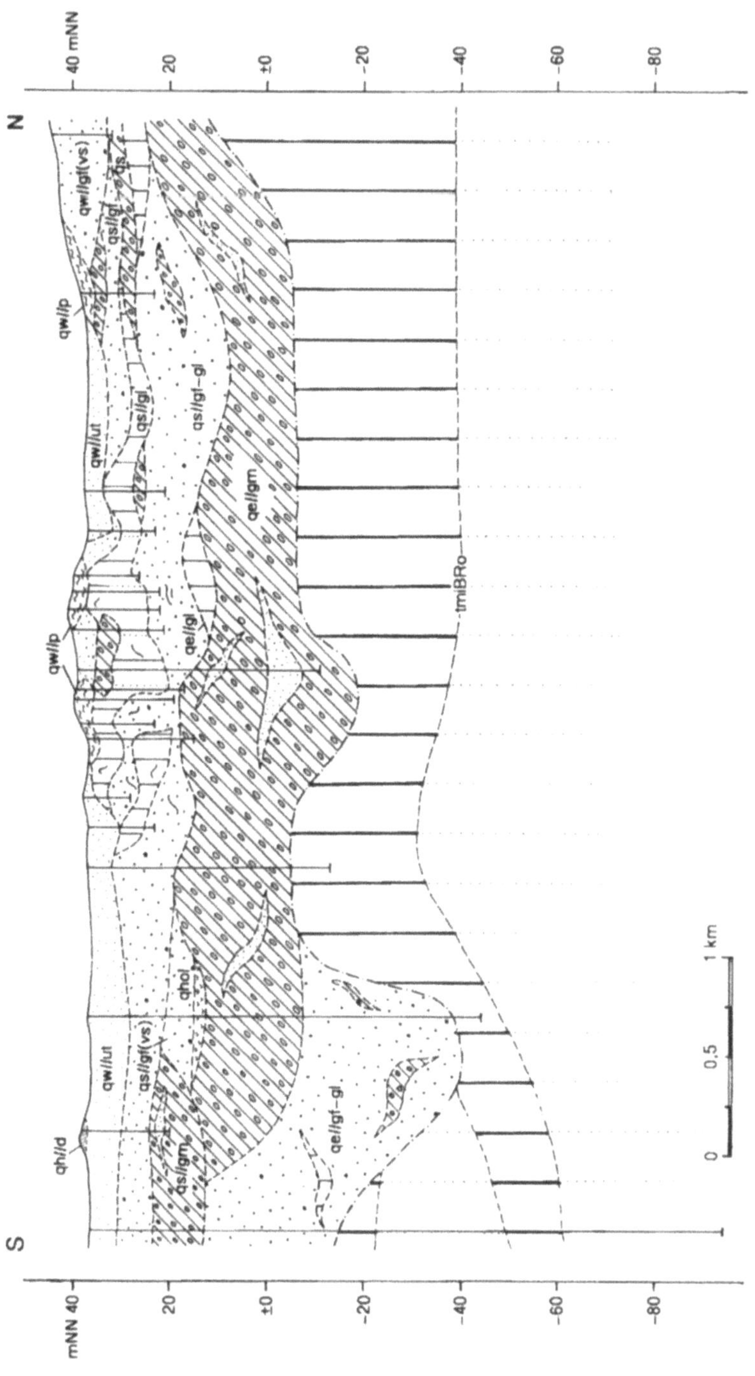

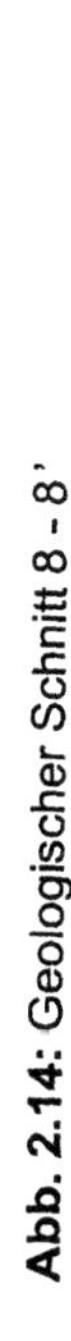

Abb. 2.14: Geologischer Schnitt 8 - 8'

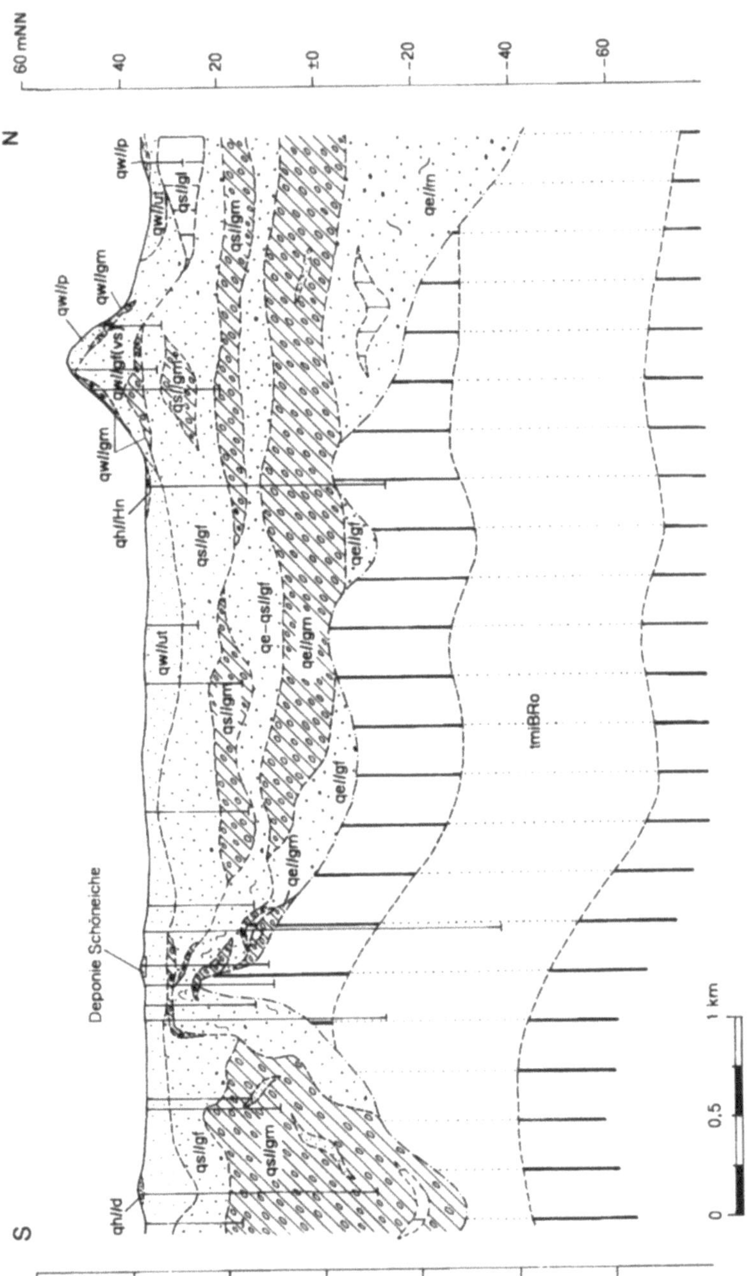

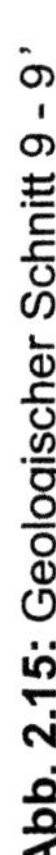

Abb. 2.15: Geologischer Schnitt 9 - 9'

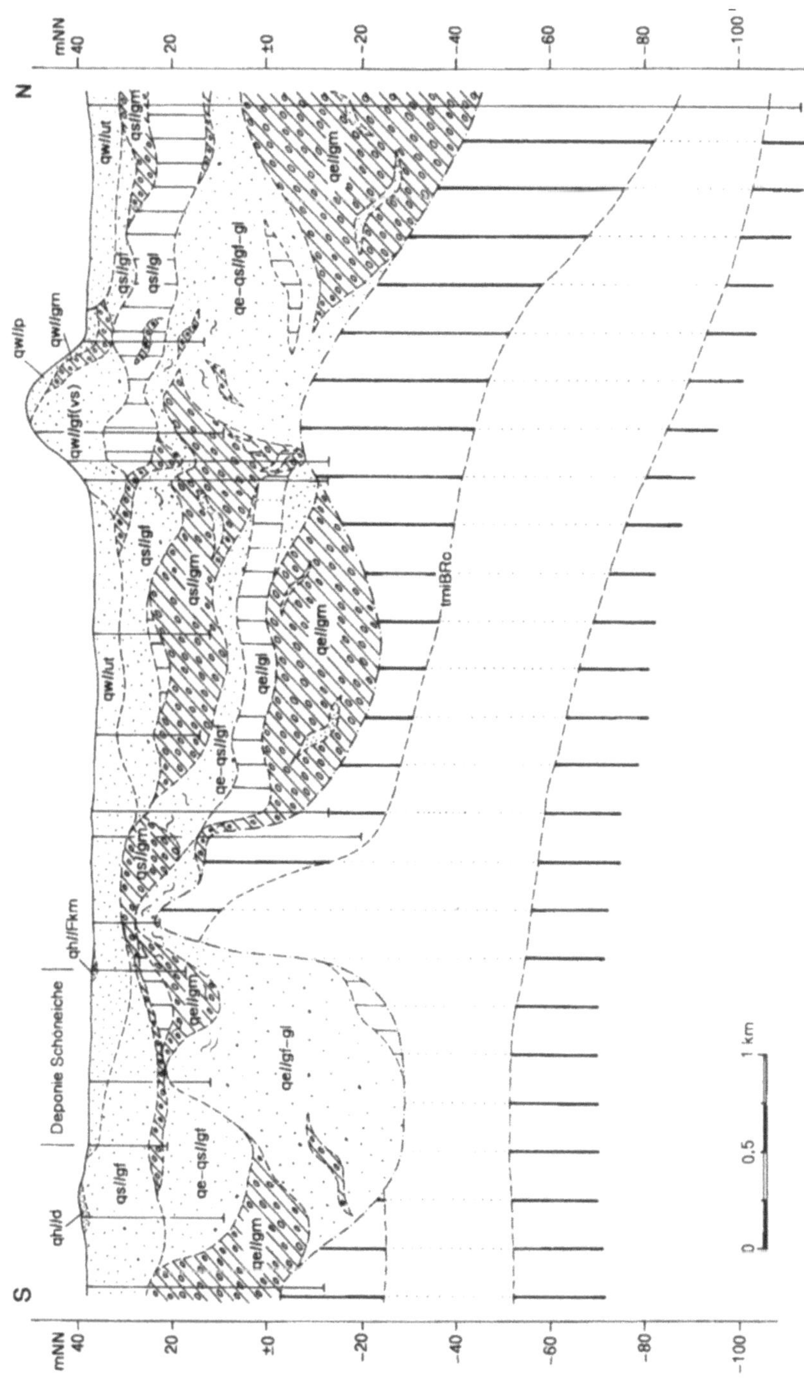

Abb. 2.16: Geologischer Schnitt 10 - 10'

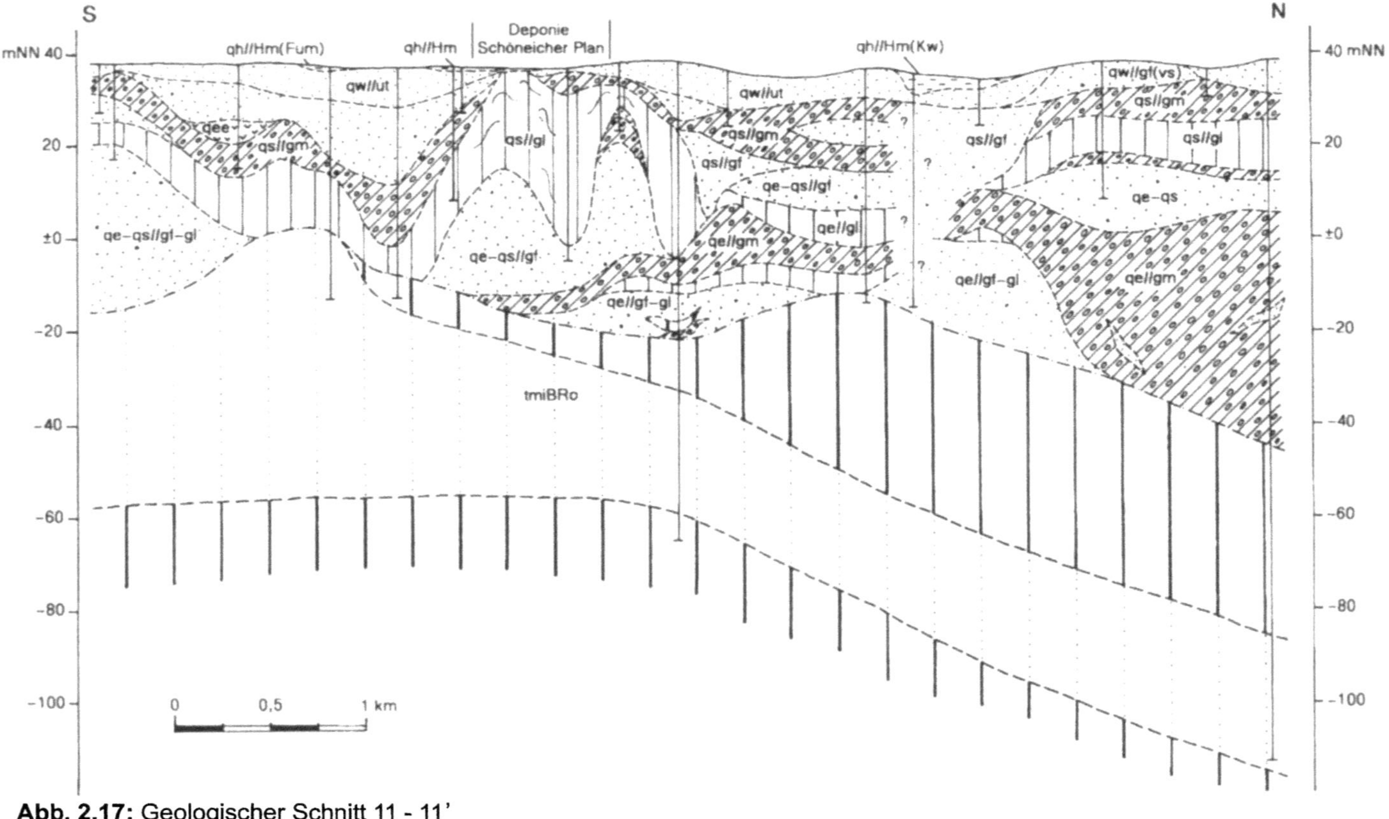

Abb. 2.17: Geologischer Schnitt 11 - 11'

Das weitestgehende Fehlen biostratigraphisch datierbarer warmzeitlicher Schichten und die vielfach eingeschränkte Aussagemöglichkeit der Schichtenansprachen, insbesondere der Altbohrungen, erschweren die Gliederung des kompliziert aufgebauten saalezeitlichen Sedimentkomplexes. Norddeutschland und damit auch das brandenburgische Gebiet wurde während der Saalekaltzeit von zwei großen Eisvorstößen überzogen. Während des Älteren Stadiums der Saale-Kaltzeit (qsD-„Drenthe") war Brandenburg über seine Südgrenze hinaus vom Inlandeis bedeckt. Das Eis des Jüngeren Stadiums der Saale-Kaltzeit (qsWA-„Warthe") fand in Südbrandenburg seine Maximalausdehnung (Lausitzer Grenzwall, Fläming). Im „Normalfall" sind zwei, durch sandig-kiesige oder schluffig-tonige Mittel getrennte, Geschiebemergel entwickelt. Im Untersuchungsgebiet findet man überwiegend nur eine Saalesukzession und im östlichen und nordöstlichen Bereich fehlen saalezeitliche Ablagerungen als Folge jüngerer erosiver Prozesse vollständig. Insbesondere der jüngere saalezeitliche Eisvorstoß („Warthe") war mit kräftiger Exaration und intensiver Deformation des Untergrundes (Anlage von Stauchungsgebieten) verbunden.

Die mächtigen glazilimnischen Beckenablagerung im Bereich der Deponie Schöneicher Plan (Ziegeleigruben) lassen sich aufgrund ihrer lithologischen Ausbildung und den Lagerungsverhältnissen mit dem Glindower Ton der Potsdamer Glaziallandschaft konnektieren, deren Ablagerung und glazigene Deformation zumindest teilweise in das jüngere Stadium der Saale-Kaltzeit („Warthe") einzuordnen sind (LIPPSTREU & Sonntag 1993). Der den Tonen und Schluffen unmittelbar auflagernde, oft nur noch reliktisch erhaltene Geschiebemergel ist deshalb dem jüngeren Saaleeisvorstoß zuzuordnen.

Geschiebeanalytische Untersuchungen an Geschiebemergelproben aus dem Untersuchungsgebiet erbrachten jedoch überwiegend drenthezeitliche oder nicht eindeutig zuzuordnende Geschiebespektren. Wohingegen die Analyse des mächtigen Geschiebemergelpaketes von Kallinchen vom Hangenden zum Liegenden eine Abfolge von warthezeitlicher Zusammensetzung über einer Mischzone bis zu drenthezeitlicher Zusammensetzung anzeigen. Dieser Saalegeschiebemergel kann weder dem 1. noch dem 2. Saaleglazial eindeutig zugeordnet werden. Ein wechselseitiges Fehlen einer der saalezeitlichen Grundmoränen läßt sich aber im kleinräumigen Arbeitsgebiet nur schwer erklären.

Diese besondere Erhaltungsform der Älteren und Jüngeren Saale-Grundmoränenbildungen mit vermischten oder indifferenten Kleingeschiebeassoziationen erklären LIPPSTREU et al. (1994) und HERMSDORF (1994) damit, daß das Eis zwischen dem Älteren und Jüngeren Eisvorstoß nicht weit zurück schmolz, und daß beim erneuten Aktivwerden des Eises (2. Saaleeisvorstoß) große Mengen von Toteis des 1. Saaleeisvorstoßes remobilisiert und in das jüngere Eis integriert wurden, was zu einem Nebeneinander und vielerorts zum Verschmieren bzw. Verfließen von Grundmoränenmaterial beider Vorstöße geführt hat. Dieses Modell erklärt die heterogene Zusammensetzung der saalezeitlichen Kleingeschiebefracht und die scheinbare Unvollständigkeit der Saalesequenz. Untersuchungen der o. g. Autoren im Umfeld des Untersuchungsgebietes bestätigen eine ähnliche Ausbildung der saalekaltzeitlichen Ablagerungen über gesichertem Holstein.

Am Ende der Saale-Kaltzeit war ein morphologisch stark gegliedertes Gebiet entstanden, das kleinflächige Akkumulationsräume für Eem-Ablagerungen bot (DS 44/93).

Die weichselfrühglaziale Einebnung und Verschüttung mit glazifluviatilen Vorschüttsanden blieb unvollständig, so daß das Inlandeis der Weichsel-Kaltzeit auf ein heterogenes Relief traf. Das Inlandeis der Weichsel-Kaltzeit bedeckte während seiner Maximalausdehnung (Brandenburger Phase) das gesamte Untersuchungsgebiet. Das in diesem Bereich wenig aktive Eis überprägte dabei nur unwesentlich die bereits saalezeitlich angelegten Urstromtäler (Berliner, Baruther, Eberswalder) und auch die insbesondere im östlichen Brandenburg weit verbreiteten saalezeitlichen Stauchungsgebiete (HANNEMANN 1970). Nach Erreichen des Höchststandes und dem beginnenden Zerfall des Eises erfolgte durch die erosive und akkumulative Tätigkeit der Schmelzwasserströme eine Überformung des glaziären Reliefs im Rückland der weichseleiszeitlichen Maximalausdehnung. Die anfangs noch über das Baruther Urstromtal nach NW abfließenden Schmelzwässer brachen mit dem fortschreitenden Eiszerfall und dem zunehmenden Eisfreiwerden tiefergelegener Gebiete im Rückland der Eisfront nach Norden durch und durchschnitten dabei in vielgestaltiger Form die ausschmelzenden Grundmoränenplatten dies führte zur inselartigen Auflösung der Hochflächen und zu den weitflächig verbreiteten Talsandarealen im Gebiet zwischen brandenburgstadialem Außenrand und dem Berliner Urstromtal. Mit dem fortschreitenden Eisabbau wurde das Schmelzwasser und in zunehmendem Maße auch Wasser von Oder, Spree und Neiße über das sukzessive in Funktion tretende Berliner Urstromtal abgeführt.

Im Bereich der Resthochflächen kam es mit Beginn der Eisabtauphase bis zum Einsetzen der Warmzeit unter periglazialen Bedingungen zu einem ständigen Wechsel von Gefrieren und Tauen in den obersten, den Witterungsbedingungen unmittelbar ausgesetzten Schichten. Dabei erfolgte in Verbindung mit dem wechselnden Wassergehalt das Auswaschen und der Abtransport von Feinsubstanz (Ton, Schluff), so daß sich in den obersten Schichten sandig-kiesiges Material anreicherte und als reliktische Bildungen (periglaziärer Decksand oder auch Erosionsreste der Grundmoräne) den Hochflächen lückenhaft auflagert.

Die Verbreitung der weichselkaltzeitlichen brandenburgstadialen Grundmoräne ist weitestgehend an die Hochflächen gebunden, wo sie insbesondere in Randbereichen noch Mächtigkeiten von einigen Metern aufweisen kann, in den höheren Gebieten hingegen, tritt sie vielfach nur noch reliktisch auf.

Lagerungsverhältnisse

Erosions- und glazitektonische Stauchungsprozesse, insbesondere während der Saale- und Elster-Kaltzeit bedingen komplizierte strukturelle Verhältnisse in den quartären Sequenzen. So können erodierte Bereiche von Grundwasserstauern, sogenannte hydraulische Fenster, sowie Infiltrationsmöglichkeiten über Klüftungszonen, Störungen und entlang von Scherbahnen in bindigen Horizonten zu vielfältigen Kommunikations- und Austauschmöglichkeiten der Grundwässer führen. Derartige Lagerungsstörungen treten im Bereich des Untergrundes der Deponien Schöneiche/Schöneicher Plan auf. Sie können hier bis in die tertiären Schichtenfolge reichen (*Abb. 2.5*).

Diese glazitektonisch verursachten Schichtenverstellungen und Schichtenauflockerungen (*Abb. 2.4* und *2.5*) erhöhen generell die Möglichkeit einer Kontamination des Grundwassers unterhalb und im Abstrom der Deponien. Das tatsächliche Ausmaß und die Wirkung dieser Lagerungsverhältnisse auf die einzelnen Grundwasserstockwerke und die hydrogeologische Dynamik können jedoch nur durch entsprechende Erkundungensarbeiten in Verbindung mit spezifischen Langzeituntersuchungen abgeschätzt werden.

Aus den Schnittdarstellungen (*Abb. 2.6 - 2.17*) für das geologische Modell zeichnen sich durch Fehlstellen in den stauenden Horizonten hydraulische Beziehungen zwischen hangendem und liegendem Grundwasserleiter ca. 300 m westlich der Deponie Schöneicher Plan (*Abb. 2.10*) und ca. 500 m östlich der Deponie Schöneiche (*Abb. 2.8*) ab. Relativ ungestörte kommunikative Verbindungen bestehen für das Grundwasser auch ca. 350 m südlich der Deponie Schöneiche; wasserwegsame Sande reichen hier bis zur Quartärbasis bzw. lassen sich bis in die tertiären Schichtenfolgen hinein verfolgen, da bindige saalezeitliche und elsterzeitliche Stauhorizonte vollständig fehlen und verschiedene wasserführende Horizonte sich direkt überlagern (*Abb. 2.16*).

Hydraulische Fenster treten erosionsbedingt auch in der Nähe der Telzer Hochfläche und nordwestlich des Nottekanals (*Abb. 2.11* und *Abb. 2.17*) auf. Beide Standorte sind jedoch soweit von den Deponien entfernt, daß von den Deponien ausgehende Kontaminationen nicht Ursache für eventuelle Verunreinigungen im Grundwasser sein können.

Die Sedimente der präweichselzeitlichen glazialen Serien unterliegen in ihrer lithologischen Ausbildung, Mächtigkeit und Verbreitung im Untersuchungsgebiet einem engen horizontalen Wechsel.

Die elsterzeitlichen Sedimente sind in ihrer Ausbildung sehr vielgestaltig. In Ausräumungszonen bildeten sich z. T. mächtige Sedimentkomplexe unterschiedlicher Lithologie; in Stauchungsgebieten erreichen die elsterzeitlichen Sedimente das Ablagerunsniveau der saalezeitlichen Bildungen (*Abb. 2.8* und *2.15*), sind dort in ihrer Mächtigkeit aber vielerorts stark dezimiert oder auch vollständig erodiert. So lagern im südöstlichen Bereich des Untersuchungsgebietes, und zwar östlich des Motzener Sees, Schmelzwassersande der Weichsel-Kaltzeit auf elsterkaltzeitlicher Grundmoräne (*Abb. 2.13*).

Eine zweifelsfreie Zuordnung der Ablagerungen des Saale-Komplexes (qs) zu zwei mehr oder weniger eigenständigen Eisvorstößen war im Untersuchungsgebiet nicht möglich.

Die Hochflächen und Hügel im Untersuchungsgebiet werden aus Geschiebemergeln bzw. Geschiebelehmen und Schmelzwassersanden der Weichsel-Kaltzeit aufgebaut. Teilweise enthalten die Hochflächen in ihrem Kern aufgestauchte saalekaltzeitliche tonige Geschiebemergel und Beckenschluffe (Mühlenplan bei Telz). Die Aufstauchungen durch das Inlandeis erfolgten überwiegend schon während der Saale- und Elsterkaltzeit. Daher sind die präweichselzeitlichen Sedimente intensiv deformiert. Die komplizierten präweichselkaltzeitlichen Lagerungsverhältnisse wurden während der Weichsel-Kaltzeit nur noch überprägt.

Randlich zu den morphologischen Erhebungen findet man häufig schmale Bänder von periglaziären Ablagerungen (Hangfußbildungen und Schwemmfächer), die auf den Urstromtalsedimenten („Talsande") auslaufen (*Abb. 2.1*). Die Auflagerungsfläche der weichselkaltzeitlichen Talsande ist relativ niveaubeständig und liegt im Untersuchungsgebiet größtenteils auf glazifluviatilen und glazilimnischen Bildungen bzw. der Grundmoräne der Saalekaltzeit.

Sieht man von den oben beschriebenen Lagerungsstörungen ab, so zeichnen sich aufgrund der bisher vorliegenden Befunde - in Abhängigkeit vom Kenntnisstand - für weite Bereiche des Untersuchungsgebietes relativ ungestörte Lagerungsverhältnisse ab.

Literatur und sonstige verwendete Quellen

AHRENS, H. (1993): Erläuterungen zur Karte ohne quartäre Bildungen Blatt 0909-1 Königs Wusterhausen. Unveröff. Bericht LGRB, Kleinmachnow.

AHRENS, H. (1993): Karte ohne quartäre Bildungen Teilblatt 0909-1 Königs Wusterhausen. Manuskriptkarte LGRB, Kleinmachnow.

AHRENS, H., VOIGT, I. & WILSDORF, E. (1982): Ergebnisbericht Braunkohle Mittenwalde. Unveröff. Bericht Zentral. Geol. Inst., Berlin.

ANDREAE, G. (1984): Hydrogeologische Karte der DDR 1:50 000 Blatt 0909-1/2 Königs-Wusterhausen-Storkow. Zentr. Geol. Inst., Berlin.

BEHRENDT, G. & LAUFER, E. (1882): Erläuterungen zur geologischen Spezialkarte von Preussen Blatt Potsdam. Verlag der Simon Schropp'sche Hof-Landkartenhandlung Berlin.

GELLERT, JF. (Hrsg.) (1965): Die Weichsel-Eiszeit im Gebiet der Deutschen Demokratischen Republik. Akademie Verlag Berlin.

HANNEMANN, M (1970): Grundzüge der Reliefentwicklung und der Entstehung von Großformen in Jungmoränengebieten Brandenburgs. Petermanns Geograph. Mitt., **114**, 103-116.

HARTWICH, R. (1982): Lithofazieskarte Quartär 1:50 000 Blatt Königs Wusterhausen. Zentral. Geol. Inst., Berlin.

HEIM, P. (1994): Geostatistische Untersuchungen mit dem Programmsystem GEODU durchgeführt am Teststandort Schöneiche/Schöneicher Plan. Unveröff. Bericht, BGR Hannover.

HELLER, HJ. (1994): Geotechnischer Gesamtbericht Baugrundgutachten Deponie Schöneiche. Unveröff. Bericht Baugrund - Ingenieurbüro Heller & Schreiber GmbH Berlin.

HERMSDORF, N. (1993): Geologische Karte von Brandenburg 1:50 000, Blatt 0909-1 Königs Wusterhausen. Manuskriptkarte LGRB, Kleinmachnow.

HERMSDORF, N. (1994): Stratifizierung der erbohrten Schichtenfolgen im Projekt „Rieselfelder Berlin Süd" Los 1. Unveröff. Bericht B 25.12 LGRB, Kleinmachnow.

HINZE, C., JERZ, H., MENKE, B. & STAUDE, H. (1989): Geogenetische Definitionen quartärer Lockergesteine für die Geologische Karte 1:25 000. Geol. Jb., Reihe A, **112**, 1-243.

KÜHN, F. & HÖRIG, B. (1995): Handbuch zur Erkundung des Untergrundes von Deponien und Altlasten Band 1: Geofernerkundung. Springer Verlag.

LAUFER, E. (1882) Die Lagerungsverhältnisse des Diluvialthonmergels von Werder und Lehnin. Jb. Königl. Preuß. Geol. Landesanstalt und Bergakademie für 1881, 501-522.

LAUFER, E. (1884): Die Werderschen Weinberge - Eine Studie zur Kenntnis des Märkischen Bodens. Abh. z. geol. Spezialkarte von Preußen V (3). Königl. Preuß. Geol. Landesanstalt Berlin.

LIEDKE, H. & MARCINEK, J. (1994): Physische Geographie Deutschlands. Justus Perthes Verlag Gotha.

LIPPSTREU, L. (1993): Methodische Legende zur Geologischen Übersichtskarte von Brandenburg 1:50 000. Unveröff. Bericht LGRB, Kleinmachnow.

LIPPSTREU, L. (1995): Quartär von Brandenburg. In BENDA, L. (Hrsg.) Quartär von Deutschland. E. Schweizerbart'sche Verlagsbuchhandlung Stuttgart, in Druck.

LIPPSTREU, L. & SONNTAG, A. (1993): Bericht zur Stratifizierung der erbohrten Schichtenfolge im Projekt 17, Ausbau der Unteren Havel-Wasserstraße Abschnitt Sacrow-Paetzer Kanal. Unveröff. Bericht LGRB, Kleinmachnow.

LIPPSTREU, L., ERD, K., SONNTAG, A., THIEKE, H. U., NOWEL, W., KÜHNER, R., STRIEGLER, R., HELLWIG, D. & CEPEK, A. G. (1994): Die quartäre Schichtenfolge im Niederlausitzer Braunkohlentagebau Jänschwalde (LAUBAG) und in seinem Umfeld. Altenburger Naturwiss. Forschungen, Heft 7, 151-189.

LOTSCH, D., AHRENS, H., LAZAR, E., TRÜMPER, E., WAHLICH, G. & LIPPSTREU, L. (1977): Abschlußbericht Braunkohle Raum Berlin - Regionale Geologie des Tertiärs als Grundlage für prognostische Einschätzungen der Ressourcen tiefliegender Braunkohlenflöze einschließlich Untersuchungen der tertiären Begleitschichten. Unveröff. Bericht Zentral. Geol. Inst., Berlin.

RUTHSATZ, H. (1979): Verbreitung, struktureller Bau und Tieflagen der Quartärbasis im Nordteil der DDR. Unveröff. Bericht Zentral. Geol. Inst., Berlin.

SCHMIDT, A. & KUBIG, S. (1992): Reprozessing und Tiefendarstellung reflexionsseismischer Profile Gebiet Mittenwalde (Meßgebiet Friedersdorf). Bericht Geophysik GmbH im Auftrag der BGR.

SCHWALBE, E. (1992): Hydrogeologische Dargebotserkundung Kallinchen 1991. Unveröff Bericht, Hydrolgeologie Berlin-Brandenburg GmbH Berlin.

SEIDEL, K. & NIEDERLEITHINGER, E. (1993): Geoelektrische Widerstands- und IP-Messungen im Umfeld der Deponien Schöneiche und Schöneicher Plan. Unveröff. Bericht, Geophysik GGD Leipzig und Büro für Geophysik Lorenz Berlin.

STICKEL, J. (1994): Ergebnisse der strukturgeophysikalischen Messungen am Teststandort Berlin - Schöneiche. Unveröff. Bericht, Eötvös Lorand Geophysical Institut of Hungary Budapest im Auftrag der BGR.

STRAHL, J. (1995): Kurzbericht zur pollenanalytischen Untersuchung von drei Proben aus den Bohrungen DS 44/93 und DS 11/93. Unveröff. Bericht Bundesanstalt für Geowissenschaften und Rohstoffe, Außenstelle Berlin.

WAHNSCHAFFE, F. (1883): Erläuterungen zur geologischen Spezialkarte von Preussen Batt Mittenwalde. Verlag der Simon Schropp'schen Hof-Landkartenhandlung Berlin.

ZIERMANN, H. (1974): Ergebnisse quartärgeologischer Untersuchungen im mittleren Teil des Bezirkes Potsdam. Kurzref. und Exkursionsführer GGW Tagung Berlin, 14-37.

ZIERMANN, H. (1993): Zum Quartär des Raumes Potsdam. Kurzref. und Exkursionsführer der 60. Tagung AG Nordwestdeutscher Geologen, Schwerin.

3 Geofernerkundung

FRIEDRICH KÜHN, BERNHARD HÖRIG mit einem Beitrag von DIETMAR SCHMIDT[1]

Die Untersuchungen wurden mit dem Ziel durchgeführt, unter den geologischen Bedingungen des Lockergesteinsstandortes Schöneiche im Berliner Umland, Möglichkeiten und Grenzen für Methoden der Geofernerkundung zu untersuchen und methodische Empfehlungen abzuleiten (vgl. *Abb. 3.1*). Dazu wurde ein breites Spektrum von vorhandenen Luftbildern, Daten aus aktuellen Befliegungen mit CIR[2]-Luftbildfilm, einem CASI-Scanner (vgl. KÜHN & HÖRIG 1995) und einer Thermalkamera ausgewertet. Die Auswertung der Daten erfolgte in Verbindung mit Geländekontrollen und Bezug zu Daten aus parallelen Untersuchungen mit traditionellen geologisch-geophysikalischen Verfahren. Die enge Verknüpfung von unterschiedlichen Untersuchungsverfahren erfolgte nicht zuletzt mit dem Ziel, Empfehlungen für den effizienten Einsatz von Verfahrenskombinationen zu erarbeiten. Grundlagen und Anwendungsmöglichkeiten der Geofernerkundung zur Untersuchung von Deponie- und Altlaststandorten werden in Band 1 des Methodenhandbuches dargestellt.

Die Untersuchungsziele für die Geofernerkundung im Untersuchungsgebiet Schöneiche waren:

- Besonderheiten der Abfallaufhaldung,
- Zustand der Geländeoberfläche bzw. der obersten Bodenschichten unter dem heutigen Deponiekörper,
- Zustand der Geländeoberfläche im Umfeld des Deponiekörpers,
- Gefährdungspotentiale für den Boden und das Grundwasser ausserhalb des Deponiekörpers,
- mögliche Migrationswege von Sickerwässern aus der Deponie.

---

1 Vitalitätskartierung an Einzelbäumen
2 CIR = Colorinfrarot

Bei bisherigen Untersuchungen von Großdeponien mit Fernerkundungsmethoden wurde die Erfahrung gemacht, daß es meist nicht sinnvoll ist, größere Geländeabschnitte oder ganze Deponieflächen pauschalen Prozeduren der Datengewinnung, -verarbeitung und -auswertung zu unterziehen. Einen vergleichsweise breiten Raum nehmen Untersuchungen mit Thermalbildern ein. Thermal-Fernerkundungsverfahren werden in der Literatur meist als geeignetes Mittel zur Lokalisierung von Wärmequellen im Deponieinneren beschrieben. In einigen Fällen wurde versucht, Interpretationen zu Wärmequellen im Deponiekörper an Einzelaufnahmen größerer Deponieabschnitte vorzunehmen. Prozeduren der Bildbearbeitung wurden dabei oft pauschal auf diese Flächen angewendet, womit wesentliche Details des Thermalverhaltens der untersuchten Deponieoberfläche verschwanden und teilweise auch Fehlinterpretationen erfolgten (z. B. EHRENBERG 1991).

Bei den nachfolgenden Fallbeispielen zur Auswertung von Fernerkundungsdaten wurde das Untersuchungsgebiet in Form kleinerer Teilflächen bearbeitet. In Abhängigkeit von der Charakteristik der jeweiligen Geländeabschnitte (Bodenart, Vegetation, Feuchteregime, ...) und Deponiebereiche (Art der Abdeckung, Neigung der Oberfläche, Bewuchs, ...) wurden die erforderlichen Aufnahmeverfahren, Aufnahmebedingungen und Auswerteverfahren zielgerichtet ausgewählt. Prozeduren der Bildverarbeitung konnten somit ganz gezielt auf die Hervorhebung bestimmter interessierender Eigenschaften der Deponieoberfläche und des Umfeldes angesetzt werden. Solche Geländeeigenschaften können beispielsweise mit der Wasserwegsamkeit in den obersten Bodenschichten, auffälligen Bodenverfärbungen, Verunreinigungen von Oberflächengewässern, der Anhäufung von Pflanzenschäden, Temperaturanomalien und sonstigen Hinweisen auf Altlasten in Verbindung stehen. Im Zuge einer Gesamtinterpretation wird anschließend versucht, die nach Fernerkundungsdaten „bausteinartig“ erfaßten und bewerteten Geländeeigenschaften wieder zu einem geschlossenen Bild des Untersuchungsgebietes zusammenzufügen. Besonders bei der Auswertung von Thermalbildern war eine derartige Vorgehensweise oft eine wichtige Voraussetzung für eindeutige Ergebnisse.

Abb. 3.1: Schrägluftbild vom 11. Mai 1993 mit Blick nach Westen über die Müllverbrennungsanlage bei Gallun, den Nordteil der Deponie Schöneiche und die Ost-West angelegte Deponie Schöneicher Plan (Aufnahme: F. Böker/F. Kühn, BGR)

3.1 Auswertung von Luftbildern und Scannerdaten

3.1.1 Untersuchung des Deponiekörpers

Fernerkundungsverfahren sind grundsätzlich nicht in der Lage, in das Innere einer Deponie „hineinzusehen". Um trotzdem Angaben über Art und Umfang von verkippten Abfällen oder das Regime des Deponiebetriebes gewinnen zu können, ist die Auswertung von multitemporalen Archivluftbildern und Karten erforderlich. Gleichzeitig sollte versucht werden, aus dem Erscheinungsbild der aktuellen Deponieoberfläche, Besonderheiten im

Thermalverhalten eingeschlossen, ergänzende Angaben über die Verhältnisse im Innern der Deponie zu gewinnen. Dabei ist es sinnvoll, die Geofernerkundung soweit wie möglich mit anderen Untersuchungsverfahren zu kombinieren.

Der in *Abb. 3.2* dargestellte Ausschnitt aus einem aktuellen CIR-Luftbild zeigt den südöstlichen Abschnitt der Deponie Schöneiche. Bei stereoskopischer Auswertung und Interpretation des Bildes (Stereopaar erforderlich) können Informationen zum Zustand der Deponieoberfläche, zu aktuellen Ablagerungsflächen, zur Art des verkippten Abfalls, über abgedeckte Bereiche, Flächen mit Feuchtestau und sonstige Auffälligkeiten erfaßt und bewertet werden. Für Aussagen zu Abfällen und Strukturen ihrer Ablagerung unter der heute sichtbaren Oberfläche sind Aufnahmen aus früheren Befliegungen heranzuziehen.

Abb. 3.2: Ausschnitt aus einem CIR-Luftbild vom 2. Juli 1993 vom südöstlichen Teil der Deponie Schöneiche, Befliegungsmaßstab 1:5 000 (Aufnahme: WIB GmbH im Auftrag der BGR)

Die Deponien Schöneiche und Schöneicher Plan wurden mit dem Thermographie-System „AGEMA 900" am 11. Mai 1993 in der Mittagszeit (Tagaufnahmen) und am 13. Mai 1993 von kurz vor bis kurz nach Sonnenaufgang (hier als Nachtaufnahmen bezeichnet) beflogen. Ziel für die Befliegung und die Auswertung der gewonnenen Thermalbilder war, Möglichkeiten und Grenzen des Verfahrens besser beurteilen zu können. Die Flughöhe betrug jeweils 1 060 m über Gelände (20°-Objektiv). Zwischen beiden Flügen gab es keine Änderungen der Hauptwetterlage und auch keine Niederschläge. Die Auswertung aller Thermalbilder führte für diese Doppel-Befliegung zu den in *Tab. 3.1* beschriebenen Verhältnissen der Strahlungstemperaturen für ausgewählte Bereiche der Deponieoberfläche.

Erfahrungen aus den Untersuchungen anderer Deponien zeigen, daß die hier aufgezeigten Temperaturrelationen je nach der Tages- und Jahreszeit sowie dem Wetterverlauf im zeitlichen Vorfeld der Aufnahmen völlig anders erscheinen können. In diesem Punkt bestehen hinsichtlich der Allgemeingültigkeit und der Wiederholbarkeit abgeleiteter Ergebnisse prinzipielle Unterschiede zwischen Luftbildern und Thermalaufnahmen. So zeigt zum Beispiel der Tagesgang im Temperaturverhalten zweier völlig verschiedener Materialien, daß eine Bewertung mit „warm" und „kalt" gegenüber dem jeweils anderen Material nicht ohne Bezug zur jeweiligen Tageszeit erfolgen kann (*Abb. 3.3*). Pauschale Bewertungen des Thermalverhaltens von Materialien an Deponieoberflächen, wie sie in einer Arbeit von EHRENBERG (1991) zu Schöneiche zu finden sind, sind deshalb sehr kritisch zu sehen.

Mit diesen Feststellungen soll der Stellenwert der Thermalfernerkundung keinesfalls gemindert werden. Es soll vielmehr auf die Besonderheiten der Methode hingewiesen werden, die, verglichen mit anderen Fernerkundungsverfahren, ein besonderes Vorgehen verlangen. Dazu gehören unter anderem befliegungsparallele Messungen der Oberflächentemperaturen typischer Materialien und Objekte im Untersuchungsgebiet. Aus den Ergebnissen der Temperaturmessungen läßt sich ein brauchbarer Interpretationsschlüssel für die Auswertung der Thermalbilder ableiten. Darüber hinaus sind Kenntnisse über den Mechanismus der Emission von Thermalstrahlung bei Gesteinen, Böden, Vegetation und anderen Materialien von Nutzen.

Tab. 3.1: Gegenüberstellung des relativen Temperaturverhaltens typischer Oberflächen auf der Deponie Schöneiche im Thermalbild, bezogen auf die Temperatur der jeweiligen Umgebung; Nacht- (11. Mai 1993) und Tagbefliegung (13. Mai 1993)

thermal auffälliger Bereich	Nachtaufnahmen	Tagaufnahmen
Hangbereiche, Böschungen zur Sonne geneigt[3]	warm	warm
Gräben, Mulden	kalt	kalt
Bewuchs (Bäume, Sträucher)	warm	kalt
Wasser	warm	kalt
Bodenfeuchte	kalt	kalt
Piasolschaumabdeckung	kalt	warm
Frischmüll, unabgedeckt	kalt	kalt
alter Siedlungsmüll, unabgedeckt	wie Umgebung	wie Umgebung
Siedlungsmüll, abgedeckt	kalt	warm
Asbest Sondermüll, abgedeckt	kalt	kalt
Hausmüll unter 50 cm Lehm-abdeckung	kalt	warm
heller, sandiger Boden	warm/kalt	warm
lehmige Bodenbereiche mit spärlichem Bewuchs (Gras)	kalt	warm
dunkle humose Bodenbereiche	kalt	warm
Gebäudedächer	warm	warm
Fahrstraßen, unbefestigt	warm/kalt	kalt
Straßen (Asphalt)	warm	warm
entweichende Gase aus Schächten	warm	kalt

Bei den voranstehenden Ausführungen wurden Wärmequellen im Inneren von Deponien nicht in die Betrachtungen einbezogen. Beispielsweise können durch die Verkippung von Aschen und leicht entzündlichen Materialien Schwelbrände im Inneren einer Deponie entstehen. Wenn die damit verbundenen endogenen Temperaturanomalien entsprechend ausgeprägt sind, lassen sich diese Zonen im Thermalbild selbst über einer mehrere Meter mächtigen Bedeckung noch erkennen. Dagegen ist es schwer, vergleichsweise geringe Temperaturerhöhungen infolge von Zersetzungsprozessen im Deponieinneren vor dem Hintergrund der außerordentlich differenzierten Wärmeemission der meist sehr heterogenen Deponieoberfläche zu erfassen.

[3] hier gibt es Ausnahmen, wenn bei hellen Materialien der Anteil der Strahlungsreflexion überwiegt

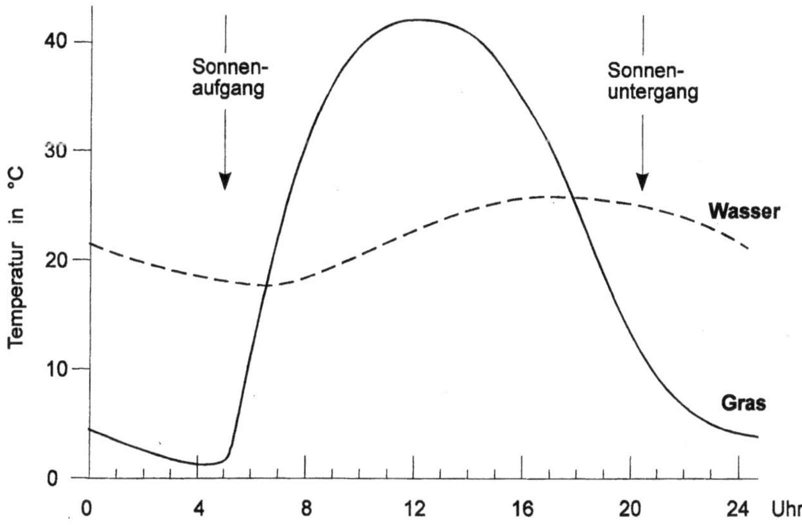

Abb. 3.3: Die Oberflächentemperatur von Wasser und Gras im Tagesverlauf (nach LOWE, 1969)

In *Abb. 3.4* sind Ausschnitte je eines Flugstreifens der Nacht- und Tagbefliegung der Deponie Schöneiche gegenübergestellt. Die in *Tab. 3.1* zusammengefaßten Angaben zum relativen Temperaturverhalten typischer Materialien an der Deponieoberfläche werden anhand dieser Thermalaufnahmen diskutiert. Auffällig ist, was bereits in *Abb. 3.3* als Meßkurve zum Ausdruck kommt, daß sich die Temperaturverhältnisse verschiedener Materialien im Laufe eines Tages umkehren. Analog verhalten sich die Strahlungstemperaturen im Thermalbild. Dieses wird besonders bei Wasserflächen, Vegetation, Lehmabdeckungen von Müllagen, Gasschächten und zum Teil an Fahrstraßen deutlich. Außerdem sind bei Böschungen die Temperaturverhältnisse von der jeweiligen Neigung zur Sonne abhängig. Folgende Temperaturrelationen fallen auf:

(1) Gasschächte: Auf der Deponie existiert ein Netz von Schächten zur Ableitung von Deponiegasen. Im nördlichen Teil der Deponie Schöneiche beginnt man, die Gase aufzufangen und einer Verwertung zuzuführen. Die Gasschächte fallen nachts bei relativer „Abkühlung" der Deponieoberfläche durch hohe Strahlungstemperaturen auf. Bei Sonneneinstrahlung und „Aufheizung" der Deponieoberfläche erscheinen die Schächte als „kalt". Aus gegenwärtiger Sicht sind die Temperaturen der über diese Schächte nach außen gelangenden Gase der einzige Anhaltspunkt für Temperaturanomalien und damit verbundene mögliche Zersetzungsprozesse im Inneren des Deponiekörpers (vgl. auch Erläuterung zu *Abb. 3.6*).

(2) Frischmüll: Frisch abgelagerter Müll erscheint auf beiden Aufnahmeserien als „kalt“ gegenüber seiner Umgebung. Eine Verallgemeinerung der Temperaturen von frischem Abfall als „warm“, wie sie von EHRENBERG (1991) erfolgte und zum Teil von anderen Autoren übernommen wurde, erscheint daher nicht zulässig. Eine andere Zusammensetzung des Mülls, z. B. mit mehr organischen Bestandteilen und auch anderem Material in der Umgebung des frischen Mülls, kann die hier festgestellten Temperaturverhältnisse bereits wieder verschieben. Deshalb sollte mit der vielfach vertretenen pauschalen Auffassung, frisch abgekippten Müll über eine vergleichsweise höhere Wärmeabstrahlung erkunden zu können, vorsichtiger umgegangen werden.

(3) Hangbereiche, Böschungen: Zur Sonne geneigte Hangbereiche heizen sich in Abhängigkeit vom abgelagerten Material stärker auf als horizontale Flächen und werden dadurch nachts und im Laufe des Tages als „warme“ Bereiche abgebildet (siehe Westböschung im Nachtflug). Während des Mittagsfluges unter direkter Sonneneinstrahlung stehende Südböschungen liegen außerhalb des in *Abb. 3.4* erfaßten Geländebereiches.

(4) Piasolschaumabdeckung: Die helle Oberfläche der Piasolschaumschicht reflektiert einen vergleichsweise großen Anteil der einfallenden Sonnenstrahlung. Damit erfolgt eine geringe Strahlungsabsorption oder auch Aufheizung. Diese Flächen erscheinen nachts als „kalt“ und am Tage als „warm“.

Abb. 3.4: (gegenüberliegende Seite): Gegenüberstellung desselben Geländestreifens der Deponie Schöneiche auf den Thermalaufnahmen des Nachtfluges am 13. Mai 1993, 05.15 MEZ (*oben*) und des Mittagsfluges am 11. Mai 1993, 13.00 MEZ (*unten*); keine Niederschläge und Änderungen der grundsätzlichen Wetterlage zwischen beiden Flügen (Aufnahmen: F. Böker/F. Kühn, BGR)

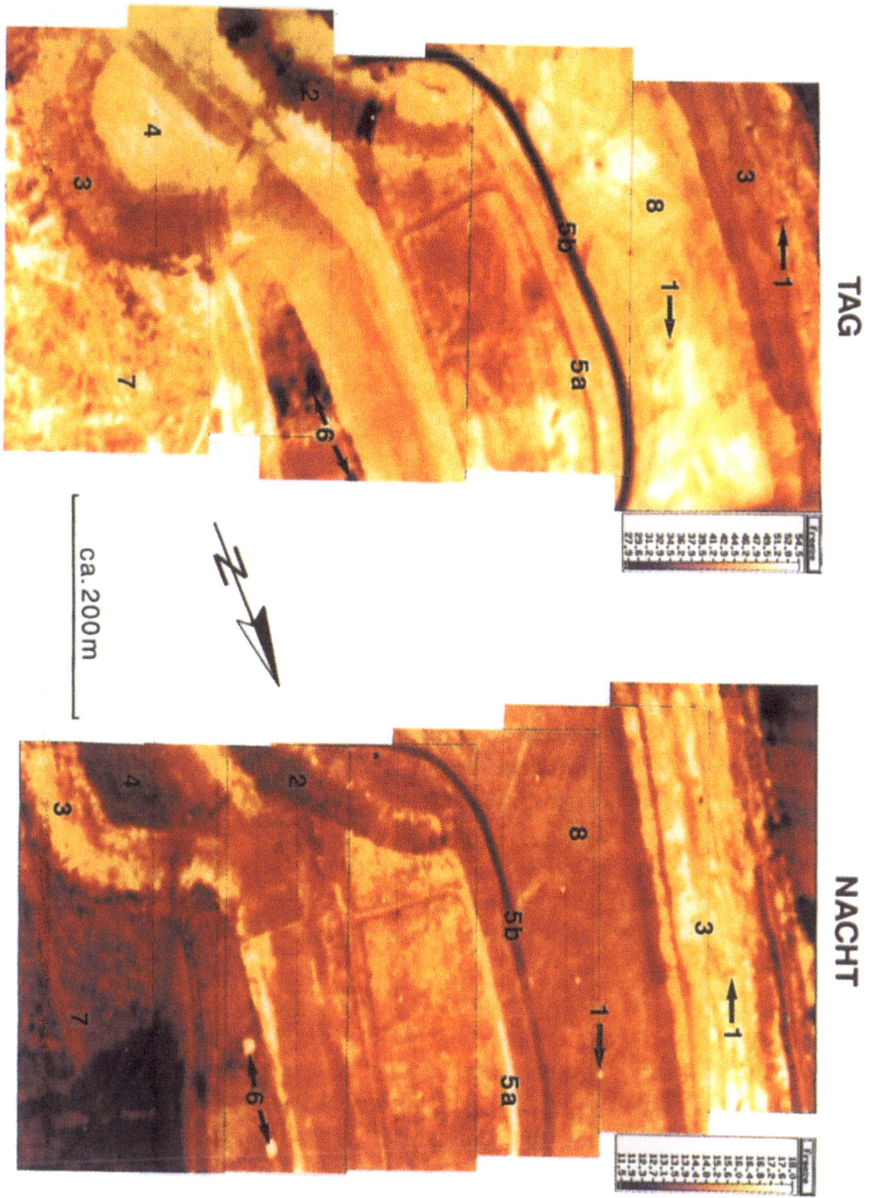
TAG
NACHT
1
2
3
4
5a
5b
6
7
8
N
ca. 200m

(5) Fahrstraße: Die Fahrstraßen erscheinen im Thermalbild differenziert. In der Regel wirken Fahrstraßen infolge der Bodenverdichtung als Wärmebrücken, die den Abfluß von Wärme aus dem Deponieinneren an die Oberfläche begünstigen. Die vielfach vertretene Auffassung, daß sich Fahrstraßen deshalb grundsätzlich als warme Bereiche abbilden, trifft offensichtlich nur für geringmächtige Abdeckungen und Nachtaufnahmen zu (vgl. 5a). Bei Abdeckungen größerer Mächtigkeiten wurden in beiden Flügen Fahrstraßen als kalte Bereiche erfaßt (5b).

(6) Wasserflächen: Mit Ausnahme stark verschmutzter bzw. euthrophierter Gewässer wurden die meisten offenen Wasserflächen unter den bestehenden Befliegungsbedingungen (tags sommerliche Temperaturen, nachts Abkühlung) nachts als „warm“ und am Tage als „kalt“, bezogen auf die Umgebung, wahrgenommen.

(7) Hausmüll unter einer 30 - 50 cm mächtigen Lehmabdeckung mit vereinzelten Grasflecken: Die Lehmschicht auf einer plateauartigen Fläche erscheint im Thermalbild wie ein gering wasserdurchlässiger und damit immer etwas feuchter Boden. Die im Thermalbild erkennbaren Temperaturverhältnisse werden offensichtlich durch die in der Lehmschicht enthaltene und Mitte Mai noch nicht ausgetrocknete Feuchte geprägt. Ein Zurückführen der Feuchteindikationen auf einen direkten Kontakt mit dem Grundwasser, wie bei EHRENBERG (1991) beschrieben, ist in Anbetracht der mächtigen Müllschicht in diesem Deponieabschnitt sehr unwahrscheinlich.

(8) Plateaubereich: Die wellige, abgedeckte Oberfläche bewirkt am Tage ein vergleichsweise unruhiges Thermalbild. Bei fehlender Sonneneinstrahlung in den Nachtstunden fällt dieser Bereich durch eine gleichförmigere Wärmeemission auf.

Am Beispiel der beiden Flugstreifen sollte gezeigt werden, daß es unter Normalbedingungen schwierig sein kann, aus den Thermalbildern einer „normalen“ Deponie Angaben zu möglichen Wärmequellen im Müllkörper oder besonderen Materialeigenschaften des an der Oberfläche abgelagerten Mülls abzuleiten. Besonders deutlich wird die Schwierigkeit der Erkennung von Materialeigenschaften auf Thermalbildern (*Abb. 3.5*). In der Nachtaufnahme erscheinen eine Frischmüllkippe (1), ein Fahrweg (2) und eine Abdeckung mit Piasolschaum (3) mit annähernd gleichen Temperaturen. Das kann unter anderen Aufnahmebedingungen völlig anders aussehen.

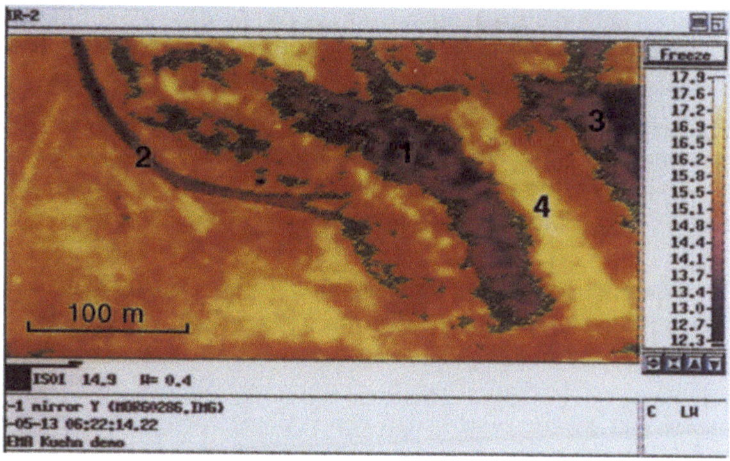

Abb. 3.5: Thermalbild vom 13. Mai 1993, 5.22 MEZ, von einem Abschnitt der Deponie Schöneiche mit Frischmüll (*1*), einer Fahrstraße (*2*), Piasolschaumabdeckung (*3*) und Böschung (*4*); grün: 14,9° Isotherme (Aufnahme: F. Böker/F. Kühn, BGR)

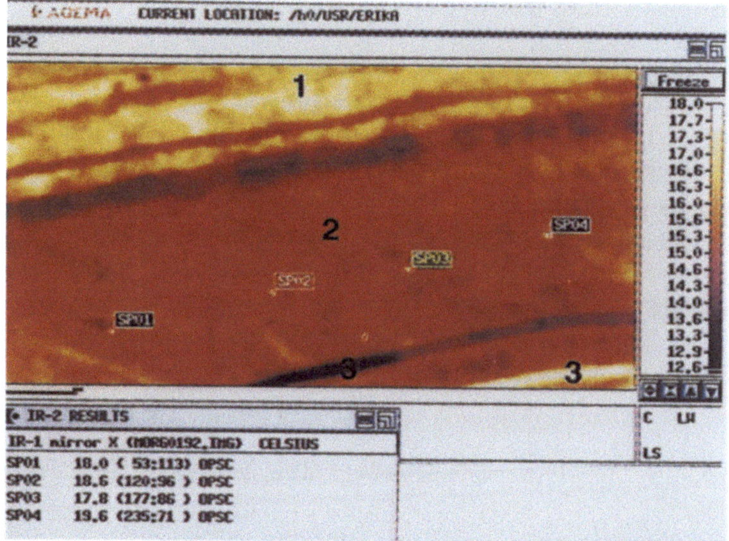

Abb. 3.6: Das Thermalbild vom 13. Mai 1993, 5.15 MEZ zeigt Schächte zur Ableitung von Deponiegasen (SP01-04); die Bildverarbeitungs- und Auswertesoftware der „AGEMA 900" gestattet die Berechnung der Strahlungstemperaturen an der Öffnung der Schächte, die hier zwischen 17,8 °C und 19,6 °C schwanken; die Temperaturerhöhung um 1,8 °C zwischen SP03 und SP04 zeigt einen Temperaturanstieg im Deponieinneren an; (*1*): Böschung, (*2*): abgedeckte Deponieoberfläche, (*3*): Fahrstraßen (Aufnahme: F. Böker/F. Kühn, BGR)

Die bisherigen Erfahrungen im Umgang mit Thermalaufnahmen haben gezeigt, daß aussagefähige Ergebnisse dann erzielt wurden, wenn ihre Auswertung zur Klärung ausgewählter Einzelprobleme erfolgte. Das ist beispielsweise bei der flächenhaften Beurteilung der abdichtenden Wirkung von Deponieabdeckungen, der Lokalisierung von Schwelbränden innerhalb einer Halde, der Beurteilung des Versickerungsvermögens von Böden oder auch bei der Schätzung von Temperaturverhältnissen im Deponieinneren über die Bestimmung von Strahlungstemperaturen an Gasschächten gegeben (*Abb. 3.6*).

Die Interpretierbarkeit von Thermalbildern des Deponiekörpers wurde ausführlich diskutiert. Dieses erschien als erforderlich, da gerade bei den komplizierten und heterogen zusammengesetzten Oberflächen von Deponien Fehlinterpretationen begünstigt werden, wenn der Einfluß der Aufnahmebedingungen und die Besonderheiten der Fernerkundung im Thermalstrahlungsbereich nur ungenügende Berücksichtigung finden. Weitaus einfachere Verhältnisse sind bei der Auswertung und Interpretation von Thermalbildern des Deponieumfeldes anzutreffen. Einige typische Anwendungen werden nachfolgend vorgestellt.

3.1.2 Untersuchung des Deponieuntergrundes

Eine realistische Beurteilung von Eigenschaften und des Zustandes der obersten Bodenschichten, die die Auflagefläche der heutigen Deponie Schöneiche bilden, war in erster Linie auf der Grundlage von Luftbildern aus der Zeit vor Errichtung der Deponie möglich. Dazu standen mehrere Luftbildserien aus dem Zeitraum 1945 - 1976 zur Verfügung. Darüber hinaus wurde versucht, anhand der im unmittelbaren Deponieumfeld erkannten Strukturmerkmale eine Extrapolation für den angrenzenden nichteinsehbaren Deponieuntergrund vorzunehmen. Unter den landschaftlichen Gegebenheiten am Standort der Deponie Schöneiche wurden die vorliegenden Luftbilder nach folgenden Kriterien analysiert:

- Ursprüngliche Geländesituation vor Beginn des Deponiebetriebes,
- flächenhafte Verteilung wasserstauender und -leitender Böden (natürliche Drainagen),
- ehemalige Feuchtgebiete unterhalb des heutigen Deponiekörpers,
- künstliche Drainagesysteme, über die eine kanalisierte Ableitung von Sickerwässern aus dem Deponiekörper in das Umfeld möglich ist.

Anhand ausgewählter Bildbeispiele werden nachfolgend einige Kriterien für die Erkennung der genannten Geländemerkmale erläutert. Die *Abb. 3.7* zeigt einen Ausschnitt aus einem Luftbild vom 22. Mai 1953. Zu diesem Zeitpunkt ist auf der gesamten Fläche, die heute von einer ca. 10 - 15 m mächtigen Müllschicht bedeckt wird, eine ackerbauliche Nutzung erkennbar. Unter der Parzellenstruktur sind abwechselnd helle und dunkle Bereiche sichtbar. Grundsätzlich können die hellen Bereiche entweder mit kleineren lokalen Hochlagen oder mit sandigen Bestandteilen in den obersten Bodenschichten erklärt werden. Bei stereoskopischer Betrachtung sind hier keine Übereinstimmungen mit lokalen Erhebungen des Geländes feststellbar. Im Gegenteil liegen einige der helleren Bereiche in Senken. So bleibt als Arbeitshypothese, daß es sich hier vermutlich um Bereiche mit geringem Wasserrückhaltevermögen handelt. Es muß davon ausgegangen werden, daß an diesen Stellen Sickerwässer aus dem Inneren der Deponie zusammenlaufen und auf direktem Wege in den obersten Grundwasserleiter gelangen können.

Beim betrachten des gleichen Luftbildes fällt des weiteren auf, daß zum linken Rand der heutigen Deponiefläche die Häufigkeit der hellen Flächen abnimmt. Gleichzeitig nimmt die Dichte von Gräben zur Oberflächenentwässerung des Geländes zu. Hier ist entweder mit einem verhältnismäßig hohen Wasserrückhaltevermögen der Bodensubstrate oder geringen Flurabständen des Grundwassers zu rechnen. Die tatsächliche Ursache für die damalige Notwendigkeit einer Entwässerung des Geländes kann nur durch Bohrungen oder geophysikalische Messungen geklärt werden. Dem Luftbild ist aber mit hoher Sicherheit zu entnehmen, daß hier die Ablagerungen an der Basis der heutigen Deponie im direkten Kontakt zu einer Feuchtezone stehen. Möglich ist sowohl ein hydraulischer Kontakt der untersten Abfallagen mit dem obersten unbedeckten Grundwasserleiter als auch ein Rückstau von Sickerwässern aus dem Deponiekörper. Ein Abfluß über noch wirkende Drainagen kann nicht ausgeschlossen werden. Damit können erste Vorstellungen über die Eigenschaften der Bodensubstrate an der Deponiebasis entwickelt werden, welche einen zielgerichteten Ansatz von Folgeuntersuchungen mit anderen Untersuchungsverfahren erleichtern.

Der Grad der Verwertbarkeit historischer Luftbilder ist nicht immer kalkulierbar. Anders als bei einer Neubefliegung, die unter optimalen jahreszeitlichen Bedingungen angesetzt wird, unterliegt die Eignung von Archivluftbildern dem Zufall. Aus der Erfahrung bei geologischen Aufgabenstellungen ist grundsätzlich davon auszugehen, daß die photographische Qualität der recherchierten Luftbilder von sehr gut bis nicht verwertbar variieren kann. Ein optimaler Aufnahmezeitpunkt wurde beispielsweise während eines amerikanischen Aufklärungsfluges im Raum Mittenwalde am 10. April 1945 getroffen (*Abb. 3.8*). Der gerade beginnende Pflanzenwuchs und der Wetterverlauf vor diesem Flug gestatten eine sehr sensible Erfassung von Substrat- und Feuchteänderungen im Untersuchungsgebiet.

Abb. 3.7: Auflagefläche der heutigen Deponie Schöneiche auf einem Luftbild vom 22. Mai 1953 (*Kontur gekennzeichnet*); helle und dunkle Bereiche auf der damals ackerbaulich genutzten Fläche signalisieren unterschiedliche Bodensubstrate, die die Versickerungseigenschaften der Schichten an der heutigen Deponiebasis beeinflussen; Entwässerungsgräben deuten auf einen geringen Flurabstand des ersten Grundwasserleiters oder auf eine verhältnismäßig geringe Wasserdurchlässigkeit des Bodens hin (Quelle: uve GmbH Berlin)

Im Geländeabschnitt, der heute von der Nordhalde der Deponie Schöneiche bedeckt wird, sind in *Abb. 3.8* schwache streifenförmige Strukturen erkennbar. Solche Oberflächenmerkmale können durch langjährige ackerbauliche Nutzungen oder alte Drainagesysteme hervorgerufen werden (vgl. SCHNEIDER 1974). Gegen eine Interpretation als Spuren früherer landwirtschaftlicher Nutzungen spricht eine schwach erkennbare Mittelachse. Es ist somit nicht auszuschließen, daß es sich um ein älteres Drainagesystem handelt, dessen Existenz und Lage bisher nicht bekannt waren. Es könnte in den dreißiger Jahren oder auch früher angelegt worden sein. Läßt sich diese Vermutung bestätigen, dann deuten die hellen Streifen darauf hin, daß das System im Jahr 1945 zum Teil noch funktionierte und in den Galluner Kanal entwässerte. Damit stellt sich die Frage, ob in einem solchen alten Drainagesystem nicht heute noch schadstoffbelastete Sickerwässer aus dem Deponiekörper zusammenlaufen und kanalisiert in den Galluner Kanal abfließen können. Die Auswertung von CIR-Luftbildern erbrachte für die Umgebung der vermuteten Einleitung in den Galluner Kanal Hinweise auf flächenhafte Pflanzenschäden und eine leicht veränderte Färbung des Wassers (vgl. Kap. 3.1.3.2). Für Folgeuntersuchungen ergeben sich damit Ansatzpunkte.

Der Zufall des richtigen Aufnahmezeitpunktes von nicht gezielt erflogenen Luftbildern (in der Regel Archivbilder) ist auch für die Erkennung von Naß- oder Sickerstellen an den Rändern einer Deponie entscheidend. In *Abb. 3.9* sind Luftbilder von 1992 und 1945 sowie eine Thermalaufnahme von 1993 desselben Abschnitts am Westrand der Deponie Schöneiche gegenübergestellt. Das Luftbild vom Mai 1992 (oben) läßt im markierten Abschnitt kaum eine Strukturierung des Grautones erkennen. Zum Zeitpunkt der Aufnahme war ein homogener, flächendeckender Bewuchs vorhanden, womit der verhältnismäßig helle und einförmige Grauton erklärt werden kann. Im Gegensatz dazu sind im gleichen Geländeabschnitt sowohl auf dem Luftbild vom April 1945 (Mitte) als auch auf dem Thermalbild vom Mai 1993 (unten) Strukturen zu erkennen, die auf lokal begrenzte Feuchteanomalien im Boden hindeuten. Die tiefblaue Farbe im Thermalbild steht für eine kalte, durchfeuchtete Geländeoberfläche.

Vermutlich wirken sich hier Schwankungen der ohnehin sehr flachen Grundwasseroberfläche in Verbindung mit einem differenzierten Wasserrückhaltevermögen der Bodensubstrate auf das Feuchteregime an der Geländeoberfläche aus. Das heißt, es ist nicht auszuschließen, daß bei witterungsbedingten geringen Flurabständen des Grundwassers die dem Deponieuntergrund aufliegende erste Abfallschicht ebenfalls mit dem Grundwasser in Kontakt steht und Lösungsprozesse mit Schadstoffmigrationen ablaufen.

Abb. 3.8: Kriegsluftbild vom 10. April 1945 mit kontrastreicher Wiedergabe von Feuchte- und Substratänderungen im Bereich der Nordhalde und des nördlichen Umfeldes der heutigen Deponie Schöneiche (Deponierand gekennzeichnet); ein altes Drainagesystem kann anhand eines schwach erkennbaren Streifenmusters vermutet werden (Recherche und Beschaffung: Luftbilddatenbank in Würzburg im Auftrag der BGR)

Abb. 3.9: (gegenüberliegende Seite): Beispiel für den Einfluß der Jahreszeit und des Wetterverlaufs vor einer Befliegung: Luftbild vom 15. Mai 1992 (*oben*) mit kaum erkennbarer Strukturierung des Grautones der Geländeoberfläche infolge eines flächendeckenden, homogenen Bewuchses; Luftbild vom 10. April 1945 (*links unten*) mit Markierung des heutigen Deponierandes (*D*) und Thermalaufnahme vom 13. Mai 1993, 05.10 Uhr MEZ (*rechts unten*) jeweils mit Anzeichen für eine differenzierte Durchfeuchtung des Bodens; Fläche der Thermalaufnahme/TIR in den Luftbildern gekennzeichnet (Quellen: Landesvermessungsamt Brandenburg, Luftbilddatenbank in Würzburg, BGR)

TIR

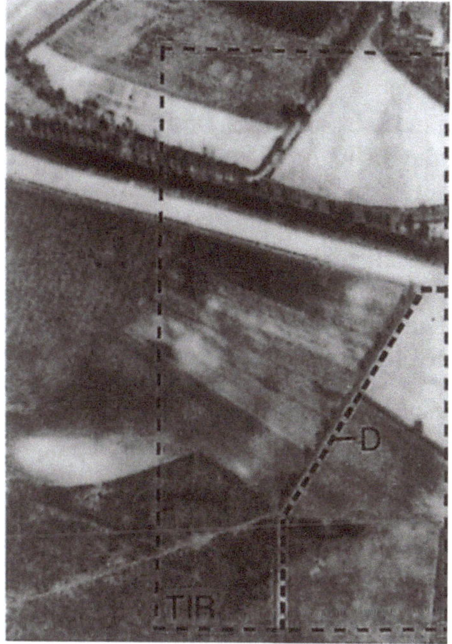
D
TIR

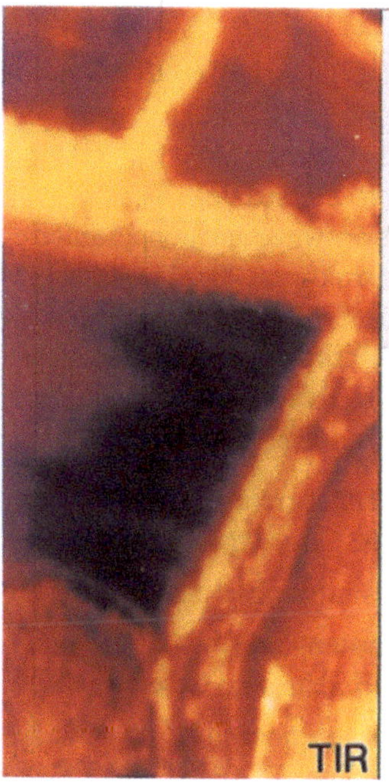
19.7
19.0
18.3
17.6
16.8
16.1
15.4
14.7
13.9
13.2
12.5
11.7
11.0
10.3
9.6
8.8
8.1
TIR

Eine völlig andere Situation ist an der Basis der benachbarten Deponie Schöneicher Plan erkennbar (*Abb. 3.10*). Hier wurde bereits in den 20er Jahren mit der Verkippung von Abfällen in wassergefüllte Restlöcher ehemaliger Ziegeleitongruben begonnen. Nach den vorliegenden Luftbildern dauerte die Verfüllung der offenen Gewässer bis weit in die 70er Jahre. Folglich ist mit einer sehr heterogenen Zusammensetzung der heute in den obersten Grundwasserleiter hineinreichenden Abfallschichten zu rechnen. Die Luftbilder lassen erkennen, in welche Restlöcher und zu welchen Zeiten Abfälle verkippt wurden. Damit wird es beispielsweise möglich, heute nicht mehr bekannte Ablagerungsflächen für Siedlungs- und Industrieabfälle vor 1945, für Militärmüll und Trümmermaterial aus Kriegsschäden bis in die 50er Jahre oder für typische Abfälle der 60er und 70er Jahre einzugrenzen. Die permanente Einwirkung des Grundwassers kann hier zu Lösungs- und Korrosionsprozessen mit entsprechenden Gefährdungspotentialen führen. Bei einer Beurteilung der ca. 200 m entfernten Deponie Schöneiche sind mögliche, von der Nachbardeponie ausgehende Belastungen zu beachten.

3.1.3 Untersuchung des Deponieumfeldes

3.1.3.1 Eigenschaften der Geländeoberfläche

Bei der Untersuchung eines Deponiestandortes sollte das Umfeld grundsätzlich mit einbezogen werden. Das ermöglicht die Beurteilung potentieller Migrationswege für kontaminierte Sickerwässer und das Erkennen von regionalen Strukturen. Darüber hinaus werden Altlastverdachtsflächen aus früheren oder parallelen Nutzungen des Geländes erkennbar, die bei der Bewertung von Gefährdungspotentialen einer Deponie mit in die Betrachtungen einbezogen werden müssen. Für das Umfeld der Deponie Schöneiche wurden Luftbilder und Thermalaufnahmen nach folgenden Kriterien ausgewertet:

- Geländebereiche mit erhöhter Bodenfeuchte, Quellen oder flächenhafte Entlastungen aus dem obersten Grundwasserleiter,
- Substratwechsel in den obersten Bodenschichten,
- Altlastenverdachtsflächen und sonstige potentielle Quellen für Belastungen des Bodens und Grundwassers,
- Vitalitätszustand der Vegetation.[4]

[4] wird im Kap. 3.1.3.2 gesondert behandelt

1945
1953
1967

Naßstellen und Quellen:

Wie im voranstehenden Text gezeigt, können Naßstellen und Quellen mit Hilfe von Fernerkundungsdaten relativ sicher erfaßt werden. Häufigste Ursachen für Naßstellen an der Geländeoberfläche sind der Rückstau von Niederschlagswässern über schwach durchlässigen Bodensubstraten, geringe Flurabstände zum obersten Grundwasserleiter sowie Quellen bzw. flächenhafte Entlastungen aus dem obersten Grundwasserleiter. Die gezielte geochemische Beprobung von Naßstellen im Umfeld einer Deponie kann Aufschlüsse über den Abfluß von Sickerwässern aus einer Deponie in ihre Umgebung liefern.

Ein Beispiel für die Wiedergabe eines stark durchfeuchteten Geländeabschnittes auf einem panchromatischen Luftbild enthält die *Abb. 3.11*. Es handelt sich hier um ein Feuchtgebiet ca. 100 m nordwestlich der Deponie Schöneiche. An einigen Stellen sind flächenhafte Vernässungen an der Geländeoberfläche sichtbar. Daß es sich offenbar um ein ständiges Feuchtgebiet handelt, zeigen heute zum Teil verlandete Grabensysteme, die auf älteren Luftbildern zu erkennen sind. Messungen der elektrischen Leitfähigkeit des Grundwassers in den Pegelbohrungen weisen hier auf eine erhöhte Mineralisation hin. Oberflächennah wurden Leitfähigkeiten um 1 200 $\mu S\ cm^{-1}$ ermittelt. Dieser Wert liegt etwa um den Faktor zwei bis drei über dem Normalwert. Damit ist zu prüfen, ob mineralisierte Sickerwässer aus dem Deponiekörper wenige hundert Meter nördlich der Deponie an der Geländeoberfläche austreten.

Anzeichen für eine intensive Durchfeuchtung des Geländes sind auch in den Thermalaufnahmen erkennbar. Eine zusammenhängende „kalte" Zone weist auf hohe Wassergehalte in den obersten Bodenschichten hin (*Abb. 3.12*).

Abb. 3.10: (Seite 81): Zeitliche Entwicklung der Müllverkippung in ehemalige Ziegeleitongruben unter der heutigen Deponie Schöneicher Plan nach Luftbildern vom 10. April 1945 (*oben*), 22. Mai 1953 (*Mitte*) und 23. Juni 1967 (*unten*); (Quellen: Luftbilddatenbank in Würzburg, uve GmbH Berlin und Bundesarchiv, Abteilung Potsdam)

Altablagerungen, Altlastverdachtsflächen:

Bei der Feststellung eines Verdachts auf Verunreinigungen des Bodens und Grundwassers entstehen immer Fragen nach den zeitlichen und räumlichen Trends der Schadstoffausbreitung sowie einem eventuell erforderlichen Untersuchungs- oder Sanierungsbedarf. Da hier erhebliche finanzielle Aufwendungen entstehen können und bei Sanierungen das Verursacherprinzip gilt, ist ein Deponiebetreiber im allgemeinen an einer differenzierten Ursachenforschung interessiert. Es ist keine Seltenheit, daß im „Windschatten" von großen Deponien illegale Entsorgungen von Abfällen erfolgen. Beispielsweise wurden 1990/91 im Ergebnis einer Luftbildauswertung im Rahmen der Gefährdungsabschätzung für eine Großdeponie über 40 weitere, nicht zu dieser Deponie gehörende, Verdachtsflächen in der unmittelbaren Umgebung aufgefunden. Das Spektrum der dabei vorerst als Verdachtsflächen angesprochenen und anschließend durch Geländebegehung verifizierten Ablagerungen reichte von Hausmüll über die Einleitung von Gülle in Oberflächengewässer bis hin zur Verkippung von Tierkadavern.

Abb. 3.11: Luftbild vom nordwestlichen Vorfeld der Deponie Schöneiche mit Anzeichen für eine intensive Durchfeuchtung der Geländeoberfläche, erkennbar an den dunklen Grautönen; an einigen Stellen wird austretendes Wasser zum Zeitpunkt der Aufnahme über z. T. bereits verlandete Gräben abgeleitet; Fläche des Thermalbildes von *Abb. 3.12* und Deponierand gekennzeichnet (Aufnahme vom 20. April 1974, Quelle: Bundesarchiv, Abteilung Potsdam)

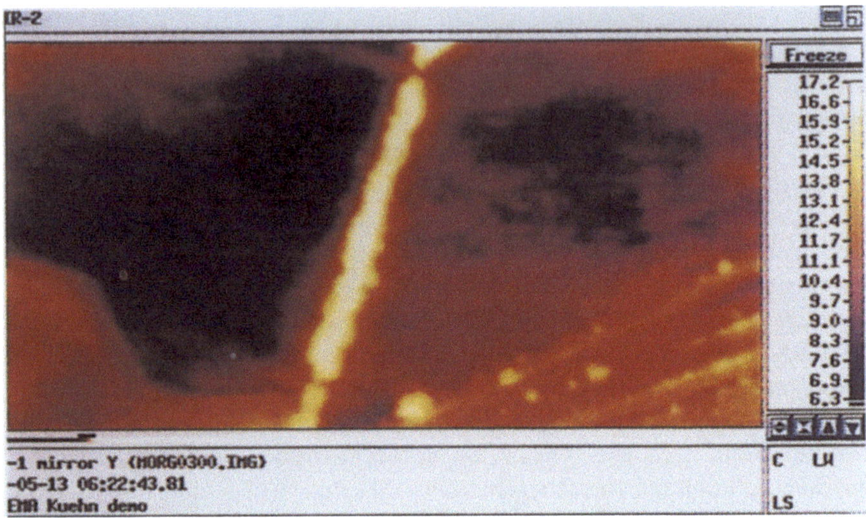

Abb. 3.12: Die Thermalaufnahme vom 13. Mai 1993, 05.22 MEZ zeigt für den im Luftbild von *Abb. 3.11* gekennzeichneten Geländeabschnitt geringe Temperaturen an, die auf eine hohe Bodenfeuchte hinweisen (Aufnahme: F. Böker/F.Kühn, BGR)

Von der Arbeitsgemeinschaft „Sanierungs- und Betriebskonzept/Abfallentsorgung Berlin" wurden 1992 im Auftrag des Deponiebetreibers Altlasten und Altlastverdachtsflächen im Umfeld der Deponien Schöneiche und Schöneicher Plan erfaßt. Dabei wurden mehrere Ablagerungsflächen, Altdeponien sowie Fäkalien- und Abwasserverregnungsflächen kartiert. Im Ergebnis der nachfolgenden Untersuchungen mit Verfahren der Geofernerkundung konnten im Umfeld der Deponien weitere verdeckte Altablagerungen lokalisiert werden. Ein Beispiel für eine Altablagerung zwischen den Deponien Schöneiche/Schöneicher Plan ist in *Abb. 3.13* dargestellt. Im Stereopaar ist südöstlich des wassergefüllten Restloches eine leicht nach Südosten ansteigende Schüttfläche erkennbar. Das Gelände wurde zum Zeitpunkt der Aufnahme als Ackerfläche genutzt. Auf den Thermalbildern sind bei dieser Fläche Temperaturanomalien erkennbar, die auf künstliche Inhomogenitäten im Material unterhalb des Oberbodens hindeuten (*Abb. 3.14*). Im unmittelbaren Umfeld der Deponien konnten weitere ähnliche Ablagerungsindikationen festgestellt werden. Die Klärung, ob es sich dabei lediglich um eine Ablagerung von Abraum aus den ehemaligen Ziegeleitongruben oder um Altdeponien handelt, bleibt der Überprüfung durch Schürfe oder Bohrungen vorbehalten.

Abb. 3.13: Ausschnitt aus einem CIR-Luftbild vom 3. Juli 1993 (Stereopaar) mit einer Altablagerung unmittelbar westlich der Deponie Schöneiche (Bildmitte); (Aufnahme: WIB GmbH Berlin im Auftrag der BGR)

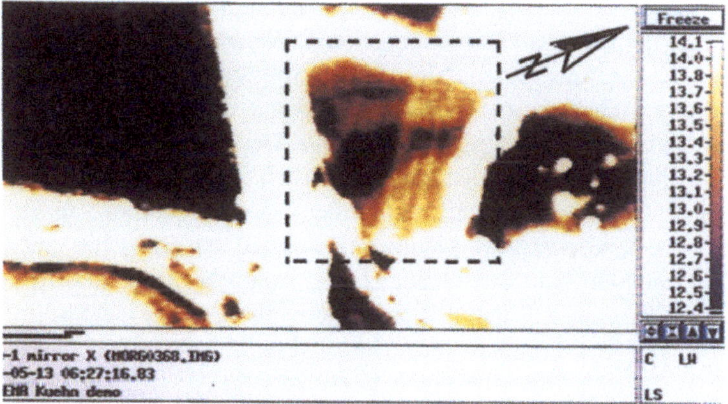

Abb. 3.14: Altablagerung von *Abb. 3.13* auf einer Thermalaufnahme vom 13. Mai 1993, 05.27 MEZ (s. Markierung), mit Temperaturanomalien als Folge einer teilweisen Pflanzenbedeckung (warm, gelb-orange Streifenstruktur) sowie von Materialwechsel im Boden (kalt, etwa Nord-Süd-streichende dunkelblaue Strukturen); (Aufnahme: F. Böker/F. Kühn, BGR)

Eigenschaften der Bodensubstrate:

Des weiteren wurde versucht, Angaben zur Verteilung der Bodensubstrate im Untersuchungsgebiet zu erhalten. Kenntnisse über die Eigenschaften und die Verteilung der Bodensubstrate im Umfeld von Deponien sind wünschenswert, um Hinweise auf die Bodenzusammensetzungen unter der Deponie selbst zu erhalten. In erster Linie wurden ergänzende Angaben zu möglichen Wasserwegsamkeiten in den obersten Bodenschichten erwartet. Unter den geologischen Bedingungen im Untersuchungsgebiet konnten von der Auswertung der panchromatischen Luftbilder hauptsächlich Hinweise auf die flächenhafte Verteilung von sandigen und bindigen Bodensubstraten erwartet werden (vgl. auch AG BODENKUNDE 1982). Dabei kann es vor allem bei der Differenzierung zwischen bindigen und humosen Bodenbestandteilen zu Grenzen in der Aussagefähigkeit von panchromatischen Luftbildern kommen, die Geländekontrollen erfordern. Die Erkennbarkeit von Bodensubstraten auf multispektralen und konventionellen Luftbildern ist Gegenstand unveröffentlichter Forschungsberichte von HÖRIG & ULBRICHT (1986), LANGER & WEGNER (1986) sowie GLÄSER (1989).

Die *Abb. 3.15* zeigt einen Ausschnitt aus einem CIR-Luftbild vom 2. Juli 1993. Der Luftbildausschnitt erfaßt den Ostrand der Deponie Schöneiche mit einer angrenzenden Ackerfläche, die zum Zeitpunkt der Aufnahme mit ca. 15 cm hohem Sommergetreide bedeckt war. Auf diesem Bild ist eine sensible Reaktion des Pflanzenwachstums auf die Eigenschaften des Bodensubstrates erkennbar. Die geschlossenen roten Flächen signalisieren einen dichten, fortgeschrittenen Pflanzenwuchs. Die Ursache ist in einem besseren Nährstoffangebot in Verbindung mit erhöhten Wassergehalten des Bodens zu suchen. Das verlangsamte Pflanzenwachstum auf den hellen Flächen ist dagegen auf geminderte Nährstoffangebote in Verbindung mit einem geringeren Wasserrückhaltevermögen des Bodensubstrates zurückzuführen. Überprüfungen der Flächen im Gelände bestätigten die Annahme vorwiegend sandiger Böden. Die unmittelbar neben der Deponieböschung erkennbaren Bodenverhältnisse können näherungsweise auch für die ersten 20 - 50 m der ehemaligen Geländeoberfläche unter dem Deponiekörper angenommen werden. In den vorwiegend sandigen Bereichen ist stets mit einer guten Wasserwegsamkeit von der Deponiebasis zum obersten, hier flächenhaft unbedeckten Grundwasserleiter zu rechnen.

Abb. 3.15: Ausschnitt aus einem CIR-Luftbild vom 2. Juli 1993 mit dem östlichen Rand der Deponie Schöneiche; das auf der Ackerfläche wachsende Sommergetreide hat zum Zeitpunkt der Aufnahme eine mittlere Höhe von 15 cm, Wachstumsausfälle (helle Flächen) lassen sich mit vorwiegend sandigen Bodensubstraten korrelieren; Straßenbäume (Ahorn) an der Ostflanke der Deponie zeigen deutlich von Nord nach Süd zunehmende Schäden (Aufnahme: WIB GmbH Berlin im Auftrag der BGR)

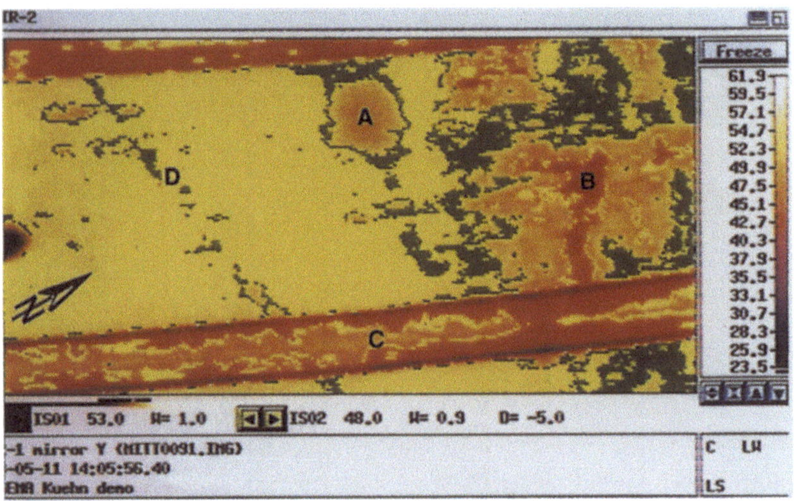

Abb. 3.16.: Thermalaufnahme vom 11. Mai 1993, 13.05 MEZ (s. Markierung in *Abb. 3.15*); im Thermalbild sind sandige Bodensubstrate auf der Ackerfläche an den homogenen kälteren Zonen (*A*) erkennbar; die mehr fleckig texturierten, ebenfalls kälteren Zonen werden durch gerade aufgehendes Sommergetreide hervorgerufen (*B*); weitere auffällige Temperaturanomalien ergeben sich aus einem Umbruch des Oberbodens (*C*) und Störungen der natürlichen Bodenlagerung über einer Leitung (*D*); (grün/hellgrün: Markierung der Übergangsbereiche mit 53°- und 48°- Isothermen); (Aufnahme: F. Böker/F. Kühn, BGR)

Des weiteren fallen in *Abb. 3.15* zum Teil gravierende Schäden an einer Reihe von Ahornbäumen an der östlich der Deponiebegrenzung verlaufenden Straße auf. Auch ohne technische Hilfsmittel ist in Richtung des unteren Bildrandes die Zunahme von Schäden an den Baumkronen erkennbar.

Die Wechsel von sandigen und bindigen Bodensubstraten zeichnen sich auch in dem ca. 2 Monate vor dem CIR-Luftbild hergestellten Thermalbild nach (*Abb. 3.16*). Das die rote Farbe im Luftbild bestimmende Sommergetreide ging zum Zeitpunkt der Thermalbefliegung gerade erst auf. Auf dem Thermalbild der Mittagsbefliegung vom 11. Mai 1993 werden die sandigen Bereiche durch vergleichsweise tiefe Temperaturen charakterisiert. Dieser Effekt kann durch eine verhältnismäßig geringe Absorption der einfallenden Sonnenstrahlung bei gleichzeitiger intensiverer Reflexion an den hellen Sanden erklärt werden. Die ebenfalls „kalt“, jedoch mehr fleckig erscheinenden Bereiche mit gerade aufgehendem jungen Sommergetreide unterstreichen die Notwendigkeit begleitender Geländebegehungen.

3.1.3.2 Vitalitätskartierung an Einzelbäumen

DIETMAR SCHMIDT

Zur Kartierung der Vitalität von Vegetation wurden CIR-Luftbilder ausgewertet. Da CIR-Filme außer im sichtbaren Bereich auch im Spektralbereich des nahen Infrarot sensibilisiert sind, werden Informationen zu Pflanzenschäden sichtbar, die vom menschlichen Auge sonst nicht zu erfassen sind. Dazu gehören Hinweise auf Vitalitätsminderungen der Vegetation, die neben natürlichen Ursachen im Bodensubstrat auch mit Altlasten oder sonstigen Schadstoffeinwirkungen in Verbindung stehen können. Bei einer Erfassung möglicher Boden- und Grundwasserkontaminationen auf der Grundlage von Vitalitätskartierungen ist grundsätzlich zu klären, ob Bäume oder sonstige Pflanzen als Bioindikatoren mit dem Wurzelgeflecht im direkten oder über die Bodenluft im indirekten Kontakt mit der Kontamination stehen.

Bei der Beurteilung von Deponien in grundwassernahen Niederungsgebieten, wie es für den Raum Schöneiche zutrifft, bestehen günstige Bedingungen für die Auswertung von CIR-Aufnahmen. Hier ist ein Wurzelkontakt mit dem obersten Grundwasserleiter wahrscheinlich. Vitalitätsgeminderte Baumvegetation kann den Abfluß belasteter Wässer anzeigen. Hydrogeologisch-geochemische Untersuchungen können damit gezielter angesetzt werden.

Bei der Verwendung von CIR-Luftbildern zur Lokalisierung von Verdachtsflächen nach Pflanzenschäden ist ein Aufnahmezeitraum, beginnend in der zweiten Hälfte der Vegetationsperiode (Mitte Juli) bis Anfang September, anzustreben. In Abhängigkeit vom jährlichen Wetterverlauf sind Abweichungen von diesen Vorgaben möglich. Die optimalen Aufnahmemaßstäbe liegen zwischen 1:2 000 und 1:10 000.

Der genannte Aufnahmezeitraum gewährleistet einerseits, daß der Frühjahresaustrieb von Mai bis etwa Juni unberücksichtigt bleibt, da geringe bis mittlere Vitalitätsminderungen zu diesem Zeitpunkt kaum erkennbar sind, andererseits soll der phänologisch bedingte Chlorophyllabbau, der erfahrungsgemäß im September einsetzt, nicht mehr erfaßt werden. Bei Bildmaßstäben kleiner als 1:10 000 ist eine Vitalitätskartierung nur dann möglich, wenn eine homogene Waldfläche mit Bäumen gleicher Art und etwa gleichem Alter vorliegt. Die Baumvegetation ist durch ihre lange Lebensdauer und durch die Tiefenreichweite ihrer Wurzeln ein guter Indikator für viele Umweltbelastungen.

Die auf dem CIR-Luftbild erkennbare Rotfärbung vitaler Vegetation wird durch die starke Reflexion der Strahlung im nahen Infrarot an der Gewebestruktur des Blattes verursacht. Kräftige rote Farben treten in der Regel nur bei Blattvegetation auf. Nadelbäume erscheinen dagegen mehr in einem dunkelgrün-roten Farbton (vgl. *Abb. 3.17 unten*). Chlorophyllabbau, der mit

Veränderungen des Blattaufbaus verbunden ist, bewirkt eine geringere Reflexion in diesem Wellenlängenbereich, so daß die Blätter und Nadeln vitalitätsgeminderter Vegetation je nach Grad der Schädigung ihre Rotfärbung verlieren. Etwas abweichend von dieser grundsätzlichen Feststellung nimmt artspezifisch bei belasteten Eichen und Korbweiden eine Schwarzfärbung, bei Birken, Erlen und Bruchweiden eine Braunkomponente, bei Linden eine blaugrüne und bei Silberweiden eine weiße Färbung zu. Weiterhin sind Vitalitätsminderungen durch typische Verlichtungen der Kronen erkennbar. Mit der Anwendung beider Kriterien ist eine vier- bis fünfstufige Skala bei der visuellen Bewertung des Vitalitätsgrades möglich.

Vor Beginn der Kartierung des Vitalitätszustandes von Bäumen wird ein Interpretationsschlüssel zur Differenzierung unterschiedlicher Baumarten erarbeitet. Dies ist immer erforderlich, da sich die Baumarten untereinander auch durch Änderungen des roten Farbtones unterscheiden lassen. Die pauschale Zuordnung von Abweichungen in der Farbe der Blattvegetation zu Umweltschäden würde unweigerlich zu gravierenden Fehlinterpretationen führen. In der Praxis hat es sich bewährt, die Festlegung des Interpretationsschlüssels sofort nach erfolgter Befliegung unter Verwendung der CIR-Luftbilder im Gelände vorzunehmen. Damit können mögliche Fehler durch jahreszeitlich- und witterungsbedingte Änderungen der Vitalität ausgeschaltet werden. Für Jungbestände, deren Einzelkronen nicht erkennbar sind, werden zusätzlich flächige Merkmale aufgestellt.

Im Grundsatz ist die Ansprache der im Umfeld der Deponie Schöneiche vorkommenden wichtigsten Baumarten anhand folgender artenspezifischer Falschfarbendarstellung möglich:

Eiche	-	kräftiges Mittelrot,
Silberweide	-	silbriges Rot,
Kiefer	-	Rotbraun.

Ein erfahrener Auswerter erkennt unterschiedliche Baumarten auch an ihrer Form, Internstruktur und Höhe der Baumkronen. Der Ahorn ist zum Beispiel an der Erstreckung seiner Äste, „igelförmig“ nach außen, erkennbar, die Robinie besitzt eine „wattebauschähnliche“ Krone mit „chaotisch“ erscheinendem Verlauf der Äste und Hybrid-Schwarzpappeln haben eine hohe, lichte Krone (vgl. AFL - ARBEITSGRUPPE FORSTLICHER LUFTBILDINTERPRETEN, 1988).

Die *Abb. 3.17* zeigt einen Ausschnitt aus einem CIR-Luftbild vom 2. Juli 1993. Der Ausschnitt erfaßt das nördliche Vorfeld der Deponie Schöneiche mit mehreren Baumreihen, die hauptsächlich verlandete und noch bestehende Wassergräben flankieren. Bei den Bäumen handelt es sich vorwiegend um Weiden, Schwarzpappeln und Erlen. Die silbrig-roten Weiden in der von der Nordwest-Ecke der Deponie nach Nordosten verlaufenden Baumreihe fallen auch einem ungeübten Betrachter auf.

Bei den tiefrot erscheinenden Feldern nordwestlich der Deponie handelt es sich um dichtstehende Sonnenblumen. Die im Luftbild (*Abb. 3.11*) bzw. in der Thermalaufnahme (*Abb. 3.12*) erkennbare Naßstelle ist auf dem CIR-Luftbild auch an der Art der Vegetationsbedeckung zu erkennen. Das Ergebnis der Vitalitätskartierung an Einzelbäumen im Deponie-Umfeld ist in *Abb. 3.18* als Kartenausschnitt dargestellt. Die zuvor geäußerte Vermutung oberflächennaher Abflüsse kontaminierter Wässer in NNW-Richtung wird damit gestützt. Verstärkte Belastungen an einer Reihe von Schwarzpappeln östlich der Nordhalde gehen mit der vermuteten Einleitung von Deponiewässern über ein altes Drainagesystem konform. Gleichzeitig kann eine zusätzliche Beeinflussung des Vitalitätszustandes der Schwarzpappeln durch die benachbarte Müllverbrennungsanlage nicht ausgeschlossen werden.

Abb. 3.17: Nördliches Vorfeld der Deponie Schöneiche auf einem CIR-Luftbild vom 2. Juli 1993; unter dem inhomogenen Bewuchs unmittelbar nördlich der Deponie versteckt sich eine Altablagerung (Aufnahme: WIB GmbH Berlin Auftrag der BGR)

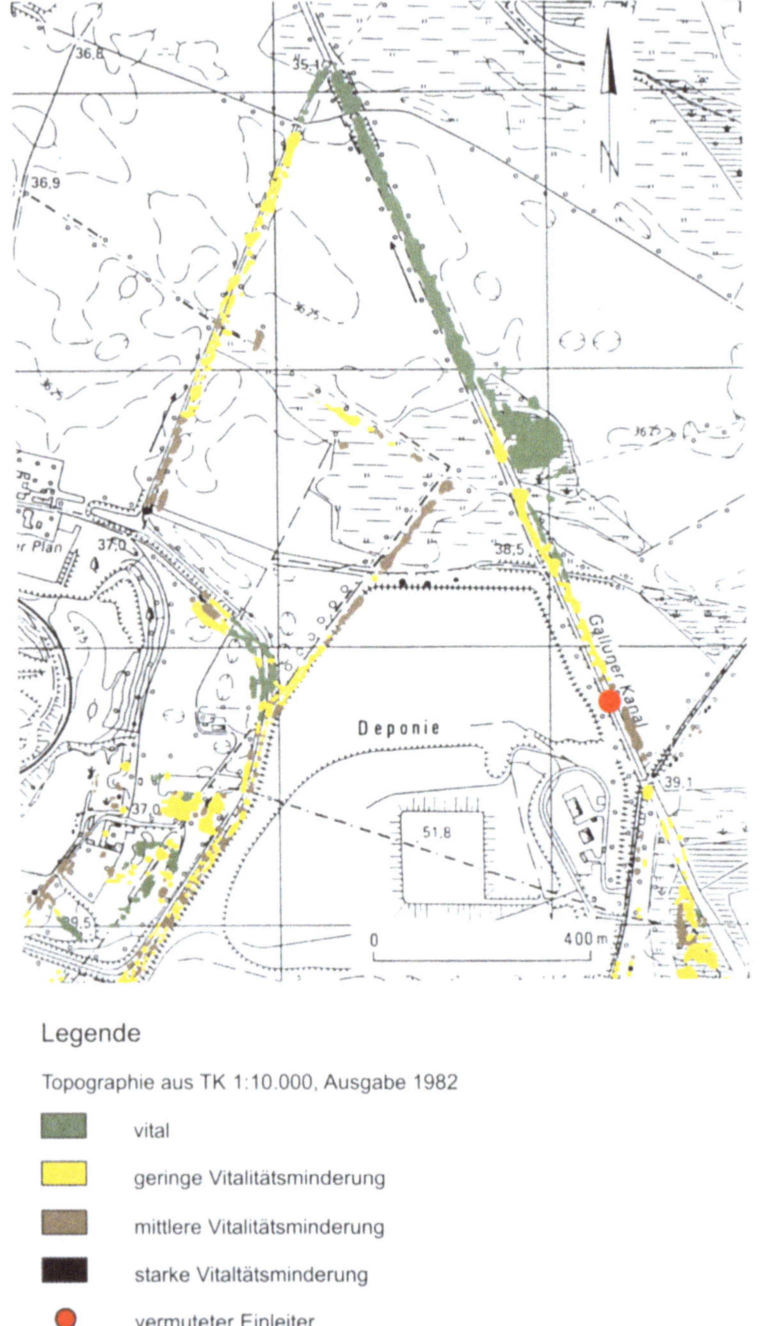

Abb. 3.18: Ausschnitt aus der Karte des Vitalitätszustandes der Bäume im unmittelbaren Umfeld der Deponie Schöneiche; Kartierungsmaßstab 1:5 000

3.2 Zusammenfassende Bewertung

Das Endergebnis der Beurteilung der Deponie Schöneiche nach Fernerkundungsdaten ist eine Karte im Maßstab von 1:10 000. Wesentliche Inhalte dieser Karte sind in einer abschließenden Geländebegehung stichprobenartig überprüft worden. Es ist nicht auszuschließen und in der Regel auch normal, daß nach späteren Bohrungen und Beprobungen im Gelände Präzisierungen erforderlich werden. Eine Beschreibung des Zustandes und der Eigenschaften des Geländes als Grundlage für einen kostensparenden Ansatz weiterer Untersuchungen ist damit aber gegeben. Bohrprogramme, geophysikalische Messungen, geochemische und hydrogeologische Untersuchungen können unter Verwendung der nachfolgend erläuterten Karte effizient geplant und durchgeführt werden.

Ein wesentlicher Vorteil der Untersuchungsmethode besteht darin, daß nach punktueller Verifizierung der nach Fernerkundungsdaten erfaßten Merkmale Aussagen über stoffliche und strukturelle Eigenschaften des Geländes und ihre flächenhafte Verbreitung vorliegen. Die *Abb. 3.19* zeigt einen verkleinerten Ausschnitt aus der nach Fernerkundungsdaten erarbeiteten Karte. Dieser erfaßt die nördliche Hälfte der Deponie Schöneiche und Teile des nördlichen Vorfeldes und wird im Westen durch den Ostrand der Deponie Schöneicher Plan sowie im Osten und nach Norden etwa durch den Verlauf des Galluner Kanals begrenzt. In der Karte wird eine Darstellung aller Informationen vorgenommen, die in direktem Bezug zur Deponie stehen und für das Erkennen und die Bewertung von Belastungen für Boden und Grundwasser relevant sind.

Es fällt eine gute Übereinstimmung zwischen dem Vitalitätszustand der Bäume und den Flächen auf, für die ein Verdacht auf Schadstoffbelastungen außer von CIR-Luftbildern auch von anderen Daten abgeleitet werden konnte. Eine mögliche subjektive Komponente wurde damit ausgeschaltet, daß dem Autor der Vitalitätskartierung alle anderen Auswerteergebnisse erst nach Abschluß seiner Arbeiten zur Kenntnis gegeben wurden.

Ein auffälliger Bereich besteht oberhalb des nördlichen Deponierandes. Hier wurden Anzeichen für eine Altablagerung (inzwischen durch Bohrung und Schurf bestätigt), flächenhafte Entlastungen aus dem obersten unbedeckten Grundwasserleiter und eine Anhäufung von Schäden an Weiden festgestellt. Wie in Verbindung mit der Erläuterung der *Abb. 3.11* und *3.12* erwähnt, konnten hier auch erhöhte Leitfähigkeitswerte im obersten Grundwasserleiter gemessen werden. Inwieweit gelöste Schadstoffe aus der Deponie vorgelagerten Altablagerung daran beteiligt sind, muß durch hydrochemische Analysen geklärt werden.

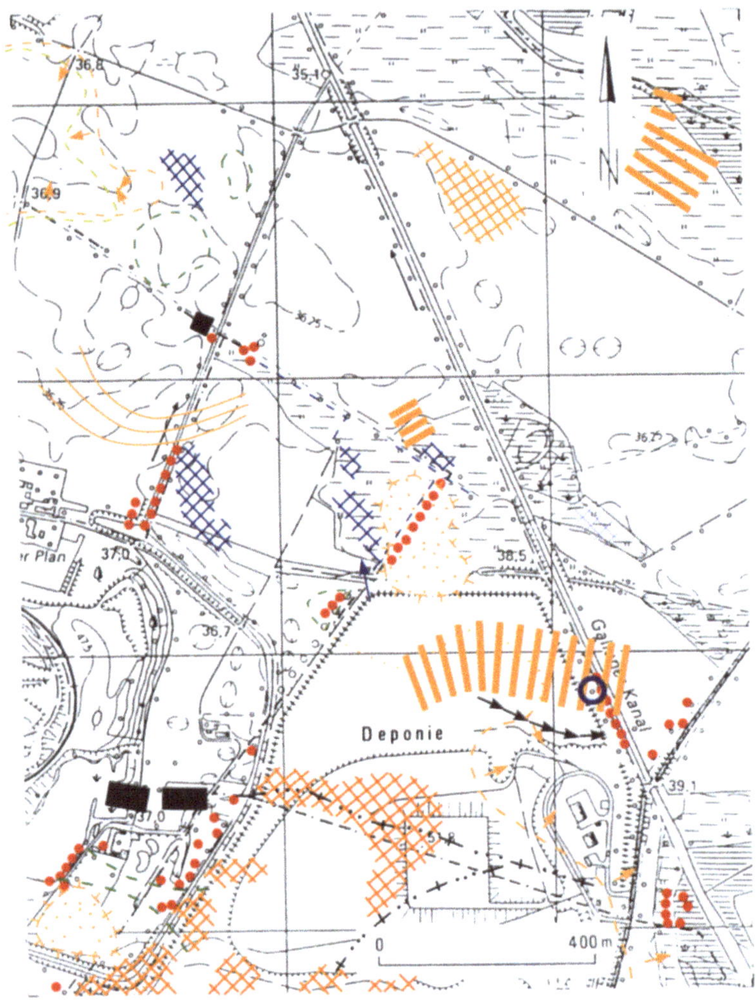

Legende

Topographie aus TK 1:10.000, Ausgabe 1982

- Auffüllung, Altablagerung
- Bodensubstrat mit gering wasserstauenden Eigenschaften
- Übergangsbereich von überwiegend wasserstauenden zu überwiegend wasserdurchlässigen Böden
- Grautonanomalie
- Altstandort
- vermutete natürliche Drainage
- flächenhafter Wachstumsausfall
- relativ stark geschädigte Bäume
- Naßstelle
- ehemalige Entwässerungsgräben
- auffällige Wassertrübung
- oberflächennaher Wasserabfluß
- vermutetes altes Drainagesystem
- Achse flacher Mulden

Für das Deponieauflager wurden die Abschnitte gekennzeichnet, an denen überwiegend sandige Bodensubstrate zu erwarten sind. Hier ist eine schnelle Versickerung der die Deponie durchdringenden Niederschlagswässer in den obersten Grundwasserleiter wahrscheinlich. Das gleiche gilt für das vermutete alte Entwässerungssystem, über das ein gerichteter Abfluß von Deponiewässern ebenfalls nicht auszuschließen ist. Weitere Inhalte der Karte sind im Abbildungstext und in der Legende erklärt.

Die Auswertung und Interpretation der Thermalbilder, die mit einem vergleichsweise hohen Aufwand an Zeit erfolgten, erbrachten für den Deponiekörper selbst lediglich ergänzende Angaben. Für die Lokalisierbarkeit von Wärmequellen im Deponieinneren ist die Höhe der Temperaturen sowie die Art und Mächtigkeit der Abdeckungen entscheidend. Unter den Bedingungen „normaler" Hausmülldeponien ist es im allgemeinen schwierig, Wärmequellen im Deponieinneren zu erfassen.

Als Verallgemeinerung und Empfehlung für eine effiziente Anwendung der Thermalfernerkundung bei der Untersuchung von vergleichbaren Deponien wird vorgeschlagen, daß erst dann über den Einsatz der Thermalfernerkundung entschieden werden sollte, wenn die vorangehende Auswertung und Interpretation von Luftbildern entsprechende Ansatzpunkte liefert. Eine vorausgehende Analyse der für die optimale Nutzung von Thermalbildern notwendigen Bedingungen wird in jedem Fall als erforderlich angesehen. Die pauschale Einbeziehung der Thermalfernerkundung in jede Deponieuntersuchung ist erfahrungsgemäß nicht sinnvoll und kann zu unbefriedigenden Ergebnissen führen.

Sehr gute Ergebnisse konnten mit dem Einsatz der Thermalfernerkundung auch bei der Lokalisierung von Altablagerungen unter Ackerflächen, Naßstellen, flächenhaften Grundwasserentlastungen und wasserdurchlässigen Böden im Umfeld der Deponien Schöneiche und Schöneicher Plan erzielt werden (vgl. *Abb. 3.14*).

Abb. 3.19: (gegenüberliegende Seite): Ausschnitt aus der Karte der Interpretation von Fernerkundungsdaten für den Standort der Deponie Schöneiche (vereinfacht und generalisiert)

Literatur und sonstige verwendete Quellen

AFL (Arbeitsgruppe Forstlicher Luftbildinterpreten, 1988): Auswertung von Color-Infrarot-Luftbildern. Selbstverlag der Arbeitsgruppe, Druck Forstliche Bundesversuchsanstalt, Wien.

AG BODENKUNDE (1982): Bodenkundliche Kartieranleitung. 3. Aufl., Schweizerbart'sche Verlagsbuchhandlung, Hannover.

EHRENBERG, M. (1991): Beprobungslose Altlastenerkundung. wlb Wasser, Luft und Boden, **7-8**, 56-59.

GLÄSER, C. (1989): Beiträge zur Anwendung der Multispektraltechnik für die Lösung geowissenschaftlicher Aufgaben. Dissertation B, Martin-Luther-Universität Halle-Wittenberg.

HÖRIG, B. & ULBRICHT, G. (1986): Anwendungen der Spektrometrie im Rahmen methodischer Forschungsarbeiten zur Substratanalyse im Deckgebirge (Oderbruch). Unveröff. Bericht, Zentrales Geologisches Institut Berlin.

KÜHN, F. & HÖRIG, B. (1995): Handbuch zur Erkundung von Deponien und Altlasten, Band 1,Geofernerkundung. Springer, Berlin.

LANGER, M. & WEGNER, TH. (1986): Methodische Untersuchungen zur Substratanalyse an Luftaufnahmen im Oderbruch. Unveröff. Bericht, Zentrales Geologisches Institut Berlin.

LOWE, D. S. (1969): Optical Sensors. in: Principles and Applications to Earth Resources Surveys, 73-136, Paris (CNS and Univ. of Michigan).

SCHNEIDER, S. (1974): Luftbild und Luftbildinterpretation, de Gruyter, Berlin.

4 Geophysikalische Erkundung

4.1 Aerogeophysik

KLAUS-PETER SENGPIEL, BERND RÖTTGER & BERNHARD SIEMON

Die Ziele der aerogeophysikalischen Messungen waren, Altlasten und Deponien geophysikalisch zu erfassen sowie Beiträge zur geologisch / hydrogeologischen Erkundung des Deponieuntergrundes im Untersuchungsgebiet zu liefern.

Abbildung 4.1 zeigt einen Lageplan des Meßgebietes mit dem Blattschnitt der Karten 1 : 10 000 zur Darstellung der Ergebnisse (gestrichelte Linie) und der tatsächlich vermessenen Fläche (dicke Punkte) (SENGPIEL et al. 1996). Die (natürliche) Landoberfläche ist überwiegend eben (ca. 33 - 40 m über NN). Erhebungen ($\geq$ 50 m) treten nur am Großmachnower Weinberg im NW, am Galgenberg SE von Mittenwalde und bei den Deponien Schöneiche und Schöneicher Plan auf.

Mit insgesamt 4 Meßflügen und einem Kontrollflug wurden 59 Profile auf einer Fläche von 27 km^2 mit insgesamt ca. 396 Profilkilometern geflogen. Die Flugrichtung war N-S, die 52 Fluglinien sind maximal 7,9 km lang. Bei einem Fluglinienabstand von nominal 80 m ergibt sich eine Überdeckung von ca. 4 km in EW-Richtung. In dieser Richtung wurden auch die 7 Kontrollprofillinien geflogen. Die mittlere Meßflughöhe des Hubschraubers lag bei ca. 75 m. Zum Einsatz kamen die drei Methoden Elektromagnetik (EM), Magnetik und Radiometrie (Gammastrahlen-Spektrometrie). In der EM und Magnetik wurde viermal pro Sekunde gemessen; dies entspricht einem Meßpunktabstand von ca. 10 m. In der Radiometrie wurden die Zählraten einmal pro Sekunde aufgezeichnet, entsprechend einem Meßpunktabstand von ca. 40 m.

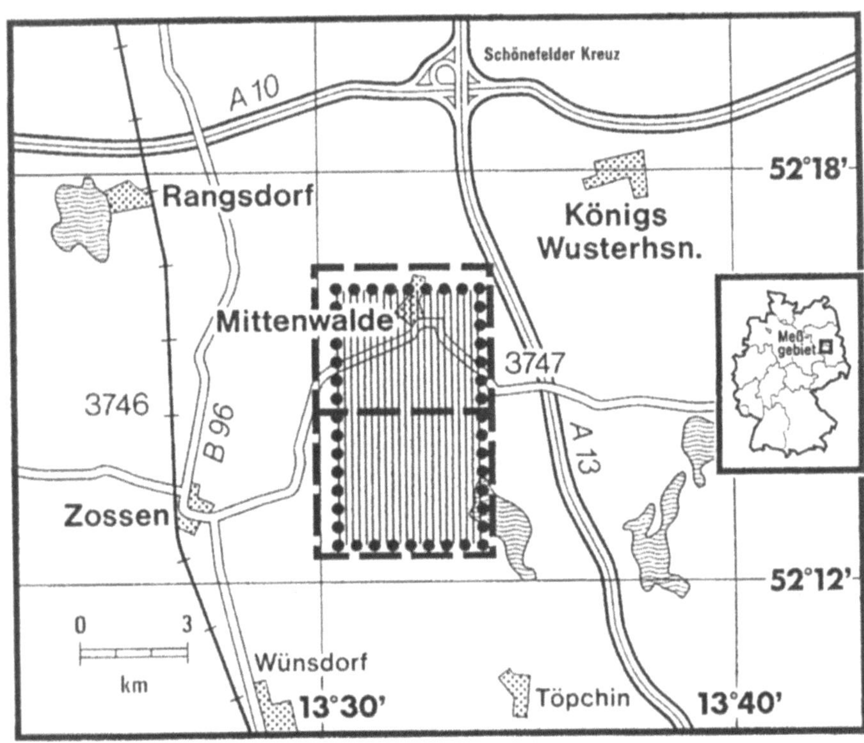

Abb. 4.1: Lageskizze des Befliegungsgebietes Schöneiche

4.1.1 Methodik

Die aerogeophysikalischen Methoden werden im Kap. 10 des Bandes Geophysik beschrieben. Hier folgt eine kurze Darstellung der Organisation, Meßtechnik und Datenverarbeitung bei der aerogeophysikalischen Vermessung des Untersuchungsgebietes Schöneiche - Mittenwalde.

Neben den üblichen organisatorischen und technischen Vorbereitungen für den Meßeinsatz waren die für das Gebiet erforderlichen Navigationsunterlagen zu erstellen. Als Basis für die Befliegung diente der Flugplatz Schönhagen. Der mittlere Anflugweg zum Meßgebiet betrug etwa 25 km. Die Meßflüge wurden im Konturenflug, d. h. mit möglichst konstantem Abstand des Hubschraubers (75 m) und seiner Sensoren (EM 30 m, Magnetik 45 m) von der Erdoberfläche durchgeführt. In regelmäßigen Abständen, vorwiegend an den Enden der Fluglinien, wurde die Flughöhe auf etwa 350 m über Grund vergrößert, um das Nullniveau für die EM-Signale zu überprüfen. Je nach Anflugweg und Topographie im Meßgebiet konnten pro Flug 150–250 Profil-km vermessen werden. Die maximale Flugzeit des eingesetzten Hubschraubers betrug dabei 2h 45'.

Träger der Meßausrüstung ist der Geophysik-Hubschrauber der BGR, Typ Sikorsky S-76B. Das elektromagnetische 3-Frequenz-Meßsystem DIGHEM-III besteht aus einem etwa 9 m langen, zylinderförmigen Flugkörper (auch Sonde oder Bird genannt) sowie einem Kontrollgerät im Hubschrauber. Im vorderen Teil der Sonde befinden sich drei Sender, die mittels ringförmiger Spulen elektromagnetische Wechselfelder unterschiedlicher Frequenz erzeugen. Diese Felder induzieren Wirbelströme im Untergrund, deren Stärke und Phasenlage relativ zum ausgestrahlten Feld von der Leitfähigkeit des Untergrundes abhängig ist. Die elektromagnetischen Felder dieser Wirbelströme (sog. Sekundärfelder) durchsetzen drei Empfängerspulen, die sich im hinteren Teil des Flugkörpers befinden, induzieren dort elektrische Signale und werden verstärkt. *Tab. 4.1* zeigt die Frequenzen und die Spulenkonfiguration der hier verwendeten Sonde (BK38).

Tab. 4.1: Kenndaten der im Gebiet Schöneiche verwendeten EM-Sonde

Parameter	BK 38		
	f1	f2	f3
Frequenz [Hz]	387,5	3640	30712
Spulenabstand [m]	7,98	7,98	6,32
Spulen-Konfiguration	horizontal koplanar		

Die Empfangssignale werden in analoger Form zur EM-Konsole übertragen und dort in zwei zeitliche Komponenten, In-Phase (0°-Phase) und Quadrature-Phase (90°-Phase), bezogen auf das Sendesignal, aufgespalten. Diese Meßdaten werden viermal pro Sekunde aufgezeichnet.

Die Totalintensität T des erdmagnetischen Feldes wird mit einem SCINTREX MAC-3 Cäsium-Magnetometer gemessen. Es besitzt eine maximale Empfindlichkeit von 0,01 nT bei 10 Messungen pro Sekunde. Bei dieser Befliegung wurde mit einer Auflösung von 0,1 nT viermal pro Sekunde auf Magnetband aufgezeichnet. Um die Messungen möglichst außerhalb des Störsignals des Hubschraubers durchführen zu können, ist der Sensor des Magnetometers in einem separaten Flugkörper untergebracht. Er ist an einem ca. 30 m langen Kabel befestigt und wird wie das elektromagnetische System im Fluge nachgeschleppt.

Ein Gammastrahlen-Spektrometer Geometrics GR 800D mit einem Natrium-Jodid-Kristall als Detektor (Kristallvolumen: 16,8 l) bestimmt die Energie und Zählrate der einfallenden Gammastrahlung, die im wesentlichen vom Erdboden emittiert ist. Entsprechend ihrer Auftreffenergie werden die Impulse einem von 256 Energiekanälen zugeordnet, mit welchen das Spektrum der Gammastrahlung erfaßt werden kann. Die Zählraten pro

Sekunde in den 256 Kanälen werden auf Magnetband registriert. Für die geowissenschaftliche Erkundung sind vor allem die Zählraten der natürlich vorkommenden Radioelemente (bzw. deren Isotope oder Tochterprodukte) Kalium (K-40), Uran (Bi-214) und Thorium (Tl-208) von Interesse. Diese Elemente haben Intensitätsmaxima (Photopeaks) in unterschiedlichen Energiebereichen und lassen sich daher unterscheiden. Aus der *Tab. 4.2* ist zu entnehmen, welche Gruppen von Kanälen jeweils zu einem Energiefenster im Bereich der Photopeaks der drei genannten Elemente zusammengefaßt werden. Außerdem wird die gesamte terrestrische Strahlung im Energiebereich 0,4 – 3,012 MeV und die kosmische Strahlung im Bereich 3 – 6 MeV aufgezeichnet.

Tab. 4.2: Strahlungsquellen und zugehörige Spektrometerdaten

Strahlungsquelle	Energiefenster in MeV	Peak-Energie in MeV	Kanäle
Kalium (40K)	1,37–1,57	1,46	116–132
Uran (214Bi)	1,66–1,86	1,76	141–157
Thorium (208Tl)	2,42–2,83	2,62	204–237
Totalstrahlung	0,4–3,012		34–254
Höhenstrahlung	3,0–6,0		255

Darüber hinaus verfügt der Hubschrauber über Sonderaustattungen (Radarhöhenmesser, barometrischer Höhenmesser, GPS-System, Doppler-Navigationssystem), die für aerogeophysikalische Messungen notwendig sind.

Die Erfassung und Verarbeitung aller analogen und digitalen Daten erfolgt durch ein Datenerfassungssystem vom Typ DAS 8 (Fa. RMS, Kanada). Analoge Daten werden digitalisiert und Kennungen für Video- und Analogaufzeichnungen erzeugt, die eine Zuordnung zwischen diesen beiden Aufzeichnungsmedien sowie dem Magnetband ermöglichen. Die geophysikalischen Daten der Methoden EM, Magnetik und Radiometrie werden zusammen mit den Höhendaten (Radarhöhe und barometrische Höhe) und Zeitmarken analog auf einem Graphikrekorder dargestellt. Diese Analogaufzeichnungen ermöglichen dem Operator eine ständige Überwachung der Geräte während der Meßflüge. Der Flugweg wird über eine im Boden des Fluggerätes eingebaute Videokamera, die an einen Videorekorder angeschlossen ist, aufgezeichnet. Durch Vergleich der Flugwegvideofilme mit topographischen Karten oder Luftbildern ist eine zusätzliche Rekonstruktion des Flugweges möglich. Dies erlaubt eine Kontrolle und gegebenenfalls eine Korrektur der Navigationsdaten. Die Meßausrüstung des Hubschraubers wird am Boden durch eine magnetische Basisstation, eine barometrische Registrierstation sowie eine Bodenstation für Differential-GPS vervollständigt.

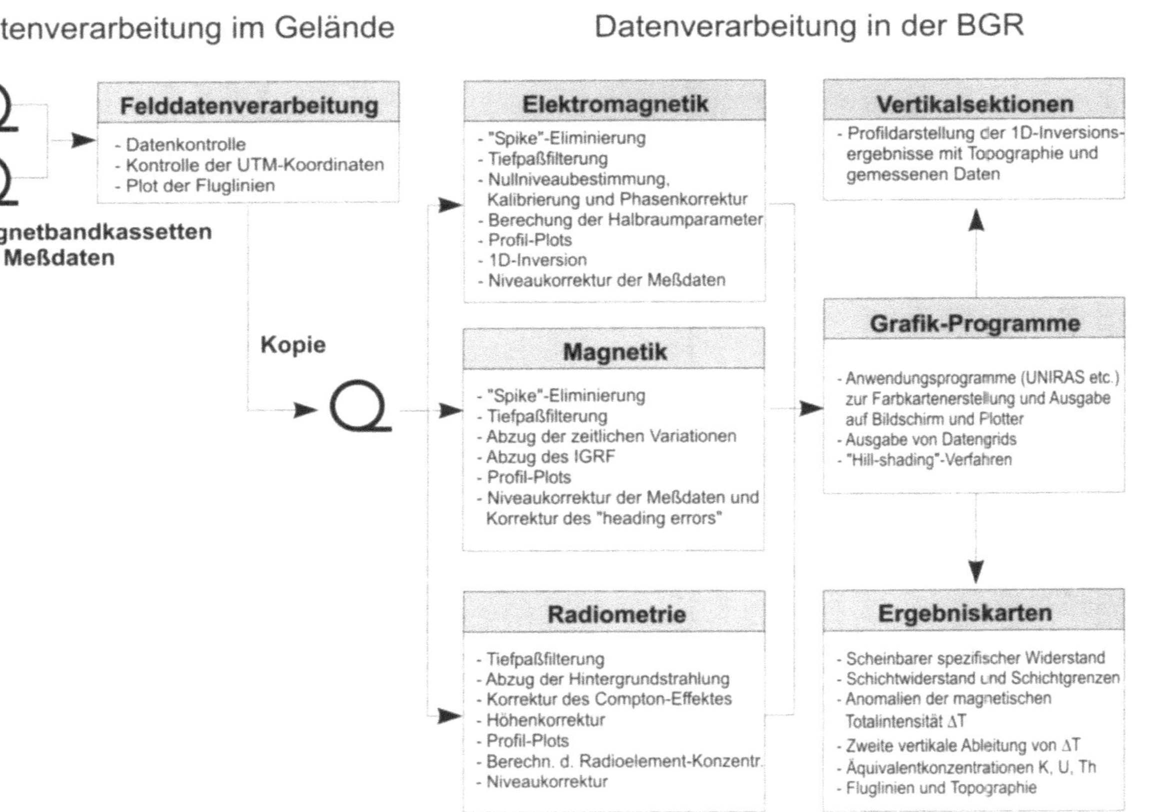

Abb. 4.2: Flußplan der Datenverarbeitungsschritte

Im Feld erfolgt eine Plausibilitätskontrolle der auf Magnetband gespeicherten Meßdaten. Die Hauptziele der anschließenden Datenverarbeitung im Labor sind:

- Kontrolle der aufgezeichneten Meßdaten,
- Korrektur der GPS-Daten unter Verwendung der Bodenstationsdaten,
- Entfernung von eindeutig erkennbaren Störsignalen aus den Meßdaten,
- Umwandlung der (geophysikalischen) Meßdaten (z. B. In-Phase- und Quadrature-Phase-Komponente) in Parameter, die einer geologischen Interpretation zugänglich sind (spezifischer Widerstand und Tiefe),
- Geeignete Darstellung dieser Ergebnisse in Form von Profilplots, Vertikalsektionen oder farbiger Isolinien-Karten.

Ein Flußplan der Datenverarbeitungsschritte ist in *Abb. 4.2* angegeben.

4.1.2 Ergebnisse

Elektromagnetik

Abbildung *4.3* und *4.4* zeigen Übersichtskarten des scheinbaren spezifischen Widerstands ρ_a berechnet aus den Meßdaten der Frequenz 3 640 Hz bzw. 30 712 Hz. Aufgrund der geringeren Auflösung erscheinen viele Strukturen in ihrer räumlichen Variation geglättet gegenüber den Originalkarten im Maßstab 1:10 000.

In den Übersichtskarten heben sich die Deponien Schöneicher Plan (D1) und Schöneiche (D2) sowie die Altablagerungen A1 bis A4 durch deutlich niedrigere scheinbare spezifische Widerstände (ρ_a < 25 Ωm) von ihrer Umgebung ab. Lediglich die Fläche A5 (überwiegend Fäkalienverkippung) hat keinerlei Korrelation zu ρ_a. Außerhalb der Altablagerungen liegen die scheinbaren spezifischen Widerstände bei ρ_a = 30 – 100 Ωm. Ausnahmen hier von mit ρ_a < 30 Ωm sind zu beobachten im Bereich des Motzener Sees (vermutlich durch tonige Sedimente hervorgerufen) sowie bei Ortschaften bzw. bebauten Flächen und entlang der B 246, die sehr wahrscheinlich anthropogenen Ursprungs sind.

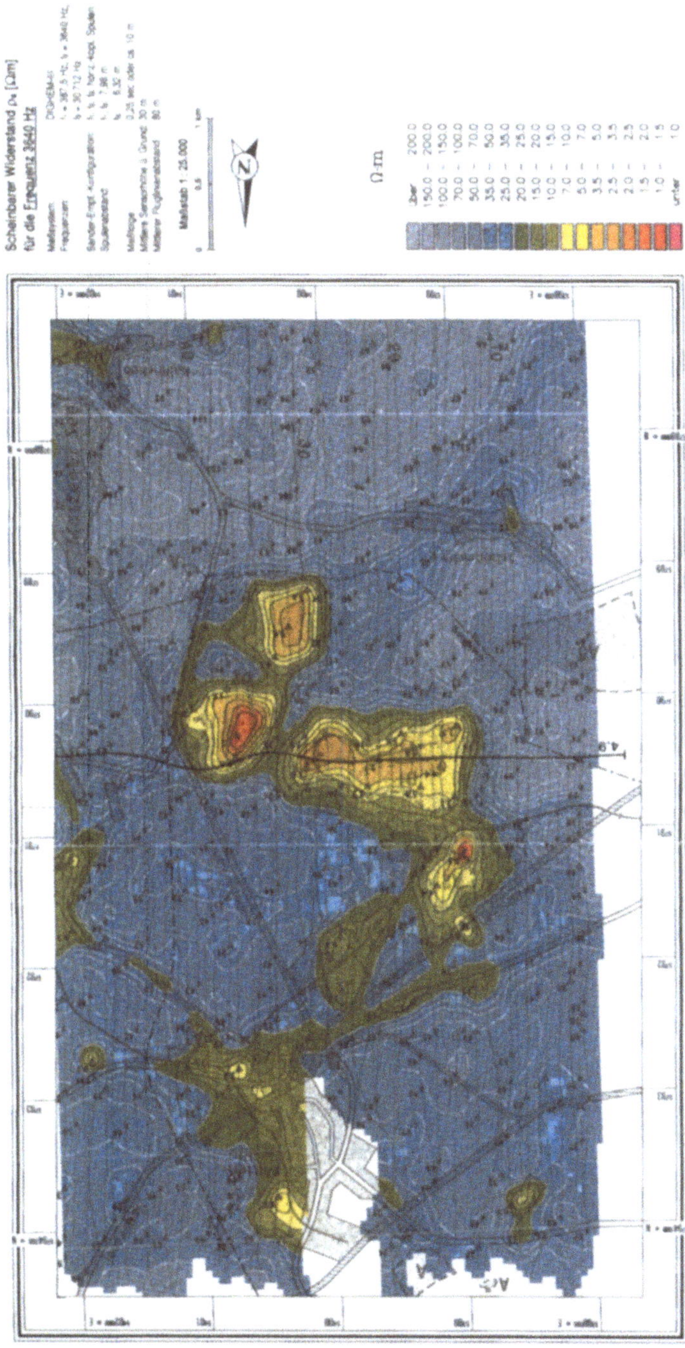

Abb. 4.3: Karte des scheinbaren spezifischen Widerstandes (ρ_a) der Frequenz 3 640 Hz

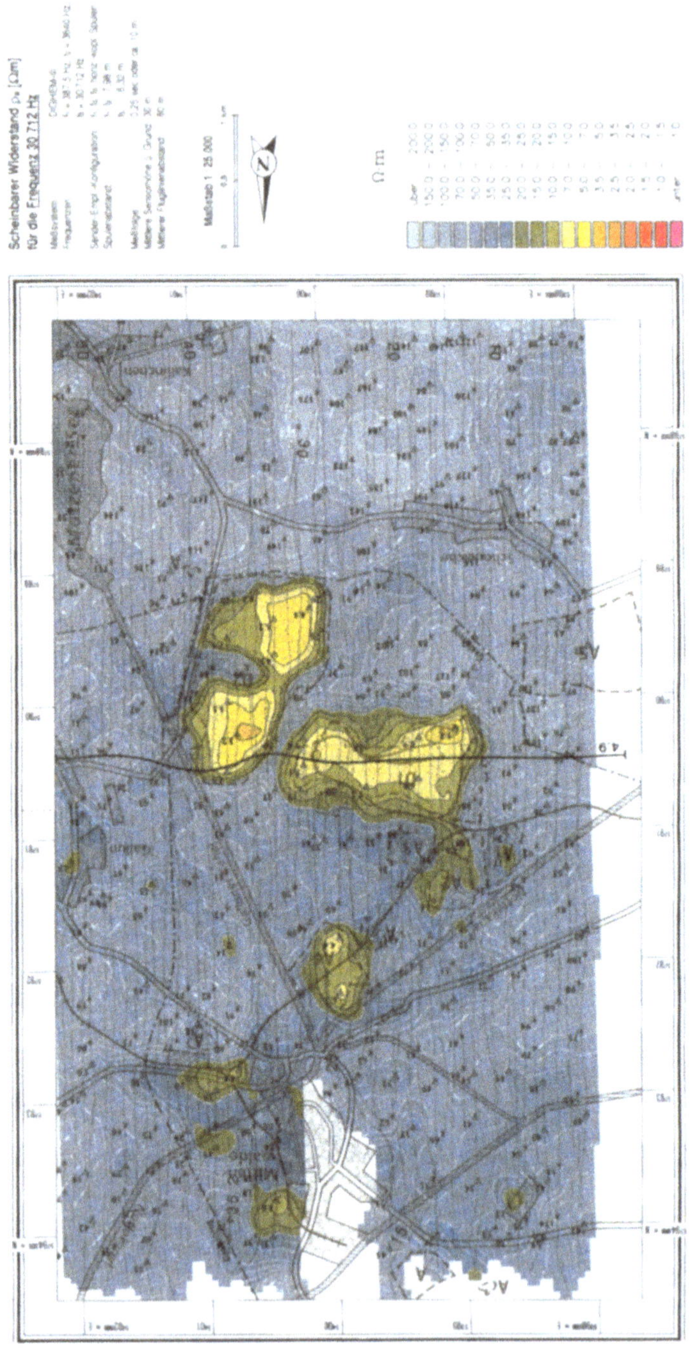

Abb. 4.4: Karte des scheinbaren spezifischen Widerstandes (ρ_a) der Frequenz 30 712 Hz.

Magnetik

Die magnetischen Anomalien ΔT sind in *Abb. 4.5* dargestellt. Es ist zu vermuten, daß alle Anomalien anthropogenen Ursprungs sind. Die stärksten Anomalien liegen im Bereich der Mülldeponien D1 und D2. Deutliche Anomalien werden auch in Teilbereichen der Ablagerungsflächen A1, A2 und A4 erzeugt, während A3 und A5 offensichtlich kein magnetisch wirksames Material enthalten. Ferner verursachen auch Ortschaften magnetische Anomalien.

Eine andere Möglichkeit zur Präsentation der aeromagnetischen Ergebnisse bietet die Reliefdarstellung der zweiten vertikalen Ableitung von ΔT in *Abb. 4.6*. Die Werte können aus dem Datensatz der *Abb. 4.5* durch zweimalige Differentiation der ΔT-Werte in x- und y-Richtung gewonnen werden. Dazu müssen die ΔT-Werte in einem äquidistanten Gitter vorliegen. Die Gitterwerte werden mit einem zweidimensionalen Differentialfilter bearbeitet. Die zweite vertikale Ableitung betont kleinräumige Anomalien (von oberflächennahen Körpern) gegenüber großräumigen Anomalien (von entfernten Körpern). In *Abb. 4.6.* sind die Werte der zweiten Ableitung als Relief dargestellt, das von einer Beleuchtungsquelle aus einer bestimmten Position (s. Legende der *Abb. 4.6*) beleuchtet wird und Schatten wirft (RÖTTGER 1995). Diese Reliefkarte ist ein gutes Beispiel dafür, wie schwache magnetische Strukturen in ihrem Verlauf durch diese Technik besser sichtbar gemacht werden können. Beispielsweise ist nun im Gegensatz zu *Abb. 4.5* eine Gasleitung klar zu erkennen.

Radiometrie

Die aus den radiometrischen Meßdaten gewonnenen Werte für die (äquivalenten) Gehalte der natürlich radioaktiven Isotope von K, U und Th liefern Informationen über die oberflächennahe Geologie wie auch über Bereiche, in denen Fremdmaterial abgelagert wurde. Radiometrische Daten werden daher standardmäßig vom Hubschrauber-Meßsystem mit aufgezeichnet. Die terrestrische Gammastrahlung wird schon von etwa 50 cm Wasserbedeckung fast vollständig absorbiert, so daß über Wasserflächen allenfalls die Einstrahlung aus der Umgebung registriert wird. Dieser Effekt ist in allen Karten, die die Verteilung radiometrisch bestimmter Gehalte im Boden zeigen, zu sehen. Der Motzener See und einige Feuchtgebiete zeichnen sich durch sehr geringe Äquivalentgehalte aus.

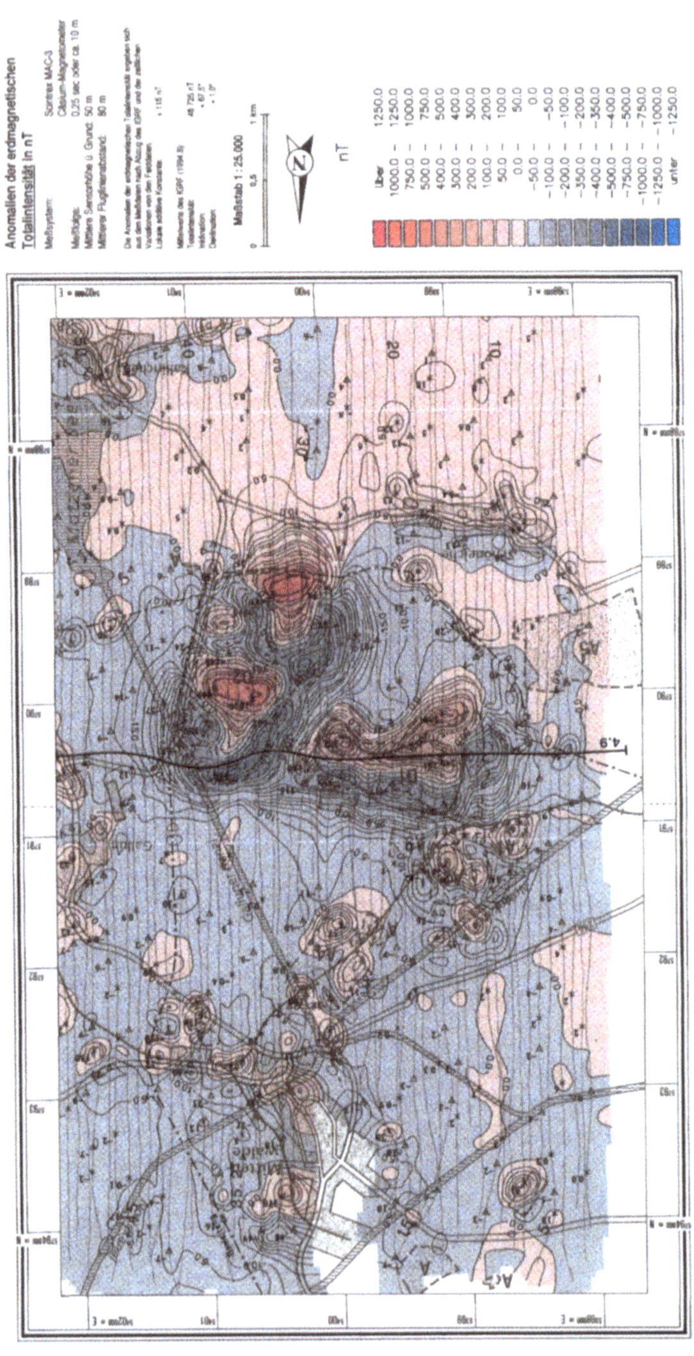

Abb. 4.5: Karte der Anomalien der erdmagnetischen Totalintensität ΔT

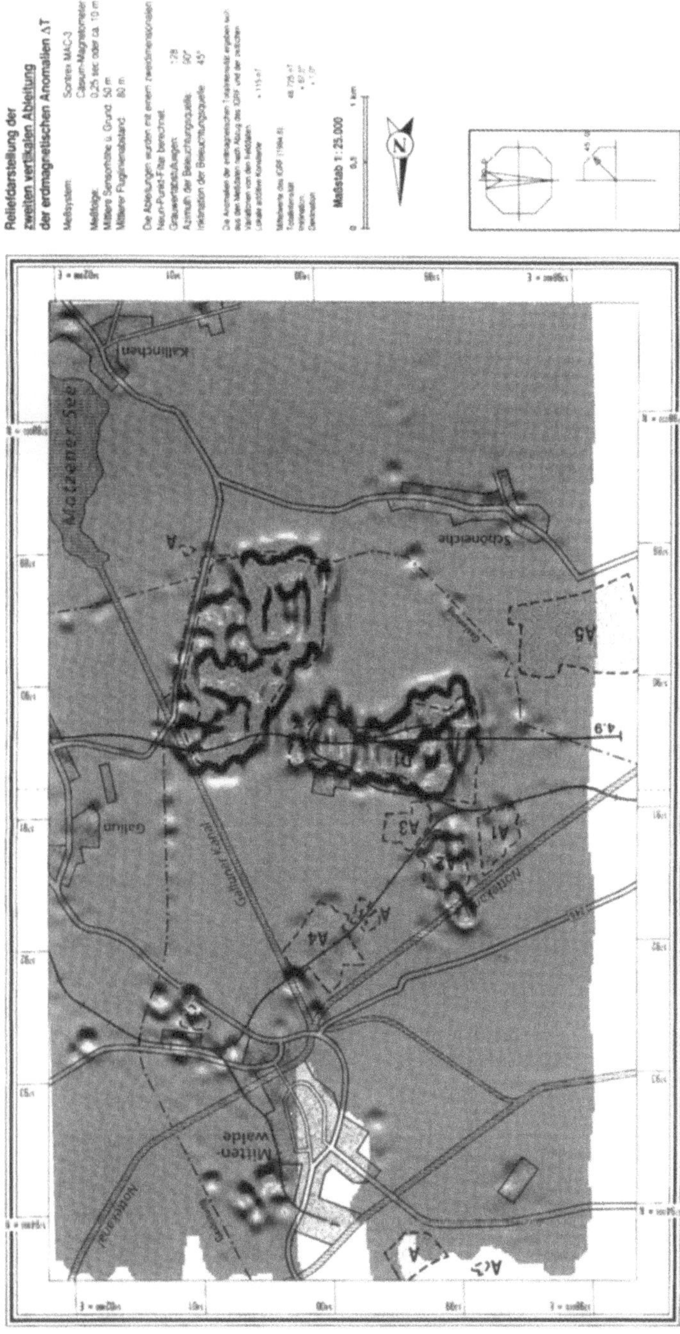

Abb. 4.6: Reliefdarstellung der zweiten vertikalen Ableitung der Anomalien der erdmagnetischen Totalintensität ΔT

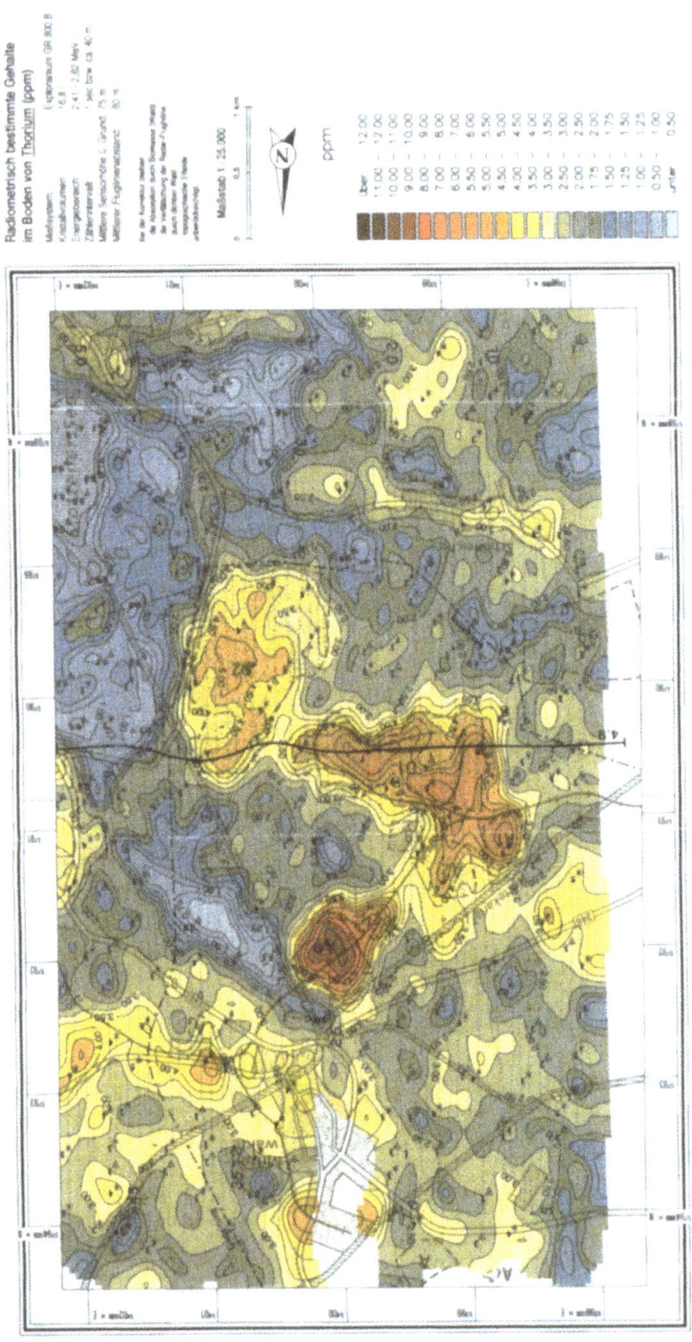

Abb. 4.7: Karte der radiometrisch bestimmten Äquivalentgehalte von Thorium (ppm)

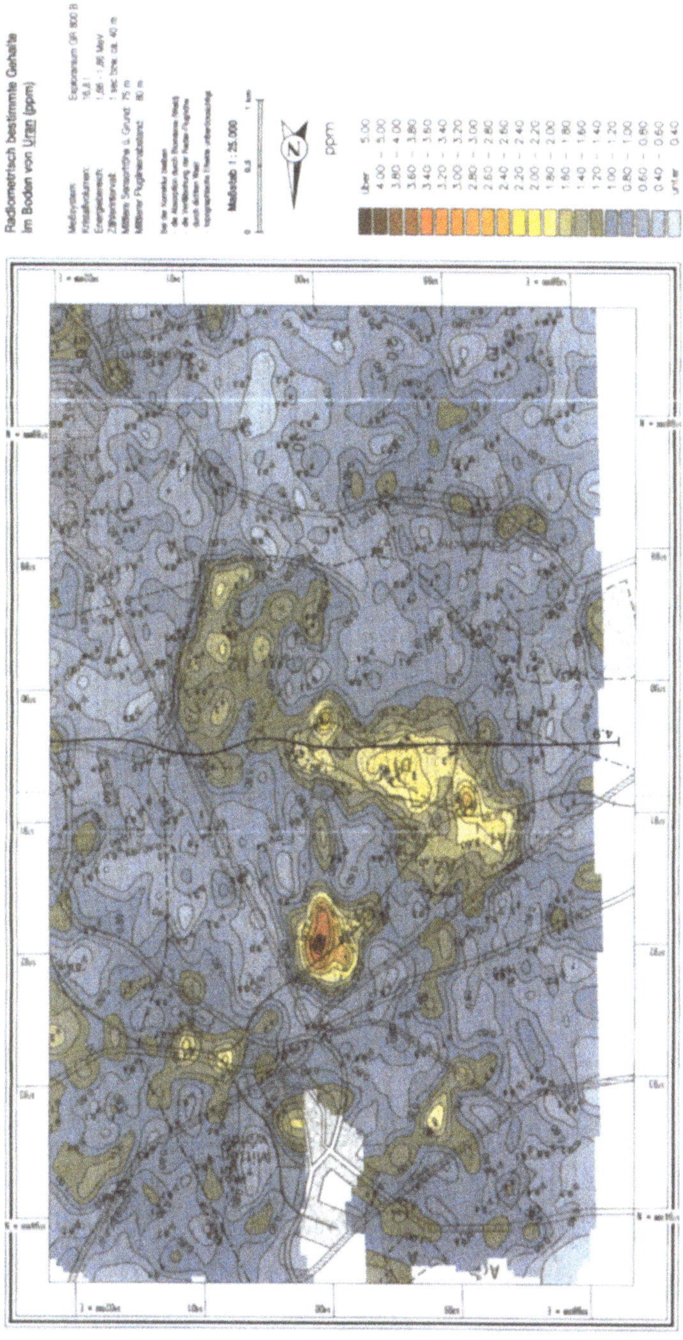

Abb. 4.8: Karte der radiometrisch bestimmten Äquivalentgehalte von Uran (ppm)

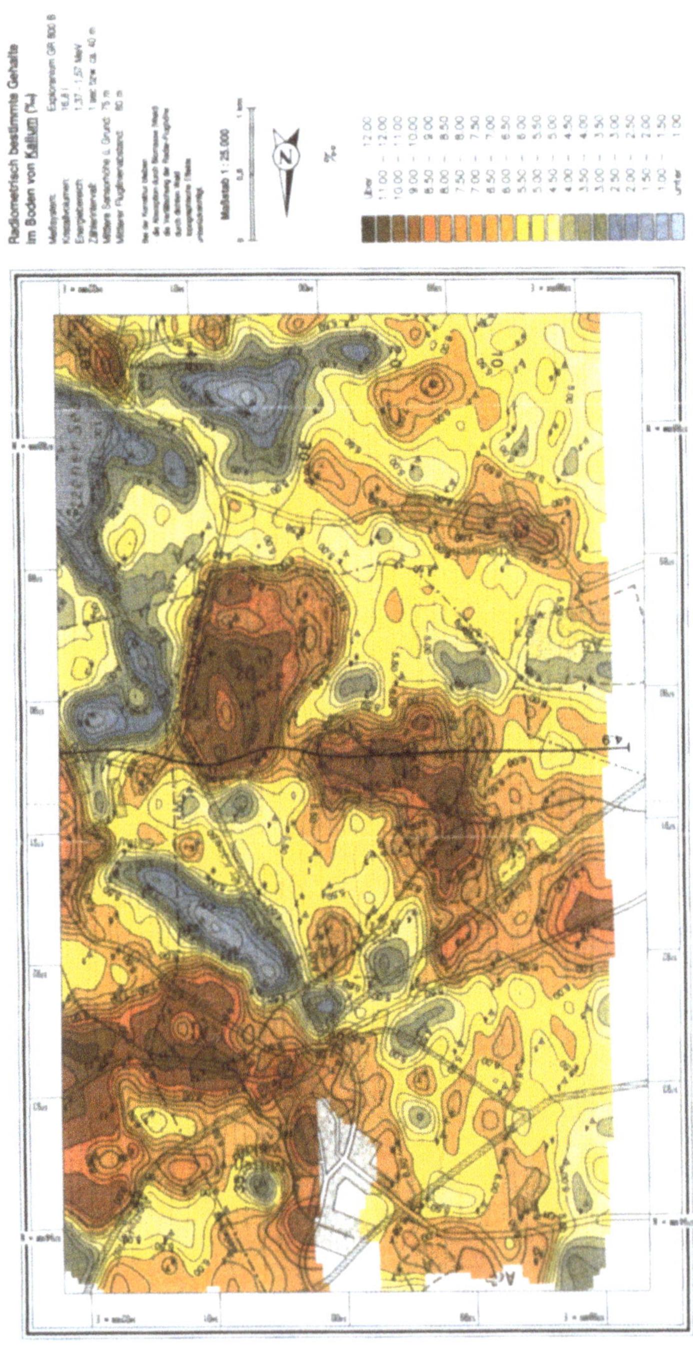

Abb. 4.9: Karte der radiometrisch bestimmten Äquivalentgehalte von Kalium (‰)

In *Abb. 4.7* (Thorium-Verteilung) sind die maximalen Th-Äquivalentgehalte der großen Deponien D1 (zusammen mit A1 und A2) mit 8 ppm[1] und D2 mit 6 ppm deutlich höher als die ihrer Umgebung. Die größten Äquivalentgehalte treten mit 12 ppm bei der Ablagerung A4 (alte Asche) auf. Dagegen sind die Ablagerungen A3 und A5 sowie weitere, mit A bezeichnete Ablagerungen unauffällig; sie besitzen mit 1 – 3 ppm Äquivalentgehalte, die für das Meßgebiet außerhalb der Deponien typisch sind. Weitere erhöhte Thorium-Äquivalentgehalte sind im Bereich von Ortschaften und bebauten Gebieten zu beobachten.

Ähnliche Verteilungen der Äquivalentgehalte erhält man für Uran *Abb. 4.8* und Kalium *Abb. 4.9*. Deponien und Altablagerungen, zum Teil auch Ortschaften rufen deutlich erhöhte Äquivalentgehalte hervor. Die höchsten Gehalte sind für Uran bei Ablagerung A4 (6 ppm) und für Kalium bei D1 (11 ‰) und D2 (12 ‰) zu finden, wobei die K-Daten die Deponien scharf abgrenzen. Auffällig in der Kalium-Verteilung sind auch die hohen Äquivalentgehalte im W und E des Meßgebietes. In abgeschwächter Form sind diese Strukturen auch in den *Abb. 4.7* und *4.8* zu sehen.

Literatur und sonstige verwendete Quellen

RÖTTGER, B. (1995): Hill-Shading – Ein Verfahren für die qualitative Interpretation aeromagnetischer Ergebnisse, BGR-Archiv-Nr.: 113 811.

SENGPIEL, K. - P., SIEMON, B., PIELAWA, J., RÖTTGER, B. & VOß, W. (1996): Aerogeophysikalische Vermessung der Deponien Schöneiche und Schöneicher Plan und ihres Umfeldes, 1994, Technischer Bericht, BGR-Archiv-Nr.: 114 652.

[1] ppm -partes per millionem (1/1 000 000)

4.2 Geoelektrik

Ernst Niederleithinger, Knut Seidel, Gerhard Lange & Klaus Knödel

4.2.1 Gleichstromgeoelektrik und Induzierte Polarisation

4.2.1.1 Methodik

Bei der Gleichstromgeoelektrik erfolgt eine Einspeisung von Gleichstrom oder niederfrequentem Wechselstrom in den leitfähigen Untergrund über zwei geerdete Stromelektroden A und B (Strommessung). Dabei baut sich ein räumliches Potentialfeld auf, das von den Leitfähigkeitsstrukturen beeinflußt wird. Aus der Messung des Potentialverlaufs (Spannungsmessung) an der Erdoberfläche mit zwei Sonden M und N kann die räumliche Verteilung der Leitfähigkeit und ihres Kehrwertes, des spezifischen Widerstandes, ermittelt werden. Das Prinzip der Vierpunktanordnung liegt allen Verfahren der Gleichstromgeoelektrik und der Induzierten Polarisation zugrunde. Dabei gibt es eine große Anzahl von Elektroden-Sonden-Anordnungen, die sich hinsichtlich Erkundungstiefe, Auflösungsvermögen, Anfälligkeit gegenüber technischen Störungen und lateralen Inhomogenitäten sowie Durchführbarkeit im Gelände unterscheiden. Für die Erkundungsarbeiten haben die Schlumberger- und die Wenner-Anordnung die größte Bedeutung (s. Kap. 5.3 des Bandes Geophysik). Das Produkt dieses elektrischen Widerstandes, der aus dem Ergebnis der Strom- und Spannungsmessung berechnet wird, mit dem Konfigurationsfaktor K der Elektroden-Sonden-Anordnung entspricht bei homogenen Verhältnissen dem wahren spezifischen Widerstand des Untergrundes. Da der reale geologische Untergrund inhomogen ist, werden die Meßwerte von Widerstandsmessungen als „scheinbare spezifische Widerstände" bezeichnet. Angewendet wird die Gleichstromgeolelektrik als Kartierung, Tiefensondierung und Sondierungskartierung. Die Ergebnisse der Kartierung erlauben überwiegend qualitative Aussagen. Eine Darstellung der scheinbaren spezifischen Widerstände als Profil oder Karte ist für die Abgrenzung lithologischer Einheiten (rolliges/bindiges Material), die Erfassung von Altlastenflächen und von Kontaminationsfahnen aussagekräftig. Ziel der sondierenden Verfahren ist die Abbildung der Leitfähigkeitsstrukturen des Untergrundes.

Die induzierte Polarisation (IP) ist eine geoelektrische Untersuchungsmethode, bei der die Frequenzabhängigkeit des spezifischen elektrischen Widerstandes der Gesteine berücksichtigt wird. Sie erlaubt die Messung zusätzlicher, vom Gleichstromwiderstand unabhängiger, materialspezifischer elektrischer Parameter und ermöglicht somit weitergehend stoffliche und strukturelle Aussagen. Es kann im Zeitbereich oder im Frequenzbereich gemessen werden. Man unterscheidet deshalb zwischen Zeitbereichs-IP und Frequenzbereichs-IP. Während das Zeitbereichsverfahren das Abklingen der Spannung nach dem Abschalten des Quellstromes mißt, wertet das Frequenzbereichsverfahren die Amplituden und Phasen der gemessenen Spannung bei unterschiedlichen Frequenzen aus. Beide Verfahren sind in ihrer Aussagekraft gleichwertig, sofern die Spektren bzw. die Lade- und Abklingkurve vollständig erfaßt werden. Die Ergebnisse sind dann ineinander umrechenbar.

Weitere Informationen zu den Methoden Gleichstromgeoelektrik und der Induzierten Polarisation können den Kap. 5.3 und 5.4 des Bandes Geophysik entnommen werden.

Das Meßgebiet umfaßt das Umfeld der Deponien Schöneiche und Schöneicher Plan auf einer Fläche von ca. 3,5 x 4 km. Die Lage des Meßgebietes mit den Mittelpunkten und Richtungen der Sondierungen sowie die Schnittspuren der Profile für die Ergebnisdarstellung ist *Abb. 4.10* zu entnehmen. Die geologische Situation ist im Kap. 2 dargestellt worden. Wichtig für die Interpretation der Meßergebnisse von Gleichstromgeoelektrik und Induzierter Polarisation ist die Kenntnis der zu erwartenden spezifischen Widerstände der Schichten des Untergrundes. Da zum Zeitpunkt der geoelektrischen Erkundungsarbeiten Bohrlochmessungen nur für die Altbohrung Mittenwalde 107/80 vorlagen, mußten diese Ergebnisse und Widerstandswerte aus anderen Meßgebieten auf das Untersuchungsgebiet übertragen werden *Tab. 4.3.*

Tab. 4.3: Im Untersuchungsgebiet erwartete spezifische elektrische Widerstände

Material	Widerstand in Ohm m
Sand	> 100
Mergel/Geschiebemergel	35 - 80
Schluff	20 - 45
Ton	5 - 20
anthropogen belastete Aquifere	z. T. < 2

Bei den Zahlenangaben wird davon ausgegangen, daß generell mit wassergesättigten Sedimenten zu rechnen ist.

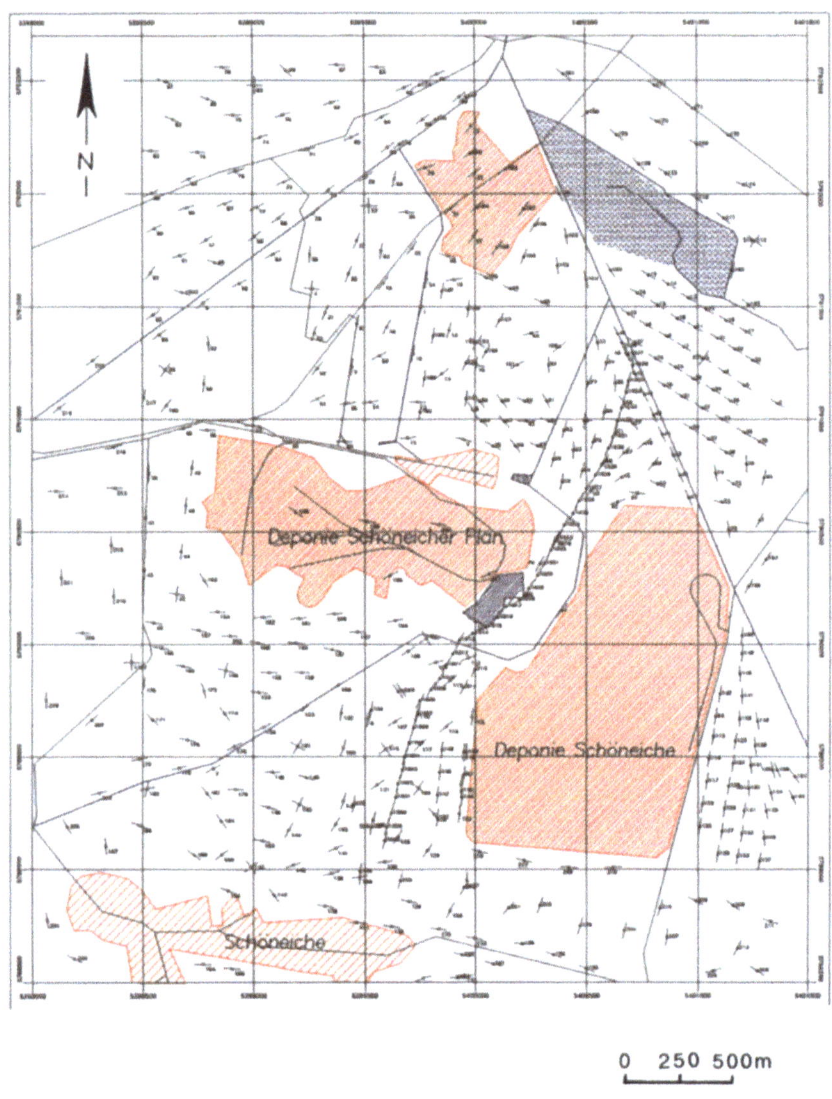

Abb. 4.10: Lage des Meßgebietes mit den Mittelpunkten und Richtungen der Sondierungen sowie den Schnittspuren der Profile für die Ergebnisdarstellung

Hauptziel der Arbeiten war die Erkundung des Untergrundes bis in ca. 100 m Tiefe im Hinblick auf die Tiefenlage und Verbreitung bindiger Schichten, die das Grundwasser vor dem Eindringen von Deponiesickerwasser schützen könnten. Solche abdichtenden, bindigen Schichten (z. B. Ton, Schluff, Mergel) unterscheiden sich von durchlässigen, rolligen Horizonten (Sand) meist durch einen niedrigeren spezifischen elektrischen Widerstand. Eingesetzt wurden geoelektrische Sondierungen nach Schlumberger mit maximalen Auslagen von 240 bis 1 000 m und acht Punkten je AB/2-Dekade. In einigen Fällen wurden statt der klassischen Schlumberger-Sondierungen Spezialmessungen durchgeführt. Bei den Sondierungen wurden zur Spannungsmessung unpolarisierbare Sonden verwendet. Die Messungen durch die Firmen Geophysik GGD und Büro für Geophysik Lorenz fanden im Zeitraum von 1/93 bis 7/93 statt (SEIDEL et al. 1993). Außer dem spezifischen elektrischen Widerstand wurde auch die IP-Aufladefähigkeit (im Zeitbereich) gemessen, da man sich hiervon eine bessere Unterscheidungsmöglichkeit zwischen bindigen und nicht bindigen Sedimenten sowie zwischen kontaminierten und nicht kontaminierten Bereichen versprach. Es stellte sich jedoch während der Messungen heraus, daß die IP-Effekte im Meßgebiet überwiegend sehr gering sind. Bei größeren Auslagen wurden die Werte von anthropogenen Störungen überlagert. Daher wurde darauf verzichtet, die Aufladefähigkeit bei Auslagen über 130 m zu messen. Die Auswertung wurde mit computergestützter 1-D-Interpretation (Anpassung von Horizontalschichtmodellen) durchgeführt. Dabei kam in beiden Firmen das Programm RESIXIP (INTERPEX, USA) zum Einsatz.

Zur Kalibrierung der Modellierung wurden sowohl die Altbohrungen als auch die im Rahmen des Projektes niedergebrachten Schneckenbohrungen verwendet. Für größere Tiefen stand aber leider nur eine einzige neue Bohrung im Ostteil zur Verfügung. Bedingte Eichungen konnten auch an der alten Bohrung Mittenwalde 107 aus dem Jahre 1980, die sich am Westrand des Meßgebietes befindet, vorgenommen werden.

Vor Beginn der geophysikalischen Arbeiten wurde entlang des Rechtswertes 5400000 (Ausnahme: zwischen den Deponien) eine Basislinie anhand von 12 Festpunkten eingemessen und im Abstand von 100 m vermarkt. Diese Punkte wurden z. T. von beiden Firmen beim Einmessen der Sondierungen genutzt. Leider wurde im Verlauf der Messungen ein großer Teil der Pflöcke entfernt. Die Basislinie kann bei Bedarf aufgrund der vorhandenen Festpunktskizzen wieder hergestellt werden.

Die Firmen haben an insgesamt 433 Punkten geoelektrische Sondierungen nach Schlumberger durchgeführt, wobei 21 dieser Sondierungen als Kreuzsondierungen gemessen und drei Sondierungen wiederholt wurden. Zusätzlich dazu wurden drei Sondierungen im Frequenzbereich durchgeführt, um auch Erkenntnisse über die Einsatzmöglichkeiten dieser Methode zu gewinnen. Bei der Anlage der Messungen wurde versucht, ein gleichmäßiges Raster über die Meßfläche zu legen, um eine möglichst lückenlose Aussage im gesamten

Meßgebiet erreichen zu können. In Deponienähe wurde das Meßraster, soweit dies bei den örtlichen Gegebenheiten möglich war, enger gesetzt, als in größerer Entfernung. Vier Sondierungen wurden direkt auf der Deponie Schöneicher Plan vermessen. Damit sollte versucht werden, Aussagen über Müllmächtigkeiten und den Deponieuntergrund abzuleiten. Wie in *Abb. 4.10* zu sehen ist, kam es im Bereich der Deponien, auf dem Gelände des Lehrgerätewerkes, des Galluner Fließes (Sumpfgeländes) und im Ort Schöneiche zu größeren Meßlücken. Ein Gebiet im Nordwesten konnte wegen der landwirtschaftlichen Gegebenheiten nicht vermessen werden. Im Nordosten der Deponie Schöneiche (östl. der Straße Gallun-Kallinchen) waren aufgrund der Straße und eines Zaunes nur einzelne Sondierungen möglich. Zwischen den Deponien zeigten sich in einzelnen Sondierungen so starke laterale Inhomogenitäten, daß die konventionellen Messungen teilweise nicht auswertbar waren. Statt dessen wurden auf einem etwa Südwest-Nordost verlaufenden Profil in jeweils 64 m Abstand 41 Wenner-Offset-Sondierungen nach BARKER (1981) durchgeführt. Nach einer vom Büro für Geophysik entwickelten Methodik lassen sich aus den Einzelmessungen komplette zweidimensionale geoelektrische Schnitte durch den Untergrund konstruieren („Geoelektrische Tiefensektion"). Dies wurde für den mittleren Abschnitt des Profils durchgeführt. Aus diesem Schnitt wurde mittels numerischer Inversionsverfahren (nach LOKE 1993) ein angenähertes Untergrundmodell berechnet. Die Sondierungen wurden mit drei verschiedenen Meßgeräten durchgeführt. Zum Einsatz kamen die Apparaturen PHOENIX V5, IPOR 0506 und SYSCAL R2 mit Leistungsteilen von 1 250 bis 3 000 Watt. Die Datenkontrolle im Feld wurde durch das Auftragen der Meßkurve bzw. durch das Einlesen der Meßdaten in das Auswerteprogramm realisiert, so daß stets vor Ort auf evtl. Fehlwerte reagiert werden konnte.

Die Meßergebnisse der einzelnen geoelektrischen Sondierungen (Sondierungskurven und Auswertung) wurden graphisch dargestellt und dem Auftraggeber, als Plot und Diskette übergeben. Die Messung der Aufladefähigkeit wurde von der Geophysik GGD im Zeitfenster 100 bis 750 ms und von BfG Lorenz von 100 bis 500 ms vorgenommen. Da die Apparaturen der Geophysik GGD den Meßwert in Prozent ausgeben, während dies bei der Apparatur des BfG Lorenz in mV/V erfolgt, ergaben sich bei den Vergleichsmessungen zwar nahezu identische Kurvenformen, aber ein unterschiedliches Niveau (GGD-Wert 40 % des BfG-Wertes). Ohne Wertung des Meßverfahrens wurden daher für die Erstellung einheitlicher Karten die GGD-Meßwerte auf das BfG-Niveau umgerechnet.

Die Datenqualität ist überwiegend gut. Bedingt durch eine Gaspipeline (wahrscheinlich kathodisch vor Korrosion geschützt) und andere Rohrleitungen sind einzelne geoelektrische Sondierungen nur teilweise auswertbar. Zudem war in der Regel bei großen Auslagen ein Anstieg der Aufladefähigkeit zu beobachten, der offensichtlich nicht durch Eigenschaften des Untergrundes verursacht ist. Hier spielten anscheinend sowohl die sogenannte elektromagnetische Kopplung als auch anthropogene Einflüsse (u. a. Funkverkehr des russischen Militärs) eine Rolle. Auf eine Auswertung der Aufladefähigkeit für große Tiefen mußte daher verzichtet werden.

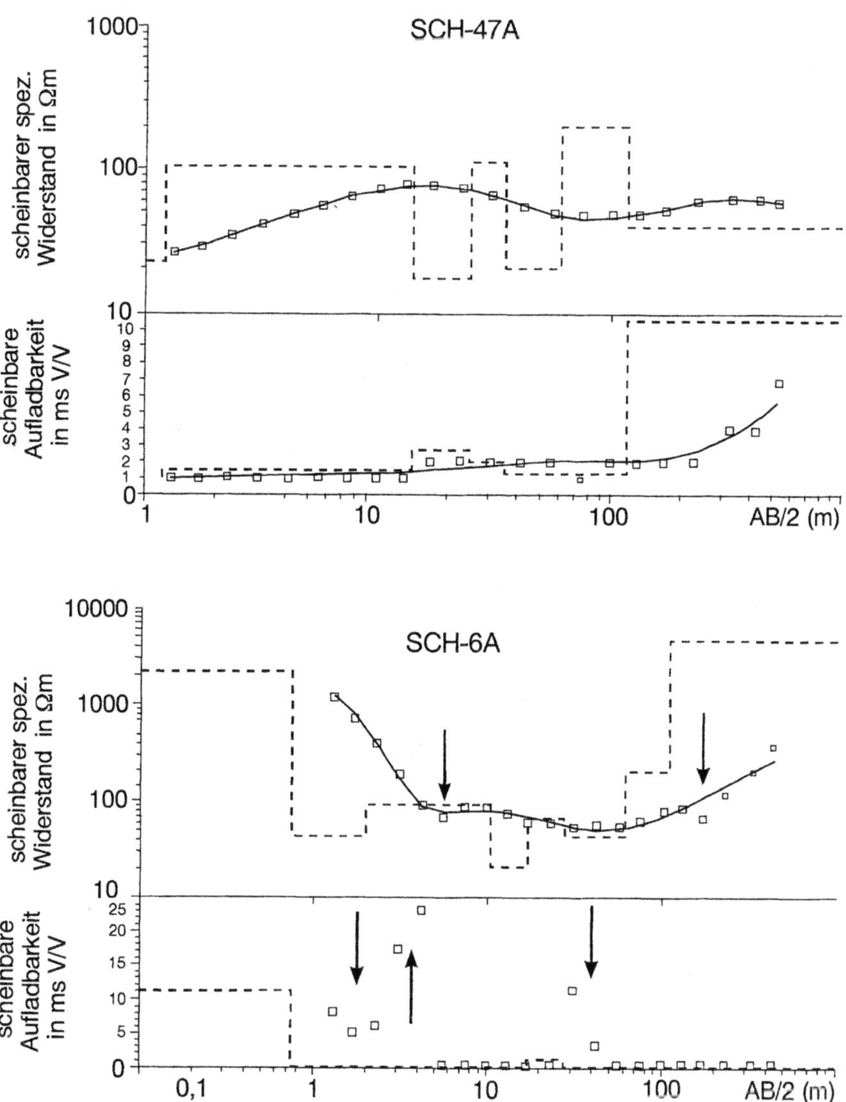

Abb. 4.11: Für das Meßgebiet typische geoelektrische Sondierungen. Oben: Gute Datenqualität. Unten: Durch anthropogene Einflüsse stark gestörte Meßkurve. Pfeile markieren gestörte Werte

In der *Abb. 4.11* sind zwei für das Meßgebiet typische geoelektrische Sondierungen dargestellt. Die erste zeigt die üblicherweise bei der vorliegenden Untersuchung erzielte gute Datenqualität (*Abb. 4.11* oben), die zweite ist durch anthropogene Einflüsse stark gestört (*Abb. 4.11* unten). Aufgrund der Probleme, die bei der Messung der Aufladbarkeit auftraten, wurden die Untergrundmodelle im Wesentlichen anhand der Auswertung der gemessenen spezifischen Widerstände erstellt. Die Qualität der Modellierung zeigt sich am Beispiel der geoelektrischen Sondierung 42, in deren Nähe später die tiefe Bohrung Schöneiche 1/93 niedergebracht wurde. Es ergaben sich folgende Schichttiefen (in m unter Gelände):

	Sondierung 42	Bohrung Schöneiche 1/93
Oberkante 1. mergelige Schicht	15	14,5
Unterkante 1. mergelige Schicht	19	18
Oberkante bindiger Bereich	28	30
Unterkante bindiger Bereich	60	57
Unterkante tiefer Grundwasserleiter	108	102

Berücksichtigt man, daß mehr als 35 m zwischen Sondier- und Bohrpunkt lagen, sind die Abweichungen als sehr gering zu bezeichnen. Zudem zeigten auch die Modelle, die sich aus den von beiden Firmen getrennt ausgewerteten Sondierungen ergaben, im Überschneidungsbereich nur geringe Differenzen, womit ebenfalls eine gute Qualität der Meßergebnisse belegt werden kann. Um eine Gesamtaussage über das Untersuchungsgebiet zu ermöglichen, wurden aus den Meßdaten und Modellwerten Isolinienpläne berechnet und Schnitte erstellt.

4.2.1.2 Ergebnisse

Flächenhafte Darstellungen der scheinbaren spezifischen Widerstände und der Aufladefähigkeit

Für eine erste Beurteilung wurden direkt aus den gemessenen Werten des scheinbaren spezifischen Widerstands und der Aufladefähigkeit Isolinienpläne für die Auslagen AB/2 = 5,6 bzw. 24 m (Eindringtiefen abgeschätzt ca. 2 bzw. 8 m) berechnet (*Abb. 4.12* bis *4.15*). Die Widerstandsmeßwerte für die Auslage AB/2 = 5,6 m sind in *Abb. 4.12* dargestellt. Im SE, SSW und NE erkennt man an den hohen Widerständen (blaue Färbung) trockene, sandige Bereiche. Vereinzelt sind auf der gesamten Fläche noch weitere Inseln mit Widerständen über 150 Ohm m (grün-blau) zu sehen. Hierbei handelt es sich wahrscheinlich um sandige Ablagerungen. In großen Teilen des Untersuchungsgebietes wurden recht niedrige Werte (unter 75 Ohm m) bestimmt. Hier machen sich der Einfluß bindiger Sedimente und möglicherweise vorhandene anthropogene Belastungen bemerkbar. Nördlich der zwischen Notte- und Galluner Kanal gelegenen Altdeponie ziehen sich im Sumpfgebiet beginnend Zonen niedriger Widerstände in westnordwestliche und nördliche Richtung. Die Altablagerung selbst und eine weitere Altablagerung (nordwestlich Deponie Schöneicher Plan) machen sich in den scheinbaren spezifischen Widerständen für AB/2 = 5,6 m nur undeutlich bemerkbar. Eine SE-NW-streichende Zone geringen Widerstandes erstreckt sich am SE - Rand des Meßgebietes in Richtung Deponie Schöneicher Plan. Im Bereich nördlich und nordöstlich des Lehrgerätewerkes liegen die spezifischen Widerstände teilweise unter 50 Ohm m. Im Gegensatz zu den anderen Altablagerungen zeichnet sich der Müll östlich des Lehrgerätewerkes durch hohe Widerstände gegenüber der Umgebung ab. Im äußersten Nordosten des Meßgebietes zeigen sich an der B 246 in einer Sondierung niedrige Widerstände. Ein Zusammenhang mit der Deponie auf dem Galgenberg ist nicht auszuschließen. Die im Bereich des Galluner Fließes und im äußersten Osten des Meßgebiets auftretenden niedrigen Werte sind im Zusammenhang mit den hier geogen abgelagerten Fließ- und Sumpfsedimenten zu sehen. Weiterhin finden sich in direktem Zusammenhang mit der Deponie Schöneicher Plan im Südwesten und im Süden Zonen mit niedrigen Widerständen. Die auffälligsten Werte liegen dabei unmittelbar am Südrand der Deponie. Am Nordostrand der Deponie Schöneicher Plan ist eine relativ breite Zone mit niedrigen Widerständen zu erkennen.

Direkt nördlich der Deponie Schöneiche ist eine eng begrenzte Zone sehr niedriger Werte zu sehen, die auf eine Altablagerung zurückzuführen ist. Von dieser Zone aus ziehen sich Bereiche mit leicht erniedrigten Widerständen nach NNE und WNW. Zwischen den beiden großen Deponien treten ebenfalls sehr niedrige Meßwerte auf. In diesem Fall läßt sich aber der Einfluß von Deponiesickerwasser und den hier hochliegenden Tonen nicht trennen.

Die Aufladefähigkeiten für die Auslage AB/2 = 5,6 m sind in *Abb. 4.13* dargestellt. Auf beinahe der gesamten Fläche sind die Aufladefähigkeiten sehr niedrig (unter 4 mV/V). In großen Bereichen insbesondere im Süden zeigen sich keine Auffälligkeiten. Über der Altablagerung zwischen Notte- und Galluner Kanal im Norden und einer südwestlich davon gelegenen kleineren Müllablagerung wurden extrem hohe Werte registriert. Die Altablagerung östlich des Lehrgerätewerks macht sich in der Aufladefähigkeit schwach, die Altablagerung westlich des Lehrgerätewerks stärker bemerkbar. Die Anomalie bei letzterer weist einen schwachen Ausläufer nach Westen auf. Die nach den Resultaten der Fernerkundung (Kap. 3) vermutete Altablagerung südwestlich der Deponie Schöneicher Plan macht sich in der Aufladefähigkeit nicht bemerkbar. Nördlich der Deponie Schöneiche treten im Bereich der hier nachgewiesenen Altablagerung erhöhte Werte auf. Wahrscheinlich geogen

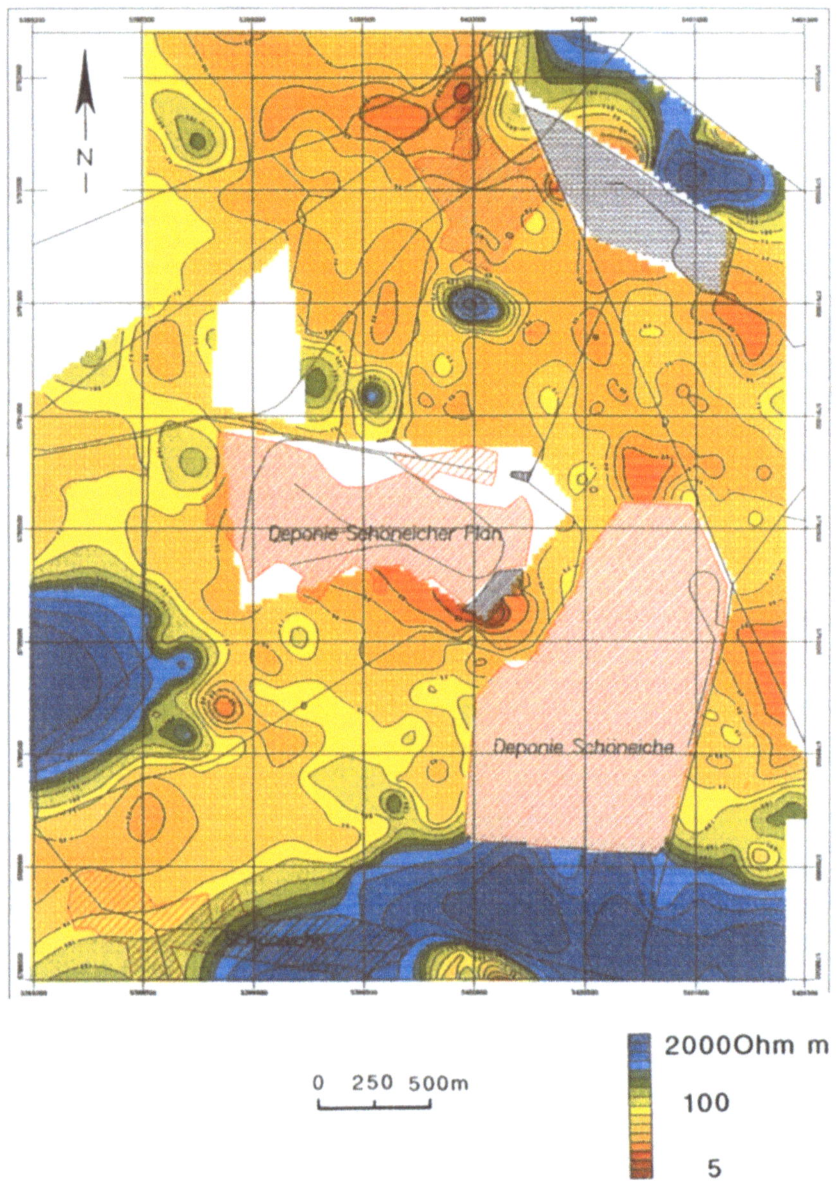

Abb. 4.12: Isolinienplan scheinbarer spezifischer Widerstand in Ohm m für die Auslage AB/2 = 5,6 m

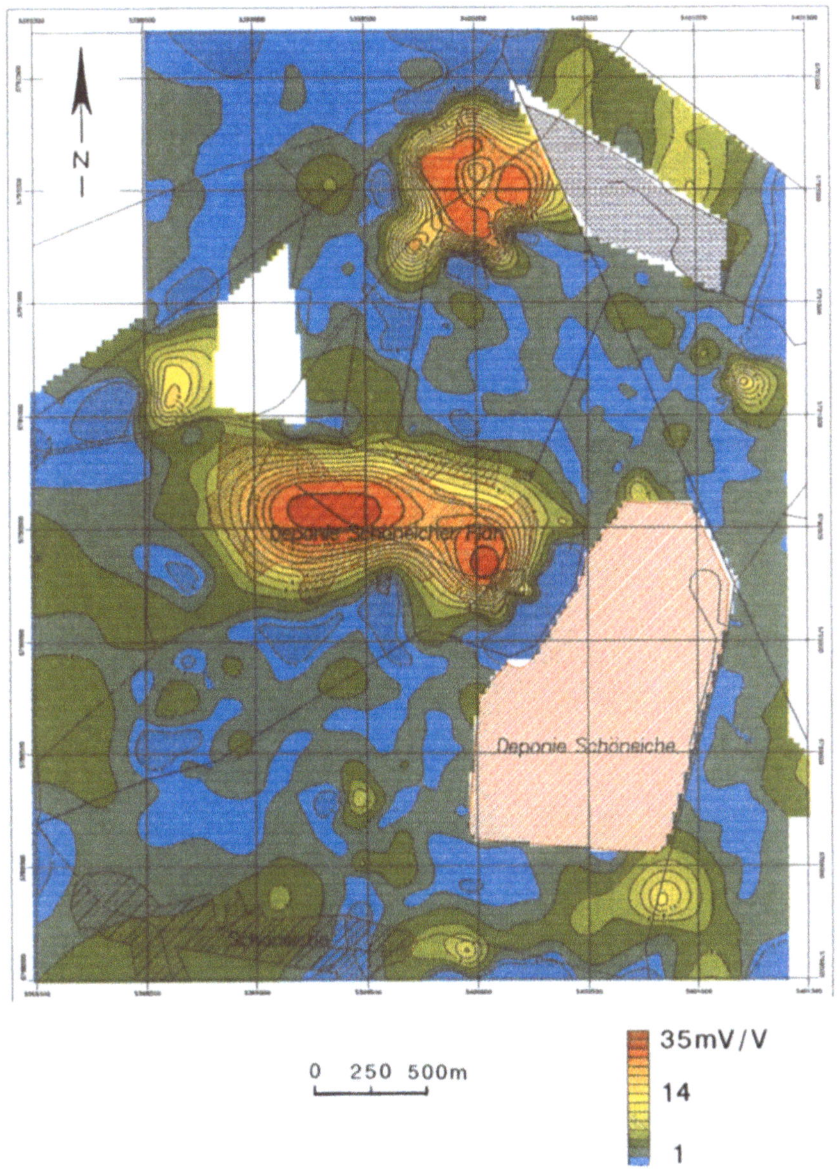

Abb. 4.13: Isolinienplan scheinbare Aufladefähigkeit in mV/V für die Auslage AB/2 = 5,6 m

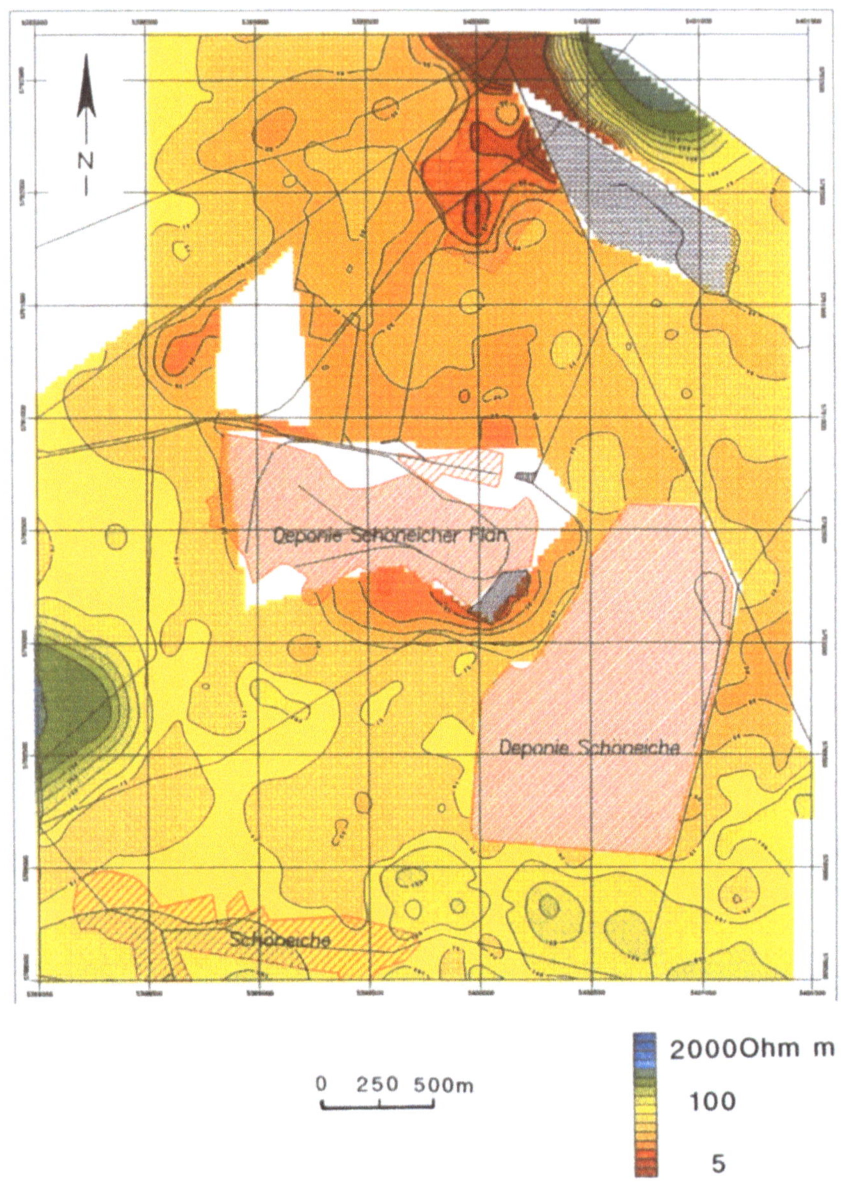

Abb. 4.14: Isolinienplan scheinbarer spezifischer Widerstand in Ohm m für die Auslage AB/2 = 24 m

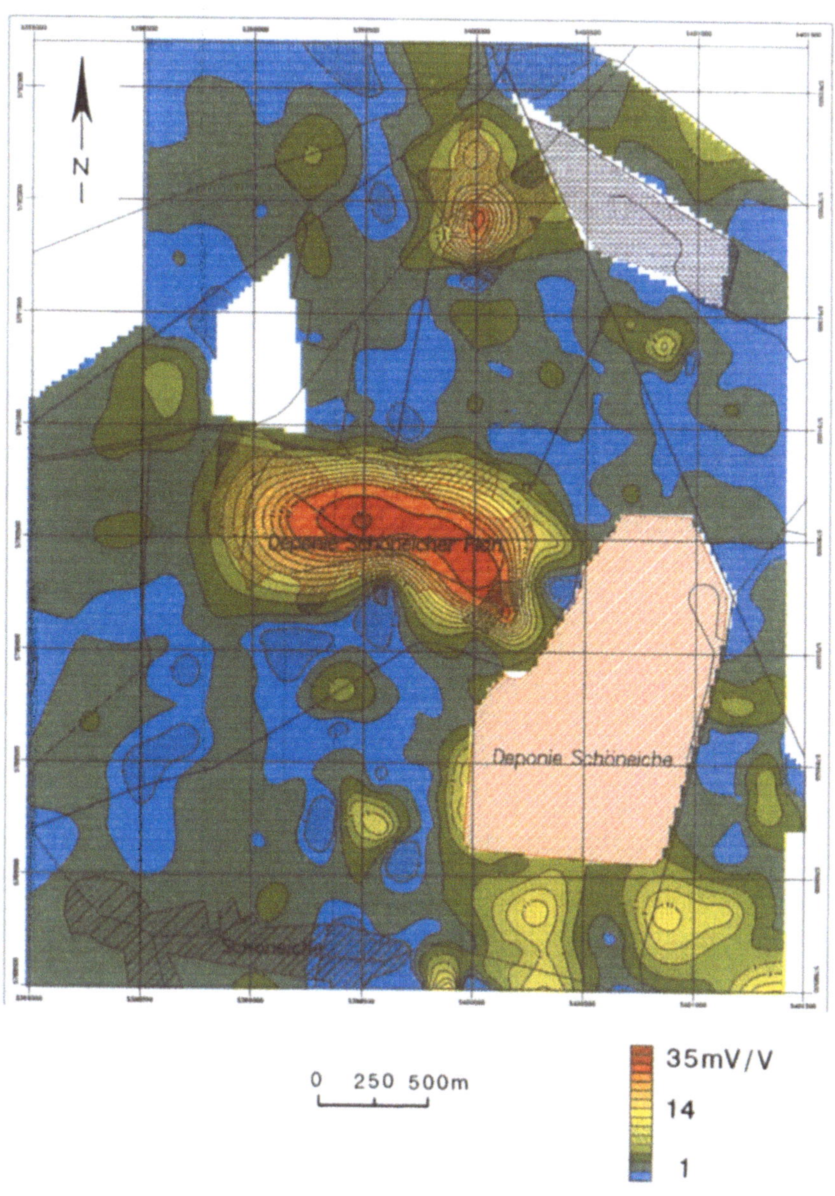

Abb. 4.15: Isolinienplan scheinbare Aufladefähigkeit in mV/V für die Auslage AB/2 = 24 m

bedingt sind im Bereich der trockenen Sande im Südosten, Nordosten und Westen die Aufladefähigkeiten leicht erhöht. Extrem hohe Werte treten auf der Deponie Schöneicher Plan auf. Sie klingen aber am Rand sehr schnell ab. Auf der Deponie Schöneiche konnte nicht gemessen werden. Die sonstigen, meist räumlich eng begrenzten Anomalien dürften zum überwiegenden Teil auf anthropogene Störungen (z. B. Rohrleitungen) zurückzuführen sein.

Die Meßwerte des scheinbaren spezifischen Widerstandes für die Auslage AB/2 = 24 m sind in *Abb. 4.14* dargestellt. Bei dieser Auslage spielen die oberflächennahen geogenen Elemente (Fließe, sandige Bereiche) eine deutlich geringere Rolle. Die sandigen Bereiche im Süden, Westen und Nordosten sind aber noch erkennbar (grün). Die Widerstandsverteilung ist gleichmäßiger als bei der kürzeren Auslage. Insbesondere im Süden treten keine wesentlichen Auffälligkeiten hervor. Die Werte liegen i. A. zwischen 50 und 100 Ohm m. Die Anomalie mit extrem niedrigen Werten im Norden des Untersuchungsgebietes ist „künstlich". Sie beruht auf einem Recheneffekt des verwendeten Interpolationsprogramms. Im Bereich der im Norden zwischen Notte- und Galluner Kanal gelegenen Altdeponie sind niedrige Werte zu erkennen. Dies kann von Auswirkungen der Deponie (Auswaschung von Elektrolyten) aber auch von einer Hochlage der darunter auftretenden bindigen Sedimente herrühren. Erniedrigte Werte im Umfeld dieser Deponie geben Hinweise auf mögliche Sickerwasserfahnen in Richtung Westen und Norden. Auch im Umfeld der Altablagerungen um das Lehrgerätewerk herum sind Hinweise auf Sickerwasserfahnen zu erkennen (westlich des Werks Richtung WSW, nördlich des Werks Richtung N, östlich des Werks Richtung NNE). Im Bereich nordwestlich des Lehrgerätewerks sind keine Auffälligkeiten zu vermerken. Nordöstlich der Deponie Schöneicher Plan zeigt sich eine relativ breite Zone mit niedrigerem Widerstand. Diese hat einen Ausläufer nach Nordosten. Hier kann aber außer Sickerwasser auch eine Hochlage der bindigen Schichten eine Rolle spielen. Der potentielle Sickerwasserpfad nördlich der Deponie Schöneiche ist hier sehr viel weniger auffällig als bei der kürzeren Auslage (*Abb. 4.12*). Dafür zeigt sich östlich der Deponie ein Bereich mit sehr niedrigen Widerständen.

Die Aufladefähigkeiten für die Auslage AB/2 = 24 m sind in *Abb. 4.15* dargestellt. Es zeigt sich ein ganz ähnliches Bild wie bei der kürzeren Auslage (*Abb. 4.13*). Auch hier liegen die Werte i. A. sehr niedrig. Die Anomalien um die nördliche Altablagerung, die Deponie Schöneicher Plan und die Altablagerung westlich des Lehrgerätewerkes treten wieder deutlich, aber mit etwas geringerer Amplitude hervor. Neu ist, daß im Westen und Süden der Deponie Schöneiche generell höhere Werte auftreten. Hier sind die Ursachen noch unklar.

Indikator für anthropogene Belastungen des obersten Grundwasserleiters

Als Ursachen für niedrige scheinbare spezifische Widerstände (höhere Leitfähigkeiten) in den oberflächennahen Schichten des Untergrundes kommen sowohl bindige Materialien (Ton, Schluff, Geschiebemergel) als auch anthropogen belastete Grundwässer in Betracht. In *Abb. 4.16* sind die Ergebnisse eines Versuches dargestellt, aus den gemessenen scheinbaren spezifischen Widerständen und der Tiefenlage der ersten bindigen Schicht nach den geoelektrischen Sondierungen einen Indikator K für anthropogene Belastungen des obersten Grundwasserleiters abzuleiten. K hat die Dimension einer elektrischen Leitfähigkeit. Durch die Normierung auf die Tiefe der ersten bindigen Schicht wird der Einfluß dieser Schicht auf den scheinbaren spezifischen Widerstand für AB/2 = 13 m reduziert. Anthropogen belastete Grundwässer treten stärker hervor. Braun und gelb markierte Bereiche zeigen eine höhere Belastung an als grün und blau ausgehaltene Gebiete. Auffällig sind das Umfeld der Deponie Schöneicher Plan, die Altablagerung „Alte Asche" südlich von Mittenwalde, ein Gebiet nordwestlich der Deponie Schöneicher Plan südöstlich des Nottekanals, eine Anomalie nördlich der Straße B 246 von Telz nach Mittenwalde sowie Flächen östlich und nordöstlich der Deponie Schöneiche.

Tiefenlinienpläne ausgewählter Horizonte

Für die genauere Betrachtung der Geologie im Untersuchungsgebiet wurden den Untergrundmodellen für die einzelnen geoelektrischen Sondierungen bestimmte Parameter (Tiefen, spezifischer Widerstand) entnommen und flächenhaft dargestellt. Ein Vergleich mit Bohrergebnissen erfolgt bei der Diskussion der Profilschnitte. Es muß hier noch einmal darauf hingewiesen werden, daß zur Kalibrierung der geoelektrischen Modellierungen nur eine einzige hinreichend tiefe Bohrung zur Verfügung stand. Abweichungen von einigen Metern zwischen den Modellierungsergebnissen und den tatsächlichen Verhältnissen können daher insbesondere für den tiefen Grundwasserleiter nicht ausgeschlossen werden.

In beinahe allen geoelektrischen Sondierungen war ein tiefgelegener, hochohmiger Bereich zu erkennen. Diese geoelektrische Schicht entspricht wahrscheinlich dem oberen, mächtigen, tertiären Grundwasserleiter II. Es ist aber darauf hinzuweisen, daß hier ein bis zu 70 m mächtiges Schichtpaket gemeint ist, daß neben den anscheinend dominierenden Sanden auch Einlagerungen anderer Materialien (Kohle, Tone etc.) enthalten kann, die aufgrund ihrer Tiefenlage und der vergleichsweise geringen Mächtigkeit geoelektrisch nicht aufgelöst werden können. Die Lage der Basis dieser Schicht ist in *Abb. 4.17* dargestellt. Dunkle Blautöne zeigen hier Tieflagen, Grüntöne Hochlagen an. Die mittlere Tiefe beträgt ca. -70 m NN.

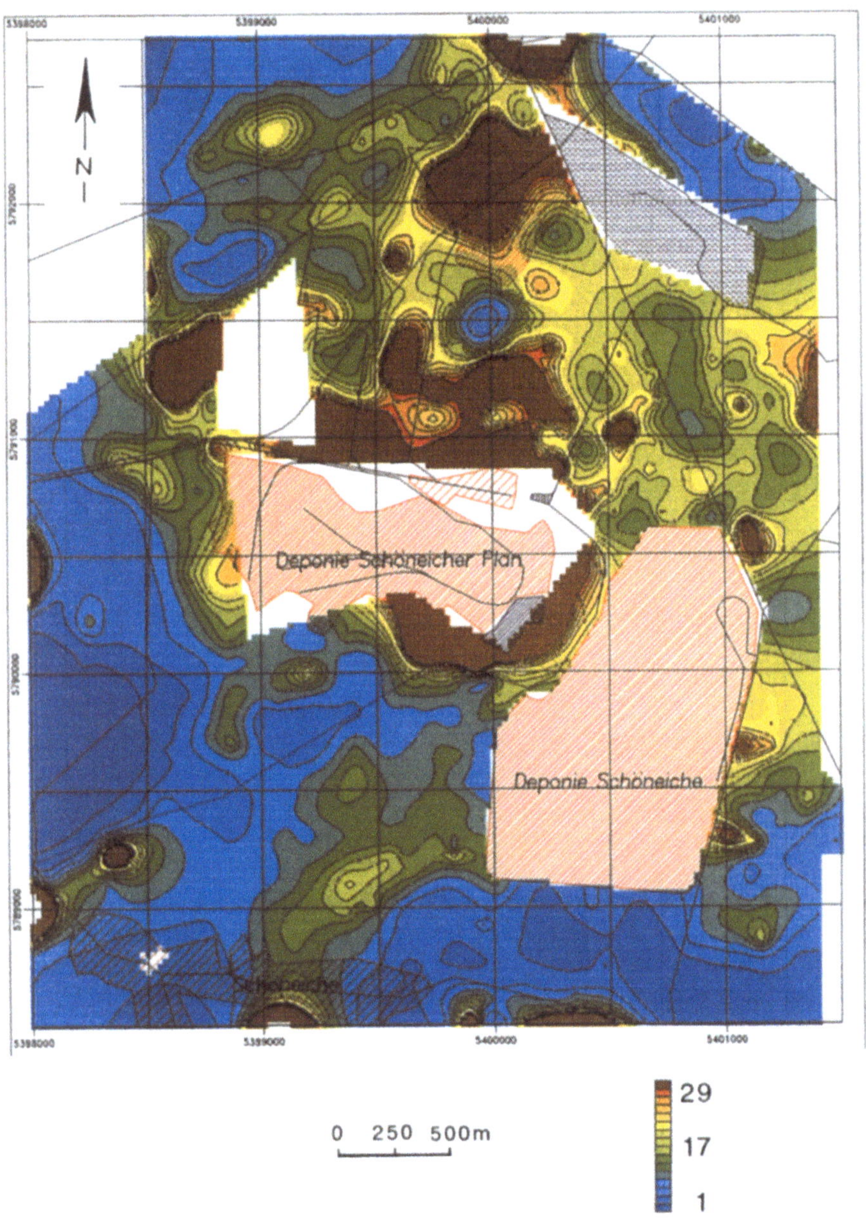

Abb. 4.16: Indikator für anthropogene Belastungen des obersten Grundwasserleiters. Erklärung im Text

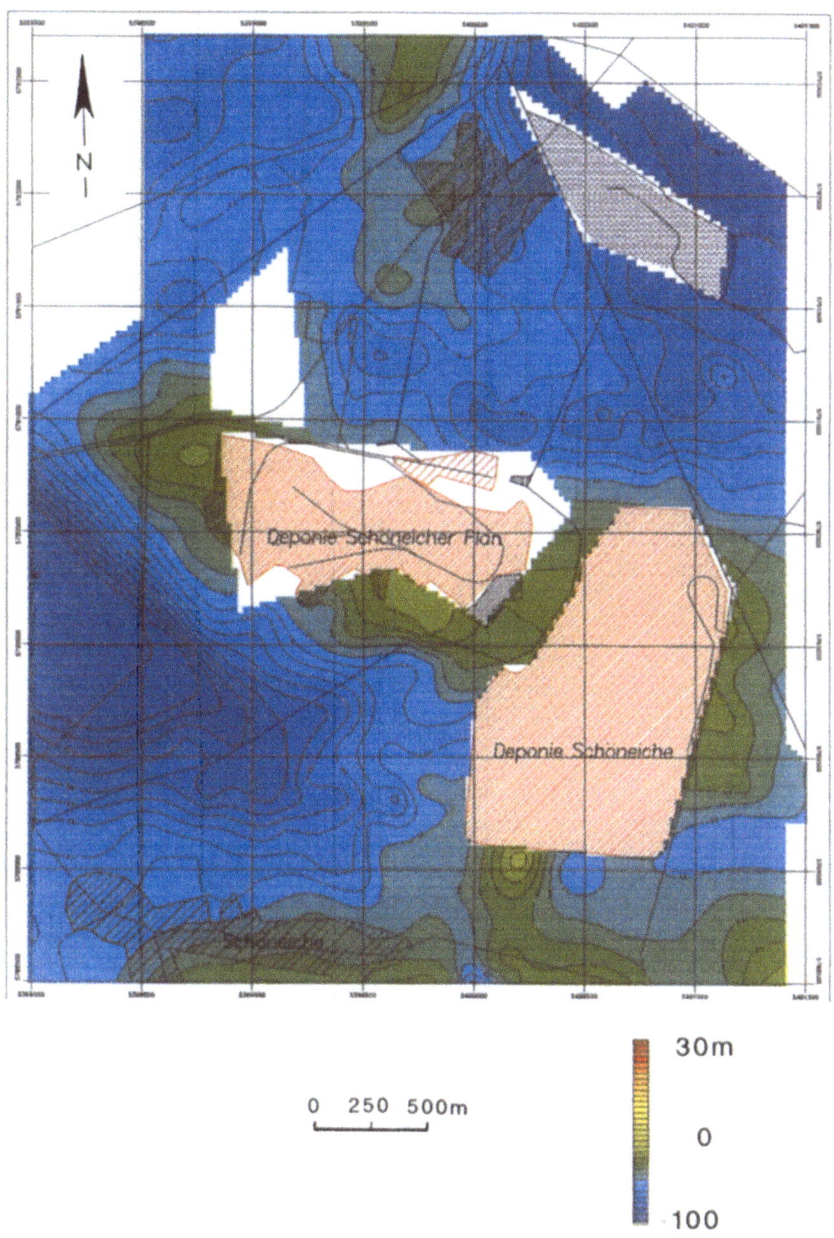

Abb. 4.17: Tiefenlinienplan der Basis tiefer Grundwasserleiter in m NN

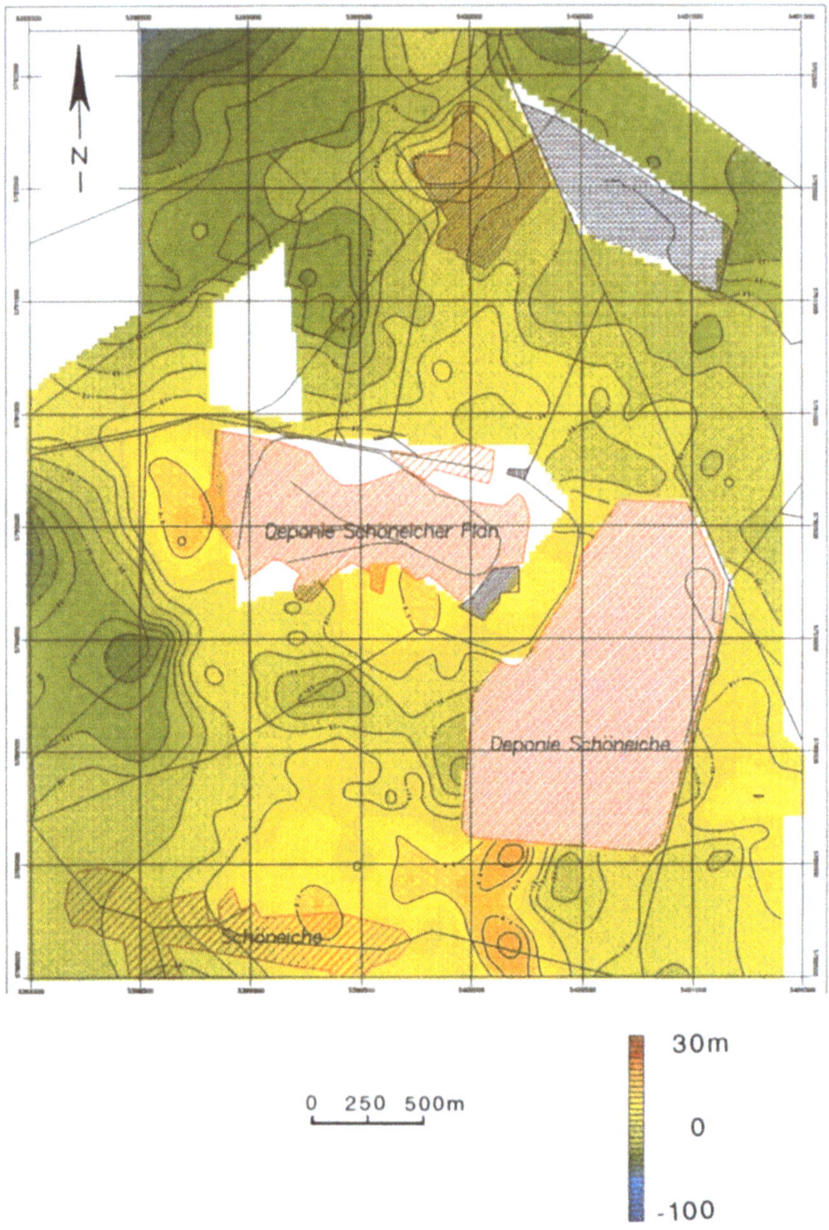

Abb. 4.18: Tiefenlinienplan Top tiefer Grundwasserleiter / Basis bindiger Bereich in m NN

Die Schwankungsbreite ist -37 bis -140 m NN. Im Nordosten taucht die Schichtgrenze nach NE ab. Zwischen den Rechtswerten 5399500 und 5400000 zeigt sich im Nordteil des Untersuchungsgebietes eine N-S streichende Hochlage, die im äußersten Norden ihren höchsten Punkt erreicht. Auch unter den Deponien Schöneiche und Schöneicher Plan erkennt man eine Hochlage. Im Südwesten befindet sich eine tiefe Senke. Im Südosten des Untersuchungsgebietes (inkl. Südteil der Deponie Schöneiche) liegt die Basis des tiefen Grundwasserleiter höher als im Nordteil. Nach Süden ist ein weiterer Anstieg zu beobachten.

Abbildung *4.18* zeigt die Lage der Oberkante (Top) des tiefen Grundwasserleiters (identisch mit Basis des bindigen Bereiches). Die Tiefe liegt zwischen -62 und 16 m NN. Auch hier zeigt sich die ca. WNW-ESE streichende Hochlage unterhalb der Deponien Schöneicher Plan und Schöneiche. Eine solche Struktur war bereits nach der Auswertung der Altbohrungen vermutet worden. Die Höhe dieser Schwelle gegenüber der Umgebung beträgt ca. 30 m. Im Nordosten, Nordwesten und Westen des Untersuchungsgebietes taucht die Schichtgrenze analog zur Basis (*Abb. 4.17*) ab. Die Nord-Süd streichende Hochlage im Nordteil ist ebenfalls zu erkennen. Nördlich des Lehrgerätewerkes ist eine deutliche lokale Senke zu sehen. Südlich der Deponie Schöneicher Plan ist eine nicht ganz durchgängige Rinne parallel zur Hochlage unter den Deponien erkennbar. Ganz im Süden ist wieder eine Hochlage zu sehen, die sich hier aber auf den mittleren Teil des Südrandes beschränkt. Einige Sondierungen an der Südwestecke der Deponie Schöneiche weisen eine extreme Hochlage der Oberkante des tiefen Grundwasserleiters aus. Hier fehlen entweder Teile der darüber liegenden bindigen Schichten oder diese sind sehr sandig ausgeprägt. Die Mächtigkeit des tiefen Grundwasserleiters (nicht dargestellt) schwankt zwischen 27 und über 100 m. Der mächtigste Bereich liegt im Westen des Untersuchungsgebietes, wo die Unterkante der Schicht eine extreme Tieflage hat. Nach Nordosten hin, wo auch ein Abtauchen der Basis zu beobachten ist, nimmt die Schichtdicke ebenfalls zu. Das gleiche gilt für die Rinne nördlich der Deponie Schöneiche. Besonders geringe Mächtigkeiten treten im Nordwesten und Südosten auf. Der spezifische Widerstand des tiefen Grundwasserleiters (nicht dargestellt) schwankt zwischen 70 und 300 Ohm m. In fast dem gesamten Untersuchungsgebiet liegen die spezifischen Widerstände für diese Schicht über 100 Ohm m, also im für sandige, nicht wesentlich elektrolytbelasteten Aquifere typischen Bereich. Es ergibt sich kein Hinweis auf anthropogene Versalzungen. Auch hier ist, allerdings z. T. undeutlich, die Hauptstreichrichtung (WNW-ESE), erkennbar. Minima unter 100 Ohm m im Norden des Untersuchungsgebietes stehen in keinem erkennbaren Zusammenhang zu den beiden großen Deponien. Mögliche Ursachen sind anthropogene Störungen (Straße im NW) oder evtl. auch geogene Versalzungen. Im Südwesten der Deponie Schöneiche liegt eine Zone leicht erniedrigter Widerstände, die zumindest zum Teil mit dem steilsten Abtauchen der Aquiferbasis korreliert. Dieser Bereich wird von einer senkrecht dazu verlaufenden Zone mit erhöhten Widerständen unterbrochen. Die Ursache hierfür ist unklar. Die Aufladefähigkeit des tiefen Grundwasserleiters (nicht dargestellt) gibt keine verwertbaren Hinweise auf Beschaffenheit oder mögliche Belastungen des Aquifers. Die Anomalien werden mit an Sicherheit grenzender Wahrscheinlichkeit durch künstliche Störungen der Meßwerte verursacht.

Über dem tiefen Grundwasserleiter liegen in beinahe allen Sondierungen bis zu 3 niederohmige Schichten, die teilweise durch hochohmige Bereiche voneinander getrennt sind. Diese werden zusammengefaßt und als „bindiger Bereich" bezeichnet. Geologisch entspricht der bindige Bereich einem Schichtkomplex aus quartären Mergeln und tertiärem Schluff. Geoelektrisch sind diese Schichten in der Regel nicht zuverlässig zu trennen. Erschwert wird die Interpretation dadurch, daß über dem bindigen Bereich in etlichen Sondierungen noch ebenfalls niederohmiges Sickerwasser steht. Eine Trennung ist auch mit Hilfe der Aufladefähigkeit kaum möglich. Die Basis des bindigen Bereiches entspricht der Oberkante des tiefen Grundwasserleiters. Ihr Relief wurde bereits diskutiert. Die Oberkante (Top) des bindigen Bereichs ist (geoelektrisch wie auch geologisch) wegen der komplizierten Lagerungsverhältnisse nur schwer zu fassen. Die Oberfläche des bindigen Bereiches (nicht dargestellt) liegt in Tiefen -23 bis +36 m NN. Lokal zeigt sich eine Vielzahl eng begrenzter Hoch- und Tieflagen. Zum Beispiel direkt nördlich der Deponie Schöneiche kommt es dabei scheinbar zum Widerspruch zwischen Geoelektrik und Bohrungen. Während in DS 51/93 bereits 15 m unter GOK Mergel erbohrt wurde, liegt in den geoelektrischen Sondierungen die Oberkante des bindigen Bereichs erst bei über 20 m unter GOK. Der oberste Mergel ist hier anscheinend zu dünn oder auch zu sandig, um in der Geoelektrik sicher als bindige Schicht erkannt zu werden. Dazu kommt, daß oberhalb der bindigen Schichten in diesem Bereich des Untersuchungsgebietes elektrolytbelastete Sickerwässer stehen, die eine Auswertung erschweren. Bei der Bestimmung der Mächtigkeit der bindigen Sedimente (nicht dargestellt) treten die gleichen prinzipiellen Probleme auf wie bei der Festlegung der Oberkante. Die Schwankungsbreite ist sehr groß. Sie liegt minimal bei unter 15 m im Südwesten und maximal bei über 70 m im Nordosten. Generell ist die Mächtigkeit im Norden größer als im Süden.

Der spezifische Widerstand des bindigen Bereichs (nicht dargestellt) zeigt im Norden meist recht niedrige Werte (20 bis 35 Ohm m). Es dürfte sich bei dem bindigen Bereich hier also im wesentlichen um schluffige Sedimente handeln. Um die großen Deponien herum und im Umfeld der Altablagerungen im Norden und Nordwesten treten teilweise deutlich niedrigere Widerstände auf. Dies könnte zum einen auf anthropogene Belastungen, zum anderen aber auch auf eine Zunahme des Tongehalts hindeuten. Zumindest scheint die Durchlässigkeit der bindigen Sedimente hier recht gering zu sein, da sich geoelektrisch im tiefen Grundwasserleiter keine Versalzung feststellen ließ. Wahrscheinlich überlagern sich beide möglichen Ursachen. Im Südwesten der großen Deponien liegt das Widerstandsniveau deutlich höher als im Norden. Hier könnte also der Ton-Schluff-Gehalt niedriger sein als im übrigen Meßgebiet. Ursache dafür könnte eine Durchmischung der Sande und der bindigen Sedimente durch Stauchungsvorgänge sein. Diese Erklärung wird dadurch gestützt, daß die höchsten Werte (geringste Bindigkeit) an der Stelle des stärksten Abtauchens auftreten. Die hohen Widerstände lassen sich aber auch durch vergleichsweise mächtige sandige Zwischenschichten im bindigen Bereich erklären.

Die Aufladefähigkeit (nicht dargestellt) ergibt auch hier keine zusätzlichen Erkenntnisse. Im Umfeld der großen Deponien sind die Werte teilweise etwas erhöht. Dies gilt insbesondere für den Westrand der Deponie Schöneiche, wo auch der Widerstand deutlich erniedrigt ist. Die physikalische Ursache ist aber hier und auch bei einer ganzen Anzahl weiterer, kleinräumiger Anomalien unklar. Zum Teil scheinen anthropogene Störungen (z. B. durch Rohrleitungen, Kabel) verantwortlich zu sein.

Profilschnitte nach geoelektrischen Sondierungen

Neben der flächenhaften Darstellung der geophysikalischen Parameter und Tiefenlinienpläne wurden Profilschnitte zusammengestellt (*Abb. 4.19 - 4.26*), um die zum Teil komplizierten Lagerungsverhältnisse besser darstellen zu können. Die Lage der Profile ist der *Abb. 4.10* zu entnehmen. Bei den N-S verlaufenden Schnitten (Profile 1-3) wird als x-Achse eine Projektion auf den Hochwert dargestellt, während bei den nahezu E-W verlaufenden Schnitten (Profile 5-8) die Projektion auf den Rechtswert vorgenommen wurde. Das Profil 4 zeigt einen Profilschnitt, der diagonal zwischen den beiden Deponien Schöneiche und Schöneicher Plan hindurch über das Meßgebiet verläuft. In diesem Schnitt werden auf der x-Achse die laufenden Profilmeter ausgegeben. An der Basis der Schichten der geoelektrischen Sondierungen sind die modellierten spezifischen Widerstände in Ohm m angegeben. In die Schnitte sind die Bohrungen eingetragen, um einen Vergleich zwischen den Bohr- und den Sondierungsergebnissen zu ermöglichen. Die geologische Zuordnung der Schichten wurde nach den Bohrangaben vorgenommen. Bei der Darstellung des geophysikalischen Modells wird bei den tertiären Schichten nur zwischen rolligen (Sand; Grundwasserleiter) und bindigen Schichten (Ton, Schluff, Mergel; Grundwasserstauer) unterschieden, da eine weitergehende Trennung aufgrund der fehlenden Eichmöglichkeiten und wegen der großen Tiefenlage kaum möglich ist. Bei den quartären Schichten wird, falls nicht eindeutig Sande angetroffen werden, keine Signatur vergeben, da speziell die niedrigeren Widerstände häufig Mischwiderstände darstellen, die auch in vielen Fällen anthropogen beeinflußt sind und somit kaum eine eindeutige Zuordnung zulassen.

Das **Profil 1** (*Abb. 4.19*) verläuft am Westrand des Meßgebietes und zeigt den typischen Verlauf der modellierten Schichten im Westteil des Meßgebietes. Der tiefe Grundwasserleiter taucht von S nach N zunächst stark ab und nimmt an Mächtigkeit zu, um dann im Bereich der Deponie Schöneicher Plan eine Hochlage zu erreichen. Seine Mächtigkeit ist dann geringer und bleibt im Nordteil fast konstant. Die große Tieflage dieses Horizontes ist ausgerichtet an der Bohrung Mittenwalde 107/80 (Miwa 107), wobei in der Bohrung zu erkennen ist, daß häufig eine Wechsellagerung von rolligen und bindigen Sedimenten angetroffen wird, die jedoch von der Geoelektrik in diesen großen Tiefen nicht aufgelöst werden kann. Die Sondierungen südlich und nördlich davon zeigen deutlich, daß die Unterkante dieses Grundwasserleiters in geringerer Tiefe angenommen werden muß. Die Widerstände dieser Schicht bewegen sich durchgängig im sandigen Bereich. Über dem Grundwasserleiter liegt nahezu durchgehend eine bindige Schicht. Diese ist im Süden deutlich weniger mächtig als im Norden und könnte im Bereich der Sondierung I39 sehr sandig oder evtl. nur wenige Meter (< 5 m) mächtig sein. Das steilere Abtauchen der Oberkante der bindigen Schicht nördlich der Sondierung I096 entspricht den Bohrergebnissen. Generell ist ein Abtauchen des bindigen Horizontes nach N zu vermerken. In den quartären Bereichen sind Widerstände anzutreffen, die eine Wechsellagerung aus sandigen und bindigen Schichten vermuten lassen. Auffällig sind die z. T. niedrigen Widerstände bei der Sondierung I43 im Vergleich zur Bohrangabe bei Brunnen B2. Diese Werte deuten auf eine anthropogene Beeinflussung dieser Schichten. Gleiches gilt für den Bereich der Sondierungen I100, 098 und 096, die Ergebnisse weisen offensichtlich auf eine starke Beeinflussung durch die Altablagerung westlich des Lehrgerätewerkes hin.

Das **Profil 2** (*Abb. 4.20*) zeigt ähnliche Strukturen wie Profil 1, jedoch ist das Abtauchen des tiefen Grundwasserleiters nicht mehr so stark ausgeprägt. Markante Bereiche treten bei diesem Profil südlich und nördlich der Hochlage im Bereich der Deponie Schöneicher Plan auf, wo im Verlauf der Oberkante des tiefen Grundwasserleiters Randsenken zu erkennen sind. Diese zeichnen sich durch hohe Mächtigkeiten des darüber liegenden bindigen Horizontes und die Einlagerung von sandigen Zwischenschichten aus. Die Bohransprachen in der südlichen Randsenke sind nicht generell mit den Sondierungsergebnissen in Einklang zu bringen. Die Bohrung DS45, die ca. 100 m westlich des Profils liegt, weist ab 14 m NN eine sandige Schicht aus, die nach den Sondierungsergebnissen größere Schluffanteile besitzen müßte. Bei Sondierung T155 ist das Einsetzen des Schluffes gut zu erkennen, jedoch gibt es in den darüberliegenden Schichten eine Diskrepanz zwischen der Schichtansprache in Bohrung DS40 und dem gemessenen Widerstand, da der Widerstand des Mergels höher liegt als der des Sandes. Beim Vergleich von Bohrung DS35 mit den Ergebnissen der Sondierung I106 muß man von einer Beeinflussung der Sedimente über dem Mergel (und evtl. des Mergels selbst) durch Sickerwässer aus der Deponie ausgehen. Die Bewertung der Sondierungen auf der Deponie werden bei Profil 6 vorgenommen. Im nördlichen Teil des Profils stimmen Bohr- und Sondierungsergebnisse gut überein, jedoch ist festzustellen, daß die Widerstände für die quartären Sande generell unter dem üblichen Niveau liegen, weshalb auch hier eine anthropogene Beeinflussung nicht auszuschließen ist.

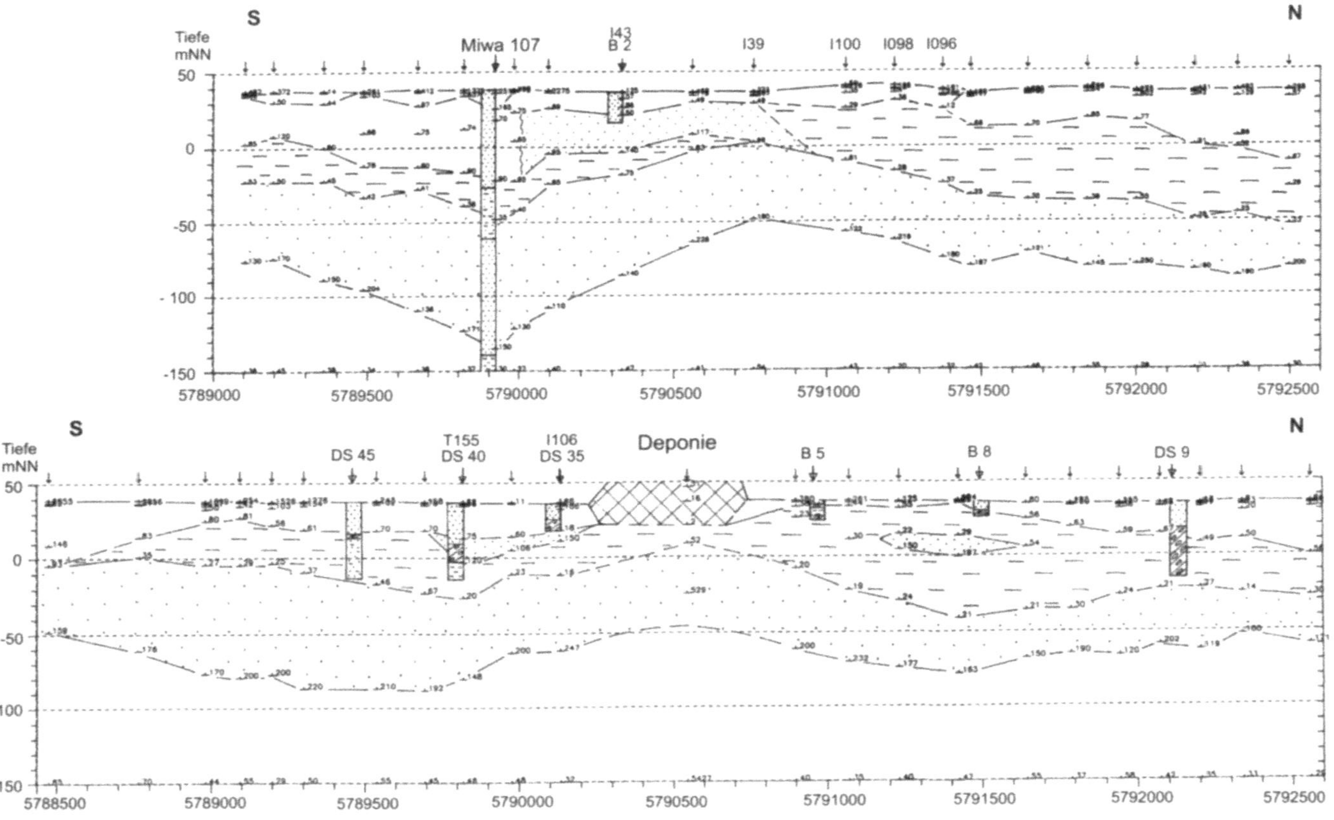

Abb. 4.19: (oben) Profilschnitt 1 nach geoelektrischen Messungen. Legende siehe *Abb.: 4.25*, Erklärung im Text
Abb. 4.20: (unten) Profilschnitt 2 nach geoelektrischen Messungen. Legende siehe *Abb.: 4.25*, Erklärung im Text

Auf **Profil 3** (*Abb. 4.21*) setzt sich die Tendenz von Profil 1 zu 2 fort - die Unterschiede von Hoch- und Tieflagen des tiefen Grundwasserleiters werden geringer. Generell ist ein Einfallen der Schichten nach Norden zu beobachten. Der bindige Horizont zeigt im Bereich des nördlichen Teils der Deponie Schöneiche eine Aufwölbung und wird deutlich mächtiger. Geht man von den Widerständen aus, reicht er z. T. bis an die Oberfläche, wobei auch hier Einflüsse der Deponie in Form von Sickerwässern im oberen Bereich, die mit einer Widerstandsverringerung einhergehen, nicht auszuschließen sind. Zwischen den Sondierungen S 128 und S 197 muß mit einer gestörten Lagerung (Vermischung, Verschuppung) gerechnet werden. Die bindige Schicht ist im Süden der Aufwölbung weniger mächtig als im Norden. Auffällig ist, daß in den quartären Schichten sowohl im Süden als auch im Norden ein Grundwasserleiter ausgehalten werden kann. Die Bohrergebnisse und die Sondierungen zeigen meist eine recht gute Übereinstimmung. Eine Ausnahme bilden Sondierung S 127 und Bohrung DS42. In der Bohrung wird der bindige Horizont weiter oben angetroffen als in der Sondierung. Hierbei ist zu berücksichtigen, daß dieser Bereich, wie schon erwähnt, gestörte Lagerungsverhältnisse aufweist. Die Widerstände für die sandigen Bereiche des Quartärs liegen speziell im Umfeld der Deponie auch auf diesem Profil zu niedrig.

Das **Profil 4** (*Abb. 22*) verläuft diagonal durch das Meßgebiet von SW nach NE. Es wurde ausgewählt, um speziell die Modellvorstellungen über die geologische Situation zwischen den Deponien Schöneiche und Schöneicher Plan darzustellen. Die beiden Hauptkomplexe - tiefer Grundwasserleiter und darüberliegender bindiger Horizont - sind hier wieder durchgängig zu verfolgen. Auch die Hochlage im Bereich der Deponien ist gut zu erkennen. Daneben fällt eine kleinere Aufwölbung, vor allem des bindigen Bereiches, im Gebiet zwischen den Sondierungen S 71 und 25 auf. Die Schichten fallen wieder generell nach Norden ein. Die quartären Schichten zeigen im Bereich der Deponien z. T. deutliche Gliederungen, wobei auch sandige Bereiche mit relativ hohen Widerständen ausgehalten werden können, jedoch sind diese kaum über längere Strecken zu verfolgen, so daß man glazigene Stauchungen und Schuppungen in diesem Bereich annehmen kann. Teilweise ergeben sich Gebiete (z. B. Bohrung DS52), wo für die Sande Widerstände unter 40 Ohm m gemessen wurden. Hier muß man von einer starken Beeinflussung durch Sickerwässer aus der Deponie ausgehen. Bei sonst auftretenden niedrigen Widerständen kann zwischen den Deponien aufgrund der Hochlage des bindigen Horizontes auch mit einer Zunahme des tonigen Anteils gerechnet werden. Der Vergleich der Bohr- und Sondierungsergebnisse zwischen den Deponien bestätigt die Annahme einer gestörten Lagerung in diesem Bereich. Südlich und nördlich der Deponien zeigt sich das Quartär weniger stark gestört. Die Bohrungen passen sich recht gut in das geoelektrische Modell ein, wenn auch hier, wie schon bei Profil 2, der im unteren Bereich der Bohrung DS45

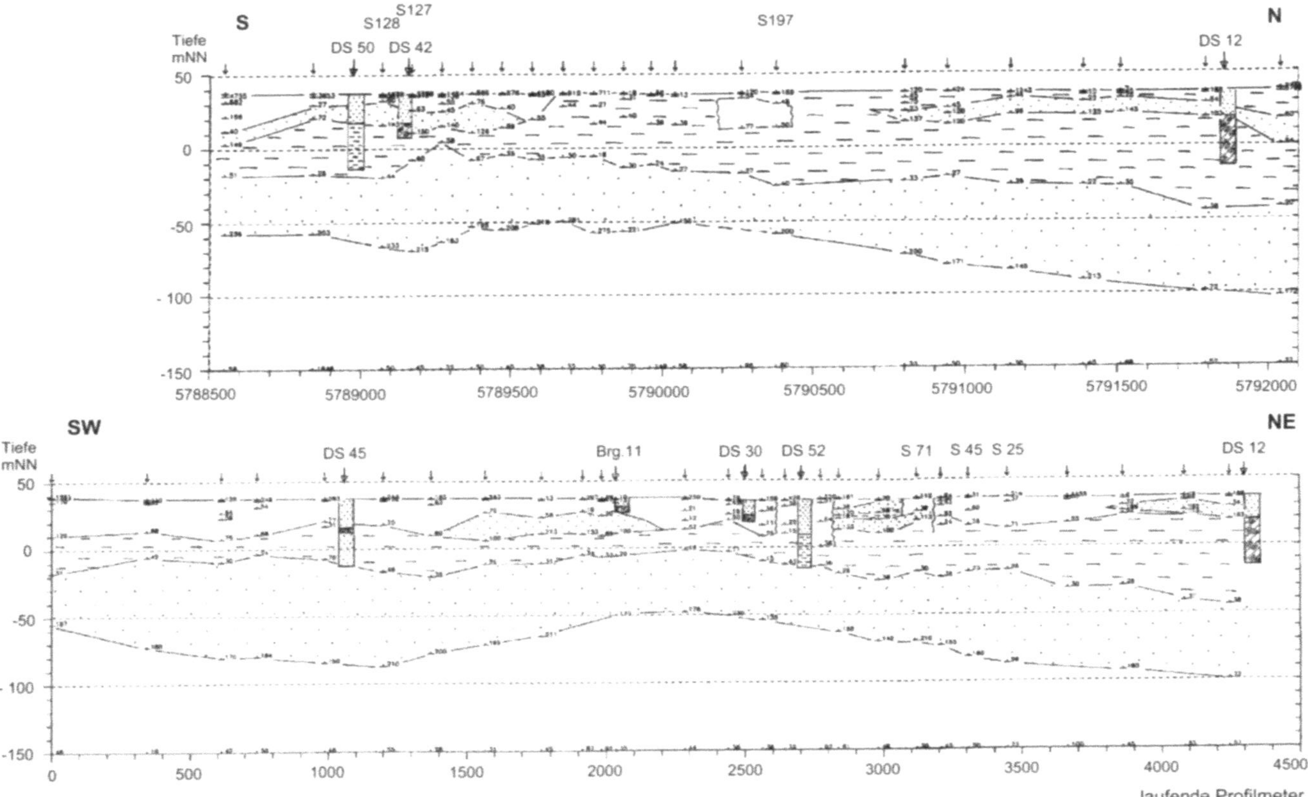

Abb. 4.21: (oben) Profilschnitt 3 nach geoelektrischen Messungen. Legende siehe *Abb.: 4.25*, Erklärung im Text

Abb. 4.22: (unten) Profilschnitt 4 nach geoelektrischen Messungen. Legende siehe *Abb.: 4.25*, Erklärung im Text

ausgewiesene Sand nach den geoelektrischen Ergebnissen deutlich höhere bindige Anteile aufweisen müßte. Parallel könnten sich hier auch die z. T. stark kohligen Anteile widerstandsreduzierend auswirken.

Das **Profil 5** (*Abb. 4.23*) verläuft direkt nördlich der Deponie Schöneicher Plan in E-W-Richtung. Es zeigt, daß der tiefe Grundwasserleiter in diese Richtung nur geringe Veränderungen in seiner Tiefenlage und in seiner Mächtigkeit zeigt. Eine Absenkung der Unterkante ist im Bereich der Sondierung SCH-82 zu erkennen, danach steigt sie nach Osten an. Der auflagernde bindige Horizont ist wiederum durchgehend vorhanden und erreicht eine Hochlage im Bereich der Sondierungen IP0R35 bis SCH-190. Seine Oberkante taucht leicht nach Osten ab und die Mächtigkeit der quartären Schichten nimmt damit zu. Es zeigt sich eine Wechsellagerung zwischen schluffig-tonigen und mergelig-sandigen Schichten im quartären Bereich. Es treten jedoch im Ostteil des Profils z. T. über mehrere Sondierungen verfolgbare Schichten auf, die sehr niedrige Widerstände aufweisen. Hier kann nicht ausgeschlossen werden, daß auch der Einfluß von kontaminierten Sickerwässern eine Rolle spielt.

Das **Profil 6** (*Abb. 4.24*) wurde ausgewählt, um die Ergebnisse der Sondierungen, die direkt auf der Deponie Schöneicher Plan durchgeführt wurden, zu dokumentieren. Auf dem Profil ist das Abtauchen der Schichten nach Westen und die Hochlage unter der Deponie zu erkennen. Die Sondierungen auf der Deponie ergaben extrem niedrige Widerstände an der Basis der Deponie (< 2 Ohm m). Das deutet auf eine Ansammlung stark belasteter Sickerwässer in diesem Bereich. Aus dem weiteren Verlauf der Sondierungskurven, welche stark durch 3-D-Effekte beeinflußt sind, ist nicht zu entnehmen, daß diese Wässer die Deponie massiv nach unten verlassen. Die Basis der ehemaligen Tongrube wirkt anscheinend als Stauer. Nach den Sondierungsergebnissen liegt die Basis der Deponie zwischen 10 und 15 m unter der Geländeoberkante und erreicht die größeren Tiefen im Westteil.

Das **Profil 7** (*Abb. 4.25*) liegt direkt südlich der Deponie Schöneicher Plan und zeigt ein Ansteigen des tiefen Grundwasserleiters von W nach E, wobei gleichzeitig die Mächtigkeit abnimmt. Der darüberliegende Stauer ist durchgängig vorhanden. Am Ostrand des Profils, wo auch hier die größte Hochlage erreicht ist, zeigen sich wieder Einflüsse von glazigenen Stauchungen. Die Schichten stehen z. T. steil und sind nur über kurze Strecken zu verfolgen. Im Bereich der Sondierung IP0R160 zeigt sich eine lokale Hochlage der Oberkante des bindigen Horizontes. Von dieser ausgehend nach Westen bildet sich anhand der Widerstände ein deutlich sandiger Bereich ab. Dieser reicht, wenn man von Bohrung B1 ausgeht, bis an die Oberfläche. Die Widerstände in den oberen sandigen Bereichen sind jedoch generell zu niedrig für Sande, d. h. man muß auch hier vom Einfluß durch Sickerwässer ausgehen.

Das **Profil 8** (*Abb. 4.26*) zeigt die Modellvorstellungen für den Südrand des Untersuchungsgebietes. Die Sondierungsergebnisse lassen einen ruhigen Verlauf der Unterkante des tiefen Grundwasserleiters erkennen. Sie liegt im

Westen ca. 30 m tiefer als im Osten. Die Oberkante, und damit die Basis des bindigen Horizontes, steigt von West nach Ost bis zu einer Hochlage bei Sondierung SCH-203 / IPOR 127 an, um dann im weiteren Verlauf nach Osten hin einzufallen. Die bindige Schicht ist im gesamten Profil nicht sehr mächtig (z. T. nur 15 m). Auffällig ist eine sandige Zwischenschicht bei Sondierung SCH-200. Die Oberkante des bindigen Horizontes variiert in ihrer Tiefenlage entlang des Profils um 10 - 20 m. Die darüber liegenden quartären Sedimente sind in der Regel sandig ausgebildet und scheinen nur im mittleren und westlichen Teil größere bindige Anteile zu besitzen. In der östlichen Hälfte des Profils zeichnen sich die oberflächennahen Dünensande durch extrem hohe Widerstände ab. Hinweise auf versalzene Sickerwässer sind in diesem Profil nicht zu finden.

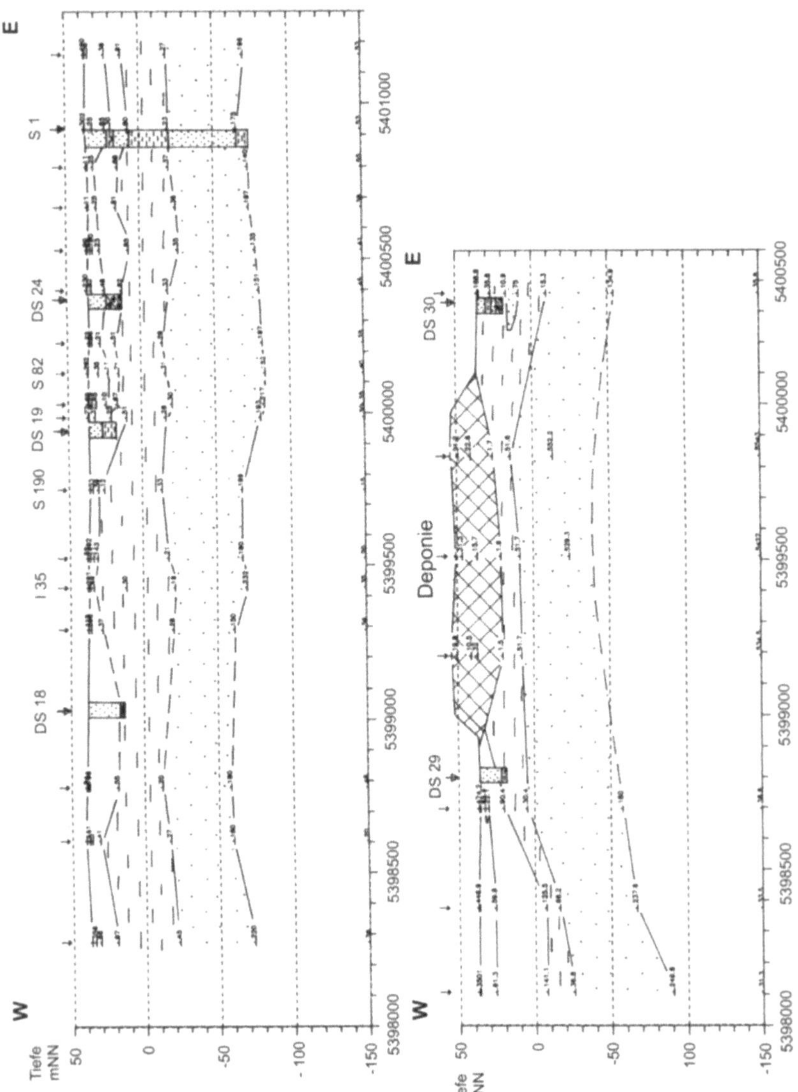

Abb. 4.23: (oben) Profilschnitt 5 nach geoelektrischen Messungen. Legende siehe *Abb.: 4.25*, Erklärung im Text
Abb. 4.24: (unten) Profilschnitt 6 nach geoelektrischen Messungen. Legende siehe *Abb.: 4.25*, Erklärung im Text

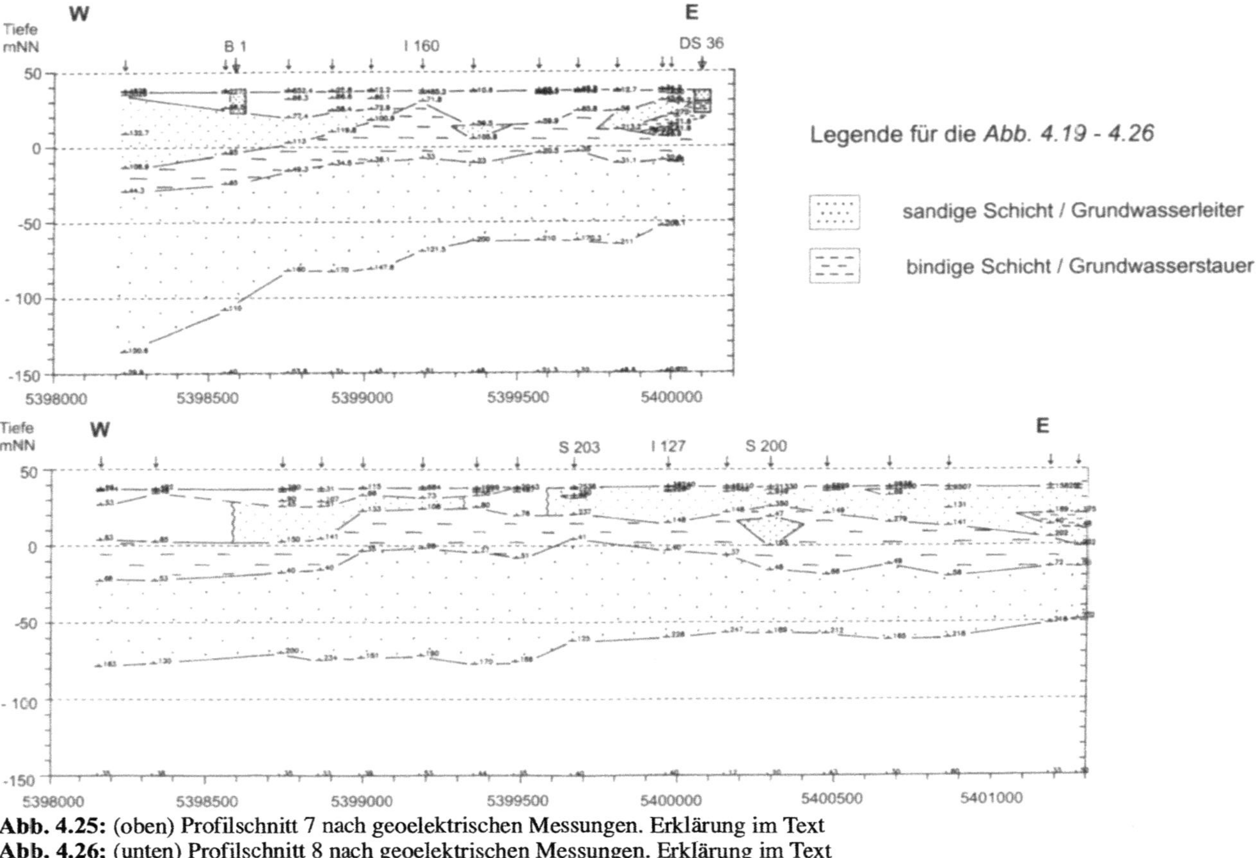

Abb. 4.25: (oben) Profilschnitt 7 nach geoelektrischen Messungen. Erklärung im Text

Abb. 4.26: (unten) Profilschnitt 8 nach geoelektrischen Messungen. Erklärung im Text

Geoelektrische Tiefensektion

Da sich aus den Bohrungen und den geoelektrischen Sondierungen deutliche Hinweise auf laterale Inhomogenitäten z. B. im Bereich zwischen den Deponien ergaben, die mit der konventionellen Vorgehensweise (Interpretation mit Horizontalschichtmodellen) nicht gut zu erfassen sind, wurde hier eine geoelektrische Tiefensektion gemessen. Im vorliegenden Fall setzt sich diese aus 41 WENNER-OFFSET-Sondierungen zusammen, die teilweise auch für die konventionelle Auswertung verwendet wurden. Der mittlere Teil des Profils wurde nach einer vom BfG Lorenz entwickelten Methode zu einer Sektion (WENNER, a = 32 m, n = 8) zusammengesetzt (*Abb. 4.27* oben). Die in dieser Darstellung sichtbaren Strukturen sind erheblich durch laterale Inhomogenitäten verzerrt.

Mittels eines numerischen 2-D-Inversionsverfahrens (BARKER 1981) werden sowohl die Widerstandswerte korrigiert als auch die Untergrundstrukturen besser abgebildet. Man erhält eine geoelektrische Tiefensektion (*Abb 4.27* unten). In die Tiefensektion wurden Bohrergebnisse und die Resultate einiger geoelektrischer Sondierungen eingezeichnet. Die gepunkteten Linien entsprechen den aus geoelektrischen Sondierungen berechneten Schichtgrenzen. Der oberflächennahe Bereich (bis ca. 25 m NN) wird von der Sektion nicht wirklich erfaßt. Hierzu wäre ein sehr viel engerer Meßpunkt- und Elektrodenabstand notwendig gewesen, der sich im Rahmen des vorliegenden Projektes nicht realisieren ließ. Daher reichen an einigen Stellen bindige Sedimente scheinbar bis an die Oberfläche, obwohl dort eher Sande zu vermuten sind (z. B. um Profilmeter 100). An vielen Stellen sind die Verhältnisse in Oberflächennähe trotzdem richtig wiedergegeben (z. B. Profilmeter 1 795, geoelektrische Sondierung SCH-60). Auffällig ist der extrem niederohmige Bereich zwischen 750 und 1 150 m. Die niedrigsten Werte liegen direkt an der Oberfläche, wo eigentlich Sande zu erwarten sind. Vorbehaltlich der oben geschilderten Problematik ist dies ein direkter Hinweis auf eine Versalzung des Grundwassers. Die Unterkante der extrem niedrigen Werte korreliert gut mit der Oberkante bindiger Sedimente in den Bohrungen DS 36/93 und P21. Die Versalzung wird hier anscheinend daran gehindert, in größere Tiefen einzudringen. Nördlich dieses Bereichs (1 150 - 1 600 m) sind die Werte oberflächennah ebenfalls auffällig niedrig. Der bindige Bereich (gelbe bis rote Färbung in +10 bis -15 m NN) ist gut zu erkennen. Abweichungen in der Lage der Schichtgrenzen zwischen geoelektrischen Sondierungen und Bohrungen einerseits sowie der Sektion andererseits erklären sich wahrscheinlich durch einen seitlichen Abstand von bis zu 50 m vom Profil. In der Sektion zeigt sich, daß dieser Bereich anscheinend sehr viel stärker strukturiert ist, als aus den geoelektrischen Sondierungen zu vermuten war. Bei Profilmeter 650 weist die bindige Schicht offensichtlich eine Lücke auf.

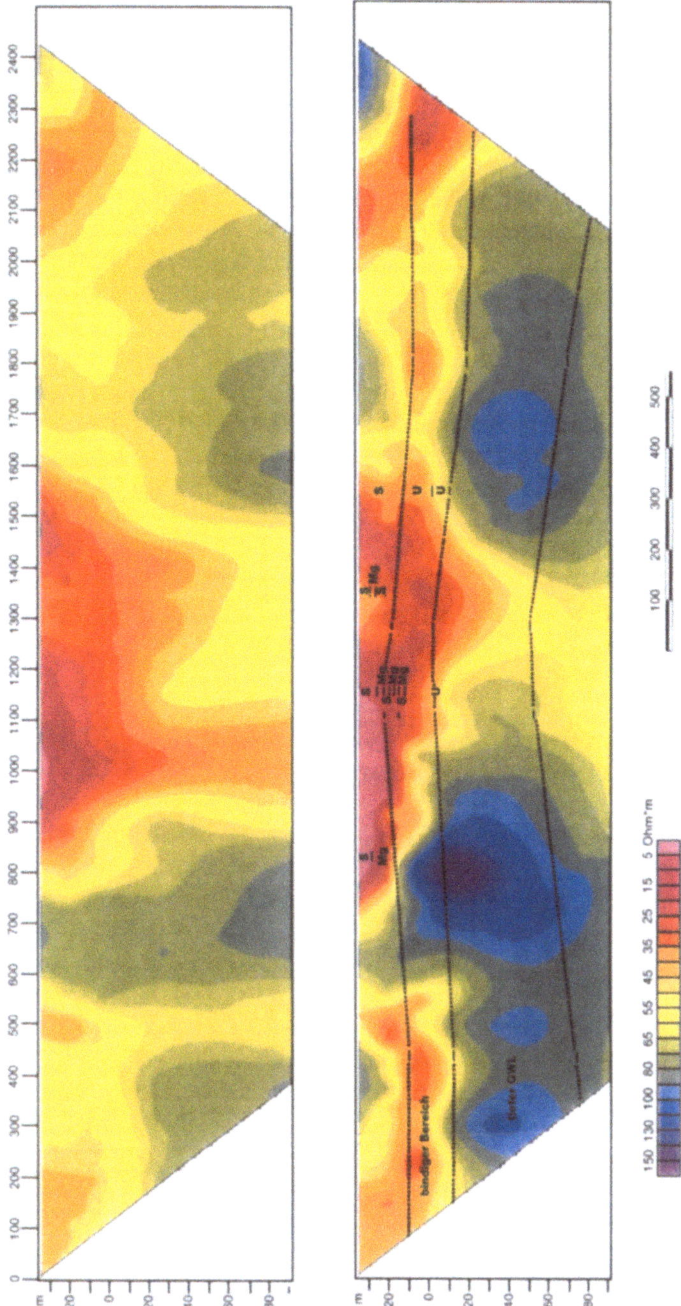

Abb. 4.27: Geoelektrische Tiefensektion zwischen den Großdeponien. S = Sand, U = Schluff, Mg = Geschiebemergel. Weitere Erklärungen im Text

Den Widerständen nach sind hier nur leicht bindige Sedimente zu erwarten. Die unter den Deponien vermutete Aufwölbungsstruktur ist an der Basis des bindigen Bereichs zu erkennen. Im Zentrum allerdings ist eine Tieflage der niedrigen Widerstände zu erkennen. Ob es sich hier um eine Stauchungsstruktur handelt (in P21, 50 m neben dem Profil, reicht der Schluff ebenfalls tiefer als erwartet) oder ein Eindringen versalzenen Wassers in den tieferen Untergrund markiert wird, wäre nur durch eine Bohrung zu klären. Unter dem bindigen Bereich erkennt man an höheren Widerständen (grüne und blaue Farbtöne) den tiefen Grundwasserleiter. Die Widerstandsschwankungen in diesem Bereich (z. B. bei Profilmeter 800, Tiefe - 20 m NN) werden wahrscheinlich durch den Rechenprozeß verursacht und sind nicht geologischer Natur. Die Lage der Oberkante stimmt recht gut mit den Ergebnissen der anderen Verfahren überein. Die Unterkante, erkennbar an einem leichten Anstieg der Widerstandswerte ganz unten im Modell, wird nur an ihrer höchsten Position im Zentrum der Aufwölbung (SCH-80) gut erfaßt. Sonst liegt sie deutlich tiefer als nach den anderen Verfahren zu erwarten. Hier reichte die Erkundungstiefe des Verfahrens nicht aus, um zuverlässige Werte zu liefern. Es zeigt sich, daß geoelektrische Tiefensektionen zusätzliche Informationen liefern. Insbesondere die Struktur des bindigen Bereichs wurde besser aufgelöst. Im ganz oberflächennahen Bereich bleiben jedoch Fragen offen. Hier sollte das Meßraster verdichtet werden.

4.2.2 Kombinierter Einsatz von geoelektrischer Tiefensektion und tiefenorientierter Wasserprobennahme

Die Messung geoelektrischer Tiefensektionen in Verbindung mit zweidimensionaler Inversion der Meßdaten ist ein Ansatz, um Untergrundstrukturen besser zu erkennen. Die tiefenorientierte Beprobung eines kontaminierten Aquifers hat sich als unverzichtbar erwiesen, wenn es darum geht, repräsentative Wasserproben für die betroffenen Untergrundhorizonte zu gewinnen (Collins & Münnich 1991, Kritzner 1992). Bei Altlastenerkundungen fehlen oft geeignete Grundwassermeßstellen zur Probengewinnung. Zudem sind vorhandene Meßstellen im allgemeinen nicht für tiefenorientierte Beprobung ausgebaut. Wasserproben aus konventionellen Meßstellen zeigen bei ausgeprägt vertikaler Verteilung des Schadstoffes meist deutlich geringere Konzentrationsmaxima als die Wasserproben aus Sondierung entsprechender Horizonte. Untersuchungen ergaben Abweichungen um das 30fache, bedingt durch hydraulische oder konstruktive Ursachen. So liefern Meßstellen mit Filterstrecken über mehrere Meter Länge entsprechend den Durchlässigkeitsverhältnissen zuflußgewichtete Konzentrationsverteilungen. Die tiefenorientierte Repräsentanz der Wasserprobe ist somit nicht gewährleistet.

Die Grundwasserproben wurden mit einer modifizierten, sogenannten schweren Rammsonde nach DIN 4094 mit 50 kg Fallgewicht gewonnen. Das

Verfahren wird seit einigen Jahren am Institut für Wasserbau der TH Darmstadt bei Untersuchungen, z. B. zur Leckagedetektion, Nitratverteilung oder bei der Altlastenerkundung, erfolgreich eingesetzt und seit 1990, im Rahmen des BMBF-Verbundforschungsvorhabens „Deponieuntergrund" weiterentwickelt. Für die Wasserprobennahme wurden spezielle Filtersonden hergestellt. Durch das Einrammen der Sondenspitze ist ein schlüssiger Kontakt zwischen Filter und Probenhorizont und somit die Repräsentanz der Probe sichergestellt. Die tiefenorientierte Wasserprobennahme läuft nach folgendem Schema ab:

- Eine mit Filter versehene Sondenspitze wird mittels Rammgestänge und entsprechendem Rammgerät in den Boden vorgetrieben.
- In dem gewünschten Probenhorizont wird durch Unter- oder Überdruck (bei GW-Flurabständen > 7 m) die benötigte Probenwassermenge an die Geländeoberfläche gefördert.
- Ist die Beprobung eines Horizontes beendet, wird die Sonde in den nächsten Horizont vorgetrieben. Nach Spülung des Schlauches mit Wasser des neuen Probenhorizontes oder mit einer geeigneten Spülflüssigkeit (beim Einsatz einer Überdrucksonde möglich) kann der nächste Horizont beprobt werden.

Eine Verschleppung von Wasser aus verschiedenen Horizonten ist somit weitgehend ausgeschlossen. Das Verfahren zeichnet sich gegenüber herkömmlicher tiefenorientierter Probennahmetechnik über Grundwassermeßstellen durch hohe Flexibilität, Wirtschaftlichkeit und Präzision aus (KRETZER 1992).

Im Rahmen der Standortforschung des BMBF-Verbundvorhabens „Deponieuntergrund" wurden das Verfahren der geoelektrischen Tiefensektionen und die tiefenorientierte Wasserprobenahme im Juni 1993 im nördlichen Umfeld der Deponie Schöneiche (*Abb. 4.28*) eingesetzt (KRETZER & NIEDERLEITHINGER 1995). Zunächst erfolgte die Messung der geoelektrischen Tiefensektion. Anhand der vorliegenden Ergebnisse (*Abb. 4.29*) wurden die Positionen der Rammsondierung zur tiefenorientierten Wasserprobennahme festgelegt. Das erste Profil zur Wasserprobennahme wurde in 2 m Abstand vom Deponiezaun abgearbeitet. Die geoelektrische Tiefensektion mußte wegen störender Einflüsse des Zaunes auf die Meßergebnisse in größerer Entfernung begonnen werden. Die folgende Aufstellung gibt einen Überblick über die Parameter der Feldarbeiten:

Geoelektrische Tiefensektion	
Dauer in Arbeitstagen	< 1
Elektrodenabstand	3 m
Elektrodenpositionen	50
vertikale Ebenen	16
Anzahl der Meßwerte der Sektion	392

max. Meßtiefe u. GOK	24 m
Länge des untersuchten Bereiches	147 m

Tiefenorientierte Wasserprobennahme

Dauer in Arbeitstagen	3
Sondierungen bis in Tiefen zwischen 18 und 20 m unter GOK; max. ausgeführt 25 m	5
Länge des untersuchten Bereichs	113 m
vertikale Entnahmepositionen	75
entnommene Wasserproben (200 bis 600 ml)	61

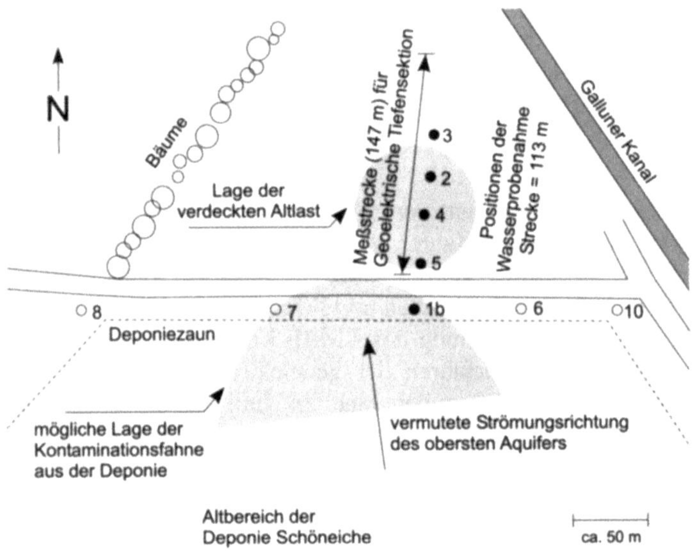

Abb. 4.28: Lageskizze des untersuchten Bereiches

Geoelektrische Tiefensektion

Die Meßwerte der geoelektrischen Tiefensektion sind von guter Qualität, weisen aber nur eine geringe Dynamik auf. Strukturen sind nur andeutungsweise zu erkennen. Durch den Einsatz der oben genannten 2-D-Inversionsmethode gelang es, ein detailliertes Bild des Untergrundes zu erhalten. *Abb. 4.29* zeigt das Ergebnis der Inversionsrechnung (d. h. das geoelektrische Untergrundmodell). Zwischen Profil-Längenmeter 28 und 90 ist eine grubenförmige Struktur mit auffällig niedrigen spezifischen Widerständen (bis unter 20 Ωm) erkennbar, die auf eine bisher unbekannte Altablagerung schließen läßt. Eine davon ausgehende Fahne mit niedrigen Widerständen um 35 Ωm zeigt das Austreten von Sickerwasser. Auffällig ist, daß das Sickerwasser nicht direkt bis zum bekannten Stauer etwa 15 m unter GOK absinkt, sondern sich in max. 8 m unter GOK ausbreitet. Hier liegt anscheinend eine in der geologischen Ansprache nicht zu erkennende Schicht mit geringerer Permeabilität. Die spezifischen Widerstände in Tiefen von 10 bis 15 m um 50 Ωm sind für die hier zu erwartenden schluffigen Sande etwas niedrig. Sie unterscheiden sich kaum von den darunter liegenden Mergeln. Eine Elektrolytbelastung ist daher wahrscheinlich. Eine bessere Unterscheidung zwischen belasteten Sanden und Mergel wäre hier durch die Messung des Parameters Aufladefähigkeit (IP-Effekt) möglich.

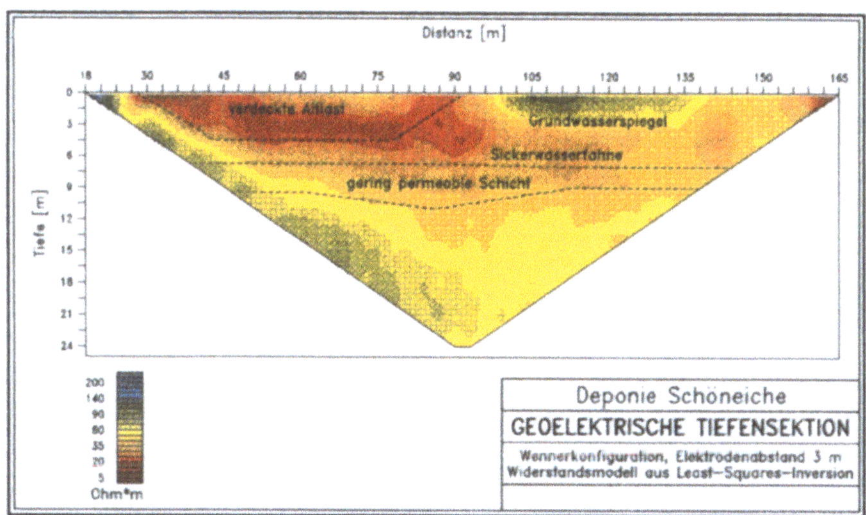

Abb. 4.29: Geoelektrische Tiefensektion, Wenner-Konfiguration, Widerstandsmodell aus der Inversion

Tiefenorientierte Wasserprobennahme

Die *Abb. 4.30* und *4.31* zeigen die vertikale Verteilung einiger ausgesuchter Parameter entlang des Nord-Süd-Profils. Folgende Parameter sind dargestellt:

- durchgezogene dicke Linie: elektrische Leitfähigkeit aus Wasserproben LF-So in $\mu S\ cm^{-1}$,
- punktierte dicke Linie: elektrische Leitfähigkeit LF-GE in $\mu S\ cm^{-1}$ aus Geoelektrik (Wasser und Boden; für Positionen 4, 2, 3),
- punktierte dünne Linie: Probenwasser-Entnahmerate Q in ml min^{-1}, und
- durchgezogene dünne Linie: Schlagzahl (Rammschläge pro Tiefenmeter).

Die Schlagzahl und die Entnahmerate geben Aufschluß über die Lagerungsdichte sowie die Lage hydraulischer Barrieren. Die elektrische Leitfähigkeit als Summenparameter für gelöste Wasserinhaltsstoffe gibt Hinweise auf mögliche Grundwasserverunreinigungen. In allen Profilen ist deutlich eine geringdurchlässige Schicht, vermutlich Geschiebemergel (gestrichelte Linie) in Tiefen zwischen 14 und 17 m und GOK zu erkennen. Die Schlagzahl gab in diesem Fall keinen Hinweis auf den Übergang von sandigen, relativ gutdurchlässigen Schichten auf die vermutete Geschiebemergelschicht.

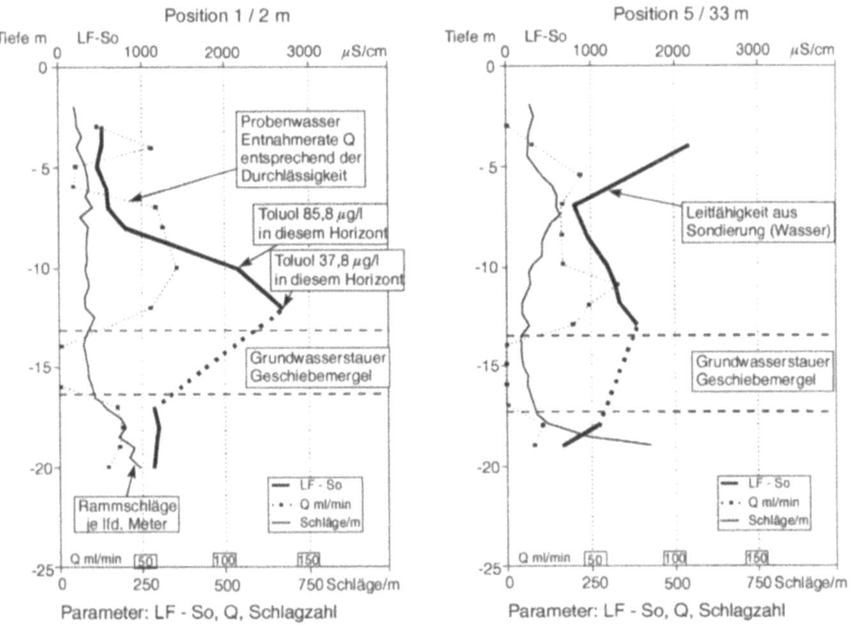

Abb. 4.30: Vertikale Verteilung ausgesuchter Parameter für die Sondierungen 1 und 5. Erklärungen im Text

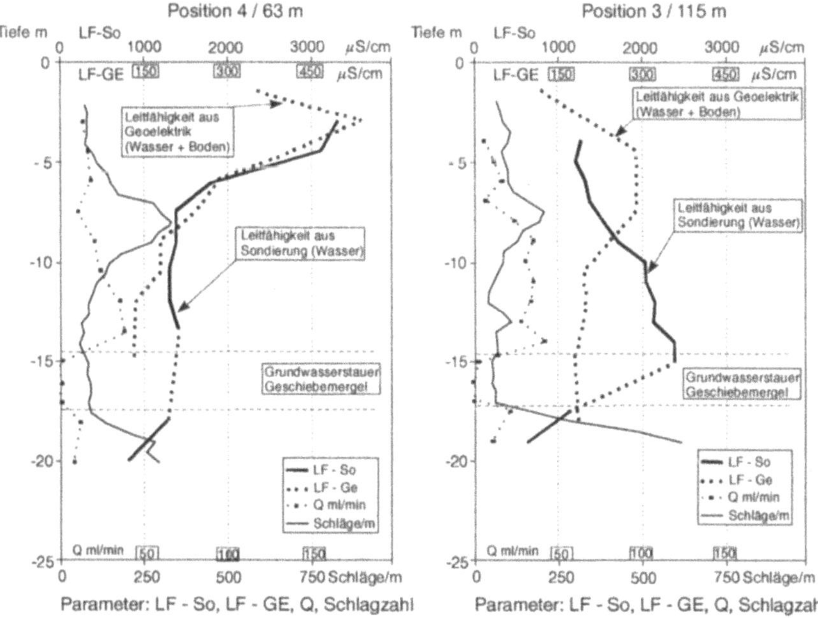

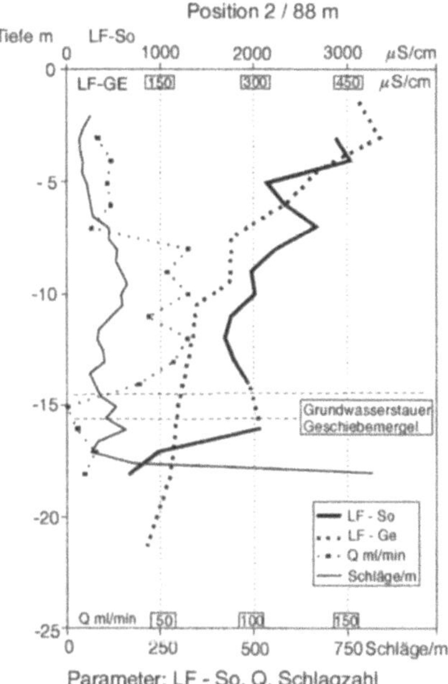

Abb. 4.31: Vertikale Verteilung ausgesuchter Parameter für die Sondierungen 4, 2 und 3. Erklärung im Text

Diese Schicht wurde durch Wasserprobennahmeversuche als hydraulische Barriere identifiziert, da der Parameter Q, auf Null zurück geht. Ein ausgeprägter Leitfähigkeitssprung an dieser Schicht wie bei 1 und 3 konnte nicht in den Profilen der Sondierungen 2, 4, 5 nachgewiesen werden und deutet auf durchlässige Bereiche der hydraulischen Barriere. An Sondierung 2 wies diese Schicht eine geringe Mächtigkeit (<1 m) auf. Eine Verschleppung von Wasser durch den Geschiebemergel hindurch kann ausgeschlossen werden, da Filtersonde und Rammgestänge den gleichen Durchmesser besitzen. Der durchteufte, wassergesättigte Boden liegt an der Gestängewand an. Außerdem wurde das dem Totvolumen von Sonde und Schlauch entsprechende Probenwasser verworfen und erst dann mit der Förderung von Probenwasser des neuen Horizontes begonnen. Über dem Grundwasserstauer liegt eine relativ gutdurchlässige Schicht von 6 bis 7 m Mächtigkeit. Die Schicht zieht sich mehr oder minder ausgeprägt durch alle Sondierungspositionen. Nach oben nimmt die Durchlässigkeit ab, wobei in allen Profilen ein Minimum bei 5 bis 7 m unter GOK registriert wurde. In den Sondierungen 5, 4, 2 und 3 zeigt die Schlagzahl in diesem Bereich erhöhte Werte. Es handelt sich offensichtlich um eine geringmächtige, wasserstauende Zwischenschicht. Sondierung 1 mit einer ausgeprägten vertikalen Verteilung der elektrischen Leitfähigkeit von 500 bis 2 800 $\mu S\ cm^{-1}$ auf 5 m Mächtigkeit läßt auf eine Schadstoffahne schließen, welche auf der schwerdurchlässigen Geschiebemergelschicht liegt. Eine Stichprobenanalyse für Toluol bestätigte diesen Verdacht. Die gefundene Konzentration von 85 $\mu g\ l^{-1}$ übersteigt den C-Wert der Hollandliste um das 1,7fache. Die Kontamination nimmt mit zunehmender Entfernung von der Deponie ab. Die hohen elektrischen Leitfähigkeiten der Sondierungen 5, 4 und 2 im Bereich der Grundwasseroberfläche in 2 bis 5 m unter GOK werden auf eine aufgelagerte, verdeckte Altablagerung zurückgeführt.

Vergleich der Ergebnisse

Der Vergleich der Ergebnisse beider Methoden zeigt eine weitgehende Übereinstimmung. In *Abb. 4.31* ist für die drei Sondierungen 4, 2 und 3 die vertikale Verteilung der Leitfähigkeit aus der Geoelektrik eingetragen. Bei der Betrachtung der Zahlenwerte ist zu beachten, daß hier außer dem Grundwasser auch die Bodenmatrix erfaßt wird. Daher liegen die Werte um fast eine Größenordnung auseinander. Entscheidend für einen Vergleich ist jedoch die Übereinstimmung der vertikalen Verteilung.

An Sondierung 4, die im Bereich der Altablagerung liegt, verlaufen die beiden Leitfähigkeitskurven fast parallel. An Sondierung 2 verlaufen die Leitfähigkeiten ebenfalls parallel. Die Wasserproben zeigen in ca. 15 m Tiefe über der stauenden Geschiebemergelschicht ein deutliches Maximum, welches durch die Geoelektrik nicht erfaßt wurde. Dies liegt an der begrenzten vertikalen Auflösung von Oberflächenmeßverfahren. An Sondierung 3 im Abstrom nördlich der Altablagerung zeigt sich in den Leitfähigkeiten aus der Probennahme ein Absinken des Sickerwassers. Die Geoelektrik zeigt im entsprechenden Tiefenbereich aber eine Abnahme der Leitfähigkeit. Hier kompensieren offensichtlich Änderungen in der Bodenmatrix, z. B. lateral unterschiedliche Porosität, die Zunahme der Leitfähigkeit des Wassers. Die Auswertung der Wasserproben aus den Sondierungen 2 und 3 deutet darauf hin, daß die Kontaminationsfahne zwischen den beiden Positionen auf die Geschiebemergelschicht etwa 15 m unter GOK absinkt. Die Fahne aus belastetem Sickerwasser liegt mit ihrem Konzentrationsmaximum demnach etwa 3 bis 5 m tiefer als aufgrund der Geoelektrik vermutet.

4.2.3 Sondierungskartierung auf einem Testprofil bei Gallun

Das Profil (*Abb. 4.32*) verläuft auf einer Länge von 285 m aus einer weichselglazialen Niederung im Süden auf die Hochfläche einer Grundmoränenplatte. Nach den Ergebnissen von Bohrungen und geophysikalischen Penetrationssondierungen, die auf dem Meßprofil bis in Tiefen von durchschnittlich 20 m abgeteuft wurden, gehen die Ablagerungen der Grundmoräne unter einer feinsandigen Bedeckung über in sandig/schluffiges Material und Geschiebemergel mit eingelagerten Tonlinsen. Der Grundwasserspiegel liegt am südlichen Ende des Profils bei ca. 2 m und im Bereich der Hochfläche ca. 20 m unter Gelände. Nach den Bohr- und Sondierungsprofilen sind im Profilbereich die für das Gesamtgebiet charakteristischen glazigenen Lagerungsstörungen zu erwarten.

Es wird davon ausgegangen, daß dieses N-S angelegte Profil senkrecht zur Streichrichtung verläuft und somit zweidimensional behandelt werden kann. Der steile Anstieg des Geländes im mittleren Profilteil erforderte ein Nivellement zur Berechnung der Reliefkorrekturen. Die Messung erfolgte mit der Pol-Pol-Konfiguration, die sich neben ihrer einfachen Technologie durch die größte Erkundungstiefe aller Vierpunktanordnungen auszeichnet. Auf dem Profil wurde ein Multielektrodenarray mit insgesamt 96 Erdspießen in äquidistanten Abständen von 3 m angeordnet. Die Referenzelektrode B wurde ca. 300 m südlich des Profils im anstehenden Grundwasser geerdet, die Referenzsonde N ca. 300 m nördlich auf der Hochfläche positioniert.

Als Meßgerät kam ein OYO McOhm 21 zum Einsatz. Dieses Gerät steuerte den Meßablauf während einer reinen Meßzeit von 4,5 Stunden vollautomatisch. Zur Unterdrückung des elektrischen Störpegels mit einer Frequenz von 16 ⅔ Hz, der von einer ca. 3 km entfernten Bahnlinie ausgeht, wurde der Sendestrom mit einer Zyklenlänge von 4 sec getaktet. Zusätzlich wurde ein 50 Hz-Filter geschaltet. Die maximale Stromstärke war durch die Nutzung des mehradrigen Kabelbaumes auf 200 mA begrenzt. Das Gerät arbeitet mit automatischer Signalstapelung.

Einschließlich Einmessung, Auf- und Abbau des Arrays und der Kabellagen für die mehrfachüberdeckende Messung mit 1 452 Einzelmeßpunkten wurden insgesamt 8 Stunden benötigt.

Die Bearbeitung erfolgte in folgenden Schritten:

- Editieren von Einzelmeßwerten, die im Niveau des Rauschpegels liegen,
- Berechnung der topographischen Korrekturen und Reliefkorrektur der scheinbaren spezifischen Widerstände,
- 1-D-Inversion an mehreren Punkten für den Entwurf des Startmodells,
- Alpha-Center-Inversion nach SHIMA (1990),
- Anwendung eines Glättungsprozesses auf das Inversionsergebnis.

Abbildung *4.32* zeigt das Ergebnis. Während im hochohmigen Deckschichtbereich vorwiegend horizontale Lagerungsverhältnisse abgebildet werden, treten in den tieferen Bereichen steilstehende Widerstandsstrukturen mit starken Kontrastflächen in Erscheinung, die den glazigenen Pressungs- und Verschuppungsstrukturen entsprechen. Man erkennt im Nordteil des Profils hochohmige Bereiche, die sich von der Geländeoberkante bis in Tiefen von ca. 40 m erstrecken. Das in den Bohrungen nachgewiesene tonig-mergelige Material ist an den niedrigen spezifischen Widerständen zu erkennen. Mit der Sondierungskartierung konnten die komplizierten Untergrundstrukturen abgebildet werden. Es wurden Bereiche erkundet, die mit einfacher Bohr- und Rammsondentechnik nicht aufgeschlossen werden konnten. Eine Erkundung mit geoelektrischen Tiefensondierungen würde hier scheitern.

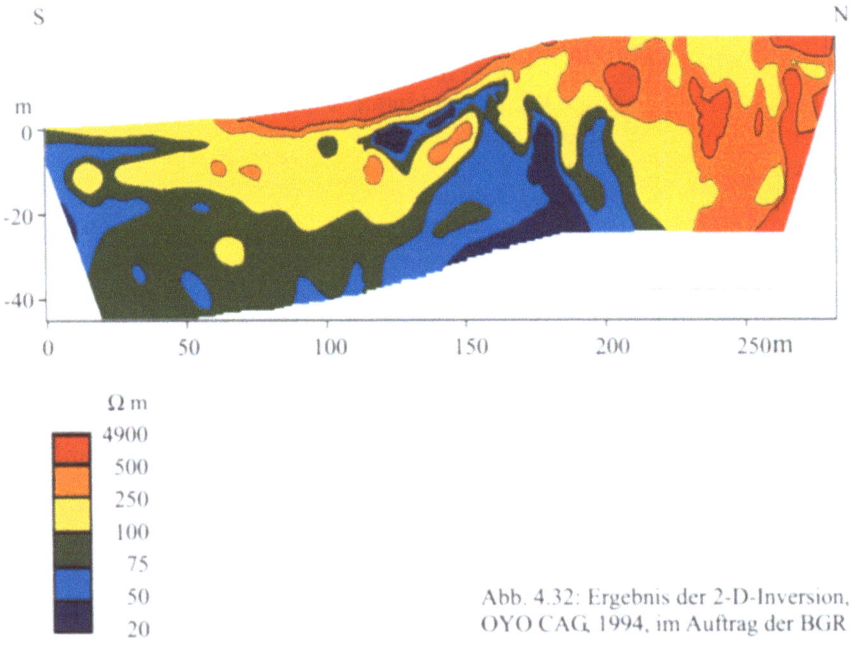

Abb. 4.32: Ergebnis der 2-D-Inversion, OYO CAG, 1994, im Auftrag der BGR

Literatur und sonstige verwendete Quellen

BARKER, R. D. (1981): The offset system of electrical resistivity sounding and it's use with a multicore cable. Geophysical Prospecting, **29**, 128-143.

COLLINS, H-J. & MÜNNICH, K. (1991): Repräsentanz von Wasserproben aus Grundwasserleitern. Das Gas- und Wasserfach, **132**, 10.

KRETZER, H. (1992): Eine Methode zur tiefenorientierten Beprobung von Grund- und Bodenwasser. Wasser und Boden, **2**, 77.

KRETZER, H. & NIEDERLEITHINGER, E. (1995): Kombinierter Einsatz von geoelektrischer Tiefensektion und tiefenorientierter Wasserprobennahme zur Erkundung einer Altlasten-Verdachtsfläche. Wasser und Boden, **47**, 51-55.

KRITZNER, W. (1992): Verfahren und Techniken zur Entnahme repräsentativer teufenorientierter Grundwasserproben. Wasserwirtschaft 82, 1.

LOKE, M. H. (1993): RES2DECO User's manual. Campus geophysical instruments ltd., Birmingham, UK.

SEIDEL, K. & NIEDERLEITHINGER, E. (1993): Geoelektrische Widerstands- und IP-Messungen im Umfeld der Deponien Schöneiche und Schöneicher Plan (Land Brandenburg), Ergebnisbericht Geophysik GGD, Leipzig und Büro für Geophysik Lorenz (BfG), Berlin im Auftrag von Grebner Ingenieure GmbH.

SHIMA, H. (1990): Two-dimensional automatic resistivity inversion technique using alpha - centers. Geophysics, **55**, 682-694.

4.3 Geoelektrische Messung der Grundwasserbewegung

JOACHIM SEBULKE

Damit das Risiko der Verunreinigung des Grundwassers durch die Ausbreitung von Schadstoffen beurteilt werden kann, müssen Richtung und Geschwindigkeit der Grundwasserbewegung bekannt sein. Diese Parameter werden in der Regel aus Grundwassergleichenkarten und durch Versuche mit Markierungsstoffen (Tracer), die über Bohrungen, Pegel, Brunnen etc. zugeführt werden, ermittelt.

Ein geoelektrisches Verfahren zur Bestimmung der Grundwasserbewegung in oberflächennahen Lockergesteinsaquiferen basiert auf dem Prinzip der Gleichstromgeoelektrik (siehe Band Geophysik Kapitel 5.6). Für die Messung wird ein Sondierungsgestänge in den Grundwasserleiter eingeschlagen. Dieses Sondierungsgestänge besteht aus einem mit Kunststoff isolierten Stahlrohr und einer Elektroden-Anordnung am unteren Ende. Über eine perforierte Ringelektrode wird eine Salzlösung als elektrisch wirksamer Tracer in den Untergrund injiziert und anschließend ein elektrisches Feld angelegt. Aus der Verringerung des spezifischen Schichtwiderstandes beim Einpressen einer Salzlösung bekannter Leitfähigkeit kann die effektive Porosität des Grundwasserleiters abgeschätzt werden. Die durch die Wanderung der erzeugten Leitfähigkeitsanomalie mit dem Grundwasserstrom verursachte raum-zeitliche Änderung der Potentialverteilung an der Erdoberfläche wird mit einer im gesamten Meßzeitraum fest installierten ringförmigen Anordnung von 16 Metallspießen als Potentialsonden gemessen.

Ausgewertet wird eine normierte Spannungsdifferenz, die definiert ist als der Quotient aus der zu einem bestimmten Zeitpunkt gemessenen Spannungsdifferenz und der Spannungsdifferenz zu Beginn der Messung. Meßgeräte und Ausrüstung, Bearbeitung und Interpretation der Meßdaten, Qualitätssicherung sowie personeller und zeitlicher Aufwand sind in den Kapiteln 5.6.1 bis 5.6.4 des Bandes Geophysik dargestellt.
Vorteile des Verfahrens sind:

- Richtung und Abstandsgeschwindigkeit der Grundwasserbewegung lassen sich in relativ kurzer Meßzeit (100 - 350 Stunden) bestimmen.
- Es können auch geringe Geschwindigkeiten mit Beträgen unterhalb von 10 m a^{-1} ermittelt werden.

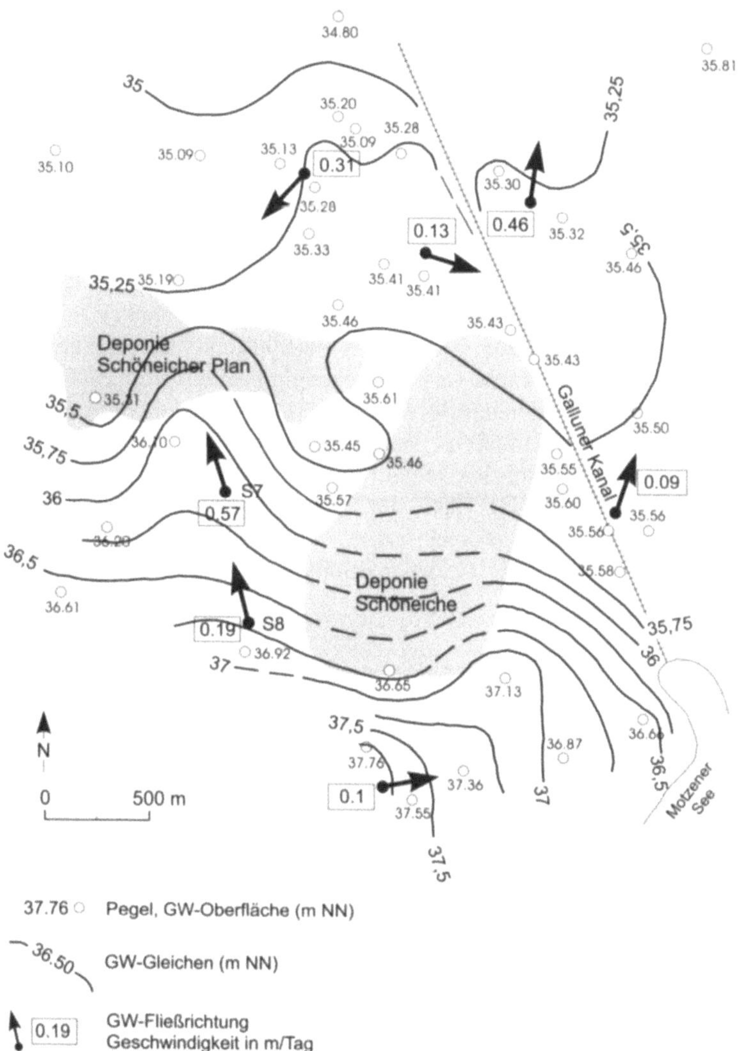

Abb. 4.33: Ergebnisse der Grundwasserbewegungsmessungen im Raum Schöneiche. Die Grundwassergleichen wurden nach einer Stichtagsmessung der FU Berlin erhalten (nach SOMMER VON JARMERSTED et al. 1995).

- Da keine Bohrung benötigt wird, ist der Eingriff in den Untergrund gering. Die durch ein offenes Bohrloch und die Filterwirkung verursachten Abweichungen von der Stömungsgeschwindigkeit gegenüber einem unaufgeschlossenen Grundwasserleiter treten nicht auf.
- Die in das Grundwasser eingeleitete Salzwasserlösung ist ökologisch unbedenklich.

Im Untersuchungsgebiet Schöneiche - Mittenwalde wurden geoelektrische Grundwasserbewegungsmessungen an 7 Meßstellen durchgeführt, die im Kartenausschnitt der *Abb. 4.33* eingetragen sind. Die Auswahl der Punkte erfolgte nach den Ergebnissen von Bohrungen und flächenhafter geoelektrischer Messungen (s. Kap. 2 und 4.2).

Die *Abb. 4.33* zeigt die Grenzen der Deponien, den Verlauf des Vorfluters (Galluner Kanal) und die Lage der Meßpunkte mit Angabe der ermittelten Grundwassergeschwindigkeiten und -fließrichtungen. Es wurden Geschwindigkeiten von 0,09 bis 0,57 $m\,d^{-1}$ gemessen. Die ermittelten Fließrichtungen im Niveau der Sondentiefe von durchschnittlich 5,5 m entsprechen überwiegend den aus dem Grundwassergleichenplan ableitbaren Richtungen. An einigen Punkten im nördlichen Bereich treten lokale Abweichungen auf, deren Ursachen in Inhomogenitäten des Grundwasserleiters zu suchen sind. Während mit Grundwassergleichenkarten die mittleren Strömungsverhältnisse größerer Gebiete gemittelt über den gesamten Grundwasserleiter erfaßt werden, sind mit dem geoelektrischen Verfahren zur Bestimmung der Grundwasserbewegung die lokalen Verhältnisse (auch in einer bestimmten Tiefe) zu ermitteln.

Sonstige verwendete Unterlagen:

SEBULKE, J. (1994): Bericht über die Grundwassergeschwindigkeitsmessungen am Teststandort Schöneiche. Umweltanalytik & Geophysik GmbH Berlin, 1994, im Auftrag der Bundesanstalt für Geowissenschaften und Rohstoffe.

SOMMER VON JARMERSTED, C., PEKDEGER, A. & KABELITZ, T. (1995): Modellierung der hydraulischen Grundwasserströmungsverhältnisse am Teststandort Schöneiche und Schöneicher Plan. Abschlußbericht zum Verbundvorhaben Deponieuntergrund, Teilprojekt 9b: Einsatz geostatistischer Verfahren; FU Berlin.

4.4 Seismik

Tom Utecht †, Volker Schulz-Rincke, Heinrich Krummel, Gerhard Lange & Klaus Knödel

Grundlage der seismischen Messungen ist die gezielte Anregung elastischer Wellen zur Durchschallung des Untergrundes. Die Aufzeichnung der aus dem Untergrund an die Erdoberfläche zurückkehrenden seismischen Wellen läßt Rückschlüsse auf den strukturellen und lithologischen Aufbau der Gesteinsschichten im Untergrund zu. So werden seismische Wellen an Grenzflächen im Untergrund, wie sie bei einem Wechsel einer Gesteinsart, einer Störungsfläche oder auch anthropogenen Einlagerungen im Erdreich auftreten, reflektiert, gebeugt oder gestreut. Da die Ausbreitungsgeschwindigkeit seismischer Wellen materialspezifisch ist, kann über eine Bestimmung der seismischen Wellengeschwindigkeiten im Untergrund und eine Messung der Laufzeiten z. B. reflektierter seismischer Welleneinsätze ein Untergrundmodell erstellt werden, das die Struktur und das Material der geologischen Schichten widerspiegelt.

Bei einer seismischen Feldmessung wird seismische Energie mit seismischen Quellen (Bd. 3, Kap. 7.4.1) angeregt und das seismische Echo aus dem Untergrund gleichzeitig von vielen Erschütterungsaufnehmern (Geophonen) (Bd. 3, Kap. 7.4.2) aufgezeichnet, die in äquidistanten Abständen auf einer Linie - dem seismischen Profil - im Gelände angeordnet sind. Dieser Vorgang wird nacheinander mehrmals ausgeführt, wobei Anregungspunkt und Geophonauslage entlang des Profils um einen bestimmten Betrag versetzt werden. Auf diese Weise können beliebig lange Profile im Gelände „seismisch" erfaßt werden.

Die **Refraktionsseismik** (Bd. 3, Kap. 7.5) bedient sich eines bestimmten seismischen Wellentyps, der refraktierten Welle (Kopfwelle oder Mintrop-Welle). Diese breitet sich entlang von Grenzflächen (Schichtgrenzen) aus, die Gesteinspakete mit unterschiedlicher seismischer Impedanz (Produkt aus Wellengeschwindigkeit und Dichte) trennen. Damit es zur Ausbildung einer refraktierten Welle kommt, muß die Impedanz in der Liegend-Schicht größer sein als die Impedanz in der Hangend-Schicht. Bei der Ausbreitung entlang der Grenzfläche wird ständig Energie an die Erdoberfläche abgestrahlt, wo sie mit Geophonen registriert werden kann. Die Ermittlung der Teufenlage von Schichtengrenzen und der seismischen Geschwindigkeiten dieser Schichten ist die Grundaufgabe refraktionsseismischer Messungen.

Für die Auswertung refraktionsseismischer Daten müssen in einem ersten Schritt die Laufzeiten der Ersteinsätze bestimmt („gepickt") und in Laufzeitfeldern dargestellt werden. Kap. 7.5.5 bis 7.5.8 im Bd. Geophysik geben einen Überblick über die heute üblichen Verfahren einer profilorientierten

Inversion und Interpretation refraktionsseismischer Daten. Neben den direkten Inversionsverfahren existieren Methoden zur iterativen Vorwärtsmodellierung sowie zur refraktionsseismischen Tomographie.

Neben einem geschichteten Untergrund werden mit refraktionsseismischen Verfahren auch Untergrundstrukturen mit einer kontinuierlichen Geschwindigkeitszunahme mit der Tiefe (positiver Geschwindigkeitsgradient) erfaßt. Dabei erfahren die seismischen Wellen unendlich viele kontinuierlich ablaufende Brechungsvorgänge und gelangen auf einer kreisähnlichen Bahn wieder zur Erdoberfläche zurück. Aus der Laufzeitkurve dieser sogenannten Tauchwellen läßt sich der Verlauf der Geschwindigkeitszunahme mit der Tiefe berechnen.

Im Prinzip kann die Refraktionsseismik eine beliebige Anzahl von Schichten im Untergrund behandeln, in der Praxis beschränkt sich die Auswertung aber auf maximal 4 bis 5. Die Strukturinformationen sind im Gegensatz zur Reflexionsseismik aus den refraktionsseismischen Daten meist nur indirekt über die Anwendung bestimmter Interpretationsmethoden zu gewinnen. Andererseits liefert die Refraktionsseismik sehr gute Kenntnisse über die Ausbreitungsgeschwindigkeiten seismischer Wellen im Untergrund. Ebenso eignet sie sich gut für Übersichtsmessungen und Untersuchungen im oberflächennahen Bereich, wo die Reflexionsseismik nur mit größerem Aufwand gute Ergebnisse erzielen kann. Refraktions- und Reflexionsseismik sind daher keine konkurrierenden Verfahren, sondern sie ergänzen sich gegenseitig.

Die **Reflexionsseismik** (Bd. 3, Kap. 7.6) basiert auf der gezielten Anregung und dem Empfang elastischer Wellen, die bei ihrer Ausbreitung durch den geologischen Untergrund an Schallhärtegrenzen reflektiert werden. Zumeist werden Longitudinalwellen, für Spezialaufgaben auch Transversalwellen angeregt und empfangen. Die Meßergebnisse werden einer umfangreichen rechentechnischen Bearbeitung (seismisches Prozessing) unterworfen. Die Umsetzung der seismischen Ergebnisse in einen geologischen Schnitt verlangt eine Interpretation, d. h. Phasenkorrelation und geologische Bewertung der Reflexionseinsätze. Die geologische Deutung geschieht größtenteils über den Anschluß an Bohrungen. Im Unterschied zu den geophysikalischen Potentialverfahren (z. B. Geoelektrik, Gravimetrie), die an der Oberfläche einen integralen Effekt messen, bildet das seismische Meßergebnis in zeitlicher Folge die untereinanderliegenden Gesteinsschichten mit einer hohen vertikalen Auflösung ab.

4.4.1 Seismische Untersuchungen im Bereich der Deponie Schöneicher Plan

Im Rahmen des Verbundvorhabens „Deponieuntergrund“ wurden seismische Messungen mit hoher Überdeckung auf 2 Profilen mit einer Gesamtlänge von ca. 3 600 m durchgeführt (UTECHT 1995, UTECHT et al. 1996). Die Arbeiten sollten als refraktionsseismische Messungen mit hoher Überdeckung ausgeführt werden, so daß eine refraktionstomographische Auswertung der Daten vorgenommen werden konnte. Außerdem war eine reflexionsseismische Bearbeitung des Datenmaterials vorgesehen.

Die methodischen seismischen Untersuchungen dienten zur Strukturerkundung des Deponiestandorts. Insbesondere war die Mächtigkeit der Verwitterungsschicht bzw. des deponierten Materials zu bestimmen. Darüber hinaus sollte nach Hinweisen für die Existenz von Störungszonen gesucht werden.

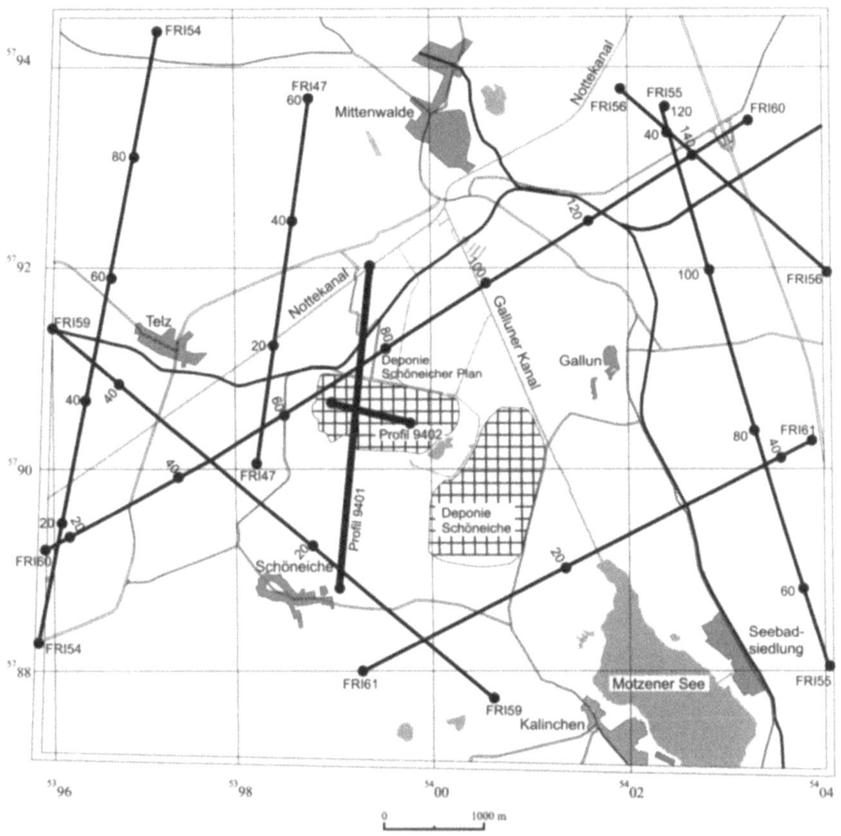

Abb. 4.34: Lage der seismischen Profile

4.4.1.1 Methodik

Die seismischen Messungen erfolgten auf 2 Profilen (Profile 9401/9402). Die Lage der Profile wurden dabei sowohl unter fachlichen Gesichtspunkten als auch unter dem Aspekt der Zugänglichkeit festgelegt. Alle Profiltrassen wurden verpflockt sowie lage- und höhenmäßig eingemessen. Durch Anschluß an nahegelegene trigonometrische Punkte liegen für alle Stationen (Geophongruppen) der beiden Profile Gauss-Krüger-Koordinaten sowie Geländehöhen vor.

Profilübersicht:

Profil	Stationen	Profillänge	Profilrichtung
9401	1 - 1001	3000 m	S - N
9402	1 – 201	600 m	W - E

Im Rahmen der seismischen Geländemessungen, die 7 Feldarbeitstage dauerten, wurde das folgende Personal eingesetzt:

1 Geophysiker (Truppleiter) zur Registrierung der seismischen Daten,
1 Techniker zur Bedienung der seismischen Signalquelle,
1 Vermessungstechniker und
5 Hilfskräfte für Kabel- und Geophonaufbau sowie Vermessung.

Die Anregung der seismischen Wellen erfolgte sprengstofflos, mit einer von THOR entwickelten Kompressionswellenquelle (Impaktquelle) vom Typ Mjölnir P8/P9. Bei dieser seismischen Quelle wird ein Stahlkolben hydraulisch auf eine Arbeitshöhe von 1,50 m befördert. Nach dem automatischen Ausklinken des Kolbens wird dieser, beschleunigt durch ein System von Gummizügen, auf eine Stahlplatte geschlagen. Die Energieversorgung für das Hydrauliksystem erfolgt über einen 4-Takt-Verbrennungsmotor. Die bei einem Schlag freiwerdende Energie erreicht Werte um 7 500 Nm. Die Schlagfolge liegt bei ca. 7/min, so daß auch beim vertikalen Stapeln der Signale ein guter Meßfortschritt gewährleistet ist. Der Quellenturm ist auf einem Hänger montiert und läßt sich über das Hydrauliksystem steuern. Bei längeren Fahrten liegt der Turm auf dem Hänger, erst im Einsatzgebiet wird er aufgerichtet. Als Zugfahrzeug dient ein Geländefahrzeug.

Die Aufnahme der seismischen Signale erfolgte durch Geophonketten mit jeweils 3 Geophonen (SENSOR, Modell SM-4, Eigenfrequenz 10 Hz). Der Spurabstand der Geophongruppen betrug jeweils 3 m, der Schußpunktabstand durchschnittlich 9 m. Zur Signalerfassung wurde ein 120-Kanal-Seismograph vom Typ DIFP 9120 A (11-9391), BISON Instruments, Inc., in Verbindung mit einem 120/240-Kanal Roll-A-Long Switch eingesetzt. Der Seismograph verfügt über einen A/D-Wandler mit 21 Bit Auflösung, eine Floating-Point-

Verstärkung, eine interne Harddisk von 480 MB sowie einen eingebauten Thermodrucker. Die registrierten Daten wurden zur Kontrolle der Datenqualität als Seismogrammontagen ausgedruckt und dann digital gespeichert. Bei der Registrierung der seismischen Daten wurde mit folgenden Meßparametern gearbeitet:

Aufstellung:	Split-Spread (symmetrisch)
Geophongruppenabstand	3 m
Geophone pro Gruppe	3
Schußpunktabstand	9 m
Anzahl der Kanäle	120
Aufzeichnungslänge	1,0 s
Sampling-Intervall	0,5 ms
Low-Cut Filter	16 Hz
High-Cut Filter	500 Hz
Notch	Out
Vorverstärker	40 dB
Vertikale Stapelung	5-10fach

Die Auswertung der seismischen Messungen erfolgte in drei Schritten. Zunächst wurden die zwei Profile einer konventionellen refraktionsseismischen Auswertung unterzogen, Auf dieser Grundlage wurden die Daten dann refraktionstomographisch und reflexionsseismisch weiterbearbeitet.

Die refraktionsseismische Auswertung erfolgte mit einem von THOR entwickelten Programmpaket, das auf die Erfordernisse oberflächennaher Untersuchungen zugeschnitten ist. Die Grundlage der Auswertung bilden die profilweise und nach Schußpunktlokationen sortierten Seismogrammontagen. Die folgenden Bearbeitungsschritte wurden profilweise durchlaufen:

- Anriß der Ersteinsätze in den Seismogrammontagen,
- Digitalisierung der entsprechenden Laufzeitdaten,
- graphische Darstellung des Laufzeitfeldes,
- Zuordnung von Laufzeitdaten und Refraktoren sowie
- Regression des Laufzeitfeldes. Die Regression erfolgt iterativ mit dem Gauss-Seidel-Verfahren in bezug auf die Gleichheit aller reziproken Zeiten für Schuß und Gegenschuß, die Gleichheit aller Intercept-Zeiten an den Schußpunkten sowie die Parallelität der Laufzeitäste. Dieses Verfahren liefert schichtweise repräsentative Schuß- und Gegenschuß-Laufzeitäste.
- Teufenberechnung mittels GRM (Generalized Reciprocal Method). Grundlage der Berechnung sind Schuß/Gegenschuß-Laufzeitdaten, GRM liefert entlang des Profils für jeden Geophonstandort diskrete Schichtdaten in bezug auf Teufe und seismische Geschwindigkeit.

- Graphische Darstellung des Schichtenmodells und der seismischen Geschwindigkeiten.

Anhand der ermittelten oberflächennahen Schichtenmodelle wurden abschließend statische Korrekturwerte für ein Bezugsniveau von 30 m über NN berechnet. Als Korrekturgeschwindigkeit wurde die lokale Geschwindigkeit der ersten konsolidierten Schicht gewählt.

Die mittels GRM berechneten Schichtenmodelle (*Abb. 4.35* oben und *4.36* oben) liefern auch die erforderliche Grundlage für eine refraktionstomographische Weiterverarbeitung der Laufzeitdaten. Wie bei der konventionellen Refraktionsseismik besteht das Ziel der refraktionsseismischen Tomographie darin, anhand von Laufzeitdaten ein Geschwindigkeits-Tiefen-Modell des Untergrunds zu ermitteln.

Zu Beginn der tomographischen Auswertung wurden die Laufzeitfelder profilweise, ohne Offset-Beschränkung, einer Regression bezüglich der Gleichheit der reziproken Zeiten unterworfen. Den Ausgangspunkt der profilweise durchgeführten tomographischen Auswertung bilden die konventionell berechneten refraktionsseismischen Schichtenmodelle. Diese Grundmodelle wurden zunächst durch ein Raster mit einer Zellgröße von 2 x 2 m approximiert. Schichtabhängig wurden Geschwindigkeitsgradienten in z-Richtung von 5 bzw. 10 m s^{-1} pro Zelle angebracht. Eine zusätzliche Glättung des Zellrasters führt an den Schichtgrenzen zu schmalen Übergangszonen. Die eigentliche refraktionstomographische Auswertung erfolgte mit SIRT (Simultaneous Iterative Reconstruction Technique) bei Verwendung gekrümmter Laufwege der seismischen Strahlen. Das hinsichtlich seiner Rechenzeit vergleichsweise aufwendige Curved-Ray-Verfahren umfaßt die folgenden Schritte, die mehrmals durchlaufen werden und das seismische Grundmodell damit iterativ verbessern:

- Ermittlung des Strahlenverlaufs für jedes Schuß-Geophon-Paar im aktuellen Geschwindigkeits-Tiefen-Modell, d. h. Bestimmung des Abstrahlwinkels am Schußpunkt, unter dem das jeweilige Geophon getroffen wird,

- Berechnung der theoretischen Laufzeit zwischen Schuß und Geophon für den jeweils ermittelten Strahlenverlauf,

- Berechnung der Laufzeitdifferenz zwischen theoretischem und gemessenem Wert für das jeweilige Schuß-Geophon-Paar und

- Modifikation des Geschwindigkeits-Tiefen-Modells anhand aller festgestellten Laufzeitdifferenzen durch simultane Anpassung der Geschwindigkeitsdaten (Least-Squares-Fit) derjenigen Zellen, durch die Strahlen gelaufen sind.

Für beide Profile wurde der Iterationsvorgang nach 8 Durchläufen abgebrochen. Nach jedem Iterationsschritt erfolgte eine gewichtete Glättung des Modells. Die mittleren Abweichungen von theoretisch berechneten und gemessenen Laufzeitdaten liegen bei 2,5 (Profil 9401) und 4,4 ms (Profil 9402). Diese Werte entsprechen der Genauigkeit im Anriß der Laufzeitdaten. Ein Laufzeitvergleich erfolgte für diejenigen Strahlen, die die jeweiligen Geophonpunkte innerhalb eines Radius von 1 m treffen. Maximal konnten 75,7 % aller Meßwerte des Profils 9401 und 61,7 % des Profils 9402 mit theoretischen Datcn verglichen werden. Nach einer gewichteten Glättung der resultierenden Tomogramme erfolgte am Schnittpunkt der Profile wieder ein Abgleich der Modelle. Die *Abb. 4.35* mitte und *4.36* unten enthalten die tomographisch ermittelten Geschwindigkeits-Tiefen-Modelle als Profilschnitte.

Die reflexionsseismische Auswertung der Daten erfolgte auf einer IBM Risc 6 000 Workstation mit dem Auswertesystem ProMAX (Advance Geophysical Corp.), einem Software-Paket, das in der Kohlenwasserstoff-Exploration standardmäßig eingesetzt wird. Die Daten beider Profile durchliefen nach der Format-Wandlung BISON-2/ProMAX die folgenden Bearbeitungsschritte:

- Geometrie-Installation,
- sphärischer Divergenzausgleich,
- Spike-Dekonvolution,
- Bandpaßfilterung,
- Muting zur Unterdrückung von Oberflächenwellen/Luftschall,
- statische Korrektur zur Unterdrückung der Einflüsse von Topographie und Verwitterungschicht für ein Bezugsniveau von 30 m über NN,
- Muting der refraktierten Wellen,
- CDP-Sortierung,
- Geschwindigkeitsanalyse (Constant-Velocity-Stacks),
- NMO-Korrektur,
- CDP-Stapelung,
- Ausgabe der Zeitsektion (Brute Stack),
- F-X Dekonvolution,
- F-K Filter,
- AGC,
- Ausgabe der Zeitsektion (Final Stack),
- Tiefenwandlung und
- Ausgabe der Tiefensektion.

4.4.1.2 Ergebnisse

Die Seismogrammontagen der beiden Profile zeigen eine hinreichende Signalqualität. Neben den Ersteinsätzen der refraktierten Wellen wurden auch Reflexionen aus unterschiedlichen Teufen registriert. Eine Beeinträchtigung der Signalqualität war bei größeren Geophon/Schußpunkt-Abständen zu verzeichnen, bedingt durch Kfz- und Bahnverkehr auf dem Deponiegelände sowie lokationsbedingt durch Vorläuferimpulse der Signalquelle.

Refraktionsseismik

Bei der konventionellen Auswertung der Profile 9401 und 9402 konnte von einem 2-Schichten-Modell ausgegangen werden. Die graphischen Darstellungen der berechneten refraktionsseismischen Schichtenmodelle sowie der zugehörigen lateralen Geschwindigkeitsverteilungen zeigen die (*Abb. 4.35* oben, *4.36* oben).

Schichtenmodell Profil 9401 (*Abb. 4.35* oben)
Geländehöhen: 35,7 - 58,95 m über NN

Schicht	Seismische Geschwindigkeit	Teufenlage
v_0	295 - 1 050 m s^{-1}	
v_1	1 410 - 2 395 m s^{-1}	1,0 - 28,5 m

Schichtenmodell Profil 9402 (*Abb. 4.36* oben)
Geländehöhen: 50,4 - 58,2 m über NN

Schicht	Seismische Geschwindigkeit	Teufenlage
v_0	290 - 580 m s^{-1}	
v_1	1 420 - 2 265 m s^{-1}	13,5 - 42,5 m

Die ermittelten refraktionsseismischen Schichtenmodelle zeigen Variationen innerhalb relativ großer Bereiche, sowohl in bezug auf die Refraktorteufenlage als auch in dessen seismischer Geschwindigkeit. Die Teufenvariation ist primär topographisch bedingt, die relativen Undulationen des Refraktorverlaufs betragen aber dennoch auf Profil 9401 bis zu 10 m und auf Profil 9402 bis zu 30 m. Lokale Geschwindigkeitsanomalien sind vor allem im Bereich des Deponiekörpers festzustellen. Dies gilt auf Profil 9401 für die Profilkoordinaten 1 230-1 890 m sowie für das gesamte Querprofil 9402.

Aufgrund der geologischen Kenntnisse über das Untersuchungsgebiet und der ermittelten seismischen Geschwindigkeiten sind die beiden Schichten wie folgt geologisch anzusprechen:

v_0 - Schicht: Überdeckung (Müllablagerungen und/oder trockene weichselzeitliche Sande).

v_1 - Schicht: Konsolidierte Schicht (grundwassergesättigte weichselzeitliche Sande und/oder saalezeitlicher Geschiebelehm/-mergel bzw. Ton).

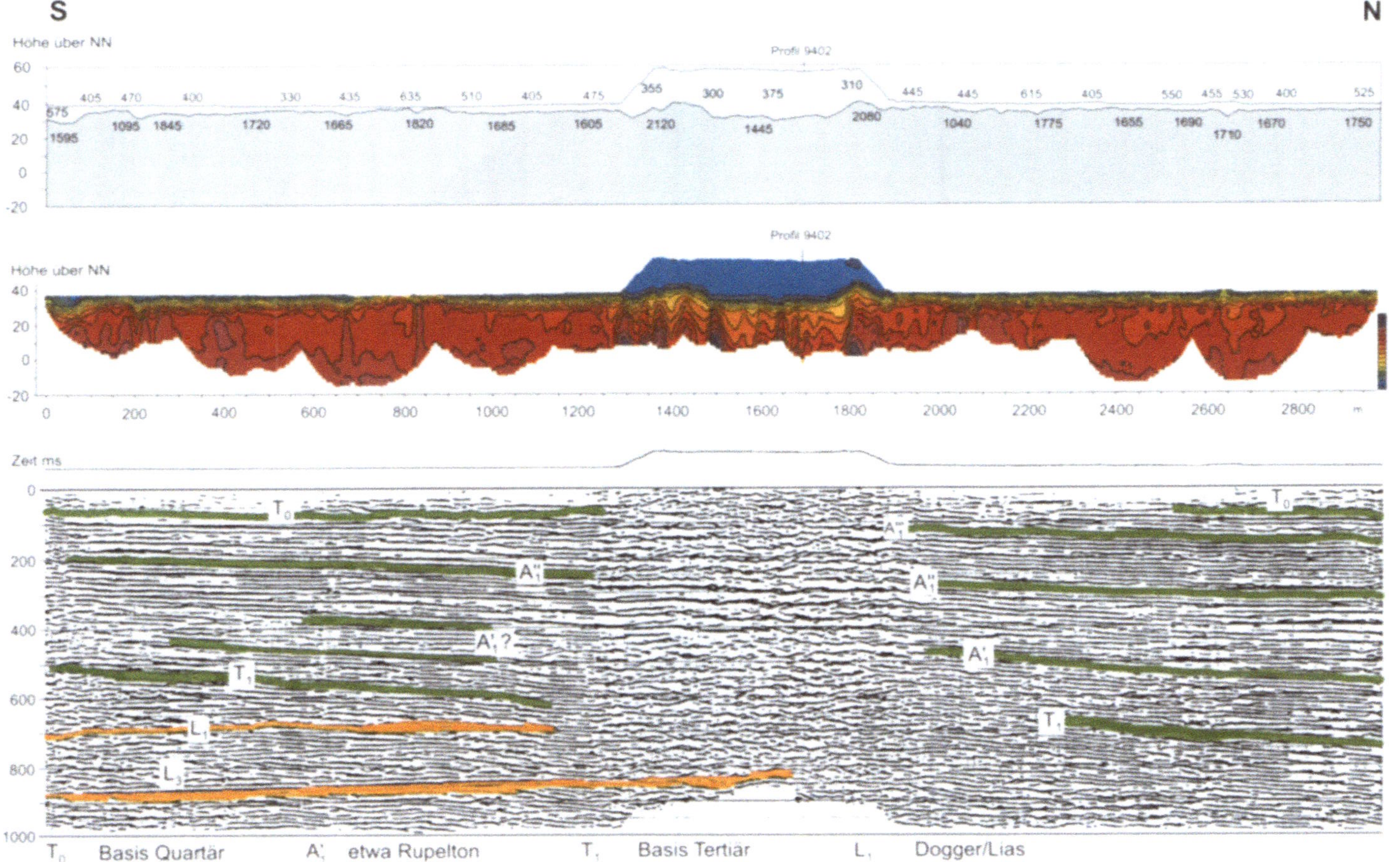

Abb. 4.35: Profil 9401, Refraktionsseismik (*oben*) Refraktionstomographie (*mitte*) und Reflexionsseismik (*unten*), THOR im Auftrag der BGR. Erklärung im Text

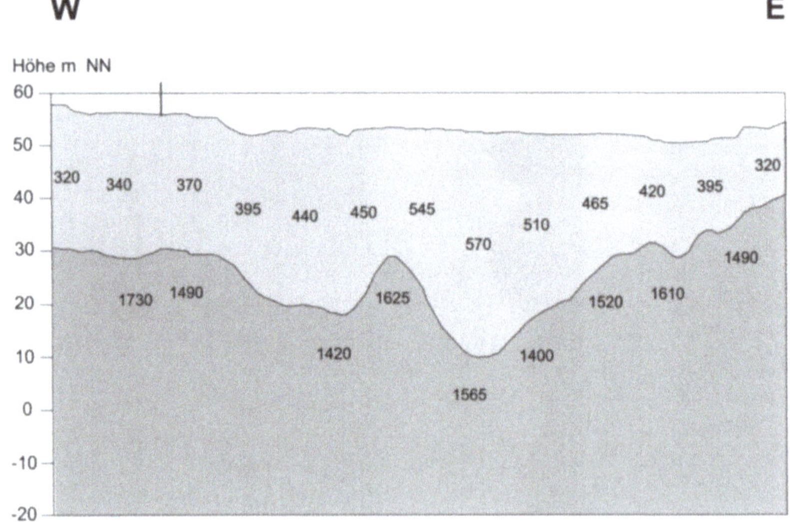

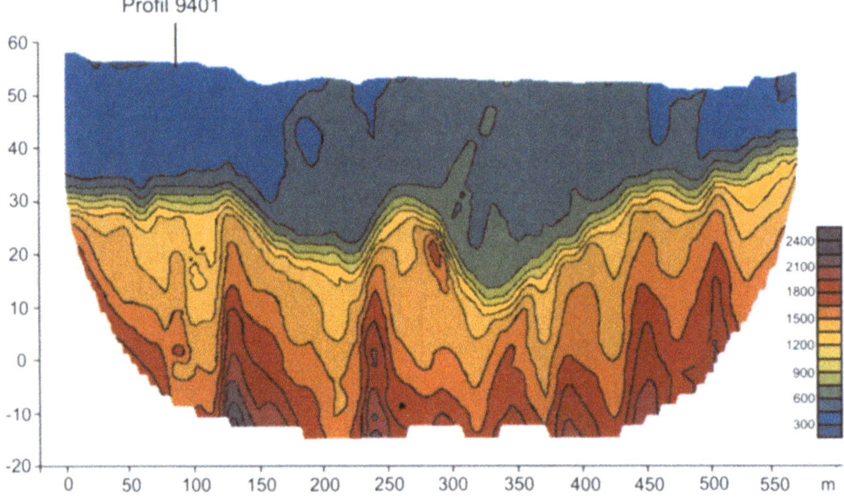

Abb. 4.36: Profil 9402, Refraktionsseismik (*oben*) und Refraktionstomographie (*unten*), THOR im Auftrag der BGR. Erklärung im Text

Der liegende Refraktor erreicht die für Geschiebelehm/-mergel oder Ton typischen seismischen Geschwindigkeiten um 2 000 m s^{-1}. Bereiche mit deutlich geringeren Geschwindigkeiten (1 600 m s^{-1}) lassen auf grundwassergesättigte Sande schließen. Die für die Überdeckung ermittelten Geschwindigkeiten erlauben demgegenüber kaum Rückschlüsse darüber, ob die lokale Deckschicht von abgelagertem Müll oder trockenen Sanden gebildet wird. Beide Materialien können erfahrungsgemäß bzgl. ihrer seismischen Geschwindigkeiten den gleichen Wertebereich einnehmen. Am Schnittpunkt der Profile 9401 und 9402 ist eine gute Übereinstimmung der jeweiligen Refraktorteufen zu verzeichnen.

Refraktionstomographie

Die refraktionstomographische Auswertung bestätigt die Ergebnisse der konventionellen GRM-Auswertung des Datenmaterials und liefert für Teufen bis zu 60 m zusätzliche Erkenntnisse. Die refraktionstomographischen Profilschnitte *Abb. 4.35* mitte und *4.36* unten zeigen komplexe Strukturen innerhalb des liegenden Refraktors. Bezogen auf das Höhenniveau von 30 m über NN werden auf den Profilabschnitten außerhalb des aufgeschütteten Deponiekörpers vergleichsweise hohe seismische Geschwindigkeiten festgestellt. Im zentralen Deponiebereich (Profil 9401, x-Koordinaten: 1 300-1 850 m) sind demgegenüber auf diesem Niveau niedrige Geschwindigkeiten zu verzeichnen. Insgesamt betrachtet wird unterhalb des Deponiekörpers eine Muldenstruktur erfaßt. Seismische Geschwindigkeitswerte von 1 600-1 700 m s^{-1} werden hier für Teufen ermittelt, die deutlich größer sind als die Teufen, die mittels GRM berechnet wurden, d. h. die Untergrundstrukturen werden mit der konventionellen refraktionsseismischen Auswertung nur ansatzweise aufgelöst. Die Muldenstruktur dürfte durch den in früheren Jahren im Bereich der heutigen Deponie erfolgten Tonabbau bedingt sein.

Am Schnittpunkt der Profile 9401/9402 wurden die refraktionstomographischen Modelle gemittelt. Die zu verzeichnenden Differenzen lassen vermuten, daß die absolute Genauigkeit der Geschwindigkeitswerte im Bereich des liegenden Refraktors ca. ± 150 m s^{-1} beträgt.

Reflexionsseismik

Das Ergebnis der reflexionsseismischen Auswertung des Datenmaterials bilden Zeit- und Tiefensektionen. Bei beiden Profilen wurde 30 m über NN als generelles Bezugsniveau gewählt. Die Tiefenwandlung der Zeitsektionen wurde mittels der Stapelgeschwindigkeiten vorgenommen. Die seismischen Zeitsektionen der 2 Profile zeigen korrelierbare Reflexionshorizonte bis zu Zwei-Wege-Laufzeiten größer 800 ms. Am Schnittpunkt der Profile stimmen alle markanten Reflexionshorizonte gut überein. Der mittlere Frequenzbereich der reflexionsseismischen Daten liegt bei 50-80 Hz.

Im Süden und Norden des Profils 9401 (*Abb. 4.35* unten) wird der erste markante Reflektor bei Zwei-Wege-Laufzeiten von 75-100 ms erfaßt. Bei den Reflexionsbändern zwischen 100 und 700 ms ist ein Einfallen nach Norden zu verzeichnen. Im Deponiebereich sind nur abschnittsweise Reflexionen zu erkennen. Im Süden der Deponie ist, bei Laufzeiten von etwa 850 ms, ein weiterer stark ausgeprägter Reflektor zu beobachten. Die zugehörige Schichtgrenze fällt im Gegensatz zum Hangenden nach Süden ein. Im entsprechenden Teufenbereich bestehen demnach diskordante Lagerungsverhältnisse.

Auf dem Profil 9402 (nicht dargestellt), das nur über dem Deponiekörper verläuft, sind ausgeprägte Reflexionen erst bei Zwei-Wege-Laufzeiten von 300 ms zu verzeichnen. Die entsprechenden Horizonte sind jedoch nur abschnittsweise zu verfolgen.

4.4.2 Reprozessing von Meßergebnissen aus der seismischen Prospektion auf Erdöl und Erdgas[2]

Es wurden folgende Profile des Meßgebietes Friedersdorf rechentechnisch neu bearbeitet (SCHMIDT & KUBIG 1992)[3]:

FRI 47	(SP 1 - 60)	-	3,54 km
FRI 54	(SP 1 - 100)	-	5,94 km
FRI 55	(SP 1 - 120)	-	9,02 km
FRI 56	(SP 35 - 77)	-	5,04 km
FRI 59	(SP 1 - 60)	-	7,08 km
FRI 60	(SP 1 - 150)	-	8,94 km
FRI 61	(SP 1 - 43)	-	5,04 km

Die Bearbeitung erfolgte auf einem CONVEX-Rechner mit dem Softwaresystem PhoenixVector. Die Bearbeitungslänge beträgt 1 Sekunde Zwei-Wege-Laufzeit. Für den Bereich bis Horizont T_1 erfolgte eine Interpretation und eine Zeit-Tiefen-Transformation. Die Lage der bearbeiteten Profilteile ist der *Abb. 4.34* zu entnehmen.

4.4.2.1 Methodik

Ausgehend vom Frequenzangebot der Einzelseismogramme wurden unterschiedliche Filtervarianten getestet. Eine Kombination mit einer Deconvolution brachte für den zu bearbeitenden Laufzeitbereich keine Verbesserung des Nutz-Störverhältnisses und der Auflösung. Eine optimale Bearbeitung wurde mit einem Ausgleich des Frequenzspektrums (spektrales Whitening)

---

[2] Mit freundlicher Genehmigung von Erdöl und Erdgas, Gommern.

[3] Die Darstellung folgt weitgehend dem Bericht von SCHMIDT & KUBIG (1992).

erreicht (Bereich 15 bis 75 Hz). Für die Bearbeitung wurden die schon verbesserten statischen Korrekturen der Erstbearbeitung genutzt. Eine nochmalige Verbesserung der statischen Korrekturen erfolgte in zwei Schritten:

1. Bestimmung der Restkorrekturen getrennt nach Schuß- und Empfangspunkten sowie
2. Bestimmung der noch vorhandenen Totalkorrektur.

Durch die Korrekturverbesserung traten im Vergleich zur Erstbearbeitung nur vereinzelt Restkorrekturen größer 4 ms auf.

An vorgegebenen Positionen (Auswahl nach der geologischen Situation) wurden Stapelungen (je 20 CMP) mit konstanten Geschwindigkeiten durchgeführt. Aus diesen Stapelanalysen wurden durch visuelle Auswertung die optimalen Stapelgeschwindigkeiten ermittelt. Entsprechend der Aufzeichnung der Daten im Feld erzeugt ein positiver Impedanzsprung eine positive Spannung (früherer „DDR-Standard"). Um die Vergleichbarkeit der Zeitschritte zu vorliegenden Bearbeitungen zu erhalten, wurde keine Umpolung vorgenommen. Eine positive Spannung ist im Zeitschnitt als geschwärzte Halbwelle dargestellt. Die bei der Erstbearbeitung der Profile auch regional angewandte Phasenkorrektur von -50 ms wurde übernommen (zeitliche Korrektur der korrelierten Laufzeit auf die Einsatzzeit der Reflexion - ermittelt aus Laufzeitdifferenzen zu Bohrungsdaten).

Bearbeitungsablauf:

1. Wandeln der DEMUX-Records (A2-Format) in SEGY-Format,
2. Aufbau des Geometrie-Files: Lage der Schußpunkte und Geophonpunkte, Spurzuordnung, Editing (Spureliminierung), Korrekturen, Höhen,
3. Füllen der Spurköpfe mit den Geometriedaten,
4. Bestimmung der Parameter für die Bearbeitung der Einzelrecords
   - Bestimmung des Amplituden- und Leistungsspektrums
   - Bestimmung der sphärischen Divergenz
   - Bestimmung der MUTING-Zeiten
   - Filtertest,
5. Sortierung der schußpunktbezogenen Einzelrecords zu stapelgerechten CMP-Records,
6. Einzelspurbearbeitung
   - Korrektur der sphärischen Divergenz
   - Anbringen der statischen Korrektur
   - Ausgleich des Frequenzspektrums
   - Amplitudenregelung (300 ms gleitendes Fenster),
7. Verbesserung der dynamischen Korrekturen,

8. Anbringen der dynamischen Korrekturen und manuell vorgegebener Mutingzeiten, Erststapelung,
9. Verbesserung der statischen Korrekturen,
10. Endstapelung mit verbesserten statischen und dynamischen Korrekturen,
11. Kohärenzfilterung auf die Endstapelung (Basis über 7 Spuren, Neigungsbereich dem Horizontverlauf angepaßt).

Für die Konstruktion der Tiefenprofile wurde die Geschwindigkeitsfunktion NN-T_1 verwendet, die für den Raum der Randsenke des Salzstockes Mittenwalde gültig ist. Diese Geschwindigkeitsfunktion wurde aus dem regionalen Geschwindigkeitsansatz SE-Brandenburg übernommen.

Horizontbezeichnung, Zuordnung und Korrelation

T_0	Basis Pleistozän in Rinnenstrukturen (deutlicher diskordanter Verlauf zu den Tertiärhorizonten, kein Anschluß an Bohrungen),
A_1'''	charakteristisches Phasenband aus dem Miozän - kein Anschluß an Bohrungen, wurde bei der früheren Bearbeitung nicht korreliert,
A_1''	im Miozän, charakteristischer Horizont der sekundären Randsenke des Salzstockes Mittenwalde, Korrelation analog früherer Bearbeitung,
A_1'	etwa Oberfläche Oligozän (Rupelton), Korrelation analog früherer Bearbeitung, dort Anschluß an Bohrung Mittenwalde 2/64,
T_1	Basis Tertiär, Anschluß an die Bohrungen Groß-Machnow 1/53 und Dabendorf 3/73 durch frühere Bearbeitung, diskordanter Verlauf zu den folgenden Reflexionshorizonten, Korrelation mit unterschiedlicher Qualität je nach Reflexionskoeffizent mit nachfolgenden geologischen Schichten.

Die Korrelation (*Abb. 4.38* bis *4.41*) wurde auf den Kohärenzstapelungen (Beispiel in *Abb. 4.37* und *4.38*) durchgeführt, wobei sich die Markierung auf die vorhergehende positive, geschwärzte Halbwelle bezieht. Nicht sicher korrelierbare Reflexionen sind gestrichelt unterlegt und analog im Tiefenprofil dargestellt. Die Pleistozänbasis wurde in der ersten Phase korreliert, die diskordant zu den folgenden Tertiärhorizonten auftrat (deutlich auf Profil FRI 60). Bei Vernachlässigung des Geschwindigkeitsfehlers kommt also nur der Korrelationsfehler um minus eine Phase in Betracht. Das bedeutet einen Fehlerbetrag von etwa -40 m. Für die anderen Horizonte wird ein Phasenfehler von ± 1 angenommen und damit ein Teufenfehler von etwa ± 50 m.

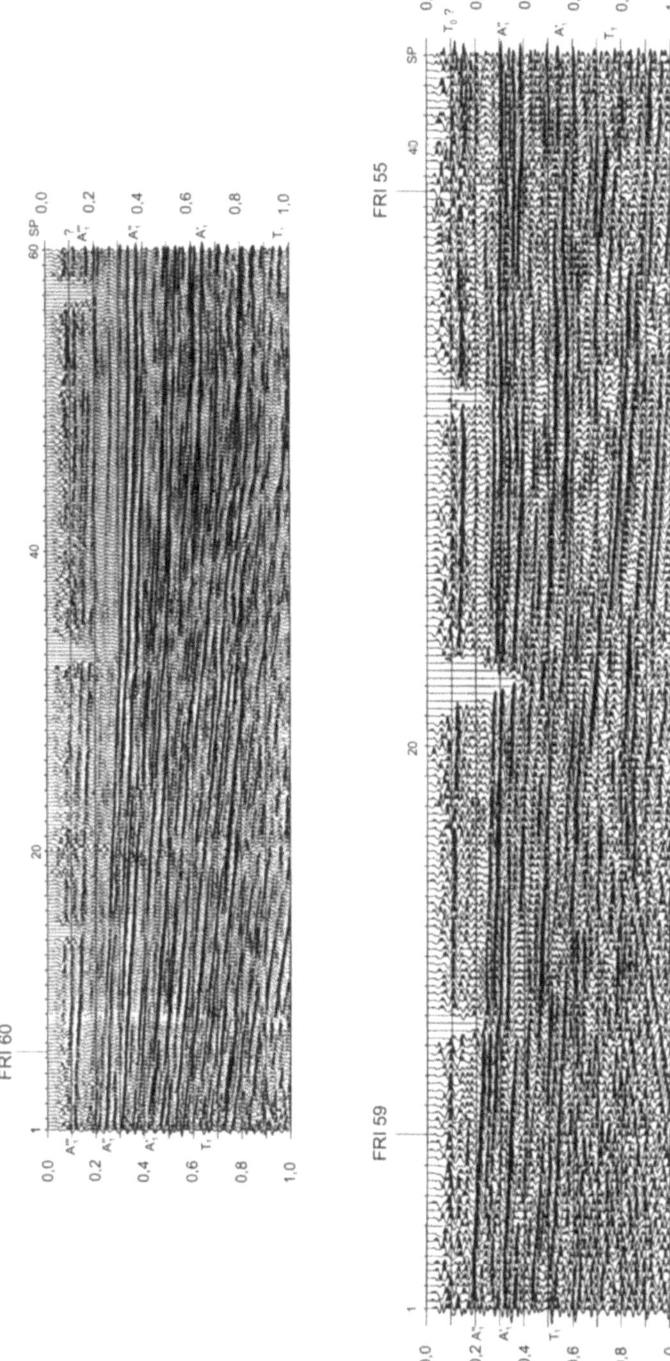

Abb. 4.37: Zeitschnitte FRI 47 *(oben)* und FRI 61 *(unten)*. Erklärung im Text. Geophysik GmbH im Auftrag der BGR

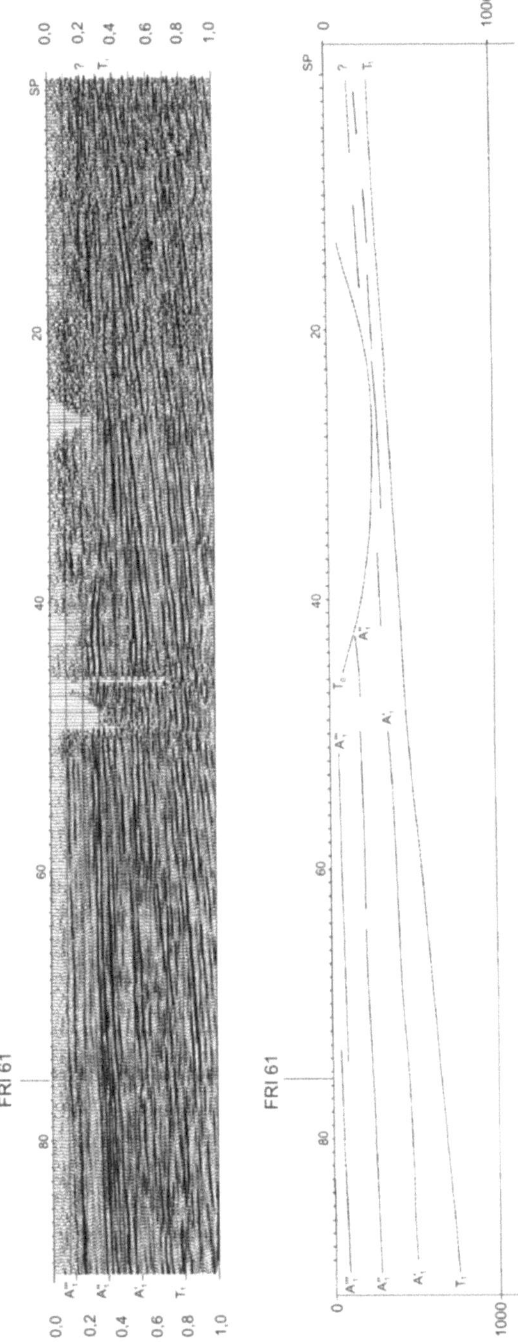

Abb. 4.38: Zeitschnitt (*oben*) und Tiefenprofil FRI 55. Erklärung im Text. Geophysik GmbH im Auftrag der BGR

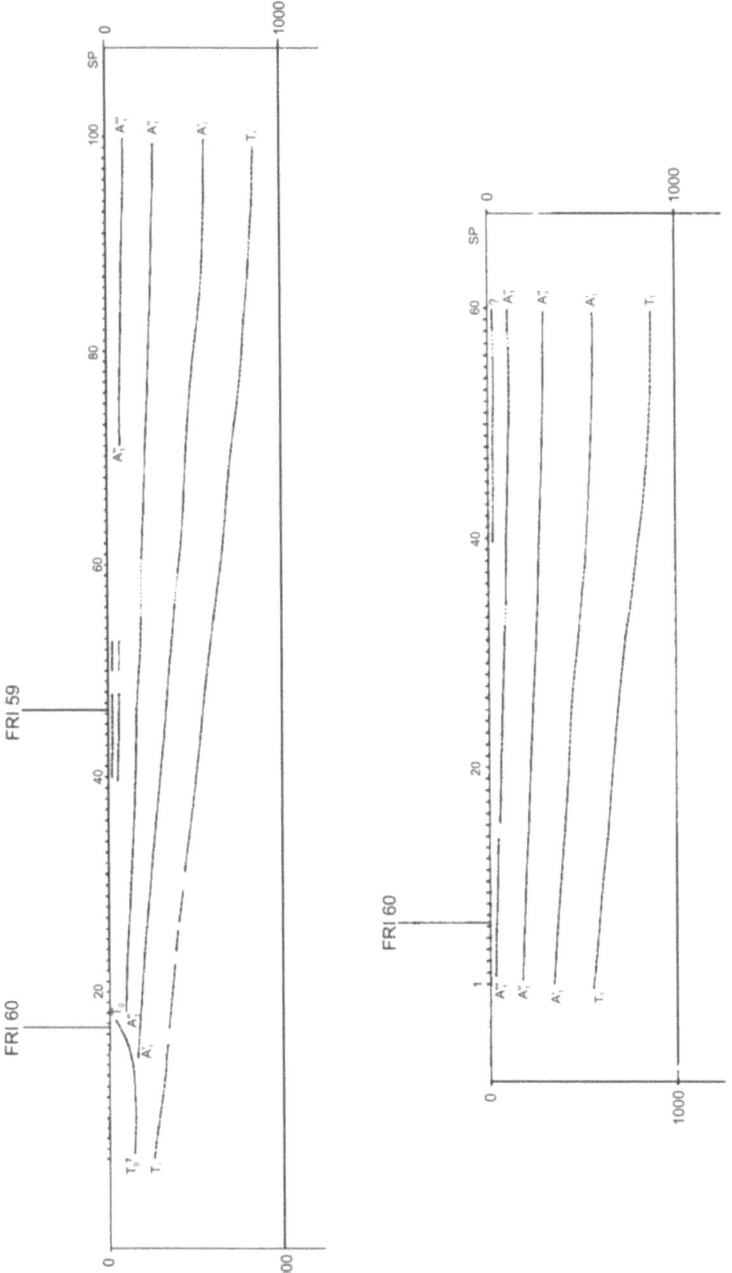

Abb. 4.39: Tiefenprofile FRI 54 (*oben*) und FRI 47 (*unten*). Erklärung im Text. Geophysik GmbH im Auftrag der BGR

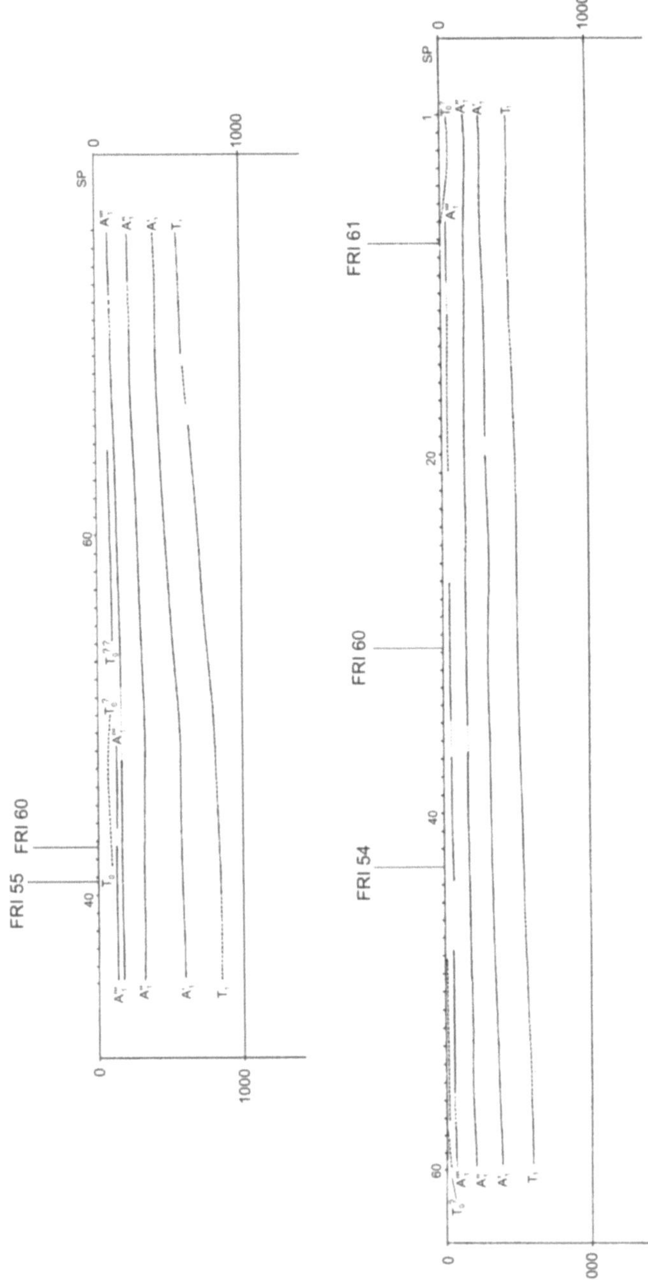

Abb. 4.40: Tiefenprofile FRI 56 (*oben*) und FRI 59 (*unten*). Erklärung im Text. Geophysik GmbH im Auftrag der BGR

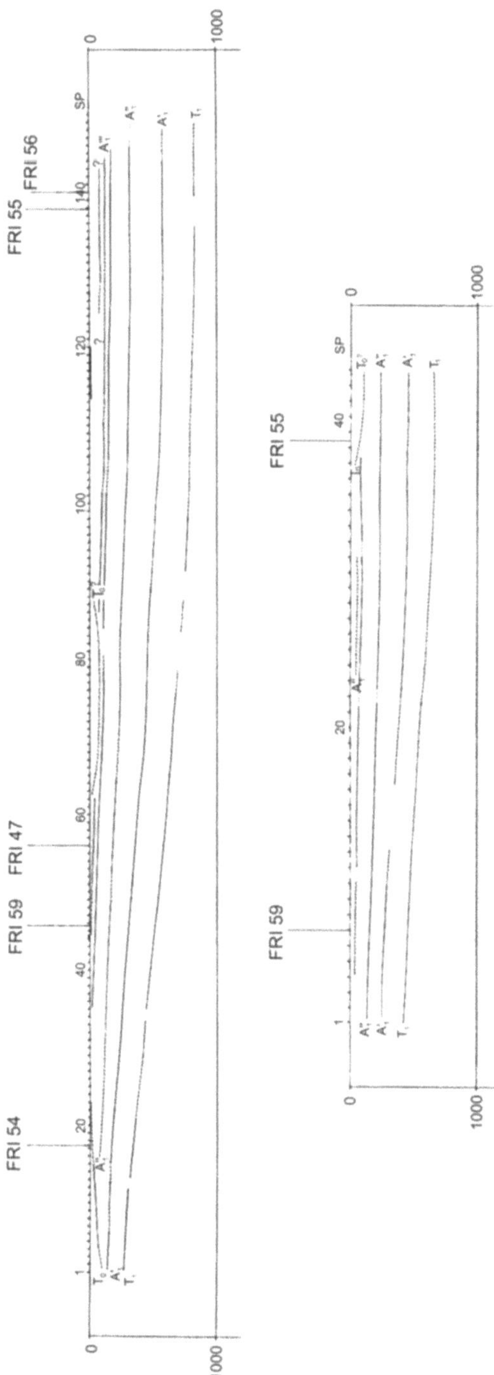

Abb. 4.41: Tiefenprofile FRI 60 (*oben*) und FRI 61 (*unten*). Erklärung im Text. Geophysik GmbH im Auftrag der BGR

4.4.2.2 Ergebnisse

Die tertiären Schichten bilden im Untersuchungsgebiet die südliche Flanke der sekundären Randsenke des Salzstockes Mittenwalde. Mit dem Profilende FRI 47 wird der tiefe Bereich dieser Struktur des Tertiärs erreicht. Die Korrelation der Reflexionshorizonte ist ohne Unterbrechung durch Bruchstörungen möglich. Deutlich ansprechbare Pleistozänrinnen sind auf fast allen Profilen erkennbar. Eine westliche Rinne wird durch die Profile FRI 54 und 60 sicher bestätigt. Die fragliche Korrelation der Pleistozänbasis auf dem Profil 59 findet ihre Bestätigung in der Verbiegung der tertiären Phasen. Eine östliche Rinne wird durch die Profile FRI 55 und FRI 61 erfaßt. Profil FRI 56 liegt fast im Streichen. FRI 60 wurde nur bis Schußpunkt (SP) 150 bearbeitet und hat davor zahlreiche Schußpunktausfälle, damit wird die östliche Rinne nicht erreicht. Von großer Bedeutung dürfte die auf Profil FRI 60 zwischen den Schußpunkten 62 und 85 neu korrelierte und sicher erfaßte Pleistozänrinne sein. Eine Verbindung mit der Indikation auf Profil FRI 59 / SP 1 - 6 ist möglich, wenn man die ersten Phasenschwärzungen zwischen den Schußpunkten 7 und 10 des Profils FRI 61 als Hinweis auf eine flache Rinnenstruktur annimmt und korrelieren würde. Insgesamt bestätigt sich der annähernde NS-Verlauf der quartären Rinnen in diesem Gebiet.

Mit dem Reprozessing wurde eine deutliche Verbesserung gegenüber der Erstbearbeitung erreicht. Die neuen Möglichkeiten der Signalbearbeitung sind Hauptgrund für diesen Qualitätssprung. Zusätzliche dynamische und statische Korrekturverbesserungen sind für die Nachbearbeitung nicht ohne Bedeutung.

Literatur

SCHMIDT, A. & KUBIG, S. (1992): Reprozessing und Tiefendarstellung reflexionsseismischer Profile, Gebiet Mittenwalde (Meßgebiet Friedersdorf), unveröffl. Bericht, Geophysik GmbH im Auftrag der BGR.

UTECHT, T. (1995): Seismische Untersuchungen im Bereich der Deponie Schöneicher Plan, Arbeitsbericht der THOR geophysikalische Prospektion GmbH im Auftrag der BGR.

UTECHT, T., SCHULZ-RINCKE, V., KRUMMEL, H. & LANGE, G. (1996): Auf einen Streich: Refraktions- und Reflexionsseismik. TerraTech 5, 27-31.

4.5 Geophysikalische Penetrationssondierungen

IMRE FEJES, LÀSZLÒ SZABADVÁRY, LÀSZLÒ VERÖ & JÀNOS STICKEL

4.5.1 Methodik

Die geophysikalische Penetrationssondierung ist eine Methode zur Erkundung der oberflächennahen Lockersedimente. Dabei wird das Aufschlußverfahren der Penetrationssondierung (Drucksondierung) mit ausgewählten Methoden der geophysikalischen Bohrlochmessungen und einer Probenahmetechnik kombiniert. Die Methode wird ausführlich im Kapitel 12 des Bandes 3, Geophysik, dargestellt.

Die notwendige Kraft zum Eindringen des Sondierungsgestänges in den Boden wird von einem hydraulischen Druckwerk, mit der maximalen Druckkraft von 60 bis 200 kN geliefert. Das Gestänge hat einen Durchmesser von 32 bis 50 mm und besteht aus 1 bis 5 m langen Segmenten. Die Messung der Parameter erfolgt in zwei Phasen: Während des Eindringens des Gestänges liefern die Sensoren im Gestängekopf den Spitzenwiderstand. Gleichzeitig wird die zum Eindringen erforderliche hydraulische Gesamtdruckkraft gemessen. In der zweiten Phase werden im Inneren des Gestänges verschiedene Sonden herabgelassen, die digitale Daten in gleichmäßigen, dichten Abständen liefern.

Gemessen werden sowohl die natürliche Gamma-Aktivität der Gesteine und anthropogenen Ablagerungen als auch die durch Gamma- und Neutronen-Quellen angeregten Aktivitäten.

- *Natürliche Gamma-Aktivität:* Gemessen wird die Gesamtstrahlung der natürlichen Gamma-Isotope in den durchteuften Schichten. In Lockersedimenten kann aus der Gamma-Aktivität der Tongehalt bestimmt werden. Die Gamma-Aktivität ist ein wichtiger Parameter für die lithologische Interpretation.

- *Gamma-Gamma-Dichte:* Die Messung der Gamma-Aktivität der Streustrahlung einer kleinen Gamma-Quelle ermöglicht die Bestimmung der Dichte des durchteuften Materials.

- *Neutron-Neutron-Wassergehalt:* Mit Hilfe einer sehr kurzen Sonde wird die Aktivität der gestreuten Neutronen einer schwachen Neutronenquelle gemessen. Die Aktivität ist abhängig von der Konzentration der Wasserstoffatome.

Eine Filtersonde ermöglicht die Bestimmung des k_f - Wertes. Für die lithologische Interpretation der Sondierungsergebnisse braucht man Meßparameter, die voneinander unabhängige Eigenschaften widerspiegeln. Die drei wichtigsten Parameter der Penetrationssondierungen: Spitzenwiderstand, natürliche Gamma-Aktivität und Dichte nach Gamma-Gamma-Messung entsprechen diesen Bedingungen sehr gut. Aus einer Anzahl von Messungen in charakteristischen geologischen Formationen des zu untersuchenden Gebietes wird das Grundparametersystem aufgestellt und in die Auswertungssoftware eingespeichert. Die lithologische Zuordnung erfolgt durch Vergleich der Meßwerte mit dem Grundparametersystem. Ein Beispiel aus dem Untersuchungsgebiet Schöneiche - Mittenwalde zeigt *Abb. 4.42*.

Mittlere Schichtparameter zu *Abb. 4.42*:

Tiefe [m]	Gesamt-druck [MPa]	Spitzen-widerstand [MPa]	Natürl. Gamma-Aktivität [cpm]	Dichte nach Gamma-Gamma-Messung [10^3 kg m^{-3}]	Wasser-gehalt [w %]	lithologische Zuordnung
0,0-0,9	2,7	4,3	694	1,91	8,5	Feinsand; schwach schluffig
-1,8	3,9	11,4	415	2,03	24,6	Mittelsand
-3,7	3,8	10,7	505	2,12	27,7	Mittelsand
-4,3	4,3	12,6	381	2,08	28,2	Mittelsand
-4,9	5,3	17,4	406	2,10	32,0	Grobsand
-7,1	4,3	11,9	388	2,08	28,9	Mittelsand
-8,4	4,3	11,6	456	2,11	27,9	Mittelsand
-11,7	2,6	0,7	1 104	2,32	19,1	Schluff; Geschiebemergel (?)
-12,3	3,7	5,5	607	2,15	26,6	Feinsand; schwach schluffig
-15,1	6,7	20,8	446	2,11	28,1	Grobsand - Mittelsand; feinkiesig
-16,2	7,8	23,5	534	2,17	24,8	Mittelsand; feinkiesig-grobkiesig
-19,8	5,2	3,9	1 597	2,32	17,2	Schluff; schwach mittelsandig
-20,6	7,2	3,8	1 685	2,32	18,5	Ton; schwach schluffig-mittelsandig
-21,0	8,6	3,4	1 704			Ton; schwach schluffig-mittelsandig

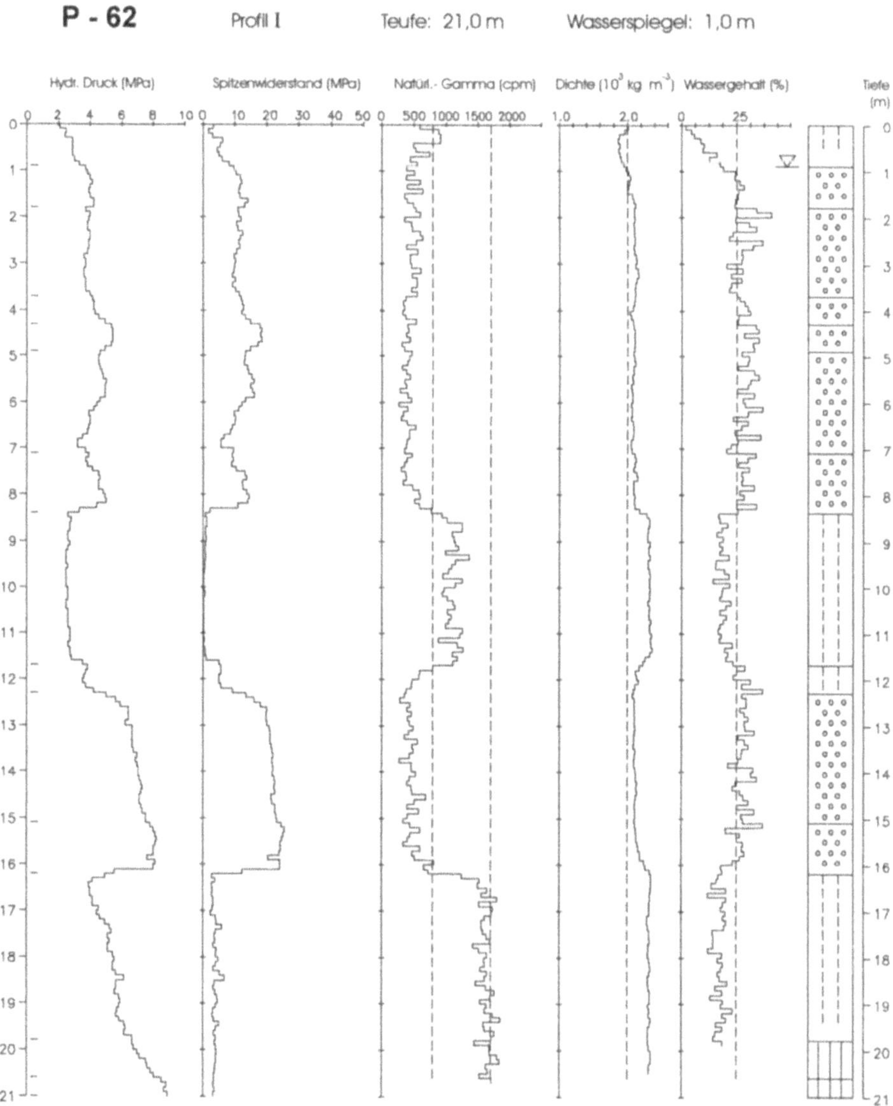

Abb. 4.42: Ergebnisse der Sondierung P-62 von Profil I (*Abb. 4.51*) aus dem Meßgebiet Schöneiche, ELGI im Auftrag der BGR. Erläuterungen im Text

Die Penetrationssondierungen wurden im Untersuchungsgebiet neben anderen geophysikalischen Verfahren und Bohrungen zur Stukturerkundung eingesetzt. Außerdem wurden in bestimmten Tiefen Wasser- und Bodenproben entnommen.

Parameter der Feldarbeiten:

Größe des Meßgebietes	ausgewählte Profile
Anzahl der Meßpunkte	74
Gesamtlänge der Sondierungen	1 337 m
Sondierungstiefe	10 - 30 m
Boden- und Wasserproben	180
Maximale Druckkraft	160 kN
Gemessene Parameter: Gesamtdruckkraft, Spitzenwiderstand, natürliche Gamma-Aktivität, Gamma-Gamma-Dichtebestimmung, Neutron-Neutron-Wassergehalt	
Personal	3 Techniker
Arbeitszeitaufwand	ca. 5 Wochen

4.5.2 Ergebnisse

In 80 - 90 % des Untersuchungsgebietes ließen sich Sondierungen gut durchführen. Es wurden maximal 30 m und durchschnittlich 20 m Eindringtiefe erreicht. Da der größte Teil des Untersuchungsgebietes landwirtschaftlich genutzt wird bzw. technische Anlagen (Deponienstandorte, Straßen, Besiedlung) die Durchführung von Sondierungen stellenweise verhinderten, konnte die vorgegebene Aufschlußdichte entlang der Profile mit regelmäßigen Abständen von 100 bis 200 m nicht immer eingehalten werden.

Die *Abb. 4.43* zeigt den Lageplan für die Profilschnitte, die aus den Ergebnissen der Penetrationssondierungen konstruiert wurden. Der sich aus der Auswertung der Sondierungen ergebende geologischen Aufbau, wird durch einen einzigen weitestgehend verfolgbaren Sedimenthorizont charakterisiert, welcher im Kerngebiet zwischen den jüngsten glazifluviatilen Sanden und der im Liegenden aufgeschlossenen Grundmoräne liegt. Kennzeichnend für die jüngsten Sedimente ist eine Zusammensetzung aus vorwiegend Mittelsand mit wechselndem Fein- und Grobsandanteil und vereinzelten Fein- bis Grobkiesbeimengungen. Aus den natürlichen Gamma Werten werden stellenweise über der Sandgrenze liegende Werte beobachtet, die auf eine Erhöhung des Schluffanteils in diesem Abschnitt hinweisen. Es handelt sich dabei meist um Schlufflinsen, deren Bedeutung aus hydrogeologischer Sicht unbedeutend ist. Der glazifluviatile Sand bildet die erste wasserleitende Schicht.

Die Geschiebeablagerungen (Grundmoräne) werden durch eine äußerst heterogenen Lithologie, die vom Schluff bis zum Kiesgeröll reicht, charakterisiert. Die Interpretation der Sondierungsdaten und Umsetzung in die Schichtenbeschreibung gestaltet sich in diesem Fall sehr schwierig und ist mit Unsicherheiten behaftet. Das größte Problem ist nicht die zu große Punkt

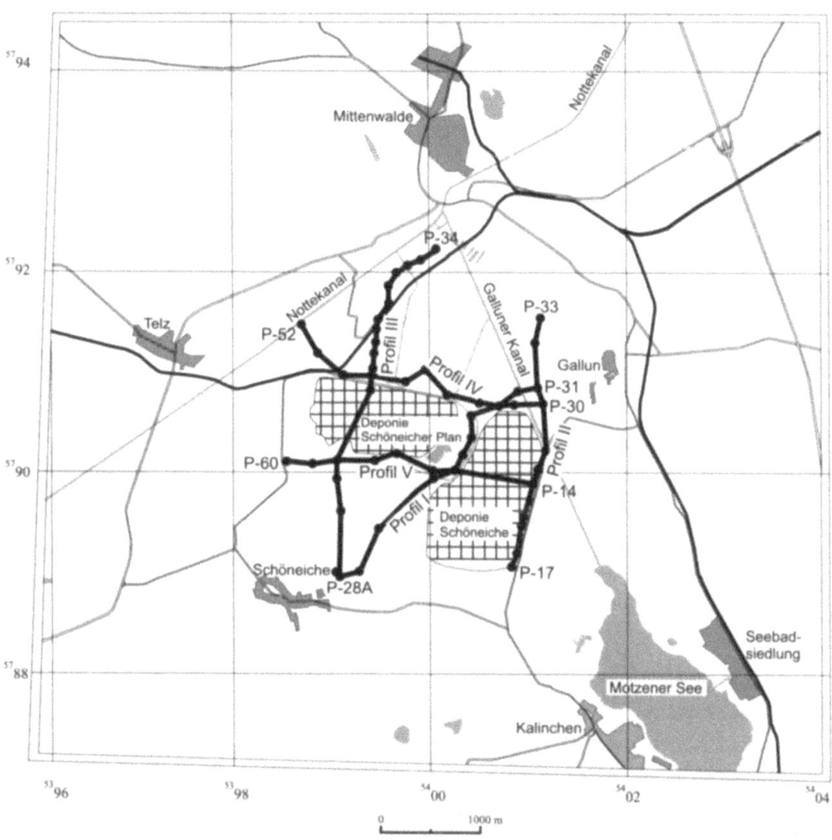

Abb. 4.43: Lageplan der Profilschnitte aus den Ergebnissen der Penetrationssondierungen. ELGI im Auftrag der BGR

entfernung innerhalb des Profils, sondern die auch in der Kornzusammensetzung bestehenden horizontalen und vertikalen Inhomogenitäten. Einzelne insich selbst als homogen betrachtet Abschnitte mit beispielsweise geringen Kiesbeimengung wechseln mit Bereichen starker Kiesführung. Bei solchen, die sichere Interpretation einschränkenden Effekten, kann man folgende Sedimenttypen unterscheiden:

Ein gutes Beispiel für wasserstauende feinkörnige Sedimente ist in der Sondierung P-27 (*Abb. 4.44*) der Abschnitt zwischen 17,6 und 24,4 m. Charakteristisch sind der besonders niedrige und relativ gleichmäßige Spitzendruck (2,0 - 2,5 MPa) und die im statistischen Mittel ausgeglichene natürliche Gamma Aktivität (1 800 - 2 200 cpm). Diese Schicht kann als ein lithologisch homogenes plastisches tonig-schluffiges Material interpretiert werden (Beckenablagerung).

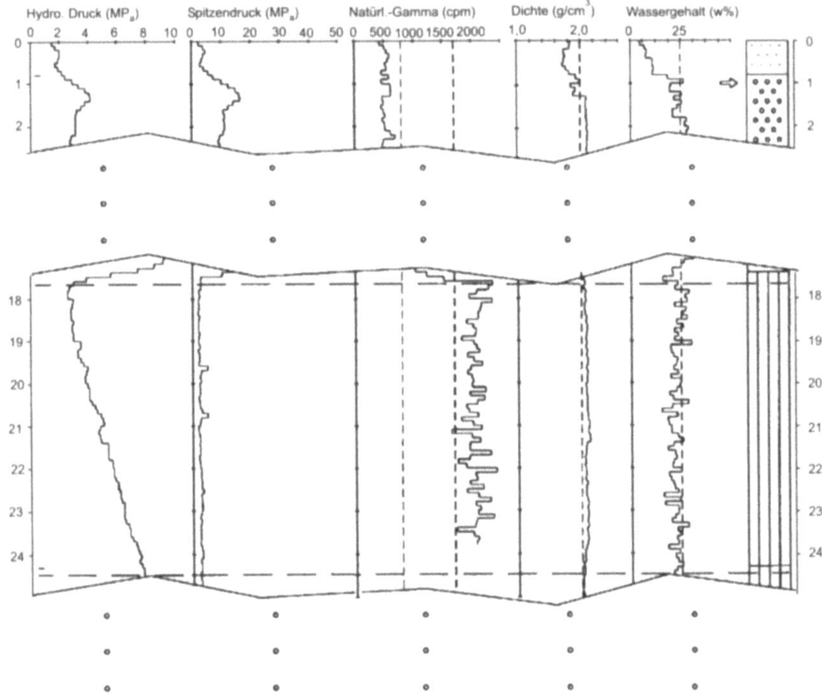

Abb. 4.44: Sondierung P-27, Ton (Beckenablagerung)

Die weitere Verminderung des Spitzendruckes bei einer mittelgroßen natürlichen Gamma-Aktivität (1 200 - 1 600 cpm) und einer hohen Dichte (ca. 2,30 g/cm^3) deutet auf weichen Schluff hin. Eine solche Ausbildung findet sich in der Sondierung P-18 im Abschnitt zwischen 15,3 - 18,3 m (*Abb. 4.45*). Die genetische Zuordnung dieser Schluffe zur Geschiebemergel- oder zur Beckenablagerung ist allein durch die Auswertung der Parameter der Penetrationssondierungen sehr schwierig.

Die Typisierung der grobkörnigen Schichten gestaltet sich durch die inhomogene Zusammensetzung des Geschiebemergels innerhalb eines Horizontes und die damit verbundene Mischung von geophysikalischen Eigenschaften sowie das stellenweise nicht horizontbeständige Auftreten im Untersuchungsgebiet sehr schwer. Man kann zwei Geschiebemergelgrundtypen unterscheiden: Typ A wird anhand des Abschnittes zwischen 14,0 - 17,5 m der Sondierung P-27 (*Abb. 4.46*) beschrieben. Der Horizont setzt sich bis 16,2 m aus einer Sand - Grobsand - Feinkies - Schicht mit mittleren Spitzendruckwerten, einer darunter lagernden 30 cm mächtigen harten Bank mit erhöhtem Schluffgehalt und einem im Liegenden bis 17,5 m verfolgbaren schluffigen Sand-Feinkies-Gemisches mit mittleren Druck zusammen. Die Anwesenheit einer dünnen harten Bank ist in dieser Struktur eine wichtige Bedingung für die Identifizierbarkeit. Vergleiche mit den Schichtbeschreibungen der Bohrungen

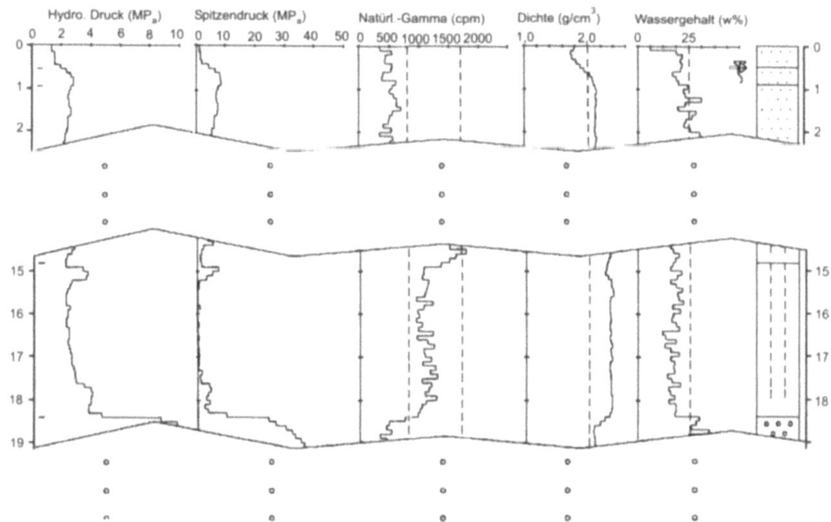

Abb. 4.45: Sondierung P-18, Schluff (Geschiebemergel)

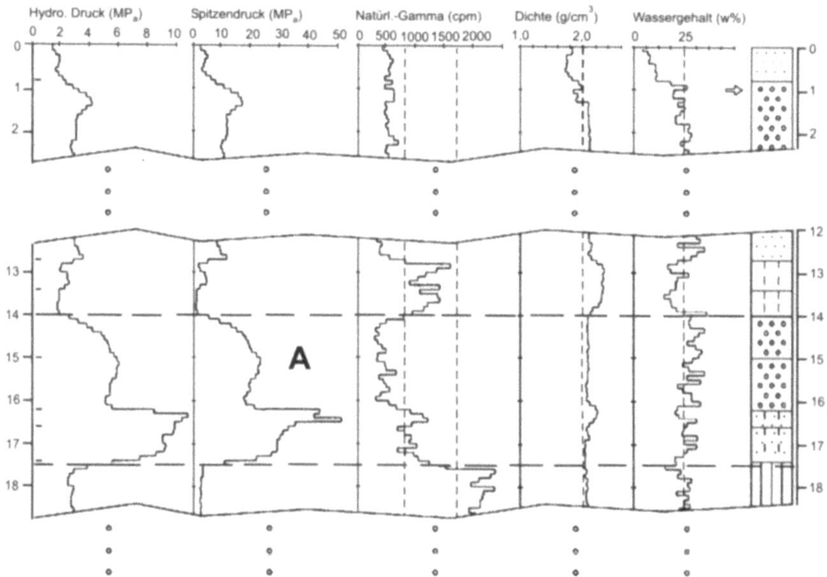

Abb. 4.46: Sondierung P-27, Formation Typ „A“

assoziieren das Auftreten dieser Bank eindeutig mit Geschiebemergelablagerungen. Die Mächtigkeit der harten rolligen Bank erreicht oft nur die Größe des Abtastintervalls und sandige Abschnitte sind oft nur in Spuren im Hangenden und Liegenden erkennbar. Man definiert diesen dreigegliederten Grundtyp für Geschiebemergelablagerungen, um damit die Grundmoränenbildungen (Saale-Kaltzeit) zu verfolgen.

Typ B nennt man Schichtenfolgen (z. B. Sondierung P-11, Abschnitt zwischen 8,9 und 12,4 m), *Abb. 4.47*, wo Abschnitte von Kies - Grobkies, Kiesgerölle mit schluffigem Sand und schluffigem Grobsand alternieren. Die Kiesschicht kann extrem große Härte erreichen (wie z. B. Sondierung P-11 Tiefenbereich zwischen 12 und 12,4 m), d. h. starke Zementation ist wahrscheinlich. Im allgemeinen ist die zementierte Kieslage nicht mächtiger als 1 m. Diesen Grundtyp findet man in erster Linie in dem seismischen Versuchsprofil im Liegenden der glazifluviatilen Sande. Das Alter entspricht dem des Typs A.

Es treten jedoch auch Schichtenfolgen auf, wo der Spitzendruck Werte von mittelgroß bis groß erreicht, mit der Tiefe zunimmt und keine größeren Abweichungen auftreten, aber die natürliche Gamma Aktivität niedrig bleibt. Die Datensequenz deutet auf einen Sand-Feinkies-Kies-Horizont hin, der mit der Tiefe grobkörniger wird, schwach kalkig zementiert ist und dennoch nicht eindeutig den glazifluviatilen oder Geschiebemergelablagerungen zugeordnet werden kann, da die Schichtenbeschreibungen der Bohrungen in diesen Abschnitten unzureichend sind. Die ursprüngliche Zuordnung deutet auf ein glazifluviatiles Sediment, da Geschiebemergelablagerungen im allgemeinen sehr viel Schluff enthalten. Beispiele liefern die Abschnitte der Sondierung P-9 zwischen 8,1 und 15,1 m (*Abb. 4.48*) und der Sondierung P-29 zwischen 11,4 und 19,9 m (*Abb. 4.49*).

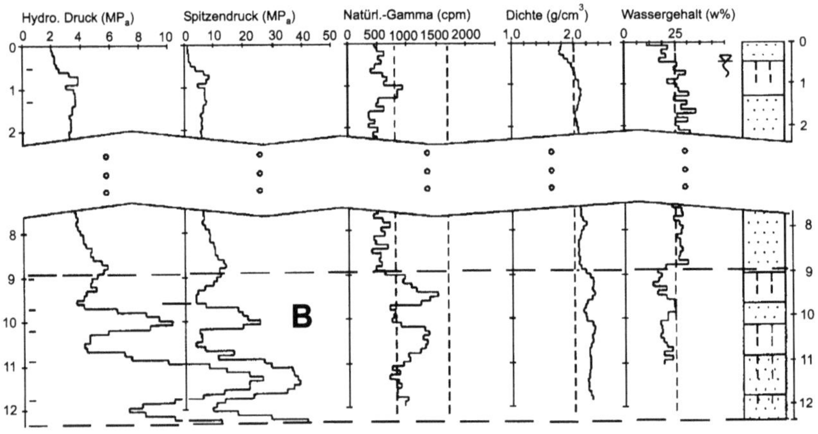

Abb. 4.47: Sondierung P-11, Formation Typ „B"

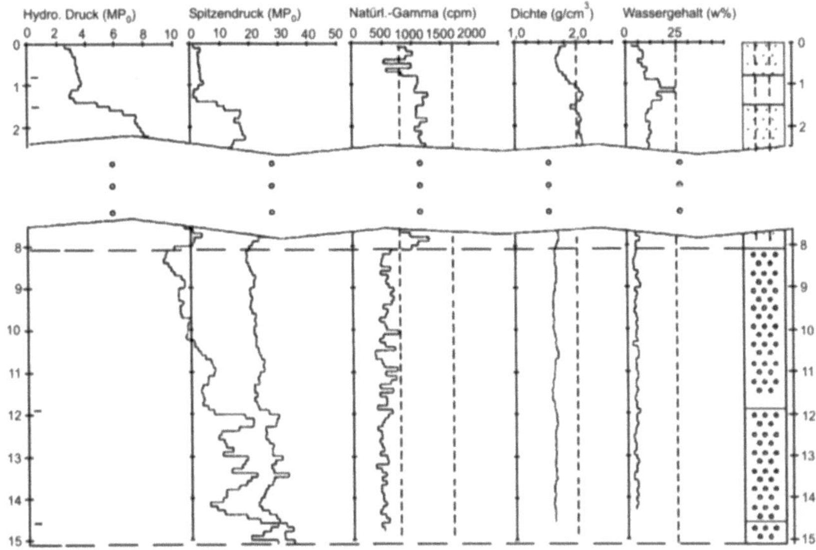

Abb. **4.48:** Sondierung P-9, Geschiebemergel?

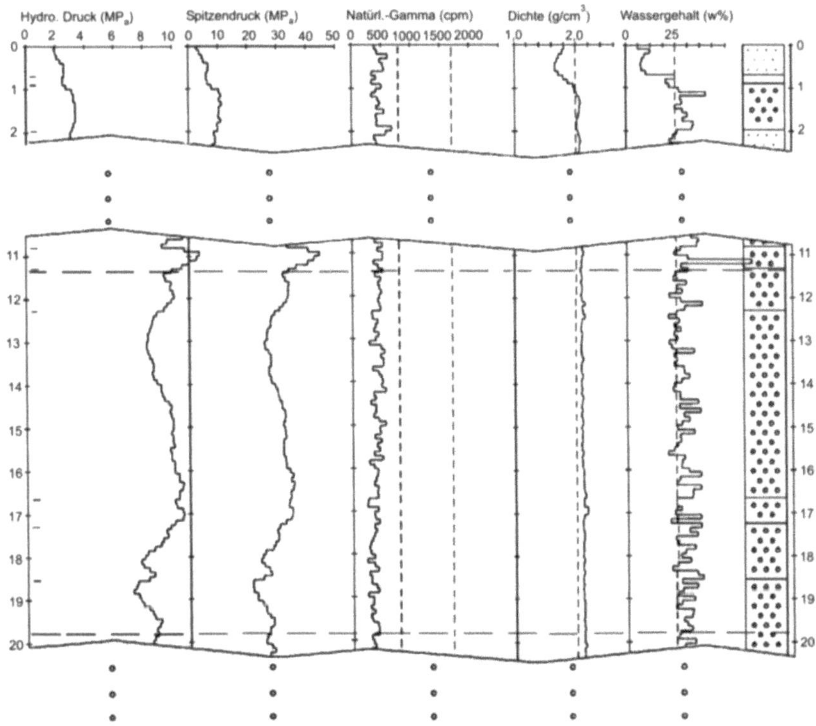

Abb. 4.49: Sondierung P-29, Geschiebemergel?

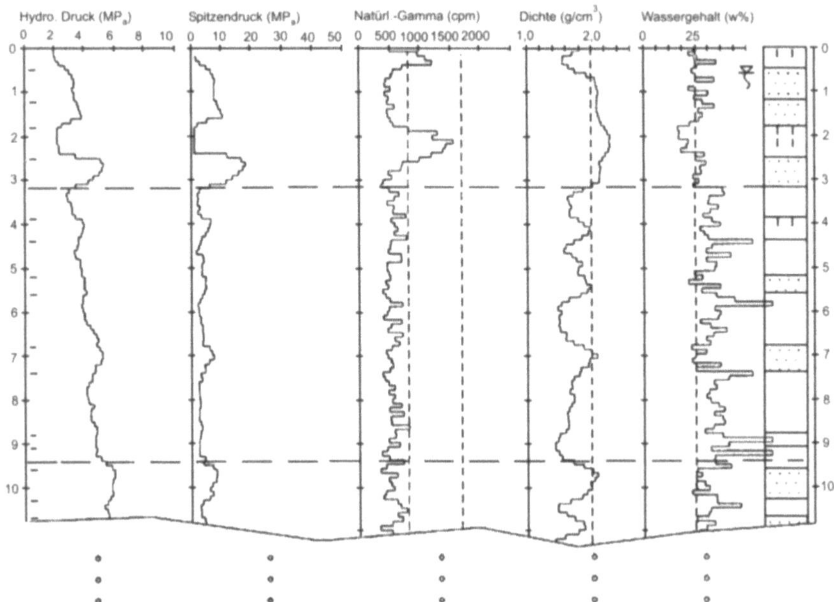

Abb. 4.50: Sondierung P-40, kohlenartige Schichten

Bestandteil der glazifluviatilen Sedimente sind auch in unterschiedlichen Mengen kohlige Bröckchen oder Schwemmkohlelagen bzw. -linsen, die die Dichte der Gesteinsmatrix vermindern und somit im Gamma-Gamma Profil eine Anomalie verursachen. Ein charakteristisches Beispiel zeigt die Sondierung P-40 (*Abb. 4.50*).

In den geophysikalisch-geologischen Profilen (*Abb. 4.51 – 4.55*) wurde die Darstellung von drei Parametern wie folgt gewählt:

- Spitzendruck, rot schraffiert.
- Natürliche Gammastrahlung, hellblau schraffiert.
- Dichte aus Gamma-Gamma-Messungen, grün schraffiert.

Von den Diagrammen der Penetrationssondierungen entlang der einzelnen Profile *Abb. 4.51* bis *4.55* haben die Profile I und III einen sehr guten Informationsgehalt, die Profile IV und V sind auswertbar, wohingegen das Profil II relativ schlecht zu interpretieren ist.

Abbildung *4.51* zeigt Profilschnitt I. Die sandig-kiesigen glazifluviatilen Sedimente an der Oberfläche sind von den tonig-schluffigen Grundmoränen- und Beckenablagerungen im Liegenden gut zu trennen. Die sehr variable lithologische Ausbildung der Geschiebemergelhorizonte läßt sich durch typische Schichtenfolgen charakterisieren, mit deren Hilfe die Sedimentkomplexe (wasserstauende und wasserleitende Schichten) gut zuzuordnen sind (Profil I, Sondierungspunkte P-27, P-26). In der Nähe der Aufwölbung

(Profil I, P-22, P-23A) besteht eine sehr komplizierte, inhomogene Struktur. Die Lagerungsverhältnisse sind charakterisiert durch einen lateral engräumigen Wechsel von wasserstauenden und wasserleitenden Schichten. Die tonig-schluffigen Beckenablagerungen sind abschnittsweise mit sandig-kiesigen Bändern durchsetzt. An den Flanken der Aufwölbung (Profil I, P-21) befinden sich hydraulische „Fenster". Hier stehen die jüngsten glazifluviatilen Sandschichten mit sandigen Zwischenlagen der Beckenablagerungen und mit den erwähnten inhomogenen Strukturen in Verbindung.

Ein auffallendes Merkmal der Sedimentlagerungsverhältnisse im Untersuchungsgebiet ist auch die Wellenform der Grundmoräne mit einer Aufwölbung bis in die Nähe der Oberfläche bei +33 m NN und dem Abtauchen bis in eine Tiefe von +30 m NN. Die Kurve zeigt eine Wellenlänge von 1 km. Die Horizontbestimmung erfolgt mit Hilfe der Leitschicht vom Typ A.

Die Zusammensetzung der tieferen Geschiebemergelablagerungen (Linie der Sondierungen P-42, P-27, P-26 und ihre Umgebung im südlichen Vorland der Deponie Schöneicher Plan) entspricht einer „ruhigen" dreigegliederten Ausbildung (*Abb. 4.46*). Die Aufwölbungen sind im Profil I im Raum der Sondierungen P-22 bis P-23A im Profil III im Raum der Sondierungen P-39A bis P-38 zu finden. Für die Aufwölbungen ist die schon erwähnte, schnell wechselnde Ausbildung mit komplizierter Lithologie charakteristisch. Als Beispiel dient Profil III, wo durch die nachträgliche Verdichtung der Meßpunkte die einzelnen Stadien der Veränderungen in der Ausbildung gut zu verfolgen sind. Am Sondierungspunkt P-39 (noch am Rande der Aufwölbung) befindet sich bis 11,0 m unter GOK glazifluviatiler Sand, bis 13,0 m unter GOK Geschiebemergel, dann bis 21,8 m unter GOK schwach inhomogene, vereinzelt sandige (teilweise schlierig) tonig-schluffige Beckenablagerung.

Weitergehend zu Punkt 39A nimmt der Anteil des Sandes wesentlich zu (13,6 - 18,6 m unter GOK), es treten häufig Sandlagen mit wenig Schluffanteil auf. Am Sondierungspunkt P-38A sind dicke Sand-Feinkies Bänke (8,4 - 11,1 m und 13,2 - 18,4 m unter GOK) entwickelt, die dem Anschein nach gut wasserleitende Eigenschaften besitzen. Feinkörniges Sediment (schluffiger Ton, vereinzelt sandig) bleibt nur in zwei dünnen Lagen (6,2 - 8,3 m und 11,5 - 13,2 m unter GOK) erhalten. Zum Meßpunkt P-38 wird die Beckenablagerung (zwischen 9,5 - 10,5 m und 12,5 - 14,5 m unter GOK überwiegend sandig) von einer großen Anzahl von Sandlagen durchsetzt. An den Sondierungspunkten P-37 und P-37A keilen die schluffigen Sandbänke aus. Die einzelnen Sandbänke werden zu einer Schicht innerhalb des feinkörnigen Sedimentes zusammengefaßt. Unterlagert wird der Schichtenkomplex von homogenen Tonablagerungen, im Hangenden lagert als Deckschicht weicher Schluff.

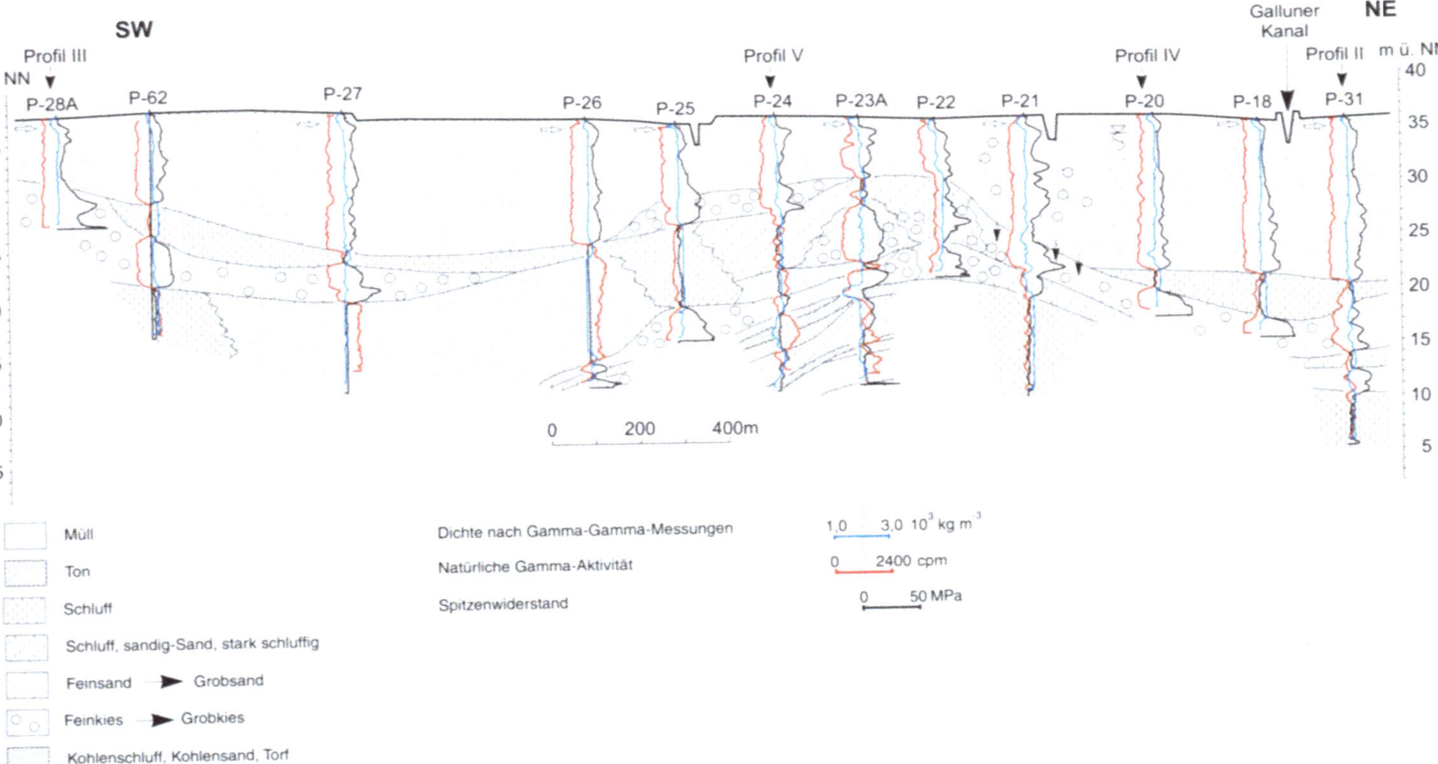

Abb. 4.51: Geophysikalisch-geologisches Profil I aus dem Meßgebiet Schöneiche, ELGI im Auftrag der BGR. Erläuterungen im Text

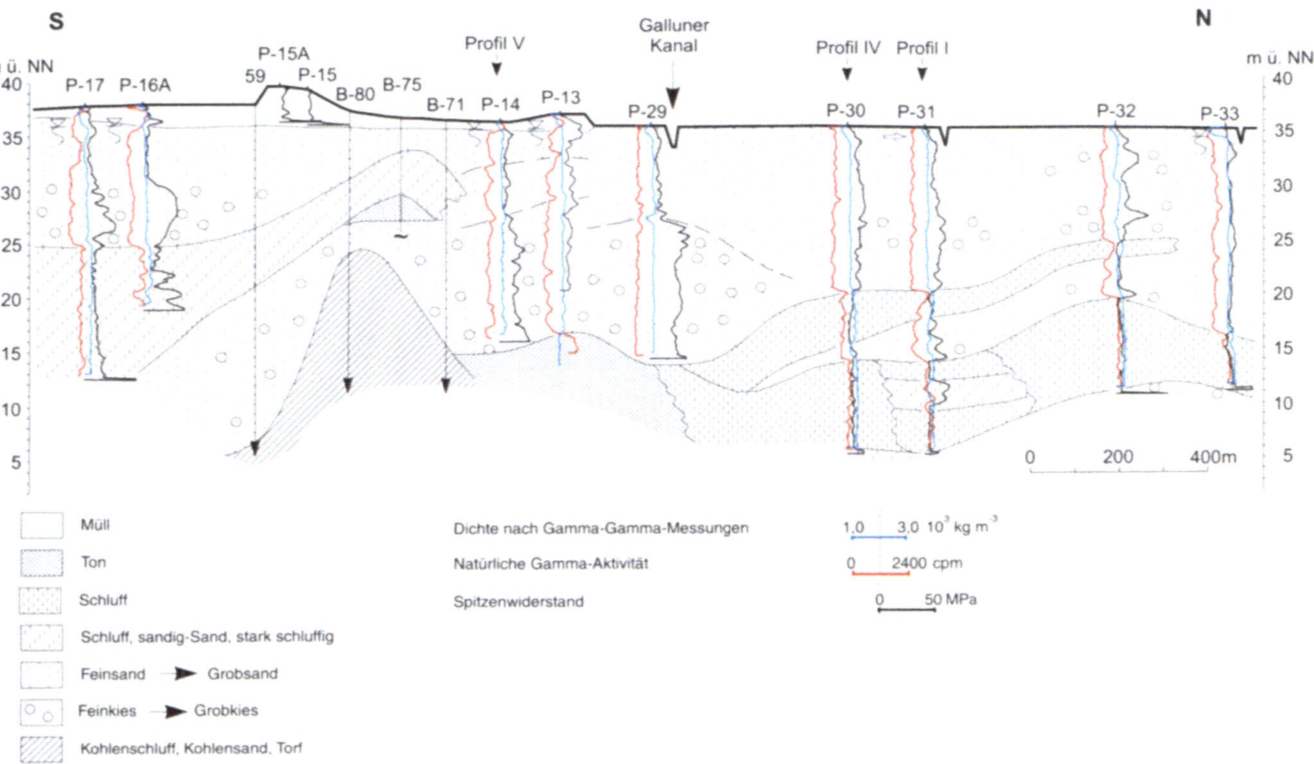

Abb. 4.52: Geophysikalisch-geologisches Profil II aus dem Meßgebiet Schöneiche, ELGI im Auftrag der BGR. Erläuterungen im Text

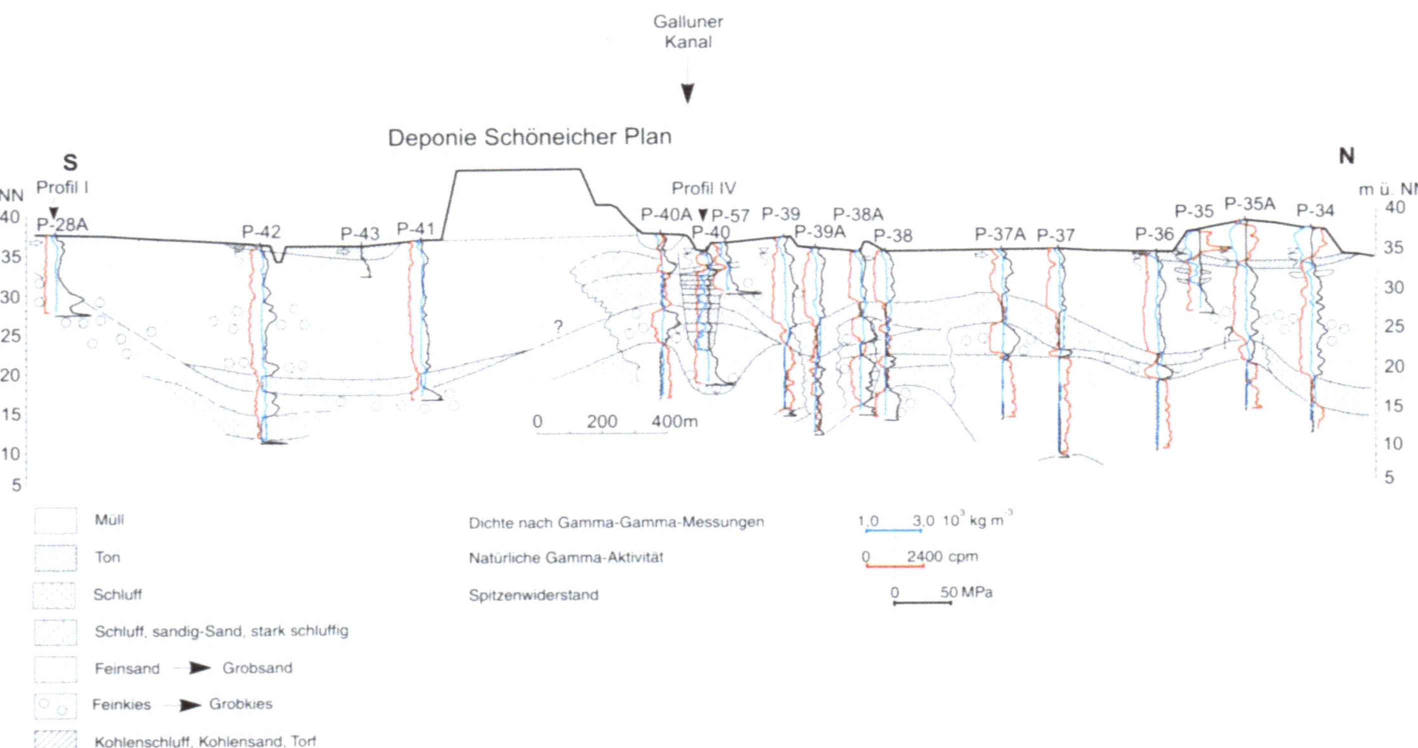

Abb. 4.53: Geophysikalisch-geologisches Profil III aus dem Meßgebiet Schöneiche, ELGI im Auftrag der BGR. Erläuterungen im Text

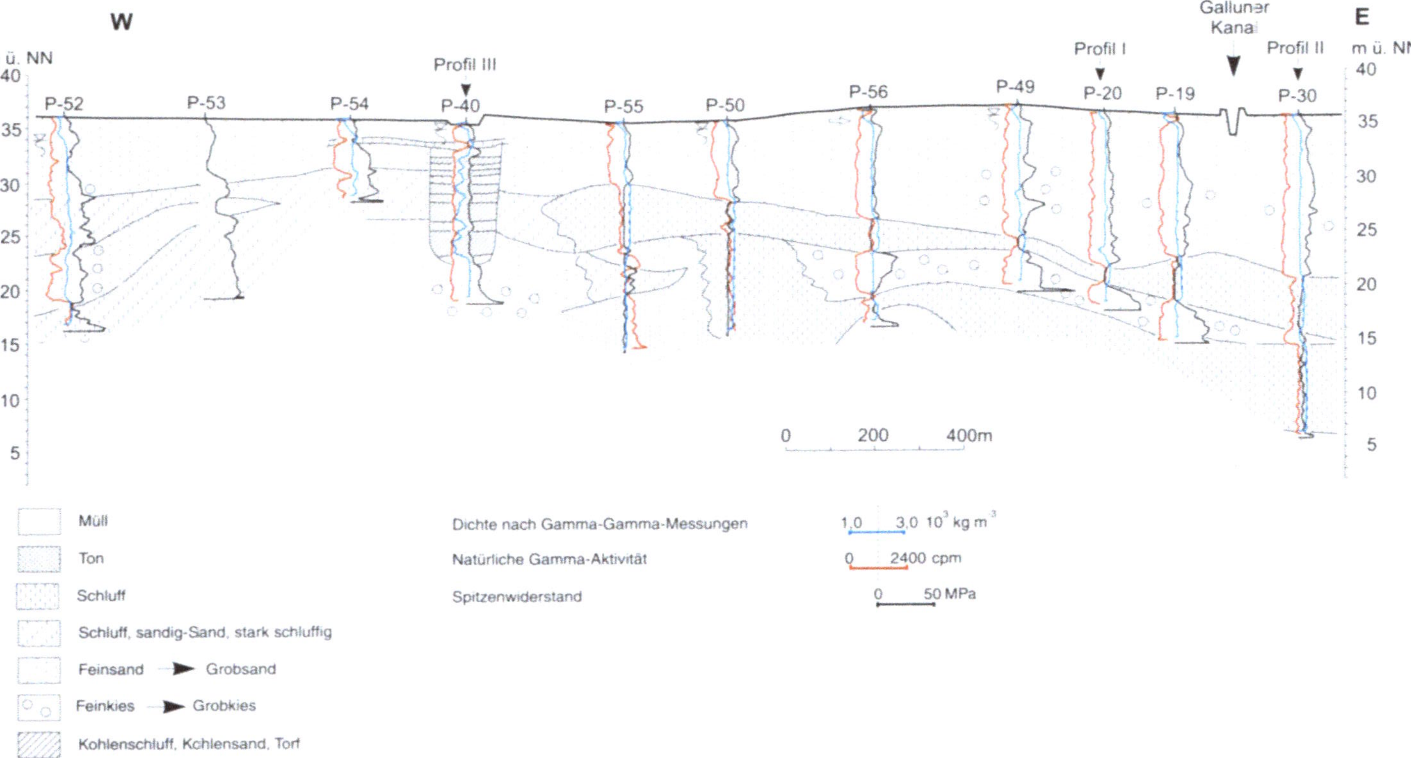

Abb. 4.54: Geophysikalisch-geologisch Profil IV aus dem Meßgebiet Schöneiche, ELGI im Auftrag der BGR. Erläuterungen im Text

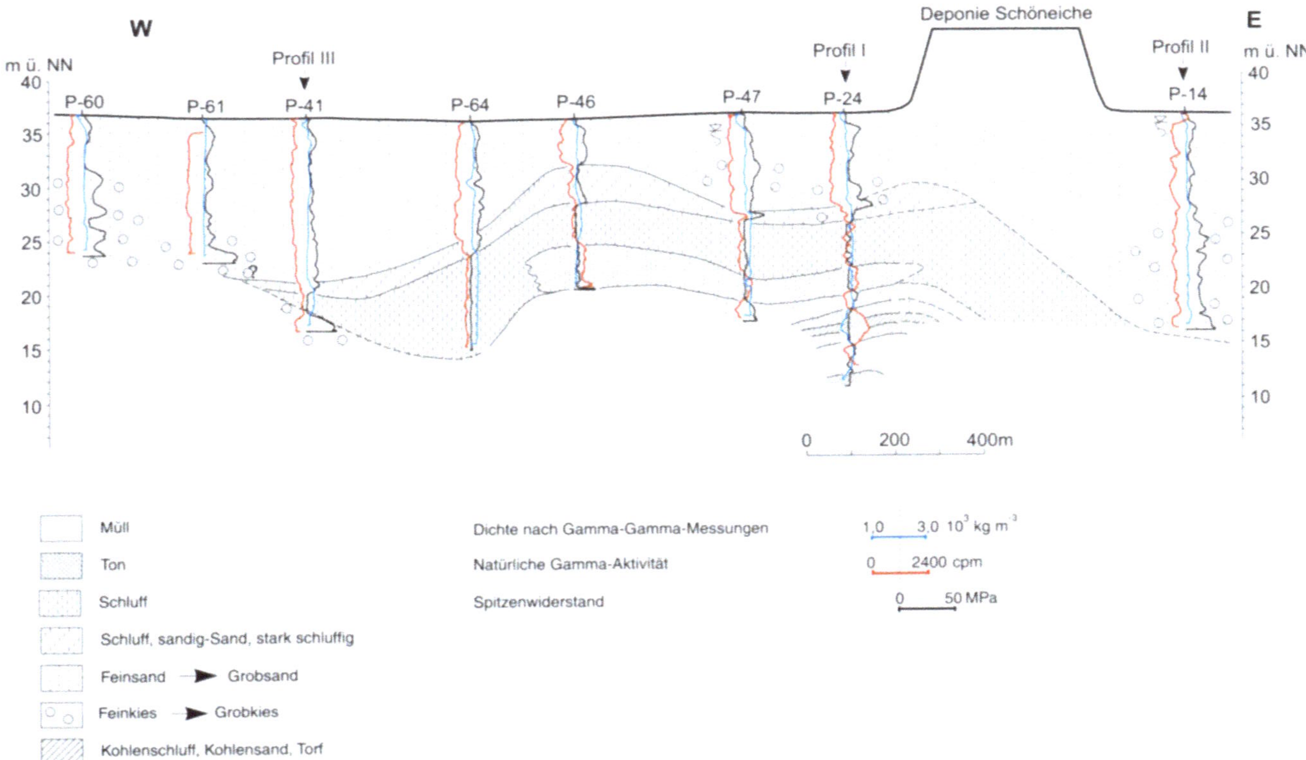

Abb. 4.55: Geophysikalisch-geologisches Profil V aus dem Meßgebiet Schöneiche, ELGI im Auftrag der BGR. Erläuterungen im Text

Weiterhin ist für die hydrogeologische Bewertung das Auskeilen und Ausdünnen der im Liegenden der ersten wasserleitenden Schicht lagernden schluffigen Schicht zu berücksichtigen, wodurch die erste wasserleitende Schicht mit den tiefer liegenden wasserleitenden Schichten in unmittelbare Verbindung kommt. Mit Sicherheit besteht diese Verbindung (hydrogeologisches Fenster) am Punkt P-21 des Profils I und ist sehr wahrscheinlich im Gebiet um den Beobachtungspunkt 35A des Profils III.

Die Profile IV und V zeigen wesentlich „ruhigere" geologische Lagerungsverhältnisse, deren Ursache wahrscheinlich in der Lage der Profilschnitte begründet liegt. Wenn man die Sedimentlagerungsverhältnisse stark vereinfacht, kann man in Richtung NE-SW das wellenförmige Auf- und Abtauchen der Grundmoräne verfolgen. Die Profile I und III stellen deshalb einen Abschnitt in Fallrichtung dar, wohingegen die Profile IV und V einen Abschnitt in Streichrichtung abbilden. Die Bestätigung dieser Annahme erfordert weitere Untersuchungen.

Hinsichtlich der Kontaminationsmöglichkeiten für das Grundwasser kann man feststellen:

1. Der erste wasserleitende Schichtenkomplex hat keinen geologischen Schutz, d. h. die Verschmutzungen können von der Oberfläche ohne Hindernis ins Grundwasser gelangen.
2. Die wasserstauenden Eigenschaften der Beckenablagerungen verändern sich stark in den Bereichen, wo diese Schicht aufgewölbt, oberflächennah lagert. Eingelagerte Sandbänke erhöhen die horizontale Wasserleitfähigkeit innerhalb des Schichtenkomplexes, wobei die Werte der Wasserleitfähigkeit stark schwanken.
3. Die existierenden „hydrogeologischen Fenster" zwischen zwei Einheiten ermöglichen das Eindringen von Verschmutzungen in tiefere Grundwasserleiter.

Im Untersuchungsgebiet befinden sich mehrere Altablagerungen, welche schon seit Jahrzehnten existieren. Die Sondierungen P-34, P-35 und P-35A durchqueren die Deponie am nördlichen Ende des Profils III. Die anthropogene Aufschüttung kann in erster Linie mit den niedrigen Werten der Dichteparameter detektiert werden, eine korrekte Abgrenzung ergibt sich aus der komplexen Interpretation, welche in der Sondierung P-34 verfolgt werden kann. Den Bereich mit der niedrigsten Dichte und geringsten Härte findet man bis 4,5 m unter GOK (Geländeoberkante), gleichzeitig zeigt die natürliche Gamma Aktivität bei 3,8 m unter GOK eine sehr charakteristische Schichtgrenze zwischen Material mit hoher Aktivität im Hangenden und Material mit niedriger Aktivität im Liegenden. Dieses Phänomen wird damit erklärt, daß das ehemals anmoorig-sumpfige Gebiet (lockere, organogene Sedimente, niedrige Aktivität), mit an Asche eventuell Schlacke reichen Abfall (lockeres, mineralisches Material, hohe Aktivität) aufgeschüttet wurde. Die Mächtigkeit der Aufschüttung liegt an den 3 Sondierungspunkten zwischen 3,5 - 6,5 m unter GOK. Der ruhende Wasserpegel und die darüber entstehende durchnäßte Zone befindet sich im Aufschüttungsabschnitt. Der Grundwasserpegel liegt in der Altablagerung 0,8 – 1,0 m höher als in der Umgebung, so daß es zu einem Wasserabstrom und Schadstoffaustrag aus der Altablagerung kommt.

Literatur

AHRENS, H. (1992): Verbundvorhaben Deponieuntergrund Teststandort Schöneiche/-Schöneicher Plan. Vorstudie. Manuskript. UWG GmbH Berlin im Auftrag der BGR.

STICKEL, J. (1994): Ergebnisse der strukturgeophysikalischen Messungen am Teststandort Berlin - Schöneiche. Geophysikalische Penetrationssondierungen. Ergebnisbericht Eötvös Loránd Geophysical Institute of Hungary (ELGI), Budapest im Auftrag der BGR.

4.6 Bohrlochmessungen

GERHARD ZSCHERPE †, DIETER STEINBRECHER & BURCKHARD BURDE

Bohrungen sind ein wichtiges Aufschlußverfahren bei der Erkundung des Untergrundes von Deponien und Altlasten. Zahlreiche Erkundungsbohrungen werden zu Grundwassermeßstellen ausgebaut. Für das Bohren in oberflächennahen Schichten werden kleine, leichte und bewegliche Bohrgeräte für geringe Endteufen und kleine Bohrlochdurchmesser verwendet (Flachbohrtechnik). Das angestrebte Bohrergebnis entsteht durch Überwachung des Bohrprozesses, Beschreibung, Analyse des Bohrgutes sowie Durchführung, Auswertung und Interpretation geophysikalischer Bohrlochmessungen. In Bohrungen und Grundwassermeßstellen werden mit geophysikalischen Bohrlochmeßverfahren ermittelt:

- Physikalische Größen (Dichte, spezifischer elektrischer Widerstand etc.),
- geometrische Größen (Kaliber, Neigung, Azimut etc.) und
- technische Zustände (Verrohrung, Zementation, Tonsperren, Filter).

Durch den Einsatz der Bohrlochgeophysik werden Erkenntnisse über die Eigenschaften der Geologischen Barriere in-situ gewonnen, die über den Informationsgewinn durch den geologischen Aufschluß hinausgehen. Deshalb sind geophysikalische Bohrlochmessungen für die Erkundung ein unverzichtbares Werkzeug. Im Bd. 3 „Geophysik" des Methodenhandbuch wird die Bohrlochgeophysik für Flachbohrungen ausführlich dargestellt.

Im Rahmen geologischer Aufschlußarbeiten für eine tiefe Grundwassermeßstelle nahe der Deponie Schöneiche/Schöneicher Plan (Rechtswert 53 99750, Hochwert 57 89750, Höhe der Rohroberkante über NN 37,62 m) wurde durch die Firmen Celler Brunnenbau GmbH und BLM-GmbH, Niederlassung Storkow als Test- und Kalibrierbohrung ausgebaut und eine repräsentative bohrlochgeophysikalische Vermessung durchgeführt. Die geologische Bearbeitung erfolgte durch das Landesamt für Geowissenschaften und Rohstoffe des Landes Brandenburg. Die Bohrung steht als ausgebaute Grundwassermeßstelle mit 99 m Teufe allen Interessenten für Test- und Kalibrierungsmessungen offen. Der kombinierte Einsatz einer Anzahl handelsüblicher Ringraumabdichtungsmaterialien und einer Reihe unterschiedlicher Rohrverbindertypen kann für Bohrfirmen die Nachweismöglichkeiten der Bohrlochgeophysik demonstrieren. Damit und dem nach ähnlichen Konstruktionsprinzipien auf dem Gelände der Preussag/SBF-GmbH in Peine-Stedterdorf, der Celler Brunnenbau GmbH in Altencelle und der BLM-GmbH in Storkow/Mark errichteten Versuchsmeßstellen, steht jetzt ein Netz von Versuchsobjekten zur Überprüfung, methodischen

Weiterentwicklung und Objektivierung von bohrlochgeophysikalischen Kontrolluntersuchungsmethoden in Brunnen und Grundwassermeßstellen zur Verfügung.

Messung in der Aufschlußbohrung

Die Bohrung wurde als Spülbohrung mit einem nominalen Bohrlochdurchmesser von 180 mm niedergebracht. Nach einer ersten Bohrlochmessung und nach Erreichen der Projektteufe bei 123 m Grobinterpretation vor Ort wurde von den geologischen Bearbeitern die Entscheidung zur weiteren Verteufung in den bei 115 m gerade angeschnittenen Grundwasserleiter bis zum Antreffen des Liegendstauers getroffen.

Die bohrlochgeophysikalische Endvermessung in der Aufschlußbohrung erfolgte nach Erreichen einer Teufe von 173 m. Durch die weiteren ca. 1-wöchigen Bohrarbeiten waren besonders im Bereich bis zur Teufe von ca. 45 m Kalibererweiterungen eingetreten. Wegen nicht ausreichender Standfestigkeit des Gebirges wurde von 0 - 16 m ein Kunststoffstandrohr mit 200 mm Ø eingebaut. Die Bohrung mußte unter Zugabe von Antisol stabilisiert werden. Während der gesamten Meßzeit von ca. 2 Tagen blieb das Bohrloch stabil.

Bei der Auswertung der Widerstandskurven errechnete sich, durch die verlängerte Bohrzeit bedingt, eine Infiltration des Spülungsfiltrats bis zu 8 Bohrlochdurchmessern in die Grundwasserleiter hinein. Das Induktionslog gibt unter diesen Bedingungen in etwa den wahren Schichtwiderstand R_t wieder. Die kontinuierliche Bohrlochabweichungsmessung ergab eine durchschnittliche Neigung von 0,4 Grad in Richtung Nord-West, wodurch sich eine seitliche Versetzung des Endpunktes der Bohrung um 110 cm aus der Senkrechten errechnete.

Das Meßdiagramm der Bohrlochmessungen enthält folgende Messungen (*Abb. 4.56*):

- Kalibermessung (CAL) in mm
- Gamma-Messung (GR) in API-Einheiten
- Elektrische Widerstandsmessung in Ohm m

kleine Normale	16"	- Normale (ELN 16)
große Normale	64"	- Normale (ELN 64)
kleine Normale	0,25 m	- Normale (ELKN)
große Normale	1,00 m	- Normale (ELGN)
Mikrolaterolog (MLL)		

- Gamma-Gamma-Dichte-Messung (GGD) in g/ccm = 10^3 kg m^{-3}
- Neutron-Neutron-Messung (NN) in Wassereinheiten (WE)

- Messung der magnetischen Suszeptibilität (MAL) in relativen Einheiten

Die Widerstandsmessungen und die Neutron-Neutron-Messung zeigen in den Teufenbereichen 32,8 - 61,2 m und 80,2 - 98,7 m mächtige Sandhorizonte an. Nach der Gamma-Messung, den Widerstandsmessungen und der Dichtemessung sind stark differenzierte Schluffhorizonte in den Teufenintervallen 11,2 - 23,7 m und 61,2 - 80,2 m angetroffen worden. Die Suszeptibilitätsmessung und die Mikrowiderstandsmessung besitzen, wie aus dem Kurvenbild ersichtlich, eine vertikale Auflösung im Zentimeterbereich.

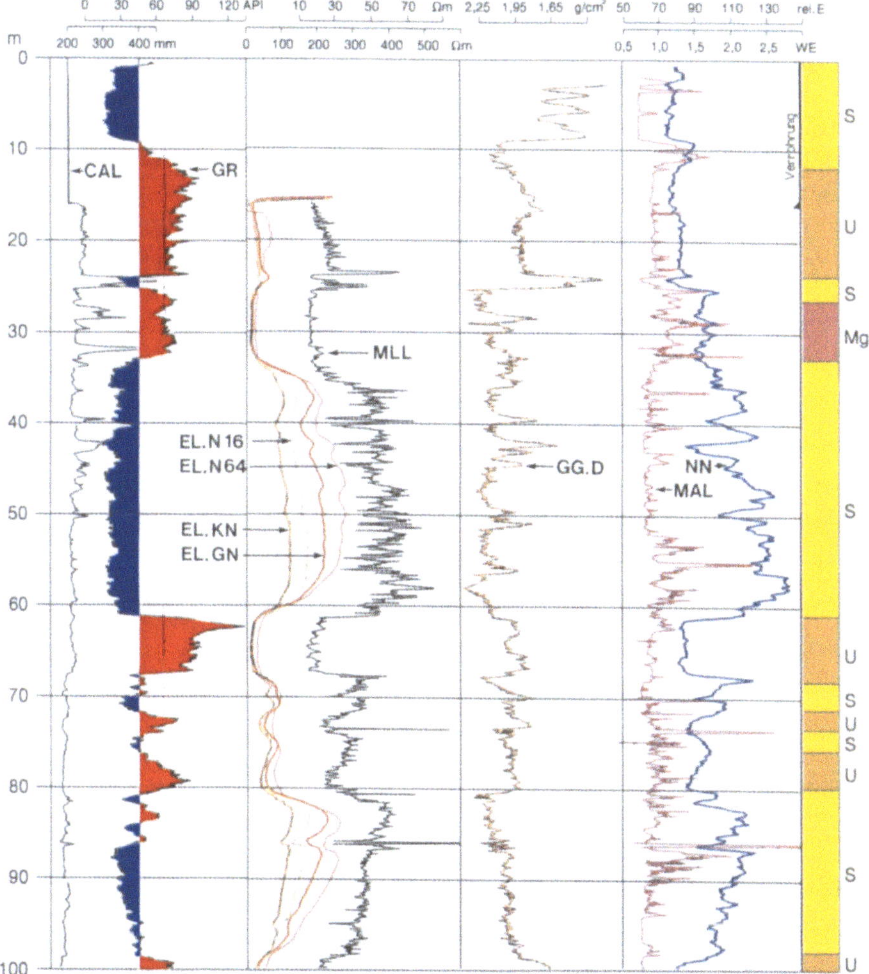

Abb. 4.56: Teststandort Schöneiche, Lockergestein, Messung im offenen Bohrloch. BLM im Auftrag der BGR. Erklärung siehe Text. Vereinfachte lithologische Gliederung: S - Sand, U - Schluff, Mg - Mergel.

Messungen in der ausgebauten Meßstelle

Für den vorgesehenen Ausbau als Meßstelle wurde die Bohrung bis in 110 m Teufe mit einem Nominaldurchmesser von 300 mm erweitert und im Anschluß eine Kalibermessung durchgeführt. Nach Einbau des Filter- und Standrohrstranges wurden einige „Nullmessungen" für die bohrlochgeophysikalische Ausbaukontrolle durchgeführt (Gamma-Ray, BR-FEL, GG, NN, MAL jeweils mit Beleg). So wird gesichert, daß bei der Endkontrolle die Meßwertdifferenzen zwischen nur spülungsgefülltem und dem mit Hinterfüllmaterial verbautem Ringraum nachvollzogen werden können. Besonders effizient ist diese Methode dabei in den Bereichen, in denen im Ringraum Ton-Zement-Suspensionen verpreßt wurden. Das Standrohr besteht aus Kunststoff DN 125. Entsprechend der Projektvorgaben wurden dazu Rohre unterschiedlicher Hersteller eingesetzt. Die Verbindungen zwischen ihnen sind mit verschiedenen „Muffen"-Typen realisiert worden.

Im Filterbereich wurde abschnittsweise „Bayrischer Kies" und „Rhein-Kies" geschüttet. Im Bereich der Aufsatzrohre kamen programmgemäß meist in mehrere Meter langen Abschnitten folgende handelsübliche Verfüllmaterialien zum Einsatz (Handelsnamen):

- Duranit
- Toku 5 H MM
- Friedländer Ton
- Witterschlicker Ton
- Compactonit
- Quellon-WP
- Quellon-HD
- Nordischer Kies
- Bayrischer Kies
- Zement/Bentonit/Monazit-Mischung
- Dämmer-Suspension
- Brutoplast-Tonzementsuspension

Abb. 4.57 enthält das Meßdiagramm und den Ausbauplan der Meßstelle.

Meßprogramm:

- Gamma-Messung (GR) in API-Einheiten
- Magnetiklog (MAL) in relativen Einheiten
- Gamma-Gamma-Messung, kurzes Spacing (GGK) in cps
- Neutron-Neutron-Messung (NN) in Wassereinheiten (WE)

Elektrische Leckagen in isolierenden PVC-Rohren sind im Brunnen-FEL durch deutliche Widerstandsminima charakterisiert, doch reagiert dieses Meßverfahren auch auf andere Einflußfaktoren sensibel (spezifischer elektrischer Widerstand des Fluids, Kaliber). Eine elektrische „Durchlässigkeit“ ist nicht in jedem Fall eine hydraulische Undichtheit. Wie *Abb. 4.57* zeigt, sollte wegen der unterschiedlichen Eigenschaften des Ringraumfüllungsmaterials von Brunnen und Grundwassermeßstellen in der Regel mit mehreren Meßverfahren diagnostiziert werden. Die Kieshinterfüllungen sind sehr gut in den Neutron Neutron-Messungen zu erkennen. Die anderen Hinterfüllungsmaterialien können mit den Gamma-, Gamma-Gamma- und Magnetik-Messungen bestimmt werden.

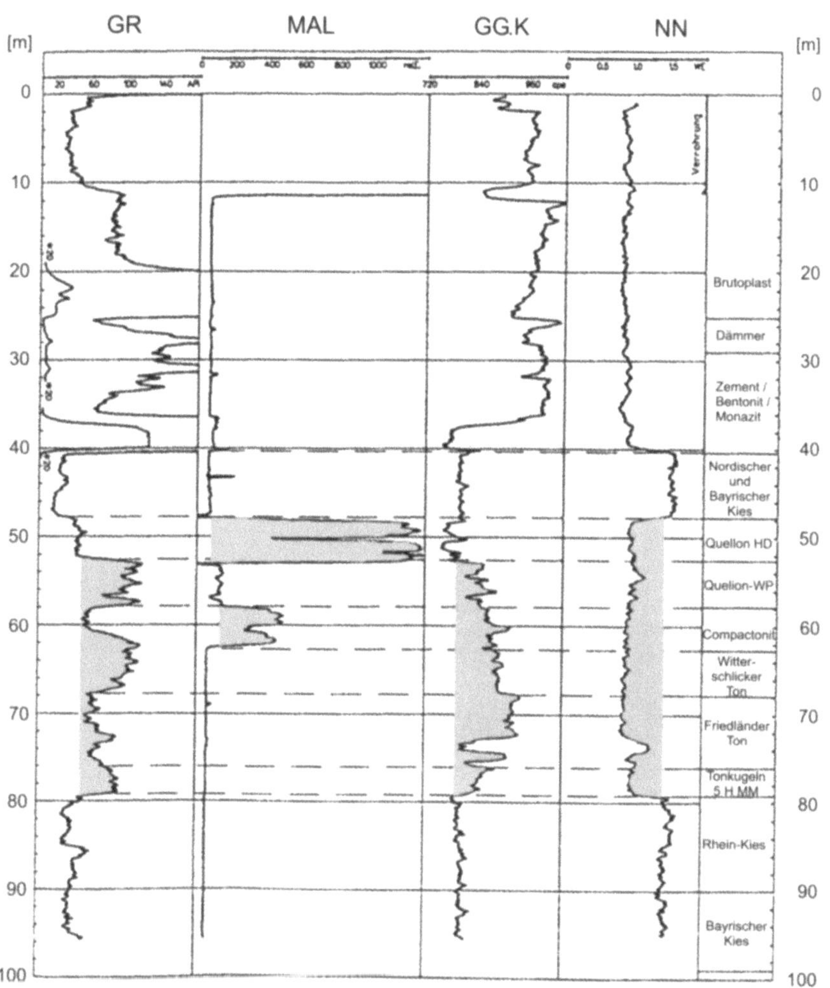

Abb. 4.57: Teststandort Schöneiche, Ausbaukontrolle der Grundwassermeßstelle. Indikationen verschiedener Hinterfüllungen hinter PVC-Verrohrung. BLM im Auftrag der BGR. Erklärung siehe Text

Literatur

BURDE, BURCKHARD (1994): Bericht zu den Ergebnissen geophysikalischer Bohrlochmessungen bei der Errichtung einer Grundwassermeßstelle mit Spezialausbau an der Deponie Schöneiche am Bohrpunkt DS 1/94. Unveröff. Bericht, BLM, Niederlassung Storkow im Auftrag der BGR.

4.7 Milieusondenmessungen

KLAUS KNÖDEL & GERHARD LANGE

Zur Bewertung der Umweltbelastungen eines Gebietes gehört die Erkundung der Beschaffenheit der Grund- und Oberflächenwässer sowie die Prognose von deren Entwicklung. Der Zustand der Wässer ist abhängig von der Struktur und vom Stoffbestand des Untergrundes (Böden und Gesteine), von der Menge und dem Chemismus der Niederschläge sowie von anthropogenen Veränderungen (z. B. Ablagerung von Abfällen). In Grund- und Oberflächenwässern laufen physikalische, chemische und biologische Prozesse ab. Somit ändert sich die Beschaffenheit der Wässer in Raum und Zeit.

Eine Methode zur Erkundung der Beschaffenheit von Grund- und Oberflächenwässern ist die Messung der Milieuparameter, elektrische Leitfähigkeit, Temperatur, pH-Wert und Redoxpotential. Aus den Meßergebnissen können folgende Erkenntnisse über die Wasserqualität abgeleitet werden:

- Die elektrische Leitfähigkeit ist ein Maß für die Konzentration ionisierbarer gelöster Stoffe im Wasser und erlaubt damit eine schnelle Abschätzung der chemischen Beschaffenheit der Wässer.
- Die Temperatur gibt Hinweise auf exotherme Reaktionen. Das Lösungsverhalten und die Geschwindigkeit von Reaktionen sind temperaturabhängig. Für die elektrische Leitfähigkeit, den pH-Wert sowie für das Redoxpotential wird die Temperatur als Korrektur- und Bezugsgröße benötigt. Die Temperaturen der Grund- und Oberflächenwässer zeigen bis zu einer bestimmten Tiefe einen jahreszeitlichen Gang. Die Tiefe, wo die jährlichen Temperaturschwankungen kleiner als 0,1 °C sind, wird neutrale Zone genannt. Sie liegt für Grundwässer in gemäßigten Breiten bei etwa 15 m. Im oberflächennahen Bereich sind die Temperaturschwankungen abgängig vom Bewuchs (unter Wald geringer als unter einer Wiese). Die Temperatur der neutralen Zone entspricht etwa der mittleren Jahrestemperatur des Ortes. Die Grundwassertemperaturen werden auch beeinflußt durch die Grundwasserneubildung, Fließ- und Lösungsvorgänge sowie anthropogene Faktoren.
- Der pH-Wert beeinflußt die Löslichkeit zahlreicher Stoffe (insbesondere der Schwermetalle) und damit deren Mobilität. Er zeigt als Funktion der Wasserstoffionenkonzentration an, ob eine wäßrige Lösung sauer, neutral oder basisch reagiert.
- Das Redoxpotential (richtiger die Redoxspannung) ist ein Maß für die Aktivität der im Wasser gelösten oxidierenden und reduzierenden Stoffe.

Die Milieuparameter werden mit einer kombinierten Sonde in-situ in Grundwassermeßstellen als Funktion der Tiefe gemessen (Profilvermessung). Die Sonden sind so gestaltet, daß sie in Peilrohren ab 2 Zoll Durchmesser einsetzbar sind. Die mit einem mobilen Datenerfassungsgerät aufgezeichneten Meßwerte können bereits im Gelände als Leitfähigkeits-Tiefen-Profile etc. dargestellt und hinsichtlich der Beschaffenheit von Grund- und Oberflächenwässern ausgewertet werden.

Abbildung 4.58 zeigt die Lage von zehn ausgewählten Grundwassermeßstellen im Untersuchungsgebiet, in denen Milieusondenmessungen im Oktober und Dezember 1994 sowie im Februar, April und Juni 1995 durchgeführt wurden, sowie die Lage der betriebenen Deponien Schöneiche, Schöneicher Plan zur Orientierung. Die Ergebnisse der Milieusondenmessungen zeigen die *Abb. 4.59* bis *4.62*. Bei allen Pegeln ist eine sehr gute Reproduzierbarkeit der Milieuparameter zu beobachten.

Die Hauptgrundwasserfließrichtung ist SSW - NNE (s. a. Kap. 4.3). Die mittlere Tiefe des Wasserspiegels für die Grundwassermeßstellen ist *Tab. 4.4* zu entnehmen. Die Pegel schließen den obersten Grundwasserleiter auf und sind voll verfiltert. Die Bohrungen durchteuften überwiegend sandige bis schluffige Schichten und endeten an mächtigeren abdichtenden Geschiebemergelschichten, die aber nicht aushaltend sind.

Tab. 4.4: Mittlere Tiefe des Wasserspiegels unter der Rohroberkante (ROK)

Meßstelle	Tiefe des Wasserspiegels in m
P62	1,6
P63	5,0
P64	2,3
P65	3,1
P66	3,5
P67	3,2
P68	8,0
P69	2,6
P70	3,5
P71	1,8

Die Ergebnisse der Milieusondenmessungen in den Grundwassermeßstellen P65, P66, P67, P68 und P70 spiegeln die geogene Beschaffenheit des Grundwassers (Trinkwasserqualität) wider: Die elektrische Leitfähigkeit liegt bei allen Messungen in diesen Pegeln zwischen 350 und 600 $\mu S\ cm^{-1}$. Das Wasser ist neutral bis schwach basisch. Die Wassertemperatur im tieferen

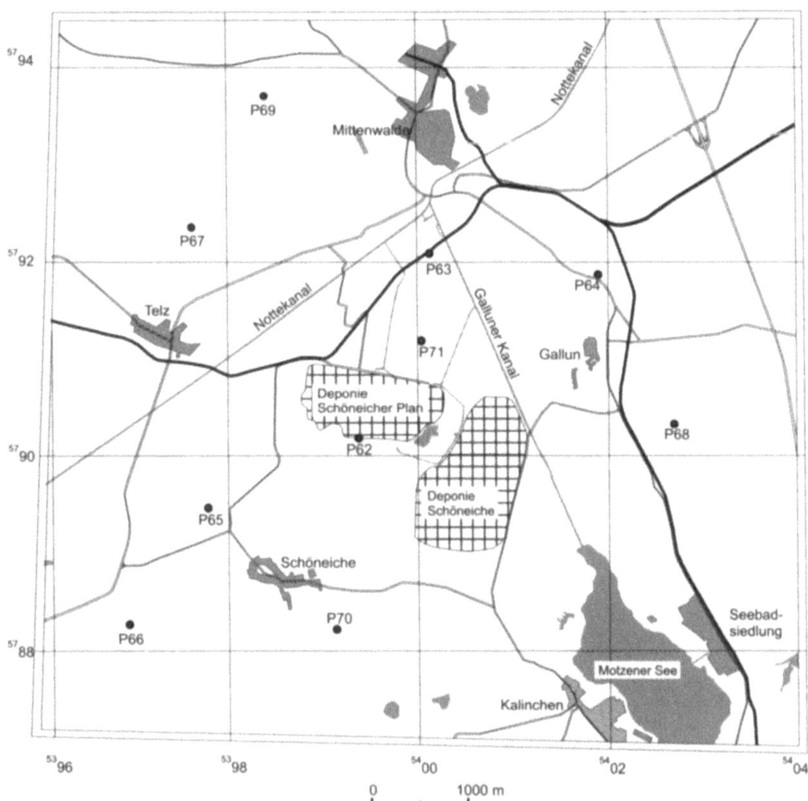

Abb. 4.58: Untersuchungsgebiet Schöneiche - Mittenwalde mit zehn ausgewählten Grundwassermeßstellen P62 - P71, in welchen wiederholt Milieusondenmessungen durchgeführt wurden. Weitere Erklärungen im Text

Bereich der Pegel entspricht mit 9,2 bis 9,5 °C dem langjährigen Jahresmittel der Lufttemperatur der Region. Im oberen Bereich sind abhängig von der Tiefe des Wasserspiegels die jahreszeitlichen Temperaturschwankungen zu beobachten. Die höchsten Temperaturen werden bei den Messungen im Oktober festgestellt, wenn sich das Sommermaximum der Jahrestemperaturwelle bis in die Tiefen des Pegels ausgebreitet hat. Größere Unterschiede gibt es in den Grundwassermeßstellen P65, P66, P67, P68 und P70 bei den Redoxspannungen, die zwischen + 300 und - 300 mV liegen. Die Wässer in den Pegeln P65, P68 und P70 sind stärker reduzierend, während die Wässer in den Meßstellen P66 und P67 als schwach reduzierend einzustufen sind. Das Redoxpotential wird generell mit der Tiefe kleiner und deutet auf eine Zunahme des reduzierendes Milieus hin.

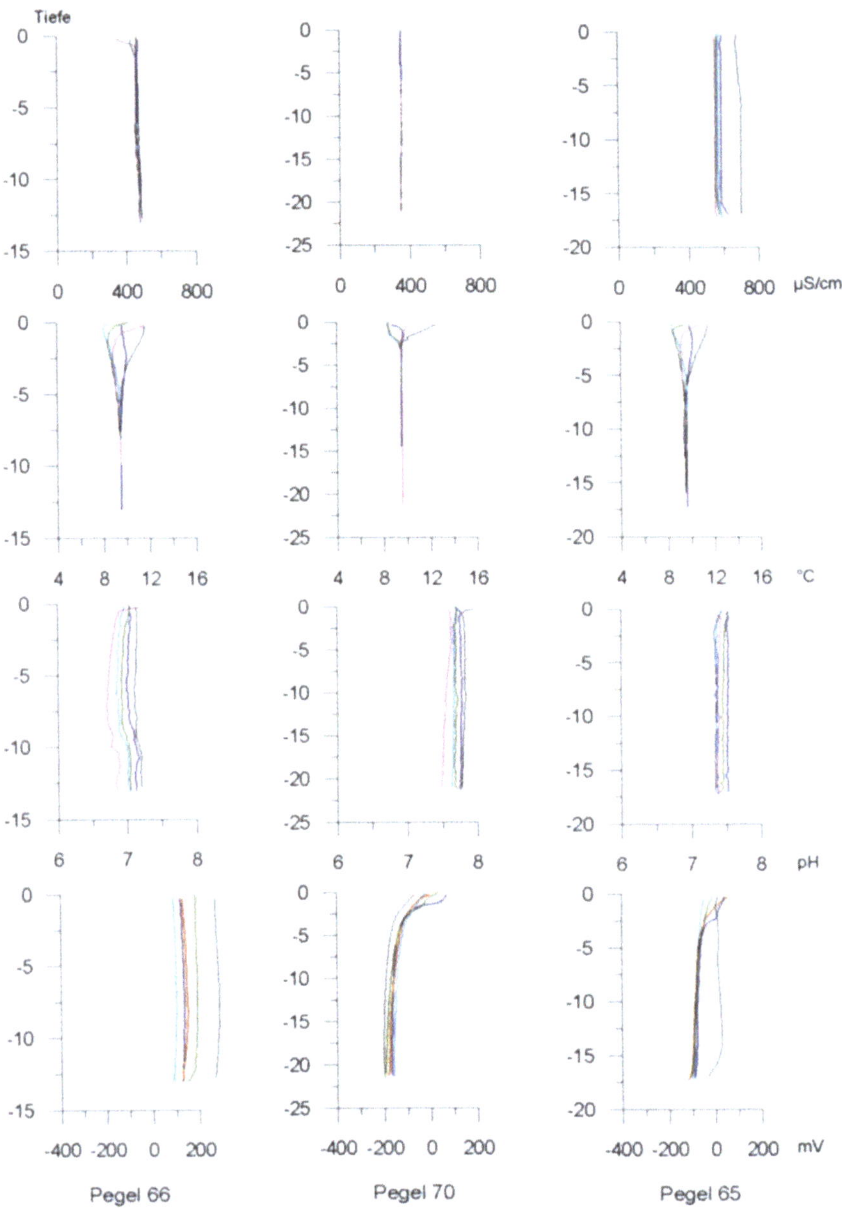

Abb. 4.59: Ausgewählte Milieusondenprofilvermessungen in den Grundwassermeßstellen P66, P70, P65. Dargestellt sind von oben nach unten die elektrische Leitfähigkeit, die Temperatur, der pH-Wert und das Redoxpotential als Funktion der Tiefe unter dem Wasserspiegel für fünf Meßzeiten. Erklärungen im Text

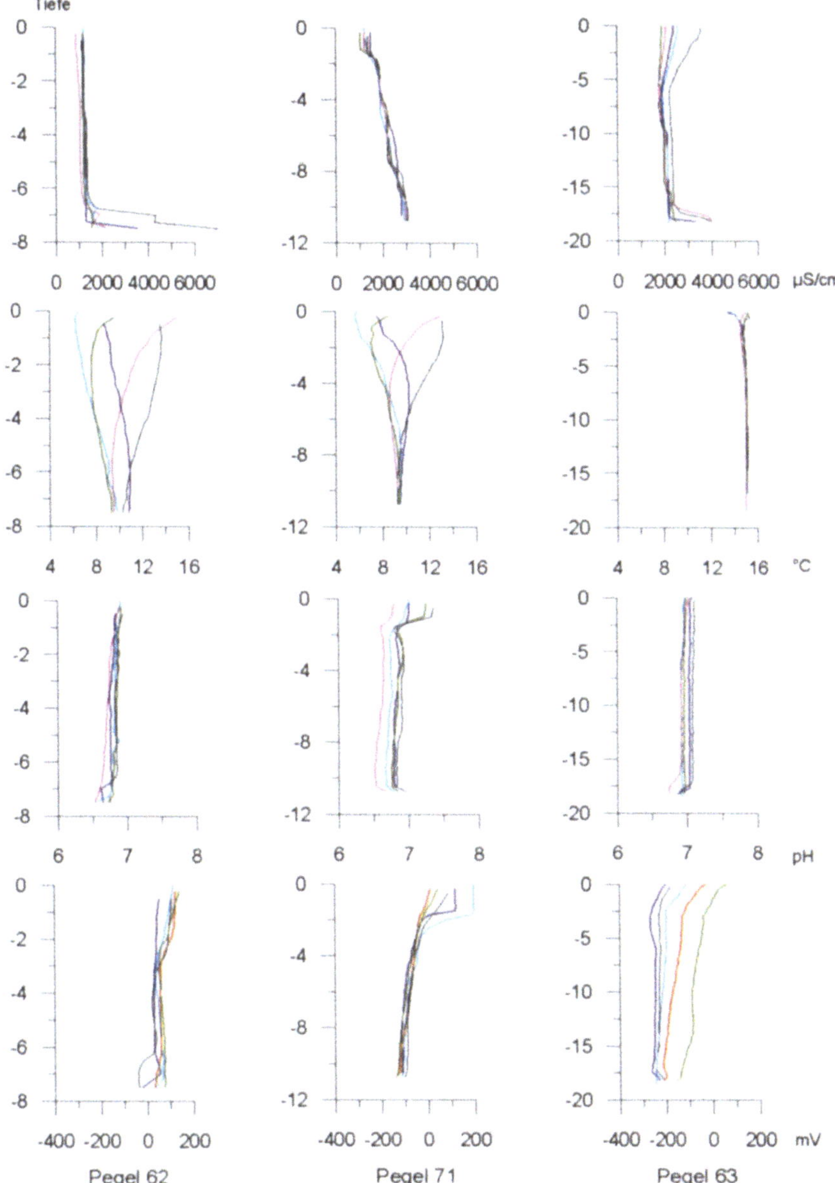

Abb. 4.60: Ausgewählte Milieusondenprofilvermessungen in den Grundwassermeßstellen P62, P71, P63. Dargestellt sind von oben nach unten die elektrische Leitfähigkeit, die Temperatur, der pH-Wert und das Redoxpotential als Funktion der Tiefe unter dem Wasserspiegel für fünf Meßzeiten. Erklärungen im Text

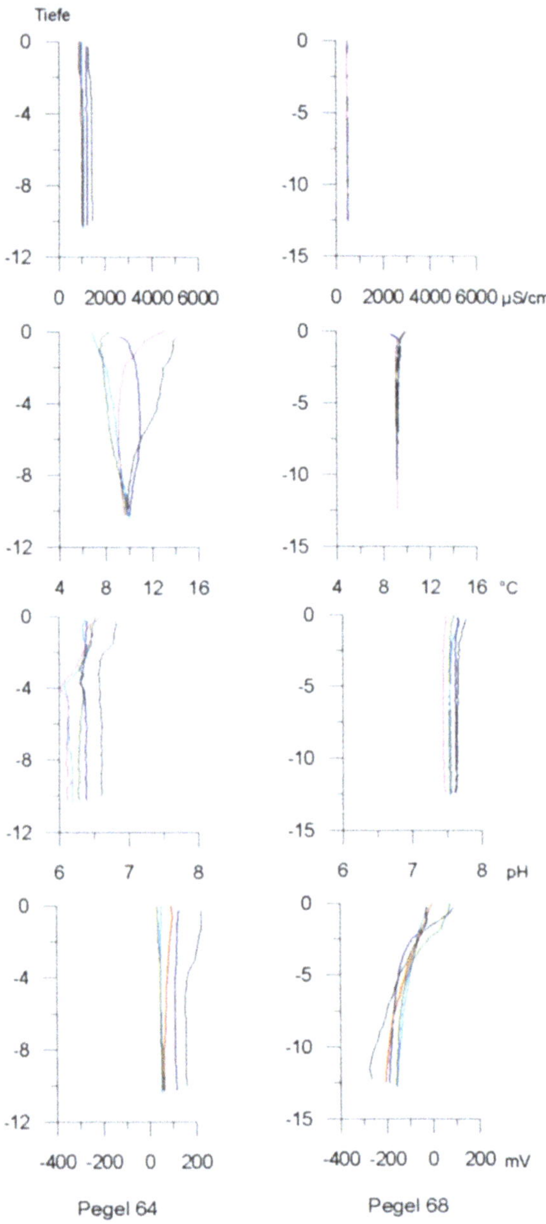

Abb. 4.61: Ausgewählte Milieusondenprofilvermessungen in den Grundwassermeßstellen P64, P68. Dargestellt sind von oben nach unten die elektrische Leitfähigkeit, die Temperatur, der pH-Wert und das Redoxpotential als Funktion der Tiefe unter dem Wasserspiegel für fünf Meßzeiten. Erklärungen im Text

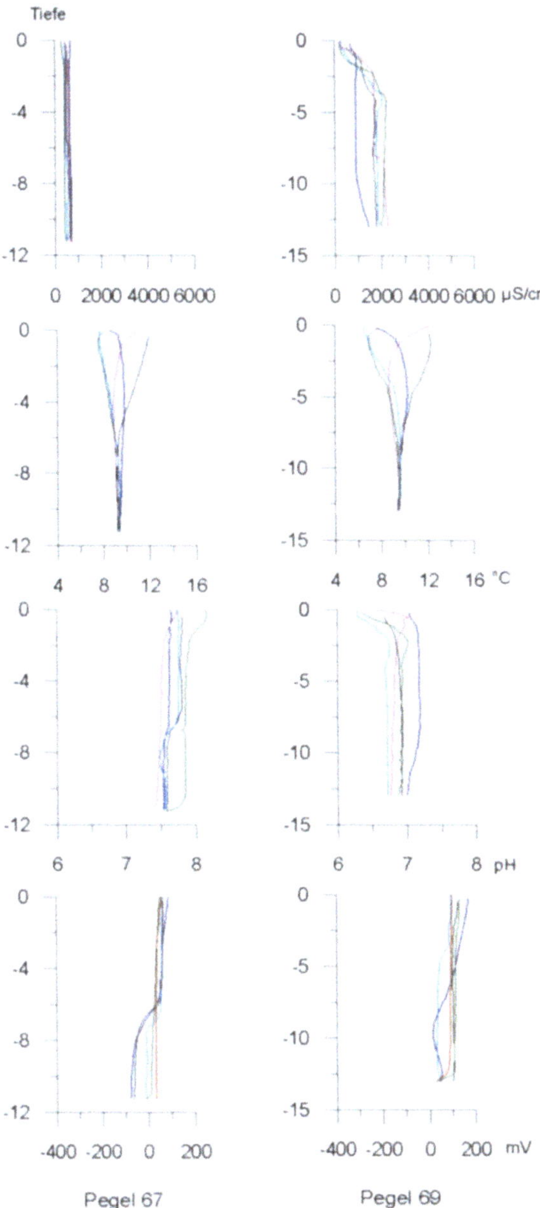

Abb. 4.62: Ausgewählte Milieusondenprofilvermessungen in den Grundwassermeßstellen P67, P69. Dargestellt sind von oben nach unten die elektrische Leitfähigkeit, die Temperatur, der pH-Wert und das Redoxpotential als Funktion der Tiefe unter dem Wasserspiegel für fünf Meßzeiten. Erklärungen im Text

Das Grundwasser in den Meßstellen P62, P63, P64, P69 und P71 zeigt anthropogene Veränderungen. Bei der Temperatur ist nur der Pegel P63 auffällig. Die erhöhte Grundwassertemperatur von etwa 15 °C (mehr als 5 °C über dem regionalen Wert) weist auf exotherme Reaktionen hin. Die pH-Werte mit 6 bis 7 sind gegenüber den unbelasteten Wässern zum schwach sauren Bereich verschoben. Die Redoxspannungen liegen für die Meßstellen P62, P63, P64, P69 und P71 zwischen + 200 und - 300 mV. Wie bei den unbelasteten Wässern ist das Milieu uneinheitlich als schwach bis stärker reduzierend zu bezeichnen. Generell ist eine Abnahme der Redoxspannung mit der Tiefe zu verzeichnen, was auf eine Zunahme des reduzierenden Milieus hinweist.

Wichtigster Indikator für anthropogene Veränderungen ist die elektrische Leitfähigkeit. P62 hat in der Wassersäule von 0 bis 6 m eine mittlere Leitfähigkeit von 1 300 $\mu S\ cm^{-1}$. Zwischen 6 und 7,5 m steigt die Leitfähigkeit auf mehr als 4 000 $\mu S\ cm^{-1}$ an. Offensichtlich sammeln sich schadstoffbelastete Wässer auf der abdichtenden Geschiebemergelschicht. P62 steht am Südrand der Deponie Schöneicher Plan (Anomalie 52 der Karte der geochemischen Multielementanomalien *Abb. 5.30* sowie Verdachtsfläche 24 der *Abb. 5.2* im Kap. 5 Geochemische Untersuchungen). Ursache der erhöhten Leitfähigkeit ist neben dem Einfluß der Großdeponie eine alte Abfallablagerung.

Der Pegel P63 steht im Bereich einer alten Aschedeponie (Anomalie 32 der Karte der geochemischen Multielementanomalien *Abb. 5.30* sowie Verdachtsfläche 9 der *Abb. 5.2* im Kap. 5). Die Leitfähigkeit von mehr als 2 000 $\mu S\ cm^{-1}$ zeigt eine Belastung der Grundwässer durch die Salzfracht aus der Altablagerung an. Auch in diesem Pegel sammeln sich offensichtlich schadstoffbelastete Wässer auf der abdichtenden Geschiebemergelschicht. Saisonale Leitfähigkeitsänderungen in den oberen 5 m des Grundwassers dürften ihre Ursache in Lösungsvorgängen bei der Grundwasserneubildung (Unterschiede in der Niederschlagsmenge) haben. Das Wasser ist neutral, was wahrscheinlich eine Folge des hohen Aschegehaltes in der Altablagerung ist.

Ursache der erhöhten Leitfähigkeiten (mehr als 1 000 $\mu S\ cm^{-1}$) im Grundwasser der Meßstelle P64 (Anomalie 34 und 35 der Karte der geochemischen Multielementanomalien *Abb. 5.30* im Kap. 5) dürften Landwirtschaftseinflüsse (Ausbringen von Klärschlamm) sein. Die erhöhten Leitfähigkeiten (1 000 bis 2 300 $\mu S\ cm^{-1}$) im Grundwasser von P69 sind wahrscheinlich auf Abgänge eines ehemaligen Mastbetriebes (Anomalie 4 der Karte der geochemischen Multielementanomalien *Abb. 5.30* sowie Verdachtsfläche 50 der *Abb. 5.2* im Kap. 5) zurückzuführen.

Der Pegel P71 liegt im Abstrom der Deponie Schöneicher Plan (Anomalie 46 der Karte der geochemischen Multielementanomalien *Abb. 5.30* im Kap. 5). Die Leitfähigkeit steigt von oberflächennah etwa 1 000 $\mu S\ cm^{-1}$ auf etwa 3 000 $\mu S\ cm^{-1}$ an, d. h. die Belastung des Grundwassers nimmt mit der

Tiefe zu. Leitfähigkeit, pH-Wert und Redoxpotential zeigen oberflächennah den Einfluß der Grundwasserneubildung oder den Zustrom unbelasteter oder wenig belasteter Wässer. Als Ursachen für die Belastung des Grundwassers an diesem Pegel kommen neben dem Deponieeinfluß auch Altablagerungen in Betracht.

5 Geochemische Untersuchungen

MANFRED BIRKE, UWE RAUCH & BEATE KEILERT[1]

Da die hier dargestellten geochemischen Untersuchungen vor 1997 durchgeführt wurden, entsprechen die angegebenen und in der Bewertung berücksichtigten Grenzwerte den zu dieser Zeit gültigen Festlegungen.

Die geochemischen Forschungsarbeiten im Untersuchungsgebiet Schöneiche - Mittenwalde hatten das Ziel, das komplexe chemische Inventar von Böden und Gewässersedimenten (Oberflächenbereich) im Umland der Deponien Schöneiche und Schöneicher Plan nach Grundbelastung und Fremdstoffeintrag differenziert zu bewerten. Die eingesetzte geochemische Untersuchungsmethodik der regionalen Oberflächengeochemie liefert Informationen über das exogene geochemische Grundangebot, d. h. den (natürlichen) geogenen Einfluß auf das komplexe System Umwelt sowie den anthropogen/technogen bedingten Elementanteil und deren Ursachen.

Mit der umweltgeochemischen Bestandsaufnahme des Untersuchungsgebietes wurde eine breite Emissionsstruktur von Industrie- bzw. Produktionsprozessen, Müllentsorgungsflächen (Hausmülldeponien, gemischte Deponien, Industrierückstände) sowie Altablagerungen unterschiedlicher stofflicher Zusammensetzung und die Einflüsse der intensiven landwirtschaftlichen Nutzung im Oberboden nachgewiesen und geochemisch charakterisiert. Aus dem regionalen (lateralen) Verteilungstrend lassen sich anthropogene Schwermetallanreicherungen vom geogenen Untergrund abgrenzen und belastungsgefährdete Bereiche im Untersuchungsgebiet ausweisen.

Auf der Basis der regionalen Verteilung von organischen und anorganischen Schadstoffen und der Differenzierung des geochemischen Milieus können Gesetzmäßigkeiten über das Migrationsverhalten der ökotoxischen Elemente einschließlich einer Gefährdungsabschätzung für den Bereich bis zum ersten Grundwasserleiter abgeleitet werden.

Die geochemische Charakterisierung der regionalen Schadstoffmigration und des Belastungszustandes im exogenen geochemischen Feld des Untersuchungsgebietes liefert die wissenschaftlichen Grundlagen für die Einschätzung der Deponieeinflüsse auf das nähere Umland sowie für die umweltgeochemische Identifizierung unterschiedlicher im Untersuchungsgebiet verbreiteter kontaminierter Standorte und teilweise bisher nicht bekannter Kontaminationsquellen. Die Ergebnisse der umweltgeochemischen Bestandsaufnahme des Gebietes Schöneiche - Mittenwalde in Form von Einzel- und Multi-

[1] Hydrogeochemie der Oberflächenwässer

elementkarten in den verschiedenen Medien des exogenen geochemischen Feldes gestatten es,

- den geochemischen Istzustand, d. h. den Belastungszustand sowie die Schadstoffausbreitung und -akkumulation zu charakterisieren,
- die regionalen, geogenen, geochemischen Hintergrundwerte des Untersuchungsgebietes unter Berücksichtigung des Berliner Umlandes zu erfassen und zu quantifizieren,
- die durchschnittliche geogene Belastung der Ausgangsmaterialien der Bodenbildung darzustellen,
- Trendaussagen zur regionalen Schadstoffverteilung unter Beachtung des regionalen und lokalen geochemischen Milieus abzuleiten sowie
- die Beurteilung zukünftiger Veränderungen des Oberflächenmilieus und die Lokalisierung von Grundwassergefährdungen vorzunehmen.

5.1 Standortsituation und Untersuchungsstrategie

Zur Bewertung möglicher Schadstoffexpositionen oder Nutzungsgefährdungen benötigt man genaue Kenntnisse über die Emissionssituation bzw. über die jeweiligen Emissionspfade der potentiellen Kontaminationsquelle zu den lokalen Expositionsorten. Als wichtigste Kontaminationsquellen für das exogene geochemische Feld müssen im Untersuchungsgebiet die beiden in Betrieb befindlichen Deponien angesehen werden.

Die Deponie Schöneicher Plan umfaßt ca. 80 ha und wurde ab 1920 in aufgeschlossenen Tongruben angelegt. Untersuchungen von GREBNER (1994) bestätigen, daß der Deponiekörper im Mittel bis etwa 9 m, z. T. bis über 20 m unter Gelände reicht. Die Deponie Schöneicher Plan diente neben der Entsorgung der Berliner Abfälle und des Berliner Stadt- und Siedlungsmülls lange Zeit auch als Schadstoffdeponie. Für die Zusammensetzung des Mülls bedeutet dies, daß neben Hausmüll und Gewerbeabfällen auch Bodenaushub, Bauschutt und Sonderabfälle der Industrie in fester und flüssiger Form zur Ablagerung kamen. Als Siedlungsabfälle werden im Sinne des Abfallbeseitigungsgesetzes Hausmüll, hausmüllähnliche Gewerbeabfälle, Sperrmüll und Straßenkehricht angesehen. Bei eigenen Begehungen der Deponie in den Jahren 1993 und 1994 konnte auch die Entsorgung von toxischen Chemikalien im Zentralbereich der Deponie beobachtet werden. Über den Kunststoffanteil (14 - 40 %) der Haus- und Gewerbeabfälle wird ebenfalls ein erheblicher Elementeintrag verursacht. Dieser kann nach HEINRICHS et al. (1991) in Form von Stabilisatoren (Pb, Sn, Cd, Zn, Ba, Ca), Pigmenten und Füllstoffen (Ca, Ti, Zn, Pb, Ba, S, Sb, Cd, Fe, Cr, Mo, Se, u.a.), Flammschutzmitteln (Sb) und anderen Verunreinigungen (Metalle, S) erfolgen. Über die Art und Menge der angelieferten Abfälle und Abprodukte liegen keine konkreten Angaben vor. Seit 1956 wurden schätzungsweise 18 Mio. t Müll deponiert. Bis 1993 existierten weder Basisabdichtungen, noch Sickerwassererfassungen und keine Deponiegaserfassungen.

Die Deponie Schöneiche nimmt eine Fläche von ca. 130 ha ein und wird seit 1977 zur Ablagerung von Siedlungsabfall, Bauschutt, Bodenaushub, Gewerbeabfällen und Klärschlamm genutzt. Bisher wurden ca. 15 Mio t Müll deponiert. Im Bereich des Deponiegeländes befindet sich noch eine Sonderabfallverbrennungsanlage. Eine Basisabdichtung fehlte ebenso wie eine Sickerwassererfassung. Im Nordteil der Deponie existiert eine Deponiegaserfassung. Der Bereich der Südosthalde wurde nachträglich mit einer Basisabdichtung und Sickerwassererfassung zur Gewährleistung und Kontrolle weiterer Müllablagerungen versehen.

Eine Mülldeponie ist ein biochemischer Reaktor, in dem die organischen Bestandteile des Mülls mikrobiologisch abgebaut werden. Dabei entstehen die sogenannten Deponiegase. Die biologischen und biochemischen Vorgänge im Deponiekörper sind charakteristischen Phasen unterworfen, die wiederum ein jeweils unterschiedliches Emissionspotential zur Folge haben (*Tab. 5.1*). Es ist wichtig, die Emission und die latenten, langfristigen Gefahren zu ermitteln, die von einer Deponie ausgehen. Das in der *Abb. 5.1* dargestellte Bearbeitungsschema eines Deponiestandortes beschreibt die wesentlichsten Untersuchungsschritte und ist nicht starr auf jeden Standort anzuwenden, sondern kann für jeden spezifischen Einzelfall weiter modifiziert sowie den Erfordernissen und der Aufgabenstellung entsprechend verändert werden.

Tab. 5.1: Abbau- und Umbildungsprozesse im Deponiekörper (nach HEINTZ & REINHARDT 1991)

Zeitliche Reihenfolge	Ablaufphasen und Umbildungsprozesse
1. Phase aerob	Hydrolyse: Verbrauch des Luftsauerstoffs, Hydrolyse von Kohlenhydraten, Proteinen und Fetten, Spaltung zu Aminosäuren, Zuckern, Glyzerin und Fettsäuren (unter Wasseraufnahme)
2. Phase anaerob	Versäuerungsphase (sauere Gärung): Freisetzung von Kohlendioxid und Wasserstoff, stufenweiser Abbau der in der 1. Phase entstandenen Produkte zu niedrigen Fettsäuren (bis zur Essigsäure), Absenkung des pH-Wertes bis pH 5
3. Phase anaerob	Essigsäurebildung: Freisetzung von Kohlendioxid und Wasserstoff, Umbildung der niedrigen Fettsäuren, Methangärung (instabil)
4. Phase anaerob	Methanbildung: Freisetzung von Methan und Kohlendioxid, Methangärung (stabil), eigentliche Bildung von „Deponiegas“

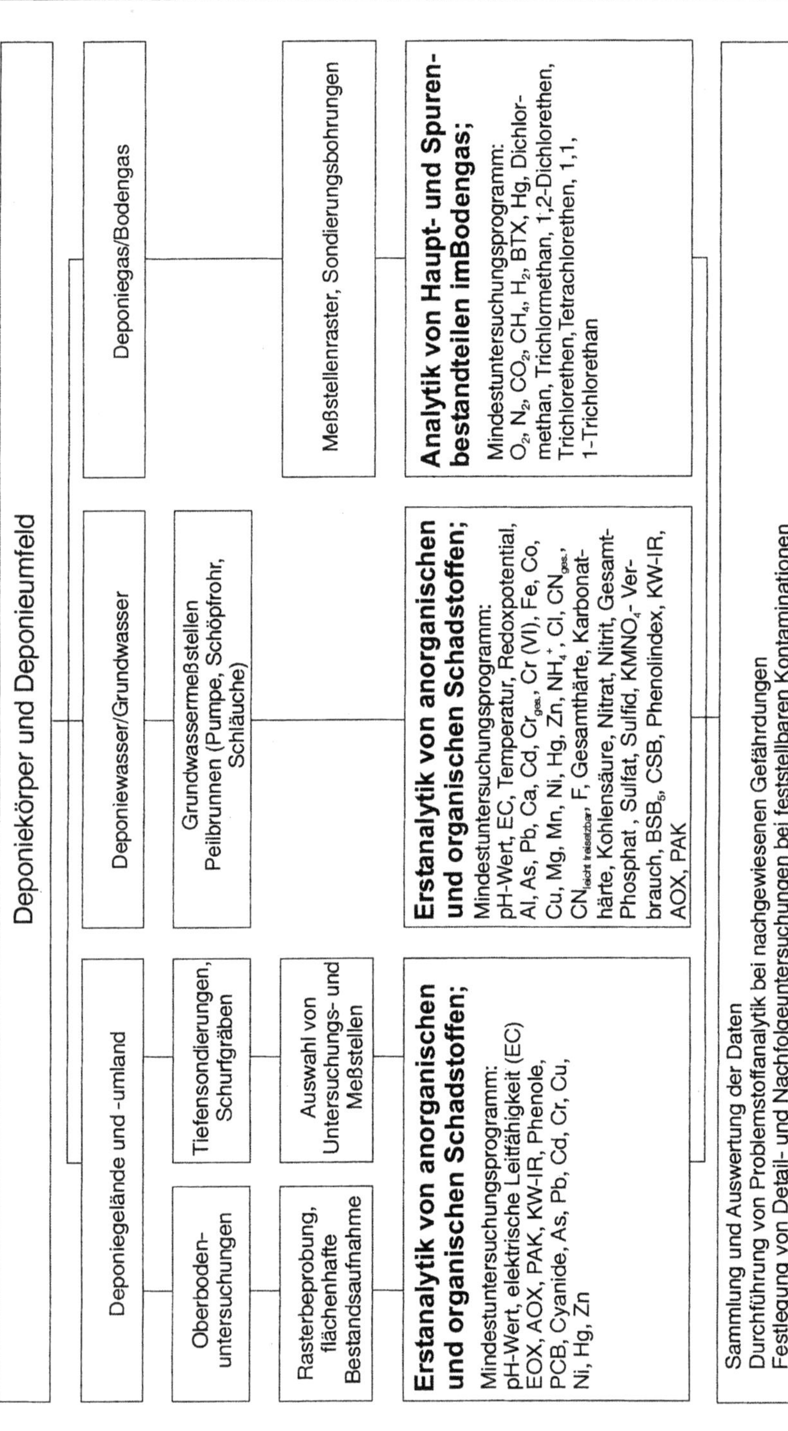

Abb. 5.1: Geochemisches Bearbeitungsschema eines Deponiestandortes und seines Umlandes

Neben den Deponien beeinflussen vor allem Verdachtsflächen (ehemalige kleinere Deponien, Altablagerungen), Industrie- und Gewerbebetriebe sowie die ehemaligen und aktuellen landwirtschaftlichen Aktivitäten das exogene geochemische Feld des Untersuchungsgebietes. *Tab. 5.2* gibt einen Überblick über spezielle Analysenprogramme, die die zu erwartenden kontaminierten Standorte und Schadstoffparameter im Untersuchungsgebiet berücksichtigen.

Tab. 5.2: Übersicht des Analysenprogramms nach den im Untersuchungsgebiet zu erwartenden Kontaminationsquellen und Schadstoffparametern

Nr.	Verdächtige u. industrielle Standorte	Anorganische und organische Stoffparameter
1	Klärschlammbehandlungs-anlagen (Klärwerk)	Nitrat, Ammonium, Gesamt-Phosphat, Chlorid, Sulfat, Sulfid, Na, K, Ca, Mg, As, Pb, Cd, Cr, Cr (VI), Ni, Hg, Zn, KW, LHKW, BTEX, AOX, EOX, 1.4-Dichlorbenzol, Phenole, Tenside, PCB, PAK
2	Lagerung von Mineralölprodukten (Tanklager)	Pb, KW, LHKW, BTEX, AOX, EOX, PCB
3	Ziegeleien	Fe, Mn, Cr, Cr (VI), Ba, (Sn, Co, Sb, Ti, Be, Se, Zr, Sr, Al)
4	Gummi- und Kunststoffproduktion	Gesamt-Phosphat, Nitrit, Sulfat, B, Na, K, Ca, Mg, Fe, Mn, Pb, Cd, Cr, Cr (VI), Cu, Zn, Ba, Sn, Co, Sb, Ti, Be, Ge, Se, Zr, Sr, Al, KW, LHKW, BTEX, AOX, EOX, Phenolindex, Phenole, Pestizide, Tenside, aromatische Amine, Bromorganische Verbindungen
5	Gummiverarbeitung, Vulkanisierbetriebe	Sulfat, Sulfit, Sulfid, Cd, Zn, Ba, Sb, Al, Ti, Se, KW, LHKW, BTX, AOX, EOX, Phenole, Phenolindex, PAK
6	Waschmittelindustrie (einschl. Herstellung von Körperpflegemittel)	Gesamt-Phosphat, Chlorid, Sulfat, (Sulfid), B, Na, K, Ca, Mg, (Zn), Ba, Sn, Co, Sb, Ti, Be, Ge, Se, Zr, Sr, Al, KW, BTEX, AOX, EOX, organ. Säuren, Tenside, LHKW, Phenole, Phenolindex, Ammonium
7	Holzbe- und -verarbeitung	Chloride, Fluorid, B, Na, K, Ca, Mg, As, Cr, Cr (VI), Cu, Hg, Zn, KW, LHKW, BTEX, AOX, EOX, Dichlorbenzol, Phenolindex, Phenol, PAK, PCB
8	Galvanik	Nitrat, Gesamt-Phosphat, Chlorid, Fluorid, Sulfat, Cyanide, B, Na, K, Fe, Pb, Cd, Cr, Cr (VI), Cu, Ni, Zn, Al, Sb, Co, Sn, KW, LHKW, BTEX, AOX, EOX, Tenside
9	Leichtmetallbau	Na, K, Ca, Mg, Cu, Zn, Al, Ti, Be, Ni, KW, LHKW, BTEX, AOX, EOX

Nr.	Verdächtige u. industrielle Standorte	Anorganische und organische Stoffparameter
10	Eisen-(FE)-Metallverarbeitung, Maschinenbau	Chlorid, Sulfat, Fe, Pb, Cd, Cr, Cr (VI), Zn, Sn, KW, LHKW, BTEX, AOX, EOX, Chlorparaffine
11	Nichteisen-(NE)-Metallverarbeitung	Nitrat, Fluorid, Sulfat, Cyanide, Na, K, Ca, Mg, Pb, Cr, Cr (VI), Cu, Ni, Zn, Al, Sn, Ti, Be, KW, LHKW, BTEX, AOX, EOX, Chlorparaffine
12	Tierhaltung, Intensivtierhaltung	Nitrat, Nitrit, Ammonium, Gesamt-Phosphat, Chlorid, Sulfat, Na, K, Ca, Mg, Phenolindex, Phenole, organ. Säuren, Indole (bei Schweinezucht)
13	Güllekompostierung und -trocknung	Ammonium, Nitrat, Nitrit, Gesamt-Phosphat, Hg, Cd, verschiedene Schwermetalle, Pestizide
14	Lackierbetriebe	Gesamt-Phosphat, Fe, Mn, Pb, Cd, Cr, Cr (VI), Zn, Ti, Se, Co, KW, LHKW, BTX, AOX, EOX
15	Tankstellen, Werkstätten, Betriebsbahnhöfe	Chlorid, Sulfat, Fe, Mn, Pb, Zn, KW, LHKW, BTX, AOX, EOX, Glykole
16	Chemikalienlager und -handel	Nitrat, Nitrit, Ammonium, Gesamt-Phosphat, Chlorid, Sulfat, Sulfit, Sulfid, Na, K, Ca, Mg, As, Pb, Cd, Cr, Cr (VI), Cu, Ni, Hg, Zn, KW, LHKW, BTX, AOX, EOX, chlorierte Benzolderivate, Phenolindex, Phenole, Pentachlorphenol, PAK, Pestizide, aromatische Amine, Ester und Ketone, organ. Säuren
17	Tierkörperbeseitigungsanlagen	Ammonium, Sulfat, KW, LHKW, AOX, EOX, Phenolindex, Phenole, organ. Säuren
18	Schienenverkehr, Gleisanlagen	Na, K, Ca, Mg, Fe, Mn, As, KW, LHKW, BTX, AOX, EOX, chlorierte Benzolderivate, Phenolindex, Phenole, PCB, PAK, Pestizide, organ. Säuren
19	Militärstandorte, Truppenübungsplätze	Nitrat, Na, K, Ca, Mg, Pb, Cu, Zn, Sn, Sr, KW, LHKW, BTX, AOX, EOX, Nitroaromate, Sprengstoffe (Glyzerintrinitrat, Diglykoldinitrat, Pentaerythritetranitrat, Nitrocellulose); (Nitrit, Gesamt-Phosphat, Chlorid, Sulfat, As, Ni, Ba, Co, Sb, Ti, Be, Ge, Se, Zr, Al, PCB, Tenside)

Es ist bekannt, daß Stoffe, die sowohl häufig als auch in großen Mengen in Abfalldeponien auftreten, persistent sind und ein gutes Migrationsverhalten bis hin zum Grundwasserleiter haben. Sie werden häufig in hohen Konzentrationen nachgewiesen, d. h. sie sind analytisch problemlos und mit hohen Nachweishäufigkeiten aufspürbar.

Die wesentlichsten Informationen zur industriehistorischen Nutzung des Untersuchungsgebietes und der Verteilung von Industrie- und Altlastenverdachtsflächen sind kartenmäßig in der *Abb. 5.2* dargestellt und in *Tab. 5.3* erläutert.

Die morphologische und geologische Situation des Untersuchungsgebietes ist ausführlich in Kap. 2 dargestellt worden.

Die hydrogeologischen Verhältnisse gestalten sich auf Grund der komplizierten Lagerungsverhältnisse des quartären Strukturstockwerkes sehr ungünstig. Die quartären Grundwasserleiter (GWL) und -stauer weisen stark schwankende Mächtigkeiten und keine durchgehend flächenhafte Verbreitung auf. Demzufolge können hydraulische Verbindungen (Fenster) zwischen den einzelnen Grundwasserleitern bestehen.

Der Grundwasserstand der quartären GWL ist in den Niederungsgebieten des Untersuchungsgebietes sehr hoch (0,2 - 1,5 m unter Geländeoberkante). Auf Hochflächenresten und in Bereichen mit Dünensandbedeckung wird das Grundwasser entsprechend tiefer (> 2,0 m) angetroffen. Nach den Grundwassergleichenplänen (s. Kap. 4.3 und 7.1.2) fließt das Grundwasser von der Deponie Schöneiche ausgehend sowohl nach E in Richtung Galluner Kanal als auch nach N bis WNW in Richtung Nottekanal. Das Grundwassergefälle ist im Süden des Untersuchungsgebietes stärker als im Norden. Der Motzener See mit Tiefen bis zu 15 m an der SE-Flanke des Untersuchungsgebietes ist Bestandteil eines NE-SW verlaufenden Rinnensystems. In den ehemals stark vernäßten Gebieten (Alte Notte Fließ, Alte Galluner Fließ, Mittenwalder Seechen) stehen Torfablagerungen an. Die künstlich angelegten Wasserstraßen (Zülowkanal, Nottekanal, Galluner Kanal) entwässern ebenso wie das Hydrosystem der Dahme nach Norden zur Spree.

Auf den während der Weichseleiszeit abgelagerten Geschiebemergeln der Grundmoränen haben sich vornehmlich Braunerden und Parabraunerden als Waldböden entwickelt. In den Niederungsgebieten sind auf den glazifluviatilen Sanden, den Geschiebedecksanden sowie den Flugsanden überwiegend Regosole und Braunerden ausgebildet. Die Verlandungsgebiete der stehenden sowie fließenden Gewässer sind durch Torf und Moorerden (Humusgley, Gley, Niedermoor, Pseudogley) charakterisiert (s. auch Kap. 6).

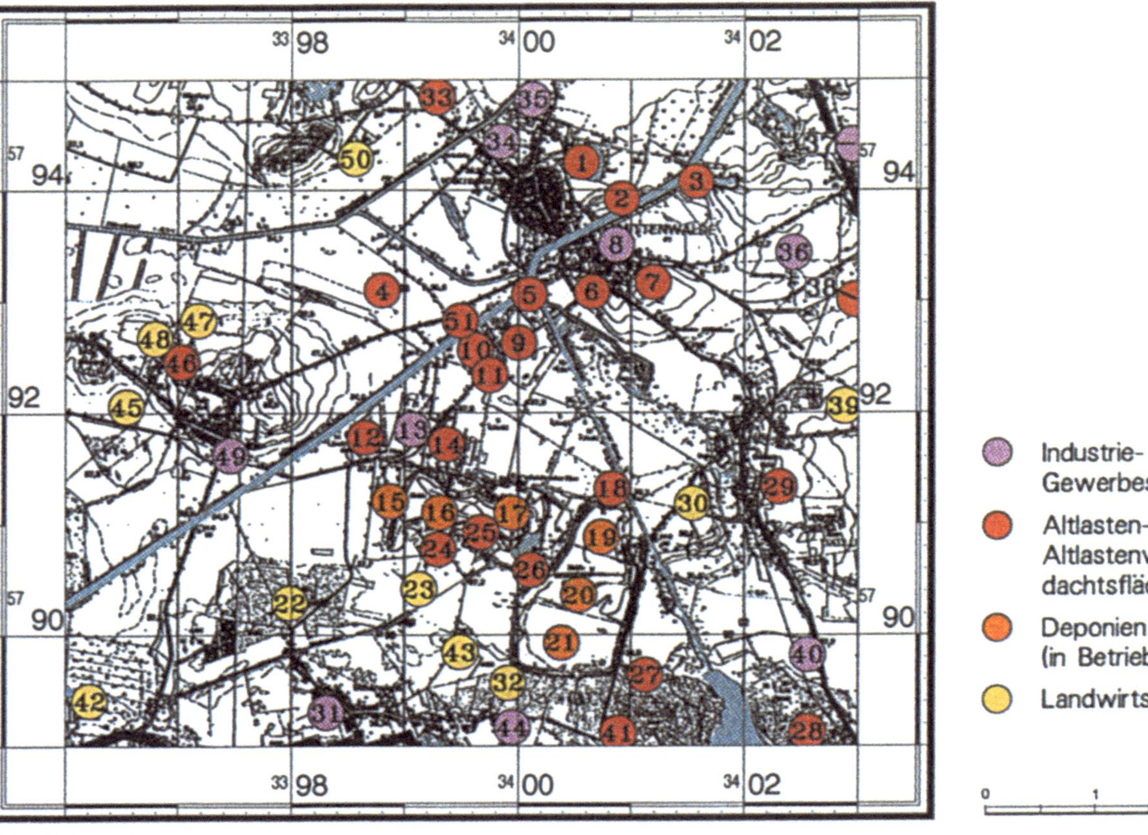

Abb. 5.2: Verbreitung von Kontaminationsquellen. Quellen: Topographische und Geologische Karten 1 : 25 000; Geländebefahrungen (1992-1995); GREBNER (1994); FROHSE (1996); MEAB (1992)

Tab. 5.3: Altlastenverdachtsflächen und Industriestandorte (ergänzt nach GREBNER 1994; MEAB 1992 und FROHSE 1996)

Nr.	Lokalität	Kontaminationsquellen (ehemalige und aktuelle)
1	sogenannter Tonberg mit Wasserloch NE Mittenwalde	ehemaliger Ziegeleibetrieb, Tonabbau
2	ca. 500-600 m E Mittenwalde	Altablagerungen
3	ca. 1,2 km ENE Mittenwalde	ehemaliges Ziegeleigelände (Tonabbau)
4	ca. 1,2 km SW Mittenwalde	wilde Müllkippe, Fäkalien- und Düngemittelentsorgung
5	S Mittenwalde	Deponie am Torfgraben, 1965 stillgelegt, Hausmüll, Bauschutt, Bodenaushub, Gartenabfälle, Schrott, Fäkalienverkippung
6	SW Mühlenberg, S Mittenwalde	alte Müllverkippung in ehemaligen Sandgruben, ehemaliger Torfabbau
7	SE Mühlenberg, S Mittenwalde	Deponie am Galgenberg, Altablagerungen von Müll, Klärschlamm und Industrieabprodukten, ehemals Zementfabrik, chem. Industrie (Berlin-Chemie) und Lederfabrik
8	SE Ortsrand Mittenwalde, N Mühlenberg	ehemaliges Agrochemisches Zentrum (ACZ) mit drei Düngemittellagerhallen, Nachnutzer: Landhandel GmbH (Handelsdüngemittel)
9	S Mittenwalde, S Nottekanal	Deponie „Alte Asche", alte Aschedeponie, ehemals Torfabbau sowie Sand- und Kiesgewinnung, z. T. Müllablagerungen bis 1940, heute bewachsen
10	SW Deponie „Alte Asche"	ehemalige Müllablagerung in Restlöchern, früher Torfgewinnung, bewachsen
11	S Deponie „Alte Asche"	alte Müllhalde, in Betrieb von 1900 bis etwa 1940, (Müllverbringung aus Berlin), bewachsen
12	ca. 1,2 km ESE Telz	Deponie Telz, Müllverkippung z.T. in alten Torflöchern, als Deponie der Mittenwalder Gerätebau (MGB) GmbH und des ehemaligen Lehrgerätewerkes sowie Nutzung als Spülfläche
13	ca. 1,6 km E Telz, N Deponie Schöneicher Plan	Mittenwalder Gerätebau (MGB) GmbH, ehemals chemische Fabrik Merkur (1910), Tierkörperverwertungsbetrieb, 1923-33: Seifen- und Waschmittelfabrik der Fa. Sunlicht, 1933-45: Herstellung und Verarbeitung von Plexiglas, nach 1945: Instandsetzung von NVA-Luftraum-Überwachungstechnik, Lackiererei (pneumatisches Spritzen), Verwendung und Umgang mit Lösungsmitteln, galvanische Oberflächenbehandlung von Metallen, nach 1990: Instandsetzung und Modernisierung von Straßenbahnfahrzeugen, Baumaschinenherstellung, Fertigung von Industrieausrüstungen für die Autoindustrie

Nr.	Lokalität	Kontaminationsquellen (ehemalige und aktuelle)
14	E der Fa. MGB GmbH	alte Müllablagerungen, bewachsen
15	W-Flanke Deponie Schöneicher Plan	ehemalige Tongrube, gemischte Hausmüll- und Schadstoffdeponie, aktuelle Erweiterung der Deponiefläche
16	Zentralteil Deponie Schöneicher Plan	Hausmüllablagerungen (seit 1920), (bei Begehung 1994 Identifizierung von Sondermüllverkippung, Chemikalien), gemischte Ablagerungen
17	Ostteil Deponie Schöneicher Plan	Hausmüllablagerungen (seit 1920) Gewerbeabfälle, Bodenaushub, Bauschutt, Sonderabfälle der Industrie in fester und flüssiger Form
18	unmittelbar N der Deponie Schöneiche	wilde Altmüllentsorgung, Brachland
19	Nordhalde der Deponie Schöneiche	Hausmüllablagerung seit 1977
20	Mittelhalde Deponie Schöneiche	Hausmüll, hausmüllähnliche Gewerbeabfälle, Bodenaushub, Klärschlamm
21	Südhalde Deponie Schöneiche	Hausmüll- und Bauschuttablagerungen, Gewerbeabfälle, Bodenaushub, Südosthalde: Bauschuttverkippung
22	ca. 1 km NNW Ortslage Schöneiche	Fäkalien- und in geringem Umfang Müllverkippung
23	ca. 1,2 km NE Ortslage Schöneiche	Fäkalienverkippung
24	S Zentraldeponie Schöneicher Plan	Altmüllablagerungen, verfüllte Restlöcher und Senken
25	S des Ostteils der Deponie Schöneicher Plan	Altmüllablagerungen
26	S der Südostflanke der Deponie Schöneicher Plan	Altmüllablagerungen
27	ca. 1 km NNE Kallinchen	Deponie „Roter Pfuhl“, ehemalige Siedlungsmülldeponie, nach 1990 beräumt, bewachsen
28	ca. 900 m NE Kallinchen Ostufer Motzener See	Deponie „Spatensiedlung“ (im NSG Leue), Hausmüllablagerungen, Gewerbe- und Industrieabfälle (Motzener Gummifabrik), früher Sand- und Kiesabbau, heute bewachsen
29	E Gallun	Deponie „Schindlersfichten“, ehemalige Sandgrube, gemischte Mülldeponie, nach 1990 abgedeckt und geschlossen
30	SW Gallun	ehemalige Tierhaltung (Schweine- und Rinderhaltung; 1945-90), Mastbetrieb, unsachgemäße Dung- und Jaucheablagerung
31	Ortslage Schöneiche	Tankstelle
32	SW der Deponie Schöneiche	ehemalige Fäkalienverkippung
33	ca. 800 m NW Mittenwalde	Hausmüll- und Bauschuttablagerungen, bewachsen
34	NW Ortsrand Mittenwalde	Gewerbegebiet

Nr.	Lokalität	Kontaminationsquellen (ehemalige und aktuelle)
35	N Ortsrand Mittenwalde	Industrie- und Gewerbegebiet
36	ca. 1,5 km E Mittenwalde	Industrie- und Gewerbegebiet (Baustofflager, Tankstelle, verschiedene Gewerbebetriebe)
37	E Mittenwalde, E Autobahn	Industrie- und Gewerbegebiet (Bautätigkeit)
38	ca. 1,6 km NE Ortslage Gallun	Müll- und Abfallverkippung
39	ca. 800 m E Gallun	ehemalige Gülleverkippung
40	ca. 1,8 km NE Kallinchen	im Aufbau befindliches Gewerbegebiet
41	S Deponie Schöneiche	wilde Müllverkippung im Wald
42	SW-Flanke Bearbeitungsgebiet	Kläranlage (ehemalige Kompostierungsflächen)
43	NE Ortslage Schöneiche	ehemalige Gülleverkippung
44	E Schöneiche	zukünftiges Gewerbegebiet
45	W Telz	ehemaliges Düngemittellager
46	NW Telz	Hausmüllablagerungen
47	N Telz	Fäkalienverkippung
48	NW Telz	ehemaliger Mastbetrieb (Rinder- und Schweinehaltung)
49	SE Ortsausgang Telz	Tankstellenbetrieb
50	NW Mittenwalde, E Großmachnower Weinberg	ehemaliger landwirtschaftlicher Mastbetrieb, Großanlage
51	SE Mittenwalde, N Nottekanal	vermutete Altablagerungen

5.2 Untersuchungsmethodik und Datenerhebung

Im Untersuchungsgebiet Schöneiche (Sonderblattschnitt 1:25 000) wurden auf einer Fläche von insgesamt 42 km^2 170 Oberbodenproben, 39 Bachsediment- und 32 Wasserproben entnommen. Die Beprobung und Untersuchung von Deponie-, Sicker- und Grundwässern wurde an Unterauftragnehmer vergeben.

5.2.1 Probenahme

Die fehlerfreie Probenahme ist die Voraussetzung für eine exakte Analytik und damit für eine korrekte Bewertung des untersuchten Standortes. Fehler bei der Probenahme sind im Labor nicht erkennbar und auch nicht im nachhinein korrigierbar.

Entnahmevorschrift für Bodenproben

Die Aspekte der Bodenprobenahme wie z. B. Probendichte, Probenmenge, Probenahmetechnik sind abhängig von der jeweils gewählten Bodenprobenahmestrategie bzw. dem Beprobungsplan.

Die Probenahmestrategie ist Teil des Untersuchungskonzeptes und hängt somit vom Untersuchungsgegenstand (Schadstoffarten, Chemismus, Korngrößenzusammensetzung, Verteilungstendenzen von Schadstoffen), dem Untersuchungsziel (Gefährdungsabschätzung, Sanierung, Entsorgung von kontaminiertem Material, Beweissicherung, Erfassung von Kontaminationen) und dem Kenntnisstand in der Region (historische Recherche zum möglichen Schadstoffspektrum, bodengeologische Karten, Bodensubstrate, Bodengesellschaften usw.) ab.

Zur Ermittlung der Belastungssituation im Umfeld der Deponien wurden die Bodenproben nach einer räumlichen Beprobungsstrategie entnommen, die bei einer großen Stichprobendichte die Anwendung geostatistischer Verfahren und die flächenhafte Darstellung der Schadstoffdaten in geochemischen Karten ermöglicht.

Die Probepunktprojektierung wurde auf der Grundlage bodengeologischer, geologischer sowie hydro- und ingenieurgeologischer Kartenwerke und des Kenntnisstandes über vorhandene Emittenten, Altlasten und Verdachtsflächen durchgeführt. Die Bodenproben werden an den auf den Meßtischblättern (1:25 000 oder 1:10 000) vorprojektierten Einzelpunkten als Sammelprobe aus dem Bereich 0 - 20 cm unter der Geländeoberkante entnommen. Dabei wurden die Proben im Untersuchungsgebiet (Entnahmeintervall von 0 - 20 cm) auf Acker- und Grünlandflächen aus dem Ap- oder Aw- Horizont entnommen, bei forstwirtschaftlicher Nutzung wurde der organische Auflagehumus (ca. 0 - 10 cm) und der humose Mineralbodenhorizont separat (10 - 20 cm) beprobt. Um die Repräsentanz der Probenahme zu gewährleisten, ist es notwendig, bei der Entnahme aller Proben nach einer einheitlichen Methodik vorzugehen. Folgende Arbeitsschritte sind generell durchzuführen:

- Herstellung einer Aufgrabung von ca. 30 cm Tiefe, Verwerfen des Aushubs,
- Ausfüllen des Probenahmeprotokolls und Beschreibung des eventuell zu erkennenden Bodenprofils nach DIN und Bodenkundlicher Kartieranleitung (AG Bodenkunde 1995),
- Entnahme der Probe aus der Wand der Aufgrabung unter Beachtung, daß gleiche Teufenbereiche mit gleichen Materialmengen in die Probe eingehen (mittels Spachtel, Spaten u.ä.),
- Aussonderung grober organischer Bestandteile wie z. B. Wurzelreste,
- Aussonderung grober klastischer Bestandteile (ca. > 10 mm) und
- Aussonderung makroskopisch erkennbarer anthropogener Verunreinigungen (ca. > 10 mm) wie Ziegelreste, Glas, Schrott.

Ausgeschlossen werden von der Probenahme solche Horizonte, die eindeutig anthropogener Herkunft sind. Das betrifft insbesondere Schlackeaufschüttungen, Asphalthorizonte, Kiesschüttungen u. a.. Die entsprechenden Teufenbereiche werden beim Auftreten derartiger Horizonte nicht beprobt. Ebenfalls nicht in die Sammelprobe aufgenommen werden die Humusauflage der Waldböden und der Wurzelhorizont der Wiesen und grasbewachsenen Flächen, da diese Horizonte mit ihrem z. T. hohen Anteil an organischer Substanz die Vergleichbarkeit zwischen den Proben beeinträchtigen können. Grundsätzlich ist bei der Probenahme zu beachten, daß die zu prüfenden Bodenparameter nicht durch Entnahme-, Transport- oder Lagerungseinwirkungen oder den Kontakt mit den Probenahmegeräten beeinträchtigt werden. Für die anorganische Analytik der Proben wurde etwa 1 kg Probenmaterial entnommen.

Die Proben sind in eine Papiertüte oder in Plastikbeutel zu geben. Bodenproben für die organische Schadstoffanalytik werden in Blechdosen mit Ringverschluß (500 cm^3) gefüllt und während der Probenahme in Kühltaschen aufbewahrt. Diese Proben sind noch am Probenahmetag zu frosten, um eine längere Lagerfähigkeit bis zur Analytik zu erreichen. Die für die Bestimmung von PCDD/PCDF entnommenen Bodenproben werden in Schraubgläser (900 cm^3) gefüllt und luftdicht verschlossen. Die Proben sind in abgedunkelten Behältnissen zu transportieren und aufzubewahren, um photolytische oder bodenbiologische Reaktionen zu inaktivieren und zu vermeiden. Alle Behältnisse sind mit der Probenummer zu beschriften bzw. mit entsprechenden Etiketten zu versehen.

Entnahmevorschrift für Bachsedimentproben

Die Bachsediment-Wasser-Proben werden an den auf den Meßtischblättern (1:25 000 oder 1:10 000) vorprojektierten Einzelpunkten entnommen. Die Probenahme erfolgte in folgenden Arbeitsschritten:

- Beschriften von 2 PVC-Flaschen 500 cm^3 bzw. Kontrolle der bereits vorhandenen Etikette.
- Jede Flasche am Probepunkt mindestens dreimal spülen.
- Bachsedimentprobe mit Siebtrichter entnehmen:

  - mit Siebeinsatz 0,2 mm (Nylongewebe),
  - mit Siebeinsatz 2,0 mm (Nylongewebe).

Es ist eine Durchschnittsprobe (Sand, Ton, organischer Anteil) zu gewinnen.

Das in den PVC-Flaschen (500 cm^3) über dem Bach- oder Seesediment stehende Wasser ist nach 24 h zu dekantieren. Seesedimente sind aus dem Uferbereich mit dem Probenschöpfer zu entnehmen, wobei darauf zu achten ist, daß möglichst eine Durchschnittsprobe entsprechend den o. g. Vorgaben entnommen und die beiden Fraktionen < 0,2 mm und < 2,0 mm durch Naßsiebung gewonnen werden. Besteht keine Möglichkeit, eine Fluß- oder Seesedimentprobe zu entnehmen, wird entweder eine Uferböschungs- (unterer Teil der typischen Auensedimente), eine Hangfuß- oder eine Talgrundbodenprobe mit dem Spaten entnommen. Oberflächennahes Material ist zu verwerfen. Die Probemenge muß für ca. 100 g abgesiebtes Material < 0,2 mm bzw. < 2,0 mm ausreichend sein. Die Probe ist in eine Papiertüte oder einen Plastebeutel zu geben. Sind nur Drainagebrunnen vorhanden, ist die o. g. Bodenprobe in einer der drei genannten Arten zu entnehmen.

Entnahmevorschrift für Wasserproben - Oberflächenwässer

Die Probe wird als Schöpfprobe genommen. Die unbehandelten Gefäße werden vor der Probenahme dreimal mit dem jeweiligen Wasser gespült. Die Beschriftung der Flaschen erfolgt mit vorgedruckten Etiketten oder wasserfesten Faserschreibern. Die Beschriftung ist grundsätzlich nicht auf dem Verschluß bzw. Schraubdeckel anzubringen (Gefahr der Vertauschung im Labor)! Es ist auf die Übereinstimmung der Probenummern auf den Flaschen sowie mit dem Probenahmeprotokoll zu achten. Die Flaschen sind vorsichtig, nach Möglichkeit ohne Blasenbildung zu füllen. An jedem Probepunkt müssen 5 Flaschen gefüllt werden:

(1) 125 ml FEP-Flasche (mit kochender Salpetersäure ausgedämpft)

- nur klare Wasserproben entnehmen,
- bei stärkerer Verunreinigung filtrieren,
- mit 1 ml HNO_3 conc. aus der Tropfflasche konservieren und Säurezugabe auf der Flasche vermerken
- gekühlt lagern

(2) 500 ml PE-Flasche gekühlt lagern, Frosten möglich

(3) 100 ml Glas- oder PE-Flasche bei 4 °C kühl lagern (max. 8 Tage) oder tieffrieren

(4) 1 000 ml braune Glasflasche mit Schliffstopfen- bei 4 °C gekühlt aufbewahren

(5) 100 ml PE-Flasche- mit 0,5 ml Chloroform konservieren (Bereits in der Flasche, daher nicht spülen!).

Die Flaschen (2) bis (5) sind nach Möglichkeit noch am Probenahmetag gekühlt im entsprechenden Labor anzuliefern.

5.2.2 Geochemische Multielementanalytik

Die Boden- und Sedimentproben wurden luftgetrocknet und zur Gewinnung der Feinfraktion manuell auf < 2 mm gesiebt. Das Probenmaterial wurde mit der Planetenkugelmühle (Achat) analysenfein gemahlen (< 0,063 mm) und danach nochmals homogenisiert. Die eingesetzten Untersuchungsverfahren und Bestimmungsgrenzen sind entsprechend der einzelnen Probemedien in den *Tab. 5.4* bis *5.6* zusammengestellt. In den Boden- und Sedimentproben der Fraktion wurden 57 anorganische Parameter, davon 11 Hauptkomponenten und 42 Spurenelemente sowie $C_{ges.}$, $C_{org..}$, pH-Wert (H_2O, $CaCl_2$) und die elektrische Leitfähigkeit bestimmt (*Tab. 5.6*). Die geochemische Multielementanalytik (energiedispervise RFA mit polarisiertem Röntgenstrahl) führte das Labor der Gesellschaft für Umwelt- und Wirtschaftsgeologie mbH Berlin als Auftragsleistung der BGR durch.

Tab. 5.4: Elementspektrum Oberflächenwasser, anorganische und organische Parameter

Merkmal	Analysenverfahren	Bestimmungsgrenzen	Einheit
pH_{H_2O}	potentiometrisch		-
Leitfähigkeit	konduktometrisch		µS/cm
Temperatur			°C
Ammonium	IC	0,01	mg/l
Chlorid	IC	0,02	mg/l
Cyanid	IC	0,01	mg/l
Fluorid	IC	0,15	mg/l

Merkmal	Analysenverfahren	Bestimmungsgrenzen	Einheit
Nitrat	IC	0,1	mg/l
Nitrit	IC	0,01	mg/l
Phosphat	IC	0,01	mg/l
Sulfat	IC	0,04	mg/l
Ag	ICP-MS	0,01	µg/l
Al	ICP-MS	0,1	µg/l
As	ICP-MS	0,1	µg/l
B	ICP-MS	1,0	µg/l
Ba	ICP-MS	0,01	µg/l
Be	ICP-MS	0,01	µg/l
Bi	ICP-MS	0,002	µg/l
Ca	ICP-MS	0,1	mg/l
Cd	ICP-MS	0,01	µg/l
Ce	ICP-MS	0,005	µg/l
Co	ICP-MS	0,01	µg/l
Cr	ICP-MS	0,05	µg/l
Cs	ICP-MS	0,005	µg/l
Cu	ICP-MS	0,1	µg/l
Fe	ICP-MS	1,0	µg/l
Ga	ICP-MS	0,005	µg/l
Hf	ICP-MS	0,002	µg/l
Hg	ICP-MS	0,02	µg/l
K	ICP-MS	0,1	mg/l
La	ICP-MS	0,005	µg/l
Li	ICP-MS	0,1	µg/l
Mg	ICP-MS	1,0	mg/l
Mn	ICP-MS	1,0	µg/l
Mo	ICP-MS	0,01	µg/l
Na	ICP-MS	1,0	mg/l
Ni	ICP-MS	0,1	µg/l
Pb	ICP-MS	0,01	µg/l
Rb	ICP-MS	0,1	µg/l
Sb	ICP-MS	0,01	µg/l
Se	ICP-MS	0,1	µg/l
Sn	ICP-MS	0,01	µg/l
Sr	ICP-MS	0,1	µg/l
Ta	ICP-MS	0,002	µg/l
Th	ICP-MS	0,001	µg/l
Ti	ICP-MS	0,1	µg/l
Tl	ICP-MS	0,002	µg/l
U	ICP-MS	0,002	µg/l
V	ICP-MS	0,05	µg/l
W	ICP-MS	0,01	µg/l
Y	ICP-MS	0,005	µg/l
Zn	ICP-MS	0,1	µg/l
Zr	ICP-MS	0,01	µg/l

Merkmal	Analysenverfahren	Bestimmungsgrenzen	Einheit
AOX	gemäß DIN-Verfahren	0,01	mg/l
BSB5	gemäß DIN-Verfahren	3	mg/l
CSB	gemäß DIN-Verfahren	15	mg/l
DOC	gemäß DIN-Verfahren	1	mg/l
Mineralölkohlen wasserstoffe	gemäß DIN-Verfahren	0,1	mg/l
Summe PAK nach EPA	Extraktion mit Cyclohexan, Messung in Anlehnung an US-EPA 610 mittels GC/FID		mg/l
Phenolindex	gemäß DIN-Verfahren	0,005	mg/l
TOC	gemäß DIN-Verfahren	0,1	mg/l
Benzol	DIN 38407, F9-1	0,005	mg/l
Toluol	DIN 38407, F9-1	0,005	mg/l
o-Xylol	DIN 38407, F9-1	0,005	mg/l
p,m-Xylol	DIN 38407, F9-1	0,005	mg/l
Ethylbenzol	DIN 38407, F9-1	0,005	mg/l
Methylenchlorid	DIN 38407, F5	0,01	mg/l
cis-1,2-Dichlorethen	DIN 38407, F5	0,01	mg/l
Chloroform	DIN 38407, F5	0,0001	mg/l
1,1,1-Trichlorethan	DIN 38407, F5	0,0001	mg/l
Tetrachlorkohlenstoff	DIN 38407, F5	0,0001	mg/l
Trichlorethen	DIN 38407, F5	0,0001	mg/l
Tetrachlorethen	DIN 38407, F5	0,0001	mg/l
Naphtalin	siehe Summe PAK	0,0002	mg/l
Acenaphtylen	siehe Summe PAK	0,0002	mg/l
Acenaphthen	siehe Summe PAK	0,0002	mg/l
Fluoren	siehe Summe PAK	0,0002	mg/l
Phenanthren	siehe Summe PAK	0,0002	mg/l
Anthracen	siehe Summe PAK	0,0002	mg/l
Fluoranthen	siehe Summe PAK	0,0002	mg/l
Pyren	siehe Summe PAK	0,0002	mg/l
Chrysen	siehe Summe PAK	0,0002	mg/l
Benzo-a-anthracen	siehe Summe PAK	0,0002	mg/l
Benzo-b-fluoranthen	siehe Summe PAK	0,0002	mg/l
Benzo-k-fluoranthen	siehe Summe PAK	0,0002	mg/l
Benzo-a-pyren	siehe Summe PAK	0,0002	mg/l
Ideno-(1,2,3-c,d)pyren	siehe Summe PAK	0,0002	mg/l
Dibenzo(a,h)anthracen	siehe Summe PAK	0,0002	mg/l
Benzo-(g,h,i)-perylen	siehe Summe PAK	0,0002	mg/l

Abkürzungen:

IC	Ionenchromatographie
ICP-MS	Massenspektrometrie mit induktiv gekoppeltem Plasma
GC/FID	Gaschromatographie mit Flammenionisationsdektor

Tab. 5.5: Elementspektrum Bachsedimente

Komponente	Analysenverfahren	Bestimmungsgrenzen	Einheit	Komponente	Analysenverfahren	Bestimmungsgrenzen	Einheit
SiO_2	RFA	0,05	%	Hf	RFA	20,0	mg/kg
TiO_2	RFA	0,003	%	Hg	P-EDRFA	1,7	mg/kg
Al_2O_3	RFA	0,05	%	Hg	AAS (DIN 38406 E 12)	0,01	mg/kg
Fe_2O_3	RFA	0,009	%	In	P-EDRFA	0,9	mg/kg
MnO	RFA	0,0008	%	J	P-EDRFA	2,5	mg/kg
MgO	RFA	0,05	%	La	P-EDRFA	5,0	mg/kg
CaO	RFA	0,009	%	Mo	P-EDRFA	1,5	mg/kg
Na_2O	RFA	0,05	%	Nb	P-EDRFA	1,0	mg/kg
K_2O	RFA	0,012	%	Ni	P-EDRFA	1,5	mg/kg
P_2O_5	RFA	0,025	%	Pb	P-EDRFA	2,6	mg/kg
SO_3	RFA	0,025	%	Rb	P-EDRFA	1,0	mg/kg
Ag	P-EDRFA	0,7	mg/kg	Sb	P-EDRFA	1,0	mg/kg
As	P-EDRFA	1,2	mg/kg	Sb	AAS-HS	0,2	mg/kg
As	AAS-HS	0,1	mg/kg	Sc	RFA	2,0	mg/kg
B	ICP-AES	5,0	mg/kg	Se	P-EDRFA	0,9	mg/kg
Komponente	Analysenverfahren	Bestimmungsgrenzen	Einheit	Komponente	Analysenverfahren	Bestimmungsgrenzen	Einheit
Ba	P-EDRFA	3,0	mg/kg	Sn	P-EDRFA	1,0	mg/kg
Be	ICP-AES	0,5	mg/kg	Sr	P-EDRFA	1,0	mg/kg
Bi	P-EDRFA	1,5	mg/kg	Ta	P-EDRFA	10,0	mg/kg
Br	P-EDRFA	0,9	mg/kg	Te	P-EDRFA	1,2	mg/kg
Cd	P-EDRFA	0,5	mg/kg	Th	P-EDRFA	2,0	mg/kg
Cd	AAS-GR	0,02	mg/kg	Tl	P-EDRFA	1,5	mg/kg
Ce	P-EDRFA	5,0	mg/kg	U	P-EDRFA	2,0	mg/kg
Co	P-EDRFA	7,0	mg/kg	V	P-EDRFA	10,0	mg/kg
Cr	P-EDRFA	6,0	mg/kg	W	P-EDRFA	5,0	mg/kg
Cs	P-EDRFA	3,0	mg/kg	Y	P-EDRFA	1,0	mg/kg
Cu	P-EDRFA	0,8	mg/kg	Zn	P-EDRFA	2,5	mg/kg
F	Pyrohydrolyse	200,0	mg/kg	Zr	P-EDRFA	1,0	mg/kg
Ga	P-EDRFA	1,5	mg/kg	$C_{org.}$	chemische Analyse	0,1	%
Ge	P-EDRFA	0,9	mg/kg				

Abkürzungen:

RFA	Wellenlängendispersive Röntgenfluoreszenzanalyse
P-EDRFA	Energiedispersive Röntgenfluoreszenzanalyse mit polarisiertem Röntgenstrahl
AAS-HS	Flammen-Atomadsorptionsspektrometrie mit Hydridsystem
AAS-GR	Flammen-Atomadsorptionsspektrometrie mit Graphitrohr
ICP-AES	Atomemissionsspektrometrie mit induktiv gekoppeltem Plasma

Tab. 5.6: Elementspektrum Boden, anorganische und organische Parameter

Komponente	Analysenverfahren	Bestimmungsgrenzen	Einheit
SiO_2	RFA	0,05	%
TiO_2	RFA	0,003	%
Al_2O_3	RFA	0,05	%
Fe_2O_3	RFA	0,009	%
MnO	RFA	0,0008	%
MgO	RFA	0,05	%
CaO	RFA	0,009	%
Na_2O	RFA	0,05	%
K_2O	RFA	0,012	%
P_2O_5	RFA	0,025	%
SO_3	RFA	0,025	%
Ag	P-EDRFA	0,7	mg/kg
As	P-EDRFA	1,2	mg/kg
As	AAS-HS	0,1	mg/kg
B	ICP-AES	5,0	mg/kg
Ba	P-EDRFA	3,0	mg/kg
Be	ICP-AES	0,5	mg/kg
Bi	P-EDRFA	1,5	mg/kg
Br	P-EDRFA	0,9	mg/kg
Cd	P-EDRFA	0,5	mg/kg
Cd	AAS-GR	0,02	mg/kg
Ce	P-EDRFA	5,0	mg/kg
Co	P-EDRFA	7,0	mg/kg
Cr	P-EDRFA	6,0	mg/kg
Cs	P-EDRFA	3,0	mg/kg
Cu	P-EDRFA	0,8	mg/kg
F	Pyrohydrolyse	200,0	mg/kg
Ga	P-EDRFA	1,5	mg/kg
Ge	P-EDRFA	0,9	mg/kg
Hf	RFA	20,0	mg/kg
Hg	P-EDRFA	1,7	mg/kg
Hg	flammenlose AAS (DIN 38406 E 12)	0,01	mg/kg
In	P-EDRFA	0,9	mg/kg
J	P-EDRFA	2,5	mg/kg
La	P-EDRFA	5,0	mg/kg
Mo	P-EDRFA	1,5	mg/kg
Nb	P-EDRFA	1,0	mg/kg
Ni	P-EDRFA	1,5	mg/kg
Pb	P-EDRFA	2,6	mg/kg
Rb	P-EDRFA	1,0	mg/kg
Sb	P-EDRFA	1,0	mg/kg
Sb	AAS-HS	0,2	mg/kg
Sc	RFA	2,0	mg/kg
Se	P-EDRFA	0,9	mg/kg

Komponente	Analysenverfahren	Bestimmungsgrenzen	Einheit
Sn	P-EDRFA	1,0	mg/kg
Sr	P-EDRFA	1,0	mg/kg
Ta	P-EDRFA	10,0	mg/kg
Te	P-EDRFA	1,2	mg/kg
Th	P-EDRFA	2,0	mg/kg
Tl	P-EDRFA	1,5	mg/kg
U	P-EDRFA	2,0	mg/kg
V	P-EDRFA	10,0	mg/kg
W	P-EDRFA	5,0	mg/kg
Y	P-EDRFA	1,0	mg/kg
Zn	P-EDRFA	2,5	mg/kg
Zr	P-EDRFA	1,0	mg/kg
$C_{org.}$	chemische Analyse	0,1	%
pH (H_2O, $CaCl_2$)	potentiometrisch (DIN 19684, Teil1)		-
Leitfähigkeit	konduktometrisch (DIN 19684, Teil11)		µS/cm
AOX	DIN 38414-S18	10,0	mg/kg
EOX	DIN 38414-S17	0,5	mg/kg
Cyanide gesamt	analog DIN 38405-D13	0,1	mg/kg
Mineralölkohlen-wasserstoffe	analog DIN 38409-H18	5,0	mg/kg
Summe PAK nach EPA	Ultraschallextraktion mit Tetra-hydrofuran, Best. nach US-EPA (Methode 610) mittels HPLC		mg/kg
Summe PCB (Ballschmidt)	DIN 51527, Teil 1		mg/kg
Summe PCB (Faktor 5)	DIN 51527, Teil 1		mg/kg
Phenolindex	DIN 38409-H16	0,1	mg/kg
TOC	gemäß DIN-Verfahren	0,1	%
Benzol	DIN 38407-F9	0,05	mg/kg
Toluol	DIN 38407-F9	0,05	mg/kg
o-Xylol	DIN 38407-F9	0,05	mg/kg
p,m-Xylol	DIN 38407-F9	0,05	mg/kg
Ethylbenzol	DIN 38407-F9	0,05	mg/kg
Methylenchlorid	DIN 38407-F4	0,05	mg/kg
cis-1,2-Dichlorethen	DIN 38407-F4	0,05	mg/kg
Chloroform	DIN 38407-F4	0,005	mg/kg
1,1,1-Trichlorethan	DIN 38407-F4	0,005	mg/kg
Tetrachlorkohlenstoff	DIN 38407-F4	0,005	mg/kg
Trichlorethen	DIN 38407-F4	0,005	mg/kg
Tetrachlorethen	DIN 38407-F4	0,005	mg/kg
PCB Nr. 28	DIN 51527, Teil 1	0,002	mg/kg
PCB Nr. 52	DIN 51527, Teil 1	0,002	mg/kg
PCB Nr. 101	DIN 51527, Teil 1	0,002	mg/kg
PCB Nr. 138	DIN 51527, Teil 1	0,002	mg/kg
PCB Nr. 153	DIN 51527, Teil 1	0,002	mg/kg

Komponente	Analysenverfahren	Bestimmungsgrenzen	Einheit
PCB Nr. 180	DIN 51527, Teil 1	0,002	mg/kg
Naphtalin	siehe Summe PAK	0,05	mg/kg
Acenaphtylen	siehe Summe PAK	0,05	mg/kg
Acenaphthen	siehe Summe PAK	0,05	mg/kg
Fluoren	siehe Summe PAK	0,05	mg/kg
Phenanthren	siehe Summe PAK	0,05	mg/kg
Anthracen	siehe Summe PAK	0,05	mg/kg
Fluoranthen	siehe Summe PAK	0,05	mg/kg
Pyren	siehe Summe PAK	0,05	mg/kg
Chrysen	siehe Summe PAK	0,05	mg/kg
Benzo-a-anthracen	siehe Summe PAK	0,05	mg/kg
Benzo-b-fluoranthen	siehe Summe PAK	0,05	mg/kg
Benzo-k-fluoranthen	siehe Summe PAK	0,05	mg/kg
Benzo-a-pyren	siehe Summe PAK	0,05	mg/kg
Ideno-(1,2,3-c,d)pyren	siehe Summe PAK	0,05	mg/kg
Dibenzo(a,h)anthracen	siehe Summe PAK	0,05	mg/kg
Benzo-(g,h,i)-perylen	siehe Summe PAK	0,05	mg/kg
Summe Tetra- bis OctaCDF/CDD	HRGC-MS		ng/kg
Toxizitätsäquivalent (BGA 1984)	HRGC-MS		ng TE/ kg
Toxizitätsäquivalent (BGA 1984 + NWG)	HRGC-MS		ng TE/ kg
Toxizitätsäquivalent (NATO/CCMS 1988)	HRGC-MS		ng TE/ kg
Toxizitätsäquivalent (NATO/CCMS + NWG)	HRGC-MS		ng TE/ kg
Summe Tetra- bis OctaCDD	HRGC-MS		ng/kg
Summe TetraCDD	HRGC-MS		ng/kg
2378-TetraCDD	HRGC-MS	1,0	ng/kg
Summe PentaCDD	HRGC-MS		ng/kg
12378-PentaCDD	HRGC-MS	2,0	ng/kg
Summe HexaCDD	HRGC-MS		ng/kg
123478-HexaCDD	HRGC-MS	2,0	ng/kg
123678-HexaCDD	HRGC-MS	2,0	ng/kg
123789-HexaCDD	HRGC-MS	2,0	ng/kg
Summe HeptaCDD	HRGC-MS		ng/kg
1234678-HeptaCDD	HRGC-MS	5,0	ng/kg
Summe OctaCDD	HRGC-MS		ng/kg
Summe Tetra- bis OctaCDF	HRGC-MS		ng/kg
Summe TetraCDF	HRGC-MS		ng/kg
2378-TetraCDF	HRGC-MS	1,0	ng/kg
Summe PentaCDF	HRGC-MS		ng/kg
12378-/12348-PentaCDF	HRGC-MS	2,0	ng/kg

Komponente	Analysenverfahren	Bestimmungsgrenzen	Einheit
23478-PentaCDF	HRGC-MS	2,0	ng/kg
Summe HexaCDF	HRGC-MS		ng/kg
123478-/123479-HexaCDF	HRGC-MS	2,0	ng/kg
123678-HexaCDF	HRGC-MS	2,0	ng/kg
123789-HexaCDF	HRGC-MS	2,0	ng/kg
234678-HexaCDF	HRGC-MS	2,0	ng/kg
Summe HeptaCDF	HRGC-MS		ng/kg
1234678-HeptaCDF	HRGC-MS	5,0	ng/kg
1234789-HeptaCDF	HRGC-MS	5,0	ng/kg
Summe OctaCDF	HRGC-MS		ng/kg

Abkürzungen:

US-EPA	Environmental Protection Agency (Nationale Umweltbehörde der USA)
HRGC-MS	Kopplung hochauflösender Gaschromatographie mit der Massenspektrometrie
HPCL	Hochleistungsflüssigkeitschromatographie

In 160 Bodenproben wurden 9 organische Schadstoffparameter (AOX, EOX, Cyanid ges., MKW, Phenol ges., BTEX, LHKW, PCB, PAK nach EPA) gemessen (Dr. Betz Labor Consulting GmbH). Die PCDD/F-Analytik wurde vom Labor GfA Wittenberg in 89 Bodenproben realisiert. Die organische Schadstoffanalytik in den entnommenen 32 Wasserproben wurde ebenfalls von der Dr. Betz Labor Consulting GmbH übernommen. In den Laboratorien der BGR Hannover und der Außenstelle Berlin wurden die Wasserproben auf Kationen (ICP-MS) und Anionen (IC) analysiert sowie in den Feststoffproben $C_{ges.}$, $C_{org.}$, Hg (LECO CR 412, flammenlose AAS, AMA-254) und die Hauptkomponenten (wellenlängendispersive RFA) gemessen. Vielfach werden von Feststoffproben Wasserauszüge (Eluate) nach der DIN S4 hergestellt, die dann analysiert werden. Das bedeutet, nicht die gesamte Menge der Schadstoffe wird erfaßt, sondern nur die im Eluat vorhandenen, also die momentan wasserlöslichen Anteile. Da aber das langfristig wirkende Gefahrenpotential interessiert, hat dieses Verfahren wenig Sinn. Eine langfristige Gefährdung läßt sich nur über den Gesamtgehalt ermitteln, nicht über die aktuelle Wasserlöslichkeit von Schadstoffen, die sich im Lauf der Zeit ändern kann. Letztere wird problemgerechter durch die Sickerwasseruntersuchungen ermittelt. Die Untersuchung des Deponiewassers gehört zu den elementaren Bestandteilen jeder Gefährdungsabschätzung. In *Abb. 5.1* werden die einzelnen Bearbeitungsschritte für die verschiedenen Probemedien eines Deponiestandortes und seines Umfeldes aufgeführt. Die *Tab. 5.2* gibt am Beispiel Schöneiche auf der Basis der bekannten Industrieeinflüsse und Kontaminationsquellen der Region (*Tab. 5.3, Abb. 5.2*) Auskunft über das wünschenswerte Mindestuntersuchungsprogramm der einzelnen Schadstoffparameter. Im Rahmen der durchgeführten Untersuchungen konnte dieses

Schadstoffspektrum nicht immer im speziellen Einzelfall berücksichtigt werden, weil neben den begrenzten Finanzmitteln das Ziel der flächendeckenden Untersuchungen darin bestand, eine einheitliche Anzahl von potentiellen Schadstoffen in allen Proben zu untersuchen, um diese flächenhaft darstellen und einer mathematisch-statistischen Auswertung unterziehen zu können.

5.2.3 EDV-Bearbeitung geochemischer Daten

5.2.3.1 Dateiaufbau

Nach Abschluß der Probenahme und der Analytik standen die nachfolgenden Daten in der angegebenen Form zur Verfügung:

- Probenahmeformulare mit Identifikationsmerkmalen,
- Meßtischblätter mit eingetragenen Probenahmepunkten,
- Datenlisten mit chemischen Merkmalen (organische Schadstoffe, Ergebnisse der Wasseranalytik),
- Dateien mit chemischen Merkmalen (verschiedene Dateiformate: ASCII - RFA-Daten; MS EXCEL - ED-RFA-Daten; dBASE - pH, elektrische Leitfähigkeit, $C_{org.}$; ...).

Die wichtigste Vorbedingung jeglicher rechnergestützten mathematisch-statistischen Bearbeitung und der kartenmäßigen Darstellung der Ergebnisse ist der Aufbau einer Stammdatei dieser (geochemischen) Daten, d. h. deren Überführung in eine maschinenlesbare, softwarekompatible und effektiv nutzbare Form (BIRKE & RAUCH 1996). Zur Erstellung und Pflege der Stammdatei wurde das Datenbanksystem MS ACCESS 2.0 verwendet. Neben leistungsfähigen Editoren zur Dateneingabe und umfangreichen Möglichkeiten des Imports fremder Dateiformate beinhaltet dieses Datenbanksystem leistungsfähige Werkzeuge für die Verknüpfung und Nachbearbeitung der Daten.

Zur Aufnahme der in den Probenahmeformularen erfaßten Identmerkmale in die Stammdatei wurden diese zunächst unter Verwendung der Schlüsseltabellen codiert und anschließend mittels den Dateneingabefunktionen von MS ACCESS in die Stammdatei übernommen. Die Koordinaten der in den Meßtischblättern 1:25 000 und/oder 1:10 000 eingetragenen Probenahmepunkte wurden mit einem Digitizer SummaSketch III Professional unter Nutzung einer speziell dafür entwickelten Software (Programm Digit) digitalisiert (Gauß-Krüger-Koordinaten, bezogen auf Meßtischblätter Ausgabe Staat, Meridianstreifen mit Kennzahl 3) und die Koordinatendatei (dBASE III-Format) anschließend in die Stammdatei importiert. Während die in Listenform vorliegenden geochemischen Merkmale nur durch Dateneingabe in die Stammdatei übernommen werden konnten, erfolgte die Übernahme der als Dateien vorliegenden Parameter durch Dateiimport. Eine wesentliche Voraussetzung für den Dateiimport in die Stammdatei war die Überführung der aus den Labors gelieferten Dateien mit chemischen Merkmalen in eine fehlerfrei importierbare Form.

Nach Aufnahme aller Daten in die MS ACCESS-Datenbank lagen diese innerhalb der Datenbank als eine Vielzahl verschiedener Tabellen vor. Diese Tabellen wurden zunächst auf Eingabe- bzw. Importfehler hin kontrolliert (Datenverifikation), hinsichtlich der Feldformate optimiert und vereinheitlicht und anschließend in einer Datenstruktur verknüpft. Damit stehen die geochemischen Daten in einer für die rechnergestützte Auswertung und Kartenherstellung nutzbaren Form zur Verfügung. Ein letzter, ergänzender Arbeitsschritt, der aber für die spätere Nutzung, Pflege und eventuelle Erweiterung der Stammdatei große Bedeutung besitzt, war die Erarbeitung einer Dateidokumentation.

5.2.3.2 Mathematisch-statistische Bearbeitung

Univariate Statistik

Den ersten Schritt bei der mathematisch-statistischen Bearbeitung eines Datenmassivs bildet die Untersuchung der univariaten Verteilungsgesetzmäßigkeiten der einzelnen Merkmale. Dazu werden zunächst für jedes Merkmal univariate statistische Maßzahlen (im vorliegenden Fall arithmetisches Mittel, Minimum, Maximum, Standardabweichung, Medianwert und Modalwert) berechnet. Diese beinhalten bereits eine Reihe geochemischer Informationen über das Untersuchungsgebiet, müssen allerdings in ihrer Aussagefähigkeit stets kritisch bewertet werden. Besonders deutlich wird diese Problematik bei der näheren Betrachtung des arithmetischen Mittelwertes einer Verteilung, was nachfolgend an einem Modellbeispiel gezeigt werden soll: Geht man davon aus, daß in einem Untersuchungsgebiet nahezu unbelastete Bereiche und stark kontaminierte Gebiete mit etwa gleicher Belegungsdichte beprobt wurden und die kontaminierte Fläche ca. 10 % der Gesamtfläche umfaßt, so ergibt sich bei einem durchschnittlichen Kontrast der Gehalte im Anomaliebereich zum Umland von 3 bereits eine Anhebung des berechneten arithmetischen Mittels um 20 %. Geht man desweiteren davon aus, daß im Topbereich der Anomalie (beispielsweise 2 % der Gesamtfläche) Kontraste von 10 angetroffen wurden, liegt der für das Gesamtgebiet berechnete Mittelwert bereits um 35 % über dem für das „unbelastete“ Umland zu erwartenden Wert. Wird die Probenahmedichte in den Anomaliebereichen zu deren besseren Charakterisierung und Abgrenzung dazu noch verdoppelt, ergeben sich bei gleichen Voraussetzungen bereits Mittelwertsanhebungen von 50 % bzw. 78 %. Mit derartigen arithmetischen Mittelwerten kann aber weder über die unbelasteten, noch über die Anomaliebereiche eine annähernd exakte Aussage getroffen werden.

Wie das Modellbeispiel zeigt, ist der arithmetische Mittelwert im Falle einer Beprobung mit variierender Probenahmedichte nicht nur abhängig von den gemessenen Gehalten, sondern auch von der Probenverteilung. Analoge Probleme treten ebenfalls bei der Nutzung anderer statistischer Maßzahlen, z. B. höherer Perzentilen auf.

Wichtige Aussagen über das Untersuchungsgebiet lassen sich zumeist bei sachgerechter Verwendung der Median- und Modalwerte treffen. Diese bleiben, vorausgesetzt daß mehr als 50 % der Proben dem nicht oder wenig belastetem Gebiet zuzurechnen sind, weitgehend unbeeinflußt ein Indikator für diese Gebiete. Wichtig für die Bewertung des Modalwertes sind Kenntnisse über den Verteilungstyp der Daten. Daher muß im Anschluß an die Berechnung der univariaten statistischen Maßzahlen für jedes Merkmal eine Histogrammanalyse durchgeführt werden. Besondere Bedeutung kommt diesem Arbeitsschritt bei mehrgipfligen Verteilungen sowie im Zusammenhang mit der rechnergestützten Kartenherstellung zu.

Zu beachten ist, daß nahezu alle kommerziellen Statistikpakete den kleinsten, nicht den höchsten Modalwert berechnen. Auf Grund der Charakteristik der geochemischen Daten ist dies bei vielen Spurenelementen die Nachweisgrenze der Analysenverfahren. Daher wurde für die Berechnung der Modalwerte ein spezielles Iterationsverfahren zur Bestimmung des höchsten Modalwertes benutzt.

Multivariate Statistik

Wird bei der univariaten statistischen Bearbeitung jedes Merkmal isoliert betrachtet, so besteht das Ziel der Anwendung multivariater statistischer Verfahren in der Untersuchung der Beziehungen der Merkmale untereinander und/oder der Ähnlichkeit von Fällen (Proben). Im vorliegenden Fall wurden Faktor- und Clusteranalysen durchgeführt.

Das Ziel der Faktoranalyse besteht in einer Merkmalsreduktion, d. h. die Ergebnismatrix der *Faktoranalyse* soll weniger Merkmale enthalten als die Originaldatenamtrix. Prinzipiell erfolgt die Merkmalsreduktion durch die Zusammenfassung sich gleich oder ähnlich verhaltender Merkmale der Ausgangsdatenmatrix zu einem Merkmal in der Ergebnismatrix. Diese Merkmale der Ergebnismatrix werden *Faktoren* genannt. Jeder dieser Faktoren ist eine Linearkombination jeweils aller Merkmale der Originaldatenmatrix, wobei die Werte der Koeffizienten, mit denen die einzelnen Merkmale der Originaldatenmatrix in den jeweiligen Faktor eingehen, *Faktorladungen* genannt werden. Diese Faktorladungen sind normalisiert, liegen also für jedes einzelne Merkmal im Intervall [-1;1]. Hohe Absolutbeträge der Faktorladungen indizieren einen hohen Einfluß des entsprechenden Merkmals der Originaldatenmatrix auf den Faktor, geringe Absolutbeträge geringen Einfluß. Das Vorzeichen der Faktorladung bestimmt die Art des Einflusses: Positive Vorzeichen deuten auf positive korrelative Beziehungen der Merkmale, negative Vorzeichen auf eine antiproportionale Beziehung der Merkmale hin. Faktorladungen im Bereich von 0 zeugen von indifferentem, den Faktor nicht beeinflussenden Verhalten des Merkmals der Originaldatenmatrix.

Wie in der Originaldatenmatrix, so gibt es auch in der Ergebnismatrix der Faktoranalyse Fälle. Jedem Fall der Originaldatenmatrix (Probe) ist eindeutig ein Fall in der Ergebnismatrix der Faktoranalyse zugeordnet. Den Werten für die einzelnen Merkmale in der Originaldatenmatrix (Elementgehalte) stehen in der Ergebnismatrix die Werte für die einzelnen Faktoren (Faktorwerte) gegenüber. Diese Faktorwerte können aus der Originaldatenmatrix über verschiedene mathematische Verfahren berechnet werden. Ziel dieser Berechnung ist es, die durch die Werte für die einzelnen Merkmale in der Originaldatenmatrix (Elementgehalte) beschriebene Probe mit entsprechenden Werten für die Faktoren (Faktorwerten) zu beschreiben. Spezifisch für die Faktorwerte ist, daß es sich um standardisierte Werte handelt, d. h. sie haben auf das gesamte Datenmassiv bezogen den Mittelwert 0 und die Standardabweichung 1.

Für die geochemische Auswertung großer Datenmassive hat die Anwendung der Faktoranalyse eine enorme Bedeutung. Elemente und Parameter (Merkmale der Originaldatenmatrix), die im untersuchten Gebiet gleiches oder sehr ähnliches bzw. entgegengesetztes Verhalten zeigen, spiegeln sich in gemeinsamen Faktoren durch hohe Absolutbeträge der Faktorladungen mit positivem bzw. negativem Vorzeichen wider. Daher charakterisieren die Faktoren geogene und anthropogene Einflußfaktoren im Untersuchungsgebiet. Durch komplexe Interpretation der Faktorwerte ließe sich sogar der prozentuale Anteil des Einflusses der einzelnen Ursachenkomplexe auf den jeweiligen Probepunkt bestimmen. Damit bildet aber die Faktoranalyse ein wesentliches Mittel, das einerseits zu einer Effektivierung (Reduktion der zu betrachtenden Merkmale), andererseits aber durch eindeutige Aussagen zur Anomalieursache auch zu einer Qualifizierung der Auswertung geochemischer Daten beiträgt.

Die Qualität des Ergebnisses der Faktoranalyse ist in der Praxis vor allem vom Umfang des Datenmassivs, der Analysengenauigkeit sowie der Anzahl der Fehlstellen, aber auch von der Steuerung des mathematischen Berechnungsverfahrens entsprechend den spezifischen Anforderungen des Datenmassivs abhängig. So wurde im vorliegenden Fall unter Verwendung des Statistikpaketes SPSS für Windows 6.0 eine Hauptkomponentenanalyse durchgeführt. Da das Datenmassiv nur wenige Fehlstellen beinhaltet, konnte ein das Ergebnis verbessernder fallweiser Ausschluß fehlstellenbehafteter Proben angewandt werden, die zu extrahierende Faktoranzahl wurde iterativ angepaßt. Zur besseren Interpretierbarkeit wurde die Faktormatrix varimaxrotiert. Die Berechnung der Faktorwerte erfolgte durch das Regressionsverfahren.

Aufgrund der in anthropogen belasteten Gebieten zumeist hohen Anzahl, Komplexität und gegenseitigen Beeinflussung der Einflußfaktoren verbleibt bei der Interpretation der Ergebnisse ein mehr oder weniger großer Unschärfebereich, der durch die Erfahrung des interpretierenden Geochemikers gefüllt werden muß.

Ist es Ziel der Faktoranalyse, sich gleich oder ähnlich verhaltende Merkmale der Originaldatenmatrix in den neuen Merkmalen der Ergebnismatrix zusammenzufassen, so besteht das Anliegen der *Clusteranalyse* (Q-Mode) in der Vereinigung von gleichen oder ähnlichen Fällen der Originaldatenmatrix in neuen Fällen der Ergebnismatrix (Klassen oder Clustern). Führt die Faktoranalyse zur Merkmalsreduktion, so kommt es im Ergebnis der Clusteranalyse zu einer Reduktion der zu betrachtenden Fälle.

Unbedingte Voraussetzung für den Erhalt signifikanter Klassifizierungsergebnisse ist die Standardisierung der Merkmale der Ausgangsdatenmatrix. Dadurch wird erreicht, daß der Einfluß aller Merkmale auf die Klassenzuordnung gleich groß ist. Bei der Clusteranalyse muß zwischen partitionierenden und hierarchischen Klassifizierungsverfahren unterschieden werden. Erfolgt bei der partitionierenden Klassifizierung die Einteilung der Fälle in eine vorab festzulegende Anzahl von Klassen, so werden bei den hierarchischen Verfahren sequentiell mit abnehmendem Ähnlichkeitsmaß immer mehr Fälle zusammengefaßt (d. h. immer größere Klassen gebildet), bis alle Fälle in einem einzigen Cluster vereint sind. Beide Verfahren haben Vor- und Nachteile.

Die *partitionierende Klassifizierung* ist ein einfaches, schnelles und wenig Rechenzeit beanspruchendes Verfahren, welches sich daher ausgezeichnet zur Verarbeitung größerer Datenmassive eignet. Durch mehrfache Optimierung der Lage der Klassenzentren sowie der Zuordnung der einzelnen Fälle der Originaldatenmatrix zu den Klassen kann des Klassifizierungsergebnis den Erfordernissen der Ausgangsdatenmatrix bestmöglich angepaßt werden. Ein nicht zu unterschätzender Nachteil ist die Notwendigkeit, die Anzahl der zu bildenden Klassen vorab festzulegen. Auch sind die Abhängigkeitsbeziehungen der Klassen untereinander aus dem Ergebnis nicht oder nur mit großem Aufwand ableitbar.

Die *hierarchischen Klassifizierungsverfahren* sind hingegen sehr speicherintensiv und daher nur für kleine Datenmassive geeignet. Der wesentliche Vorteil dieser Methode ist es, daß aus dem Ergebnis der Clusterung - dem Dendrogramm - direkt die optimale Klassenanzahl sowie die Beziehungen dieser Klassen untereinander ablesbar sind. Insbesondere bei komplizierten geochemischen Verhältnissen im Untersuchungsgebiet ergeben sich, bedingt durch die hierarchische Zuordnung (d. h. einmalige Zuordnung einer Probe zu einer Klasse nach einem vorgegebenen Agglomerationsschema in einem ganz bestimmten Stadium der Berechnung ohne spätere Überprüfung dieser - daher keine Optimierung möglich), gegenüber der partitionierenden Klassifizierung weniger gut interpretierbare Ergebnisse.

Um die Vorteile beider Methoden miteinander zu verbinden, kam im vorliegenden Fall eine *Kombination aus partitionierenden und hierarchischen Klassifizierungsverfahren* zur Anwendung. Zunächst erfolgte die partitionierende Einteilung des Datenmassivs in eine vorgegebene Anzahl von Klassen. Anschließend wurde die Lage der Klassenzentren und die Zuordnung der einzelnen Proben zu den Klassen solange optimiert, bis bei jedem weiteren Optimierungsschritt keine Verschiebungen von Proben zwischen den Klassen mehr auftraten. Die Klassenzentren der so gebildeten Klassen wurden anschließend einer hierarchischen Clusterung (Methode WARD, Abstandsmaß quadratisch euklidisch) unterworfen, um die Ähnlichkeitsbeziehungen zwischen den gebildeten Klassen sowie die für ein optimales Klassifizierungsergebnis erforderliche Klassenanzahl zu untersuchen.

Die Auswertung der Clusteranalyse erfolgt in zwei Richtungen. Einerseits wird die flächenhafte Verbreitung der verschiedenen Klassen unter Beachtung der Klassenhierarchie dargestellt (Clusterkarte), andererseits werden die gebildeten Klassen über klasseninterne univariate statistische Auswertungen geochemisch charakterisiert.

Auch die Clusteranalyse besitzt eine große Bedeutung bei der Auswertung geochemischer Daten. Neben der höheren Effizienz der Auswertung (es werden nicht mehr Einzelproben sondern Klassen von Proben betrachtet) ergeben sich qualitativ höherwertige Ergebnisse durch Ausweisung von Multielementuntergründen und Multielementanomalien, d. h. Flächen, die durch die Gesamtheit der in ihnen erhöhten oder anomalen Elementassoziation über die statistischen Parameter des entsprechenden Klassenzentrums charakterisiert werden.

5.2.3.3 Rechnergestützte Herstellung flächendeckender geochemischer Karten

Mit der Herstellung flächendeckender geochemischer Karten in Form von Einzel- und Multielementkarten werden die wissenschaftlichen Voraussetzungen für eine erfolgreiche Interpretation flächenhaft verteilter geochemischer Daten geschaffen. Für die Bearbeitung des vorliegenden Objektes wurden sowohl Einzel- als auch Multielementkarten erstellt. Dabei erfolgte die Darstellung der Verteilung der einzelnen Elemente und Parameter (Einzelelementkarten) sowie der Faktorwertverteilungen (Multielementkarten, *Abb. 5.22 - 5.29*) in Form von Konturkarten. Die Clusterkarte (*Abb. 5.30*) wurde manuell erstellt und anschließend digitalisiert. Die abschließende redaktionelle Bearbeitung erfolgte rechnergestützt.

Die rechnergestützte Herstellung von Konturkarten ist ein relativ aufwendiger Prozeß. Daher soll der erforderliche Arbeitsablauf nur kurz skizziert werden, eine genaue Darstellung der angewandten Methodik enthält BIRKE & RAUCH 1996.

Grundvoraussetzung für die rechnergestützte Herstellung von Konturkarten ist eine regelmäßige Verteilung der Stützstellen. Daher mußten die vorliegende ungleichmäßige flächenmäßige (irreguläre) Verteilung der geochemischen Daten über Interpolationsverfahren in eine gleichmäßige (reguläre) Verteilung überführt werden (Gridding). Um eine hohe Detailtreue der Wiedergabe der geochemischen Verhältnisse im Untersuchungsgebiet zu erreichen, wurde für das zu interpolierende Gitter ein Gitterabstand von nur 25 m gewählt. Als Gitterberechnungsverfahren kam Kriging zur Anwendung, die Kriging-Parameter (Variogramm-Modell, Nugget-Effekt, Sill, Drift, Reichweite) wurden jeweils durch eine Variogrammanalyse bestimmt (Variogrammanalyse mit Modul KRIGPAK aus dem Programmpaket UNIRAS 6V3A, Gitterberechnung mit SURFER für Windows 5.0). Da die Anomalien im Untersuchungsgebiet, insbesondere im Bereich der Deponiekörper, eine sehr große Flankensteilheiten (d. h. große Gehaltsdifferenzen auf geringer lateraler Entfernung) aufweisen, traten bei ca. 95 % der darzustellenden Parameter bei der Gitterberechnung starke, für das Kriging typische „Überschwing-Effekte" auf. Diese wurden zusätzlich durch die gerade in diesem Bereich stark variierende Probenahmedichte weiter verstärkt. Daher machte sich die Berechnung eines Korrekturgitters erforderlich. Hierzu wurden zunächst aus dem Ausgangsdatenmassiv alle Proben mit Gehalten oberhalb eines jeweils individuell aus der Histogrammanalyse festgelegten Schwellenwertes entfernt, anschließend die Kriging-Parameter für das Korrekturgitter über eine Variogrammanalyse bestimmt und abschließend das Korrekturgitter durch Kriging interpoliert. Im nächsten Arbeitsschritt erfolgte die Überlagerung des zuerst berechneten Gitters mit dem Korrekturgitter, und zwar so, daß nur die Gitterpunkte aus dem unkorrigierten Gitter übernommen wurden, die höhere Werte aufwiesen als die zugehörigen Werte des Korrekturgitters. Damit wurden auf das Korrekturgitter die zuvor durch die Entfernung der Proben mit Gehalten oberhalb des Schwellenwertes entfernten Anomalien aufgesetzt.

Anschließend wurde das durch die Überlagerung erzeugte Gitter auf Fehlweisungen kontrolliert. Dazu erfolgte zunächst eine Restwerteberechnung. Diese ist prinzipiell eine Umkehrung der Gitterberechnung. Ausgangspunkt der Berechnung ist das zuvor berechnete Gitter. Aus diesem werden die für die Position eines jeden Probepunktes zu erwartenden Werte interpoliert und mit dem am Probepunkt gemessenen Wert verglichen. Die Differenz des gemessenen und des durch Interpolation aus dem Gitter erhaltenen Wertes wird als neues Merkmal gespeichert. Dieses neue Merkmal ist wiederum Ausgangspunkt für die Berechnung eines Korrekturgitters nach dem bekannten Verfahren. Auf Grund der guten Anpassung der Kriging-Parameter und dem verwendeten geringen Gitterabstand waren die Abweichungen aber so gering, daß bei keinem der darzustellenden Parameter weitere Korrekturen erforderlich waren.

Ein weiterer wesentlicher Arbeitsschritt ist die Festlegung des Typs der Klasseneinteilung und der oberen und unteren Grenzwerte des Wertebereiches des in der Karte darzustellenden Parameters. Für diese Aufgabe werden die zu Beginn des Prozesses der mathematisch-statistischen Bearbeitung der geochemischen Daten berechneten statistischen Maßzahlen und die Histogrammdarstellungen benötigt. Der Typ der Klasseneinteilung richtet sich vor allem nach dem Typ der statistischen Verteilung des darzustellenden geochemischen Parameters. Der vorliegende Verteilungstyp läßt sich aus dem Histogramm ablesen. Im allgemeinen treten bei geochemischen Parametern drei Verteilungstypen auf:

- Normalverteilung (zumeist bei pH-Wert, einigen Hauptelementen)
- linkssteile Verteilung (zumeist bei Spurenelementen)
- rechtssteile Verteilung (zumeist bei einigen Hauptelementen, z. B. SiO_2).

Diese Problematik muß bei der Klasseneinteilung berücksichtigt werden, um folgende Kriterien zu erfüllen:

- die Nivellierung des Untergrundes muß erkennbar sein und
- unterschiedlich hohe Anomalien müssen unterscheidbar sein.

Um dies zu erreichen, stehen zwei Typen der Klasseneinteilung zur Verfügung: die lineare und die logarithmische. Die lineare Klasseneinteilung kommt immer bei normalverteilten, zumeist auch bei rechtssteil verteilten Daten zur Anwendung, die logarithmische Verteilung wird bei linkssteil verteilten Daten genutzt. Damit wird gesichert, das die - wertmäßig geringen - Gehaltsschwankungen im Untergrund einerseits und die - wertmäßig i. d. R. ungleich größeren - Gehaltsdifferenzen zwischen verschiedenen Anomaliebereichen gleichzeitig dargestellt werden können.

Neben dem Typ der Klasseneinteilung spielt die sinnvolle Wahl der unteren und oberen Grenze der Klasseneinteilung eine wesentliche Rolle für die Herstellung einer aussagekräftigen Karte. Für die Festlegung dieser Limits werden die Histogramme herangezogen. Das Histogramm der Gesamtverteilung zeigt die Lage der einzelnen Anomaliebereiche. Erfahrungsgemäß bietet sich ein Wert zwischen den beiden höchsten Anomalien als obere Grenze der Klasseneinteilung an.

Die untere Grenze ist aus dem Histogramm der Gesamtverteilung nur selten ablesbar, da der gesamte Untergrundbereich zumeist in einer oder wenigen Klassen zusammengefaßt ist. Daher muß ein spezielles Histogramm des Untergrundbereiches berechnet werden. In dieser Darstellung ist die Differenzierung des Untergrundes deutlich erkennbar. Diese sollte auch durch die Klasseneinteilung wiedergegeben werden. Günstig erweist sich in den meisten Fällen, die untere Grenze der Klasseneinteilung so zu wählen, daß der berechnete

Medianwert bei ca. 25 % der Klasseneinteilung liegt. Um die Integrität der Darstellung zu gewährleisten, sollte darauf geachtet werden, daß die untere Grenze der Klasseneinteilung nicht kleiner als die untere Nachweisgrenze des verwendeten Analysenverfahrens gewählt wird.

Nach Berechnung des Gitters und Festlegung der Klasseneinteilung sind alle Voraussetzungen für die eigentliche Kartendarstellung erfüllt. Zu klären sind lediglich noch Fragen des Layouts der Karten. Um eine gute Lesbarkeit der Karten zu gewährleisten, wurden die eigentlichen Konturkarten mit einer gescannten Topographie sowie dem digitalisierten Gewässernetz des Untersuchungsgebietes verschnitten bzw. überlagert und ein entsprechender Legendenblock hinzugefügt. Die Fertigstellung der Karten erfolgte unter Nutzung eines eigens zur Herstellung geochemischer Karten konzipierten Programmes auf der Basis des Programmpaketes UNIRAS 6V3A.

5.3 Ergebnisse

5.3.1 Bachsediment- und Hydrogeochemie

Durch das geochemische Feld wird eine Fläche bzw. ein Raum beschrieben, der durch die Gesamtheit aller in ihnen wirkenden geochemischen Merkmale charakterisiert wird. Die Oberflächengeochemie in fluviatilen Wässern und Sedimenten liefert Informationen über die Gesetzmäßigkeiten der Elementverteilung in einem Teil des rezenten exogenen geochemischen Feldes. Dadurch wird der Nachweis von verschiedenen anthropogenen und/oder geogenen Einflußfaktoren in den Einzugsbereichen des Gewässernetzes möglich.

Dabei kommt der unterschiedlichen Flächennutzung des Untersuchungsgebietes (*Tab. 5.3*) größte Bedeutung zu. Die jahrzehntelange Mülldeponierung, Altablagerungen von Industrierückständen sowie die Herausbildung von Gewerbe- und Industriestandorten im Bereich der Siedlungsgebiete und die industriemäßigen Produktionsmethoden in der Landwirtschaft der ehemaligen DDR haben zu einer intensiven anthropogenen Beeinflussung des exogenen geochemischen Feldes (Bachsediment- und Bodenproben) beigetragen.

Obwohl im Gewässernetz als Teil des rezenten exogenen geochemischen Feldes die Elementdispersion überwiegt, kann es unter bestimmten geochemischen Bedingungen (geochemisches Milieu) zu einer Elementkonzentration im Bachsediment kommen. Diese Prozesse finden an sogenannten geochemischen Barrieren statt, an denen die Migration der Elemente plötzlich verringert wird (BIRKE, RAUCH & RENTZSCH 1995). Man unterscheidet im wesentlichen biogeochemische, physikochemische und mechanische (reliefbedingte) Barrieren, an denen es zur Ausbildung geochemischer Anomalien (milieubedingte) kommen kann (*Tab. 5.7*).

Tab. 5.7: Elementkonzentration an geochemischen Barrieren (nach PERELMANN 1972)

biogeochemische Barrieren	physikochemische Barrieren	mechanische Barrieren
organische Substanz: Ba, Sr, Mn, B, Zn, Rb, Cu, V, Ni, As, Co, Li, Mo, Hg	Schwefelwasserstoffbarrieren (Reduktionsbarrieren): V, Zn, Ni, Cu, Co, Pb,As, Hg, Ag Adsorptionsbarrieren (Fe- und Mn-Hydroxidfällungen): Be, Rb, V, Cr, Zn, Ni, Cu, Co, Pb, As, Mo, Hg Sauerstoffbarrieren (Qxydationsbarrieren): Mn, Co	Schwermineralkonzentration: Ti, Zr, Cr, Nb, Sn, W, Hg

In Oberflächenwässern lassen sich Schadstoffkontaminationen nachweisen, wenn der Abfluß eines Vorfluters oder das Gesamtvolumen eines stehenden Gewässers die freigesetzten Schadstoffe nicht zu stark verdünnt oder direkt durch den Effluenten in die Oberflächenwässer eingeleitet wird. Durch Sorption können große Schadstoffmengen an das Sediment gebunden und in das Oberflächenwasser freigesetzt werden. Kontaminiertes Oberflächenwasser kann direkt (über Baden, Freizeit) oder indirekt (über Viehtränken, Bewässerungswasser und über die Nahrungskette wie z. B. Fischerei) eine Gefährdung für den Menschen darstellen.

5.3.1.1 Hydrogeochemie der Oberflächenwässer

Die ermittelten statistischen Maßzahlen (*Tab. 5.8*) der Bachsediment- und Wasserproben sind auf Grund der relativ kleinen Probenzahl für weiterreichende Schlußfolgerungen nicht geeignet. Trotzdem werden die Medianwerte zur Diskussion der Elementanreicherungen und als Untergrundgehalt für diese Region als Vergleichsgröße herangezogen und mit den EU-Vorgaben verglichen.

Tab. 5.8: Statistische Maßzahlen der Parameter und Inhaltsstoffe in den Oberflächenwässern des Untersuchungsgebietes

Merkmal	Probenzahl	Maßeinheit	Mean	Minimum	Maximum	Mode	Median
pH	32		7,4	6,6	8,5	7,5	7,2
EC	32	µS/cm	1 122	398	3 820	399	939
NH_4^+	32	mg/l	2,39	0,01	18,0	0,06	0,23
Cl^-	32	mg/l	75,6	13,0	270,0	36,0	55,4
CN^-	27	mg/l	0,01	0,01	0,01	0,01	0,01
F^-	32	mg/l	0,68	0,10	1,50	0,68	0,64
NO_3^-	32	mg/l	5,9	0,1	27,0	4,8	5,2
NO_2^-	32	mg/l	0,17	0,01	2,30	0,03	0,03
PO_4^{3-}	32	mg/l	0,25	0,01	2,0	0,01	0,13
SO_4^{2-}	32	mg/l	312,6	74,0	1 500	75,5	196,0
Ag	32	µg/l	0,02	0,01	0,11	0,01	0,02
Al	32	µg/l	6,6	0,9	26,9	3,2	4,1
As	32	µg/l	4,5	1,0	21,5	1,5	4,1
B	32	µg/l	166	12	1 590	24	36
Ba	32	µg/l	73	22	132	76	74
Be	32	µg/l	0,06	0,01	0,70	0,01	0,02
Bi	32	µg/l	0,01	0,00	0,02	0,01	0,01
Ca	32	mg/l	204	58	633	127	171
Cd	32	µg/l	0,074	0,002	0,401	0,002	0,04
Ce	32	µg/l	0,036	0,002	0,302	0,012	0,024
Co	32	µg/l	1,46	0,43	3,34	0,86	1,28
Cr	32	µg/l	1,60	0,08	4,0	1,00	1,55
Cs	32	µg/l	0,017	0,002	0,223	0,002	0,01
Cu	32	µg/l	1,4	0,7	4,4	0,7	1,0
Fe	32	µg/l	950	15	14 880	200	333
Ga	32	µg/l	0,052	0,005	0,189	0,034	0,044
Hf	32	µg/l	0,006	0,001	0,025	0,002	0,005
Hg	32	µg/l	0,02	0,01	0,03	0,01	0,01
K	32	mg/l	15,3	1,3	91,0	5,0	8,0
La	32	µg/l	0,026	0,002	0,175	0,015	0,015
Li	32	µg/l	9,0	1,3	71,0	2,5	6,0
Mg	32	mg/l	19,6	5,0	141,0	8,3	12,9
Mn	32	µg/l	209	3	1 060	13	96
Mo	32	µg/l	0,61	0,1	3,20	0,20	0,42
Na	32	mg/l	48	8	640	16	18
Ni	32	µg/l	7,6	1,7	27,4	4,0	5,3
Pb	32	µg/l	0,23	0,04	0,81	0,16	0,17
Rb	32	µg/l	5,8	1,1	58,3	2,1	3,0
Sb	32	µg/l	0,14	0,04	0,39	0,06	0,11
Se	32	µg/l	5,7	0,1	38,0	2,0	5,0

Merkmal	Probenzahl	Maßeinheit	Mean	Minimum	Maximum	Mode	Median
Sn	32	µg/l	0,03	0,01	0,18	0,01	0,01
Sr	32	µg/l	477	127	2 280	218	357
Ta	32	µg/l	0,007	0,001	0,074	0,002	0,002
Th	32	µg/l	0,009	0,001	0,059	0,001	0,006
Ti	32	µg/l	11,7	1,3	29,5	5,6	10,0
Tl	32	µg/l	0,007	0,001	0,031	0,001	0,005
U	32	µg/l	0,253	0,002	1,88	0,031	0,08
V	32	µg/l	2,3	0,3	8,5	2,2	2,1
W	32	µg/l	0,04	0,01	0,13	0,03	0,03
Y	32	µg/l	0,035	0,006	0,237	0,021	0,023
Zn	32	µg/l	8,4	2,6	28,0	2,9	5,7
Zr	32	µg/l	0,09	0,01	0,50	0,03	0,06
AOX	27	mg/l	0,016	< 0,01	0,073	< 0,01	< 0,01
BSB5	27	mg/l	18,8	< 3	117	9,7	< 3
CSB	27	mg/l	49,2	< 30	150	50,0	< 30
DOC	27	mg/l	22,1	7,3	63,0	19,0	10,0
TOC	27	mg/l	23,9	7,8	83,0	19,0	19,0

Die Verteilung der anorganischen und organischen Schadstoffparameter hebt im Vergleich zum regionalen geochemischen Untergrund folgende Schwerpunktgebiete anthropogener Belastungen und Einflüsse heraus:

SE- und S-Flanke Deponie Schöneiche:
BSB_5, Sn, Ta, U, Al, As, B, Cr, K, Na, NH_4, SO_4, Ca, Li, Mg, B, Mo, Rb, Pb, EC, Cl, F, Co,Cs, Cu, Zn, Sb, Se, Fe, Tl, Ti, Sr, Th, CSB, DOC, TOC, Ga, Hf

N Deponie Schöneicher Plan:
U, Sr, Ca, V, NH_4, Cl, SO_4, EC, As, B, Ba, Ni, F, Co, Cr, Mo, Rb, Cu, Hf, Se, Sn, Ti, AOX (DOC)

NW Deponie Schöneicher Plan (MGB GmbH):
Sb, Zn, Li, Sn, PO_4, Al, Ce, Be, Ga, K, La, Mg, Mn, Pb, Y, (Th)

E Deponie Schöneiche (E Müllverbrennungsanlage):
Tl, (Hg), (Se), (DOC)

Altlastenbereich unmittelbar N Deponie Schöneiche:
Ag, W, Zn, Sb, Cd

Ortsabfluß Gallun:
AOX, Sb, Ba, PO_4, W, F

SE Galluner Müllerhaus:
NH_4, NO_3, NO_2, F, AOX

Müll- und Abfallverkippung im Deponieumland:
CSB, Ni, EC, Ba, Cd, Fe, Hf, Mn, (Th, Ti, SO_4, BSB_5)

Muckergraben NW Ortslage Schöneiche (Fäkalienverkippung):
BSB_5, CSB, F, PO_4, Se, Ti, TOC, DOC, AOX

Muckergraben im Einzugsgebiet der Kläranlagen:
AOX, U, Y, La, Mn, Tl, Ga, SO_4, Ti

N Ortslage Schöneiche:
Be, Zn, W, K, Ba, (Cd), Mo, Mn

W Ortslage Mittenwalde:
AOX, Cr, Sr, Cl, As, EC, SO_4, Cd, Co, Ca, Na, (DOC, Ba, Zn)

NW Ortslage Mittenwalde:
U, Hg, Cu, Mo, Sb, Cd, Tl, As, NO_2, (Zn), AOX

Ortsabfluß Großmachnow:
Th, Cd, Mo, La, Ce, (AOX, U)

Damit wird der Einfluß der Mehrzahl der in *Abb. 5.2* dargestellten Kontaminationsquellen im Medium Oberflächenwasser geochemisch charakterisiert. Als Bereiche intensiver anthropogener Beeinflussung durch Müllablagerungen werden in den Oberflächenwässern die Gebiete NW (MGB GmbH) und N der Deponie Schöneicher Plan, die S- und SE-Flanke der Deponie Schöneiche (Umland) abgebildet. Ein weiteres Gebiet anthropogener Kontaminationen (Bauschutt- und Müllhalden) gleicher Ursachen, die durch Landwirtschaftseinflüsse ergänzt werden (Rieselfeldabflüsse, ehemalige Düngemittellagerplätze, Geflügelfarmen), wird W und NW Mittenwalde (Vogelsang) markiert. Auch die technogenen Einflußfaktoren NE Gallun (ca. 1 km SSW der Autobahnanschlußstelle Mittenwalde), die durch Müll- und Abfallverklappungen belegt sind, werden in den Oberflächenwässern geochemisch quantifizierbar. Neue Indikationen liefern die kontrastreichen Anreicherungen im Wasser gegenüber dem RGU im Gebiet E Großmachnow (Ortsabfluß und

Gewerbegebietseinrichtungen), im Muckergraben E der Kläranlage (NW Schöneiche) sowie N der Ortslage Schöneiche (vermuteter Orts- und Altlasteneinfluß) und im Zufluß zum Nottekanal am Ostrand des NSG Pierowsee (KW, Cd, Cr, CSB, Ca) am SW Rand des Untersuchungsgebietes.

Unter Berücksichtigung der Güteklassifikation für Fließgewässer (Proben filtriert 0,45 µm) von WACHS (1989) sind im Untersuchungsgebiet kaum unbelastete Oberflächenwässer verbreitet. Der Vergleich der Variationsbreite der Gehalte sowie des regionalen Untergrundes und des Durchschnittsgehaltes im Untersuchungsgebiet mit den Güteklassenrichtlinien (*Tab. 5.9*) erlaubt für die Elemente Pb, Cu, Cd, Hg und PO_4^{3-} eine Einstufung als gering belastete Fließgewässer. Für das Element Zn läßt sich eine geringe bis mäßige Belastung nachweisen. Auf der Grundlage der Gehalte von NO_2^- und Cr weisen die Oberflächenwässer eine mäßige Belastung auf; NH_4^+ und Ni erlauben eine Bewertung und Klassifizierung in die Gruppen 2 - 3, d.h. mäßig und stark belastet. Die Anionenkonzentrationen NO_3^{2-} und Cl^- bestätigen die Einstufung der Oberflächenwässer in die stark belastete Gruppe 3.

Der Grad der Belastung mit organischen Stoffen erweist sich auf der Grundlage der DOC- und BSB_5-Werte als stark (Güteklasse 3) bis übermäßig stark belastet (Güteklasse 6). Beim biochemischen Sauerstoffbedarf liegt bereits der Untergrundgehalt in der stark belasteten Güteklasse 3 (bis 11,6 mg O_2/l), während der Durchschnittsgehalt sogar die Erfahrungswerte für übermäßig verschmutzte Fließgewässer deutlich überschreitet.

Bereits das Minimum der DOC-Gehalte der Fließgewässer fällt in die sehr stark belastete Güteklasse 5. Die Durchschnitts- und Untergrundgehalte des Untersuchungsgebietes (*Tab. 5.9*) bestätigen die extreme Belastung der Oberflächenwässer mit gelöstem organischen Kohlenstoff.

In den Oberflächenwässern wurde auf eine Auswertung der faktoranalytischen Bearbeitung der geochemischen Daten auf Grund der zu geringen Probenzahl im Verhältnis zu den gemessenen Parametern und Komponenten verzichtet. Die Aussagesicherheit der Ergebnisse der multivariaten statistischen Bearbeitung ist für einen derartigen Datensatz sehr eingeschränkt.

Tab. 5.9: Güteklassifizierung von Fließgewässern

Parameter	Maßeinheit	Güteklassen (nach WACHS 1989, Konzentrationsverteilung in den verschiedenen Belastungsstufen)			Maßzahlen der Oberflächenwässer Region Schöneiche-Mittenwalde				Gehaltsbereich unbelasteter Fließgewässer (FÖRSTNER 1990)
		I unbelastet	II gering belastet	III stark belastet	Minimum	Maximum	Mean	Median	
Pb	µg/l	< 0,2	0,2 – 0,8	4,0 – 12,0	0,04	0,81	0,23	0,17	< 0,2 – 0,5
Cu	µg/l	< 0,5	0,5 – 2,0	5,0 – 15,0	0,7	4,4	1,4	1,0	< 0,5 – 0,2
Cd	µg/l	< 0,05	0,05 – 0,1	0,4 – 1,5	0,002	0,4	0,074	0,04	< 0,05
Cr	µg/l	< 0,1	0,1 – 0,7	2,0 – 8,0	0,08	4,0	1,6	1,55	< 0,1 – 0,5
Ni	µg/l	< 0,3	0,3 – 1,0	5,0 – 12,0	1,7	27,4	7,6	5,3	< 0,3 – 0,8
Hg	µg/l	< 0,02	0,02 – 0,05	0,2 – 0,5	0,01	0,03	0,02	0,01	< 0,03
Zn	µg/l	< 5	5 – 15	40 – 100	2,6	28,0	8,4	5,7	< 2 – 8
DOC	mg/l	< 1,3	1,3 – 2,4	2,8 – 6,5	7,3	63,0	22,1	19,0	
BSB_5	mg/l	< 0,7	0,7 – 2,8	5,2 – 11,6	< 3	117	18,8	9,7	
NH_4^+	mg/l	< 0,06	0,06 – 0,21	0,3 – 2,9	0,01	18,0	2,4	0,23	
NO_2^-	mg/l	< 0,003	0,003 – 0,033	0,056 – 0,21	0,01	2,30	0,17	0,03	
NO_3^-	mg/l	< 0,8	0,8 – 3,9	2,9 – 7,3	0,1	27,0	5,9	5,2	
PO_4^{3-}	mg/l	< 0,03	0,03 – 0,21	0,48 - 1,35	0,01	2,0	0,25	0,13	
Cl^-	mg/l	< 6	6 - 26	28 - 72	13,0	270	75,6	55,4	

5.3.1.2 Bachsedimentgeochemie

Die Schwermetallanreicherungen in den Bachsedimenten konzentrieren sich auf bereits bekannte Kontaminationsquellen (*Abb. 5.2, Tab. 5.3*). Neue Indikationen für Gehaltsanreicherungen komplexer Ursachen (anthropogen, milieubedingt) liefert die Bachsedimentgeochemie E Großmachnow (Hf), in einem Zufluß zum Nottekanal NE Mittenwalde (As, P, J, Pb, S, Sb, $C_{org.}$, Br) sowie für die fluviatilen Sedimente des Nottefliesses SW der Ortslage Telz (As, Fe, Ce, P, $C_{org.}$, Cd, V, Br). Diese Ergebnisse werden durch die Umweltgeochemie des Oberbodens (Clusterpunktlagekarte, *Abb. 5.30*) bestätigt und ergänzt.

Natürliche bzw. geogen geprägte Verteilungsmuster der Elementgehalte in den Bachsedimenten lassen sich für Nb, Ti, Zr, Y, Rb, Ca, Mn, Mg, Si, K, Na sowie Cr nachweisen. Milieubedingte Spurenelementanreicherungen an geochemischen Barrieren (biogeochemische, Oxydations- und pH-Barrieren) sind für die Elemente Fe, As, J, Br, S, Sr, Be, Se, B, P, Sc und z. T. Ni feststellbar;

diese schließen die technogene Zufuhr einzelner Elemente (z. B. B, Be, Ni, As) nicht aus. Die Verteilungsmuster der Parameter Ag, Cd, Cu, Hg, Zn, Ni, Pb, Sn, Sb sowie für U, P, Ba, Sc, B, EC und z. T. Mg werden durch anthropogene Einflußfaktoren und technogene Zufuhren verursacht, die sich in den Ergebnissen der faktoranalytischen Bearbeitung der bachsediment-geochemischen Daten bestätigen.

Deutliche Richtwertüberschreitungen zum Gefahrenwert für humose Böden (Berliner Liste, 1996) treten lediglich für das Element Cd (max. 5fach) im Gebiet W Telz sowie NW und W Mittenwalde auf. Die Elemente Pb (3,3fach), Cd (27,5fach), Cu (1,8fach) und Hg (7,6fach) zeigen auch im Verhältnis zu den Gefahrenwerten der Berliner Liste (1996) für Sande, Kiese und Mergel eine deutliche Anreicherungstendenz, die auf ihren anthropogenen Eintrag zurückzuführen ist. Bei den Durchschnittsgehalten der Bachsedimente läßt sich dieser Sachverhalt lediglich noch für das Element Cd nachvollziehen (*Tab. 5.10* und *5.11*). Die Untergrundgehalte in den Bachsedimenten des Untersuchungsgebietes zeigen zu den von der LABO ermittelten „Referenz- bzw. Hintergrundwerten für Böden“ (Sande und Geschiebelehme, bundesweit; LAGA, 1994) mit Ausnahme des Elementes Sb keine Erhöhungen an. Für die Durchschnittsgehalte signalisieren die Elemente Cd, Hg und Sb mit Kontrasten zu den Hintergrundwerten für Geschiebelehme von maximal 1,7 anthropogene Elementzufuhren.

Tab. 5.10: Statistische Maßzahlen der Haupt- und Spurenelemente in den Bachsedimenten (Fraktion < 2,0 mm) des Untersuchungsgebietes Schöneiche

Merkmal	Maß-einheit	Proben-zahl	Mean	Minimum	Maximum	Mode	Median	Standard-probe GSD9 (XIE, 1989)
pH_{H2O}		32	7,4	6,6	8,5	7,5	7,2	
EC	µS/cm	32	1122	398	3820	399	939	
$C_{org.}$	%	39	6,0	0,1	34,3	0,4	2,4	0,47
SiO_2	%	39	75,72	11,22	94,29	94,06	86,92	64,89
TiO_2	%	39	0,126	0,043	0,249	0,088	0,124	0,89
Al_2O_3	%	39	3,15	1,27	6,36	2,82	3,01	10,58
Fe_2O_3	%	39	1,09	0,23	5,08	0,35	0,76	3,17
MnO	%	39	0,026	0,007	0,120	0,010	0,016	0,08
MgO	%	39	0,14	0,04	0,41	0,08	0,11	2,39
CaO	%	39	2,39	0,15	32,67	0,24	0,70	5,35
Na_2O	%	39	0,35	0,09	0,68	0,31	0,33	1,44
K_2O	%	39	0,68	0,12	1,35	0,63	0,69	1,99
P_2O_5	%	39	0,09	0,01	0,36	0,01	0,06	0,15
SO_3	%	39	0,35	0,03	3,23	0,03	0,09	
Ag	mg/kg	39	0,4	0,1	9,4	0,1	0,1	0,089
As	mg/kg	39	2,396	0,180	10,000	0,440	1,200	8,4
B	mg/kg	39	14,0	6,1	45,0	8,8	12,0	53

Merkmal	Maß-einheit	Proben-zahl	Mean	Minimum	Maximum	Mode	Median	Standard-probe GSD9 (XIE, 1989)
Ba	mg/kg	39	182,5	81,8	364,0	146,0	172,0	430
Be	mg/kg	39	1,2	0,8	3,4	0,9	1,0	1,8
Bi	mg/kg	39	0,4	0,4	1,2	0,4	0,4	0,42
Co	mg/kg	39	0,9	0,8	4,2	0,8	0,8	14,4
Cr	mg/kg	39	12,2	1,3	38,1	4,2	11,3	85
Cs	mg/kg	39	2,8	0,2	10,0	2,5	2,6	5,1
Cu	mg/kg	39	11,0	1,0	94,7	2,5	7,2	32,1
F	%	39	0,02	0,01	0,03	0,02	0,02	0,494
Ga	mg/kg	39	3,7	1,4	7,4	3,6	3,6	14
Ge	mg/kg	39	0,9	0,3	1,1	1,0	1,0	1,28
Hf	mg/kg	39	14,8	10,0	43,0	10,0	10,0	3,7
Hg	mg/kg	39	0,09	0,01	0,76	0,01	0,05	0,083
In	mg/kg	39	0,1	0,1	0,1	0,1	0,1	0,056
J	mg/kg	39	2,6	0,3	9,6	1,1	2,0	0,61
La	mg/kg	39	11,4	2,4	21,0	9,0	11,9	40,0
Mo	mg/kg	39	3,2	0,4	5,3	4,4	3,7	0,64
Nb	mg/kg	39	3,1	0,4	6,2	2,9	3,1	17,7
Ni	mg/kg	39	2,6	0,1	17,1	0,1	0,8	32,3
Pb	mg/kg	39	26,0	6,6	131,0	8,3	20,1	23
Rb	mg/kg	39	24,1	4,2	49,0	21,5	24,5	80
Sb	mg/kg	39	1,676	0,100	3,200	0,100	2,100	0,81
Sc	mg/kg	39	1,6	1,0	5,0	1,0	1,0	11,1
Se	mg/kg	39	0,3	0,2	1,5	0,2	0,2	0,16
Sn	mg/kg	39	2,4	0,7	18,6	1,2	1,9	2,6
Sr	mg/kg	39	53,6	23,3	137,0	33,4	43,6	166
Ta	mg/kg	39	0,2	0,2	0,3	0,2	0,2	1,3
Te	mg/kg	39	0,7	0,4	1,6	0,5	0,5	0,04
Th	mg/kg	39	1,7	0,2	4,7	0,2	1,9	12,4
Tl	mg/kg	39	0,3	0,3	0,7	0,3	0,3	0,49
U	mg/kg	39	0,5	0,1	2,7	0,1	0,1	2,6
V	mg/kg	39	7,1	1,3	28,9	4,6	5,9	97
W	mg/kg	39	0,0	0,0	0,0	0,0	0,0	1,76
Y	mg/kg	39	5,8	1,2	11,5	4,5	6,0	26,6
Zn	mg/kg	39	54,6	8,0	302,0	9,5	27,3	78
Zr	mg/kg	39	137,4	24,2	278,0	83,8	135,0	370

Tab. 5.11: Vergleich statistischer Maßzahlen ausgewählter Schwermetallgehalte in Bachsedimenten mit Referenz- und Gefahrenwerten der Niederländischen und der Berliner Liste

Element	Niederl. Liste (1994) Boden/Sediment (mg/kg)		Berliner Liste (1996) Gefahrenwerte (in mg/kg)				Bachsedimente Schöneiche (Fraktion < 2,0 mm, in mg/kg)			
			Wasserschutzzone II u. III A		Wasserschutzzone III B					
	RFW [1]	ITW [2]	Sande, Kiese, Mergel	humose Böden	GWST < 5m geo. Unterg. Sande u.	GWST > 5m geo. Unterg. aus Mergel u.	Mini-mum	Maxi-mum	arithmet. Mittelwert	Geochem. Untergrund
As	29	55	10	15	30	60	0,2	10,0	2,4	1,2
Pb	85	530	40	200	400	1 200	6,6	131,0	26,0	20,1
Cd	0,8	12	0,2	1,0	2	4	0,1	5,5	0,52	0,24
$Cr_{ges.}$	100	380	40	150	300	900	1,3	38,1	12,2	11,3
Co	20	240	20	100	200	600	0,9	0,8	4,2	0,8
Cu	36	190	50	150	300	900	1,0	94,7	11,0	7,2
Ni	35	210	30	150	300	900	0,1	17,1	2,6	0,8
Hg	0,3	10	0,1	0,5	1	3	0,01	0,76	0,09	0,05
Zn	140	720	100	375	750	2 400	8,0	302	54,6	27,3
Ba	200	625					81,8	364	182,5	172,0
Mo	10	200					0,4	5,3	3,2	3,7

[1] RFW Referenzwert
[2] ITW Interventionswert (Eingreifwert)

Die Maximalgehalte der Elemente Cd, Hg, Pb, Sb, Zn, Cu und z. T. As belegen mit kontrastreichen Anreicherungen zu den sog. „Hintergrundwerten" zwischen 2,3 (As) und 18,3 (Cd) die Wirkung technogener Ursachen. Lediglich die Maximalgehalte des Elementes Ni liegen noch im Bereich der von der LABO ermittelten Hintergrundwerte für Geschiebelehme.

Auf eine eindeutig anthropogene Elementzufuhr im Untersuchungsgebiet weisen die kontrastreichen Anreicherungen (K > 2) der Maximalgehalte der Elemente Cd (K > 6), Cu, Hg, Zn zu den Referenzwerten der Niederländischen Liste (1994) für Böden und Sedimente hin. Der Grenzwertvergleich der Maximalgehalte liefert auch für die Elemente Ba (K = 1,8) und Pb (K = 1,5) Anreicherungstendenzen, die auf sicher anthropogene Ursachen zurückzuführen sind.

Von Bedeutung für eine Bewertung der Bachsedimentgeochemie des Teststandortes Schöneiche erweist sich im Rahmen bereits vorliegender prospektionsgeochemischer Daten in Deutschland die Betrachtung der international üblichen 80 mesh-Fraktion (≤ 0,18 mm), die im Geochemischen Atlas der Bundesrepublik Deutschland (FAUTH et al. 1985) und im Südteil der neuen Bundesländer (BIRKE et al. 1995) untersucht wurde. Als weitere Bezugsgröße kann für die Bewertung der Feinfraktion der Bachsedimente des Testgebietes ebenfalls der Flußsedimentstandard GSD 9 (VR China, Jangtse oberhalb Wuhan) herangezogen werden (XIE 1989).

Tab. 5.12: Statistische Maßzahlen der Haupt- und Spurenelemente in den Bachsedimenten (Fraktion < 0,2 mm) des Untersuchungsgebietes Schöneiche

Merkmal	Maßeinheit	Probezahl	Schöneiche					S-Teil FNBL[1]	Atlas BRD[2]	GSD 9
			Mean	Minimum	Maximum	Mode	Median	(BIRKE u. a., 1995)	(FAUTH u. a., 1985)	(XIE 1989)
SiO_2	%	39	49,98	4,20	90,07	58,10	52,64	-	-	64,89
TiO_2	%	39	0,309	0,046	0,660	0,142	0,313	-	-	0,89
Al_2O_3	%	39	4,73	1,18	8,10	4,33	4,82	-	-	10,58
Fe_2O_3	%	39	3,53	0,75	10,79	2,10	3,33	-	-	3,17
MnO	%	39	0,053	0,016	0,151	0,027	0,044	-	-	0,08
MgO	%	39	0,39	0,09	1,09	0,24	0,32	-	-	2,39
CaO	%	39	4,18	0,65	20,06	2,42	3,02	-	-	5,35
Na_2O	%	39	0,45	0,06	1,01	0,36	0,44	-	-	1,44
K_2O	%	39	0,91	0,04	2,11	0,83	0,92	-	-	1,99
P_2O_5	%	39	0,31	0,02	1,51	0,35	0,27	-	-	0,15
SO_3	%	39	0,88	0,03	3,33	0,14	0,54	-	-	-
As	mg/kg	39	22	3	96	8	18	19	-	8,4
Ba	mg/kg	39	353	144	1353	307	215	490	412	430
Ce	mg/kg	39	31	8	66	8	34	-	-	78
Co	mg/kg	39	6	4	30	4	4	10	9	14,4
Cr	mg/kg	39	31	4	86	4	33	50	54	85
Cs	mg/kg	39	3	3	8	3	3	-	-	5,1
Cu	mg/kg	39	41	5	333	5	31	29	8,9	32,1
Ga	mg/kg	39	4	3	10	3	3	-	-	14
Hf	mg/kg	39	14	10	37	10	10	8	-	3,7
La	mg/kg	39	18	3	37	3	18	73	-	40,0
Mo	mg/kg	39	3	3	3	3	3	0,5	-	0,64
Nb	mg/kg	39	8	3	15	3	8	23	-	17,7
Ni	mg/kg	39	19	7	72	11	15	29	21	32,3
Pb	mg/kg	39	66	5	395	5	60	54	24	23
Rb	mg/kg	39	32	3	73	30	30	110	-	80
Sc	mg/kg	39	4	1	9	3	4	12	-	11,1
Sn	mg/kg	39	5	2	54	2	3	6	1	2,6
Sr	mg/kg	39	103	37	198	82	93	89	89	166
Ta	mg/kg	39	5	5	5	5	5	-	-	1,3
Th	mg/kg	39	9	5	18	5	10	-	-	12,4
U	mg/kg	39	4	4	9	4	4	-	-	2,6
V	mg/kg	39	30	5	70	40	33	64	10	97
W	mg/kg	39	5	5	14	5	5	7	1	1,8
Y	mg/kg	39	13	3	32	3	15	42	-	26,6
Zn	mg/kg	39	172	4	996	59	104	147	52	78
Zr	mg/kg	39	325	24	945	154	255	430	-	370

[1] S-Teil FNBL - Medianwert der Bachsedimente aus der geochemischen Bearbeitung der Grundgebirgseinheiten im Südteil der 5 neuen Bundesländer

[2] Atlas Bundesrepublik Deutschland: Medianwert der Bachsedimente aus dem geochemischen Atlas der Bundesrepublik Deutschland

Die geochemischen Untergrundgehalte dieser Fraktion im Gebiet Schöneiche (*Tab. 5.12*) zeigen im Vergleich zum GSD 9 eine deutliche Y- und Mg-Verarmung an. Die überwiegend anthropogen zugeführten Elemente (P, Sn, U, Zn, As, Pb, W, Hf) liegen mit ihren Medianwerten über dem Flußsedimentstandard. Die maximalen Anreicherungen (K > 3) für Mo und Ta sind ebenfalls auf anthropogene Ursachen zurückzuführen.

Die Durchschnittsgehalte der Mehrzahl der Elemente in der Feinfraktion liegen mit Ausnahme von Fe und Cu (K > 1) unter den Gehalten des Flußsedimentstandards. Die Elementanreicherungen der Durchschnittsgehalte mit Kontrasten > 2 zum Standard GSD 9 bestätigen für die Elemente Zn, W, Pb, As, P, Mo, Hf, Ta die Verteilungstrends der Untergrundgehalte und verweisen auf vorherrschend anthropogene Einflußfaktoren.

Die Elemente Ti, Al, Mg, Na, Ce, Ga, La, Nb, Sc, V, Rb, deren Maximalgehalte unter denen des o. g. Standards (*Tab. 5.12*) liegen, zeigen eine regionale Verarmung an. Die schwachen Anreicherungen bis zur Verdopplung des Gehaltes der Standardprobe sind entweder natürlichen (geogenen) Ursprungs (z.B. Zr, Mn, Si, Sr) oder z. T. zusätzlich technogen überprägt (Cr, Cs, Co, Ni, Th). Die kontrastreichen Anreicherungen gegenüber dem GSD 9 (K > 3) haben mit Ausnahme von Fe und Ca ausschließlich anthropogene Ursachen, die sich sowohl aus Altablagerungen sowie Deponie-, Siedlungs- und/oder Landwirtschaftseinflüssen zusammensetzen.

Ein Vergleich der statistischen Maßzahlen (Durchschnitts-, Untergrund- und Maximalgehalte) der Bachsedimentgehalte der Fraktion < 0,2 mm mit den Untergrundgehalten des Geochemischen Atlasses der BRD (1985) und der Untersuchungen in den Grundgebirgseinheiten der neuen Bundesländer (BIRKE u. a. 1995) brachte folgende Ergebnisse:

Die Untergrundgehalte Schöneiche weisen mit einer Zn-, Pb-, Sn-, V-, Cu- und W-Anreicherung (K > 2) zum geochemischen Gesamtuntergrund Bundesrepublik Deutschland (FAUTH et al. 1985) auf ihren anthropogenen Eintrag hin. Eine Ausnahme bilden Co, Cr und Ni (K < 1). Gegenüber dem Untergrundgehalt des Südteils der neuen Bundesländer (BIRKE et al. 1995) zeigt der Untergrund Schöneiche eine Cu-Anreicherung (K > 14) und Pb-Erhöhung an. Bei Betrachtung der Kontraste der Maximalgehalte weist lediglich das Element Cr eine schwache Erhöhung zum Gehalt des Gesamtuntergrundes Bundesrepublik Deutschland auf. Die kontrastreichen Anreicherungen (K > 10) bestätigen wiederum für die Elemente Sn, Cu, W, Zn, Pb und z. T. V überwiegend anthropogene Ursachen. Auch für die Durchschnittsgehalte der Bachsedimente (Fraktion < 0,2 mm) läßt sich diese Tendenz bestätigen. Die Elemente mit Anreicherungen ≥ 2 (Cu, Pb, Sn, V, W) gegenüber dem

Tab. 5.13: Intensität der anorganischen Sedimentbelastung im Verhältnis zum Tongesteinsstandard (TUREKIAN & WEDEPOHL 1961)

Element	$I_{geochem.}$ - Klassen				
	0	1	2	3	4
As	20	40	80	160	320
B	150	300	600	1 200	2 400
Ba	870	1 740	3 480	6 960	13 920
Be	4,5	9	18	36	72
Cd	0,45	0,9	1,8	3,6	7,2
Co	28,5	57	114	228	456
Cr	135	270	540	1 080	2 160
Cu	67	134	268	536	1 072
F	1 100	2 200	4 400	8 800	17 600
Hg	0,6	1,2	2,4	4,8	9,6
Mo	3,9	7,8	15,6	31,2	62,4
Ni	102	204	408	816	1 632
Pb	30	60	120	240	480
Sb	2,3	4,6	9,2	18,4	36,8
Se	0,9	1,8	3,6	7,2	14,4
Sn	9	18	36	72	144
Th	18	36	72	144	288
U	5,6	11,2	22,4	44,8	89,6
Cs	7,5	15	30	60	120
V	195	390	780	1 560	3 120
Zn	143	286	572	1 144	2 288
Zr	240	480	960	1 920	3 840

$I_{geochem.}$ - Kl. 0: praktisch unbelastet, verarmt
$I_{geochem.}$ - Kl. 1: schwach bis mäßig belastet
$I_{geochem.}$ - Kl. 2: mäßig belastet
$I_{geochem.}$ - Kl. 3: mäßig bis stark belastet
$I_{geochem.}$ - Kl. 4: stark belastet

Gesamtuntergrund Bundesrepublik Deutschland sind als vorherrschend anthropogen zugeführt anzusehen.

Die Maximalgehalte mit Kontrasten zum Regionalen geochemischen Untergrundgehalt (RGU) Südteil ehem. DDR < 1 charakterisieren geogene Verteilungsgesetzmäßigkeiten im exogenen geochemischen Feld für die Elemente Nb, Rb, Sc, Ti und Y. Während mit Kontrasten > 3 die Elemente und Parameter wie elektrische Leitfähigkeit (EC), Sn, Cu, As, Co, Fe, Zn auf nur technogene Zufuhren hinweisen, lassen Kontraste > 1 für die Elemente Ni, Sr, Zr, Cr, Mn die Schlußfolgerung komplexer Ursachen (geogen, Milieu, anthropogen) zu. Die Kontrastwerte der Durchschnittsgehalte Schöneiche zum RGU des Südteils der ehem. DDR ergänzen und bestätigen die bisher getroffenen Feststellungen. Mit K > 1 wird für die Elemente As, Cu, Pb und

Zn im Zusammenhang mit EC im Oberflächenwasser (K > 3) im Untersuchungsgebiet ihr sicher anthropogener Eintrag bzw. ihre technogene Herkunft belegt.

Als weiteres Bewertungskriterium kann der Vergleich und die Zuordnung der statistischen Maßzahlen der beiden untersuchten Fluß- bzw. Bachsedimentfraktionen zu den auf der Grundlage des Tongesteinsstandards nach TUREKIAN & WEDEPOHL (1961) ermittelten geochemischen Belastungsgradklassen (*Tab. 5.13*) herangezogen werden (nach MÜLLER 1979, 1986). Die Maximalgehalte der Fraktion < 2,0 mm weisen lediglich für Cd eine starke Belastung ($I_{geochem.}$ - Klasse 4) auf. Für Pb zeigen die Maxima der Flußsedimente mäßige bis starke, für Zn eine mäßige Belastung an. Die Gehaltsmaxima der Elemente Cu, Hg, Se, Sn, Cs und Zr fallen in die Belastungsgradklasse 1 (schwach bis mäßig belastet).

Bei der Fraktion < 0,2 mm weisen die Maximalgehalte der Elemente As, Cu, Pb, Zn und Zr auf eine mäßige bis starke Belastung ($I_{geochem.}$ - Klassen 3 und 4) hin. Bereits der Median der Pb- und Zr-Gehalte fällt in die Belastungsgradklasse1 (schwach bis mäßig belastet).

5.3.2 Bodengeochemie

Die Aussagefähigkeit von regional verteilten Oberbodenproben für die Lösung umweltgeochemischer Fragestellungen wurde in BIRKE & RAUCH (1996) erprobt und mit den Ergebnissen anderer Probenahmemedien verglichen (BIRKE, RASCHKA & RAUCH 1995).

Die Böden stellen als Kompartimente einer Landschaft offene dynamische Systeme dar, d. h. sie haben ein Input und ein Output. Der Boden wird als dreidimensionaler, z. T. stark durch Verwitterungs-, Mineralneubildungs- und Huminifizierungsprozesse überprägter geologischer Körper charakterisiert, der aus Locker- und Festgesteinen besteht und durch anthropogene Einwirkungen häufig verändert wird. Überprägungen anthropogener Natur erfolgen vor allem durch Stoffzufuhren aus Immissionsstäuben bzw. -aerosolen und dem gezielten Einsatz von Agrochemikalien sowie von landwirtschaftlichen und industriellen Abprodukten und Reststoffen (z. B. Klärschlämme, Gülle, Industrieschlämme oder -aschen). Weitere Eintragspfade und Kontaminationsquellen für Schadstoffe in den Boden sind Ablagerungen und Kontaminationen auf Betriebs- und Gewerbeflächen, wo entsprechend der Produktionsverfahren mit typischen Schadstoffelementen und -parametern gerechnet werden kann (*Tab. 5.2*) sowie die Mülldeponierung auf Großdeponien und alten Halden (*Abb. 5.3*). So wurden z. B. auf der Mülldeponie Schöneicher Plan auch mit Öl verunreinigte Böden und Schlämme, Ölfilter, Ölabscheiderrückstände, Farbreste und Farbschlämme, Aluminiumsalzschlacke, Chemiefasern, asbesthaltige Substanzen, Neutralisationsschlamm (Kalkschlamm), Klärschlamm, Schlammrückstände der

Lederherstellung, Destillationsrückstände von Grisutenanlagen, Rückstände der chemischen Reinigung, Bitumen, Altgummi, Glasgewebe, Füllstoffe, ausgehärtetes Polyesterharz, Bohremulsionen, Phenolwasser, neutralisierte Abwässer, schwermetallhaltige Neutralisationsschlämme, Imprägnierschlamm, Eisensulfatschlamm, Galvanikrückstände und -abwässerschlamm, Schmieröle und -fette, Waffenfett, Lackreste, Heizölrückstände, Rückstände aus Konservierungsanlagen, Magnetband und -filmmaterial, Erythromyzin-Pulver, Ursovit A, Ursokoxalin, Agralignid, Lösungsmittelrückstände, Ätznatron, Abprodukte des Akkuschlaggerätes, Emailleschlickerreste, salpeterhaltige Altsalze, nitrit- und nitrathaltige Altsalze, Elektrolytrückstände, verunreinigtes Glykol sowie Schlammrückstände von destilliertem und regeneriertem Trichlorethen verkippt (JORNS, LÜHR, SCHULZ-TERFLOTH et al, 1990). Die Deponie Schöneiche wurde bis 1990 überwiegend zur Ablagerung von Siedlungsabfall und Bodenaushub/Bauschutt aus Berlin (W) betrieben.

Eine nicht zu unterschätzende Bedeutung für die Schadstoffeinträge besitzen Um- und Ablagerungen von Reststoffen, Abfällen oder technogener Substrate in Form von Aufschüttungen (Aschen, Bauschutt und Baustoffe, Klärschlamm, Kompost aus Siedlungsabfällen), die zu bedenklichen Kontaminationen und somit bis hin zur Beeinträchtigung der Bodenfunktionen führen können. Neben dem atmosphärischen Eintrag werden im Bereich urbaner Standorte Schadstoffe auch über die Sickerwässer (z. B. Deponie- und Haldensickerwässer) und Flußsedimentablagerungen sowie über natürliche Erosions- und Akkumulationsprozesse dem Boden zugeführt.

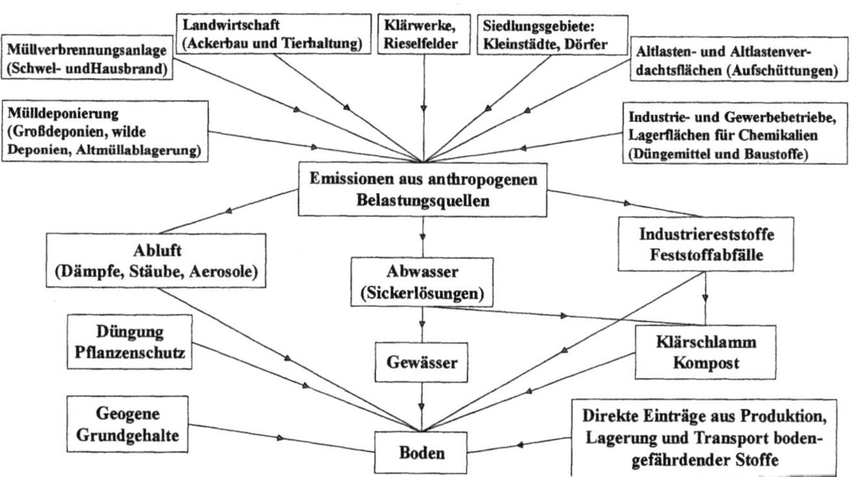

Abb. 5.3: Potentielle Eintragspfade von Schadstoffen in den Boden am Beispiel des Untersuchungsgebietes Schöneiche (ergänzt nach KÖNIG & HEIN 1995)

In den Niederungen des Untersuchungsgebietes sind überwiegend Böden der Typen Gley und Niedermoor anzutreffen (nach Lithofazieskarten Quartär), die teilweise über geringmächtigen holozänen Flußlehmen entstanden sind. Die bodenkundlichen Untersuchungen von FROHSE (1996) (siehe Kap. 6 dieses Bandes) spezifizieren die bisherigen Erkenntnisse durch den Nachweis von Rendzina, Pseudogley und Braunerden, wobei letztere ansonsten nur außerhalb der Niederungsgebiete verbreitet sind. Im Bereich der Grundmoränenablagerungen haben sich auf den mit Geschiebesand verdeckten Geschiebelehmen Braunerden entwickelt, die in verschiedenen Subtypen und Varietäten (Bänderparabraunerde, Fahlerde - Braunerde) angetroffen werden (Kap. 6). In den Verbreitungsgebieten der glazifluviatilen Sande entwickelten sich Böden des Typs Braunerde und Kolluvisol (bei Flugsandüberdeckung).

Die wichtigsten Hauptnutzungsformen im Untersuchungsgebiet sind neben Wald, extensiv und intensiv genutztem Grünland auch die landwirtschaftliche (Ackerbau) und industrielle Nutzung (z. B. Deponien, Gewerbe- und Industriestandorte) sowie Siedlungsflächen (Ortslagen, Kleinstädte).

Die umweltgeochemische Bestandsaufnahme des Untersuchungsgebietes Schöneiche erfaßt mit den Gesamtgehalten an Spurenelementen im Boden die Summe aller Belastungen und geogenen Anteile, deren spezielle Einflußfaktoren nur über geeignete uni- und multivariate statistische Bearbeitungsverfahren erfaßt und mittels umweltgeochemischer Auswertungsmethoden aufgeklärt werden können.

In den Oberböden des Untersuchungsgebietes wurden insgesamt 170 Proben auf den unterschiedlichen Flächennutzungen verteilt entnommen.

5.3.2.1 Hauptkomponenten, pH-Wert, elektrische Leitfähigkeit und organischer Kohlenstoff

Die anomalen Werte der elektrischen Leitfähigkeit (*Abb. 5.4, Tab. 5.14*) markieren die Deponie Schöneicher Plan und die Altablagerungen unmittelbar am Nottekanal (Deponie „Alte Asche") sowie flächenhaft durch Altablagerungen beeinflußte Bereiche E, NE, W und NW Mittenwalde, in denen anthropogene Einflüsse vor allem durch Altablagerungen (*Abb. 5.2, Tab. 5.3*) belegt sind. Das absolute Maximum mit 2850 µS/cm bildet die Deponie Schöneicher Plan ab.

Deutlich erhöhte Leitfähigkeitswerte > 500 µS/cm lokalisieren die Immissionsaureole der Müllverbrennungsanlage mit einer E-W-Erstreckung von ca. 500 - 600 m. Schwach erhöhte Leitfähigkeitswerte bis 200 µS/cm (geochemischer Untergrundwert: 21 µS/cm) charakterisieren Landwirtschaftsflächen an der SE-Flanke des Untersuchungsgebietes (überwiegend Grün- und Stillegungsflächen).

Tab. 5.14: Statistische Maßzahlen der Parameter pH-Wert, elektrische Leitfähigkeit (EC) und organischer Kohlenstoff (C_{org}) im Oberboden der Region Schöneiche

Parameter	Maß-einheit	Statistische Maßzahlen (N=170)				
		arithmet. Mittelwert	Mini-mum	Maximum	Modal-wert	Median-wert
pH in des. H_2O		6,6	3,9	8,6	7,8	6,9
pH in $CaCl_2$		6,2	3,6	8,3	7,4	6,4
EC	µS/cm	165	9	2850	21	57
$C_{org.}$	%	2,3	0,1	27,0	0,5	1,2

Der pH-Wert wird vom Bodenchemismus geprägt und hat neben dem Ton- und Humusgehalt des Bodens entscheidenden Einfluß auf die Verfügbarkeit der Elemente.

Der Boden-pH-Wert (gemessen in einer $CaCl_2$-Lösung und in destilliertem Wasser) beschreibt die Intensität der Bodenacidität. Als Ursachen für eine Bodenversauerung können neben den anthropogenen Säureeinträgen durch Industrieimmissionen (nasse Depositionen: SO_2, NO_x, SO_4^{2-}, NO_3^-, H_2SO_4, H_2SO_3, HNO_3, HCl) auch natürliche Einflußfaktoren, wie z. B. die Produktion von Biomasse durch Nährstoffaufnahme in Pflanzen, die Umsetzung toter organischer Substanz, die Auswaschung durch hohe Niederschläge, kühles Klima oder der natürliche Entzug von Biomasse (Erosion, Wind) und die Tätigkeit von Bodenorganismen beitragen. Die deutlichen pH-Wertabsenkungen im Oberboden (Ah) der Waldböden in und um Berlin werden neben den anthropogenen Einflüssen (Industrieimmissionen) auch intensiv durch organische Säuren, Humussäuren sowie mineralische Säuren bei der Zersetzung der toten organischen Substanz verstärkt.

Im Untersuchungsgebiet Schöneiche sind die überwiegend lokal begrenzten Waldgebiete (z. B. E und W Motzener See, NE Schöneiche, N Telz, N Großmachnower Weinberg) sowie vereinzelte Niederungsgebiete (Moorstandorte) und extensiv genutztes Grünland durch pH-Werte $< 4,0$ markiert. Gleichzeitig weist die Häufigkeitsverteilung der pH-Werte die für Böden typische Bimodalität der pH-Werte mit Maxima in den Bereichen von 4,2 - 5,2 und 6,5 - 8,5 auf. Das saure Maximum wird durch Freisetzung von Ca, Mg und K verursacht; unterhalb pH $< 4,2$ kann lokal bereits toxisches Al aus Tonmineralen freigesetzt werden. Der zweite Bereich ist vor allem der Pufferung variabler Ladungen zuzuschreiben.

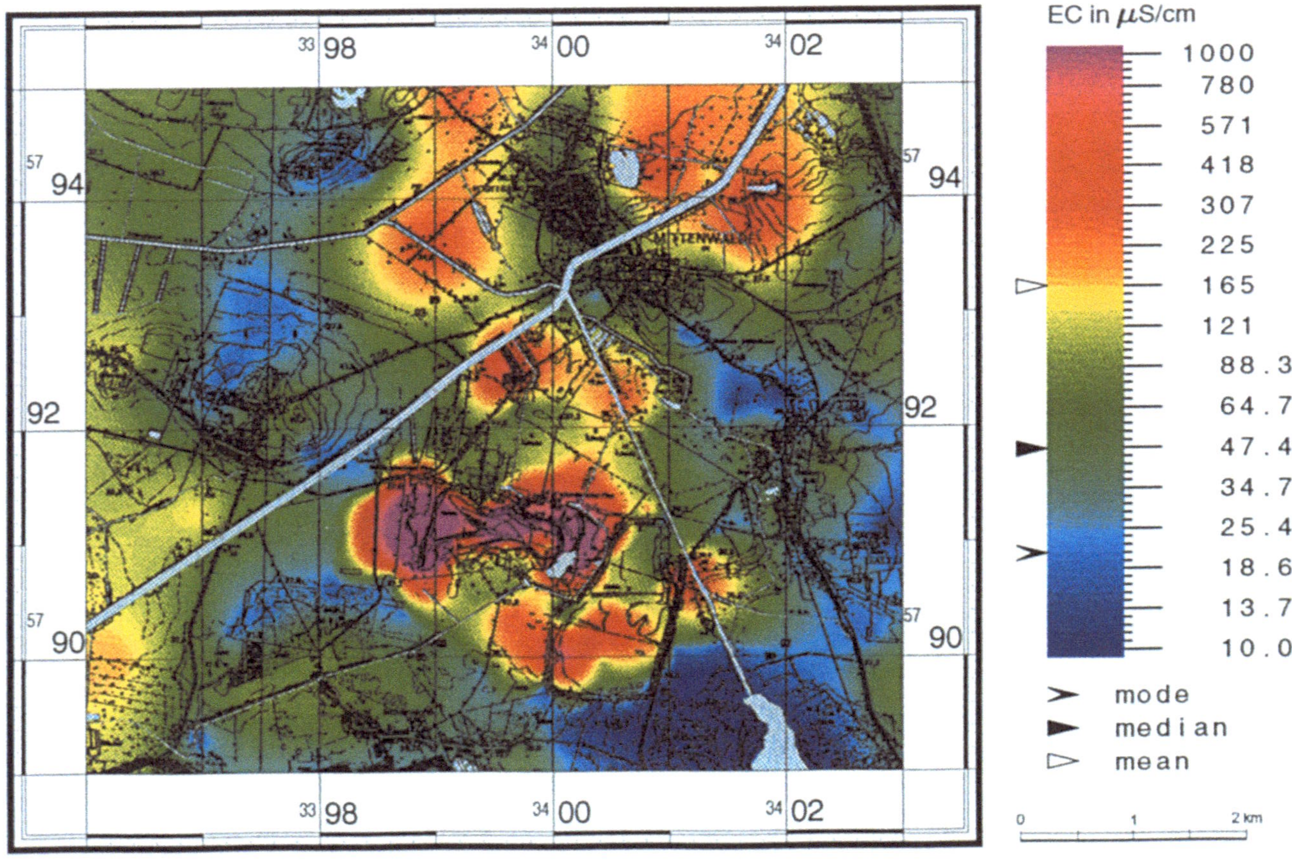

Abb. 5.4: Verteilung der elektrischen Leitfähigkeit (EC) im Oberboden

Bei Betrachtung der pH-Wertverteilung nach Pufferbereichen (ULRICH et al., 1983), die für die Neutralisierung von Säuren wirksam werden, kann festgestellt werden, daß für den Hauptanteil der Bodenproben die Säurepufferung durch Freisetzung von Alkali- und Erdalkaliionen (pH > 5) und Lösung des Kalziumkarbonats (pH > 6,2) erfolgt und nur geringe Nährstoffauswaschungen zur Folgc hat (*Abb. 5.5*). In lokal begrenzten Bereichen mit pH-Werten < 5,0 nimmt die Kationenaustauschkapazität ab und die Säuren werden durch Freisetzung von Al aus Tonmineralen gepuffert. Im Aluminium- und Eisenpufferbereich erfolgt die Säurepufferung durch Lösung potentiell toxischer Al^{3+}-Ionen (pH < 4,2) und Auflösung von Eisenoxid (pH < 3,2). Diese beiden Pufferbereiche sind ausschließlich auf Forststandorten (Haidchen SE Deponie Schöneiche, Galluner Forst SE Gallun) verbreitet.

Die pH-Wertverteilung reflektiert relativ gut den Einfluß des geologischen Ausgangsmaterials als Substrat für die Bodenbildung. Auch der Einfluß der Boden- bzw. Flächennutzung kommt zutage, indem die Landwirtschaftsflächen sowie das z. T. intensiv genutzte Grünland und die Siedlungs- und Industriegebiete durch einen deutlichen Anstieg der pH-Werte markiert werden (*Tab. 5.15*).

Mit zunehmenden Bauschuttanteilen im Boden wachsen die pH-Werte bis auf pH ≥ 8,0 an, so daß eine gute Säurepufferung ermöglicht wird (z. B. Deponieflächen). Im Bereich der Forststandorte des Untersuchungsgebietes sinken die pH-Werte bis auf 3,9 (Haidchen, Westufer des Motzener Sees) ab. Der Auflagehumus und dessen Qualität ist im Wald für die Versauerung des Oberbodens von großer Bedeutung.

Da der pH-Wert allein keine Auskunft über die Säurebelastung geben kann, gehört dazu auch die Betrachtung der basischen Nährionen (Kationenaustauschkapazität, Basensättigungsgrad, Basen/Säure-Verhältnis). Eine Bodenversauerung ist immer mit dem Verlust an basischen Nährionen und an Pufferkapazität sowie der Erhöhung der Al- und Fe-Konzentrationen in der Bodenlösung bis hin zu deren Auswaschung ins Grundwasser verbunden. Zur Einschätzung der Pufferfähigkeit des Bodens kann die kartenmäßige Darstellung der Verteilung des Quotienten Al/(Ca + Mg + K) genutzt werden (*Abb. 5.6*).

Tab. 5.15: Vergleich der statistischen Maßzahlen der pH-Wertverteilung im Oberboden der Region Schöneiche in Abhängigkeit von der Flächennutzung

Statistische Maßzahl (pH in H_2O)	Forstwirtschaftsflächen (n = 13)	Siedlungsgebiete (n = 33)	Landwirtschaftsflächen (n = 54)	nicht bewirtschaftete Flächen (n = 16)	Ver- und Entsorgungsflächen (n = 39)
Medianwert	4,3	6,3	6,8	6,8	7,8
arithmetischer Mittelwert	4,7	6,4	6,6	6,7	7,5

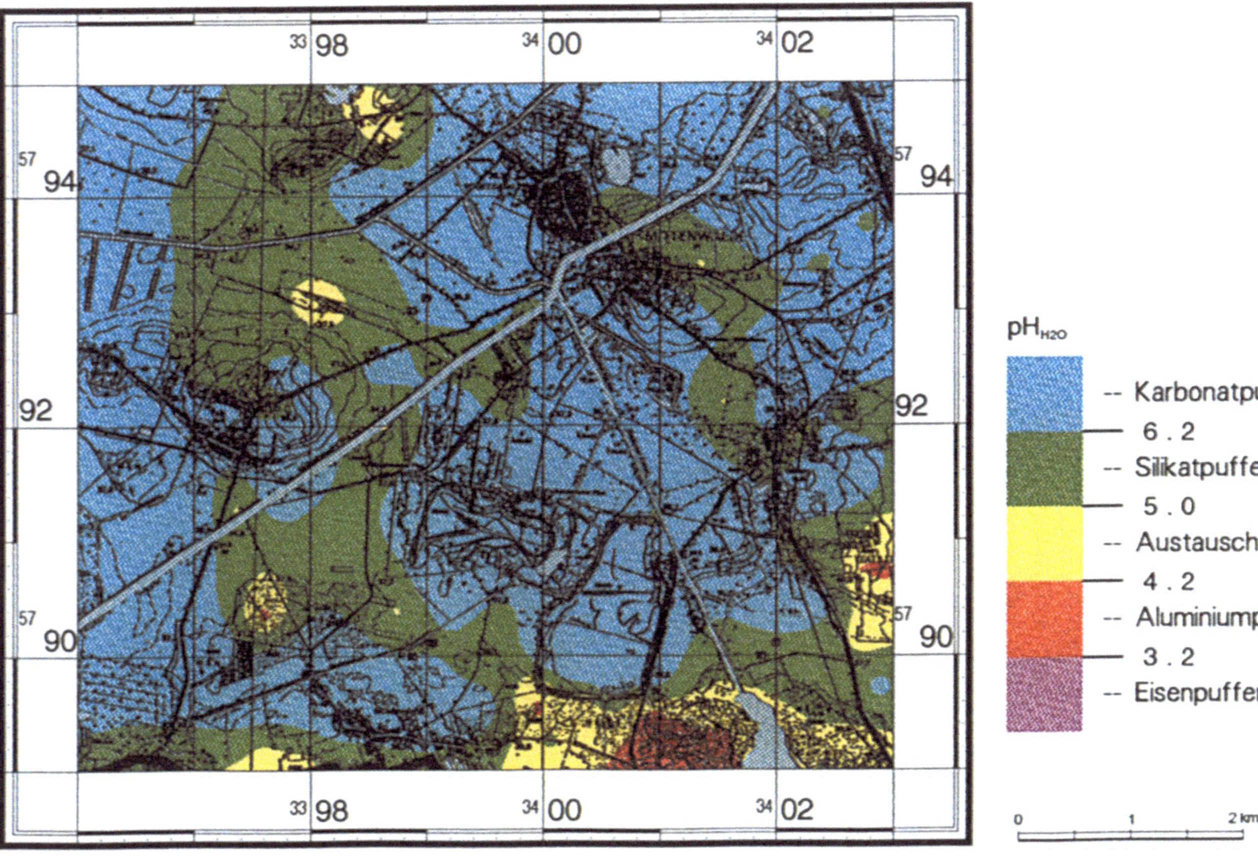

Abb. 5.5: Verteilung der pH-Werte nach Pufferbereichen

In den Verbreitungsgebieten des Konzentrationskoeffizienten mit Werten deutlich < 2,5 (N und NW Mittenwalde, SE Mittenwalde am Nottekanal, E Mittenwalde, Deponien Schöneicher Plan und Schöneiche, SW-Flanke des Untersuchungsgebietes) verfügen die Böden noch über eine deutlich ausreichende Pufferkapazität (K < 1,0) gegenüber von Säureneinträgen. Die Verteilung der Maxima des Konzentrationskoeffizienten (*Abb. 5.6*) verhalten sich zu den pH-Wertminima deckungsgleich. Als Problemgebiete werden auf Grund der nachgewiesenen Versauerung und der fehlenden Pufferkapazität (K > 2,5) nur zwei lokal sehr begrenzte Standorte SE Mittenwalde (Bereich E Mühlenberge, ca. 500 m N Gallun) herausgestellt.

Aus dem analysierten organischen Kohlenstoff läßt sich durch Multiplikation mit 1,724 (ergibt sich aus dem mittleren C-Gehalt von 58 % in der organischen Substanz) der Humusgehalt der Oberböden bestimmen. Der regionale Untergrund für $C_{org.}$ (1,2 %) deutet auf relativ schwach humose Böden hin. Entsprechend der Variationsbreite der $C_{org.}$-Gehalte (0,1-27,0 %) reicht die Klassifizierung der Bodenproben im Untersuchungsgebiet von sehr schwach humos bis Torf (> 30 % Humus). $C_{org.}$-Erhöhungen > 3 % sind überwiegend in Verbreitungsgebieten von Humusgleyen und Niedermooren sowie Moorgleyen verbreitet. Schwach erhöhte Gehaltsverteilungen markieren im Untersuchungsgebiet die auftretenden Gley-Böden. Die $C_{org.}$-Maxima im Bereich des Nottekanals, an der SW-Flanke des Untersuchungsgebietes sowie im W-Teil der Deponie Schöneicher Plan werden durch den Nachweis z. T. angereicherter organischer Schadstoffparameter (PAK, PCDD, CN, PN, MKW) ergänzt (*Abb. 5.7*).

Zu den Hauptkomponenten gehören die Nährstoffelemente der Böden wie P, K, Ca, Na, Mg sowie N und S. Aluminium wird im Gegensatz zu Fe und Mn zwar nicht zu den Nährstoffelementen gerechnet, die Analytik wird aber ebenso wie für Si und Ti im Rahmen des Hauptkomponentenprogramms der RFA realisiert.

Die Verteilung der Kaliumgehalte (K_2O) korreliert mit den pH-Werten. Im Bereich der Braunerden auf den Grundmoränenbildungen lassen sich deutliche Kaliumanreicherungen (bis 1,9 %) nachweisen. Die K_2O-Gehalte der Böden reichen von 0,33 bis 1,9 % und liegen damit im Normalbereich für Böden von 0,2 bis 3 % K. Die niedrigsten K-Gehalte sind im Bereich von Wald- und Feuchtstandorten (extensives Grün- oder Brachland) verteilt. Mit zunehmender Intensität der landwirtschaftlichen Nutzung (Ackerflächen, intensives Grünland) steigen die durchschnittlichen Kaliumgehalte an. Gehaltsmaxima lassen sich im Bereich der beiden Großdeponien nachweisen. Der geologische Einfluß auf den Kaliumgehalt im Oberboden wird deutlich sichtbar. Die geringsten Gehalte sind im Bereich von Moorböden zu finden, während bei Zunahme der Tonfraktion bzw. des Tonanteils im Ausgangsmaterials höhere Kaliumgehalte auftreten.

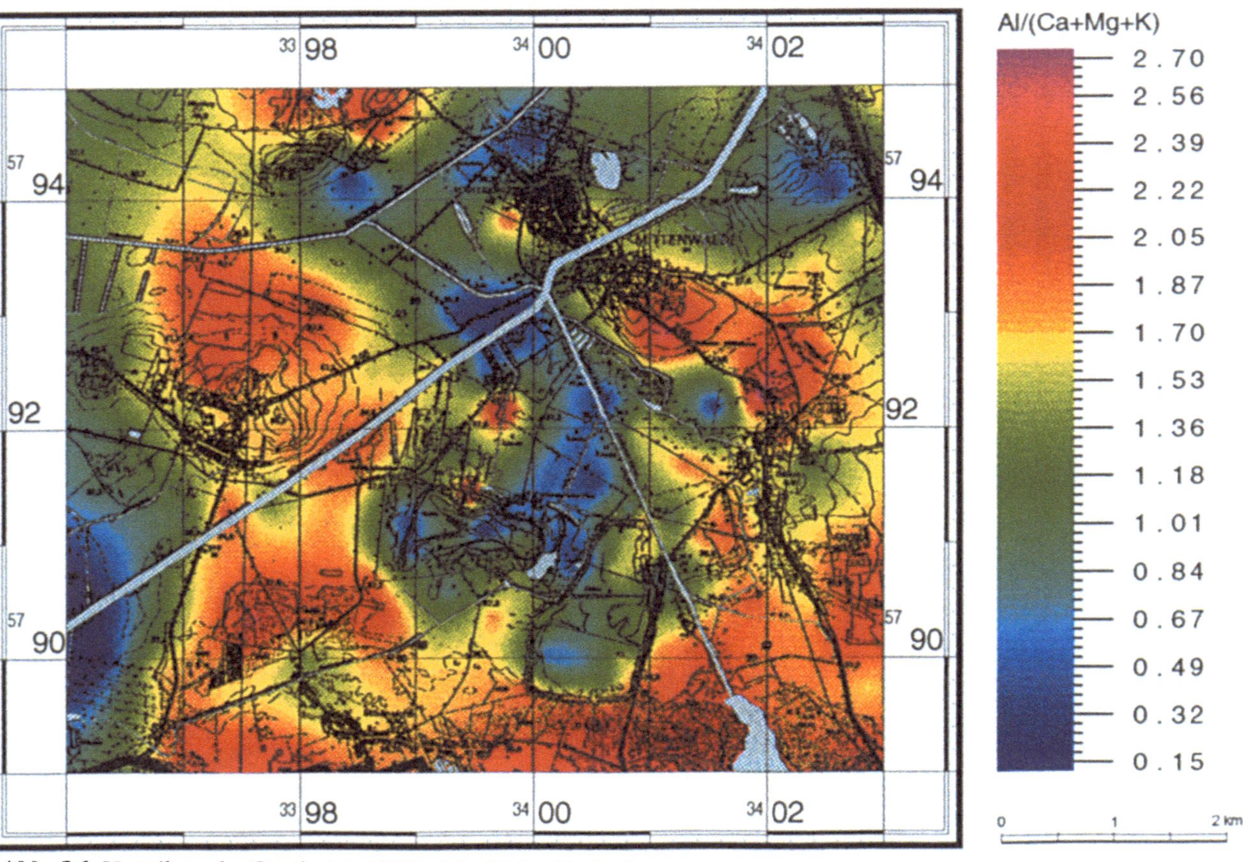

Abb. 5.6: Verteilung des Quotienten Al/(Ca+Mg+K) im Oberboden

Das Element Si gehört in Bezug auf alle Lebewesen zu den essentiellen Elementen. Die SiO_2Verteilung (*Abb. 5.8*) verweist auf den hohen Quarz- und Silikatanteil in den Sanden und Kiesen, der durch einen Durchschnittsgehalt von 84,6 % SiO_2 und einen geochemischen Untergrundgehalt von 88,4 % SiO_2 belegt ist (*Tab. 5.16*). SiO_2-Minima (< 60 % SiO_2) markieren lediglich die Bereiche komplexer Multielementanomalien (*Abb. 5.8, 5.30*) SE (Deponie „Alte Asche", Anomalie-Nr. 30) und NE (Anomalie-Nr. 15) Mittenwalde, Ost- und Zentralteil sowie Westflanke der Deponie Schöneicher Plan sowie die SW-Flanke des Untersuchungsgebietes (Anomalie-Nr. 68). Schwache lokal begrenzte Gehaltsabsenkungen sind im Bereich bestätigter Altablagerungen unmittelbar N der Deponie Schöneiche und im Einfahrtsbereich der Deponie abgebildet. Auffällig erscheint, daß die Si-Minima sich zu den Maxima der $C_{org.}$- und P-Gehalte deckungsgleich verhalten. Auf die Si-Verfügbarkeit wirkt sich neben dem pH-Wert (bei Abnahme) auch die P-Düngung von Landwirtschaftsflächen aus (Zunahme der Si-Mobilisierung). Die Verteilungstendenzen werden durch die hohen negativen Korrelationen zwischen SiO_2 und $C_{org.}$ sowie SiO_2 und P_2O_5 bestätigt. Schwach positive Korrelationen sind lediglich zu den Elementen Cs und Zr nachweisbar.

Tab. 5.16: Statistische Maßzahlen der Hauptkomponenten im Oberboden des Untersuchungsgebietes (in mg/kg)

Parameter	Statistische Maßzahlen, N=162					Globale Maßzahlen für Böden (nach BOWEN 1979)		
	arithmet. Mittelwert	Minimum	Maximum	Modalwert	Median	Median (Clarkewert)	Variationsbreite Minim.	Maxim.
Si	395181	121892	439729	428422	412911	330000	250000	410000
Ti	1091	432	3699	935	935	5000	150	25000
Al	20575	7726	78110	15982	18866	71000	10000	300000
Fe	8910	1679	68961	3077	5490	40000	2000	550000
Mn	248	62	1100	132	201	1000	20	10000
Mg	1170	181	9048	483	724	5000	400	9000
Ca	10956	929	160093	1286	3359	15000	700	500000
Na	2931	742	8829	2448	2745	5000	150	25000
K	7555	2740	15774	6808	6932	14000	80	37000
P	441	22	3885	218	327	800	35	5300

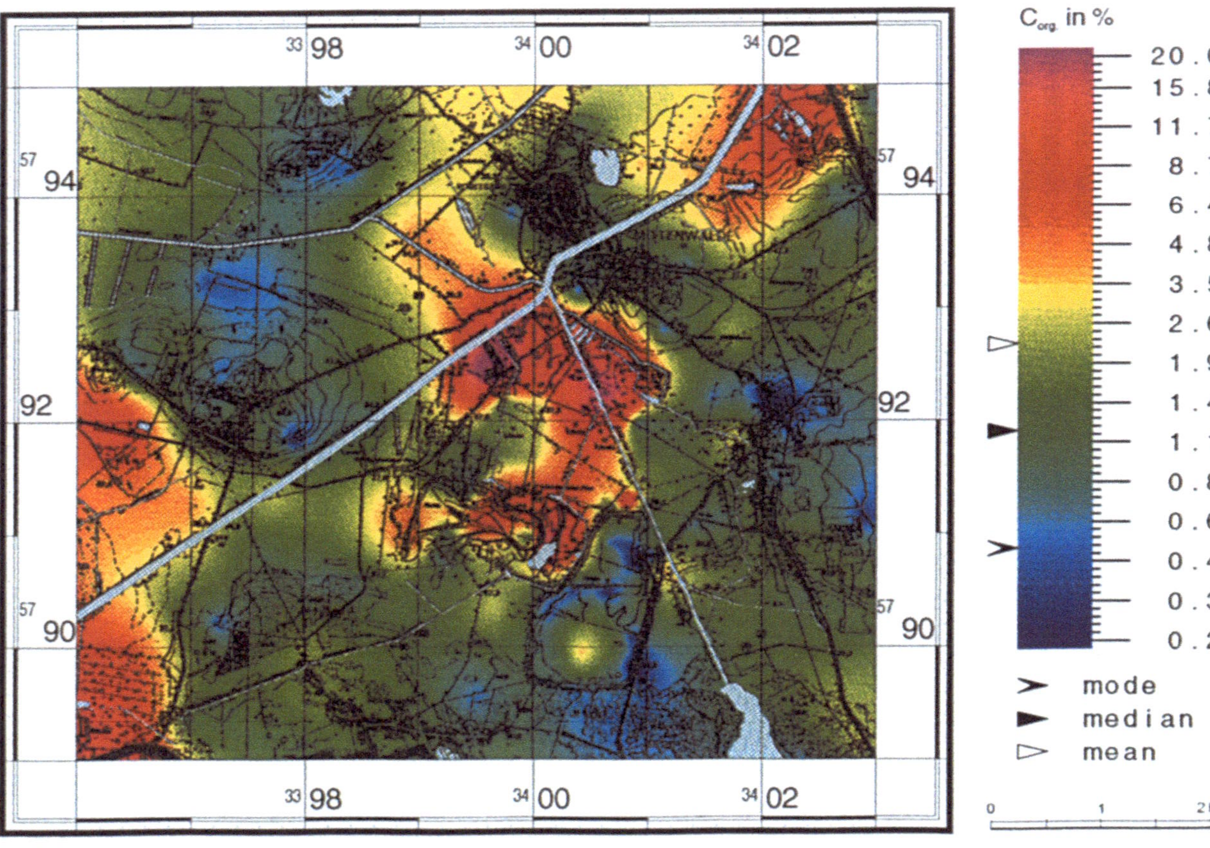

Abb. 5.7: Verteilung der $C_{org.}$-Gehalte im Oberboden

Der geochemische Untergrundgehalt für Kalzium liegt mit 0,33 % im unteren Teil der Spannweite für Böden (0,1 - 1,2 % CaO). Die Spannweite der CaO-Gehalte im Untersuchungsgebiet von 0,13 bis 22,4 % belegt die intensive Beeinflussung durch die geologische Situation (Ausgangsmaterial, Bodensubstrat) und die landwirtschaftliche Düngung. Da Ca-Minerale (Plagioklase, Pyroxene, Amphibole, Karbonate) leicht verwittern bzw. relativ leicht löslich sind und Ca-Kationen von den Austauschern stark gebunden werden, liegt sicherlich ein wesentlicher Anteil des Gesamtkalziums in austauschbarer Form vor. Deutliche Ca-Erhöhungen sind in Verbreitungsgebieten mergelhaltiger Ausgangssubstrate (Brachland an der SW-Flanke des Untersuchungsgebietes, NW und NE Mittenwalde, Bereich zwischen den beiden Großdeponien) nachweisbar (bis max. 16,0 % CaO), auf denen sich überwiegend Gleye, Gley-Pararendzina und Braunerden herausgebildet haben.

Nutzungsspezifische Unterschiede der Ca-Verteilung lassen sich nur im unteren Ca-Gehaltsbereich erkennen. Eine Zunahme der Untergrundgehalte ist besonders auf Landwirtschaftsflächen (Median: 0,33 % CaO, Maximum: 15,5 % CaO) zu verzeichnen. Die beiden Deponieflächen und deren Flanken (bes. W-, N- und E-Flanke der Deponie Schöneicher Plan, Südhalde und Einfahrtsbereich der Deponie Schöneiche) werden durch lokale Gehaltsmaxima (bis 14,14 % CaO) charakterisiert, der Untergrundgehalt der Deponieflächen steigt auf 1,11 % CaO an. Diese anthropogen bedingten Anreicherungen sind besonders in ursächlichem Zusammenhang mit der Ablagerung von Baumaterial und Bauschutt (gemischte Deponien) zu betrachten. Der im Ergebnis der Faktoranalyse ermittelte anthropogene „Bauschutt- und Baustoffaktor" F-Y-Ce-S-EC-Sr-La-Pb-Ca-Ni-B bestätigt die Ca-Verteilung im Deponiebereich (Kap. 5.3.4, *Abb. 5.25*).

Analoge Verteilungstendenzen besonders im Bereich der Deponien und ihres nahen Umlandes weisen in den Oberböden des Untersuchungsgebietes die Parameter MnO und Fe_2O_3 auf. Das Element Ca wird im Ergebnis der faktoranalytischen Bearbeitung der Daten einem Milieufaktor (Br-Mn-Ca-$C_{org.}$) zugeordnet, der die Bindung an organische Substanzen charakterisiert (Kap. 5.3.4).

Die kolloidalen Hydroxide der Elemente Fe und Mn weisen hohe Sorptionseigenschaften für Anionenkomplexe auf. Während Fe mit zu den essentiellen Elementen gerechnet wird, kann Mn auf Pflanzen auch toxisch wirken. Im Untersuchungsgebiet markieren die Bereiche erhöhter Mn- und Fe-Gehalte die Gebiete deutlicher pH-Wertabsenkungen (außer in Bereichen komplexer anthropogener Beeinflussung: Deponiestandorte, NW und NE der Ortslage Mittenwalde). Mit zunehmender Intensität der Bodennutzung (Forstwirtschaft < Landwirtschaft < Siedlungsgebiete < Entsorgungsflächen) steigen die durchschnittlichen Mn- und Fe-Gehalte an. Während Fe technogen über die Verbrennung von Energieträgern (Flugaschen) und als Staubniederschlag atmosphärisch sowie auch durch Eisenabfälle und Reststoffe der Hüttenindustrie eingetragen werden kann, sind für das Element Mn Müllkomposte,

Klärschlämme, feste brennbare Siedlungsabfälle sowie Pflanzenschutzmittel die nennenswerten potentiellen anthropogenen Eintragsquellen.

Die Mangangehalte (61 - 1 099 mg Mn/kg) variieren in dem für Böden bekannten Normalbereich zwischen 20 - 800 mg Mn/kg. Der Durchschnittsgehalt für Fe liegt mit 0,88 % unter den natürlichen Durchschnittsgehalten für Böden von 3,5 % Fe. Die Spannweite der Schöneicher Oberböden entspricht mit 0,16 - 6,89 % Fe dem häufig für Böden anzutreffenden Schwankungsbereich von 0,2 - 5 % Fe. Während die Fe-Maxima den Bereich der Deponie Schöneicher Plan sowie den Eingangsbereich der Deponie Schöneiche (E-W-Erstreckung ca. 500 - 600 m) markieren, ist das absolute Mn-Maximum an der SW-Flanke des Untersuchungsgebietes (möglicher Klärschlammeinfluß) lokalisiert.

Die durchschnittlichen Mg-Gehalte von 0,11 % MgO liegen im Normalbereich für Böden (0,05 - 0,5 %). Der größte Teil des Mg liegt in Form von Silikaten im Boden vor. Magnesium findet in der Industrie eine vielfältige Verwendung (Magnesit für Hochfeuerfestmaterialien, Düngemittel, Füllstoffe, Baustoffe, Chemikalien). Die Verteilung der Mg-Gehalte erweist sich ebenfalls als nutzungsabhängig. Erhöhte Durchschnittsgehalte treten auf Landwirtschaftsflächen und Grünlandstandorten sowie im Bereich von Ortslagen auf; mit extremen Anreicherungen bis 0,9 % MgO (Einfahrtsbereich Deponie Schöneiche, E-W-Erstreckung ca. 500 - 600 m) sind die Deponieflächen belegt. Im Westteil des Untersuchungsgebietes (N und NW Telz) sowie im NW und E bzw. NE von Mittenwalde korrelieren die schwachen Erhöhungen des Untergrundgehaltes (bis 0,18 % MgO) mit zunehmenden $C_{org.}$-Konzentrationen bzw. mit der Verbreitung der Grundmoränenablagerungen (Sande, Lehme, Mergel als Bodensubstrat).

Die Na-Verteilung ähnelt ebenso wie die Al- und Ti-Gehalte den Verteilungstrends des Magnesiums und beschreibt mit erhöhten Konzentrationen neben den Grundmoränenablagerungen vor allem lokale Bereiche der beiden Großdeponien und des unmittelbaren Umlandes. Natrium wird nur für Lebewesen zu den essentiellen Elementen gerechnet. Als Haupteintragsquellen können die Düngung mit Kalisalzen und die Berieselung mit kommunalen Abwässern angesehen werden. Eine starke Na-Anreicherung im Boden erfolgt auf Grund seiner schwachen Bindungsfähigkeit und hohen Mobilität nicht. Maximalgehalte bis 0,9 % Na_2O wurden im Bereich der Mittelhalde und im Eingangsbereich der Deponie Schöneiche festgestellt. Die Altablagerungen (Aufschüttungsflächen) unmittelbar N der Deponie Schöneiche und S der Deponie Schöneicher Plan werden durch erhöhte Na-Gehalte > 0,45 % Na_2O abgebildet. Schwach erhöhte Konzentrationen markieren Gebiete bekannter anthropogener Einflüsse (*Abb. 5.2, Tab. 5.3*) NW Telz, N, E und SW Mittenwalde, E und W Gallun sowie N Schöneiche und an der NE-Flanke des Untersuchungsgebietes E der Autobahn. Der regionale Untergrundgehalt für Na liegt mit 0,24 % Na_2O knapp unter der Hälfte des Normalwertes von 0,5 % für Böden.

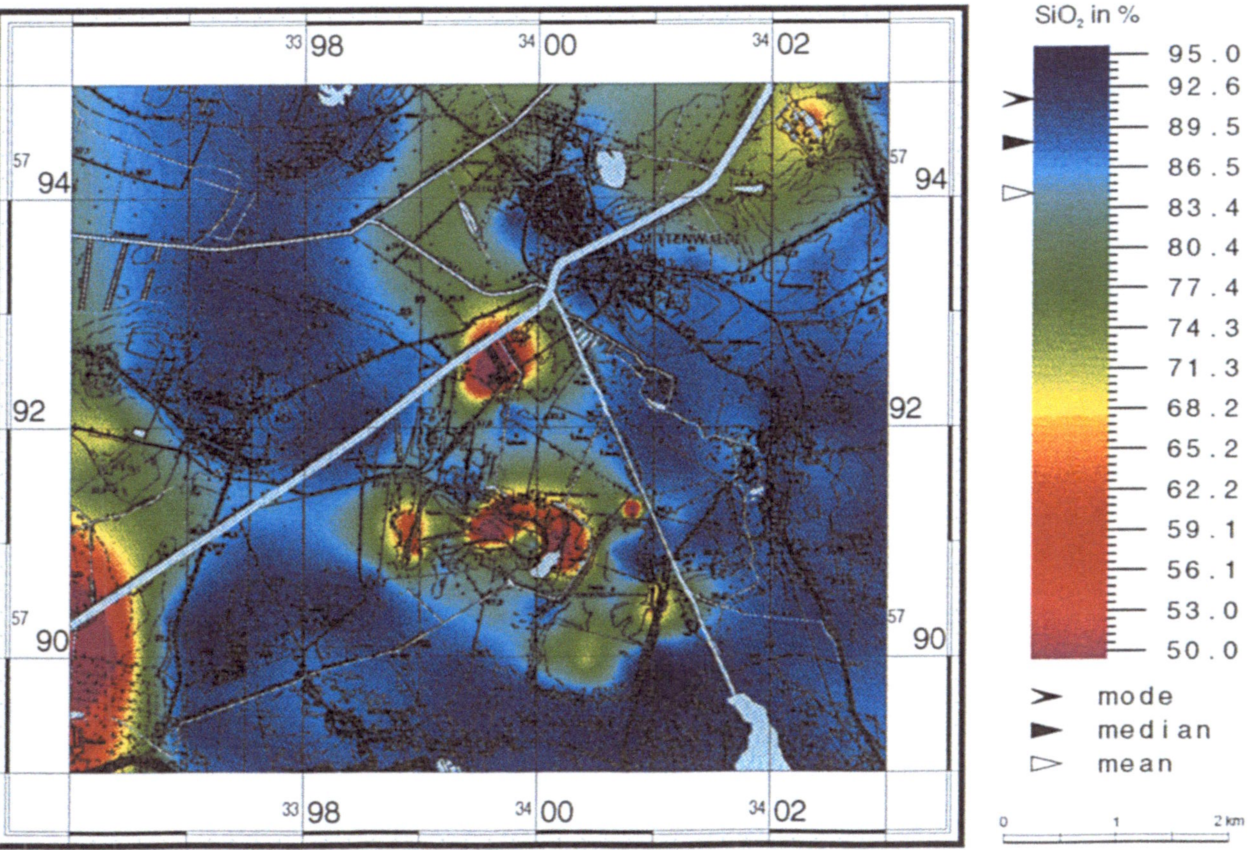

Abb. 5.8: Verteilung der SiO_2-Gehalte im Oberboden

Das Element Aluminium gehört nicht zu den Nährstoffelementen, auf die pflanzentoxische Wirkung freier Al-Ionen wurde einleitend bei der Betrachtung der pH-Wertverteilung und der Diskussion der verschiedenen Pufferbereiche bereits hingewiesen. Mit zunehmender Bodenversauerung bis pH < 4,2 wird Al mobilisiert (Waldgebiete SE der Deponie Schöneiche). Bei Zunahme der pH-Werte bis etwa 5,5 nimmt die Al-Löslichkeit ab und es erfolgt bevorzugt eine Komplexierung des Al mit organischen Bestandteilen. Bei pH-Werten > 6,0, die flächenmäßig den größten Anteil des Untersuchungsgebietes charakterisieren, nimmt der Hydroxidanteil sehr deutlich zu. Der natürliche durchschnittliche Normalgehalt für Böden beträgt 7 - 8 % Al_2O_3. In den Schöneicher Böden schwanken die Gesamtgehalte zwischen 0,77 und 7,81 % Al_2O_3, bewegen sich also im Normalbereich bzw. deutlich darunter.

Deutliche Al-Gehaltsanreicherungen (max. 7,81 % Al_2O_3) zum regionalen Untergrundgehalt von 0,23 % Al_2O_3 lassen sich im Bereich der Großdeponien (Mittelhalde und Eingangsbereich der Deponie Schöneiche, N- und S-Rand des Zentralteils der Deponie Schöneicher Plan) sowie unmittelbar N der Deponie Schöneiche (Altablagerungen) und am SE Ortsrand Mittenwalde (Deponie am Galgenberg) erkennen. Sehr schwache Konzentrationserhöhungen des Untergrundes markieren anthropogene Einflußbereiche NW Telz, NW Mittenwalde sowie E Mittenwalde (*Abb. 5.9*). Die Durchschnittsgehalte steigen mit zunehmender Intensität der Flächennutzung an (Waldgebiete < Landwirtschaftsflächen/Brachland < Siedlungsgebiete < Entsorgungsflächen). Zur Mobilisierung des Al bis hin zur Aluminiumtoxizität kommt es auf Grund der pH-Wertabsenkungen < 4,2 im Gebiet Haidchen SE der Deponie Schöneiche (*Abb. 5.5, 5.9*). Die technogenen Eintragsquellen des Al sind neben häuslichen und industriellen Abfällen, Schleifmittel, Verpackungsmaterial, Emissionsstäube aus Metallhütten sowie Reststoffe der Glas- und Porzellanindustrie. Die Hausmüll- und Industrieabfalldeponierung sind die Hauptursachen für kontrastreiche Al-Anreicherungen im Untersuchungsgebiet.

Das Element Ti (TiO_2) ist geochemisch wenig mobil und reichert sich überwiegend detritisch gebunden an. Der technogene Eintrag erfolgt überwiegend atmosphärisch über Braunkohlenaschen bzw. die Verbrennung fossiler Brennstoffe sowie die metallurgische Industrie (Reststoffe). Die Normalgehalte für Ti in Böden von 5 000 mg Ti/kg werden mit der Spannweite der Konzentration im Untersuchungsgebiet zwischen 431 mg Ti/kg und 3 698 mg Ti/kg nicht überschritten. Erhöhungen des geochemischen Untergrundes bis zu kontrastreichen Anreicherungen zu diesem sind ausschließlich in anthropogen beeinflußten Bereichen nachweisbar (Deponien Schöneicher Plan und Schöneiche; NE und WNW Telz; NW und E Mittenwalde; E Gallun).

Phosphor stammt aus der Verwitterung von geogenen Mineralphosphaten bzw. wird über die Düngung zugeführt. Aber auch Waschmitteleinleitungen sowie die chemische und Elektroindustrie gehören zu den technogenen Quellen für den P-Eintrag. Phosphor liegt erfahrungsgemäß mit ca. 60 % anorganisch (überwiegend schwerlösliche Orthophosphate, Silikate, Apatite) und mit etwa 40 % in organischen Verbindungen (Phytate) fixiert in Böden vor. Der Normalgehalt des Gesamtphosphors im Oberboden beträgt in der Regel 0,01 - 0,1 %. Die Phosphorgehalte schwanken zwischen 4,3 mg P/kg und 3 884 mg P/kg. Nach Betrachtung der P-Verteilung liegt ein beträchtlicher Teil der Proben über dem Normalgehalt für Böden von 800 mg P/kg. Eine Gehaltszunahme (bis 0,08 % P_2O_5) ist im Bereich von Hochflächenbildungen und den Verbreitungsgebieten von holozänen Mergelablagerungen (N Mittenwalde, SW-Flanke des Untersuchungsgebietes) lokalisierbar. Die absoluten Gehaltsmaxima treten im Bereich der beiden Großdeponien (Westhalde Deponie Schöneicher Plan, Südhalde und Einfahrtsbereich der Deponie Schöneiche, Altablagerungen unmittelbar N Deponie Schöneiche) auf. Die P-Gesamtgehalte nehmen mit der Intensität der Bodennutzung (Forststandorte < Landwirtschaftsflächen < Siedlungsgebiete < Brachland < Entsorgungsflächen) zu. Im Verteilungstrend lassen sich lokale Ähnlichkeiten zu anderen Hauptkomponenten wie Mn, Fe sowie z. T. Na und Mg erkennen. Die N-S-gerichtete Zone erniedrigter pH-Werte W Mittenwalde sowie die pH-Minima im Bereich der Waldgebiete im SE und W des Untersuchungsgebietes werden durch P-Verarmungen charakterisiert.

Schwefel (SO_4) gehört zu den essentiellen Nährstoffen im Boden, wobei die Gehalte deutlich vom Ausgangssubstrat beeinflußt werden. Der S-Durchschnittsgehalt in Böden liegt zwischen 0,2 und 2 %, in Moorböden bis zu 1 %. Schwefel tritt im Oberboden unter unseren humiden Klimabedingungen überwiegend organisch (z. B. organische Al-SO_4-Komplexe im sauren Milieu; C-S-Bindung; -C-O-SO_3-Bindung) gebunden auf, während im Unterboden die mineralischen Bindungsformen (z. B. als Sulfat in Karbonaten) überwiegen. Bei Sulfatzufuhren durch Grund- oder Überschwemmungswässer kann es unter anaeroben Bedingungen zu einer S-Anreicherung in Form von Eisensulfiden kommen. Der Schwefelgehalt im Boden wird neben dem Ausgangsmaterial auch von den trockenen und nassen SO_2-Depositionen aus der Luft, der Düngung und der Anwendung von Pflanzenschutzmitteln (z. B. organische Fungizide) beeinflußt. Neben der Verbrennung fossiler Brennstoffe in Kraftwerken und Haushalten gehören die Hütten-, Glas- und Zementindustrie zu den Hauptquellen der SO_2-Emissionen. Das SO_3-Gehaltsverteilungsmuster reflektiert analoge Tendenzen zur Humusverteilung (> 4,5 % $C_{org.}$) im Boden. Signifikante Unterschiede der S-Gehalte zwischen den Nutzungstypen lassen sich aus der flächenhaften Verteilung der Konzentrationen nicht ableiten. Die humusreicheren Böden werden durch schwach erhöhte SO_3-Gehalte bis 0,3 % charakterisiert. Maximalgehalte bis 4,58 % SO_3 sind ausschließlich im Bereich der Deponie Schöneicher Plan und der Altdeponie „Alte Asche" nachgewiesen worden. Die SO_3-Verteilung der Gehalte sowie die Zuordnung des Schwefels zum Bauschutt- und Baustoffaktor bestätigen den überwiegenden Eintrag durch Altlasten und Reststoffe der chemischen bzw. Baustoffindustrie.

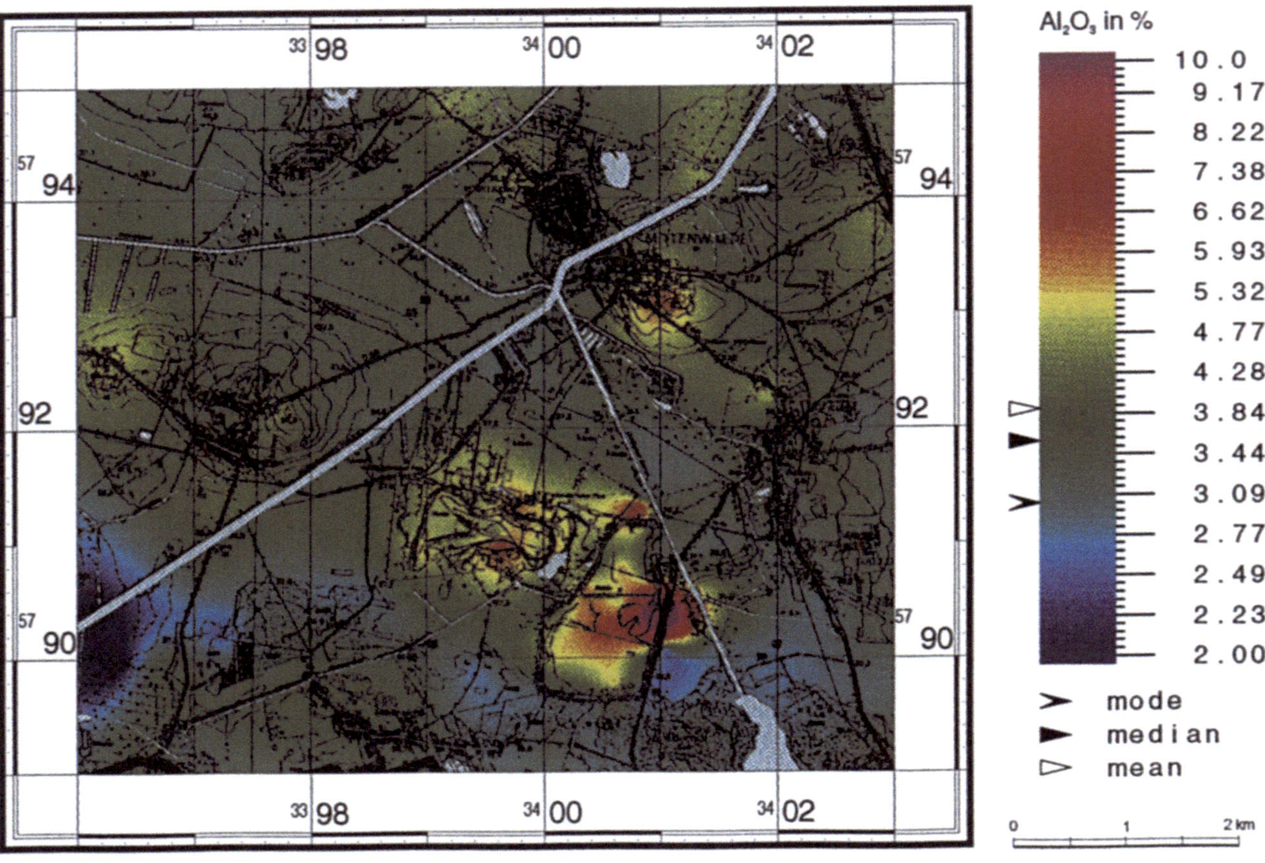

Abb. 5.9: Verteilung der Al_2O_3-Gehalte im Oberboden

Der Untergrundgehalt für Böden von 0,07 % wird bereits durch den Median (0,3 % SO_3) sowie den Duchschnittsgehalt der Schöneicher Böden (0,16 % SO_3) deutlich überschritten. Somit liegt ein beträchtlicher Anteil der Proben über dem angegebenen Normalgehalt. Für die Maximalgehalte lassen sich zweifache Überschreitungen der Obergrenze für Normalböden feststellen, die auf einen sicher anthropogenen Eintrag hinweisen.

5.3.2.2 Anorganische Spurenelemente und Spurenmetalle

Anders als die meisten organischen Schadstoffe treten die Schwermetalle von Natur aus bei der Gesteinsbildung und in Erzmineralen auf. Daher ist sowohl in Böden als auch in Sedimenten eine geogene (natürliche) Hintergrundkonzentration dieser Elemente vorhanden, die als globale Untergrundgehalte (Bodenclarkewerte) in *Tab. 5.18* mit den geochemischen Untergrundgehalten der Region Schöneiche verglichen werden. Es ist wichtig, die lokalen und regionalen Hintergrundkonzentrationen von Schwermetallen zu ermitteln, um feststellen zu können, ob die Konzentrationen in den untersuchten Böden bedeutend höher liegen als jene der Region und somit tatsächliche Anreicherungen und/oder geochemische Anomalien bzw. sogar Kontaminationen oder Belastungen darstellen. Die natürlichen geochemischen Untergrundgehalte liefern eine solide geochemische Datengrundlage für die Gefährdungsabschätzung und die Bewertung des Belastungszustandes im Untersuchungsgebiet. Die Pedosphäre ist als oberste Schicht der Lithosphäre am stärksten den allgegenwärtigen Immissionen ausgesetzt. Trotzdem lassen sich die geochemischen Untergrundgehalte indirekt über die Auswertung der Elementverteilung in pedologisch und in Hinsicht auf die Bodennutzung einheitlichen Datenmassiven durch weitere univariate und multivariate statistische Untersuchungen ermitteln.
Der natürliche geochemische Untergrundgehalt (Grundangebot) kann direkt nur durch lithogeochemische Untersuchungen von Fest- und Lockergesteinen bestimmt werden. Bei Lockergesteinen müssen schon Einschränkungen gemacht werden, vor allem in Abhängigkeit von der Lage über oder unter dem Grundwasserspiegel.

Im Rahmen der Diskussion der Schwermetallverteilung im Untersuchungsgebiet werden nur die wichtigsten und in den Grenzwertlisten der Länder Brandenburg (1993) und Berlin (1996) enthaltenen ökotoxischen Elemente eingehender analysiert (*Tab. 5.18*). Eine Gesamtbetrachtung und Bewertung aller analysierten Spurenelemente erfolgt im Rahmen der Diskussion der Ergebnisse der Faktor- und Clusteranalyse (Kap. 5.3.3).

Tab. 5.17: Statistische Maßzahlen der Spurenelement- und Schwermetallgehalte in den Oberböden der Region Schöneiche (in mg/kg)

Element	Statistische Maßzahlen, (N=170)					Globale Maßzahlen für Böden (nach BOWEN 1979)		
	arithmet. Mittelwert	Variationsbreite Minim.	Maxim.	Modalwert	Medianwert	Median (Clarkewert)	Variationsbreite Minim.	Maxim.
Ag	0,5	0,1	25,6	0,1	0,1	0,05	0,01	8
As	3,0	0,51	44,8	1,0	1,6	6,0	0,1	40
B	17,4	6,3	114,0	11,0	12,0	20	2	270
Ba	266,5	139,0	2 590,0	166,0	211,0	500	100	3 000
Be	1,2	0,7	14,0	0,9	1,0	0,3	0,01	40
Bi	0,4	0,2	9,7	0,2	0,2	0,2	0,1	13
Br	6,4	0,4	69,5	1,4	3,1	10	1	110
Cd	0,52	0,01	30,9	0,07	0,19	0,35	0,01	2
Ce	25,8	9,3	170,0	20,2	22,8	50	3,0	100
Co	2,3	0,2	75,8	0,2	0,2	8,0	0,05	65
Cr	21,3	1,2	301,0	8,8	14,2	70	5	1 500
Cs	3,2	0,1	10,9	0,1	3,3	4,0	0,3	20
Cu	31,5	2,2	711,0	4,6	8,8	30	2,0	250
F	400	100	26 300	300	300	200	20	700
Ga	4,6	2,0	20,8	4,2	4,2	20	2	100
Ge	1,0	0,2	3,0	1,0	1,0	1	0,1	50
Hf	12,2	10,0	32,0	10,0	10,0	6	0,5	34
Hg	0,25	0,01	10,6	0,02	0,06	0,06	0,01	0,5
In	0,04	0,03	0,25	0,03	0,03	1,0	0,7	3
J	1,5	0,1	9,6	0,1	0,9	5,0	0,1	25
La	15,8	7,4	53,5	12,3	14,1	40	2	180
Mo	4,6	0,4	52,0	4,2	4,3	1,2	0,1	40
Nb	4,8	2,4	16,8	3,7	4,4	10	6	300
Ni	6,04	0,03	112,0	0,03	1,08	50	2	750
Pb	59,3	11,6	1 330,0	16,2	26,2	35	2	300
Rb	32,1	12,2	88,0	27,4	29,5	150	20	1 000
Sb	2,37	0,05	23,9	2,2	2,2	1,0	0,2	10
Sc	2,5	1,0	25,0	1,0	2,0	7,0	0,5	55
Se	0,1	0,1	1,4	0,1	0,1	0,4	0,01	12
Sn	9,7	0,4	631,0	1,3	2,1	4,0	1	200
Sr	76,9	24,7	767,0	36,0	52,9	250	4	2 000
Ta	0,05	0,03	1,2	0,03	0,03	2	0,4	6
Te	0,5	0,3	2,0	0,3	0,3			
Th	3,4	0,4	17,5	2,8	3,2	9	1	35
Tl	0,3	0,1	2,7	0,1	0,1	0,2	0,1	0,8
U	1,0	0,03	12,1	0,03	0,5	2,0	0,7	9,0
V	11,6	0,7	206,0	2,7	4,8	90	3,0	500
W	1,0	0,2	38,0	0,8	0,8	1,5	0,5	83
Y	9,7	3,6	231,0	5,2	7,3	40	10	250
Zn	95,4	10,7	1 510,0	26,3	34,2	90	1	900
Zr	172,9	50,3	281,0	175,0	172,0	400	60	2 000

Die wichtigsten Schwermetalle wie Cd, As, Cu, Pb, Zn, Hg, Cr, Mo, Sn, Ni und auch Sb zeigen gegenüber dem regionalen geochemischen Untergrund lokale kontrastreiche Anreicherungen ($K \geq 10$; K = Konzentrationskoeffizient zum regionalen geochemischen Untergrundgehalt) im Bereich der beiden Großdeponien (bes. Müllverbrennungsanlage und Südhalde der Deponie Schöneiche, Zentral- und Ostteil der Deponie Schöneicher Plan, z. T. W Teil einschließlich Hangbereich der Deponie Schöneicher Plan) sowie in den Altlastengebieten SW und SE Mittenwalde (Altdeponien am Nottekanal; *Abb. 5.2, Tab. 5.3*) und unmittelbar N der Deponie Schöneiche (Cu, Zn, Cd, Pb, Be, Tl, Sn, Bi, Sb, As, Cr), W und NW Telz (Sb, Bi, F, As), NNW Mittenwalde (V, U, As), E Mittenwalde (As, Ni) sowie an den Flanken im SE, im SW und im NW des Untersuchungsgebietes.

Blei

Der geochemische Untergrundgehalt für Pb liegt mit 16,2 mg/kg noch unterhalb des regionalen Untergrundgehaltes des Berliner Umlandes (21,7 mg Pb/kg). In unbelasteten Böden treten gewöhnlich nur maximal bis 60 mg Pb/kg auf, selten über 100 mg Pb/kg. Im Gegensatz zu Cd, Zn oder Ni ist das Element Pb im Boden sehr immobil und weist bei pH-Werten > 5 in der Regel eine sehr geringe Löslichkeit auf. Die Pb-Löslichkeit nimmt erst bei pH-Werten unter 4 bis 4,5 deutlich zu (*Tab. 5.19*).

Immissionsquellen für Pb sind neben Fahrzeugverkehr die Eisen- und Stahlerzeugung, die Verarbeitung von Blei, die Verhüttung von Pb-, Cu- und Zn-Erzen, die Glas-, Zement- und Keramikindustrie, die chemische Industrie sowie die Kohle- und Müllverbrennung (Hausbrand). Aber auch Klärschlamm und Müllkompost können zu erheblichen Kontaminationen führen. Die Akkumulation von Pb erfolgt sowohl in Ballungsräumen wie auch in ländlichen Gegenden und in Mittelgebirgslandschaften besonders in den Oberböden. Die Bindungsfähigkeit des Bleis hängt im Oberboden vom pH-Wert sowie vom Humus- und Tongehalt (auch Anteil der Sesquioxide) ab. Extrem hohe (technogen verursachte) Bleikonzentrationen vermindern die Bindungskraft im Boden.

Tab. 5.18: Statistische Maßzahlen ausgewählter Parameter im Vergleich mit Richt- und Grenzwerten (in mg/kg)

Parameter	Oberbodenproben des Untersuchungsgebietes Schöneiche (N=170)				Globaler Bodenclarke (VINOGRADOV 1954)	KLOKE Richtwert (1980)	Grenzwerte KVO-BO (1992)	Niederländische Liste (1994) S-Werte Referenzwerte	Berliner Liste (1996)		Brandenburger Liste (1993)	
	arithmeth. Mittelwert	Minimum	Maximum	geochem. Untergrund					Gefahrenwerte Wasserschutzzone II und IIIA (Sande, Kiese, Mergel)	Gefahrenwerte Wasser-schutzzone IIIB GWST < 5 m	Eingreifwert Ia: Wasser-schutz- und vorbehalts-gebiete	Kategorie II: höchstzu-lässige Richtwerte
As	3,03	0,51	44,80	1,00	5	20		29	10	30	10	20
B	17,4	6,3	114,0	11,0	10	25				250[2]		50[7]
Ba	266,5	139,0	2590,0	166,0	500			200			400[3]	2000[4]
Be	1,2	0,7	14,0	0,9	0,3[1]	10					5[5]	20[6]
Cd	0,527	0,020	30,90	0,070	0,5	1,5 - 3	1,5	0,8	0,2	2,0	2,0	10
Co	2,4	0,2	75,8	0,2	8	50		20	20	200	100	200
Cr	21,5	2,4	301,0	8,8	200	100	100	100	40	300	150	400
Cu	31,5	2,2	711,0	4,6	20	100	60	36	50	300	200	500
F	400	100	26300	300	200	200		400[8]				
Hg	0,25	0,01	10,60	0,02	0,05	2	1	0,3	0,1	1,0	0,5	1,0
Mo	4,6	0,4	52,0	4,2	1,2[13]			10			20[16]	100[17]
Ni	6,1	0,03	112,0	0,03	40	50	50		15	300	200	250
Pb	59,3	11,6	1330,0	16,2	100	100	100	85	40	400	100	500
Se	0,2	0,1	1,4	0,1							5[x]	15[y]
Sn	9,7	0,4	631,0	1,3	4,0[1]						100	300
U	1,25	0,03	12,10	0,5	2[13]						10[14]	50[15]
V	13,2	1,3	206,0	5,4	100	50					100[11]	400[12]
Zn	95,4	10,7	1510,0	26,3	50	300	200	140	100	750	500	2000
Zr	172,9	50,3	281,0	175,0	300	300					500[9]	2000[10]

1) Clarkewert für Böden nach BOWEN (1979)
2) Interventionswert (EIKMANN & KLOKE 1993) für Landwirtschaftsflächen und nicht agrarische Ökosysteme
3) Prüfwert Boden (BAYERN 1991)
4) Eingreifwert Boden (BAYERN 1991)
5) Prüfwert für Park- und Freizeitflächen sowie unversiegelte Industrie- und Gewerbegebiete (Sachsen-Anhalt 1992)
6) Sanierungsschwellenwert für Landwirtschaftsflächen sowie Industrie- und Gewerbeflächen (Sachsen-Anhalt, 1992)
7) Bodenwert III; Interventionswert für Landwirtschaftsflächen und nicht agrarische Ökosysteme (EIKMANN & KLOKE 1993)
8) B-Wert (Niederländische Liste, 1988)
9) Bodenwert II; Sanierungszielwert für Landwirtschaftsflächen und nicht agrarische Ökosysteme (EIKMANN & KLOKE 1993)
10) Bodenwert III; Interventionswert für Landwirtschaftsflächen und nicht agrarische Ökosysteme (EIKMANN & KLOKE 1993)
11) Bodenwert II; Sanierungszielwert für Landwirtschaftsflächen und nicht agrarische Ökosysteme (EIKMANN & KLOKE 1993)
12) Bodenwert III; Interventionswert für Landwirtschaftsflächen und nicht agrarische Ökosysteme (EIKMANN & KLOKE 1993)
13) Clarkewert für Böden nach Bowen (1979)
14) Bodenwert II; Sanierungszielwert für Landwirtschaftsflächen und nicht agrarische Ökosysteme (EIKMANN & KLOKE 1993)
15) Bodenwert III; Interventionswert für Landwirtschaftsflächen und nicht agrarische Ökosysteme (EIKMANN & KLOKE 1993)
16) Bodenwert II; Sanierungszielwert für Landwirtschaftsflächen und nicht agrarische Ökosysteme (EIKMANN & KLOKE 1993)
17) Bodenwert III; Interventionswert für Landwirtschaftsflächen und nicht agrarische Ökosysteme (EIKMANN & KLOKE 1993)
x) Prüfwert für Landwirtschaftsflächen (Sachsen-Anhalt 1992)
y) Prüfwert für Industrie- und Gewerbegebiete (Sachsen-Anhalt 1992)

Im Untersuchungsgebiet treten Gehaltsmaxima bis 1 330 mg Pb/kg und kontrastreiche Anomalien mit Konzentrationskoeffizienten (K) zum regionalen geochemischen Untergrundgehalt ≥ 20 (*Abb. 5.10*) ausschließlich im Bereich der beiden Großdeponien auf (Mittel- und Ostteil der Deponie Schöneicher Plan, Südhalde und Müllverbrennungsanlage der Deponie Schöneiche). Außerhalb der Deponieflächen werden lediglich Altablagerungen wie z. B. unmittelbar N der Deponie Schöneicher Plan und im Bereich der Altdeponie „Alte Asche“ durch erhebliche Anreicherungen und gleichzeitige Gefahrenwertüberschreitungen (40 mg Pb/kg, Gefahrenwert Wasserschutzzone II und III A für Sande, Kiese und Mergel) abgebildet.

Tab. 5.19: Zusammenhang zwischen Metallmobilität und Bodenreaktion

Element	Grenz-pH-Wert Mobilisierung unterhalb pH	Element	Grenz-pH-Wert Mobilisierung unterhalb pH
Cd	6,0 - 6,5	Hg	4,0
Zn	6,0	V	4,5
Mn	5,5	Al	4,0 - 4,5
Ni	5,5	Cr (III)	4,0 - 4,5
Co	5,0 - 5,5	Pb	4,0 - 4,5
Be	4,5	Fe (III)	3,0 - 3,5
Cu	4,5	As	4,0 - 4,5

Deutlich erhöhte Gehalte > 70 mg Pb/kg markieren nachweislich technogen beeinflußte Bereiche S und SW Mittenwalde (alte Müllverkippungen, Altdeponien am Nottekanal) sowie W und SE Telz (ehemaliges Düngemittellager, Tankstellenbetrieb) und an der SW-Flanke des Untersuchungsgebietes (ehemalige Kompostierungsflächen, Kläranlage). Die durchschnittlichen Pb-Gehalte steigen mit zunehmender Nutzungsintensität in der Reihenfolge Wald < Landwirtschaftsfläche (Acker) < Siedlungsgebiete < Brachland < Deponieflächen an (*Tab. 5.20*).

Die nutzungsabhängigen Untergrundgehalte (Modalwerte) weisen dagegen nur geringe Gehaltsschwankungen zwischen 15,8 mg Pb/kg im humosen Mineralboden der Waldstandorte und 26,7 mg Pb/kg in Oberböden von Siedlungsgebieten (*Tab. 5.20*) auf. Die flächenhaften Gehaltserhöhungen von Pb bis 100 mg/kg korrelieren im Gebiet Mittenwalde und an der SW-Flanke des Untersuchungsgebietes mit der Verbreitung von Wiesen- und Flußmergeln (Kalkmudden), d.h. mit dem Karbonatgehalt des Bodensubstrates. Hohe positive Korrelationen (> 0,7) bestehen zu den Elementen As, Ba, B, Co, Be, Cu, Fe, Hg, Ni, Sb, Sn, Tl und Zn, die sich beim Vergleich der Gehaltsverteilungen in analogen Verteilungstrends zum Element Blei widerspiegeln.

Als niedrigster Richtwert für Bleigesamtgehalte wird in der Berliner Liste (1996) mit 40 mg Pb/kg der Gefahrenwert für die Wasserschutzzone II und III A (Sande, Kiese. Mergel) angegeben. Dieser Wert wird im Land Brandenburg durch den Eingreifwert I a (100 mg Pb/kg) ersetzt (*Tab. 5.18*).

Im Untersuchungsgebiet überschreiten 5,4 % der Proben auf Landwirtschaftsflächen und 3,6 % der Proben in Siedlungsgebieten den Wert der Berliner Liste (*Abb. 5.11*). Zum Eingreifwert der Brandenburger Liste konnten in Siedlungs- und Waldgebieten keine Überschreitungen mehr festgestellt werden, auf Landwirtschaftsflächen liegen lediglich 0,8 % der Proben darüber. Im Bereich der beiden Großdeponien wird in 11,4 % der Proben der Gefahrenwert der Berliner Liste und in 7,6 % der Eingreifwert I a der Brandenburger Liste überschritten.

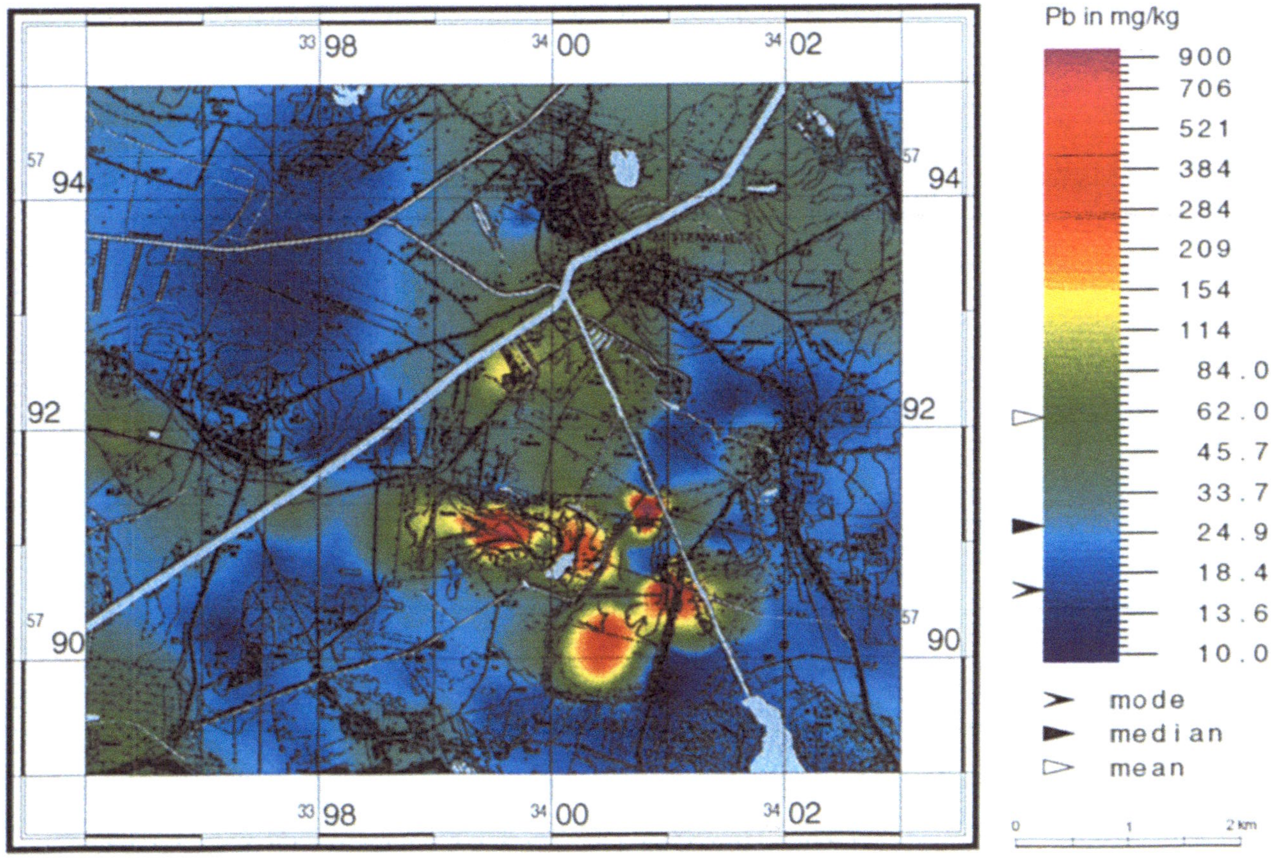

Abb. 5.10: Verteilung der Pb-Gehalte im Oberboden

Tab. 5.20: Statistische Maßzahlen der Bodenproben der Region Schöneiche in verschiedenen Flächennutzungen (Spurenelemente in mg/kg, Hauptkomponenten in %)

Element	Forstwirtschaft (N=15)			Landwirtschaft (N=66)			Siedlungsgebiete (N=33)			Brachland (N=16)			Ver- und Entsorgungsflächen (N=40)		
	Mean	Max.	Median	Mean	Max.	Median	Mean	Max.	Median	Mean	Max.	Median	Mean	Max.	Median
Ag	0,1	0,5	0,1	0,2	1,4	0,1	0,2	0,8	0,1	0,4	4,1	0,1	1,5	25,6	0,3
As	1,36	4,10	1,00	2,28	23,40	1,60	1,60	4,30	1,40	5,58	44,80	2,4	5,051	20,100	2,8
B	11,9	33,0	11,0	13,1	28,0	12,0	11,9	16,0	11,0	17,1	70,0	13,5	31,2	114,0	18,0
Ba	171,5	247,0	167,0	211,4	329,0	204,5	229,2	330,0	226,0	344,8	2590	194,5	392,7	1420,0	287,5
Be	0,9	1,2	0,9	1,1	2,3	1,0	1,1	1,8	1,0	1,8	14,0	0,9	1,6	7,7	1,3
Bi	0,5	1,4	0,2	0,4	1,5	0,2	0,4	1,3	0,2	0,4	2,5	0,2	1,1	9,7	0,7
Br	1,8	3,2	1,9	7,6	69,5	4,6	4,0	12,0	3,1	17,0	53,8	16,6	3,9	20,9	2,4
Cd	0,127	0,900	0,060	0,229	0,800	0,175	0,250	0,700	0,260	0,407	1,800	0,285	1,444	30,90	0,195
Ce	19,3	22,8	20,4	24,4	40,9	23,6	23,1	35,4	22,7	23,2	94,2	18,7	33,7	170,0	27,8
Co	0,2	0,2	0,2	0,3	3,3	0,2	0,3	1,6	0,2	4,6	69,9	0,2	7,5	75,8	0,2
Cr	7,0	12,7	6,7	14,8	48,5	12,8	15,6	46,1	14,0	21,1	119,0	16,9	42,9	301,0	24,9
Cs	3,9	6,3	4,5	3,8	10,3	3,6	3,9	10,9	3,7	2,8	7,2	2,9	2,8	10,2	2,5
Cu	4,4	14,6	3,2	15,6	155,0	7,8	11,3	37,1	9,8	54,3	702,0	7,3	75,3	711,0	23,9
F	200,0	300,0	200,0	300,0	700,0	300,0	300,0	400,0	300,0	200,0	500,0	200,0	1000	26300,0	300,0
Ga	3,8	4,5	3,8	4,2	6,7	4,2	4,2	5,8	4,2	4,4	13,6	4,0	5,9	20,8	5,2
Ge	1,0	1,2	1,0	1,0	1,2	1,0	0,9	1,2	1,0	0,8	1,8	1,0	1,1	3,0	1,0
Hf	10,0	10,0	10,0	12,1	29,0	10,0	11,8	23,0	10,0	11,3	25,0	10,0	13,9	32,0	10,0
Hg	0,02	0,04	0,02	0,10	0,69	0,07	0,09	0,35	0,05	0,79	10,60	0,11	0,53	7,40	0,13
In	0,04	0,10	0,03	0,05	0,30	0,03	0,05	0,20	0,03	0,07	0,50	0,03	0,05	0,30	0,03
J	1,6	3,0	1,7	2,3	9,3	2,1	1,8	4,2	1,7	3,3	9,6	3,0	1,0	3,8	1,1
La	13,5	21,1	13,2	15,5	24,7	14,0	15,1	25,3	14,3	14,6	45,3	11,9	18,4	53,5	16,1
Mo	4,5	6,1	4,4	4,1	6,3	4,4	3,9	5,9	4,2	2,9	4,9	3,7	6,7	52,0	4,7
Nb	3,5	4,3	3,7	4,5	6,9	4,4	4,5	6,8	4,4	4,5	10,3	3,9	6,0	16,8	5,6
Ni	0,29	3,70	0,03	2,03	15,0	1,00	1,84	5,40	2,10	8,96	112,0	0,80	17,36	112,0	9,50
Pb	18,5	26,7	17,5	29,2	158,0	25,4	30,3	76,8	28,4	116,1	1330	29,0	125,5	888,0	39,7
Rb	27,6	32,6	27,5	29,8	51,2	28,4	32,9	48,3	31,9	25,3	36,0	26,0	39,9	88,0	38,3

Element	Forstwirtschaft (N=15)			Landwirtschaft (N=66)			Siedlungsgebiete (N=33)			Brachland (N=16)			Ver- und Entsorgungsflächen (N=40)		
	Mean	Max.	Median	Mean	Max.	Median	Mean	Max.	Median	Mean	Max.	Median	Mean	Max.	Median
Sb	1,65	2,60	2,30	1,87	7,70	2,20	1,91	4,30	2,10	3,18	23,90	2,15	3,55	22,90	2,50
Sc	1,5	3,0	1,0	1,9	4,0	2,0	2,2	4,0	2,0	2,2	9,0	1,5	4,1	25,0	4,0
Se	0,2	0,5	0,1	0,2	0,8	0,1	0,1	0,5	0,1	0,3	0,6	0,1	0,2	1,4	0,1
Sn	1,5	2,6	1,4	3,0	33,0	1,9	2,8	18,2	2,3	42,5	631,0	1,9	16,2	151,0	3,4
Sr	32,0	66,4	30,4	58,6	222,0	51,0	53,0	102,0	51,7	98,8	403,0	63,4	135,0	767,0	70,2
Ta	0,03	0,03	0,03	0,07	2,0	0,03	0,10	2,40	0,03	0,03	0,03	0,03	0,14	2,30	0,03
Te	0,9	1,7	0,8	0,7	2,0	0,5	0,8	2,0	0,5	0,6	1,6	0,5	0,6	1,8	0,5
Th	2,6	3,9	2,8	3,2	7,0	3,2	3,3	5,7	3,5	2,3	6,8	2,2	4,9	17,5	5,1
Tl	0,2	0,8	0,1	0,3	1,0	0,1	0,3	1,0	0,1	0,4	2,7	0,1	0,7	2,1	0,8
U	0,5	1,5	0,6	1,1	3,2	0,9	1,1	2,9	1,0	0,7	4,0	0,1	2,1	12,1	1,7
V	6,2	11,5	6,6	10,5	27,7	9,4	9,0	19,9	9,1	16,5	67,3	10,5	22,6	206,0	14,1
W	0,2	0,2	0,2	0,2	0,5	0,2	0,2	0,2	0,2	0,2	0,7	0,2	1,7	38,0	0,2
Y	5,3	7,2	5,3	7,6	16,0	7,3	7,5	12,5	7,4	8,9	48,8	5,9	17,0	231,0	11,1
Zn	15,5	34,5	13,9	38,8	125,0	29,9	45,4	128,0	44,8	124,4	1360,	30,3	248,5	1510,0	71,3
Zr	170,0	251,0	173,0	173,5	281,0	172,0	183,2	264,0	182,0	139,4	256,0	136,5	177,7	258,0	186,5
SiO_2	92,11	93,37	92,78	85,43	94,12	88,28	88,35	92,48	89,11	78,73	92,99	86,24	79,36	93,19	84,21
TiO_2	0,134	0,157	0,141	0,165	0,285	0,155	0,170	0,266	0,172	0,150	0,366	0,129	0,247	0,617	0,235
Al_2O_3	3,14	3,62	3,17	3,60	5,04	3,55	3,77	6,53	3,65	3,62	8,78	3,19	4,80	14,76	4,63
Fe_2O_3	0,46	1,08	0,42	0,93	2,76	0,76	0,87	3,21	0,81	1,50	9,86	0,62	2,38	8,11	1,54
MnO	0,013	0,021	0,012	0,031	0,106	0,027	0,029	0,069	0,026	0,043	0,142	0,027	0,041	0,106	0,031
MgO	0,08	0,16	0,07	0,14	0,32	0,12	0,13	0,29	0,13	0,16	0,79	0,09	0,39	1,50	0,30
CaO	0,22	0,87	0,17	1,11	20,83	0,46	0,66	3,82	0,44	3,13	22,40	0,72	2,90	19,79	1,51
Na_2O	0,33	0,42	0,34	0,36	0,55	0,36	0,40	0,58	0,38	0,37	0,71	0,35	0,48	1,19	0,47
K_2O	0,78	0,92	0,80	0,86	1,43	0,82	0,94	1,29	0,90	0,73	0,96	0,74	1,08	1,90	1,05
P_2O_5	0,03	0,05	0,03	0,10	0,22	0,09	0,10	0,23	0,08	0,13	0,67	0,09	0,13	0,89	0,07
SO_3	0,03	0,08	0,03	0,08	1,13	0,03	0,05	0,20	0,03	0,13	0,70	0,05	0,45	4,58	0,06
$C_{org.}$	0,9	2,3	0,8	2,4	27,0	1,4	1,4	3,4	1,3	5,3	20,8	4,0	2,3	17,7	1,0

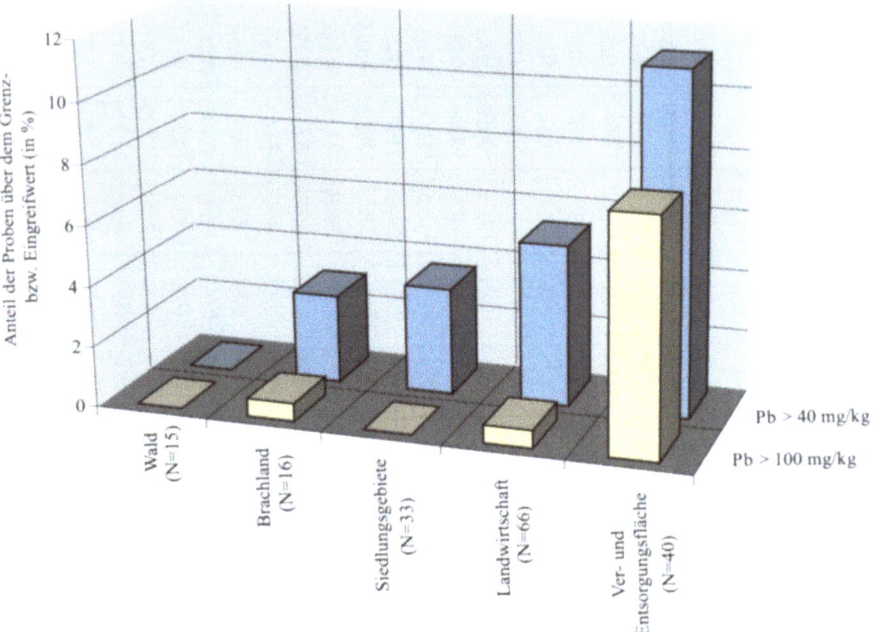

Abb. 5.11: Anteil der Bodenproben mit überdurchschnittlicher Bleianreicherung in Abhängigkeit von der Flächennutzung (Gefahrenwert Pb = 40 mg/kg für Wasserschutzzone II und IIIA, Berliner Liste; Eingreifwert Ia - Pb = 100 mg/kg für Wasserschutz- und Verkehrsgebiete, Brandenburger Liste)

Arsen

Das Element As kann in Böden mit Gehalten zwischen 0,1 bis 2 000 mg/kg auftreten. Unbelastete Böden enthalten in der Regel 2 - 6 (10) mg As/kg. As zeigt häufig eine adsorptive Bindung an Fe- und Mn-Hydroxidfällungen im Wirkungsbereich geochemischer Barrieren (Oxidations- und pH-Barriere) sowie an organische Substanzen. In der organischen Substanz wird As besonders stark gebunden. Arsen reichert sich intensiv in der Feinfraktion an und wirkt als dreiwertige Verbindung (Arsentrioxid) hochtoxisch (karzinogen, mutagen). Verschiedene Oxydationsstufen und Verbindungen von Arsen werden u. a. als Schädlingsbekämpfungsmittel, Rodentizid (Rattengift), Desinfektionsmittel, Fungizid (gemeinsam mit Hg), Entfärbungsmittel, Entlaubungsmittel, Herbizid, Holzschutzmittel, Legierungsbestandteil und für medizinische Zwecke (As-haltige Präparate gegen Schuppenflechte und Hautentzündung) eingesetzt. Arsen kann auch in flüchtige Verbindungen umgesetzt werden (verdampft bei 100 °C). Daher zählen die Erzverhüttung und die Verbrennung fossiler Brennstoffe, bei denen As gasförmig emittiert und verfrachtet werden kann, neben der Kohlefeuerung sowie den Glashütten und der Holzschutzmittelherstellung zu den wichtigsten Eintragsquellen. As tritt in

Stäuben und Aschen von Verbrennungsanlagen der Kohlekraftwerke auf. Weitere Emittenten sind elektrotechnische Industriezweige, Farben und Lacke, die Waschmittelherstellung, die Kunstseide- und Gummiindustrie sowie die Holz- und Pflanzenschutzmittelproduktion. Mitunter starke Arsenimmissionen können bei Klärschlammaufbringung und Müllkompostierung erzeugt werden. As steht anderen Umweltgiften wie Pb, Cd, Zn, Cu und Ni in seiner Toxizität nicht nach.

Die As-Gehalte in der Schöneicher Region schwanken zwischen 0,5 und 44,8 mg As/kg (*Tab. 5.17*). Die Mittelwerte nehmen mit der Intensität der Bodennutzung und der anthropogenen Einflußnahme allmählich zu (*Tab. 5.18*). Das Verteilungsbild der As-Gehalte (*Abb. 5.12*) zeigt kontrastreiche Anreicherungen (Konzentrationskoeffizient zum regionalen geochemischen Untergrund ≥ 10) technogenen Ursprungs im Bereich des Zentralteils sowie der W- und E-Flanke der Deponie Schöneicher Plan, dem Altlastengebiet unmittelbar N der Deponie Schöneiche, der Südhalde und der Müllverbrennungsanlage (Einfahrtsbereich) der Deponie Schöneiche. Auch die flächenhafte anthropogene Anomalie E Mittenwalde im Bereich des ehemaligen Ziegeleigeländes überschreitet den Eingreif- und Gefahrenwert der Brandenburger und Berliner Liste von 10 mg As/kg. Weitere erhöhte und im Verhältnis zum regionalen geochemischen Untergrund der Region Schöneiche deutlich anomale As-Konzentrationen (≥ 3 mg As/kg) sind NW Mittenwalde (NW Vogelsang), W Telz und an der SW Flanke des Untersuchungsgebietes lokalisiert und lassen sich anthropogenen Ursachen zuordnen (*Abb. 5.2*, *Tab. 5.3*). As-Belastungen des Oberbodens treten auch im Bereich der Deponie „Alte Asche" und in W Richtung am Galluner Kanal (*Abb. 5.12*) auf. Lokale As-Maxima fallen außer im Bereich der Altdeponien am Nottekanal nicht mit pH-Wertminima zusammen. Der Grenz-pH-Wert für beginnende Mobilisierungen wird allerdings nicht erreicht oder unterschritten. Die As-Anreicherungen im Oberboden werden im Bereich der Altdeponien am Nottekanal durch Gehaltszunahmen im Oberflächenwasser und Bachsediment ergänzt. Die Anomalien im Boden (*Abb. 5.12*) verhalten sich deckungsgleich zur Verbreitung stark bis sehr stark humoser Böden (FROHSE 1996).

Bor, Beryllium, Barium

Die Gehaltsverteilungen der Elemente B, Be und Ba veranschaulichen die kontrastreichsten Anreicherungen technogenen Ursprungs in Bereichen der beiden Großdeponien. Das Element B tritt detritisch sowie adsorptiv an tonige Komponenten gebunden auf. Sandreiche Böden sind B-ärmer, tonige und humusreiche Böden weisen höhere B-Gehalte auf. Hohe anthropogene B-Einträge können über Klärschlämme (bis 750 mg B/kg), Haushaltswaschmittel sowie kommunale und industrielle Abwässer verursacht werden. Geringere Bedeutung besitzen dabei die Verbrennung fossiler Brennstoffe sowie der Einsatz von Fungiziden und Herbiziden.

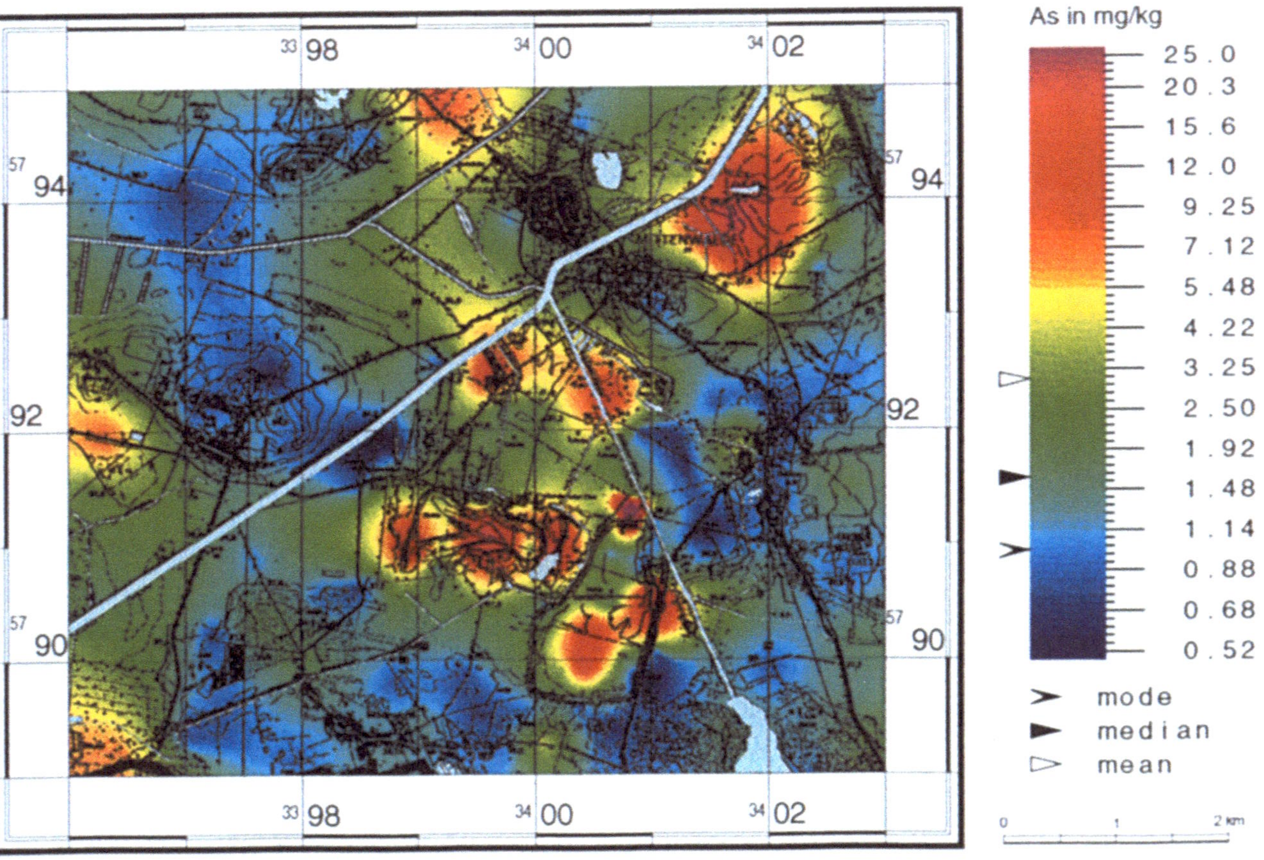

Abb. 5.12: Verteilung der As-Gehalte im Oberboden

Der regionale geochemische Untergrundgehalt (11 mg B/kg) entspricht dem planetaren Bodenclarke (*Tab. 5.17*). Die B-Anomalien (max. 114 mg B/kg) markieren den W-Rand und den E-Teil der Deponie Schöneicher Plan sowie den Einfahrtsbereich der Deponie Schöneiche. Gemeinsam mit Ba und Be werden Bereiche mit Altablagerungen unmittelbar N der Deponie Schöneiche durch eine lokal begrenzte Gehaltsanomalie indiziert. Auf den Landwirtschaftsflächen wird der von EIKMANN & KLOKE (1993) festgelegte Interventionswert von 50 mg B/kg (Bodenwert II für Landwirtschaftsflächen) nicht überschritten. Erhöhte B-Gehalte bis 30 mg/kg markieren die allgemein bekannten Belastungsgebiete (anthropogene Einflüsse) am Nottekanal, Galluner Kanal (Altdeponien), E und NE Mittenwalde, W Telz, an der SW-Flanke des Untersuchungsgebietes sowie S der Deponie Schöneiche.

Beryllium ist relativ mobil und zeigt in Böden häufig ebenso wie in den Bachsedimenten milieubedingte Anreicherungen. Die Verteilung der erhöhten und anomalen Be-Gehalte weist auf die Wirkung ausschließlich anthropogener/technogener Einflußfaktoren hin (Deponien, Altlasten, Althalden und Lagerflächen). Der Maximalgehalt (14 mg Be/kg) wurde im Bereich von Altablagerungen unmittelbar am N-Rand der Deponie Schöneiche nachgewiesen. Die Deponie Schöneicher Plan wird nicht durch kontrastreiche Be-Anreicherungen hervorgehoben. Dagegen betonen die Ba-Anomalien (max. 1 420 mg Ba/kg) den Mittel- und Ostteil dieser Deponie sowie die Südhalde und den Eingangsbereich der Deponie Schöneiche. Barium kann adsorptiv an Mn-Hydroxide und Tonminerale fixiert sein, wasserlösliche Verbindungen wirken toxisch. Als technogene Quellen sind die Zementindustrie, Flugaschen, Fungizide, Herbizide, Papier- und Farbenindustrie, Korrosionsprodukte, Füllstoffe sowie Spülzusätze bei Bohrungen zu nennen. Für Be können Braunkohlen- und Flugaschen, Schwebstäube, Verkehrsabrieb sowie die Elektronik als Eintragsquellen genannt werden.

Kobalt

Das Element Co zeigt neben zwei anthropogen verursachten schwachen Gehaltserhöhungen W Telz und E Mittenwalde für das gesamte Untersuchungsgebiet ein Elementdefizit (Mangelstandort) an. Auch gegenüber dem planetaren Bodenclarke (BOWEN 1979) weisen die Durchschnittsgehalte und geochemischen Untergründe auf eine deutliche Verarmung hin.

Der Co-Mangel ist für saure Sandböden typisch (Podsole, Braunerden), tritt aber auch bei Kalkböden mit hohen pH-Werten auf. Bei extrem niedriger Basensättigung (*Abb. 5.5*) weisen die Böden in der Regel sehr geringe Co-Gehalte von weniger als 3 mg Co/kg auf. Lediglich im Bereich der Deponien (W-Rand und E-Teil der Deponie Schöneicher Plan, Südhalde und E-Teil bzw. Einfahrtsbereich der Deponie Schöneiche, Altablagerungen am N-Rand der Deponie Schöneiche) werden kontrastreiche technogene Co-Anomalien abgebildet. Der Maximalgehalt (75,8 mg Co/kg) am Ostrand der Deponie

Schöneiche umfaßt auch die Landwirtschaftsflächen E der Deponie bis zum Galluner Kanal. Dabei unterschreitet der Wert den Eingreifwert Ia (Brandenburger Liste, 1993) für Landwirtschaftsflächen, liegt aber fast 4fach über dem Gefahrenwert für Wasserschutzzonen II und III A der Berliner Liste (1996). Für das Gebiet gegenüber dem Einfahrtsbereich zur Deponie Schöneiche sollten daher und nicht zuletzt auch auf Grund des nachgewiesenen Einflußbereiches der Müllverbrennungsanlage Nutzungseinschränkungen (Einstellung des Ackerbaues) vorgesehen werden. Ansonsten sind die Anomalien auf den Deponien für diese Flächennutzung als unbedenklich einzuschätzen.

Wie das regionale Verteilungsbild der Co-Gehalte zeigt, hat die Bodennutzung (außer intensive technogene Einflüsse) auf den mittleren Co-Gehalt der Böden wenig Einfluß. Das Element Co ist meist in Gehaltsbereichen zwischen 5 und 15 mg Co/kg im Boden anzutreffen. Die Mobilität des Elementes ist stark pH-Wert abhängig und beginnt unter pH 5,5 (bes. ab pH 3,7). Als Emittenten kommen Kohle- und andere Verbrennungsanlagen, die anorganische Chemieindustrie, die Metallverarbeitung und Waschmittelindustrie in Frage. Daneben ist Co auch ein Inhaltsstoff von Farben (Lacke, Emaille).

Kupfer, Chrom

Die Elemente Cu und Cr (*Abb. 5.13*) werden nach der US Umweltbehörde (EPA) ebenso wie Be, Co, Ni, Zn, Sn, As, Se, Te, Ag, Cd, Hg, Tl, Pb, Sb und Bi nach ihrer Löslichkeit zu den sehr giftigen und relativ leicht verfügbaren Elementen gerechnet (FÖRSTNER 1990). Als für die Pflanzen essentielles und in großen Mengen toxisches Element kann Cu sowohl als mangelndes als auch gefährlich konzentriertes Element auftreten. Cr ist ein für Mensch und Tier essentielles, für Pflanzen aber entbehrliches Element. Toxisch und kanzerogen wirken überwiegend Cr (VI)-Verbindungen, die im sauren Milieu bei hohem Humusgehalt und bei geringer Luftzufuhr in Cr (III)-Verbindungen umgewandelt werden können. Das Cr (III) ist überwiegend in der organischen Substanz gebunden und pflanzenunschädlich. Kupfer reichert sich im Oberboden bevorzugt in der organischen Substanz und an Fe-Oxide an. Der Cu-Gehalt in unbelasteten Böden beträgt in der Regel 2 - 40 mg Cu/kg. Der Untergrundgehalt der Region Schöneiche zeigt gegenüber dem Bodenclarke nach BOWEN (1979) eine deutliche Verarmung an, während der Mittelwert für Cu dem o. g. Clarkewert entspricht. Die kontrastreichen Gehaltsanreicherungen (K > 10) markieren den gesamten Bereich der Deponie Schöneicher Plan sowie die Südhalde und den Ostrand (Einfahrtsbereich) der Deponie Schöneiche.

Die Maximalgehalte (711 mg Cu/kg) überschreiten die höchstzulässigen Richtwerte (Kategorie II) der Brandenburger Liste (1993). Die gegenüber dem regionalen Untergrundgehalt (4,6 mg Cu/kg) anomalen Gehalte > 25 mg Cu/kg markieren mit z. T. flächenhaften Anomalien die unterschiedlichen

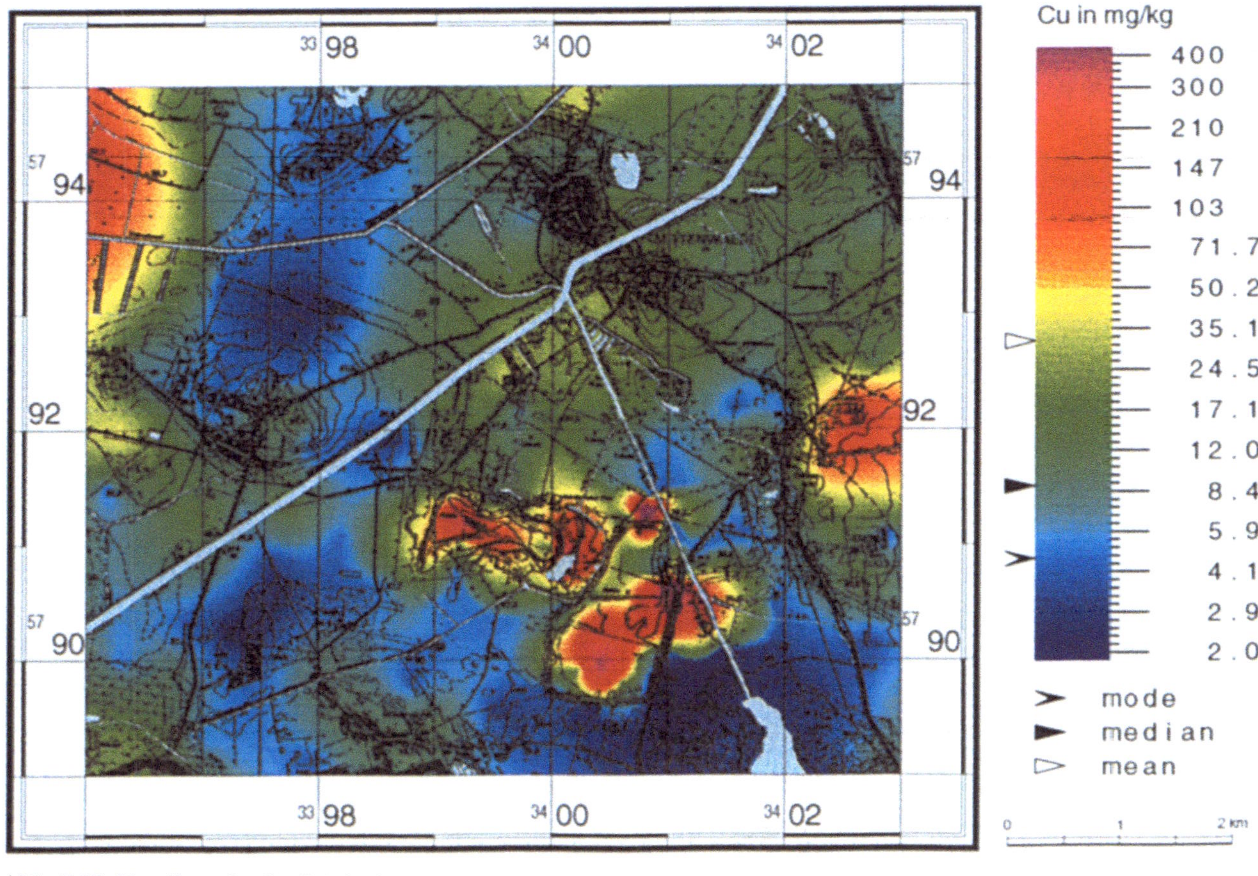

Abb. 5.13: Verteilung der Cu-Gehalte im Oberboden

anthropogen beeinflußten Bereiche im Untersuchungsgebiet, wie z. B. die Althalden S und SE Mittenwalde, die Altablagerung unmittelbar am N-Rand der Deponie Schöneiche, die Ortslage Schöneiche, die Gebiete W und NE Telz sowie den SW-Rand des Untersuchungsgebietes (Kläranlage), die NW-Flanke des Testgebietes (Altablagerungen und Gewerbegebiet E Großmachnow), das Industriegebiet am N Ortsrand von Mittenwalde sowie die ehemalige Gülleverkippungsfläche E Gallun. Der gesamte Bereich N der Deponie Schöneicher Plan bis zur Ortslage Mittenwalde wird als regionale Cu-Anomalie abgebildet (*Abb. 5.13*). Insgesamt zeigen die Cu-Gehalte eine klare Abhängigkeit von der Intensität der Bodennutzung. Die Durchschnitts- und Maximalgehalte steigen in der Reihenfolge Wald < Siedlungsgebiete < Landwirtschaft < Brachland < Entsorgungsflächen an (*Tab. 5.20*). Die extrem hohen Cu-Gehalte (702 mg Cu/kg) auf Stillegungsflächen bzw. Brachland werden technogen durch Altablagerungen verursacht (unmittelbar N Deponie Schöneiche, E Großmachnow an der NW-Flanke des Untersuchungsgebietes). Unter Wald zeigen die Böden auch die niedrigsten Untergrundgehalte (Median: 3,2 mg Cu/kg für Ah-Horizont) an Gesamtkupfer (*Abb. 5.13*).

Die Eintragsquellen für Cu sind neben Abraum- und Haldenmaterial des Kupferbergbaus auch Kupferhütten und kupferverarbeitende Betriebe, die Verbrennung von Öl und Kohle in Ballungszentren, die Papierindustrie sowie die Chemie- und Düngemittelindustrie. Im Untersuchungsgebiet dürfte auch die Verwendung von Pflanzenschutzmitteln und Gülle (bes. E Gallun, SW-Flanke Untersuchungsgebiet) wesentlich zur anthropogen verursachten Cu-Erhöhung im Boden beigetragen haben.

Das Element Cr zeigt neben analogen Anreicherungstendenzen im Bereich und im unmittelbaren Umfeld (N-Rand und E der Deponie Schöneiche) der beiden Großdeponien (*Abb. 5.13*) besonders im Umland der Stadt Mittenwalde erkennbare Schwankungen in den Untergrundgehalten. Bekannte Bereiche anthropogener Einflußfaktoren (N und NE Mittenwalde, E Mittenwalde, Deponie am Galgenberg, Müllverkippungen SW Mühlenberg in ehemalige Sandgruben, W Mittenwalde) werden durch erhöhte bis anomale Gehalte ≥ 20 mg Cr/kg lokalisiert. Geochemische Cr-Anomalien außerhalb der Deponieflächen markieren die Deponie „Alte Asche“, die ehemaligen Sandgruben S Mittenwalde und einen lokal begrenzten Bereich N der Deponie „Schindlersfichten“ (*Abb. 5.2, Tab. 5.3*). Die normalen Chromgehalte unbelasteter Böden (5 - 100 mg Cr/kg) werden nur auf den Deponieflächen überschritten. Ebenso wie Cu weist Cr eine Zunahme der Durchschnitts- und Maximalgehalte mit zunehmender Intensität der Flächennutzung auf (*Tab. 5.20*). Technogen bedingte flächenhafte Gehaltserhöhungen markieren die Gebiete W und SW Telz sowie die SW-Flanke des Testgebietes (Kläranlage) und das NW Umland der Ortslage Schöneiche.

Der Gefahrenwert von 40 mg Cr/kg (Berliner Liste, 1996) wird außerhalb der Deponieflächen lokal nur S Mittenwalde und E Gallun erreicht. Für den Eingreifwert Ia (Brandenburger Liste, 1993) sind ≥ 2-fache Überschreitungen nur auf den Deponieflächen und auf den Ackerflächen E der Deponie Schöneicher Plan nachweisbar. Für den zuletzt genannten Bereich sind Einschränkungen der landwirtschaftlichen Nutzung einzuleiten. Die Gehalte an wasserlöslichem und austauschbarem Cr sind auf Grund des relativ niedrigen Grenz-pH-Wertes meist gering, so daß Cr nur sehr schwer mobil wird.

Als Emissionsquellen kommen die Verbrennung fossiler Energieträger, der Verkehrsabrieb, die metallurgische Industrie sowie die Herstellung von Lacken- und Farben, Baustoffen sowie Glas und Keramik in Frage. Chrom fällt auch in der Lederindustrie, bei Klärschlämmen (Durchschnittsgehalt ca. 90 mg Cr/kg) und Düngemitteln (Thomasmehl) an.

Quecksilber

Das Element Quecksilber liegt im Boden (wie auch im Bachsediment) detritisch oder adsorptiv an organische Substanzen gebunden vor. Das häufig im Oberboden organisch fixierte Hg ist sehr immobil (*Tab. 5.19*); erst bei pH-Werten unter 2,5 wird die Migrationsfähigkeit (Lösungsschub) stark erhöht. Alle Quecksilberverbindungen sind toxisch. Hg wirkt auch teratogen, aber nicht kanzerogen oder mutagen. Besonders toxisch sind die organischen Hg-Verbindungen (Methyl-Quecksilber). Unbelastete Böden enthalten 0,01 - 0,5 mg Hg/kg. Für das Untersuchungsgebiet zeigt der Untergrundgehalt (Modalwert, *Tab. 5.17*) gegenüber dem planetaren Clarkewert (BOWEN 1979) eine Hg-Verarmung. Trotzdem werden die Gefahrenwerte der Berliner und Niederländischen Liste (0,1 mg Hg/kg; 0,3 mg Hg/kg) auf den Landwirtschaftsflächen des Untersuchungsgebietes flächenhaft erreicht und überschritten. Extreme Hg-Belastungen mit Überschreitungen des zulässigen Höchstwertes von 1,0 mg Hg/kg (Brandenburger Liste, 1993) wurden nur auf Altlastenstandorten (N-Rand der Deponie Schöneiche, Deponie „Alte Asche") und im Bereich der Deponie Schöneicher Plan nachgewiesen. Zum regionalen Untergrund des Berliner Umlandes von 0,04 mg Hg/kg weisen auch die Südhalde der Deponie Schöneiche sowie die NW- und SW-Flanke des Untersuchungsgebietes und die Bereiche W Gallun, N Vogelsang und E bzw. NE Mittenwalde kontrastreiche ($K \geq 2,0$) Anreicherungen anthropogenen Ursprungs auf.

Bereits die Untergrundgehalte (Medianwerte) der Flächennutzungen nehmen in der Reihenfolge Wald < Siedlungsgebiete < Landwirtschaft < Brachland < Entsorgungsflächen, d. h. mit zunehmender Intensität der anthropogenen Einflußnahme, zu. Die Verteilung erhöhter bis anomaler Hg-Gehalte ($\geq 0,15$ mg Hg/kg) korreliert fast flächenhaft übereinstimmend mit der Verbreitung erhöhter bzw. anomaler $C_{org.}$-Gehalte im Untersuchungsgebiet (*Abb. 5.7, 5.14*).

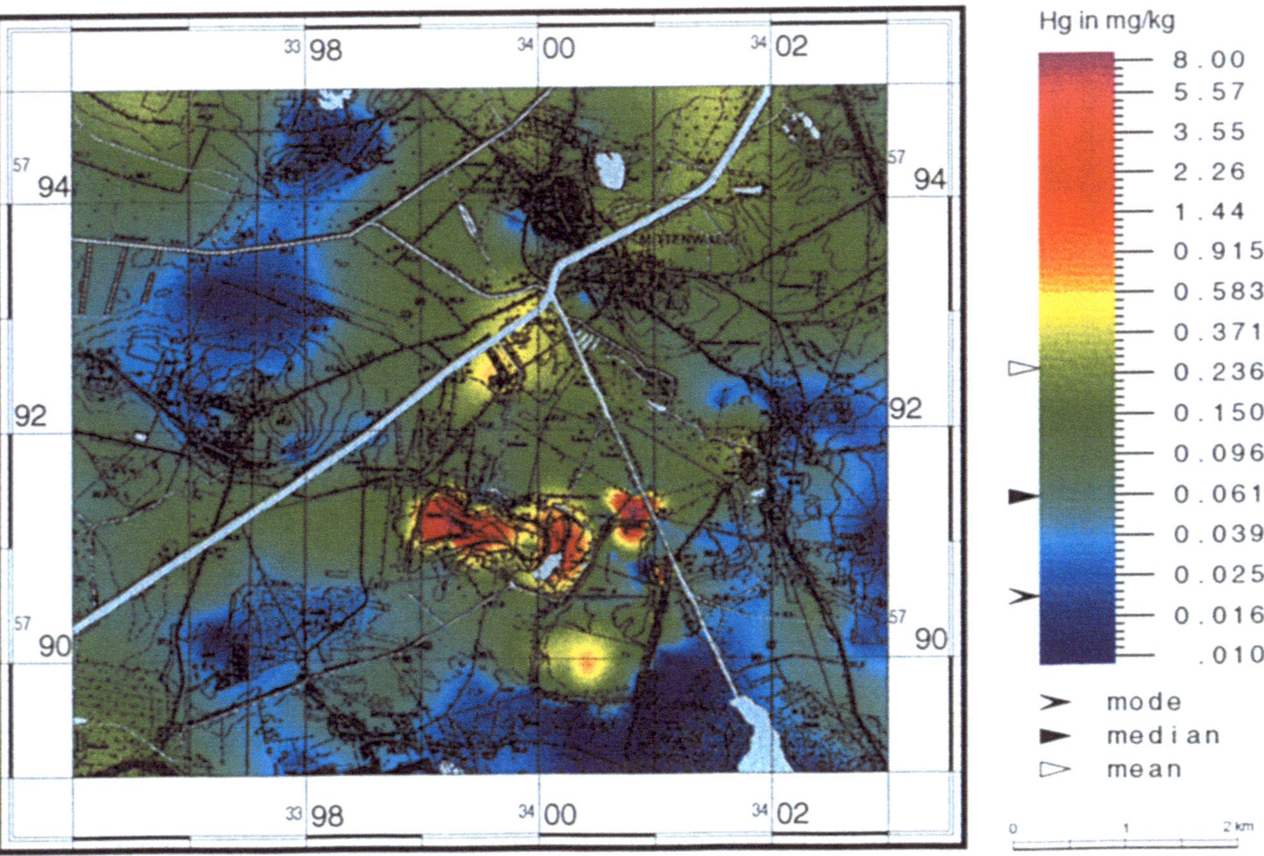

Abb. 5.14: Verteilung der Hg-Gehalte im Oberboden

Damit wird die sehr starke Bindung des Hg durch die organische Substanz im Boden bestätigt. Im Gebiet Schöneiche sind die Klärschlammausbringung und die Mülldeponierung mit Sicherheit die Haupteintragsquellen für das nachgewiesene Verteilungsbild der Hg-Gehalte (*Abb. 5.14*). Als Hg-Emittenten können weiterhin metallverarbeitende Industrien (Oberflächenveredlung), chemische Industrie, Papier- und Zellstoffindustrie, fossile Brennstoffe, Düngemittel und Pflanzenschutzmittel, industrielle Abwässer und elektrotechnische Industriezweige (Batterien, Akkus) auftreten.

Cadmium

Unbelastete Böden erreichen erfahrungsgemäß Cd-Gehalte bis 0,5 mg/kg. Gegenüber dem planetaren Bodenclarke zeigt der geochemische Untergrundgehalt des Untersuchungsgebietes eine deutliche Verarmung an (*Tab. 5.17*). Cadmium gehört mit Zn, Mn und Ni zu den mobilen und leicht verfügbaren Schwermetallen (*Tab. 5.19*). Die Cd-Konzentration in der Bodenlösung steigt bereits bei einem pH-Wert von 6,5 bis 6 stark an und die Adsorption in einer durch Erdalkaliionen austauschbaren pflanzenverfügbaren Form nimmt deutlich zu. Damit ist das Bindungspotential in erster Linie vom pH-Wert abhängig. Die Bindungsstärke zu Humus ist relativ stark, während sie zu Ton nur gering ist, Fe-, Mn- und Al-Oxide besitzen gegenüber Cd eine mittlere Bindungsstärke. Zu den wichtigsten Eintragsquellen und Ursachen für Cd-Kontaminationen zählen Cd-haltige Industrieabfälle und -produkte, Schlacken, Abraum und besonders Klärschlämme. Auf den Einfluß der Klärschlammaufbringung im Untersuchungsgebiet auf die Cd-Verteilung im Oberboden weist die hohe positive Korrelation des Elements mit Zn, Ag, Bi und Hg (Korrelationskoeffizient $\geq$ 0,5) hin. Nicht zu unterschätzen ist der Cd-Eintrag über den Luftpfad (Abgase, Staubpartikel, Verbrennung fossiler Energieträger, Straßenverkehr). In der Landwirtschaft kann Cd durch den Einsatz von Phosphatdünger eingebracht werden. Hinweise dafür liefert die positive Korrelation mit P > 0,5. Kontrastreiche Cd-Anomalien bis max. 30,9 mg Cd/kg sind im Untersuchungsgebiet in bekannten Altlastenbereichen (unmittelbar N Deponie Schöneiche) und auf den Deponieflächen (W-Teil Deponie Schöneicher Plan, Südhalde und Müllverbrennungsanlage Deponie Schöneiche) nachweisbar (*Abb. 5.15*). Die schwach erhöhten Konzentrationen > 0,5 mg Cd/kg markieren Gebiete z. T. bekannter Altablagerungen (*Tab. 5.3, Abb. 5.2*) E Mittenwalde, W Telz, S Gallun, SE Deponie Schöneiche und an der W-Flanke des Untersuchungsgebietes (Klärwerke). Deutlich erhöhte Konzentrationen (> 0,7 mg Cd/kg) technogenen Ursprungs sind am Silberberg E Großmachnow lokalisiert. Die durchschnittlichen Gehalte im Boden (*Tab. 5.20*) nehmen mit der Intensität der Bodennutzung in der Reihenfolge Wald < Landwirtschaft < Siedlungsgebiete < Brachland < Entsorgungsflächen zu. Die geringsten Cd-Gehalte wurden unter Wald nachgewiesen.

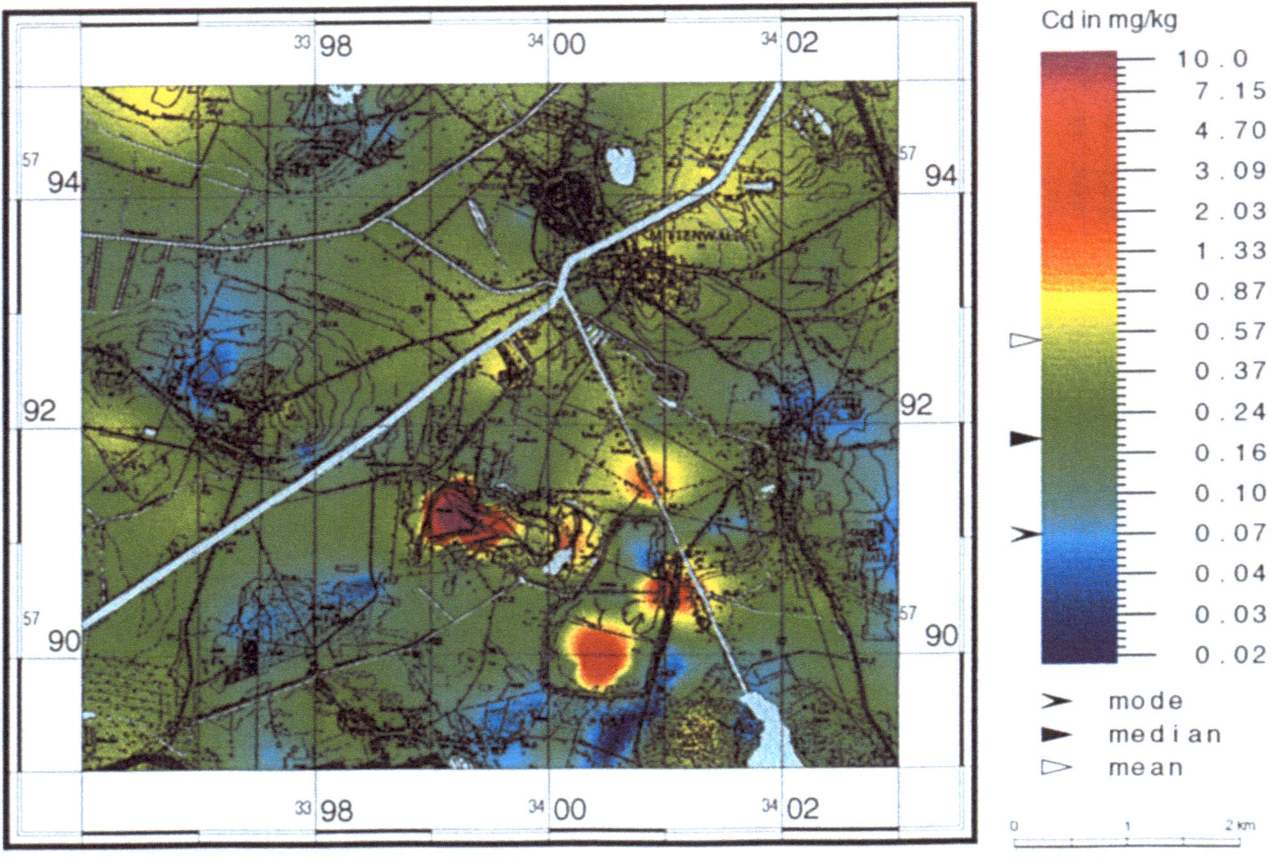

Abb. 5.15: Verteilung der Cd-Gehalte im Oberboden

Bei landwirtschaftlich genutzten Böden sind die höchsten Gehalte bei extensiver Grünlandnutzung zu finden (max. 1,8 mg Cd/kg). Die N-S-gerichteten pH-Wertabsenkungen im Westteil des Untersuchungsgebietes verhalten sich zu den Cd-Minima deckungsgleich. Die Pufferungsfähigkeit der Böden in diesem Gebiet wurde bereits als relativ gering herausgestellt (*Abb. 5.6*). Im Bereich der Deponie „Alte Asche“ und unmittelbar am SE Stadtrand von Mittenwalde (Deponie am Galgenberg) fallen schwache Cd-Anreicherungen bis 0,7 mg/kg mit pH-Minima < 5,5 zusammen, so daß eine Grundwassergefährdung in diesen Regionen vorliegt. Dieser Feststellung kommt unter dem Gesichtspunkt Trinkwasserschutzzone Mittenwalde (bes. S des Stadtgebietes) eine ganz besondere Bedeutung zu. Entsprechende Maßnahmen für den Grundwasserschutz und verstärkte analytische Überprüfungen der Pegel sind routinemäßig einzuleiten. Die gültigen Gefahrenwerte der Berliner Liste (Wasserschutzzone II und III A, 1996) werden in diesen Gebieten um das Dreifache überschritten; der Eingreifwert Ia der Brandenburger Liste (1993) von 2,0 mg Cd/kg wird jedoch nicht erreicht.

Silber, Wismut

Für die Elemente Ag und Bi lassen sich Gehaltsmaxima bis 25,6 mg Ag/kg und 9,7 mg Bi/kg im Bereich des Westteiles der Deponie Schöneicher Plan nachweisen. Weitere geochemische Anomalien (Kontrast zum regionalen Untergrund ≥ 3,0) sind am Ostrand der Deponie Schöneicher Plan sowie im Bereich der Südhalde und im Einfahrtsbereich der Deponie Schöneiche anzutreffen. Die regionalen Untergrundgehalte der Region Schöneiche liegen für die Elemente Ag und Bi im unteren Bereich der globalen Variationsbreite für Böden (nach BOWEN 1979; *Tab. 5.17*).

Schwach erhöhte Bi-Gehalte (≥ 1 mg/kg) wurden lokal begrenzt S, SE und E der Deponie Schöneiche sowie NNE Telz und E Großmachnow (W Silberberg) nachgewiesen. Bereits Silbergehalte ≥ 1,3 mg/kg markieren mit flächenhaften Erhöhungen anthropogen beeinflußte Gebiete E Großmachnow (Landwirtschafts- und Gewerbeflächen, Altablagerungen), am östlichen Ortsrand und E Telz, im W Umland der Deponie Schöneicher Plan, im Bereich der Deponie „Alte Asche“ und der Altablagerungen unmittelbar N der Deponie Schöneiche, der Deponie am Galgenberg sowie NE und SE Mittenwalde (Gewerbe- und Industrieeinflüsse). Als technogene Quellen spielen für das Element Silber neben Buntmetallurgie, Galvanik, industriellen Abwässern (Druckereien, Fotolabors u. a.) auch Klärschlämme und die Müllverkippung eine wesentliche Rolle.

Die Bedeutung der Klärschlammverbringung für die Ag-, Bi- und Cd-Gehalte im Oberboden (exogenes geochemisches Feld) des Untersuchungsgebietes bestätigt sich in der faktoranalytisch ermittelten Polyelementassoziation PN-Cd-Ag-Hg-Bi-PCB-PCDD, die mit der Verbreitung erhöhter und anomaler positiver Faktorwerte (Kap. 5.3.3.1) den anthropogenen Einfluß von Klärschlämmen, der Gülleverrieselung sowie Rieselfeld- und Kompostierungsflächen geochemisch indizieren und somit wesentlich zur Ursachenklärung für den Eintrag und die Verteilung von Ag, Bi, Cd und Hg im Untersuchungsgebiet Schöneiche beiträgt.

Die Bi-Gehalte liegen mit einer Variationsbreite von 0,2 bis 9,7 mg Bi/kg in der Spannweite für globale Böden (Clarkebereich nach BOWEN 1979). Als technogene Quellen für Bi-Einträge kommen weiterhin verschiedene Legierungen, Pharmazeutika, Katalysatoren, Pigmente, Kosmetikprodukte (chemische Industrie) und die Elektronikindustrie in Betracht.

Nickel

Das Element Ni besitzt ähnlich wie Cd relativ starke phytotoxische Wirkungen. Die bei der Verbrennung von fossilen Energieträgern gebildeten Ni-Verbindungen (Tetracarbonylnickel) wirken ebenso wie die Inhalation von Ni-Stäuben kanzerogen.

Für weitgehend unbelastete Böden werden zwischen 5 - 50 mg Ni/kg angegeben. Die Mobilität nimmt bereits ab einem pH-Wert unter 5,5 deutlich zu (bei pH $\leq$ 6,2 gering mobil). Zu den Haupteintragsquellen zählen weiterhin neben Müll, Industriestäuben und industriellen Abwässern vor allem die Stahlindustrie (Ferrolegierungen), die Glas- und Keramikindustrie, die Chemieindustrie (Fungizide, Katalysatoren) sowie die Elektroindustrie (Batterien, Akkumulatoren, Elektroplattierung von Metallen). Im Boden tritt Ni häufig an Tonminerale, Silikate oder pedogene Oxide gebunden auf.

Die Durchschnitts- und geochemischen Untergrundgehalte für Ni liegen im unteren Bereich derer für globale Böden (*Tab. 5.17*). Die statistischen Maßzahlen des Elementes Ni unterscheiden sich zwischen den einzelnen Bodennutzungsformen signifikant. Die Untergrundgehalte (Medianwert) nehmen mit der Intensität der Flächennutzung in der Reihenfolge Wald < Brachland < Landwirtschaft < Siedlungsgebiete < Entsorgungsflächen (*Tab. 5.20*) zu. Auf Grund von Altablagerungen im Bereich von Stillegungsflächen weist die Brachlandnutzung Maximalwerte auf und reiht sich somit beim Vergleich der Durchschnittsgehalte und der Gehaltsmaxima zwischen den Landwirtschafts- und Deponieflächen ein.

Im regionalen Verteilungsbild (*Abb. 5.16*) markieren kontrastreiche Ni-Anomalien (max. 112 mg Ni/kg) die Bereiche der beiden Großdeponien sowie angrenzende Einflußgebiete der Müllablagerung (W-, S- und E-Rand der Deponie Schöneicher Plan, N- und E-Rand der Deponie Schöneiche). In diesen genannten unmittelbaren Umlandbereichen der Deponien treten deutliche Überschreitungen der Gefahrenwerte der Berliner Liste (1996) auf, während die Eingreifwerte der Brandenburger Liste (1993) nur zur Hälfte erreicht werden (*Tab. 5.18*). Die Gehaltserhöhungen bis 11 mg Ni/kg in den Gebieten W Telz, NW Vogelsang, NE Mittenwalde, an der SW-Flanke des

Untersuchungsgebietes sowie im Bereich der Deponie „Alte Asche“ und ca. 1 km östlich am Galluner Kanal weisen auf sicher anthropogene Ursachen (Müllentsorgung, Altablagerungen) hin. Aus den regionalen Verteilungstrends der Ni-Gehalte kann man schließen, daß die landwirtschaftliche Nutzung nicht oder wenig zur Nickelanreicherung beiträgt. Die erhöhten Untergrundgehalte zwischen 2,5 - 3,5 mg Ni/kg bilden die karbonat- und tonreicheren Ausgangssubstrate der Bodenbildung ab (*Abb. 5.16*, FROHSE 1996). Die Gehaltsminima verhalten sich zu den pH-Wertminima ab dem Silikat-Pufferbereich deckungsgleich.

Man kann daher annehmen, daß in den stark sauren Böden z. T. die Auswaschung und Lösung des Ni für die Gehaltsminima maßgeblich ist, während in basischen Böden eine Anreicherung stattfinden kann, die durch technogene Einträge zusätzlich verstärkt wird. Die kleineren Siedlungsgebiete (Dörfer) werden durch sehr schwach erhöhte Gehalte flächenhaft abgebildet.

Zink

Noch klarer als Ni weist das Verteilungsbild der Zn-Gehalte auf die verschiedenen anthropogenen Einflußfaktoren hin. Kontrastreiche Zn-Belastungen (*Abb. 5.17*) gegenüber dem Gefahren- und Eingreifwert der Berliner und Brandenburger Liste (*Tab. 5.18*) sind im Bereich der Deponie Schöneicher Plan und in ihren W und E Randbereichen sowie auf der Südhalde und im unmittelbaren N und E Umland der Deponie Schöneiche nachgewiesen (max. 1 510 mg Zn/kg). In kontaminierten Böden ist Zink vor allem an die organische Substanz gebunden oder an Fe-, Mn- oder Al-Oxide absorbiert. Ab pH-Werten > 7,0 nimmt die Affinität gegenüber Mn- und Fe-Oxiden zu. Damit liegt der überwiegende Teil des nachgewiesenen Gesamtzinkgehaltes im Bereich der Großdeponien sowie dem N und E Umland in immobileren Formen vor. Lediglich im Altlastenbereich am N-Rand der Deponie Schöneiche fällt das Zn-Maximum (*Abb. 5.17*) mit pH-Wertabsenkungen < 6,0 zusammen. Analog zum Element Ni korrelieren auch die Zn-Minima im Oberboden des Untersuchungsgebietes mit flächenhaften Versauerungserscheinungen, die bereits eine Lösung und Mobilisierung des Zn verursacht haben können. Der Grenz-pH-Wert für Zn von 6,0 (*Abb. 5.5*) wird im W-Teil und im SE (Waldgebiete) des Untersuchungsgebietes erheblich unterschritten.

In feinkörnigen Böden sind relativ hohe Zn-Anteile in der Tonfraktion fixiert, während in grobkörnigen Böden mehr Zn organisch gebunden ist.

Erwartungsgemäß nehmen die Durchschnitts- und Maximalgehalte in der Reihenfolge Wald < Landwirtschaft < Siedlungsgebiete < Brachland (Altablagerungen) < Entsorgungsflächen mit der Intensität der anthropogenen Flächennutzung zu. Anomale Bereiche (> 100 mg Zn/kg) technogenen Ursprungs lokalisieren den Altlasteneinfluß N der Deponie Schöneicher Plan als ca. 2 - 2,5 km breite NNE gerichtete Zone bis zum N-Rand (NNE

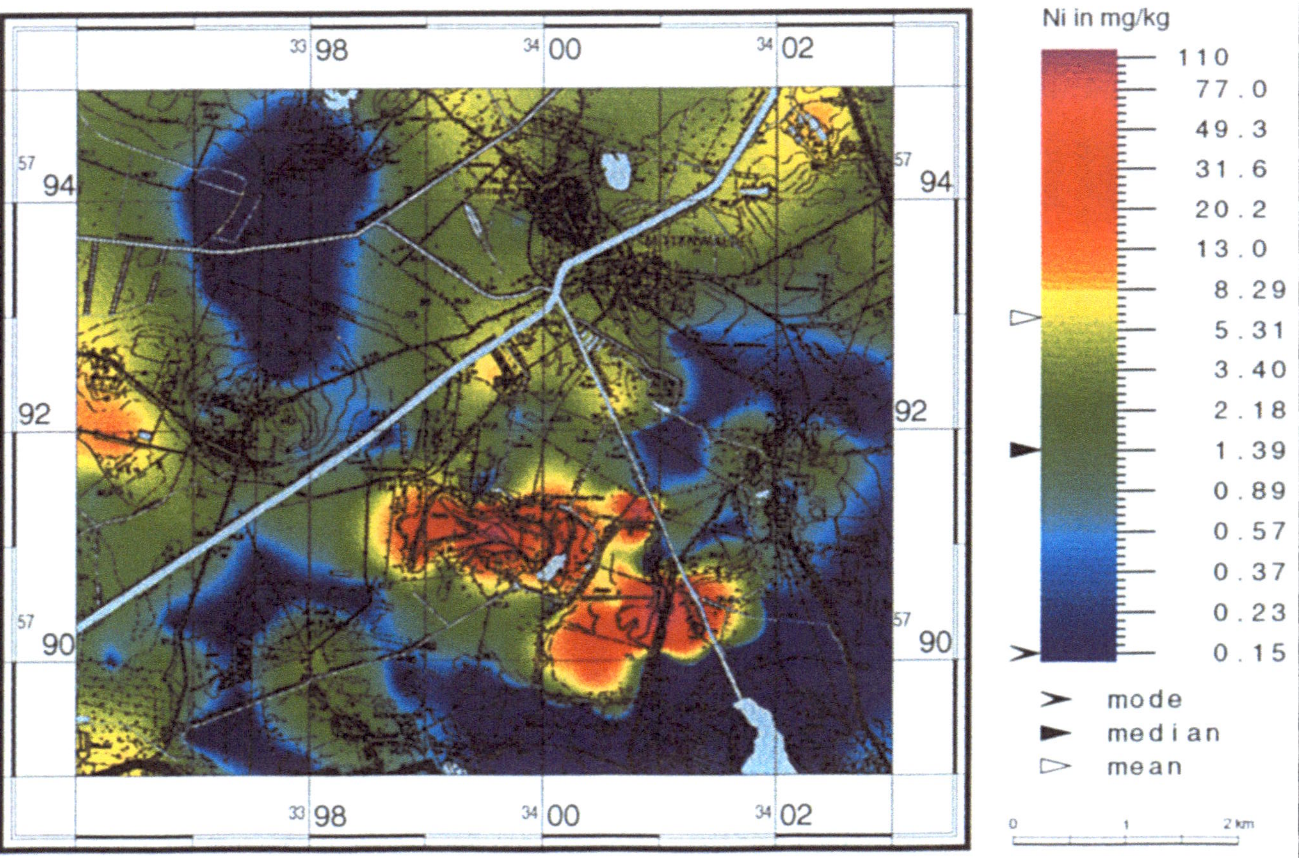

Abb. 5.16: Verteilung der Ni-Gehalte im Oberboden

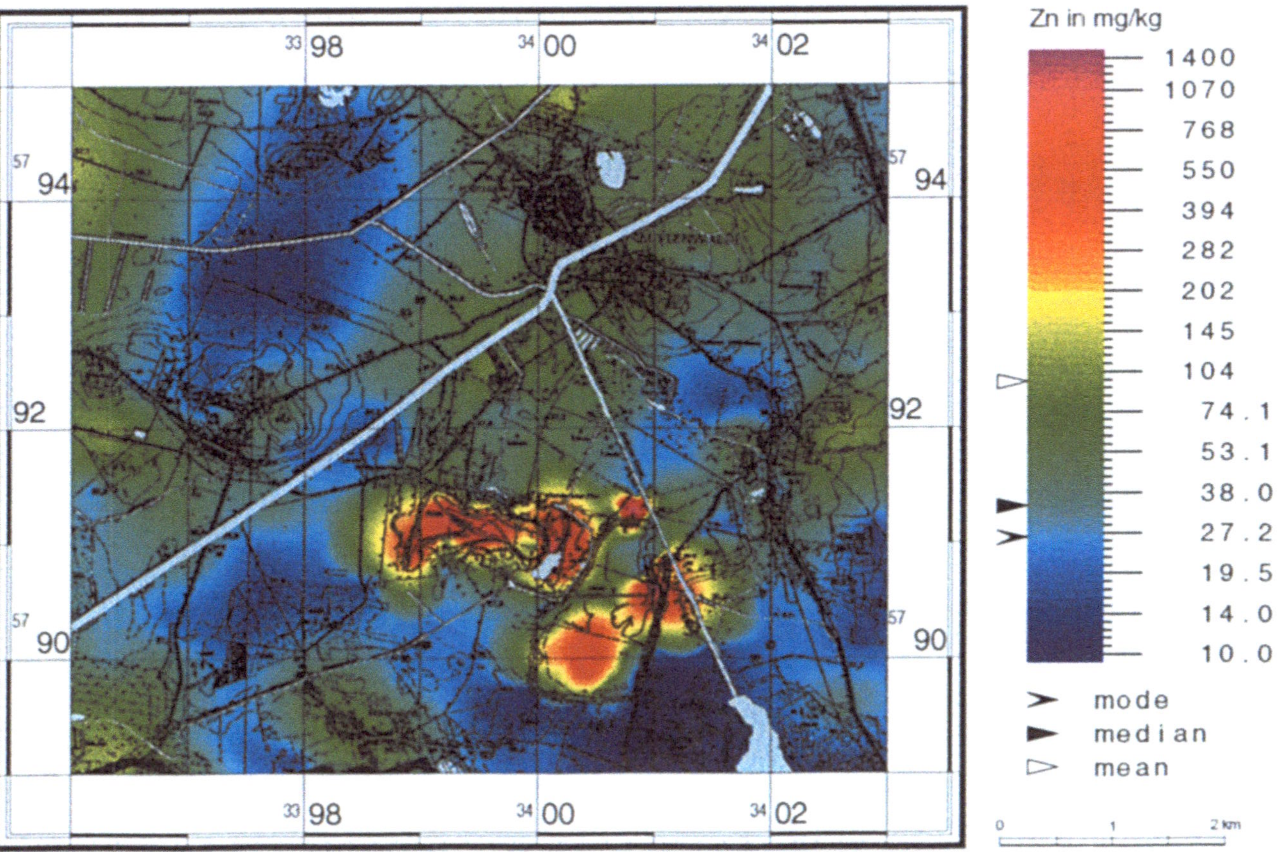

Abb. 5.17: Verteilung der Zn-Gehalte im Oberboden

Mittenwalde) des Untersuchungsgebietes. Die Gehaltsanreicherungen E Gallun und an der SW-Flanke des Untersuchungsgebietes (> 150 mg Zn/kg) werden durch Landwirtschaftseinflüsse (Gülleverrieselung, Klärschlämme) verursacht. Im Gebiet W Telz und SW Mittenwalde wurden die Gehaltsanomalien durch ehemalige Düngemittellagerplätze und wilde Müllverkippungen verursacht. Der Gefahrenwert der Berliner Liste (1996) von 100 mg Zn/kg wird in allen diesen Bereichen z. T. leicht überschritten (*Tab. 5.18*), unmittelbare Nutzungseinschränkungen für die Landwirtschaft ergeben sich für die Flächen am N-Rand und E der Deponie Schöneiche, auf denen 2fache Überschreitungen des Eingreifwertes Ia von 500 mg Zn/kg (Brandenburger Liste, 1993) festgestellt wurden. Die Pegeluntersuchungen von GREBNER (1994) ergaben in verschiedenen Meßreihen im Vergleich zur Brandenburger Liste (1993) Richtwertüberschreitungen für Zn, Pb und Cd in deponienahen Grundwassermeßstellen, die eine akute Grundwassergefährdung trotz extrem basischer pH-Werte im Boden bestätigen.

Unbelastete Böden führen in der Regel zwischen 10 und 80 mg Zn/kg, selten darüber. Der planetare Clarkewert nach BOWEN (1979) liegt bei 90 mg Zn/kg, nach VINOGRADOV (1954) bei 50 mg Zn/kg. Das Element Zn kann bekannterweise durch die Metallindustrie, den Reifenabrieb des Kfz-Verkehrs, die Verbrennung fossiler Brennstoffe und besonders auch durch die Ausbringung von Klärschlämmen, wie sie für die Region um Mittenwalde häufig nachgewiesen wurde, eingetragen werden.

Molybdän

Obwohl Sandböden wie sie für das Untersuchungsgebiet typisch sind, in der Regel sehr geringe Mo-Gehalte aufweisen, zeigt bereits der regionale geochemische Untergrundgehalt (4,2 mg Mo/kg) für Schöneiche im Verhältnis zum planetaren Clarkewert (*Tab. 5.17*) starke Anreicherungstendenzen. Er liegt damit an der Obergrenze der Normalgehalte für Böden (0,2 - 5,0 mg Mo/kg). Im Rahmen umweltgeochemischer Untersuchungen im Stadtgebiet Berlin-Schöneweide wurde für diese Region mit über 100 Jahre alten Industriebetrieben von BIRKE & RAUCH (1991a) ein geochemischer Untergrundgehalt von nur 1 mg Mo/kg ermittelt. Der erhöhte Untergrundgehalt in den Schöneicher Böden weist auf möglicherweise geogene Ursachen hin, die z. T. flächenhaft durch einen anthropogenen Elementeintrag verstärkt wurden. Die Verteilung erhöhter Mo-Gehalte markiert im Untersuchungsgebiet sehr genau die Fahlerdenverbreitung im Bereich der Grundmoränenablagerungen. Kontrastreiche Mo-Belastungen (52 mg Mo/kg) charakterisieren als SW-NE –gerichtete Anomalie die Immissionsaureole der Müllverbrennungsanlage der Deponie Schöneiche. Die 2,5fache Überschreitung des Gefahrenwertes der Brandenburger Liste (*Tab. 5.18*) im E Umland der Deponie Schöneiche signalisiert Handlungsbedarf (Einschränkung der landwirtschaftlichen Flächennutzung). Das Element Molybdän ist toxischer als Blei und Quecksilber. Der anthropogene Eintrag des Elements kann aus Industrieemissionen und der Verbrennung fossiler Brennstoffe sowie der eisenverarbeitenden Industrie (Verhüttung) erfolgen. Im Untersuchungsgebiet zählen weiterhin der Einsatz von Phosphatdüngern in der Landwirtschaft sowie die Verbringung von Klärschlämmen, Gülle und Müllkompost zu den Haupteintragsquellen und Ursachen für die regionale Verteilung erhöhter Mo-Gehalte. Entgegen dem Migrationsverhalten anderer Schwermetalle steigt die Mobilität von Mo erst ab pH-Wert 5,0 mit zunehmendem pH-Wert an. Entsprechend dieser Erkenntnis stellen die Deponieflächen und das nahe Umland (Bereich N der Deponie Schöneicher Plan) mit pH-Werterhöhungen > 7,0 Gefährdungsgebiete für Grundwasserkontaminationen dar. Die erhöhten Mo-Gehalte im Ostteil des Untersuchungsgebietes (E und W Telz, N Telz, N Großmachnower Weinberg) sowie SE Mittenwalde, Altablagerungen, Deponie am Galgenberg, ehemaliges ACZ) und SE der Deponie Schöneiche (Siedlungsmüll) fallen mit z. T. intensiven pH-Wertabsenkungen zusammen, die eine stärkere adsorptive Bindung des Molybdäns an Fe-Oxide und untergeordnet an Al- und Mn -Oxide bewirken und eine Auswaschung und die damit verbundene Migration in tiefere Bereiche der Aerationszone behindern. Die Mo-Durchschnittsgehalte in den Waldgebieten liegen zwar höher als auf Siedlungsflächen und Brachlandstandorten, es besteht jedoch keine Affinität zur Bindung an die organische Substanz, was durch die stark negative Korrelation zum $C_{org.}$ -Gehalt belegt wird.

Vanadium

Für das Element Vanadium sind ca. 50 - 60 mg V/kg in unbelasteten Böden zu erwarten. Der Clarkewert für Böden liegt nach bisherigen Untersuchungen (VINOGRADOV 1954, BOWEN 1979) bei 90 - 100 mg V/kg. Das Element wird vor allem durch industrielle Emissionen und die Verbrennung fossiler Energieträger in den Boden eingetragen. Vanadium ist ein geochemisch mobiles Element und liegt adsorptiv an Fe- und z. T. Mn-Hydroxide sowie an organische Substanz gebunden vor.

In den Oberböden der Region Schöneiche verhält sich die Verteilung erhöhter und anomaler V-Gehalte (außerhalb der Deponieflächen) zur Verbreitung der $C_{org.}$-Anreicherungen (*Abb. 5.7*) deckungsgleich. Die Durchschnittsgehalte weisen das Untersuchungsgebiet im Verhältnis zum Bodenclarkewert als Mangelgebiet aus (*Tab. 5.17*). Technogen verursachte kontrastreiche V-Anreicherungen sind in den bekannten Altlasten- und anthropogenen Einflußgebieten der Region nachweisbar (NW Mittenwalde, E Mittenwalde, Deponie „Alte Asche", östlich dieser Altdeponie am Galluner Kanal, W- und E-Teil der Deponie Schöneicher Plan, Südhalde und N-Rand der Deponie Schöneiche). Das Gehaltsmaximum (206 mg V/kg) markiert mit einer 2fachen Überschreitung des Eingreifwertes Ia (Brandenburger Liste,

1993; *Tab. 5.18*) den Ostrand der Deponie Schöneiche im Einfahrtsbereich (E-W-Erstreckung der Anomalie ca. 700 m).

Fluor

Das Element Fluor weist im Raum Schöneiche bereits einen deutlich erhöhten geochemischen Untergrundgehalt (dreifach erhöht) gegenüber den normalen Untergrundgehalten für Sande und Kiese sowie Geschiebemergel des Berliner Umlandes (BIRKE et al. 1992) auf (*Tab. 5.18*). In unbelasteten Böden werden in der Regel 20 bis 400 mg F/kg nachgewiesen; der Clarkewert von BOWEN (1979) wird von den Durchschnitts- und Untergrundgehalten der Region Schöneiche deutlich überschritten (*Tab. 5.17*).

Fluorionen werden im Austausch gegen OH-Gruppen von Al- und Fe -Oxiden sowie Tonmineralen im Boden adsorptiv gebunden. Fluor kann über den Luftpfad eingetragen werden, als Emittenten kommen die Al-Industrie, die Steine- und Erdenindustrie sowie die Verbrennung von Müll und fossilen Brennstoffen in Betracht.

Eine erhebliche Belastung mit einer Referenzwertüberschreitung (400 mg F/kg) der Niederländischen Liste (1988; *Tab. 5.18*) um mehr als das 65fache (26,3 % F) markiert den Zentralteil und einen lokal begrenzten Bereich am W-Rand der Deponie Schöneicher Plan. Weitere kontrastreiche Anreicherungen im Gebiet W Telz werden durch ehemalige Düngemittellagerflächen anthropogen beeinflußt. Die Deponie Schöneiche hebt sich mit erhöhten Gehalten ≥ 450 mg F/kg vom Untergrund des Umlandes flächenhaft ab. Mit gleichen Gehaltsrelationen werden die Immissionsaureole der Müllverbrennungsanlage sowie die bereits mehrfach bei der Diskussion verschiedener Schwermetallverteilungen genannten Bereiche bekannter technogener Einflüsse (Ortslage Gallun, N und NW Telz, NW Schöneiche, NE und SE Mittenwalde) abgebildet, die z. T. mit der Verbreitung mergelhaltiger Ausgangssubstrate (Gebiet um Telz, NE und SE Mittenwalde) zusammenfallen. Die nutzungsabhängigen Untergrundgehalte steigen mit zunehmender Intensität der anthropogenen Flächennutzung (Wald < Brachland < Landwirtschaftsflächen < Siedlungsgebiete < Entsorgungsflächen) an.

Zinn, Wolfram

Die Elemente Sn und W, die in der geochemischen Prospektion überwiegend als Indikatorelemente für das Auffinden postgranitischer hochthermaler Mineralisationen verwendet werden, liefern im Untersuchungsgebiet mit der Verbreitung anomaler Konzentrationen den Hinweis für technogen verursachte Elementanreicherungen. Zinn besitzt im exogenen geochemischen Feld nur eine geringe Mobilität. Es liegt ebenso wie Wolfram überwiegend detritisch gebunden vor und reichert sich in der Schwermineralfraktion an.

Sn ist kein Bioelement und in organometallischen Verbindungen hochtoxisch. Zu den Haupteintragsquellen zählen die Verbrennung fossiler Brennstoffe, die Verkippung und Weiterverwendung von Müllverbrennungsschlacken, die Hüttenindustrie, industrielle Abgase, der Einsatz von Lötstoffen, Appreturen von Textilien sowie Klärschlämme und Legierungen (Verzinnen). Es kann auch adsorptiv an organische Substanzen gebunden sein. Wolfram- und Zinnanreicherungen werden in Gewässersedimenten teilweise in technogenen Dispersionsströmen von Erzlagerstätten und Abraumhalden sowie urbanen Bereichen und Industriebetrieben nachgewiesen. Der Durchschnittsgehalt für Sn liegt geringfügig über dem planetaren Clarkewert für Böden (*Tab. 5.17*, nach BOWEN 1979); der regionale Untergrundgehalt der Region Schöneiche beträgt lediglich ein Viertel des Bodenclarkes. Er zeigt eine klare Abhängigkeit von der Flächennutzung (*Tab. 5.20*). Die anomalen Sn-Anreicherungen ≥ 10 mg Sn/kg (anomal im Verhältnis zum regionalen Untergrundgehalt Schöneiche) markieren im Untersuchungsgebiet neben den Deponieflächen vor allem Altlastenbereiche (N-Rand der Deponie Schöneiche, Deponie „Alte Asche", ehemalige Sandgruben SE Mittenwalde) und Gebiete nachgewiesener anthropogener/technogener Beeinflussung (W und SE Telz, E Ortslage Mittenwalde, SW-Flanke des Untersuchungsgebietes). Mit einer maximalen Belastung von 631 mg Sn/kg erreichen die Sn-Gehalte im Bereich von Altablagerungen unmittelbar N der Deponie Schöneiche das 2fache des höchstzulässigen Richtwertes (*Tab. 5.18*) der Kategorie II für Brandenburg. Die Kontaminationen im Bereich der Mülldeponien (bes. E-Teil der Deponie Schöneicher Plan, Grenzbereiche von der Mittel- zur Südhalde sowie E-Rand [Einfahrtsbereich, Müllverbrennungsanlage] der Deponie Schöneiche) liefern Maximalgehalte bis 151 mg Sn/kg und überschreiten damit den Eingreifwert Ia für Brandenburg lediglich um das 1,5fache. Die relativ hohen Sn-Gesamtgehalte können für Entsorgungsflächen als unbedenklich angesehen werden. Allerdings ist zu überprüfen, ob es sich möglicherweise nicht auch um lösliche Sn-Salze handelt, die auf den Deponieflächen verkippt wurden. Diese wirken auf Mensch und Tier im Vergleich zu detritisch gebundenen hohen Sn-Gehalten in Mineralen mit geringer Löslichkeit (z. B. Kassiterit) hochtoxisch.

Der Modalwert und der Durchschnittsgehalt für Wolfram liegen im Bereich des Clarkewertes für Böden (*Tab. 5.17*). Das absolute Gehaltsmaximum (38 mg W/kg) markiert die Immissionsaureole der Müllverbrennungsanlage (Einfahrtsbereich zur Deponie) Schöneiche mit einem 47fachen Kontrastwert zum geochemischen Untergrundgehalt der Region. Die technogen verursachten W-Anreicherungen sind ausschließlich auf die Deponieflächen verteilt (Südhalde Deponie Schöneiche, Mittelteil sowie W- und E-Rand der Deponie Schöneicher Plan). Der Rest des Untersuchungsgebietes wird als Gehaltsminimum abgebildet.

Antimon

Das Element Sb weist aufgrund der z. T. schlechten analytischen Nachweisempfindlichkeit der EDRFA im Bereich der unteren Bestimmungsgrenze (Mittelwert, Median und Durchschnittsgehalt fallen zusammen, *Tab. 5.17*) ein relativ disperses Verteilungsbild der Gehalte zwischen 1 und 2 mg Sb/kg auf.

Antimon reichert sich in der Regel besonders in der Feinfraktion an und wird an Tonminerale adsorbiert. Es liegt vorwiegend als Antimonoxid in drei- und fünfwertiger Form in den Feinstäuben vor und kann bei niedrigen pH-Werten im Boden leicht mobilisiert werden. Eine erhöhte Mobilität tritt auch bei pH-Werten der Bodenlösung > 8 auf (z. B. Bildung einer Sb-Lösungsfront durch Kalkung). Dieses Verhalten des Elementes Sb kann besonders im Bereich der beiden Großdeponien mit pH-Werten bis 8,6 zur Gefährdung und Belastung des Grundwassers führen. Als technogene Eintragsquellen kommen allgemein die Glas- und Keramikindustrie, Industrieabwässer, Kohle- und Müllverbrennungsanlagen, die Buntmetallurgie, Haus- und Straßenstaub, Kunststoffe und Farben, Erzaufbereitungen, Batteriefabriken und der Verkehrsabrieb in Betracht. Im Untersuchungsgebiet werden die technogen bedingten Anreicherungen (bis 4,3fache des KLOKE-Wertes von 5 mg Sb/kg) durch Müllverbrennung und -ablagerung als kontrastreiche geochemische Sb-Anomalien ≥ 10 mg Sb/kg im Bereich der beiden Großdeponien (bes. Mittel- und Ostteil der Deponie Schöneicher Plan, Südhalde und Müllverbrennungsanlage der Deponie Schöneiche) sowie im unmittelbaren Umland N (Altablagerungen) und E (Immission, Müllverkippung) der Deponie Schöneiche abgebildet. Antimon gelangt auf Grund seiner hohen Migrationsfähigkeit schnell in andere Kompartimente und Rezeptoren.

Die Sb-Minima im E-Teil des Untersuchungsgebietes fallen im wesentlichen mit pH-Wertabsenkungen und $C_{org.}$-Minima zusammen. Die Sb-Erhöhungen im Bereich SE Mittenwalde am Nottekanal sowie S Mittenwalde und W Telz verhalten sich zu $C_{org.}$-Anomalien in diesen Gebieten deckungsgleich (*Abb. 5.7*). Die erhöhten Sb-Gehalte bis 7 mg Sb/kg markieren die technogen durch Altablagerungen und Altdeponien beeinflußten Bereiche entlang des Nottekanals. Der Clarkewert (BOWEN 1979) für unbelastete Böden von 1 mg Sb/kg wird im überwiegenden Teil des Untersuchungsgebietes erheblich überschritten.

Die basischen pH-Werte im Bereich der beiden Deponien tragen wesentlich zur Migrationsfähigkeit des Sb in diesen kontaminierten Bereichen bei. Der Lösungsvorgang wird zusätzlich noch dadurch beschleunigt, daß der technogen eingetragene Sb-Anteil deutlich leichter mobilisierbar ist als der natürlich (geogen) vorliegende.

Cäsium

Das Element Cs wird als Promotor für Katalysatoren sowie in Spezialgläsern und in Strahlungswarnanlagen verwendet. Weiterhin wird Cs in Photozellen und als fester Raketentreibstoff (Cäsiumboranat) eingesetzt. Cäsium ist kein essentielles Element. Die statistischen Maßzahlen für das Untersuchungsgebiet liegen unterhalb der Clarkewerte (*Tab. 5.17*). Die Gehalte in den Schöneicher Böden schwanken zwischen 1 - 10,9 mg Cs/kg. Erfahrungsgemäß variieren die natürlichen Cs-Gehalte der Böden sogar zwischen 1 - 30 mg Cs/kg. Das Element tritt bevorzugt an organische Substanz und z. T. in Tonmineralen gebunden auf. Es ist im Boden wenig mobil, trotzdem sind bei sandig kiesigem Untergrund Kontaminationen des flachgründigen Grundwassers möglich. Im Untersuchungsgebiet treten Cs-Erhöhungen > 5 mg Cs/kg ausnahmslos in Verbindung mit Industrie- und Gewerbestandorten sowie Altlasten und Altlastenverdachtsflächen auf (E Ortsrand Mittenwalde, ca. 2 km SE Mittenwalde, MGB GmbH, Deponie am Torfgraben, Deponie „Alte Asche", ehemalige Tankstellen S Telz und NW Ortsrand Schöneiche, Deponie „Spatensiedlung", Deponie „Roter Pfuhl"). Neue Indikationen für anthropogene Einflüsse werden am Zülowkanal N Telz lokalisiert. Die Maximalgehalte (10,9 mg Cs/kg) überschreiten den Clarkewert für Böden (*Tab. 5.17, 5.20*) und sind auf Siedlungsgebiete konzentriert (S Ortsrand Mittenwalde).

Uran, Thorium

Die Uran- und Thorium-Gesamtgehalte liegen im Bereich der planetaren Spannweite für Böden (BOWEN 1979, *Tab. 5.17*). In den USA wurden in unterschiedlichen Bodentypen relativ geringe Variationsbreiten für U ermittelt (ALLOWAY 1992). Uran im Boden wird bevorzugt an Tonminerale und organische Substanz gebunden. Zu den technogenen Eintragsquellen zählen neben Phosphatdüngern (Superphosphat) die Verarbeitung von Apatiten und die Verwendung in Baumaterialien sowie in Porzellan und Keramik (Färben von Gläsern und Keramiken). In unbelasteten Böden treten in der Regel zwischen 0,01 - 1,0 mg U/kg auf. Als tolerierbare Gesamtkonzentrationen in Böden gelten 5 mg U/kg. Die Verteilung erhöhter und anomaler U-Gehalte korreliert mit der Verbreitung erhöhter und anomaler $C_{org.}$-Gehalte (außer Deponieflächen) sowie der Verteilung basischer pH-Werte ≥ 7,2. Die Deponieflächen sind durch deutlich erhöhte U-Konzentrationen flächenhaft markiert. Das absolute Maximum am E-Rand der Deponie Schöneiche (Einfahrtsbereich, Verkippungen, Einfluß Müllverbrennungsanlage) überschreitet den Sanierungszielwert für Landwirtschaftsflächen (Brandenburger Liste, 1993). Die Durchschnitts- und Untergrundgehalte für U nehmen mit der Intensität der anthropogenen Flächennutzung zu. Alle Gebiete bekannter technogener Kontaminationsquellen im Untersuchungsgebiet (*Abb. 5.2, Tab. 5.3*) werden durch erhöhte U-Gehalte zum regionalen geochemischen Untergrundgehalt abgebildet. Ein Vergleich mit der Verbreitung des geologischen Ausgangssubstrates der Bodenbildung (FROHSE 1996) bestätigt die erhöhte U-Führung der mergelhaltigen Grundmoränenablagerungen (E Mittenwalde, unmittelbar N Telz).

Die erhöhten Th-Untergrundgehalte ≥ 5,0 mg Th/kg korrelieren mit schwachen $C_{org.}$-Erhöhungen zwischen 2 - 3 %. Das Thoriummaximum (17,5 mg Th/kg) markiert den E-Rand der Deponie Schöneiche (Verkippungen, Müllverbrennungsanlage). Erhöhte Konzentrationen ≥ 6 mg Th/kg bilden den S-Rand und die W-Flanke der Deponie Schöneicher Plan sowie eine Landwirtschaftsfläche NW Telz ab. Thorium findet Verwendung in feuerfestem Material, als Kernbrennelement sowie in Gasglühstrümpfen und Legierungen.

5.3.2.3 Organische Schadstoffe

In immer stärkerem Maße treten organische Schadstoffe anthropogener Herkunft (industrielle Produktion, Lagerung und Transport, Abfallbeseitigung, Mülldeponierung und -verbrennung, Klärschlamm, Einsatz von Pflanzenschutzmitteln und Anwendung von Pestiziden, Abwässer) ubiquitär in den verschiedenen Bereichen der Biosphäre auf.

Auf den im Untersuchungsgebiet vorhandenen Entsorgungsflächen des Ballungsraumes Berlin (Mülldeponien) sowie auf den an den Flanken und im Einzugsbereich lokalisierten Klärwerks- und Rieselfeldanlagen und den landwirtschaftlich intensiv genutzten Flächen (Klärschlammverkippung, Gülle- und Abwasserverrieselung) können sich organische Belastungen besonders stark niederschlagen. Das Ökosystem Boden fungiert auf Grund seines hohen Adsorptionsvermögens (Humus, Tonminerale) als Senke für die in die verschiedenen Umweltmedien emittierten Schadstoffe. Auf Grund der Filter- und Pufferfunktion der Böden kann es vor allem in urbanen Ballungsräumen und stark technogen überprägten Gebieten zu erheblichen Anreicherungen an persistenten bzw. schwer abbaubaren, schwer wasserlöslichen und daher im Boden akkumulierbaren organischen Schadstoffen kommen. Für eine Beurteilung dieser Stoffgruppen müssen ihre Wirkungen auf das Ökosystem Boden, ihre Verfügbarkeit für Pflanzen (Nahrungskette) und ihre Mobilität in Richtung Grundwasser berücksichtigt und eingeschätzt werden. Dem Boden kommt als Ausbreitungsmedium für Schadstoffe eine zentrale Bedeutung zu. Zur unmittelbaren Gefahrenabwehr und Gefährdungseinschätzung ist es häufig geboten, die Oberbodenuntersuchung anderen Bearbeitungsschritten vorzuziehen.

Im Hinblick auf die Verbreitung in den Böden, Toxizität, Persistenz und Anreicherungsmechanismen gewinnen neben den Schwermetallen auch die organischen Verbindungen, wie z. B. Polycyclische aromatische Kohlenwasserstoffe (PAK), Polychlorierte Biphenyle (PCB), Organochlorpestizide sowie Polychlorierte Dibenzo-p-Dioxine und -Furane (PCDD/F) zunehmend an Bedeutung.

In den Bodenproben des Untersuchungsgebietes wurden die in *Tab. 5.21* aufgeführten Summenparameter und organischen Verbindungen in der Originalsubstanz nach standardisierten Aufschluß- und Extraktionsverfahren in akkreditierten Prüflaboratorien analysiert. In den untersuchten Proben konnten keine leichtflüchtigen Halogenkohlenwasserstoffe und niedrigsiedende aromatische Kohlenwasserstoffe nachgewiesen werden.

Zu den Übersichtparametern im Falle von belasteten Böden in der Nähe oder auf Altlastenflächen gehören KW, AOX, EOX und der Phenolindex gesamt. Die Summe der adsorbierbaren (AOX) bzw. extrahierbaren (EOX) organischen Halogenverbindungen erfaßt Chemikalien, die unter Umwelt- und toxikologischen Gesichtspunkten besonders wichtig sind. Die AOX- bzw. EOX-Ergebnisse dienen bei positiven Befunden als Entscheidungsgrundlage für die weitere analytische Vorgehensweise bzw. zur Bestätigung durch Einzelstoffnachweise. AOX konnte lediglich in 15 % der Proben nachgewiesen werden, während EOX in 73 % der untersuchten Proben gemessen wurde (*Abb. 5.18*).

Die auftretenden AOX-Maxima bis 32 mg/kg werden ausschließlich durch Einzelproben an der SW-Flanke der Hausmülldeponie Schöneicher Plan und am N-Rand des Feuchtgebietes im SE des Arbeitsgebietes (21 mg AOX/kg, Kläranlageneinfluß) repräsentiert. Im Ergebnis der faktoranalytischen Bearbeitung der geochemischen Untersuchungsergebnisse werden die adsorbierbaren Halogenverbindungen dem Rieselfeldfaktor PAK-(PCB-AOX-pH) zugeordnet, der in der Verbreitung erhöhter Faktorwerte (FW) die Bereiche mit Gülleverrieselung und Klärschlammverkippung markiert. Die erhöhten und anomalen AOX-Gehalte (geochemischer Untergrundgehalt: 12 mg AOX/kg) korrelieren mit PAK- und PCB-Anreicherungen (Polyelementfaktor, Kap. 5.3.3.1) und bestätigen damit im Ergebnis der Faktoranalyse die aufgeklärten und als Ursache wirkenden organischen Einzelschadstoffe. Weniger kontrastreiche Anomalien sind im Waldgebiet W des Motzener Sees (21 mg AOX/kg, Altdeponie „Roter Pfuhl"), am Ostrand der Altdeponie „Alte Asche" S Mittenwalde (15 mg AOX/kg) sowie im Industrie- und Gewerbegebiet N Mittenwalde (18 mg AOX/kg, Lagerfläche) verbreitet. Die erhöhten bis anomalen AOX-Werte im Oberboden werden durch die von GREBNER (1994) festgestellten Grundwasserbelastungen mit dem Summenparameter AOX im unmittelbaren Umfeld der Deponien (N-Rand Deponie Schöneicher Plan, Umland Deponie Schöneiche) bestätigt und ergänzt.

Das Verteilungsmuster der EOX-Gehalte ist durch eine sehr engräumige Differenzierung gekennzeichnet (*Abb. 5.18*), wobei Anomalien zum regionalen geochemischen Untergrund (1,8 mg EOX/kg) meist lokal begrenzt auftreten und nur durch Einzelproben repräsentiert sind. Nicht selten liegen kontrastreiche Proben (EOX >10 mg/kg) neben solchen, in denen EOX nicht nachgewiesen werden konnte. Das Auftreten regional belasteter Gebiete ist im Verteilungsbild nicht erkennbar. Erfahrungsgemäß geben EOX-Gehalte >20 mg/kg Anlaß zur Untersuchung weiterer Parameter wie z. B. PCB, LHKW oder chlorierter Pestizide, Chlorphenole sowie Chlorbenzole. Unter den extrahierbaren organisch gebundenen Halogenen versteht man die Gesamtheit der Halogene (Chlor, Brom, Jod), die in organischen Verbindungen enthalten sind. Das Verteilungsbild der EOX-Gehalte weist nur einzelne lokale Übereinstimmungen mit anderen organischen Schadstoffen auf. Der Schwellenwert (B-Wert) der Niederländischen Liste (1988) von 8 mg EOX/kg, der gleichzeitig auch von der Baubehörde der Stadt Hamburg (Bestimmung des Gefährdungspotentials für das Grundwasser vom 31.12.1985) als Schwellenwert für einen weiteren Untersuchungsbedarf verwendet wird, wird mehrfach bis zum Kontrast 2 überschritten. Diese Schwellenwertüberschreitungen charakterisieren gleichzeitig kontrastreiche geochemische Anomalien des Untersuchungsgebietes und liegen mit Ausnahme derer im Bereich der W-Flanke sowie am E- und SE-Rand der Deponie Schöneicher Plan sowie der Altdeponie „Alte Asche" ausschließlich auf Landwirtschaftsflächen (E und SE Mittenwalde, W Gallun, W Mittenwalde) und im Bereich von Industrie- und Gewerbegebieten (N Mittenwalde, SE und E Mittenwalde in Autobahnnähe). Die Forststandorte weisen deutlich geringere Gehaltsrelationen auf, so daß der Eintrag über den Luftpfad vernachlässigt werden kann.

Die Bestimmung der Kohlenwasserstoffe (MKW) erfolgt IR-spektrometrisch. Dabei werden Mineralöl- und Kraftstoffverunreinigungen (Benzin, Petroleum, Dieselöl, Heizöl, Motorenöl) erfaßt. In Mineralölen können sich auch Quecksilber- und andere Schwermetallionen konzentrieren. Bei Betrachtung der MKW-Verteilung zeigen sich kontrastreiche Anreicherungen zwischen 200 mg MKW/kg (Westteil der Deponie Schöneicher Plan) bis 1 500 mg MKW/kg im Einfahrtsbereich der Deponie Schöneiche. Der Durchschnittsgehalt von 43 mg MKW/kg erreicht bereits den zweifachen Gefahrenwert für Böden über Sanden, Kiesen und Mergeln der Berliner Liste (1996). Weniger ausgeprägte aber deutlich über dem Gefahrenwert liegende Anomalien unmittelbar N Schöneiche (76 mg MKW/kg), N Seebadsiedlung am Motzener See (56 mg MKW/kg) sowie S Gallun und W des Großmachnower Weinberges (38 mg MKW/kg) dürften ihre Ursache in der überwiegend unkontrollierten Entsorgung von Mineralölprodukten oder Reststoffen aus Industrieanlagen haben. Kritisch ist die sich am S und SE Stadtrand von Mittenwalde nach SSW zur Deponie „Alte Asche" hin erstreckende großräumige Anomalie mit Gehaltsanreicherungen zwischen 48 und 87 mg MKW/kg zu bewerten, da sie mit großen Teilen eines Wasserschutzgebietes (III) zusammenfällt und der Gefahrenwert (20 mg MKW/kg) zwei- bis dreifach überschritten wird. In diesem Gebiet treten überwiegend humusreiche Niedermoor- und Humusgleyböden auf, die ein größeres Rückhaltevermögen als reine Sandböden haben. Im allgemeinen breiten sich MKW horizontal sehr

Tab. 5.21: Statistische Maßzahlen ausgewählter nachgewiesener organischer Schadstoffparameter der Böden im Raum Schöneiche im Vergleich mit Richt- und Hintergrundwerten (in mg/kg TS)

Parameter	Schöneiche				Berliner Liste (1996) Sande, Kiese, Mergel		Niederl. Liste (1998) Boden, Sediment		Bestimmungsmethode
	Probenanzahl	arithmet. Mittelwert	Median	Maximum	Hintergrundwert	Gefahrenwert	B-Wert (Prüfw.)	C-Wert (Interv.-Wert)	
EOX	116	3,2	1,8	17	1 [1]	3 [2]	10 [3]	15 [4]	Coulometrie
AOX	25	14	12	32		500 [5]			Coulometrie
MKW	119	43	13	1 500	10	20	50	5 000	Infarotspektroskopie (FTIR - Spektrometrie)
Phenolindex	4	1,4	0,4	4,6	1,0 [6]	10,0 [7] (30) [8]	0,05 (d)	40	Spektralphotometrie
$Cyanid_{ges.}$	28	4,7	0,2	50	1	2 (25) [9]	10	100	Spektralphotometrie
PCB_6 [14]	14	0,008	< 0,002	0,27	0,05	0,1	0,02 [15]	1,0 [15]	GC/ECD
PAK	116	2,0	0,3	63	0,4	0,8	1	40	HPLC - UV - Fluoreszenzdetektion, DAD
PCDD/F (ng TE/kg (n. BGA)	89	4,7	1,2	111	10 [10]	100 [11]	2 [12]	5 [13]	HPGC/LRMS

1) Zuordnungswert 0 für uneingeschränkten Einbau (LAGA, 1994)
2) Zuordnungswert 1.1. für uneingeschränkten offenen Einbau (LAGA, 1994)
3) Zuordnungswert 1.2. für uneingeschränkten offenen Einbau (LAGA, 1994)
4) Zuordnungswert 2 für uneingeschränkten Einbau mit definierten Sicherungsmaßnahmen
5) Grenzwert für Klärschlamm (Abf.klärV., 1992)
6) Prüfwert Stufe 1 (Bayern,1991)
7) Eingreifwert Stufe 2 (Bayern 1991)
8) Prüfwert für Kinderspielplätze Berliner Liste (1996)
9) Gefahrenwert für humose Böden Berliner Liste (1996)
10) Bodenwert I, geogener Hintergrundwert, multifunktionale Nutzungsmöglichkeit (EIKMANN & KLOKE 1993)
11) Grenzwert für Klärschlamm (Abf.klärV., 1992)
12) Hintergrundwert (Baden-Württemberg 1993)
13) Prüfwert (Baden-Württemberg)
14) nach BALLSCHMITER (1996)
15) Summe von 7: PCB28, 52, 101, 118, 138, 153 und 180

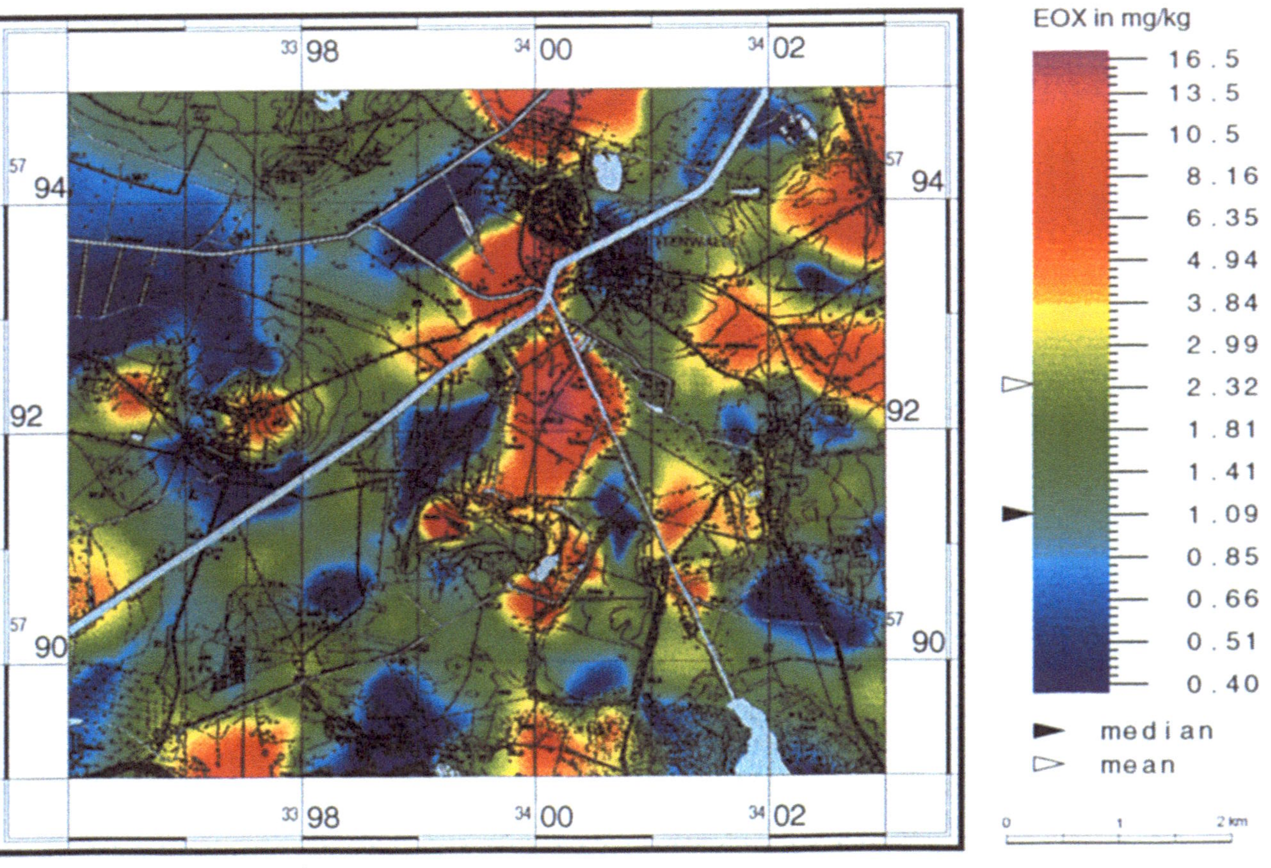

Abb. 5.18: Verteilung der EOX-Gehalte im Oberboden

schnell aus. Entscheidend für die Mineralölausbreitung im Boden ist der jeweilige Feuchtigkeitsgehalt. Böden mit hohen Feuchtigkeitsgehalten (> 50 % des Porenvolumens) verlangsamen die Migration der MKW. Niederschlagswasser kann bereits im Boden vorhandene MKW erneut mobilisieren (Verdrängung aus den Bodenporen durch kapillare Bewegung). Ihre vertikale Ausbreitung im Untersuchungsgebiet ist als gering einzuschätzen, da auch in den von GREBNER (1994) untersuchten Pegeln in jeweils zeitlich versetzten Beprobungsrunden im weiteren und unmittelbaren Umfeld der Deponien keine MKW im Grundwasser festgestellt werden konnten.

Auch die durch Mitarbeiter der UFZ Leipzig-Halle GmbH im Gelände durchgeführten Messungen auf der Deponie Schöneiche bestätigen diese Erkenntnisse. Von FIEDLER, FLACHOWSKY, RÄMMLER & SCHELHORN (1994) wurde im SE der Südhalde durch Vor-Ort-Untersuchungen (nichtdispersive IR-Messung mit Zweistrahlmeßgerät OCMA-220 der Fa. HORIBA) der Anteil der aliphatischen MKW nach Abtrennung des polaren Anteils gemessen. Die Ergebnisse zeigen eine deutliche Abnahme der MKW-Gehalte mit zunehmender Teufe ab 30-60 cm. Die Gehalte sinken dabei in verschiedenen Sondierungen von 62 bis 98 mg MKW/kg im Bereich 0-30 cm bis auf 8-12 mg MKW/kg in einer Teufe von 130-180 cm ab. Die untersuchten Müllproben weisen MKW-Maxima zwischen 150 und 695 mg MKW/kg (FIEDLER et al. 1994) auf, die die nachgewiesenen MKW-Gehalte im oberflächennahen Bereich der Deponien (Südhalde Deponie Schöneiche, Westteil der Deponie Schöneicher Plan) bestätigen (*Tab. 5.21*).

Phenole werden natürlicherweise bei der Humifizierung gebildet und wirken in höheren Konzentrationen toxisch. Sie werden bei zahlreichen technischen Prozessen (*Tab. 5.2*) eingesetzt (Holzschutzmittel) und sind in Abwässern und Industrieabfällen enthalten. Die Bestimmung des Phenolindex erfolgt nach DIN 38 409 Teil 16. Der Phenolindex (ges.) beschreibt die Summe der oxidativ kupplungsfähigen Substanzen. Die Chlorphenole besitzen nach Untersuchungen von KITUNEN et al. (1987) eine hohe Mobilität im Boden, während ölgelöste Phenole sich als weniger mobil erweisen.

Der Phenolindex konnte lediglich in 4 der 163 analysierten Proben nachgewiesen werden. Der gemessene Phenolindex ist nicht mit den in der Berliner Liste (1996) angegebenen Gefahrenwerten (Phenol nach EPA ohne Chlor und Chlorphenole) für Böden vergleichbar. Mit dem Phenolindex werden nur vier Phenole nach EPA und andere kupplungsfähige Substanzen (z. B. Amine) erfaßt. Entsprechend dem B-Wert der Niederländischen Liste für Einzelphenole von 0,5 mg/kg sollte man die gemessenen Phenolindizies mit 2,0 mg/kg oder mit dem C-Wert der Niederländischen Liste von 10,0 mg/kg vergleichen (*Tab. 5.22*). Danach ist der auf der Deponie Schöneicher Plan (Westteil) liegende Maximalwert von 4,6 mg/kg als anomal (mäßig belastet) anzusehen. Schwach erhöhte Werte bis 0,42 mg/kg fallen mit der MKW-Anomalie im Wasserschutzgebiet Mittenwalde zusammen. Zur Bewertung der

Tab. 5.22: Prüf- und Eingreifwerte für den Phenolindex und die Cyanidgehalte im Boden (in mg/kg)

Parameter	Werte-Bezeichnung	Meßwert	Quellenangaben
Phenolindex	Prüfwert	1	Bayern (1991)
Phenolindex	Eingreifwert	10	Bayern (1991)
Phenolindex	Prüfwert für Kinderspielplätze	30	Berlin (1996)
Phenolindex	Prüfwert für Gewerbegebiete	60	Berlin (1993)
Phenolindex	Orientierungswert für unbelastete Böden	1	Hessen (1992)
Phenole	B-Wert	1	Niederländische Liste (1988)
Phenole	C-Wert	10	Niederländische Liste (1988)
Phenole (EPA) (ohne Chlor)	Eingreifwert Ia: Wasserschutz- u. Vorbehaltsgebiete Ib: Flächen mit sensibler Nutzung	10	Brandenburg (1993)
Phenole (EPA) (ohne Chlor)	Eingreifwert II: höchstzulässiger Richtwert	25	Brandenburg (1993)
Phenole (EPA) (ohne Chlor)	Einbauwert für gereinigte Böden	5	Brandenburg (1993)
Cyanide, ges.	Hintergrundwert für Sande, Kiese, Mergel	1	Berliner Liste (1996)
Cyanide, ges.	Hintergrundwert für humose Böden	5	Berliner Liste (1996)
Cyanide, ges.	Gefahrenwert für Sande, Kiese, Mergel	2	Berliner Liste (1996)
Cyanide, ges.	Gefahrenwert für humose Böden	25	Berliner Liste (1996)
Cyanide, ges.	Bodenwert I (Hintergrundwert für multifunktionale Nutzung)	5	EIKMANN & KLOKE (1993)
Cyanide, ges.	Bodenwert II (Sanierungszielwert für Industrie- und Gewerbeflächen)	100	EIKMANN & KLOKE (1993)

Belastungssituation können die Prüf- und Eingreifwerte des Landes Bayern (1991), die sich am gemessenen Phenolindex orientieren (*Tab. 5.22*), herangezogen werden.

Als Cyanide bezeichnet man die wasserlöslichen und sehr toxischen Derivate des Cyanwasserstoffs. Cyanide werden in der Metallbe- und -verarbeitung verwendet sowie auch in der Schädlingsbekämpfung eingesetzt. Die Cyanidbelastung (Cyanide$_{ges.}$) ist im Untersuchungsgebiet mit Ausnahme auf der Deponie Schöneicher Plan (bes. Zentral- und Ostteil) sowie der Südhalde (Mittelteil) der Deponie Schöneiche sehr gering. Mit dem Maximalgehalt von 50 mg/kg wird der Gefahrenwert für Böden der Wasserschutzzonen II und III A (Sande, Kiese, Mergel) zwar 25fach überschritten, er besitzt aber für die industrielle und gewerbliche Flächennutzungen keine Relevanz (Grenzwerte für Industrie- und Gewerbeflächen: 100/500 mg CN$_{ges.}$/kg).

Trotzdem sind die von GREBNER (1994) nachgewiesenen Grundwasserbelastungen für Cyanid und Phenol N der Deponie Schöneicher Plan in ursächlichem Zusammenhang mit den kritischen Kontaminationen auf den Deponieflächen zu sehen.

Die polycyclischen aromatischen Kohlenwasserstoffe (PAK) werden anthropogen als Nebenprodukte bei der unvollständigen Verbrennung von organischem Material (z. B. Kohle, Heizöl, Kraftstoffen, Holz) produziert. Zum anderen können PAK auch durch Inkohlung von organischem Material zu fossilen Brennstoffen wie Erdöl oder Kohle entstehen. Sowohl die bedeutenden nicht anthropogenen Quellen als auch die technogenen atmosphärischen Einträge haben eine flächenhafte und großräumige Verteilung begünstigt, was zu einer ubiquitären Verbreitung der PAK geführt hat. Die in der Regel gängigen PAK-Parameter sind die 16 PAK nach EPA (Naphthalin, Acenaphthylen, Acenaphthen, Fluoren, Phenanthren, Anthracen, Fluoranthen, Pyren, Benzo-(a)-pyren, Chrysen, Benzo-(b)-fluoranthen, Benzo-(k)-fluoranthen, Benzo-(a)-anthracen, Dibenzo-(a, h)-anthracen, Benzo-(g, h, i)–perylen, Indeno-(1,2,3-cd)pyren). PAK´s werden in der Luft von Ballungsräumen, Städten und Industriegebieten, in Oberflächen- und Abwasser, Klärschlamm, Böden, Sedimenten und verschiedenen Lebensmitteln (MÜCKE u. a., 1991) nachgewiesen. In den urbanen Ballungsräumen hat die vielfältige Verwendung PAK-haltiger Aschen- und Schlackenprodukte (HEMBROCK-HEGER 1996) den anthropogenen Eintrag noch verstärkt. Die durchschnittlich niedrigsten Gehalte finden sich in den Böden des ländlichen Bereiches; hier beträgt der Medianwert für NRW 0,03 mg PAK/kg (HEIN & DELSCHEN 1994). Für Böden aus Großstädten und Ballungsräumen steigen die Durchschnittsgehalte an; der Medianwert kann hier zwischen 0,1 mg PAK/kg und 1,0 mg PAK/kg liegen (HEIN & DELSCHEN 1994). Das Benzo-(a)-pyren hält man für die gefährlichste Verbindung dieser Gruppe, weil es weit verbreitet und stark kanzerogen ist. In die Atmosphäre gelangen PAK´s vorwiegend aus kohlebeheizten Haushaltsfeuerungen, offenen Kaminen, Kokereien, Öl- und Gasheizungen sowie dem Kraftfahrzeugverkehr und Großfeuerungsanlagen.

Die PAK-Gehalte in Böden sind im Einzugsbereich von Kfz-Verkehr, auf Altlastenstandorten (Kokereien, Gaswerkstandorte) sowie im Bereich von Rieselfeldern (Klärschlamm) erhöht bis stark angereichert. Die PAK-Anomalien sind im Untersuchungsgebiet weit verbreitet. Die Maximalwerte liegen erwartungsgemäß im Bereich der beiden Großdeponien (Westteil der Deponie Schöneicher Plan: 63 mg PAK/kg; Südhalde der Deponie Schöneiche: 24 mg PAK/kg). Aber auch S Gallun und im Industriegebiet SE Mittenwalde zeigen die Anreicherungen mit 8,3 und 6,7 mg PAK/kg deutliche Überschreitungen der Gefahrenwerte der Berliner Liste (1996), sogar des Wertes für humose Böden an. Weitere Anomalien mit Gehalten um 5 mg PAK/kg (geochemischer Untergrund: 0,2 mg PAK/kg) befinden sich entlang des Notte-Kanals unweit der Telzer Brücke und im Bereich der Altdeponie „Alte Asche“ sowie W des Silberberges und N der Deponie „Spatensiedlung“. Für alle genannten PAK-

Anreicherungen um den Prüfwert Ia der Brandenburger Liste (1993, *Tab. 5.23*) lassen sich ausnahmslos anthropogene Einflußfaktoren (Altdeponien, Müllablagerungen, Klärschlammaufbringung) lokalisieren. Eine flächenhafte Anomalie mit Gehalten bis 4,4 mg PAK/kg weist im NE des Untersuchungsgebietes in einem Feuchtgebiet unmittelbar an der A4 auf die Kläranlage E der A13 bzw. das Gewerbegebiet als Verursacher hin. Die Kläranlage E der A13 entwässert auf Grund des Geländereliefs in Richtung des Feuchtgebietes. Die Höhe der nachgewiesenen Gehalte beträgt nur ein Zehntel des Prüfwertes für Wohngebiete von 50 mg PAK/kg (Berliner Liste, 1996) und ist somit nicht besorgniserregend; er stellt aber gleichzeitig eine fünffache Überschreitung des Prüfwertes für Böden nach der neuen Niederländischen Liste dar (1995, *Tab. 5.21*). Lediglich die beiden Anomalien SE und SSW Mittenwalde im Bereich des Wasserschutzgebietes signalisieren mit einer bis zu sechsfachen Überschreitung (*Tab. 5.21*) des Gefahrenwertes (Wasserschutzzone II und IIIA; Berliner Liste, 1996) Handlungsbedarf.

Um eine Abschätzung der tatsächlich vorhandenen Belastung mit PAK´s zu veranschaulichen, sind in *Abb. 19* exemplarisch die Benzo-(a)-pyren-Gehalte von 170 untersuchten Bodenproben unterschiedlicher Nutzung des Raumes Schöneiche der Summe der PAK nach EPA gegenübergestellt worden. Der Anteil von Benzo-(a)-pyren an der Summe der 16 PAK liegt bei den ausgewerteten Untersuchungen bei ca. 8 %. Die Belastung der betrachteten Böden sowohl mit PCB als auch mit PAK weist ein deutliches Nutzungsgefälle auf. Die Gehalte (arithmetischen Mittelwerte) steigen in der Reihenfolge Forststandorte < Brachland < Landwirtschaftsflächen (Acker) < Siedlungsgebiete < Entsorgungsflächen (Deponien) an.

Die Eintragungsmechanismen von PCB und PAK´s in die Böden sind vergleichbar. Neben dem Luftpfad sind im Untersuchungsgebiet vor allem die Klärschlammverkippung und Gülleverrieselung sowie der Einsatz anderer Bodenbehandlungsmittel und besonders die Deponierung und Verkippung von Müll unterschiedlichster Zusammensetzung auf betriebenen Deponien und Altlastenstandorten (wilde Müllentsorgungen) für die Gehaltserhöhung im Boden verantwortlich.

Die polychlorierten Biphenyle (PCB) gehören zu der Stoffgruppe der Organohalogenverbindungen, die seit etwa 70 Jahren durch industrielle Produktionsprozesse entstehen (Hydraulikflüssigkeiten, Transformatorenöle; Kühl- und Isolierflüssigkeiten; Weichmacher in Kunststoffen, Farben und Lacken; Harze in PVC; Imprägniermittel für Leder, Wachse, Kunstfasern, Holz und Papier; als Trägerhilfsstoff für Insektizide in der Pflanzenschutzmittelindustrie, Asbestzement) und ausschließlich anthropogen eingetragen werden. Die Persistenz der PCB steigt mit dem Chlorierungsgrad. Industriell wurden meist synthetisch hergestellte Mischungen aus verschieden hoch chlorierten Biphenyl-Isomeren (komplexe PCB-Produkte) hergestellt, wobei PCB´s mit mehr als 5 Chloratomen schwer abbaubar sind. Die PCB´s reichern sich besonders in Böden mit hohen Humusanteilen an, d. h. es existiert eine starke Bindung der PCB´s an die organische Substanz im Boden. Der Eintrag in den Boden erfolgt allgemein über den Luftpfad sowie durch die Aufbringung von Klärschlämmen (bis 10 mg PCB/kg), kompostiertem Müll und Baggerschlämmen auf Landwirtschaftsflächen. Ebenso wie die PAK weisen die PCB eine relativ geringe Wasserlöslichkeit auf, d. h. sie sind als gering pflanzenverfügbar einzustufen. Der Parameterumfang bei PCB-Untersuchungen umfaßt in der Regel die 6 sog. Ballschmiter-PCB_6 (PCB-28, -52, -101, -138, -153, -180). Für unbelastete Böden werden PCB-Gehalte 0,001 - 0,010 mg/kg angegeben. Die natürlichen Untergrundgehalte in NRW liegen bei etwa 4 µg PCB/kg TS Boden (HEIN & DELSCHEN 1994). Die Untersuchungsergebnisse in NRW (HEIN & DELSCHEN 1994) und Niedersachsen (MÜLLER & HENNINGS 1992) zeigten auf Grund der Filterwirkung der Vegetation die höchsten PCB-Konzentrationen im Auflagehumus der Waldböden an.

Im Untersuchungsgebiet Schöneiche wurden PCB-Gehaltsrelationen zwischen 0,002 mg/kg und 0,27 mg/kg festgestellt (*Tab. 5.23*). Der Mittelwert der Schöneicher Böden (0,008 mg PCB/kg) liegt deutlich unterhalb des Hintergrundwertes der Berliner Liste (1996) von 0,05 mg/kg für Böden in der Wasserschutzzone II und IIIA. Der Medianwert liegt im Untersuchungsgebiet bei < 2 µg/kg, im Vergleich dazu wurde für NRW ein Untergrundwert von 4 µg/kg ermittelt (HEIN & DELSCHEN 1994). Mit anomalen PCB Gehalten (bis max. 0,27 mg PCB/kg) werden die beiden Deponien (Zentralteile der Deponie Schöneicher Plan, Mittel- und Südhalde der Deponie Schöneiche) abgebildet. Die erhöhten Konzentrationen (bis 0,004 mg PCB/kg) auf einer Landwirtschaftsfläche E Großmachnow (NW-Flanke des Untersuchungsgebietes) werden anthropogen durch ein Gewerbegebiet und eine auf der Ackerfläche befindliche Altdeponie beeinflußt. Die nachgewiesenen Maximalgehalte auf den Deponieflächen stellen für diese Flächennutzung keine Gefährdungen dar (*Tab. 5.24*). Das Anomalienbild deutet am E-Rand der Deponie Schöneiche auf den Einfluß der Müllverbrennungsanlage hin. Erfahrungsgemäß nehmen die PCB-Durchschnittsgehalte in Sandböden gegenüber Löß deutlich ab.

Der atmosphärische Eintrag erlangt neben organischen Schadstoffen wie PAK und PCB besonders für die polychlorierten Dibenzo-p-dioxine und Dibenzofurane (PCDD/PCDF) eine ganz besondere Bedeutung. Die Verbindungen der PCDD/PCDF werden den trizyklischen Stoffen zugeordnet. PCDD/PCDF kommen nicht natürlich vor, obgleich neuere Forschungen auf die Bildung von biogenem PCDD/PCDF aus Chlorphenolen hinweisen. Ein natürliches Bildungspotential besteht wahrscheinlich auch durch Vegetationsbrände (Waldbrände) und mikrobielle Synthesen (WAGNER et al. 1990). Die PCDD/PCDF sind wasserunlöslich und adsorbieren stark an organischer Substanz. In der Umwelt liegen sie meist in partikelgebundener Form vor. Dies vermindert ihre Bioverfügbarkeit. PCDD und PCDF besitzen in Böden eine sehr hohe Persistenz. Die PCDD/PCDF entstehen hauptsächlich bei der Synthese von organischen Chlorverbindungen.

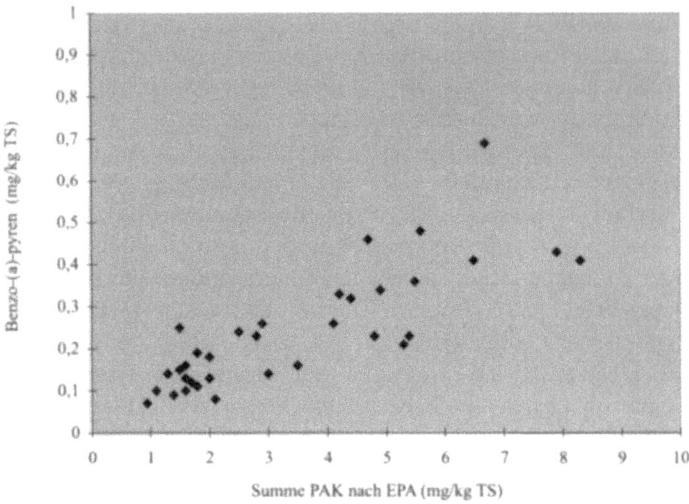

Abb. 5.19: Verhältnis von Benzo-(a)-pyren zur Summe der 16 PAK nach EPA im Oberboden von Schöneiche

Tab. 5.23: Statistische Maßzahlen der organischen Schadstoffparameter in den Oberböden der Region Schöneiche (in mg/kg)

Parameter	Probenanzahl	arithmetischer Mittelwert	Minimum	Maximum	Median	Standardabweichung	Prüfwert Ia Brandenburger Liste (1993)
EOX	160	2,37	< 0,5	17	1,1	3,179	
AOX	160	6,406	< 5	32	5	3,89	
MKW	160	32,754	< 5	1500	9,95	134,399	300
Phenolindex	160	0,084	< 0,1	4,6	0,05	0,362	10,0 [1)]
Cyanid, ges.	160	0,861	< 0,1	50	0,05	5,284	25,0
PCB_6	160	0,008	< 0,002	0,27	< 0,002	0,155	1,0
PAK nach EPA	160	1,461	< 0,05	63	0,175	5,546	5,0
Benzo-(a)-pyren	160	0,116	< 0,05	5,4	< 0,05	0,452	
PCDD/PCDF (in ng BGA-TE/kg TS)	89	4,71	0,064	111	1,20	13,6	4,0
PCDD/PCDF (in ng NATO-ITE/kg TS)	89	4,34	0,036	110	0,909	13,3	

[1)] Phenol (nach EPA) ohne Chlor

Tab. 5.24: Statistische Maßzahlen der PAK- und PCB-Gehalte in Oberböden unterschiedlicher Nutzungsarten des Untersuchungsgebietes Schöneiche

Nutzung		PCB_6 (mg/kg)			PAK nach EPA (mg/kg)		
	N	arithmet. Mittelwert	Maximum	Median	arithmet. Mittelwert	Maximum	Median
Landwirtschaft	64	< 0,002	0,005	< 0,002	0,586	5,1	0,150
Brachland	15	< 0,002	< 0,002	< 0,002	0,418	1,6	0,320
Forstwirtschaft	15	0,002	< 0,002	< 0,002	< 0,050	2,1	< 0,05
Siedlungsgebiet	31	< 0,002	< 0,002	< 0,002	0,922	8,3	0,220
Versorgungsflächen	40	0,028	0,270	< 0,002	3,980	63,0	0,365

Als anthropogene Hauptursachen für die Freisetzung von PCDD/PCDF sind folgende Industrieprozesse zu nennen: chemische Industrie (Herstellung von Chlorphenolen, Chlorbenzolen, Chloraliphaten, chlorierten Anorganika, Verwendung von chlorierten Katalysatoren oder chlorierten Lösungsmitteln), der Zellstoff- und Papierindustrie (Chlorbleiche), Herstellung von metallischem Magnesium und Nickel, der Wiederaufbereitung von Aktivkohle und chemische Reinigung (Destillationsrückstände). Weitere Emissionsquellen sind die Aluminium-, Buntmetall- und Stahlindustrie sowie verschiedene Verbrennungsprozesse (Verbrennung von Hausmüll- und Sondermüllabfällen, Kabelverschwelung, Kupferrückgewinnung, Klärschlammverbrennung, Hausbrand bzw. -feuerung, Krematorien, Verbrennung von bleihaltigem Benzin). Rieselfeldböden, Kompostierungsflächen und Deponien können als Sekundärquellen für PCDD und PCDF angesehen werden. Die Hauptbelastung der Böden mit PCDD/PCDF erfolgt großflächig über die Luft in Form von partikulären Depositionen. Die Verteilung der PCDD/F in der Luft zwischen Gasphase und Staub wird nach DRESCHER-KADEN (1995) vom Chlorierungsgrad der Kongeneren und jahreszeitlich (Vegetationsperiode) beeinflußt.

Die Untersuchungen der PCDD/PCDF-Belastung in der Nähe von Müllverbrennungsanlagen haben gezeigt, daß die Gasphase nur relativ geringe PCDD/PCDF-Gehalte aufweist (bes. bei Rauchgasreinigungsanlagen). Dagegen treten die PCDD/PCDF-Belastungen vermehrt in den festen Rückständen (Filterstäube, Schlacken) der Verbrennungsprozesse auf. Im Gegensatz zu den anderen untersuchten organischen Schadstoffen wurden die PCDD/PCDF aus Kostengründen nur in 89 Oberbodenproben bestimmt. Mit der Auswertung der gemessenen PCDD/PCDF-Gehalte sollten vor allem folgende Fragestellungen beantwortet werden:

- Welche Ursachen haben die Dioxinkontaminationen im Umfeld der Deponien?
- Kann aus dem Verteilungsmuster und den Konzentrationen der Dioxine auf eine spezifische Quelle geschlossen werden?

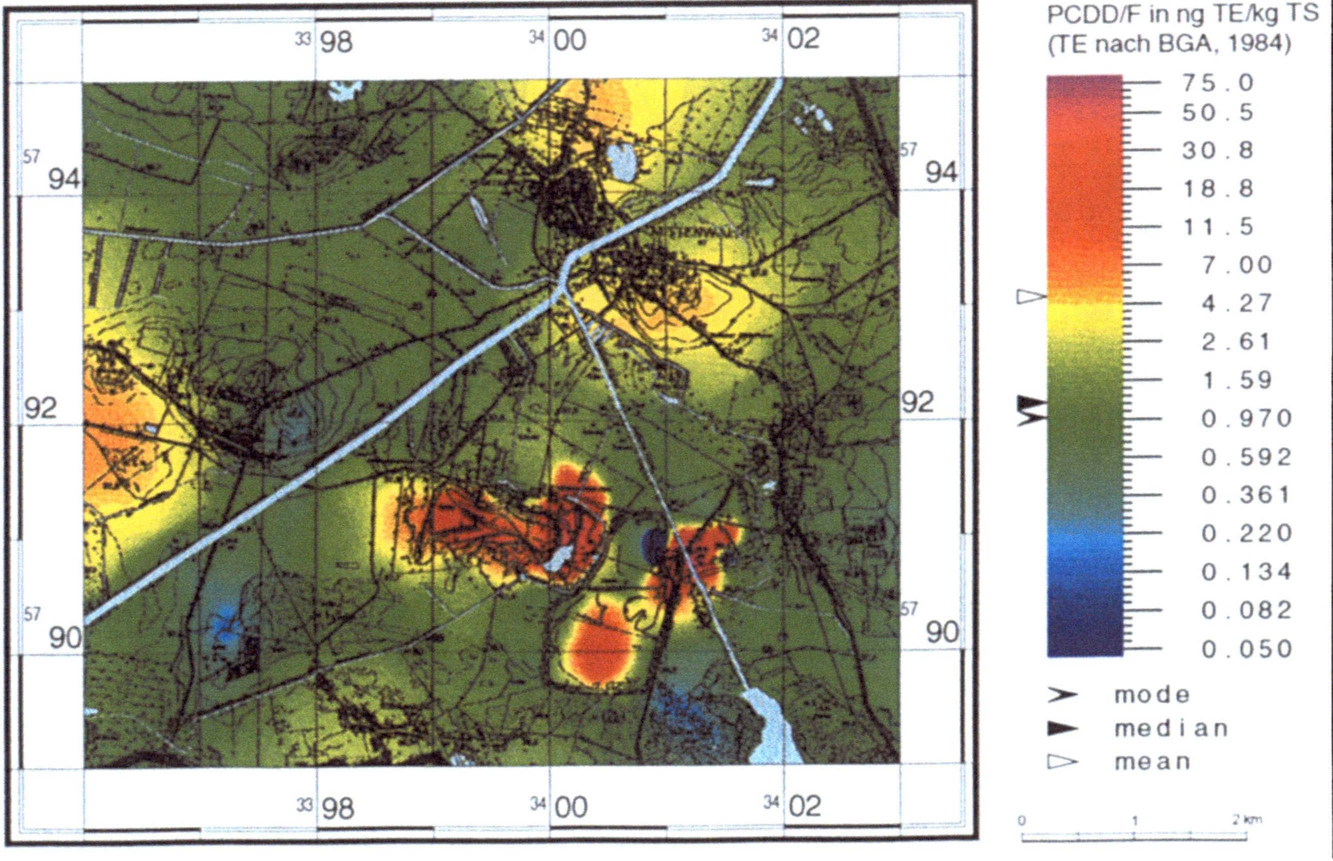

Abb. 5.20: Verteilung der PCDD/F-Gehalte (TE nach BGA, 1984) im Oberboden

Um die meistens als Gemische von verschiedenen Isomeren und Homologen auftretenden PCDD/PCDF bewerten zu können, wurden die Toxizitäts-Äquivalenzfaktoren (TEF) eingeführt. Die PCDD/PCDF-Gehalte werden in der Regel zu einem gewichteten Wert als sogenannte toxische Äquivalente (TE) zusammengefaßt. Zur Bewertung der flächenhaften Verteilung der Bodenbelastung mit PCDD/PCDF wurde das Toxizitätsäquivalent in Form von Isoflächenkarten dargestellt. Die Karten der PCDD/F-Verteilung (*Abb. 5.20*) veranschaulichen, daß der größte Teil der untersuchten Flächen un- oder nur gering belastet ist (0,064 ng TE/kg - 2,5 ng TE/kg). Die PCDD/F-Gehalte im Oberboden zeigen eine Beeinflussung durch die Art der Bodennutzung (*Tab. 5.25, 5.26*) an.

Die Durchschnittsgehalte nehmen mit der Intensität der Bodennutzung in der Reihenfolge Forststandorte < Brachland < Landwirtschaftsflächen < Siedlungsgebiete < Verkehrsflächen < Entsorgungsflächen zu (*Tab. 5.25*). Die Häufigkeitsverteilung (*Abb. 5.20, 5.21*) der PCDD/PCDF-Gehalte zeigt, daß alle Ackerböden (außer im Bereich W Telz), Grünlandstandorte und die Waldstandorte in der BGA-Richtwertklasse < 5 ng TE/kg liegen. Die Mehrzahl der siedlungsbeeinflußten Oberbodenproben fällt ebenfalls in diese Richtwertklasse. Lediglich eine Siedlungsprobe (N und SE Mittenwalde) und eine Landwirtschaftsprobe (W Telz) sind der Klasse 5 - 40 ng TE/kg zugeordnet. Entgegen den Erwartungen entfallen 70 % der Proben auf Deponiestandorten in die untere Richtwertklasse. Insgesamt 25 % der Deponieproben weisen Gehalte zwischen 5 und 40 ng TE/kg, lediglich eine Probe befindet sich in der Klasse 40 bis 100 ng TE/kg. Bei der Probe in der höchsten Belastungsgradklasse (*Abb. 5.20, 5.21*) handelt es sich um eine Probe aus dem unmittelbaren Einflußbereich der Müllverbrennungsanlage. Die geringen Gehalte in den Waldoberböden (Ah) zwischen 0,154 ng TE nach BGA/kg TS bis 1,55 ng TE nach BGA/kg TS lassen auf Grund der relativ jungen Wälder (ursprünglich landwirtschaftliche Nutzung der Flächen, geringmächtige Ausbildung der Oh- und Ah-Horizonte) den bekannten Auskämmeffekt in den humosen Oberböden der Waldgebiete bes. im SE und S der Deponie Schöneiche noch nicht wirksam erkennen. Schwach erhöhte Gehalte mit 2,5 - 5 ng BGA-TE/kg TS, die nach den gültigen Prüf- und Referenzwerten noch als unbedenklich anzusehen sind, wurden im Bereich der Industrie- und Lagerflächen N Mittenwalde (NE Tonsee, Gewerbegebiet) und SE Mittenwalde (Mühlenberge) sowie im W-Teil der Ortslage Schöneiche festgestellt. Die einzige beachtenswerte Belastung außerhalb des Deponiebereiches befindet sich W Telz an der Bahnstrecke Zossen-Mittenwalde auf einer ackerbaulich genutzten Fläche. Mit Gehalten von 6,34 ng BGA-TE/kg TS werden hier die von der Bund/Länder AG-Dioxine (1993) spezifizierten und in die Berliner Liste (1996) aufgenommenen Referenzwerte von 5 ng BGA-TE/kg TS für landwirtschaftliche Nutzung überschritten (*Tab. 5.26, 5.27*), von einer Beweidung dieser Flächen ist abzusehen. Ausgeprägte, aber in sich stark differenzierte Maxima der

PCDD/PCDF-Belastung treten lediglich im Bereich der Deponien auf (*Abb. 5.20*). Das absolute PCDD/F-Maximum liegt auf dem Gelände und im unmittelbaren Einzugsbereich der Müllverbrennungsanlage (111 ng BGA-TE/kg TS). Die PCDD/PCDF bilden sich während des Verbrennungsprozesses im Temperaturbereich von 300°C - 600°C. Als charakteristische Belastung an PCDD/PCDF in festen Verbrennungsrückständen werden für Schlacken 106 - 466 ng ITE/kg TS (BALLSCHMITER & BACHER 1996) und für Flugaschen Werte bis zu 13 000 ng ITE/kg TS angegeben (FIEDLER & HUTZINGER 1992). Die Südhalde der Deponie Schöneicher Plan wird durch Gehalte bis zu 32 ng BGA-TE/kg TS gekennzeichnet. Auch Bauschutt, wie er überwiegend im Bereich der Südhalde zur Ablagerung kam, kann nach neueren Untersuchungen (WESP et al. 1996) auf Grund langjähriger Exposition mit PCDD/PCDF zumindest an den Oberflächen (1 - 25 ng ITE/kg) angereichert sein (Ruß, Schamotte, Beton, Schornsteinreste). Der Zentral- und Ostteil der Deponie Schöneicher Plan wird durch Belastungen von 20-50 ng BGA-TE/kg charakterisiert. Diese Werte sind bei der gegebenen Nutzung der Deponie völlig unbedenklich. Lediglich für die E der Deponie Schöneiche (*Abb. 5.20*) angrenzenden Ackerflächen nördlich des Galluner Kanals sollten Nutzungseinschränkungen vorgesehen werden, da hier in Verbindung mit dem Belastungsmaximum bei der Müllverbrennungsanlage die Referenzwerte für die landwirtschaftliche Bodennutzung mit den nachgewiesenen Dioxinbelastungen deutlich überschritten werden.

Tab. 5.25: Vergleich der Gehalte polychlorierter Dibenzodioxine und -furane (PCDD/PCDF) im Oberboden unterschiedlicher Nutzungsarten (in ng BGA-TE/kg TS)

Belastungsgebiet/ Bodennutzung	Standort Schöneiche				B/L-AG „Dioxine" (UBA, 1992/93)		
	mean	$x_{min.}$	$x_{max.}$	Proben-anzahl	x_{mean}	$x_{min.}$	$x_{max.}$
Siedlungsgebiete	2,50	0,660	5,43	13	9,0		30,0
Landwirtschaftsflächen	1,30	0,064	6,94	27	2,8	0,5	32,0
Forstwirtschaftsflächen	0,800	0,154	1,55	6	2,0	0,8	7,4
Brachland	1,00	0,677	1,78	5			
Entsorgungsflächen	8,90	0,241	111	38			
Müllverbrennungsanlage	9,20	0,574	111	3	43,0	0,01	202
Deponien						0,8	188
Hausmülldeponie	11,60	0,758	50,1	11			
gemischte Deponie	4,30	0,241	32,2	23			
Verkehrsflächen	2,80	2,71	3,06	2	10		200

Tab. 5.26: Nutzungsorientierte Referenzwerte für mit PCDD/PCDF belastete Böden (Bund/Länder-AG Dioxine, 1993; Berliner Liste, 1996)

Belastungs-kategorie	Konzentration BGA-Richtwert-Klassen (in ng TE/kg TS)	Maßnahmen/Nutzung
I	< 5	uneingeschränkte Nutzung
II	5 - 40	eingeschränkte landwirtschaftliche Nutzung, Beweidung und Freilandhaltung von Tieren einstellen
III	> 40	Informationspflicht an Bauern und landwirtschaftliche Betriebe, Einstellung von Grün- und Feldfutteranbau (auch bodennah wachsendes Obst und Gemüse) und Nutztierhaltung
IV	> 100	Bodenaustausch und Sanierung auf Kinderspielplätzen und Siedlungsgebieten mit vergleichbarer Nutzung
V	> 1 000	Bodenaustausch in Siedlungsgebieten (ungestörte Böden: 0-10 cm, gestörte Böden: 0-30 cm)
VI	> 10 000	Bodenaustausch unabhängig vom Standort, Entsorgung des belasteten Bodens als Sonderabfall

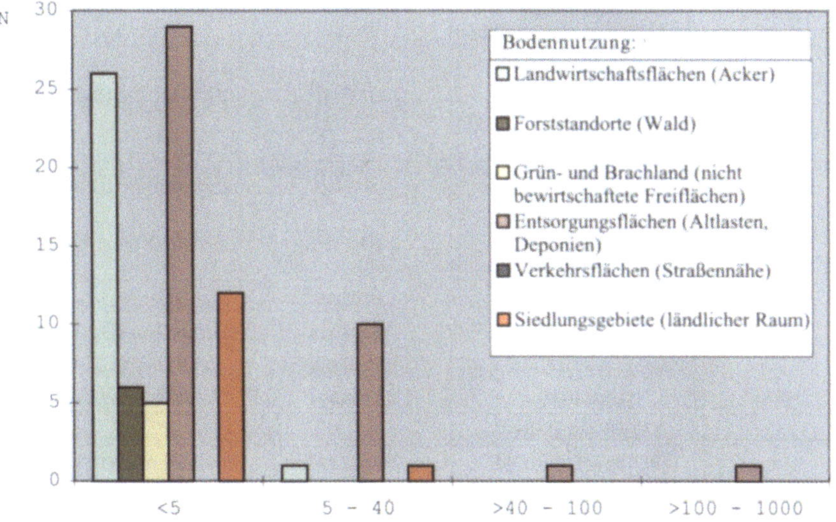

Abb. 5.21: Häufigkeitsverteilung der PCDD/F-Gehalte (in ng TE/kg, nach BGA, 1984) in Abhängigkeit von der Flächennutzung

Tab. 5.27: Schutzgutbezogene Orientierungswerte für PCDD/PCDF-Belastungen im Oberboden

Konzentrationen (in ng TE/kg TS)	Nutzungsart	Bodenwert	Quelle
60	Kinderspielplatz	Bodenprüfwert (P-Wert)	EWERS & VIERECK-GÖTTE (1993)
150	Kinderspielplatz	Maßnahmenschwellenwert (M-Wert)	EWERS & VIERECK-GÖTTE (1993)
120	Wohngebiet	M-Wert	EWERS & VIERECK-GÖTTE (1993)
300	Wohngebiet	P-Wert	EWERS & VIERECK-GÖTTE (1993)
300	Park- u. Freizeitflächen	P-Wert	EWERS & VIERECK-GÖTTE (1993)
10	multifunktionale Nutzung	BW I (Grundwert)	EIKMANN & KLOKE (1993)
10	Kinderspielplätze	BW II (Toleranzwert, Sanierungszielwert)	EIKMANN & KLOKE (1993)
100	Kinderspielplätze	BW III (Toxizitätswert, Interventionswert)	EIKMANN & KLOKE (1993)
30	Haus- u. Kleingärten	BW II	EIKMANN & KLOKE (1993)
100	Haus- u. Kleingärten	BW III	EIKMANN & KLOKE (1993)
50	unbefristete vegetationsarme Flächen (Parkanlagen)	BW II	EIKMANN & KLOKE (1993)
150	unbefristete vegetationsarme Flächen (Parkanlagen)	BW III	EIKMANN & KLOKE (1993)
75	Industrie- u. Gewerbegebiete	BW II	EIKMANN & KLOKE (1993)
200	Industrie- u. Gewerbegebiete	BW III	EIKMANN & KLOKE (1993)
100	Kinderspielplatz	Prüfwert	LABO-LAGA-AG (1996)
1 000	Wohngebiete	Prüfwert	LABO-LAGA-AG (1996)
1 000	Park- u. Freizeitanlagen	Prüfwert	LABO-LAGA-AG (1996)
1 0000	Industrie u. Gewerbegebiete	Prüfwert	LABO-LAGA-AG (1996)
4	Wasserschutz- und -vorbehaltsgebiete	Kategorie Ia	Brandenburger Liste (1993)
40	Flächen mit sensibler Nutzung	Kategorie Ib	Brandenburger Liste (1993)
2	Böden	Hintergrundwert	Baden-Württemberg (1993)
5	Böden	Prüfwert	Baden-Württemberg (1993)

Die Hintergrundbelastung mit Dioxinen beträgt in industriefernen landwirtschaftlich genutzten Böden (BALLSCHMITER & BACHER 1996) ca. 1 ng TE/kg TS. In Ballungsgebieten können die Gehalte das Zehnfache dieser ländlichen Untergründe erreichen. Die gemessenen Bodenkonzentrationen für Acker- und Grünlandflächen sowie Waldböden liegen z. T. im Bereich der von ROTARD et al. (1994) ermittelten Hintergrundgehalte (*Tab. 5.28*), obwohl eine derartige Erhebung auf der Basis von insgesamt 41 Bodenproben doch sehr bedenklich (weil statistisch nicht ausreichend abgesichert) erscheint.

Zur Klärung der Ursachen der Dioxinbelastungen wurde die international am häufigsten verwendete Variante für die Klassifizierung von PCDD/PCDF-Mustern anhand der Halogen-Homologenverteilung der tetra- bis octahalogenierten Kongenere (BALLSCHMITER & BACHER 1996) auf alle gemessenen Halogonierungsgrade der Kongenere erweitert. Um bei der Quellenzuordnung nicht zu falschen Schlüssen zu kommen, wurden zusätzliche Bewertungskriterien aus den vorliegenden Analysendaten, wie z. B. die Gesamtsummen der PCDD/PCDF, die Isomeren-Muster und die toxischen Äquivalentkonzentrationen (TE-Werte) mit den Mustern bekannter quellentypischer PCDD/PCDF-Kongenere unterschiedlicher Halogenierungsgrade verknüpft. Dabei wurde die Kongenerenzusammensetzung der Proben des Untersuchungsgebietes mit derer von Referenzproben (Indikatorkongenere) mit ursächlich bekannten Quellen der Dioxinbelastung verglichen. Um mögliche Gemeinsamkeiten im PCDD/PCDF-Homologenmuster der Proben aufzudecken wurde das gesamte Datenmassiv einer Clusteranalyse unterzogen und eine clusteranalytische Zuordnung der Proben aus dem Untersuchungsgebiet zu den Referenzproben durchgeführt. Dabei wurden die Kongenerenzusammensetzungen der Referenzproben als Vorklassen verwendet, die Proben aus dem Untersuchungsgebiet agglomerativ nach der größten Ähnlichkeit (Ähnlichkeitsmaß quadratisch euklidisch) diesen zugeordnet und die Ergebnisse am Probepunkt dargestellt. Durch die Einbeziehung von Vergleichsproben aus der Literatur können Rückschlüsse auf mögliche Einflußfaktoren und Quellen gezogen werden.

Als Hauptursachen des Dioxineintrages wurden das Aufbringen von Klärschlämmen und Niedertemperatur-Verbrennungsprozesse diagnostiziert. So werden die Belastungsmaxima auf der Deponie offenbar durch die Ablagerung von Klärschlämmen verursacht. Nur in den Randbereichen der Deponien liefert die Kongenerenzusammensetzung der PCDD/F-Ergebnisse in den Einzelproben Hinweise auf Brandrückstände (mögliche Schwelbrände im Deponiebereich). Die PCDD/PCDF-Gehalte NW und W Vogelsang sowie E der Mühlenberge im SE von Mittenwalde wurden ebenso wie die Dioxingehalte auf den Landwirtschaftsflächen N und NE der beiden Großdeponien (*Abb. 5.20*) durch das Aufbringen von Klärschlämmen verursacht. An der NW-Flanke der Deponie Schöneiche liefert die Zuordnung zu den Indikator-Kongeneren Hinweise für die Ablagerung von Industrieschlämmen (chemische Industrie, Rückstände der Farbenproduktion).

Tab. 5.28: PCDD/PCDF - Gehalte in ländlichen Bereichen der Bundesrepublik Deutschland (in ng BGA-TE/kg TS)

Belastungsgebiet/ Bodennutzung	Ruhrgebiet (NRW-CLAM, 1991)		Baden-Württemberg (LfU, 1993)	Böden Bayern (JONECK & PRINZ 1994)	
	Mean	Maximum	Mean	Mean	Maximum
Siedlungsgebiete	10,0-15,0	25,0	3,0		
Landwirtschaftsflächen	5,0	11,4	0,6	0,61	9,6
Forstwirtschaftsflächen			4,0	1,0	5,3

Belastungsgebiet/ Bodennutzung	Niedersachsen (MÜLLER et al. 1992)				Hintergrundbelastungen in ländlichen Gebieten Deutschlands (in ng I-TE/kg; ROTARD et al. 1994)		
	ländlicher Raum		Ballungsraum				
	Mean	Maximum	Mean	Maximum	arithmet. Mittelwert	Minimum	Maximum
Landwirtschaftsflächen	1,4	2,3	2,3	5,8	1,7	0,3	3,7
Forstwirtschaftsflächen	26,5	83,1	20,0	48,4	L: 38,0 N: 36,9	L: 5,9 N: 11,1	L: 102 N: 112
Brachland	2,3	10,0	4,1	7,2	2,3	0,4	4,8

L - Laubwald, N - Nadelwald

Insbesondere im Umfeld von Ortschaften (Schöneiche, Gallun, Telz) und in der Nähe landwirtschaftlicher Anlagen (Ställe) wie z. B. im Gebiet E Großmachnower Weinberge und NW Telz, aber auch auf einer Reihe von Ackerflächen findet man als Hauptursache der Dioxinbelastung Niedertemperatur-Verbrennungsprozesse (vermutlich offene Verbrennung von Abfällen und/oder Müll). Auf industriellen Eintrag dürften die erhöhten Dioxingehalte in den Gewerbegebieten im N und S Mittenwaldes beruhen. Eine Beeinflussung der E der Deponie Schöneiche (d. h. in der Hauptwindrichtung) gelegenen Landwirtschaftsflächen durch die Emissionen der Müllverbrennungsanlage ist aus der Kongenerenzusammensetzung nicht ableitbar. Eine solche Beeinflussung läßt sich hingegen nur unmittelbar im Bereich der Müllverbrennungsanlage sowie in den Waldböden südlich der Deponie nachweisen. Auch die Zusammensetzung der Dioxine auf den Landwirtschaftsflächen im südwestlichen Teil des Untersuchungsgebietes westlich der B 246 läßt auf eine solche Ursache schließen. Ein Eintrag über die Luft ist in diesem Gebiet allerdings nahezu ausgeschlossen. Daher wird eine großflächige Ablagerung von Verbrennungsrückständen (Aschen, Filterstäube, Schlacken) vermutet.

5.3.3 Komplexe Multielementanalyse der geochemischen Bodendaten

5.3.3.1 Faktoranalyse

Mit der R-Mode Faktoranalyse werden die komplexen linearen korrelativen Zusammenhänge zwischen allen untersuchten anorganischen und organischen Merkmalen in den Bodenproben ermittelt. Die Anwendung dieser multivariaten statistischen Methode auf das Datenmassiv der Bachsediment- und Wasserproben erscheint auf Grund der geringen Probenzahlen (Minimum ≥ 80 - 100) aus mathematisch-geochemischer Sicht wenig sinnvoll.

Das Ziel der Faktoranalyse besteht in jedem Fall in einer Merkmalsreduktion. Hohe Absolutbeträge der Faktorladungen bedeuten einen hohen Einfluß des entsprechenden Merkmals der Originaldatenmatrix auf den Faktor, geringe Absolutbeträge einen geringen Einfluß. Das Vorzeichen der Faktorladung bestimmt die Art des Einflusses: Positive Vorzeichen bedeuten, daß das Merkmal einen überdurchschnittlichen Einfluß auf den Faktor hat, d. h. im Faktor „angereichert" ist, negative Vorzeichen hingegen deuten auf eine „Verarmung" des Merkmals im Faktor hin.

Durch die iterative Anpassung des minimalen Eigenwertniveaus während der Faktorextraktion lassen sich durch die vorliegende Faktoranalyse 89,5 % der Gesamtvarianz der untersuchten Merkmale erklären (*Tab. 5.29*). Beginnend mit dem Faktor 11 beschreiben die Faktoren weniger als 2 % der Gesamtvarianz (*Tab. 5.29*). Diese Faktoren haben in Bezug auf die anderen ermittelten Faktoren eine entsprechend geringere Bedeutung, können aber für die geochemische Interpretation der Ergebnisse wichtige Hinweise auf sich überlagernde Einflußfaktoren liefern. Die Ladungen der Elementassoziationen der zwölf extrahierten Faktoren, die Kommunalitäten der 64 untersuchten Parameter, die Varianz, die prozentuale Varianz und die kumulative prozentuale Varianz des Faktormodells sind in den Tabellen *5.30* und *5.31* zusammengestellt.

Die Kommunalitäten der Einzelparameter (*Tab. 5.30*) weisen darauf hin, daß außer für die Elemente Hf, In, Se, Te, Tl, Zr sowie AOX und EOX (Kommunalitäten < 0,80) die Verteilungsgesetzmäßigkeiten aller anderen Parameter durch das ausgewählte Faktormodell weitgehend erklärt werden. Für die überwiegende Mehrzahl der Elemente ist die Varianz mit über 90 % erklärt.

Die Faktoranalyse erlaubt über die Matrix der Faktorwerte eine Abschätzung, inwieweit der einzelne Faktor eine Wirksamkeit in der Einzelprobe aufweist, d. h. inwieweit die aus der Matrix der Faktorladungen für den entsprechenden Faktor ablesbaren korrelativen Zusammenhänge zwischen den Merkmalen der Originaldatenmatrix in der speziellen Probe nachvollziehbar sind. Die Faktorwerte sind daher ein Maß für die Wirksamkeit eines Faktors in der Einzelprobe und sind flächenhaft in Karten darstellbar. Durch die korrelative Verknüpfung der Originalmerkmale zu Polyelementfaktoren werden die zu vergleichenden Merkmale wesentlich reduziert. Die einem Faktor zuzuordnenden Elemente (Merkmale der Originaldatenmatrix) werden über die varimaxrotierte Faktormatrix definiert. Die Varimaxrotation verbessert die Interpretierbarkeit der Faktorlösung und erleichtert damit die Aufklärung von Zusammenhängen und Beziehungen zwischen den Elementen und geochemischen Parametern. Als faktorbestimmende Elemente werden in der Regel diejenigen betrachtet, die eine Faktorladung ≥ 0,5 aufweisen (*Tab. 5.29*). Die Faktorwerte werden über die Regressionsmethode berechnet.

Tab. 5.29: Faktorbestimmende Elementassoziationen und Faktorladungen in den Oberbodenproben des Untersuchungsgebietes Schöneiche

Faktor	Eigenwerte der Faktoren			Element und Faktorladung
	Eigenwert	Pct of Var.	Cum Pct	
1	25,0707	38,6	38,6	Sc (0,95), V (0,94), Be (0,94), Al (0,91), Ga (0,90), Th (0,88), Ge (0,88), U (0,81), Nb (0,81), Co (0,76), Mg (0,74), Rb (0,73), Ti (0,68), La (0,68), Ni (0,65), Sr (0,60), Fe (0,60), K (0,59), Ba (0,56), Ce (0,53), Na (0,50),
2	7,5466	11,6	50,2	W (0,97), Mo (0,92), MKW (0,86), Sb (0,86), Sn (0,84), Cu (0,83), Cr (0,82), Pb (0,74), Zn (0,71), Ba (0,65)
3	6,8394	10,5	60,7	F (0,96), Y (0,94), Ce (0,81), S (0,76), EC (0,63), Sr (0,63), La (0,59), Pb (0,54), Ca (0,53), Ni (0,52), B (0,51)
4	4,2863	6,6	67,3	Phenolindex (0,96), Cd (0,95), Ag (0,90), Hg (0,87), Bi (0,82), PCB (0,76), P (0,71), EOX (0,61)
5	3,0618	4,7	72,0	Br (0,91), Mn (0,69), Si (-0,69), Ca (0,68), $C_{org.}$ (0,67)
6	2,3813	3,7	75,7	Cyanid (0,85), Se (0,83), Hf (0,57)
7	2,1589	3,3	79,0	Te (-0,82), Cs (-0,81), J (-0,66), pH (0,38), Ca (0,33), Mn (0,26) Tl (0,26)
8	1,5921	2,4	81,4	Zr (0,77), K (0,64)
9	1,4974	2,3	83,7	PCDF (0,83), PCDD (0,67)
10	1,4238	2,2	85,9	Ta (0,85)
11	1,1670	1,8	87,7	In (0,83)
12	1,1196	1,7	89,5	PAK (0,91)

Erläuterung: Faktor = Nummer des Faktors
Eigenwert = Eigenwert des Faktors
Pct of Var = Anteil des Faktors an der erklärten Gesamtvarianz in Prozent
Cum Pct = Summe der erklärten Varianz in Prozent

Tab. 5.30: Kommunalitäten der Elemente

Element/Parameter	Kommunalitäten	Element/Parameter	Kommunalitäten
pH_{H2O}	0,61467	In	0,73018
EC	0,89008	I	0,83977
$C_{org.}$	0,88442	La	0,94125
SiO_2	0,98202	Mo	0,95160
TiO_2	0,96744	Nb	0,94541
Al_2O_3	0,94754	Ni	0,98473
Fe_2O_3	0,98052	Pb	0,96640
MnO	0,92180	Rb	0,94049
MgO	0,97125	Sb	0,90218
CaO	0,87468	Sc	0,95713
Na_2O	0,83716	Se	0,79708
K_2O	0,92213	Sn	0,91926
P_2O_5	0,82808	Sr	0,97520
SO_3	0,94321	Ta	0,80574
Ag	0,93167	Te	0,75425
As	0,92490	Th	0,89468
B	0,95724	Tl	0,69538
Ba	0,97633	U	0,87725
Be	0,95516	V	0,95440
Bi	0,90304	W	0,97874
Br	0,90656	Y	0,96792
Cd	0,97098	Zn	0,97140
Ce	0,97455	Zr	0,74306
Co	0,97407	AOX	0,53807
Cr	0,98120	EOX	0,63658
Cs	0,82817	Cyanide, ges.	0,87482
Cu	0,92647	KW	0,94759
F	0,95878	PAK	0,87241
Ga	0,96667	PCB	0,93651
Ge	0,89344	Phenolindex	0,92890
Hf	0,62828	PCDD	0,95457
Hg	0,93787	PCDF	0,84247

Geochemische Charakterisierung der Multielementfaktoren und Klärung wirkender Einflüsse

Im Ergebnis der faktoranalytischen Bearbeitung der Gesamtdatei wurden 12 Faktoren extrahiert. Durch die erstmalige Einbeziehung von anorganischen und organischen Schadstoffkomponenten (unter Verwendung von SPSS für WINDOWS) konnten die Ergebnisse der Faktoranalyse wesentlich qualifiziert werden. Anhand der Faktortypisierung in *Tab. 5.31* wird erkennbar, daß die Ergebnisse einen entscheidenden Kenntniszuwachs für die Klärung der Element- bzw. Schadstoffmigration im exogenen geochemischen Feld sowie für die wirkenden Einflußfaktoren und Ursachen der Elementverteilung im Untersuchungsgebiet liefern. Mit Hilfe der Ergebnisse der Faktoranalyse ist es möglich, komplex wirkende Anomalieursachen zu analysieren und deren Einfluß auf die Elementanreicherung bzw. -migration einzuschätzen.

Auf der Grundlage der Faktortypisierung (*Tab. 5.31*) lassen sich drei Hauptursachen (anthropogene Einflüsse, Lithologie/Substratzusammensetzung, Milieu) unterscheiden, die die Elementmigration im Untersuchungsgebiet entscheidend beeinflussen.

Die Typisierung der Multielementfaktoren bestätigt, daß bei einer flächendeckenden umweltgeochemischen Bestandsaufnahme in Bereichen unterschiedlicher anthropogener Belastung und der daraus resultierenden komplexen anthropogenen Einflußnahme immer noch eine Lokalisierung und Unterscheidung der auf die Elementverteilung wirkenden Hauptursachen möglich ist.

Die Gruppe der natürlich (geogen) bedingten Faktoren erklärt trotz der intensiven und z. T. sehr differenzierten anthropogenen Einflüsse immer noch insgesamt 41 % der Gesamtvarianz. Mit den geogenen Faktoren (Faktor 1 und 8) werden die oberflächlich anstehenden geologischen Bildungen (Bodensubstrat) charakterisiert. Die Verbreitung der Geschiebemergel und -lehme im Bereich der Grundmoränenablagerungen wird E und NW Mittenwalde sowie W Telz durch erhöhte und anomale Faktorwerte (FW) des Faktors Sc-V-Be-Al-Ga-Th-Ge-U-Nb-Co-Mg-Rb-Ti-La-Ni-Sr-Fe lokalisiert (*Abb. 5.22*). Im Verbreitungsgebiet glazifluviatiler Sande sowie der Grundmoränenablagerungen (Mergel, Lehme) N und NE Telz sowie E und SE Mittenwalde treten auch FW-Anomalien des Erdalkalifaktors Zr-K-Rb-Na-Ti-Nb auf (*Abb. 5.23*). Die FW-Erhöhungen im Bereich der Deponieflächen verweisen auf die Herkunft des verwendeten Abdeckmaterials für die Mülldeponierung. Auch im Bereich von Altablagerungen N der Deponieflächen sind FW-Maxima des Erdalkalifaktors verbreitet.

Das geogene Grundangebot der Spurenelemente wird im Bereich der Großdeponien und des unmittelbaren Umlandes zusätzlich anthropogen verstärkt (FW $\geq$ 1,0). Der Erdalkalifaktor erklärt nur 2,4 % der Gesamtvarianz

Tab. 5.31: Typisierung der ermittelten Multielementfaktoren

Ursache	Elementassoziation
1. Faktoren der anthropogenen Kontamination	
Deponiefaktor (Hausmüll- und Altablagerungen, Industrierückstände)	W-Mo-MKW-Sb-Sn-Cu-Cr-Pb-Zn-Ba-(As-Fe-Ti-Ni)
Rieselfeld- und Kompostierungsfaktoren: Klärschlammaufbringung, Gülle Industrierückstände, Gülleverregnung, Klärschlammbehandlungsanlagen	 PN-Cd-Ag-Hg-Bi-PCB-P-PCDD PAK-(PCB-AOX-pH)
Industrieimmissionsfaktoren: Brandrückstände, Müllverbrennung Industrierückstände, Altablagerungen, Industrie- und Gewerbegebiete Deponieumland und Altablagerungen (ehemalige Chemikalienlager)	 PCDF-PCDD-(pH-Zn) CN-Se-Hf-(As-$C_{org.}$-PCDD) Ta-(B-Hf-EOX-EC), In-(EC-S-$C_{org.}$-B-Sn-Hg-PCDD), -Na, -AOX
Flächennutzungsänderung	-Te-[-Cs]-[-J]-[-La]-(pH-Ca-Mn-Tl)
Bauschutt- und/oder Baustoffaktor (auch Einflüsse ehemaliger Chemie- und Baustofflager, chemische Industrie)	F-Y-Ce-S-EC-Sr-La-Pb-Ca-Ni-B-(As -Tl-Fe-Mg-Zn-Ba-$C_{org.}$-Hg-Co)
2. Natürlich bedingte bzw. überwiegend geogene Faktoren mit z. T. anthropogenen Anteilen	
Geschiebemergel und -lehme der Grundmoränenablagerungen (Tonminerale) glazifluviatile Sande (Erdalkalifaktor, Braun- und Fahlerdeverbreitung)	Sc-V-Be-Al-Ga-Th-Ge-U-Nb-Co-Mg -Rb-Ti-La-Ni-Sr-Fe Zr-K-Rb-(Na-Ti-Nb)
3. Milieufaktoren	
geochemische Barrieren (Verbreitung humusreicher Böden wie z.B. Niedermoore und Gleye)	Br-Mn-Ca-$C_{org.}$-(Sr-U-EC), -Si

Abkürzungen: PN-Phenolindex, CN-Cyanid, EC-elektrische Leitfähigkeit

und besitzt im Vergleich zum Faktor 1 (Geschiebemergel- und Geschiebelehmverbreitungsfaktor) nur eine untergeordnete Bedeutung und Einflußmöglichkeit. Der Milieufaktor Br-Mn-Ca-$C_{org.}$-(Sr-U-EC) beinhaltet sowohl die Elementanreicherung an Oxydationsbarrieren als auch die an die organische Substanz und ist mit erhöhten und anomalen FW (*Abb. 5.24*) überwiegend auf Grünlandstandorten und in Feuchtgebieten (NW, W, SW und NE Mittenwalde, SW Rand des Untersuchungsgebietes) sowie auf Ackerflächen mit z. T. humusreichen Böden S und N der Deponie Schöneicher Plan sowie E der Deponie Schöneiche, W Telz und WNW Gallun (*Abb. 5.24*) verbreitet. In diesen Gebieten sind Mergel (Wiesenmergel, Kalkmudden) verbreitet, untergeordnet sind auch Niedermoortorfe des Holozäns als

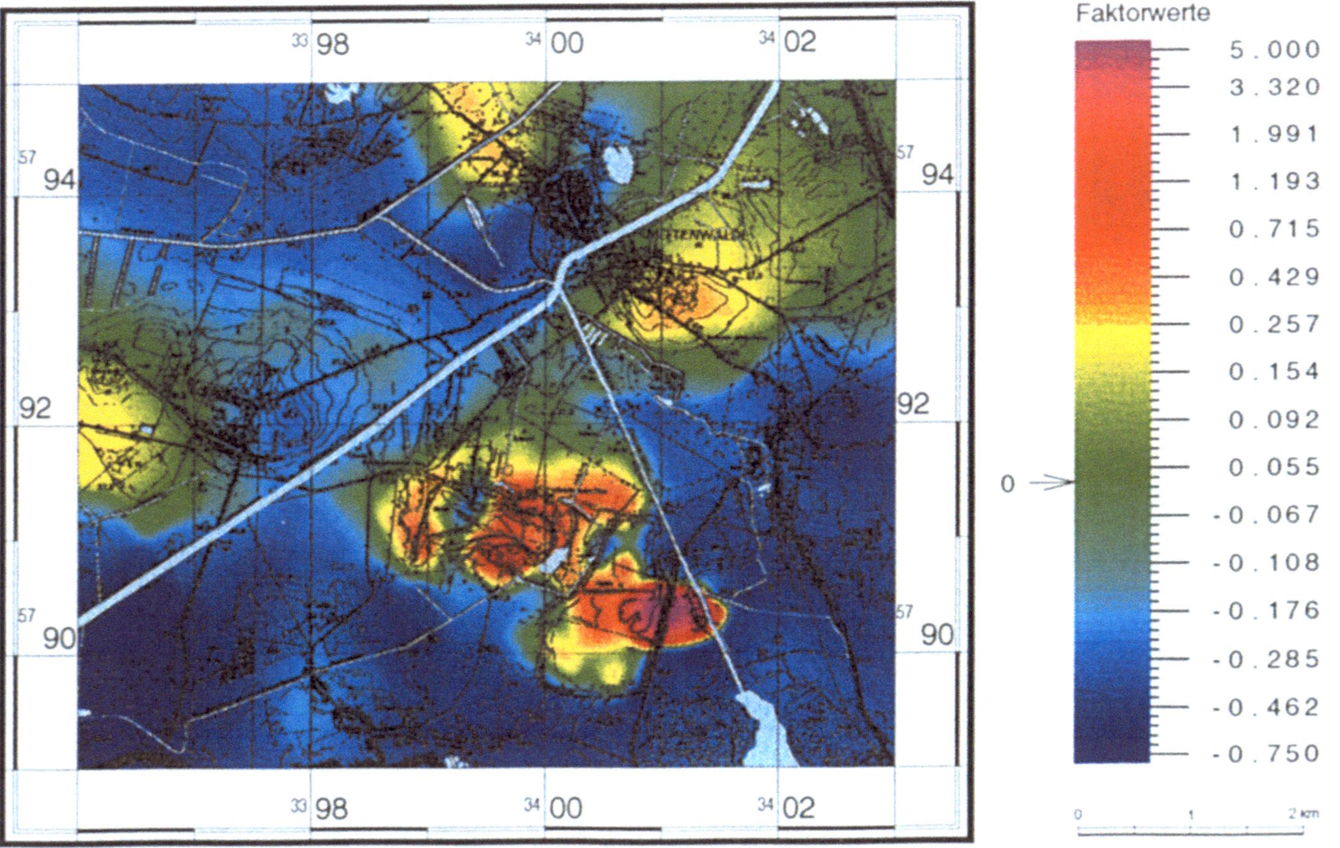

Abb. 5.22: Faktorwerte des Faktors 1: Sc-V-Be-Al-Ga-Th-Ge-U-Nb-Co-Mg-Rb-Ti-La-Ni-Sr-Fe-K-Ba-Ce-Na

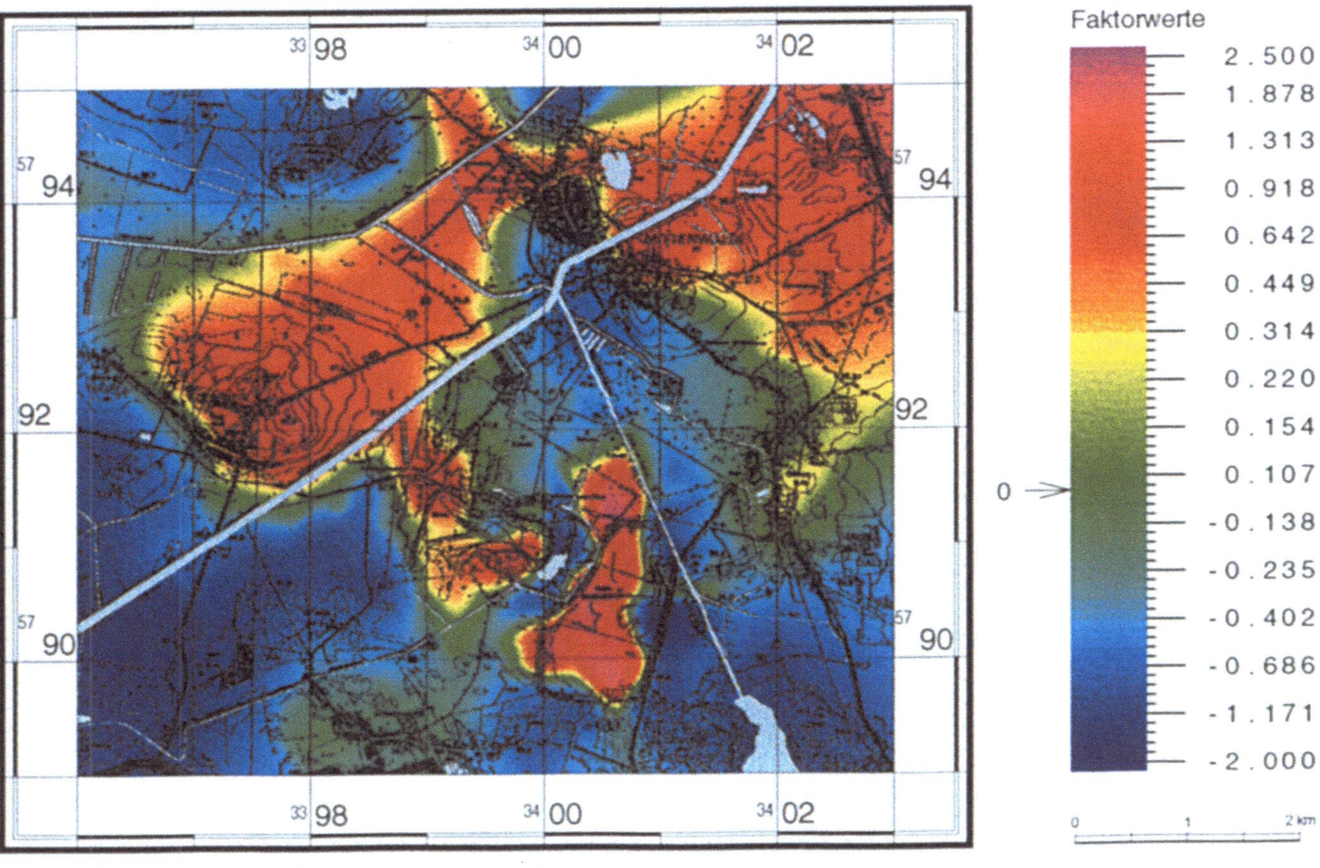

Abb. 5.23: Faktorwerte des Faktors 8: Zr-K-Rb-(Na-Ti-Nb)

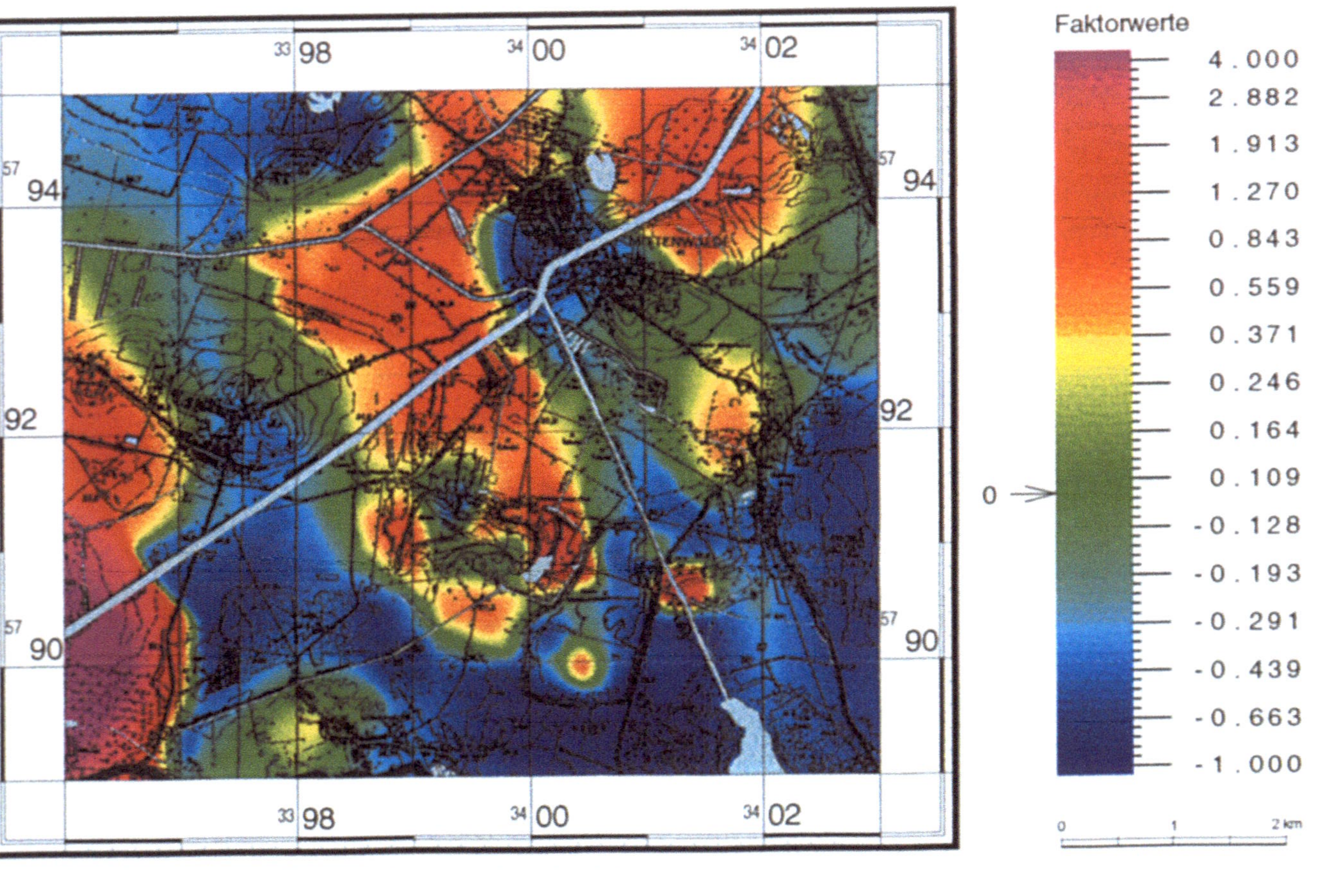

Abb. 5.24: Faktorwerte des Faktors 5: Br-Mn-Ca-$C_{org.}$-(Sr-U-EC), -Si

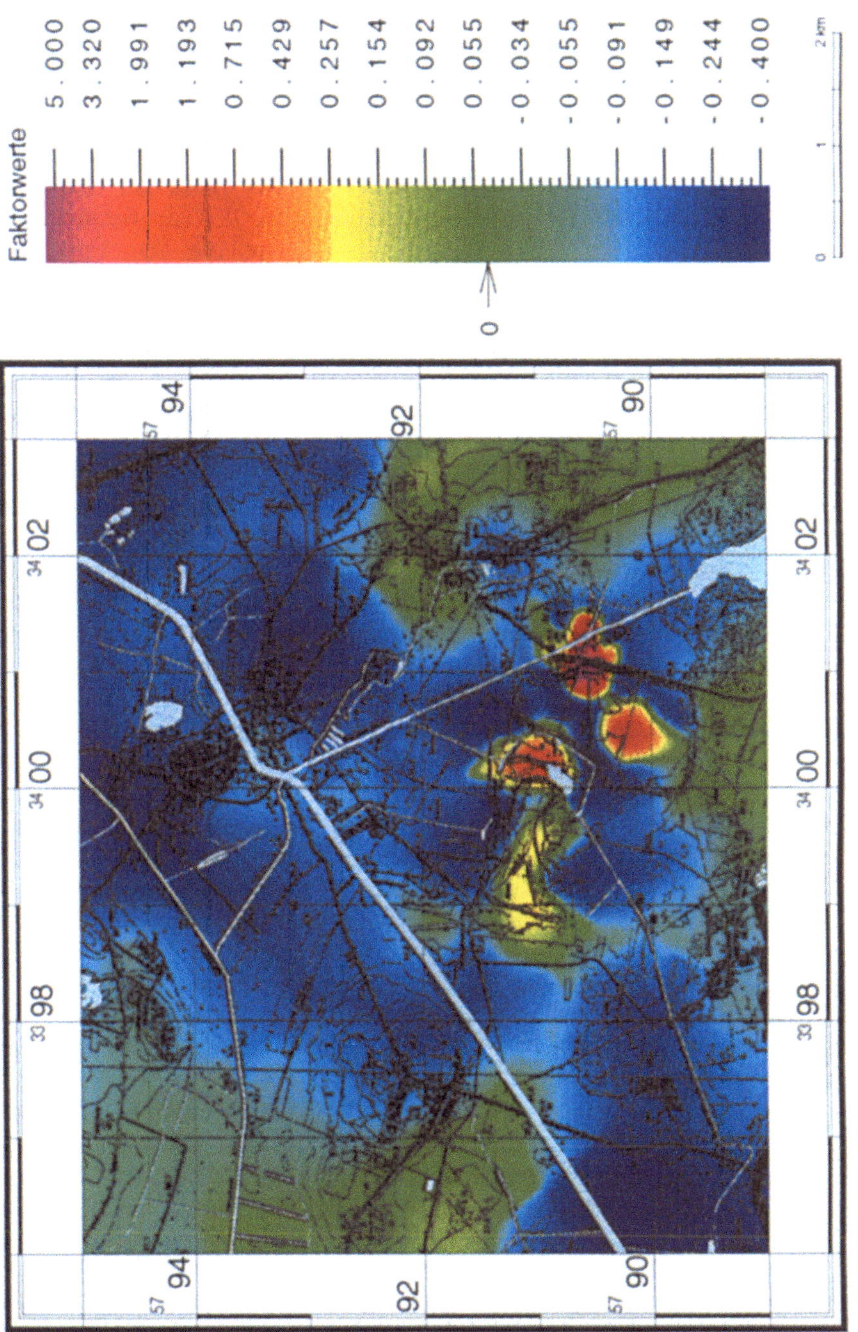

Abb. 5.25: Faktorwerte des Faktors 2: W-Mo-MKW-Sb-Sn-Cu-Cr-Pb-Zn-Ba-(As-Fe-Ti-Ni)

Bodensubstrate anzutreffen (E und W Nottekanal N der Deponie Schöneicher Plan, SSE Mittenwalde). Die Karte der bodensystematischen Einheiten nach FROHSE (1996) weist auf die Verbreitung von Gleyen, Niedermoorböden und Niedermoorgleyen hin.

Ein anthropogener Landwirtschaftseinfluß durch Flächenkalkung und Düngung kann auf Grund der schwach positiv geladenen Elementassoziationen (bes. EC) sowie der Verteilung erhöhter FW der die anthropogenen Kontaminationen indizierenden Faktoren und der Ergebnisse der Clusteranalyse (Q-Modus) als sicher angenommen werden (komplexe anthropogene Einflüsse).

Die Gruppe der anthropogenen Faktoren charakterisiert die unterschiedlichen technogenen Einflußfaktoren im Untersuchungsgebiet und trägt im Rahmen der umweltgeochemischen Interpretation der Ergebnisse der multivariaten statistischen Verfahren wesentlich zur Abgrenzung wenig oder z. T. unbelasteter von stark kontaminierten Flächen und belasteten Bereichen unterschiedlicher Intensität und Komplexität (Überlagerung verschiedener anthropogener Einflüsse) bei.

Der Deponiefaktor W-Mo-MKW-Sb-Sn-Cu-Cr-Pb-Zn-Ba-(As-Fe-Ti-Ni -As) (*Abb. 5.25*) markiert den Einfluß der beiden Zentraldeponien sowie Ortsabgänge (Hausmüllablagerungen), Altablagerungen und z. T. die Entsorgung von Industrierückständen. Mit absoluten Faktorwertmaxima (FW > 2,0) werden die Deponien Schöneicher Plan und der Zentralteil der Deponie Schöneiche (Südhalde) sowie das Einzugsgebiet der Müllverbrennungsanlage abgebildet. Schwach erhöhte FW sind im Bereich z. T. humusarmer Böden N und SE Gallun (Ortslage Gallun, Deponie „Schindlerfichten", Deponie „Bredows Kiesgruben", Gewerbegebiet S und E Gallun), S der Deponie Schöneiche (unmittelbarer Deponieeinfluß, Altablagerungen, Altlastenverdachtsflächen) sowie NW Telz (ehemaliges Düngemittellager, Stallanlagen und Mastbetrieb verbreitet). Der Faktor erklärt immerhin 11,6 % der Gesamtvarianz und unterstreicht damit den intensiven Einfluß der Mülldeponierung auf die Schadstoffverteilung im Untersuchungsgebiet. Gleichzeitig bestätigt er seine Indikatorwirkung zur Aufklärung der wirkenden Einflüsse und Ursachen der Elementmigration auch in den o. g. Bereichen flächenhaft verteilter schwach erhöhter FW (*Abb. 5.25*).

Der sogenannte Baustoffaktor F-Y-Ce-S-EC-Sr-La-Pb-Ca-Ni-B (*Abb. 5.26*) markiert überwiegend Bauschuttablagerungen im Bereich der Deponien Schöneicher Plan (bes. Zentralteil und Westflanke), Schöneiche (Südwesthalde, SW-Flanke der Deponie) und Telz. Erhöhte FW bilden das Industriegebiet am S Ortsrand von Mittenwalde (Chemie- und Baustofflager) sowie das sich im Aufbau befindliche Gewerbegebiet SE Gallun ab. Die schwach erhöhten FW E Großmachnow am NW-Rand des Untersuchungsgebietes und E Mittenwalde weisen auf den Einfluß relativ junger Industrieansiedlungen (Gewerbegebiete, Baustofflager) und Altablagerungen (bewachsene Haldenflächen auf Ackerstandorten) hin.

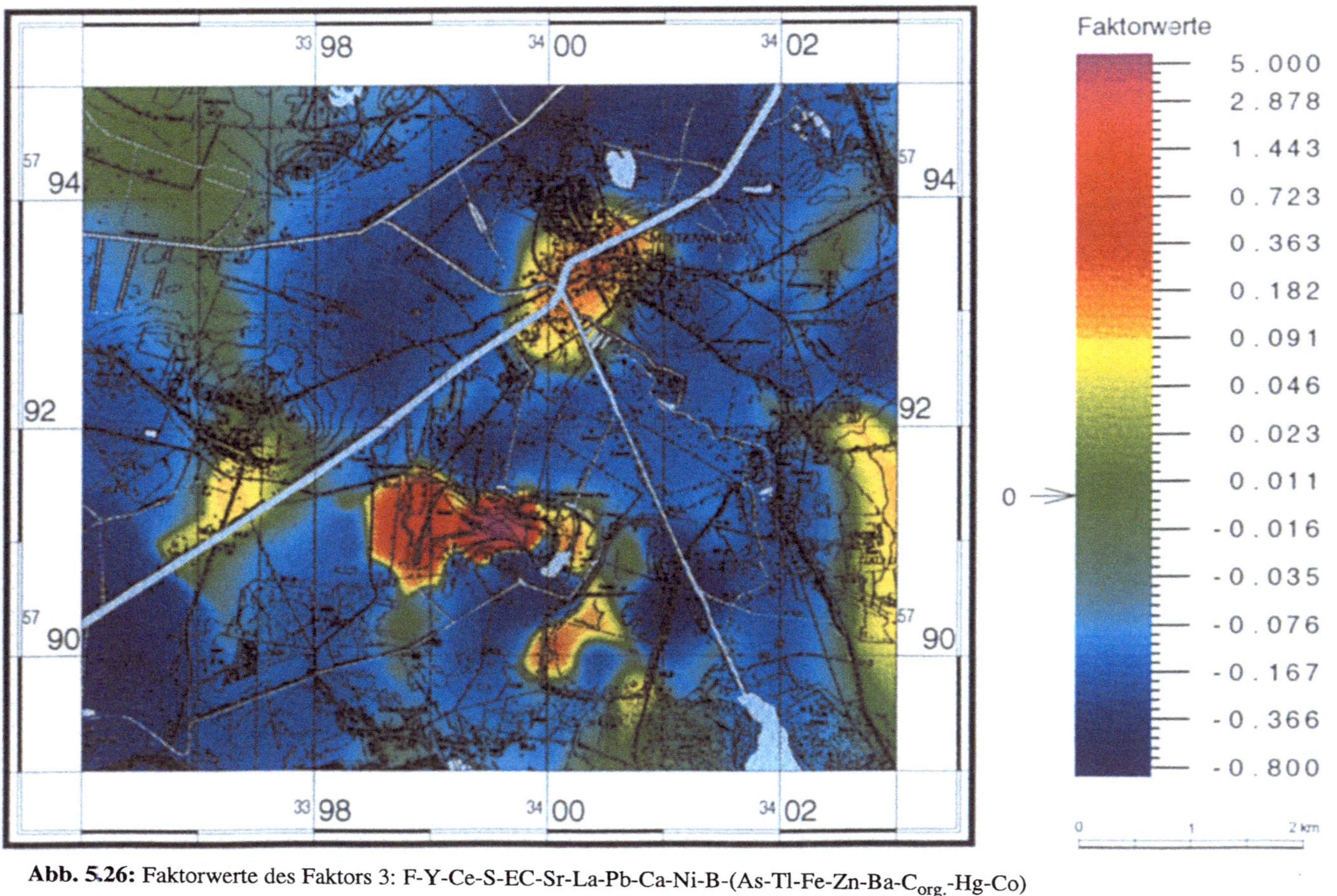

Abb. 5.26: Faktorwerte des Faktors 3: F-Y-Ce-S-EC-Sr-La-Pb-Ca-Ni-B-(As-Tl-Fe-Zn-Ba-$C_{org.}$-Hg-Co)

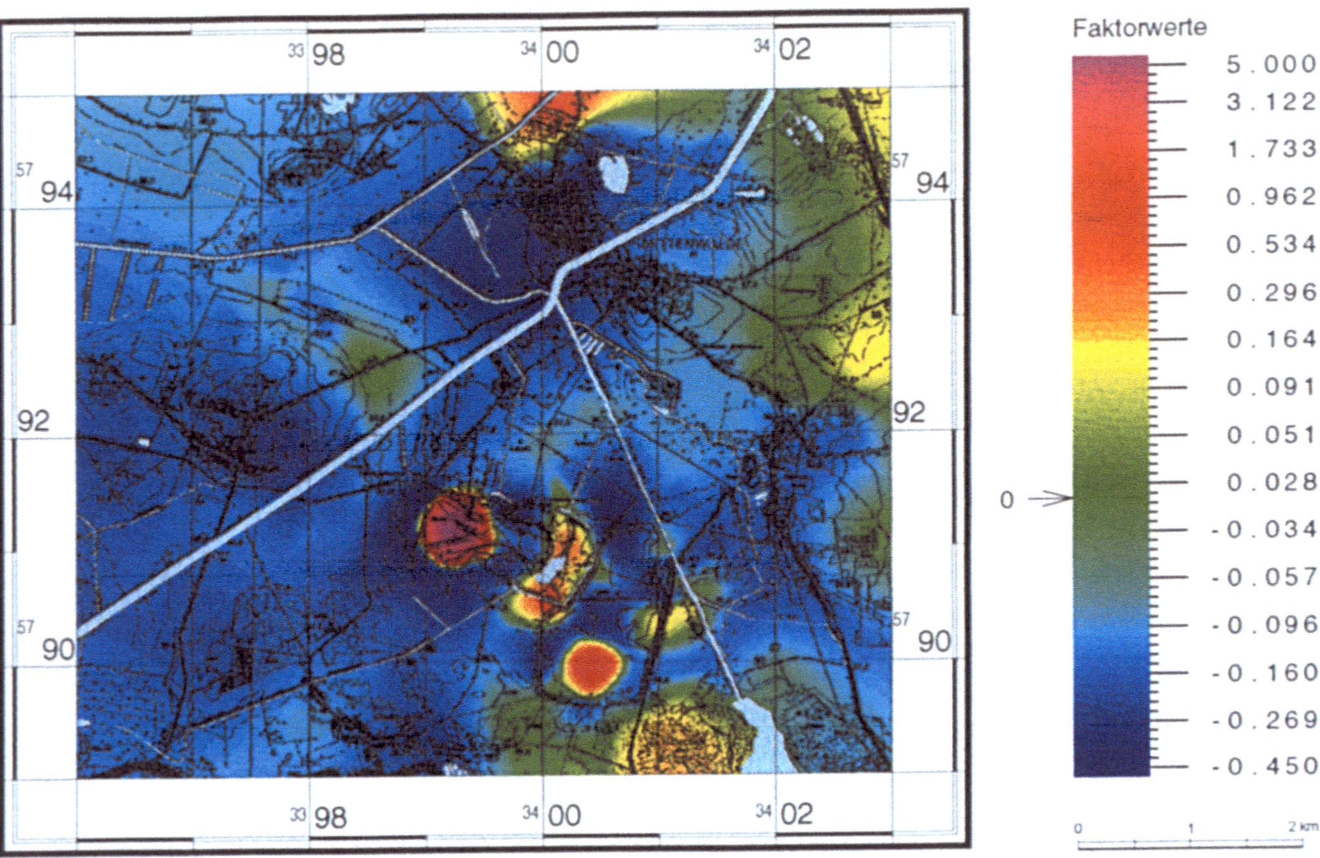

Abb. 5.27: Faktorwerte des Faktors 4: PN-Cd-Ag-Hg-Bi-PCB-P-PCDD

Der für das Berliner Stadtgebiet und seines nahen Umlandes typische Rieselfeld- und Kompostierungsfaktor (*Abb. 5.27*) charakterisiert im Untersuchungsgebiet Schöneiche mit einer positiv hochgeladenen Elementassoziation (Phenolindex-Cd-Ag-Hg-Bi-PCB-P-PCDD) Bereiche mit Klärschlammablagerungen sowohl auf den Deponien als auch auf Landwirtschaftsflächen sowie Gülleverregnungs- und Altlastenverdachtsflächen. Die FW-Maxima treten auf Teilen der Deponie Schöneicher Plan und Schöneiche sowie im Bereich von Altablagerungen NW Mittenwalde (Altdeponie, Hausmüllablagerungen), S der Deponie Schöneiche (Altlastenverdachtsflächen), am Westufer des Motzener Sees und auf den Landwirtschaftsflächen bes. E der Autobahn ca. 2 km E und SE Mittenwalde (SW Schenkendorf) auf. Als Hinweis für die Wirkung gleicher Einflußfaktoren sind auch die schwach erhöhten Faktorwerte (FW) NE Telz im Gebiet NW des Nottekanals sowie auf den Ackerflächen N und NE der Deponie Schöneicher Plan zu bewerten.

Der Faktor PAK-(PCB-AOX-pH) markiert ebenfalls Bereiche mit Klärschlammaufbringung (Klärschlammbehandlungsanlagen) und Gülleverregnung (SE-Rand des Untersuchungsgebietes, S Mittenwalde, E Gallun). Desweiteren werden Ablagerungen von Rückständen der chemischen Industrie, Standorte ehemaliger Chemikalienlager und mögliche Ablagerungen von Abfallprodukten und Rückständen der Altölaufbereitung und der metallverarbeitenden Industrie auf den Altdeponien S Mittenwalde, der Deponie Schöneicher Plan (West- und Ostflanke), dem SW- und Zentralteil der Deponie Schöneiche sowie am NE-Ufer des Motzener Sees (Altablagerungen) indiziert. Die absoluten FW-Maxima sind im Bereich der beiden Zentraldeponien verbreitet. Das Gebiet S Mittenwalde und N der Deponie Schöneicher Plan sowie N Telz, die Ortslage Schöneiche und NW Schöneiche wird durch sehr schwach erhöhte flächenhafte FW-Erhöhungen abgebildet, die auf die gleichen anthropogenen Ursachen geringer Intensität zurückzuführen sind.

Anthropogene Industrieeinflüsse teilweise sehr komplexer Natur werden durch die Faktoren 6, 9, 10 und 11 indiziert. Faktorwertanreicherungen des Faktors PCDF-PCDD-(pH-Zn) (*Abb. 5.28*) charakterisieren die Verbreitung und Ablagerung (Deponierung) von Produktionsrückständen und Abprodukten (Verbrennungsrückstände der chemischen Industrie, Brandabfälle, Rückstände der Müllverbrennung). Flächenhafte FW-Anomalien markieren die Ortslage Mittenwalde mit seinem nahen Umland (Industrieansiedlungen, Altdeponien, ACZ) sowie die Altdeponie „Alte Asche" SW Mittenwalde, den Zentral- und Südteil der Deponie Schöneiche, das E Einzugsgebiet der Müllverbrennungsanlage und Altlastenbereiche im S und N Randbereich der Deponie Schöneicher Plan. Schwach erhöhte FW bilden die Ortslage Schöneiche und das Gebiet W Telz (ehemaliges Chemielager) ab.

Die FW-Anreicherungen des Faktors CN-Se-Hf-(As-$C_{org.}$-PCDD) treten sowohl im Bereich der Zentraldeponien sowie überwiegend auf Landwirtschaftsflächen (Acker- und Grünlandstandorte) auf (SE Großmachnow, S und SE Telz, E Deponie Schöneiche).

Mit deutlich erhöhten FW werden auch Industrieeinflüsse (ACZ Mittenwalde), die Ablagerung industrieller Abprodukte und Reststoffe wie z. B. im Bereich der Deponie Telz sowie Altablagerungen (teilweise wilde Verkippung und Entsorgung) im Gebiet S der Deponie Schöneiche, S Telz und SW Gallun markiert. Im Gebiet E Großmachnow und am NE-Rand des Untersuchungsgebietes weisen die FW-Erhöhungen auf den möglichen Einfluß der z. T. neu entstandenen Gewerbegebiete hin (*Abb. 5.29*).

In den Randbereichen und im nahen Umland der Deponien sowie im Gebiet von Altablagerungen treten erhöhte und anomale FW der Faktoren Ta-(B-Hf-EOX-EC) und In-(EC-S-$C_{org.}$-B-Sn-Hg-PCDD) auf, die überwiegend komplexe anthropogene Einflüsse signalisieren. Die FW-Erhöhungen des Faktors Ta-(B-Hf-EOX-EC) charakterisieren sich überlagernde Ursachen der anthropogenen Kontamination in den Randbereichen der Deponien (W, SW und N Deponie Schöneicher Plan, E-Rand Deponie Schöneiche, S und E Deponie Schöneiche). Mit schwach erhöhten bis erhöhten FW werden die ehemaligen Düngemittellager SE Mittenwalde (ACZ) und SW Telz sowie die Müllablagerungen (Altdeponie) und Industrieeinflüsse (Gewerbegebiete) N und NE Mittenwalde (Autobahnnähe) und E Großmachnow markiert. Eine nicht zu unterschätzende Einflußnahme wird durch Landwirtschaftsabgänge (ehemalige Mast- und Viehzuchtanlagen) verursacht (SW Telz, E Großmachnow).

Die anomalen FW des Faktors 11 [In-(EC-S-$C_{org.}$-B-Sn-Hg-PCDD)] markieren Altablagerungen N und W der Deponie Schöneicher Plan sowie N Ortslage Schöneiche (Deponieeinfluß), S Deponie Schöneiche, NW Mittenwalde (Altdeponie) sowie im Bereich der Deponie „Schindlersfichten", der Deponie „Bredows Kiesgruben" und N des Nottekanals im Gebiet NE Telz. Die sehr schwach positiv geladenen Elementassoziationen charakterisieren außerhalb der Deponieflächen und bekannter Altablagerungen überwiegend wilde Müllentsorgungen und z. T. Fäkalienverklappungen (W und E Mittenwalde, N Ortslage Schöneiche, NE Telz). Mit Ausnahme von In weisen alle Elemente und Parameter (EC-S-$C_{org.}$-B-Sn-Hg-PCDD) der Polyelementassoziation des Faktors geringe Ladungen auf ($\leq 0,3$), was den z. T. geringen Einflußgrad des Faktors und den Überlagerungseffekt verschiedener anthropogener Einflüsse unterstreicht.

Die Verbreitung erhöhter und anomaler FW des Faktors 7 -Te-[-Cs]-[-J] -[-La]-(pH-Ca-Mn-Tl) indiziert Bereiche mit pH-Wert-Absenkungen bei einer gleichzeitigen Te-Cs-J-La-Erhöhung.

Geochemisch von Interesse ist auch die Verbreitung der FW-Minima in Feuchtgebieten und entlang der Kanäle, die durch Gehaltsanreicherungen der hoch negativ geladenen Elemente (Te, Cs, J, z. T. La) verursacht werden. Der gegenwärtige Bearbeitungsstand läßt die Vermutung zu, daß es sich dabei um Schlammablagerungen (z. B. bei Verbreiterung und Befestigung der Kanalufer, Flußschlammablagerungen) aus dem Kanal- bzw. Gewässernetz

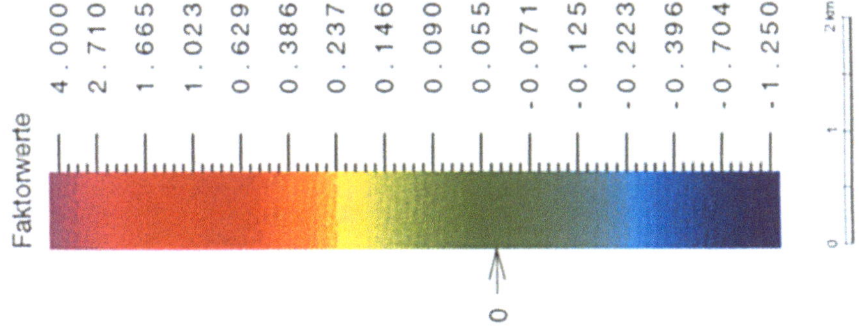

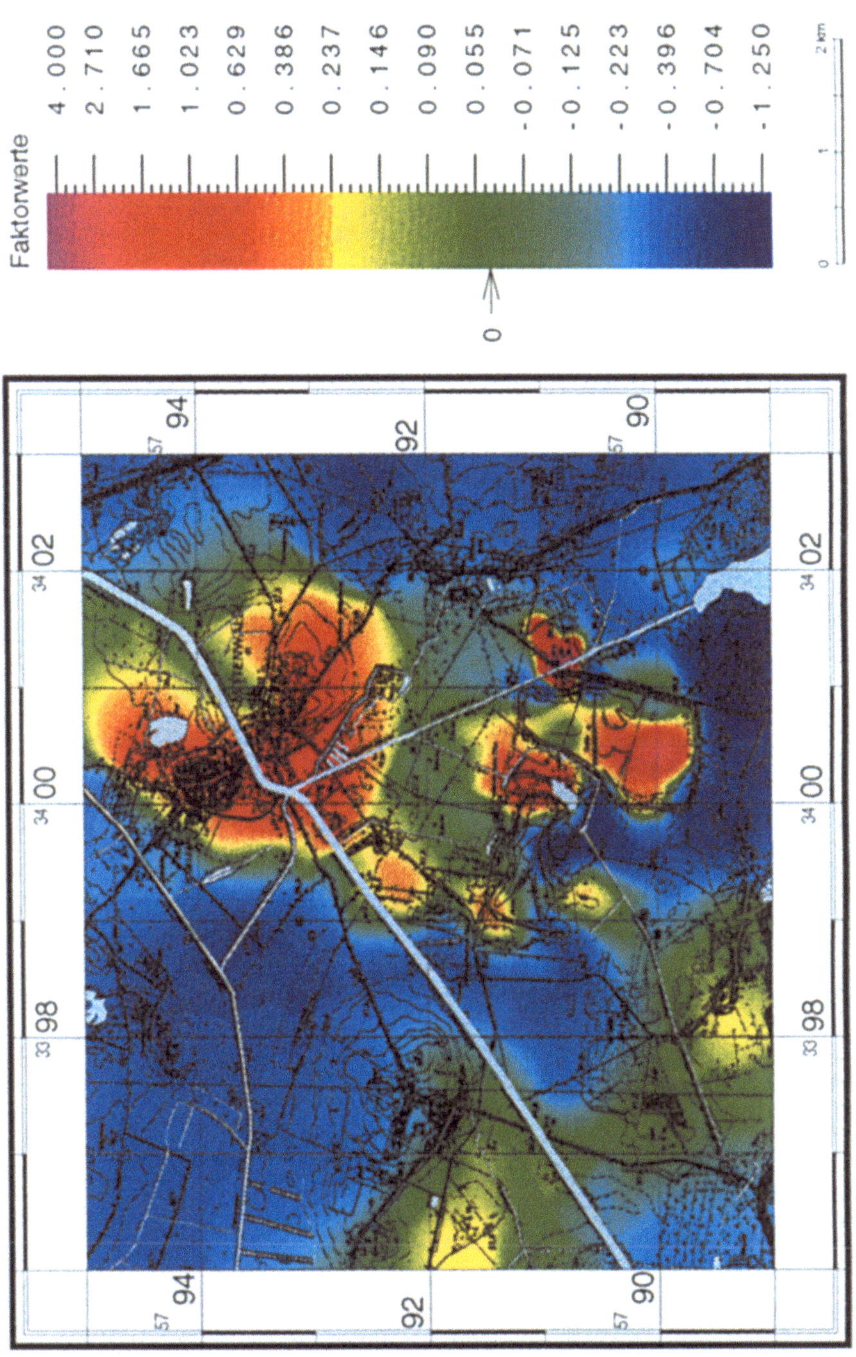

Abb. 5.28: Faktorwerte des Faktors 9: PCDF –PCDD-(pH-Zn)

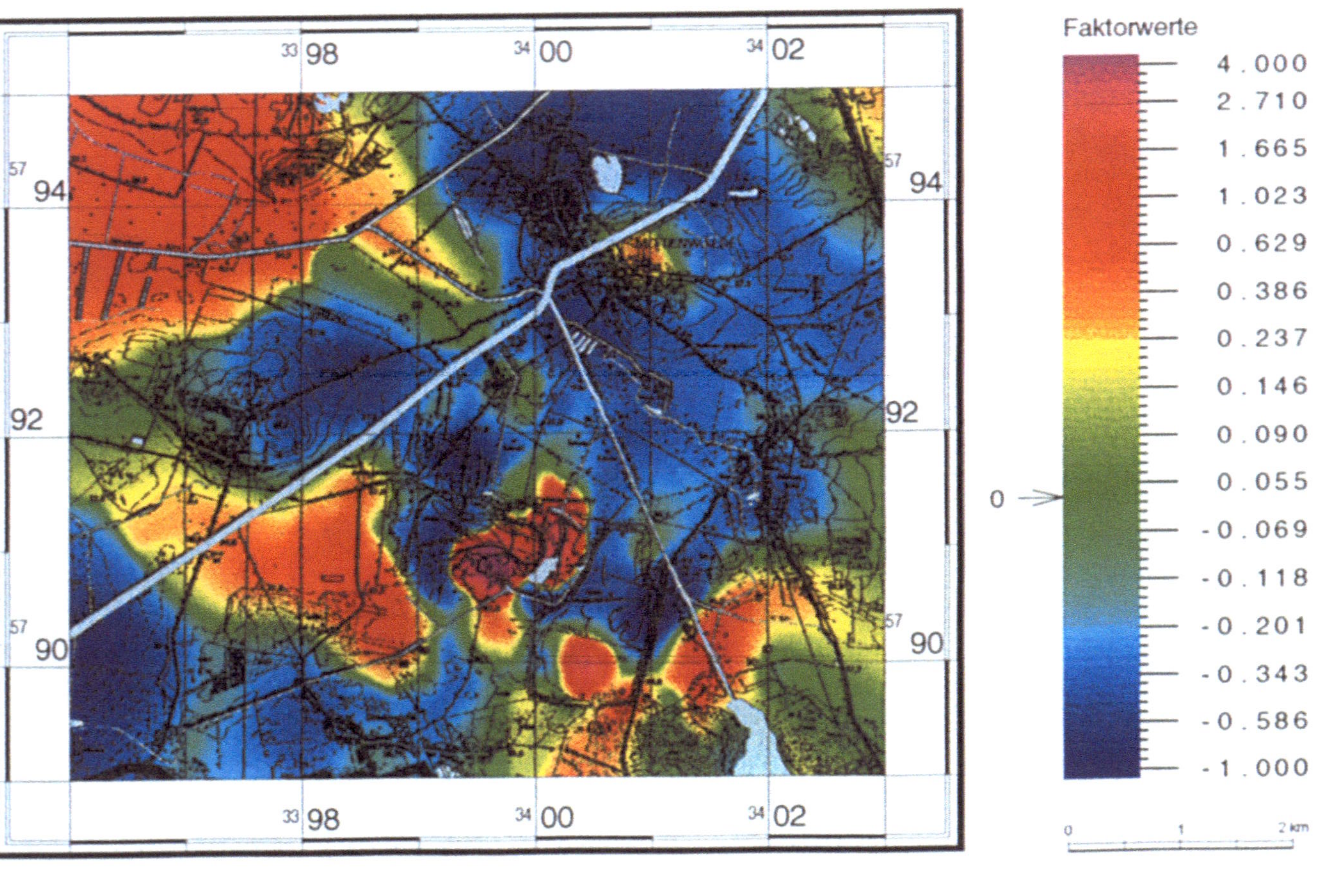

Abb. 5.29: Faktorwerte des Faktors 6: CN-Se-Hf-(As-$C_{org.}$-PCDD)

handeln kann. Die FW-Maxima (FW > 1,0) sind ausschließlich in technogen beeinflußten Bereichen an den Deponierändern (S-, E- und SE-Rand Deponie Schöneicher Plan) sowie im Zentralteil der Deponie Schöneiche (Mittelhalde) und W Mittenwalde verbreitet.

Die Faktoren 8 bis 12 (*Tab. 5.28*) besitzen auf Grund ihres geringen Anteils an der erklärten Gesamtvarianz des Datenmassivs (< 3 %) nur eine geringe Bedeutung für die komplexe Auswertung der Ergebnisse und die Aufklärung der wirkenden Migrationseinflüsse im exogenen geochemischen Feld des Untersuchungsgebietes.

5.3.3.2 Clusteranalyse (Q-Modus)

Im Gegensatz zur Faktoranalyse (Zusammenfassung von sich ähnlich oder gleich verhaltenden Merkmalen der Originaldatenmatrix in neuen Merkmalen der Ergebnismatrix) besteht das Ziel der Q-Mode-Clusteranalyse in einer Zusammenfassung von Fällen (Proben) mit möglichst großer Ähnlichkeit in den sie beschreibenden Merkmalen (Elementgehalten) aus der Originaldatenmatrix in neuen Fällen der Ergebnismatrix (Klassen). Im Ergebnis der Clusteranalyse ergibt sich eine Reduktion der Anzahl der zu betrachtenden Fälle auf die vorgebene Klassenanzahl. Der sinnvollen Wahl der Klassenanzahl kommt dabei für den Erhalt aussagekräftiger Ergebnisse besondere Bedeutung zu.

Unbedingte Voraussetzung für den Erhalt signifikanter Klassifizierungsergebnisse ist die Standardisierung der Merkmale der Ausgangsmatrix. Dadurch wird erreicht, daß der Einfluß aller Merkmale auf die Klassenzuordnung gleich groß ist. Für die Berechnung der für die Auswertung verwendeten Clusteranalyse wurde eine Kombination von partitionierenden und hierarchischen Klassifizierungsverfahren verwendet. Zunächst wurde das Datenmassiv partitionierend in 40 Klassen unterteilt, die Einzelproben entsprechend zu diesen Klassen zugeordnet. Die Zuordnung zu den einzelnen Klassen sowie die Lage der Klassenzentren (d. h. die Mittelwerte der Proben in den Klassen für das einzelne Merkmal) wurden anschließend solange optimiert, bis bei jedem weiteren Versuch der partitionierenden Zuordnung der Einzelproben zu den Klassen keine Verschiebung von Proben zwischen den Klassen bezüglich des vorangegangenen Optimierungsschrittes mehr auftraten. Die Klassenzentren der so gebildeten Klassen wurden anschließend einer hierarchischen Clusterung (Methode WARD, Abstandsmaß quadratisch euklidisch) unterworfen, um die Ähnlichkeitsbeziehungen zwischen den gebildeten 40 Klassen zu untersuchen. Fehlstellenbehaftete Proben wurden bei der Klassifizierung gemäß den Ähnlichkeiten ihrer nicht fehlstellenbehafteten Merkmale zugeordnet.

Im Ergebnis der Clusteranalyse erfolgt eine Aufteilung des Datenmassivs nach Ähnlichkeitsbeziehungen auf der Grundlage geochemischer Eigenschaften in Klassen, die regionale und z. T. lokale Untergrundkollektive (Multielementuntergründe) und geochemische Anomalien repräsentieren.

Für die Auswertung wurden eine Tabelle (*Tab. 5.32*) mit statistischen Maßzahlen für die einzelnen Klassen und den Kontrastwerten zum regionalen geochemischen Multielementuntergrund (RGMU, Klasse 11) sowie eine Clusterpunktlagekarte (*Abb. 5.30; Tab. 5.33*) erarbeitet.

Ergebnisse der Clusteranalyse und Charakterisierung der geochemischen Multielementanomalien

Die Clusteranalyse (Q-Modus) der erstellten Gesamtdatei des Untersuchungsgebietes Schöneiche konnte auf Grund der Verwendung der Software SPSS für WINDOWS erstmals mit Spuren- und Hauptkomponenten sowie mit organischen Schadstoffparametern gerechnet werden. Die Ergebnisse der Clusteranalyse belegen ebenso wie die der Faktoranalyse einen deutlichen Qualitätssprung in der Aussagefähigkeit der ermittelten Anomalie- und Untergrundklassen. Eindeutig geogene (geologisch bedingte) Zuordnungen lassen sich im Untersuchungsgebiet bei den 93 ermittelten geochemischen Multielementanomalien nicht mehr nachweisen.

Dagegen überwiegen sehr differenzierte anthropogene Einflußfaktoren, die durch beide Großdeponien und die vorhandenen Altablagerungen geprägt werden. Charakteristisch für die komplexen Anomalietypen im Untersuchungsgebiet sind neben einer großen Elementvielfalt vor allem eine exotische Zusammensetzung, die auf den anthropogenen Ursprung hinweist.

Mit der Bearbeitung der Clusteranalyse unter Einbeziehung der Hauptkomponenten und organischen Parameter lassen sich für jeden Probenahmepunkt die Hauptursachen für die nachgewiesene Elementmigration und/oder -anreicherung bzw. -verarmung einschätzen. Eine Bewertung und Einstufung der Einflußfaktoren nach der Intensität ihrer Wirkung ist allerdings erst mit Hilfe der Clusteranalyse der im Ergebnis der faktoranalytischen Bearbeitung für jeden Probenahmepunkt ermittelten Faktorwerte möglich (BIRKE, RAUCH & HELMERT 1992). Eine Anwendung dieser Prozedur auf die Gesamtdatei Schöneiche ist auf Grund der nur zu 85 % erklärten Gesamtvarianz und der geringen Probenanzahl leider wenig sinnvoll.

In der Gesamtdatei wurden 170 Bodenproben in die Berechnung einbezogen und in 40 Klassen gegliedert. Die Elementassoziationen der geochemischen Anomalien werden auf der Grundlage ihrer Zuordnung zum regionalen geochemischen Multielementuntergrund (RGMU) über die ermittelten Kontraste >3 (Klassenmittelwerte der Elementgehalte der Anomalieklasse / Klassenmittelwerte der Elementgehalte der Untergrundklassen) beschrieben.

Bei Kontrasten der Klassenmittelwerte von 1,8 - 1,9 werden die Gehalte als „erhöht", bei den Kontrasten von 2,0 - 2,9 als „deutlich erhöht", bei Kontrasten von 3,0 - 9,9 als „anomal" und bei Kontrasten > 10,0 als „stark anomal" bezeichnet (*Tab. 5.32*).

Tab. 5.32: Clusteranalyse - Mittelwerte der Klassen und Kontraste (Konzentrationskoeffizienten) zum regionalen geochemischen Multielementuntergrund

Klasse	Probenanzahl	pH (H_2O)	EC (µS/cm)		$C_{org.}$		SiO_2 (%)		TiO_2 (%)		Al_2O_3 (%)	
		x	x	Kontrast	x	Kontrast	x	Kontrast	x	Kontrast	x	Kontrast
RGMU	22	4,88	25,27		0,84		92,02		0,13		3,13	
1	1	7,90	2530,0	100,11	5,40	6,42	60,73	0,66	0,32	2,50	4,55	1,45
2	1	7,90	822,00	31,11	0,70	2,53	77,27	0,76	0,30	1,70	5,32	1,00
3	1	8,00	114,00	4,51	1,40	1,66	64,11	0,70	0,58	4,46	14,76	4,71
4	10	6,49	64,40	2,55	1,20	1,43	88,32	0,96	0,20	1,55	3,96	1,26
5	1	7,80	391,00	15,47	2,00	2,38	67,22	0,73	0,62	4,76	6,94	2,22
6	1	8,50	95,00	3,76	0,20	0,24	90,56	0,98	0,12	0,92	3,12	0,99
7	1	7,70	2315,0	91,60	5,70	6,78	59,94	0,65	0,42	3,23	5,42	1,73
8	6	6,73	241,00	9,56	5,55	6,60	74,90	0,81	0,18	1,37	3,56	1,14
9	1	7,80	708,00	28,01	8,20	9,75	56,83	0,62	0,41	3,13	6,29	2,01
10	1	7,20	62,00	2,45	1,70	2,02	84,68	0,92	0,14	1,10	6,53	2,08
12	1	7,70	541,00	21,41	1,80	2,14	74,29	0,81	0,33	2,56	6,66	2,13
13	7	4,71	18,71	0,74	0,84	1,00	91,89	1,00	0,14	1,10	3,26	1,04
14	1	4,00	13,00	0,51	0,50	0,59	93,31	1,01	0,14	1,12	2,90	0,93
15	1	7,60	938,00	37,11	1,80	2,14	83,51	0,91	0,19	1,44	4,07	1,30
16	1	7,80	120,00	4,75	3,40	4,04	68,82	0,75	0,20	1,54	3,56	1,14
17	4	5,50	18,75	0,74	0,85	1,01	92,26	1,00	0,12	0,92	2,88	0,92
18	2	7,85	56,00	2,22	1,80	2,14	88,43	0,96	0,13	1,00	3,08	0,98
19	5	6,14	69,20	2,74	1,28	1,52	87,30	0,95	0,25	1,93	4,43	1,41
20	5	6,96	49,40	1,95	1,18	1,40	88,77	0,96	0,19	1,43	3,69	1,18
21	2	7,75	1429,0	56,54	14,0	16,65	37,41	0,41	0,31	2,40	7,11	2,27
22	1	7,40	275,00	10,88	1,30	1,55	84,28	0,92	0,25	1,91	4,94	1,58
23	3	7,47	18,67	0,74	0,40	0,48	91,70	1,00	0,16	1,22	3,78	1,21
24	1	5,80	640,00	25,32	27,0	32,11	26,09	0,28	0,16	1,20	2,95	0,94
25	2	6,25	57,50	2,27	2,60	3,09	84,19	0,91	0,16	1,22	3,65	1,16
26	3	7,80	107,67	4,26	0,67	0,79	82,76	0,90	0,31	2,38	6,05	1,93
27	4	7,50	192,50	7,62	9,45	11,24	44,71	0,49	0,09	0,68	1,76	0,56
28	25	7,13	50,28	1,99	1,19	1,41	90,13	0,98	0,14	1,05	3,38	1,08
29	1	7,40	106,00	4,19	4,00	4,76	71,18	0,77	0,27	2,09	5,14	1,64
30	7	7,71	146,71	5,80	0,81	0,97	86,48	0,94	0,23	1,81	4,64	1,48
31	1	6,70	921,00	36,44	4,50	5,35	75,50	0,82	0,32	2,48	4,78	1,53
32	8	6,08	54,25	2,15	2,14	2,54	87,38	0,95	0,16	1,23	3,68	1,18
33	7	7,07	150,86	5,97	5,71	6,79	77,20	0,84	0,18	1,40	3,79	1,21
34	2	7,70	95,50	3,78	0,85	1,01	84,27	0,92	0,28	2,19	5,22	1,67
35	12	6,32	72,50	2,87	2,03	2,42	88,12	0,96	0,13	1,02	3,40	1,08
36	1	7,70	328,00	12,98	1,00	1,19	82,13	0,89	0,23	1,81	4,70	1,50
37	4	7,30	240,75	9,53	3,70	4,40	78,06	0,85	0,23	1,76	4,47	1,42
38	11	6,87	47,36	1,87	1,41	1,68	87,73	0,95	0,18	1,36	3,67	1,17
39	1	7,80	199,00	7,87	4,80	5,71	69,19	0,75	0,40	3,10	7,05	2,25
40	1	7,90	2850,0	112,77	9,80	11,65	30,28	0,33	0,24	1,83	4,19	1,34

Klasse	Proben-anzahl	Fe_2O_3 (%)		MnO (%)		MgO (%)		CaO (%)		Na_2O (%)	
		x	Kon-trast	x	Kon-trast	x	Kon-trast	x	Kon-trast	x	Kon-trast
RGMU	22	0,43		0,01		0,07		0,19		0,33	
1	1	5,58	12,83	0,09	6,11	0,86	12,37	7,92	42,29	0,21	0,64
2	1	1,63	6,32	0,03	2,49	0,49	4,64	5,18	18,27	0,64	0,58
3	1	7,64	17,56	0,08	5,70	1,50	21,57	4,27	22,80	0,91	2,78
4	10	0,89	2,05	0,04	2,71	0,15	2,21	0,57	3,07	0,45	1,37
5	1	8,08	18,57	0,11	7,20	0,75	10,78	4,93	26,33	1,04	3,18
6	1	0,73	1,68	0,01	1,02	0,10	1,44	1,20	6,41	0,42	1,28
7	1	6,22	14,30	0,08	5,36	0,78	11,22	8,22	43,89	0,25	0,76
8	6	2,00	4,60	0,05	3,70	0,19	2,80	2,29	12,23	0,38	1,16
9	1	5,86	13,47	0,06	4,35	0,93	13,37	8,72	46,56	0,24	0,73
10	1	0,84	1,93	0,03	2,17	0,21	3,02	1,03	5,50	0,41	1,25
12	1	4,15	9,54	0,05	3,60	0,72	10,35	3,72	19,86	1,19	3,64
13	7	0,47	1,09	0,01	0,99	0,08	1,09	0,20	1,07	0,33	1,01
14	1	0,40	0,92	0,01	0,68	0,07	1,01	0,16	0,85	0,27	0,83
15	1	1,52	3,49	0,03	2,04	0,17	2,44	2,05	10,95	0,39	1,19
16	1	1,69	3,88	0,06	4,14	0,22	3,16	8,20	43,79	0,37	1,13
17	4	0,46	1,06	0,02	1,03	0,08	1,19	0,19	1,00	0,28	0,85
18	2	0,49	1,14	0,03	1,73	0,08	1,15	0,84	4,51	0,42	1,30
19	5	1,01	2,31	0,04	3,03	0,20	2,85	0,52	2,75	0,51	1,56
20	5	0,83	1,90	0,03	1,90	0,15	2,16	0,77	4,10	0,40	1,22
21	2	8,99	20,65	0,12	8,18	0,95	13,66	7,00	37,35	0,46	1,42
22	1	1,62	3,72	0,04	2,44	0,32	4,60	1,54	8,22	0,57	1,74
23	3	0,49	1,13	0,02	1,09	0,13	1,82	0,32	1,69	0,35	1,08
24	1	2,40	5,52	0,04	2,99	0,17	2,44	4,22	22,53	0,25	0,76
25	2	1,68	3,86	0,04	2,68	0,15	2,22	1,14	6,09	0,44	1,36
26	3	1,85	4,24	0,04	2,47	0,48	6,90	1,52	8,10	0,61	1,87
27	4	0,80	1,84	0,11	7,64	0,19	2,80	21,62	115,42	0,16	0,49
28	25	0,57	1,32	0,02	1,40	0,10	1,49	0,59	3,15	0,34	1,04
29	1	2,93	6,74	0,07	4,62	0,41	5,90	3,81	20,34	0,47	1,44
30	7	1,45	3,33	0,03	1,93	0,27	3,90	1,17	6,26	0,50	1,53
31	1	1,92	4,41	0,03	1,97	0,31	4,46	2,08	11,11	0,49	1,50
32	8	0,76	1,75	0,02	1,65	0,10	1,46	0,54	2,86	0,36	1,09
33	7	1,58	3,63	0,04	2,64	0,19	2,79	1,73	9,25	0,35	1,08
34	2	1,40	3,21	0,04	2,92	0,32	4,60	1,59	8,49	0,56	1,71
35	12	0,67	1,54	0,03	1,70	0,09	1,37	0,53	2,83	0,35	1,07
36	1	1,55	3,56	0,03	2,17	0,32	4,60	3,24	17,30	0,51	1,56
37	4	2,19	5,03	0,05	3,62	0,26	3,74	1,53	8,16	0,44	1,34
38	11	0,84	1,93	0,03	1,78	0,13	1,85	0,79	4,23	0,41	1,26
39	1	5,16	11,86	0,08	5,43	0,64	9,20	3,13	16,71	0,73	2,23
40	1	7,72	17,75	0,09	5,91	1,09	15,67	19,79	105,68	0,37	1,13

Klasse	Probenanzahl	K_2O (%)		P_2O_5 (%)		SO_3 (%)		LOI (%)		Ag (mg/kg)	
		x	Kontrast	x	Kontrast	x	Kontrast	x	Kontrast	x	Kontrast
RGMU	22	0,77		0,04		0,03		2,67		0,13	
1	1	0,58	0,75	0,14	3,14	3,16	126,40	15,52	5,81	1,00	7,86
2	1	1,47	0,77	0,05	1,79	0,45	32,52	6,75	2,35	0,05	2,84
3	1	1,90	2,47	0,39	8,76	0,08	3,20	3,45	1,29	0,50	3,92
4	10	1,04	1,35	0,12	2,60	0,04	1,44	4,03	1,51	0,30	2,40
5	1	1,16	1,51	0,37	8,31	0,30	12,00	7,43	2,78	3,00	23,57
6	1	0,82	1,07	0,04	0,90	0,03	1,00	2,35	0,88	1,00	7,86
7	1	0,74	0,96	0,08	1,80	2,28	91,20	15,27	5,72	0,50	3,93
8	6	0,89	1,16	0,19	4,32	0,15	6,05	14,91	5,59	0,14	1,11
9	1	0,74	0,96	0,05	1,12	0,83	33,20	18,77	7,03	0,05	0,39
10	1	1,02	1,33	0,23	5,16	0,10	4,00	4,51	1,69	0,70	5,50
12	1	1,46	1,90	0,16	3,59	0,21	8,40	6,50	2,43	1,10	8,64
13	7	0,79	1,03	0,04	0,87	0,03	1,20	2,56	0,96	0,17	1,35
14	1	0,77	1,00	0,01	0,11	0,03	1,00	1,63	0,61	0,05	0,39
15	1	0,89	1,16	0,09	2,02	0,24	9,60	6,44	2,41	0,05	0,39
16	1	0,76	0,99	0,11	2,47	0,16	6,40	15,60	5,84	0,50	3,93
17	4	0,73	0,96	0,05	1,12	0,03	1,00	2,68	1,00	0,24	1,87
18	2	0,75	0,98	0,04	1,01	0,05	1,90	5,36	2,01	0,18	1,37
19	5	1,23	1,59	0,16	3,55	0,03	1,36	4,11	1,54	0,47	3,69
20	5	0,95	1,24	0,10	2,24	0,04	1,52	3,87	1,45	0,23	1,81
21	2	0,79	1,03	0,45	10,22	1,94	77,80	33,52	12,56	3,55	27,89
22	1	1,35	1,75	0,08	1,80	0,14	5,60	4,78	1,79	0,50	3,93
23	3	0,91	1,18	0,03	0,75	0,03	1,00	1,86	0,70	0,13	1,05
24	1	0,38	0,49	0,20	4,49	1,13	45,20	61,89	23,19	0,40	3,14
25	2	0,88	1,14	0,10	3,56	0,10	3,90	7,39	2,77	0,05	0,39
26	3	1,60	2,08	0,07	1,50	0,03	1,00	4,43	1,66	0,13	1,05
27	4	0,42	0,54	0,12	2,81	0,25	10,20	29,68	11,12	0,05	0,39
28	25	0,79	1,03	0,07	1,47	0,03	1,26	3,62	1,36	0,14	1,13
29	1	1,23	1,60	0,89	19,98	0,26	10,40	12,88	4,83	16,30	128,07
30	7	1,25	1,62	0,05	1,22	0,06	2,34	3,60	1,35	0,20	1,57
31	1	1,13	1,47	0,86	19,31	0,53	21,20	11,68	4,34	25,60	201,14
32	8	0,84	1,09	0,07	1,60	0,06	2,47	5,84	2,19	0,10	0,79
33	7	0,88	1,14	0,12	2,66	0,15	5,83	13,58	5,09	0,09	0,67
34	2	1,45	1,88	0,10	2,24	0,03	1,00	4,60	1,72	0,50	3,93
35	12	0,79	1,02	0,08	1,72	0,05	1,93	5,56	2,08	0,17	1,31
36	1	1,22	1,59	0,06	1,35	0,17	6,80	5,46	2,05	0,05	0,39
37	4	0,99	1,29	0,16	3,65	0,15	5,85	11,30	4,23	0,34	2,65
38	11	0,93	1,21	0,09	2,02	0,06	2,40	4,87	1,83	0,11	0,89
39	1	1,59	2,07	0,15	3,37	0,37	14,80	11,07	4,15	0,50	3,93
40	1	0,49	0,64	0,14	3,14	4,58	183,20	30,50	11,43	2,70	21,21

Klasse	Proben-anzahl	As (mg/kg)		B (mg/kg)		Ba (mg/kg)		Be (mg/kg)		Bi (mg/kg)	
		x	Kon-trast	x	Kon-trast	x	Kon-trast	x	Kon-trast	x	Kon-trast
RGMU	22	1,18		11,07		170,14		0,90		0,34	
1	1	8,40	7,13	99,00	8,94	505,00	2,97	1,60	1,72	0,18	0,51
2	1	3,50	2,67	26,00	2,97	454,00	1,77	1,60	1,01	0,70	0,44
3	1	13,00	11,03	53,00	5,79	1110,0	6,52	7,70	8,51	1,90	5,54
4	10	1,68	1,43	13,00	1,17	244,00	1,44	1,09	1,20	0,63	1,83
5	1	16,20	13,75	97,00	8,76	1420,0	8,35	1,70	1,88	4,40	12,82
6	1	2,80	2,38	14,00	1,26	246,00	1,45	1,00	1,11	0,90	2,62
7	1	12,00	10,18	89,00	8,04	442,00	2,60	1,90	2,10	0,18	0,51
8	6	4,07	3,45	14,67	1,32	230,00	1,35	1,10	1,21	0,31	0,91
9	1	3,60	3,06	110,00	9,94	390,00	2,29	2,20	2,43	0,18	0,51
10	1	0,80	0,68	10,00	0,90	267,00	1,57	1,80	1,99	0,18	0,51
12	1	12,20	10,35	39,00	3,52	770,00	4,53	1,90	2,10	1,50	4,37
13	7	1,23	1,04	10,71	0,97	179,29	1,05	0,91	1,01	0,51	1,50
14	1	0,90	0,76	11,00	0,99	166,00	0,98	0,90	0,99	0,18	0,51
15	1	5,30	4,50	15,00	1,35	366,00	2,15	2,20	2,43	1,00	2,91
16	1	2,50	2,12	24,00	2,17	298,00	1,75	1,10	1,22	2,60	7,58
17	4	1,35	1,14	9,45	0,85	169,75	1,00	0,92	1,02	0,51	1,49
18	2	1,64	1,39	12,00	1,08	175,00	1,03	0,95	1,05	0,44	1,27
19	5	1,54	1,31	16,00	1,45	271,00	1,59	1,20	1,33	0,32	0,93
20	5	1,61	1,37	13,80	1,25	236,00	1,39	1,04	1,15	0,50	1,47
21	2	31,55	26,78	86,00	7,77	1805,0	10,61	8,50	9,34	2,05	5,97
22	1	3,20	2,72	18,00	1,62	262,00	1,54	1,30	1,44	0,18	0,51
23	3	0,83	0,70	10,67	0,96	197,67	1,16	0,97	1,07	0,45	1,31
24	1	11,10	9,42	25,00	2,26	231,00	1,36	2,20	2,43	0,18	0,51
25	2	2,05	1,74	12,50	1,13	237,00	1,39	1,10	1,22	0,18	0,51
26	3	3,07	2,60	22,33	2,02	304,67	1,79	1,53	1,69	0,38	1,12
27	4	4,70	3,99	18,50	1,67	197,75	1,16	0,80	0,89	0,43	1,26
28	25	1,09	0,93	10,84	0,98	193,72	1,14	0,97	1,07	0,38	1,10
29	1	12,00	10,18	21,00	1,90	509,00	2,99	1,40	1,55	2,30	6,70
30	7	2,98	2,53	17,14	1,55	271,14	1,59	1,30	1,44	0,42	1,24
31	1	4,80	4,07	26,00	2,35	662,00	3,89	1,40	1,55	9,70	28,26
32	8	1,80	1,52	11,90	1,07	210,75	1,24	1,04	1,15	0,18	0,51
33	7	3,64	3,09	17,14	1,55	255,71	1,50	1,33	1,47	0,29	0,85
34	2	2,55	2,16	18,00	1,63	292,50	1,72	1,25	1,38	0,74	2,15
35	12	1,29	1,09	11,13	1,00	187,00	1,10	0,97	1,08	0,66	1,94
36	1	3,60	3,06	19,00	1,72	383,00	2,25	1,30	1,44	0,18	0,51
37	4	9,73	8,25	18,25	1,65	255,75	1,50	1,33	1,46	0,18	0,51
38	11	1,66	1,41	12,23	1,10	217,82	1,28	1,02	1,13	0,18	0,51
39	1	15,50	13,16	45,00	4,07	594,00	3,49	2,30	2,54	1,70	4,95
40	1	20,10	17,06	114,00	10,30	1000,0	5,88	2,70	2,98	2,10	6,12

Klasse	Proben-anzahl	Br (mg/kg)		Cd (mg/kg)		Ce (mg/kg)		Co (mg/kg)		Cr (mg/kg)	
		x	Kon-trast	x	Kon-trast	x	Kon-trast	x	Kon-trast	x	Kon-trast
RGMU	22	2,05		0,10		18,94		0,23		7,47	
1	1	8,00	3,90	0,50	5,19	43,20	2,28	16,90	75,11	81,70	10,93
2	1	1,20	1,98	0,24	2,26	30,90	1,43	0,23	28,00	31,50	3,97
3	1	2,30	1,12	0,60	6,22	98,40	5,19	75,80	336,89	138,00	18,47
4	10	4,93	2,40	0,24	2,53	28,21	1,49	0,23	1,00	18,86	2,52
5	1	2,70	1,32	5,50	57,08	28,90	1,53	46,00	204,44	301,00	40,28
6	1	1,70	0,83	2,50	25,94	19,10	1,01	0,23	1,00	24,60	3,29
7	1	3,70	1,80	0,50	5,19	37,50	1,98	20,30	90,22	52,50	7,03
8	6	19,03	9,28	0,41	4,29	22,12	1,17	0,34	1,50	19,95	2,67
9	1	2,40	1,17	0,16	1,66	39,90	2,11	17,40	77,33	50,80	6,80
10	1	4,70	2,29	0,55	5,71	28,50	1,50	0,23	1,00	32,30	4,32
12	1	2,80	1,37	1,00	10,38	36,30	1,92	11,90	52,89	92,50	12,38
13	7	2,03	0,99	0,20	2,10	20,01	1,06	0,23	1,00	7,83	1,05
14	1	1,10	0,54	0,02	0,21	22,10	1,17	0,23	1,00	6,10	0,82
15	1	2,80	1,37	0,19	1,97	27,60	1,46	2,30	10,22	21,50	2,88
16	1	13,20	6,44	0,48	4,98	23,20	1,22	0,23	1,00	31,70	4,24
17	4	2,23	1,08	0,18	1,92	20,83	1,10	0,23	1,00	7,10	0,95
18	2	8,30	4,05	0,97	10,07	16,70	0,88	0,23	1,00	8,90	1,19
19	5	3,96	1,93	0,46	4,79	32,08	1,69	0,23	1,00	21,82	2,92
20	5	3,20	1,56	0,21	2,18	24,78	1,31	0,23	1,00	24,38	3,26
21	2	22,95	11,19	0,96	9,96	62,80	3,32	54,50	242,22	100,20	13,41
22	1	2,30	1,12	0,23	2,39	39,60	2,09	0,23	1,00	24,80	3,32
23	3	1,47	0,71	0,06	0,66	24,97	1,32	0,23	1,00	9,37	1,25
24	1	69,50	33,90	0,80	8,30	40,90	2,16	0,23	1,00	31,80	4,25
25	2	5,15	2,51	0,28	2,91	25,45	1,34	0,23	1,00	16,35	2,19
26	3	1,63	0,80	0,12	1,28	39,87	2,10	1,15	5,11	34,47	4,61
27	4	33,28	16,23	0,40	4,12	14,08	0,74	0,23	1,00	22,48	3,01
28	25	3,78	1,84	0,14	1,50	20,19	1,07	0,23	1,00	9,72	1,30
29	1	10,20	4,98	6,00	62,27	27,90	1,47	5,70	25,33	86,80	11,62
30	7	2,04	1,00	0,21	2,13	27,29	1,44	0,23	1,00	24,07	3,22
31	1	5,50	2,68	30,90	320,67	28,30	1,49	0,23	1,00	92,20	12,34
32	8	6,46	3,15	0,23	2,35	28,61	1,51	0,23	1,00	12,93	1,73
33	7	12,77	6,23	0,33	3,41	25,57	1,35	0,66	2,95	19,60	2,62
34	2	3,45	1,68	0,21	2,18	36,35	1,92	0,23	1,00	26,00	3,48
35	12	6,28	3,06	0,20	2,06	21,33	1,13	0,23	1,00	11,14	1,49
36	1	2,10	1,02	0,33	3,42	31,70	1,67	0,23	1,00	28,30	3,79
37	4	16,68	8,13	0,49	5,08	31,45	1,66	1,56	6,92	25,10	3,36
38	11	5,25	2,56	0,22	2,26	18,22	0,96	0,23	1,00	15,00	2,00
39	1	4,10	2,00	0,50	5,19	46,90	2,48	19,00	84,44	72,20	9,66
40	1	7,20	3,51	3,10	32,17	170,00	8,97	37,20	165,33	84,30	11,28

Klasse	Proben-anzahl	Cs (mg/kg)		Cu (mg/kg)		F (%)		Ga (mg/kg)		Ge (mg/kg)	
		x	Kon-trast	x	Kon-trast	x	Kon-trast	x	Kon-trast	x	Kon-trast
RGMU	22	2,98		12,36		0,02		3,64		1,00	
1	1	3,00	1,00	48,90	3,95	0,08	3,59	4,70	1,29	1,20	1,20
2	1	2,30	1,00	61,40	2,04	0,03	1,91	6,50	1,00	1,00	1,00
3	1	6,00	2,01	170,00	13,75	0,03	1,35	20,80	5,72	3,00	3,00
4	10	5,43	1,82	21,55	1,74	0,03	1,26	4,63	1,27	1,02	1,02
5	1	0,08	0,02	711,00	57,51	0,04	1,80	11,10	3,05	1,40	1,40
6	1	2,60	0,87	58,40	4,72	0,04	1,80	4,60	1,26	0,70	0,70
7	1	1,10	0,37	66,70	5,39	0,02	0,90	7,30	2,00	1,30	1,30
8	6	3,03	1,02	18,88	1,53	0,02	1,08	4,40	1,21	0,85	0,85
9	1	0,08	0,02	15,50	1,25	0,02	0,90	6,80	1,87	1,20	1,20
10	1	4,50	1,51	15,30	1,24	0,04	1,80	5,80	5,59	1,00	1,00
12	1	0,30	0,10	223,00	18,04	0,03	1,35	7,80	2,14	1,10	1,10
13	7	5,10	1,71	4,54	0,37	0,02	0,96	4,04	1,11	1,00	1,00
14	1	6,20	2,08	2,20	0,18	0,02	0,90	3,40	0,93	1,10	1,10
15	1	0,08	0,02	38,10	3,08	0,02	0,90	3,90	1,07	1,00	1,00
16	1	2,10	0,70	46,20	3,74	0,03	1,35	4,90	1,35	1,10	1,10
17	4	4,18	1,40	4,93	0,40	0,02	0,90	3,50	0,96	0,97	0,97
18	2	2,50	0,84	5,00	0,40	0,02	0,90	3,80	1,04	1,00	1,00
19	5	3,80	1,27	13,38	1,08	0,03	1,44	5,14	1,41	1,04	1,04
20	5	4,00	1,34	13,14	1,06	0,03	1,26	4,34	1,19	0,98	0,98
21	2	0,08	0,02	492,50	39,83	0,04	1,80	10,25	2,82	1,60	1,60
22	1	10,20	3,42	17,90	1,45	0,04	1,80	6,10	1,68	1,2	1,20
23	3	5,73	1,92	4,67	0,38	0,03	1,20	4,13	1,14	1,00	1,00
24	1	10,30	3,46	34,80	2,81	0,03	1,35	5,10	1,40	0,70	0,70
25	2	3,40	1,14	20,75	1,68	0,02	1,12	3,45	0,95	1,05	1,05
26	3	4,70	1,58	18,27	1,48	0,03	1,35	7,30	2,00	1,10	1,10
27	4	0,08	0,02	9,15	0,74	0,02	0,92	3,25	0,89	0,38	0,38
28	25	2,83	0,95	7,29	0,59	0,02	1,11	3,76	1,03	0,98	0,98
29	1	0,08	0,02	395,00	31,95	0,03	1,35	7,60	2,09	1,00	1,00
30	7	2,19	0,74	24,36	1,97	0,03	1,47	5,33	1,46	1,00	1,00
31	1	1,30	0,43	306,00	24,75	0,04	1,80	4,40	1,21	1,10	1,10
32	8	8,41	2,82	10,93	0,88	0,03	1,29	4,01	1,10	1,01	1,01
33	7	2,61	0,88	39,83	3,22	0,03	1,47	4,31	1,19	1,07	1,07
34	2	4,45	1,49	12,65	1,02	0,03	1,35	6,70	1,84	1,15	1,15
35	12	4,11	1,38	5,56	0,45	0,02	1,12	3,90	1,07	0,98	0,98
36	1	4,20	1,41	25,80	2,09	0,03	1,35	5,40	1,48	1,00	1,00
37	4	2,93	0,98	12,50	1,01	0,03	1,46	5,45	1,50	1,08	1,07
38	11	2,34	0,78	11,22	0,91	0,02	0,90	4,19	1,15	0,76	0,76
39	1	1,20	0,40	96,00	7,76	0,04	1,80	9,30	2,56	1,40	1,40
40	1	0,08	0,02	107,00	8,65	2,63	118,13	7,60	2,01	1,40	1,40

Klasse	Proben-anzahl	Hf (mg/kg)		Hg (mg/kg)		In (mg/kg)		I (mg/kg)		La (mg/kg)	
		x	Kon-trast	x	Kon-trast	x	Kon-trast	x	Kon-trast	x	Kon-trast
RGMU	22	10,00		0,02		0,06		1,32		12,18	
1	1	20,00	2,00	0,42	17,44	0,10	1,72	0,50	0,38	23,40	1,92
2	1	10,00	1,32	0,44	7,51	0,03	1,01	0,13	0,43	18,60	1,18
3	1	10,00	1,00	0,26	10,80	0,03	0,43	0,13	0,09	52,00	4,27
4	10	10,00	1,00	0,13	5,36	0,04	0,69	1,99	1,51	18,94	1,55
5	1	10,00	1,00	0,29	12,04	0,03	0,43	0,13	0,09	16,90	1,39
6	1	10,00	1,00	0,41	17,03	0,03	0,43	0,13	0,09	10,90	0,89
7	1	10,00	1,00	0,29	12,04	0,03	0,43	0,13	0,09	20,10	1,65
8	6	13,25	1,32	0,21	8,93	0,03	0,43	3,63	2,75	14,88	1,22
9	1	25,00	2,50	0,04	1,66	0,03	0,43	0,13	0,09	22,10	1,81
10	1	10,00	1,00	0,10	4,15	0,03	0,43	1,50	1,13	17,40	1,43
12	1	10,00	1,00	0,29	12,04	0,03	0,43	0,13	0,09	17,70	1,45
13	7	10,00	1,00	0,03	1,07	0,03	0,43	2,13	1,61	16,07	1,32
14	1	10,00	1,00	0,01	0,41	0,03	0,43	1,70	1,29	16,60	1,36
15	1	10,00	1,00	2,00	83,05	0,20	3,45	0,13	0,09	14,30	1,17
16	1	10,00	1,00	0,13	5,40	0,03	0,43	0,13	0,09	14,50	1,19
17	4	25,25	2,52	0,04	1,76	0,03	0,43	1,88	1,42	12,90	1,06
18	2	10,00	1,00	0,03	1,24	0,06	1,08	2,15	1,63	10,90	0,89
19	5	20,00	2,00	0,15	6,06	0,03	0,43	1,98	1,50	20,36	1,67
20	5	10,00	1,00	0,07	2,91	0,22	3,80	1,84	1,39	15,34	1,26
21	2	18,50	1,85	6,80	282,38	0,40	6,90	0,13	0,09	30,55	2,51
22	1	23,00	2,30	0,14	5,81	0,10	1,72	3,80	2,88	27,50	2,26
23	3	23,00	2,30	0,02	0,83	0,05	0,86	1,87	1,41	16,27	1,34
24	1	10,00	1,00	0,69	28,65	0,03	0,43	9,30	7,04	24,70	2,03
25	2	10,00	1,00	0,14	5,81	0,03	0,43	2,70	2,04	14,10	1,16
26	3	10,00	1,00	0,05	2,21	0,03	0,43	0,94	0,71	21,97	1,80
27	4	10,00	1,00	0,12	4,98	0,03	0,43	5,75	4,35	9,55	0,78
28	25	10,00	1,00	0,05	2,12	0,04	0,74	1,83	1,39	12,22	1,00
29	1	32,00	3,20	0,84	34,88	0,03	0,43	1,20	0,91	15,10	1,24
30	7	13,00	1,33	0,12	4,98	0,03	0,43	0,86	0,65	15,70	1,29
31	1	10,00	1,00	7,40	307,30	0,03	0,43	0,13	0,09	17,70	1,45
32	8	12,50	1,25	0,11	4,77	0,03	0,59	3,55	2,69	20,73	1,70
33	7	10,00	1,00	0,12	5,10	0,05	0,86	2,87	2,17	15,90	1,31
34	2	23,50	2,35	0,09	3,94	0,03	0,43	2,05	1,55	21,85	1,79
35	12	11,08	1,11	0,07	2,73	0,04	0,65	2,34	1,77	14,13	1,16
36	1	10,00	1,00	0,24	9,97	0,03	0,43	1,30	0,98	17,80	1,46
37	4	14,00	1,40	0,20	8,20	0,04	0,75	3,00	2,27	18,68	1,53
38	11	12,14	1,21	0,10	3,96	0,04	0,67	1,14	0,86	12,15	0,99
39	1	20,00	2,00	0,65	26,99	0,03	0,43	0,13	0,09	25,10	2,06
40	1	10,00	1,00	2,70	112,12	0,03	0,43	0,13	0,09	53,50	4,39

Klasse	Probenanzahl	Mo (mg/kg)		Nb (mg/kg)		Ni (mg/kg)		Pb (mg/kg)		Rb (mg/kg)	
		x	Kontrast	x	Kontrast	x	Kontrast	x	Kontrast	x	Kontrast
RGMU	22	4,43		3,57		0,15		18,76		27,44	
1	1	6,20	1,40	8,60	2,41	20,50	140,94	133,00	7,09	24,80	0,90
2	1	4,50	1,00	7,40	1,53	10,40	71,50	74,50	2,59	54,40	0,84
3	1	15,90	3,59	16,80	4,70	112,00	770,00	162,00	8,63	88,00	3,21
4	10	5,14	1,16	5,19	1,45	2,00	13,75	29,52	1,57	37,56	1,37
5	1	52,00	11,73	11,60	3,25	83,50	574,06	888,00	47,33	41,70	1,52
6	1	18,70	4,22	2,80	0,78	9,80	67,37	257,00	13,70	29,60	1,08
7	1	4,90	1,11	10,40	2,91	20,30	139,56	87,40	4,66	30,60	1,11
8	6	3,03	0,68	5,07	1,42	4,47	30,70	44,05	2,35	28,83	1,05
9	1	4,00	0,90	9,70	2,71	12,40	85,25	19,30	1,03	35,30	1,29
10	1	3,80	0,86	4,40	1,23	2,80	19,25	30,90	1,65	37,90	1,38
12	1	9,40	2,12	7,60	2,13	34,70	238,56	402,00	21,42	55,80	2,03
13	7	4,44	1,00	3,67	1,03	0,24	1,62	21,09	1,12	27,94	1,02
14	1	4,70	1,06	3,80	1,06	0,03	0,17	13,60	0,72	26,90	0,98
15	1	4,50	1,01	4,50	1,26	12,10	83,19	101,00	5,38	32,10	1,17
16	1	3,20	0,72	5,40	1,51	5,50	37,81	238,00	12,68	24,70	0,90
17	4	3,50	0,79	3,30	0,92	0,19	1,33	18,30	0,97	26,15	0,95
18	2	3,00	0,68	3,20	0,90	0,03	0,17	23,80	1,27	26,05	0,95
19	5	5,02	1,13	5,96	1,67	3,02	20,76	35,20	1,88	44,72	1,63
20	5	4,38	0,99	4,58	1,28	2,07	14,20	36,36	1,94	32,84	1,20
21	2	4,60	1,04	8,40	2,35	79,85	548,97	843,50	44,95	34,30	1,25
22	1	5,40	1,22	6,10	1,70	9,70	66,69	44,10	2,35	48,60	1,77
23	3	4,50	1,01	4,03	1,13	0,30	2,06	17,30	0,92	31,30	1,14
24	1	1,00	0,23	5,80	1,62	9,40	64,62	158,00	8,42	13,20	0,48
25	2	3,90	0,88	4,80	1,34	2,55	17,53	28,85	1,54	29,30	1,07
26	3	4,50	1,01	7,23	2,02	11,57	79,52	23,23	1,24	58,33	2,13
27	4	1,73	0,39	4,58	1,28	2,93	20,11	41,15	2,19	16,83	0,61
28	25	3,94	0,89	3,64	1,02	0,69	4,72	20,47	1,09	27,85	1,01
29	1	6,90	1,56	6,10	1,71	24,70	169,81	284,00	15,14	47,20	1,72
30	7	5,06	1,14	5,49	1,53	8,31	57,16	42,87	2,28	44,80	1,63
31	1	6,60	1,49	6,10	1,71	34,90	239,94	221,00	11,78	41,40	1,51
32	8	4,31	0,97	4,65	1,30	1,54	10,59	32,09	1,71	28,44	1,04
33	7	3,51	0,79	4,91	1,37	5,81	39,97	45,76	2,44	29,34	1,07
34	2	4,00	0,90	6,80	1,90	7,75	53,28	34,70	1,85	52,10	1,90
35	12	4,08	0,92	3,86	1,08	0,76	5,24	22,83	1,22	27,09	0,99
36	1	4,50	1,01	5,50	1,54	9,30	63,94	130,00	6,93	45,30	1,65
37	4	4,10	0,92	6,15	1,72	5,65	38,84	37,83	2,02	31,60	1,15
38	11	3,04	0,68	4,83	1,35	1,63	11,22	30,92	1,65	32,02	1,17
39	1	6,10	1,38	9,70	2,71	29,10	200,06	162,00	8,63	59,50	2,17
40	1	5,50	1,24	6,90	1,93	112,00	770,00	824,00	43,91	21,50	0,78

Klasse	Proben-anzahl	Sb (mg/kg)		Sc (mg/kg)		Se (mg/kg)		Sn (mg/kg)		Sr (mg/kg)	
		x	Kon-trast	x	Kon-trast	x	Kon-trast	x	Kon-trast	x	Kon-trast
RGMU	22	1,43		1,50		0,13		1,45		32,10	
1	1	3,10	2,16	6,00	4,00	0,10	0,76	11,30	7,79	379,00	11,80
2	1	1,90	1,35	4,00	2,07	0,10	0,77	2,70	2,67	136,00	4,21
3	1	7,70	5,37	25,00	16,67	0,10	0,76	16,00	11,03	611,00	19,03
4	10	2,04	1,42	2,50	1,67	0,10	0,76	2,82	1,94	59,39	1,85
5	1	22,90	15,97	5,00	3,33	0,10	0,76	151,00	104,14	186,00	5,79
6	1	6,50	4,53	1,00	0,67	0,10	0,76	41,10	28,34	43,10	1,34
7	1	4,00	2,79	6,00	4,00	0,10	0,76	8,50	5,86	426,00	13,27
8	6	1,59	1,11	3,25	2,17	0,10	0,76	4,88	3,37	81,80	2,55
9	1	0,27	0,19	6,00	4,00	0,10	0,76	2,80	1,93	318,00	9,90
10	1	2,00	1,39	2,00	1,33	0,10	0,76	2,30	1,59	102,00	3,18
12	1	8,90	6,21	5,00	3,33	0,10	0,76	50,90	35,10	149,00	4,64
13	7	2,10	1,46	1,00	0,67	0,14	1,08	1,70	1,17	33,30	1,04
14	1	2,30	1,60	1,00	0,67	0,10	0,76	1,40	0,97	30,40	0,95
15	1	3,10	2,16	3,00	2,00	0,10	0,76	35,60	24,55	83,60	2,60
16	1	3,80	2,65	2,00	1,33	0,10	0,76	40,40	27,86	97,70	3,04
17	4	2,28	1,59	1,00	0,67	0,18	1,33	1,73	1,19	31,13	0,97
18	2	1,22	0,85	2,50	1,67	0,25	1,90	1,55	1,07	50,50	1,57
19	5	1,66	1,16	2,80	1,88	0,10	0,76	2,76	1,90	67,88	2,11
20	5	2,52	1,76	2,20	1,47	0,10	0,76	5,66	3,90	55,16	1,72
21	2	17,60	12,27	8,00	5,33	0,45	3,41	372,50	256,90	388,00	12,09
22	1	3,10	2,16	4,00	2,67	0,10	0,76	4,70	3,24	79,90	2,49
23	3	1,61	1,12	1,00	0,67	0,10	0,76	1,43	0,99	37,33	1,16
24	1	5,40	3,76	3,00	2,00	0,70	5,31	33,00	22,76	160,00	4,98
25	2	1,45	1,01	2,50	1,67	0,10	0,76	2,90	2,00	61,30	1,91
26	3	0,99	0,69	5,00	3,33	0,10	0,76	2,20	1,52	73,03	2,27
27	4	1,04	0,72	2,00	1,33	0,30	2,28	1,50	1,03	184,25	5,74
28	25	1,16	0,81	1,56	1,04	0,11	0,85	1,88	1,30	44,20	1,38
29	1	4,30	2,99	3,00	2,00	0,50	3,79	25,50	17,59	110,00	4,43
30	7	3,01	2,10	3,43	2,29	0,10	0,76	4,76	3,28	68,90	2,15
31	1	5,80	4,04	3,00	2,00	0,10	0,76	31,70	21,86	107,00	3,33
32	8	2,86	2,00	2,13	1,42	0,10	0,76	2,71	1,87	51,05	1,59
33	7	3,00	2,09	2,71	1,81	0,43	3,25	5,13	3,54	79,87	2,49
34	2	2,10	1,46	3,50	2,33	0,10	0,76	2,55	1,76	72,50	2,26
35	12	1,80	1,26	1,42	0,94	0,49	3,73	1,85	1,28	47,53	1,48
36	1	2,60	1,81	5,00	3,33	0,10	0,76	9,10	6,28	98,20	3,06
37	4	1,95	1,36	3,25	2,17	0,10	0,76	3,00	2,07	86,95	2,71
38	11	1,54	1,07	2,14	1,43	0,10	0,76	3,26	2,25	51,09	1,59
39	1	5,70	3,97	7,00	4,67	1,40	10,62	22,30	15,38	184,00	5,73
40	1	7,00	4,88	8,00	5,33	0,10	0,76	17,10	11,79	767,00	23,89

Klasse	Proben-anzahl	Ta (mg/kg)		Te (mg/kg)		Th (mg/kg)		Tl (mg/kg)		U (mg/kg)	
		x	Kon-trast	x	Kon-trast	x	Kon-trast	x	Kon-trast	x	Kon-trast
RGMU	22	0,03		0,58		2,56		0,28		0,43	
1	1	1,20	48,00	0,50	0,86	6,30	2,46	1,00	3,55	4,00	9,29
2	1	0,70	27,66	0,50	0,83	5,80	1,63	0,80	1,86	2,00	3,75
3	1	0,10	4,00	0,50	0,86	17,50	6,82	1,50	5,32	12,10	28,09
4	10	0,03	1,00	0,67	1,15	3,74	1,46	0,27	0,95	1,39	3,23
5	1	0,03	1,00	0,50	0,86	4,60	1,79	1,70	6,03	4,00	9,29
6	1	0,03	1,00	0,50	0,86	2,70	1,05	0,90	3,19	0,50	1,16
7	1	0,03	1,00	0,50	0,86	5,70	2,22	0,70	2,48	5,50	12,77
8	6	0,03	3,50	0,45	0,77	2,78	1,08	0,13	0,44	0,70	1,62
9	1	0,09	92,00	0,50	0,86	6,30	2,46	0,90	3,19	4,70	10,91
10	1	2,30	1,00	0,80	1,37	4,10	1,60	0,80	2,84	2,20	5,11
12	1	0,03	1,00	0,50	0,86	5,90	2,30	1,30	4,61	2,70	6,27
13	7	0,03	1,00	1,37	2,36	2,89	1,13	0,27	0,98	0,48	1,12
14	1	0,03	1,00	0,50	0,86	3,20	1,25	0,13	0,44	0,80	1,86
15	1	0,03	1,00	0,50	0,86	5,50	2,14	0,80	2,84	1,80	4,18
16	1	0,03	1,00	0,50	0,86	4,00	1,56	1,00	3,55	1,20	2,79
17	4	0,03	1,00	0,50	0,86	2,35	0,92	0,24	0,86	0,26	0,61
18	2	0,03	1,00	0,50	0,86	2,25	0,88	0,46	1,64	0,70	1,62
19	5	0,03	1,00	0,64	1,10	4,84	1,89	0,39	1,38	2,36	5,48
20	5	0,03	1,00	0,72	1,24	3,60	1,40	0,33	1,19	1,32	3,06
21	2	0,03	1,00	0,50	0,86	6,55	2,55	1,95	6,92	2,56	5,95
22	1	0,03	1,00	1,80	3,09	6,30	2,46	0,13	0,44	1,90	4,41
23	3	0,03	1,00	0,97	1,66	2,87	1,12	0,13	0,44	0,58	1,35
24	1	0,03	1,00	1,90	3,27	0,35	0,14	0,13	0,44	0,03	0,06
25	2	2,20	88,00	1,20	2,06	3,30	1,29	0,41	1,46	1,31	3,05
26	3	0,03	1,00	0,50	0,86	6,73	2,63	0,51	1,80	1,90	4,41
27	4	0,03	1,00	0,45	0,77	1,45	0,57	0,46	1,64	1,79	4,15
28	25	0,05	1,92	0,54	0,93	2,53	0,98	0,41	1,46	0,89	2,06
29	1	0,03	1,00	0,50	0,86	5,60	2,18	1,30	4,16	2,470	5,57
30	7	0,03	1,00	0,50	0,86	4,83	1,88	0,59	2,10	1,22	2,82
31	1	0,03	1,00	0,50	0,86	4,80	1,87	1,20	4,26	1,20	2,79
32	8	0,03	1,00	1,75	3,01	3,06	1,19	0,27	0,95	0,46	1,07
33	7	0,08	3,14	0,66	1,13	3,73	1,45	0,58	2,05	1,06	2,47
34	2	0,03	1,00	0,50	0,86	6,05	2,36	0,46	1,64	2,30	5,34
35	12	0,03	1,00	0,80	1,37	2,50	0,97	0,20	0,72	0,59	1,37
36	1	0,03	1,00	1,30	2,23	5,60	2,18	0,70	2,48	3,40	7,89
37	4	0,04	1,75	0,78	1,33	4,25	1,66	0,13	0,44	2,23	5,17
38	11	0,03	1,00	0,41	0,70	3,55	1,39	0,19	0,68	1,71	3,97
39	1	0,03	1,00	0,50	0,86	8,20	3,20	1,00	3,55	3,10	7,20
40	1	0,03	1,00	0,50	0,86	5,80	2,26	2,10	7,45	4,10	9,52

Klasse	Proben-anzahl	V (mg/kg)		W (mg/kg)		Y (mg/kg)		Zn (mg/kg)		Zr (mg/kg)	
		x	Kon-trast	x	Kon-trast	x	Kon-trast	x	Kon-trast	x	Kon-trast
RGMU	22	6,32		0,15		5,22		22,25		160,31	
1	1	22,80	3,61	1,90	12,67	23,30	4,46	264,00	11,86	147,00	0,92
2	1	13,20	1,96	0,15	4,97	13,50	2,09	255,00	4,24	189,00	0,86
3	1	206,00	32,60	3,20	21,33	47,40	9,08	258,00	11,59	211,00	1,31
4	10	11,06	1,75	0,15	1,00	8,83	1,69	47,62	2,14	219,00	1,37
5	1	48,40	7,66	38,00	253,33	12,70	2,43	1510,0	67,85	190,00	1,18
6	1	5,40	0,85	3,60	24,00	5,60	1,07	918,00	41,25	91,50	0,57
7	1	37,70	5,97	1,10	7,33	16,80	3,22	540,00	24,26	210,00	1,31
8	6	12,40	1,96	0,15	1,00	8,45	1,62	69,63	3,13	160,00	0,99
9	1	37,30	5,90	0,30	2,00	14,10	2,70	40,30	1,81	162,00	1,01
10	1	9,60	1,52	0,15	1,00	7,60	1,46	75,00	3,37	126,00	0,79
12	1	37,60	5,95	4,90	32,67	14,40	2,76	456,00	20,49	171,00	1,07
13	7	5,47	0,87	0,15	1,00	5,51	1,06	22,77	1,02	190,14	1,19
14	1	9,00	1,42	0,15	1,00	5,90	1,13	10,70	0,48	223,00	1,39
15	1	14,30	2,26	0,15	1,00	10,20	1,95	123,00	5,53	203,00	1,27
16	1	5,50	0,87	0,15	1,00	7,70	1,48	156,00	7,01	186,00	1,16
17	4	4,25	0,67	0,15	1,00	5,20	1,00	20,60	0,93	138,75	0,87
18	2	8,00	1,27	0,15	1,00	5,75	1,10	22,45	1,01	162,50	1,01
19	5	14,40	2,28	0,22	1,48	10,76	2,06	51,38	2,31	256,40	1,60
20	5	10,58	1,67	0,15	1,00	7,86	1,51	46,50	2,09	198,80	1,24
21	2	49,55	7,84	2,05	13,67	31,20	5,98	1230,0	55,27	109,55	0,68
22	1	15,30	2,42	0,15	1,00	13,10	2,51	88,00	3,95	201,00	1,25
23	3	7,17	1,13	0,15	1,00	7,07	1,35	20,97	0,94	174,00	1,08
24	1	27,70	4,38	0,15	1,00	10,10	1,94	105,00	4,72	121,00	0,75
25	2	12,45	1,97	0,15	1,00	7,90	1,51	76,65	3,44	143,50	0,89
26	3	22,43	3,55	0,15	1,00	15,47	2,96	51,60	2,32	232,00	1,45
27	4	25,93	4,10	0,15	1,00	5,70	1,09	35,63	1,60	104,08	0,65
28	25	6,48	1,03	0,15	1,00	5,85	1,12	27,44	1,23	144,50	0,90
29	1	22,60	3,58	0,15	10,00	12,20	2,34	797,00	35,81	231,00	1,44
30	7	15,00	2,37	1,50	1,71	11,03	2,11	80,07	3,60	203,00	1,27
31	1	12,50	1,98	0,26	1,00	10,60	2,03	899,00	40,40	227,00	1,42
32	8	10,46	1,66	0,15	1,00	7,39	1,42	43,00	1,93	171,50	1,07
33	7	14,56	2,30	0,15	1,00	9,33	1,79	65,13	2,93	164,14	1,02
34	2	25,75	4,08	0,15	1,00	13,40	2,57	52,60	2,36	242,00	1,51
35	12	9,84	1,56	0,15	1,00	6,20	1,19	27,50	1,24	141,32	0,88
36	1	22,30	3,53	0,15	1,00	11,60	2,22	201,00	9,03	187,00	1,17
37	4	18,93	2,99	0,15	1,00	12,28	2,35	59,60	2,68	205,75	1,28
38	11	8,06	1,28	0,15	1,00	7,35	1,41	38,92	1,75	192,09	1,20
39	1	38,10	6,03	5,20	34,67	18,10	3,47	252,00	11,32	217,00	1,35
40	1	41,90	6,63	0,15	1,00	231,00	44,27	990,00	44,48	117,00	0,73

Klasse	Proben anzahl	AOX (mg/kg)		EOX (mg/kg)		Cyanide (mg/kg)		MKW (mg/kg)		PAK (mg/kg)	
		x	Kon-trast	x	Kon-trast	x	Kon-trast	x	Kon-trast	x	Kon-trast
RGMU	22	6,23		1,67		0,06		12,65		0,18	
1	1	5,00	0,80	0,25	0,15	1,10	17,04	75,00	5,93	7,90	43,89
2	1	5,00	0,80	0,73	0,39	0,05	7,05	95,00	2,35	5,60	18,27
3	1	5,00	0,80	1,80	1,07	0,05	0,77	160,00	12,65	0,05	0,28
4	10	5,00	0,80	1,04	0,62	0,28	4,26	15,58	1,23	0,61	3,41
5	1	5,00	0,80	1,10	0,66	0,05	0,77	1500,0	118,62	5,50	30,56
6	1	5,00	0,80	0,25	0,15	0,05	0,77	14,00	1,11	2,00	11,11
7	1	5,00	0,80	2,20	1,31	1,30	20,14	170,00	13,44	5,40	30,00
8	6	5,00	0,80	2,64	1,57	0,05	0,77	21,00	1,66	0,97	5,40
9	1	5,00	0,80	5,10	3,05	0,05	0,77	29,00	2,29	0,28	1,56
10	1	5,00	0,80	1,50	0,90	0,05	0,77	11,00	0,87	1,60	8,98
12	1	5,00	0,80	1,80	1,07	0,05	0,77	52,00	4,11	1,70	9,44
13	7	7,29	1,17	2,58	1,54	0,05	0,77	10,57	0,84	0,31	1,75
14	1	21,00	3,37	0,25	0,15	0,05	0,77	23,00	1,82	0,03	0,14
15	1	11,00	1,77	3,70	2,21	0,05	0,77	2,50	0,20	2,50	13,89
16	1	5,00	0,80	8,10	4,84	0,05	0,77	2,50	0,20	0,32	1,78
17	4	5,00	0,80	1,64	0,98	0,11	1,66	5,78	0,46	0,03	0,17
18	2	32,00	5,14	10,00	5,97	0,05	0,77	10,00	0,79	0,10	0,56
19	5	7,00	1,12	5,18	3,09	0,13	2,08	12,72	1,00	1,23	6,81
20	5	6,00	0,96	1,75	1,04	0,08	1,21	20,46	1,62	0,44	2,46
21	2	5,00	0,80	3,70	2,21	35,00	542,25	54,00	4,27	5,30	29,44
22	1	5,00	0,80	0,25	0,15	0,18	2,79	8,20	0,65	12,00	66,67
23	3	5,00	0,80	1,10	0,66	0,05	0,77	17,50	3,84	0,12	0,68
24	1	5,00	0,80	1,10	0,66	0,05	0,77	48,00	3,80	5,10	28,33
25	2	14,50	2,33	8,75	5,23	0,05	0,77	19,25	1,52	0,03	0,14
26	3	8,00	1,28	0,53	0,32	0,05	0,77	2,50	0,20	0,36	1,97
27	4	13,00	2,09	2,68	1,60	0,05	0,77	9,75	0,77	0,42	2,33
28	25	6,00	0,96	2,24	1,34	0,06	0,89	13,22	1,04	0,32	1,77
29	1	5,00	0,80	0,73	0,43	28,00	433,80	32,00	2,53	1,80	10,00
30	7	6,00	0,96	1,50	0,89	0,37	5,75	12,51	0,99	5,30	29,47
31	1	24,00	3,85	17,00	10,15	5,60	86,76	780,00	61,68	1,50	8,33
32	8	5,00	0,80	0,63	0,38	0,05	0,77	14,65	1,16	1,36	7,56
33	7	5,00	0,80	1,43	0,85	0,11	1,73	8,23	0,65	1,32	7,31
34	2	5,00	0,80	0,25	0,15	0,08	1,24	12,50	0,99	0,13	0,75
35	12	5,00	0,80	1,19	0,71	0,06	0,89	8,42	0,67	1,02	5,64
36	1	10,00	1,60	1,10	0,66	0,05	0,77	200,00	15,82	63,00	350,00
37	4	5,00	0,80	1,61	0,96	0,05	0,77	11,15	0,88	0,30	1,67
38	11	7,57	1,22	9,74	5,82	0,06	0,95	19,86	1,57	0,16	0,87
39	1	5,00	0,80	1,50	0,90	50,00	774,65	84,00	6,64	4,80	26,67
40	1	5,00	0,80	1,10	0,66	2,50	38,73	89,00	7,04	0,41	2,28

Klasse	Proben-anzahl	PCB (mg/kg)		Phenolindex (mg/kg)		Dioxine (ngTE/kgTS; BGA,1984)		Furane (ngTE/kgTS; BGA,1984)	
		x	Kon-trast	x	Kon-trast	x	Kon-trast	x	Kon-trast
RGMU	22	0,0010		0,05		35,46		39,37	
1	1	0,0010	1,00	0,05	1,00	920,00	25,95	196,00	4,98
2	1	0,0010	0,09	0,05	1,00	224,00	11,46	56,20	2,10
3	1	0,1200	119,99	0,05	1,00	358,00	10,10	173,00	4,39
4	10	0,0014	1,40	0,05	1,00	57,43	1,62	37,30	0,95
5	1	0,0140	14,00	0,05	1,00	1780,0	50,20	770,00	19,56
6	1	0,0010	1,00	0,05	1,00	5070,0	142,99	4490,0	114,04
7	1	0,0010	1,00	0,05	1,00	458,00	12,92	210,00	5,33
8	6	0,0010	1,00	0,05	1,00	210,00	5,92	52,80	1,34
9	1	0,0010	1,00	0,05	1,00	176,00	4,96	21,70	0,55
10	1	0,0010	1,00	0,05	1,00	572,00	16,13	139,00	3,53
12	1	0,0580	57,99	0,05	1,00	1320,0	37,23	469,00	11,91
13	7	0,0010	1,00	0,05	1,00	73,40	2,07	60,38	1,53
14	1	0,0010	1,00	0,05	1,00	21,60	0,61	8,68	0,22
15	1	0,0010	1,00	0,05	1,00	125,00	3,52	90,60	2,30
16	1	0,0010	1,00	0,05	1,00	280,00	7,90	121,00	3,07
17	4	0,0010	1,00	0,05	1,00	32,17	0,91	27,85	0,71
18	2	0,0010	1,00	0,05	1,00	40,50	1,14	17,00	0,43
19	5	0,0010	1,00	0,05	1,00	100,15	2,82	48,25	1,23
20	5	0,0010	1,00	0,05	1,00	120,87	3,41	41,70	1,06
21	2	0,0900	90,00	0,05	1,00	5430,0	153,14	1050,0	26,67
22	1	0,0010	1,00	0,05	1,00	148,00	4,17	45,40	1,15
23	3	0,0010	1,00	0,05	1,00	184,00	5,19	15,00	0,38
24	1	0,0010	1,00	0,42	8,40	n.b.	n.b.	n.b.	n.b.
25	2	0,0010	1,00	0,05	1,00	161,00	4,54	182,00	4,62
26	3	0,0010	1,00	0,05	1,00	147,00	4,15	20,91	0,53
27	4	0,0010	1,00	0,05	1,00	41,90	1,18	52,70	1,34
28	25	0,0015	1,48	0,05	1,00	146,56	4,13	59,66	1,51
29	1	0,1200	119,99	0,05	1,00	4330,0	122,12	1100,0	27,94
30	7	0,0191	19,14	0,05	1,00	177,32	5,00	58,95	1,50
31	1	0,2700	270,00	4,60	92,00	3960,0	111,68	1130,0	28,70
32	8	0,0010	1,00	0,05	1,00	106,42	3,00	58,78	1,49
33	7	0,0010	1,00	0,05	1,00	174,00	4,92	99,50	2,53
34	2	0,0080	7,99	0,05	1,00	523,00	14,75	118,00	3,00
35	12	0,0010	1,00	0,07	1,30	108,85	3,07	41,18	1,05
36	1	0,1600	159,99	0,05	1,00	457,00	12,89	213,00	5,41
37	4	0,0010	1,00	0,05	1,00	133,67	3,77	46,57	1,18
38	11	0,0010	1,00	0,10	2,00	49,00	1,38	44,80	1,14
39	1	0,0980	97,99	0,05	1,00	687,00	19,38	263,00	6,68
40	1	0,0010	1,00	0,05	1,00	837,00	23,61	351,00	8,91

Tab. 5.33: Charakteristik der geochemischen Multielementanomalien (Clusterpunktlagekarte, *Abb. 5.30; Tab. 5.32*)

Anomalienummer	Klassennummer	Lokalität	anomale Elementassoziation	indikative Faktoren (*Tab. 5.29*)	Anomalieursache und Bemerkung
1	4	ca. 1km E Großmachnow	Ni-Hg-CN-PAK-U-Ca-(Mn-P-EC-Cd-Cr-Br-Ag-Mg-Zn)	F. 6, 10, (3)	Industrieabfälle, (Altdeponien), Gülleverregnung, Landwirtschaft
2	33	SE Ortslage Großmachnow	Ni-Ca-PAK-$C_{org.}$-Br-EC-S-Hg-Fe-Sn-Cd-Se-Cu-Ta-As	F. 6, 10, (3)	wilde Müllablagerungen
3	35	N-S- gerichtete Anomalie E Großmachnow	PAK-Ni-Se-PCDD-Br	F. 6	Klärschlammverklappung, Landwirtschaft
4	38	S Groß-machnower Weinberg	Ni-EOX-Ca-U-Hg-(Br-S-Cd-Sn-P-Cr-PN)	F. 6	Landwirtschaftseinfluß (Viehzucht, Düngemittel), Altablagerungen
5	37	NW Mitten-walde	Ni-EC-As-Hg-Ca-Br-Co-S-U-Cd-Fe-$C_{org.}$-PCDD-Mg-P-Mn-Cr	F. 1, 4, 5, 7, 10	Hausmüll- und Bauschutt-ablagerungen, Land-wirtschaft
6	38	Ortslage Mittenwalde	Ni-EOX-Ca-U-Hg-(Br-S-Cd-Sn-P-Cr-PN)	F. 3, 7, 9, 10, 12	komplexe anthropogene Einflüsse (Gewerbe- u. Industriegebiet), Landwirtschaft
7	33	W Mitten-walde	Ni-Ca-PAK-$C_{org.}$-Br-EC-S-Hg-PCDD-Fe-Sn-Cd-Se-Cu-Ta-As	F. 6, 5, 8	wilde Müll- und Abfallent-sorgungen, Fäkalienver-kippung, Landwirtschaft
8	28	W Ortsrand Mittenwalde	Ni-PCDD-Ca-(Hg-U)	F. 7	Landwirtschaftseinfluß (Klärschlammaufbringung)
9	25	N Mittenwalde	Ta-Ni-Ca-Hg-EOX-PCDD/F-S-Fe-Zn-$C_{org.}$-U-(Cd-Mn-Br-P-AOX-EC-Mg-Cr)	F. 7, 4, 12, 10	Industrie, Altablagerungen, Gewerbegebiet
10	28	NE Mit-tenwalde	Ni- PCDD-Ca-(Hg-U)	F. 7, 9, 10	Landwirtschaftseinfluß, (Altablagerungen)
11	8	E Tonsee, Mittenwalde	Ni-Ca-EC-Br-Hg-$C_{org.}$-S-PCDD-PAK-Fe-P-Cd-Mn-Ta-As-Sn-Zn	F. 5, 8	Landwirtschaftseinfluß, Milieu (ehemalige Ziegelei), Siedlungseinfluß
12	4	NE Mitten-walde	Ni-Hg-CN-PAK-U-Ca-(Mn-P-EC-Cd-Cr-Br-Ag-Mg-Zn)	F. 5, 8	Landwirtschaft (Gülle), (Industrieabfälle)
13	4	E Mittenwalde	Ni-Hg-CN-PAK-U-Ca-(Mn-P-EC-Cd-Cr-Br-Ag-Mg-Zn)	F. 5, 8	Landwirtschaft, Industrie- u. Gewerbegebietseinfluß
14	37	E Mittenwalde	Ni-EC-As-Hg-Ca-Br-Co-S-U-Cd-Fe-$C_{org.}$-PCDD-Mg-P-Mn-Cr	F. 5, 8	Landwirtschaft, wilde Müllablagerung, Milieu, (ehemalige Ziegelei)
15	33	ca. 2km NE Mittenwalde	Ni-Ca-PAK-$C_{org.}$-Br-EC-S-Hg-Fe-Sn-Cd-Se-Cu-Ta-As	F. 8, 10	wilde Müllablagerungen, Altablagerungen, (Landwirtschaft)

Anomalie-nummer	Klassen-nummer	Lokalität	anomale Elementassoziation	indikative Faktoren (*Tab. 5.29*)	Anomalieursache und Bemerkung
16	19	NE-Rand Untersuchungsgebiet, E u. S Autobahn	Ni-PAK-Hg-U-Cd-Ag-P-EOX-Mn-(Cr-Mg-PCDD-Ca-EC-Fe-Zn-V-Sr)	F. 6, 4, 10, 8	anthropogen, Industrieeinfluß, Gewerbegebiet, Landwirtschaft
17	38	ca. 2km E Mittenwalde	Ni-EOX-Ca-U-Hg-(Br-S-Cd-Sn-P-Cr-PN)	F. 8	komplexe Ursachen (Industrie- u. Gewerbegebiet)
18	19	E Ortsrand Mittenwalde	Ni-PAK-Hg-U-Cd-Ag-P-EOX-Mn-(Cr-Mg-PCDD-Ca-EC-Fe-Zn-V-Sr)	F. 6	Industrieeinfluß, (ehemaliges ACZ)
19	32	S Ortsrand Mittenwalde	Ni-PAK-Hg-Br-Te-PCDD		Siedlungseinfluß, (Altablagerungen)
20	20	S Mittenwalde	Ni-Ca-Sn-In-Cr-U-(Hg-PAK-P-Cd-Mg-Zn)	F. 3, 9, 12	Altdeponie (Deponie am Torfgraben), Altablagerungen, (Siedlungs- u. Industrierückstände), Landwirtschaft
21	34	ca. 1km NW Telz	Ni-Ca-PCB-U-Mg-V-Hg-Ag-EC-Cr-Fe-(Mn-Y-Zn-Th-Hf-Sc-Sr-P-Ti-Cd-As-Bi)	F. 5, 6, (2, 9, 10)	Altablagerung, anthropogene Ursachen, Landwirtschaft
22	4	NW und E Ortslage Telz	Ni-Hg-CN-PAK-U-Ca-(Mn-P-EC-Cd-Cr-Br-Ag-Mg-Zn)	F. 3, 6, 10 (S und SW Telz)	Landwirtschaftseinfluß, Industrie- und Altablagerungen
23	38	NW Telz	Ni-EOX-Ca-U-Hg-(Br-S-Cd-Sn-P-Cr-PN)	F. 6, 8	komplexe anthropogene Ursachen (ehemaliges Düngemittellager), Landwirtschaft
24	23	N Telz	(Hf-Ni)		Müllablagerungen, Landwirtschaft, Siedlungseinfluß
25	32	S Zülowkanal ca. 1,4 km	Ni-PAK-Hg-Br-Te-PCDD	F. 6	Altablagerungen, (Fäkalienverkippung), Landwirtschaft
26	35	NNE Telz	PAK-Ni-Se-PCDD-Br	F. 5, 8	Klärschlammverklappung, Müllverkippung
27	19	NE Telz	Ni-PAK-Hg-U-Cd-Ag-P-EOX-Mn-(Cr-Mg-PCDD-Ca-EC-Fe-Zn-V-Sr)	F. 6	Altablagerungen, Siedlungseinfluß
28	20	SW Mittenwalde, NW Nottekanal	Ni-Ca-Sn-In-PCDD-Cr-U-(Hg-PAK-P-Cd-Mg-Zn)	F. 5, 8	Fäkalien- und Düngemittelverkippung, Industrieabgänge, Landwirtschaft
29	28	SW Mittenwalde (am Nottekanal)	Ni-PCDD-Ca-(Hg-U)	F. 5	Altablagerungen (Deponie „Alte Asche"), Klärschlammverklappung, Landwirtschaft
30	24	SW Mittenwalde	Ni-S-Br-Corg.-Hg-PAK-EC-Sn-Ca-As-Pb-PN-Cd-J-Fe-Se-Sr-Zn-P-V-Cr-MKW-Sb-Cs-Te-Ag	F. 5, 9, 10, (6)	Altablagerungen (Deponie „Alte Asche")

Anomalie-nummer	Klassen-nummer	Lokalität	anomale Elementassoziation	indikative Faktoren (*Tab. 5.29*)	Anomalieursache und Bemerkung
31	32	NW Deponie Schöneicher Plan	Ni-PAK-Hg-Br-Te-PCDD	F. 5, 8	Altablagerungen (Deponie Telz), Industrieabgänge (MGB GmbH)
32	38	S Mittenwalde	Ni-EOX-Ca-U-Hg-(Br-S-Cd-Sn-P-Cr-PN)	F. 9, 12	Landwirtschaft, Altablagerungen (Deponie „Alte Asche")
33	10	SE Ortsrand Mittenwalde	Ni-PCDD-PAK-Cd-Ca-Ag-P-U-Cr-Hg-S-PCDF-Zn-Sr-Mg	F. 7, 9, (1)	Landwirtschaft, Altablagerungen (Deponie am Galgenberg)
34	38	SE Mittenwalde, N Gallun	Ni-EOX-Ca-U-Hg-(Br-S-Cd-Sn-P-Cr-PN)	F. 7, 4, 10, (8)	Landwirtschaftseinflüsse
35	23	N Gallun	(Hf-Ni)	F. 5, (2)	Landwirtschaftseinfluß, Siedlungseinfluß
36	28	W und SW Gallun	Ni-PCDD-Ca-(Hg-U)	z.T. F. 12, 7	Altablagerungen, Landwirtschaftseinfluß
37	32	NW Ortsausgang Gallun	Ni-PAK-Hg-Br-Te-PCDD	F. 5, (2)	Industrie und Siedlung, Altablagerungen (Klärschlamm), Landwirtschaft
38	4	E Gallun	Ni-Hg-CN-PAK-U-Ca-(Mn-P-EC-Cd-Cr-Br-Ag-Mg-Zn)	F. 3, (2), (6)	Industrie- und Altablagerungen (Einfluß Deponie „Bredows Kiesgruben"), Landwirtschaft (Gülle)
39	35	SW Telz	PAK-Ni-Se-Br	F. 5, 9	Altablagerungen (Industrierückstände, Aschen), (Landwirtschaft)
40	33	S Telz	Ni-Ca-PAK-$C_{org.}$-Br-EC-S-Hg-PCDD-Fe-Sn-Cd-Se-Cu-Ta-As	F. 6, 10, (3)	komplexe anthropogene Ursachen (Müll, Altablagerungen)
41	32	S Telz	Ni-PAK-Hg-Br-Te-PCDD	F. 6, 10, (3)	Altablagerungen, Landwirtschaft
42	25	SE Telz	Ta-Ni-Ca-Hg-EOX-S-Fe-Zn-$C_{org.}$-U-(Cd-Mn-Br-P-AOX-EC-Mg-Cr)	F. 6	Landwirtschaftseinfluß, Altablagerungen (mögliche Beeinflussung durch eine S gelegene Altlastenverdachtsfläche)
43	1	W Rand Deponie Schöneicher Plan	Ni-S-EC-Co-Ta-Ca-PCDD-Hg-CN-Fe-W-Mg-Zn-Sr-Cr-U-B-Ag-Sn-As-Pb-$C_{org.}$-Mn-MKW-Cd-PCDF-Y-Sc-Cu-Br-V-F-Tl-P	F. 5, 3, 12, 10 (2), (1)	Mülldeponierung (Deponieeinfluß), Deponieerweiterungsflächen
44	22	NW Rand Deponie Schöneicher Plan	Ni-PAK-EC-Ca-Hg-S-Mg-U-PCDD-Zn-Ag-Fe-Cs-Cr-Sn-Te	F. 3, 12, 9, 10, 8	Mülldeponierung (Deponieeinfluß)

Anomalie-nummer	Klassen-nummer	Lokalität	anomale Elementassoziation	indikative Faktoren (*Tab. 5.29*)	Anomalieursache und Bemerkung
45	20	N Deponie Schöneicher Plan	Ni-Ca-Sn-In-PCDD-Cr-U-(Hg-PAK-P-Cd-Mg-Zn)	F. 7	Altablagerungen, (Deponieeinfluß), Industrierückstände MGB (GmbH) bes. im E-Teil der Anomalie, Landwirtschaft
46	33	N Deponie Schöneicher Plan	Ni-Ca-PAK-$C_{org.}$-Cr-EC-S-Hg-PCDD-Fe-Sn-Cd-Se-Cu-Ta-As	F. 5, 10	mögliche Altablagerungen, (Deponieeinfluß)
47	30	NW Rand Deponie Schöneicher Plan	Ni-PAK-PCB-Ca-EC-CN-Hg-Mg-Zn-Fe-Sn-Cr	F. 2, 3	Deponieeinfluß, Müllablagerung
48	31	W-Teil Deponie Schöneicher Plan	Cd-Hg-PCB-Ni-Ag-PCDD-PN-CN-MKW-Zn-EC-PCDF-Bi-Cu-Sn-S-P-Cr-Pb-Ca-EOX-PAK-$C_{org.}$-Fe-Tl-As-Sb-Ba-AOX-Sr	F. 2, 3, 4	Deponie Schöneicher Plan, Klärschlammablagerungen, Zentralteil der Deponie
49	9	N-Rand Deponie Schöneicher Plan	Ta-Ni-Co-Ca-S-EC-Fe-Mg-U-B-Sr-$C_{org.}$-Cr-V-PCDD-Mn-Sc-Tl-Ti-As	F. 10, 3, 7	Deponieeinfluß
50	40	Zentralteil Deponie Schöneicher Plan	Ni-S-Co-F-EC-Hg-Ca-Zn-Y-Pb-CN-Cd-Sr-PCDD-Ag-Fe-As-Mg-Sn-$C_{org.}$-Cr-B-U-Ce-PCDF-Cu-Tl-MKW-V-Bi-Mn-Ba-Sc-Sb-La-Br-P	F. 2, 3, 6, 1, 7	Deponieablagerungen, Bauschutt, Industrierückstände, Zentralteil der Deponie
51	39	Zentralteil Deponie Schöneicher Plan	CN-Ni-PCB-Co-W-Hg-PAK-PCDD-Ca-Sn-S-As-Fe-Zn-Se-Cr-Mg-Pb-EC-Cu-U-PCDF-MKW-V-Sr-$C_{org.}$-Mn-Cd-Bi-Sc-B-Sb-Ag-Tl-Ba-Y-P-Th-Ti	F. 3, 6, 2, 7, 1	Deponieablagerungen, Deponiefläche, Altablagerungen, Industrieabgänge
52	30	S- und E-Rand Deponie Schöneicher Plan	Ni-PAK-PCB-Ca-EC-CN-PCDD-Hg-Mg-Zn-Fe-Sn-Cr	F. 3, 6, 7, 9	Deponieablagerungen, Industrierückstände, Altablagerungen
53	21	NE-Rand Deponie Schöneicher Plan	Ni-CN-Hg-Sn-Co-PCDD-PCB-S-EC-Zn-Pb-Cu-Ca-PAK-Ag-As-PCDF-Fe-$C_{org.}$-W-Mg-Cr-Sb-Sr-Br-Ba-P-Cd-Be-Mn-V-B-Tl-In-Y-Bi-U-Sc-MKW-Se-Ce	F. 9, 2, 10, 12, 3, 4, 5, 6, 7	Müllablagerungen und Industrierückstände (komplexe anthropogene Einflüsse), Ostteil der Deponie
54	16	NW-Rand Deponie Schöneiche	Ca-Ni-Sn-Pb-PCDD-Bi-Zn-Br-S-Hg-Cd-EOX-EC-Mn-Cr-$C_{org.}$-Ag-Fe-Cu-Tl-Mg-PCDF-Sr	F. 5, 7	Deponieeinfluß, Übergangsbereich Mittel-Nord-Halde

Anomalie-nummer	Klassen-nummer	Lokalität	anomale Elementassoziation	indikative Faktoren (*Tab. 5.29*)	Anomalieursache und Bemerkung
55	26	N-Rand Deponie Schöneiche	Ni-Ca-Mg-Co-Cr-U-EC-Fe-PCDD-V-Sc	F. 7, 1, 8	komplexe Ursachen: anthropogen, Altmüllentsorgung, Deponie Schöneiche (Nordhalde)
56	27	N Deponie Schöneiche	Ca-Ni-Br-$C_{org.}$-S-Mn-EC-Sr-Hg-J-U-Cd-V-As-Cr-(P-Mg)	F. 9, 5	Altablagerungen, Deponieumland (Einfluß Zentraldeponien), Landwirtschaftseinfluß (Düngung)
57	18	N Deponie Schöneiche	Cd-EOX-AOX-Ca-Br, Ni-verarmt	F. 7	Altablagerungen (Deponie)
58	38	SW Gallun	Ni-EOX-Ca-U-Hg-(Br-S-Cd-Sn-P-Cr-PN)		komplexe anthropogene Ursachen, Landwirtschaftseinfluß
59	21	N Deponie Schöneiche	Ni-CN-Hg-Sn-Co-PCB-S-EC-Zn-Pb-Cu-Ca-PAK-Ag-As-Fe-$C_{org.}$-W-Mg-Cr-Sb-Sr-Br-Ba-P-Cd-Be-Mn-V-B-Tl-In-Y-Bi-U-Sc-MKW-Se-Ce	F. 7	Altablagerungen, Deponieeinfluß
60	20	S Ortslage Gallun	Ni-Ca-Sn-In-PCDD-Cr-U-(Hg-PAK-P-Cd-Mg-Zn)	F. 12, 7	Altablagerungen, Deponie Schindlersfichten, (Siedlungseinfluß)
61	23	N Eingang Deponie Schöneiche	PCDD-(Hf-Ni)	F. 7	Deponieeinfluß
62	6	N Eingang Deponie Schöneiche	PCDD-PCDF-Ni-Zn-Sn-Cd-W-Hg-Pb-PAK-Ag-Ca-Cu-Sb-Mo-EC-Cr-Tl	F. 2, 7, 9	Müllverbrennungsanlage Deponie Schöneiche
63	15	Eingangsbereich Deponie Schöneiche	Ni-Hg-EC-Sn-PAK-Ca-Co-S-Zn-Pb-As-U-PCDD-Fe-In-Cu	F. 2, 9	Deponieeinfluß
64	5	Eingangsbereich Deponie Schöneiche	Ni-W-Co-MKW-Sn-Zn-Cu-Cd-PCDD-Pb-Cr-PAK-Ca-Ag-PCDF-Fe-Sb-EC-PCB-As-Bi-Hg-S-Mo-Mg-U-B-Ba-P-V-Mn-Tl-Sr-Ti-Sc-Nb-Na-Ga	F. 10, 2, 7	Deponieeinfluß, Mittelhalde, (Müllverbrennung)
65	35	S Gallun	PAK-Ni-Se-PCDD-Br	F. 7, (12)	Siedlungseinfluß (Müllverkippung)
66	8	Eingang Deponie Schöneiche	Ni-Ca-EC-Br-Hg-$C_{org.}$-S-PCDD-PAK-Fe-P-Cd-Mn-Ta-As-Sn-Zn	F. 9, 2	Deponieeinfluß
67	13	SE Gallun	(Cd-PCDD-Te)	F. (3)	z.T. wilde Hausmüllentsorgungen
68	27	ca. 1,5 km NW Schöneiche	Ca-Ni-Br-$C_{org.}$-S-Mn-EC-Sr-Hg-J-U-Cd-V-As-Cr-(P-Mg)	F. 12, 5, 7	Altablagerungen (Industrierückstände), Landwirtschaftseinfluß

Anomalie-nummer	Klassen-nummer	Lokalität	anomale Elementassoziation	indikative Faktoren (*Tab. 5.29*)	Anomalieursache und Bemerkung
69	28	N und W Ortslage Schöneiche	Ni-PCDD-Ca	F. 7, 9	Landwirtschaftseinfluß (Klärschlamm)
70	35	NW Schön-eiche	PAK-Ni-Se-Br	F. 5, 7, 12	Landwirtschaftseinfluß (Klärschlamm)
71	8	SW Rand Untersuchungs gebiet	Ni-Ca-EC-Br-Hg-$C_{org.}$-S-PAK-Fe-P-Cd-Mn-Ta-As-Sn-Zn	F. 5, 7, 12	Landwirtschaftseinfluß (ehemalige Rieselfelder), Kläranlage, (Siedlungsmüll)
72	13	SW und S Ortslage Schöneiche	(Cd-PCDD-Te)	F. 9, 5	Siedlungseinfluß, wilde Müllentsorg-ung, möglicher Tankstelleneinfluß
73	32	NW-Rand Ortslage Schöneiche	Ni-PAK-Hg-Br-Te-PCDD	F. 9, 5	Siedlungseinfluß (Ortslage Schöneiche), z.T. wilde Müllentsorgung
74	17	ca. 1km NE Schöneiche	Hf-Cd-(Ag-Hg-CN-Sb)	F. 10, 6	Landwirtschaftseinfluß (Fäkalien, Gülle), Deponieumland (Altablager-ungen)
75	28	E Ortslage Schöneiche	Ni-PCDD-Ca	F. 7, er-höhte FW der F. 2, 9	Landwirtschafts- und Siedlungseinfluß
76	35	N Schöneiche	PAK-Ni-Se-PCDD-Br	F. 7	Landwirtschafts- und De-ponieeinfluß, Fäkalien- u. Gülleverkippungsgebiet
77	7	SW Rand Deponie Schöneicher Plan	Ni-EC-S-Co-Ca-PAK-Zn-CN-Fe-MKW-Sr-PCDD-U-Hg-Mg-As-B-W-Cr-$C_{org.}$-V-Sn-Cu-Mn-PCDF-Cd-Pb-Sc-Ag-Ti-Y	F. 10, 12, 3, 7, 5	Mülldeponierung (Neuaufschüttungen)
78	28	S Deponie Schöneicher Plan	Ni-PCDD-Ca-(Hg-U)	F. 12, 7, 6, 5	Landwirtschaftseinfluß (Fäkalien-verklappung), Deponieeinfluß und mög-liche Altablagerungen
79	18	SE-Rand Deponie Schöneicher Plan	Cd-EOX-AOX-Ca	F. 4, 12, 7	Altmüllablagerungen (Deponieeinfluß)
80	26	Zentralteil Deponie Schöneiche	Ni-Ca-Mg-Co-Cr-U-EC-Fe-PCDD-V-Sc	F. 8, 12, 7, 9	Deponieeinfluß, Mittelhalde
81	30	Deponie Schöneiche	Ni-PAK-PCB-Ca-EC-CN-PCDD-Hg-Mg-Zn-Fe-Sn-Cr	F. 7, 12	Deponiefläche (Müllentsorgung)
82	2	SW-Rand Deponie Schöneiche	Ni-S-EC-Co-Ta-PAK-Ca-PCDD-Hg-CN-Fe-W-Mg-Zn-Sr-Cr-U	F. 10, 9, 12, 3, 7	Mülldeponierung, Südhalde
83	36	SW-Halde Deponie Schöneiche	PAK-PCB-Ni-Ca-MKW-EC-PCDD-Hg-Zn-U-Pb-S-Sn-PCDF-Mg-Cr-Fe-V-Cd-Sc-Sr-As	F. 4, 8, 9, 12, 2, 6, 5	Deponie (Mülldeponierung), Südhalde

Anomalie-nummer	Klassen-nummer	Lokalität	anomale Elementassoziation	indikative Faktoren (*Tab. 5.29*)	Anomalieursache und Bemerkung
84	12	Zentralteil Deponie Schöneiche	Ni-PCB-Co-PCDD-Sn-W-Pb-EC-Zn-Ca-Cu-Cr-Hg-PCDF-Cd-As-Mg-Fe-PAK-Ag-S-U-Sb-V-Sr-Tl-Ba-Bi-MKW-Na-Mn-P-B-Sc	F. 8, 9, 12, 2, 7, 6	Deponie (Mülldeponierung), Mittel-halde
85	3	E-Rand Deponie Schöneiche	Ni-Co-PCB-V-U-Ca-Mg-W-Sr-Cr-Fe-Sc-Cu-MKW-Zn-Sn-As-Hg-PCDD-Y-P-Pb-Be-Th-Ba-Cd-Ga-Mn-Bi-Sb-Tl-Ce-B-Al-Nb-EC-Ti-PCDF-La-Ta-Ag-Mo-Rb-S-Ge	F. 4, 2, 1	Deponieeinfluß, Mittelhalde
86	29	Südhalde Deponie Schöneiche	CN-Ni-Ag-PCDD-PCB-Cd-Zn-Hg-Cu-PCDF-Co-Ca-P-Sn-Pb-Cr-S-As-PAK-W-Fe-Bi-Mg-U-Br-$C_{org.}$-Mn-Tl-EC-Se-V-Sr-Hf	F. 4, 8, 9, 2, 6, (5)	Ablagerungen von Müll- und Industrierückständen, Südhalde
87	34	SE-Halde Deponie Schöneiche	Ni-PCDD-Ca-PCB-U-Mg-V-Hg-Ag-EC-Cr-Fe-(PCDF-Mn-Y-Zn-Th-Hf-Sc-Sr-P-Ti-Cd-As-Bi)	F. 10, 9, 6	Deponieeinfluß (Industrierückstände), Südosthalde
88	14	SE Deponie Schöneiche	AOX-(Cs)	F. 4, 12	Deponie (Altablagerungen) Roter Pfuhl
89	17	SE Deponie Schöneiche (SW-NE- gerichteter Bereich)	(Hf-Cd)	F. 10, 6	Landwirtschaftseinfluß, Deponieumlandeinfluß
90	13	Westufer Motzener See	(Cd-PCDD-Te)	F. 4, 12, (6)	Siedlungseinfluß (wilde Müllentsorgung)
91	32	Ostufer Motzener See	Ni-PAK-Hg-Br-Te	F. 6	Siedlungseinfluß, Altablagerungen (Deponie Spatensiedlung)
92	8	W Mitten-walde	Ni-Ca-EC-Br-Hg-$C_{org.}$-S-PAK-Fe-P-Cd-Mn-Ta-As-Sn-Zn	F. 6, 8	Industrieabgänge, Land-wirtschafts-einflüsse, geogene Einflüsse
93	38	Ortslage Gallun	Ni-EOX-Ca-U-Hg-(Br-S-Cd-Sn-P-Cr-PN)	F. (2)	Landwirtschaftseinfluß, Siedlungseinfluß

Im Zusammenhang mit dem unmittelbaren Einfluß der Großdeponien im Raum Schöneiche treten erstmals Multielementanomalien mit Kontrasten > 100 auf, die auf extreme Schadstoffanreicherungen in Folge der technogenen Kontamination hinweisen.

Die Ergebnisse der geochemischen Auswertung der Clusteranalyse sind in der *Abb. 5.30* sowie in der *Tab. 5.33* ersichtlich.

Die Anomalie- und Untergrundklassen können entsprechend der sie charakterisierenden Elementassoziation sowie der Verbreitung und dem Charakter der sie repräsentierenden Proben wie folgt interpretiert werden:

Klasse 1: NI-S-EC-CO-TA-CA-PCDD-HG-CN-FE-W-MG-ZN-SR-CR-*U-B-Ag-Sn-As-Pb-*$C_{org.}$*-Mn-MKW-Cd-PCDF-Y-Sc-Cu-Br-V-F-Tl-P*-anomal.
Die anthropogene Anomalie markiert die Westflanke der Deponie Schöneicher Plan.

Klasse 2: NI-S-EC-CO-TA-PAK-CA-PCDD-*Hg-CN-Fe-W-Mg-Zn-Sr-Cr-U*-anomal;
B-Ag-Sn-As-Pb-$C_{org.}$-Mn-Cd-PCDF-erhöht.
Die technogen verursachte Anomalie charakterisiert die Hausmüllablagerungen an der Südwestflanke der Deponie Schöneiche.

Klasse 3: NI-CO-PCB-V-U-CA-MG-W-SR-CR-FE-SC-CU-MKW-ZN-SN-AS-HG-PCDD-*Y-P-Pb-Be-Th-Ba-Cd-Ga-Mn-Bi-Sb-Tl-Ce-B-Al-Nb-EC-Ti-PCDF-La-Ta-Ag-Mo-Rb-S-Ge*-anomal;
Na-K-Cs-erhöht.
Die anthropogen verursachte Anomalie (Deponieeinfluß) am Ostrand der Deponie Schöneiche (südlich des Eingangsbereiches) korreliert mit den im Ergebnis der Hubschraubergeophysik nachgewiesenen anomalen Th-Gehalten (> 5,0 mg Th/kg).

Klasse 4: Ni-*Hg-CN-PAK-U-Ca*-anomal;
Mn-P-EC-Cd-Cr-Br-Ag-Mg-Zn-erhöht.
Die Anomalien treten in Zusammenhang mit Abfallentsorgungen (Industrieabfälle) und Gülleverregnungen (z. T. ehemalige Mastanlagen) NE und E Mittenwalde, E Gallun und Großmachnow sowie NW und NE Telz im Bereich von Landwirtschaftsflächen auf. Der erhöhte Ca-Anteil in den Anomalieverbreitungsgebieten der Klasse 4 wird z. T. geogen durch Mergelablagerungen in den Grundmoränengebieten verursacht.

Klasse 5: NI-W-CO-MKW-SN-*Zn-Cu-Cd-PCDD-Pb-Cr-PAK-Ca-Ag-PCDF-Fe-Sb-EC-PCB-As-Bi-Hg-S-Mo-Mg-U-B-Ba-P-V-Mn-Tl-Sr-Ti-Sc-Nb-Na-Ga*-anomal;
Y-$C_{org.}$*-Al*-erhöht.
Die anthropogene Anomalie am Ostrand der Deponie Schöneiche gegenüber der Einfahrt wird durch die Mülldeponierung (Ostflanke Nordhalde) und -verbrennung verursacht.

Klasse 6: PCDD-PCDF-NI-ZN-SN-CD-W-HG-PB-PAK-*Ag-Ca-Cu-Sb-Mo-EC-Cr-Tl*-anomal;
Bi-As-erhöht.
Die technogen verursachte Anomalie bildet die lokal begrenzte E-W-gerichtete Immissionsaureole der Müllverbrennungsanlage der Deponie Schöneiche ab.

Klasse 7: Ni-EC-S-CO-CA-PAK-ZN-CN-FE-MKW-SR-PCDD-U-HG-MG-AS-*B-W-Cr-*$C_{org.}$*-V-Sn-Cu-Mn-PCDF-Cd-Pb-Sc-Ag-Ti-Y* -anomal;
Nb-Sb-Ba-Tl-Th-Be-erhöht.
Die technogene Anomalie ist im Bereich von Neuaufschüttungen an der SW-Flanke der Deponie Schöneicher Plan verbreitet.

Klasse 8: NI-CA-*EC-Br-Hg-*$C_{org.}$*-S-PCDD-PAK-Fe-P-Cd-Mn-Ta-As-Sn-Zn*-anomal;
Mg-J-Cr-Sr-Pb-Sc-erhöht.
Die überwiegend anthropogen bedingten Anomalien markieren Feuchtgebiete und z. T. die Einzugsgebiete ehemaliger Rieselfeldflächen und/oder Kläranlagen (z. B. SW-Flanke Untersuchungsgebiet). Das anomale Elementspektrum reflektiert die anthropogene Grundlast im Untersuchungsgebiet bzw. die technogenen Einflüsse der Großdeponien und der Müllentsorgung im Arbeitsgebiet. Der Einfluß mergelhaltiger Bodensubstrate (z. B. Kalkmudden) ist auf Grund der kontrastreichen Ca-Anreicherung als wahrscheinlich anzunehmen.

Klasse 9: TA-NI-CO-CA-S-EC-FE-MG-U-*B-Sr-*$C_{org.}$*-Cr-V-PCDD-Mn-Sc-Tl-Ti-As*-anomal;
Nb-Y-Hf-Th-Be-MKW-Ba-Ce-erhöht.
Die technogene Anomalie charakterisiert den nördlichen Deponierand der Großdeponie Schöneicher Plan (SW des Eingangsbereiches hinter den Bahngleisen).

Klasse 10: NI-PCDD-*PAK-Cd-Ca-Ag-P-U-Cr-Hg-S-PCDF-Zn-Sr-Mg* -anomal;
Tl-EC-Br-Mn-Al-erhöht.
Die Anomalie SE Mittenwalde spiegelt den komplexen anthropogenen Einfluß der Deponie am Galgenberg sowie der Ortsrandlage wieder.

Klasse 11: Regionaler geochemischer Multielementuntergrund (RGMU), pH-erniedrigt
Der RGMU markiert mit sauren pH-Werten (durchschnittlicher pH-Wert = 4,9) überwiegend Forststandorte und Feuchtgebiete. Im Verhältnis zum geogenen Gesamtuntergrund des Berliner

Umlandes weist der für das Untersuchungsgebiet lokal begrenzte RGMU deutliche Cs-Mo-J-U-Th-Cd-La-Co-Anreicherungen sowie Cu-Ni-W-Te-Erhöhungen auf, die den anthropogenen Umlandeinfluß der beiden Großdeponien im Arbeitsgebiet bestätigen.

Klasse 12: NI-PCB-CO-PCDD-Sn-W-Pb-EC-Zn-Ca-Cu-Cr-Hg-PCDF-Cd-As-Mg-*Fe-PAK-Ag-S-U-Sb-V-Sr-Tl-Ba-Bi-MKW-Na-Mn-P-B-Sc*-anomal;
Y-Ti-Th-Ga-$C_{org.}$*-Nb-Al-Mo-Be-Rb*-erhöht.
Die anthropogene Anomalie ist im Zentralteil der Deponie Schöneiche lokalisiert und weist auf Müllablagerungen heterogener stofflicher Zusammensetzung (Verbrennungsrückstände, Hausmüll, Industrierückstände, Klärschlämme) hin.

Klasse 13: *Te-Cd-PCDD*-erhöht.
Die schwach erhöhten Gehalte der Elementassoziation Te-Cd-PCDD (Kontrast >2,0), die durch die Parameter PAK, Cs, Ni, J, EOX und PCDF (Kontrast >1,5) ergänzt werden, markieren wilde Müllablagerungen und Siedlungseinflüsse SE Gallun sowie im Bereich und W der Ortslage Schöneiche. Die Kongenerezusammensetzung der erhöhten PCDD-Gehalte verweist auf die Ablagerung von Verbrennungsrückständen. Dieser z. T. komplexe anthropogene Einfluß wird auch für das Westufer des Motzener Sees (SE Deponie Schöneiche) nachweisbar.
Auf Grund der deutlichen Versauerungstendenz im Bereich der Anomalien der Klasse 13 (Durchschnitts pH-Wert: 4,7) ist mit einer erhöhten Cd-Mobilität in diesen Bereichen zu rechnen.

Klasse 14: *AOX*-anomal;
Cs-U-MKW-(Sb)-erhöht.
Die anthropogene Anomalie belegt den technogenen Einfluß der Deponie „Roter Pfuhl" (ehemalige Siedlungsmülldeponie).

Klasse 15: Ni-Hg-EC-Sn-PAK-Ca-Co-S-*Zn-Pb-As-U-PCDD-Fe-In-Cu* -anomal;
Bi-Cr-Tl-Sr-Mg-Be-PCDF-V-EOX-Sb-Ba-Th-$C_{org.}$*-Mn-P-Sc-Cd* -erhöht.
Die technogen verursachte Anomalie charakterisiert mit einem breiten und kontrastreichen Elementspektrum die komplexe anthropogene Beeinflussung durch die Mülldeponierung im unmittelbaren Eingangsbereich der Deponie Schöneiche.

Klasse 16: CA-NI-SN-PB-*PCDD-Bi-Zn-Br-S-Hg-Cd-EOX-EC-Mn-Cr* -$C_{org.}$-*Ag-Fe-Cu-Tl-Mg-PCDF-Sr*-anomal;
U-Sb-P-B-As-erhöht.
Die Anomalie markiert die Westflanke der Nordhalde der Deponie Schöneiche (außerhalb des Haldengeländes) und wird durch nachgewiesene Vegetationsschäden in den Ergebnissen der Geofernerkundung bestätigt. Die im Anomaliegebiet von der Fernerkundung diagnostizierten sandigen Bereiche im Untergrund weisen im Zusammenhang mit den Schwermetallkontaminationen auf eine mögliche Gefährdung des Grundwassers hin. In den von GREBNER (1994) bemusterten Pegeln der unmittelbaren Umgebung waren bisher noch keine Grundwasserkontaminationen nachweisbar.

Klasse 17: *Hf-Cd-Ag-Hg*-erhöht;
Cn-Sb-schwach erhöht (K > 1,5).
Die Bereiche erhöhter Schwermetallgehalte charakterisieren Feuchtgebiete inmitten landwirtschaftlicher Nutzflächen und verweisen mit der erhöhten Elementassoziation auf mögliche Fäkalien- und Gülleverklappungen. Die für die Klasse nachgewiesenen erniedrigten pH-Werte (Klassenmittelwert = 5,5) ermöglichen eine verstärkte Schwermetallmobilisierung und können damit langfristig zu einer Gefährdung des Grundwassers in diesen Bereichen führen.

Klasse 18: Cd-*EOX-AOX-Ca*-anomal;
Br-$C_{org.}$-erhöht.
Die anthropogenen Anomalien an der NW-Flanke der Südwesthalde (SE-Rand der Deponie Schöneicher Plan) und N der Nordhalde der Deponie Schöneiche markieren Aufschüttungsbereiche (Altlastenverdachtsflächen).
Die Lage der Anomalie verhält sich zu den Ergebnissen der Geofernerkundung deckungsgleich (lageidentisch).

Klasse 19: NI-*PAK-Hg-U-Cd-Ag-P-EOX-Mn*-anomal;
Cr-Mg-PCDD-Ca-EC-Fe-Zn-V-Sr-CN-erhöht.
Die anthropogenen Anomalien am NE-Rand des Untersuchungsgebietes befinden sich im Einflußbereich komplexer technogener Ursachen (rezentes Industrie- und Gewerbegebiet, intensive Bautätigkeit, Kläranlagen W Autobahnanschlußstelle Mittenwalde). Die Anomalie NNE Telz weist in Verbindung mit den Ergebnissen der Faktoranalyse (Verbreitung positiver anomaler FW des Faktors 6, *Tab. 5.29*) auf anthropogene Einflüsse durch Altablagerungen und Bauschutt hin.

Klasse 20: NI-*Ca-Sn-In-PCDD-Cr-U*-anomal;
Hg-PAK-P-Cd-Mg-Zn-EC-Pb-erhöht.
Die Anomalien anthropogenen Ursprungs bilden neben der Verbreitung von Altablagerungen SE des Nottekanals sowie N der Deponie Schöneicher Plan und am SE Ortsrand Mittenwalde (Deponie am Torfgraben) auch Bereiche mit ehemaliger Fäkalienverklappung und Lagerungsflächen für Düngemittel ab (SW Mittenwalde).
Das Verbreitungsgebiet der Anomalieklasse 20 zeigt eine deutliche Erweiterung der Bereiche der bisher bekannten Altablagerung N der Deponie Schöneicher Plan an (WNW-ESE-Erstreckung von ca. 1,5 km, N-S-Erstreckung ca. 250-300 m).

Klasse 21: NI-CN-HG-SN-CO-PCDD-PCB-S-EC-ZN-Pb-Cu-Ca-PAK-Ag-As-PCDF-Fe-$C_{org.}$-W-Mg-Cr-Sb-Sr-Br-Ba-P-*Cd-Be-Mn-V-B-Tl-In-Y-Bi-U-Sc-MKW-Se-Ce*-anomal;
Ga-Th-La-Ti-Nb-Al-EOX-erhöht.
Die kontrastreichen technogenen Element- und Parameterassoziationen charakterisieren Anomalien, die durch Altablagerungen N der Deponie Schöneiche und Mülldeponierungen ähnlicher und/oder gleicher Zusammensetzung am NE-Rand der Deponie Schöneicher Plan verursacht werden.

Klasse 22: NI-PAK-EC-*Ca-Hg-S-Mg-U-PCDD-Zn-Ag-Fe-Cs-Cr-Sn-Te* -anomal;
J-CN-As-Sc-Y-Sr-Th-Mn-V-Cd-Pb-Hf-La-Sb-erhöht.
Die anthropogene Anomalie an der NW-Flanke der Deponie Schöneicher Plan wird besonders intensiv durch den Hangbereich des Deponiekörpers (Neuablagerungen und Erweiterung der Ablagerungsflächen) beeinflußt.

Klasse 23: *PCDD*-anomal;
Hf-Ni-erhöht
Die anthropogenen Anomalien werden überwiegend durch Müll- und Siedlungsabfälle sowie Klärschlammablagerungen verursacht.

Klasse 24: NI-S-Br-$C_{org.}$-Hg-PAK-EC-Sn-Ca-*As-Pb-Phenol-Cd-J-Fe-Se-Sr-Zn-P-V-Cr-MKW-Sb-Cs-Te-Ag*-anomal;
Mn-Cu-Mg-Be-B-Ce-La-Sc-erhöht.
Die z. T. kontrastreiche (K_{Ni} > 100) anthropogene Elementanreicherung markiert den Westteil der Deponie „Alte Asche" SSW Mittenwalde (Altablagerungen). Im Bereich der Anomalie (Niedermoorstandort) treten pH-Wert-Absenkungen auf (pH-Wert = 5,8). Auf Grund des hohen organischen Kohlenstoffanteils (27 %) ist mit einer Dominanz der organischen Schwermetallbindung zu rechnen.

Klasse 25: TA-Ni-*Ca-Hg-EOX-PCDD/F-S-Fe-Zn*-$C_{org.}$-*U*-anomal; *Cd-Mn-Br-P-AOX-EC-Mg-Cr*-erhöht.
Die Anomalie N Mittenwalde weist auf den anthropogenen Einfluß von Industrie- und Gewerbeansiedlungen hin. Neue und bisher unbekannte Indikationen für Altablagerungen und/oder Industrieeinflüsse liefert diese anthropogene Anomalie auf einer Ackerfläche SE Telz.

Klasse 26: NI-*Ca-Mg-Co-Cr-U-EC-Fe-PCDD-V-Sc*-anomal; *Y-Th-As-Mn-Ti-Zn-Sr-Hg-Rb-Ce*-erhöht.
Die technogen verursachten Anomalien treten im Bereich der Nordhalde und am Nordrand der Deponie Schöneiche auf. Ein geogener Einfluß durch die Verwendung von Abdeckmaterial aus den mergelhaltigen Grundmoränenablagerungen ist nicht auszuschließen und mit hoher Sicherheit vielfach anthropogen überlagert.

Klasse 27: CA-Ni-Br-$C_{org.}$-*S-Mn-EC-Sr-Hg-J-U-Cd-V-As-Cr*-anomal; *P-Mg-PAK-Se-Pb-AOX*-erhöht.
Die komplexen Anomalien an der SW-Flanke des Untersuchungsgebietes und S Mittenwalde werden durch sandig-schluffige Bildungen (Kalkmudden, Wiesenmergel) und Niedermoortorfe des Holozäns beeinflußt. Die geogenen Einflüsse werden in diesen Gebieten durch technogene Ursachen wie z. B. Mülldeponierung und besonders Altablagerungen überlagert. Auch die untergeordnete Bindung von Schadstoffen an organische Substanzen und Mn-Hydroxide wird durch die anomale Elementassoziation dokumentiert. Im Ergebnis der Gesamtbewertung überwiegt die anthropogene Beeinflussung durch Altablagerungen (Industrierückstände) und/oder Aufschüttungen (Müllverkippung). Die nachgewiesenen Multielementanomalien liefern neue Indikationen für mögliche Altablagerungen im Untersuchungsgebiet.

Klasse 28: *Ni-PCDD-Ca*-anomal; *Hg-U*-erhöht.
Die Klasse charakterisiert den Einfluß der landwirtschaftlichen Bodennutzung im Umfeld von Ortslagen und/oder Entsorgungseinrichtungen (Großdeponien) und markiert anhand des Kongenerenmusters der PCDD-Gehalte der Einzelproben eindeutig Bereiche mit Klärschlammaufbringung im Untersuchungsgebiet. Im unmittelbaren südlichen Grenzbereich zur Deponie Schöneicher Plan läßt sich eine Lageidentität mit luftbildgeologisch nachgewiesenen Aufschüttungsflächen (Altablagerungen) feststellen.
Die Klasse kann als lokaler geochemischer Untergrund für die Landwirtschaftsflächen betrachtet werden.

Klasse 29: CN-NI-AG-PCDD-PCB-CD-Zn-Hg-Cu-PCDF-Co-Ca-P-Sn-Pb-Cr-S-As-PAK-W-*Fe-Bi-Mg-U-Br*-$C_{org.}$-*Mn-Tl-EC-Se-V-Sr*-Hf -anomal;
Sb-Ba-MKW-Y-Th-Ti-erhöht.
Die Anomalie technogenen Ursprungs (komplexe anthropogene Einflüsse) ist im Zentralteil der Südhalde der Deponie Schöneiche lokalisiert.

Klasse 30: NI-PAK-PCB-*Ca-EC-CN-PCDD-Hg-Mg-Zn-Fe-Sn-Cr*-anomal;
U-As-V-S-Sc-Pb-Sr-Cd-Y-Tl-Sb-erhöht.
Die Klasse charakterisiert mit ihren anthropogenen Anomalien die technogene Grundbelastung im Bereich der beiden Großdeponien (Deponieuntergrundklasse).

Klasse 31: CD-HG-PCB-NI-AG-PCDD-PN-CN-MKW-Zn-EC-PCDF-Bi-Cu-Sn-S-P-Cr-Pb-Ca-EOX-*PAK*-$C_{org.}$-*Fe-Tl-As-Sb-Ba-AOX-Sr* -anomal;
U-Br-Ti-B-erhöht.
Die technogen verursachte Anomalie wurde im Westteil der Deponie Schöneicher Plan lokalisiert.

Klasse 32: Ni-*PAK-Hg-Br-Te-PCDD*-anomal;
Ca-Cs-J-$C_{org.}$-*S-Cd-EC*-erhöht.
Die anthropogenen Anomalien treten im Bereich von Ortsrändern (Siedlungseinfluß) und Altablagerungen (W Ortsrand Gallun, ca. 1,2 km N Telz, Deponie Telz) sowie alter Industrieansiedlungen (S Ortsrand Mittenwalde, MGB GmbH nördlich der Deponie Schöneicher Plan) auf.

Klasse 33: Ni-*Ca-PAK*-$C_{org.}$-*Br-EC-S-Hg-PCDD-Fe-Sn-Cd-Se-Cu-Ta-As* -anomal;
Co-Zn-Mg-P-Mn-Cr-PCDF-Sr-U-P-V-J-Sb-Tl-erhöht.
Die anthropogen bedingten Anomalien sind ausnahmslos im Bereich von Grün- und Brachlandflächen mit humusreichen Böden verbreitet. Neben dem Einfluß wilder bzw. bisher nicht bekannter Müll- und Abfallentsorgungen wird auch der geogene Faktor (schluffig-tonige Sande, Mergel) geochemisch wirksam (SW, S und NE Mittenwalde).

Klasse 34: NI-PCDD-*Ca-PCB-U-Mg-V-Hg-Ag-EC-Cr-Fe*-anomal;
PCDF-Mn-Y-Zn-Th-Hf-Sc-Sr-P-Ti-Cd-As-Bi-erhöht.
Die anthropogenen Anomalien markieren die Südflanke der Südosthalde der Deponie Schöneiche (gemischte Halde, Bauschutt- und Hausmüllablagerungen) sowie wilde bzw. bisher unbekannte Altablagerungen NW Telz (N Streseberg).

Klasse 35: *PAK-Ni-Se-PCDD-Br*-anomal;
EC-Ca-Hg-$C_{org.}$*-Cd*-erhöht.
Die sicher anthropogen verursachten Anomalien weisen N und SW Telz, N und NW Schöneiche sowie S Gallun im Bereich von Landwirtschaftsgebieten (Ackerland) und Stillegungsflächen auf die Fäkalien- und Klärschlammverklappung sowie den Einfluß der Entsorgungsflächen (Müllverkippung, vgl. Altlastenverdachtsflächen nach GREBNER 1992) hin.

Klasse 36: PAK-PCB-NI-Ca-MKW-EC-PCDD-*Hg-Zn-U-Pb-S-Sn-PCDF-Mg-Cr-Fe-V-Cd-Sc-Sr-As*-anomal;
Tl-Ba-Te-Y-Th-Mn-Cu-erhöht.
Die technogene Anomalie charakterisiert z. T. mit Kontrasten zum RGMU > 100 für die organischen Schadstoffe PAK und PCB die Müllentsorgung (Hausmüll ?) im Bereich der Südwesthalde der Deponie Schöneiche.

Klasse 37: NI-*EC-As-Hg-Ca-Br-Co-S-U-Cd-Fe-*$C_{org.}$*-PCDD-Mg-P-Mn-Cr* -anomal;
V-Sr-Zn-Ag-Y-J-Sc-erhöht.
Die anthropogenen Anomalien markieren NW Mittenwalde wilde Hausmüll- und Bauschuttablagerungen. Im Bereich E Mittenwalde liefert die Klasse 37 bisher nicht bekannte Indikationen für die Wirkung gleicher technogener Einflußfaktoren, möglicherweise im Zusammenhang mit dem Bau von Industrie- und Gewerbeansiedlungen E Mittenwalde (Autobahnnähe).
Eine Geländebegehung zur Anomalieüberprüfung bestätigte verschiedene wilde Hausmüllablagerungen in den Reliefniederungen auf Landwirtschaftsflächen östlich Mittenwalde.

Klasse 38: Ni-*EOX-Ca-U-Hg*-anomal;
Br-S-Cd-Sn-P-Cr-PN-erhöht.
Die Anomalien sind überwiegend auf Grünflächen und Brachland verbreitet und weisen mit den erhöhten und anomalen Elementassoziationen auf unterschiedliche anthropogene Ursachen (wilde Müllentsorgung sowie Industrie- und Althaldeneinfluß im Gebiet E Mittenwalde; Grünflächendüngung sowie Abgänge von Stall- und Mastanlagen: E-Rand Großmachnower Weinberg und NW Telz; Siedlungseinflüsse: N und S Ortsrand Mittenwalde, N Gallun) hin.

Klasse 39: CN-NI-PCB-CO-W-Hg-PAK-PCDD-Ca-Sn-S-As-Fe-Zn-Se-Cr-*Mg-Pb-EC-Cu-U-PCDF-MKW-V-Sr-*$C_{org.}$*-Mn-Cd-Bi-Sc-B-Sb-Ag-Tl-Ba-Y-P-Th-Ti*-anomal;
Nb-Ga-Be-Ce-Al-Na-Rb-K-erhöht
Die technogene Anomalie im Zentralteil der Deponie Schöneicher Plan indiziert mit extrem kontrastreichen Anreicherungen organischer Schadstoffe (K_{CN} > 700, K_{PCB} > 90) neben der Hausmülldeponierung auch die Ablagerung von Industrierückständen.

Klasse 40: NI-S-CO-F-EC-HG-CA-Zn-Y-Pb-CN-Cd-Sr-PCDD-Ag-Fe-As-Mg-Sn-$C_{org.}$-Cr-B-*U-Ce-PCDF-Cu-Tl-MKW-V-Bi-Mn-Ba-Sc-Sb-La-Br-P*-anomal;
Be-PAK-Th-Ga-erhöht
Die technogene Anomalie markiert mit kontrastreichen Schadstoffanreicherungen den Zentralteil der Deponie Schöneicher Plan.

Bei allen nachgewiesenen geochemischen Multielementanomalien (*Tab. 5.33, Abb. 5.30*) treten überwiegend technogene bzw. komplexe anthropogene Einflußfaktoren als Hauptursachen auf.

Natürliche bzw. rein geogen bedingte Anomalien sind im Untersuchungsgebiet auf der Grundlage aller vorliegenden geochemischen Untersuchungsergebnisse und der Auswertung der multivariaten statistischen Verfahren nicht eindeutig nachweisbar. Geogen bedingte Einflüsse (Elementanteile) durch die Verbreitung mergelhaltiger Bodensubstrate können besonders in den Grundmoränenbereichen lediglich in einigen wenigen Anomalieklassen diagnostiziert werden (z. B. Klasse 4, 8). Der z. T. hohe Ca-Anteil der Anomalien wird lokal durch die mergeligen Anteile der Grundmoränenablagerungen verstärkt.

Bereiche geogener bzw. pedogener Einflußfaktoren (Hochflächenfaktor, Erdalkalifaktor) lassen sich nur im Vergleich mit den Ergebnissen der Faktoranalyse und den Verteilungskarten der Einzelparameter abgrenzen. Die Ergebnisse der Clusteranalyse weisen auf eine starke Überlagerung geogener Elementanteile durch technogene Stoffeinträge hin.

Milieubedingte Elementanreicherungen an organische Substanzen treten in einer Vielzahl von Anomalien neben anthropogenen Hauptursachen auf. Gleichzeitig liefern die $C_{org.}$-Anreicherungen in verschiedenen Anomalieklassen (z. B. Klasse 9, 15, 18, 21, 25) Indikationen für das Vorhandensein kontrastreicher organischer Schadstoffanomalien besonders im Einflußbereich der beiden Großdeponien und auf lokalen Landwirtschaftsflächen mit Gülle- und Klärschlammverklappung.

Die Klasse 11 bildet den Regionalen Geochemischen Multielementuntergrund (RGMU) und zeigt gegenüber dem geogenen geochemischen Untergrund des Berliner Umlandes (mehr oder minder „unbelastete" Kulturlandschaften) eine Cs-Mo-J-U-Th-Cd-La-Co-Anreicherung an, die auf eine anthropogene Beeinflussung (Grundbelastung) des Regionalen Geochemischen Multielementuntergrundes des gesamten Untersuchungsgebietes als Ergebnis und Auswirkung der Mülldeponierung und -verkippung und des Einsatzes von Düngemitteln in der Landwirtschaft hinweist. Damit wird die ansonsten schwer oder nicht nachweisbare Untergrundbeeinflussung des Deponieumlandes und des gesamten Untersuchungsgebietes (Sonderblattschnitt) erstmals geochemisch charakterisierbar. Im Vergleich mit dem univariaten regionalen geochemischen Monoelementuntergrund (Modalwert) des Untersuchungsgebietes (*Tab. 5.17*) zeigt die Klasse 11 eine Cs-J-U-Ni -Spezialisierung an, die durch die organischen Schadstoffparameter EOX, MKW und PAK ergänzt wird. Analoge Anreicherungstendenzen gegenüber dem RGU des Berliner Umlandes weist auch die Klasse 28 (lokaler Untergrund für Landwirtschaftsflächen) auf.

Insgesamt 23 Anomalieklassen beschreiben technogene Anreicherungen im Bereich der Deponie Schöneiche und Schöneicher Plan mit Kontrastwerten zum RGMU > 100 für die meisten ökotoxikologisch relevanten Schwermetalle sowie einzelner organischer Schadstoffe. Die geochemischen Anomalien auf den Deponieflächen weisen neben einer hohen Elementvielfalt vor allem eine exotische Zusammensetzung (Hinweis auf die Komplexität der technogenen Einflüsse und/oder die heterogene Zusammensetzung der Müllablagerungen) anomaler Parameter auf (Deponie Schöneicher Plan: Ni -EC-S-Ca-PCDD-Hg-CN-Zn-Fe-Mg-Sr-Cr-Sn-Ag-Mn-MKW-Cd-As-Cu-V -Sb-Zn ± W, U, Co, Ta, B, PCDF, Y, Sc, Br, F, Tl, P, AOX, Bi, Ti, EOX, PAK, Ba, La, $C_{org.}$, Se, Ce, Be; Deponie Schöneiche: Ni-Co-S-EC-Sn-PAK -Ca-PCDD-Zn-Sr-U-Cu-Cr-Hg-Fe-PCB-V-Fe-As ± Ba, Ta, CN, W, Mg, V, Sc, MKW, Y, P, Pb, Mo, Bi, Ba, Tl, Na, Th, Rb, Ge, Ce, Al, Nb, Ti, PCDF, Mn, $C_{org.}$, Se). Für die Mehrzahl der im Deponiebereich lokalisierten Anomalien treten z. T. erhebliche Erhöhungen der organischen Schadstoffanteile auf (PCDD, Phenol, Cyanid, MKW, PCDF, PCB, PAK). Beide Großdeponiebereiche werden in der regionalen Oberflächengeochemie durch eine lokale Deponieuntergrundklasse (Ni-PAK-PCB-Ca-EC-CN-PCDD-Hg-Mg-Zn-Fe-Sn-Cr-anomal, U-As-V-S-Sc-Pb-Sr-Cd-Y-Tl-Sb-erhöht) charakterisiert, die die technogene Grundbelastung im Bereich der Deponien widerspiegelt und beide Deponieflächen von aufgelagerten kontrastreicheren technogenen Kontaminationen (Klasse 31, 40, 39, 21, 9, 26, 2, 36, 34, 29, 12, 3, 16) abgrenzt.

Die Müllverbrennungsanlage wird durch eine lokal begrenzte W-E -gerichtete PCDD-PCDF-Ni-Zn-Sn-Cd-W-Hg-Pb-PAK-Ag-Ca-Cu-Sb-Mo -EC -Cr-Tl-(Bi-As)-Anomalie (Immissionsaureole, Verbrennungsrückstände) abgebildet.

Die Altablagerungen am Nottekanal SW Mittenwalde sind überwiegend durch geochemische Multielementanomalien der Klassen 20 und 24 (Ni-Ca -Sn-PCDD-Cr-U ± S, In, $C_{org.}$, Hg, PAK, EC, As, Pb, Phenol, Fe, Se, Sr, Zn, P, V, Cr, MKW, Sb, Cs, Te, Ag) charakterisiert.

Die verdeckten und durch die Methoden der Geofernerkundung nachgewiesenen Altablagerungen S der Deponie Schöneicher Plan (Auffüllungen, Kippen) werden durch Ni-PCDD-Ca-(Hg-U)-Anomalien indiziert. Die Altablagerungen unmittelbar N der Deponie Schöneiche sind durch Cd -EOX-AOX-Ca- und Ni-CN-Hg-Sn-Co-PCDD-PCB-S-EC-Zn-Pb-Cu-Ca-PAK-Ag-As-PCDF-Fe-$C_{org.}$-W-Mg-Cr-Sb-Sr-Br-Ba-P-Cd-Be-Mn-V-B-Tl-In-Y-Bi-U-Sc-MKW-Se-Ce-Anomalien belegt.

Die Klasse 28 (Ni-PCDD-Ca-Anomalie) charakterisiert überwiegend Gebiete landwirtschaftlicher Bodennutzung im Umfeld von Ortslagen und von Entsorgungseinrichtungen (Deponien), während die Klasse 11 als RGMU auf Waldstandorten dominiert.

Bei den anthropogenen Multielementanomalien der Klasse 28 werden die Landwirtschaftseinflüsse teilweise noch zusätzlich durch die Verkippung von Industrierückständen (z. B. Aschen) technogen überlagert und verstärkt. Die regionale Untergrundklasse (Klasse 11) fällt ebenso wie die Klasse 28 zu großen Teilen mit den Verbreitungsgebieten holozäner Sande mit z. T. schluffigen Einlagerungen zusammen.

Der U-P-(Ca)-Anteil in einer Vielzahl von Multielementanomalien des Untersuchungsgebietes läßt vermuten, daß bei der Düngung von Landwirtschaftsflächen Phosphatdünger zum Einsatz kamen, die aus U-haltigen nordafrikanischen sedimentären Phosphoriten hergestellt wurden.

Wie aus der Clusterpunktlagekarte (*Abb. 5.30*) ersichtlich wird, sind rein geogene oder milieubedingte Ursachen der geochemischen Multielementanomalien nicht mehr nachweisbar. Bereiche mit diesen natürlichen Einflüssen lassen sich aber über die Faktoranalyse lokalisieren, obwohl im Ergebnis der Clusteranalyse eine Überlagerung mit anthropogenen Stoffzufuhren eindeutig nachgewiesen ist.

Insgesamt wurden 93 geochemische Multielementanomalien lokalisiert und kartenmäßig dargestellt (*Abb. 5.30*). Als Hauptursachen der Anomalien sind Industrie- und Deponieeinflüsse (27 Anomalien) sowie Altablagerungen (Altdeponien, Altlasten) und Siedlungseinflüsse (19 Anomalien) zu erkennen. Die Landwirtschaftseinflüsse (Einsatz von Düngemitteln, Gülle- und Klärschlammverkippung) dominieren in 16 nachgewiesenen geochemischen Anomalien.

Die Mehrzahl der Multielementanomalien (31 Anomalien) wird durch die Überlagerung verschiedener technogener Einflußfaktoren, wie z. B. Industrie- oder Deponieeinfluß plus Landwirtschafts- und/oder Siedlungseinflüsse bzw. Altablagerungen, geprägt.

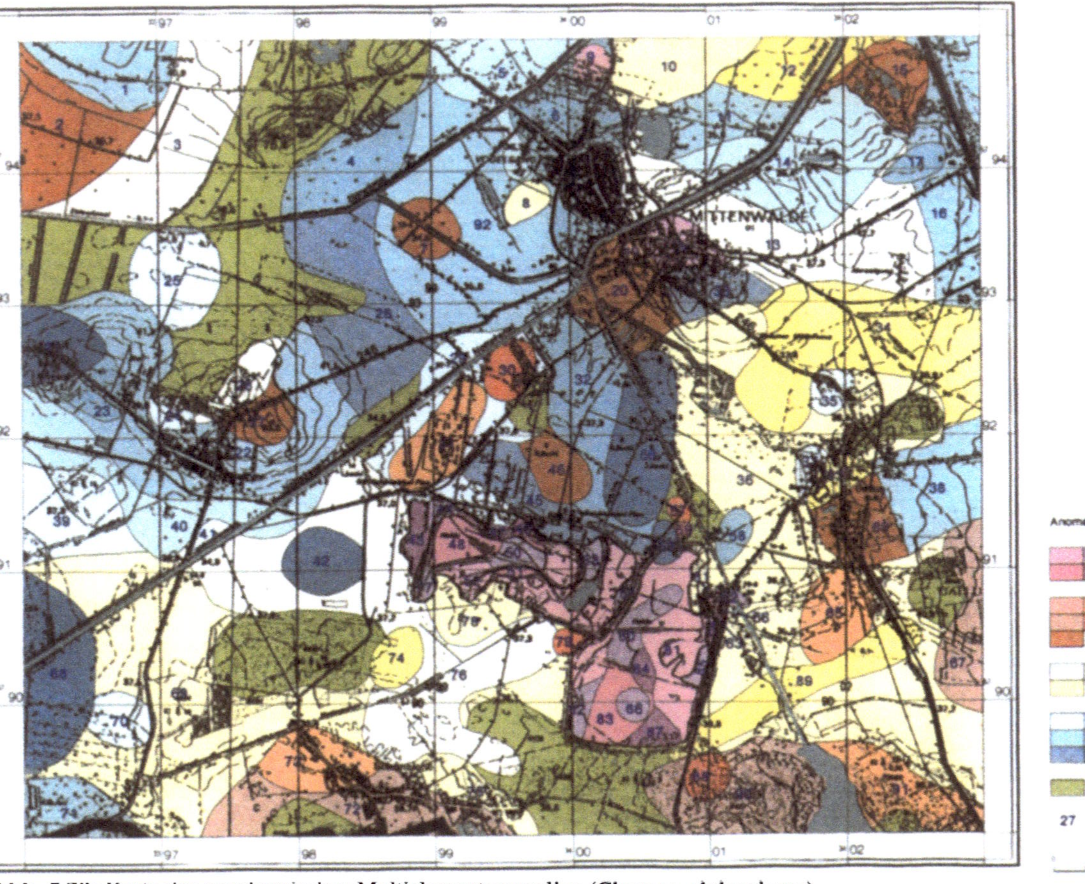

Abb. 5.30: Karte der geochemischen Multielementanomalien (Clusterpunktlagekarte)

5.3.4 Umweltgeochemische Bewertung

Die Bewertung der Ergebnisse der umweltgeochemischen Bestandsaufnahme der Region Schöneiche betrachtet vor allem die Ergebnisse der bodengeochemischen Untersuchungen im Oberbodenbereich. Die Schwermetallverteilung (z. B. Cd, Hg, Cu, Pb, Zn, Co, Cr, Ni, As, Mo, Cs, U) zeigt im Oberboden und in den Bachsedimenten des Untersuchungsgebietes eine klare Abhängigkeit von der primären Bodennutzung und der Intensität der technogenen Einflußfaktoren (Industrieimmissionen, Mülldeponierung, Altablagerungen) sowie der Überdüngung landwirtschaftlicher Nutzflächen mit Gülle, Klärschlamm und z. T. Mineraldüngern.

Im Bereich der alten Ton- und Sandgruben des Untersuchungsgebietes treten häufig Verfüllungen, Aufschüttungen oder Ablagerungen (z. B. Altablagerungen, Halden) auf, die sich im Verteilungstrend der Schadstoffe im exogenen geochemischen Feld abbilden und auch in den Untersuchungsergebnissen der Geofernerkundung indiziert und bestätigt werden (KÜHN & HÖRIG 1995). Eine erhebliche Bedeutung für den anthropogen bedingten Elementeintrag besitzen Aufschüttungen zur teilweisen Verbesserung der Bodenqualität (Aufbringen von Aschen, Bauschutt, Klärschlämmen und Gülle, Kompost aus Siedlungsabfällen), die zu bedenklichen Kontaminationen führen können. Neben der Wirkung technogener Einflußfaktoren sind geologisch bedingte Elementverteilungen nachweisbar. Einen überwiegend geogenen bzw. pedogenen Charakter (Ausgangssubstrat) belegen die Verteilungen der Untergrundgehalte der Elemente Al, Mg, Ti, La, K, V, Sc, Zr, Na und Nb (Einfluß mergelhaltiger Grundmoränenablagerungen). Unter Berücksichtigung der Ergebnisse der Faktoranalyse (*Tab. 5.31*) wird das geogene Elementspektrum z. T. durch die Parameter Sr, Fe und Rb ergänzt. Als natürlicher geogener Untergrund für das Untersuchungsgebiet Schöneiche (Deponieumland) wurde der errechnete Modalwert nach einer eingehenden Überprüfung der Häufigkeitsverteilung des Elementes im Oberboden des gesamten Berliner Umlandes und seiner analytischen Nachweisempfindlichkeit festgelegt (*Tab. 5.34*). Die relativ umfangreichen Untersuchungen ermöglichten es, auch aus der Verteilungskurve der Einzelparameter den geochemischen Untergrundgehalt (Modalwert jedes Elementes für das Untersuchungsgebiet) zu überprüfen. Um einen statistisch gesicherten Untergrundgehalt für die Bewertung heranziehen zu können, wurde dafür der Modalwert des Berliner Umlandes ausgewählt (*Tab. 5.34*). Die Kenntnis über den natürlich bedingten (geogenen) geochemischen Untergrund ist eine der wesentlichen Voraussetzungen zur Bewertung von Bodenkontaminationen sowie zur Spezifizierung von Bodenwerten (z. B. nach EIKMANN & KLOKE 1991), Hintergrundwerten (LABO 1994) bzw. Gefahren- und Sanierungszielwerten (Berliner und Brandenburger Listen). Der geochemische Monoelementuntergrund (geogen) des Untersuchungsgebietes konnte im Ergebnis der umweltgeochemischen Bestandsaufnahme für die in den Grenzwertlisten der Länder Berlin und Brandenburg enthaltenen relevanten Elemente As (1 mg/kg), Ba (166 mg/kg), B (11 mg/kg), Be (0,9 mg/kg), Cd (0,07 mg/kg), Co (4 mg/kg), Cr (8,8 mg/kg), Cu (4,6 mg/kg), Hg (0,02 mg/kg), Mn (132 mg/kg), Ni (< 1 mg/kg), Pb (16 mg/kg), Rb (27 mg/kg), Sr (36 mg/kg), Ti (935 mg/kg), V (5,4 mg/kg), Zn (26 mg/kg) und Zr (175 mg/kg) quantifiziert und durch methodische Untersuchungen an Bodenproben aus Vertikalprofilen des Berliner Umlandes bestätigt werden.

Bei der Bewertung der statistischen Maßzahlen der geochemischen Untergrundgehalte der Einzelparameter mit den Clarkewerten und den Richt- bzw. Gefahrenwerten aus den entsprechenden Listen der Länder wurde auf eine Betrachtung von Elementen mit nicht zufriedenstellenden unteren Bestimmungsgrenzen verzichtet (z. B. Ag, Bi, Hf, In u. a.).

Tab. 5.34: Vergleich regionaler und globaler Untergrundgehalte und Richtwerte (in mg/kg)

Element	RGU Berliner Umland	RGU Schöneiche	Globaler Bodendurchschnittsgehalt nach VINOGRADOV (1954)	Globaler Bodenclarke nach BOWEN (1979) (Median)	Richtwert für Kulturböden KLOKE (1980)
As	2,2	1,0	5	6,0	20
B	13,0	11,0	10	20	25
Ba	201	166	500	500	
Be	1,0	0,9		0,3	10
Cd	0,02	0,07	0,5	0,35	1,5[1)]- 3
Co	4,0	4,0	8	8,0	50
Cr	13	8,8	200	70	100
Cu	6	4,6	20	30	100
F	200	300	200	200	200
Hg	0,04	0,02	0,05	0,06	2
Mn	240	132	850		
Mo	1,0	1,0		1,2	
Ni	1,0	1,0	40	50	50
Pb	22	16	10	35	100
Sb	2,2	1,0		1,0	
Se	0,45	0,45		0,4	
Sn	1,6	1,3		4,0	50
Th	2,0	2,8		9	
Ti	1 061	935	4 600		5 000
U	1,0	1,0		2,0	
Cs	3,0	2,7		4,0	
J	2,0	1,5		5,0	
V	9,0	5,4	100	90	50
Zn	24,0	26	50	90	300
Zr	231	175	300	400	300

[1)] für leichte Böden; RGU - Regionaler geochemischer Untergrundgehalt (Modalwert)

5.3.4.1 Vergleich der umweltgeochemischen Ergebnisse mit Gefahren- und Richtwerten

Die Grenzwerte (Bodenwerte) besitzen einen problemaufweisenden Charakter. Trotzdem bilden sie gleichzeitig eine Vergleichsgrundlage für die Beurteilung von Bodenbelastungen. Demzufolge müssen Grenzwert- oder Bodenwertüberschreitungen nicht in jedem Fall die Multifunktionalität des Bodens beeinträchtigen (natürliche Ursachen). Unter Grenzwerten werden zulässige Höchstgehalte verstanden, die durch die gesetzlichen Regelungen festgelegt sind. Im Gegensatz dazu stellen die Richtwerte Orientierungswerte für verschiedene Stoffe dar, für die keine gesetzlich verbindlichen Grenzwerte bestehen.

Grenz- und Richtwerte stellen keine toxikologisch begründeten Schadensschwellen dar. Für die Risikoabschätzung und aus Vorsorgegründen ist aber bei ihrer Überschreitung die Ursache zu klären. Die Bodenwerte für das Schutzgut menschliche Gesundheit konkretisieren am Beispiel Berlin den Begriff des Risikowertes im Sinne des Berliner Bodenschutzgesetzes fachlich-inhaltlich, ohne zur Zeit die Verbindlichkeit einer Rechtsverordnung zu haben (Amtsblatt A 1262 A, 20.3.1996).

Die Feststoffgehalte für Böden (Berliner Liste, 1996) sind in erster Linie zur Einschätzung der potentiellen Gefahren verwendbar. Die in der Liste in Abhängigkeit von der geologischen Situation bzw. vom Grundwasser-Flurabstand angegebenen Hintergrundwerte für Böden beschreiben die natürlich bedingten Grundgehalte sowie die zusätzlich vorhandene, allgemein verbreitete anthropogene Zusatzbelastung der Böden. Die angegebenen Gefahrenwerte (Berliner Liste, 1996) liefern Schadstoffkonzentrationen in Böden, bei deren Überschreiten mit Grundwasserkontaminationen in der räumlich-geologischen Situation von Berlin zu rechnen ist.

Gegenwärtig gibt es in der Bundesrepublik Deutschland noch keine verbindlichen Richt- und Grenzwerte zur Beurteilung des Gütezustandes von Böden. Im Rahmen der UVP und der Genehmigungspraxis sind bodenbezogene Werte lediglich in der Klärschlammverordnung (KVO, 1992) gesetzlich festgelegt.

Die Bund-Länder-AG Bodenschutz legte 1994 die Ergebnisse zu den Hintergrundwerten für Böden auf der Grundlage von durchgeführten Bestandsaufnahmen in den einzelnen Ländern vor, die die wichtigsten ökotoxischen Elemente (Cd, Cr, Cu, Hg, Ni, Pb, Se, Sb, Tl, Zn, As) und organischen Schadstoffe (PAK, PCB, PCDD/F) substrat- und nutzungsbezogen betrachten.

Im Bericht der LABO-LAGA-AG „Direktpfad“ vom 17. 9. 1996 wurden erstmals Prüfwerte für die Gefahrenbeurteilung im Sinne des E-B-BoSchG vom 22. 3. 1996 und des fachlichen Abgleiches vorliegender Prüfwert-Konzepte in Abhängigkeit von der Flächen- bzw. Bodennutzung empfohlen (*Tab. 5.35*).

Tab. 5.35: Vergleich von nutzungsbezogenen Prüf- und Richtwerten (in mg/kg)

Parameter	Prüfwerte nach LABO - LAGA (1996)				Bodenrichtwerte nach EIKMANN & KLOKE (1993)							
	Kinderspielplätze	Wohngebiete	Park- u. Freizeitanlagen	Industrie- u. Gewerbegebiete	Kinderspielplätze		nichtagrar. Ökosysteme		Park- u. Freizeitanlagen		Industrie- u. Gewerbegebiete	
					BW II	BW III	BW II	BW III	BW II	BW III	BW II	BW III
As	20	20	40	140	20	50	40	60	40	80	50	150
Pb	200	400	1 000	2 000	200	1 000	1 000	2 000	500	2 000	1 000	2 000
Cd	200	400	1 000	1 000	2	10	5	10	4	15	10	20
Ni	70	140	350	900	40	200	100	200	100	250	200	500
Hg	10	20	50	80	0,5	10	10	50	5	15	10	20
Benzo-(a)-pyren	2	4	10	-	1	5	-	-	3	6	5	10
PCB_6	2	4	10	200	0,2	1	-	-	3	10	5	15
PCDD/F nach BGA (ng TE/kg)	100	1 000	1 000	10 000	10	100	-	-	50	150	75	200

Die in Deutschland häufig verwendete und zitierte KLOKE-Liste (KLOKE 1980) enthält Richtwerte für tolerierbare Gesamtgehalte in Kulturböden, die aus der Häufigkeitsverteilung von Schwermetallen in Böden abgeleitet wurden und den Aufnahmepfad der Belastung von Mensch und Tier nicht berücksichtigen.
Der Vergleich der für das Untersuchungsgebiet ermittelten geochemischen Untergrundgehalte mit den globalen Normalgehalten für Böden VINOGRADOV (1954) zeigt auf Grund der überwiegend sandreichen Böden für die Elemente As, Ba, Cd, Co, Cu, F, Hg, Mn, Ni, Rb, Sr, Ti, V, Zn und Zr eine Verarmung an. Die Anreicherungstendenzen der Untergrundgehalte der Elemente B (K = 1,1), F (K = 1,5) und Pb (K = 1,6) weisen im Verhältnis zu diesem Wert auf eine schwache anthropogene Zufuhr hin, die sich in den Verteilungsmustern der Einzelparameter aufklären läßt. Der Vergleich des RGU zum planetaren Bodenclarke nach BOWEN (1979) liefert für alle Elemente außer Be (K > 3,0), F (K = 1,5), Mo (K = 3,5) und Sb (K = 2,2) eine Verarmung.

Die Be-, F-, Mo- und Sb-Anreicherungen sind auf die z. T. flächenhaften anthropogenen Elementeinträge zurückzuführen. Die Elemente, deren Maximalgehalte unterhalb des jeweiligen globalen (Ti, Zr) bzw. planetaren (Rb, Zr, Ti) Durchschnittsgehaltes von BOWEN (1979) und VINOGRADOV (1954) liegen, zeigen regionale Verarmungen an. Schwache Anreicherungen bis zur Verdoppelung der planetaren Durchschnittsgehalte stellen z. T. natürliche Anreicherungen dar (Fe, Mg, J, La, Nb, V), die lokal anthropogen überprägt werden. Beim Vergleich der Maximalgehalte mit dem globalen Bodendurchschnittsgehalt nach VINOGRADOV (1954) werden die Elemente Mn, Cr, Rb und V durch Kontrastwerte > 1,0 und ≤ 2,0 charakterisiert, die trotz geogener

Elementanteile in der Verteilung der Maximalgehalte auf eindeutig technogene Einflußfaktoren als Anomalieursachen hinweisen.

Für Elemente, deren Gehaltsminimum bereits über dem jeweiligen Clarkewert liegt (Pb, Be), prägen überwiegend anthropogene Eintragsquellen die Gehaltsverteilungen im exogenen geochemischen Feld (*Abb. 5.10*). Die Durchschnittsgehalte der Mehrzahl der Elemente (außer Be, Cd, Bi, F, Hg, Mo, Sb, Sn, Tl, Cu, Zn) liegen unterhalb der planetaren Durchschnittsgehalte für Böden (nach BOWEN 1979), obwohl einige dieser Elemente lokal mit Sicherheit z. T. technogen zugeführt worden sind (As, Co, Cr, Cs, La, Ni, Sc, Se, Ta, Sr, Th, U, V). Im Verhältnis zum globalen Bodengehalt nach VINOGRADOV (1954) lassen sich für die Durchschnittsgehalte der Elemente B, Cu, Cd, F, Hg, Pb und Zn Überschreitungen nachweisen, die anthropogen bedingt sind.

Die Durchschnittsgehalte im Oberboden des Untersuchungsgebietes zeigen im Vergleich mit den jeweiligen regionalen Untergrundgehalten des Berliner Umlandes eine deutliche Erhöhung der Elemente F, Pb, Zn, Cu, Hg, La, Sn, Mo, Th, W und U (2 < Konzentrationskoeffizienten < 25) sowie übermäßige Cd-, Co-, Cs- und Ni-Anreicherungen (K ≥ 48) an, die durch die technogenen Kontaminationen als Folge der jahrzehntelangen Müllablagerung verursacht wurden.

Bereits für den Untergrundgehalt (Modalwert) Schöneiche (Regionaler geochemischer Monoelementuntergrund) lassen sich im Verhältnis zum geochemischen Untergrund des Berliner Umlandes Anreicherungen der Elemente Cd, Co, Mo, Th, W, F, La und P nachweisen, die auf eine anthropogene Beeinflussung und den technogenen Eintrag dieser Elemente im Untersuchungsgebiet hinweisen. Der Vergleich der Durchschnittsgehalte mit den Untergrundgehalten des Berliner Umlands liefert auch für einige Hauptkomponenten Anreicherungen (Fe, Mg, Ca, P, S), die mögliche anthropogene Einflüsse signalisieren (z. B. landwirtschaftliche Düngung).

Unterhalb der KLOKE-Richtwerte liegt für die Gesamtdatei Schöneiche nur der Maximalgehalt des Elementes Zr (geogen). Die Maximalgehalte der Elemente Pb, Cu, Zn und besonders Cd belegen mit Konzentrationen über dem Fünffachen des KLOKE-Richtwertes ihren anthropogen bedingten Eintrag (*Tab. 5.34, 19*). Die meisten geochemischen Untergrundgehalte der Böden der Region Schöneiche betragen weniger als ein Zehntel des jeweiligen KLOKE-Richtwertes (Ni, Co, As, Cd, Cr, Cu, Hg). Zwischen einem Zehntel und fünf Zehntel des Richtwertes liegen die Kontrastwerte der Untergrundgehalte (Modalwerte) zum KLOKE-Richtwert für B, Pb und Zr. Lediglich der F-Untergrund weist eine 1,5fache Anreicherung zum KLOKE-Wert auf. Ähnliche Aussagen liefert auch der Vergleich der Durchschnittsgehalte mit den KLOKE-Richtwerten. Wiederum der F-Durchschnittsgehalt überschreitet den KLOKE-Richtwert 2,5fach (*Tab. 5.18, 5.34*).

Der Vergleich der statistischen Maßzahlen der Region Schöneiche mit den Richt- und Referenzwerten der Brandenburger Liste (1993) läßt auf der

Grundlage der ermittelten Kontrastwerte der Maximalgehalte zum höchstzulässigen Gefahrenwert für die Elemente Co, Cr, Ni und Zn keine Gefährdungen im Untersuchungsgebiet erkennen. Lediglich die Kontraste der Maximalgehalte zum Gefahrenwert II der Elemente As, Pb, Sn und Cu weisen auf schwache Überschreitungen hin, während die Kontraste für Hg (K = 10,6) und Cd (K = 3,1) schon erhebliche Anreicherungen zum Gefahrenwert II signalisieren, die lokal unter Berücksichtigung der pH-Wertverteilung und der Bodennutzung zur Ableitung eines notwendigen Handlungsbedarfes (z. B. Nutzungseinschränkungen) führen können.

Die Gefahrenwerte der Berliner Liste (1996) stellen das aktuellste verwendbare Regelwerk der Region dar, das für die Gesamtgehalte im Boden problemlos für das Gebiet Schöneiche zu Vergleichszwecken herangezogen werden kann. Für die kartenmäßigen Darstellungen der Gefahrenwertüberschreitungen werden die Referenz- und Gefahrenwerte der anorganischen und organischen Schadstoffe jeweils aus der aktuellen Niederländischen (1994) und Berliner Liste (1996) zugrunde gelegt. Im Vergleich mit den Gefahrenwerten der Berliner Liste (II und III A für Sande, Kiese und Mergel; 1996) weisen die Maximalgehalte der Elemente As, Cd, Co, Cr, Cu, Hg Ni, Pb und Zn kontrastreiche Anreicherungen auf ($K \geq 33$ für Pb). Mit Kontrastwerten > 100 werden die technogen eingetragenen Elemente Cd und Hg herausgestellt.

Der entsprechende Handlungsbedarf läßt sich anhand der flächenhaften Kontrastwertverteilung unter Berücksichtigung der Flächennutzung ableiten. Gegenüber den höchstzulässigen Richtwerten der Brandenburger Liste (Wert II) lassen sich sogar für die Durchschnittsgehalte von Hg und Pb Richtwertüberschreitungen feststellen.

Zum B- bzw. S-Wert der ehemaligen Niederländischen Liste (1988), die in der Neubearbeitung 1994 z. T. noch weiter heruntergesetzt wurden (Referenzwerte für Cr, Hg, As, Cd, Pb), zeigen alle Maximalgehalte (außer As) und sogar der Durchschnittsgehalt für Ba (K = 1,3) z. T. sehr kontrastreiche Überschreitungen (K > 10: Cd, Hg, Pb, Cu, Ba) an.

Für die organischen Schadstoffparameter signalisieren lediglich die Durchschnittsgehalte der PCDD/F (TE nach BGA) eine schwache Überschreitung (K = 1,2) des Gefahrenwertes II (4 ng TE/kg) der Brandenburger Liste (1993). Über dem Gefahrenwert II und III A der Berliner Liste (1996) liegen bereits die Durchschnittsgehalte der PAK (K = 1,8) und MKW (K = 1,6). Die Maximalgehalte (Cyanid, MKW, PAK, PCB, PCDD/F, Phenol_{ges}) zeigen ohne Ausnahme z. T. kontrastreiche Überschreitungen der Gefahrenwerte der Berliner und Brandenburger Liste an. Nur das PCB-Maximum erreicht den Gefahrenwert II der Brandenburger Liste (K = 0,09) nicht.

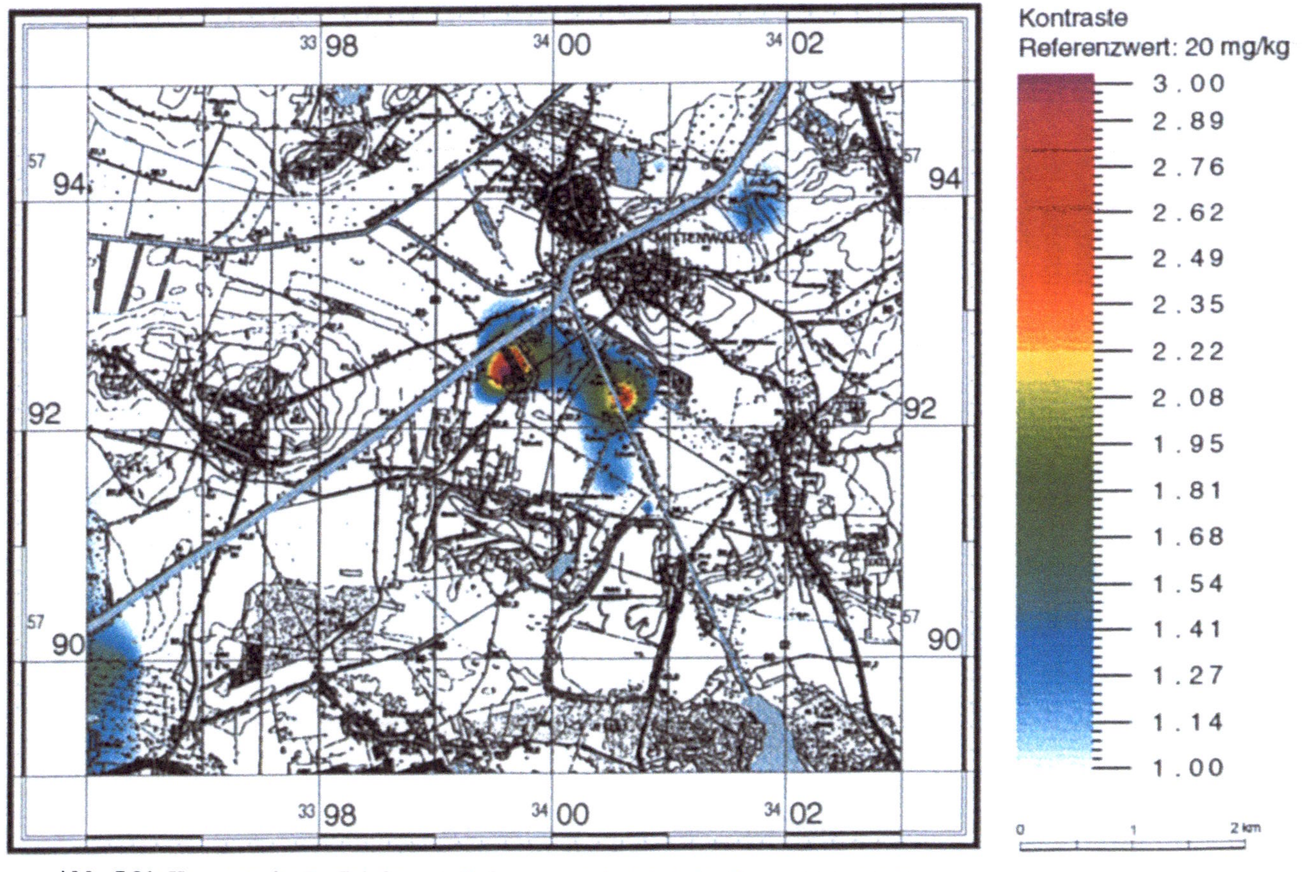

Abb. 5.31: Kontraste der Br-Gehalte zum Referenzwert der Niederländischen Liste (1988)

Bei der flächenhaften Darstellung der Kontrastwerte wurde für die Elemente Br, Ba und Mo z. T. auf die Niederländische Liste von 1988 zurückgegriffen, weil auf diese Elemente in moderneren Regelwerken völlig verzichtet wurde.

Die Kontrastwertverteilung zum Referenzwert der Niederländischen Liste (A-Wert, 1988) zeigt für die durch Altablagerungen beeinflußten Bereiche S Mittenwalde am Nottekanal (Altdeponien) und am Galluner Kanal (neue Indikation für Altablagerungen) sowie an der SW-Flanke des Untersuchungsgebietes und E Mittenwalde (ehemalige Ziegelei) deutliche Überschreitungen der Referenzwerte an (*Abb. 5.31*), die auf sicher technogene Einflüsse zurückzuführen sind.

Die Verteilung der Ba-Kontraste liefert flächenhafte Überschreitungen zum Referenzwert der Niederländischen Liste (1994) auf den Landwirtschaftsflächen im E und NE des Untersuchungsgebietes (*Abb. 5.32*) sowie W und E bzw. SE Mittenwalde ($1 \leq K \leq 2$). Deutliche Überschreitungen des Referenzwertes werden im Bereich der Altablagerungen unmittelbar N ($K > 10$) und am E-Rand (Müllverbrennungsanlage, Einfahrtsbereich) der Deponie Schöneiche sowie auf den Deponieflächen der beiden Großdeponien abgebildet (*Abb. 5.32*).

Molybdän-Kontraste > 5 zum Referenzwert der Niederländischen Liste (1994) markieren ausschließlich den Einflußbereich der Müllverbrennungsanlage und des Einfahrtsbereiches der Deponie Schöneiche.

Die PAK-Gehalte lassen deutliche Überschreitungen des Referenzwertes der Niederländischen Liste (1994) mit Kontrastwerten bis > 40 im Bereich der Südhalde der Deponie Schöneiche sowie am W-Rand und im W-Teil der Deponie Schöneicher Plan erkennen. Neue Belastungsindikationen mit Kontrastwerten > 3 werden neben den als technogen beeinflußt bekannten Gebieten E Großmachnow, am Nottekanal und SE Mittenwalde am NE-Rand des Untersuchungsgebietes sowie S Telz lokalisiert.

Die Maximalgehalte der Elemente Ni, Cr, Zn, Cd, Cu, Hg und Pb übersteigen lokal die Grenzwerte der KVO (pH > 6,0). Die entsprechenden Bereiche, die sich auch in den Gehaltsverteilungskarten der Einzelelemente und im Ergebnis der Clusteranalyse widerspiegeln und abgrenzen lassen, können als technogen kontaminiert eingestuft werden. Auf den Deponieflächen zeigen zusätzlich die Maximalgehalte der Elemente Cr, Ni, Hg, Cu und Cd eindeutige Erhöhungen gegenüber den Grenzwerten der KVO (1992) an.

Mit zunehmender Intensität der anthropogenen Bodennutzung nehmen die Durchschnittsgehalte der Schwermetalle und Schadstoffparameter sowie der elektrischen Leitfähigkeit zu. Die Durchschnittsgehalte der Oberböden im Bereich der Siedlungsgebiete und Landwirtschaftsflächen weisen gegenüber dem Gefahrenwert für Wasserschutzzonen II und III A (Sande, Kiese, Mergel) der Berliner Liste (1996) schwache Cd-Anreicherungen auf. Die Elementdurchschnittsgehalte der nicht bewirtschafteten Freiflächen in Deponienähe sowie der Entsorgungsflächen selbst überschreiten besonders für die Elemente

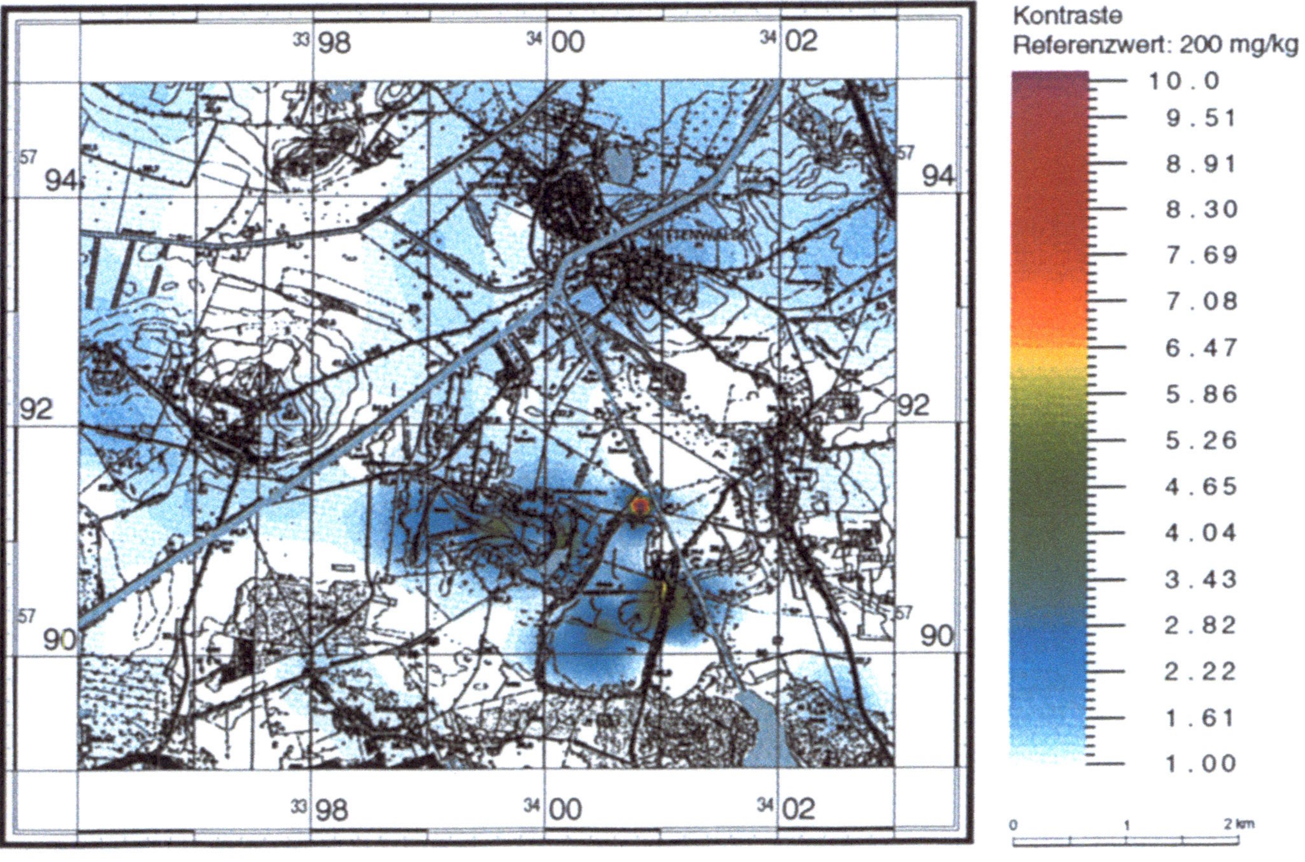

Abb. 5.32: Kontraste der Ba-Gehalte zum Referenzwert der Niederländischen Liste (1994)

Hg und Cd (K > 5) sowie Pb (K > 3), Cu, Zn und Cr die Gefahrenwerte der Berliner Liste (1996, Wasserschutzzone II und III A). Lediglich für die wenigen Proben aus dem Ah-Horizont der Waldböden läßt sich keine Gefahrenwertüberschreitung für die Durchschnittsgehalte der Schwermetalle feststellen (*Tab. 5.18, 5.20*).

Der Vergleich der Gefahrenwerte für Sande, Kiese und Mergel der Berliner Liste (1996, Gefahrenwerte Wasserschutzzone II und III A) mit den Maximalgehalten bestätigt die bisherigen Ergebnisse und charakterisiert die Deponieflächen und das unmittelbare Umland (nicht bewirtschaftete Freiflächen, Brachland) als stark mit Hg und Cd kontaminiert (Konzentrationskoeffizienten Maximalgehalt/Gefahrenwert Berliner Liste > 100). Für die Elemente Cu, Pb, Zn und z. T. Cr läßt sich ebenfalls eine Erhöhung der Konzentrationskoeffizienten > 10 für diese Flächennutzungsarten nachweisen. Eine anthropogene Belastung der Entsorgungsflächen und der unmittelbaren Randbereiche liegt auch für die Elemente As, Co und Ni vor (Konzentrationskoeffizienten der Maximalgehalte > 3,0).

Die Landwirtschaftsflächen und Siedlungsgebiete werden beim Vergleich der Maximalgehalte mit den Gefahrenwerten der Berliner Liste für die Elemente Cd, Hg, Pb, Zn, Cu, Cr und As als deutlich angereichert ausgewiesen. Die Waldböden zeigen mit Maximalgehalten bis 0,9 mg Cd/kg gegenüber den Gefahrenwerten der Berliner Liste lediglich eine mäßige Cd-Belastung an.

Die Karten der Kontrastwertverteilung zu den Gefahrenwerten der Berliner Liste veranschaulichen eine Variante der flächenhaften Darstellung von Richtwertüberschreitungen, die auf Grund des geographischen Bezuges und der Berücksichtigung der lokalen Flächennutzung die Möglichkeit bietet, den notwendigen Handlungsbedarf abzuleiten und weitere Maßnahmen zur Gefährdungseinschätzung und -abwehr vorzubereiten. Für die Elemente As, Cd, Co, Cr, Cu, Hg, Ni, Pb und Zn sowie für PCDD/F, MKW, $\text{Cyanid}_{\text{ges.}}$ und PAK wurden Verteilungskarten der Kontraste zum Gefahrenwert für Wasserschutzgebiete II und III A (Sande, Kiese, Mergel) der Berliner Liste (1996) berechnet und dargestellt. Erhöhte As-Kontraste ≥ 2,5 markieren Altablagerungen E Mittenwalde und unmittelbar N der Deponie Schöneiche. Kontrastwerte bis zum 2fachen Gefahrenwert sind im Zentralteil und am W-Rand der Deponie Schöneicher Plan lokalisiert, besitzen aber für diese Flächennutzung keine Relevanz.

Die Verteilung der Cd-Kontraste (*Abb. 5.33*) zeigt flächenhafte Überschreitungen des Gefahrenwertes Berliner Liste im W und NW (W Telz, SW- und NW-Rand) des Untersuchungsgebietes sowie E, NW, S Mittenwalde und N der Deponien an, die auf technogene Ursachen zurückzuführen sind. Die Deponieflächen (W-Teil Deponie Schöneicher Plan, Südhalde und Müllverbrennungsanlage der Deponie Schöneiche) werden durch Kontrastmaxima (bis K > 75), d. h. erhebliche Gefahrenwertüberschreitungen abgebildet. Als problematisch sind die Kontraste ≥ 3 im Gebiet SE Mittenwalde, SE Deponie Schöneiche und am SW-Rand des Untersuchungsgebietes einzuschätzen, die

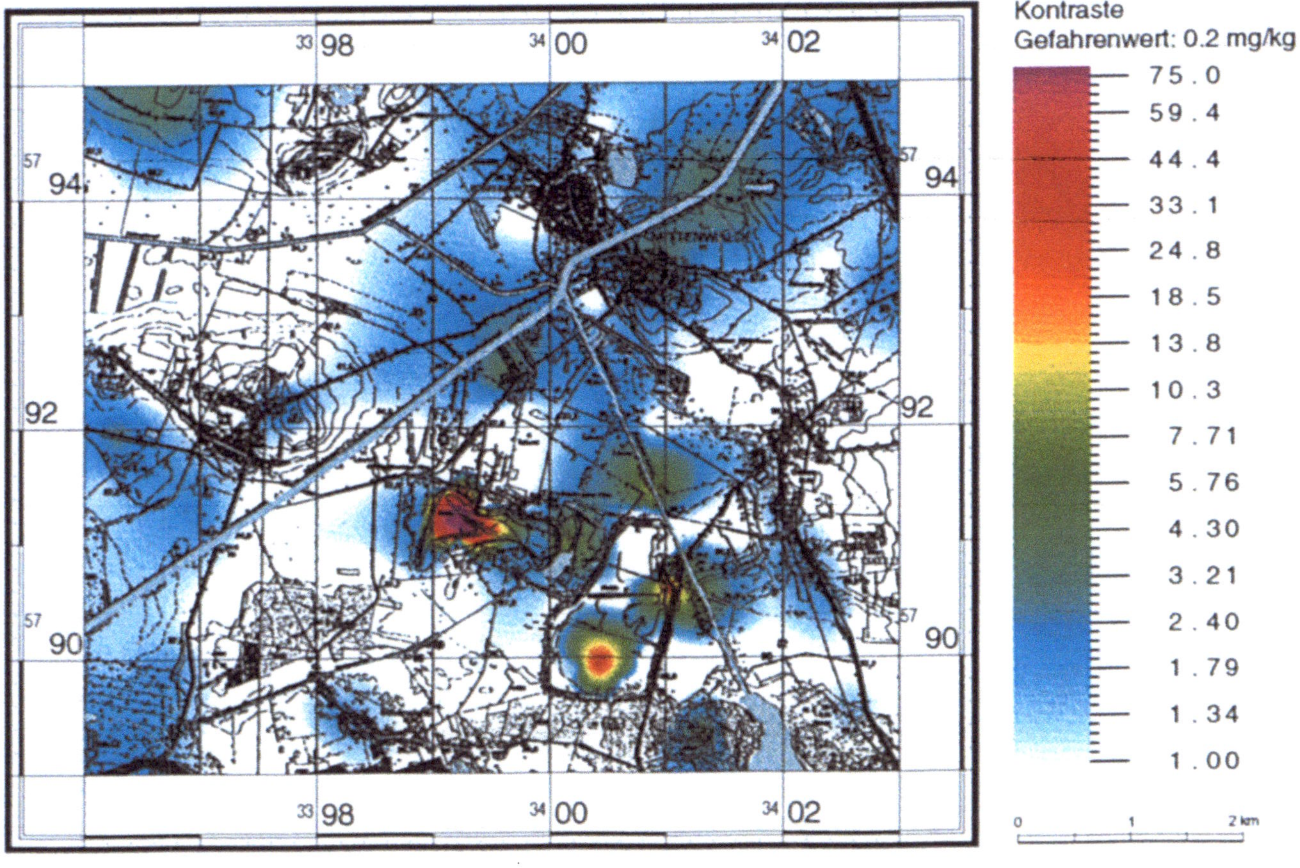

Abb. 5.33: Kontraste der Cd-Gehalte zum Gefahrenwert der Berliner Liste (1996) (Wasserschutzzone II und IIIA, Sande, Kiese, Mergel)

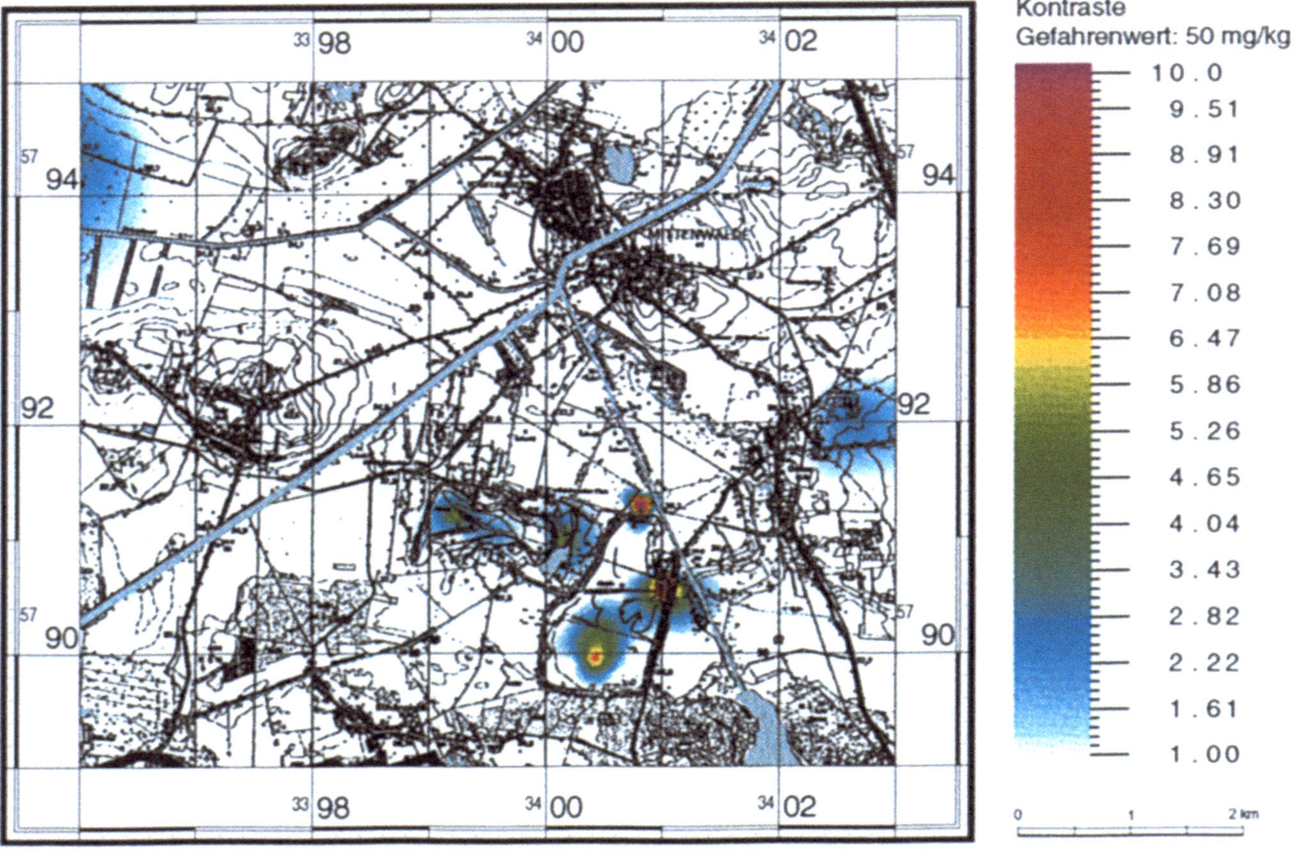

Abb. 5.34: Kontraste der Cu-Gehalte zum Gefahrenwert der Berliner Liste (1996) (Wasserschutzzone II und IIIA, Sande, Kiese, Mergel)

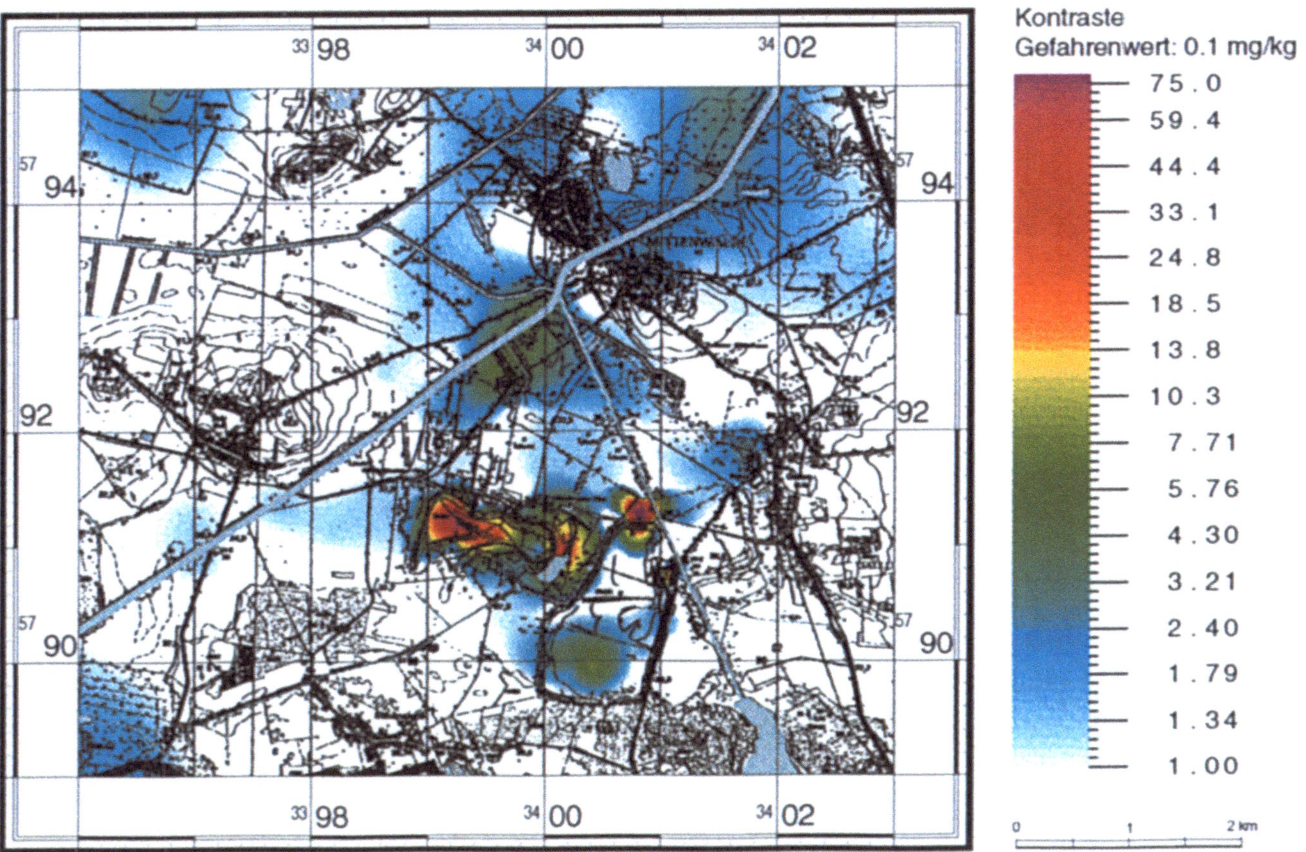

Abb. 5.35: Kontraste der Hg-Gehalte zum Gefahrenwert der Berliner Liste (1996) (Wasserschutzzone II und IIIA, Sande, Kiese, Mergel)

mit pH-Wertabsenkungen < 5 zusammenfallen und somit Bereiche einer potentiellen Grundwassergefährdung darstellen (*Abb. 5.33, 5.5*).

Die Co-Kontrastwerte > 3 markieren mit Gefahrenwertüberschreitungen besonders den E-Rand der Deponie Schöneiche (Müllverbrennung, Einfahrtsbereich) sowie die Altablagerungen am N-Rand der Deponie.

Chromkontraste > 3 zum Gefahrenwert der Berliner Liste sind am E-Rand (Müllverbrennung), im Bereich der Südhalde und am N-Rand der Deponie Schöneiche sowie im Bereich der Deponie Schöneicher Plan lokalisiert.

Die Cu-Kontraste weisen lokale Maxima (K > 8) auf den Deponieflächen sowie im Bereich der Altablagerungen N der Deponie Schöneiche auf (*Abb. 5.34*). Weitere Gefahrenwertüberschreitungen (K ≥ 3) werden E Gallun (Gülleverkippung) und E Großmachnow festgestellt.

Mit extremen Überschreitungen der Gefahrenwerte der Berliner Liste (*Abb. 5.35*) bilden Hg-Kontrastwerte die beiden Deponien sowie die Altablagerungen N der Deponie Schöneicher Plan, die Müllverbrennungsanlage sowie die Altdeponien am Nottekanal ab. Die anthropogenen Einflüsse E, NE und NW Mittenwalde sowie am NW- und SW-Rand des Untersuchungsgebietes sind durch Hg-Kontraste < 3,0 belegt (*Abb. 5.35*). Mit Kontrasten > 3 werden komplexe anthropogene Einflüsse W Gallun indiziert. Mit Ni-Kontrastwerten > 3 werden der Zentralteil der Deponie Schöneicher Plan sowie der N- und E-Rand der Deponie Schöneiche charakterisiert. Die Gefahrenwertüberschreitungen für Pb äußern sich ebenfalls in hohen Kontrastwerten im Bereich der beiden Großdeponien sowie im Altlastengebiet S Mittenwalde am Notte- und Galluner Kanal (*Abb. 5.36*). Die Zn-Kontraste konzentrieren sich mit Werten > 10,0 auf die Deponieflächen sowie den Einflußbereich der Müllverbrennungsanlage und den N-Rand der Deponie Schöneiche (Altablagerungen).

Die MKW-Kontaminationen sind im W-Teil der Deponie Schöneicher Plan sowie am E-Rand (K ≥ 40) und im Bereich der Südhalde der Deponie Schöneiche lokalisiert. Kontrastwerte > 3 markieren das Umland (bes. im S und E von Mittenwalde) sowie lokale Bereiche W der Großmachnower Weinberge E Schöneiche (*Abb. 5.37*). Die Kontrastwerte für Cyanid zeigen ausschließlich im Bereich der Südhalde der Deponie Schöneiche sowie S (K > 20) und E der Deponie Schöneicher Plan (Altablagerungen) Gefahrenwertüberschreitungen an (*Abb. 5.38*). Die PAK-Kontrasterhöhungen (*Abb. 5.39*) belegen ganz markant Gebiete eindeutiger technogener Beeinflussungen (Altdeponien S und SE Mittenwalde sowie S Gallun, Deponie Schöneicher Plan mit einem Maximum im Zentralteil und NW-Rand). Mit > 50fachen Gefahrenwertüberschreitungen wird die Südwesthalde der Deponie Schöneiche abgebildet (*Abb. 5.39*). Kontrastwerte > 5 zum Gefahrenwert der Berliner Liste markieren Gebiete S Telz, am NW-Rand sowie NE Mittenwalde (Industrie- und Gewerbegebiete).

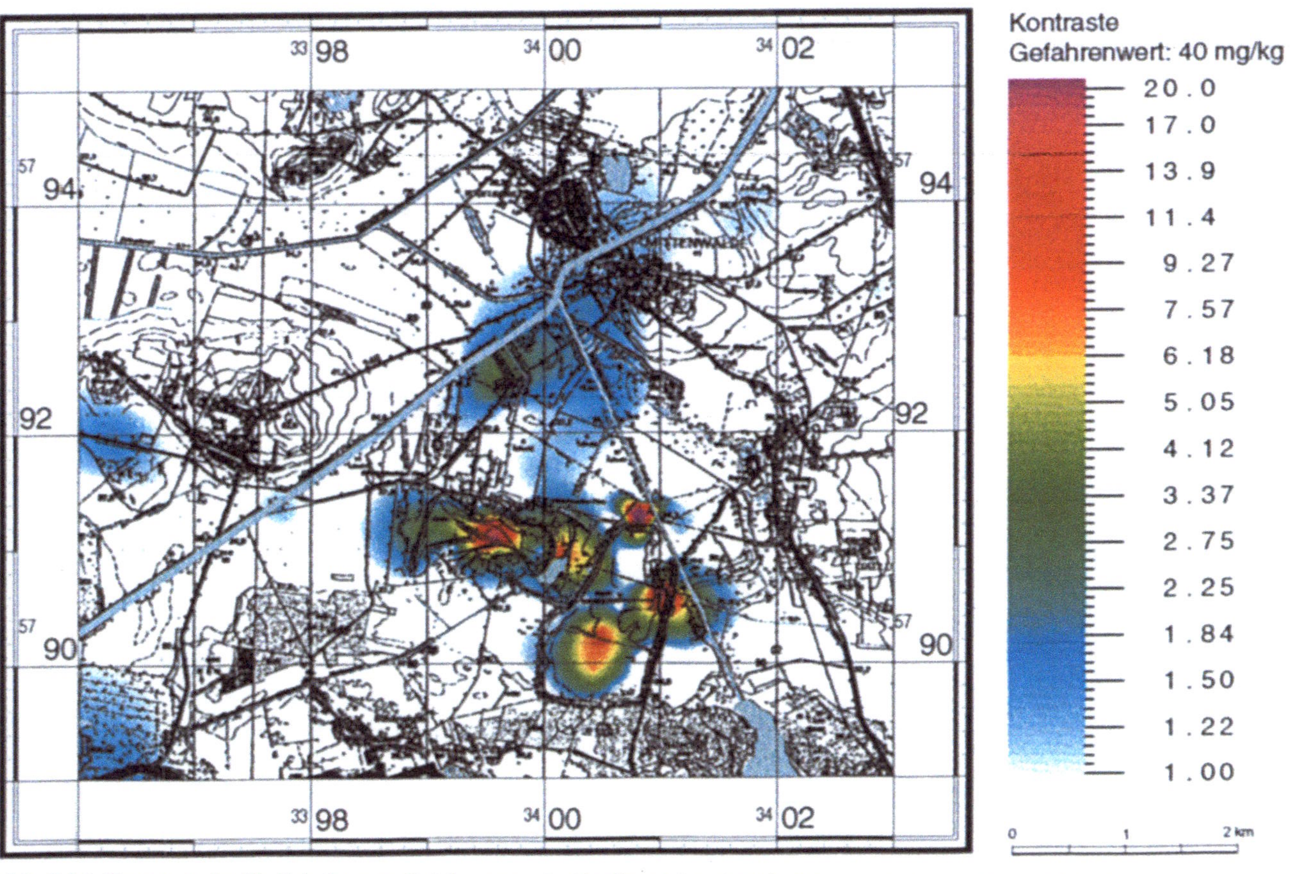

Abb. 5.36: Kontraste der Pb-Gehalte zum Gefahrenwert der Berliner Liste (1996) (Wasserschutzzone II und IIIA, Sande, Kiese, Mergel)

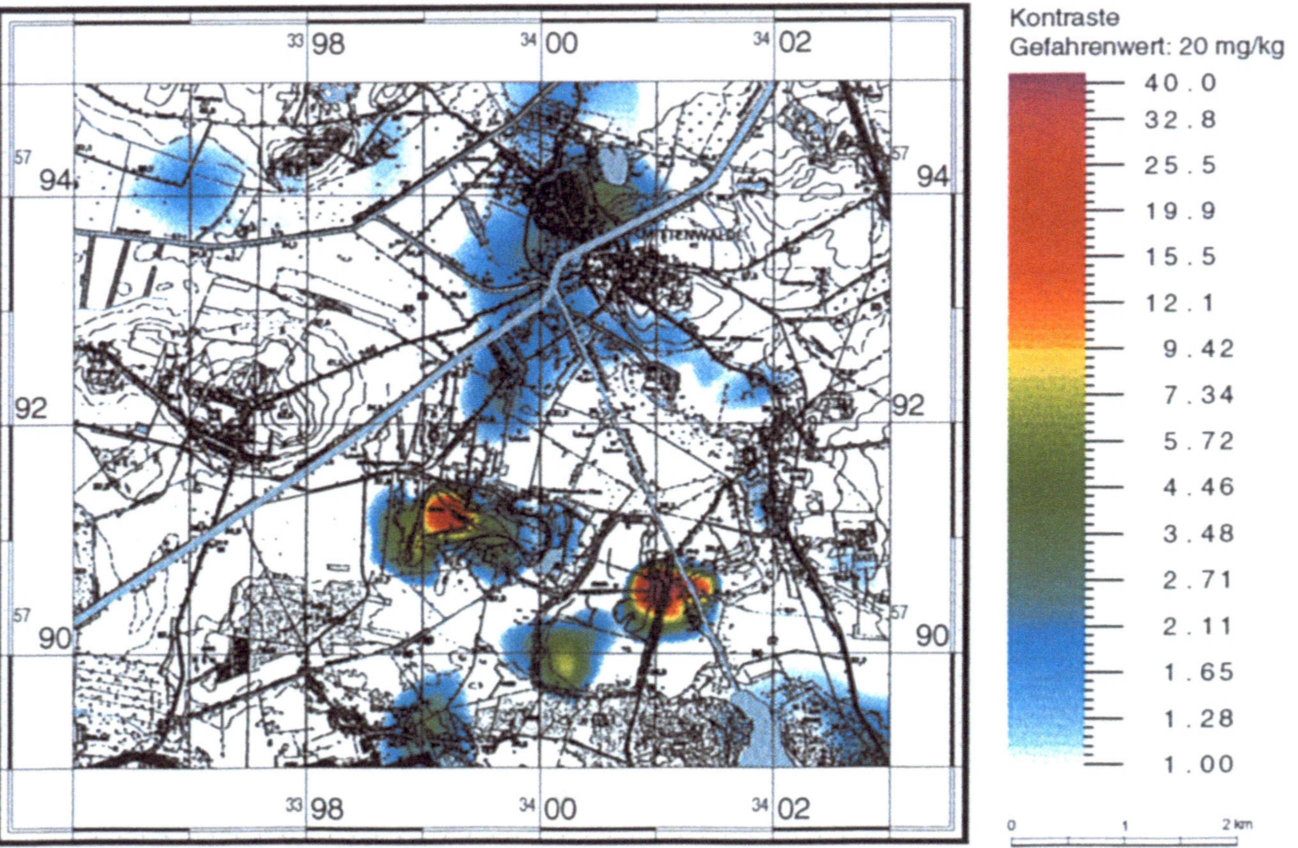

Abb. 5.37: Kontraste der MKW-Gehalte zum Gefahrenwert der Berliner Liste (1996) (Wasserschutzzone II und IIIA, Sande, Kiese, Mergel)

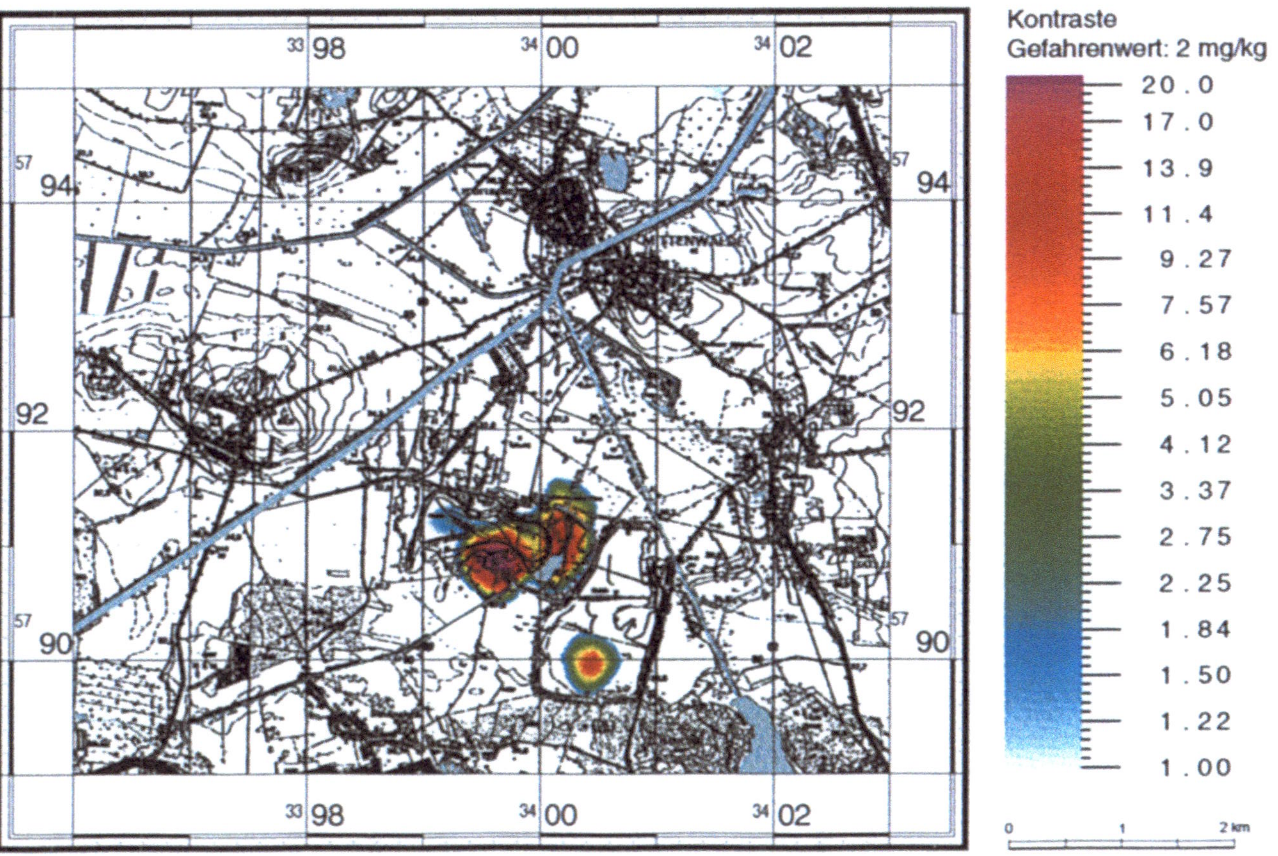

Abb. 5.38: Kontraste der $CN_{ges.}$-Gehalte zum Gefahrenwert der Berliner Liste (1996) (Wasserschutzzone II und IIIA, Sande, Kiese, Mergel)

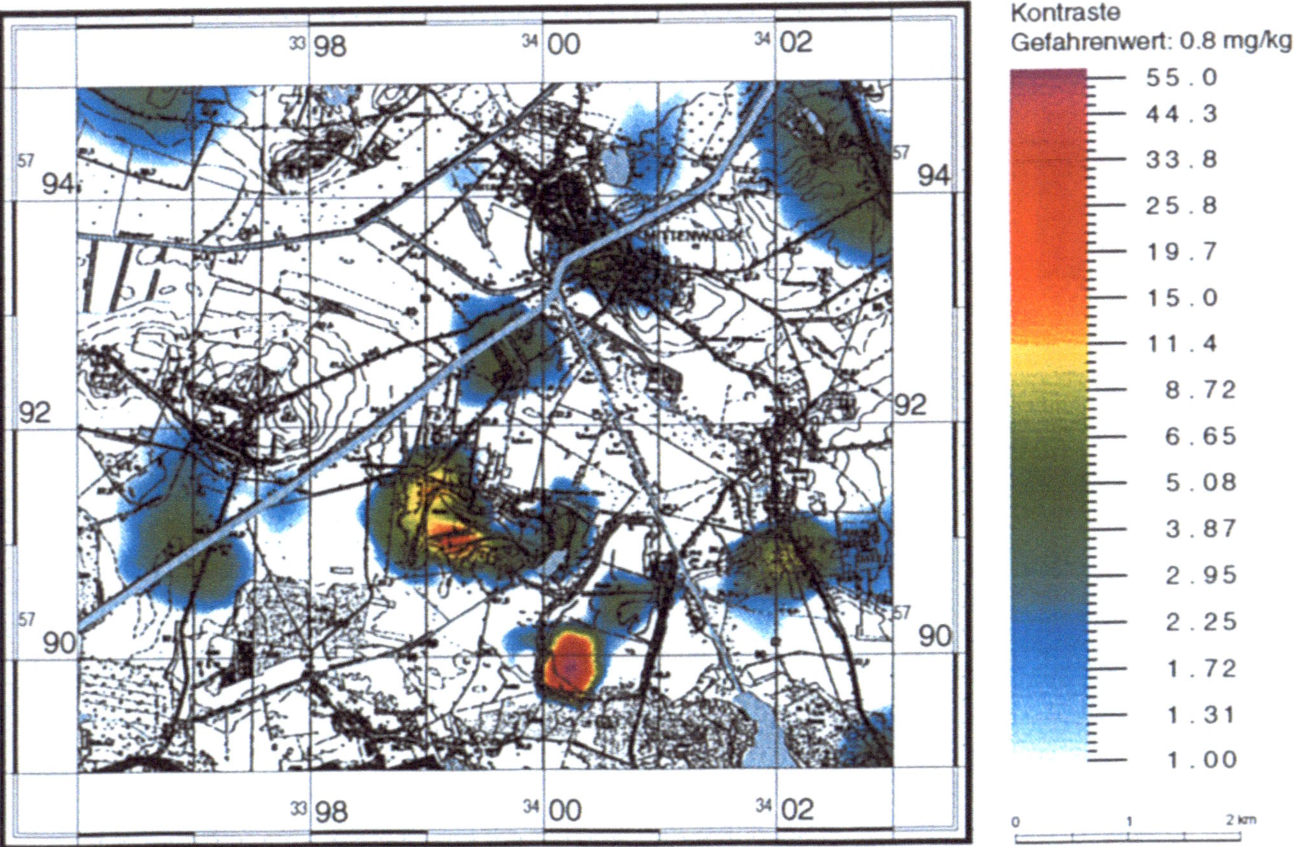

Abb. 5.39: Kontraste der PAK-Gehalte zum Gefahrenwert der Berliner Liste (1996) (Wasserschutzzone II und IIIA, Sande, Kiese, Mergel)

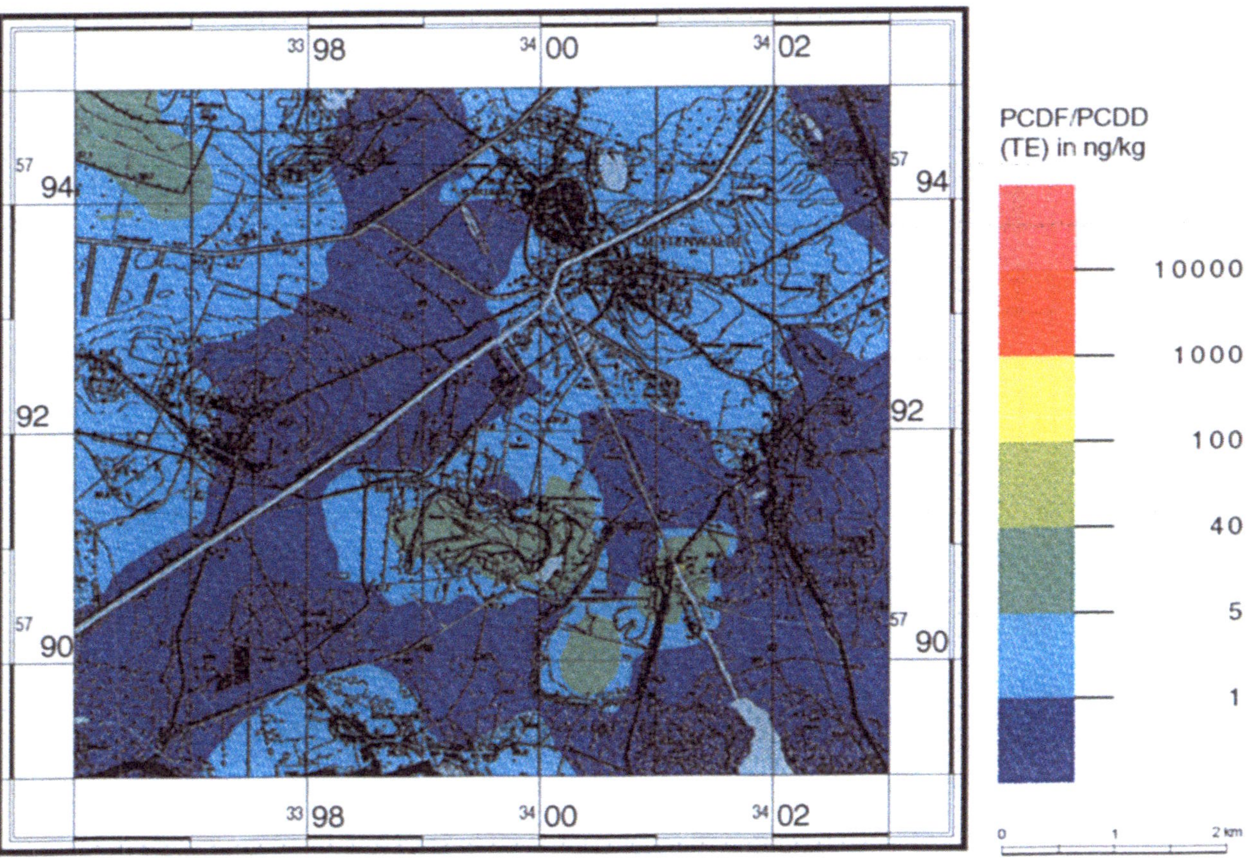

Abb. 5.40: PCDD/PCDF-Verteilung im Oberboden (in ng TE/kg, nach NATO/CCMS; Belastungsgrad nach Bund/Länder-AG Dioxine)

Zur Bewertung der flächenhaften Verteilung der Belastung der Böden mit PCDD/F wurde das international übliche, nach NATO/CCMS (1988) berechnete Toxizitätsäquivalent in Form einer Isoflächenkarte in den von der Bund/Länder-AG Dioxine vorgeschlagenen Gehaltsklassen (ITE), die gleichzeitig die Belastungskategorien I bis VI verkörpern, herangezogen. Die Klassengrenze 1 ng TE/kg TS (*Abb. 5.40*) wurde auf Grund der großen Häufigkeit von Meßwerten in diesem unbelasteten Gehaltsbereich (Untergrund) zusätzlich eingeführt. Die Karte der Verteilung der ITE belegt, daß der größte Teil des Untersuchungsgebietes keine (< 1 ng TE/kg) oder nur geringe Belastungen (< 5 ng TE/kg) aufweist. PCDD/F-kontaminierte Bereiche der Belastungskategorie II (5 - 40 ng TE/kg) lassen sich lediglich für die Landwirtschaftsflächen E Großmachnow (NW-Rand des Untersuchungsgebietes) sowie auf den Ackerflächen E der Deponie Schöneiche nachweisen, letztere müssen sogar der Belastungskategorie III (40 - 100 ng TE/kg) zugeordnet werden. Für diese landwirtschaftlich genutzten Flächen besonders N des Galluner Kanals (*Abb. 5.40*) sollten Nutzungseinschränkungen vorgesehen werden, da besonders E der Deponie Schöneiche in Verbindung mit dem Belastungsmaxima im Bereich der Müllverbrennungsanlage mit einem Anstieg der PCDD/F-Kontaminationen gerechnet werden kann. Das Gehaltsmaximum auf dem Gelände der Müllverbrennungsanlage fällt in die Belastungskategorie IV (> 100 ng TE/kg), besitzt jedoch für die gegebene Nutzung als Deponie keine Relevanz. Die gesamte Fläche der Deponie Schöneicher Plan sowie die Südhalde der Deponie Schöneiche (*Abb. 5.40*) sind der Belastungskategorie II (5 - 40 ng TE/kg) zuzuordnen und liefern somit für die Weiternutzung als Deponie keinen unmittelbaren Handlungsbedarf.

Einen Gesamtüberblick über die Richtwertüberschreitungen bei den Schwermetallen liefert die *Tab. 5.37*. Als Grundlage für Überschreitungen wurden die für die Region geltenden Eingreif- (Brandenburger Liste, 1993) und Gefahrenwerte (Berliner Liste, 1996) verwendet. Die häufigsten Richtwertüberschreitungen zur Berliner Liste betreffen die Elemente Cd (48,8 % der Bodenproben), Zn (13,5 %) sowie Pb, Cu, Cr und As (zwischen 7 - 9 %), so daß diesen Elementen in nachfolgenden lokalen (Standarduntersuchungen) und regionalen Untersuchungsprogrammen besonderes Augenmerk gebührt. Zum höchstzulässigen Richtwert II der Brandenburger Liste (1993) treten auch für die Elemente Hg, As, Cd, Pb und Sn lokale Überschreitungen auf, die auf eine extreme Belastungssituation hinweisen.

Tab. 5.36: Gefahrenwertüberschreitungen in den Oberböden der Region Schöneiche

Element	Schöneiche „Überschreitungen“		Schöneiche Maximalgehalt (mg/kg)	Richt- oder Gefahrenwert
	Anzahl	%		
Pb	15	8,82	1330	100 [1]
Cd	83/6	48,8/3,53	30,9	0,2 [2]/2,0 [1]
Cu	15	8,82	711	50 [2]
Zn	23	13,53	1510	100 [2]
Ni	13	7,65	112	15 [2]
Cr	14	8,24	301	40 [2]
Co	6	3,53	75,8	20 [2]
Hg	8	4,71	10,6	0,5 [1]
As	12	7,06	44,8	10 [2]
V	1	0,59	206	100 [1]
Mo	3	1,76	52	10 [3]
U	1	0,59	12,1	10 [1]
Be	2	1,18	14,0	5 [1]
F	4	2,35	26 300	400 [3]

[1] Eingreifwert Ia nach Brandenburger Liste (1993)
[2] Gefahrenwerte für Wasserschutzzone II und III A nach Berliner Liste (1996)
[3] B-Wert, Niederländische Liste (1988)

5.3.4.2 Geochemischer Belastungsgrad des Oberbodens

In Anlehnung an die Güteklasseprinzipien für Wässer (MÜLLER, 1986) können die Elementgehalte in Böden auf der Basis des ermittelten geogenen Untergrundes (*Tab. 5.34*) der Region nach einem mathematischen Algorithmus in Belastungsgradklassen eingeteilt und in Form von flächenhaften Belastungsgradkarten dargestellt werden, die den Belastungszustand (Kontaminationsgrad) des Oberbodens charakterisieren.

Für die Beurteilung der Schwermetallbelastung wurde ein geochemischer Belastungsgradindex ($I_{geochem.}$) errechnet, der auf dem vorläufigen geogenen Untergrundgehalt des Berliner Umlandes (*Tab. 5.34, 5.37, 5.38*) basiert. Um Schwankungen im Untergrundbereich durch geringe Beeinflussungen wie z. B. anthropogene Hintergrundbelastungen oder Veränderungen der geologischen Ausgangsmaterialien berücksichtigen zu können, wurde der ermittelte Untergrundgehalt des jeweiligen Elementes mit dem Faktor 1,5 multipliziert, um damit die Untergrenze der niedrigsten Belastungsklasse 1 festzulegen. Dabei sind starke Differenzierungen in den Bodeneigenschaften (pH, Tongehalt, Humusanteil) mit zu berücksichtigen.

Die geochemischen Belastungsgradkarten für das Gebiet Schöneiche liefern erstmalig Aussagen über den Belastungszustand der Region. Für die endgültige Ableitung der geochemischen Methodik und Technologie zur

Erstellung dieses Kartentyps sind neben den Bodeneigenschaften auch die geologischen Verhältnisse und die Bodennutzung in die flächenhafte kartenmäßige Darstellung einzubeziehen. Damit wird für das von KUNTZE et al. (1991) als sehr notwendig angesehene Ziel der Erarbeitung einer Methodik für die Übertragung von Schadstoffbelastungen in die Fläche aus Sicht der geochemischen Umweltforschung eine vorläufige Lösungsvariante für urbane Ballungsräume sowie ballungsraumnahe Gebiete mit erheblichen technogenen Elementeinträgen angeboten.

Die geochemischen Belastungsgradkarten spiegeln die Verbreitungstendenzen der entsprechenden Elementgehalte wider und erlauben über die rechnerische Ermittlung der Belastungsgradindizies eine qualitative Einschätzung und die flächenhafte Darstellung des Belastungszustandes im Oberboden (*Tab. 5.37, 5.38*) im Verhältnis zum natürlichen regionalen geochemischen Untergrundgehalt (RGU) der Region bzw. des Berliner Umlandes.

Die Verteilungen der geochemischen Belastungsgradindizies der Elemente Cu, Pb, Ni und Zn, (*Abb. 5.41, 5.42, 5.43, 5.44*) stellen lokale Bereiche der Deponieflächen als übermäßig belastet (Belastungsgradklasse 6) heraus (*Tab. 5.37*). Es handelt sich dabei um den Zentralteil und den E-Rand der Deponie Schöneicher Plan sowie um die Südhalde und den E-Rand (Einfahrtsbereich und Müllverbrennungsanlage) der Deponie Schöneiche. Zum RGU ist auch der Bereich der Altablagerungen unmittelbar N der Deponie Schöneiche als übermäßig belastet (Belastungsgradklasse 6) einzustufen. Als stark belastete Gebiete erweisen sich erhöhte $I_{geochem.}$-Werte > 3 W Telz (Ni), am NW-Rand des Untersuchungsgebietes (Cu) und E-Gallun (Cu). Die technogen verursachten Schwermetallkontaminationen S Mittenwalde (Altdeponien am Notte- und Galluner Kanal), NW Mittenwalde, E und NE Mittenwalde sowie am SW-Rand des Untersuchungsgebietes (*Abb. 5.41, 5.42, 5.43, 5.44*) sind entsprechend der Zuordnung zu den entsprechenden Belastungsgradklassen als mäßig bis stark belastet (Belastungsgradklasse 3) charakterisiert. Für das Element Pb (*Abb. 5.42*) konzentrieren sich die geochemischen Belastungsgradindizies > 1 ausschließlich in Altlastenbereichen und auf den Deponieflächen. Für die Elemente Ni und Cu lassen sich auch außerhalb der beiden Deponien flächenhafte Bereiche erhöhter $I_{geochem.}$ > 2,5 (Belastungsgradklasse 3) nachweisen (Umland von Mittenwalde, W Telz, NW- und SW-Rand des Untersuchungsgebietes, E Gallun), die als mäßig bis stark belastet zum RGU der Region anzusehen sind (*Abb. 5.41, 5.43; Tab. 5.37, 5.38*).

Tab. 5.37: Intensität der anorganischen Bodenbelastung im Gebiet Schöneiche

Element	Geochemische Belastungsgradklassen - $I_{geochem.}$ - Klasse (in mg/kg)						
	0	1	2	3	4	5	6
As	3,3	6,6	13,2	26,4	52,8	105,6	211,2
B	24	48	96	192	384	768	1536
Ba	300	600	1 200	2 400	4 800	9 600	19 200
Be	1,5	3,0	6	12	24	48	96
Cd	0,03	0,06	0,12	0,24	0,48	0,96	1,92
Co	4,0	8,0	16	32	64	128	256
Cr	13	26	52	104	208	416	832
Cu	6	12	24	48	96	192	384
F	200	400	800	1 600	3 200	6 400	12 800
Hg	0,04	0,08	0,16	0,32	0,64	1,28	2,56
Mo	1,0	2	4	8	16	32	64
Ni	1,0	2	4	8	16	32	64
Pb	22	44	88	176	352	704	1408
Sb	2,2	4,4	8,8	17,6	35,2	70,4	140,8
Se	0,45	0,90	1,8	3,6	7,2	14,4	28,8
Sn	1,6	3,2	6,4	12,8	25,6	51,2	102,4
Th	2,0	4,0	8,0	16,0	32	64	128
U	1,0	2,0	4,0	8,0	16	32	64
Cs	3,0	6,0	12,0	24,0	48	96	196
J	2,0	4,0	8,0	16,0	32	64	128
V	9,0	18,0	36,0	72,0	144	288	576
Zn	24,0	48,0	96	192	384	768	1536
Zr	230	460	920	1 840	3 680	7 360	14 720

Tab. 5.38: Charakterisierung des Belastungszustandes anhand der ermittelten geochemischen Belastungsgradindizies

$I_{geochem.}$ [1)]	$I_{geochem.}$ - Klassen [2)]	Belastungszustand
< 0	0	praktisch unbelastet, verarmt
> 0 - 1	1	schwach bis mäßig belastet
> 1 - 2	2	mäßig belastet
> 2 - 3	3	mäßig bis stark belastet
> 3 - 4	4	stark belastet
> 4 - 5	5	stark bis übermäßig belastet
> 5	6	übermäßig belastet

[1)] Geochemischer Belastungsgradindex $I_{geochem.} = \log_2(C_n/B_n \cdot 1{,}5)$

C_n = Elementgehalt am Probepunkt

B_n = Geochemischer Untergrundgehalt (Hintergrundwert) der Region

[2)] Geochemische Belastungsgradklassen

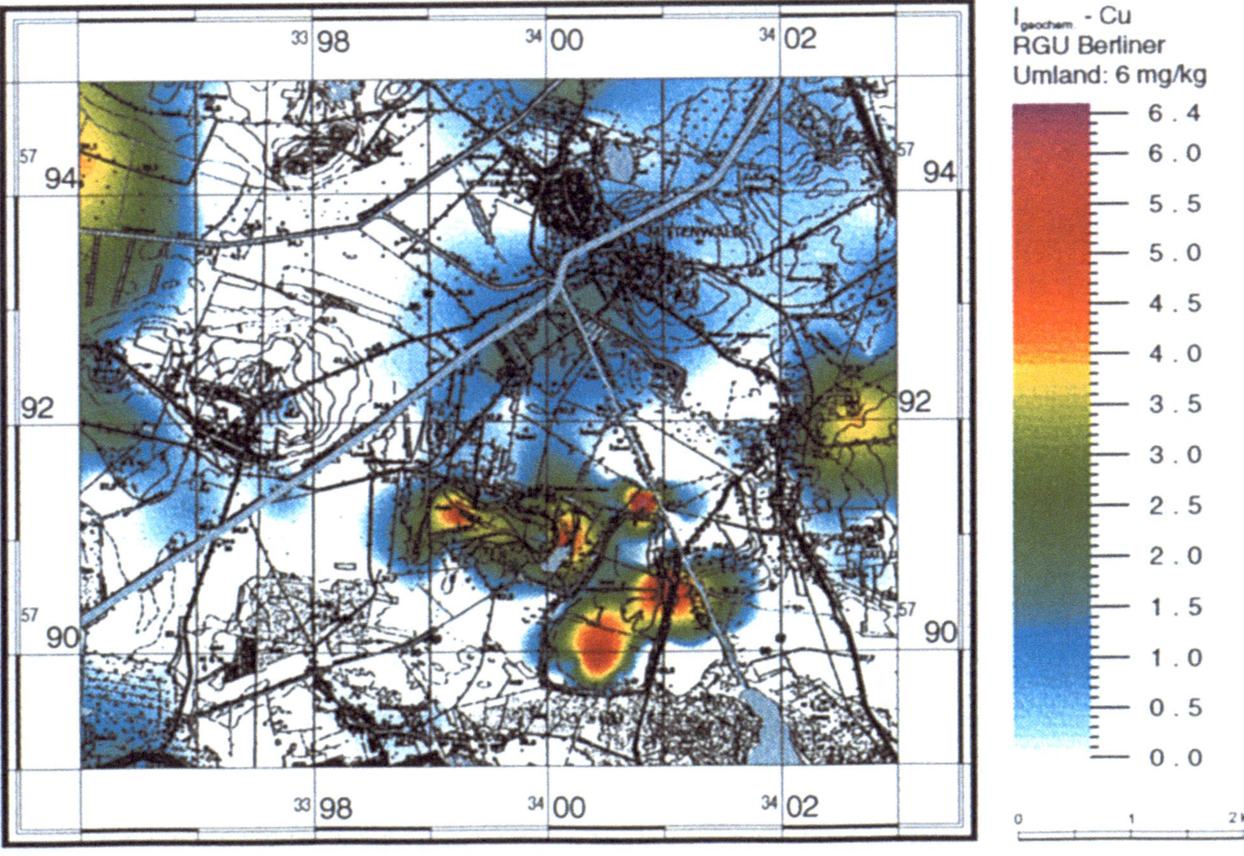

Abb. 5.41: Cu-Geochemischer Belastungsgradindex zum RGU Berliner Umland

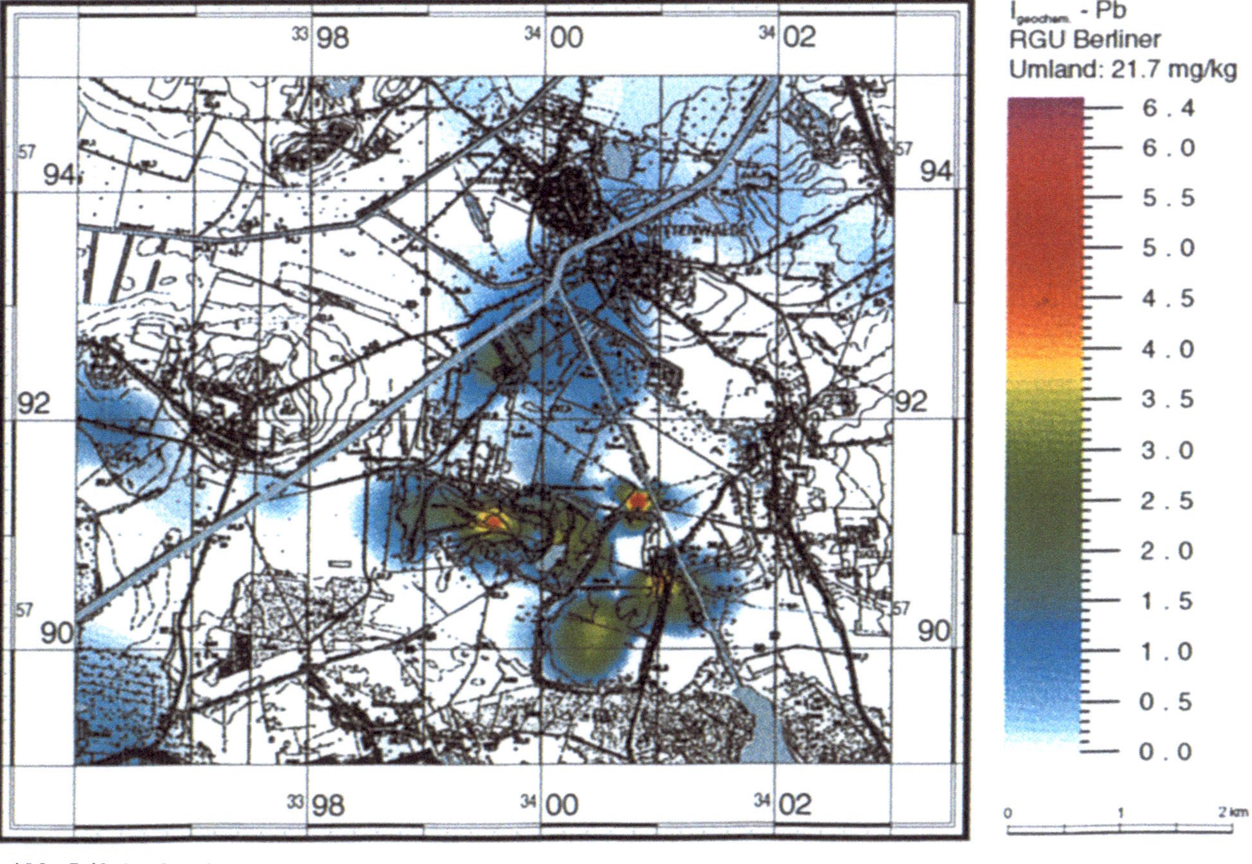

Abb. 5.42: Pb-Geochemischer Belastungsgradindex zum RGU Berliner Umland

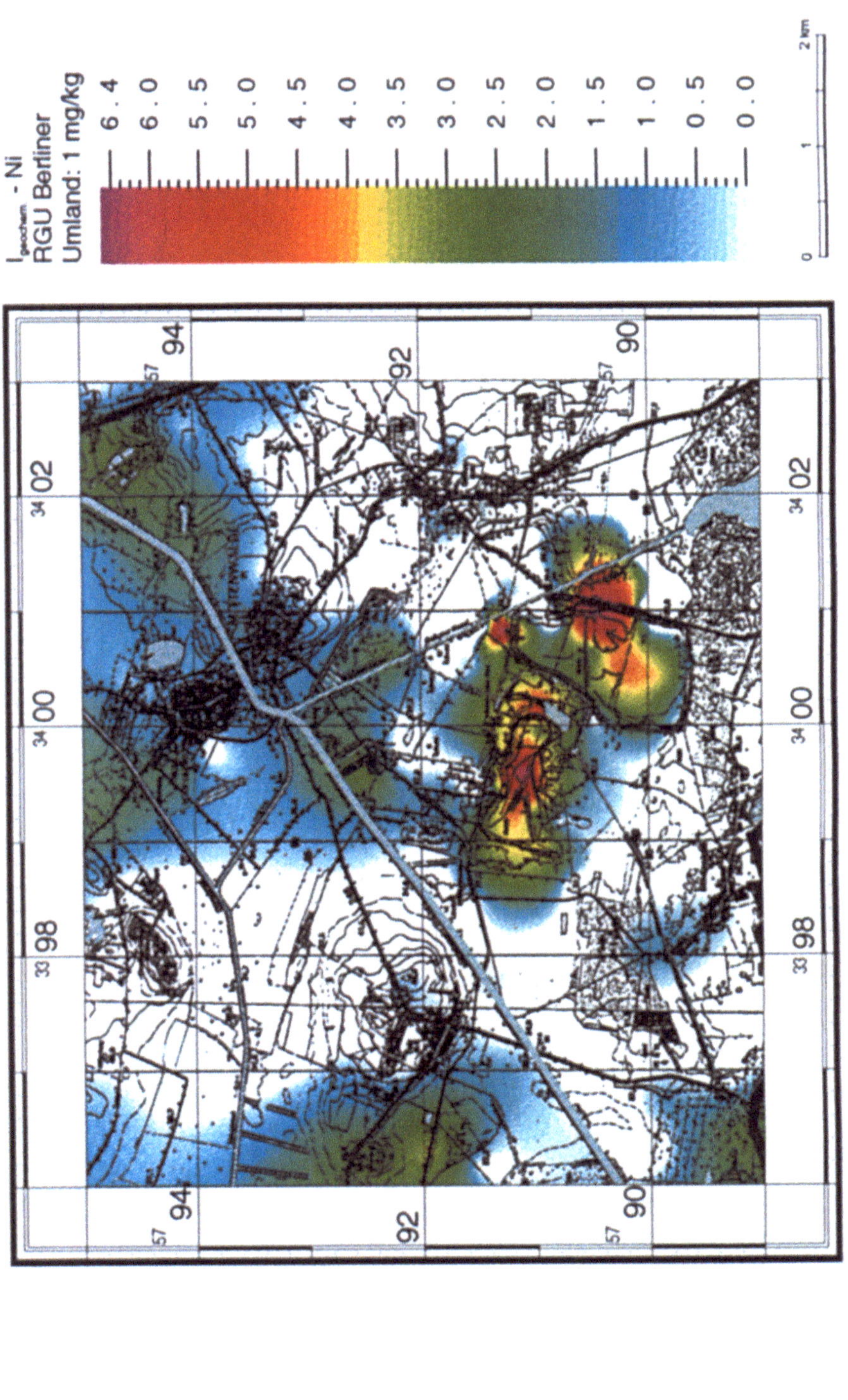

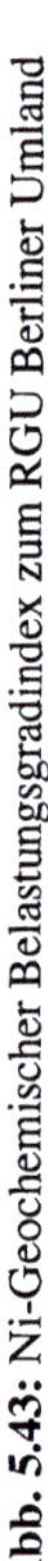

Abb. 5.43: Ni-Geochemischer Belastungsgradindex zum RGU Berliner Umland

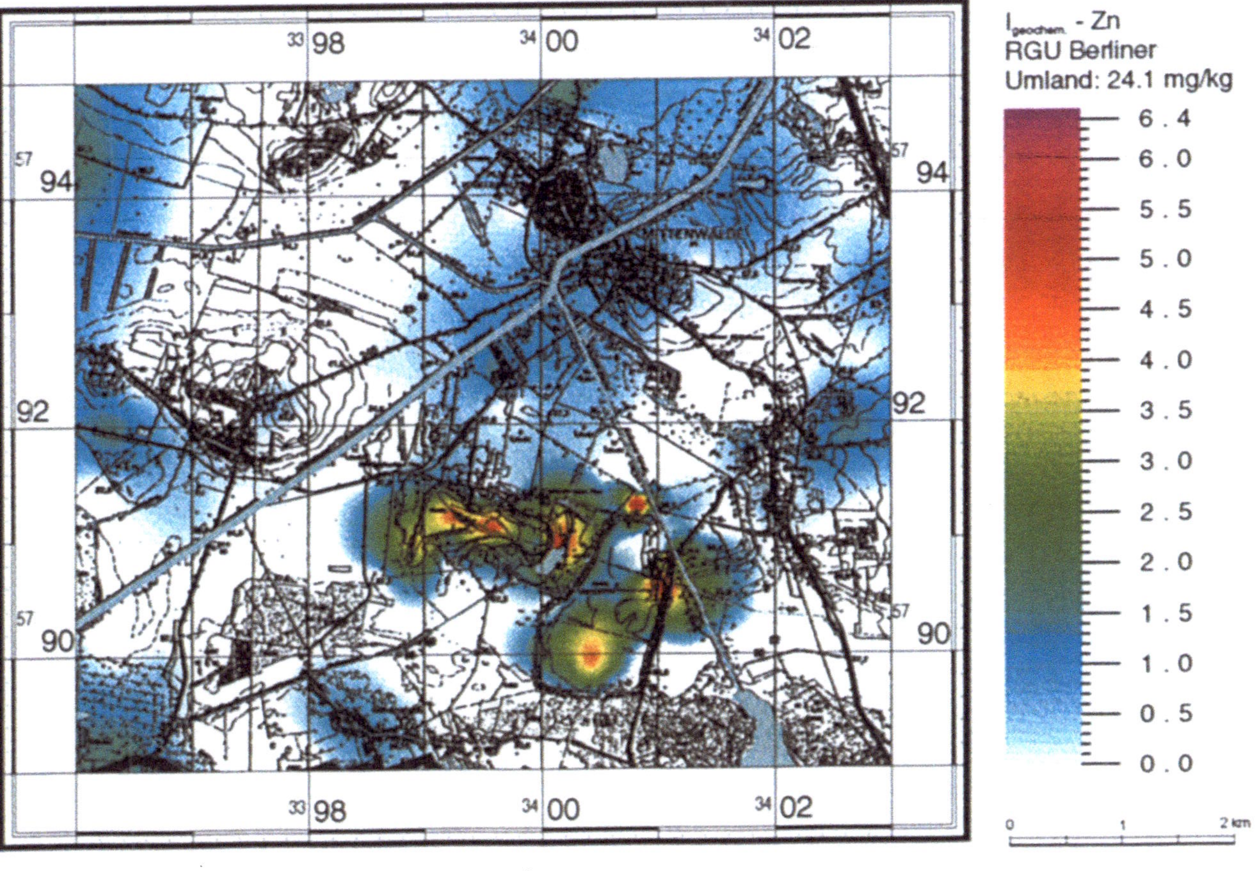

Abb. 5.44: Zn-Geochemischer Belastungsgradindex zum RGU Berliner Umland

Die erhöhten geochemischen Belastungsgradindizies > 2 für Cr und Co indizieren mit diesen Elementen mäßig bis stark belastete Gebiete auf den beiden Großdeponien sowie im Einzugsbereich der Müllverbrennungsanlage am E-Rand der Deponie Schöneiche und im Bereich der Altablagerungen unmittelbar N dieser Deponie (*Abb. 5.45, 5.46*).

Die Maxima der geochemischen Belastungsgradindizies > 5 für Sn (*Abb. 5.47*) markieren den Ostrand der Deponie Schöneicher Plan sowie die Südhalde, den E-Rand (Müllverbrennung) und die Altablagerung am N-Rand der Deponie Schöneiche (Belastungsgradklasse 6, *Tab. 5.38*). Als stark belastet wird ein flächenhafter Bereich am Nottekanal (Deponie „Alte Asche") SW Mittenwalde abgebildet. Das mehrfach durch technogene Einflüsse belegte Gebiet W Telz wird in der Verteilung der $I_{geochem.}$ für Sn als mäßig bis stark belastet (Belastungsgradklasse 3) charakterisiert.

Die Verteilung der geochemischen Belastungsgradindizies ($I_{geochem.}$) für Hg (*Abb. 5.48*) indiziert im Verhältnis zum RGU besonders im Umland der Ortslage Mittenwalde (SW, NW, E, NE) sowie am NW- und SW-Rand des Untersuchungsgebietes mäßig bis stark belastete Bereiche. Die Altdeponie „Alte Asche" fällt bereits in die Belastungsgradklasse 4 (stark belastet). Als übermäßig belastet (Belastungsgradklasse 6) bilden sich lokale Maxima der Deponie Schöneicher Plan (W- und E- Teil) sowie die Müllverbrennungsanlage und das Altlastengebiet unmittelbar N der Deponie Schöneiche ab (*Abb. 5.48*). Als neue Indikation für technogen verursachte Hg-Belastungen sind die erhöhten $I_{geochem.}$ > 1,5 W Gallun zu bewerten.

Die intensivsten Belastungszustände (stark belastet) des Elementes As (*Abb. 5.49*) werden im Bereich von Altablagerungen (Aufschüttungen) und Altlasten NE Mittenwalde (E Nottekanal) sowie am unmittelbaren N-Rand der Deponie Schöneiche nachgewiesen (Belastungsgradklasse 4). In Verbindung mit den mäßig belasteten Bereichen am Nottekanal (Deponie „Alte Asche") liefern die $I_{geochem.}$ > 1,5 neue Indikationen für technogene Einflüsse (vermutlich Altablagerungen) S Mittenwalde am Galluner Kanal (*Abb. 5.49*). Die lokalen Bereiche der Deponieflächen (West-, Mittel- und Ostteil der Deponie Schöneicher Plan; Südhalde und E-Rand der Deponie Schöneiche, Müllverbrennungsanlage) werden als mäßig bis stark belastet herausgestellt (Belastungsgradklasse 3).

Für das Element Mo weist die Verteilung der $I_{geochem.}$ für das gesamte Untersuchungsgebiet einen erhöhten bzw. intensiven Belastungszustand aus. Der überwiegende Teil des gesamten Untersuchungsgebietes (*Abb. 5.50*) fällt im Verhältnis zum RGU in die Belastungsgradklasse 2 (mäßig belastet) und 3 (mäßig bis stark belastet). Die Maxima der $I_{geochem.}$ für Mo sind im Einzugsbereich der Müllverbrennungsanlage am E-Rand der Deponie Schöneiche (stark bis übermäßig belastet), im W-Teil der Deponie Schöneicher Plan (mässig bis stark belastet) sowie im Bereich der Ortslage Telz (mäßig bis stark belastet) und E Mittenwalde (mäßig bis stark belastet) verbreitet. Weitere Belastungen der geochemischen Belastungsgradklasse 3 (*Tab. 5.37, 5.38*) lassen

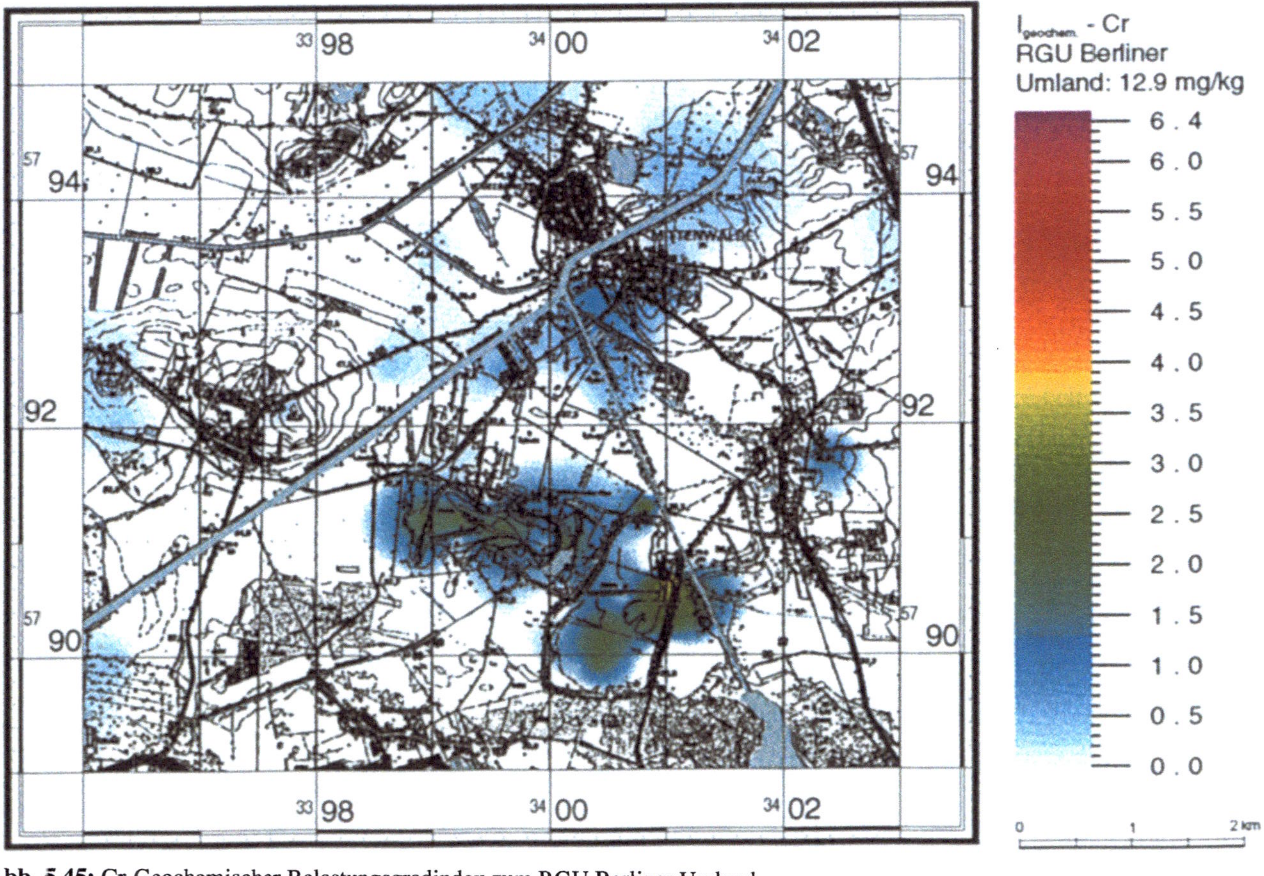

Abb. 5.45: Cr-Geochemischer Belastungsgradindex zum RGU Berliner Umland

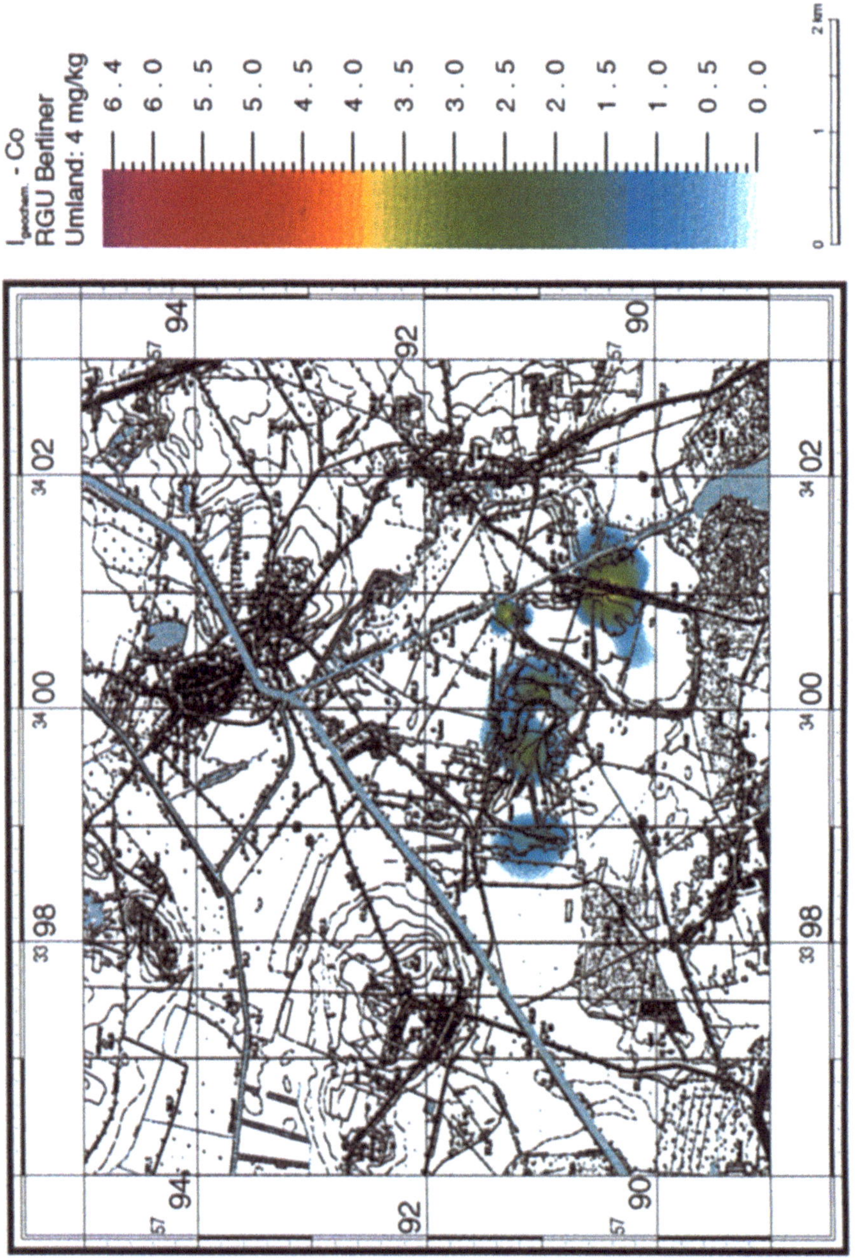

Abb. 5.46: Co-Geochemischer Belastungsgradindex zum RGU Berliner Umland

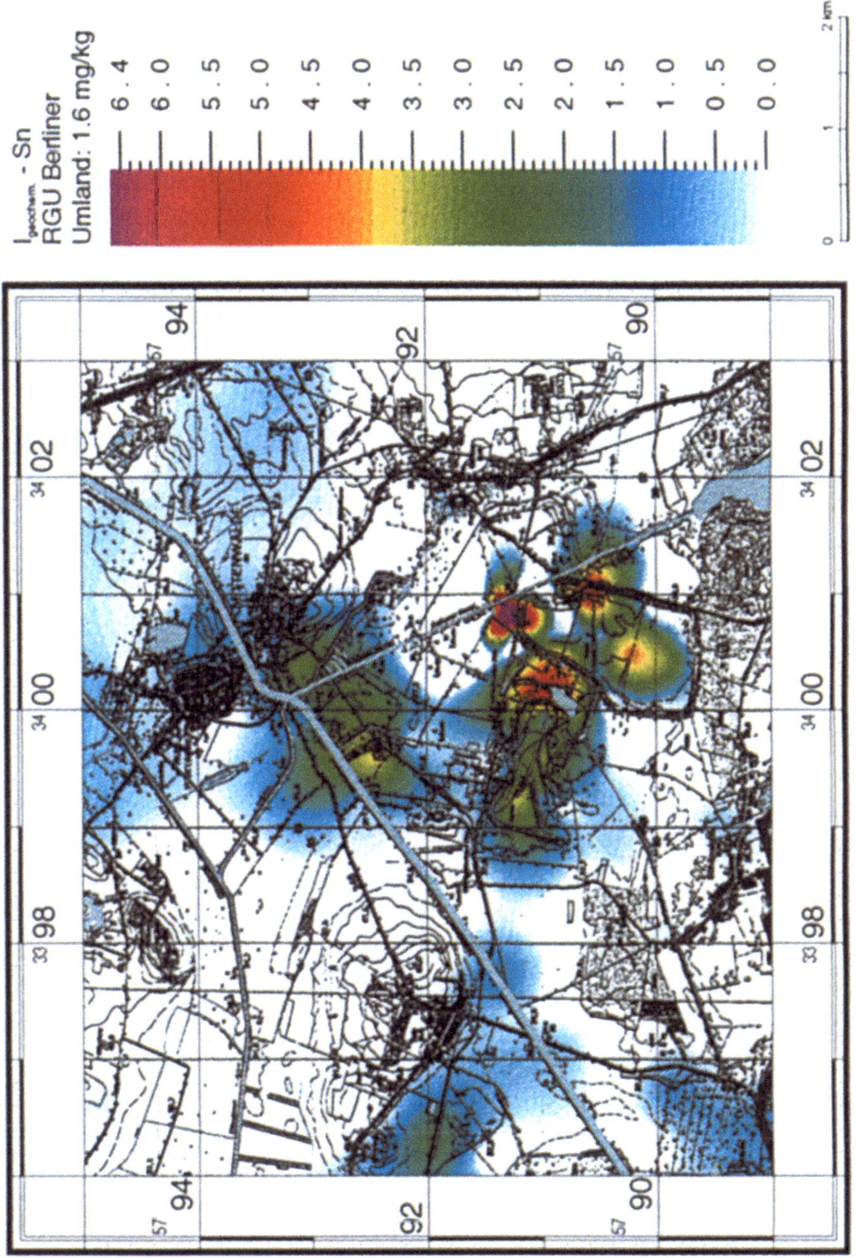

Abb. 5.47: Sn-Geochemischer Belastungsgradindex zum RGU Berliner Umland

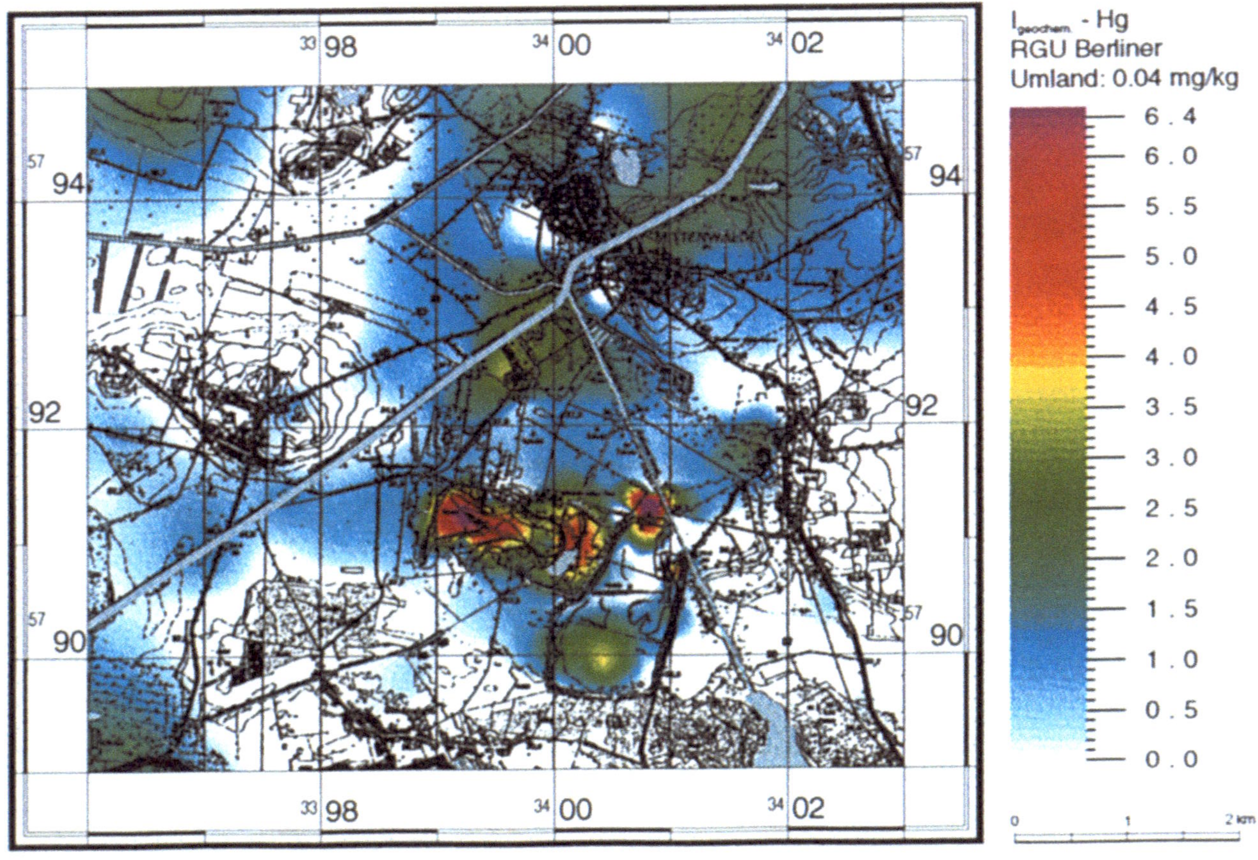

Abb. 5.48: Hg-Geochemischer Belastungsgradindex zum RGU Berliner Umland

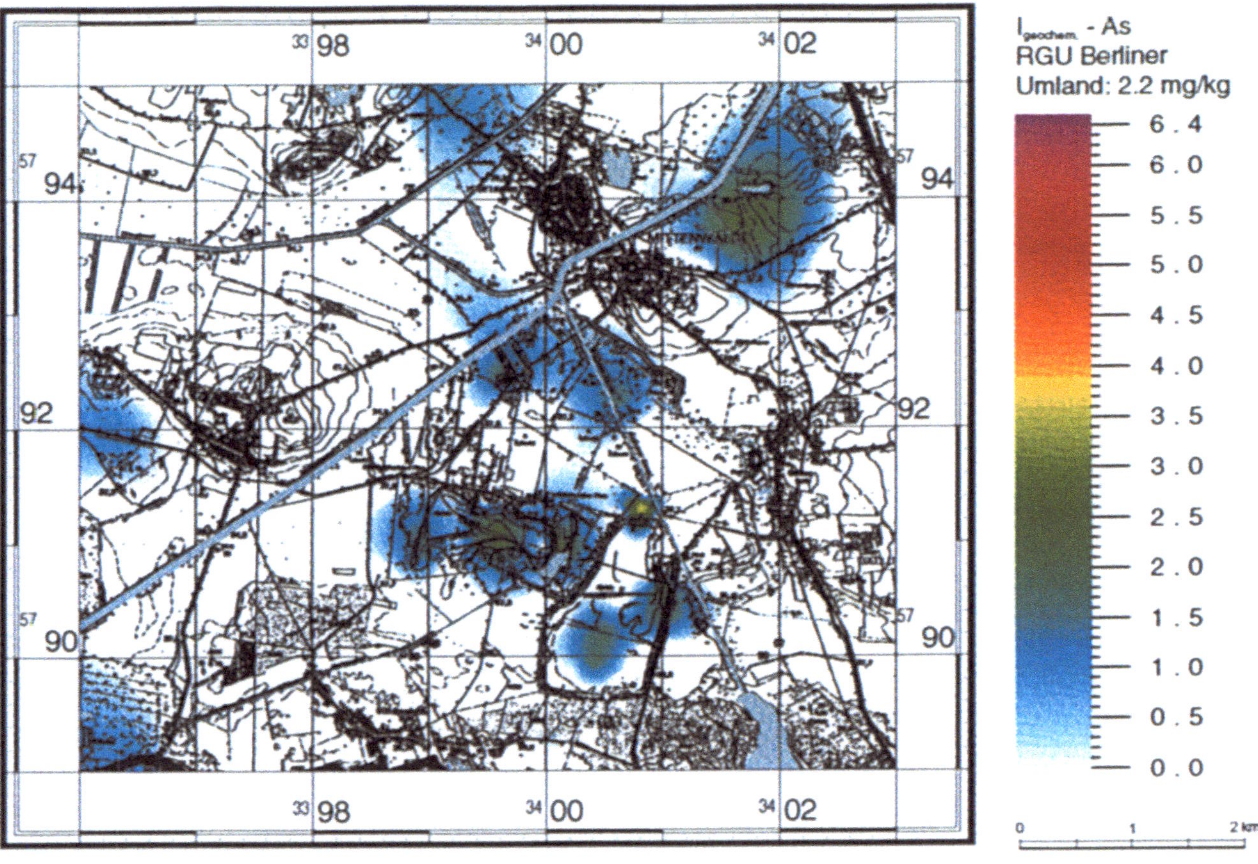

Abb. 5.49: As-Geochemischer Belastungsgradindex zum RGU Berliner Umland

sich für Mo auch in den Waldgebieten W und E des Motzener Sees sowie E Gallun nachweisen.

Die deutlich erhöhten Cd-Konzentrationen im Bereich der Altablagerungen am Nottekanal SW und NW Mittenwalde erweisen sich im Zusammenhang mit den pH-Minima als sehr bedenklich. Im gesamten Gebiet SW Mittenwalde (Trinkwasserschutzzone) wird am Beispiel der geochemischen Belastungsgradkarte des Elements Cd (*Abb.5.51*) eine starke bis übermäßige Cd-Belastung (Belastungsgradklasse 5 - 6) nachgewiesen. Auf Grund der Unterschreitung des pH-Grenzwertes für Cd von 6,5 (*Abb. 5.5*) ist in diesen Bereichen mit einer Grundwassergefährdung zu rechnen. Weitere Problemgebiete für Grundwasserkontaminationen sowie für die landwirtschaftliche Flächennutzung (Einschränkungsempfehlungen) werden in den mäßig bis stark Cd-belasteten Bereichen E Mittenwalde, NE und W Telz sowie W und S Gallun und W der Großmachnower Weinberge im Zusammenhang mit pH-Wertabsenkungen < 6,5 (beginnende Cd-Mobilisierung) markiert. Eine analoge Gefährdungssituation für das Grundwasser wird im Bereich der stark bis übermäßig Cd-belasteten (Belastungsgradklasse 5) Waldgebiete W des Motzener Sees signalisiert (*Abb. 5.51*). Die höchsten Belastungsgradklassen wurden im Bereich der Deponie Schöneicher Plan (bes. W-Teil, E-Rand) sowie im Bereich der Südhalde und der Müllverbrennungsanlage der Deponie Schöneiche (*Abb. 5.51*) abgebildet. Der Altlastenbereich unmittelbar N der Deponie Schöneiche wird durch die flächenhafte Verbreitung von $I_{geochem.} > 4$ (Belastungsgradklasse 5, stark bis übermäßig belastet) markiert. Das Verteilungsbild der $I_{geochem.}$ für Cd reflektiert mit erhöhten Werten sehr eindrucksvoll alle bekannten anthropogenen Einflußfaktoren und Kontaminationsquellen im Untersuchungsgebiet (*Abb. 5.2, Tab. 5.3*). Die erhöhten $I_{geochem.} > 3$ im Gebiet NE Telz und E Großmachnow liefern weitere Hinweise für technogene Elementeinträge, die sich im Ergebnis der multivariaten statistischen Bearbeitung der umweltgeochemischen Daten (Clusteranalyse, *Abb. 5.30*) bestätigen.

Die Belastungsgradindizies für Ba zeigen schwache Erhöhungen > 1 in den Deponiebereichen. Mit $I_{geochem.} > 2$ (Belastungsgradklasse 3) werden der E-Rand und Altablagerungen unmittelbar N der Deponie Schöneiche abgebildet (mäßig bis stark belastet).

Das Maximum des $I_{geochem.} > 5$ für F markiert den Zentralteil der Deponie Schöneicher Plan (Belastungsgradklasse 6). Schwach erhöhte $I_{geochem.} \leq 1$ charakterisieren bereits bekannte Gebiete technogen verursachter Elementanreicherungen (W Telz, W-Rand Deponie Schöneicher Plan, NE Mittenwalde, E und SE Mittenwalde).

Die erhöhten geochemischen Belastungsgradindizies für Br (*Abb. 5.52*) liegen in Verbreitungsgebieten bekannter Kontaminationsquellen außerhalb der beiden Großdeponien (S Mittenwalde am Notte- und Galluner Kanal, SW Mittenwalde, E Mittenwalde, SW-Rand Untersuchungsgebiet) und korrelieren gleichzeitig mit der Verteilung des Humusgehaltes im Untersuchungsgebiet.

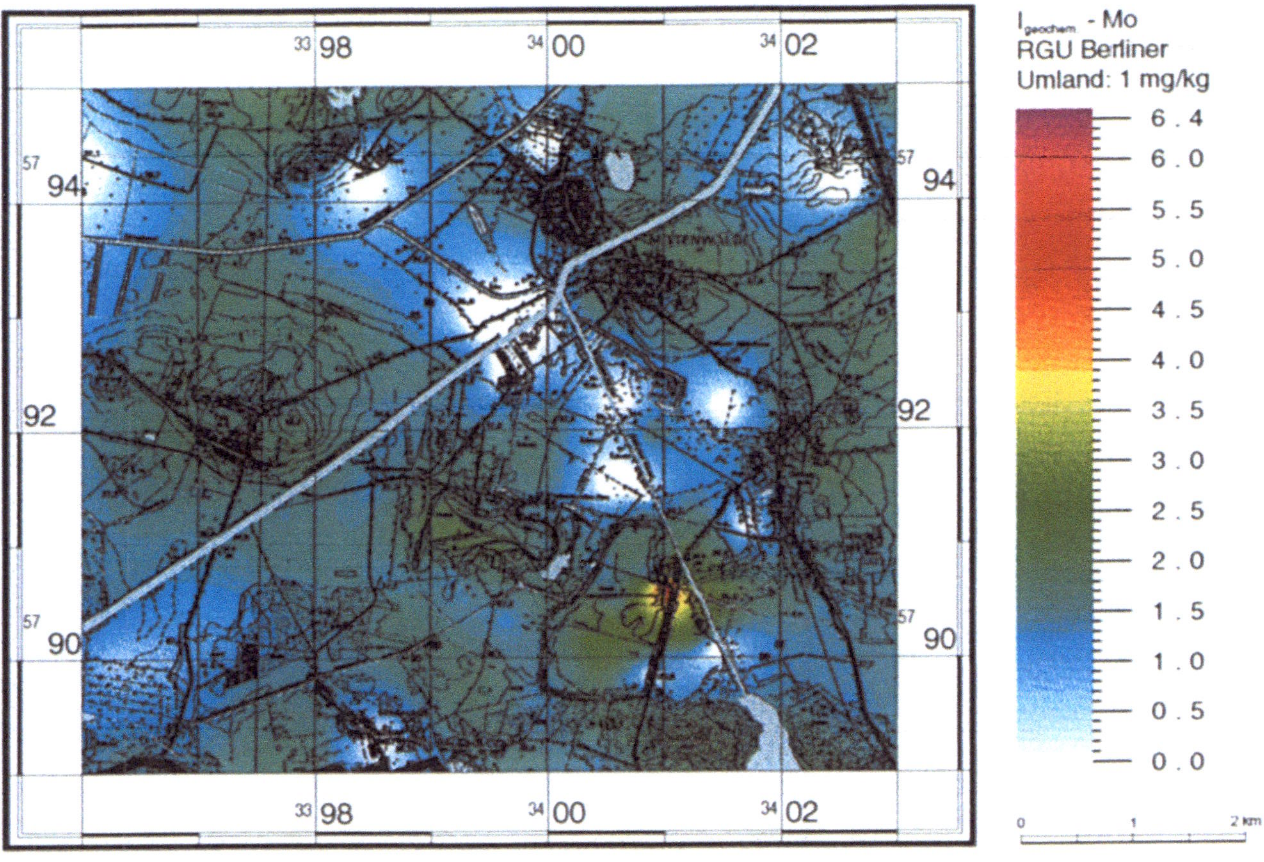

Abb. 5.50: Mo-Geochemischer Belastungsgradindex zum RGU Berliner Umland

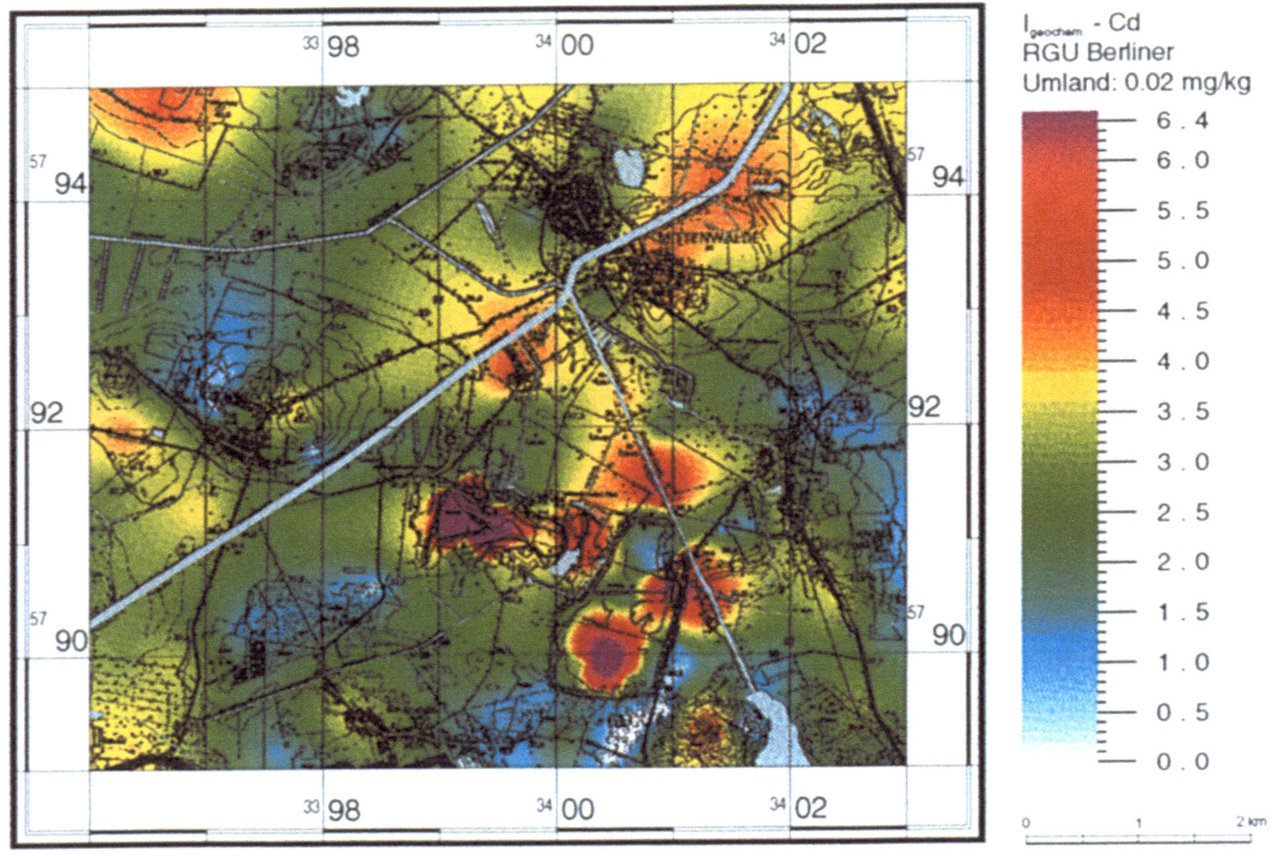

Abb. 5.51: Cd-Geochemischer Belastungsgradindex zum RGU Berliner Umland

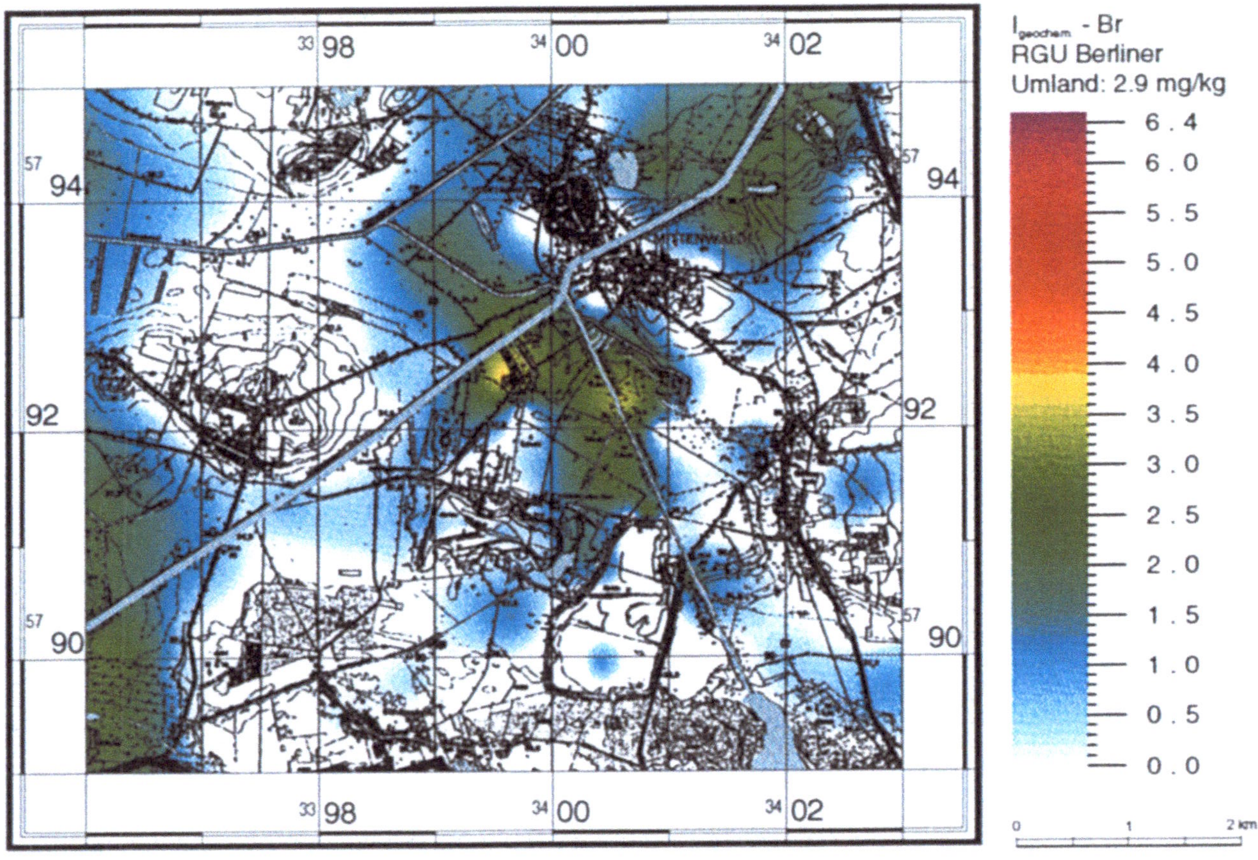

Abb. 5.52: Br-Geochemischer Belastungsgradindex zum RGU Berliner Umland

Für die beiden Großdeponien läßt sich mit den geochemischen Belastungsgradkarten eine starke bis übermäßige Cd-, Cu-, Ni-, Hg-, Zn- und Pb-Belastung feststellen, die z. T. in den Grundwasseruntersuchungen der deponienahen Pegel von GREBNER (1994) belegt wird.

Bei einem Vergleich zwischen den Hausmüllhalden und den z. T. mit Bauschutt gemischten Deponien (*Tab. 5.39*) lassen sich für die Bodenproben aus den Einflußbereichen reiner Hausmüllablagerungen im Untersuchungsgebiet Schöneiche deutlich höhere Schadstoffanreicherungen der Elemente Cd, As, Ce, Co, F, Hg, Mn, Ni, Pb, S, Sr, Zn sowie höhere Gehalte für Th, Fe und Ca nachweisen. Die Variationsbreiten der einzelnen Parameter (*Tab. 5.39*) der Deponieproben bestätigen die extrem heterogene Zusammensetzung der Müllablagerungen auf den Großdeponien. Die komplizierte Geochemie des Mülls wird in der Region Schöneiche durch eine vielfältige intensive landwirtschaftliche Einflußnahme ergänzt. Die möglichen Schwermetallbelastungen durch Klärschlammaufbringung, Gülleverrieselung und Düngemitteleinsatz sind in den Tabellen 41 und 42 zusammengestellt.

Für die Berechnung der geochemischen Belastungsgradindizies der organischen Schadstoffparameter wurde der regionale geochemische Untergrundgehalt der Region Schöneiche (Modalwert) verwendet, da für das Berliner Umland keine weiteren vergleichbaren organischen Schadstoffdaten, die für die Untergrundermittlung geeignet wären (nur lokale Bereiche wie die Rieselfelder liegen intensiv untersucht vor), zur Verfügung stehen.

Die Belastungsgradindizies zum RGU der Region Schöneiche zeigen für die PCB's keine Belastungen an. Die $I_{geochem.}$ des Phenolindexes charakterisieren die Westhalde der Deponie Schöneiche als stark bis übermäßig belastetes Gebiet (*Abb. 5.53*). Außerdem wird das Trinkwasserschutzgebiet SSW Mittenwalde als ein mäßig mit Phenolindex belasteter Bereich lokalisiert (*Abb. 5.53*).

Das Verteilungsbild des $I_{geochem.}$ für PAK zeigt lokale Maxima > 5 in den in der bisherigen Auswertung bereits herausgestellten anthropogen belasteten Bereichen des Untersuchungsgebietes (Westhalde und Südteil der Deponie Schöneicher Plan, bes. Südhalde der Deponie Schöneiche, Deponie „Alte Asche“, S Gallun, SE Ortsrand Mittenwalde, E Mittenwalde an der A13, E Motzener See). Neue Indikationen mit einem hohen Belastungsgrad (Belastungsgradklasse 5 - 6) sind E Großmachnow (NW-Rand Untersuchungsgebiet) und im Gebiet SSW Telz nachgewiesen (*Abb. 5.54*).

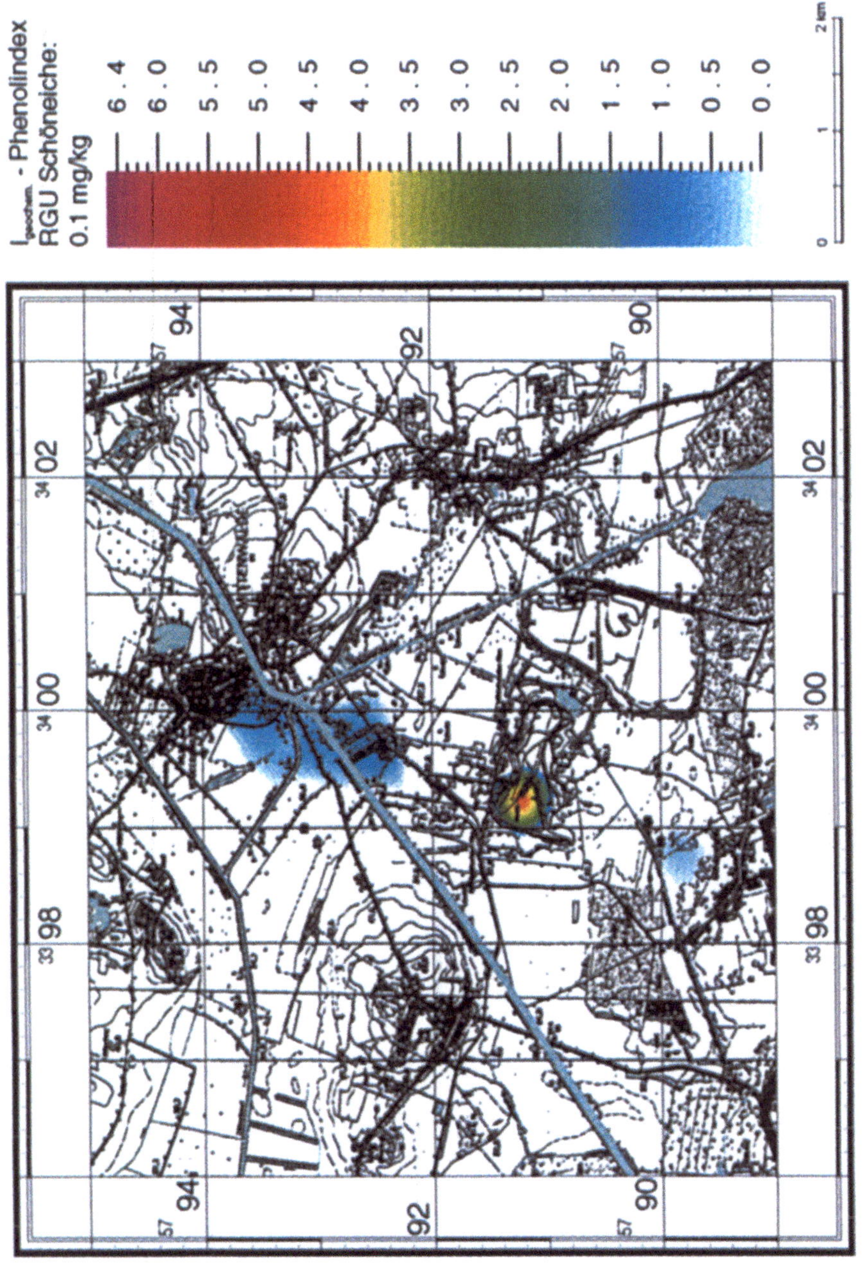

Abb. 5.53: Phenolindex - Geochemischer Belastungsgradindex zum RGU Schöneiche

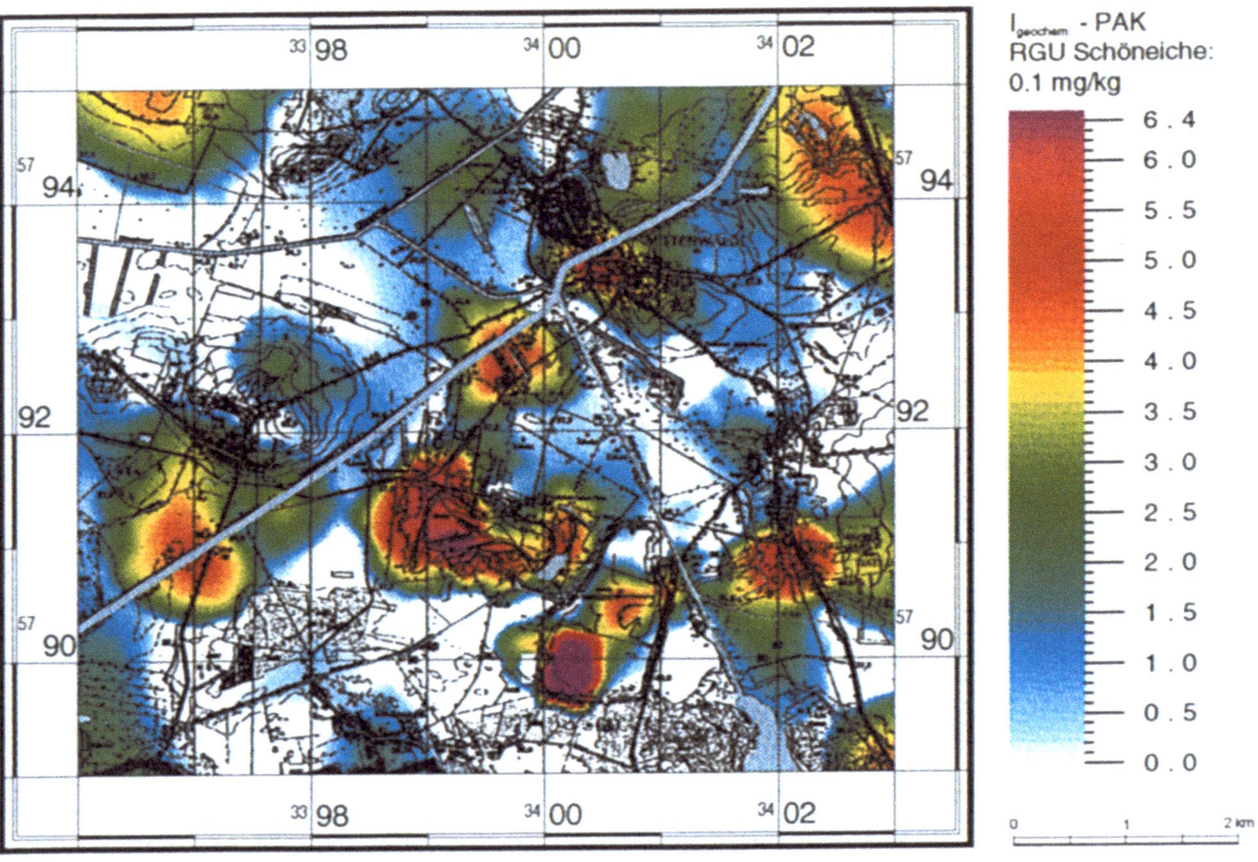

Abb. 5.54: PAK - Geochemischer Belastungsgradindex zum RGU Schöneiche

Tab. 5.39: Chemismus (in mg/kg) von verschiedenen Müll- und Industrierückständen sowie Klärschlämmen im Vergleich zum Untersuchungsgebiet Schöneiche

Parameter	Filterstäube (Müllverbrennung)	Bunkermüll ohne Schrott, 38 % Asche	Kommunale Klärschlämme, 11 Städte	Hausmülldeponien Schöneiche (n=13)			Gemischte Deponien Schöneiche (n=23)		
	(nach Heinrichs et al. 1991)			x_{mean}	$x_{min.}$	$x_{max.}$	x_{mean}	$x_{min.}$	$x_{max.}$
Ag	46	5,7	21	7,7	6,7	8,1	1,1	0,1	16,3
Al (%)	8,7	2,1	1,3	5,1	4,2	7,1	4,9	2,7	14,8
As	87	12	6,5	7,8	0,8	20,1	3,9	0,9	16,2
Ba	3 600	910	1 580	470	180	1 020	375	160	1 420
Be	1,3	0,4	0,7	1,7	1	3	1,5	0,9	7,7
Bi	29	2	5,1	1,4	0,2	9,7	0,9	0,2	4,4
Ca (%)	9,4	3,4	4,2	4,9	0,3	19,8	2,1	0,1	8,2
Cd	340	18	13	3	0,08	30,9	0,7	0,05	6
Ce	70	24	65	43	19	170	30	16	98
Co	34	11	17	11,7	0,2	39	6,4	0,2	76
Cr	320	200	220	49	7	92	44	5	301
Cu	860	460	570	79	4,3	306	82	3	711
F	1 500	190	170	2 400	200	26 300	300	200	400
Fe (%)	3,3	2	1,8	3,8	0,5	8,1	1,9	0,3	8,1
Ga	90	16	15	6	3,9	9,3	6,2	2,8	21
Hg	9	1,8	8,1	1,2	0,03	7,4	0,15	0,01	0,84
K (%)	4,4	0,8	0,61	0,99	0,49	1,59	1,17	0,7	1,9
La	31	11	28	22	11	53	17	10	52
Mg (%)	1,8	0,57	0,48	0,56	0,09	1,11	0,34	0,06	1,5
Mn	1 200	420	490	550	130	990	360	110	1 060
Mo	29	6,1	11	5,3	3,8	7,7	7,3	3,2	52
Na (%)	2,8	0,91	2,8	0,41	0,21	0,73	0,54	0,27	1,19
Nb	20	4,9	7,2	6,9	3,5	10,4	6	2,8	16,8
Ni	160	72	190	24	< 1	112	15	< 1	112
Pb	6 800	910	420	157	16	824	112	12	888
Rb	125	33	26	37	21	60	43	25	88
S (%)	4	0,36	0,45	1,2	0,03	4,6	0,09	0,03	0,45
Sb	400	68	74	4	0,3	11	3,4	0,2	30
Sc	9,5	3,5	5,1	4,7	1	8	4,2	1	25
Se	25	2	1,8	0,3	0,1	1,4	0,1	0,1	0,5
Si (%)	15	9,1	4,4	69	30	92	83	64	93
Sn	2 800	140	61	18	1,6	114	14,5	1,2	151
Sr	420	180	300	228	36	767	97	27	611
Th	12	3,8	6	5,4	2,1	8,2	4,9	1,6	17,5
Ti (%)	0,85	0,21	0,18	0,3	0,14	0,42	0,24	0,09	0,62
Tl	3,3	0,31	0,24	0,8	0,1	2,1	0,7	0,1	1,7
U	< 20	≤ 7,6	≤ 10	2,8	< 2	5,5	< 2	< 2	12,1
V	92	38	40	23	2,4	42	25	3,5	206
Zn (%)	1,8	0,16	0,24	350[*)]	24[*)]	1 100[*)]	187[*)]	13[*)]	1 510[*)]
Zr	140	68	65	180	89	227	184	102	258

[*)] in mg/kg

Tab. 5.40: Schwankungsbereiche der Schwermetallgehalte in verschiedenen in der Landwirtschaft eingesetzten Düngemitteln (nach SALOMONS et al. 1995; in mg/kg)

Element	Klärschlamm	Phosphordünger	Kalkmehl	Stickstoffdünger	Gülle
Cd	2,0 - 1500	0,1 - 140	0,04 - 0,1	0,05 - 8,5	0,3 - 0,8
Co	2,0 - 260	1,0 - 12	0,40 - 3,0	5,40 - 12	0,3 - 24
Cr	20 - 40 600	66 - 245	10 - 15	3,2 - 19	6,2 - 55
Hg	0,1 - 50	0,01 - 1,2	0,05	0,3 - 2,9	0,0 - 0,2
Mn	60 - 3 900	40 - 2 000	40 - 1 200	-	30 - 550
Mo	1,0 - 4,0	0,1 - 60	0,1 - 15,0	1,0 - 7,0	0,05 - 3,0
Ni	16 - 5 300	7,0 - 38	10 - 20	7,0 - 34	7,70 - 30
Pb	50 - 3 000	7,0 - 225	20 - 1250	2,0 - 27	6,6 - 15
Sn	40 - 700	3,0 - 19	0,5 - 4,0	1,4 - 16	5,8
Zn	700 - 49 000	50 - 1450	10 - 450	1,0 - 42	15 - 250

Tab. 5.41: Schwermetallgehalte in Klärschlämmen nach CHANEY (1989, in mg/kg)

Element	Klärschlamm			Fäkalien
	Typischer	Spannweite		
	Median	Minimum	Maximum	Maximum
As	10	1,1	230	-
Cd	10	1	3 410	25
Co	30	11,3	2 490	200
Cu	800	84	17 000	1 000
Cr	500	10	99 000	1 000
F	260	80	33 500	1 000
Hg	6	0,6	56	10
Mn	260	32	9 870	-
Mo	20	0,1	3 700	35
Ni	80	2	5 300	200
Pb	250	13	26 000	500
Sn	14	2,6	329	-
Se	5	1,7	17,2	-
Zn	1 700	101	49 000	2 500

5.3.4.3 Untersuchungen zur Schwermetallbindung und -mobilisierung im Oberboden

Zur weiteren Klärung der Bindungsformen und Migration der Schwermetalle im Untersuchungsgebiet wurde die Methode der sequentiellen Extraktion nach TESSIER et al. (1979) modifiziert und an 53 ausgewählten Bodenproben unterschiedlicher Flächennutzung getestet. Dabei werden die Schwermetallanteile durch sequentielle Laugung mit Magnesiumchlorid (austauschbare Fraktion), Natriumacetat (karbonatische Fraktion), sauren Hydroxylaminhydrochloridlösungen (Eisen-Mangan-Oxid-Fraktion), Peroxid/Ammoniumacetat (organische Fraktion) und Salpetersäure (Residualfraktion) in eine abgestufte Folge von zunehmenden Bindungsfestigkeiten aufgetrennt. Das Extraktionsverfahren wurde zusätzlich durch die Untersuchung der wasserlöslichen Fraktion an einer kleinen Anzahl von Deponieproben erweitert (Messungen des Schwermetallanteils im Bodeneluat nach DEV-S4). Nach WIPPERMANN (1991) sind die meisten Auslaugungsschritte noch nicht ausreichend selektiv für die einzelnen Feststoffphasen. Charakteristische Problembereiche der eingesetzten Extraktionsverfahren sind sowohl die Auswahl der Extraktionsmittel mit geeigneter Selektivität sowie die Abfolgen der verwendeten Lösungsmittel und andererseits das Auftreten von chemischen und physikalischen Interferenzen bei der Extraktion und Messung der einzelnen Schwermetalle (ZEIEN & BRÜMMER 1989, CALMANO 1989).

Die Beurteilung der Verfügbarkeit von Schwermetallen im Bereich von Abfalldeponien ist auf Grund der heterogenen Zusammensetzung der Abfallstoffe (Hausmüll und/oder Industrierückstände, Schrott u. a.) und des anzutreffenden durchmischten Bodens sehr komplex und mit einheitlichen Extraktionsverfahren besonders wegen der biologischen Umsetzungsprozesse nicht oder nur sehr eingeschränkt möglich. In zeitaufwendigen Laborversuchen sind die auszuwählenden Extraktionsmittel in Abhängigkeit von der Art und dem Zeitraum der Müllablagerung zu ermitteln. Um eine annähernde Vergleichbarkeit der Ergebnisse der extrahierten Bodenproben im Untersuchungsgebiet zu erzielen und den Einfluß bakteriell verursachter Zersetzungsprozesse in mit Müll versetzten Proben relativ gering zu halten bzw. auszuschließen, wurden in allen untersuchten Flächennutzungen einschließlich der Deponiebereiche (keine Haldenproben) Oberbodenproben extrahiert. Unabhängig von der Bodennutzung läßt sich für die Elemente Cu und Ti eine Bindung an die organische Fraktion (durchschnittlich extrahierter Anteil ca. 50 % der Gesamtgehalte) nachweisen. Die Elemente Cd, Pb, Zn sowie Sr, Ba und Co treten in allen Flächennutzungen des Untersuchungsgebietes überwiegend in der karbonatgebundenen Fraktion auf. Lediglich in den Bodenproben der Landwirtschaftsflächen ist das Element Sr in der mobilen oder Austauschfraktion mit durchschnittlich extrahierten Anteilen von 40 % der Gesamtgehalte feststellbar. Beim Gesamtvergleich der Anteile der extrahierten Phasen werden neben Sr auch für Ba, Cd, Ni, Co und Mn zwischen 10 % und 20 % des Gesamtgehaltes in der Austauschfraktion nachgewiesen. In der leicht reduzierbaren Fraktion dominieren ausnahmslos die Elemente Fe, Mn und z. T. Al und Be. Die Residualfraktion ist ein Maß zur Überprüfung der Vollständigkeit der Ergebnisse der sequentiellen Extraktion im Vergleich zum Gesamtgehalt. Typische Elemente in dieser Fraktion sind besonders As und Cr (Extraktion von durchschnittlich 40 - 50 % der Gesamtgehalte). In den Bodenproben der Entsorgungsflächen nimmt die nachweisbare Elementvielfalt in der Restfraktion (in Silikaten und Tonmineralen fixierten SM-Anteile) deutlich zu (bes. gemischte Deponie). Im

Bereich der Müllverbrennungsanlage überwiegt eine karbonatische Bindung der Schwermetalle (außer Cu, Ti, As, Cr). Eine deutliche Zunahme der in Fe-Mn-Oxiden okkludierten Elementanteile (As, Ni, Sr, Al, Mn, Fe) lassen die Extraktionsergebnisse der Bodenproben aus dem Ah-Horizont von Forstwirtschaftsflächen erkennen.

Die insgesamt extrahierten Elementanteile lassen vermuten, daß es bereits bei der Extraktion karbonatisch gebundener und der in den Mn-Fe-Oxiden fixierten Anteilen zur Mobilisierung organisch gebundener Metalle kommen kann. Die im Ergebnis der statistischen Bearbeitung ermittelten Korrelationskoeffizienten zwischen den $C_{org.}$-Gehalten und den Schwermetallen werden in den extrahierten Metallanteilen der an organische Substanzen gebundenen Elemente bestätigt. Die unvollständige Extraktion einzelner Bindungsphasen kann wesentlich zu hohen in der Residualfraktion nachgewiesenen Elementanteilen beitragen. Anhand der vorläufig vorliegenden Extraktionsergebnisse liegen die Schwermetalle in den untersuchten oberflächennahen Bodenproben überwiegend in schwer löslicher Form vor. Für eine abschließende Bewertung der Migrationsfähigkeit der Schwermetalle auf der Basis der Ergebnisse der sequentiellen Extraktion sind die Extraktionsverfahren weiter zu optimieren und die zu untersuchenden Probenzahlen deutlich zu erhöhen sowie verstärkt zusätzliche Untersuchungen von Bodensickerwässern einzubeziehen. Am Beispiel der geochemischen Belastungsgradkarte Cd (*Abb. 5.51*) und der Kontrastkarte des Elementes Cd zu den Gefahrenwerten der Berliner Liste (1995, Wasserschutzgebiete II und III A, *Abb. 5.33*) lassen sich entgegen den Extraktionsergebnissen Gefährdungsbereiche in Versauerungsgebieten nachweisen, die auf eine hohe Cadmiumverfügbarkeit und demzufolge auf eine Grundwassergefährdung in Altlastenbereichen und Siedlungsgebieten (Ortslagen) hinweisen.

Eine erhöhte Wasserlöslichkeit im Deponiebereich weisen die Elemente B, F, Cu und Zn (Messungen im Bodeneluat) auf. Die höchsten Leitfähigkeitswerte im Bodeneluat wurden im Bereich von Hausmüllablagerungen (max. 2870 µS/cm) gemessen. In Bodenproben aus temporären Aufschlüssen der Deponie Schöneiche (SE-Halde) schwankten die Leitfähigkeitswerte der Bodensickerwässer aus 4 m Teufe zwischen 8 900 und 13 200 µS/cm. Die nachgewiesenen gelösten Gehaltsanteile anorganischer ökotoxischer Elemente weisen auf kontrastreiche Anreicherungen in den Müll- bzw. Bodensickerwässern (bes. Al, B, Ba, Cd, Co, Cr, Cu, Hg, Mo, Ni, Pb, Rb, Sn, Li, W, Zn und z. T. U) hin, die zu erheblichen Grundwasserkontaminationen führen können. Für den Ablauf derartiger Lösungsvorgänge und Schadstoffmobilisationen in den mächtigen Müllablagerungen liefern die Ergebnisse der sequentiellen Extraktion von Oberflächenproben keine weiteren Hinweise.

Die Grenzwerte für Bodeneluate (Empfehlungen für die Deponie Schöneiche) werden nur in Einzelproben der Hausmüllablagerungen der Deponie Schöneicher Plan sowie auf dem Gelände der Müllverbrennungsanlage der Deponie Schöneiche für die Elemente B und F überschritten. Dabei sind die zweifachen Grenzwerterhöhungen der F-Gehalte im Zentralteil und an der Westflanke der Deponie Schöneicher Plan lokalisiert. Die 1,5fache Grenzwertüberschreitung für B im Bodeneluat befindet sich im N Hangbereich der Hausmülldeponie.

5.3.4.4 Geochemische Abgrenzung von technogen belasteten Gebieten

Die sichersten Hinweise zur Lokalisierung von kontaminationsgefährdeten Bereichen liefern die unter Kap. 5.3.4.2 erörterten geochemischen Belastungsgradkarten, in denen der natürliche geochemische Untergrund der Region (RGU Berliner Umland, RGU Schöneiche) als Bezugsgröße verwendet wird.

Besonders günstige geochemische Voraussetzungen (Milieubedingungen) für eine Erhöhung der Schadstoffmobilisierung im exogenen geochemischen Feld sind in Versauerungsgebieten mit z. T. hohen technogen bedingten Elementeinträgen zu finden. Derartige Bereiche mit flächenhaften pH-Absenkungen < 5,0 treten in den Waldböden im SE des Untersuchungsgebietes auf (Haidchen E und W des Motzener Sees, NE-Rand des Galluner Forstes sowie SE Gallun) und fallen lokal begrenzt mit Ni-, Te-, Hg- und z. T. Cd-Anreicherungen der Anomalieklasse 18 zusammen. Weitere Bereiche mit einem deutlich erhöhten Gefährdungspotential stellen die pH-Minima am E-Ortsrand Mittenwaldes (ACZ), SE Telz, im Gebiet der Deponie „Schindlerfichten", SE Gallun sowie der Deponien „Telz" und „Alte Asche" (kleinere Teilflächen im SW der Deponie) in Verbindung mit den im Ergebnis der Clusteranalyse nachgewiesenen kontrastreichen geochemischen Multielementanomalien (*Abb. 5.30, Tab. 5.32, 5.33*) dar.

Im Ergebnis der Auswertung der kartenmäßigen Darstellung (Isoflächenkarten) der Kontraste der Schadstoffgehalte zu den Gefahrenwerten der Berliner Liste (1996, Wasserschutzgebiete II und III A) lassen sich neben den einzelnen Haldenbereichen auf den Deponieflächen weitere kontaminierte Gebiete (Gefahrenwertüberschreitungen) im Untersuchungsgebiet Schöneiche (*Abb. 5.31 bis 5.40*) nachweisen:

- E Mittenwalde an der A 13 Hg, Cd, PAK, (Ba)
- E und NE Mittenwalde As, Cd, Hg, Pb, PAK, (Br), (Ba)
- Altablagerungen unmittelbar nördlich der Deponie Schöneiche As, Co, Cd, Pb, Hg, Cr, Cu, Ni, Zn, (Ba, Sn, Br)
- Altablagerungen SW Mittenwalde am Nottekanal Cd, Pb, Hg, MKW, PAK, (Br)
- W der Großmachnower Weinberge Cu, Hg, Cd, Zn, PAK, MKW, PCDD/F, (Ba)
- S Mittenwalde am Galluner Kanal Pb, Cd, Hg, MKW, (Ba, Br)

- SE Mittenwalde PAK, Cd, Hg, Pb, (Ba, Br)
- NE und SE des Eingangsbereiches der Deponie Schöneiche Cd, Co, Cr, Ni, Cu, Pb, MKW, PCDD/F
- NE-Rand des Feuchtgebietes an der SW-Flanke des Untersuchungsgebietes W Schöneiche Hg, Pb, Cd, (Br)
- W und SW sowie S Telz Pb, PAK, PCDD/F, (Br, Ba)
- NE Telz Cd
- S und E Gallun PAK, Cu, Cd
- W Gallun Hg, (Ba)
- Ortslage Schöneiche MKW, Cd
- Waldgebiet W Motzener See PAK, MKW
- Waldgebiet E Motzener See Cd, (Ba)

Die Cd-Verfügbarkeit wird in den Verbreitungsgebieten erhöhter Cd-Kontrastwerte (SW und NE Mittenwalde, SW Flanke des Untersuchungsgebietes, W-Ufer Motzener See, SW Telz, W Großmachnower Weinberge, unmittelbar W und E Gallun) zusätzlich durch flächenhafte pH-Wertabsenkungen < 6,5 gefördert. Diese Bereiche sowie die Trinkwasserschutzzonen Mittenwalde und im SW des Untersuchungsgebietes stellen auf Grund der vorliegenden umweltgeochemischen Auswertungsergebnisse (lokale Untergrundanreicherungen im Gebiet Schöneiche, Überschreitungen der Gefahrenwerte der Berliner Liste, Ergebnisse der Cluster- und Faktoranalyse) Gebiete einer potentiellen Grundwassergefährdung dar (insbesondere verstärkte Cd-Mobilisierung). Die von GREBNER Ingenieure (1994) im unmittelbaren Deponieumfeld (N Deponie Schöneicher Plan) bereits nachgewiesenen Oberflächen- und Grundwasserbelastungen mit Schwermetallen bestätigen die Ergebnisse der umweltgeochemischen Bestandsaufnahme und Aussagefähigkeit der Oberflächengeochemie.

Die Geländeüberprüfung (Geländebegehung, oberflächengeochemische Überprüfungsprobenahme) geochemischer Anomalien in den Bereichen E Großmachnow, an der SW-Flanke des Untersuchungsgebietes, W und S Telz sowie E Mittenwalde bis zur A 13 ergaben überwiegend technogene Ursachen für die Elementanreicherungen (Gewerbegebiets- und Industrieeinflüsse sowie Altdeponien und Altablagerungen E Großmachnow, wilde Müllverkippungen E Mittenwalde, Düngemittellagerung und Verkippung von Industrierückständen W und S Telz, Altablagerungen, Kläranlageneinfluß und Auffüllungen an der SW-Flanke des Untersuchungsgebietes).

Mit Hilfe der multivariaten statistischen Bearbeitung (Q-Mode-Clusteranalyse) der geochemischen Daten (anorganische und organische Schadstoffparameter, Spurenelemente und Hauptkomponenten) wurden für das Untersuchungsgebiet 93 geochemische Multielementanomalien (geochemisch kontaminierte Flächen) auf der Grundlage des regionalen geochemischen Multielementuntergrundes (RGMU = Klasse 11) der Region Schöneiche ermittelt und flächenhaft als Clusterpunktlagekarte (*Abb. 5.30*) dargestellt. Insgesamt 46 geochemische Anomalien (*Abb. 5.30*) werden durch Deponieeinflüsse (Zentraldeponien) und Altablagerungen (Altdeponien, Aufschüttungen) sowie Siedlungs- und Industrieeinflüsse (Gewerbegebiete, ehemalige Fabrikanlagen, Lagerflächen) verursacht.

Reine geogen bedingte Anomalieklassen (außer RGMU) konnten erwartungsgemäß nicht nachgewiesen werden. Sogar der regionale geochemische Multielementuntergrund (*Tab. 5.32*, Klasse 11) weist gegenüber dem regionalen geochemischen Untergrundgehalt des Berliner Umlandes anthropogen verursachte Schwermetallanreicherungen auf.

Eine überwiegende Beeinflussung durch die Landwirtschaft wurde bei 16 geochemischen Anomalien festgestellt.

Die Komplexität der anthropogenen Einflußfaktoren in der Region spiegelt sich in der Überlagerung von für bestimmte technogene Prozesse charakteristischen Elementassoziationen wider. Als Ergebnis werden Anomalieklassen mit hohen Kontrastwerten der Elemente und organischen Schadstoffe zum RGMU sowie exotische Zusammensetzungen der Elementassoziationen gebildet. Die 31 Anomalien mit komplexen anthropogenen Ursachen (Landwirtschaft, Deponien, Altablagerungen, Industrierückstände, Siedlungen) sind flächenhaft überwiegend im NW des Untersuchungsgebietes und in der Umgebung der Ortslage Mittenwalde verbreitet (*Abb. 5.30*).

5.4 Zusammenfassung

Die geochemischen Forschungsarbeiten im Untersuchungsgebiet Schöneiche - Mittenwalde hatten das Ziel, das komplexe chemische Inventar von Böden und Gewässersedimenten (Oberflächenbereich) im Umland der Deponien Schöneiche und Schöneicher Plan nach Grundbelastung und Fremdstoffeintrag differenziert zu bewerten. Die eingesetzte geochemische Untersuchungsmethodik der regionalen Oberflächengeochemie liefert Informationen über das exogene geochemische Grundangebot, d. h. den natürlichen geogenen Einfluß auf das komplexe System Umwelt sowie den anthropogen/technogen bedingten Elementanteil und deren Ursachen.

Mit der umweltgeochemischen Bestandsaufnahme wurden eine breite Emissionsstruktur von Industrie- bzw. Produktionsprozessen, Müllentsorgungsflächen (Hausmülldeponien, gemischte Deponien, Industrierückstände) sowie von Altablagerungen unterschiedlicher stofflicher Zusammensetzung und Einflüssen der intensiven landwirtschaftlichen Nutzung im Oberboden nachgewiesen und geochemisch charakterisiert. Aus dem regionalen (lateralen) Verteilungstrend lassen sich anthropogene Schwermetallanreicherungen vom geogenen Untergrund abgrenzen und belastungsgefährdete Bereiche im Untersuchungsgebiet ausweisen.

An den luftgetrockneten 170 Boden- und 39 Bachsedimentproben der Fraktion < 2,0 mm wurden 56 anorganische Parameter, davon 11 Hauptkomponenten, 42 Spurenelemente sowie $C_{org.}$, pH-Wert (in H_2O und $CaCl_2$) und die elektrische Leitfähigkeit bestimmt. Für die geochemische Multielementanalytik kamen folgende Verfahren zum Einsatz: Energiedispersive Röntgenfluoreszenzanalyse mit polarisiertem Röntgenstrahl (EDRFA), Wellenlängendispersive Röntgenfluoreszenzanalyse (RFA), Atomemissionsspektrometrie mit induktiv gekoppeltem Plasma (ICP-AES), flammenlose Atomadsorptionsspektrometrie (AAS), Flammen-Atomadsorptionsspektrometrie mit Hydridsystem (AAS-HS), Flammen-Atomadsorptionsspektrometrie mit Graphitrohr (AAS-GF), Pyrohydrolyse und Naßchemie. Die pH-Wertbestimmung erfolgte potentiometrisch, während die Leitfähigkeit konduktometrisch ermittelt wurde. In 160 Bodenproben wurden die organischen Schadstoffe AOX, EOX, Cyanid, MKW, Phenol, BTEX, LCKW, PCB, PAK analysiert. Für 90 Bodenproben liegen HRGC/MS Analysenergebnisse (Kopplung hochauflösen der Gaschromatographie mit der Massenspektrometrie) zur PCDF/PCDD-Führung vor.

Die geochemischen Daten wurden mittels univariater und multivariater statistischer Verfahren bearbeitet und in flächendeckenden geochemischen Karten der Gehaltsverteilungen der Einzelelemente sowie in Form von Faktorwertkarten und als Clusterpunktlagekarte (Karte der geochemischen Anomalien) dargestellt. Desweiteren wurden auf der Grundlage der natürlichen Hintergrundgehalte der Region Karten des geochemischen Belastungsgrades des Oberbodens (Geochemische Kontaminationskarten) sowie Karten der Kontrastwerte der Elementgehalte zu den Gefahrenwerten der Berliner Liste erstellt. Erstmals wurden anorganische und organische Schadstoffdaten einer gemeinsamen Bearbeitung mittels multivariater statistischer Methoden unterzogen und die Ergebnisse der Faktor- und Clusteranalyse flächenhaft ausgewertet und dokumentiert.

Die Schwermetallverteilung (Cd, Hg, Cu, Pb, Zn, Co, Cr, Ni, As, Mo, Cs, U) im A-Horizont der Böden der Region Schöneiche wird überwiegend durch technogene Prozesse beeinflußt (Industrieimmissionen, Mülldeponierung, Altablagerungen, Überdüngung landwirtschaftlicher Nutzflächen). An den alten Industriestandorten des Untersuchungsgebietes treten häufig Verfüllungen, Aufschüttungen oder Ablagerungen auf, die sich im Verteilungstrend der Schadstoffe im exogenen geochemischen Feld abbilden und in den Untersuchungsergebnissen der Geofernerkundung bestätigt werden (KÜHN & HÖRIG 1995). Eine erhebliche Bedeutung für den anthropogen bedingten Elementeintrag besitzen Aufschüttungen zur teilweisen Verbesserung der Bodenqualität (Aufbringen von Aschen, Bauschutt, Klärschlämmen und Gülle, Kompost aus Siedlungsabfällen), die zu bedenklichen Kontaminationen führen können. Neben der Wirkung technogener Einflußfaktoren sind auch geologisch bedingte Elementverteilungen nachweisbar.

Die Gehalte der Elemente Al, Mg, Ti, La, K, Sc, Zr, Na, Nb und z. T. V werden z. T. noch durch das geologisch bedingte geochemische Grundangebot (Ausgangssubstrat) bzw. durch natürliche Prozesse gesteuert (außer im Bereich der Deponieflächen). Der natürliche Hintergrundgehalt (Regionaler Geochemischer Untergrundgehalt) für die Region Schöneiche - Mittenwalde konnte im Rahmen der umweltgeochemischen Bestandsaufnahme für die Elemente As (1,0 mg/kg), B (11,0 mg/kg), Ba (166 mg/kg), Be (0,9 mg/kg), Cd (0,07 mg/kg), Co (4 mg/kg), Cr (8,8 mg/kg), Cu (4,6 mg/kg), Hg (0,02 mg/kg), Mn (132 mg/kg), Mo (1 mg/kg), Ni (1 mg/kg), Pb (16 mg/kg), Sb (1 mg/kg), Sn (1,3 mg/kg), Rb (27 mg/kg), Sr (36 mg/kg), Ti (935 mg/kg), V (5,4 mg/kg), Th (2,8 mg/kg), Cs (2,7 mg/kg), Zn (26 mg/kg) und Zr (175 mg/kg) im Ergebnis der Berechnung der Modalwerte und ihrer eingehenden Überprüfung anhand der Häufigkeitsverteilung der Elemente im Oberboden sowie unter Berücksichtigung ihrer Nachweisempfindlichkeit quantifiziert und durch methodische Untersuchungen an Bodenproben aus Vertikalprofilen des Berliner Umlandes bestätigt werden.

Mit zunehmender Intensität der anthropogenen Bodennutzung nehmen die Durchschnittsgehalte der anorganischen und organischen Schadstoffparameter sowie der elektrischen Leitfähigkeit im Boden zu. Die umweltgeochemische Bewertung der Ergebnisse erfolgte über den Vergleich mit den Gefahrenwerten der Berliner und Brandenburger Listen und unter Berücksichtigung der Ergebnisse aus der Faktor- und Clusteranalyse sowie der berechneten Kontrastwert- und Belastungsgradkarten.

Der Vergleich der Maximalgehalte der ökotoxischen anorganischen Elemente zum höchstzulässigen Gefahrenwert II der Brandenburger Liste (1993) zeigt schwache Überschreitungen für die Elemente As, Pb, Sn und Cu an, während die Kontraste für Hg und Cd schon erhebliche Anreicherungen weit oberhalb des Gefahrenwertes II signalisieren, die lokal unter Berücksichtigung der pH-Wertverteilung und der Bodennutzung zur Ableitung des notwendigen Handlungsbedarfes heranzuziehen sind. Die Maximalgehalte der organischen Schadstoffe ($CN_{ges.}$, MKW, PAK, PCB, PCDD/F, Phenolindex) überschreiten mit z. T. hohen Kontrasten die Gefahrenwerte der Brandenburger und Berliner Listen und markieren in den Isoflächenkarten der Kontrastwerte gefährdete und belastete Bereiche. Außerhalb der Deponieflächen konnten z. T. flächenhafte Gefahrenwertüberschreitungen zur Berliner Liste (1996) an 16 weiteren und im Hinblick auf Kontaminationen oder Belastungen teilweise bisher unbekannten Standorten nachgewiesen werden. Beispielsweise werden neben den bisher bekannten Altlastenbereichen neue Belastungsgebiete E Mittenwalde (S Nottekanal), NW (NW-Flanke des Untersuchungsgebietes W und SW der Großmachnower Weinberge), W und S Telz sowie an der SW-Flanke des Untersuchungsgebietes indiziert.

Für die Beurteilung der Schwermetallbelastung wurde ein geochemischer Belastungsgradindex ($I_{geochem.}$), der auf dem Hintergrundgehalt der Region basiert, berechnet und als Isoflächenkarte dargestellt. Die geochemischen Belastungsgradkarten der Region liefern erstmalig Aussagen über den Belastungs- oder Kontaminationszustand der Oberböden in Bezug auf den regionalen natürlichen geochemischen Untergrundgehalt.

Besonders günstige geochemische Voraussetzungen (Milieubedingungen) für eine Erhöhung der Schadstoffmobilisierung im exogenen geochemischen Feld sind in Versauerungsgebieten mit z. T. hohen technogen bedingten Elementkonzentrationen zu finden. Derartige Bereiche mit flächenhaften pH-Absenkungen < 5,0 treten im Untersuchungsgebiet in den Waldböden im SE des Untersuchungsgebietes auf (Haidchen E und W des Motzener Sees, NE-Rand des Galluner Forstes sowie SE Gallun) und fallen lokal begrenzt mit Ni-, Te-, Hg-, PAK- und z. T. Cd- und PCDD-Anreicherungen der Anomalieklasse 13 und 32 der Clusteranalyse zusammen. Weitere Bereiche mit einem deutlich erhöhten Gefährdungspotential stellen die pH-Minima am E-Ortsrand Mittenwaldes (ACZ), SE Telz, im Gebiet der Altablagerungen „Schindlersfichten“, SE Gallun sowie der Deponien „Telz“ und „Alte Asche“ (kleinere Teilflächen im SW der Altablagerung) in Verbindung mit den im Ergebnis der Clusteranalyse nachgewiesenen kontrastreichen geochemischen Multielementanomalien (Ni-PAK-Hg-U-Cd-Ag-P-EOX-Mn-, Ni-Ca-PAK-$C_{org.}$ -Br-EC-S-Hg-PCDD-Fe-Sn-Cd-Se-Cu-Ta-As-, Ni-S-Br-$C_{org.}$ -Hg-PAK-EC- Sn-Ca- As-Pb-PN-Cd- J-Fe-Se Sr-Zn-P-V-Cr-MKW-Sb-Cs-Te-Ag-, Ni-PCDD-Ca-Hg-U- und Ni-Ca-Sn-In-PCDD-Cr-U-Anomalien) dar.

Zur Klärung der Ursachen der PCDD/F-Belastung wurden neben der Halogen-Homologenverteilung aller Halogenierungsgrade und der Gesamtsummengehalte der PCDD/F auch die anteilige prozentuale isomerenspezifische Kongenerenverteilung mit der von Referenzproben mit bekannten Kontaminations- und Belastungsursachen analysiert. Als Hauptursachen des Dioxin- und Furaneintrages im Untersuchungsgebiet wurde das Aufbringen und die Verklappung von Klärschlämmen sowie Rückstände aus Niedertemperatur-Verbrennungsprozessen diagnostiziert.

Die im Rahmen der multivariaten Statistik berechnete Faktoranalyse ergab 12 Faktoren, die sich nach den wirkenden Hauptursachen in drei Gruppen gliedern lassen:

1. Faktoren der anthropogenen Kontamination (Deponiefaktor $\rightarrow$ W-Mo -MKW-Sb-Sn-Cu-Cr-Pb-Zn-Ba, Klärschlammfaktor $\rightarrow$ PN-Cd-Ag-Hg -Bi-PCB-P-PCDD, Gülleverregnung $\rightarrow$ PAK-[PCB-AOX-pH], Müllverbrennungsfaktor $\rightarrow$ PCDF-PCDD-[pH-Zn], Bauschuttfaktor $\rightarrow$ F-Y -Ce-S-EC-Sr-La-Pb-Ca-Ni-B u. a.),
2. natürlich bedingte Faktoren mit z. T. anthropogener Beeinflussung (Geschiebemergelfaktor $\rightarrow$ Sc-V-Be-Al-Ga-Th-U-Nb-Co-Mg-Rb-Ti-La -Ni-Sr-Fe, Erdalkalifaktor $\rightarrow$ Zr-K-Rb-[Na-Ti-Nb]),
3. Milieufaktor $\rightarrow$ (Br-Mn-Ca-$C_{org.}$).

Mit der Clusteranalyse (Q-Modus) wurde die geochemische Gesamtdatei in 40 Klassen aufgeteilt. Die Elementassoziationen der geochemischen Anomalien werden auf der Grundlage ihrer Zuordnung zum Regionalen Geochemischen Multielementuntergrund (RGMU) über die ermittelten Kontraste (Konzentrationskoeffizienten) > 3 (Klassenmittelwerte der Elementgehalte der Anomalieklasse/Klassenmittelwerte der Elementgehalte der Untergrundklasse) beschrieben.

Die Klasse 11 bildet den RGMU und zeigt gegenüber dem geogenen geochemischen Untergrund des Berliner Umlandes eine kontrastreiche Cs-Mo-J-U-Th-Cd-La-Co-Anreicherung, die auf eine anthropogene Beeinflussung des Regionalen Geochemischen Multielementuntergrundes als Ergebnis der Mülldeponierung und -verkippung hinweist. Damit wird die ansonsten schwer oder nicht nachweisbare Untergrundbeeinflussung des Deponieumlandes und des gesamten Untersuchungsgebietes erstmals geochemisch charakterisierbar. Die geochemischen Anomalien auf den Deponieflächen (mit Kontrastwerten zum RGMU > 100) weisen neben einer hohen Elementvielfalt vor allem eine exotische Zusammensetzung (Hinweis auf die Komplexität der technogenen Einflüsse und/oder die heterogene Zusammensetzung der Müllablagerungen) anomaler Parameter auf (Deponie Schöneicher Plan: Ni-EC-S-Ca-PCDD-Hg-CN-Zn-Fe-Mg-Sr-Cr-Sn-Ag-Mn-MKW-Cd-As-Cu-V-Sb ± W, U, Co, Ta, B, PCDF, Y, Sc, Br, F, Tl, P, AOX, Bi, Ti, EOX, PAK, Ba, La, $C_{org.}$, Se, Ce. Be; Deponie Schöneiche: Ni-Co-S-EC-Sn-PAK-Ca-PCDD-Zn-Sr-U-Cu-Cr-Hg-Fe-PCB-V-Fe-As ± Ba, Ta, CN, W, Mg, V, Sc, MKW, Y, P, Pb, Mo, Bi, Ba, Tl, Na, Th, Rb, Ge, Ce, Al, Nb, Ti, PCDF, Mn, $C_{org.}$, Se). In der Mehrzahl der im Deponiebereich lokalisierten Anomalien treten auch erhöhte organische Anteile auf (PCDD, Phenolindex, $Cyanid_{ges.}$, MKW, PCDF, PCB, PAK).

Die Müllverbrennungsanlage wird durch eine lokal begrenzte W-E-gerichtete PCDD-PCDF-Ni-Zn-Sn-Cd-W-Hg-Pb-PAK-Ag-Ca-Cu-Sb-Mo-EC-Cr-Tl -(Bi-As)-Anomalie (Immissionsaureole) abgebildet. Die Altablagerungen am Nottekanal SW Mittenwalde werden durch geochemische Multielementanomalien der Klassen 20 und 24 charakterisiert (Ni-Ca-Sn-PCDD-Cr-U ± S, In, $C_{org.}$, Hg, PAK, EC, As, Pb, Phenolindex, Fe, Se, Zn, P, V, Cr, MKW, Sb, Cs, Te, Ag).

Die verdeckten und durch Methoden der Geofernerkundung nachgewiesenen Altablagerungen S der Deponie Schöneicher Plan (Auffüllungen, Kippen) werden durch Ni-PCDD-Ca-(Hg-U)-Anomalien indiziert. Die Altablagerungen unmittelbar N der Deponie Schöneiche sind durch Cd-EOX-AOX-Ca- und Ni-CN-Hg-Sn-Co-PCDD-PCB-S-EC-Zn-Pb-Cu-Ca-PAK-Ag-As-PCDF-Fe-$C_{org.}$-W-Hg-Cr-Sb-Sr-Br-Ba-P-Cd-Be-Mn-V-B-Tl-Sn-Y-Bi-U -Sc-MKW-Se-Ce-Anomalien belegt. Die Ni-Ca-PAK-$C_{org.}$-Br-EC-S-Hg-Fe-Sn-Cd-Se-Cu-Ta-As-Anomalie ca. 2 km NE Mittenwalde wird durch Altablagerungen (wilde Müllentsorgungen) und Landwirtschaftseinflüsse (mögliche Verkippung bzw. Entsorgung von Düngemitteln) verursacht.

Die Klasse 28 (Ni-PCDD-Ca-Anomalien) charakterisiert überwiegend Gebiete landwirtschaftlicher Bodennutzung und zeigt zum RGU des Berliner Umlandes die gleichen Anreicherungstendenzen wie die regionale Untergrundklasse 11. Bei allen nachgewiesenen geochemischen Multielementanomalien treten überwiegend technogene Einflußfaktoren als Hauptursache auf. Natürliche bzw. rein geogen bedingte Anomalien sind im Untersuchungsgebiet nicht nachweisbar. Derartige Bereiche lassen sich als geogene oder pedogene Faktoren (Geschiebemergelfaktor, Erdalkalifaktor) nur unter Berücksichtigung der Ergebnisse der Faktoranalyse abgrenzen.

Insgesamt wurden im Untersuchungsgebiet 93 geochemische Multielementanomalien nachgewiesen und kartenmäßig in der Clusterpunktlagekarte dargestellt. Davon werden 46 geochemische Anomalien durch die Deponieeinflüsse und Altablagerungen sowie Siedlungs- und Industrieeinflüsse verursacht. Bei 31 geochemischen Anomalien wirken sich überlagernde anthropogene (komplexe) Ursachen aus, die die anomale Element- und Parameterassoziation prägen. Die Ergebnisse der Clusteranalyse konnten durch die Wahl entsprechender mathematischer Berechnungs- und Testmethoden wesentlich qualifiziert werden (Ausschluß objektiver und subjektiver Fehlermöglichkeiten).

Literaturverzeichnis

ALLOWAY, B. J. (1995): Heavy metals in soils. 2. ed., Chapman and Hall, Glasgow.

ANONYMUS (1986): Major provisions of „Superfond" Authorisation Bill. Congressional Quarterly, 11. Oktober 1986, 2533.

Baden-Württemberg, Gbl. v. 30.11.1993, Nr. 33, 1115-1123: Orientierungswerte für die Bearbeitung von Altlasten und Schadensfällen.

BALLSCHMITER, K.-H. & BACHER, R. (1996): Dioxine, VCH Verlagsgesellschaft, Weinheim.

Bayern (1991): Bayerisches Landesamt für Wasserwirtschaft (Hrsg.): Hinweise zur wasserwirtschaftlichen Bewertung von Untersuchungsbefunden über Grundwasser- und Bodenbelastungen, München.

Berlin (1993): Senatsverwaltung für Gesundheit, Senatsverwaltung für Stadtentwicklung und Umweltschutz: Gemeinsame Ausführungsvorschriften für die Untersuchung und Bewertung kontaminierter Standorte in Berlin (Berliner Liste 1993). Entwurf vom 21./22.06.1993). Berlin.

Berliner Liste 1996: Amtsblatt Nr. 15, 46. Jhg., 20.03.96, A 1262A. Bewertungskriterien für die Beurteilung stofflicher Belastungen von Böden und Grundwasser in Berlin, 957-984.

BGA (1984): Berechnungsmethode des BGA/UBA in: Sachstand Dioxine – Stand November 1984, Erich Schmidt Verlag, Berlin, 1985.

BILLWITZ, K. & BREUSTE, J. (1980): Anthropogene Bodenveränderungen im Stadtgebiet von Halle/Saale. - Wiss. Z. Univ. Halle, **29**, M. 4, 25-43.

BIRKE, M. & RAUCH, U. (1991a.): Umweltgeochemie Berlin-Schöneweide. Abschlußbericht zum Umweltsanierungskonzept Schöneweide. - BGR AS Berlin.

BIRKE, M. & RAUCH, U. (1991b.): Die Rolle der organischen Elementbindung im exogenen geochemischen Feld. - Z. angew. Geologie, **37**, 1, 1-10.

BIRKE, M., RAUCH, U. & HELMERT, M (1992): Umweltgeochemie des Ballungsraumes Berlin-Schöneweide. Teil 1 Bearbeitungsmethodik - Elementverteilung in Böden und Grundwässern. - Z. angew. Geologie **38**, 2, 57-66.

BIRKE, M. & RAUCH, U. (1993a.): Environmental aspects of the regional geochemical survey in the southern part of east germany. - J. Geochem. Explor., **49**, Amsterdam, 1-27.

BIRKE, M. & RAUCH, U. (1993b.): Umweltgeochemie des Ballungsraumes Berlin-Schöneweide, Teil 2: Auswertungsmethodik - Multivariate statistische Bearbeitung der Daten.- Z. angew. Geologie, **39**, 1, 9-19.

BIRKE, M., RASCHKA, H. & RAUCH, U. (1995): Regionale Oberflächengeochemie. Eine Methode zur umweltgeochemischen Übersichtsaufnahme. - Z. angew. Geologie, **41**, 1, 10-20.

BIRKE, M. & RAUCH, U. & RENTZSCH, J. (1995): Environmental results of a regional geochemical survey in eastern germany. Geol. Jb. Reihe D, H. 94.

BIRKE, M. & RAUCH, U. (1996): Methodik flächendeckender geochemischer Karten. - BGR Hannover, Archiv-Nr. 114 472 (unveröff.).

BLUME, H.-P. & RUNG, M. (1978): Genese und Ökologie innerstädtischer Böden aus Bauschutt. - Z. Pflanzenern. und Bodenkunde, Weinheim, **141**, 727-740.

BLUME, H.-P. (1981): Typische Böden Berlins. Mitt. Dt. Bodenkundl. Ges., Göttingen, **31**, 352.

BLUME, H.-P., BURGHARDT, W. & CORDSEN, E. (1989): Kartierung von Stadtböden. - UBA Forschungsbericht 107 03 007/03, Texte 18/89.

BLUME, H. -P. (1990): Handbuch des Bodenschutzes. Bodenökologie und -belastung. Vorbeugende und abwehrende Schutzmaßnahmen. - ecomed, 686.

BRÜNE, M., ELLINGHAUS, R. & HEYN, J. (1982): Schwermetallgehalte hessischer Böden und ergänzende Untersuchungen zur Schwermetallaufnahme durch Pflanzen. - Kali-Briefe (Büntehof), **16**, 5, 271-291.

BOWEN, H. J. M. (1979): Environmental chemistry of the elements. Academy Press, London, New York, 1979, 316.

Bund/Länder-AG Dioxine: 2. Bericht in „Umweltpolitik - Eine Information des Bundesumweltministers“, Bonn, 1993.

Brandenburger Liste 1993: Teil 1 - Eingreifwerte zur Sanierung kontaminierter Standorte.

CALMANO, W. (1989). Schwermetalle in kontaminierten Feststoffen: Chemische Reaktionen, Bewertung der Umweltverträglichkeit, Behandlungsmethoden am Beispiel von Baggerschlämmen. Verlag TÜV Rheinland.

CHANEY, R. L. (1989): Toxic element accumulation in soils and crops protecting soil fertility and agricultural food chains. In: Bar-Yosef B., Barrow, N. J.; Golschmid, J. (eds) Inorganic contaminants in the vadose zone. Springer, Berlin, 140-159.

DRESCHER-KADEN, U. (1995): Kriterien zur Beurteilung organischer Bodenkontaminationen am Beispiel der Stoffgruppen Dioxine (PCDD/PCDF) und Phthalate. Abschließende Betrachtung. In: DECHEMA - Dioxine und Phthalate. Frankfurt a. Main, DECHEMA, 21-58.

EIKMANN, T. & KLOKE, A. (1993): Nutzungs- und schutzgutbezogene Orientierungswerte für (Schad-) Stoffe in Böden. In: ROSENKRANTZ, D.; EISELE, G.; HARRESS, G.: Bodenschutz. Ergänzbares Handbuch der Maßnahmen und Empfehlungen für Schutz, Pflege und Sanierung von Böden, Landschaft und Grundwasser. I. Band: Grundlagen, Informationen, Bodenbelastung, Berlin 1993, Lfg. X/93, Kennzahl 3590.

EIKMANN, T., KLOKE, A. & LÜHR, H.-P. (1991): IWS-Bodenwert-Listen. In: Ableitung von Sanierungswerten für kontaminierte Böden. IWS Schriftreihe TU Berlin, Schmidt Verlag, Bd. 13, 353-360.

EWERS, U. & VIERECK-GÖTTE, L. (1993): Ableitung von wissenschaftlich begründeten nutzungs- und schutzgutbezogenen Prüfwerten für Bodenverunreinigungen. Abschlußbericht AG Prüfwerte des LAGA-Ausschusses „Altlasten“, Gelsenkirchen.

FAUTH, H., HINDEL, R., SIEWERS, U. & ZINNER, J. (1985): Geochemischer Atlas der Bundesrepublik Deutschland. Schweizerbart, Stuttgart.

FIEDLER, H.-J. (1990): Bodennutzung und Bodenschutz. Umweltforschung, Fischer Verlag, Jena.

FIEDLER, P., FLACHOWSKY, J., RÄMMLER, A. & SCHELHORN, H. (1994): Kurzbericht zum Meßeinsatz „Deponie Schöneiche“. UFZ Leipzig-Halle.

FIEDLER, H. & HUTZINGER, O. (1992): Sources and sinks of dioxins: Germany. Chemosphere **25**, 1487-1491.

FILIPINSKI, M. & GRUPE, M. (1990): Verteilungsmuster lithogener, pedogener und anthropogener Schwermetalle in Böden. - Z. Pflanzenern. und Bodenkunde, Weinheim, **153**, 69-73.

FROHSE, L. (1996): Erkundung und Beschreibung des Untergrundes von Deponien und Altlasten. Bodenkundliche Untersuchungen, unveröff. Bericht Archiv-Nr. 2025614, BGR Berlin.

FÖRSTNER, U. (1990): Umweltschutz. Springer, Berlin.

GREBNER Ingenieure GmbH, (1994): Einschätzung der Umweltbeeinflussungen im Umfeld der Deponien Schöneiche und Schöneicher Plan. Potsdam, unveröff. Bericht.

GRENZIUS, R. (1988): Starke Bodenversauerung und Schwermetallanreicherung durch Stammabfluß in der Innenstadt von Berlin (West). Mitt. Dt. Bodenkundl. Ges., Göttingen, **56**, 363-368.

GRÜN, M., MACHELETT, B., POLESAK, W. & KRONEMANN, H. (1990): Kontrolle der Schwermetallbelastung der landwirtschaftlichen Nutzflächen in der DDR. - VDI-Tagung „Wirkung von Luftverunreinigungen auf Böden“. - Lindau 15.-17.5.90, Poster.

HAGENDORF, U. & LESCHBER, R. (1990): Halogenkohlenwasserstoffe in Wasser und Boden: Vorkommen, Bewertung, Vermeidung. - Schriftenreihe des Vereins für Wasser-, Boden- und Lufthygiene, 82, Gustav Fischer, Stuttgart.

HEIN, D. & DELSCHEN, T. (1994): Beurteilung von PAK und PCB in Kulturböden. Z. Wasser und Boden, **1**, 54-59.

HEINRICHS, H.; BRUMSACK, H.-J. & SCHULTZ, W. (1991): Analyse von Müll. Z. Laborpraxis, Sept. 1991, 709-715.

HEINTZ, A. & REINHARDT, G. (1991): Chemie und Umwelt. Ein Studienbuch für Chemiker, Physiker, Biologen und Geologen. 2. Aufl. Vieweg & Sohn, Braunschweig.

HEMBROCK-HEGER, A. (1996): Persistente organische Schadstoffe im System Boden-/Pflanze. Handbuch zum Seminar Bodenschutz, VDI Düsseldorf 17.-18.6.1996.

HINDEL, R. & FLEIGE, H. (1988): Schwermetallverteilung in Bodenprofilen aus verschiedenen Ausgangsgesteinen und Unterscheidungskriterien zur Abgrenzung lithogener, pedogener und anthropogener Anteile. - UBA Forschungsbericht 107 01 001.

HINDEL, R. & FLEIGE, H. (1989): Verfahren zur Untersuchung lithogener und anthropogener Schwermetallanreicherungen in Böden. Mitt. Dt. Bodenkundl. Ges., Göttingen, **59**, A. 1, 389-394.

HINDEL, R. & FLEIGE, H. (1990): Geogene Schwermetallgehalte in Böden der BRD, VDI Tagung: Wirkung von Luftverunreinigungen auf Böden. Lindau, VDI-Bericht, Nr. 837.

HOLLERBACH, A. (1985): Grundlagen der organischen Geochemie. Springer, Berlin.

HÖLL, K. (1986): Wasser. Untersuchung - Beurteilung - Aufbereitung - Chemie - Bakteriologie - Virologie - Biologie. 7. Aufl. de Gruyter, Berlin.

INTER-DEPARTMENTAL COMMITTEE ON THE REDEVELOPMENT OF CONTAMINATED LAND (1983): Guidance on the assesment and redevelopment of contaminated land. London (Central Directorate on Environmental Pollution, Department of the Environment).

JONECK, M. & PRINZ, R. (1991): Dioxine in Böden Bayerns. GLA-Fachberichte 9; Hrsg.: Bayerisches Geolog. Landesamt, München.

JONECK, M. & PRINZ, R. (1994): Hintergrundbelastung bayerischer Böden mit organischen Problemstoffen. GLA-Fachberichte 12, Hrsg.: Bayerisches Geologisches Landesamt, München.

JORNS, A. C., LÜHR, H.-P.; SCHULZ-TERFLOHT, G. & STOCK, R. (1990): Akute Gefahrenbeurteilung für den Standortbereich der Deponien Schöneiche und Schöneicher Plan. TU Berlin.

KELLY, R. T. (1980): Site investigation and materials problems. In: Reclamation of contaminated land. Proceedings of a Society of Chemical Industry conference held at the Congress Theatre, Eastbourne, England, 22.-25. October 1979, S. B2/1 - B2/14, London (Society of Chemical Industry).

KERNDORF, H., BRILL, V., SCHLEYER, R., FRIESEL, P. & MILDE, G. (1985): Erfassung grundwassergefährdender Altablagerungen - Ergebnisse hydrogeochemischer Untersuchungen. WaBuLu-Hefte, 5/1985, Bundesgesundheitsamt, Berlin.

KITUNEN, V. H., VALO, R. J. & SALKINOJA, M. S. (1987): Contamination of soil around wood-preserving facilities by polychlorinated aromatic compounds. Environ. Sci. Technol. **21**, 96-101.

Klärschlammverordnung (15.4.1992): AbfklärV., Bundesgesetzblatt (BGBL.), Teil 1, Jahrgang 1992, 912-934 und UWSF-Z. Umweltchem. Ökotox. 4, 30-35.

KÖNIG, W. & HEIN, D. (1995): Dioxin-Belastung von Böden im Einflußbereich unterschiedlicher Belastungsursachen und bei verschiedener Nutzung. In: Kriterien zur Beurteilung organischer Bodenkontaminationen: Dioxine (PCDD/F) und Phathalate, Dechema, Frankfurt a. M., 83-103.

KLOKE, A. (1980): Richtwerte '80: Orientierungsdaten für tolerierbare Gesamtgehalte einiger Elemente in Kulturböden. Mitt. VDLUFA, H. 1-3, 9-11.

KUNTZE, H., GRUPE, M., FILIPINSKI, M. & PLOQUET, E. (1991): Geogene und anthropogene Schwermetalle in Böden. Lösbarkeit und Pflanzenaufnahme. UBA Forschungsbericht 107 01 001, Texte 22/91.

KÜHN, F. & HÖRIG, B. (1995): Handbuch zur Erkundung des Untergrundes von Deponien und Altlasten. Band 1, Springer, Berlin.

LABO (1994): Bund – Länder-AG Bodenschutz. Hintergrund- und Referenzwerte für Böden. Bericht der ad-hoc AG „Referenz- bzw. Hintergrundwerte für Böden“ des LABO-Arbeitskreises IV „Bodenbelastung“, 146, Berlin.

LABO-LAGA (1996): Eckpunkte zur Gefahrenbeurteilung des Wirkungspfades Bodenverunreinigungen/Altlasten – Mensch (Direkter Übergang). Bericht der LABO-LAGA-AG „Direktpfad“. Beschluß der 10. Sitzung der Bund/Länder-AG Bodenschutz am 26./27.9.96, Regensburg.

LAGA (1994): Vereinheitlichung der Untersuchung und Bewertung von Rohstoffen. Länderarbeitsgemeinschaft Abfall (LAGA), 1.3.1994.

LANDESANSTALT FÜR UMWELTSCHUTZ (LfU) Baden-Württemberg: Materialien zum Bodenschutz. Band 1: Dioxine in Böden Baden-Württembergs. Landesanstalt für Umweltschutz Baden-Württemberg, Karlsruhe, 1993.

LÖLF (Landesanstalt für Ökologie, Landesentwicklung und Forstplanung Nordrhein-Westfalen 1988; im Einvernehmen mit dem Minister für Umwelt, Raumordnung und Landwirtschaft Nordrhein-Westfalen): Mindestuntersuchungsprogramm Kulturboden zur Gefährdungsabschätzung von Altlastenablagerungen und Altlastenstandorten im Hinblick auf eine landwirtschaftliche oder gärtnerische Nutzung, Recklingshausen.

MEAB (1992): Topographische Karte, Schutzgebiete, Altlasten, Siedlungsstruktur. M 1:10 000, 1 Blatt.

MENNINGS, V. (1993): Vorgehensweise zur Vorerkundung, Beprobung, Analytik und Bewertung schadstoffkontaminierter Böden. Geol. Jb., Reihe F, **27**, 219-256.

METZ, R., HEROLD, P., GRÜN, M. & MACHELETT, B. (1991): Schwermetalluntersuchungen auf Rieselfeldern. Belastungskarten und Erläuterungsbericht. Abschlußbericht zur Forschungsleistung „Umweltatlas Berlin“, Humboldt Univ. Berlin.

Ministerium für Umwelt, Raumordnung und Landwirtschaft: Chloraromaten - Herkunft und Transfer (Dioxinmeßprogramm NRW-CLAM) 1990: Abschlußbericht 1991, Hrsg.: Ministerium für Umwelt, Raumordnung und Landwirtschaft, Düsseldorf, 1991.

MÜCKE, W., STEINMETZER, H.-C. & STUMPP, W. (1991): PAK Immissionskonzentrationen. Z. Umwelttechn. Ökotox., Zürich, **3**, 1991, 3, 176-179.

MÜLLER, G. (1979): Schwermetalle in den Sedimenten des Rheins - Veränderungen seit 1971. Umschau, **79**, 778-783.

MÜLLER, G. (1986): Schadstoffe in Sedimenten - Sedimente als Schadstoffe. Mitt. österr. geol. Ges., Wien, **79**, 107-126.

MÜLLER, U., HENNINGS, V. & HORN, A. (1992): Hintergrundbelastung niedersächsischer Böden mit polychlorierten Biphenylen und Polychlordibenzodioxinen/-furanen. Z. Wasser- und Abfallwirtschaft, Wasser und Boden, Hamburg, **44**, 9, 571-576.

NATO/CCMS (1988): International Toxicity Equivalency Factor (I-TEF) Method of Risk Assessment for Complex Mixtures of Dioxins and Related Compounds. Pilot Study on International Information Exchange on Dioxins and Related Compounds, Report **176**, August 1988, North Atlantic Treaty Organization, Commitee on Challenges of Modern Society (1988).

NIEDERLÄNDISCHE LISTE (1988): Leidroad bodensanering afl. 4. November 1988, Staatssiutgeverig´s – Gravenhage.

NIEDERLÄNDISCHE LISTE (1994): Interventions- (I-Werte) und Referenzwerte (S-Werte) für Böden und Grundwasser. In: Bodenschutz. Schmidt Verlag, 18. Lfg., 1995, 8936.

PERELMANN, A. J. (1972): Geochemie epigenetischer Prozesse. Akademie Verlag, Berlin.

ROTARD, W., CHRISTMANN, W. & KNOTH, W. (1994): Background levels of PCDD/F. In: soils of Germany. Chemosphere, Elsevier, **29**, 9-11, 2193-2200.

RUPPERT, H. (1990): Natürliche Spurenelementgehalte im Boden und ihre anthropogene Überprägung. Mitt. österr. Geol. Ges., Themenband Umweltgeologie, Wien, **83**, 243-265.

SACHSEN ANHALT (1992): Ministerium für Umwelt und Naturschutz Sachsen-Anhalt: Handlungsempfehlungen für den Umgang mit kontaminierten Böden im Land Sachsen-Anhalt. Magdeburg, 1992.

SALOMONS, W., FÖRSTNER, U. & MADER, P. (1995): Heavy metals. Problems and solutions. Springer, Berlin.

SCHEFFER, B. & SCHACHTSCHNABEL, P. (1989): Lehrbuch der Bodenkunde. 12. Aufl., Enke, Stuttgart.

SCHLEYER, R. & KERNDORF, H. (1992): Die Grundwasserqualität westdeutscher Trinkwasserressourcen. VCH, Weinheim.

SCHULDT, M. (1988): In: ROSENKRANZ, EINSELE, HARRES: Schmidt Verlag, Berlin, 3540.

Senatsverwaltung für Gesundheit: Materialien zur Umweltmedizin 4, Schadstoffuntersuchungen in Berliner Böden – Kinderspielplätze. Abt. Umweltmedizin, Berlin, 1995.

SMITH, M. A. (1980): Standards for redevelopment of contaminated land. In: Reclamation of contaminated land. Proceedings of a Society of Chemical Industry conference held at the Congress Theatre, Eastbourne, England, 22.-25. October 1979, S. B1/1-B1/16, London.

TESSIER, A., CAMPBELL, P. G. & BISSON, M. (1979): Sequential extraction procedure for the speciation of particulate trace metals. Anal. Chem. **51**, 844-851.

TUREKIAN, K. K. & WEDEPOHL, K. H. (1961): Distribution of the elements in some mayor unites of the earth's Crust. Bull. Geol. Soc. Amer., **72**, 175-192.

ULRICH, B. (1981): Ökologische Gruppierung von Böden nach ihrem chemischen Bodenzustand. Z. f. Pflanzenernährung und Bodenkunde, VCH Weinheim **144**, 289-305.

UMWELTBUNDESAMT (1992): Normwerk im Bodenschutz, Bericht der Unterarbeitsgruppe Stoffhaushalt. Bearbeitet von der Bund-Länder-Sonderarbeitsgruppe „Informationsgrundlagen Bodenschutz", Texte 28/92.

VINOGRADOV, A. P. (1954): Geochemie seltener und nur in Spuren vorhandener chemischer Elemente in Böden. Akademie Verlag, Berlin.

VINOGRADOV, A. P. (1964): Geochemie der seltenen und dispersiven Elemente in den Böden, Verl. ANSSR, Moskva.

WACHS, B. (1989): Ökologisch erarbeitete Schwermetall-Qualitätsziele für Nahrungsarten des Wassers sowie zum aquarischen Ökosystem- und Artenschutz. gwf Wasser- Abwasser, Weinheim, **130**, 6, 277-284.

WAGNER, B. O., MÜCKE, W. & SCHENK, H.-P. (1989): Umwelt-Monitoring. Umweltkonzentrationen organischer Chemikalien. - Literatur-Recherche und -Auswertung, ecomed, Landsberg.

WAGNER, H.-C., SCHRAMM, K.-W. & HUTZINGER, O. (1990): Biogenes polychloriertes Dioxin aus Trichlorphenol. UWSF. Z. Umweltchem. Ökotox., 2, 63-65, Landsberg.

WESP, H. F., DOLATA, S. & RIPPEN, G. (1996): Polychlorierte Dibenzo-p-dioxine und Dibenzofurane (PCDD/PCDF) in Baumaterialien. Altlasten Spektrum, H. 4, 171-175.

WIPPERMANN, Th. (1991): Sequentielle Extraktion von Schwermetallen aus Böden der Stadt Hannover, unveröff. Bericht BGR Hannover, Archiv-Nr. 108879.

ZARTNER, G., DEUTSCH, P. & ROTH, L. (1992): Grenzwerte. Kennzahlen zur Umweltbelastung in Deutschland und in der EG. - Landesamt für Umweltschutz Baden-Württemberg.

ZEIEN, H. & BRÜMMER, G. W. (1989): Chemische Extraktionen zur Bestimmung der Bindungsformen von Schwermetallen in Böden. Mitt. Deutsch. Bodenkundl. Ges., **59**, 1: 505-510

XIE, X., YAN, M. & WANG, C. (1989): Geochemical standard reference samples GSD 9-12, GSS 1-8 and GSR 1-6 - Geostand. Newsl., 83-179.

6 Bodenkundliche Arbeiten und Bestimmung der Grundwasserneubildung

LIESELOTTE FROHSE & REINHARD JÄHNERT

Mit diesem Beitrag werden methodische Ansätze zur Nutzung von Bodendaten der Reichsbodenschätzung (Bodenschätzungsgesetz vom 16. 10. 1934) und später erhobener Daten [Mittelmaßstäbliche Landwirtschaftliche Standortkartierung (MMK), Fortsetzungsarbeiten zur Reichsbodenschätzung in den 50er Jahren] für die Erstellung bodenkundlicher Karten und die Berechnung der Sickerwasserrate vorgelegt. Die Ergebnisdarstellung entspricht dem Stand der „Bodenkundlichen Kartieranleitung", 4. Auflage (kurz KA4).

6.1 Ziele und Ablauf der Arbeiten

Ziel der Untersuchungen war die Feststellung der Bodenbeeinflussung im Umfeld der Deponien unter Berücksichtigung der natürlichen minerogenen Grundgehalte und die Erfassung der Bodenprozesse und Bodeneingenschaften zur Beurteilung des Verhaltens von Schadstoffen im Boden. Zur Ermittlung der Belastungssituation wurden 28 Schürfe bis max. 2 m Tiefe angelegt und diese horizontbezogen für bodenchemische und bodenphysikalische Untersuchungen beprobt. Die Ergebnisse wurden punktbezogen bewertet.

Zur Ermittlung der jährlichen Sickerwassermengen wurde auf die Anwendung des bodenhydrologischen Verfahrens der Methodenbank des FIS Boden im Niedersächsisches Boden-Informationssystem (NIBIS) (MÜLLER, DEGEN & JÜRGING 1992) orientiert. Dieses Verfahren hat den Vorzug, mit wenigen Klimadaten und Bodenkennwerten auszukommen, und bietet die Möglichkeit, die im Untersuchungsgebiet vorhandenen morphologischen Verhältnisse zu berücksichtigen. Die Anwendung dieses Verfahrens gestattet auch die Nutzung der für das Untersuchungsgebiet vorliegenden mehr als siebenhundert in die KA4 umgesetzten Grablochbeschriebe der Reichsbodenschätzung aus den 30er und 50er Jahren.

Die Arbeiten erfolgten z. T. mit größeren zeitlichen Unterbrechungen im Zeitraum 1992 bis 1994 in 3 Etappen:

- Recherche vorhandener Unterlagen und Durchführung von 35 Handbohrungen bis max. 20 dm unter Geländeoberfläche (GOF) für die Projektierung von Schurfpunkten.
- Anlegen von 28 Schürfen mit horizontbezogener Bodenprobenahme und Durchführung von 147 Handbohrungen bis max. 20 dm unter GOF.
- Laboruntersuchungen, Fortsetzung der Recherchearbeiten, Interpretation von 700 Grablochbeschrieben sowie der bodenkundlichen Untersuchungsergebnisse und Dokumentation, Darstellung der Bodenverhältnisse in Karten und Berechnung der jährlichen Sickerwasserrate.

Die Lage der Aufschlüsse ist der *Abb. 6.6* zu entnehmen.

6.2 Übersicht über das Untersuchungsgebiet

Lage und Morphologie

Das südlich von Berlin gelegende Untersuchungsgebiet (ca. 39 km^2) gehört zu den Landkreisen Dahme-Spree und Teltow-Fläming (*Abb. 6.1*). Es wird geprägt durch breite Hochflächen und Niederungsgebiete, deren Höhenlage zwischen 38 m über NN im Südwesten und 35 m über NN im Nordosten schwankt.

Die Niederungsgebiete werden durch ein stark verzweigtes Vorflutsystem entwässert. Die Hautpvorfluter sind:

- im Nordwesten der von Westen nach Nordosten verlaufende Zülowkanal (1801 Ausbau des Rangsdorfer Fließes),
- die von Südwesten ebenfalls nach Nordosten fließende und zum Kanal ausgebaute Notte (Ausbau 1856) mit Nottefließ,
- der den Motzener See mit dem Nottekanal verbindende Galluner Kanal, in den der Muckergraben und das durch die Ortslage Gallun fließende Mittenwalder Fließ münden.

Die Fließe, Gräben und Kanäle weisen eine Fließgeschwindigkeit von $< 0{,}1\ m\ s^{-1}$ auf.

Größere zusammenhängende Wasserflächen bilden der Motzener See am südöstlichen Rand, der Tonsee bei Mittenwalde und mehrere wassererfüllte Ziegelton- und Sandgruben sowie abgebaute ehemalige Torfstiche in der Nähe der Ortslage Mittenwalde. Die Größe der Gewässerflächen beträgt insgesamt ca. 40,5 ha.

Umrahmt und gegliedert werden die Niederungsgebiete durch Hochflächen bis über 50 m NN Höhenlage, die aus Erosionsresten der Teltower Grundmoränenplatte und älteren Quartärsedimenten bestehen. Dazu gehören der

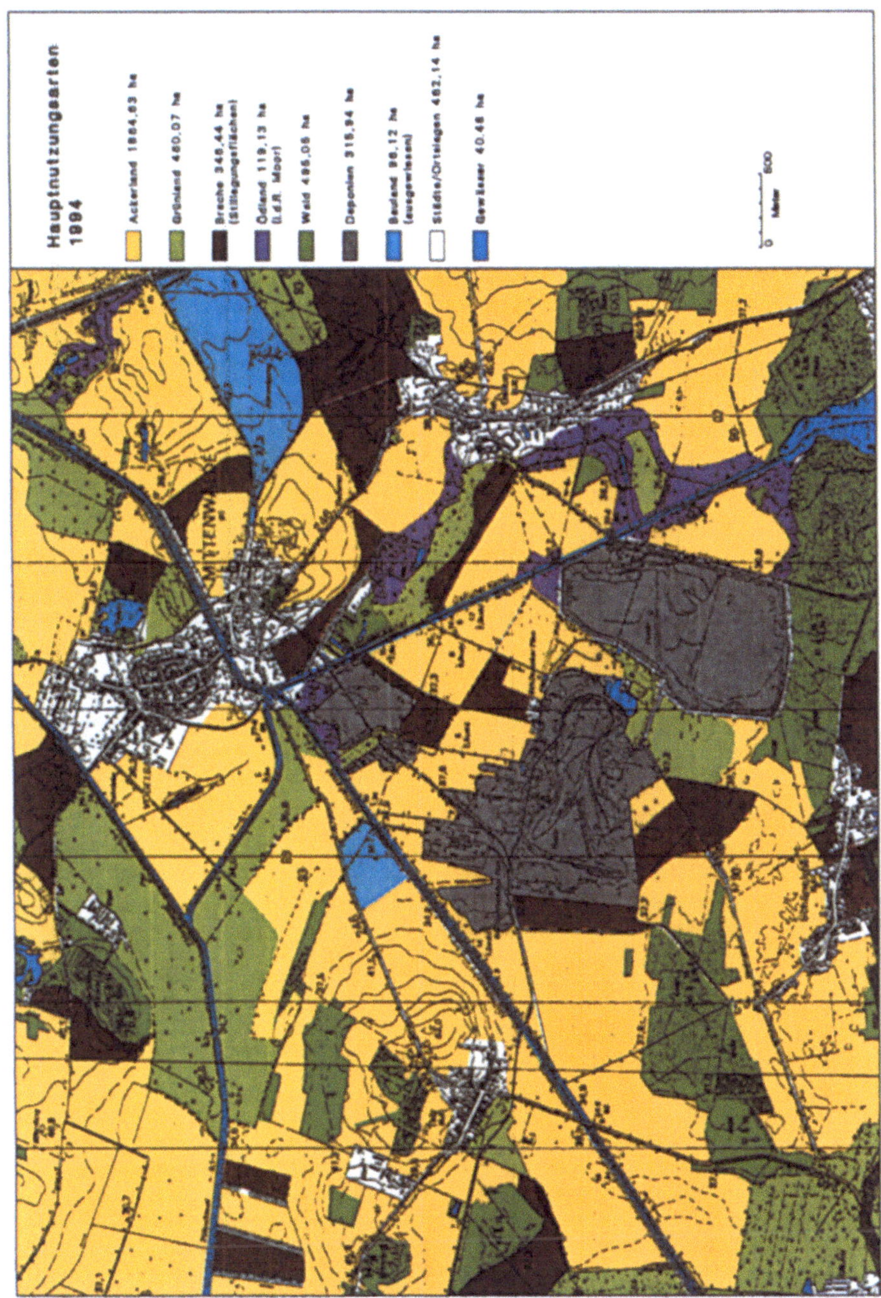

Abb. 6.1: Hauptnutzungsarten 1994

Groß Machnower Weinberg mit 76,4 m über NN im Nordwesten des Untersuchungsgebietes, der Mühlenberg mit 58,9 m über NN, der 55,9 m hohe Galgenberg südöstlich von Mittenwalde, der Telzer Berg mit 63 m über NN und die Erhebungen östlich der Ortslage Gallun. In den Südwesten des Untersuchungsgebietes ragen Ausläufer der Luchwiesen zwischen Rangsdorf und Zossen hinein. Ein weiteres landschaftliches Element stellen die waldbestandenen Dünengebiete am südlichen Rand des Untersuchungsgebietes dar.

Klima

Das Untersuchungsgebiet gehört zum Gebiet des Ostdeutschen Binnenlandklimas. Im fünfzigjährigen Mittel beginnt die Vegetationsperiode am 29. April und endet am 13. Oktober (Deutscher Wetterdienst, Wetteramt Potsdam 1994). Für den Zeitraum 1921 bis 1940 wiesen die in der Nähe des Untersuchungsgebietes gelegenen Stationen Zossen, Prieros, Märkisch Buchholz und Königs Wusterhausen mittlere jährliche Niederschläge zwischen 549 mm und 571 mm auf (nach Klima-Atlas für das Gebiet der DDR, 1953).

Neuere und detaillierte Angaben zur Niederschlagshöhe für den Zeitraum 1961 bis 1990 liegen für die Station Schönefeld vor (ca. 13 km nördlich von Mittenwalde). Danach betrug der mittlere jährliche Niederschlag 513 mm. Für den Zeitraum 1951 bis 1975 sind auch die dazugehörigen mittleren Monatssummen der potentiellen Verdunstungshöhe nach HAUDE bekannt (Mitteilungen des Deutschen Wetterdienstes, Wetteramt Potsdam, Agrarmeteorologischer Dienst vom 21. 7. 1994 - *Tab. 6.1*).

Tab. 6.1: Klimawerte der Station Schönefeld

	Mittlere Monatssumme der Niederschlagshöhe (mm)	Mittlere Monatssumme der potentiellen Verdunstungshöhe nach HAUDE	HAUDE-Faktor	Monatsmittel der Temperatur für den Zeitraum 1973 bis 1990
Jan.	36	7,7	0,2	1,3
Feb.	28	10,7	0,2	2,6
März	32	27,4	0,21	7,3
April	38	61,4	0,29	11,2
Mai	51	89,7	0,29	17,4
Juni	58	105,3	0,28	19,9
Juli	53	99,9	0,26	22,3
Aug.	54	94,2	0,25	21,4
Sept.	41	61,6	0,23	18,2
Okt.	33	32,0	0,22	12,5
Nov.	42	12,0	0,2	0,2
Dez.	47	6,7	6,5	3,1

Die potentielle Verdunstung nach HAUDE ist mit 609 mm/a hoch. Die mittlere jährliche klimatische Wasserbilanz (KWBa) und die mittlere klimatische Wasserbilanz der Hauptvegetationsperiode Mai bis Oktober (KWBv) sind mit -96 mm/a und -196 mm/a äußerst gering. Die nutzungsbezogenen mittleren jährlichen klimatischen Wasserbilanzen weisen ebenfalls Defizite auf:

Acker	-21 mm/a
Grünland	-96 mm/a
Wald	-146 mm/a

Vegetation und Bodennutzung

Die Vegetation wurde und wird in starkem Maße durch die Grundwasserverhältnisse beeinflußt. Bis in die Mitte des vorigen Jahrhunderts prägten neben den Niedermooren Wiesen, die z. T. als Weideflächen genutzt wurden, das Bild der Niederungsbereiche, wie dem Landbuch der Mark Brandenburg von 1855 zu entnehmen ist. Von den einstigen Kiefern- und Traubeneichen- und Eichenwäldern auf den Grundmoränenresten (wie bei Gallun oder Groß Machnower Weinberg) blieb nur die Kiefer mit einem untergeordneten Birkenbestand übrig. Einzelne Eichen befinden sich noch im Galluner Forst.

Selbigem Landbuch kann man entnehmen, daß insbesondere im Frühjahr die Ackerflächen, Wiesen und Weiden unter Überschwemmungen litten, weil das Oberflächenwasser nur langsam abfloß; im Spätsommer und in Trockenjahren jedoch hatten sich die Wasserspiegel in den Oberflächengewässern und in den Grundwässern soweit gesenkt, daß große Ertragseinbußen eintraten.

Der Ausbau der Notte zum Kanal und ihre Regulierung, der Bau dauerte von 1856 bis 1864, hatte eine Senkung des Grundwasserspiegels um bis zu 1 m zur Folge. Wiesen und Grünlandstandorte wurden in Ackerkultur genommen. Etwa 40 000 Morgen Land wurden melioriert.

Heute überwiegt im gesamten Untersuchungsgebiet die ackerbauliche Nutzung (*Abb. 6.1* und *6.2*) mit 70 % Getreide- und 30 % Hack- und Ölfruchtanteil. Seit 1990 werden jährlich ca. 300 ha Ackerland stillgelegt. Um Bodenerosionen und Bodenumlagerungen zu verhindern, werden die Standorte der Stillegungsflächen nach Auskunft der ansässigen Agrarbetriebe jährlich gewechselt.

Als Grünlandstandorte blieben die Hochwiesen im äußersten Südwesten, das unter Naturschutz stehende Gebiet südlich des Zülowkanals und die als Weidegebiet genutzte Fläche zwischen Zülowkanal und Groß Machnower Berg erhalten. Größere Flächen intakten Niedermoors erstrecken sich entlang des Galluner Kanals und des Mittenwalder Fließes. Insgesamt werden 2 200 ha des Untersuchungsgebietes ackerbaulich, 493 ha als Grünland und 524 ha forstwirtschaftlich genutzt. 121 ha nehmen die Niedermoore ein.

Die Fertigstellung des Nottekanals bewirkte die Erschließung von Rohstoffen und die Ansiedlung von Industrie, wenn auch im bescheidenen Umfang. Im Untersuchungsgebiet zu erwähnen sind:

- Ab 1873 Ziegeleibetrieb mit Rohstoffgewinnung östlich von Mittenwalde am Nottekanal,
- ab 1880 Abbau von Ton in mehreren Gruben im Bereich des Schöneicher Plans; heute Deponiebetrieb, etwa seit 1902 werden Abfälle aus Berlin entsorgt (Hausmüll, Gewerbemüll, schadstoffbelastete Abfälle),
- ab 1898 Abbau von Blauton für die Zementherstellung im Nordosten von Mittenwalde auf dem sogenannten Tonberg, heute Tonsee,
- ab 1902 Kies- und Sandabbau auf dem Mühlen-/Galgenberg; später als Deponie genutzt; Deponiebetrieb ist eingestellt.

Erkannte bzw. recherchierte Bodennutzungsänderungen und Altlastverdachtsflächen im engeren Untersuchungsgebiet sind in *Abb. 6.3* dargestellt und in *Tab. 6.2* beschrieben.

Deponiestandorte

Das Gebiet zwischen Mittenwalde und Schöneiche wird schon seit der Jahrhundertwende zur Entsorgung der Berliner Abfälle genutzt. Die Deponie Schöneicher Plan entstand in den wassergefüllten Ziegeltongruben. Zur Ablagerung kamen seit 1902 Siedlungsabfall einschließlich Hausbrandasche, Gewerbeabfall und Schadstoffe unterschiedlicher Art. Von den einst vorhandenen Ziegeltongruben ist nur noch ein wassererfülltes Restloch am südöstlichen Deponierand vorhanden.

Die Deponie Schöneiche, nur 200 bis 300 m entfernt von der Deponie Schöneicher Plan, wird seit 1977 zur Entsorgung von Siedlungsmüll, Bodenaushub und Bauschutt der Stadt Berlin (vormals West-Berlin) betrieben. Sie ist auf der Geländeoberfläche nach Abschieben der Ackerkrume ohne Basisabdichtung angelegt worden. Damit kann das Sickerwasser der Deponie direkt in das zwischen 8 und 18 dm unter GOF anstehende Grundwasser eintreten.

Im Umfeld der beiden Deponien wurden seit den 20er Jahren zur Bodenverbesserung auch Siedlungsabfälle in den ackerbaulich genutzten Boden eingebracht (vergraben). Weitere Altablagerungen im Umfeld befinden sich nördlich der Großdeponien, so die Deponie Telz (*Tab. 6.2*, Nr. 15), Deponie „Alte Asche“ (*Tab. 6.2*, Nr. 18, 19, 20) sowie eine wilde Mülldeponie unmittelbar nördlich der Deponie Schöneiche (*Tab. 6.2*, Nr. 11). Nicht unerwähnt bleiben soll die Deponie Mühlen-/Galgenberg im Südosten von Mittenwalde. Mit Ausnahme der Deponien Schöneiche und Telz wurden alle anderen bekannten Deponien in auflässigen, z. T. wassergefüllten Sand- oder Tongruben, abgebauten Torfstichen bzw. in nicht nutzbaren Moorstandorten angelegt.

Eine Liste von möglichen Kontaminationsquellen enthält *Tab. 5.3*. Deren Lage kann der *Abb. 5.2* entnommen werden.

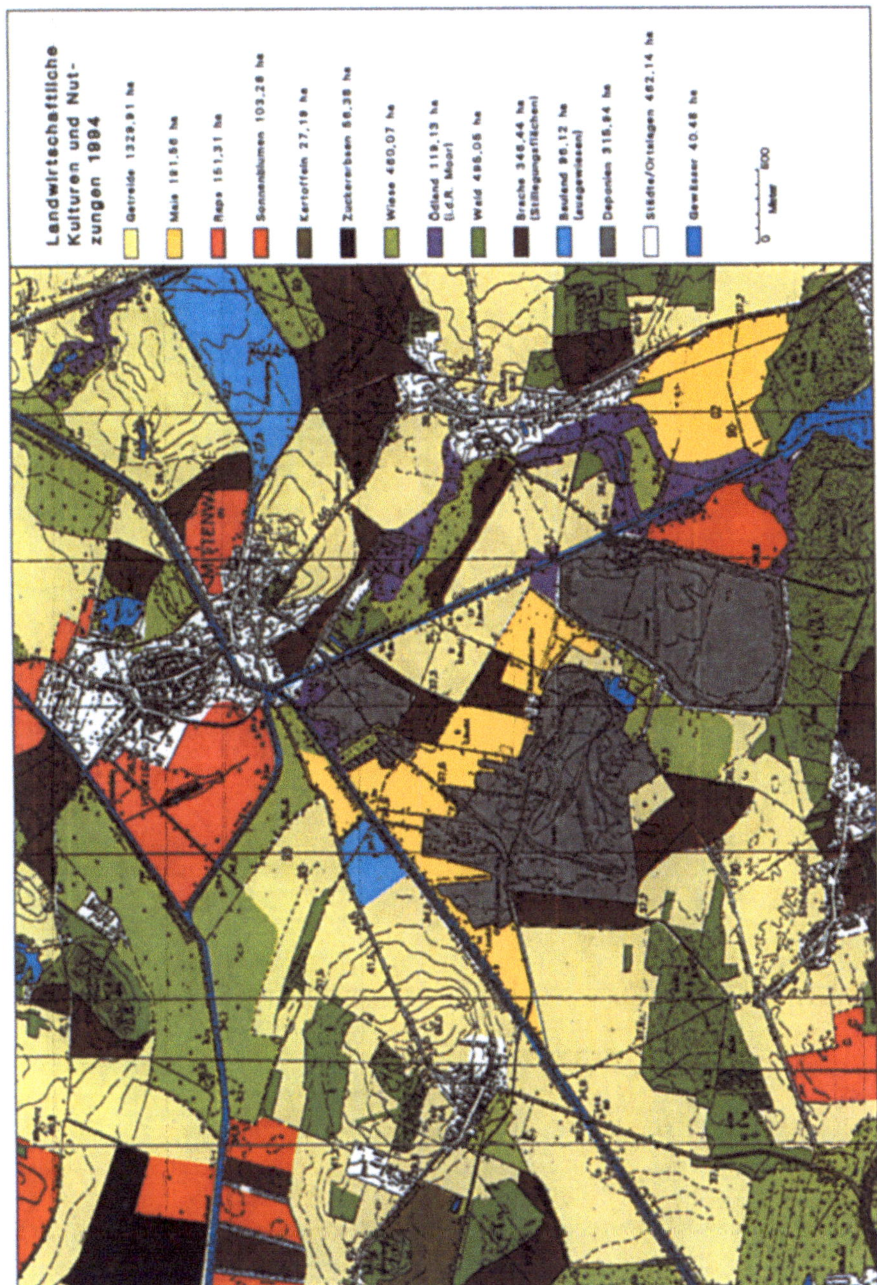

Abb. 6.2: Landwirtschaftliche Kulturen und Nutzungen 1994

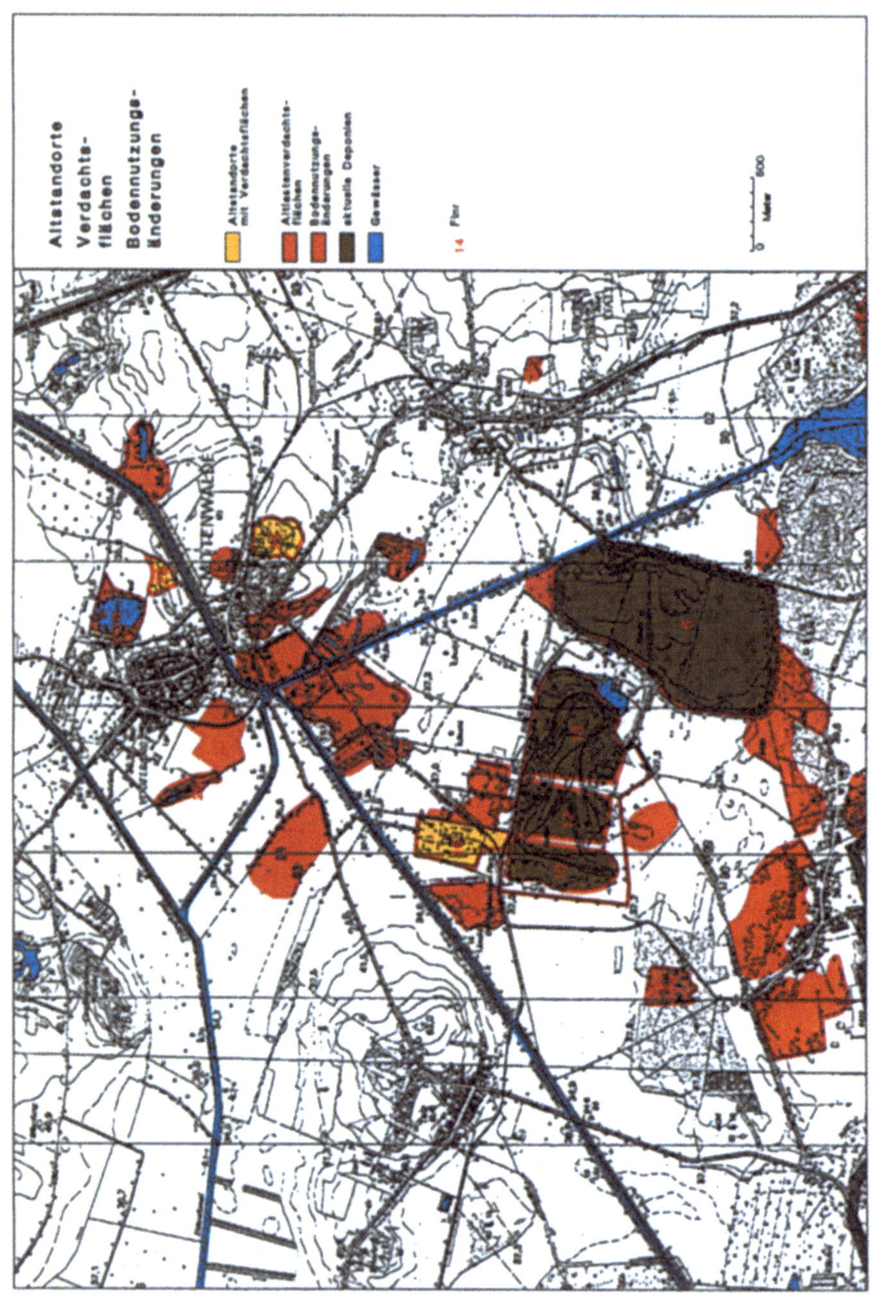

Abb. 6.3: Altstandorte, Verdachtsflächen, Bodennutzungsänderungen

Tab. 6.2: Altstandorte, Verdachtsflächen und Bodennutzungsänderungen im Untersuchungsgebiet

Nr. der Fläche	1878-1883 (Quelle: Geologische Karte	bis 1903 (Quelle: Meßtischblatt)	bis 1936 (Quelle: Bodenschätzung)	Heute (Quelle: Meßtischblatt 1989, Befahrung, Berichte)
1	Feuchtgebiet, Grünland	Grünland, untergeordnet Acker	wie zuvor	Ackerland
2	Ackerland	Sand- u. Kiesabbau eingestellt; wassererfüllte Restlöcher	wassererfüllte Restlöcher	wie zuvor
3	Wald	wahrscheinlich Sand- u. Kiesabbau	erkennbare Aufhaldung mit Müll	Altablagerung Spatensiedlung; Wald, Wiesen
4	Acker	Acker	Acker und Wald	Wald
5	Acker	Acker	Acker und Wald	Acker und Wald mit ehemaliger Fäkalienabkippstelle
6	Acker, Wiesen	Acker, Wiesen	Acker, zum Teil Wald	Deponie Schöneiche in Betrieb, bis 1989 Hausmüll West-Berlin, bis heute Hausmüll Berlin
7	Niedermoor, Wiese	Niedermoor, Wiese	Niedermoor, Wiese	Altablagerung Roter Pfuhl, waldbestanden; Niedermoor z. T. noch vorhanden
8	Wald	Wald	Wald	Wald mit ehemaliger Fäkalienabkippstelle
9	Niedermoor, Grünland	Niedermoor, Grünland	Niedermoor	entwäss. Niedermoor, Grünland, z. T. Acker mit ehemaliger Fäkalienabkippstelle
10	Wiesen	Beginnende Aufhaldung von Abraum aus Tongruben und von Müll	Fortsetzung der Aufhaldung mit Müll	Deponie Schöneicher Plan; gemischte Hausmüll- und Schadstoffdeponie
11	Wiese, Niedermoor	wie zuvor	wie zuvor, wilde Müllentsorgung	Ödland, Altlastverdachtsfläche
12	Wiesen, Acker, Beginn des Tonabbaus	Aufhaldung mit Abraum aus Tongruben und ab 1902 mit Müll	Fortsetzung Aufhaldung, vorwiegend mit Müll	Deponie Schöneicher Plan
13	Wiesen, Abbau von Ton	wassererfüllte Restlöcher, beginnende Aufhaldung von Müll auf Abraum aus Tongruben	Fortsetzung der Aufhaldung von Müll; wassererfüllte Restlöcher werden mit Müll verfüllt	Deponie Schöneicher Plan

Nr. der Fläche	1878-1883 (Quelle: Geologische Karte	bis 1903 (Quelle: Meßtischblatt)	bis 1936 (Quelle: Bodenschätzung)	Heute (Quelle: Meßtischblatt 1989, Befahrung, Berichte)
14	Acker, Wald	Wald	Wald	Altablagerung Schinderfichten, evtl. in ehemaliger Sandgrube
15	Wiesen, Feuchtgebiet	Unland	Aufhaldung von Müll, evt. in alten Torflöchern	Altablagerung Telz
16	Wiesen, Feuchtgebiet	Seifenfabrik	Seifenfabrik; später Lehrgerätewerk;	Weiternutzung als Industriestandort (Verdachtsfläche)
17	Wiesen, Feuchtgebiet	Aufhaldung, Abladeplatz für Müll; anschließend mit Boden aufgefüllt	wie zuvor	„Mischwald"
18	Niedermoor, Feuchtgebiet	Torfabbau, Gewinnung von Sanden u. Kiesen	Aschedeponie	Altablagerung „Alte Asche" z. T. mit Strauch- u. Baumbewuchs, Acker, Wiese
19	Feuchtgebiet	Aufhaldung mit Müll	Aufhaldung beendet	Altablagerung mit Strauch- und Baumbewuchs
20	Niedermoor, Feuchtgebiet	Torfgewinnung, wassererfüllte Restlöcher	z. T. Torfgewinnung noch; Müllablage in den Restlöchern	Altablagerung mit Bewuchs
21	Beginnender Torfabbau	Torfabbau	Torfabbau	nicht geklärt, schwer zugänglich; Altablagerung am Torfgraben
22	Feuchtgebiet	Feuchtgebiet, Wiesen	Feuchtgebiet, Wiesen	Acker, z. T. junger Kiefern- und Birkenbestand, Verdachtsfläche - wilde Müllkippe, Fäkalien- und Düngemittelentsorgung
23	Feuchtgebiet	Feuchtgebiet	Wiesen, Weidefläche (Scheunenviertel)	Wiese, Grundwasser abgesenkt durch Lage im Entnahmetrichter des Wasserwerks Mittenwalde
24	Acker, Wiese	Acker, Wiese	nicht bekannt	Altablagerung ehem. Müllabladeplatz in kleinen Sandgruben; Bewuchs aus Sträuchern und jungen Bäumen
25	Acker	Acker, ab 1902 Kies- u. Sandabbau; Fund von Urnen aus der Germanen- u. Wendezeit	wie zuvor, Zementfabrik, später chem. Industrie (Berlin-Chemie) und Lederfabrik	Altstandort und Verdachtsfläche durch Ablagerung von Müll und Klärschlamm; Deponie Galgenberg

Nr. der Fläche	1878-1883 (Quelle: Geologische Karte	bis 1903 (Quelle: Meßtischblatt)	bis 1936 (Quelle: Bodenschätzung)	Heute (Quelle: Meßtischblatt 1989, Befahrung, Berichte)
26	Niedermoor Feuchtgebiet	Torfabbau	Torfabbau	wassererfüllte Restlöcher, Wiesen, Acker
27	Wiesen, Niedermoor	Niedermoor, Wiesen	Grünland, Acker	Acker
28	Acker	Acker	Acker	Verdachtsfläche durch Nutzung zur Lagerung von Düngemitteln
29	Acker, Wiese	Abdeckerei	Abdeckerei, später Seifenfabrik	Acker; Altstandort und Verdachtsfläche
30	Acker; sogenannter Tonberg mit „Wasserloch" vorhanden; evt. beginnender Tonabbau (Blauton zur Zementherstellung)	Tonabbau, Ziegeleibetrieb	wie zuvor; Wasserfläche stark vergrößert	Wassererfülltes Restloch wird als Bade- u. Angelgewässer genutzt
31	Beginn des Tonabbaues, Aufbau Ziegelei (Adler Ziegelei)	wie zuvor	wie zuvor, es bildet sich in abgebauter Tongrube eine Wasserfläche	Ziegeleigelände, heute Acker u. wassererfülltes Restloch
32	Niedermoor, Wiesen	Torfabbau	wassererfüllte Restlöcher	Mittenwalder Seechen, Wiesen, Niedermoor

Grundwasserverhältnisse

Für die bodenkundlichen Arbeiten ist der Mittlere Grundwasserstand (MNGW) im langjährigen Mittel von wesentlichster Bedeutung. Danach lassen sich unter Berücksichtigung der morphologischen Gliederung des Untersuchungsgebietes aushalten (*Abb. 6.4*):

- Grundwassernahe Niederungsgebiete, begrenzt durch die Höhenlinie 37,5 m über NN mit MNGW zwischen 0 - 16 dm unter GOF,
- grundwasserferne Gebiete vorwiegend der Hochflächen mit Höhen über 39 - 40 m über NN, der MNGW liegt hier tiefer als 20 dm unter GOF sowie
- zwischen Niederungsbereich und dem Gebiet der Hochflächen ein Übergangsgebiet mit einem MNGW von 16 - 20 dm unter GOF.

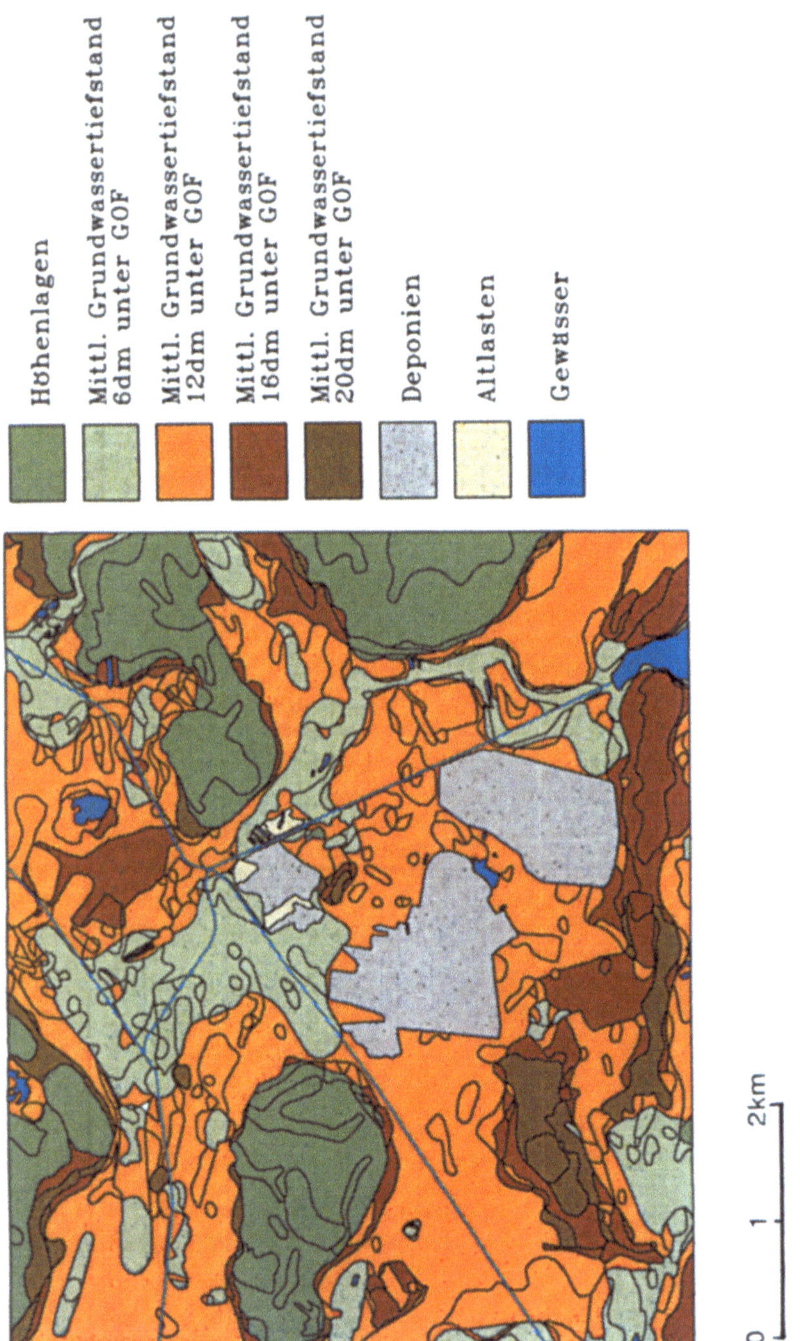

Abb. 6.4: Morphologische Gebietsgliederung und Grundwassertiefstände

Bodenausgangsgesteine

Der Karte der Bodenausgangsgesteine (*Abb. 6.5*) liegen im wesentlichen die Lithofazieskarten Quartär, Blatt Königs Wusterhausen (1982) und Blatt Luckenwalde (1973) sowie die Geologischen Karten, Blatt Mittenwalde (1883) und Blatt Zossen (1882), zugrunde. Eine geologische und bodenkundliche Neukartierung des Gebietes fand im Rahmen der bodenkundlichen Untersuchungen nicht statt.

Im Niederungsbereich bilden vor allem holozäne fluviatile Sande und Schluffe sowie sandig-schluffige Wiesenmergel und Kalkmudden das Ausgangsmaterial der Böden. Im Ostteil des Untersuchungsgebietes sind es die glazifluviatilen Sande des Weichselglazials. Im Gebiet der grundwasserfernen Erhebungen sind die Geschiebesande, Geschiebelehme und Geschiebemergel der Grundmoränen des Weichselglazials meist mit Geschiebedecksand und z. T. mit glazifluviatilen sandigen Nachschüttbildungen bedeckt. Weiterhin treten glazifluviatile Sande (Schmelzwasserablagerungen) des Weichselglazials als Ausgangsmaterial der Böden auf. Lediglich im Nordosten des Untersuchungsgebietes und nordwestlich der Ortslage Telz stellen glaziäre Sande des Saale-III-Glazials das Ausgangsmaterial für die Bodenbildung dar. Die Entkalkung des Geschiebemergels der Grundmoränen reicht tiefer als 20 dm unter GOF. Im Übergangsgebiet haben sich die Böden vorwiegend aus glazifluviatilen Sanden des Weichselglazials sowie Flußsanden des Holozäns entwickelt. Stärkere postglaziale Windgeschwindigkeiten bei entsprechend weniger feuchten Klimabedingungen führten vor allem im Süden des Untersuchungsgebietes im Holozän zur Aufwehung von Dünen. Die Mächtigkeit der als Bodenausgangsgestein fungierenden Flugsande kann mehrere Meter erreichen.

Erst die umfangreichen neuen Geländebefunde erlaubten eine sichere Zuordnung der Altdaten zu heute gültigen Nomenklaturen und eine Beurteilung der Lagetreue der flächenhaften Aussagen von Altdaten, insbesondere in Form von Karten.

6.3 Methodische Ansätze zur Realisierung der bodenkundlichen Untersuchungen

Ermittlung des Untersuchungsumfanges

Grundlage für die Projektierung des Untersuchungsaufwandes bildeten die hier nicht dargestellten Konzeptkarten zu Bodensystematischen Einheiten und zu Bodenformen. Auf der Basis bereits durchgeführter 37 Sondierungen bis 20 dm unter GOF zur Erkundung der Variabilität und ersten Einschätzung der

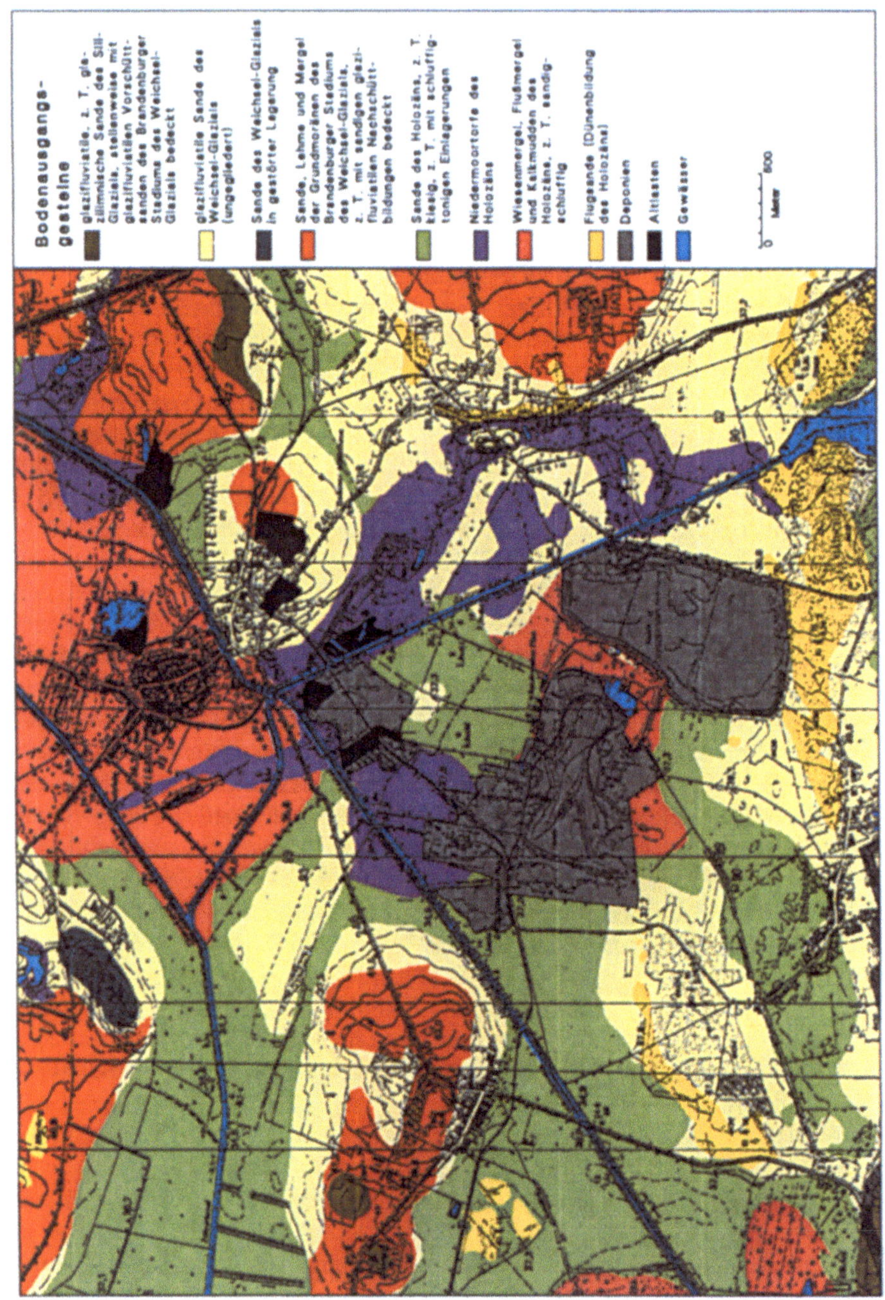

Abb. 6.5: Bodenausgangsgesteine

Gültigkeit von Altunterlagen, wie Grablochbeschrieben der Reichsbodenschätzung, der Mittelmaßstäblichen Landwirtschaftlichen Standortkartierung (MMK) und weiterer geologischer Unterlagen, wurden mit Hilfe der Altunterlagen die Konzeptkarten erarbeitet. Dazu wurden die Kartiereinheiten der Reichsbodenschätzung unter Verwendung der Mittelmaßstäblichen Landwirtschaftlichen Standortkartierung und neuer Geländebefunde in Abhängigkeit von den morphologischen und Grundwasserverhältnissen in Bodensystematische Einheiten und Bodenformen entsprechend der *Tab. 6.3* umgesetzt:

- Auf den im Untersuchungsgebiet nach den Lithofazieskarten Quartär und der Geologischen Karte ausgegrenzten holozänen Ablagerungen entwickelten sich im Niederungsbereich Gleye, Naßgleye, Anmoorgleye und Niedermoor.
- Auf den weichselzeitlichen Sanden im Niederungsbereich entstanden ebenfalls Böden der Klasse der Gleye.
- Auf den Hochflächen oberhalb 40 m über NN führte die Bodenentwicklung zu Regosolen, Braunerden und Fahlerden sowie deren Subtypen.

Die auf der Grundlage der Konzeptkarten projektierten Schürfe wurden im Zeitraum September/Oktober 1992 aufgenommen. Die Lage der Aufschlüsse ist der *Abb. 6.6* zu entnehmen. Methodisch bestand das Ziel darin, so viele Kartiereinheiten wie möglich mit Schürfen zu belegen, um mittels Analogieschluß die erzielten Untersuchungsergebnisse auf die Fläche zu übertragen. Dem Aufnahmeschlüssel lag der Aufnahmeschlüssel des Standes der Ausarbeitung der KA4 vom August 1993 zugrunde. Er entspricht im wesentlichen inhaltlich und überwiegend in den verwendeten Kurzzeichen der KA4.

Parallel wurden zur Umsetzung der Grablochbeschriebe und zur Abgrenzung von Kartiereinheiten besonders in Gebieten mit fehlenden Informationen oder unzureichenden Belegungsdichten weitere 145 Sondierungen bis max. 20 dm unter GOF niedergebracht.

Bodenproben wurden aus den Schürfen entnommen und untersucht. Eine durchgängige Beprobung und Untersuchung war aus Kostengründen nicht möglich. Die ungestörte Probenahme erfolgte mit Stechzylindern (Volumen = 100 cm^3).

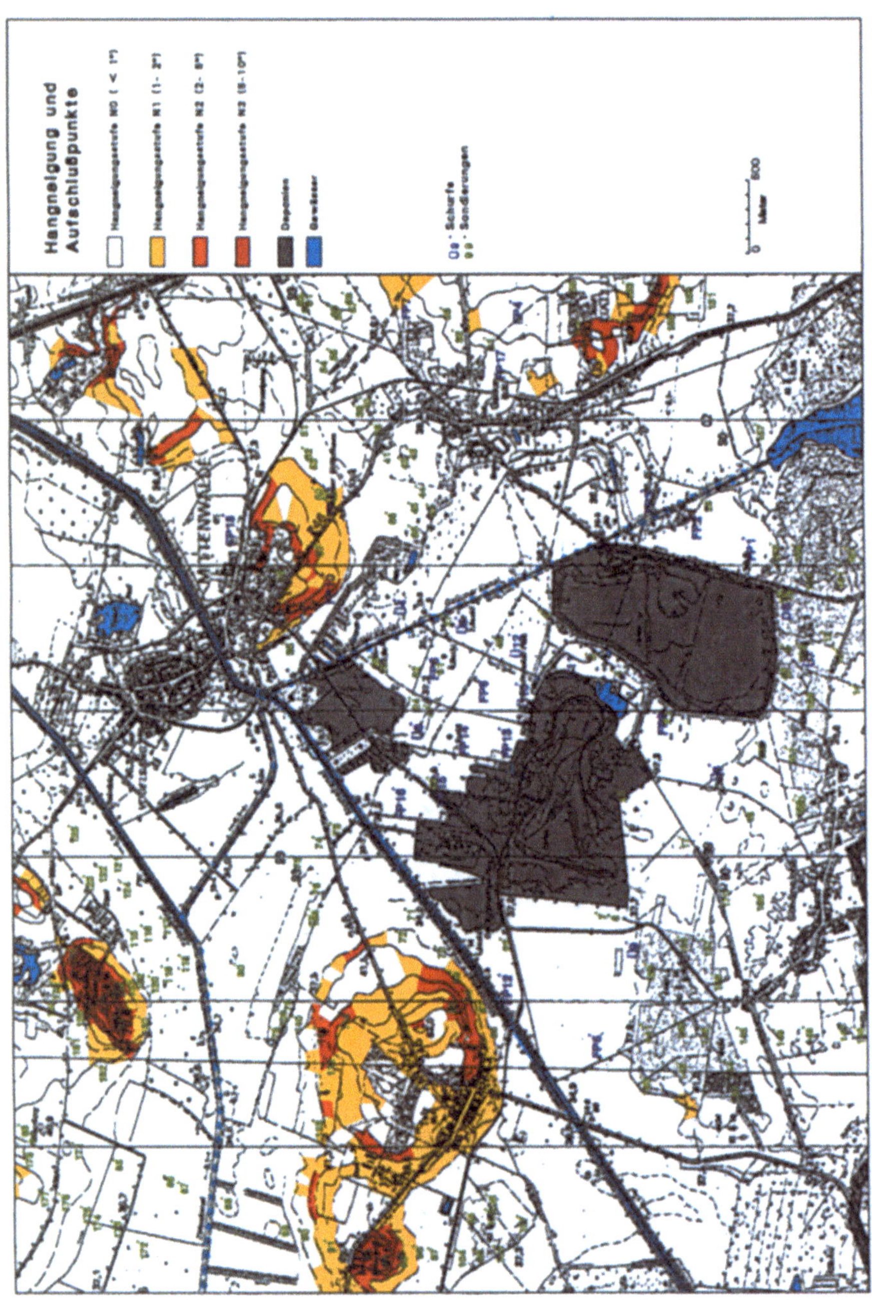

Abb. 6.6: Hangneigung und Aufschlußpunkte

Tab. 6.3: Die Übersetzung von Kartiereinheiten der Bodenschätzung und der Mittelmaßstäblichen Landwirtschaftlichen Standortkartierung (MMK)

Teil 1: Mittelmaßstäbliche Landwirtschaftliche Standortkartierung

Kartiereinheit	Leitbodenform	Bodenform nach KA3
D2a2	Sand-Rosterde und –Braunerde mit Tieflehm-Fahlerde	sandige Braunerde und Fahlerde, Braunerde aus S/p, S/p über Sg oder Sf
D2b2	Sand-Braungley und Sand-Gley	Sandige Gleye (incl. Humus-, Kalk –kalkhaltiger Gley, Naßgley) aus Sf
D2b6	Sand-Humusgley und -Sand-Anmoor-Gley	Anmoorgley, Moorgley aus Sf oder Torf ⇔ 3 dm über Sf
D2b4	Sand-Gley	Sandiger Gley aus Sf; s. auch D2b2
D3a2	Tieflehmfahlerde und Sandbraunerde	Braunerde-Fahlerde, Fahlerde oder Parabraunerde aus S/p über Lg oder Mg oder S/p über Sg
D3b5	Lehmsand- und Decklehmsand-Schwarzgley	Anmoorgley, Moorgley aus Lf über Sf oder Sf
D4a1	Tieflehm Fahlerde	Braunerde-Fahlerde, Fahlerde aus S/p über Lg
D5b10	Lehm-Braungley und Lehm-Gley	Gley, kalkhaltiger Gley, aus Lf oder Mw
Mo2b3	Torf mit Torf über Sand	typisches Niedermoor

Teil 2: Bodenschätzung

Kartiereinheit	Beschreibung	Bodenform nach KA3
S1Al	Schwemmlandboden, sandig, sehr hohe Leistungsfähigkeit	Gley (Humus-, Naßgley, kalkh. Gley) aus Sf
S2Al	Schwemmlandboden, sandig, sehr hohe bis hohe Leistungsfähigkeit	Gley (Humus-, Naß-, kalkh. Gley) aus Sf
S3Al	Schwemmlandboden,sandig, hohe Leistungsfähigkeit	Gley (Humus-, Naß-, kalkh. Gley) aus Sf
lS3Al	Schwemmlandboden, lehmsandig, hohe Leistungsfähigkeit	Gley (Humus-, kalkh. Gley) aus Sf
S4Al	Schwemmlandboden, sandig, hohe bis geringe Leistungsfähigkeit	Gley (Humus-, kalkh. Gley) aus Sf
lS4Al	Schwemmlandboden, lehmsandig, hohe bis geringe Leistungsfähigkeit	Gley (Humus-, Naß-, kalkh. Gley) aus Sf
S5Al	Schwemmlandboden, sandig, geringe Leistungsfähigkeit	Braunerde-Gley aus Sf
Sl5Al	Schwemmlandboden, lehmsandig, geringe Leistungsfähigkeit	Braunerde-Gley aus Sf

Kartiereinheit	Beschreibung	Bodenform nach KA3
S1D	Diluvialböden, sandig, sehr hohe Leistungsfähigkeit	in Niederungen Gley (B-G) S/p über Sf oder Sf / S/p, sonst Braunerde
S2D	Diluvialböden, sandig, sehr hohe bis hohe Leistungsfähigkeit	in Niederungen Gley (B-G) S/p über Sf oder Sf / S/p, sonst Braunerde
S3D	Diluvialböden, sandig, hohe Leistungsfähigkeit	in Niederungen Gley (B-G) S/p über Sf oder Sf / S/p, sonst Braunerde
S4D	Diluvialböden, sandig, hohe bis geringe Leistungsfähigkeit	Braunerde, Fahlerde, z. T. Regosol unter Wald aus S/p über Sg; Sf
S5D	Diluvialböden, sandig, geringe Leistungsfähigkeit	Braunerde, Fahlerde, z. T. Regosol unter Wald aus S/p über Sg; Sf
S6D	Diluvialböden, sandig, sehr geringe bis geringe Leistungsfähigkeit	Braunerde, Fahlerde, z. T. Regosol unter Wald aus S/p über Sg; Sf
S7D	Diluvialböden, sandig, sehr geringe Leistungsfähigkeit	Braunerde, Fahlerde, z. T. Regosol unter Wald aus S/p über Sg; Sf
lS3D	Diluvialböden, lehmsandig, hohe Leistungsfähigkeit,	Fahlerde, Lehmsand aus S/p über Sg bzw. S/p über tieflieg. Lg
lS4D	Diluvialböden, lehmsandig, hohe bis geringe Leistungsfähigkeit	Fahlerde, Lehmsand aus S/p über Sg bzw. S/p über tieflieg. Lg
lS5D	Diluvialböden, lehmsandig, geringe Leistungsfähigkeit	Fahlerde, Lehmsand aus S/p über Sg bzw. S/p über tieflieg. Lg
sL3D	Diluvialböden, sandlehmig, hohe Leistungsfähigkeit	Fahlerde aus S/p über Lg oder Mg
lSIIa3	Grünland, lehmsandig, gut wasserversorgt	Gley (Anmoor-, Moorgley, Humusgley) aus Sf über Lf oder Lf / Sf
lSIIIa3	Grünland, lehmsandig, schlecht wasserversorgt	Gley (Anmoor-, Moorgley, Humusgley) aus Sf über Lf oder Lf / Sf
Mo/Sa3	Niedermoor über Sand, gut wasserversorgt	Niedermoor, Moorgley bei Torf ⇔3 dm
MoIII	Niedermoor	Niedermoor (GW oberh. 8 dm)
S/MoIIIa3	Sand über Niedermoor, geringe bis sehr geringe Leistungsfähigkeit, gut wasserversorgt	Moorgley, sandbedecktes Niedermoor, Deckkulturboden, Auftragsboden
MoIIa3	Niedermoor, geringe bis hohe Leistungsfähigkeit, gut wasserversorgt	Niedermoor (GW unterh. 8 dm)
S6Al S7Al		Äolium, G-KA aus S/a und S/a u.S/a/Sf; B-G aus Sf

Erarbeitung bodenkundlicher Karten

Der methodische Ansatz für die Erarbeitung bodenkundlicher Karten beinhaltete:

- die Nutzung der Grablochbeschriebe durch eine Übersetzung der Inhalte in eine der KA4 adäquate Form;
- die Bewertung von punktbezogenen Darstellungen von Einzelinformationen aller Aufschlüsse (Schürfe, Sondierungen, Grablochbeschriebe) mit anschließender manueller Extrapolation zur Bildung von Kartiereinheiten;
- Erstellung von Parameterkarten durch Nutzung verschiedener Bewertungsalgorithmen.

Zur Übersetzung der Grablochbeschriebe der Bodenschätzung in eine KA4-adäquate Form wurde in Anlehnung an den vom NLfB erarbeiteten Übersetzungsschlüssel eine gebietsspezifische Übersetzung vorgenommen (*Tab. 6.4*). Unter Hinzuziehung der Karte der Bodenausgangsgesteine (*Abb. 6.5*) und der Geologischen Karte 1 : 25 000 wurden die Substrattypen abgeleitet. Die bodensystematische Einstufung der so erschlossenen Profile berücksichtigte die in Anlehnung an den Übersetzungsschlüssel vom NLfB abgeleiteten diagnostischen Horizonte und die geomorphologische Situation. So steht das Symbol „ei" oder „rostf" im Niederungsbereich für den Go-Horizont, im Bereich der Erhebung für den Bv, Bt-Horizont, das Symbol „gb" analog für Gr-Horizont bzw. Al- oder Ael-Horizont.

Zwei Beispiele verdeutlichen die Ergebnisse dieser Umsetzung:

Grabloch XXXMi42 - Niederungsbereich

Beschreibung nach Bodenschätzung

Lfd.-Nr.	Horizontbeschrieb	Mächtigkeit	Klassenzeichen
1	hS	2 dm	
2	h' br ei'-rostf' S	3 dm	S4Al
3	ei" weiß fr S		

Beschreibung nach KA4

Lfd.-Nr.	Obertiefe	Untertiefe	Horizont	Bodenart/Farbe	Humus	Kalk
1	0	20	Ap	Ss	h3	c0
2	20	50	Bv-Go	Ss, br, ei'-rostf'	h2	c0
3	50	100	Gor	Ss, ei" weiß, fr	-	c0

Substrattyp: f-s

Bodentyp: Braunerde-Gley

Grundwasserstufe 2 - 3 dm unter GOF

Grabloch XIIIGa12 - Erhebung

Beschreibung nach Bodenschätzung

Lfd.-Nr.	Horizontbeschrieb	Mächtigkeit
1	h'S	2,5
2	br'S mit gb'br'SNe	4-5
3	frS	1-2
4	ls	

Beschreibung nach KA4

Lfd.-Nr.	Obertiefe	Untertiefe	Horizont	Bodenart/Farbe	Humus	Kalk
1	0	25	Ap	Ss	h2	c0
2	25	75	Ael-Bv	Ss, br', mit gb'brSNe	-	c0
3	75	90	Al	Ssweiß, fr	-	c0
4	90	100	Bt	Sl3		

Substrattyp: p-s/g-s

Bodentyp: Fahlerde-Braunerde

Grundwasserstufe 6 (> 20 dm unter GOF)

Die Erarbeitung der bodenkundlichen Karten erfolgte über eine räumliche Interpolation der aufschlußbezogenen Kennwerte bzw. Merkmale.

Tab. 6.4: Übersetzungsschlüssel für die Angaben in der Reichsbodenschätzung in die KA4

1. Beschreibung der Bodenart

Symbol der Bodenschätzung	Bodenartenuntergruppe
l"S; t"S; S; Schwemmsand; schl"S; t"l"S;	Ss
t'l"S; t"-t' Schwemmsand; t'-t"l"S; t'-(t)l'S, t'S; t'-t"S; t'-l'S	St2
schl'S;	Su2
l'S; l"-l'S, l't"S; t'l\S-S; sl"S; l-l"S;	Sl2
lS; t'lS; t'l"-l'S; l'-lS; l-l\S; l\-lS; t"l'S-lS; t'l'-lS; t'-l\S; t"lS; t"l-l\S; t'lS-t"l'S	Sl3
schl\S	Su3
schl\\S	Su4
tS; s\L; tS-s\L; s\\T;	St3
l\S; l\S-s\L; lS-s\L; t'l\S; t"l\S; tlS; l\tS; t's'L-l"S; t'l\S-s\L; t'L-l\S; t'-tl'S; t'l-l\S; t's\l-l\S; s'L-l\S; tl\S; t"l-l\S; t'l-l\S; t's'L-t"S; tl'S;	Sl4, Slu
sL; t\lS; s-s\L; s"L-l\S; t'l\S-stL; tl\S-sL; t\l\S; t\l\-lS; t\l\S-sL; t's\L-lS; tl'S; tlS-sL; ts\L-l\S; l-l\S-s\L;	Ls4
s'L; tl-l\S; t"s'L; t"l\S-s\L; tl\S; t'-tl\S;	Ls3
s"L; t"L; tL-l\S;	Ls2
t'L; t's'L; ts'L; t's"L;	Lt2

Symbol der Bodenschätzung	Bodenartenuntergruppe
t\S; s\T; tS-s\T; t\S-tS; t\S-s\T;	Ts4
sT	Ts3
tsL; t's\L; ts'L-tsL; lT;	Lts
tL; l\T;	Lt3
schli Ton	Tu3
schli\ Ton	Tu4
schli\\ Ton	Ut4
s'T;	Ts2
s" L-T; l'-T;	Tl
schli'T; t\L; l" sT;	Tu2
l" T; s" T; schli" T;	Tt
schli'S	Us

2. Übersetzungsschlüssel für den Humusgehalt

Symbol der Bodenschätzung	Humusgehalt
h" ; amo"	h1 (< 1 %)
h'; amo'; mo"	h2 (1 - 2 %)
h; amo; mo'	h3 (2 - 4 %)
h\; amo\; mo	h4 (4 - 8 %)
h\\; amo\\; mo\	h5 (8 - 15 %)
Anmoor; mo\\	h6 (15 - 30 %)
Moor	H (> 30 %)

3. Übersetzungsschlüssel für Mergel in Bodenart und Kalkgehalt

Symbol Bodenschätzung	Bezeichnung nach KA4	Kalkgehalt KA4	Bodenart nach KA4
Me; KaMe; s" Me; s'Me; t" Me; t'Me; t'l's'Me; t's'Me; s'Kame;	Kalk	c6	Ut4
sMe; t'sMe;	Sandmergel	c5	Ls2
s\Me; me\S-s\Me; s\Me-MeS; s\KaMe;l'S-s" Me	Sandmergel	c4	Us
s\\Me;		c3	Su4
tMe; ts'Me;	Schluffmergel	c5	Tu4
t\Me	Tonmergel	c4	Tu2
t\\Me	carbon. Ton	c3	Tu2-Tt
lMe; t'lMe; t'lsMe;	Sandmergel	c5	Lu-Ls2
l\Me	Sandmergel	c4	Lt2
l\\Me		c3	Ls3, Ls4
tlMe	Sandmergel	c3 - c5	Lt3
stMe	Sandmergel	c3 - c5	Lts

4. Übersetzungsschlüssel der Kalkgehalte

Symbol Bodenschätzung	Kalkgehalt KA4	
ka“	c1	(< 0,5 %)
ka’	c2	(0,5 - 2,0 %)
ka	c3	(2,0 - 10 %)
ka\	c4	(10 - 25 %)
ka\\	c5	(25 - 50 %)
Ka	c6	(> 50 %)

5. Übersetzungsschlüssel für „schli“

Symbol Bodenschätzung	KA4
schli’...	...(t)2
schli...	...(t)3
schli\...	...(t)4

6. Übersetzungsschlüssel der Torfzersetzungsstufen

Symbol Bodenschätzung	KA4
sehr stark; zer\\	z5
gut; stark; zer\	z4
zer; mäßig	z3
schwach, r	z2
sehr schwach, r’	z1

Für die Karte der Humusgehalte (*Abb. 6.7*) wurde eine Klassifizierung aller Gehalte von Schürfen und der Feldansprachen bei Sondierungen und Grablochbeschrieben vorgenommen und in der Tiefenstufe 0 - 3 dm unter GOF wurde jeweils die höchste auftretende Gehaltsklasse (bei Waldstandorten ohne Rohhumusauflage) in das KRIGE-Verfahren zur räumlichen Interpolation einbezogen. Für weitere Tiefenstufen lohnte sich die Anwendung des Verfahrens nicht, da nur noch kleinflächig, z. B. bei Niedermoorflächen, relevante Gehaltsklassen auftreten.

Nach der Klassifizierung von Carbonatgehalten in der KA4 erfolgte eine entsprechende Zuordnung der Gehalte bzw. Feldansprachen. In jeder Tiefenstufe wurde je Aufschlußpunkt die aufgetretene höchste Klasse in das KRIGE-Verfahren zur räumlichen Interpolation einbezogen und das Ergebnis in den *Abb. 6.8* und *6.9* dargestellt.

Manuell erfolgte die räumliche Interpolation für die Merkmale bodensystematische Einheiten und Substrattypen in den *Abb. 6.10* und *6.11*.

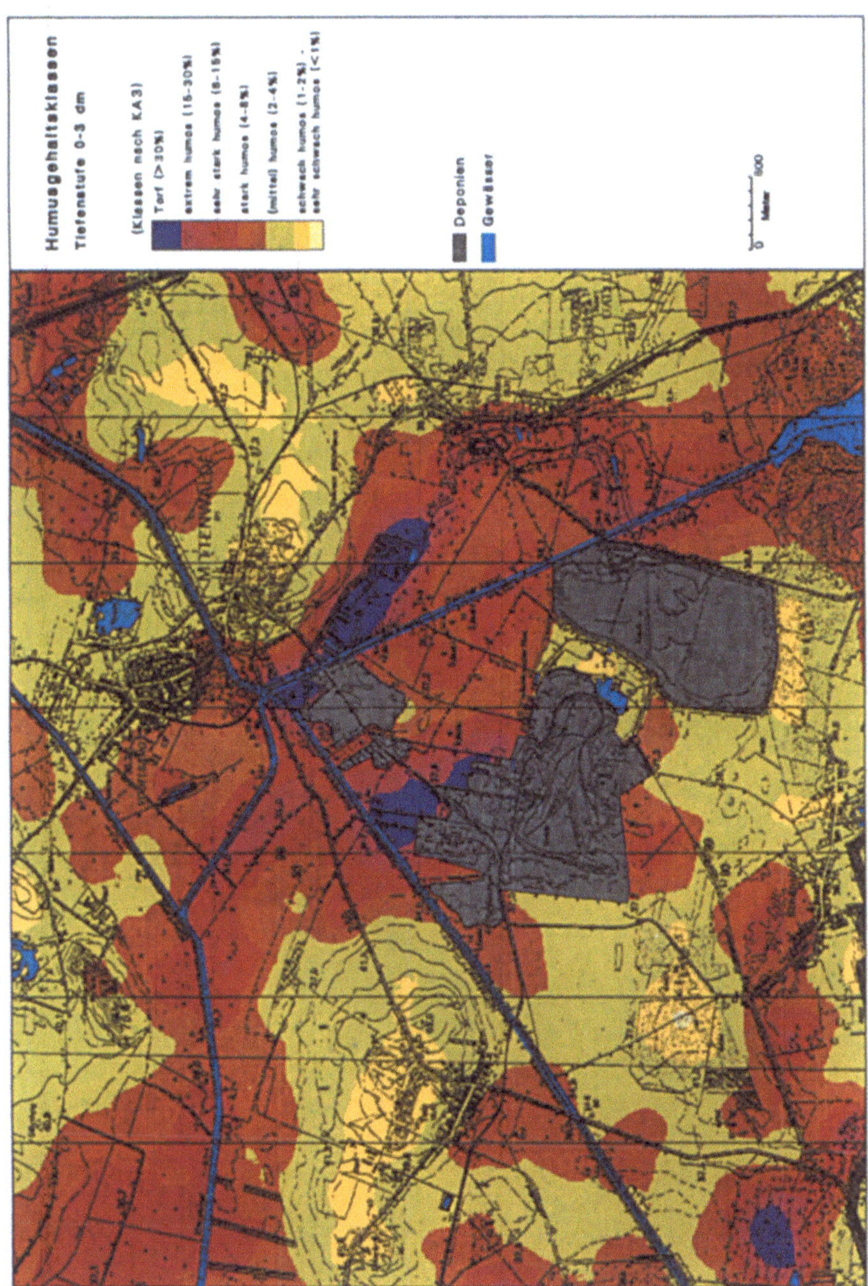

Abb. 6.7: Humusgehaltsklassen - Tiefenstufe 0 - 3 dm

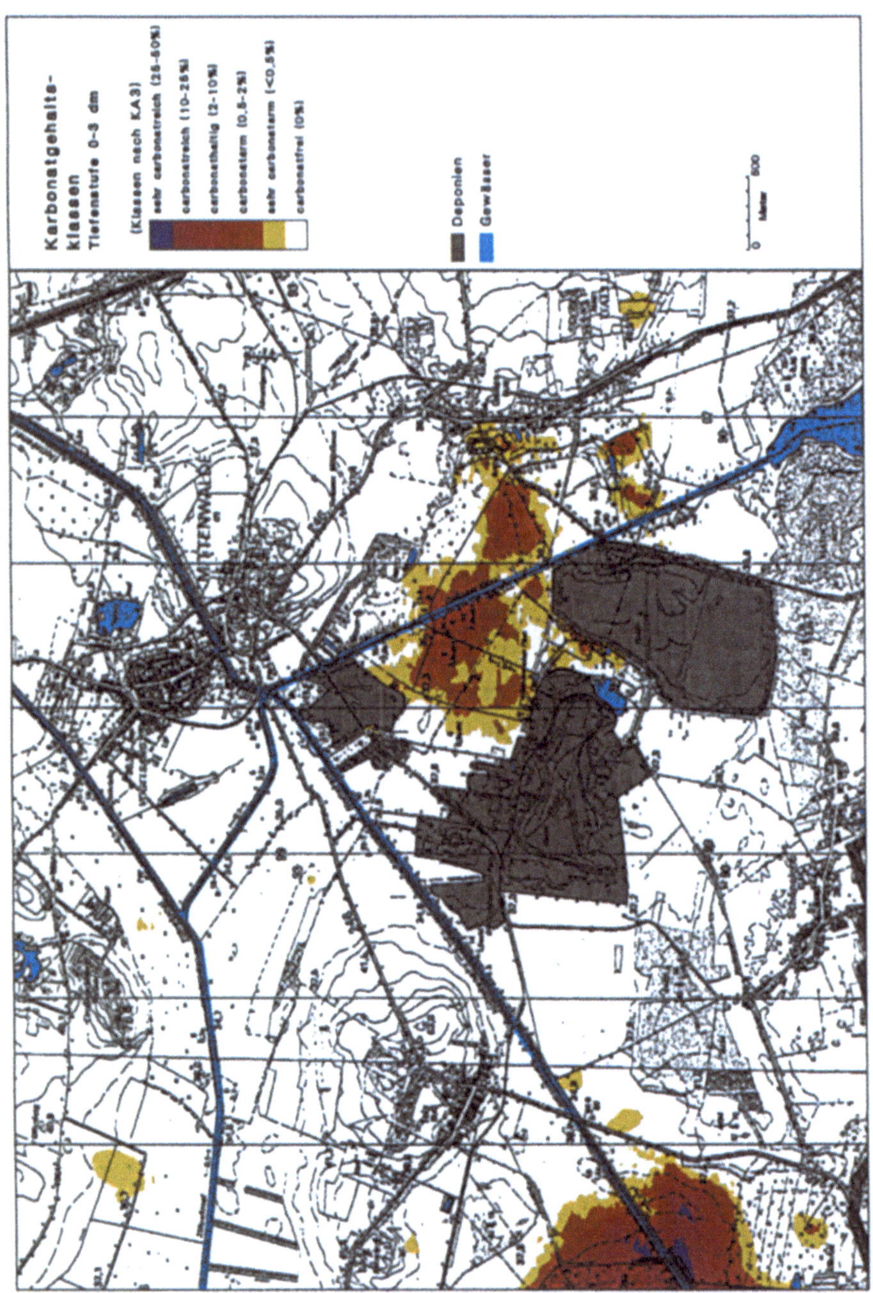

Abb. 6.8: Karbonatgehaltsklassen - Tiefenstufe 0 - 3 dm

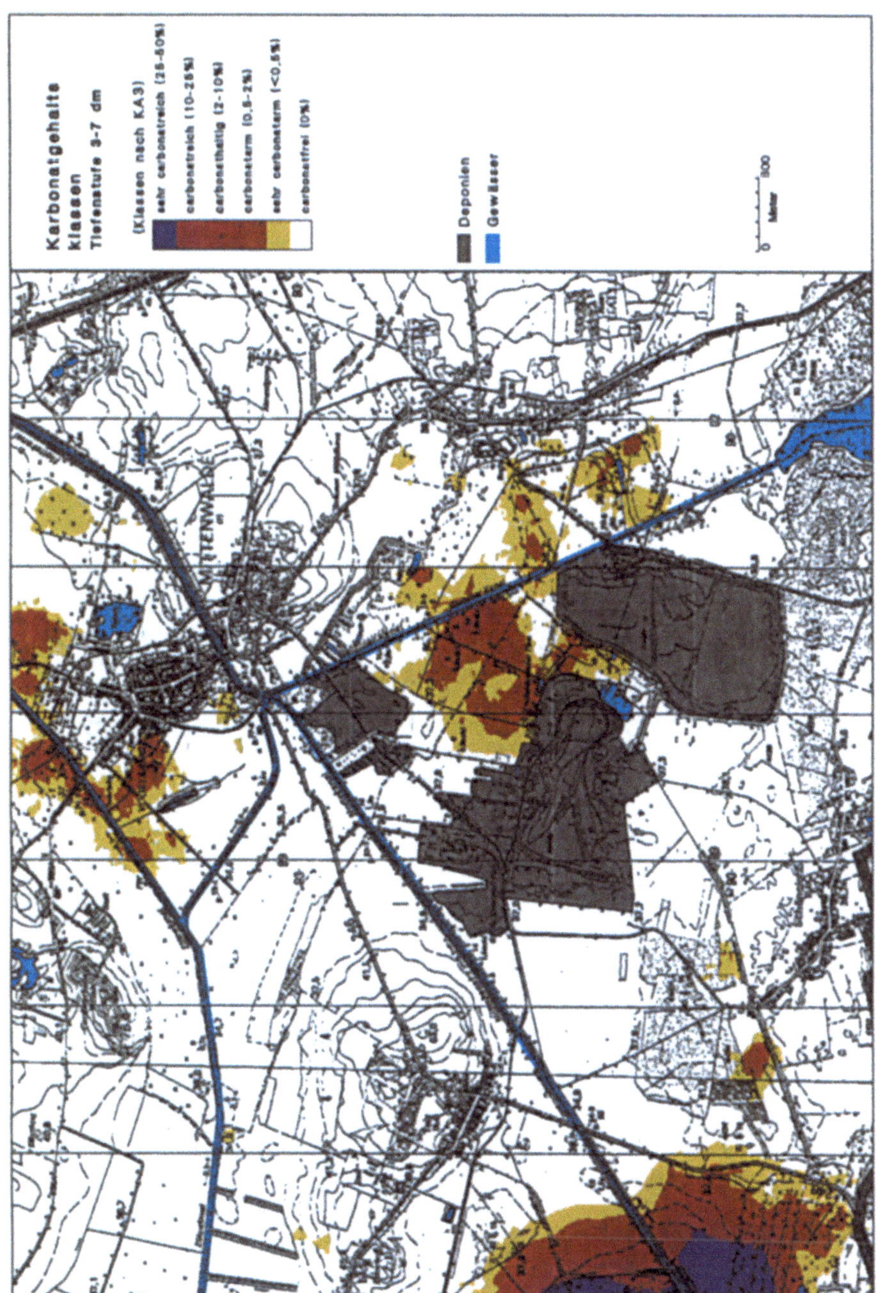

Abb. 6.9: Karbonatsgehaltsklassen - Tiefenstufe 3 - 7 dm

Für die flächenhafte Darstellung der Grundwasserstufen und die Zuordnung von MNGW zu den zusammengefaßten Grundwasserstufen (*Abb. 6.12*) wurden zunächst aus der Oberfläche des Gr-Horizontes und der Berücksichtigung eines 2 dm mächtigen geschlossenen Kapillarraumes die mittleren Flurabstände des mittleren scheinbaren Grundwasserstandes bestimmt (nach KA4, Tab. 43) und anschließend das dazugehörige MNGW (nach KA4 Tab. 42) abgeleitet.

Beispiel:

Oberfläche des Gr-Horizontes	4 dm
Geschlossener Kapillarraum für die im Untersuchungsgebiet vorkommenden Bodenarten	durchschnittlich 2 dm
Grundwasserstufe:	2
Mittlerer Flurabstand des mittleren scheinbaren Grundwasserstandes	2 dm unter GOF
MNGW nach Tab. 42 der KA4	4 - 8 dm

Aus der Häufigkeit des Auftretens der Obergrenze des Gr-Horizontes ergaben sich für 4 Niveaus des MNGW für die Grundwasserstufen:

a) MNGW durchschnittlich bei 6 dm unter GOF: Grundwasserstufe 1 und 2
b) MNGW durchschnittlich bei 12 dm unter GOF: Grundwasserstufe 3 und 4
c) MNGW durchschnittlich bei 16 dm unter GOF: Grundwasserstufe 5
d) MNGW durchschnittlich tiefer 20 dm unter GOF: Grundwasserstufe 6

Dem Niederungsbereich entspricht a) und b), dem Hochflächenbereich ist d) zugeordnet, c) ist der Übergangsbereich zwischen Niederungen und Hochflächen und tritt nur an wenigen Stellen auf.

Diese mittleren Werte der MNGW wurden der Berechnung der Sickerwasserraten für grundwasserbeeinflußte Kartiereinheiten zugrundegelegt. Grundlage für die Bodenformenkarte (*Abb. 6.13a*) und die Legende (*Abb. 6.13b* und *Tab. 6.5*) war die Verschneidung der Karten der Bodensystematischen Einheiten (*Abb. 6.10*) und der Substrattypen (*Abb. 6.11*) sowie der in 4 Gruppen zusammengefaßten 6 Grundwasserstufen nach dem MNGW (*Abb. 6.12*). Das Ergebnis dieser Verschneidung wurde manuell generalisiert, um die endgültigen Kartiereinheiten auszugrenzen.

Diese Generalisierung berücksichtigte bei der Grenzfindung von Kartiereinheiten folgende Sachverhalte:

- Gliederung des Gebietes entsprechend der *Abb. 6.4* in drei unterschiedliche morphologische Bereiche;
- Ausscheiden von Karteneinheiten mit Gesellschaften statt einzelner Bodensystematischer Einheiten bzw. Substrattypen durch maßstabsbedingte Aggregierung aufgrund erhöhter Heterogenität der Bodendecke bzw. auch bei unzureichender Datenlage; im einzelnen sind dies folgende Beispiele:

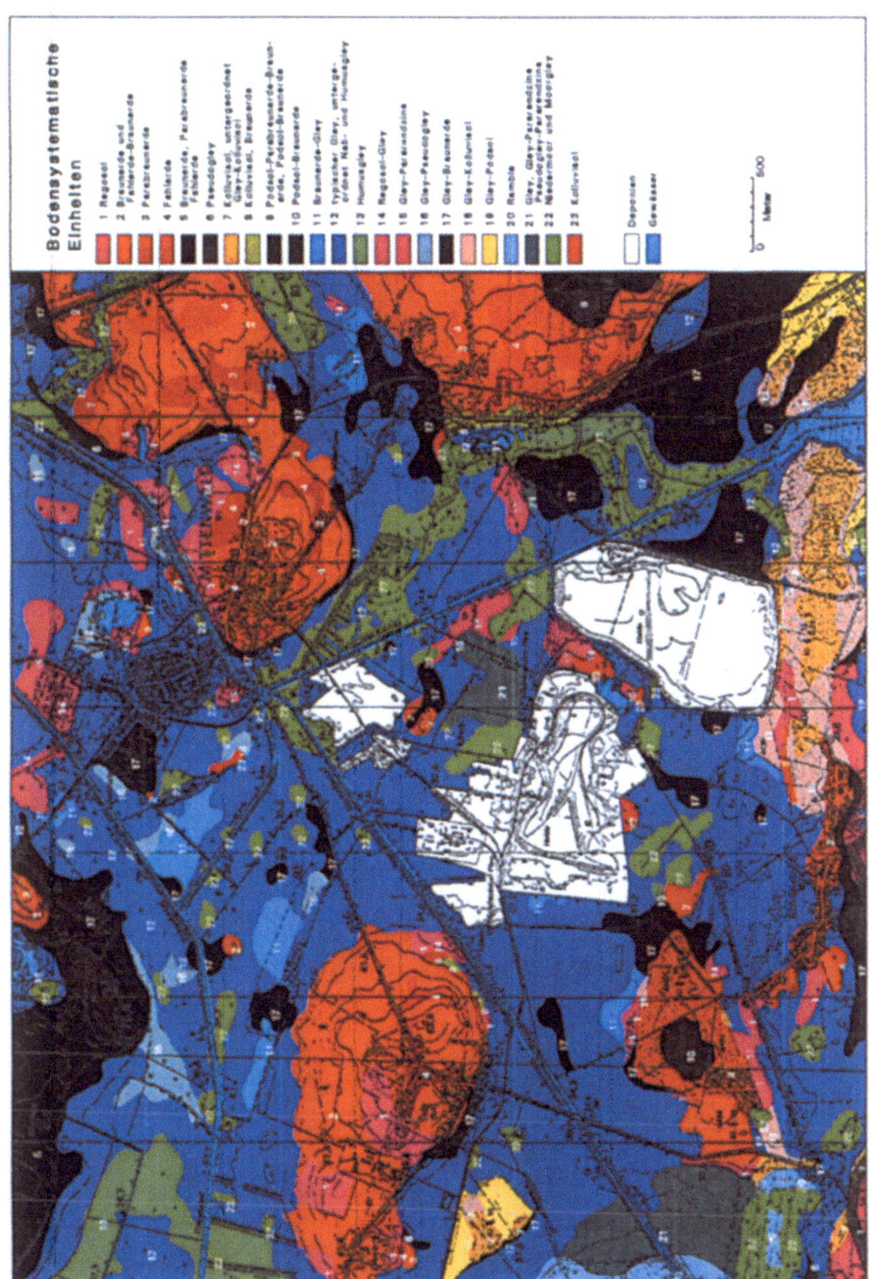

Abb. 6.10: Bodensystematische Einheiten

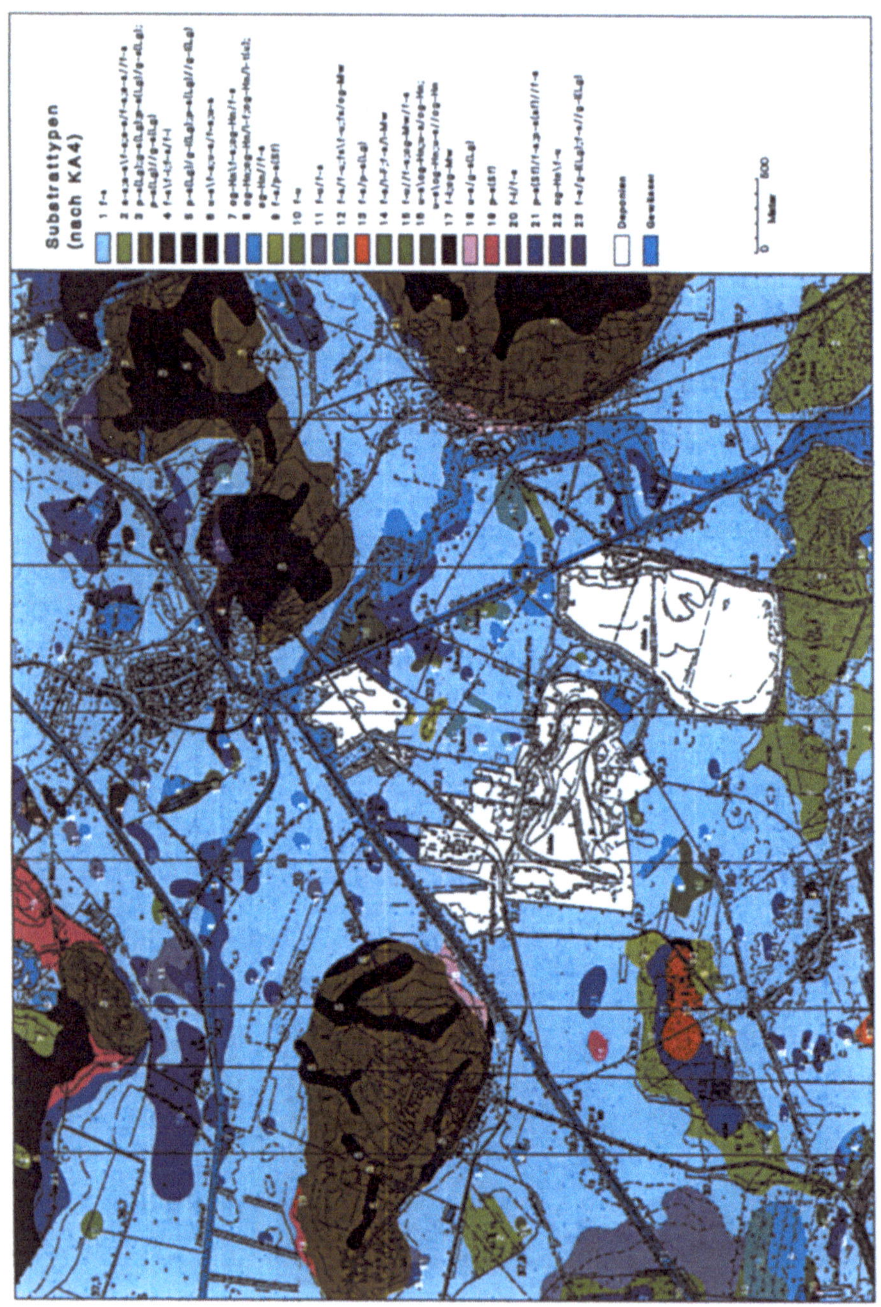

Abb. 6.11: Substrattypen (nach KA4)

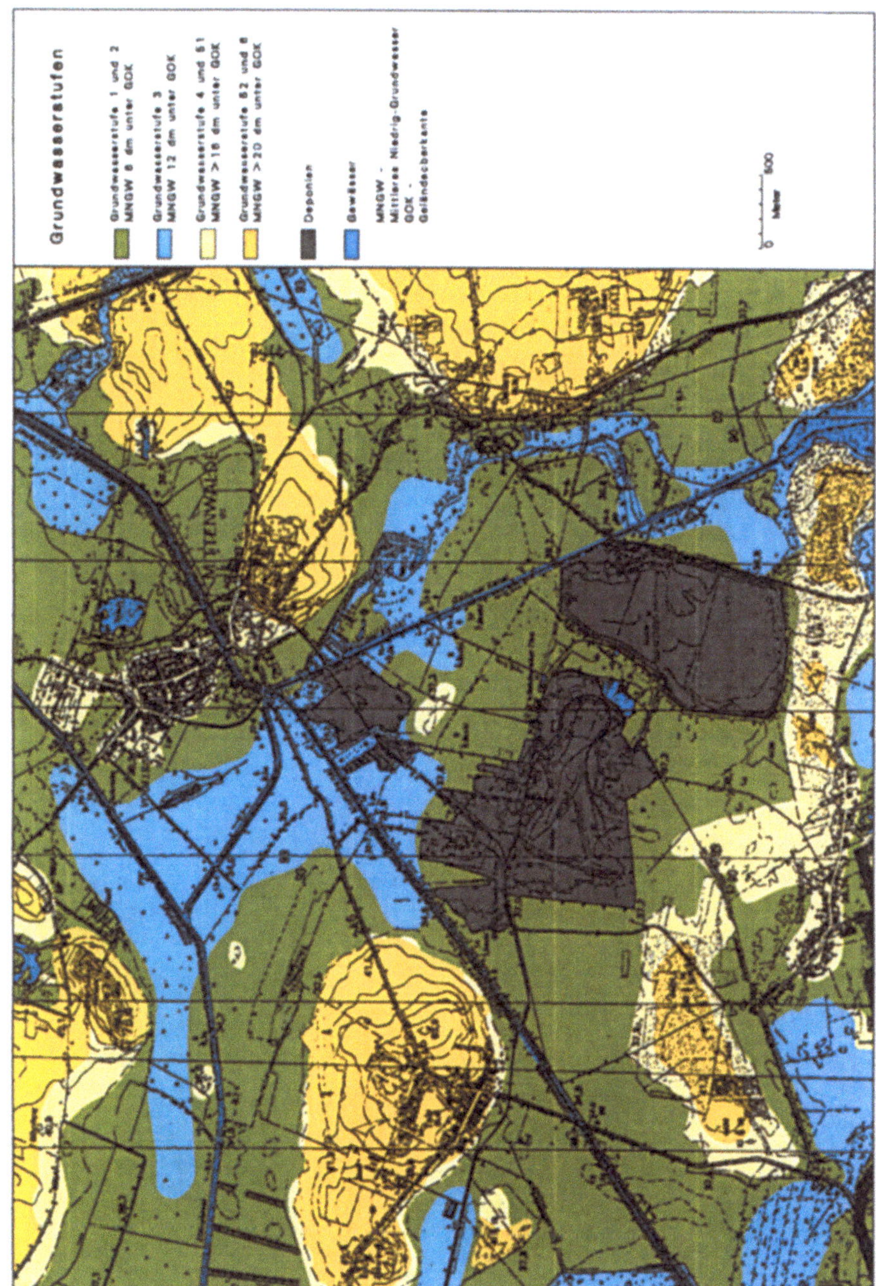

Abb. 6.12: Grundwasserstufen

- Bildung von Gesellschaften mit den Bodensystematischen Einheiten der Klasse der Braunerden (Braunerde, Fahlerde, Parabraunerde) und deren Subtypen im wesentlichen auf den Hochflächen einschließlich benachbarter Hänge;
- Zusammenfassung von Gley und Naßgley in den Niederungsbereichen für ein MNGW oberhalb 6 dm unter GOF;
- Zusammenfassen der Einheiten Gley-Braunerde und Braunerde-Gley, da beide Bodensubtypen infolge der Grundwasserabsenkungsmaßnahmen den Trend der Bodenentwicklung von Gley zur Braunerde auf unterschiedlichem Niveau dokumentieren.

• Keine detaillierte Charakterisierung der Substratabfolgen nach Tiefenstufen;

• Festlegung von 4 Niveaus des MNGW abgeleitet aus dem Auftreten der vorkommenden Grundwasserstufen:

a) MNGW durchschnittlich bei 6 dm unter GOF: Grundwasserstufen 1 und 2
b) MNGW durchschnittlich bei 12 dm unter GOF: Grundwasserstufen 3 bis teilweise 5
c) MNGW durchschnittlich bei 16 dm unter GOF: Grundwasserstufen teilweise 5 und 6
d) MNGW durchschnittlich tiefer 20 dm unter GOF: Grundwasserstufen > 6.

Für die Berechnung der Sickerwasserrate erfolgte zusätzlich, hier nicht mit dargestellt, eine Auflösung der in der *Abb. 6.11* zusammengefaßten Substrattypen in Flächen gleicher nFKWe-Werte.

Berechnung der Sickerwassermengen

Die Berechnung der Sickerwassermengen erfolgte entsprechend der in der Methodenbank des FIS Boden im NIBIS dokumentierten Berechnungsgrundlagen und Verknüpfungsregeln (VKR 5.6) nach den Gleichungen für die einzelnen Nutzungsarten wie folgt:

Ackerland: $GWN = 0{,}92\,(Nwi) + 0{,}61\,(Nv) - 153\,(\log Wpfl) - 0{,}12\,(ETP_{HAUDE}) + 109$

Grünland: $GWN = 0{,}90\,(Nwi) + 0{,}52\,(Nv) - 286\,(\log Wpfl) - 0{,}10\,(ETP_{HAUDE}) + 330$

Wald (Nadelwald): $GWN = 0{,}71\,(Nwi) + 0{,}67\,(Nv) - 166\,(\log Wpfl) - 0{,}19\,(ETP_{HAUDE}) + 127$

Hierbei bedeuten:

GWN	Sickerwasserrate [$mm/a/m^2$]
Nwi	Niederschlag des Winterhalbjahres [mm/m^2]
Nv	Niederschlag der Hauptvegetationsperiode [mm/m^2]
Wpfl	pflanzenverfügbares Wasser (entspricht auf grundwasserfernen Standorten der nutzbaren Feldkapazität des effektiven Wurzelraumes, auf grundwassernahen Standorten ist der kapillare Aufstieg zu berücksichtigen)
ETP_{HAUDE}	Evapotranspiration nach HAUDE

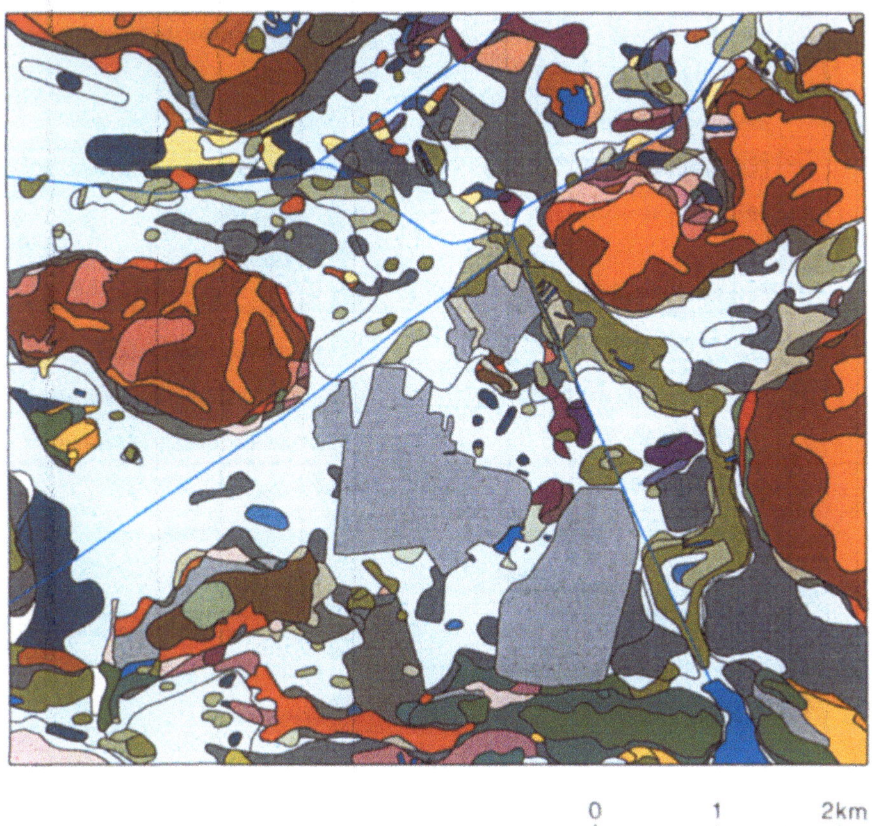

Abb. 6.13a: Bodenformen

Abb. 6.13b: Kurzlegende zur Bodenformenkarte

Tab. 6.5: Legende der Bodenformen, Langform

Teil 1: Bodeneinheiten der grundwasserfernen Standorte auf den Erhebungen, charakterisiert durch Höhen über NN von mehr als 39 bis ca. 40 m, Lage MNGW unterhalb 20 dm sowie sehr schwach bis mittel geneigtem Relief, z. T. ± horizontal im Kulminationsbereich.

Nr.	Bodeneinheit Leitböden (Bodenform) mit Begleitböden	Bodenart und Bodenschichtung Mächtigkeit in dm bis 2 m unter Flur
1	Regosol aus Geschiebedecksanden (S/p) über Geschiebesanden (Sg) unter Wald podsoliert	Lehmsand > 4 - 10 dm über Reinsand, z. T. kiesig
2	Regosol aus S/p über Geschiebelehm (Lg)	Reinsand bis Lehmsand > 3 - 6 dm über Sandlehm bis Normallehm; z. T. kiesig
3	Braunerden S/p über Lg	Reinsand bis Lehmsand > 3 - 6 dm über Sandlehm bis Normallehm; carbonatarm
4	Braunerden aus verlagertem Material (erodierte Ackerkrume) über S/p und Sg mit Kolluvisol-Braunerde	Reinsand bis Lehmsand > 20 dm; Mächtigkeit der umgelagerten Sande > 4 - 6 dm
5	Braunerden und Parabraunerden aus S/p über Sg, mit Fahlerden-Braunerden, Podsol-Braunerden und podsoligen Braunerden; an Hanglagen selten pseudovergleyt; stellenweise tief vergleyt	Reinsand, Lehmsand und Schluffsand > 4 - 12 dm über Lehmsand z. T. kiesig
6	Parabraunerden aus Flugsand (S/a); z. T. sehr tief vergleyt; unter Wald podsoliert	Reinsand bis Lehmsand
7	Gley-Braunerde aus S/p über Sg oder über tief liegendem Lg	Reinsand bis Lehmsand > 3 - 12 dm
8	Kolluvisol aus verlagertem Material von Fahlerden u. Braunerden über S/p und Sg	Reinsand > 8 dm über Lehmsand
9	Braunerde u. Parabraunerde aus S/p mit Fahlerde-Braunerde	Reinsand bis Lehmsand, z. T. kiesig

Teil 2: Bodeneinheiten der grundwasserfernen Standorte der Niederungsgebiete und Hänge, Lage des MNGW bei 16 dm und oberhalb 20 dm sowie ± horizontalem bis sehr schwach geneigtem Relief

Nr.	Bodeneinheit Leitböden (Bodenform) mit Begleitböden	Bodenart und Bodenschichtung Mächtigkeit in dm bis 2 m unter Flur
10	Regosol aus fluviatilem Sand (Sf) und Flugsand über Sf mit Regosol-Gley aus Sf	Reinsand bis Lehmsand; Mächtigkeit der Flugsande bis 4 dm
11	Braunerde aus S/a	Reinsand bis Lehmsand
12	Braunerde aus Sf; unter Wald podsolig	Reinsand bis Lehmsand
13	Braunerde aus S/p über Sf mit Gley-Braunerde	Reinsand bis Lehmsand; S/p > 4 - 8 dm
14	Braunerde aus verlagertem Material über Sf	Reinsand bis Lehmsand;
15	Braunerde u. Parabraunerde aus S/p mit Fahlerde-Braunerde	Reinsand bis Lehmsand, z. T. kiesig

Nr.	Bodeneinheit Leitböden (Bodenform) mit Begleitböden	Bodenart und Bodenschichtung Mächtigkeit in dm bis 2 m unter Flur
16	Braunerde u. Parabraunerde aus S/p über Sg mit Fahlerde-Braunerde unter Wald podsolig bzw. podsoliert	Reinsand bis Lehmsand, z. T. kiesig, Mächtigkeit S/p > 4 - 10 dm
17	Braunerde-Podsol aus S/p	Reinsand bis Lehmsand, z. T. kiesig
18	Gley-Podsol aus Sf mit Braunerde-Podsol; z. T. mit Decke bis ca. 5 dm aus S/a	Reinsand bis Lehmsand
19	Kolluvisol aus S/a	Reinsand bis Schluffsand
20	Gley- Kolluvisol aus S/a über Sf, selten mit Braunerde- Kolluvisol; unter Wald auch Podsol- Kolluvisol	Reinsand bis Schluffsand; Mächtigkeit Sf > 4 - 10 dm
21	Gley aus S/a	Reinsand bis Schluffsand
22	Gley aus S/p und S/p über Sf	Reinsand bis Schluffsand, z. T. Lehmsand; Mächtigkeit S/p > 4 - 8 dm
23	Gley aus Sf, Sf über S/p und verlagertem Material	Reinsand; Mächtigkeit Sf > 4 - 10 dm
24	Gley-Braunerde aus Sf	Reinsand

Teil 3: Bodeneinheiten der Niederungen, charakterisiert durch Höhe über NN ≤ 37,5 m, ± horizontalem Relief und GW-Beeinflussung mit einem MNGW von 6 dm (a); und von 12 dm unter GOF

Nr.	Bodeneinheit Leitböden (Bodenform) mit Begleitböden	Bodenart und Bodenschichtung Mächtigkeit in dm bis 2 m unter Flur
25	Regosol aus Sf und S/a über Sf	Reinsand bis Lehmsand
26	Regosol aus fluviatilem Auenlehm (Lf) über Sf	Sandschluff, Sandlehm bis Tonlehm 4 - 4,5 dm über Reinsand bis Lehmsand
27	Regosol-Gley aus Sf	Reinsand bis Lehmsand
28	Regosol-Gley aus Lf über Sf	Sandschluff, Sandlehm bis Tonlehm 4 - 4,5 dm über Reinsand bis Lehmsand
29	Rambla aus Lf über tiefliegendem Sf	carbonatarmer bis carbonatreicher Sandlehm, Tonlehm mindestens 10 dm über Reinsand bis Lehmsand
30	Rambla aus Sf	carbonatarme bis carbonatreiche Lehmsande, Schluffsande mit bis 1 dm mächtigen Bändern aus carbonatarmem bis carbonatreichem Sandlehm und Tonlehm
31	Pararendzina aus Sf	carbonathaltiger Reinsand bis Lehmsand, z. T. mit geringmächtigen carbonathaltigen Bändern aus Sandlehm
32	Pararendzina aus Lf und/oder Wiesenmergel (Mf) über Sf	carbonathaltiger bis carbonatreicher Sandschluff bis Tonschluff 4 dm über Reinsand bis Lehmsand
33	Braunerde aus S/a	Reinsand bis Lehmsand

Nr.	Bodeneinheit Leitböden (Bodenform) mit Begleitböden	Bodenart und Bodenschichtung Mächtigkeit in dm bis 2 m unter Flur
34	Braunerde aus Sf	Reinsand bis Lehmsand
35	Gley-Braunerde u. Braunerde-Gley aus Lf über Sf	Sandschluff, Sandlehm 4 dm über Reinsand bis Lehmsand
36	Gley-Braunerde u. Braunerde-Gley aus Sf	Reinsand bis Lehmsand
37	Gley-Braunerde u. Braunerde-Gley aus Sf über Lf	Reinsand bis Lehmsand ca. 4 dm über Sandlehm
38	Gley-Pararendzina aus Sf über Lf oder Mf	Reinsand bis Lehmsand > 3 - 4 dm über carbonathaltigem bis carbonatreichem Sandschluff bis Lehmschluff
39	Gley-Pararendzina aus Lf über Sf oder Mf über Sf	carbonathaltiger Sandschluff, Lehmschluff ≥ 4 dm ü. Lehmsand bis Reinsand
40	Gley-Pararendzina aus Sf mit Braunerde-Pararendzina, vergleyt	carbonathaltiger bis carbonatarmer Lehmsand
41	Gley-Podsol aus Sf	Reinsand bis Lehmsand
42	Gley-Podsol aus anthropogen umgelagertem natürlichen Material über tiefliegendem Niedermoor	Sand > 8 dm, Niedermoor sandig, zersetzt
43	Gley-Pseudogley aus Lf über Sf	Sandschluff, Sandlehm ≥ 4 dm über Reinsand bis Lehmsand, z. T. mit geringer Sandbedeckung ≤ 2 dm
44	Pseudogley-Gley aus Sf	Lehmsand
45	Gley aus Sf mit Humusgley, Gley-Pararendzina, Kalkgley, Naßgley	Reinsand, Lehmsand, z. T. carbonathaltig bis an die Oberfläche
46	Gley aus Lf über Sf mit Humusgley und Naßgley	Sandschluff, Sandlehm 4 - 4,5 dm über Reinsand bis Lehmsand, stellenweise im Oberboden sehr carbonatarm; Humusgehalt bis 15 %
47	Gley aus S/p über Sf	Reinsand bis Lehmsand; z. T. kiesig, stellenweise carbonathaltig (sehr arm), Geschiebedecksande 3 - 4 dm bzw. > 8 dm
48	Gley aus Sf über Lf mit Naßgley; zeitweise Staunässeerscheinungen	Reinsand bis Lehmsand 4 dm über Sandschluff bis Sandlehm
49	Gley aus anthropogen umgelagertem natürlichen Material	Sand > 8 dm
50	Gley aus S/a über Sf	Reinsand bis Lehmsand; S/a ≤ 4 dm
51	Kolluvisol	Sand, Lehm, Schluff
52	Niedermoor, stellenweise mit Niedermoorgley und Moorgley	Niedermoortorf > 3 - 12 dm, z. T. sandig, z. T. tonig, z. T. carbonathaltig; schwach bis mäßig zersetzt
53	Moorgley, z.T. mit Niedermoor	Niedermoortorf ≤ 3 dm; stark zersetzt, vererdet sandig über Reinsand bis Lehmsand

Dieses bodenhydrologische Verfahren ist für ebene Standorte entwickelt worden und kann durch entsprechende Zu- und Abschläge für Hangpositionen und Hangexpositionen bis zur Hangneigungsstufe N3 auch für die im Untersuchungsgebiet vorhandenen Erhebungen genutzt werden.

Als klimatische Parameter wurden den Berechnungen die Werte der Station Schönefeld (*Tab. 6.1*) zugrundegelegt:

Nwi	Niederschlag des Winterhalbjahres 240 mm,
Nv	Niederschlag der Hauptvegetationsperiode 273 mm (29.04. bis 13.10.),
Na	Jahresniederschlag 513 mm,
ETP_{HAUDE}	609 mm,
ETP_{V}	473 mm.

Zur Ermittlung bodenphysikalischer Kennwerte (*Tab. 6.6*) wurden an 480 Stechzylinderproben aus 48 Horizonten im Raum Schöneiche - Mittenwalde folgende Untersuchungen durchgeführt:

1. Bestimmung der Rohdichte feucht und trocken durch Ausmessen nach DIN 19683, Blatt 12.
2. Bestimmung der Reindichte im Kapillarpyknometer nach DIN 19683, Blatt 11.
3. Bestimmung der Wasserdurchlässigkeit in wassergesättigten Stechzylinderproben nach DIN 19683, Blatt 9.
4. Bestimmung der Saugspannung des Bodenwassers an 5 Druckstufen nach DIN 19683, Blatt 5.
5. Bestimmung des Wassergehaltes nach DIN 19683, Blatt 4.

Die Stechzylinder besitzen ein Volumen von 100 cm^3 bei einem Innendurchmesser von 5,1 cm und einer Höhe von 4,9 cm (Zylinder der Fa. Eijkelkamp numeriert). Die Bearbeitung der Stechzylinderproben wurde in folgenden Arbeitsschritten durchgeführt:

1. Aufnehmen der Proben und Erfassen in Probelisten, zur Sicherung des Probegutes nach Entfernen der Zylinderdeckel Aufbringen von Gaze und O-Ringen. Einwiegen der Zylinder + Probe + Gaze/O-Ring, visuelle Beurteilung der Proben hinsichtlich Zustand der Probe, Füllhöhe des Zylinders, Randstörungen, Feuchtigkeit und eventuelle Mängel durch die Probenahme.
2. Aufsättigen der Zylinder (9 Zylinder pro Horizont) erfolgte im Sandbett, so daß das Wasser ungehindert von unten zutreten konnte. Der Wasserspiegel wurde langsam gehoben, so daß alle Luft aus den Proben entweichen konnte. Die Wassersättigung dauerte ca. 1 Woche.
3. Ein Stechzylinder pro Horizont wurde für die Untersuchungen am gestörten Material vorbereitet (Reindichte, Saugspannung pF > 3,2). Für

die Ermittlung der Reindichte wurde Probenmaterial getrocknet und auf eine Korngröße < 0,2 mm zerkleinert.

4. Die Ermittlung des k_f - Wertes in wassergesättigten Proben erfolgte an jeweils 3 Stechzylindern pro Horizont in einer Durchlässigkeitsprüfanlage für ungestörte Bodenproben, di = 51 cm, geschlossenes System und Einpunkt-Meßbrücke. Dabei ist die Probe vollständig unter Wasser. Es wird ein konstanter Höhenunterschied zwischen Innen- und Außenseite des Ringhalters eingehalten. Die Durchflußmenge Wasser Q pro Zeiteinheit wurde nach DIN 19683, Blatt 9 erfaßt. Der k_f - Wert ergibt sich aus:

$$k_f = \frac{Q \cdot l}{F \cdot h}$$

Q	=	Durchflußmenge Wasser in cm^3/s
l	=	Länge der durchströmten Probe in cm
F	=	Querschnitt der durchströmten Proben in cm^2
h	=	Druckhöhendifferenz in cm.

Die bei 20 °C ermittelten k_f - Werte werden mit einem Korrekturfaktor auf Wassertemperatur von 10 °C umgerechnet. Durch Bodeninhomogenitäten werden größere Schwankungen der ermittelten k_f - Werte hervorgerufen (Inhomogenitäten im einzelnen Zylinder und zwischen den Probenahmepunkten). Im gegebenen Fall ist eine Auswahl nach Plausibilitätsbetrachtungen zu treffen. Für die Bestimmung des k_f - Wertes sind Zylinder mit größeren Durchmessern vorteilhaft, bzw. sollte bei den kleineren Zylinderdurchmessern die Anzahl der k_f - Wert-Bestimmungen erhöht werden.

Die Messung der Saugspannung pF des Bodenwassers für die Stechzylinderproben erfolgte in 5 Stufen (jeweils 5 Stechzylinder pro Horizont).

pF 1,8	(0,063 bar)	in der Sandbox	-	Unterdruck
pF 2,5	(0,315 bar)	Sand-/Kaolinbox	-	Unterdruck
pF 2,7	(0,5 bar)	Sand-/Kaolinbox	-	Unterdruck
pF 3,5	(2,5 bar)	Druckmembrangerät	-	Überdruck
pF 4,2	(15,5 bar)	Druckmembrangerät	-	Überdruck

Tab. 6.6: Zuordnung der bodenphysikalischen Werte

Substrat-bezeichnung						Laborativ ermittelte Werte					Aus der Korngrößenverteilung abgeleitete Werte			
Kurzsymbol	vollständige Bezeichnung	Tiefenbereich [cm unter GOF]	Probenbezeichnung	Bodenart	Skelettanteil [Vol %]	pF 1,8 [Vol %]	pf4,2 [Vol %]	nFK [mm/d]	eff. Lagerungs-dichte [g/cm3]	kf-Wert [m/d]	Lagerungsdichte als Stufe	nFK [mm/d]	nFK [mn/dm]	Mittlere nFK [mn/dm]
1	2	3	4	5	6	7	8	9	10	11	12	13	14	15
-s(Sf)	f-s	0-41	FP1/1	mSfs	< 2	28,1	8,9	19,2		0,71	2	14,5	14	17
	f-s	51-65	FP1/3	mSfs	< 2	12,7	1,2	11,5		4,92	3	12,5	12,5	12
	p-s(Sf)	29-56	FP3/2	Su2	< 2	18,6	7,0	11,6		0,12	3	16,0	15,5	13
	f-s	76-82	FP3/4	fS	< 2	38,8	14,4	24,4		0,03	4		22	23
	f-s	73-85	FP6/4	fSms	< 2	35,8	2,11	33,7	1,82	1,60	4		16,5	25
	u-s	0-38	FP8/1	mSfs	< 2	29,8	6,7	23,1	1,625	0,36	3	12,5	12,5	17
	u-s	38-60	FP8/1	mSfs	< 2	19,7	7,0	12,5	1,524	2,21	2	14,5	12,5	13
	f-s	0-30	FP9/1	St2	< 2	33,6	8,2	25,4	1,705	0,08	3	14,0	11,5	19
	f-s	30-45	FP9/2	mSfs	< 2	20,1	0,8	19,3	1,704	1,989	3	12,5	13,5	16
	p-s(k)*	50-82	FP12/2	mS	2-10	12,3	0,3	12,0	1,545	13,30	2	9	9	10
	f-s	0-40	FP13/1	mSfs	< 2	42,5	26,5	16,0	1,342	6,31	1	14,5	14	15
	f-s	40-80	FP13/2	mSfs	< 2	33,7	10,4	23,3	1,223	2,71	1	14,5	14	18
	f-s	0-35	FP14/1	mSfs	< 2	33,7	10,4	23,3	1,25	2,71	1	14,5	14	18
	f-s	35-61	FP14/2	mSfs	< 2	30,5	12,7	17,8	1,61	0,85	3	12,5	12,5	15
	Labor [1] f-s	61-85	FP14/3	mSfs	< 2	4,2	0,6	3,6	1,51	17,21	2	14,5	14,0	14
	Labor [1] f-s	85-117	FP14/4	mS	< 2	6,0	0,6	5,4	1,57	15,17	2	9	8	9
	f-s	0-35	FP16/1	mSfs	< 2	38,5	15,2	23,3	1,35	0,26	1	14,5	14,0	18
	f-s	0,29	FP3/1	mSfs	< 2	22,5	6,3	16,2	1,59	1,89	2	14,5	14,0	15
	f-s	56-76	FP3/3	fS	< 2	29,3	1,8	27,5	1,69	10,15	3	20	22	24
	f-s	0-50	FP12/1	mSfs	< 2	39,7	8,2	31,5	1,42	1,27	2	14,5	12,0	22
	p-s(Sf) *	35-70	Ü5/3	mSfs	< 2	30,0	4,7	25,3	1,78	0,13	3	12,5	13,5	19
	p-(k)s(Sf) *	0-30	Ü6/1	mS	2-10	19,1	2,4	16,7	1,55	11,28	2	9	-	13
	p-(k)s(Sf) *	30-45	Ü6/2	mS	2-10	15,6	2,0	13,6	1,56	25,18	2	9	-	11
	a-s	5-20	Ü7/4	fSms	< 2	27,0	1,4	25,6	1,63	3,08	3	16,5	16,5	21
	a-s	49-90	Ü8/3	fSms	< 2	22,4	1,3	21,3	1,62	4,93	3	16,5	16,5	18

Substratbezeichnung						Laborativ ermittelte Werte					Aus der Korngrößenverteilung abgeleitete Werte			
Kurzsymbol	vollständige Bezeichnung	Tiefenbereich [cm unter GOF]	Probenbezeichnung	Bodenart	Skelettanteil [Vol %]	pF 1,8 [Vol %]	pf4,2 [Vol %]	nFK [mm/d]	eff. Lagerungsdichte [g/cm3]	kf-Wert [m/d]	Lagerungsdichte als Stufe	nFK [mm/d]	nFK [mn/dm]	Mittlere nFK [mn/dm]
1	2	3	4	5	6	7	8	9	10	11	12	13	14	15
-s(Sf)	p-(k)s(Sf) *	30-80	Ü9/2	mSgs	2-10	10,0	0,9	9,1	1,59	35,24	2	11	9,5	10
	f-s	80-140	Ü10/4	Su2	< 2	29,6	4,0	25,6	1,8	0,25	3	16	14,5	20
	f-s	28-50	Ü11/2	mSfs	< 2	26,6	11,2	14,4	1,53	17,48	2	14,5	14	14
	u-s	33-50	Ü12/3	mSfs	< 2	39,1	17,8	21,3	1,3	0,29	1	14,5	14	17
	f-s	72-93	Ü12/5	fSms	< 2	30,4	4,9	25,5	1,69	10,54	3	16,5	16,5	21
-s(Lg)	p-(k)s(Lg) **	0-33	FP4/1	Su2	2-10	23,3	5,0	18,5	1,62	0,37	3	16	16,5	17
-s	p-s(Lg) **	33-74	FP4/2	Su2	< 2	19,9	3,0	16,9	1,82	1,02	4	13	14,5	15
	g-(k)s	101-200	FP4/4	Sl2	2-10	27,2	7,6	19,6	1,91	0,29	4	16	17	18
	p-(k)s(Lg) **	31-48	FP7/2	fSms	2-10	29,2	2,4	26,8	1,82	0,70	4	-	17,5	17
	p-s(Lg) **	0-34	FP11/1	mSfs	< 2	14,7	2,5	12,2	1,48	4,58	2	14,5	12,5	13
	p-s(lg)**	34-86	FP11/2	mSfs	< 2	18,6	0,6	18	1,55	6,02	2	14,5	12,5	16
	p-(k)s(Lg)**	34-54	FP17/2	Su2	2-10	21,8	2,6	19,2	1,69	7,10	3	16	16,5	17
	p-s(Lg)**	0-32	Ü3/1	mSfs	< 2	19,9	4,6	15,3	1,53	0,57	2	14,5	12,5	14
	p-s(Lg)**	42-170	Ü3/3	mSfs	< 2	14,3	1,0	13,3	1,61	1,19	3	12,5	12,5	13
-l	g-(k)l	73-125	FP7/4	Ls4	2-10	28,7	15,5	13,2	1,98	0,01	4	12,5	12	13
	p-(k)l	75-122	FP17/4	Sl4	2-10	22,8	15,2	7,6	1,92	0,01	4	14,5	14,5	15
	p-l	55-85	FP18/3	Ls4	< 2	33,9	21,2	12,7	1,97	0,01	4	12,5	12	13
	u-l	32-50	Ü10/8	Ls4	< 2	48,2	40,1	8,1	1,18	0,01	1	21	12	10
-u	p-u	70-80	Ü5/4	Ut3	< 2	36,3	16,0	20,3	1,84	0,02	4	21,5	22	22
-Mw	og-Mw, (Ft)	0-25	Ü5/1	St3	< 2	45,6	32,6	13,0	1,5	0,003	2	15,5	(14)	14
-Hn	Laborwert[2] og-Hn	38-49	FP6/2			58,8	46,2	9,6	1,1	0,01		40	40	40
	og-Hn	0-55	Ü4/1			80,3	42,0	38,3	0,24	0,008		40	40	40

Erläuterungen:

Sp. 10 : errechnet aus Rohdichte trocken (Anhang 2) + 0,009* Tongehalt

Sp. 12 : Wert Sp. 10 nach Tabelle 18 KA4 als Ld bestimmt

Sp. 13 : nach Tabelle 55 KA4

Sp. 14 : nach Tabelle 56 KA4 unter Verwendung Tongehalt

Sp. 15 : ermittelt aus Sp 9 und 13 bzw. 14

[1] nicht repräsentativ [2] Nutzungsart A, nicht repräsentiv

Anmerkung: Bei Fehlen von Ton- und Schluffangaben wurde der Gesamtgehalt an Ton und Schluff verwendet.

* bei periglaziären Überprägungen über fluviatilen Substraten

** bei periglaziärer Überprägung über glazigenen Substraten

Die Messungen für pF 1,8; 2,5 und 2,7 erfolgte an den ungestörten, wassergesättigten Zylinderproben in der Sand- bzw. Sand-/Kaolinbox (Sand bzw. Sand/Kaolin ersetzt hier die Membran). Die Zylinder verblieben in jeder Druckstufe etwa 7 Tage (abhängig vom Bodentyp, wurde hier als mittlere Zeit angesetzt, nach der in der jeweiligen Druckstufe kein weiteres Wasser ausgetrieben wurde). Nach jeder Druckstufe wurden die Zylinder aus den Boxen entnommen, gewogen und wieder eingesetzt. Nach Abschluß der Messungen wurden die Proben auf Massekonstanz bei 110 °C getrocknet und das Trockengewicht bestimmt. Die beiden hohen Druckstufen wurden am gestörten Material gemessen. Aus einem Zylinder wurden ca. 100 g Probematerial entnommen und mit Wasser zu einem Brei aufgesättigt und in Proberinge gestrichen, die in das Druckmembrangerät auf eine Zellophanmembran gesetzt wurden. Die Saugspannung wurde zum verbleibenden Wassergehalt im Boden in Beziehung gesetzt und so die Saugspannungskurven bzw. Wasserretentionskurven ermittelt. Für verschiedenen Böden und Substrate ergeben sich charakteristische Kurven. Aus der Retentionskurve, Rohdichte, Reindichte und der Korngrößenzusammensetzung (wurde hier nicht untersucht) sind weitere bodenkundliche Werte ableitbar.

Maßgebliche Eingangsparameter für die Bestimmung des pflanzenverfügbaren Bodenwassers (Wpfl) bei grundwasserbeeinflußten Standorten sind die nutzbare Feldkapazität innerhalb des effektiven Wurzelraumes (nFKWe) und der mittlere jährliche kapillare Aufstieg (KA). Dazu wurden zunächst die laborseitig bestimmten nFK-Werte einer Analyse unterzogen und mit den abgeleiteten Werten der KA4 verglichen (*Tab. 6.6*). Die laborseitig bestimmten nFK-Werte (*Tab. 6.6* Spalte 9) stellen die Differenz der Wasservolumenprozente zwischen pF-Stufe 1,8 und pF-Stufe 4,2 dar. Die Wasserspannungskurven (nicht dargestellt) zeigen deutlich, daß die Höhe der nutzbaren Feldkapazität der Sandböden von der Genese des Bodensubstrates abhängig ist. Die fluviatilen Sande weisen beispielsweise gegenüber den glazigenen Sanden eine höhere nutzbare Feldkapazität auf. Der Vergleich von bestimmten und abgeleiteten nFK-Werten zeigt bei einzelnen Substraten deutlichere Unterschiede, so daß die Untersuchungen der pF-Stufen gerechtfertigt sind.

Folgende nFK-Werte fanden Eingang in die Berechnung des pflanzenverfügbaren Bodenwassers:

Tab. 6.7: nFK-Werte für die Substrate Sand, Ton, Lehm, Schluff und Torf im Untersuchungsgebiet

Substrat	Tiefenbereich	nFK	Ld	Bemerkung
S(Sf,Sa)	0 - 20 dm	17 mm/dm	3	aus Laborwerten
S(Sg,Lg)	0 - 20 dm	15 mm/dm	3	aus Laborwerten
l	0 - 20 dm	14 mm/dm	4	abgeleitet aus Korngrößenverteilung
u	0 - 20 dm	22 mm/dm	4	abgeleitet aus Korngrößenverteilung; Laborwert zeigt ähnliche Größenordnung
Mw/F	0 - 8 dm	18 mm/dm		abgeleitet aus Korngrößenverteilung
Hn		40 mm/dm		aus Laborwert, abgeleitet aus KA4

Diese ausgewiesenen nFK berücksichtigen den Flächenanteil der überwiegend auftretenden Bodenarten wie folgt:

Tab. 6.8: Flächenanteil der sandigen Substrate im Untersuchungsgebiet

-S(Sf,Sa)		-S(Sg,Lg)		-l		-u	
mSfs	50-55 %	mSfs, fSms	50-60 %	Ls4	40-50 %	Ut3	30-35 %
fSms	35-40 %	Sl2, Su2	40-35 %	St3	20-25 %	Uls	30-35 %
Su2, St2	5-15 %			Sl4	20-25 %	Ut4	30-35 %

Da keine spezifischen Angaben zur effektiven Durchwurzelungstiefe (We) für die einzelnen Nutzungsarten im Untersuchungsgebiet vorliegen, wurde dieser Kennwert aus der KA4 (Tabelle 68) abgeleitet. Eingang in die Berechnung fanden folgende We für die Substrate:

Tab. 6.9: Mittlere effektive Durchwurzelungstiefe (We) der Substrate im Untersuchungsgebiet

Substrat	-s	-l	-u	-Hn, F	-Mw
We [dm]	7	8	9	4	9

Nach Renger & Strebel (1980b) wurde die ermittelte effektive Durchwurzelungstiefe für Grünland um 10 % gekürzt und für die Nutzungsart Wald um 20 % erhöht.

Im nächsten Schritt wurden die Tiefenstufen des Substratwechsels bei Mehrschichtenprofilen bestimmt. Anhand der Häufigkeit des Auftretens von Mächtigkeiten des oberen Substrates zeigte sich, daß Abweichungen von der in der KA4 vorgelegten Typisierung der vertikalen Substratabfolge begründet sind.

Beispiel:

Substratabfolge	Tiefenstufen nach KA4	Tiefenstufe des Substratwechsels im Untersuchungsgebiet
p-s/g-l(Lg)	3 - 7 ∅ 5,0	4 dm
p-s//g-l/Lg)	7 - 12 ∅ 9,5	8 dm
f-s/f-u	3 - 7 ∅ 5,0	3 dm

Bei gleichen Substratabfolgen konnten auch in Abhängigkeit von der Nutzungsart Unterschiede in der Tiefenstufe des Substratwechsels festgestellt werden. Zum Beispiel bei Substratabfolge f-s/f-l liegt der Substratwechsel bei 4 dm für die Nutzungsart Ackerland, jedoch bei 3 dm für die Nutzungsart Grünland.

Die Berechnung der nutzbaren Feldkapazität des effektiven Wurzelraumes (nFKWe) ist in Abhängigkeit vom Mittleren Grundwassertiefstand und der Nutzungsart erfolgt. Die ermittelten nFKWe-Werte erhielten i.d.R. die in *Tab. 6.10* angegebenen Zuschläge für den Humusgehalt. Für die Nutzungsart Wald wurde generell für den Humusgehalt ein Zuschlag in Höhe von 3 mm für den Ah-Horizont berücksichtigt.

Bei der Übertragung der nutzbaren Feldkapazität des effektiven Wurzelraumes auf die einzelnen Kartiereinheiten kamen bei engräumigem, aber nicht auskartiertem Wechsel der Substrattypen in der Fläche gemittelte nFKWe aus den Substrattypen der Kartiereinheit zur Anwendung. Als Beispiel sei hier genannt der engräumige Wechsel von p-s/g-l und p-s//g-l auf den Hochflächen:

$$\text{nFKWe} = \frac{119 + 108}{2} = 113 \text{ mm}$$

Ackerbaulich genutzte Standorte des Substrattyps og-Hn/f-s bzw. og-Hn\f-s wurden wie die Standorte des Substrattyps f-s behandelt.

Für die grundwasserfernen Standorte entspricht die errechnete nFKWe dem pflanzenverfügbaren Bodenwasser. Für grundwassernahe Standorte errechnet sich das pflanzenverfügbare Bodenwasser aus der nutzbaren Feldkapazität des effektiven Wurzelraumes (nFKWe) und dem mittleren kapillaren Aufstieg (KA).

Im Niederungsbereich liegt der Grundwasserspiegel häufig zwischen 4 und 16 dm unter GOF. Es war zunächst für die Berechnung der mittleren kapillaren Aufstiegsrate erforderlich, anhand der Obertiefe des Gr- bzw. Gor-Horizontes, die im allgemeinen den MNGW widerspiegelt, mittlere MNGW-Stufen zu bestimmen.

Für die einzelnen auftretenden Bodenarten in *Tab. 6.8* wurde in Anlehnung an die VKR 1.13, Tab. 1 und 2, die *Tab. 6.11* der mittleren kapillaren Aufstiegsraten für das Untersuchungsgebiet für zusammengefaßte Bodenarten abgeleitet.

Tab. 6.10: Zuschläge zur nFKWe in Abhängigkeit vom Humusgehalt

Substratbezeichnung	MNGW [dm]	Humusgehalt	Zuschlag [mm/dm]
f-s	6	h3 - h4	18
f-s	12, 16	h2 - h3	12
f-s	> 20	h1 - h2	3
f-s/f-u	6, 12	h3	15
f-s/f-l	12, 16	h2 - 3	12
f-s/fl	>20	h1 - h2	3
f-s/og-Mw	12	h3	12
f-l f-u	6, 12, 16	h1 - h2	12
a-s p-s(Sf) u-s	6, 12, 16	h1 - h2	3
p-s(Lg)	> 20	h2 - h2	3
f-s/g-l	12, 16	h2 - h3	12

Wie bereits ausgeführt, sind die Niederungsbereiche des Untersuchungsgebietes grundwasserbeeinflußt. Es war deshalb der kapillare Aufstieg zu berechnen. Zunächst wurden für die Berechnung der kapillaren Aufstiegsrate die MNGW übernommen und für das Untersuchungsgebiet eine Tabelle der mittleren kapillaren Aufstiegsraten unter Berücksichtigung der flächenhaften Verbreitung der einzelnen Bodenarten abgeleitet:

Tab. 6.11: Die mittlere kapillare Aufstiegsrate KR [mm/d] für die einzelnen Bodenarten des Untersuchungsgebietes

za (dm)*	2	3	4	5	6	7	8	9	10	12
Hn z4	4	2,2	1,1	0,6	0,3	0,2	0,1	< 0,1	-	-
Mudde	≥ 5	≥ 5	≥ 5	≥ 5	≥ 5	≥ 5	4,5	3	2,5	1,5
Sand (sf)	≥ 5	≥ 5	≥ 5	4	2	1,1	0,5	0,3	0,1	0,1
Lehm	≥ 5	≥ 5	≥ 5	4	2	1,1	0,4	0,2	0,1	0,1
Schluff	≥ 5	≥ 5	≥ 5	≥ 5	4	3	2	1,5	1,1	1,0
Sand (lg)	≥ 5	≥ 5	≥ 5	4	3	1,5	0,8	0,3	0,2	0,1

* Abstand zwischen der Grundwasseroberfläche (hier Obergrenze des Gr-oder Gor-Horizontes) und der Untergrenze des effektiven Wurzelraumes We

Die Grundlage dazu bildete die Tabelle 65 der KA4. Mittlere kapillare Aufstiegsraten unter 0,3 mm/d wurden nicht weiter verwendet.

Der mittleren Dauer des kapillaren Aufstieges (ta) bei einer kapillaren Aufstiegsrate KR $\geq$ 5 mm/d wurden bei den weiteren Berechnungen nach VKR 1.14 (Ermittlung der Dauer des kapillaren Aufstieges ta) für Ackerland 69 Tage, für Grünland und Wald je 120 Tage zugrunde gelegt. Der Wert für Ackerland ergibt sich aus dem Verhältnis der kartierten Fruchtarten im Untersuchungsgebiet. Für Grünland und Wald wurden die entsprechenden Werte der Tabelle 3 der VKR 1.14 als Näherung angenommen, da keine gebietsspezifischen Angaben vorliegen.

Der mittlere kapillare Aufstieg KA [mm] entspricht nach VKR 5.2 der Methodenbank NIBIS dem Produkt aus mittlerer kapillarer Aufstiegsrate (KR) und der Dauer des kapillaren Aufstiegs (ta).

Unter Berücksichtigung des Wasserbedarfes der Fruchtarten und der tatsächlichen klimatischen Verhältnisse ist es erforderlich, den mittleren kapillaren Aufstieg zu begrenzen. Der Höchstwert für den kapillaren Aufstieg ergibt sich aus der Differenz von kulturspezifischer Evapotranspiration und dem Niederschlag in der Vegetationsperiode.

Da Felduntersuchungsergebnisse zur Bestimmung der Evapotranspiration und der fruchtartenspezifischen potentiellen Evapotranspiration für die Nutzungsbedingungen des Untersuchungsgebietes nicht vorlagen, wurde das Verfahren nach der NIBIS-Methodenbank unter Nutzung der empirischen Faktoren von SPONAGEL & STREBEL (1981) zur Umrechnung der Evapotranspiration von HAUDE in die nutzartenspezifische potentielle Evapotranspiration zur Anwendung gebracht.

Die Berechnung des Höchstwertes für den kapillaren Aufstieg ergibt nach *Tab. 6.12* für Ackerland 218 mm, für Grünland 223 mm und für Wald 246 mm. Für die Niedermoore erfolgte die Begrenzung des kapillaren Aufstieges auf 223 mm.

Tab. 6.12: Bestimmung der Höchstwerte für den kapillaren Aufstieg [Ka_{max}]

KA_{max} = ETPa - Nv

ETPa - kulturspezifische Evapotranspiration [VKR4.4], errechnet aus ETP_{Haude} [mm/d]

Nv - Niederschlag in der Vegetationsperiode

Monat	ETP_{Haude}	$ETPa_{Acker}$		$ETPa_{Grünland}$		$ETPa_{Wald}$	
		Faktor	Größe	Faktor	Größe	Faktor	Größe
Mai	89,7	1,05	94,2	1,1	99	1,15	104
Juni	105,3	1,2	126,4	1,1	116	1,15	121
Juli	99,9	1,3	129,7	1,1	110	1,15	115
August	94,2	0,9	84,8	1,1	103	1,5	108
September	61,2	0,9	55,4	1,1	68	1,15	71
Summe ETPa		491		496		519	
KA_{max}		218		223		246	

Soweit erforderlich wurden für die Neigung, Exposition und Position der geneigten Standorte folgende aus Zweckmäßigkeitsgründen modifizierten Zu-/Abschläge berücksichtigt:

Tab. 6.13: Zu-/Abschläge [mm/a] auf die bzw. von der Sickerwasserrate [mm/a] in Abhängigkeit von der Exposition des Hanges und den Hangneigungsstufen:

Hangexposition	Hangneigungsstufe N2	N3
Südhang	- 20	- 50
Nordhang	+ 15	+ 40
Osthang/Westhang	± 0	± 0

Tab. 6.14: Zuschläge [mm/a] auf die Sickerwasserrate [mm/a] in Abhängigkeit von der Hangposition und Hangneigungsstufen

Hangexposition	Hangneigungsstufe N2	N3
Mittelhang	- 3	+ 6
Unterhang	+ 35	+ 45

Die Werte für die Hangneigungsstufe 2 wurden aus den Tabellen 1 und 2 der VKR 5.6 jeweils aus den Hangneigungsstufen N2.1 und N2.2 gemittelt. Das war erforderlich, da lediglich die im Gelände geschätzten Hangneigungsstufen sowie die Höhenangaben aus topographischen Karten vorhanden waren.

Für die Ortslagen erfolgten unterschiedliche Reduzierungen des Wpfl unter Berücksichtigung des Versiegelungsgrades. Die Berechnung der Sickerwassermenge für nicht versiegelte Flächenanteile erfolgte nach der Formel für Ackerland, da die zu den Häusern gehörenden Gärten überwiegend für den Eigenbedarf an Gemüse genutzt werden.

Kartographische Darstellung und Auswertung bodenkundlicher Parameter

Für das Untersuchungsgebiet wurde mittels UNIRAS-Routinenbibliothek ein Programm entwickelt, um im Verbund mit der Topographie raster- und vektororientierte Daten zu verarbeiten und darzustellen. Alle mit Topographie unterlegten Karten (siehe Abbildungen) basieren auf diesem Programm. Die große Anzahl an Aufschlüssen, vorrangig durch Altdatenanalyse gewonnen, ermöglichte den Einsatz geostatistischer Schätzverfahren. Anwendung fanden diese an klassifizierten Humus- und Karbonatgehalten sowie Pegelmessungen.

6.4 Ergebnisse

Kennzeichnung der Böden im näheren Untersuchungsgebiet

Die Lage der Aufschlüsse ist der *Abb. 6.6* zu entnehmen. Die im Untersuchungsgebiet angetroffenen Bodenprofile sind als bodenkundliche Kurzkennzeichnung in der *Tab. 6.15* dargestellt. Wie schon an anderer Stelle bemerkt, sind im Untersuchungsgebiet hinsichtlich der Grundwasserbeeinflussung zu unterscheiden:

grundwasserferne	-	MNGW	> 20 dm unter GOF
grundwassernahe	-	MNGW	< 16 dm unter GOF
Übergangsbereich	-	MNGW	16 - 20 dm unter GOF

Terrestrische Böden (MNGW > 20 dm unter GOF) sind als Braunerden, Fahlerden, Parabraunerden und Regosolen in den Hochflächengebieten anzutreffen. Unter Wald zeigen die Braunerden und Parabraunerden Übergänge zum Podsol. Die genannten Böden entwickelten sich auf den weichselzeitlichen Grundmoränen.

Das Profil FP11 (*Abb. 6.14*) markiert eine Braunerde, die sich auf glazifluviatilen weichselzeitlichen Sanden entwickelt hat. Die Bodenart dieser Sedimente ist Mittelsand. Der Aufschluß Ü3 (*Abb. 6.15*) repräsentiert als Bodenvarietät Bänderparabraunerde-Braunerde, die sich auf dem mit Geschiebe(deck-)sand bedeckten Geschiebelehm der Grundmoräne entwickelt hat. Gut zu erkennen sind Kryoturbationen und Fließstrukturen. Die Böden der Parabraunerde liegen überwiegend als typische Fahlerden vor. Das Leitprofil des Aufschlusses FP4 (*Abb. 6.16*) repräsentiert diese Böden. Gut erkennbar im Profil ist der mit hellem Sand gefüllte Eiskeil.

Der Subtyp Fahlerde-Braunerde wurde im Profil FP17 (*Abb. 6.17*) angetroffen. Die Horizonte dieses Profils sind mit Ausnahme des B_{tv}-Horizontes sandig.

Große Teile des Untersuchungsgebietes wurden periglaziär überprägt. Insbesondere auf den Grundmoränen sind überwiegend kryogene Lagen aus Geschiebedecksand über Fließerdelagen aus Geschiebelehm mit Mächtigkeit zwischen 30 und 40 cm ausgebildet. Die Wasserdurchlässigkeit der Böden ist anhand der im Labor ermittelten k_f - Werte insgesamt als gering bis mittel einzustufen. Lediglich sandig ausgebildete Horizonte weisen höhere k_f - Wert-Stufen auf.

Tab. 6.15: Bodenkundliche Kurzkennzeichnung der im Untersuchungsgebiet angetroffenen Bodenprofile/Schürfe

Profil	Abb. Nr.	Nutzungsart	Horizontfolge	GW in dm u. GOF	Bodensubtyp	Ergänzende bodensystematische Bemerkungen	Substrattyp
1		2	3	4	5	6	7
FP1		A	Ap/Bv/Go/Gr	11	Gley-Braunerde		f-s
FP2		O	nHmv/nHv/Ft/II Ghr	8	Niedermoor		og-Hn
FP3		G	eAh/reGo/Go/II Go/IIGor	12	(Norm-)Gley		p-s(Sf)//f-s
FP4	6.16	A	Ap/Ael/Bvt/III Cv	> 20	(Norm-) Fahlerde		p-(k)s-//g-(k)l
FP5		A	rGo/Ap/rGo/rGr /rGr-Go/Gr	14	(Norm-)Gley	reliktischer (Norm-) Gley infolge von GW-Absenkungen	f-s//p-(k)s
FP6	6.25	A	eAp/nHc/IIGor/I IGr	8,5	Humusgley	Humusreicher Humusgley als Varietät	og-Hn/f-s
FP7		A	Ap/Bv-Al/Al-Bv/IIBtv/IIIelCv	> 20	Parabraunerde Braunerde		p-(k)s//g-(k)l
FP8	6.26	A	jeM-Ap/jM-Go/jelCv-Go/IIGr-nHn	19,5	(Norm-)Gley	reliktischer (Norm-) Gley infolge GW-Absenkungen	oj-s
FP9	6.21	G	Go-Ap/Go/Gor/Gr	8	(Norm-)Gley		f-s
FP10		A	Ap/Ah-Bv/Bv/IIelCv/III lCv	> 20	(Norm-) Braunerde		p-(k)s/p-(k)l
FP11	6.14	A	Ap/rGo-Bv/IIrGo/IIrGro -Go/IIrGr-Go	> 20	(Norm-) Braunerde	reliktischer Gley - Braunerde	p-s(Lg)//f-s
FP12		A	Ap/IIrGo-rGr/-IIIrGr-Go/III-Go/IVGor/IVGr	14	(Norm-)Gley	reliktischer (Norm-) Gley	f-(k)s/p-(k)s
FP13		A	eAp/reGo/rGr-Go/Gr	12	(Norm-)Gley		f-s
FP14		A	eAp/IIreGr-eAh-/IIrGo/IIrGr-Go/IIIGor/IIIGr	14	(Norm-)Gley	reliktischer Gley durch GW-Absenkung	f-s//f-(k)s
FP15		A	Go-Ap/IIGo/-IISw-Go/IIIGr-Sd	9	(Norm-)Gley		f-s

Profil	Abb. Nr.	Nutzungsart	Horizontfolge	GW in dm u. GOF	Bodensubtyp	Ergänzende bodensystematische Bemerkungen	Substrattyp
1		2	3	4	5	6	7
FP16	6.22	A	Ap/IIGo/IIGr	7	(Norm-)Gley		f-s
FP17	6.17	A	Ap/Al-Bv/Ael/-Bt/IIBt+lCv/III lCv	> 20	Fahlerde-Braunerde	in der Fläche in Braunerde-Fahlerde übergehend	p-(k)s//p-(k)l
FP18		A	Ap/Ael/IIBt/IISw/IIISd	17,5	Fahlerde		p-(k)s/p-(k)l
Ü3	6.15	A	Ap/Bv/Bbt-lCv/lCv-Sw/lCv-Sd	> 20	Braunerde	Varietät Bänder-parabraunerde-Braunerde	p-(k)s/p-s
Ü4		O	Go-Hva/IIGr/IIIGr	6	Niedermoor		og-Hn/f-s
Ü5		A	eAp/eGo/IIGo-Sw/IIGr-Sd/IIIGr	9	Pseudogley-Pararendzina		og-Mw/p-s
Ü6	6.19	A	Ap/Bv/IIrGo/IIrGr	> 20	Gley-Braunerde	reliktische Gley-Braunerde	p-(k)s/f-s
Ü7	6.20	F	L+Of+Oh/Aeh/M/M-rGo/-IIrGor/IIIGor	20	Gley-Kolluvisol	podsolig; in der Fläche auch als (Norm-)Kolluvisol ausgebildet	a-s/f-s
Ü8	6.18	A	Ap/M/M-rGo/IIGo/IIGr	13	Gley-Kolluvisol		a-s/f-s
Ü9	6.23	A	Ap/rGor/Gro/IIGr	14	(Norm-)Gley	reliktischer (Norm-) Gley	a-s/p-(k)s
Ü10		A	eAp/eGho/IIrGr-Go/IIGr	12,5	Gley-Pararendzina	in der Fläche mit (Norm-)Gley zusammen auftretend	og-Mw/f-s
Ü11		A	Ap/rGr-Go/Go/Gr	9	(Norm-)Gley		f-s
Ü12	6.24	A	eAp/elC/rGr-Go/Gr	13	Gley-Pararendzina	in der Fläche mit (Norm-)Gley zusammen auftretend	oj-s/f-s

In den grundwasserfernen Niederungsgebieten und an Hängen mit einem MNGW >16 dm unter GOF entwickelten sich auf glazifluviatilen Sanden, Geschiebedecksanden sowie Flugsanden vorwiegend Regosole und Braunerden, z. T. auch Kolluvisole. Die in der Bodenformenkarte ausgewiesenen Gleye, insbesondere südlich der Deponie Schöneicher Plan, sind durch die Grundwasserabsenkung beeinflußt. Die typische Zeichnung der Gleye ist noch vorhanden, wie im Aufschluß Ü8 (*Abb 6.18*) und im Aufschluß Ü6 (*Abb. 6.19*).

Außerhalb des eigentlichen Niederungsgebietes südlich und südwestlich der beiden Deponien (Waldgebiete zwischen Schöneiche und Motzener See sowie zwischen Muckergraben und der Bundesstraße B246) entwickelten sich auf den glazifluviatilen Sanden des Weichselglazials Böden des Typs Braunerde und seiner Übergänge zu anderen Typen (Gley-Braunerde, Podsol-Braunerde) und aus den flugsandbedeckten glazifluviatilen Sanden Böden des Typs Kolluvisol mit den Subtypen Gley-Kolluvisol und z. T. Podsol-Kolluvisol. Das Profil des Aufschlusses Ü7 (*Abb. 6.20*) zeigt ein (Norm-) Kolluvisol.

Die Wasserdurchlässigkeit der fast ausschließlich sandigen Böden ist äußerst hoch bis sehr hoch. Die k_f- Werte liegen über 3 m/d.

Im Niederungsbereich wurden Böden der Typen Gley, Niedermoor, Rendzina, Pseudogley, Braunerden, oft in vielfältigen Subtypen und Varieäten angetroffen.

Im Südwesten des Untersuchungsgebietes kommt im Randbereich der Luchwiesen auch der Typ Rambla vor, der lediglich auf der Basis der Grablochbeschriebe ausgewiesen wurde.

Die Profile der Schürfe FP9 (*Abb. 6.21*) und FP16 (*Abb. 6.22*) sind als Leitprofil typischer Gleye mit Lage der Oberfläche des Gr-Horizontes zwischen 8 und 13 dm unter GOF anzusehen. Im Profil FP9 ist erkennbar, daß auch heute noch der Grundwasserspiegel Schwankungen unterliegt und insbesondere im Frühjahr bis auf ca. 4,5 dm unter GOF ansteigen kann. Das Profil Ü9 (*Abb. 6.23*), ebenfalls noch ein typischer Gley, zeigt aus Sicht der Verfasser im Bereich zwischen 3 - 8 dm, daß der Grundwasserspiegel zu anderen Zeiten höher stand.

Die Gleye haben sich auf mittelsandigen bis feinsandigen Substraten entwickelt. Die Humusgehalte liegen im Mittel zwischen 2 und 6 %.

Bereiche mit einem Humusgehalt von mehr als 8 %, welche die Subtypen humushaltige Gleye und Humusgleye präsentieren, befinden sich vorwiegend nördlich und südlich des Zülowkanals, in der Nachbarschaft von Niedermooren und in geringerer Verbreitung nördlich der Deponie Schöneicher Plan. Im Gegensatz zu den (Norm-)Gleyen, die sich auf sehr gut wasserdurchlässigen mittelsandigen bis feinsandigen Substraten entwickelt haben, entstanden die humushaltigen Gleye und Humusgleye auch auf holozänen geringmächtigen Flußlehmen.

Nördlich der beiden Deponien zeigt der Aufschluß Ü12 (*Abb. 6.24*) einen typischen Vertreter des Subtyps Gley-Pararendzina. Gley-Rendzina und Rendzina-Gley entwickelten sich auf holozänem Wiesenmergel bzw. carbonathaltigem Flußlehm.

Die Subtypen Gley-Braunerde bzw. Braunerde-Gley, die infolge geringer Anzahl von Schürfen sich nicht konkret auskartieren ließen, entwickelten sich überwiegend aus Flußsanden. Als Leitprofil mag der Aufschluß Ü6 (*Abb. 6.19*) gelten. Die Wasserdurchlässigkeit ist auf Grund der mittelsandigen Ausbildung der Bodenprofile sehr hoch.

Leitprofile für die Niedermoorflächen stellen die Aufschlüsse Ü4 und FP2 dar. Die Zersetzung des Torfes erreicht die Stufe z4. Der Grundwasserspiegel befindet sich in beiden Aufschlüssen unterhalb des Hn-Horizontes zwischen 6 und 8 dm unter GOF.

Ein für die durch landwirtschaftliche Nutzung eingetretenen Bodenveränderungen typisches Profil wurde im Aufschluß FP6 (*Abb. 6.25*) angetroffen. Unterhalb des Ap-Horizontes, der einen Humusgehalt von nur noch 11,9% aufweist, sind noch 11 cm des ursprünglich hier vorhandenen Niedermoores (Humusgehalt in der entnommenen Probe 42 %) vorhanden. Der Aufschluß FP8 (*Abb. 6.26*) nördlich der Deponie Schöneicher Plan gelegen, verkörpert das Bodenprofil eines Gleyes, der sich aus anthropogen umgelagerten natürlichem Material gebildet hat. Die Umlagerung des natürlichen mittelsandigen bis feinsandigen Materials erfolgte im Zusammenhang mit dem Tonabbau Schöneicher Plan wahrscheinlich im Zeitraum 1885 bis ca. 1905. Bei 1,58 m unter GOF wurde Niedermoor angetroffen.

Festzustellen ist, daß die Verwendung der Grablochbeschriebe für die Einstufung der carbonathaltigen Böden des Niederungsbereiches im engeren Untersuchungsgebiet ein Problem darstellte und die vorgenommene Abgrenzung nicht in jedem Fall eindeutig sein muß.

Horizonte	Substrate
Ap	p-s
Bv	p-s
II rGro	f-s
II rGo2	f-s
II rGr-Go	f-s

Bodentyp: **Braunerde**

Substrattyp: **p-s//f-s**

Abb. 6.14: Schurf FP11

Abb. 6.15: Schurf Ü3

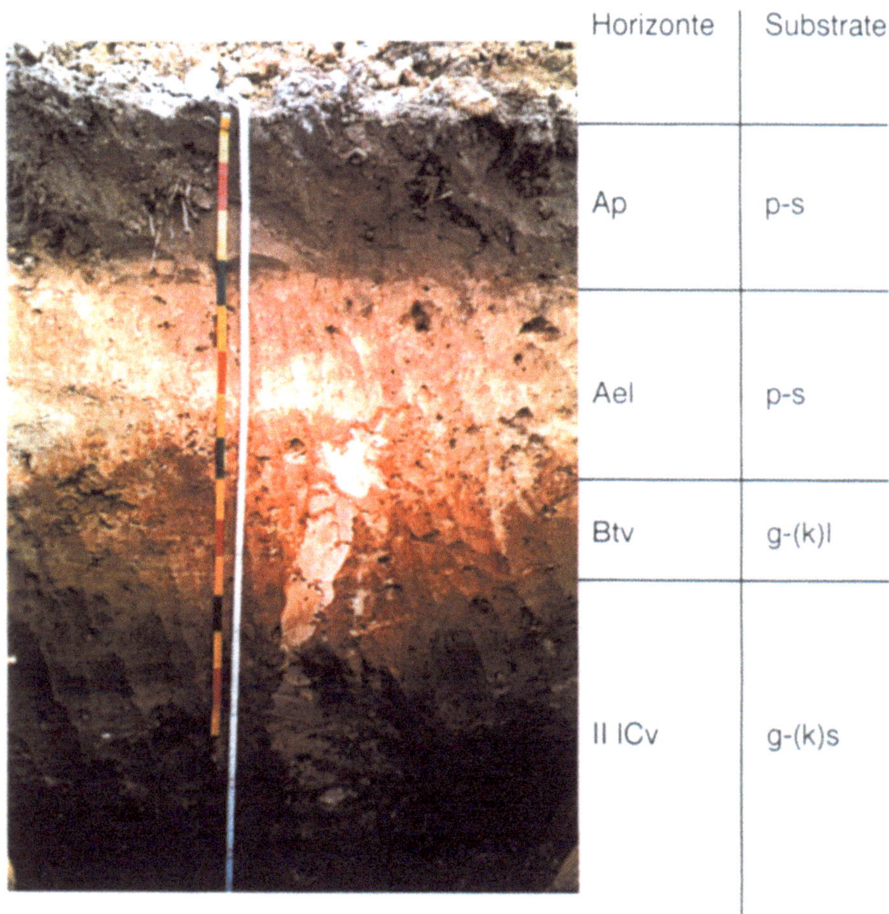

Bodentyp: Fahlerde

Substrattyp: p-s//p-(k)l

Abb. 6.16: Schurf FP4

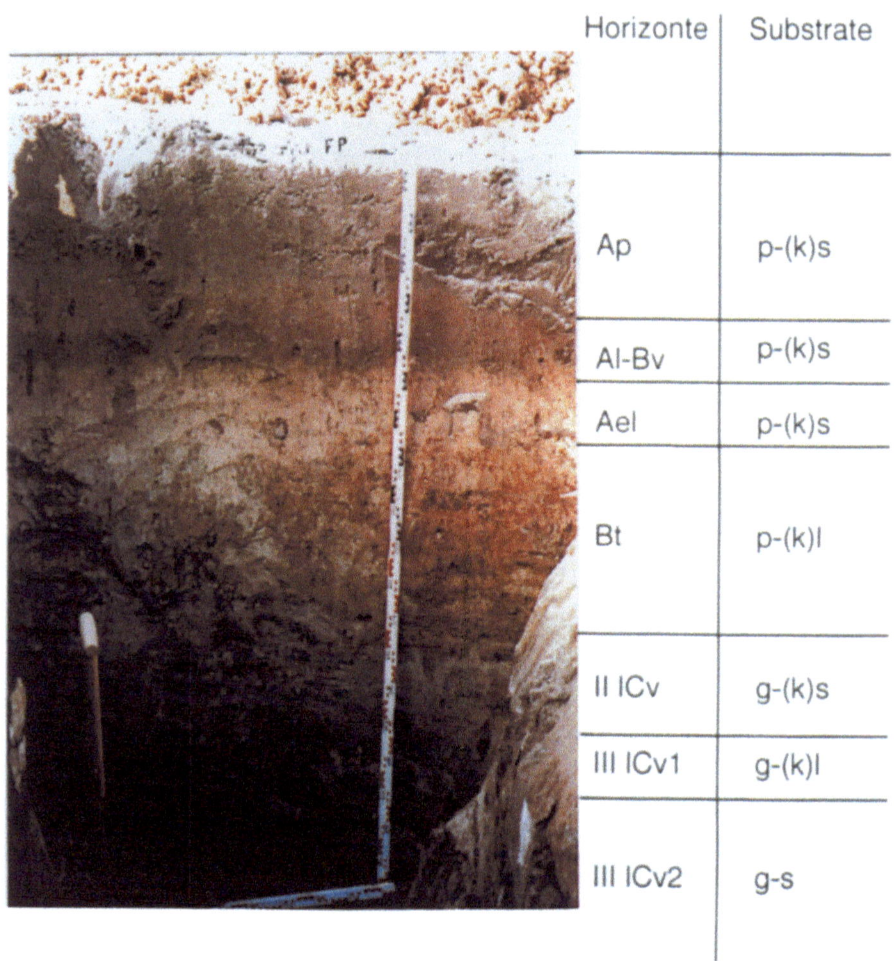

Abb. 6.17: Schurf FP17

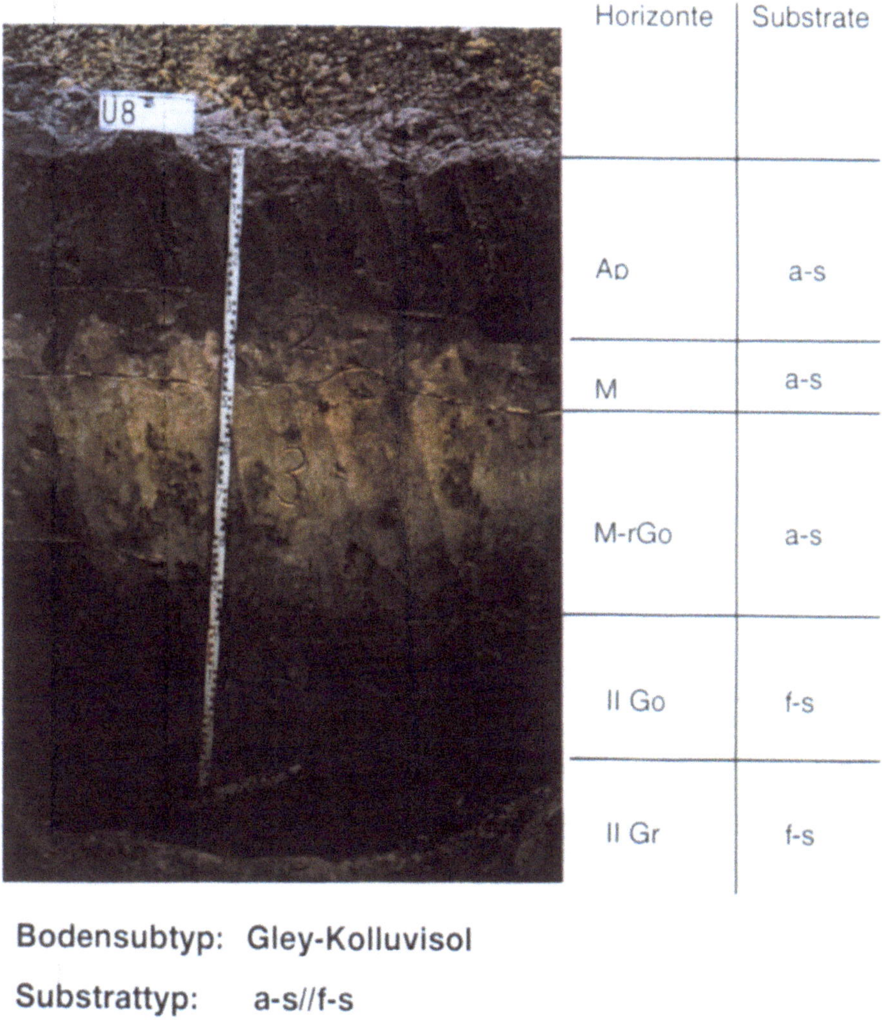

Horizonte	Substrate
Ap	a-s
M	a-s
M-rGo	a-s
II Go	f-s
II Gr	f-s

Bodensubtyp: Gley-Kolluvisol

Substrattyp: a-s//f-s

Abb. 6.18: Schurf Ü8

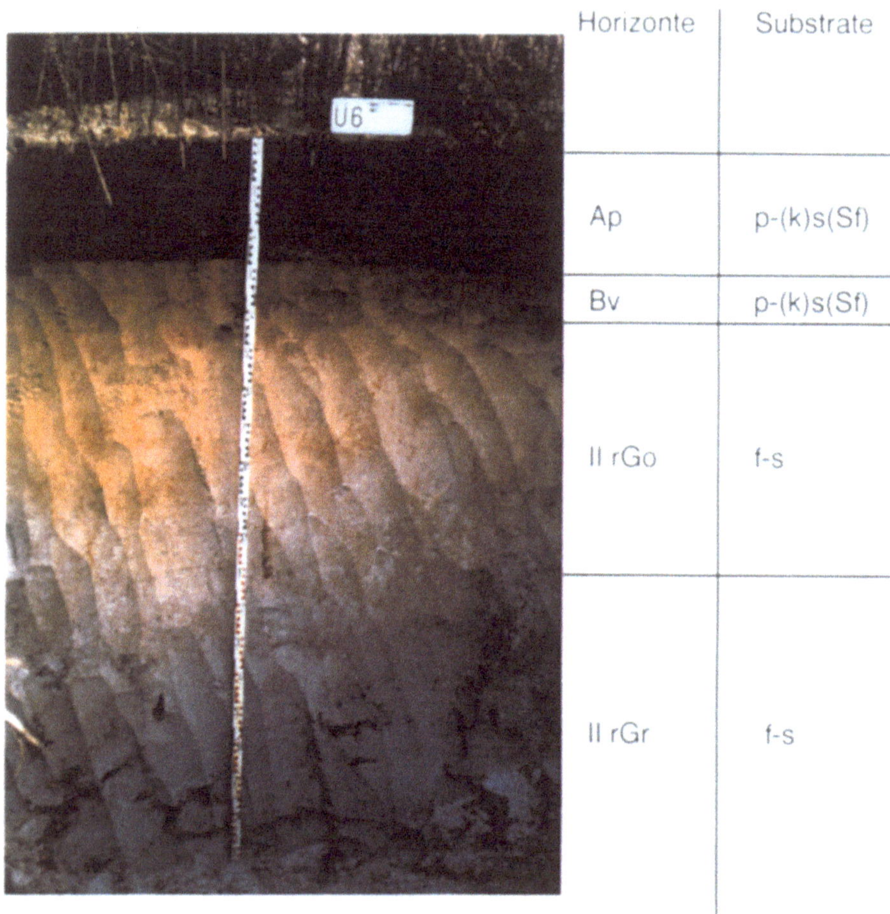

Abb. 6.19: Schurf Ü6

Horizonte	Substrate
L	
Of+Oh	a-s
Aeh	a-s
M	a-s
M-rGo	a-s
II rGor	p-s
III Gor1	f-s
III Gor2	f-s

Bodentyp: Gley-Kolluvisol

Substrattyp: a-s/p-s

Abb. 6.20: Schurf Ü7

Horizonte	Substrate
Go-Ap	f-s
Go	f-s
Gor	f-s
Gr	f-s

Bodentyp: Gley

Substrattyp: f-s

Abb. 6.21: Schurf FP9

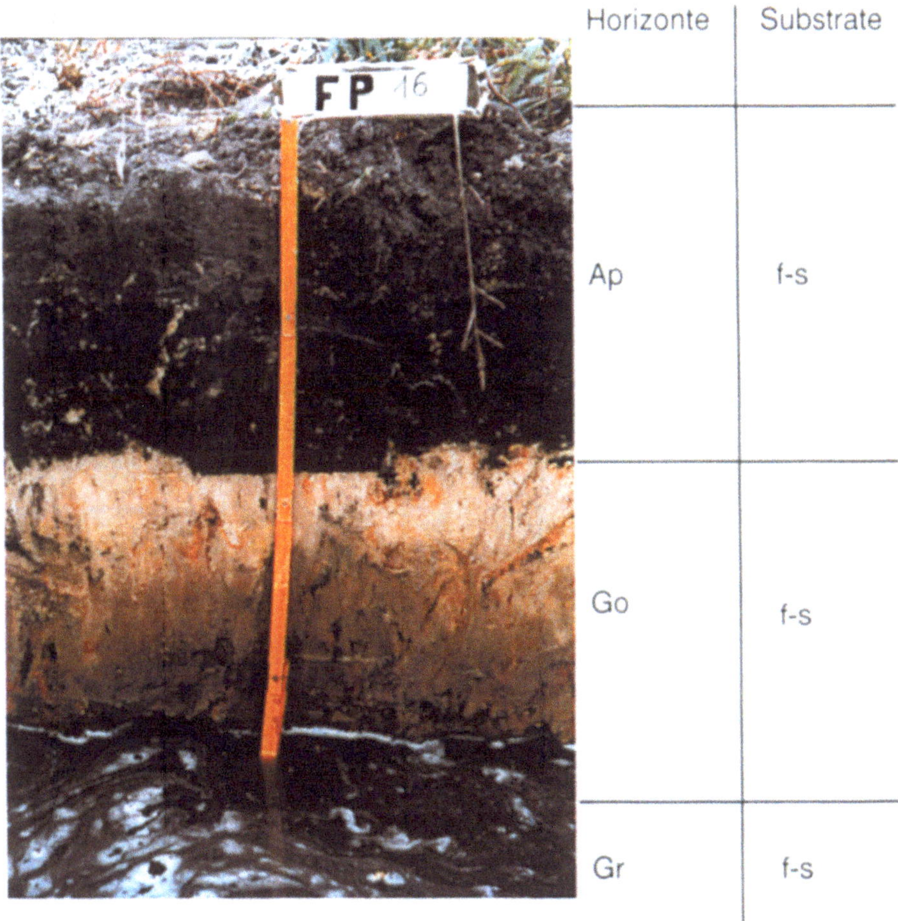

Bodentyp: Gley

Substrattyp: f-s

Abb. 6.22: Schurf FP16

Horizonte	Substrate
Ap	a-s
rGor	p-(k)s
Gro	p-(k)s
II Gr	f-s

Bodentyp: Gley

Substrattyp: p-(k)s//f-s

Abb. 6.23: Schurf Ü9

Horizonte	Substrate
eAp	u-s
elC	u-s
fAh	f-s
rGr-Go	f-s
Gr	f-s

Bodensubtyp: **Gley-Pararendzina**

Substrattyp: **oj-s/f-s**

Abb. 6.24: Schurf Ü12

Horizonte	Substrate
eAp	og-Hn
nHc	og-Hn
II Gor	f-s
II Gr	f-s

Bodensubtyp: Humusgley

Varietät: Humushaltiger Humusgley

Substrattyp: og-Hn/f-s

Abb. 6.25: Schurf FP6

Abb. 6.26: Schurf FP8

Tab. 6.16: Berechnung der jährlichen Sickerwasserrate für die Kartiereinheiten

Lfd.-Nr.	Nutzungsart	Substratbezeichnung	MNGW [dm]	Weff [dm]	nFKWe [mm/dm]	Aufstiegsrate [mm/d]	Aufstiegsdauer [d]	kapillarer Aufstieg [mm]	Wpfl [mm]	Sickerwasserrate [mm/a/m²]	Neigungsstufe	Hangposition	Hangexposition	Hangposition	Hangexposition	Summe Sickerwasserrate [mm/a/m²]
1	2	3	4	5	6	7	8	9	10	11	12	13	14	15	16	17
1	A	f-s, og-Hn/f-s og-Hn\f-s	6	6	120	5	69	218	338	+ 36	-	-	-	-	-	+ 36
2	A	a-s/f-s	6	6	105	5	69	218	323	+ 39	-	-	-	-	-	+ 39
3	A	f-s, og-Hn/f-s og-Hn\f-s	12	7	137	4	61	218	355	+ 33	-	-	-	-	-	+ 33
4	A	a-s/f-s	12	7	122	4	60	218	340	+ 36	-	-	-	-	-	+ 36
5	A	f-s	16,20	7	131	-	-	-	131	+ 99	-	-	-	-	-	+ 99
6	A	a-s p-s(Sf) p-s(Sf)/f-s u-s/f-s p-s/Sf)//f-s a-s//f-s u-s/f-s u-s\f-s	16	7	122	0,3	34	10	132	+ 99	-	-	-	-	-	+ 99
7	A	a-s p-s(Sf) p-s(Sf)/f-s u-s/f-s p-s (Sf)//f-s a-s//f-s u-s/f-s u-s\f-s	12	7	122	4	60	218	340	+ 36	-	-	-	-	-	+ 36
8	A	f-l	12	8	124	5	69	218	342	+ 36	-	-	-	-	-	+ 36
9	A	f-s/p-s(Sf)	12	7	137	4	61	218	355	+ 33	-	-	-	-	-	+ 33
10	A	f-s/og-Mw	6	6	123	5	69	218	341	+ 36	-	-	-	-	-	+ 36
11	A	f-s/p-s(Lg)	> 20	7	118	-	-	-	118	+ 107	-	-	-	-	-	+ 107
12	A	f-s/f-l	> 20	8	127	-	-	-	127	+ 101	-	-	-	-	-	+ 101
13	A	p-s(Lg)/g-l	> 20	8	119	-	-	-	119	+ 107	-	-	-	-	-	+ 107
14	A	p-sLg)//g-l	> 20	7	108	-	-	-	108	+ 113	-	-	-	-	-	+ 113

Fortsetzung Tab. 6.16

Lfd. -Nr.	Nutzungs art	Substratbezeichnung	MNGW [dm]	Weff [dm]	nFKWe [mm/-dm]	Auf-stiegs-rate [mm/d]	Auf-stiegs-dauer [d]	kapil-larer Aufstieg [mm]	Wpfl [mm]	Sicker-wasserrate [mm/a/m²]	Nei-gungs stufe	Hang-posi-tion	Hang-expo-sition	Hang-posi-tion	Hang-expo-sition	Summe Sicker-wasserrate [mm/a/m²]
1	2	3	4	5	6	7	8	9	10	11	12	13	14	15	16	17
15	A	p-sLg)/g-l p-sLg)//g-l	> 20	-	-	-	-	-	114	+ 109	-	-	-	-	-	+ 109
16	A	f-s/f-l f-s/g-l	12	8	139	5	69	218	357	+ 33	-	-	-	-	-	+ 33
17	A	f-s//f-l f-s//g-l	12	7	131	4	61	218	349	+ 34	-	-	-	-	-	+ 34
18	A	f-s//f-l f-s//g-l	16	7	131	0,4	36	14	145	+ 93	-	-	-	-	-	+ 93
19	A	p-s/g)a-s p-s/g-s	> 20	7	108	-	-	-	108	+ 113	-	-	-	-	-	+ 113
20	A	f-l/f-s	6	6	102	5	69	218	320	+ 40	-	-	-	-	-	+ 40
21	A	f-l/f-s	12	7	119	4	60	218	337	+ 36	-	-	-	-	-	+ 36
22	A	f-l/f-s	16	7	119	0,3	34	10	129	+ 100	-	-	-	-	-	+ 100
23	A	f-s/og-Mw	12	9	123	5	69	218	341	+ 36	-	-	-	-	-	+ 36
24	A	f-s/og-Mw	6	6	123	5	69	218	341	+ 36	-	-	-	-	-	+ 36
25	A	f-s/og-Hn	6	5	126	4	60	218	354	+ 33	-	-	-	-	-	+ 33
26	A	f-s/og-Hn	12	5	126	-	-	-	126	102	-	-	-	-	-	+ 102
27	A	f-u/f-s	6	6	134	5	69	218	352	+ 33	-	-	-	-	-	+ 33
28	A	f-u/f-s	12	7	151	4	62	218	369	+ 30	-	-	-	-	-	+ 30
29	A	f-u/f-s	16	7	151	-	-	-	151	+ 90	-	-	-	-	-	+ 90
30	A	f-u	6	6	144	5	69	218	362	+ 32	-	-	-	-	-	+ 32
31	A	f-u	12	9	210	5	69	218	362	+ 32	-	-	-	-	-	+ 32
32	A	f-u	16	9	210	3	50	150	360	+ 32	-	-	-	-	-	+ 32
33	A	f-l	16	8	124	5	69	218	342	+ 36	-	-	-	-	-	+ 36

Fortsetzung Tab. 6.16

Lfd.-Nr.	Nutzungsart	Substratbezeichnung	MNGW [dm]	Weff [dm]	nFKWe [mm/dm]	Aufstiegsrate [mm/d]	Aufstiegsdauer [d]	kapillarer Aufstieg [mm]	Wpfl [mm]	Sickerwasserrate [mm/a/m²]	Neigungsstufe	Hangposition	Hangexposition	Hangposition	Hangexposition	Summe Sickerwasserrate [mm/a/m²]
1	2	3	4	5	6	7	8	9	10	11	12	13	14	15	16	17
34	A	f-l	12	8	124	0,4	35	14	148	+ 91	-	-	-	-	-	+ 91
35	A	f-s/f-u	6	6	132	5	69	218	350	+ 33	-	-	-	-	-	+ 33
36	A	f-s/f-u	12	9	198	5	69	218	416	+ 23	-	-	-	-	-	+ 23
37	A	f-s\f-u	6	6	136	5	69	218	354	+ 33	-	-	-	-	-	+ 33
38	A	f-s/f-l	16	8	119	0,4	35	14	133	+ 98	-	-	-	-	-	+ 98
39	A	p-s(Lg)/g-s(Lg)	> 20	7	108	-	-	-	108	+ 113	3	MH	SH	+ 6	- 50	+ 69
40	A	p-s(Lg)/g-s(Lg)	> 20	7	108	-	-	-	108	+ 113	2	MH	SH	+ 3	- 20	+ 96
41	A	p-s/Lg)/g-l/Lg)	> 20	8	119	-	-	-	119	+ 107	2	MH	SH	+ 3	- 20	+ 90
42	A	p-s(lg)//g-l(Lg)	> 20	7	108	-	-	-	108	+ 113	2	MH	SH	+ 3	- 20	+ 96
43	A	p-s(Lg)/g-l(Lg)	> 20	8	119	-	-	-	119	+ 107	2	MH	SH	+ 3	+ 15	+ 125
44	A	p-s(Lg)//g-l(Lg)	> 20	7	108	-	-	-	108	+ 113	2	MH	SH	+ 3	+ 15	+ 131
45	A	p-s(Lg)/g-l(Lg)	> 20	8	119	-	-	-	119	+ 107	3	MH	SH	+ 6	- 50	+ 63
46	A	p-s(Lg)//g-l(Lg)	> 20	7	108	-	-	-	108	+ 113	3	MH	SH	+ 6	- 50	+ 69
47	A	p-s(Lg); p-s(Lg)/g-s(Lg)	> 20	7	108	-	-	-	108	+ 113	2	MH	SH	+ 3	+ 15	+ 131
48	G	og-Hn\f-u	6	6	186	5	120	223	409	- 119	-	-	-	-	-	- 119
49	G	f-u	6	6	144	5	120	223	367	- 106	-	-	-	-	-	- 106
50	G	f-s	6	6	120	5	120	223	333	- 94	-	-	-	-	-	- 94
51	G	f-s\f-u	6	6	134	5	120	223	357	- 103	-	-	-	-	-	- 103

Fortsetzung Tab. 6.16

Lfd. -Nr.	Nut-zungs art	Substratbezeichnung	MNGW [dm]	Weff [dm]	nFKWe [mm/-dm]	Auf-stiegs-rate [mm/d]	Auf-stiegs-dauer [d]	kapil-larer Aufstieg [mm]	Wpfl [mm]	Sicker-wasserrate [mm/a/m^2]	Nei-gungs stufe	Hang-posi-tion	Hang-expo-sition	Hang-posi-tion	Hang-expo-sition	Summe Sicker-wasserrate [mm/a/m^2]
1	2	3	4	5	6	7	8	9	10	11	12	13	14	15	16	17
52	G	f-s; p-s/f-s	12	6	114	2	65	130	174	- 14	-	-	-	-	-	- 14
53	G	f-s\f-u	12	8	178	5	120	223	401	- 117	-	-	-	-	-	- 117
54	G	og-Hn\f-s	6	6	148	5	120	223	371	- 108	-	-	-	-	-	-108
55	G	og-Hn\f-s	12	6	148	2	73	146	194	- 27	-	-	-	-	-	- 27
56	G	og-Hn/f-s	6	6	171	5	120	223	394	- 115	-	-	-	-	-	- 115
57	G	og-Hn/f-s	12	6	171	2	78	156	327	- 92	-	-	-	-	-	- 92
58	G	f-l/f-s	6	6	102	5	120	223	325	- 92	-	-	-	-	-	- 92
59	G	f-l/f-s	12	6	102	2	64	128	230	- 48	-	-	-	-	-	- 48
60	G	f-l/f-s	16	6	102	-	-	-	102	+ 53	-	-	-	-	-	+ 53
61	G	f-l	6	6	110	5	120	223	333	- 94	-	-	-	-	-	- 94
62	G	f-l	12	6	110	4	101	223	333	- 94	-	-	-	-	-	- 94
63	G	f-s	16	16	114	-	-	-	114	+ 39	-	-	-	-	-	+ 39
64	G	f-s/f-u	6	6	135	5	120	223	358	- 103	-	-	-	-	-	- 103
65	G	f-s/f-u	12	8	173	5	120	223	396	- 116	-	-	-	-	-	- 116
66	G	f-u/f-s	6	6	134	5	120	223	357	- 103	-	-	-	-	-	- 103
67	G	f-u/f-s	12	6	134	2	70	140	274	- 70	-	-	-	-	-	- 70
68	G	og-Hn	6	3	120	2,2	70	154	274	- 70	-	-	-	-	-	- 70
69	G	og-Mw/f-s	6	6	119	5	120	223	342	- 98	-	-	-	-	-	- 98
70	G	f-s/og-Hn	6	6	77	2,2	60	132	209	- 37	-	-	-	-	-	- 37

Fortsetzung Tab. 6.16

Lfd. -Nr.	Nutzungs art	Substratbezeichnung	MNGW [dm]	Weff [dm]	nFKWe [mm/-dm]	Auf-stiegs-rate [mm/d]	Auf-stiegs-dauer [d]	kapil-larer Aufstieg [mm]	Wpfl [mm]	Sicker-wasserrate [$mm/a/m^2$]	Nei-gungs stufe	Hang-posi-tion	Hang-expo-sition	Hang-posi-tion	Hang-expo-sition	Summe Sicker-wasserrate [$mm/a/m^2$]
1	2	3	4	5	6	7	8	9	10	11	12	13	14	15	16	17
71	G	f-s/f-l	12	7	119	4	-	223	342	- 98	-	-	-	-	-	- 98
72	F	f-s/p-s(Sf) a-s, f-s	16	8,5	148	0,8	57	46	194	- 15	-	-	-	-	-	- 15
73	F	p-s(Sf)/f-s a-s, f-s p-s(Sf)/f-s	> 20	8,5	148	-	-	-	148	+ 4	-	-	-	-	-	+ 4
74	F	p-s/Lg), g-s(Lg) p-s(Lg)/g- s(Lg)	16> 20	8,5	131	-	-	-	131	+ 13	-	-	-	-	-	+ 13
75	F	f-s, a-s	12	8,5	148	5	120	246	394	- 66	-	-	-	-	-	- 66
76	F	u-s/og-Hn	12	6	125	0,3	51	15	140	+ 8	-	-	-	-	-	+ 8
77	F	p-s(Lg)/g-l(Lg)	> 20	9,5	140	-	-	-	140	+ 8	-	-	-	-	-	+ 8
78	F	p-s(Lg(//g-l(Lg)	> 20	9,5	144	-	-	-	144	+ 6	-	-	-	-	-	+ 6
79	F	f-s/og-Mw	> 20	9	161	-	-	-	161	- 2	-	-	-	-	-	- 2
80	F	p-s/Lg), g-s(Lg) ps-(Lg)/g-s(Lg)	> 20	8,5	131	-	-	-	131	+ 13	3	MH	NH	+ 6	+ 40	+ 59
81	F	p-s(Lg), g-s(Lg) p-s/Lg)/g-s(LG)	> 20	8,5	131	-	-	-	131	+ 13	3	MH	SH	+ 6	- 50	- 31
82	F	a-s	> 20	8,5	148	-	-	-	148	- 4	3	MH	NH	+ 6	+ 40	+ 42
83	F	a-s	> 20	8,5	148	-	-	-	148	- 4	3	MH	SH	+ 6	- 50	- 48
84	F	p-s(Lg)/g-l(Lg)	> 20	9,5	140	-	-	-	140	+ 8	3	MH	NH	+ 6	+ 40	+ 54
85	F	p-s(Lg)/g-l(Lg)	> 20	9,5	140	-	-	-	140	+ 8	2	MH	SH	+ 3	- 20	- 9

Fortsetzung Tab. 6.16

Lfd. -Nr.	Nutzungs art	Substratbezeichnung	MNGW [dm]	Weff [dm]	nFKWe [mm/-dm]	Auf-stiegs-rate [mm/d]	Auf-stiegs-dauer [d]	kapil-larer Aufstieg [mm]	Wpfl [mm]	Sicker-wasserrate [mm/a/m²]	Nei-gungs stufe	Hang-posi-tion	Hang-expo-sition	Hang-posi-tion	Hang-expo-sition	Summe Sicker-wasserrate [mm/a/m²]
1	2	3	4	5	6	7	8	9	10	11	12	13	14	15	16	17
86	F	p-s(Lg)//g- (Lg)	> 20	9,5	144	-	-	-	144	+ 6	3	MH	NH	+ 6	+ 40	+ 52
87	F	p-s(Lg)//g-l(Lg)	> 20	-	-	-	-	-	-	-	2	MH	NH	+ 3	+ 15	+ 24
88	F	p-s(Lg)//g-l(Lg)	> 20	9,5	144	-	-	-	144	+ 6	2	MH	SH	+ 3	- 20	- 11
89	F	p-s(Lg)/g-l(Lg) + p-s(Lg)//g-l(Lg)	> 20	-	-	-	-	-	142	+ 7	3	MH	SH	+ 6	- 50	- 37
90	F	p-s(Lg), g-s(Lg) p-s(Lg)/g-l(Lg)	> 20	8,5	131	-	-	-	131	+ 13	2	MH	NH	+ 3	+ 40	+ 56
91	F	p-s(Lg), g-s(Lg) p-s(Lg)/g-s(Lg)	> 20	8,5	131	-	-	-	131	+ 13	2	MH	SH	+ 3	- 20	- 4
92	F	p-s(Lg), g-s(Lg) p-s(Lg)/g-s(Lg)	> 20	8,5	131	-	-	-	-	+ 13	3	MH	NH	+ 6	+ 40	+ 59
93	F	p-s(Lg)/g-s(Lg)	> 20	8,5	131	-	-	-	131	+ 13	3	MH	SH	+ 6	- 50	- 31
94	O	og-Hn og-Hn/f-s	6	4	160	4	120	223	383	- 112	-	-	-	-	-	- 112
95	O	og-Hn	12	4	160	-	-	-	160	- 3	-	-	-	-	-	- 3
96	O	og-Hn/f-s	12	4	160	0.5	60	30	190	- 25	-	-	-	-	-	- 25
97	A	og-Mw/f-s	12	7	132	4	61	218	350	+ 33	-	-	-	-	-	+ 33
98	A	f-s/f-l	6	6	114	5	69	218	332	+ 36	-	-	-	-	-	+ 36
99	A	p-s/g-s	16	7	108	0.3	34	10	118	+ 107	-	-	-	-	-	+ 107
100	A	p-s/g-s	12	7	108	4	60	218	326	+ 36	-	-	-	-	-	+ 36

Fortsetzung Tab. 6.16

Lfd. -Nr.	Nutzungs art	Substratbezeichnung	MNGW [dm]	Weff [dm]	nFKWe [mm/-dm]	Auf-stiegs-rate [mm/d]	Auf-stiegs-dauer [d]	kapil-larer Aufstieg [mm]	Wpfl [mm]	Sicker-wasserrate [mm/a/m²]	Nei-gungs stufe	Hang-posi-tion	Hang-expo-sition	Hang-posi-tion	Hang-expo-sition	Summe Sicker-wasserrate [mm/a/m²]
1	2	3	4	5	6	7	8	9	10	11	12	13	14	15	16	17
101	F	ps-/g-s	16	8,5	131	0.8	57	46	177	- 14	-	-	-	-	-	- 14
102	F	p-s/g-s	> 20	8,5	131	-	-	-	131	+ 13	3	MH	OH/WH	+ 6	-	+ 13
103	F	p-s/g-s	> 20	8,5	131	-	-	-	131	+ 13	2	MH	OH/WH	+ 3	-	+ 13
104	A	f-s/f-l	12	8	114	5	60	218	332	+ 36	-	-	-	-	-	+ 36
105	F	a-s/f-s	12	8,5	148	5	120	246	394	- 66	-	-	-	-	-	- 66
106	F	a-s/f-s	16	8,5	148	0.8	57	46	194	- 15	-	-	-	-	-	- 15
107	F	a-s/f-s	> 20	8,5	148	-	-	-	148	+ 4	-	-	-	-	-	+ 4

Erläuterungen:

Spalte 10: für grundwasserferne Standorte gleich Sp. 6 für grundwasserbeeinflußte Standorte, Summe aus Sp. 6 und Sp. 10
Spalte 11: Errechnet nach (NIBIS) VKR 5.6
Spalte 12-14: aus topographische Karte, s. *Abb. 6.6*
Spalte 15-16: Kap. 6.3

Bodenchemie

Die Untersuchungsergebnisse der bodenchemischen Untersuchungen gestatten aufgrund ihrer Häufigkeit und Verteilung im Untersuchungsgebiet nur tendenzielle Aussagen. Von Interesse hinsichtlich einer möglichen Beeinflussung der Böden im engeren Untersuchungsgebiet durch die Deponien und vorhandene Altlastverdachtsflächen sind zweifelsfrei die Gehalte an verschiedenen Schwermetallen.

Die in den Einzelaufschlüssen angetroffenen Schwermetallgehalte werden nachfolgend verglichen mit den Orientierungsdaten 1991 für tolerierbare Gesamtgehalte in Kulturböden (EIKMANN, T., KLOKE, A. & LÜHR, G. 1991).

Zudem wurde eine Korrelationsrechnung durchgeführt. Die Ergebnisse der Korrelationsrechnung widerspiegeln folgende Gesetzmäßigkeiten:

- Je höher der Humusgehalt von Bodenschichten, desto höher sind bei entsprechender Disposition die Gehalte an Schwermetallen.
- Böden, die sich aus glazigenen Sanden und Geschiebemergeln entwickelt haben, weisen höhere Grundgehalte an Schwermetallen auf.
- Stark saure Böden bis mäßig saure Böden treten unter Waldgebieten, in den Niedermoorgebieten und auf den Hochflächen auf.
- Die Elemente Chrom, Kupfer und Nickel weisen in den Böden der Hochflächen immer gemeinsam tendenziell höhere Gehalte auf.
- Der anthropogene Einfluß zeigt sich in erhöhten Zink-Werten im Ap-Horizont.
- Im allgemeinen ist eine Zunahme des pH-Wertes mit der Tiefe zu beobachten.

Beim Vergleich der Schwermetallgehalte einzelner Substrattypen zeigte sich zunächst eine offensichtliche Abhängigkeit von der Herkunft des Substrates, insbesondere bei den Sanden.

Bei Vernachlässigung von Extremwerten und der Werte in den Ap-Horizonten lassen sich nach der Häufigkeit verschiedene Gruppen ausgliedern (*Tab. 6.17*).

Tab. 6.17: Durchschnittliche Schwermetallgehalte (Grundgehalte) im Untersuchungsgebiet

Metall	Gehalt in Flußsanden [mg/kg]	Gehalt in Flußlehm [mg/kg]	Gehalt in Sanden der Grundmoräne [mg/kg]	Gehalt in Lehmen der Grundmoräne [mg/kg]
Arsen	< 2	2 < 5	1 - 5	< 5
Cadmium	< 0,1	0,1 - 0,5	< 0,1	0,1 - 0,5
Quecksilber	0	0	0	0
Kupfer	< 2	2 - 5	< 6	4 - 15
Nickel	< 2	2 - 5	1 - 7	6 - 20
Blei	< 3	3 - 5	< 10	5 - 10
Zink	< 5	5 - 20	< 10	20 - 40
Chrom	< 5	5 - 10	< 5	< 10

Mit *Tab. 6.18* wird versucht, die im Untersuchungsgebiet vorhandenen Grundgehalte und Höchstwerte mit denen der Orientierungswert 1991 für Kulturböden gegenüber zu stellen und eine Wertung vorzunehmen.

- Der östlich der Deponie Schöneiche in Grundwasserfließrichtung liegende Aufschluß FP2 (Niedermoor) weist für alle analysierten Schwermetalle Gehalte auf, die aufgrund des Substrataufbaus des Profils mit hoher Wahrscheinlichkeit anthropogenen Ursprungs sind und auf durchströmende Deponiesickerwässer hinweisen.

- Die nördlich der Deponie Schöneicher Plan im Grundwasserabstrom liegenden Aufschlüsse FP8, Ü10, FP13, FP14 und FP6 weisen für einzelne Schwermetalle höhere Gehalte auf. Höhere Gehalte kennzeichnen die auf einer ungefähr von Süd nach Nord gerichteten Linie liegenden Aufschlüsse Ü10 (bei Arsen, Nickel, Chrom und Kupfer), FP8 (bei Arsen, Cadmium, Zink, Quecksilber, Nickel, Blei, Chrom und Kupfer) und FP6 (bei Blei und Zink). Ebenfalls nach Norden gerichtet sind die nachgewiesenen höheren Quecksilbergehalte und Zinkgehalte bei den Aufschlüssen FP13 und FP14.

- Für den nördlich der Deponie Schöneiche liegenden Aufschluß Ü5 könnte der erhöhte Chromgehalt durch den Deponiebetrieb hervorgerufen sein.

- Die Auflage- und Ap-Horizonte des am Standort des Aufschlusses Ü7 untersuchten Bodens weisen höhere Gesamtgehalte an Kupfer, Blei, Chrom und Arsen auf. Eine Ursache könnte am früherem Einsatz von Pflanzenschutzmitteln liegen.

- Im nördlich des Mittenwalder Bahnhofes gelegendem Aufschluß FP18 könnte der erhöhte Kupfergehalt durch in Richtung Nottekanal abfließende Oberflächenwässer und Sickerwässer aus dem Bereich der geschlossenen Deponie Mühlenberg/Galgenberg entstanden sein.

- Auffällig sind die fast überall auftretenden Gehalte von Zink.

Tab. 6.18: Gegenüberstellung der Gehalte an Schwermetallen im Untersuchungsgebiet mit den Orientierungswerten 1991 für Kulturböden

Metall	Substrat	Grund-gehalt	Höchst-gehalt	"RW 91" Orientierungs-daten für tolerierbare Gesamtgehalte in Kultur-böden (BW I)	Schutzgut-bezogene Orientie-rungswerte (BW II) für landwirt-schaftliche Nutzflächen	Schutzgut-bezogene Orientie-rungswerte (BW II) für landwirt-schaftliche Nutzflächen	Schutzgut-bezogene Orientie-rungswerte (BW II) für Grund-wasser	Boden-art	Grund-bela-stung	Höchst-wert für unbela-stete Böden
				3	4	5	6	6	6	6
As	-s(Sf) -l(Lf) -s(Lg) -l(Lg) nH	< 2 2-5 1-5 < 5 n.b.	3,51 6,08 3,72 9,75 10,04	20	40	40	40	-s -l	0,3-8 1-10	30
Cd	-s -l nH	< 0,1 0,1- 0,5 n.b.	0,45 0,36 0,78	1	2	2	2	-s -l	0,1- 0,5	1,0
Cr	-s -l nH	< 5 < 10 n.b.	7,58 10,56 34,11	50	200					
Cu	-s(Sf) -l(Lf) -s(Lg) -l(Lg) nH	< 2 2-5 < 6 4-15 n.b.	12,01 15,55 9,53 12,66 30,6	50	50					
Hg	-s, -l nH	0 n.b.	0,31 0,19	0,5	10	10	10	-s,l nH	0,01- 0,15 0,06- 0,2	1
Ni	-s(Sf) -l(Lf) -s(Lg) -l(Lg) nH	< 2 2-5 1-7 6-20 n.b.	5,52 8,55 11,57 17,1 10,55	40	100					
Pb	-s(Sf) -l(Lf) - s,l(Lg) nH	< 3 3-5 < 10 n.b.	22,06 29,30 19,06 57,01	100	500	500	500	-s -l nH	5-40 15-40 17-99	50
Zn	-s -l nH	< 5 < 10 n.b.	53,55 39,64 118,51	150	300					

BW = Bodenwert, RW = Richtwert

3	EIKMANN, T., KLOKE, A. & LÜHR, G.	IWS-Bodenwert-Listen; Tab. 12.4 in IWS-Schriftenreihe Bd. 13; 359; Berlin 1991 (Erich Schmidt Verlag)
4	EIKMANN, T., KLOKE, A. & LÜHR, G.	IWS-Bodenwert-Listen; Tab. 12.4 in IWS-Schriftenreihe Bd. 13, 56, Berlin 1991 (Erich Schmidt Verlag)
5	EIKMANN, T., KLOKE, A. & LÜHR, G.	Grundlagen zur Ermittlung von Bodenwerten für das Drei-Bereiche-System IWS-Bodenwert-Listen; Tab. 12.4 in IWS-Schriftenreihe Bd. 13; 279-303, Berlin 1991 (Erich Schmidt Verlag)
6	EIKMANN, T., KLOKE, A. & LÜHR, G.	IWS-Bodenwert-Listen; Tab. 12.4 in IWS-Schriftenreihe Bd. 13, 306, 313, 315, 320, 322, 327, 329, 335; Berlin 1991 (Erich Schmidt Verlag)

In allen genannten Aufschlüssen liegt der Grundwasserspiegel zwischen 6 und 14 dm und unterliegt sowohl jährlichen als auch jahreszeitlichen Schwankungen. Eine Beeinflussung der Böden durch die mit dem Grundwasser fortgeführten Deponiesickerwässer ist also nicht auszuschließen.

Vorwiegend wurden im Untersuchungsgebiet neutrale Böden in Bezug auf den pH-Wert angetroffen. Mäßig bis stark saure Böden kommen südlich der Deponie (Aufschlüsse Ü9, Ü7, Ü6, Ü8) sowie auf den Hochflächen (FP11, Ü3) vor. Extreme pH-Werte im Vergleich zu den übrigen Profilhorizonten weisen die Gr-Horizonte der Aufschlüsse FP2, FP5, PF12 (hier 3,03!) und der Go-Horizont des Aufschlusses Ü8 auf. Bemerkenswert ist, daß diese Aufschlüsse südlich bzw. westlich der hier betrachteten Deponien liegen. Inwieweit Deponiesickerwässer an diesen Werten beteiligt sind, ist noch zu klären. Aufgrund relativ hoher k_f - Werte könnten auch Auswaschungsvorgänge mit Oxidation von reduzierten Schwefel-Verbindungen zur Senkung des pH-Wertes führen.

Ermittlung der Sickerwassermengen

Für das Untersuchungsgebiet Schöneiche - Mittenwalde wurden die mittleren Jahreswerte der Sickerwasserbildung als Funktion der Bodenverhältnisse und Nutzungsbedingungen ermittelt. Anders als bei üblichen Berechnungen dieser Art werden nicht Kartiereinheiten auf der Basis von Bodenformen zugrundegelegt, sondern die Berechnung erfolgt für Einheiten gleichen pflanzenverfügbaren Wassers, ermittelt aus den Substrattypen.

Die ermittelte Sickerwassermenge beträgt für das etwa 38,8 km^2 große Gebiet 909 000 m^3/a. Das entspricht einem Durchschnittswert von etwa 24 l/m^2 im Jahr. In Abhängigkeit von Nutzung, Grundwasserstand und Substrattyp liegt die Sickerwasserrate zwischen -167 mm/a und +131 mm/a. Zusammenhängende Bereiche mit mehr als 80 mm/a Sickerwasserneubildung befinden sich auf den grundwasserfernen ackerbaulich genutzten Erhebungen des Untersuchungsgebietes. Die Abführung der gebildeten Sickerwassermengen ins Grundwasser ist infolge der gut durchlässigen Sande gegeben. Lediglich in den Gebieten mit einem schluffigen Substrat im oberen Profilteil sind kurzzeitig Haft-/Staunässeerscheinungen möglich (nördlich des Zülowkanals). Mit Werten zwischen -80 mm/a und -150 mm/a ergaben sich hohe negative Sickerwassermengen für die Niedermoorgebiete und überwiegend für die als Grünland ausgewiesenen Niederungsbereiche mit einem MNGW (Mittlerer Grundwassertiefstand) von 6 dm nördlich und südlich des Zülowkanals, im Bereich der Rangsdorf-Zossener Luchwiesen sowie im Nordosten des Nottekanals. Die Ergebnisse der Berechnung der jährlichen Sickerwasserraten sind der *Tab. 6.16* zu entnehmen. Die jährlichen Sickerwasserraten sind in der *Abb. 6.27* dargestellt.

Die Größe der Sickerwasserrate in den grundwasserbeeinflußten Kartiereinheiten ist letztendlich abhängig von der Begrenzung des kapillaren Aufstieges für die einzelnen Nutzungen. Die Richtigkeit dieser Begrenzung hängt wesentlich von den klimatologischen Ausgangsparametern der kulturspezifischen potentiellen Evapotranspiration ab. Da diese für das Untersuchungsgebiet nicht vorlagen, muß die vorgenommene Begrenzung des kapillaren Aufstieges in ihrer Größe nicht dem tatsächlichen Wert entsprechen. Die Anwendung der Methode zur Berechnung der jährlichen Sickerwasserrate nach MÜLLER, DEGEN & JÜRGING (1992) unter Verwendung der empirischen Faktoren von SPONAGEL & STREBEL (1985) zur Begrenzung des mittleren kapillaren Aufstieges auch auf die grundwasserbeeinflußten Standorte des Berliner Umlandes steht nicht im Widerspruch zur vorherigen Aussage.

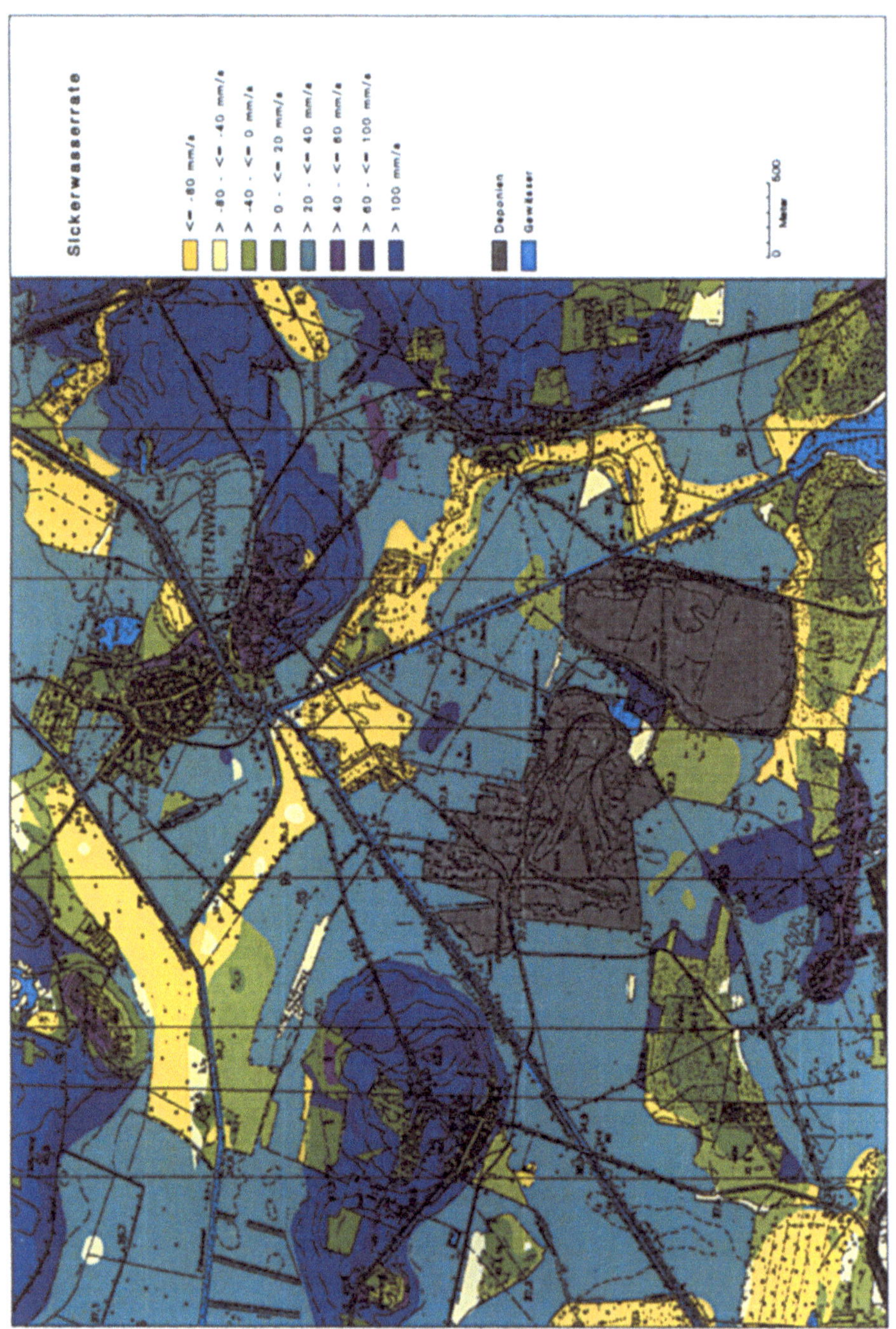

Abb. 6.27: Jährliche Sickerraten

Literatur

ADLER, G., BEHRENS, J. & RICHTER, A. (1994): Ergebnisse der Aufbereitung von Daten der Mittelmaßstäbigen Landwirtschaftlichen Standortkartierung (MMK) der ehemaligen DDR für länderübergreifenden Bodenschutz. Unveröff. Bericht, Bundesanstalt für Geowissenschaften und Rohstoffe, Außenstelle Berlin.

ALTERMANN, M. & KÜHN, D. (1994): Vergleich der bodensystematischen Einheiten der ehemaligen DDR mit denen der Bundesrepublik Deutschland. Z. angew. Geol., **40,** 1, 1-11.

EIKMANN, T. & KLOKE, A. (1991): Nutzungs- und schutzgutbezogene Orientierungswerte für (Schad-)Stoffe in Böden. In: VDLUFA-Mitteilungen, 1, 19-26; Darmstadt.

EIKMANN, T., KLOKE, A. & LÜHR, G. (1991): IWS-Bodenwert-Listen; Tab. 12.4 in IWS-Schriftenreihe Bd. 13; 359; Erich Schmidt Verlag, Berlin.

EIKMANN, T., KLOKE, A. & LÜHR, G. (1991): IWS-Bodenwert-Listen; Tab. 12.4 in IWS-Schriftenreihe Bd. 13, 356, Erich Schmidt Verlag, Berlin.

EIKMANN, T., KLOKE A. & LÜHR, G. (1991): Grundlagen zur Ermittlung von Bodenwerten für das Drei-Bereiche-System IWS-Bodenwert-Listen; Tab. 12.4 in IWS-Schriftenreihe Bd. 13; 279-303, Erich Schmidt Verlag, Berlin.

EIKMANN, T., KLOKE A. & LÜHR, G. (1991): IWS-Bodenwert-Listen; Tab. 12.4 in IWS-Schriftenreihe Bd. 13, 306, 313, 315, 320, 322, 327, 329, 335; Erich Schmidt, Verlag Berlin.

Filtereigenschaften des Bodens gegenüber Schadstoffen. Teil 1: Beurteilung der Fähigkeiten von Böden, zugeführte Schwermetalle zu immobilisieren. DVWK-Merkblätter zur Wasserwirtschaft, 212, Bonn 1988.

HEIN, H. & SCHWEDT, G. (1992): Richt- und Grenzwerte Wasser - Boden - Abfall - Chemikalien - Luft. - Umweltmagazin, 3. Aufl.

HINDEL, R. & FLEIGE, H. (1991): Schwermetalle in Böden der BRD - geogene und anthropogene Anteile. - In: Texte Umweltbundesamt 10, Berlin.

KÜHN, F. & HÖRIG, B. (1995): Geofernerkundung. Springer, Berlin.

KÜHN, F., KNÖDEL, K., KRUMMEL, H. & LANGE, G. (1994): Kombinierte Nutzung von Luftbildern und geophysikalischen Methoden bei der Untersuchung eines Deponiestandortes. Z. angew. Geol. **40,** 2, 61-68.

KUNTZE, H., GRUPE, M., FILIPINSKI, M. & PLUQUET, E. (1991): Geogene und anthropogene Schwermetalle in Böden: Lösbarkeit und Pflanzenaufnahme, Kennzeichnung der Empfindlichkeit der Böden gegenüber Schwermetallen unter Berücksichtigung geogener, pedogener und anthropogener Anteile. In: Texte Umweltbundesamt 22, Berlin.

METEROLOGISCHER UND HYDROLOGISCHER DIENST DER DDR (1953): Klima-Atlas für das Gebiet der DDR. - Akademie-Verlag, Berlin.

Minsterie van het Volkshuisvesting, Ruimtelhike Ordening en Milenbeheer Directoraat-Generaal voor de Milenhygenie, Directie Bodem, Water [Hrsg.] (1983): Leidraad: Bodemsanering. - Stats.verj 's Gravenhage.

MÜLLER, U., DEGEN, C. & JÜRGING, C. (1992): Dokumentation zur Methodenbank des FIS Boden. Technische Berichte zum NIBIS , Heft 3; Hannover.

Landbuch der Mark Brandenburg (1855)

RENGER, M., GIESEL, W., STREBEL, O., & LORCH, S. (1970): Erste Ergebnisse zur quantitativen Erfassung der Wasserhaushaltskomponenten und der ungesättigten Bodenzone. Z. Pflanzenernähr., Bodenkunde. **126**, 15-35, VCH Mannheim.

RENGER, M., KÖNIG, R., SWARTEJES, S., WESSOLEK, G., FAHRENHORST, C. & KASCHANIAN, B. (1990): Modell zur Ermittlung und Bewertung von Wasserhaushalt, Stoffdynamik und Schadstoffbelastbarkeit in Abhängigkeit von Klima, Bodeneigenschaften und Nutzung. Endbericht zum BMFT-Projekt 0374343, Univ. Berlin, Inst. f. Ökologie, FB Bodenkunde.

RENGER, M. & STREBEL, O. (1977): Wassergehalts- und Wasserspannungsmessungen. Geol. Jb., **C 19**, 20-22; Hannover.

RENGER, M. & STREBEL, O. (1980a): Beregnungsbedarf landwirtschaftlicher Kulturen in Abhängigkeit vom Boden. Wasser und Boden, **32,** 12.

RENGER, M. & STREBEL, O. (1980b): Jährliche Grundwasserneubildung in Abhängigkeit von Bodennutzung und Bodeneigenschaften. Wasser und Boden, **32,** 8, 363-366.

RENGER, M. & STREBEL, O. (1982): Beregnungsbedürftigkeit der landwirtschaftlichen Nutzflächen in Niedersachsen. Geol. Jb., **F 13**: 3-66.

RENGER, M. & STREBEL, O. (1983): Einfluß von Grundwasserabsenkungen auf den Pflanzenertrag bei Acker- und Grünland. Kali-Briefe (Büntehof), **16** 7, 378-389, Landwirtsch. Forsch.-Anst. Hannover.

RENGER, M., STREBEL, O. & GIESEL, W. (1974): Beurteilung bodenkundlicher, kulturtechnischer und hydrologischer Fragen mit Hilfe von klimatischer Wasserbilanz und bodenphysikalischen Kennwerten. 1. Bericht: Beregnungsbedürftigkeit. Z. Kulturtechn. u. Flurbereinigung, **15,** 148-160, Parey Berlin.

SCHEFFER; F. & SCHACHTSCHNABEL, P. (1989): Lehrbuch der Bodenkunde. Enke Stuttgart.

SPONAGEL, H. & STREBEL, O. (1985): Einfluß des Bodens und des Grundwasserflurabstandes auf die jährliche Grundwasserneubildung. Z. Kulturtechn. u. Flurbereinigung, **26**, 3, Parey Berlin.

STREBEL, O., DUYNISVELD, W.H.M., WESSOLEK, G. & RENGER, M. (1986): Evapotranspiration und Grundwasserbildung. Eine Fallstudie für Grundwasserstandsbedingungen. Z. Pflanzenernähr., Bodenkde. **122,** 4, 371-381, VCH Mannheim.

WESSOLEK, G., KÖNIG, R. & RENGER, M. (1992): Entwicklung und Anwendung von Wasserhaushalts- und Photosynthesemodellen für Hangstandorte. Bodenökologie und Bodengenese, **8**, 3-96.

WESSOLEK, G., RENGER, M., STREBEL, O., & SPONAGEL, H. (1985): Beziehungen zwischen Grundwasserflurabstand und Pflanzenertrag bei verschiedenen Fruchtarten. Z. Kulturtechn. Flurbereinigung, **26,** 3, 130-137, Parey Hamburg.

AG Bodenkunde (1982): Bodenkundliche Kartieranleitung 3. Aufl.; Hannover (Bundesanstalt für Geowissenschaften und Rohstoffe und Geol. Landesämter BR Deutschland).

AG Bodenkunde (1994): Bodenkundliche Kartieranleitung 4. Aufl.; Hannover (Bundesanstalt für Geowissenschaften und Rohstoffe und Geol. Landesämter BR Deutschland).

DIN 19685 (1979): Klimatologische Standortuntersuchungen im landwirtschaftlichen Wasserbau.

Sonstige verwendeten Quellen

Geologische Karte: Königlich Preußische Geologische Landesaufnahme Maßstab 1:25 000, - Blatt 3747 Mittenwalde, Berlin 1883 - Blatt 3746 Zossen, Berlin 1882.

Lithofazieskarten Quartär: Zentrales Geologisches Institut Maßstab 1:50 000 - Blatt 2168 Königs Wusterhausen, Berlin 1982 - Blatt 2267 Luckenwalde, Berlin 1973.

Reichbodenschätzung: Schätzungsbücher für Ackerland (Bodenschätzung), Gemeinde: Gallun (1936), Kallinchen (1937), Mittenwalde (1953), Schöneiche (1953), Telz (1953), Zossen (1953) - Bodenschätzungskarten Maßstab 1:25 000 Blatt 3647 Königs Wusterhausen, Berlin 1954 Blatt 3747 Mittenwalde, Berlin 1954 Blatt 3746 Zossen, Berlin 1955

Mittelmaßstäbige Landwirtschaftliche Standortkartierung: Arbeitskarten; Akademie der Landwirtschaftswissenschaften der DDR Forschungszentrum für Bodenfruchtbarkeit Müncheberg Bereich Bodenkunde Eberswalde, 1978 [unveröff.] Maßstab 1:25 000 - Blatt 3747 Mittenwalde - Blatt 3746 Zossen.

Kontaminationsanalyse Geologie: Zentrales Geologisches Institut Maßstab 1:50 000 - Blatt 2168 Königs Wusterhausen, Berlin 1983 - Blatt 2267 Luckenwalde, Berlin 1987 - Blatt 2167 Ludwigsfelde, Berlin 1982.

Verzeichnis der Abkürzungen

ETP_{HAUDE}	Evapotranspiration nach HAUDE
ETPa	kulturspezifische Evapotranspiration
FIS Boden	Fachinformationssystem Boden
GOF	Geländeoberfläche
GPV	Gesamtporenvolumen
GW	Grundwasser
GWN	Sickerwasserrate
KA	mittlerer kapillarer Aufstieg
KA_{max}	Höchstwert des mittleren kapillaren Aufstiegs
KA3	Bodenkundliche Kartieranleitung, 3. Ausgabe
KA4	Bodenkundliche Kartieranleitung, 4. Ausgabe
KAK	potentielle Kationenaustauschkapazität
k_f- Wert	Wasserdurchlässgkeit im wassergesättigten Boden
KR	mittlere kapillare Aufstiegsrate
KWBa	mittlere jährliche klimatische Wasserbilanz
KWBv	mittlere klimatische Wasserbilanz der Hauptvegetationsperiode Mai bis Okt.
MNGW	Mittlerer Grundwassertiefstand
MMK	Mittelmaßstäbige Landwirtschaftliche Standortkartierung
Na	Jahresniederschlag
nFK	nutzbare Feldkapazität
nFKWe	nutzbare Feldkapazität des effektiven Wurzelraumes
NIBIS	Niedersächsisches Boden-Informationssystem
Nwi	Niederschlag des Winterhalbjahres
Nv	Niederschlag der Vegetationsperiode
ta	Dauer des kapillaren Aufstiegs
UG	Untersuchungsgebiet
VKR	Verknüpfungsregel
We	effektive Durchwurzelungstiefe
Wpfl	pflanzenverfügbares Bodenwasser
za	Abstand zwischen effektiver Durchwurzelungstiefe und Grundwasserspiegel

7 Hydrogeologische Untersuchungen und hydraulische Modellierung

THOMAS KABELITZ, CHRISTIAN SOMMER VON JARMERSTED †
& ASAF PEKDEGER

Die Ausbreitung der Schadstoffe aus Deponien und Altlasten erfolgt vorwiegend in gelöster Form im Sicker- und Grundwasser. Für die Untersuchung des Stofftransports ist die Kenntnis der Grundwasserbewegung, d. h. der Fließgeschwindigkeit und Fließrichtung des Wassers erforderlich. Da der Grundwasserleiter nur an einzelnen Beobachtungspunkten (Grundwassermeßstellen) zugänglich ist, wird die Grundwasserströmung durch ein Computermodell basierend auf den beobachteten hydrogeologischen Daten und einem geologischen Modell für das Untersuchungsgebiet nachgebildet. Mit Hilfe eines numerischen Strömungsmodells können auch die Auswirkungen der Deponien Schöneiche und Schöneicher Plan auf die regionale Grundwasserströmung und die Folgen der Grundwassernutzung (z. B. durch das Wasserwerk Mittenwalde) für die Grundwasserströmung abgeschätzt werden. Bei der Modellbildung kommt es darauf an, die wesentlichen Eigenschaften des Untergrundes so genau wie möglich zu erfassen und nachzubilden. Dabei ist immer zu beachten, daß das Modell eine Annäherung an die Wirklichkeit darstellt.

Das Untersuchungsgebiet umfaßt eine Größe von ca. 20 km^2. Es wird im Norden durch die Stadt Mittenwalde begrenzt, im Osten und im Süden durch die Ortschaften Gallun und Schöneiche. Der Nottekanal mit dem nahegelegenen Ort Telz markiert die westliche Berandung. Die Lage des Modellgebietes ist in *Abb. 7.1* dargestellt. Ein flaches Relief prägt das Bild der Landschaft, wobei die mittlere Geländehöhe 37,5 m über NN beträgt. Die aufgeschütteten Deponiekörper Schöneiche und Schöneicher Plan erreichen eine Höhe von bis zu 61 m über NN. In der unmittelbaren Umgebung des Gebietes steigen die Geländehöhen auf den Hochflächen auf ca. 63 m über NN an.

Gräben und Kanäle durchziehen das Gelände als Oberflächengewässer. Der Nottekanal am Westrand verläuft in südwest-nordöstlicher Richtung. In Höhe des Wasserwerkes Mittenwalde am Nordrand des Modellgebietes ist er mit dem Galluner Kanal verbunden, der in südöstlicher Richtung eine Verbindung mit dem Motzener See herstellt. Ein natürlicher Bachlauf,

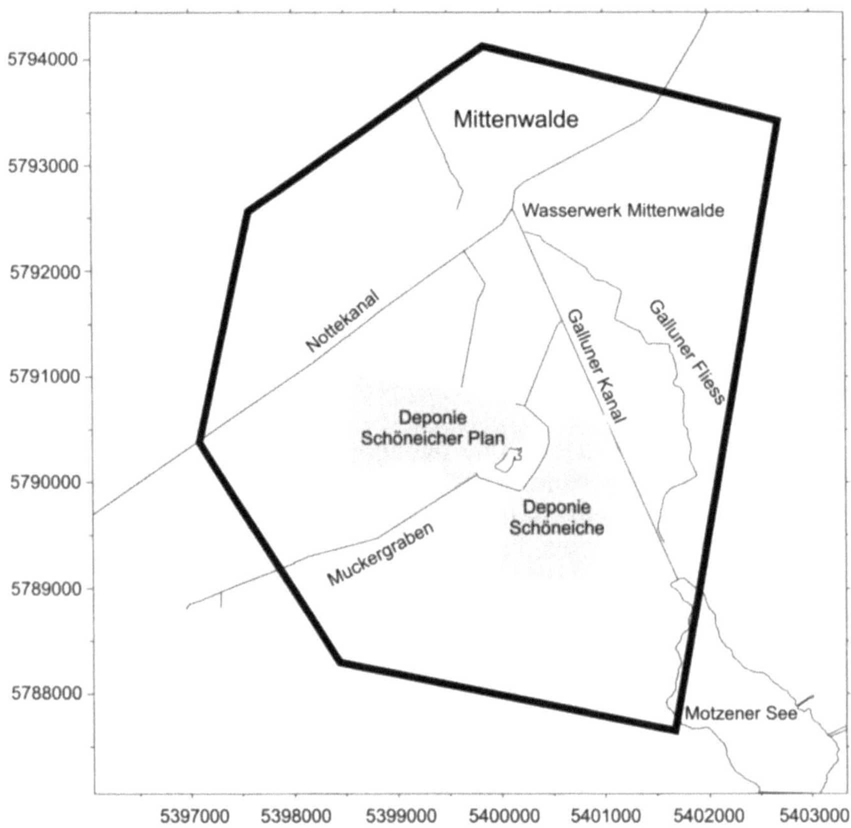

Abb. 7.1: Lage des Untersuchungsgebietes (Modellgebietes)

das Galluner Fließ, flankiert die östliche Grenze nahe der Ortschaft Gallun. Innerhalb des Untersuchungsgebietes verläuft der Muckergraben in Südwest-Nordost-Richtung. Er trennt die Deponien Schöneiche und Schöneicher Plan. Zwischen den Deponien befindet sich ein kleiner See. Vom Nordrand der Deponie Schöneicher Plan führt ein Stichgraben zum Nottekanal.

7.1 Methodik

Ein Modell berechnet für gegebene Anfangs- und Randbedingungen die Wasserströmung im Grundwasserleiter unter Berücksichtigung des Darcy-Gesetzes und der Kontinuitätsgleichung. Zu den Grundlagen und Anwendungen der hydraulischen Modellierung wird auf Bd. 2 und auf Bd. 7 Kap. 5 verwiesen. Dort werden auch die entsprechenden Fachbegriffe erklärt. Erkenntnisse über den geologischen Aufbau des Untergrundes sowie die für wasserwirtschaftliche und ökologische Fragestellungen wichtigen Kenngrößen (z. B. Transmissivität) sind nur punktuell aus Bohrungen bekannt. Aus diesen Punktdaten muß zunächst der vollständige Grundwasserleiter rekonstruiert werden. Der Modelltyp, der Grad der Detailliertheit des Modells, seine räumliche Erstreckung und die erforderliche Diskretisierung folgen aus der Problemstellung, der Verfügbarkeit von Daten und aus der jeweiligen hydrogeologisch-geohydraulischen Situation, z. B. gespannter/ungespannter Grundwasserleiter, 2-D/3-D-Ansatz, stationärer/instationärer Berechnungsansatz usw.

Wesentlich bei der Modellerstellung sind die Wahl der Modellgebietserstreckung, die Diskretisierung, die Definition der Randbedingungen und die Datenbeschaffung.

- Das Modellnetz muß sich an der Informationsdichte, der Geometrie des Modellrandes und den aufzulösenden Piezometerhöhengradienten orientieren.
- Die horizontale und vertikale Erstreckung von Grundwasserleitern wird aus Bohrprofilen und daraus konstruierten Profilschnitten abgeleitet. Das numerische Modell fordert die Eingabe für die obere und untere Begrenzung des Grundwasserleiters.
- Das Modellgebiet sollte die interessierenden Stellen möglichst zentral enthalten und die Ränder echten hydrogeologischen Grenzen folgen.
- Festpotentialränder sollten nur sparsam eingesetzt werden, da sie bereits ein Ergebnis im Modell darstellen. Wasserstände in Grundwassermeßstellen und Oberflächengewässern sind direkt beobachtbar. Für instationäre Berechnungen sind Ganglinien, d. h. längerfristige Messungen von Wasserständen, erforderlich.
- Randzuflüsse sollten oberstromig als Randbedingung zweiter Art eingesetzt werden, sie werden im Vorfeld der Modellierung geschätzt und bei der Modelleichung präzisiert.
- Der Wasseraustausch mit oberirdischen Gewässern wird mit Randbedingungen der dritten Art beschrieben.
- Transmissivitäten und Durchlässigkeitsbeiwerte werden am besten aus Pumpversuchen gewonnen.
- Speicherkoeffizienten werden bei der instationären Modellierung benötigt und ergeben sich bei der Auswertung von Pumpversuchen.
- Die Grundwasserneubildung läßt sich aus einer klimatischen Bodenwasserbilanz bestimmen.
- Zugaben und Entnahmen durch Brunnen werden direkt im numerischen Modell berücksichtigt.

Die drei wesentlichen Grundwasserleitertypen in 2 Dimensionen sind der gespannte, der ungespannte und der halbgespannte (leaky) Grundwasserleiter. Bei einer zweidimensionalen Modellierung wird angenommen, daß die Strömung im wesentlichen horizontal gerichtet ist, d. h. keine vertikale Fließkomponente vorhanden ist. Vertikale Fließkomponenten können durch den Grundwasseraustausch zwischen benachbarten Grundwasserleitern auftreten oder bei Anströmung unvollkommener Brunnen. Wenn die Voraussetzung der zweidimensionalen Strömungsmodellierung nicht mehr gegeben ist, muß zu einem dreidimensionalen Modell übergegangen werden. In einem 3-D-Modell kann die Diskretisierung des Grundwasserleiters längs der stratigraphischen Einheiten erfolgen. Problematisch ist in jedem Fall die Datenbeschaffung. Für jede Modellschicht müssen ausreichend Daten, wie bei einer zweidimensionalen Modellierung, vorhanden sein, wenn die Simulation erfolgreich sein soll. In nur seltenen Fällen stehen diese Daten zur Verfügung. Häufig werden sogenannte quasi-dreidimensionale Modelle (2,5-D) erstellt. Bei dieser Diskretisierung sind weniger Daten als bei einem reinen 3-D-Modell erforderlich. Geringdurchlässige Schichten werden nicht direkt als Modellschicht modelliert, sondern indirekt über den Wasseraustausch zwischen benachbarten Grundwasserleitern nach dem Leakage-Prinzip berücksichtigt.

In einem ersten Schritt soll das numerische Modell den Ist-Zustand des Grundwasserleiters beschreiben:

- Erfassung und Beschreibung der hydraulischen Verhältnisse des Untergrundes,
- Ermittlung von Wasserhaushaltsgrößen, wenn diese unbekannt oder unsicher sind, z. B. Transmissivität, Grundwasser-Neubildung, oberirdische Abflüsse, Randzuflüsse, Infiltration/Exfiltration,
- Eichung des Modells durch Anpassung und Variation der o. g. Kenngrößen sowie
- Bestimmung der Grundwasserbilanzen im Modellgebiet.

Nach erfolgreichem Abschluß dieser Schritte dienen Modelle zur Prognose von Veränderungen oder zukünftigem Verhalten von Grundwassersystemen:

- Simulation künstlicher Eingriffe in den Wasserhaushalt des Modellgebietes und Abschätzung von Auswirkungen auf die Grundwasserströmung, z. B. Abdichtungsmaßnahmen bei Deponien sowie Vorhersage von Grundwasserabsenkungen und –aufhöhungen.

7.1.1 Datenbasis für die Grundwassermodellierung

Für die Strömungsmodellierung an den Teststandorten werden zunächst folgende Eingabegrößen zur Beschreibung des Ist-Zustandes benötigt:

- Geologischer Aufbau (z. B. Lage der Aquiferbasis) des Modellgebietes,
- Lage der Oberflächengewässer,
- Definition der Modellränder,
- Hydraulische Kennwerte des Grundwasserleiters (k_f -Wert bzw. Transmissivität),
- Grundwasserstände,
- Wasserstände der Oberflächengewässer,
- Entnahme von Grundwasser im Untersuchungsgebiet sowie
- Grundwasserneubildung.

Die zur Durchführung der Modellierung notwendigen Arbeiten umfassen zunächst eine umfangreiche Datenrecherche für das Untersuchungsgebiet, die Eingrenzung des Modellgebietes sowie die Festlegung der Eingangskenngrößen für die Modellierung.

Geologie

Im Rahmen des BMBF-Verbundvorhabens „Deponieuntergrund" wurde die Geologie im Umfeld der Deponien vom Landesamt für Geowissenschaften und Rohstoffe Brandenburg (LGRB) bearbeitet. Das daraus resultierende geologische Modell ist im Kap. 2 dargestellt worden. Die Geometrie der grundwasserführenden Schichten wird festgelegt und findet ihren Eingang im numerischen Modell.

Das morphologische Erscheinungsbild des Geländes ist geprägt von Ereignissen der jüngsten geologischen Geschichte. Tertiäre und quartäre Ablagerungen sind am geologischen Aufbau des Arbeitsgebietes beteiligt und bedeutend für die Grundwasserbewegung.

Das Tertiär besteht im wesentlichen aus dunklen, kohligen, z. T. stark sandigen Schluffen. Sie wechsellagern mit glimmerführenden, teilweise schluffig gebänderten Feinsanden oder feinsandigen Mittel- bis Grobsanden.

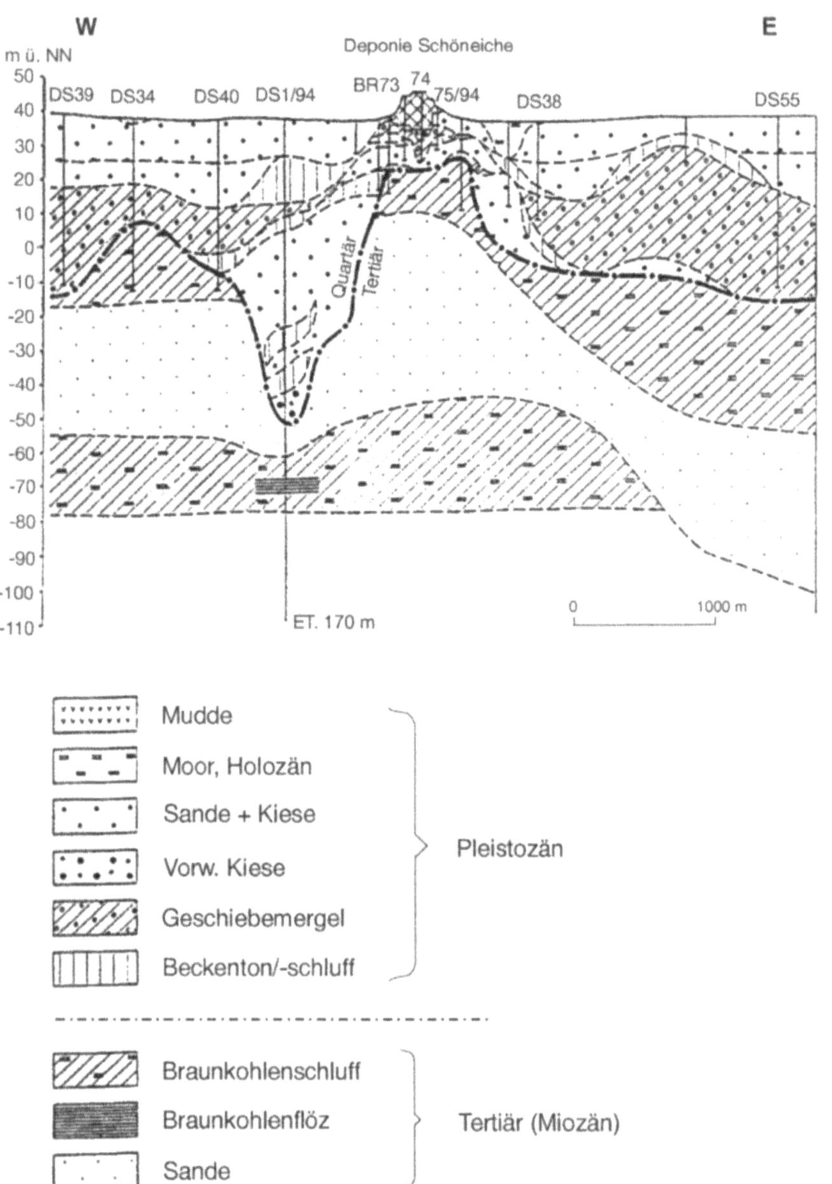

Abb. 7.2: Für das Modellgebiet typischer geologischer Profilschnitt

Die Höhenlage der Tertiäroberkante und somit der Quartärbasis variiert im Untersuchungsgebiet zwischen +26 m NN und -62 m NN beträchtlich. Das Relief der Tertiäroberkante ist im Untersuchungsgebiet stark strukturiert. Regionale quartäre Rinnenstrukturen sind Ursache für Übertiefungen bis unter -50 m NN. Es können aber auch halokinetische und glazigene Prozesse eine Rolle spielen. Die Kontur einer Rinnenstruktur ist im Bereich der Deponie Schöneicher Plan in Nord-Süd-Richtung zu erkennen. Am Westrand der Deponie Schöneiche liegt die Quartärbasis in einer Teufe von -62 m NN. Im Bereich der Deponie Schöneiche wurde eine Tertiärhochlage mit +26 m NN identifiziert. Außerhalb der Hochlagen und Rinnenstrukturen liegt die Tertiäroberkante zwischen 0 und -40 m NN.

Ablagerungen der pleistozänen Elster-, Saale- und Weichsel-Kaltzeit sind im Untersuchungsgebiet verbreitet. Vielerorts sind die Sedimente durch saalezeitliche Erosions- und Stauchungsprozesse überprägt. In der Hauptsache bestehen die Schichten aus Geschiebemergel und -lehmen, Sanden und Kiesen, Beckenschluffen bzw. -feinsanden mit einem hohen Anteil an aufgearbeitetem tertiären Material.

Das Arbeitsgebiet liegt in einer weichselglazialen Talung, welche eine Querverbindung zwischen den Urstromtälern durch die Grundmoränenplatte der Teltow-Hochfläche herstellt. Die Verbreitung der brandenburgstadialen Grundmoräne ist weitestgehend an die umliegenden Hochgebiete gebunden. Im Holozän kam es in Gebieten mit Talsandbedeckung zu einer weitflächigen Überlagerung mit holozänen, meist organogenen Bildungen. In Niederungsgebieten kam es zur Bildung von Mooren und verschiedentlich Mudden, so insbesondere am Ostrand des Arbeitsgebietes.

Ein für das Modellgebiet typischer geologischer Profilschnitt ist in *Abb 7.2* dargestellt.

Beschreibung der hydraulischen Verhältnisse

Aufgrund der strukturellen Verhältnisse und über hydraulische Fenster bestehen vielfältige hydraulische Kontakte der wasserführenden Schichten bis hin zur Quartärbasis. Ausbildung und Höhenlage der tertiären Sedimente sind hydrogeologisch von Bedeutung. Hydraulische Verbindungen zwischen quartären und tertiären Schichten sind vorhanden. Weitere Wasserwegsamkeiten sind über Klüfte und Scherbahnen an den gestörten bindigen Horizonten des Quartärs gegeben, so daß die gesamte quartäre Schichtfolge und Teile des Tertiärs als ein System kommunizierender Grundwasserleiter zu betrachten ist. Der Grundwasserleiter ist definiert als „ein Gesteinskörper, der geeignet ist, Grundwasser weiterzuleiten", in dem das Grundwasser verschieden hoch stehen kann oder der auch mit gespanntem Grundwasser erfüllt sein mag.

Die Grundwasserfließrichtung im Untersuchungsgebiet ist generell von Südwesten nach Nordosten gerichtet. Die nach Norden entwässernden Oberflächengewässer stehen mit dem Grundwasser in einem hydraulischen Kontakt. Im Bereich des Wasserwerkes Mittenwalde wird der Nottekanal und der Galluner Kanal durch ein Wehr aufgestaut, so daß ein Wassergefälle zum Grundwasser hin besteht. In diesem Bereich bilden die Kanäle keine Vorflut für das Grundwasser, es bestehen infiltrierende Verhältnisse. Im Bereich des Wasserwerkes ist ein Entnahmetrichter in der Grundwasseroberfläche ausgebildet, dessen Radius und Absenkungsbetrag mit der Förderrate variiert. Die Entnahmemengen betragen je Brunnen ca. 30 m^3/h. Im Untersuchungsgebiet beträgt der Grundwasser-Flurabstand ca. 1-2 m. Die Grundwasseroberfläche der oberflächennahen Schichten ist ungespannt.

Modellkenngrößen

Aufgrund der komplizierten hydraulischen Verhältnisse im Untersuchungsgebiet kann die Grundwasserströmung mit Hilfe eines zweidimensionalen Strömungsmodells nicht detailliert nachvollzogen und beschrieben werden, so daß ein dreidimensionaler Ansatz gewählt werden muß. Wie bereits beschrieben, erfordert die Modellierung der Grundwasserströmung in 3 Dimensionen eine umfangreiche Datenbasis. Im Rahmen des Vorhaben konnte die Datengrundlage für eine 3-D-Modellierung nicht geschaffen werden. Wie so oft bei Modellierungen mußte daher ein Kompromiß bei der Durchführung des Vorhabens getroffen werden, mit dem Ergebnis, die Grundwasserströmungsverhältnisse hinreichend genau mit Hilfe eines zweidimensionalen Modells zu beschreiben, Probleme bei der Modellierung an den Teststandorten aufzuzeigen und Hinweise zu liefern, die eine mögliche, erfolgreiche Simulation der Grundwasserströmung in 3 Dimensionen ermöglichen.

Im Vorfeld der Modellierung standen nur sehr wenige modellrelevante Daten für eine zweidimensionale Strömungsmodellierung zur Verfügung. Die Datenrecherche zu den Teststandorten ergab die zwingende Notwendigkeit weiterer Geländeuntersuchungen zur Erfassung der erforderlichen modellspezifischen Daten.

Da die zunächst vorhandenen Grundwassermeßstellen im Arbeitsgebiet nicht ausreichten, die regionalen Strömungsverhältnisse des Grundwassers zu klären, wurde das vorhandene Grundwassermeßstellennetz um weitere 21 (Durchmesser 2-Zoll) auf insgesamt 52 Meßstellen erweitert und verdichtet (*Abb. 7.3*). Nach der Installation erfolgte das Klarpumpen bzw. Ausblasen und Einnivellieren dieser Meßstellen. Die Meßstellen sind in der Hauptsache in dem oberflächennahen Grundwasserleiter verfiltert. Lediglich 3 Grundwassermeßstellen sind in den tieferen Schichten ausgebaut. Die Meßstellen sind in der Zahl nicht ausreichend, die Datenbasis zur Beschreibung der Strömungs-

verhältnisse in den tieferen Schichten zu schaffen. Diese Datengrundlage ist eine zwingende Voraussetzung für eine dreidimensionale Modellierung.
Im Anschluß an die Bohrarbeiten wurden die gesamten Grundwassermeßstellen im Untersuchungsgebiet einem Funktionstest zur Prüfung des hydraulischen Anschlusses an den Grundwasserleiter unterzogen. Die Plausibilitätskontrolle der Höhen der Meßstellenrohroberkanten führte zu dem Ergebnis, daß die gesamten Grundwassermeßstellen im Untersuchungsgebiet nochmals auf ein einheitliches Höhenbezugssystem (NormalNull) eingemessen werden müssen. Erfahrungsgemäß sind Plausibilitätskontrollen im Hinblick auf die Funktion sowie auf die Höhenlage der Meßstellen von großer Bedeutung.

In den Oberflächengewässern wurden insgesamt 10 Lattenpegel zur Messung der Wasserstände installiert und in ihrer Höhe zu NormalNull eingemessen. Insgesamt standen 14 Lattenpegel für Wasserstandmessungen zur Verfügung.

Das numerische Modell fordert Angaben zur Geometie der Oberflächengewässer, z. B. die Breite oder die Lage der Sohlhöhe der Gewässer. Die geometrischen Verhältnisse wurden durch Felduntersuchungen oder aus Karten bestimmt.

Zur Bestimmung der hydraulischen Durchlässigkeit des Untergrundes wurden im Untersuchungsgebiet sieben Pumpversuche durchgeführt, davon zwei auf dem Gelände der Deponie Schöneiche. Die Ausführung der Pumpversuche erfolgte nach den vom DVGW (1975) vorgegebenen Richtlinien. Für die Auswertung der Pumpversuche kam das Programm AQTESOLV zur Anwendung. Die Auswertung der Pumptests erfolgte auf der Basis des Geradlinienverfahren nach COOPER & JACOB. Der Wiederanstieg wurde nach THEIS ermittelt. Gegebenenfalls wurden Korrekturen für unvollkommene Brunnen durchgeführt. Vier Pumpversuche konnten ausgewertet werden. Bei den übrigen drei stellten sich aufgrund zu geringer Förderleistungen in den Brunnen sofort quasistationäre Verhältnisse ein, eine Absenkung in den Grundwasserbeobachtungsrohren konnte nicht beobachtet werden. Es ist zu empfehlen, die Grundwassermeßstellen, an denen die Pumpversuche gefahren werden, im Durchmesser 5-Zoll oder größer auszubauen. Bei der Durchführung der Pumpversuche sollten größere Absenkungsbeträge u. a. zur Vergrößerung der Reichweite der Absenkung erzielt werden, die nur mit entsprechend leistungsstarken Pumpen (4 Zoll) möglich sind.

Die ermittelten Kennwerte beziehen sich ausschließlich auf die oberflächennahen Schichten des Arbeitsgebietes. Für dreidimensionale Betrachtungen müssen auch die Kenngrößen aus den tieferen Lagen vorhanden sein. Für die Teststandorte stehen diese Daten nicht zur Verfügung.

Tab. 7.1: Ermittelte hydraulische Durchlässigkeit (k_f - Wert) aus Pumpversuchen. Angaben in m s^{-1}

Meßstelle	Absenkung nach COOPER & JACOB	Wiederanstieg nach THEIS
B95/2*	$2{,}2\ 10^{-3}$	$1{,}4\ 10^{-3}$
B77/2*	$1{,}77\ 10^{-3}$	n. a.
Br 64	$4\ 10^{-4}$	$3{,}2\ 10^{-4}$
Br 65	n. a.	n. a.
Br 68	$3{,}2\ 10^{-4}$	$2{,}8\ 10^{-4}$
Br 70	n. a.	n. a.
Br 71	n. a.	n. a.

Anmerkungen: n.a. Pumpversuch nicht auswertbar
* Die Meßstellen existieren nicht mehr

Die k_f -Werte beschreiben gesteinsspezifische Werte für die Durchlässigkeit. Die wahre Geschwindigkeit (Abstandsgeschwindigkeit v_a) ist definiert als der Quotient aus Filtergeschwindigkeit und nutzbarem Hohlraumvolumen. Die Filtergeschwindigkeit ist das Produkt aus Durchlässigkeitsbeiwert (k_f -Wert) und hydraulischem Gefälle (I). Bei einem nutzbaren Hohlraumvolumen von 15 %, einem k_f -Wert von 10^{-4} m/s und einem hydraulischen Gefälle von 1/500 ergibt sich eine Abstandsgeschwindigkeit für das Grundwasser von ca. $1{,}3 \times 10^{-6}$ m/s, das entspricht ca. 0,12 m/d.

Die Grundwasserneubildung ist eine wesentliche Bilanzgröße für eine Grundwassermodellierung. Die Daten wurden aus Kap. 6 für die Modellierung übernommen. Die Berechnung ergab flächendifferenzierte Grundwasser-Neubildungsraten für das Untersuchungsgebiet. In Abhängigkeit von der landwirtschaftlichen Nutzung und den naturräumlichen Verhältnissen schwanken die Neubildungsraten beträchtlich. Im Jahresmittel liegt die Grundwasserneubildung regional zwischen +6 und +114 mm/a. Am Galluner Kanal und weiter östlich im Bereich des natürlichen Bachlaufes sind Moore verbreitet. Insbesondere in diesem Bereich des Modellgebietes wird Wasser dem oberflächennahen Grundwasserleiter mit etwa -13 bis -232 mm/a entzogen. Für die Deponiekörper Schöneiche und Schöneicher Plan konnte aufgrund unzureichender Datenbasis keine Grundwasserneubildungsrate berechnet werden. Sie ergibt sich im wesentlichen aus der Betrachtung des Sickerwasserhaushaltes der Deponien.

Nach Erkenntnissen der Deponiebetreiber hat sich in der Deponie Schöneiche, welche ebenerdig aufgeschüttet wurde, kein größerer Wasserkörper gebildet. Im Zuge von Auskofferungsmaßnahmen im Südosten der Deponie wurde festgestellt, daß zumindest in diesem Bereich kein Sickerwasser im Deponiekörper vorhanden ist. Als Ursache hierfür könnte eine erhöhte Verdunstung des Wassers durch thermische Entwicklungen im Inneren der Deponie angenommen werden, oder es kommt zu Sickerwasseraustritten am Rande der Deponie, wie sie für die Deponie Schöneicher Plan angenommen werden, jedoch bisher nicht weiter untersucht werden konnten. Die Deponie Schöneicher Plan wurde in alten, größtenteils ausgeräumten Tongruben angelegt, deren Sohlen sich in der wassergesättigten Zone befinden. Demzufolge wird ein großer Teil der unter Tage liegenden Deponiebereiche von Grundwasser durchströmt. Neuere Untersuchungen zeigen, daß die Höhenlage des Grund- bzw. Sickerwassers im Deponiekörper dem natürlichen Niveau der Grundwasseroberfläche in der Umgebung der Deponien entspricht.

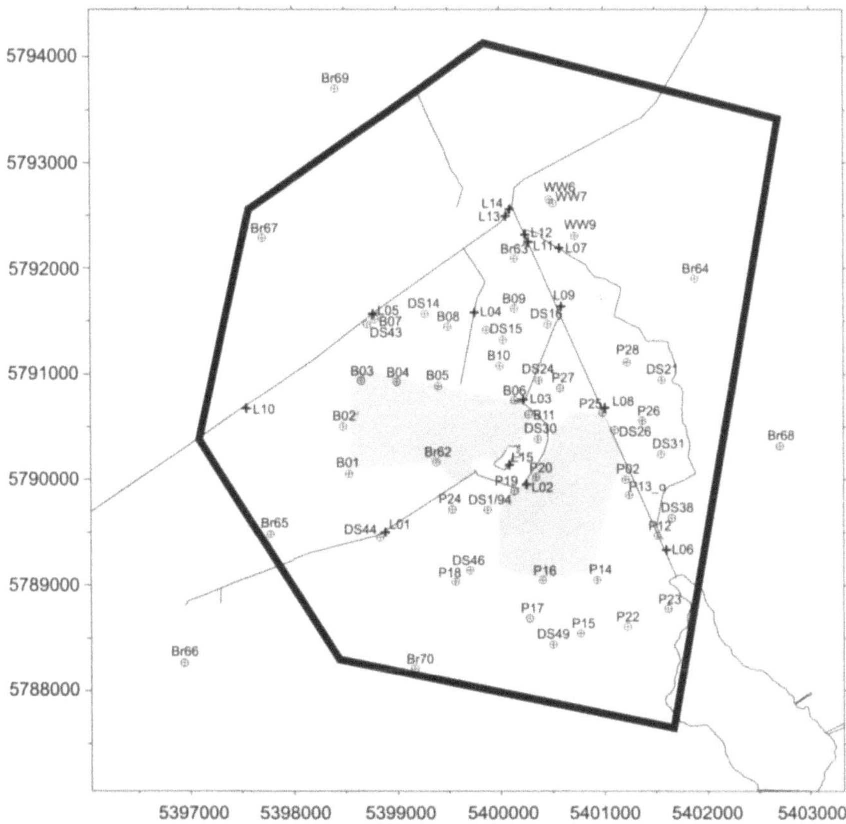

Abb. 7.3: Lage der Grundwassermeßstellen (Pegel)

Im März 1996 erfolgte eine Stichtagsmessung der Grundwasserstände an sämtlichen Grundwassermeßstellen im Arbeitsgebiet.

Mit oberirdischen Gewässern, wie dem Nottekanal oder dem Muckergraben, kann ein Austausch von Grundwasser und Oberflächenwasser erfolgen, sofern eine hydraulische Verbindung zwischen dem Grundwasserleiter und dem Oberflächengewässer besteht. Der Zustrom von Grundwasser in das Oberflächengewässer oder umgekehrt ist abhängig vom Wasserstand des oberirdischen Gewässers und der Lage der Grundwasseroberfläche. Parallel zur Stichtagsmessung der Grundwasserstände wurden die Wasserstände der oberirdischen Gewässer an Pegeln gemessen. Die Lage der Pegel ist in *Abb. 7.3* dargestellt.

Auf Grundlage der Stichtagsmessung vom März 1996 wurde der in der *Abb 7.4* dargestellte regionale Grundwassergleichenplan konstruiert. Für die Konstruktion der Grundwassergleichen wurden ausschließlich die Meßdaten aus oberflächennah verfilterten Grundwassermeßstellen verwendet. Bei der

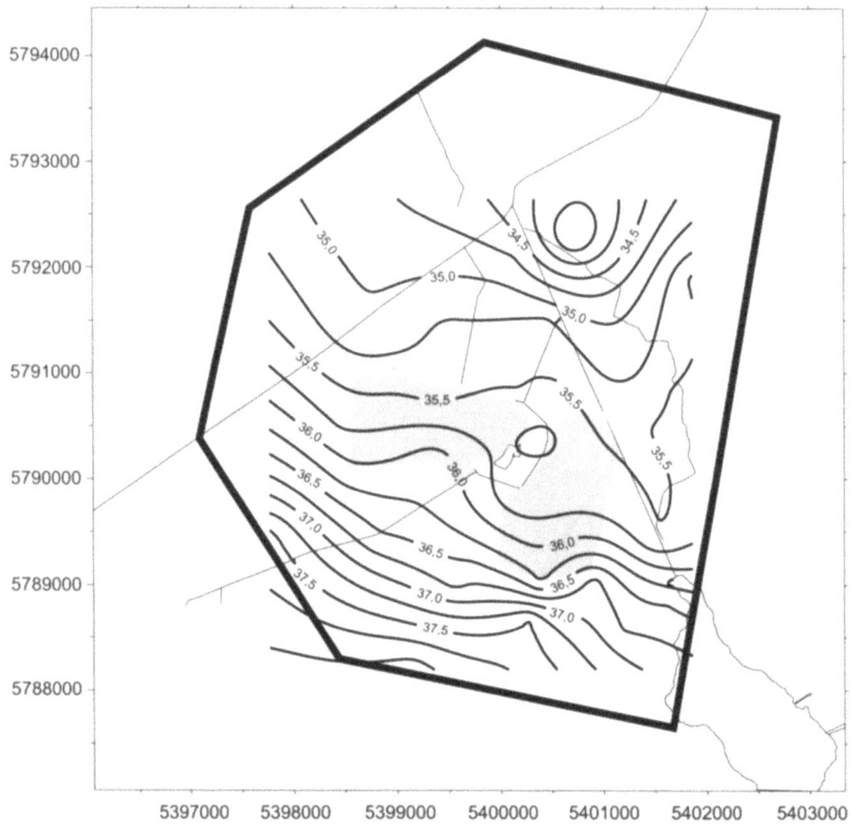

Abb. 7.4: Regionaler Grundwassergleichenplan nach der Stichtagsmessung vom März 1996

Erstellung der Gleichen muß sichergestellt sein, daß die Schichten, in denen die Filterstrecken der Meßstellen angeordnet sind, untereinander in hydraulischem Kontakt stehen und nicht verschiedenen Grundwasserleitern angehören. Für dreidimensionale Untersuchungen müssen die Strömungsverhältnisse in den tieferen Schichten bekannt sein. Erkenntnisse zur Grundwasserströmung in den tieferen Bereichen sind an den Teststandorten nicht vorhanden.

Zum Zeitpunkt der Modellierung standen keine Zeitreihen von Grundwasserständen und Wasserständen von oberirdischen Gewässern (Ganglinien) zur Verfügung. Für instationäre Berechnungen sind Ganglinien aus dem Untersuchungsgebiet zur Eichung des numerischen Modells notwendig. Simulationen zum Verhalten des Strömungssystems sollten nur dann vorgenommen werden, wenn ein instationäres Modell erstellt werden konnte.

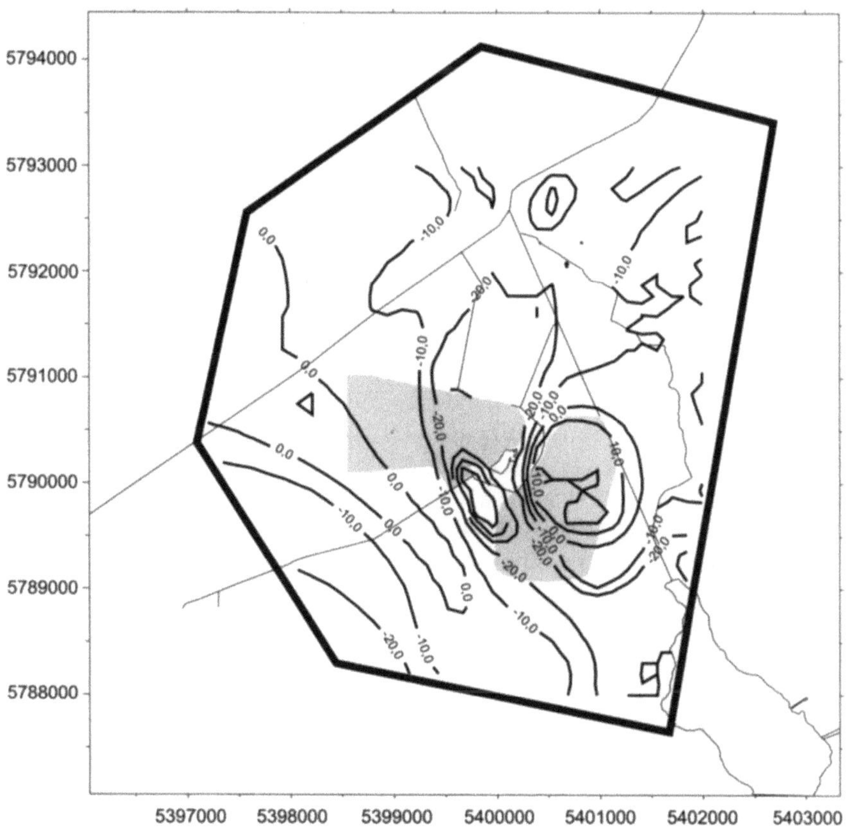

Abb. 7.5: Isolinienplan der Grundwasserleiterbasis (=Quartärbasis)

Besondere Schwierigkeiten bereitete die Geologie des Arbeitsgebietes. Der hier vorgestellte Ansatz zur Definition der Geometrie des Grundwasserleiters ist als ein Vorschlag aufzufassen, der zur Diskussion zu stellen ist. Eine eindeutige Differenzierung und Abgrenzung in mehrere Grundwasserstockwerke, die durch geringdurchlässige Schichten voneinander getrennt werden, ist nicht möglich. Aus den Tiefenlagen der Quartärbasis der einzelnen Bohrungen und geologischen Schnitten wurde der in der *Abb. 7.5* dargestellte Isolinienplan der Grundwasserleiterbasis (=Quartärbasis) konstruiert. Die Geländeoberkante bildet die obere Begrenzung des Grundwasserleiters. Da genaue geologische Erkenntnisse über den Aufbau des Deponieuntergrundes fehlen, wird die Basis der Deponien Schöneiche und Schöneicher Plan als die obere Grundwasserleitergrenze angesehen. Im Modellgebiet schwankt die Mächtigkeit der quartären Sedimente und damit die des Grundwasserleiters zwischen 20 und 85 m.

7.1.2 Modellaufbau

Es stehen zahlreiche Modellsysteme zur Verfügung, die sich hinsichtlich ihres Aufbaus und der Handhabbarkeit unterscheiden. In bezug auf die mathematische Lösungsmethode sind die Strömungsmodelle heute für 2 und 3 räumliche Dimensionen vorhanden und voll entwickelt. Einen detaillierten Überblick über Strömungs- und Transportmodelle - Möglichkeiten und Grenzen - vermittelt KINZELBACH (1993). Verbreitet sind die Modellsysteme MODFLOW (MCDONALD, HARBAUGH 1988), ASM (KINZELBACH, RAUSCH 1993), GFR (CHIANG 1993) und FEFLOW (DIERSCH 1995).

Für die Modellierung des Standortes Schöneiche wurde das Modell „Processing Modflow“ in der Version 4.0 eingesetzt. Processing Modflow (PMWIN) ist ein Programmpaket zur Modellierung der Grundwasserströmung und des Stofftransports und besteht aus den Einzelprogrammen MODFLOW, PMPATH, MT3D und PEST. MODFLOW basiert auf der Methode der Finiten Differenzen. Dabei sind sowohl zweidimensionale als auch dreidimensionale Berechnungen möglich. Die modellspezifischen Eingabekenngrößen werden mit verschiedener Software aufgearbeitet und auf die Netzknoten im Modell übertragen.

Der Aufbau des numerischen Grundwasserströmungsmodells beinhaltete mehrere Arbeitsschritte. Zum einen die Umsetzung der Geometrie des Untergrundes bzw. des Grundwasserleiters in ein digitales Modell und zum anderen die Beschreibung der aktuellen Fließverhältnisse durch das Festlegen der hydraulischen Kennwerte und Randbedingungen.

Grundlegende Modellannahmen

Die Auswertung aller vorhandenen und im Zuge der Geländearbeiten neu gewonnenen Daten führte zu dem Ergebnis, die Grundwasserströmungsverhältnisse mit Hilfe eines zweidimensionalen Modells zu beschreiben. Für eine dreidimensionale Betrachtung der Strömungsverhältnisse fehlt die Datengrundlage. Da die Datenbasis nicht ausreichte, um einen instationären Modellansatz eichen zu können, wurde eine stationäre Betrachtungsweise der Grundwasserströmungsverhältnisse gewählt. Der betrachtete Grundwasserleiter von der Quartärbasis bis zur Geländeoberfläche besitzt eine freie Grundwasseroberfläche. Die Oberflächengewässer Nottekanal, Galuner Kanal, Galluner Fließ und Muckergraben stehen in einem hydraulischen Kontakt mit dem Grundwasserleiter.

Diskretisierung des Modellgebietes

Die Modellränder ergeben sich aus der horizontalen und vertikalen Erstreckung des Grundwasserleiters sowie der Lage der oberirdischen Gewässer. Im Umfeld von Schöneiche und Schöneicher Plan liegen sie außerhalb des Nottekanals im Westen sowie des Galluner Fließes im Osten und folgen hydrogeologischen und hydrologischen Grenzen. Die Grundwassermeßstellen Br 66, Br 70, DS 49 und P 23 markieren die südliche Begrenzung des Modellgebietes, die Brunnen des Wasserwerkes Mittenwalde die Nordgrenze.

Das Finite-Differenzen-Netz für das Horizontalmodell besteht aus insgesamt 4.875 Elementen mit 75 Zeilen und 65 Spalten. Die Zellweite am Modellrand beträgt 100 m, im Bereich der Deponien Schöneiche und Schöneicher Plan 50 m. Das Modellnetz ist in *Abb. 7.6* dargestellt.

Vertikale Begrenzung des Modells

Die Quartärbasis stellt die Basis des Grundwasserleiters dar. Die Lage der Grundwasserleiterbasis wurde auf das Modellgitter übertragen und beschreibt somit die untere Begrenzung des Modells. Die Geländeroberfläche markiert die obere Begrenzung des Grundwasserleiters.

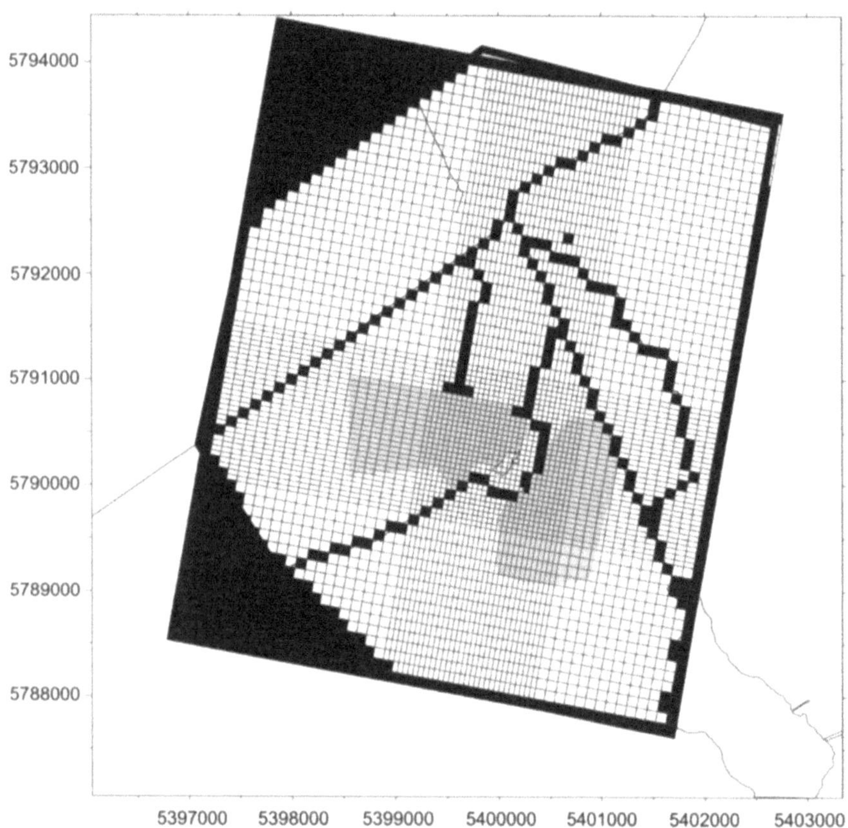

Abb. 7.6: Modellnetz

Randbedingungen

Am Südrand des Untersuchungsgebietes strömt Grundwasser in das Modellgebiet. Der Zufluß wurde als eine Randbedingung zweiter Art eingegeben. Randzuflüsse gehören im allgemeinen zu den meist unbekannten Daten und müssen in der Regel aus der Modelleichung bestimmt werden. Bei der Eingabe des Randzuflusses im Modell sind Abschätzungen meist möglich. Für das Modellgebiet wurde ein Zufluß von 1.800 m^3/d geschätzt. Vom Ostrand des Untersuchungsgebietes erfolgt ein weiterer Zustrom von Grundwasser von den Hochflächen. Die Zuflußrate wurde zunächst mit 200 m^3/d angenommen.

Die gemessenen Wasserspiegel und die Sohlhöhen der oberirdischen Gewässer werden direkt den entsprechenden Netzknoten zugewiesen. Leakagefaktoren von Oberflächengewässern sind praktisch nicht direkt meßbar und können nur aus der Modelleichung gewonnen werden.

Das Wasserwerk Mittenwalde fördert Grundwasser aus dem oberflächennahen Grundwasserleiter. Von den drei Wasserwerksbrunnen ist jeweils ein Brunnen in Betrieb. Die Förderleistung beträgt ca. 30 m^3/h. Der Wert wurde in das Modell übernommen.

Belegung der hydraulischen Kenngrößen

Die Filterstrecken der Grundwassermeßstellen sind bis maximal 20,80 m unter Geländeoberkante angeordnet, so daß sich die ermittelten hydraulischen Kennwerte ausschließlich, wie bereits beschrieben, auf die oberflächennahen wasserführenden Schichten und nicht auf den gesamten Grundwasserleiter bis zur Quartärbasis beziehen. Weitere Kennwerte, insbesondere von tieferen Schichten, sind nicht vorhanden. Aufgrund der vorliegenden geologischen Verhältnisse variieren die hydraulischen Durchlässigkeiten und Transmissivitäten erheblich. Zur Festlegung der Durchlässigkeiten des Grundwasserleiters muß eine Trennung der gut durchlässigen und geringdurchlässigen Schichten erfolgen. Da das numerische Modell die Eingabe der k_f-Werte für den gesamten definierten Aquifer fordert, mußten die geologischen Inhomogenitäten berücksichtigt werden. Daher wurde eine Wichtung der Kennwerte über die Gesamtmächtigkeit des Grundwasserleiters vorgenommen. Zu diesem Zweck wurden auf Basis der geologischen Profilschnitte in einem 200 m-Raster zunächst die Mächtigkeiten der wasserführenden und hemmenden Schichten sowie die Gesamtmächtigkeit des Pleistozänkomplexes ermittelt. In einem zweiten Schritt wurden für jeden Rasterpunkt die hydraulischen Durchlässigkeiten auf Grundlage der durch die Pumpversuche ermittelten k_f-Werte berechnet. Da die k_f-Werte der gut durchlässigen Sedimente zwischen etwa 10^{-3} m/s und 10^{-4} m/s schwanken, wurde für diese Schichten ein Mittelwert von $5 \cdot 10^{-4}$ m/s angenommen. Die Durchlässigkeiten der grundwasserhemmend wirkenden Geschiebemergel betragen nach Untersuchungen von MILDE (1990) im Berliner Raum durchschnittlich 10^{-7} m/s. Aus einer Siebanalyse des oberen Geschiebemergels aus der Bohrung DS 1 wurde ebenfalls ein k_f-Wert von 10^{-7} m/s ermittelt, so daß für die Grundwasserhemmer ein k_f-Wert von 10^{-7} m/s zugrundegelegt werden kann.

Die Berechnung erfolgte nach: (k_f-Wert$_w$ * M_w) + (k_f-Wert$_s$ * M_s) dividiert durch die Gesamtmächtigkeit mit: k_f-Wert $_{w,\,s}$ = Durchlässigkeit der wasserführenden (w) und stauenden (s) Schicht M $_{w,\,s}$ = Mächtigkeit der wasserführenden (w) und stauenden (s) Schicht.

Diese Methode der Wichtung führte zu einer räumlichen Verteilung der hydraulischen Kennwerte im Untersuchungsgebiet, wie sie in der *Abb. 7.7* dargestellt wird. Diese k_f-Wert-Verteilung wurde für den Aufbau des numerischen Modells übernommen.

Es ist anzumerken, daß diese Vereinfachung aufgrund der unzureichenden Datengrundlage im Arbeitsgebiet vorgenommen werden mußte. Die Anisotropie und die Inhomogenitäten des Grundwasserleiter-Systems werden durch diese Vereinfachung nur unzureichend beschrieben; dabei zwangsläufig auftretende Fehler können erst bei der Kalibrierung des Modells abgeschätzt und durch Modellanpassungen reduziert werden.

Grundwasserneubildung

Die bei der Berechnung der Grundwasser-Neubildung ermittelten Werte wurden in das Modell eingesetzt. Die Beträge der Grundwasserneubildung wurden auf das Gitter des numerischen Modells übertragen und den Netzknoten zugeordnet. Für die Deponien Schöneiche und Schöneicher Plan wurde die Neubildungsrate mit 0 mm/a ausgewiesen.

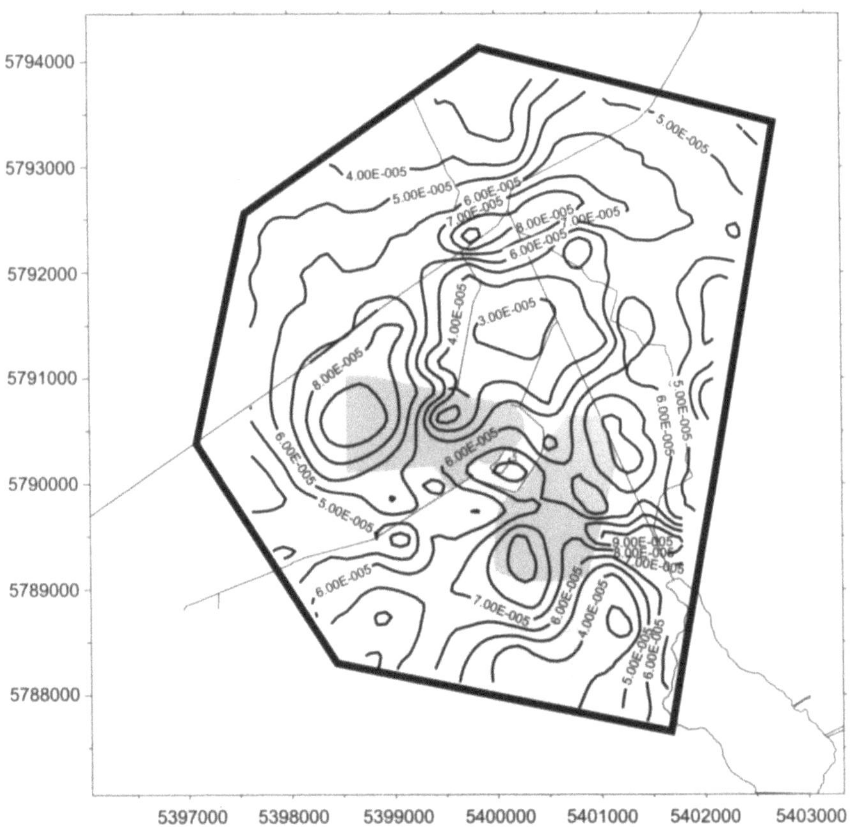

Abb. 7.7: Räumliche Verteilung der hydraulischen Kennwerte im Untersuchungsgebiet

7.1.3 Modelleichung und Modellierung des Ist-Zustandes

Grundlage für die Eichung des Modells ist der Grundwassergleichenplan der Stichtagsmessung vom März 1996. Für das Modellgebiet Schöneiche und Schöneicher Plan sind eine Reihe von Eingangskenngrößen unbekannt. Das betrifft insbesondere Kenngrößen wie die Randzuflüsse an den Modellrändern sowie Infiltrations- und Exfiltrationsvorgänge an den Oberflächengewässern. Ziel der Modelleichung oder Kalibrierung war es, die zuvor nur abgeschätzten Grundwasserleiterdaten im Modell zu ergänzen bzw. anzupassen, bis die Simulationsergebnisse den Beobachtungen im Gelände entsprechen. Für die Eichung müssen Beobachtungsdaten der modellierten Größe selbst vorhanden sein.

Vor Beginn der Modelleichung wurden die bekannten Wasserstände der oberirdischen Gewässer und die abgeleiteten Größen Grundwasserneubildung, hydraulische Durchlässigkeit sowie Grundwasserleiterbasis in das Modell eingesetzt. Da das Startmodell mit den im Gebiet ermittelten Kenngrößen nicht immer zufriedenstellend war, mußten die Startkenngrößen variiert werden. Die Wasserstände der Oberflächengewässer können nicht variiert werden. Die ermittelten Grundwasserneubildungsraten können als gesichert angesehen werden, wenngleich für die Deponien Schöneiche und Schöneicher Plan keine gesicherten Daten vorliegen. Die Basis des Grundwasserleiters ist durch die geologische Bearbeitung relativ gut dokumentiert. Für die Eichung des Endmodells verbleibt somit die Variation der k_f-Werte, der Randzuflüsse, der Leakagefaktoren der oberirdischen Gewässer sowie der Grundwasserneubildungsraten im Bereich der Deponien unter Beibehaltung der übrigen Kenngrößen.

Durch sukzessives Variieren der Durchlässigkeiten, insbesondere im Umfeld der Deponie Schöneicher Plan, erfolgte eine feine Anpassung der berechneten an die beobachteten Piezometerhöhen. Insbesondere in Modellbereichen ohne ausreichende Datenbasis betrug die Abweichung der berechneten und beobachteten Piezometerhöhen bis zu 30 cm, ein Ergebnis, das nicht zufriedenstellen kann. Die Variation der Durchlässigkeiten lag im Bereich von bis zu zwei Zehnerpotenzen. Diese Anpassungen waren aufgrund fehlender Daten insbesondere aus den tieferen Schichten erforderlich.
Eine Variation des Zuflusses am Südrand des Modellgebietes beeinflußte die Grundwasserströmung erheblich und verbesserte das Strömungsbild deutlich. Die Zuflußrate am Südrand wurde auf insgesamt ca. 2.400 m^3/d erhöht. Eine Variation der Grundwasserneubildungsraten im Bereich der Deponien führte zu keinem wesentlichen Einfluß auf die Grundwasserströmung.

Der Grundwassergleichenplan für das geeichte stationäre Grundwasserströmungsmodell ist in der *Abb. 7.8* dargestellt. Für das stationäre Modell kann eine Wasserbilanzierung erstellt werden, die als grobe Kalkulation zu werten ist. Danach strömen pro Tag in das Modellgebiet ca. 2.980 m^3

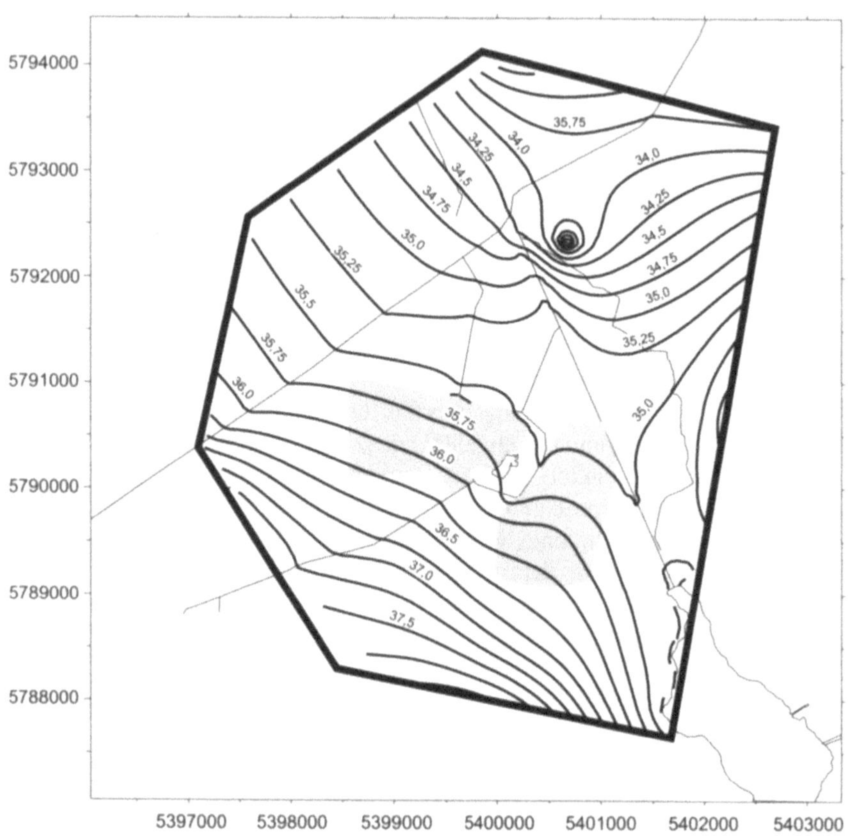

Abb. 7.8: Grundwassergleichenplan für das geeichte stationäre Grundwasserströmungsmodell

Grundwasser. Das Wasserwerk Mittenwalde fördert ca. 720 m^3/d. Im nördlichen Bereich des Wasserwerkes strömen etwa 1.000 m^3/d Grundwasser aus dem Modellgebiet. Über die oberirdischen Gewässer werden täglich etwa 1.000 m^3 Grundwasser abgeführt.

7.2 Ergebnisse

Durch den in diesem Bericht vorgestellten Modelleinsatz konnten die Grundwasserströmungsverhältnisse im Modellgebiet insbesondere im Umfeld der Deponien Schöneiche und Schöneicher Plan hinreichend genau beschrieben werden.

Ein wesentlicher Einfluß der Deponien auf die Grundwasserströmung durch Sickerwasseraustritte in den oberflächennahen Grundwasserleiter bzw. durch Grundwasserneubildung besteht nicht. Als Ursache hierfür sind die vergleichsweise geringen Wassermengen durch Neubildung gegenüber dem Wasserdurchsatz im Grundwasserleiter anzusehen.

Ein Problem des vorliegenden Modells liegt in der unvollkommenen Erfassung der Heterogenitäten des Grundwasserleiters, insbesondere hinsichtlich der sedimentologischen Ausbildung und der sich daraus ergebenden Durchlässigkeiten. Die hydraulischen Verhältnisse im Modellgebiet zeigen, daß die gesamte quartäre Schichtfolge und Teile des Tertiärs als ein System kommunizierender Grundwasserleiter zu betrachten ist. Eine eindeutige Differenzierung und Abgrenzung in mehrere Grundwasserstockwerke, die durch geringdurchlässige Schichten voneinander getrennt werden, ist nicht möglich.

Für das vorliegende Modell wurde ein zweidimensionaler Ansatz gewählt. Der Grundwasserleiter bis zur Quartärbasis wurde als eine Modellschicht diskretisiert. Die Voraussetzungen einer zweidimensionalen Strömungsmodellierung sind an diesem Standort sicher nicht gegeben, da z. B. auch vertikale Grundwasserbewegungen im Untergrund eine Rolle spielen dürften. Die komplizierten hydraulischen Verhältnisse im Untersuchungsgebiet führten teilweise zu erheblichen Problemen bei der Modelleichung, da viele Einflußfaktoren wie Leakage und vertikale Strömung unberücksichtigt blieben.

An dieser Stelle sei darauf hingewiesen, daß für eine genauere Modellierung ein vollständiger Datensatz für alle wasserführenden Schichten erforderlich ist. Die für eine dreidimensionale Strömungsmodellierung notwendige Datengrundlage steht selten zur Verfügung, der zusätzliche Erkundungsbedarf ist mit hohen Kosten verbunden. Werden trotz geringer Datenbasis dreidimensionale Modelle erstellt, wie sehr häufig beobachtet, treten gravierende Eindeutigkeitsprobleme der Lösung durch zusätzliche Freiheitsgrade bei der Modelleichung auf. Die Wahl eines dreidimensionalen Ansatzes ist bei einer geringen Datenbasis nicht gerechtfertigt.

Im Rahmen des Untersuchungsprogramms konnten keine Grundwassermeßstellen in den verschiedenen und v. a. tieferen Schichten des Grundwasserleiters errichtet werden. Diese Grundwassermeßstellen sind zur Beurteilung der Strömungsverhältnisse in den tieferen Schichten zwingend erforderlich. Es wurden 21 Grundwassermeßstellen in den oberflächennahen Schichten eingerichtet, die technische Bohrausrüstung erlaubte nur einen Meßstellenausbau im 2-Zoll-Durchmesser, so daß sich hydraulische Kennwerte nur durch Kurzzeitpumpversuche mit beschränkter Aussagekraft ermitteln ließen. Von sieben durchgeführten Pumptests konnten drei nicht ausgewertet werden, da in 2-Zoll-Meßstellen nur Tauchpumpen mit geringer Förderrate eingebaut werden können und sich in Filterlagen mit gutdurchlässigen Sanden nach kurzer Zeit bereits stationäre Bedingungen einstellten. Für den gesamten Pleistozänkomplex standen daher lediglich vier durch Pumpversuche ermittelte Durchlässigkeiten und eine Siebanalyse aus Altbohrungen zur Verfügung.

Für die Teststandorte Schöneiche und Schöneicher Plan stellt sich nach der vorliegenden Modellierung die Frage nach einer Optimierung des Strömungsmodells. Wesentlich ist die Beschaffung weiterer Daten. Grundsätzlich müssen zusätzliche Grundwassermeßstellen insbesondere in den tieferen Schichten des Grundwasserleiters und vor allem in ausreichender Zahl installiert werden. Da die Grundwasserströmung wesentlich durch Transmissivitäten beeinflußt wird, müssen ausreichend Pumpversuche zur Ermittlung der hydraulischen Kenngrößen durchgeführt werden. Von besonderem Interesse sind Untersuchungen zum Sickerwasserhaushalt in den Deponien. Neben der Ermittlung von Grundwasserneubildungsraten im Untergrund der Deponien tragen diese Untersuchungen dazu bei, Erkenntnisse zum möglichen Stoffeintrag aus den Deponien in das Grundwasser zu gewinnen.

Eine 3-D-Modellierung erscheint, insbesondere aus hydraulischen Gründen wie sie im Modellgebiet vorherrschen nicht sinnvoll. Eine Alternative besteht darin, nicht die gesamte quartäre Serie als eine Modellschicht zu betrachten, sondern nur den oberflächennahen Grundwasserleiter, der durch hydrogeologische Untersuchungen gut beurteilt werden kann, zu berücksichtigen. Eine detaillierte Anbindung der tieferen Schichten einschließlich des Tertiärs ist aus bekannten Gründen mit vielen Unsicherheiten verbunden. Diese Schichten können innerhalb des Modells durch eine Kopplung mit dem oberflächennahen Grundwasserleiter nach dem Leakageprinzip angebunden werden. Über den Leakagefaktor wird der vertikale Fluß zwischen den Modellschichten erfaßt. Da es keine Erkenntnisse zum Grundwasseraustausch zwischen den Schichten gibt, werden die Austauschraten im Rahmen der Modelleichung bestimmt. Die Deponien dürften im wesentlichen nur auf die oberflächennahen Schichten des Grundwasserleiters Einfluß nehmen. Möglich wäre es, die Deponiebereiche als gesonderte Modellschicht in das numerische Strömungsmodell zu implementieren.

Bei Vorliegen von Ganglinien für das Grundwasser und oberirdische Wasser können instationäre Berechnungen für Zeitreihenbetrachtungen durchgeführt werden. Diese Berechnungen sind grundlegend für Prognosen über das Verhalten eines Grundwasserleiters in Abhängigkeit von seiner Nutzung bzw. von bautechnischen Maßnahmen, etwa zur Sicherung der Deponien.

Wegen der vereinfachenden Modellgeometrie und der im Detail meist unbekannten Untergrundkenngrößen können Modelle immer nur ein grobes Abbild des wirklichen Untergrundes abgeben. Daher sind Simulationsergebnisse immer mit Ungenauigkeiten und Unsicherheiten verbunden. Die Qualität der Modellierung hängt wesentlich vom Umfang der zur Verfügung stehenden Datenbasis ab.

Zum besseren Verständnis der Grundwasserströmungsverhältnisse im Umfeld der Deponien Schöneiche und Schöneicher Plan wird das numerische Modell weiterentwickelt. Die in diesem Bericht vorgestellten Untersuchungen sind als ein erster wichtiger Schritt in Richtung einer umfassenderen Modellierung anzusehen.

Literatur

In diesem Schriftenverzeichnis werden die für die Grundwassermodellierung relevanten Quellen aufgeführt. Die Fa. UWG GmbH Berlin hat in der Vorstudie zu diesem Projekt ein umfangreiches Quellenverzeichnis zusammengestellt, auf das verwiesen wird.

AHRENS, H. (1992): Verbundvorhaben Deponieuntergrund, Teststandort Schöneiche/Schöneicher Plan. UWG GmbH Berlin im Auftrag der BGR, Vorstudie.

AQTESOLV, ein Programm zur Auswertung von Pumpversuchen, GERAGHTY & MILLER, Inc.

BEIMS, U. & GUTT, B. (1991): Gutachten: Geohydraulische Situation des Deponiestandortes Schöneiche/Schöneicher Plan. Dresdner Forschungszentrum an der TU (DGFZ) und Dresdner Grundwasserconsult GmbH (unveröff.).

CHIANG, W. H. (1993): GFR, An interactive, graphics-based finite-element groundwater flow model. Kassel University, Kassel.

COOPER, H. H. & JACOB C. E. (1946): A generalized graphical method for evaluating formation constants and summarizing well field history. Am. Geophys. Union Trans. **27**, 526-534.

DIERSCH, H.-J. (1995): „FEFLOW - an interactive, graphics-based finite-element simulation system for modeling groundwater flow and contamination processes“, User's Manual. Version 4.2, Wasy GmbH, Berlin, recent update 1995.

DVGW Arbeitsblatt W 111 (1975): Technische Regeln für die Ausführung von Pumpversuchen bei der Wassererschließung.

ESRI Enviromental Systems Research Institute: ARC/INFO description, Redlands CA., USA.

KINZELBACH, W. (1993): Strömungs- und Transportmodelle - Möglichkeiten und Grenzen, Berichte der Forschungsteilnehmer des Verbundvorhabens "Methoden zur Erkundung und Beschreibung des Untergrundes von Deponien und Altlasten“ - 3. Statusseminar Berlin, 111-123.

KINZELBACH, W. & RAUSCH, R. (1994): ASM (version 5), Aquifer Simulation Model. Heidelberg University, Heidelberg.

MCDONALD, M. C. & HARBAUGH, A. W. (1988): MODFLOW, A modular three-dimensional finite difference ground-water flow model. U.S.Geological Survey, Open-file report 83-875, Chapter A1, Washington DC.

MILDE, G. (1990): Zur Bewertung hydrogeologischer Barrieren - welche Möglichkeiten bietet der Großraum Berlin. - In: Deponie. Ablagerung von Abfällen 4; Hrsg.: THOMÉ-KOZMIENSKY, K. J., LANTE, D., 125-151, EF-Verlag für Energie und Umwelttechnik GmbH, Berlin.

PARSIEGLA, K. (1994): Stratigraphisch-genetische Gliederung der quartären Schichtenfolge im Umfeld der Deponien Schöneiche und Schöneicher Plan südlich von Berlin, BMFT-Verbundvorhaben "Methoden zur Erkundung und Beschreibung des Untergrundes von Deponien und Altlasten", Landesanstalt für Geowissenschaften und Rohstoffe/Land Brandenburg.

RAI, S. N. (1994): The joint Research project on methods for studying the subsurface of planned, operating and abandoned waste disposal sites: 3-D Simulation of groundwater flow in Schöneiche waste disposal site. Federal Institute for Geosciences and Natural Resources (BGR), Hannover (unveröff.).

THEIS, C. V. (1935): The relation between the lowering of the piezometric surface and the URFErate of duration of discharge of a well using ground-water storage. Trans. Am. Geophys. Union, 519-524.

If you have any concerns about our products,
you can contact us on
ProductSafety@springernature.com

In case Publisher is established outside the EU,
the EU authorized representative is:
Springer Nature Customer Service Center GmbH
Europaplatz 3, 69115 Heidelberg, Germany

Printed by Libri Plureos GmbH
in Hamburg, Germany

Bundesanstalt für Geowissenschaften und Rohstoffe

Handbuch zur Erkundung des Untergrundes von Deponien und Altlasten

Band 8

Dieses Methodenhandbuch „Deponieuntergrund" ist im Rahmen des vom Bundesministerium für Bildung und Forschung (BMBF) geförderten Forschungsverbundvorhabens „Methoden zur Erkundung und Beschreibung des Untergrundes von Deponien und Altlasten" (Projektträger „Abfallwirtschaft und Altlastensanierung" im Umweltbundesamt; Förderkennzeichen 1460605, 1460605A und 1460605B) entstanden.
Die Verantwortung für den Inhalt der jeweiligen Beiträge liegt bei den Autoren.

Springer-Verlag Berlin Heidelberg GmbH

Gerhard Lange • Klaus Knödel

Erkundungspraxis

Fallbeispiele Schöneiche-Mittenwalde, Eulenberg/Arnstadt und Rabenstein/Chemnitz

Mit Beiträgen von
Horst Aust, Stephan Bachmann, Manfred Birke, Olaf Böhme, Burckhard Burde, Uwe Casten, Imre Fejes, Johannes Flachowsky, Lieselotte Frohse, Michael Fuchs, Werner Hiltmann, Bernhard Hörig, Reinhard Jähnert, Thomas Kabelitz, Beate Keilert, Klaus Knödel, Paul Krull, Heinrich Krummel, Friedrich Kühn, Gerhard Lange, Harald Lindner, Werner Meyer, Ernst Niederleithinger, Karsta Parsiegla, Asaf Pekdeger, Uwe Rauch, Géza Rezessy, Bernd Röttger, Dietmar Schmidt, Jörg Schmidt, Volker Schulz-Rincke, Joachim Sebulke, Knut Seidel, Klaus-Peter Sengpiel, Bernhard Siemon, Christian Sommer von Jarmersted †, Dieter Steinbrecher, Günter Steiner, János Stickel, Lászlo Szabadváry, Uwe Tröger, Tomm Utecht †, László Verö, László Vértesy, Jürgen Wunderlich, Gerhard Zscherpe †

Mit 330 Abbildungen und 106 Tabellen

Springer

GERHARD LANGE
DR. KLAUS KNÖDEL

Bundesanstalt für Geowissenschaften
und Rohstoffe
Dienstbereich Berlin
Wilhelmstraße 25-30
D-13593 Berlin

ISBN 978-3-642-62848-1 ISBN 978-3-642-55790-3 (eBook)
DOI 10.1007/978-3-642-55790-3
Bibliografische Information der Deutschen Bibliothek

Die Deutsche Bibliothek verzeichnet diese Publikation in der Deutschen Nationalbibliografie; detaillierte bibliografische Daten sind im Internet über http://dnb.ddb.de abrufbar.

http://www.springer.de

Ursprünglich erschienen bei Springer-Verlag Berlin Heidelberg New York 2003
Softcover reprint of the hardcover 1st edition 2003

Einbandgestaltung: Erich Kirchner, Heidelberg
Satz: Reproduktionsfertige Vorlage vom Autor

Gedruckt auf säurefreiem Papier 30/3140/as – 5 4 3 2 1 0

Vorwort

Das Bundesministerium für Bildung und Forschung (BMBF) hat in den vergangenen Jahren über seinen Projektträger "Abfallwirtschaft und Altlastensanierung" im Umweltbundesamt das Verbundvorhaben "Methoden zur Erkundung und Beschreibung des Untergrundes von Deponien und Altlasten" (Kurztitel "Deponieuntergrund") gefördert. Als ein Produkt des Verbundvorhabens wird das „Handbuch zur Erkundung des Untergrundes von Deponien und Altlasten“ vorgelegt. Der Herausgeber dankt dem BMBF für die Förderung des Vorhabens und des Handbuchs. Zu danken ist Herrn Dr. Heidborn und Mitarbeitern (BMBF) und dem Projektträger für die fachliche und administrative Betreuung des Verbundvorhabens und des Methodenhandbuchs. Die Ermutigungen, kritischen Fragen und zahlreichen Hinweise durch die Mitarbeiter des Projektträgers und der Fachreferate im Umweltbundesamt haben das Projekt wesentlich vorangebracht.

Neben der Entwicklung bzw. Weiterentwicklung der Methoden zur Erkundung und Beschreibung des Untergrundes von Deponien und Altlasten war die Forschung an Teststandorten ein weiterer Schwerpunkt im Verbundvorhaben „Deponieuntergrund“. Durch die Anwendung ausgereifter und neuer Verfahren an ausgewählten Teststandorttypen konnten Verfahrenskombinationen für bestimmte Aufgabenstellungen getestet sowie Kriterien für die Auswahl der effektiven und kostengünstigsten Methoden der Standorterkundung abgeleitet werden. Darüber hinaus erbrachte die Teststandortforschung instruktive Beispiele für das Methodenhandbuch. Sie hat wesentlich zur Schließung von Forschungslücken beigetragen.

Angeregt durch eine Umfrage des Springer Verlages bei potentiellen Nutzern des Methodenhandbuchs hat die Bundesanstalt für Geowissenschaften und Rohstoffe (BGR) nach Beendigung des Verbundvorhabens "Deponieuntergrund" im Rahmen ihrer Querschnittsaufgaben „Beratung der Ministerien“ und „Beratung der deutschen Wirtschaft“ den Informationsinhalt der vielfältigen Untersuchungsergebnisse an den Teststandorten weiter ausgeschöpft und daraus ein Handbuch mit Fallbeispielen aus der Erkundungspraxis erarbeitet. Mit dem vorliegenden Band zur Erkundungspraxis für ausgewählte Standorttypen wird insbesondere für die Firmen eine noch zielgerichtetere Beratung der öffentlichen und privaten Auftraggeber durch überzeugende Fallbeispiele möglich sein.

Im Rahmen der Forschung an den Teststandorten war ein sehr vielfältiges Forschungsfeld zu bearbeiten. Eine umfassende Bearbeitung war mit dem vorgegebenen Finanzrahmen nicht möglich. Deshalb mußten Schwerpunkte gesetzt werden. Auswahlkriterien waren regionale Gesichtspunkte und die Übertragbarkeit der Ergebnisse auf möglichst viele andere „Fälle“. Dafür wurden folgende typische Teststandorte ausgewählt:

Schöneiche, Brandenburg: Quartäre und tertiäre Lockergesteine, vielfältige Umweltbelastungen durch eine fast 100-jährige Nutzungsgeschichte als Abfallablagerungsplatz, Gewerbe-/Industriegebiet und Standort für intensive Landwirtschaft einschließlich Intensivtierhaltung. Das Untersuchungsgebiet zeigt eine sehr komplizierte Quartärstratigraphie und -tektonik. In "Stauchmoränen" ist mit einem vielfachen Wechsel rolliger und bindiger Partien zu rechnen. Es gibt weder einheitlich ausgebildete lithologisch/stratigraphische Horizonte noch aushaltende Aquifere und Grundwasserstauer. Festzustellen ist, daß sich die Lagerungsstörungen, wie sie u. a. im Untersuchungsgebiet beobachtet werden, nicht auf den Randbereich der Vereisung beschränken, sondern auch in den vermeintlich "ruhigen" Grundmoränen angetroffen werden. Das Gebiet Schöneiche - Mittenwalde ist ein Raum, der hinsichtlich der geologischen Situation und der vielfältigen Umweltbelastungen typisch für das Berliner Umland und weite Bereiche der neuen Bundesländer ist. Die methodischen Ergebnisse sind somit auf zahlreiche andere Standorte in Norddeutschland übertragbar.

Eulenberg, Thüringen: Verkarstete Karbonatgesteine der Muschelkalk-Formation und Ton-/Mergelsteine der Keuper-Formation mit anthropogenen Strukturen im Deponieuntergrund, Altablagerung mit Haus- und Industrieabfällen. Mit der Altablagerung Eulenberg bei Arnstadt in Thüringen wurde eine mögliche Altlast an einem Standort in mesozoischen Festgesteinen untersucht. Die Besonderheiten des Standortes Eulenberg liegen darin begründet, daß durch den mit der Errichtung eines unterirdischen Bauwerkes in den 40er Jahren verbundenen Steinbruchbetrieb die natürlichen geologischen Verhältnisse gestört wurden. Um die Auswirkungen der massiven Eingriffe in den Untergrund auf dessen Barrierewirkung abschätzen zu können, war die geologische Erkundung hier in besonders enger Weise mit der historischen Standortanalyse zu verknüpfen. Ohne die aus organistorischen Gründen erst zu einem relativ späten Zeitpunkt mögliche Einbeziehung von Geofernerkundung und Geophysik in den Erkundungsprozeß wäre es sicher nicht möglich gewesen, die Situation unter der Altablagerung durch eine lokal über 20 Meter mächtige Müllschicht zu erkunden. Beide Komponenten, anthropogene Veränderungen und natürliche geologische Gegebenheiten an der Deponiebasis, bestimmen maßgeblich das vom Standort auf das Umfeld ausgehende Gefährdungspotential. Das Untersuchungsgebiet zeigt ein kompliziertes Schollenmosaik, das durch die Störungsstaffeln der Eichenberg - Gotha - Saalfelder - Störungszone und verschiedenen dazu senkrecht verlaufenden Störungen gebildet wird. Die Gesteine des Untergrundes sind in erheblichem Umfang verkarstet. Es wurden mehrere Grundwasserhorizonte nachgewiesen, die ein kompliziertes hydraulisches System bilden. Vergleichbare Standortsituationen gibt es in weiten Bereichen Mittel- und Süddeutschlands.

Rabenstein, Sachsen: Kristalline Schiefer des Altpaläozoikums mit z. T. tiefgründiger Verwitterung, möglicher Standort für eine Deponieneuanlage.

Der Standort Rabenstein im Bereich des Autobahndreiecks Chemnitz-Nord westlich von Chemnitz wurde aus der vergleichenden Bewertung von insgesamt zehn Standortmöglichkeiten nach den Kriterien der Nutzwertanalyse für die Errichtung einer Deponie des Abfallwirtschaftsverbandes Chemnitz favorisiert. Mit methodischen Arbeiten im Rahmen des Forschungsverbundvorhabens „Deponieuntergrund“ sollte gezeigt werden, welchen Beitrag die interdisziplinäre geowissenschaftliche Forschung zur Erkundung eines Standortes für eine Deponieneuanlage bei einem Untergrund aus metamorphen Gesteinen leisten kann. Es war nicht Ziel dieses Vorhabens, das Untersuchungsgebiet flächendeckend zu erkunden oder eine gutachterliche Bewertung der Eignung des Standortes für eine Deponieneuanlage vorzunehmen. Zur Erkundung der geologischen Barriere am Teststandort Rabenstein wurden stufenweise verschiedene Erkundungsmethoden eingesetzt. Einen ersten Überblick über die Standortsituation ergab eine geologische und tektonische Geländeaufnahme. Es folgte eine flächenhafte magnetische, geoelektrische und elektromagnetische Kartierung zur lithologischen und strukturellen Differenzierung des Untergrundes im Untersuchungsgebiet. Nach einem Bohrprogramm erfolgten u. a. Bohrkernaufnahmen, hydraulische Tests und geophysikalische Bohrlochmessungen zur Bewertung der hydraulischen Eigenschaften des Untergrundes. Das wichtigste Ergebnis für die Bewertung der geologischen Barriere am Standort Rabenstein war der Nachweis einer ca. 1 500 m langen, 400 m breiten und bis zu 70 m tiefen Rinnenstruktur, die mit Verwitterungsbildungen erfüllt ist, welche die Anforderungen an eine geologische Barriere erfüllen. Die methodischen Erkenntnisse des Fallbeispiels Rabenstein können auf vergleichbare Standorte in Mittel- und Süddeutschland übertragen werden.

Bei der Standortuntersuchung hat es sich bewährt, zuerst die Flächenaufnahmen mit geologischer Kartierung, Geofernerkundung, geophysikalischer Vermessung und oberflächengeochemischer Aufnahme durchzuführen und danach die punktweise Erkundung gezielt anzusetzen mit Schürfen, Sondierungen, Bohrungen (Auf- oder Ausbau des Netzes von Grundwassermeßstellen und nachgeordneten geophysikalischen und hydraulischen Bohrlochuntersuchungen, Bohrkernaufnahme und Laborversuche sowie geochemische Untersuchung von (teufenorientierten) Proben aus Grundwassermeßstellen). Zu allen diesen Erkundungsschritten gibt es methodische Beispiele in diesem Band „Erkundungspraxis“, aus denen Hinweise zu Aufwand und Nutzen der durchgeführten Untersuchungen entnommen und auf andere Standorte übertragen werden können. Die Beratung durch erfahrene Fachleute sollte dadurch jedoch nicht ersetzt werden. Durchgängig wurde die Gliederung in eine komprimierte Beschreibung der Methodik und eine ausführliche Darstellung der Ergebnisse eingehalten. Aus Gründen der Lesbarkeit und Übersichtlichkeit wurde bei den Methodenkurzdarstellungen eine gewisse Redundanz in Kauf genommen und auf Querverweise zu anderen Kapiteln weitgehend verzichtet.

Der vorliegende Handbuchband ist ein Gemeinschaftswerk von Fachleuten in Firmen, Hochschulen, Forschungsinstituten und Behörden. Die Forschung an den Teststandorten, wo instruktive Beispiele für das Handbuch gewonnen sowie die Methoden nach Kosten und Nutzen bewertet wurden, ist nachhaltig von den zuständigen Geologischen Landesämtern, Kreisbehörden und Deponiebetreibern unterstützt worden. Herr Dr. Dieter Stoppel hat dankenswerterweise als Revisor bei Teilen des Fallbeispiels Rabenstein durch eine gründliche Durchsicht der Manuskripte und zahlreiche konstruktive Hinweise zu deren Verbesserung beigetragen. Frau Ingrid Boller hat unterstützt durch Frau Claudia Wießner mit Fleiß, Kreativität und Umsicht Text und Abbildungen in die vorliegende Form gebracht. Für ihre mühevolle Arbeit gebührt ihnen der herzliche Dank der Autoren und des Herausgebers.

Inhaltsverzeichnis

Fallbeispiel Schöneiche - Mittenwalde

1	**Aufgabe, Lösungsweg und Übertragbarkeit der Ergebnisse** *Klaus Knödel & Gerhard Lange*	1
2	**Geologisches Modell** *Karsta Parsiegla*	15
2.1	Lage, Morphologie und geologische Einordnung des Untersuchungsgebietes	15
2.2	Methodik	22
2.2.1	Umfang und Ablauf der Untersuchungsarbeiten	22
2.2.2	Benutzte Unterlagen	23
2.2.3	Anmerkungen zur Nutzung geophysikalischer Ergebnisse für die Erarbeitung geologischer Modellvorstellungen	26
2.2.4	Kartierung	30
2.3	Ergebnisse	31
2.3.1	Stratigraphisch - genetische Gliederung der quartären Schichtenfolge	31
2.3.2	Geologischer Aufbau des Deponieuntergrundes Schöneiche/Schöneicher Plan	40
2.3.3	Quartärgeologisches Modell von Schöneiche - Mittenwalde	43
3	**Geofernerkundung** *Friedrich Kühn, Bernhard Hörig mit einem Beitrag von Dietmar Schmidt*	63
3.1	Auswertung von Luftbildern und Scannerdaten	65
3.1.1	Untersuchung des Deponiekörpers	65
3.1.2	Untersuchung des Deponieuntergrundes	74
3.1.3	Untersuchung des Deponieumfeldes	80
3.1.3.1	Eigenschaften der Geländeoberfläche	80
3.1.3.2	Vitalitätskartierung an Einzelbäumen *Dietmar Schmidt*	89
3.2	Zusammenfassende Bewertung	93

4 Geophysikalische Erkundung 97

4.1 Aerogeophysik 97
Klaus-Peter Sengpiel, Bernd Röttger & Bernhard Siemon
4.1.1 Methodik 98
4.1.2 Ergebnisse 102
4.2 Geoelektrik 112
Ernst Niederleithinger, Knut Seidel, Gerhard Lange & Klaus Knödel
4.2.1 Gleichstromgeoelektrik und Induzierte Polarisation 112
4.2.1.1 Methodik 112
4.2.1.2 Ergebnisse 118
4.2.2 Kombinierter Einsatz von geoelektrischer Tiefensektion und tiefenorientierter Wasserprobennahme 142
4.2.3 Sondierungskartierung auf einem Testprofil bei Gallun 149
4.3 Geoelektrische Messung der Grundwasserbewegung 152
Joachim Sebulke
4.4 Seismik 155
Tom Utecht †, Volker Schulz-Rincke, Heinrich Krummel, Gerhard Lange & Klaus Knödel
4.4.1 Seismische Untersuchungen im Bereich der Deponie Schöneicher Plan 157
4.4.1.1 Methodik 158
4.4.1.2 Ergebnisse 162
4.4.2 Reprozessing von Meßergebnissen aus der seismischen Prospektion auf Erdöl und Erdgas 166
4.4.2.1 Methodik 166
4.4.4.2 Ergebnisse 174
4.5 Geophysikalische Penetrationssondierungen 175
Imre Fejes, Làszlò Szabadváry, Làszlò Verö & Jànos Stickel
4.5.1 Methodik 175
4.5.2 Ergebnisse 178
4.6 Bohrlochmessungen 193
Gerhard Zscherpe †, Dieter Steinbrecher & Burckhard Burde
4.7 Milieusondenmessungen 199
Klaus Knödel & Gerhard Lange

5 Geochemische Untersuchungen 209
Manfred Birke, Uwe Rauch & Beate Keilert

5.1 Standortsituation und Untersuchungsstrategie 210
5.2 Untersuchungsmethodik und Datenerhebung 220
5.2.1 Probenahme 220
5.2.2 Geochemische Multielementanalytik 223
5.2.3 EDV-Bearbeitung geochemischer Daten 231
5.2.3.1 Dateiaufbau 231
5.2.3.2 Mathematisch-statistische Bearbeitung 232
5.2.3.3 Rechnergestützte Herstellung flächendeckender geochemischer Karten 236
5.3 Ergebnisse 239
5.3.1 Bachsediment- und Hydrogeochemie 239
5.3.1.1 Hydrogeochemie der Oberflächenwässer 240
5.3.1.2 Bachsedimentgeochemie 245
5.3.2 Bodengeochemie 252
5.3.2.1 Hauptkomponenten, pH-Wert, elektrische Leitfähigkeit und organischer Kohlenstoff 254
5.3.2.2 Anorganische Spurenelemente und Spurenmetalle 269
5.3.2.3 Organische Schadstoffe 300
5.3.3 Komplexe Multielementanalyse der geochemischen Bodendaten 319
5.3.3.1 Faktoranalyse 319
5.3.3.2 Clusteranalyse (Q-Modus) 335
5.3.4 Umweltgeochemische Bewertung 369
5.3.4.1 Vergleich der umweltgeochemischen Ergebnisse mit Gefahren- und Richtwerten 371
5.3.4.2 Geochemischer Belastungsgrad des Oberbodens 389
5.3.4.3 Untersuchungen zur Schwermetallbindung und -mobilisierung im Oberboden 410
5.3.4.4 Geochemische Abgrenzung von technogen belasteten Gebieten 413
5.4 Zusammenfassung 416

6 **Bodenkundliche Arbeiten und Bestimmung der Grundwasserneubildung** 429
Lieselotte Frohse & Reinhard Jähnert

6.1 Ziele und Ablauf der Arbeiten 429
6.2 Übersicht über das Untersuchungsgebiet 430
6.3 Methodische Ansätze zur Realisierung der bodenkundlichen Untersuchungen 441
6.4 Ergebnisse 474

7 **Hydrogeologische Untersuchungen und hydraulische Modellierung** 509
Thomas Kabelitz, Christian Sommer von Jarmersted † & Asaf Pekdeger

7.1 Methodik 510
7.1.1 Datenbasis für die Grundwassermodellierung 513
7.1.2 Modellaufbau 522
7.1.3 Modelleichung und Modellierung des Ist-Zustandes 527
7.2 Ergebnisse 528

Fallbeispiel Eulenberg/Arnstadt 533

8. Aufgabe, Lösungsweg und Übertragbarkeit der Ergebnisse 535
Gerhard Lange & Klaus Knödel

9 Geologie 547
Jörg Schmidt mit Beiträgen von Jürgen Wunderlich & Olaf Böhme

9.1 Lage, morphologische Verhältnisse und geologischer Rahmen des Standortes 547
9.2 Umfang und Ablauf der Untersuchungen 551
9.3 Verwendete Unterlagen 551
9.4 Geologisches Vormodell 558
Jürgen Wunderlich
9.5 Geländearbeiten 560
9.5.1 Kartierung 560
9.5.2 Schurfaufnahme 561
9.5.3 Bohrungen 562
9.5.4 Bohrkernaufnahme 565
9.6 Auswertung der Altbohrungen 568
9.7 Ergebnisse 574
9.7.1 Stratigraphische Einheiten im Arbeitsgebiet 574
9.7.2 Normalprofil 581
9.7.3 Tektonik 581
9.7.4 Hydrogeologische Verhältnisse 587
Olaf Böhme
9.7.5 Morphologie und Dimensionen des Abfallkörpers 592

10 Geofernerkundung 597
Friedrich Kühn, Paul Krull & Jörg Schmidt

10.1 Ergebnisse 599
10.1.1 Auswertung der Satellitenbilder 599
10.1.2 Luftbildauswertung 600

11	**Geophysikalische Erkundung** *Uwe Casten, Klaus Knödel, Heinrich Krummel, Gerhard Lange, Harald Lindner, Werner Meyer, Géza Rezessy, Knut Seidel, János Stickel & Lászlo Vértesy*	613
11.1	Magnetik *Klaus Knödel & Gerhard Lange*	613
11.1.1	Methodik	613
11.1.2	Ergebnisse	615
11.2	Gravimetrie *Harald Lindner & Uwe Casten*	618
11.2.1	Methodik	618
11.2.2	Ergebnisse	620
11.3	Gleichstromgeoelektrik *Gerhard Lange*	625
11.3.1	Methodik	625
11.3.2	Ergebnisse	628
11.4	Elektromagnetik *Knut Seidel, Gerhard Lange, Géza Rezessy & Lászlo Vértesy*	635
11.4.1	Methodik	635
11.4.2	Ergebnisse	638
11.5	Seismik *Heinrich Krummel & Werner Meyer*	648
11.5.1	Refraktionsseismik	652
11.5.1.1	Anlage und Durchführung der Feldmessungen	656
11.5.1.2	Auswertung und Interpretation	658
11.5.1.3	Methodenvergleich refraktionsseismischer Interpretationsverfahren	663
11.5.1.4	Schlußfolgerungen	670
11.5.2	Refraktionstomographie	673
11.5.2.1	Anlage und Durchführung der Feldmessungen	674
11.5.2.2	Auswertung und Interpretation	674
11.5.2.3	Schlußfolgerungen	682
11.5.3	2-D-Reflexionsseismik	684
11.5.3.1	Anlage und Durchführung der Feldmessungen	684
11.5.3.2	Auswertung und Interpretation	688
11.5.4	Vergleichende Bewertung seismischer Verfahren zur Erkundung von Deponien und Altlasten	704
11.6	Geophysikalische Penetrationssondierungen *János Stickel, Gerhard Lange & Klaus Knödel*	714
11.6.1	Methodik	714
11.6.2	Ergebnisse	717
11.7	Literatur	725

12 Milieusondenmessungen und hydrogeochemische Untersuchungen 731
Olaf Böhme, Klaus Knödel & Gerhard Lange

12.1 Methodik 732
12.2 Ergebnisse 736
12.2.1 Milieusondenmessungen 736
12.2.2 Analysenergebnisse der tiefenorientiert entnommenen Proben 744
12.2.3 Die Beschaffenheit der Wässer im Wasserwerk Schönbrunn 749

Fallbeispiel Rabenstein/Chemnitz 751

13 Aufgabe, Lösungsweg und Übertragbarkeit der Ergebnisse 753
Klaus Knödel & Gerhard Lange

14 Geologie 769
Horst Aust & Gerhard Lange

14.1 Lage und geologischer Rahmen des Standortes 769
14.2 Ältere geologische und geophysikalische Arbeiten 775

15 Luftbildinterpretation und geomorphologische Störungsanalyse 781
Stephan Bachmann

15.1 Methodik 781
15.2 Ergebnisse 782

16 Strukturtektonische Aufnahme 787
Stephan Bachmann

17 Geophysik 795
Gerhard Lange & Günter Steiner

17.1 Magnetik 795
17.2 Gleichstromgeoelektrik und Elektromagnetik 805

18 Bohrungen 817

18.1 Bohrungen der SDAG WISMUT 818
18.2 Flachbohrungen des BGR-Bohrteams 820
18.3 Kernbohrungen des Verbundvorhabens 824

19 Hydraulische Testverfahren 841
Uwe Tröger

19.1 Hydraulische Tests in den Bohrungen R1 und R2 844
19.2 Untersuchungen im hydrogeologischen Testfeld 851
19.2.1 Pumpversuche 852
19.2.2 Slug- und Bail-Tests 854
19.2.3 Versuche in Testintervallen der Zentralbohrung R5 857
19.3 Untersuchung einer Schadstoffausbreitung 872

19.3.1 Interferenztests 873
19.3.2 Slug- und Bail-Tests 879
19.3.3 Tracertests 880
19.3.4 Bewertung der Interferenz- und Tracer-Tests 885

20 Bohrlochmessungen 889

20.1 Messungen in den Bohrungen Rabenstein R1 bis R4 890
20.2 Messungen in der Bohrung Rabenstein R5 900

21 Ermittlung der Grundwasserneubildungsrate aus bodenkundlichen Daten 911
Michael Fuchs

21.1 Methodik 911
21.2 Bearbeitungsschritte und Ergebnisse 915

22 Untersuchung der geogenen Grundbelastung mit mobiler Vor-Ort-Analytik 925
Werner Hiltmann & Johannes Flachowsky

22.1 Methodik 926
22.2 Ergebnisse 926

23 Literatur zum Teststandort Rabenstein 932

Sachverzeichnis 939

Autorenverzeichnis

Dr. Horst Aust
Bundesanstalt für
Geowissenschaften und Rohstoffe
Stilleweg 2
D-30655 Hannover

Stephan Bachmann
ARCADIS
Trischler & Partner Consult GmbH
Glück-Auf-Straße 1
D-09599 Freiberg/Sachsen

Dr. Manfred Birke
Bundesanstalt für
Geowissenschaften und Rohstoffe
Dienstbereich Berlin
Wilhelmstraße 25-30
D-13593 Berlin

Olaf Böhme
Geologische Forschung und
Erkundung (GFE)
Köthener Straße 34
D-06118 Halle

Burckhard Burde
Bohrlochmessung – Storkow GmbH
Straße der Jugend 32
D-15859 Storkow

Dr. Uwe Casten
Ruhr-Universität Bochum
Institut für Geophysik
Universitätsstraße 150
D-44780 Bochum

Imre Fejes
Eötvös Lorand Geophysical Institute
of Hungary
Kolumbusz u. 17-23
H-1440 Budapest
Hungary

Dr. Johannes Flachowsky
UFZ – Umweltforschungszentrum
Leipzig-Halle GmbH
Sektion Analytik
Perrmoserstraße 15
D-04318 Leipzig

Lieselotte Frohse
Bundesanstalt für
Geowissenschaften und Rohstoffe
Dienstbereich Berlin
Wilhelmstraße 25-30
D-13593 Berlin
Jetzt: Vesaliusstraße
D-13187 Berlin

Michael Fuchs
Bundesanstalt für
Geowissenschaften und Rohstoffe
Dienstbereich Berlin
Wilhelmstraße 25-30
D-13593 Berlin

Dr. Werner Hiltmann
Bundesanstalt für
Geowissenschaften und Rohstoffe
Stilleweg 2
D-30655 Hannover

Bernhard Hörig
Bundesanstalt für
Geowissenschaften und Rohstoffe
Dienstbereich Berlin
Wilhelmstraße 25-30
D-13593 Berlin

Reinhard Jähnert
Bundesanstalt für
Geowissenschaften und Rohstoffe
Dienstbereich Berlin
Wilhelmstraße 25-30
D-13593 Berlin
Jetzt: BMWi Bundesministerium für
Wirtschaft und Technologie
Scharnhorststraße 34-37
D-11019 Berlin

Thomas Kabelitz
Johanniterstraße 24
D-10961 Berlin

Beate Keilert
Bundesanstalt für
Geowissenschaften und Rohstoffe
Dienstbereich Berlin
Wilhelmstraße 25-30
D-13593 Berlin

Dr. Klaus Knödel
Bundesanstalt für
Geowissenschaften und Rohstoffe
Dienstbereich Berlin
Wilhelmstraße 25-30
D-13593 Berlin

Dr. Paul Krull
Bundesanstalt für
Geowissenschaften und Rohstoffe
Dienstbereich Berlin
Wilhelmstraße 25-30
D-13593 Berlin

Dr. Heinrich Krummel
geoFact
Reichsstraße 19 b
D-53125 Bonn

Dr. Friedrich Kühn
Bundesanstalt für
Geowissenschaften und Rohstoffe
Dienstbereich Berlin
Wilhelmstraße 25-30
D-13593 Berlin

Gerhard Lange
Bundesanstalt für
Geowissenschaften und Rohstoffe
Dienstbereich Berlin
Wilhelmstraße 25-30
D-13593 Berlin

Prof. Dr. Harald Lindner
TU Bergakademie Freiberg
Institut für Geophysik
Gustav-Zeuner-Straße 12
D-09596 Freiberg

Werner Meyer
Geophysik GGD
Bautzner Straße 67
D-04347 Leipzig

Ernst Niederleithinger
Büro für Geophysik
B. Lorenz
Kochstraße 60/61
D-10969 Berlin
Jetzt: Bundesanstalt für Material-
forschung und-prüfung (BAM)
Unter den Eichen 87
D-12205 Berlin

Karsta Parsiegla
Landesamt für Geowissenschaften
und Rohstoffe Brandenburg
Stahnsdorfer Damm 77
14532 Kleinmachnow
Jetzt: Breitscheidstraße 1
D-14513 Teltow

Prof. Dr. Asaf Pekdeger
Freie Universität Berlin
Institut für Geologische
Wissenschaften
Malteserstraße 74-100, Haus B
D-12249 Berlin

Uwe Rauch
Bundesanstalt für
Geowissenschaften und Rohstoffe
Dienstbereich Berlin
Wilhelmstraße 25-30
D-13593 Berlin

Géza Rezessy
Hungarian Geological Survey
Stefánia ut. 14
H-1143 Budapest
Hungary

Bernd Röttger
Bundesanstalt für
Geowissenschaften und Rohstoffe
Stilleweg 2
D-30655 Hannover

Dietmar Schmidt
uve GmbH
Kantstraße 33
D-10625 Berlin
Jetzt: Hansa Luftbild
in Bundesanstalt für
Geowissenschaften und Rohstoffe
Dienstbereich Berlin
Wilhelmstraße 25-30
D-13593 Berlin

Dr. Klaus-Peter Sengpiel
Bundesanstalt für
Geowissenschaften und Rohstoffe
Stilleweg 2
D-30655 Hannover

Jörg Schmidt
Jena GEOS Ingenieurbüro GmbH
Saalbahnhofstraße 25c
D-07743 Jena

Dr. Bernhard Siemon
Institut für Geowissenschaftliche
Gemeinschaftsaufgaben (GGA)
Stilleweg 2
D-30655 Hannover

Volker Schulz-Rincke
THOR Geophysikalische Prospektion
GmbH
Im Saal 5
D-24145 Kiel
Jetzt: Wehrbergallee 11
D-24211 Schellhorn

Christian Sommer von Jarmersted †
Freie Universität Berlin
Institut für Geologie, Geophysik und
Geoinformatik Fachrichtung Rohstoff-
u. Umweltgeologie
Malteserstraße 74-100, Haus B
D-12249 Berlin

Dr. Joachim Sebulke
Umweltanalytik und
Geophysik GmbH
Dollartstraße 5 G
D-14167 Berlin

Dr. Dieter Steinbrecher
BLM Gesellschaft f. bohrloch-
geophysikalische und geoökologische
Messungen mbH
Niederlassung Leipzig
Bautzner Straße 67
D-04347 Leipzig

Knut Seidel
Geophysik GGD
Gesellschaft für
Geowissenschaftliche Dienste
Bautzner Straße 67
D-04347 Leipzig

Günter Steiner
Geophysik GGD
Bautzner Straße 67
D-04347 Leipzig

János Stickel
Eötvös Lorand Geophysical Institute
of Hungary
Kolumbusz u. 17-23
H-1445 Budapest
Hungary

Dr. László Szabadváry
Eötvös Lorand Geophysical Institute
of Hungary
Kolumbusz u. 17-23
H-1445 Budapest
Hungary

Prof. Dr. Uwe Tröger
Fachgebiet Hydrogeologie
Institut für Geologie und
Paläontologie
Technische Universität Berlin
Helmholtzstraße 2-9
D-10587 Berlin

Tomm Utecht †
THOR Geophysikalische Prospektion
GmbH
Im Saal 5
D-24145 Kiel

László Verö
Eötvös Lorand Geophysical
Institute of Hungary
Kolumbusz u. 17-23
H-1445 Budapest
Hungary

László Vértesy
Eötvös Lorand Geophysical Institute
of Hungary
Kolumbusz u. 17-23
H-1445 Budapest
Hungary

Dr. Jürgen Wunderlich
Thüringer Landesamt für Geologie
Carl-August-Allee 8-10
D-99423 Weimar

Prof. Dr. Gerhard Zscherpe †
BLM Gesellschaft für
bohrlochgeophysikalische und
geoökologische Messungen mbH
Niederlassung Leipzig
Bautzner Straße 67
D-04347 Leipzig

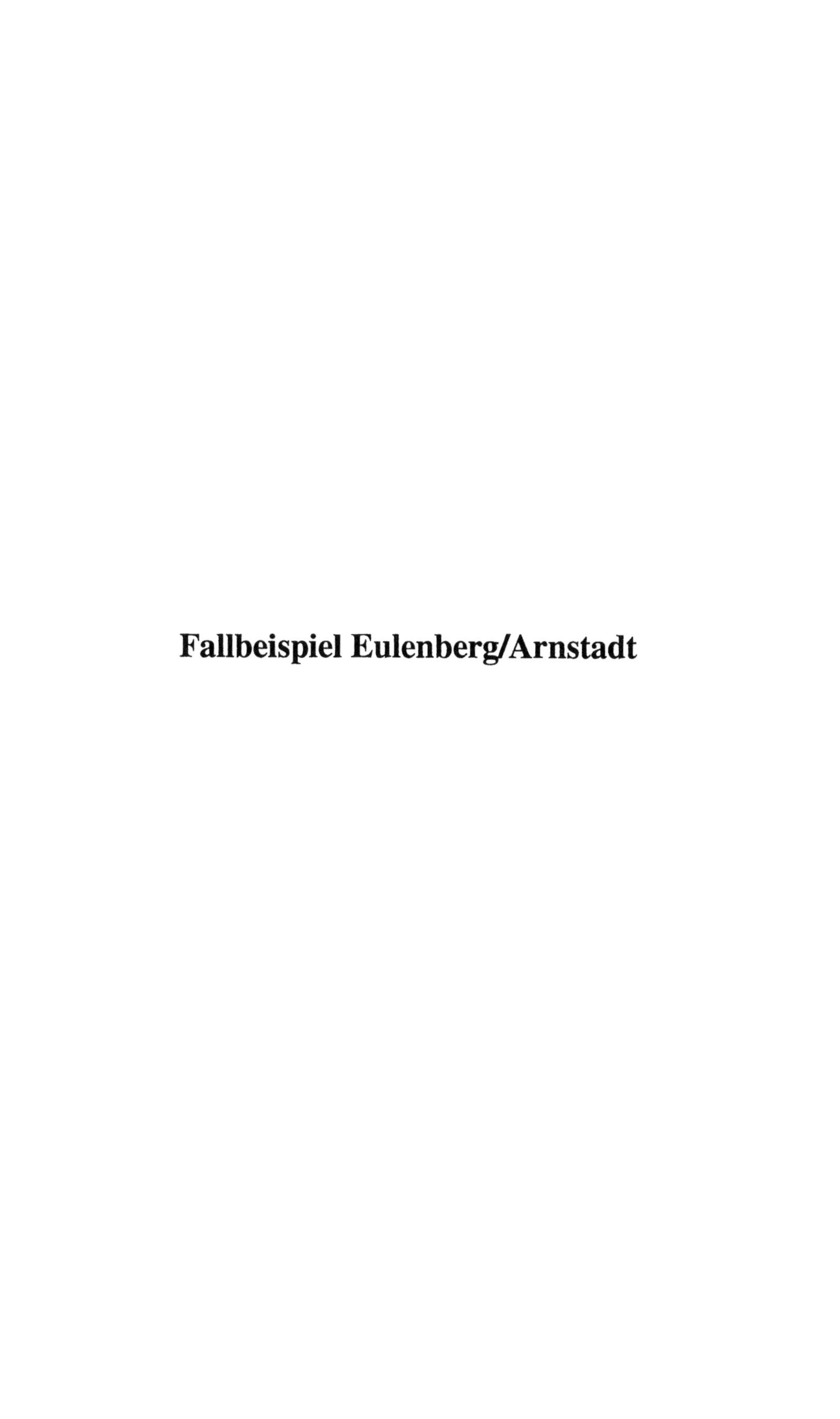

Fallbeispiel Eulenberg/Arnstadt

8 Aufgabe, Lösungsweg und Übertragbarkeit der Ergebnisse

GERHARD LANGE & KLAUS KNÖDEL

Mit der Altablagerung Eulenberg bei Arnstadt in Thüringen wurde eine mögliche Altlast an einem Standort in mesozoischen Festgesteinen untersucht. Die Besonderheiten des Standortes Eulenberg liegen darin begründet, daß durch den mit der Errichtung eines unterirdischen Bauwerkes in den 40er Jahren verbundenen Steinbruchbetrieb die natürlichen geologischen Verhältnisse gestört wurden. Um die Auswirkungen der massiven Eingriffe in den Untergrund auf dessen Barrierewirkung abschätzen zu können, war die geologische Erkundung hier in besonders enger Weise mit der historischen Standortanalyse zu verknüpfen. Ohne die aus organistorischen Gründen erst zu einem relativ späten Zeitpunkt mögliche Einbeziehung von Geofernerkundung und Geophysik in den Erkundungsprozeß wäre es sicher nicht möglich gewesen, die Situation unter der Altablagerung zu klären.

Mit methodischen Arbeiten im Rahmen des Forschungsverbundvorhabens „Methoden zur Erkundung und Beschreibung des Untergrundes von Deponien und Altlasten“ (Kurztitel „Deponieuntergrund“) sollte gezeigt werden, welchen Beitrag die interdisziplinäre geowissenschaftliche Forschung zur Erkundung eines belasteten Festgesteinsstandortes und damit zur Lösung von Umweltproblemen leisten kann. Es war nicht Ziel dieses Vorhabens, den Standort flächendeckend zu erkunden oder eine gutachterliche Bewertung der Umweltsituation im Untersuchungsgebiet vorzunehmen. Im Vordergrund der Arbeiten stand immer der methodische Aspekt. Vollständigkeit konnte aber auch hinsichtlich der Methodik mit den verfügbaren Mitteln nicht erreicht werden. Die Erfahrungen und Ergebnisse der Erkundungsarbeiten und der methodischen Versuche werden in dem vorliegenden Ergänzungsband des „Handbuches zur Erkundung des Untergrundes von Deponien und Altlasten“ dargestellt. Damit werden Handlungsempfehlungen für die Arbeiten an vergleichbaren Standorten geliefert, die aber im Einzelfall nicht die Beratung durch erfahrene Geowissenschaftler ersetzen.

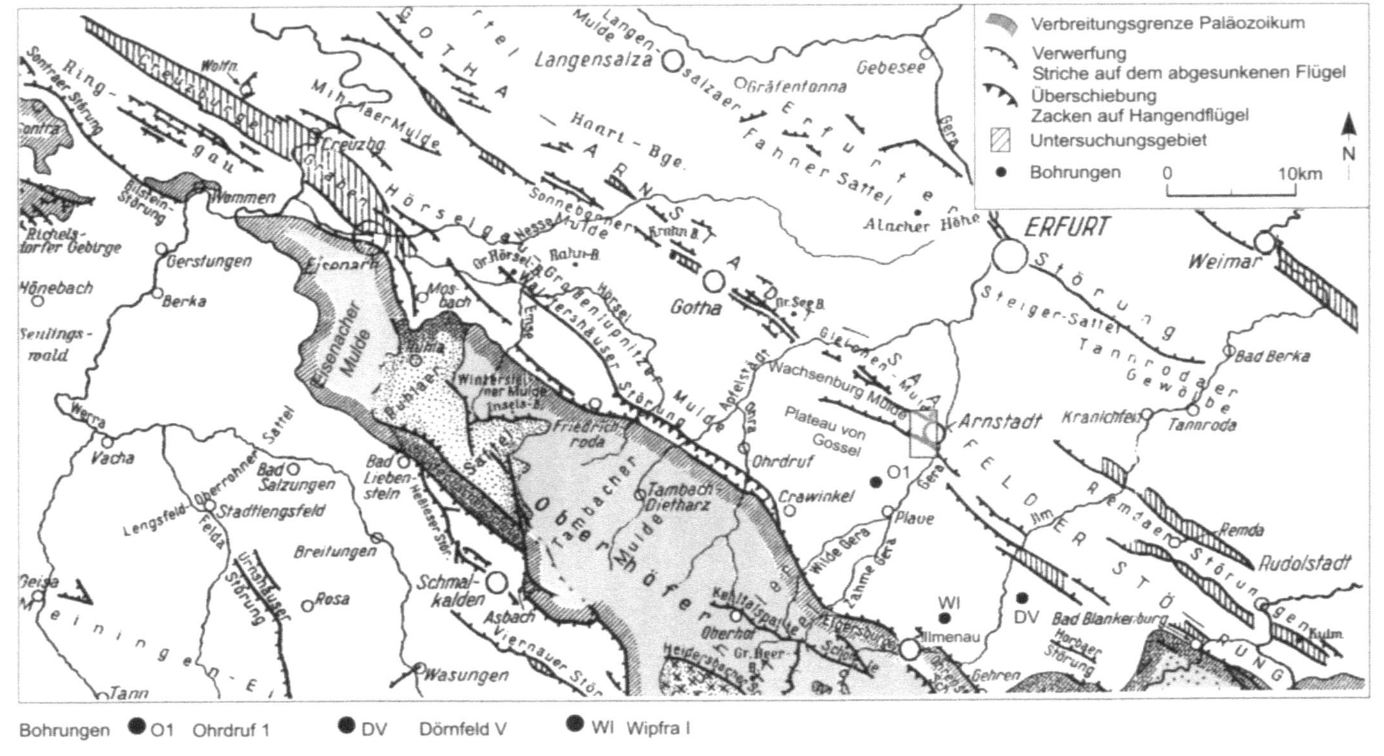

Abb. 8.1: Tektonische Übersichtskarte von Thüringen (Ausschnitt) mit Lage des Standortes (nach WEBER, 1955).

Für die Erkundung gibt es eine von der Standortsituation und den Teilergebnissen abhängige optimale Abfolge von Methoden. Hinweise dazu enthält der Band Handlungsempfehlungen des Handbuches. Diese Reihenfolge konnte bei den Untersuchungen am Standort Eulenberg nicht eingehalten werden, da eine relevante Erkundungsmethodik im Rahmen der Teststandortforschung des Verbundvorhabens entwickelt und erprobt werden sollte. So wurden viele Untersuchungen parallel durchgeführt und erst später hinsichtlich ihrer Ergebnisse untereinander verglichen. Die daraus abzuleitende Erkundungsmethodik wird am Ende dieses Kapitels erläutert.

Standortsituation

Das Untersuchungsgebiet liegt am SW-Rand des Thüringer Triasbeckens (*Abb. 8.1*). Morphologisch ist das Gebiet durch einen NW-SE verlaufenden, scharf ausgeprägten Steilabfall im Bereich der Eichenberg-Gotha-Saalfelder Störungszone gegen die Keuperniederung der Wachsenburgmulde gekennzeichnet. Dort befindet sich am westlichen Stadtrand von Arnstadt die Altablagerung Eulenberg, die ab Anfang der 60er Jahre bis 1979 als ungeordnete Deponie betrieben wurde. Sie liegt in der weiteren Schutzzone des Wasserwerkes Arnstadt.

Die lokalen und regionalen hydrogeologischen Verhältnisse werden im Untersuchungsgebiet vorrangig vom Kluftnetz, den Störungssystemen und der Geometrie der Schichtflächen kontrolliert. Starke Verkarstung durch Auslaugung führt in Karsthohlräumen mitunter zu einer bedeutenden Wasserführung. Im Bereich der Störungszone fungiert der Mittlere Muschelkalk als kombinierter Kluft- und Karstgrundwasserleiter. Nach den Ergebnissen der gemeinsamen Auswertung von Luftbildern und seismischen Resultaten sowie einer Extrapolation der im Umfeld auszuhaltenden tektonischen Situation in den durch den Abfallkörper bedeckten Bereich werden die Verhältnisse unter der Altablagerung durch ein Mosaik kompliziert gegeneinander verstellter Kleinschollen bestimmt. Begrenzt werden diese leistenförmigen Schollen von steilen NW-SE streichenden Störungen und NE-SW streichenden Querstörungen.

Der Abfallkörper der Altablagerung Eulenberg bildet eine mit Bermen versehene Schütthalde. Das Relief seiner Liegendbegrenzung wird durch die Grubenbaue und das Abraumhaldenmaterial der ehemaligen Baugrube bestimmt. Die Auflagefläche der Altablagerung ist morphologisch stark gegliedert. Bereits im Jahr 1946 war der Eulenberg durch Massenumlagerungen großen Ausmaßes gekennzeichnet. Die Böschungshöhen der in den Oberen Muschelkalk gebrochenen Grube, in der später Abfall abgelagert wurde, lassen sich aus der „Deutschen Grundkarte" von 1946 direkt ermitteln und betragen 25 m im Westen, 23 m im Süden, 10 - 20 m im Osten und 15 m im Norden.

Im zentralen Teil beträgt die Mächtigkeit des Abfalls bis zu 26 m. Allein die im Bereich der Baugrube befindliche Abfallmenge umfaßt mehr als 100 000 m^3. Auf diesem Teil des Abfallkörpers sind Kleingärten und Wochenendhäuser angelegt worden. Südöstlich der Baugrube wurde der bei den Steinbrucharbeiten anfallende Abraum aufgehaldet. Auch auf diesem Gelände befinden sich heute Gartenanlagen.

Die Oberfläche des Abfallkörpers besteht aus einem System mehrerer Bermen mit steilen Böschungswinkeln. Die Höhendifferenz zwischen den Bermen liegt bei 4 – 7 m. Im zentralen Bereich (südlich des ehemaligen Schießstandes) beträgt die Böschungshöhe sogar 12 m. Der gesamte Höhenunterschied innerhalb des in 3 Terrassen gegliederten Böschungssystems summiert sich auf 33 m. Da die Böschungen häufig Hangneigungen größer 1:1 aufweisen, ist deren dauerhafte Standfestigkeit nicht gewährleistet. Im Rahmen der 1994 durchgeführten Erdstoffeinlagerungen erfolgte bereits ein teilweiser Ausgleich der steilen Böschungen.

Das Gesamtvolumen des Abfallkörpers wurde mit 430 000 m^3 berechnet und beträgt damit etwa nur die Hälfte des nach Deponieprotokollen ermittelten Abfallaufkommens, auch wenn noch geringe Kompaktionseffekte des locker geschütteten Materials in Betracht gezogen werden müssen. Inhaltsstoffe der Altablagerung sind u. a.: Bauschutt, Hausbrandasche, Schlachthofabfälle, Gerbereirückstände, Galvanikschlämme, Fäkalien, Schleifschlämme aus der Bleikristallfertigung, zyanidhaltige Schlämme und phenolhaltige Abfälle aus der Bitumenproduktion.

Erkundungsmethoden, Erkundungsziele und durchgeführte Arbeiten

Nachfolgend werden die Erkundungsmethoden, die Erkundungsziele und die durchgeführten Arbeiten aufgelistet:

Geologie und Hydrogeologie

- Historische Erkundung der Altablagerung und Ermittlung ihres Schadstoffpotentials („Deponiegeschichte"),
- Erstellung eines geologisch-hydrogeologischen Vormodells nach regionalen geologischen Kenntnissen, den Ergebnissen von Altbohrungen und einzelner gezielt angesetzter Flachbohrungen sowie Wasseranalysen,
- Bewertung und teilweise Neuinterpretation von Altbohrungen (Archivmaterial),
- geologische Spezialkartierung mit Aufnahme tektonischer Elemente,
- Bohrarbeiten und Schürfe.

Im November 1992 wurden in den Bohrungen E 10 und E 11 hydraulische Formationstests (Packertests) mit folgender Zielstellung durchgeführt:

- Bestimmung der hydraulischen Parameter wie Permeabiltät und Speicherkapazität,
- Prüfung, welche hydraulischen Testverfahren und welche Auswertemethoden für die Standortsituation am besten geeignet sind,
- Bewertung des Einflusses, den der Ausbau einer Bohrung zur Grundwassermeßstelle auf die Testdurchführung und die Testergebnisse ausübt. Die Bohrung E 10 wurde zunächst im nicht ausgebauten Zustand getestet (Open Hole Test), danach im ausgebauten (Cased Hole Test). Durchgeführt wurden Puls-Test, Slug-Test, Injektionstest, Pumptest und WD-Test.

Geofernerkundung

Ziel der Arbeiten zur Geofernerkundung war die Aufklärung des Ablaufs und der Besonderheiten der Abfallablagerung, die Untersuchung des Vorhandenseins, des Zustands und der Verbreitung abdichtender Gesteinsschichten sowie der Nachweis möglicher Migrationswege für kontaminierte Wässer aus der Altablagerung in das Umfeld.

- Erstellung eines phototektonischen Schemas für die weitere Umgebung des Standortes Eulenberg. Grundlage dafür bildete eine Photolineationskarte, die nach visueller Dechiffrierung von Scanneraufnahmen der Landsat-Satelliten 1 bis 5 und Photoaufnahmen von zwei sowjetischen Kosmos-Satelliten erarbeitet wurde. Es wurden dabei alle Photolineationen berücksichtigt, die eine mögliche geologisch-tektonische Relevanz aufweisen. Zur Eliminierung von „Pseudolineationen", die durch die Aufnahmetechnik (Scanner-Zeilen) oder anthropogene Strukturen (Bergbau, Trassen, Land- und Forstwirtschaft) verursacht sind, erfolgte bei der Dechiffrierung ein Abgleich mit topographischen Karten.
- Die Rekonstruktion der Entwicklung des Deponiestandortes von 1944 bis zur Gegenwart erfolgte durch multitemporale Luftbildauswertung auf der Grundlage von Kriegsluftbildern der US-Luftwaffe aus den Jahren 1944 und 1945 sowie von Schwarzweiß-Luftbildern der laufenden topographischen Befliegungen aus den Jahren 1961, 1971, 1981 als Stereo-Paare und einem Farbinfrarot (CIR)-Luftbild von 1991.
- Photogeologische Luftbildauswertung: Dafür konnten im Bereich der Altablagerung lediglich die Luftbilder der Befliegungen aus den Jahren 1945 und 1961 verwendet werden. Später haben hier die Störfaktoren durch Bebauung und militärische Übungen erheblich zugenommen, so daß eine geologisch orientierte Auswertung nahezu unmöglich wurde.

Geophysik

Magnetik: Ziel der magnetischen Messungen war die Abgrenzung der Altablagerung, die Lokalisierung größerer magnetisch wirksamer Einlagerungen sowie die Konturierung möglicher stahlbetonbewehrter unterirdischer Bauten. Zum Einsatz kam ein Protonenmagnetometer in Gradiometer-Konfiguration zur Messung des magnetischen Totalfeldes und seines vertikalen Gradienten. Die Vermessung erfolgte im Bereich der Abfallverbreitung auf einer Fläche von 500 x 600 m mit einem regelmäßigen Gitter von 5 m Punktabstand.

Gravimetrie: Da zu Beginn der Untersuchungen am Standort Eulenberg die Lage der im Untergrund der Altablagerung vermuteten unterirdischen Wehrbauten unbekannt war, und Luftbilder bzw. Baupläne aus der Zeit vor dem Beginn der Ablagerung von Abfällen noch nicht zur Verfügung standen, wurde versucht, entsprechende Informationen über Schweremessungen zu erhalten. Aufgrund der Dichteunterschiede zwischen den Gesteinen des Keupers und Muschelkalkes einerseits sowie den in die offene Baugrube verkippten Abfällen andererseits war mit einer hinreichenden Dichtedifferenz zu rechnen, so daß über der verfüllten Baugrube ein deutliches Schwereminimum erwartet werden konnte. Die gravimetrischen Messungen erfolgten auf einer Meßfläche von 500 x 420 m mit der Altablagerung im Zentrum. Die Meßpunkte lagen auf einem regulären Gitter mit einem Punktabstand von 20 m. Lediglich im Bereich steiler Böschungen und bei Hindernissen durch Bebauung innerhalb der Gartenanlagen wurde geringfügig von dem vorgegebenen Punktgitter abgewichen. Wegen der Höhenabhängigkeit der Schwere ist eine Höhenreduktion der gemessenen Schwerewerte erforderlich. Dafür erfolgte neben der Koordinatenbestimmung ein Präzisionsnivellement aller Meßpunkte.

Gleichstromgeoelektrik: Die mit dieser Methode untersuchte Materialeigenschaft ist der spezifische elektrische Widerstand des Untergrundes bzw. dessen Kehrwert, die elektrische Leitfähigkeit. Der elektrische Widerstand eines Gesteins ist abhängig von seinem Wassergehalt, dem Mineralgehalt des Wassers, der Lithologie (Porenraumstruktur) und vom Tongehalt. Daher wird die Gleichstromgeoelektrik sowohl zur Erkundung der geologischen Strukturen als auch zum Nachweis von Schadstoffaustrag (in Form kontaminierter Wässer) aus Altablagerungen eingesetzt. Dazu wurden auf einer Fläche von 1000 x 1000 m eine geoelektrische Widerstandskartierung nach Schlumberger mit einem halben Elektrodenabstand AB/2 = 50 m und

30 Tiefensondierungen (davon 6 Sondierungen in Kreuzauslage zur Abschätzung der Effekte durch laterale Leitfähigkeitsänderungen) bis zu einem halben Elektrodenabstand AB/2 = 420 m durchgeführt. Während der Aussagetiefenbereich bei der Widerstandskartierung bis zu 15 m beträgt, konnten mit den Tiefensondierungen Informationen bis etwa 100 m erhalten werden. Bei der Widerstandskartierung konnte infolge schwieriger Geländeverhältnisse und eingeschränkter Zugänglichkeit mit einer linearen Schlumberger-Anordnung von 100 m Auslagenweite an etwa 30 % der Meßpunkte im Untersuchungsgebiet nicht gemessen werden. Zur Bestimmung der Abfallverbreitung wurde daher im Zentralteil der mit der Schlumbergerkartierung vermessenen Fläche eine Mise-a-la-Masse-Messung durchgeführt (Meßfläche 400 x 530 m). Durch die flexiblere Anpassung an die Geländebedingungen war es möglich, die Meßlücke der Widerstandskartierung weitgehend zu schließen.

Elektromagnetik: Auch elektromagnetische Meßverfahren werden zur Untersuchung von Leitfähigkeitsstrukturen im Untergrund eingesetzt. Der wesentliche Vorteil der elektromagnetischen Verfahren ist, daß Leitfähigkeitsmessungen auch dann durchgeführt werden können, wenn der Einsatz von Gleichstromverfahren erschwert oder praktisch unmöglich ist. Das betrifft z. B. versiegelte Bereiche. Weitere Vorteile ergeben sich aus dem relativ geringen Raumbedarf der Meßanordnung, der daraus resultierenden hohen Mobilität und dem geringeren Personalbedarf. Am Standort Eulenberg wurden die Gerätesysteme MaxMin und Maxiprobe eingesetzt. Dabei handelt es sich um Multifrequenz-Systeme, die durch wählbare Abstände zwischen Sender- und Empfängerspule sowie in einem weiten Bereich variierbarer Sendefrequenzen sehr gut an die Erkundungsaufgabe und die Geländebedingungen angepaßt werden können. Die Meßsysteme werden sowohl zur Kartierung als auch zur Sondierung eingesetzt. Da neben geologischen auch methodische Fragestellungen gelöst werden sollten, wurden auf einer Meßfläche 1000 x 1000 m mit dem MaxMin-Verfahren an jedem Meßpunkt alle 10 verfügbaren Frequenzen gemessen. Routinemäßig nutzt man für Kartierungszwecke nur 2 bis 4 Frequenzen.

Ziele der Maxiprobe-Messungen war die Erkundung struktureller Elemente des mesozoischen Untergrundes, die Kartierung von Bruchstörungen sowie die Erfassung möglicher kontaminierter Bereiche. Das Meßprogramm umfaßte sowohl Multifrequenz-Sondierungen als auch Sondierungskartierungen auf insgesamt 43 Profilen. Die Ergebnisse wurden dargestellt als Knickpunktkurven, Profile und Karten des Neigungswinkels der Polarisationsellipse sowie Widerstandskarten für 17 ausgewählte Frequenzen von 229 bis 58594 Hz. Für 120 Einzelsondierungen auf den Profilen wurden Schichtmodelle durch Inversion berechnet.

Seismik: Am Teststandort Eulenberg kamen (Standard)-Refraktionsseismik, Refraktionstomographie und hochauflösende 2-D-Reflexionsseismik, teilweise in Kombination, zum Einsatz. Die Grundaufgabe refraktionsseismischer Messungen ist die Ermittlung der Teufenlage von Schichtgrenzen und der seismischen Geschwindigkeiten dieser Schichten, um daraus Aussagen über den strukturellen Aufbau des Untergrundes und dessen Materialeigenschaften (Lithologie) ableiten zu können.

Liegen im Untersuchungsgebiet komplexe Lagerungsverhältnisse vor, z. B. kleinräumige laterale und vertikale Inhomogenitäten, steht mit der Refraktionstomographie ein geeignetes Verfahren zur Verfügung. Dabei wird ein Untergrundmodell zugrunde gelegt, das nicht nur an Schichtgrenzen auftretende sprunghafte, sondern auch quasi-kontinuierliche Änderungen der seismischen Geschwindigkeit (sog. Geschwindigkeitsgradienten) berücksichtigt.

Bei reflexionsseismischen Messungen werden Kompressionswellen (P-Wellen) angeregt und reflektierte Signale von Schichtgrenzen im Untergrund empfangen. Die Meßergebnisse unterzieht man einer umfangreichen rechentechnischen Bearbeitung - dem seismischen Prozessing. Ein wesentliches Ergebnis dieses Prozessings ist die Laufzeitsektion, d. h. eine Darstellung der seismischen Spuren in einer senkrecht unter dem Bezugsniveau des Profils verlaufenden Ebene. Darin werden die Schichtgrenzen durch Reflexionseinsätze sowie Lagerungsstörungen als Versatz von Reflexionshorizonten abgebildet.

Im Bereich der Altablagerung Eulenberg und in ihrer Umgebung wurden 8 Profile mit einer Gesamtlänge von 4,5 km refraktionsseismisch und 17 reflexionsseismische Profile mit einer Gesamtlänge von 12,5 km vermessen. 5 reflexionsseismische Profile mit einer Gesamtlänge von 1,8 km wurden auch refraktionstomographisch ausgewertet. Folgende Erkundungsziele standen im Vordergrund:

- Erkundung der Lagerungsverhältnisse im Untergrund und dem Umfeld der Altablagerung,
- Kartierung von Auflockerungszonen und Inhomogenitäten als Hinweise auf tektonisch beanspruchte Bereiche,
- Erfassung und Beschreibung des regionalen und lokalen Störungssytems,
- Abgrenzung der Altablagerung zum gewachsenen Untergrund,
- Bestimmung von Mächtigkeit und Auflagefläche des Abfallkörpers, Konturierung der unter dem Abfall verborgenen ehemaligen Baugrube,
- Erfassung von Strukturen innerhalb des Abfallkörpers,
- Lokalisierung möglicher künstlicher Hohlräume.

Geophysikalische Penetrationssondierungen: Diese Methode wird eingesetzt zur Erkundung der oberflächennahen Lockersedimente und anthropogener Ablagerungen. Dabei wird das Aufschlußverfahren der Penetrationssondierung (Drucksondierung) mit ausgewählten Methoden der geophysikalischen Bohrlochmessungen und einer Probenahmetechnik kombiniert. Ziele der Arbeiten im Untersuchungsgebiet waren die Erkundung des Abfallkörpers, der Auflagefläche der Altablagerung und des oberflächennahen Deponieumfeldes. Im November und Dezember 1992 wurden an 90 Sondierungspunkten insgesamt 792 m Sondierungen abgeteuft und an vorgegebenen Punkten, bei Antreffen eines Ruhewasserspiegels, insgesamt 9 verfilterte Beobachtungsbrunnen angelegt. Außerdem wurden 200 Bodenproben nach den Ergebnissen der Sondierungen aus charakteristischen Tiefenintervallen gezogen und zur Ermittlung ergänzender hydrogeologischer Informationen Versickerungsversuche im Liegenden der Deponie durchgeführt.

Bohrlochmessungen: Durch geophysikalische Bohrlochmessungen werden Erkenntnisse über die Geologie des Untergrundes in situ gewonnen, die über den Informationsgewinn durch den geologischen Aufschluß hinausgehen. Auch für die Qualitätskontrolle des Bohrungsausbaus sind sie unverzichtbar. Bohrlochmessungen wurden im Rahmen des umfangreichen Bohrprogramms mit folgenden Verfahren und Zielgrößen (in Klammern) durchgeführt: Gamma-Log (Tongehalt), Gamma-Gamma-Log (Bodendichte), Widerstandsmessung (lithologieabhängiger Gesteinswiderstand), Neutron-Neutron-Log (Gesteinsporosität, Wassergehalt), Kalibermessung (Bohrlochdurchmesser), Inklinometer (Bohrlochneigung), Dipmeter-Log (Schichtneigung), Flowmeter (Strömungsverhältnisse), Bohrlochfernsehen als Video und akustisches Bohrlochfernsehen (Zustand der Bohrlochwand, Störungs- und Kluftflächen).

Milieusondenmessungen und hydrochemische Untersuchungen

- Milieusondenprofilvermessungen zur Bestimmung von elektrischer Leitfähigkeit, Temperatur und pH-Wert des Grundwassers als Funktion der Tiefe zu vier Zeitpunkten im Abstand von etwa 3 Monaten.
- Tiefenorientierte Wasserprobenahme unter In-situ-Verhältnissen nach den Ergebnissen der Milieusondenprofilvermessungen.
- Von April bis November 1994 erfolgten Untersuchungen zur Grundwasserspiegelentwicklung. Dazu wurden in Grundwassermeßstellen Wasserstand und Temperatur in zeitlichen Abständen von 5 min automatisch registriert.

- An fünf ausgewählten Meßstellen der Wilden Weiße erfolgten Abflußmessungen mit einem Mikroflügel, um Rückschlüsse auf die im Untersuchungsgebiet zu erwartende Grundwasserneubildung zu ziehen.
- Untersuchung einzelner Quellbereiche des Wasserwerkes Schönbrunn auf Bor und AOX.
- Auswertung und Interpretation der Profilvermessung und der Grundwasseranalysedaten sowie Ableitung eines räumlich-zeitlichen Modells, mit dem sich von der Deponie ausgehende Kontaminationen beschreiben lassen.

Zusammenfassung und Übertragbarkeit der methodischen Ergebnisse

Am Beispiel der Altablagerung Eulenberg bei Arnstadt konnte demonstriert werden, welchen Beitrag die kombinierte Anwendung geowissenschaftlicher Erkundungsmethoden zur Klärung einer komplizierten Standortsituation leisten kann. Die Schwierigkeit des Vorhabens bestand unter anderem darin, daß Standortverhältnisse zu rekonstruieren waren, die von der heutigen Situation des Geländes erheblich abweichen. Zum anderen mußte die geologische Situation im Deponieuntergrund durch eine lokal über 20 Meter mächtige Müllschicht erkundet werden. Beide Komponenten, anthropogene Veränderungen und natürliche geologische Gegebenheiten an der Deponiebasis, bestimmen maßgeblich das vom Standort auf das Umfeld ausgehende Gefährdungspotential.

Das Untersuchungsgebiet zeigt ein kompliziertes Schollenmosaik, das durch die Störungsstaffeln der Eichenberg - Gotha - Saalfelder Störungszone und verschiedenen dazu orthogonalen Störungen gebildet wird. Die Gesteine des Untergrundes sind in erheblichem Umfang verkarstet. Es wurden mehrere z. T. gespannte Grundwasserhorizonte nachgewiesen, die ein kompliziertes hydraulisches System bilden. Vergleichbare Standortsituationen gibt es in weiten Bereichen Mittel- und Süddeutschlands.

Abgesehen von geringmächtigen grundwasserführenden Quartärablagerungen, die erst im nördlichen Vorland des Eulenberges an Bedeutung gewinnen, sind im Untergrund der Altablagerung die stratigraphischen Einheiten des Muschelkalk und des Keuper, die über lokale Störungssysteme und Karsthohlräume in komplizierter Weise miteinander kommunizieren, für die Grundwasserführung bedeutsam. Die Basis dieses grundwasserführenden Systems wird von den vergleichsweise undurchlässigen Tonsteinen des Oberen Buntsandstein (Röt) gebildet.

Im Unteren Muschelkalk sind besonders die Kalksteine der Oolith-, Terebratula- und Schaumkalkzone als grundwasserführende Horizonte wirksam, die einen ergiebigen Kluftgrundwasserleiter bilden. Der Mittlere Muschelkalk ist im Bereich der Störungszone aufgrund der hier anstehenden,

z. T. stark ausgelaugten Gipse, Dolomite und Kalksteine als ausgesprochener Karstgrundwasserleiter ausgebildet. Mit der Bohrung E 11 konnten Karsthohlräume von mehr als 1 m Breite nachgewiesen werden. Als grundwasserführender Horizont im Oberen Muschelkalk ist im Thüringer Becken der Trochitenkalk ausgebildet, der auch am Eulenberg als gut durchlässige Zone auftritt. Der Untere Keuper besteht aus geringdurchlässigen Ton- und Schluffsteinen, in die jedoch lokal Sandstein, Kalkstein- und Dolomitbänke mit guter Wasserdurchlässigkeit eingeschaltet sind.

Die Grundwasseroberfläche bildet im Bereich der Altablagerung keine stetig ausgebildete Potentialfläche. Sie zeigt sich morphologisch gegliedert, teilweise gespannt und von Störungs- und Kluftflächen stark modifiziert. Der Grundwasserspiegel kulminiert im Abfallkörper und fällt von da in nordöstliche und in südwestliche Richtung steil ab. Es ist anzunehmen, daß wegen der höheren Durchlässigkeit lockerer Abfallschüttungen im Durchschnitt unter der Altablagerung eine stärkere Grundwasserneubildung stattfindet als in der natürlichen Umgebung. Der Druckausgleich vollzieht sich durch das relativ langsam von einer Stauwasserkalotte im Deponiekörper in das Umland abströmende Grundwasser.

Die Ergebnisse der hydrogeologischen Untersuchungen untermauern Modellvorstellungen, wonach Grund- und Sickerwässer unter der Altablagerung in die Tiefe und an ihrem südlichen Rand entlang der Südrandstörung des Wachsenburggrabens in Südostrichtung fließen. Große Bedeutung kommt den in Nordost-Südwest-Richtung verlaufenden Querstörungen zu, da sie die Sickerwässer des Abfallkörpers den überregionalen Störungssystemen beschleunigt zuführen. Die höchsten Grundwassergeschwindigkeiten treten im verkarsteten Mittleren Muschelkalk im Einflußbereich der herzynischen Störungszonen auf. Nach der beobachteten Zeitdifferenz zwischen einem Havariefall im Bereich von Bittstädt und dem Eintreffen der Schadstoffe in der „Schönbrunnquelle" kann mit Abstandsgeschwindigkeiten von 200 m/h gerechnet werden.

Jeder Deponie- oder Altlast-Standort befindet sich in einem regionalen Grundwassersystem mit einer Größe von mehreren 10 km^2, das in der Übersicht erkundet werden muß. Der Standort selbst ist mit einem engmaschigen Netz zu untersuchen. Für die Erkundung des Untergrundes von Altlasten (und neu anzulegenden Deponien) ist hauptsächlich der Tiefenbereich bis 50 m relevant. Für die Beschreibung des regionalen Grundwassersystems müssen vielfach auch Tiefen bis 300 m einbezogen werden.

Bei der Standortuntersuchung hat es sich bewährt, erst eine flächenhafte Aufnahme mit

- geologischer Kartierung,
- Geofernerkundung,
- geophysikalischer Vermessung und
- geochemischen Untersuchungen

durchzuführen und danach gezielt die punktweise Erkundung anzusetzen durch:

- Schürfe,
- Sondierungen,
- Bohrungen (Auf- oder Ausbau des Netzes von Grundwassermeßstellen und nachgeordnete geophysikalische und hydraulische Bohrlochuntersuchungen sowie Bohrkernaufnahme und Laborversuche) sowie
- geochemische Untersuchung von (teufenorientiert entnommen) Wassserproben aus Grundwassermeßstellen.

Zu diesen Erkundungsschritten zeigen die nachfolgenden Kapitel methodische Beispiele, aus denen Hinweise zu Aufwand und Nutzen der durchgeführten Untersuchungen entnommen und auf andere Standorte übertragen werden können.

9 Geologie

JÖRG SCHMIDT mit Beiträgen von JÜRGEN WUNDERLICH[1] & OLAF BÖHME[2]

9.1 Lage, morphologische Verhältnisse und geologischer Rahmen des Standortes

Das Untersuchungsgebiet liegt am SW-Rand des Thüringer Triasbeckens. Es umfaßt stratigraphische Einheiten vom Oberen Buntsandstein (so) bis in den Mittleren Keuper (km). Morphologisch ist das Gebiet durch einen herzynisch (NW-SE) verlaufenden, scharf ausgeprägten Steilabfall des Hebungsabschnittes der südwestlichen Störungsschar der Eichenberg-Gotha-Saalfelder Störungszone (Wachsenburgabschnitt) gegen die Keuperniederung der Wachsenburgmulde gekennzeichnet. Am NE-Rand des Steilabfalls und damit unmittelbar nördlich einer den Störungsbereich gegen die Keupermulde begrenzenden Bruchzone befindet sich die Altablagerung Eulenberg.

Reliefbestimmend sind die zum Teil stark tektonisch verstellten Steilstufen des Unteren Wellenkalkes. Insbesondere südlich der Straße Arnstadt-Bittstädt werden die Schichtkämme im wesentlichen durch steil aufgerichteten Wellenkalk gebildet. Im Bereich der Störungszone tritt untergeordnet auch der Trochitenkalk als Schichtkamm in Erscheinung. An die durch intensive Schichtverstellung geformte Störungszone schließt sich im Süden eine für den mehr oder weniger flach lagernden Muschelkalk typische Schichtstufenlandschaft an. Die markanten Strukturen werden hier ebenfalls vom Unteren Wellenkalk geprägt. Die weniger widerstandsfähigen Schichten des Mittleren Muschelkalkes bilden meist flache Hänge.

Der Obere Muschelkalk stellt den NE-Teil eines größeren Plateaus zwischen der Störungszone und dem ca. 2 km südlich der Wachsenburgmulde gelegenen Jonastal dar (Plateau von Gossel). Lokal erhaltene, wenige Quadratmeter große Keuperreste treten auf der Hochfläche, welche bis zu Anfang der 90iger Jahre als Truppenübungsplatz der ehem. sowjetischen Streitkräfte genutzt wurde, als Feuchtstellen in Erscheinung.

[1] Geologisches Vormodell

[2] Hydrogeologische Verhältnisse

Die Eichenberg-Gotha-Saalfelder Störungszone

Die SE-NW streichende Eichenberg-Gotha-Saalfelder Störungszone ist mit einer Länge von über 120 km die größte herzynische Störungszone des Thüringer Beckens. Im SE bei Saalfeld beginnend, setzt sie sich über Stadtilm, Arnstadt, Gotha bis zum Hainich fort, verläuft weiter über Nazza und Hallungen, bis sie bei Eichenberg in den N-S streichenden Göttinger Graben einbiegt (*Abb. 8.1 und 10.1*).

Nach v. SEIDLITZ (1928) stellen die „Blankenburg-Arnstadt-Gotha -Eichenberger Störungen" das saxonisch aktivierte Thüringer Hauptstörungssystem in Fortsetzung der Frankenwälder Querzone des Thüringer Schiefergebirges dar. „Die Eichenberg-Saalfelder Störungszone hat in der Anlage stets den Charakter eines Grabens, zeigt aber im Detail abschnittsweise eine recht verschiedene Ausbildung" (BUBNOFF 1955). Im Bereich von Arnstadt handelt es sich um einen Y-Graben, der die Keuperniederung der NE-Scholle, die Mulde von Sülzenbrück, Rehestedt und Thörey, gegen die Muschelkalkhochfläche der SW-Scholle, das Plateau von Gossel, versetzt.

Die bis zu 1 km breite Spezialmulde des Y-Grabens (Wachsenburgmulde) wird unter partieller Quartärbedeckung von Mittlerem Keuper aufgebaut. Im Gegensatz zu den relativ ruhigen Lagerungsverhältnissen in der Grabenmulde handelt es sich sowohl bei der südlichen als auch bei der nördlichen Randstörung um ca. 200 m breite Streifen von kompliziert gegeneinander verstellten leistenförmigen Kleinschollen mit generellem Horstcharakter.

Die gesamte Eichenberg-Gotha-Saalfelder Störungszone gehört zum Strukturinventar der saxonischen Tektonik mit charakteristischen Bruch- und Schollenbildungen im hauptsächlich aus Zechstein und Trias aufgebauten Deckgebirge des Thüringer Beckens. Dieses lagert entweder auf bereits varistisch konsolidiertem altpaläozoischen Untergrund oder auf den Rotliegendmolassen des „Übergangsstockwerkes".

Zur Entstehung der Bruchschollen gibt es mehrere Theorien. Bereits MARTINI (1940) unterscheidet eine ältere Zerrungsphase, die von einer späteren Pressungsphase abgelöst wird. Diese sogenannte „Überpreßte Zerrung" (BUBNOFF, 1955) wurde seitdem zum oft gebrauchten Grundmodell bei der kinematischen Deutung des Strukturinventars der saxonischen Tektonik. VORTHMANN (1933) führte drei Bewegungsphasen an:

1. herzynische[3] und rheinische Faltenbildung, herzynische und rheinische Brüche,
2. erzgebirgische Brüche und Falten,
3. posthume Bewegungen an den rheinischen und herzynischen Brüchen.

[3] Herzynisch, rheinisch und erzgebirgisch werden als Richtungsangaben verwendet. Es bedeuten: herzynisch = NW-SE, rheinisch = NNE-SSW, erzgebirgisch = NE-SW.

FAHLBUSCH (1955) stellte für den „Mittelteil der Gotha-Eichenberg-Zone" folgenden Beanspruchungsplan auf:

1. Dehnung (normal-herzynisch)
2. Pressung (normal-herzynisch)
3. Pressung (normal-erzgebirgisch)
4. Dehnung (normal-herzynisch)

Die in *Abb. 9.1* dargestellten Profilschnitte zeigen den durch diese räumlich-zeitlich unterschiedliche Beanspruchungsfolge geprägten rezenten Baustil des Untergrundes.

Auch die Bedeutung der salinaren Einheiten des Zechsteins im Zusammenhang mit der Grabenbildung wird unterschiedlich beurteilt. FRANKE (1940) führt die Grabenbildung ausschließlich auf Auslaugung des Salzes zurück. Während ZIMMERMANN (1924) annimmt, daß den Salzen nur eine untergeordnete Rolle zukommt, geht TESCHKE (1959) von einer direkten Beteiligung des Salinars in Form störungsinduzierter Salzaufpressungen als Ursache für Aufwärtsbewegungen im Bereich der Randstörungen aus.

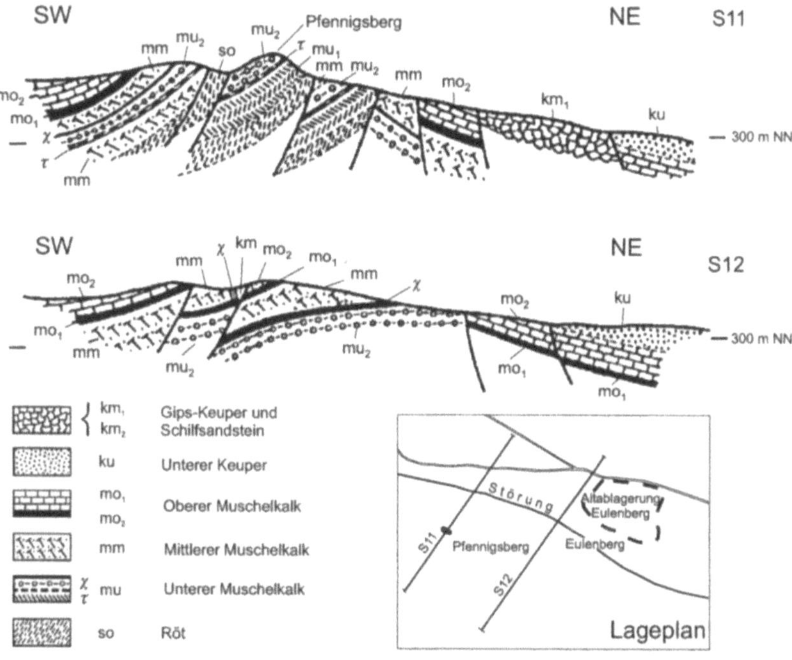

Abb. 9.1: Profilschnitte durch die Störungszone (Südzone) bei Arnstadt, unten rechts Lage der Profile. Nach FAHLBUSCH (1955)

Das Gewässernetz

Das Gewässernetz hat sich unter Nutzung vorhandener Schwächezonen, vor allem der erzgebirgisch streichenden Querstörungen, tief in das südlich an die Eichenberg-Gotha-Saalfelder Störungszone angrenzende Plateau von Gossel eingeschnitten. Als bedeutsamste Vorflut entwässert die Gera das gesamte Gebiet des Blattes Arnstadt.

Die Wilde Weiße, ein linker Nebenfluß der Gera, welcher das Arbeitsgebiet nach Süden begrenzt, orientiert sich eng am Verlauf des lokalen Kluftsystems. Hauptsächlich nutzt sie die rheinisch bis erzgebirgisch streichenden Querstörungen, woraus ein generell ENE gerichteter Verlauf resultiert. Mit Erreichen der Stadt Arnstadt schwenkt sie zunächst in die N-Richtung ein, um dann im Stadtgebiet erneut nach ENE abzubiegen. Im Nordosten Arnstadts mündet sie in die Gera.

An die tiefreichenden Erosionsanschnitte der Eichenberg-Gotha-Saalfelder Störungszone durch die Gera ist das Vorkommen einiger schüttungsstarker Störungsquellen im Raum Arnstadt gebunden. Von diesen durch die Störungszone gespeisten Quellen sind die Schönbrunnquellen im SE der Deponie mit einem Wasserandrang von durchschnittlich 350 m^3/h die ergiebigsten. Die Quellschüttung schwankt zwischen 180 und 500 m^3/h. Ein großer Teil dieses Wassers wird vom städtischen Wasserwerk Arnstadt genutzt. Weitere Quellen entlang der Störungszone sind die Fürstenbergquelle, der Riedbrunnen, der Kesselbrunnen und die Quellen in Holzhausen.

Während diese Quellen ständig Wasser führen, nimmt der im Bereich der Störungszone austretende, 8 km nordwestlich der Altablagerung Eulenberg gelegene „Mühlberger Spring“ eine Sonderstellung ein. Wie der Name sagt, handelt es sich um eine Karstquelle, die nur periodisch Wasser führt. So lag die 6 m tiefe Quelle bis Anfang 1993 über einen Zeitraum von 4 Jahren trocken. 1993 stieg der sichtbare Wasserspiegel dann bis zum Überlauf an. Bei voller Wasserführung werden über 2 000 l/min geschüttet. Die kurzfristigen, extremen Wasserspiegelschwankungen (> 6 m) sind typisch für den durch intensive Verkarstung geprägten Bereich der Störungszone. Die komplizierte Dynamik im Karstaquifer wird auch am Eulenberg deutlich. Beispielsweise wurden im Rahmen der Milieusondenmessungen (Kap. 12) und der kontinuierlichen Wasserstandsbeobachtungen (Kap. 9.7.4) beträchtliche, kurzzeitige Wasserspiegelschwankungen erfaßt. Weitere Indizien liefern historische Bilddokumente (*Abb. 9.4* und *9.5*), die das zeitweilige Trockenfallen der Baugrube unter dem heutigen Abfallkörper belegen.

Im Gegensatz zu den fast ganzjährig feuchten Niederungen des vorwiegend tonig-mergelig ausgebildeten Keupers nordwestlich der Stadt Arnstadt führen die im verkarsteten Muschelkalk verlaufenden Seitentäler des Jonastales südwestlich des Stadtgebietes nur sporadisch Wasser, was zur Ansiedlung einer für die Muschelkalkhänge typischen Trockenrasenflora geführt hat.

9.2 Umfang und Ablauf der Untersuchungen

Die Besonderheiten des Standortes Eulenberg liegen darin begründet, daß durch den mit der Errichtung eines Bauwerkes in den 40er Jahren verbundenen Steinbruchbetrieb die natürlichen geologischen Verhältnisse gestört wurden. Um die Auswirkungen der massiven Eingriffe in den Untergrund auf dessen Barrierewirkung abschätzen zu können, ist die geologische Erkundung hier in besonders enger Weise mit der historischen Standortanalyse zu verknüpfen. Ohne die aus Gründen der Projektsteuerung erst zu einem relativ späten Zeitpunkt realisierte Einbeziehung von Geofernerkundung und Geophysik in den geologischen Erkundungsprozeß wäre es sicher nicht möglich gewesen, die Gesamtsituation unter der Altablagerung zu klären.
Die Untersuchungsarbeiten wurden stufenweise durchgeführt:

- Historische Erkundung der Altablagerung und Ermittlung ihres Schadstoffpotentials („Deponiegeschichte"),
- Erstellung eines geologisch-hydrogeologischen Vormodells nach regionalen geologischen Kenntnissen, den Ergebnissen von Altbohrungen, einzelnen gezielt angesetzten Flachbohrungen sowie Wasseranalysen,
- multitemporale Auswertung historischer und aktueller topographischer Karten und Luftbilder (s. Kap. 10),
- Bewertung und teilweise Neuinterpretation von Altbohrungen (Archivmaterial),
- geologische Spezialkartierung mit Aufnahme tektonischer Elemente,
- Bohrarbeiten und Schürfe.

9.3 Verwendete Unterlagen

Topographische Karten

Die multitemporale Auswertung topographischer Karten ist unverzichtbar für die historische Standortanalyse. In aktualisierten Neuauflagen ist die Entwicklung relevanter topographischer Elemente zu verfolgen. Neben infrastrukturellen Veränderungen lassen sich in Abhängigkeit vom Kartenmaßstab anthropogene Massenbewegungen (Erdaushub, Steinbruchbetrieb, Abfallablagerung) erkennen und zeitlich einordnen. Große Bedeutung besitzen die topographischen Karten auch für die Luftbildauswertung. So ermöglichen zum Beispiel genaue Kenntnisse des ehemaligen Verlaufes von Straßen, Wegen und Geländekanten eine relativ eindeutige Interpretation von Fotolineationen (s. Kap. 10). Nach dem Vergleich alter topographischer

Karten, welche die Geländesituation vor Anlage der ehemaligen Deponie Eulenberg darstellen, und der nach ihrer Stillegung durchgeführten Vermessung konnte das Abfallvolumen präzise berechnet werden (s. Kap. 9.7.5). Für den Standort Eulenberg sind folgende Kartenausgaben verfügbar:

Kartentyp/Maßstab	Blatt
Topographische Karte	
1:25 000	Arnstadt (1936), Arnstadt (1994)
1:10 000	Arnstadt W, Siegelbach
Deutsche Grundkarte	
1:5 000	Arnstadt, Arnstadt-Nord, Eichfeld, Bittstädt (1951)

Die aktuellen topographischen Karten 1:25 000 und 1:10 000 dienten als Grundlage für die Übersichtskartierung. Als Basiskarte für die geologische Spezialkartierung und die Luftbildauswertung wurde die „Deutsche Grundkarte" von 1951 herangezogen, deren hoher Informationsgehalt (Isohypsenabstand 1 m, Genauigkeit der Lokalisierung 2,5 m) sich als vorteilhaft für die Fixierung von Geländebeobachtungen und die Detailgenauigkeit bei der Kartierung erwies. Die *Abb. 9.2a - c* zeigt entsprechende Kartenausschnitte.

Im Meßtischblatt Arnstadt von 1936 erscheint der Eulenberg als unverritzter, morphologisch nur schwach gegliederter Nordhang. Aufschlußarbeiten am Steinbruch fanden demnach erst nach der topographischen Aufnahme dieser Karte statt.

Die Deutsche Grundkarte von 1951 zeigt die Baugrube und das aus den Aushubmassen angelegte Bermensystem. Auf der topographischen Karte von 1994 (umfassend aktualisiert 1987) ist das Bermensystem der ehemaligen Deponie erkennbar.

Geologische Karten

Die geologische Aufnahme im Maßstab 1:25 000 (ZIMMERMANN, 1924) liefert grundlegende Informationen über die im Untersuchungsgebiet verbreiteten Formationen und Strukturen. Eine Neukartierung von FAHLBUSCH 1955 (Maßstab 1:15 000) brachte insbesondere im Bereich der Störungszonen einen wesentlichen Erkenntniszuwachs (s. *Abb. 9.1*). Im Rahmen der Standorterkundung wurde die lokale Datenbasis durch eine tektonisch orientierte Spezialkartierung konkretisiert, so daß jetzt gesicherte Aussagen über die Verbreitung der Gesteinsfolgen im Untergrund der Altablagerung und im weiteren Umfeld vorliegen (*Abb. 9.3*).

a: Meßtischblatt von 1936 (Auszug)

b: Deutsche Grundkarte von 1951 (Auszug)

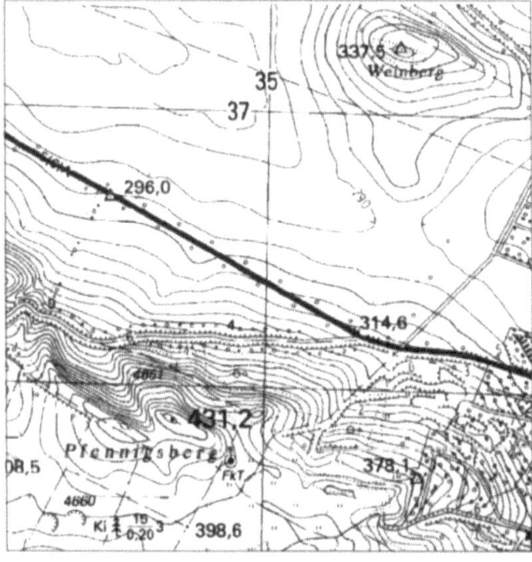

c: Meßtischblatt von 1987 (Auszug)

Abb. 9.2 a-c: Topographische Karten verschiedener Aufnahmezeiten und Maßstäbe

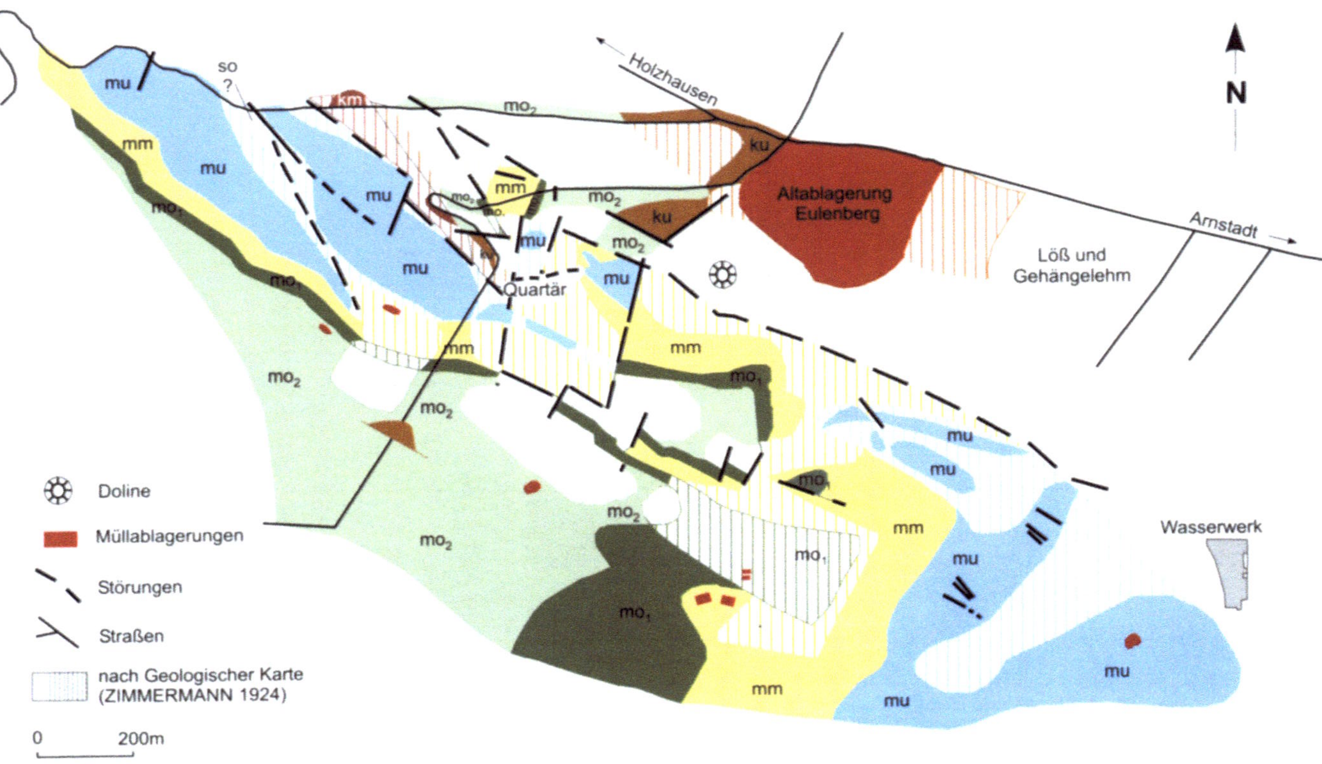

Abb. 9.3: Geologische Karte für den Südteil des Untersuchungsgebietes, nach Ergebnissen einer Spezialkartierung im Rahmen der Standorterkundung (SCHMIDT, 1993)

Fotos

Historische Fotos erweisen sich als unentbehrliche Informationsquellen bezüglich des geologischen Baus und des tektonischen Gefügeinventars im Untergrund des Abfallkörpers. Auch die zu unterschiedlichen Aufnahmezeitpunkten sichtbaren Schwankungen des Wasserstandes in der Baugrube sind wie erwähnt für das Verständnis des dynamischen hydrogeologischen Regimes an diesem Standort von Bedeutung. Neben einigen eindrucksvollen Amateurfotos (*Abb. 9.4*) seien hier die qualitativ hochwertigen, unter geologischen Aspekten vorgenommenen Aufnahmen des Freiberger Geologen Prof. O. WAGENBRETH aus den Jahren 1953 und 1954 erwähnt (*Abb. 9.5*).

Luftbilder/Satellitenaufnahmen

Für den Standort der Altablagerung wurde nach intensiven Recherchen eine Serie multitemporaler Luftbildaufnahmen beschafft. Die hohe Qualität dieser Luftbilder ermöglichte eine umfangreiche stereoskopische Auswertung sowohl unter geologischen als auch unter historischen Gesichtspunkten. Eine Auswahl der vom Standort vorhandenen Luftbilder sowie deren Auswertung und Interpretation ist in Kap. 10 beschrieben.

Altbohrungen

Trotz häufig unvollständiger oder fraglicher Angaben besitzen Altbohrungen allgemein einen nicht zu unterschätzenden Aussagewert. Oft lassen sich durch die Überarbeitung dokumentierter Unterlagen auf der Grundlage eines erweiterten lokalen und regionalen Kenntnisstandes teure Neubohrungen ergänzen oder ersetzen. Auch die Sicherheit der Interpretation von Ergebnissen geophysikalischer Oberflächenverfahren kann sich bei Einbeziehung von Altbohrungen wesentlich erhöhen (s. a. Kap. 11.5.3.2). In bebauten Gebieten stellt die Auswertung von Altbohrungen meist die einzige Alternative zur Oberflächenkartierung dar. Im Umfeld von Arnstadt besitzen insbesondere die im Verlauf des sogenannten „Notwasserbohrprogramms“ (1985-1987) niedergebrachten Bohrungen eine hohe Aussagekraft, weil davon auch chemische Analysen und Angaben zu hydrogeologischen Tests vorliegen. Aus den angegebenen Wasserständen, Wasseranalysen und Pumpversuchen lassen sich grundsätzliche Aussagen zum hydrogeologischen Regime ableiten, auch wenn eine Aktualisierung der Altdaten nicht mehr möglich ist.

Innerhalb der Grenzen des Abfallkörpers stehen zwei Altbohrungen (A I/1939 und A II/1939), die im Bohrarchiv der Thüringer Landesanstalt für Geologie erfaßt sind. Die Bohrung A I/1939 überschreitet mit einer Endteufe von 160 m die Tiefe der im Rahmen der Standortuntersuchung niedergebrachten Bohrungen E1 bis E13.

Abb. 9.4: Historische Fotos der wassergefüllten, als „Bergbad Eulenberg" bezeichneten Baugrube Ende der 50er Jahre. (Aufnahmen: A. HIRSCH, Arnstadt)

Abb. 9.5: Fotos aus den Jahren 1953 und 1954 von verschiedenen Standorten innerhalb der Baugrube. Die Bilder zeigen den Zustand des Bauwerkes und eine zu diesem Zeitpunkt trockene Baugrube. Aufnahmen: Prof. O. WAGENBRETH, Freiberg

Insgesamt konnten im Umkreis der Altablagerung Eulenberg die Daten von mehr als 200 Altbohrungen erfaßt und ausgewertet werden. Der größte Teil der ungleichmäßig über das Kartenblatt verteilten Bohrungen wurde im Stadtgebiet von Arnstadt niedergebracht. Eine erhöhte Bohrdichte ist vor allem in den ab 1972 errichteten Stadtteilen im SW von Arnstadt zu verzeichnen. Die Auswertung der Altbohrungen ist in Kap. 9.6 beschrieben.

9.4 Geologisches Vormodell

Zu Beginn der Untersuchungen wurde nach den zum damaligen Zeitpunkt verfügbaren Unterlagen ein geologisches Vormodell mit Aussagen zum technischen Zustand, der Morphologie und dem Schadstoffpotential des Abfallkörpers erstellt (WUNDERLICH 1990). *Abb. 9.6* zeigt einen in SW-NE-Richtung über die Altablagerung verlaufenden geologischen Schnitt. Die wesentlichen Aussagen des Vormodells werden nachfolgend zusammengefaßt.

Schichtenfolgen und Besonderheiten im Untergrund

Die Altablagerung liegt auf der SW-Flanke einer leistenförmigen Störungsmulde (Wachsenburgmulde) der Eichenberg-Gotha-Saalfelder Störungszone. Die Auflagefläche schneidet die Schichtenfolge des Unteren Keupers im Intervall Übergangsschichten (kuGR) Rotmergelzone (kuRO). Die Mächtigkeit des Unteren Keupers nimmt nach Norden lagerungs- und erosionsbedingt von ca. 10 auf etwa 35 m zu. Im Untergrund der Altablagerung befindet sich eine große Baugrube, welche die Keuperdecke durchbricht und mit 10 bis 20 m Böschungshöhe im liegenden Oberen Muschelkalk (moC) steht. Sie bildet den Kern der Altablagerung. In der Baugrube, deren genaue Position zu Beginn der Arbeiten nicht bekannt war, wurde während des 2. Weltkrieges ein möglicherweise mehrstöckiges Betongebäude für unterirdische Produktionsanlagen errichtet, von dem Strecken in das angrenzende Gebirge ausgehen. Vermutlich im Zuge der versuchten Sprengung nach Kriegsende füllte sich der Baugrubenbereich dauerhaft mit Wasser.

Lagerungsverhältnisse und Tektonik

Im Topbereich des Arnstädter Eulenberges streicht unmittelbar südlich der Deponie der schmale Störungshorst des südlichen Astes der tiefreichenden, regional bedeutsamen Eichenberg-Gotha-Saalfelder Störungszone aus. Hier sind vornehmlich Unterer und Mittlerer Muschelkalk gegen Oberen Muschelkalk jungsaxonisch herausgehoben. Nach NE und NNE fällt die Schichtenfolge Oberer Muschelkalk - Unterer Keuper mit 8 - 25° relativ ruhig zum Zentrum der aus Mittlerem Keuper aufgebauten Wachsenburgmulde hin ein

(*Abb. 9.6*). Die Annahme von synthetischen Begleitrupturen des Störungshorstes im Deponieuntergrund war jedoch sehr wahrscheinlich. Weiterhin schiebt die Gesteinsfolge der Wachsenburgmulde mit 2 - 3° störungsparallel nach SE in Richtung Arnstadt ein. Neben einer störungsparallelen NW-SE–Kluftschar ist im Deponieumfeld vor allem eine NE-SW gerichtete Querklüftung ausgeprägt.

Morphologie und Volumen des Abfallkörpers

Es handelt sich um eine haldenförmige, mit Bermen versehene Hanganschüttung am Nordhang des Arnstädter Eulenberges in einer Höhe von 310 bis 350 m NN, deren nördlicher Haldenfuß auf der gesamten Breite des Abfallkörpers vermutlich bis auf ca. 10 m an die Straße Arnstadt - Holzhausen heranreicht. Das Deponievolumen wurde schätzungsweise mit 800 000 m^3 bestimmt.

Technischer Zustand, Inhaltsstoffe und Schadstoffpotential

Die Altablagerung ist technisch nicht ausgebaut. Sie besitzt weder Basis-, noch Oberflächenabdichtung und entgast unkontrolliert. Während des Betriebszeitraums als Deponie (1961 - 1979) wurde neben Hausmüll und Braunkohlenaschen in Größenordnungen fester und flüssiger Industriemüll mit beträchtlichem Schadstoffpotential abgelagert (Galvanikschlämme, Cyanide, Bitumenabprodukte, Gerbereiablauge, Produktionsschlämme, Haushaltchemie). Dieses Schadstoffpotential ist zu einem Großteil in den Braunkohlenaschen gebunden und wird diskontinuierlich über das Sickerwasser freigesetzt.

Hydrodynamik und Schadstoffmigration

Die Schichtenfolge des Unteren Keupers führt im Bereich kompetenter[4] Sandstein- und Dolomiteinlagerungen begrenzte Mengen an Kluftgrundwasser. Dem NE- bis NNE-Fallen der Schichten folgend wurde eine potentielle Ausbreitung von Schadstoffeinträgen nach NE bis NNE in die Störungsmulde (Wachsenburgmulde) hinein angenommen. Die im Deponieuntergrund verritzte Gesteinsfolge des liegenden Oberen Muschelkalks ist ungeachtet des Mergelsteinanteils infolge der intensiven Zerklüftung in Störungsnähe ebenfalls als Kluftgrundwasserleiter anzusprechen. Große Mengen Grundwasser werden darüber hinaus im Kluftvolumen der Störungszone störungsparallel transportiert und treten im Stadtgebiet von Arnstadt, wo die Störungszone durch das Tal der Gera tief angeschnitten ist,

[4] Kompetente Gesteine reagieren i. d. R. mit Sprödbruch auf tektonische Beanspruchung.

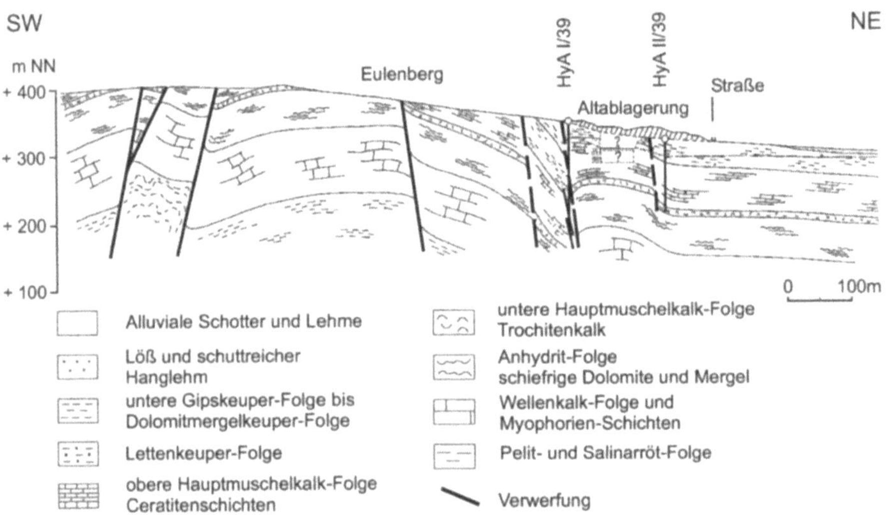

Abb. 9.6: Geologisches Vormodell. Geologischer Schnitt durch den Deponieuntergrund. (WUNDERLICH, 1990)

in schüttungsstarken Quellen aus. Diese Schönbrunnquellen werden teilweise zur Trinkwassergewinnung genutzt. Teilflächen der Altablagerung liegen in der Trinkwasserschutzzone III der Quellen. Über Begleitrupturen und das Kluftsystem im Oberen Muschelkalk ist eine Beeinträchtigung auch dieser Wässer durch deponiebürtige Schadstoffe möglich, was jedoch bislang nicht zweifelsfrei belegt ist.

9.5 Geländearbeiten

9.5.1 Kartierung

Im Zeitraum Oktober bis November 1992 und im März/April 1993 wurde das weitere geologische Umfeld der Altablagerung Eulenberg unter besonderer Berücksichtigung der tektonischen Verhältnisse im Maßstab 1 : 5 000 neu aufgenommen. Im Rahmen dieser Arbeiten ist an jeweils mehr als 450 Einzelmeßpunkten die Raumlage von Schicht- und Kluftflächen gemessen worden. Außerdem wurden an geeigneten Aufschlußpunkten lineare Elemente wie

Faltenachsen, Harnischflächen, Harnischrillung[5] und die Orientierung von Stylolithen[6] erfaßt. Die Darstellung der Ergebnisse im SCHMIDT'schen Netz ermöglichte eine statistische Auswertung zur Beschreibung tektonischer Vorzugsrichtungen (s. Kap. 9.7.3).

Zunächst erfolgte eine stratigraphisch/tektonische Aufnahme der größeren Einzelaufschlüsse. Besondere Berücksichtigung fand die Aufnahme der durch einen Straßenanschnitt geschaffenen Aufschlüsse westlich der Deponie. Die flächenhafte Kartierung ging von den Resultaten der Aufschlußaufnahmen aus. Dabei blieb die methodisch als Lesesteinkartierung konzipierte Aufnahme zwangsläufig auf Flächen mit geringmächtiger Boden-/Hangschuttbedeckung im Bereich der Störungszone begrenzt, da nur hier repräsentative Aussagen über das unter der Bodenbedeckung anstehende Gestein zu gewinnen waren. Begleitend zur Dokumentation der Aufschlüsse und der flächenhaften Verfolgung einzelner Schichtglieder mittels Lesesteinbefund wurden vorhandene Gewässer, Feuchtstellen sowie andere untergrundspezifische morphologische Besonderheiten (Böschungskanten, Erdfälle, usw.) berücksichtigt.

9.5.2 Schurfaufnahme

Durch reflexionsseismische Messungen (Kap11.5.3) konnte im nördlichen Randbereich des Abfallkörpers eine Störung nachgewiesen werden, die einer Schar bislang unbekannter nordöstlich vorgelagerter Begleitrupturen des südwestlichen Störungsstranges der Eichenberg-Gotha-Saalfelder Störungszone angehört. Zum Aufschluß dieser Störung, die durch den Versatz der als Reflexionsgrenze wirksamen Keuper-/Muschelkalk-Grenze geophysikalisch sichtbar wird, wurden auf der Altablagerung zwei Schürfgräben angelegt. Sie haben den Ausstrich der Störungszone am SE- bzw. NW-Ende der Altablagerung unter Abfall, Hangschutt und Verwitterungszersatz nachgewiesen. Das Aushubvolumen der beiden Schürfe betrug ca. 240 m^3. *Abb. 9.7* zeigt die Ergebnisse der Aufnahme des Schurfes S1 am nordöstlichen Rand der Altablagerung.

[5] Harnische sind Störungsflächen, die durch Gleitbewegungen geglättet und oft glänzend und mit Striemung versehen sind. Am Verlauf der Striemung ist die Bewegungsrichtung zu erkennen.

[6] Auf Schichtfugen im Kalkstein auftretende zylinderförmige Zapfen, die durch Kalklösung unter Druck entstanden sind. Die Orientierung der S. liefert Hinweise auf Spannungszustände im Gebirge.

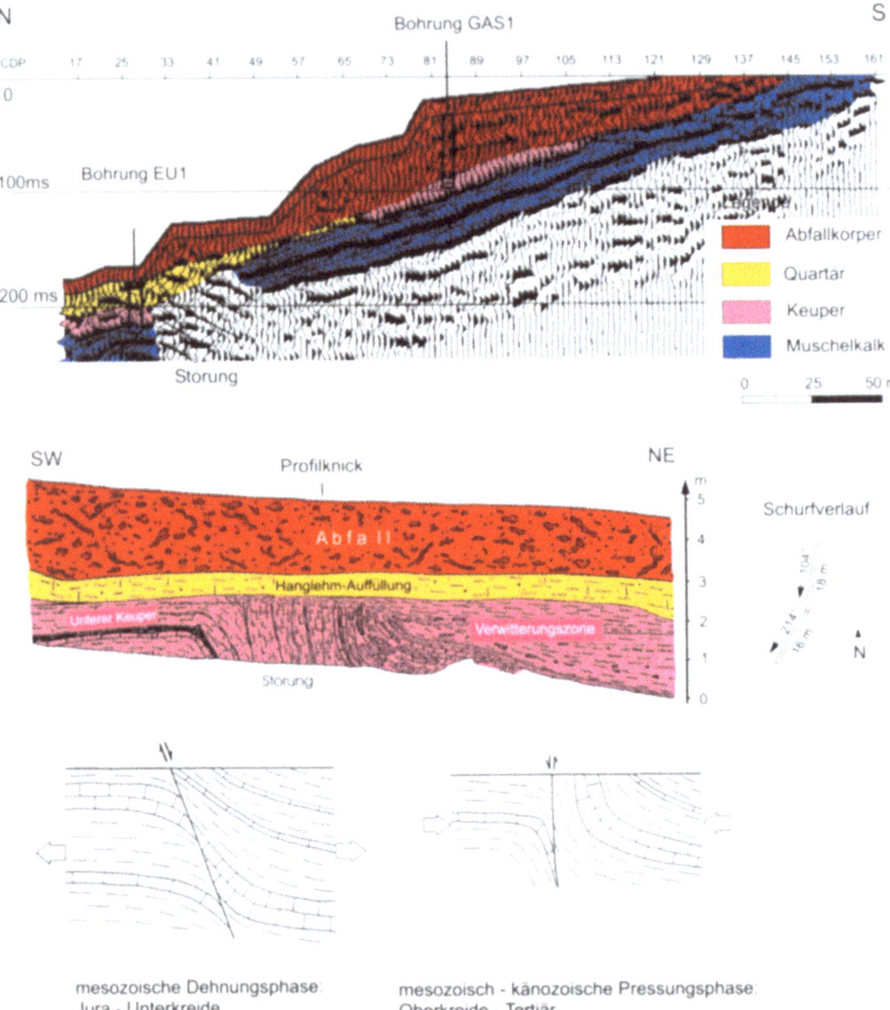

Abb. 9.7: Ergebnis des Schurfes S 1. Oben: Störungsindikation nach Reflexionsseismik (Profil EU04). Mitte: Darstellung des Schurfes, Unten: Rekonstruktion der Störungsgenese. WUNDERLICH, 1992a

9.5.3 Bohrungen

Bis Oktober 1992 wurden auf dem Gelände der Altablagerung bzw. im Vorland 8 Erkundungsbohrungen (E1 bis E8) und 2 Gaspegel abgeteuft. Die Aufnahme und Dokumentation erfolgte durch das GEOS-Ingenieurbüro Jena (WUNDERLICH, 1992b - d). Die in den reflexionsseismischen Profilen EU3 und EU4 (*Abb. 9.7*) zu erkennende Störung am Deponiefuß, deren Existenz mit den Schürfgräben S1 und S2 verifiziert wurde, gab Anlaß zur Durchführung der Schrägbohrungen E9 und E10 (*Abb. 9.8*). Beide Bohrungen sollten die grundwasserleitende Funktion der Störung klären. Um eine lagegetreue Aufnahme des tektonischen Inventars am Bohrkern zu ermöglichen, wurde für die Bohrung E10 orientiertes Kernen gefordert. Neben diesen beiden Schrägbohrungen war im vermuteten Anstromgebiet südlich der Deponie die ca. 60 m tiefe Seigerbohrung E11 vorgesehen.

Die Ausführung der Bohrungen erfolgte im Seilkernverfahren bei einer durchschnittlichen Tagesleistung von 12 m. Wie auch die Erkundungsbohrungen E1 bis E8 wurden diese 3 Bohrungen im Anschluß an die Bohrarbeiten, das Bohrlochmeßprogramm und verschiedene hydrogeologische Tests zu Pegeln für die Langzeitbeobachtung ausgebaut.

Bohrung E9

Diese Bohrung ist unter einer Neigung von 43° gegen die Vertikale und einem dem Generalstreichen der Störung entsprechenden Azimut von 186° angesetzt worden. Da sie als Meißelbohrung projektiert und durchgeführt wurde, stand zur petrographisch-stratigraphischen Auswertung nur das dem Spülungsstrom entnommene Bohrklein zur Verfügung. Die Bohrgutentnahme erfolgte in Form von Mischproben, bezogen auf Meterintervalle bei laufendem Bohrbetrieb. Trotz Anwendung des Linksspülverfahrens[7] kam es infolge von Nachfall zur Verfälschung der Mischproben, so daß stratigraphische Aussagen nur mit Einschränkung ableitbar waren.

Aus Gründen der Standsicherheit ist die Bohrung bis 8,5 m u. GOK verrohrt. Ab 12 m Bohrteufe trat im tektonisch stark gestörten und verkarsteten Gebirge ein totaler Spülungsverlust ein. Dadurch mußte die weitere Beprobung entfallen. Auch durch erhöhte Spülungszufuhr konnte der Wasserspiegel im Bohrloch nicht angehoben werden. Der Spülungsverlust belief sich schätzungsweise auf 200 l je Minute.

Nach Erreichen der vorgesehenen Endteufe im Meißelverfahren wurde bis 81,5 m ein Kontrollkern gezogen, um mittels einer lithostratigraphischen Orientierungsmarke die stratigraphische Interpretation des geophysikalischen Bohrlochmeßprogramms abzusichern. Der Kernmarsch 80 bis 81,5 m erbrachte eine für den Oberen Muschelkalk typische Kalkstein/Tonstein-Wechsellagerung.

---

[7] Beim Linksspülverfahren wird die Spülung im Ringraum zwischen Bohrlochwand und kleinkalibrigem Gestänge zur Bohrkrone gepumpt und fließt durch das Gestänge nach oben. Damit ist es möglich, Probenmaterial aus dem Niveau der Bohrkrone zu gewinnen, das weitgehend unbeeinflußt ist durch verschlepptes Spülgut.

Bohrung E10

Die mit einer Neigung von 39° gegen die Vertikale und einem Azimut von 186° konzipierte Bohrung (*Abb. 9.8*) mußte wegen der geringen Entfernung zur vermuteten Störungszone etwas steiler angesetzt werden als Bohrung E9. Orientiertes Kernen beschränkte sich auf nur wenige ausgewählte Kernstrecken (*Abb. 9.9*) und unterblieb ab 25,5 m völlig. Eine nach Abschluß der Bohrarbeiten vorgenommene Dipmetervermessung kann nicht als vollkommen gleichwertiger Ersatz für orientiertes Kernen gelten, weil lediglich eine nachträgliche Kernorientierung mit einer Sicherheit von ± 20° möglich ist (s. Kap. 9.5.4 und Kap. 7.2 im Bd. 4).

Bei einer Bohrtiefe von 11,4 m erfolgte die Umstellung vom Trockenbohrverfahren auf Spültechnologie. Im Anschluß an das Bohrlochmeßprogramm wurde die Bohrung bis 60 m Teufe unter Gelände auf 190 mm Durchmesser erweitert und als Pegel ausgebaut. Der Kerngewinn war trotz stark gestörter Bereiche mit ca. 95 % sehr hoch. Nachfall konnte bei der Kernentnahme aus dem Kernrohr stets sauber abgetrennt werden.

Abb. 9.8: Die Schrägbohrung E10. Ausführende Bohrfirma: H. Angers Söhne GmbH & Co. KG

Bohrung E11

Die Bohrung E11 ist zunächst projektgemäß als Seigerbohrung auf 60 m Teufe u. GOK niedergebracht und nach der bohrlochgeophysikalischen Vermessung auf 80 m u. GOK verteuft worden. Anschließend erfolgte ein zweites Bohrlochmeßprogramm. Nach Durchteufen des Trochitenkalkes (moT) bei etwa 30 m unter Gelände trat im darunter folgenden Mittleren Muschelkalk totaler Spülungsverlust auf. Bis zum Erreichen der ursprünglich projektierten Endteufe von 60 m stellte sich trotz erhöhter Spülungszufuhr kein Spülungsumlauf mehr ein, so daß nach Abschluß des ersten Meßprogramms bis auf Sohle verrohrt werden mußte. Nachdem sich zunächst wieder ein Spülungsumlauf eingestellt hatte, kam es bei 64 m u. GOK erneut zum vollständigen Spülungsverlust, der auch bis zur Endteufe bei 81 m nicht zu beheben war.

Wie bei der Bohrung E10 blieb auch hier die orientierte Kernentnahme auf wenige Meter beschränkt. Während dieser Mangel in der Bohrung E10 in begrenztem Maße durch Anwendung des Dipmeterverfahrens ausgeglichen werden konnte, gab es für die Bohrung E11 im Intervall 0 - 40 m aufgrund des Spülungsverlustes keine Möglichkeit zur Nachorientierung der Kerne, da das Dipmeterverfahren im trockenen Bohrloch nicht anwendbar ist. Um der Forderung nach durchgängiger Orientierung der Kerne dennoch zumindest teilweise gerecht zu werden, wurde bei eingefahrener (!) Dipmetersonde Spülung in das Bohrloch gegeben, um den Wasserspiegel zu heben und so über eine größere Meßstrecke verwertbare Ergebnisse zu erhalten. Sofortiger Nachfall aus der instabilen Bohrlochwand beendete diesen Versuch. Weitere Havarien in diesem problematischen Bohrloch führten darüber hinaus zu beträchtlichen zeitlichen Verzögerungen.

Der Kernverlust lag durchschnittlich bei ca. 40 %, in einigen Kernmärschen (55 - 59 m u. GOK) sogar über 80 %. Der geringe Kerngewinn ist auf die außerordentlich hohe Gebirgsauflockerung im verkarsteten Schichtabschnitt des Mittleren Muschelkalkes und die intensive rupturelle Beanspruchung in Störungsnähe zurückzuführen. Das Kernmaterial der Bohrung 11 wurde nach der Aufnahme verworfen.

9.5.4 Bohrkernaufnahme

Zur Klärung der geologischen Verhältnisse eines Gebietes ist es erforderlich, beim Abteufen einer Bohrung möglichst fortlaufende Kerne zu gewinnen. Dafür werden, je nach Bohrverfahren und den Bohrbedingungen Kernstücke unterschiedlicher Länge (sog. Kernmärsche) aus dem Gestein gefräst und in Doppelkernkisten von ca. 1 m Länge für die Kernaufnahme abgelegt (*Abb. 9.9*). Die Kernaufnahme leistet für die stratigraphische Gliederung mehr als andere zumeist indirekte Methoden. Gewonnen werden im wesentlichen

Aussagen zu Petrographie, Mineralbestand, Fossilinhalt, Fazies, Diagenese, Tektonik und Verwitterungszustand. Die Aufnahme bestand aus 3 Schritten:

1. Grobe Erstaufnahme unmittelbar am Bohrgerät

2. Detaillierte feinstratigraphische Aufnahme im temporären Kernlager

3. Tektonische Aufnahme und endgültige stratigraphische Gliederung

Durch die Erstaufnahme, die besonders wichtig ist für Parameter, die nur im bergfeuchten Zustand bzw. unter Tageslichtbedingungen sicher bestimmbar sind (Plastizität, Konsistenz, Farbe), war auch der ständige Kontakt zur Bohrmannschaft und damit die Möglichkeit der Einflußnahme auf den Bohrprozeß gegeben.

Um eine spätere Korrelation der Bohrungen E9 und E10 mit Hilfe der Bohrlochgeophysik sicherzustellen und um eventuell auftretende Schichtverdoppelungen zu erkennen, geschah die Aufnahme mit einer Genauigkeit im 5 cm-Bereich. Besonderer Wert wurde auf das genaue Aushalten der Kalkbänke im Oberen Muschelkalk gelegt. Nach Abschluß der feinstratigraphisch-tektonischen Aufnahme (s. u.) erfolgte die endgültige stratigraphische Gliederung des erbohrten Schichtprofils vom Liegenden zum Hangenden.

Das bereits bei der feinstratigraphischen Dokumentation registrierte tektonische Inventar wurde durch genaue Meßdaten der linearen und planaren Gefügeelemente im Bereich der orientiert gebohrten Kernstrecken ergänzt. In den nicht orientiert gebohrten Kernbereichen ist versucht worden, unter Zuhilfenahme der Dipmetermessung wichtige Kernstücke nachzuorientieren, um die wahre räumliche Lage der Gefügeelemente zu bestimmen. Eine Teufengenauigkeit < 1 m war jedoch nur in Bereichen mit konstantem Schichteinfallen erreichbar. Die Meßwerte des Kluftstreichens besitzen im Bereich der orientiert gebohrten Kerne eine Sicherheit von ± 5°, bei nachorientierten Kernen schwankt die Genauigkeit um ± 20°.

Bohrkernorientierung

Für verschiedene geowissenschaftliche, hydrogeologische, ingenieurgeologische und bohrtechnische Fragestellungen werden nicht nur einfache Bohrkerne sondern orientiert entnommene Gesteinsproben benötigt, da viele Meßergebnisse nur nordorientiert aussagefähig sind. Die an orientierten Kernen gewonnenen Daten bilden beispielsweise die Basis für strukturgeologische Untersuchungen über die Raumlagebeziehungen von Schichten und Gefügeelementen wie das natürliche Störungsmuster, Kluft- und Rißsysteme sowie Gänge, Scherzonen, Diskordanzen, Flexuren oder Falten.

Mehrere Verfahren zur Bohrkernorientierung werden bei SCHREINER & KREYSING (1997) beschrieben. Am Standort Eulenberg kamen zur direkten Kernorientierung das Pilotbohrverfahren und das geophysikalische Dipmeterlog zum Einsatz. Die aus dem Dipmeterlog ablesbaren Werte des Schichteinfallens sind nur für jeweils 0,5 m mächtige Bereiche repräsentativ. Da für die Messung ein mit Spülung gefülltes Bohrloch erforderlich ist, war das Verfahren in der Bohrung E11 erst ab 49 m Teufe einsetzbar. Es versagt, wenn der Winkel zwischen Kernachse und Schichtung kleiner als 10° ist, was bei einer Schrägbohrung von 50° einem wahren Fallwinkel von 40 - 60° (Schichtfallen im Azimut der Bohrung) entspricht. Dieser Mangel des Verfahrens kam hier jedoch weniger zur Geltung, da die Schichten in der Regel (außer in den Störungszonen) entgegengesetzt zur Bohrung, also nach N einfallen. Viel schwerer wog der Nachteil, daß sich die meist nur 5 - 10 cm langen Kernstücke mit ihren sehr unregelmäßigen Schichtflächen lediglich mit einer Genauigkeit von teilweise nur ± 20° nach den Dipmeterwerten nachorientieren ließen, da die Schichtung in einem sehr steilen Winkel angeschnitten wurde.

Innerhalb der orientiert gebohrten Kernstrecken betrug die Genauigkeit der Kluftmessung ± 5°. Eine direkte Einmessung von Klüften konnte auch an Kernbruchstücken erfolgen, welche die Orientierungsmarke der Pilotvorbohrung noch erkennen ließen (*Abb. 9.9*). In diesem Falle wäre eine nachträgliche Orientierung nach der Dipmetermethode nicht möglich.

Aus ökonomischer Sicht ist die Dipmetermethode dem orientierten Kernen vorzuziehen, weil sie nur einen geringen Zeitaufwand erfordert. Soll beispielsweise in einer Tiefe von 70 m ein orientierter Kern mit einer Länge von 6 m gewonnen werden, ist ein viermaliges Ein- und Ausbauen von ca. 70 m Führungsgestänge plus 70 m Orientierungsgestänge nötig, da nur maximal 1,5 m vorgebohrt werden können. Ansonsten läuft die Orientierungsbohrung aus dem Kern. Das bedeutet, daß unter den angenommenen Bedingungen bei einer Gestängelänge von 3 m rund 200 mal Gestänge per Hand verschraubt und ebenso oft gelöst werden müßten. Wird dabei nur in einem Fall das Gestänge nicht ausreichend gesichert, kann es in das Bohrloch fallen, wie bei der Bohrung E11 geschehen. Dies hat außer Materialverlust häufig Bohrausfälle bis zu mehreren Tagen zur Folge und kann unter Umständen eine Neubohrung erfordern. Eine präzise Aufnahme des tektonischen Inventars einer Bohrung mit einer zulässigen Meßwertabweichung < 20° verlangt allerdings diese aufwendige direkte Orientierung der Kerne.

Die genaue räumliche Orientierung der Kerne hat sich als äußerst schwierig erwiesen, da wegen der zerrütteten und darum schlecht aufzuschließenden Gebirgsverhältnisse keine der verwendeten Methoden optimalen Erfolg gebracht hat. So konnten mit dem teuren Pilotbohrlochverfahren jeweils nur kurze Kernstücke orientiert vorgebohrt werden. Die Dipmeter-Aufzeichnung ließ keine Übertragung der Lagerungswerte auf den Kern zu, weil vermutlich auch andere Grenzflächen als Schichtflächen dargestellt wurden (BARTHOLOMÄUS, 1993). Mit dem optischen (Videokamera) und dem akustischen Bohrlochfernsehen (ABF bzw. Bore Hole Televiewer) konnten ebenfalls keine nennenswerten Fortschritte erzielt werden. Im Videoband für die Bohrung E11 sind lediglich einige größere Klüfte zu erkennen (SCHMIDT, W., 1993).

Abb. 9.9: Orientiert gebohrter Kern aus der Schrägbohrung E10 (Kernmarsch 24,6 - 25,4 m). Die Pfeile zeigen auf die mit dem Orientierungsgestänge gebohrte Marke (Orientierungsnut)

9.6 Auswertung der Altbohrungen

Die insgesamt 210 ausgewerteten Altbohrungen liegen in der Mehrzahl auf dem Blatt Arnstadt der GK25. Erfaßt wurden alle Bohrungen im näheren Umfeld der Altablagerung nach dem Jahr des Niederbringens, den Koordinaten, der Stratigraphie und nach Angaben zur Hydrogeologie. Außerhalb des Blattes Arnstadt fanden nur einzelne repräsentative Bohrungen zu stratigraphischen Vergleichszwecken Verwendung. Auf der Grundlage des lithostratigraphischen und tektonischen Kenntniszuwachses waren die auf dem Gelände der Altablagerung befindlichen Altbohrungen eingehend zu diskutieren und neu zu bewerten.

Die Lage der wichtigsten Altbohrungen und der im Ablauf der Standortuntersuchung geteuften Bohrungen zeigt die *Abb. 9.10*. Die wesentlichen Daten sind in *Tab. 9.1* zusammengefaßt.

Die Koordinaten der Altbohrungen wurden in der Regel den amtlichen Karten (TK25) entnommen, fehlende Höhenangaben in den archivierten Lageskizzen nach der „Deutschen Grundkarte“ mit einer Genauigkeit von ± 0,5 m ergänzt.

Tab. 9.1: Daten der wichtigsten Bohrungen im Untersuchungsgebiet

Abkürzung	Bohrung	Höhe NN (m)	Endteufe (m)
E 1	Eulenberg 1/91	313,89	40,0
E 2	Eulenberg 2/91	311,79	40,0
E 3	Eulenberg 3/91	307,74	40,0
E 4	Eulenberg 4/91	338,86	31,5
E 5	Eulenberg 5/92	292,57	36,0
E 6	Eulenberg 6/92	293,08	62,0
E 7	Eulenberg 7/92	297,05	60,0
E 8	Eulenberg 8/92	335,05	42,0
E 9	Eulenberg 9/92	306,64	81,5
E 10	Eulenberg 10/92	312,69	80,4
E 11	Eulenberg 11/92	364,15	80,7
E 12	Eulenberg 12/96	346,00	31,0
E 13	Eulenberg 13/96	336,00	25,0
G 1	Eulenberg Gas 1/91	339,41	15,0
G 2	Eulenberg Gas 2/91	329,73	12,5
A I	Hy Arnstadt I 1939	340,00	160,0
A II	Hy Arnstadt II 1939/40	320,00	109,5
N 4	Hy Arnstadt 4/85	283,50	35,0
N 5	Hy Arnstadt 5/85	280,00	44,0
N 6	Hy Arnstadt 6/85	284,00	21,0
N 8	Hy Arnstadt 8/85	286,50	21,0
N 9	Hy Arnstadt 9/85	284,00	17,0
N 10	Hy Arnstadt 10/85	277,50	21,0
N 12	Hy Arnstadt 12/85	289,00	42,0
N 13	Hy Arnstadt 13/85	281,00	44,0

Die älteste Bohrung stammt aus dem Jahr 1895. Auf eine Stagnation in den Kriegs- und unmittelbaren Nachkriegsjahren folgte eine Zunahme der Bohrtätigkeit bis in die 80er Jahre hinein. Allein 1972 wurden im SW von Arnstadt im Rahmen des Wohnungsbauprojektes "Auf der Setze" über 30 Baugrundbohrungen niedergebracht. Die seit 1990 scheinbar rückläufige Bohrtätigkeit ist der Tatsache geschuldet, daß Ergebnisse von Baugrund-, Altlasten- oder Wasserbohrungen wegen der Verteilung der Untersuchungsarbeiten auf eine Vielzahl von Ingenieurbüros nicht mehr vollständig Eingang in öffentlich zugängliche Archive finden.

Mehr als 75 % aller Bohrungen dienten der Baugrunduntersuchung und sind nur selten tiefer als 20 m. Aufschlüsse im Rahmen der Grundwassererkundung machen den größten Teil der 20 - 50 m tiefen Bohrungen aus. Die mit 825 m größte Teufe unter den auf Blatt Arnstadt ausgewerteten Altbohrungen weist die 1964 niedergebrachte Erdölerkundungsbohrung Ohrdruf 1 bei Gossel auf (*Abb. 8.1*).

Von sämtlichen erfaßten Altbohrungen sind Schichtenbeschreibungen vorhanden. Neben sehr detaillierten, mit stratigraphischen Angaben versehenen und von Geologen angefertigten Schichtenverzeichnissen stammt die

Mehrzahl der Unterlagen jedoch von Bohrmeistern. Dies wirkte sich besonders nachteilig bei der Interpretation der Bohrungen Arnstadt I/1939 und II/1939 aus.

Nur bei 55 Bohrungen lagen zuverlässige stratigraphische Angaben vor. Die Mehrzahl der übrigen Bohrungen ließ aber anhand sorgfältig geführter Schichtenbeschreibungen aus der Kenntnis der regionalen und lokalen Verhältnisse heraus ebenfalls eine stratigraphische Einstufung des Bohrprofils zu. Trotz oft unvollständiger oder zweifelhafter Angaben ist somit der Aussagewert von Altbohrungen nicht zu unterschätzen und kann in vielen Fällen als wertvolle Ergänzung des Datenbestandes herangezogen werden.

Die meisten der jüngeren Bohrprotokolle enthalten auch hydrogeologische Angaben. Aussagen zu Wasserständen sind bei 130 Bohrungen dokumentiert. Für 31 Bohrungen liegen Angaben über die maximalen Ergiebigkeiten vor, die von 0 bis 150 m^3/h schwanken. Ergiebigkeiten größer 100 m^3/h gehören dabei zu den Ausnahmen.

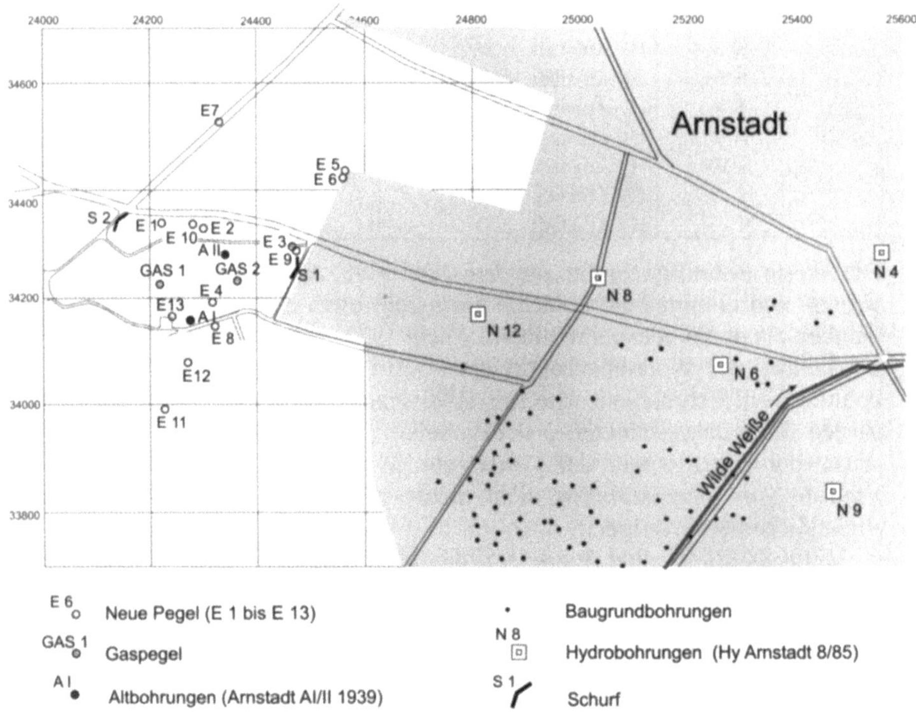

Abb. 9.10: Bohrpunktkarte

Diskussion der Altbohrung Arnstadt I/1939 (Eulenberg)

Als typisches Beispiel für eine wichtige, zunächst aber wegen der mageren Archivangaben vernachlässigten Bohrung kann die Altbohrung Arnstadt I/1939 gelten, die in den anfänglichen Untersuchungsstadien kaum Berücksichtigung fand. Dabei ist sie mit 160 m Teufe tiefer als die bei der Untersuchung des Untergrundes der Altablagerung niedergebrachten Bohrungen E1 bis E13. Die Bohrung ist von großer Bedeutung, da sie zwischen den 1992 abgeteuften Bohrungen E10 und E11 liegt. Der Grund für die Nichtbeachtung ist sicher in dem mangelhaften Zustand des Schichtenverzeichnisses zu suchen das nur die folgende grobe lithologische Beschreibung des Bohrmeisters enthält:

Schicht	Tiefe (m)	Bohrmeister-angaben	Schicht	Tiefe (m)	Bohrmeister-angaben
1	1,8	Lehm	10	95,0	"brauner Sandstein"
2	6,0	Kalkstein	11	103,0	"Muschelkalk"
3	10,5	Ton	12	107,5	"Letten"
4	22,0	„Letten“	13	109,3	"sandige Letten"
5	49,0	Kalkstein	14	112,5	Kalkstein
6	75,0	toniger Kalkstein	15	116,0	"Sandstein" m. Tonlagen
7	83,0	„Salmiak-Kalkstein“	16	149,5	Kalkstein
8	86,0	toniger Kalkstein	17	160,0	rote "Letten"
9	90,2	„Muschelkalk“			

Eine nachträgliche stratigraphische Zuordnung dieser groben lithologischen Angaben durch SCHUBERT (1990) zeigt folgendes Ergebnis:

1-2	Quartär	9-15	Unt. Keuper (?)
3-4	Unt. Keuper	16	Unt. Muschelkalk
5-8	Ob. Muschelkalk	17	Röt

Die Einstufung der Schichten 9 bis 15 bleibt darin unklar. Da es aber nach regionalen Kenntnissen im Buntsandstein und im Muschelkalk keine Folgen brauner Sandsteine in Wechsellagerung mit Kalksteinen gibt, bietet sich als Alternative für die Interpretation nur der lithostratigraphische Bestand des Keupers an. Augenfällig ist die Ähnlichkeit der Schichten 9 bis 15 mit dem in Bohrung E10 erbohrten Profil aus dem Abschnitt des Unteren Keupers. Sowohl die Gesamtmächtigkeit von ca. 25 m als auch das Auftreten von drei Sandsteinhorizonten stimmen überein. Ein Vorkommen von Unterem Keuper in einer Tiefe von 100 m u. GOK zwingt aber zur Annahme von N-S orientierten Bruchstörungen mit Sprunghöhen > 80 m zwischen der Altbohrung Arnstadt I/1939 und den östlich bzw. westlich benachbarten Bohrungen E10 und E11. Für solche Störungen gibt es jedoch in den seismischen Profilen keine Hinweise (s. Kap. 11.5). Auch die Feinstratigraphie des Unteren Keupers in der Bohrung E10 ist nicht auf die Schichten 13 bis 15 übertragbar. So könnte zwar 15 (Sandstein mit Tonlagen) als Sandstein S1 gedeutet werden, 13 als Sandstein Sx und 10 als Sandstein S2, aber es gibt keinen 8 m mächtigen Kalkstein (11) im Liegenden des Sandsteins S2. Dem Schichtenverzeichnis ist auch kein Hinweis auf die Existenz der Rotmergelzone zu entnehmen.

Geht man davon aus, daß 1 und 2 zum Quartär sowie 3 und 4 zum Unteren Keuper gehören und die Bohrung ab 5 im mo_c steht, was durch die nur wenige Meter entfernten Bohrungen E4 und Gas 1 bestätigt wird, und berücksichtigt man weiterhin die durch die Seismik nachgewiesenen flachen Lagerungsverhältnisse, so kann es sich bei den Schichten 10 bis 15 nur um Mittleren Muschelkalk handeln, der in der Bohrung E11 mit einer Mächtigkeit von ca. 25 m vollständig durchteuft wurde. Bei den drei vom Bohrmeister fälschlicherweise als Sandstein angesprochenen Gesteinseinheiten handelt es sich nach Meinung des Verfassers um die drei Dolomithorizonte im Mittleren Muschelkalk. Da diese Dolomite körnig und bräunlich sind, können sie mit feinkörnigem Sandstein verwechselt werden. Nach dieser Korrektur paßt sich die Schichtenfolge der Bohrung A I/1939 widerspruchsfrei in das Schichtenprofil (*Abb. 9.11*) ein.

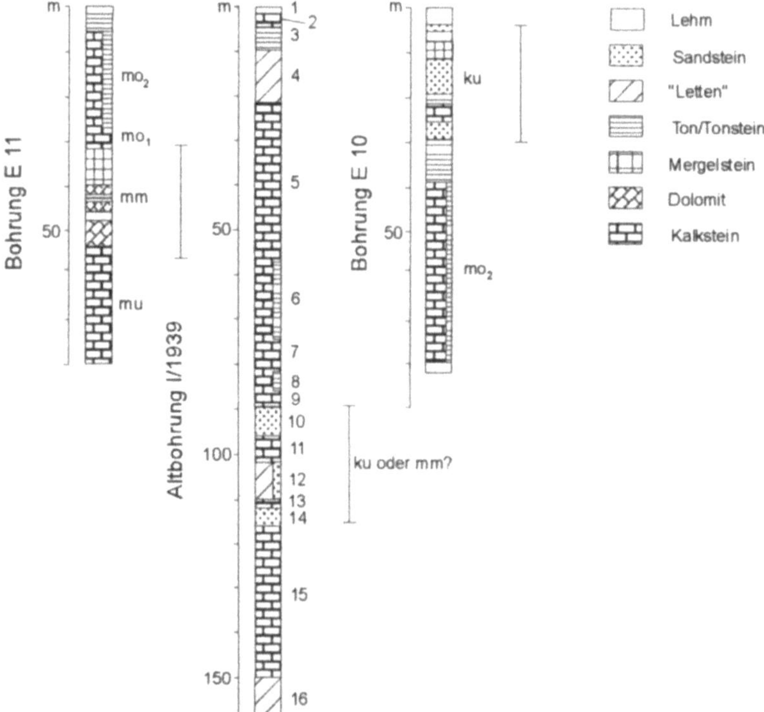

Abb. 9.11: Bohrprofile nach einer Neubewertung der Bohrung Arnstadt 1/1939 unter Berücksichtigung seismischer Ergebnisse

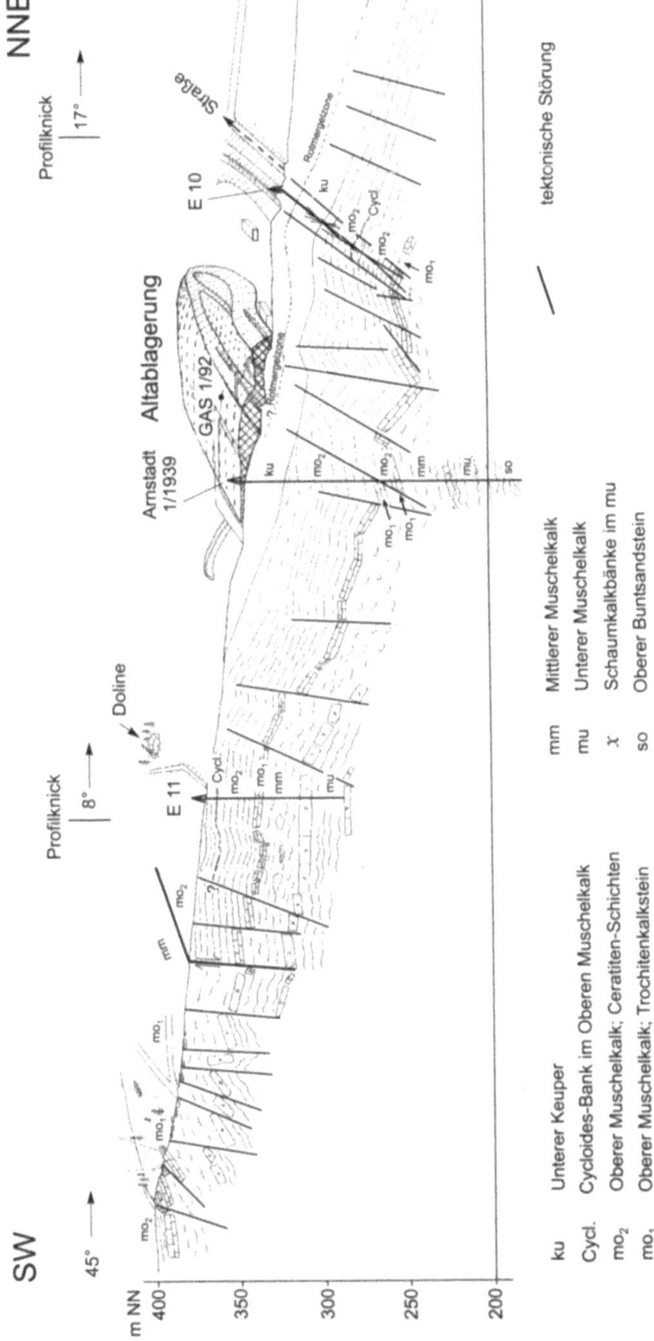

Abb. 9.12: Geologischer Schnitt nach einer Neubewertung der Bohrung A I unter Berücksichtigung seimischer Ergebnisse

9.7 Ergebnisse

9.7.1 Stratigraphische Einheiten im Arbeitsgebiet

Im weiteren Umfeld der Altablagerung streichen die Schichtfolgen des Muschelkalkes und des Keupers zutage aus. Die Schichten des Oberen Buntsandsteins (Röt) sind als Grundwasserstauer hydrogeologisch relevant. Oberflächig anstehender Röt (FAHLBUSCH, 1955) kann jedoch nicht bestätigt werden. Als älteste Gesteinseinheiten wurden in drei Tiefbohrungen Schichtglieder des Zechsteins erreicht, dessen evaporitführende Ablagerungen für tektonische Fragestellungen von Interesse sind. Ablagerungen der Kreide und des Jura sind regional weiträumig erodiert und treten im Arbeitsgebiet nicht auf. Den pleistozänen Deckschichten kommt eine wichtige hydrogeologische Bedeutung zu.

Zechstein

Das Gebiet um Arnstadt ist durch eine Randlage zum Zechsteinbecken gekennzeichnet. Aufschluß über die Schichten gibt die 825 m tiefe Bohrung Ohrdruf 1 bei Gossel (5 km südwestlich von Arnstadt,). Sie steht im Werrasteinsalz, durchteuft dieses jedoch nicht. Die Mächtigkeit des Werrasteinsalzes läßt sich unter Verwendung der Bohrungen Dörnfeld V und Wipfra 1 abschätzen (Lage der Bohrungen s. *Abb. 8.1*). Wegen der in diesen Bohrungen nachgewiesenen vergleichsweise geringen Evaporitmächtigkeiten sind die Voraussetzungen für eine Halokinese[8] nicht gegeben, jedoch sind halotektonische Salzaufpressungen[9] im Gefolge der saxonischen Bruchtektonik möglich.

Oberer Buntsandstein (Röt)

Im Bereich der Wilden Weiße ca. 200 m südlich des Wasserwerkes Schönbrunn liegt die Rötoberfläche höchstens 10 bis 20 m unter der Geländeoberfläche. Der Röt bildet aufgrund seiner tonig-mergeligen Ausbildung den Liegendstauer für die Karstgrundwässer des hangenden Unteren Muschelkalkes. Die Hydrodynamik im Unteren Muschelkalk hängt somit wesentlich von der Morphologie der Rötoberfläche ab. Depressionen im Ausbißbereich dieses markanten Quellhorizontes fallen häufig durch Quellenaustritte auf. Im

---

[8] Salzbewegung als Folge des Dichteunterschiedes zwischen Salz und Deckgebirgsgesteinen und des Unterschiedes im hydrostatischen Druck zwischen benachbarten Teilen des Salzlagers. Durch Halokinese entstehen z. B. Salzkissen und Salzabwanderungszonen.

[9] Salzbewegung infolge tektonischer Impulse.

Bereich der Mergellagen sowie in der basalen Gipsfolge ist Kluftwasserführung möglich.

Der von ZIMMERMANN (1924) beschriebene störungsgebundene Rötausstrich: „Außerdem ist Röt noch am Pfennigsberg in zwei sehr kurzen und schmalen Streifen entlang von Verwerfungen an die Erdoberfläche gekommen", der auch in der Arbeit von FAHLBUSCH (1955) erwähnt wird, konnte durch die Neukartierung nicht bestätigt werden. Bei den nördlich des Pfennigsberges durch die ehemalige „Panzerstraße" aufgeschlossenen roten Tonsteine handelt es sich nach Meinung des Verfassers um Keupersedimente. Der in der Karte von ZIMMERMANN dargestellte Rötstreifen westlich des Pfennigsberges konnte aufgrund fehlender Aufschlüsse weder bestätigt noch widerlegt werden. Aufgrund von Mächtigkeitsabschätzungen des Unteren Muschelkalkes besteht aber die Möglichkeit, daß hier tatsächlich Röt vorhanden ist, jedoch nicht als Aufpressung, sondern im normal südlich fallenden Schichtverband als Basis des Unteren Muschelkalkes.

Muschelkalk

Der größte Teil des Arbeitsgebietes ist von Muschelkalk bedeckt. An den Steilhängen im Jonastal treten die Leitbänke des Unteren Muschelkalkes (mu) deutlich hervor. Der Mittlere Muschelkalk (mm) bildet die landwirtschaftlich genutzten Hochflächen oberhalb des Jonastals. Vom Oberen Muschelkalk (mo) bildet nur der liegende Trochitenkalk (moT) Steilstufen im Gelände, an denen die Ebenen des mm gegen die Hochflächen der Ceratitenschichten (moC) absetzen.

Der moT bildet steinige Böden, die für eine landwirtschaftliche Nutzung ungeeignet sind und nur teilweise als Weideland bewirtschaftet werden. Im Gelände ist der Ausstrich des moT meist durch Lesesteinhaufen, Buschreihen oder schmale Waldstreifen erkennbar. Die Flächen des moC werden im Arbeitsgebiet teils landwirtschaftlich, teils forstwirtschaftlich genutzt.

Unterer Muschelkalk

Der mu liegt in seiner für das Thüringer Becken typischen Ausbildung als Abfolge mehrerer Wellenkalkpakete vor. Er wird untergliedert durch eingeschaltete, horizontbeständige dichte Kalkbänke, die als Leitbänke dienen. Besonders diese Werksteinbänke bilden einen sehr ergiebigen Kluftgrundwasserleiter. Kalkverkarstung im Bereich von Störungs- und ausgeprägten Kluftzonen führt zu höheren Durchlässigkeiten. Versickerndes Regenwasser wird hier schnell in die Tiefe abgeführt und ist wenig geschützt. An der Basis wirkt der Röt als Liegendstauer. Im Kartierungsgebiet konnten sämtliche Leitbänke identifiziert werden.

Eine Oolithbank (muO) ist etwa 200 m südlich des Wasserwerkes Schönbrunn aufgeschlossen. Es ist nicht sicher, ob es sich hier um die Oolithbank α oder β handelt. Die Zone der Terebratelbänke (muT), die den Mittleren (muWM) vom Oberen Wellenkalk (muWO) trennt, konnte gut auskartiert werden. Besonders fossilreich ist die Ausbildung auf dem Pfennigsberg. In der Bohrung E11 beträgt die Mächtigkeit des muWO 19 m.

Die im Hangenden des Oberen Wellenkalkes ausgebildete Schaumkalkzone zeigt lateral eine große petrofazielle Variabilität. Durch lokal hohe Trochitenführung besteht eine Verwechslungsmöglichkeit mit dem Trochitenkalk. In der typischen feinporösen Ausbildung, ist der Schaumkalk jedoch leicht zu identifizieren. In der Bohrung E11 besitzt die Schaumkalkzone (muS) eine Mächtigkeit von 6 m.

Schwierig ist die Unterscheidung zwischen der Terebratelbank und der Schaumkalkbank in den stark gestörten Bereichen nordwestlich des Pfennigsberges (*Abb. 9.13*). Da auch die Terebratelbank teilweise eine oolithische Ausbildung aufweist, konnte die sichere Zuordnung nur im Bereich größerer Aufschlüsse mit überschaubaren Lagerungsverhältnissen unter vergleichender Betrachtung der hangenden und liegenden Schichten getroffen werden.

Abb. 9.13: Aufschluß der Terebratelbankzone (mu) an der S-Kurve der Straße Arnstadt-Bittstädt. Das Material ist stellenweise grob oolithischer Kalkstein, stark limonitisch. SE-NW-streichende Klüfte zeichnen sich durch einen bis zu 0,5 cm starken Calzitbelag aus. Aufnahme SCHMIDT, J. 1993

Mittlerer Muschelkalk

Der Mittlere Muschelkalk mm weist, bedingt durch die teilweise bis vollständig subrodierten Salinaranteile, eine stark wechselnde Mächtigkeit auf. In der Bohrung E11 beträgt sie 23 m. Im Gelände ist der mm gebietsweise bis auf 10 m reduziert. Die vollständig ausgelaugte sulfatfreie Ausbildung besteht aus einer Folge von fahlgelben Dolomiten, dolomitischen Mergeln und Kalken mit Hornsteinlagen. Steinsalz konnte in der Bohrung E11 nicht nachgewiesen werden. Gipse sind bei fehlender Bedeckung im Bereich der Verwitterungszone meist ausgelaugt. Starke Verkarstung durch Gipsauslaugung im Raum Arnstadt führt in Karsthohlräumen mitunter zu einer bedeutenden Wasserführung. Liegen die Kalke bereits als Zellenkalke vor, kommt ihnen für die Grundwasserführung entscheidende Bedeutung zu. Im Bereich der Störungszone fungiert der mm als kombinierter Kluft- und Karstgrundwasserleiter. Bei intakter Ausbildung wirkt er grundwasserstauend. Der mm weist eine Vielzahl an Karsthohlräumen auf, die in Bereichen geringmächtiger mo-Überdeckung auch noch in heutiger Zeit zu Tagesbrüchen (Dolinen[10]) führen.

Oberer Muschelkalk

In der Bohrung E11 ist moT mit 4 m relativ geringmächtig. Als Besonderheit treten lagenweise sowohl in der Bohrung E11 als auch in den Aufschlüssen an der „Panzerstraße“ hohe Glaukonitgehalte auf. Eine etwa 20 cm mächtige Schicht erscheint direkt grün. Der Gehalt an den namensgebenden Trochiten schwankt stark und ist im Vergleich zu anderen Aufschlüssen Thüringens gering.

Im moC ist nur die 20 bis 30 cm mächtige Cycloidesbank im Gelände eindeutig kartierbar. Sie besteht fast ausschließlich aus Brachiopodenschill. In den Bohrungen E10 und E11 konnte sie ebenfalls ausgehalten werden. Die Glaukonitkalkbank (moCG) und die Spiriferinabank konnten in diesen Bohrungen nicht nachgewiesen werden. Die Glaukonitbank ist im Arnstädter Gebiet offensichtlich nicht in ihrer typischen Form ausgebildet. Auch die für die Spiriferinabank typische *Spiriferina fragilis* konnte im Gelände nicht gefunden werden. Beide Bänke werden auch in der Literatur weder bei ZIMMERMANN (1924) noch bei FAHLBUSCH (1955) erwähnt.

Die Schichten des moC besitzen, auch im Bereich der Verwitterungszone, durch ihren hohen Anteil an Tonstein einen wesentlich niedrigeren k_f-Wert als die Schichten des Unteren Muschelkalkes. In Störungszonen können die Tonsteine abdichtende Wirkung besitzen. Der Trochitenkalk (moT) ist ein Kluftwasserleiter.

---

[10] Dolinen sind trichterförmige Vertiefungen, die hier durch die chemische Verwitterung von Kalkstein entstanden sind. Sie stellen bevorzugte Versickerungsbereiche für Niederschlagswasser dar, das in unterirdischen Karsthohlräumen abgeführt wird und weitere Lösungsprozesse verursacht.

Von besonderem Interesse für die geophysikalische Erkundung ist, daß die Oberfläche des mo, die Grenze mu/mm und die Basis des mu seismisch erfaßbare regionale Grenzflächen darstellen, die in den reflexionsseismischen Zeitschnitten als typisches Mehrphasenband in Erscheinung treten (s. Kap. 11.5.3).

Keuper

Im Nordteil des Untersuchungsgebietes ist überwiegend Unterer Keuper verbreitet. Er tritt in geringer Mächtigkeit an den unverritzten Sohlbereichen der Altablagerung und deren unmittelbarer Umgebung auf. In Richtung der Wachsenburgmulde nimmt die Mächtigkeit zu, um dann von der Muldenachse aus nach Norden wieder abzunehmen. Teile der Sedimentfolge des Mittleren Keupers (Unterer Gipsmergel) sind erst nördlich der Straße Arnstadt-Holzhausen im Wachsenburggraben, bruchtektonisch bedingt, erhalten geblieben. In der Bohrung E7 wurden unter 7 m Quartär 31 m Mittlerer Keuper nachgewiesen.

Unterer Keuper

FAHLBUSCH (1955) untergliederte den Unteren Keuper im Raum Arnstadt in ku „a", ku „b" und ku „c". Im Ergebnis der Kartierung und Bohrungsauswertung ist festzustellen, daß man die Feinstratigraphie des ku für das Thüringer Becken nach G. RICHTER (1936) und J. DOCKTER (1974) auch auf das Gebiet von Arnstadt sehr gut anwenden kann.

Der ku beginnt mit dem etwa 3 m mächtigen Sandstein S1, ein grauer Fein- bis Mittelsandstein, teilweise mit dolomitischem Bindemittel und dunkelgrauen Schluffsteinlagen bis 5 mm. Das Gefüge ist flasrig bis wolkig und stark bioturbat ausgebildet. In den Kernen der Bohrung E10 sind Grabgänge bis 25 cm Länge erkennbar. Die Mittelsandsteinbereiche zeichnen sich durch deutliche Schrägschichtung aus. Unmittelbar über dem Sandstein S1, nur durch ca. 0,8 m sandstreifigen Schluffstein getrennt, folgt ein 0,4 m mächtiger dolomitischer Schillkalk (Kalkbank α), der zusammen mit den hangenden, etwa 5 m mächtigen, dolomitisch bis schwach karbonatisch zementierten Schluffsteinen in die Zone des Guthmannshäuser Kalkes zu stellen ist. Damit bestätigt sich auch die Annahme FAHLBUSCH'S, daß diese Zone nicht als synchroner stratigraphischer Horizont aufzufassen ist, da sie in anderen Profilen erst im Hangenden der Dunklen Tonsteine auftritt. Auch in der Zone des Guthmannshäuser Kalkes ist eine starke Bioturbation erkennbar.

Im Hangenden folgen mit ca. 2 m Mächtigkeit die Dunklen Tonsteine mit sehr gut erhaltenen Fossilien. Inkohlte, kaum destruierte Pflanzenreste bis

8 cm Länge sind auf vielen Schichtflächen zu finden. In der Bohrung E10 fallen mit bloßem Auge bis 3 mm große, hell schillernde Conchostracen[11] auf. Die Mächtigkeit des als „Sandstein Sx" bezeichneten Sandsteinhorizontes beträgt in der Bohrung E10 etwa 10 m. Darüber folgt ein ca. 0,2 m mächtiges Lettenkohlenflöz. Über diesem "Kohleflöz" setzt ein lebhafter Farbwechsel von dunklen grauen Farben zu kräftigen grünen und roten Farbtönen ein. Hier beginnt der in der Bohrung 3 m mächtige Bereich der Rotmergelzone - eine Wechsellagerung von grauroten bis graugrünen Schluffsteinen mit glimmerreichen Feinsandsteinen. Im Gegensatz zu RICHTER'S Meinung (1936): „Ganz zu fehlen scheinen die Rotmergel im Gebiet Gotha-Arnstadt-Stadtilm", zeigt die Bohrung E10, daß gerade im Gebiet von Arnstadt die Rotmergelzone typisch ausgebildet ist (*Abb. 9.14*). Im Hangenden setzt sich die Schichtenfolge mit der etwas über 2 m mächtigen Zone des Dolomits D fort.

Der Sandstein S2 ist in der Bohrung E10 nicht mehr vollständig erhalten. Es handelt sich um braune bis graugrünliche, von tonig schluffigen Lagen durchsetzte Feinsandsteine, die diskordant von jüngeren Bildungen (Lößlehm) überlagert werden.

Die hangenden Lichten Mergel wurden im Schurf 1 und in der Bohrung E9 angetroffen. In die tonig schluffigen Mergelsteine sind dolomitische Kalksteinlagen eingeschaltet. Der eigentliche Grenzdolomit, welcher die Schichtenfolge des Unteren Keupers abschließt, tritt erst nördlich der Straße Arnstadt-Holzhausen im Lesesteinbestand auf. In der Bohrung E7 wurde er bei 38 m Teufe aufgeschlossen.

Der im Arbeitsgebiet ca. 40 m mächtige Untere Keuper ist aus hydrogeologischer Sicht durch einen häufigen Wechsel grundwasserleitender und -stauender Schichten gekennzeichnet. Eine Grundwasserführung begrenzter Ergiebigkeit tritt im Bereich der Sandstein- und Dolomitbänke (Kluftgrundwasserleiter) auf.

Mittlerer Keuper

Im Zentrum der Wachsenburgmulde, nördlich der Straße Arnstadt - Holzhausen, werden die Schichten des Unteren Keupers von der basalen Abfolge des Mittleren Keupers (km) überlagert, die infolge der störungsbedingten Einmuldung erhalten ist. Es handelt sich um vorwiegend rotbraune bis rote, abschnittsweise auch graugrüne Ton-Schluff-Mergelsteine des Unteren Gipskeupers (kmGU), die dm-mächtige, bankförmige Einlagerungen harter, stark schluffiger Dolomite („Steinmergelbänke") enthalten. Nach den Bohrergebnissen im nördlichen Vorland der Deponie Eulenberg ist der Mittlere Keuper hier über 60 m mächtig. Regional kennzeichnend sind bereichsweise häufigere Gipseinlagerungen in Form von cm-mächtigen Lagen bis dm-mächtigen Bänken in intensivem Wechsel mit Ton-Schluff-Mergelsteinlagen. An der Basis

[11] Kleine Krebse mit muschelartiger, zweiklappiger Schale. Seit dem Devon bekannte Fossilien.

des Mittleren Keupers können lokal mächtigere Gipsabscheidungen den sogenannten Grundgips bilden. In der erbohrten Schichtenfolge sind Gipslagen und -knollen nur im tieferen Teil in Resten erhalten. Überwiegend ist der Gipsanteil unter Auflockerung und teilweiser Replastifizierung des Schichtverbandes und der Bildung von Auslaugungsbrekzien bereits der Subrosion zum Opfer gefallen.

Jüngere Bildungen

Ablagerungen der Kreide und des Jura sind im Untersuchungsgebiet nicht mehr vorhanden. Erwähnenswerte quartäre weichselglaziale und jüngere Bildungen sind die teilweise mehrere Meter mächtigen Löß- und Gehängelehme, die meist reichlich Hangschutt enthalten.

Eine Bedeutung für die Grundwasserführung kommt lediglich den Mittel- und Niederterrassenschottern (Saale- und Weichselglazial) der Gera zu, die jedoch erst östlich und nordöstlich des engeren Bereiches der Altablagerung im Tal der Gera einsetzen. Die pleistozäne Gera hat hier nach Eintritt in die vorherrschend tonigen Sedimente des Keupers den Talabschnitt nördlich Arnstadt breit mäandrierend aufgeschottert.

Abb. 9.14: Rotmergelzone und Lettenkohlenflöz des Unteren Keupers in der Bohrung E10 (Kern von 7 - 15 m)

9.7.2 Normalprofil

Aus der Vielzahl der ausgewerteten Alt- und Neubohrungen, der feinstratigraphischen Aufnahme der Bohrungen E10 und E11 sowie den Ergebnissen der Kartierung ergibt sich für den Raum Arnstadt folgendes Normalprofil:

Tab. 9.2: Normalprofil Arnstadt

Stratigraphische Einheit	Symbol[12]	Mächtigkeit [m]
Mittlerer Keuper	km	> 27
Unterer Keuper	ku	40 - 45
Oberer Muschelkalk	mo	55 - 65
Ceratitenschichten	moC	50 - 60
Trochitenkalk	moT	4 - 7
Mittlerer Muschelkalk (mm)	mm	25 - 55 tw. nur 10
Unterer Muschelkalk (mu)	mu	100 - 105
Schaumkalkzone (muS)	muS	6 - 7
Oberer Wellenkalk (muWO)	muWO	18 - 22
Terebratulazone (muT)	muT	4 - 5
Unterer/Mittlerer Wellenkalk	muWU/muWM	60
Oberer Buntsandstein	so	130
Myophorienfolge	soM	17 - 24
Röt		110
(davon Steinsalz)	(soSANA)	(10)
Mittlerer Buntsandstein	sm	190
Unterer Buntsandstein	su	310
Zechstein	z	
Aller-Folge bis N.N.-Folge	z4 - z8	12
Leine-Folge	z3	25
(davon Steinsalz)	(z3Na)	(< 2)
Staßfurt-Folge	z2	42
(davon Steinsalz)	(z2Na)	(< 5)
Werra-Folge	z1	160 ?
(davon Steinsalz)	(z1Na)	(< 150)

9.7.3 Tektonik

Die lokalen und regionalen hydrogeologischen Verhältnisse werden im Untersuchungsgebiet vorrangig vom Kluftnetz, den Störungssystemen und der Geometrie der Schichtflächen kontrolliert. Zur Beschreibung des Gebirgsbaus und des Störungsmusters wurden die bei der Kartierung aufgenommenen Schicht- und Trennflächen (Klüfte, Störungen) einer statistischen Auswertung unterzogen. Dafür existieren unterschiedliche Möglichkeiten. Häufig stellt

[12] Nach Symbolschlüssel Stratigraphische Skala von Thüringen, KÄSTNER et al. (1996).

man nur die in Aufschlüssen gemessenen Streichrichtungen in sog. Richtungsrosen dar. Mit der hier erfolgten stereographischen Darstellung im SCHMIDT'schen Netz - einer flächentreuen Lagekugel-Projektion - ist es möglich, auch die Streich- und Einfallsrichtung der Schicht- und Trennflächen zu berücksichtigen, die als Durchstoßpunkte ihrer Flächennormalen durch die Projektion der unteren Halbkugel abgebildet werden.

Schichtung

Die generelle Streichrichtung der Schichtung ist herzynisch. Der Grad der Verfaltung bzw. Schrägstellung ist von der Entfernung zur Störungszone abhängig. Im unmittelbaren Störungsbereich ist überwiegend steile, oft auch überkippte Schichtung anzutreffen. Die Kalkbänke des Unteren Muschelkalkes sind besonders intensiv verfaltet (*Abb. 9.13*). In etwa 300 m Entfernung von der Störungszone herrschen bereits ruhigere Lagerungsverhältnisse vor. Die Fallwinkel der Schichtung liegen hier zwischen 1° und 15°. Auffallend ist, daß an herzynisch streichenden Erosionsrinnen und in Spezialgräben, die parallel zu Einzelrupturen angelegt sind, die Schichtung stets ein vom Graben weggerichtetes Einfallen zeigt: Schichten nördlich des Grabens fallen nach NNE und südlich desselben nach SSW. Dieses Phänomen ist auch im Kleinen deutlich zu beobachten, so z. B. im Jonastal, wo einige Meter westlich des Ortsausgangsschildes von Arnstadt im Bachbett der Wilden Weiße eine herzynisch streichende Störung aufgeschlossen ist.

Im Isoliniendiagramm der stereographischen Darstellung, in dem insgesamt 458 Schichtflächen aus dem gesamten Arbeitsgebiet dargestellt sind, erkennt man das überwiegend herzynische Streichen. Nur ein geringer Teil der Messungen zeigt ein Einfallen nach SE bzw. NW und belegt damit untergeordnet erzgebirgisches Streichen (*Abb. 9.15*).

Erzgebirgisches Schichtstreichen ist allerdings nur auf Aufschlüsse im Bereich des „Kleinen Pfennigsberges", der vermutlich eine Aufpressung innerhalb einer erzgebirgischen Querstörungszone darstellt, beschränkt. Die Schichtflächen dieser Aufschlüsse wurden von den übrigen getrennt betrachtet (*Abb. 9.15c*). Das Gebiet um den „Kleinen Pfennigsberg" weicht durch dominierendes NE-Streichen der Schichtung stark vom generellen Bild im Arbeitsgebiet ab. Auch das herzynische Schichtstreichen läßt sich noch weiter in SE-Streichen und SSE-Streichen auflösen. Besonders im Verlauf des Trochitenkalkausstriches (im Westteil des Untersuchungsgebietes) ist der Wechsel zwischen länger aushaltenden Bereichen mit SE gerichtetem und kürzeren Bereichen mit SSE gerichtetem Streichen zu erkennen. Die Ursache dieser Schichtverstellung ist in dem periodisch auftretenden dextralen[13] Versatz der Hauptstörungszone zu suchen.

[13] Dextral (lat. rechtshändig): Rechtslaterale Bewegungen an einer Störung, durch horizontale Spannungskomponenten bedingt.

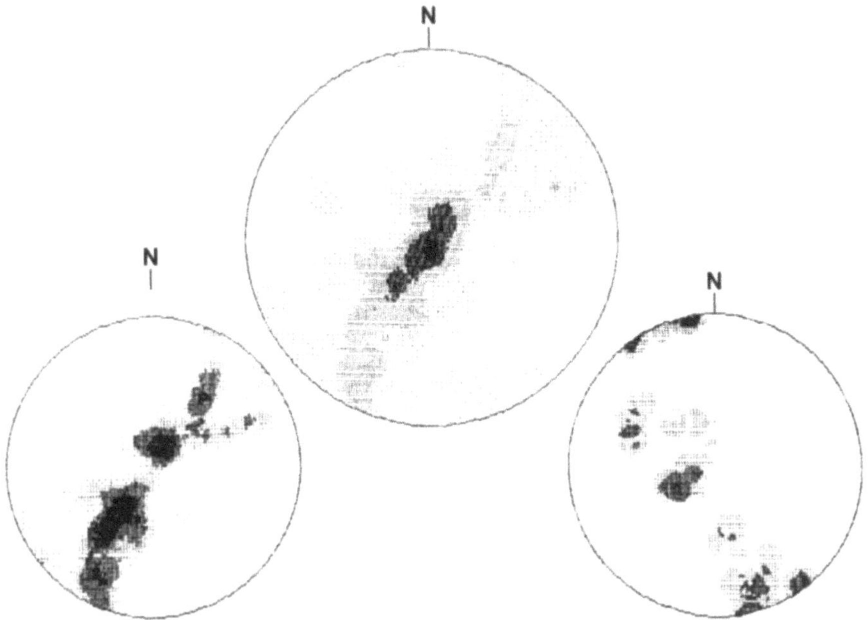

Abb. 9.15: Stereographische Darstellung der Schichtflächen im SCHMIDT'schen Netz
a: oben: Darstellung aller im Arbeitsgebiet aufgenommenen Schichtflächen.
b: unten links: Schichtflächen im unmittelbaren Einflußbereich der Eichenberg - Gotha - Saalfelder Störungszone (bis 200 m Entfernung).
c: unten rechts: wie b, aber beschränkt auf einen Bereich erzgebirgischer Querstörungen am „Kleinen Pfennigsberg"

Nach Ausgliederung der sich in unmittelbarer Nähe der erzgebirgisch streichenden Querstörungen befindenden Aufschlüsse weist die stereographische Projektion (*Abb. 9.15b*) fast nur noch herzynisch streichende Schichten auf. Dies gilt aber nur für intensiver in das Bruchgeschehen einbezogene Bereiche mit einem Einfallen von > 20°. In den Gebieten mit flach einfallenden Flächen treten durchaus noch NNE bis ENE streichende Lagen auf. Diese sind z. B. in den Aufschlüssen am südlichen Ende des Rotehüttenweges, also einige hundert Meter von der Hauptstörungszone entfernt, zu beobachten.

Klüftung

Im Untersuchungsgebiet treten zwei vorherrschende Kluftrichtungen auf: die herzynische Richtung (NW-SE) und die überwiegende erzgebirgische Querklüftung (NE-SW). Die Maxima der erzgebirgisch streichenden Klüfte zeigen im Streichen eine wesentlich geringere Streuung als die der herzynisch streichenden Klüfte (*Abb. 9.16a*). Während die SW-NE gerichtete Hauptspannung offensichtlich an wenigen NW-SE streichenden Einzelstörungen mit großen Versatzbeträgen abgebaut worden ist, verursachte die NW-SE gerichtete Nebenspannung die Bildung zahlreicher und engscharriger NE-SW streichender Einzelklüfte.

Neben den beiden Hauptkluftrichtungen treten weitere, in der Regel bankrechte Klüfte auf. Die vergleichsweise geringe Zahl flacher, spitzwinklig oder parallel zur Schichtung verlaufender Klüfte ist meist von Harnischen und zugehörigen Striemungen bedeckt, was auf die Einbeziehung dieser Flächen in die Störungskinematik hinweist. Vermutlich sind auf diesen Elementen aus dem Versatz und der Verstellung der Schichten resultierende Ausgleichsbewegungen abgelaufen. Analog zur Schichtung kann beim Gefügeinventar der Klüftung ein störungsnaher und ein störungsferner Bereich unterschieden werden (*Abb. 9.16b* und *c*).

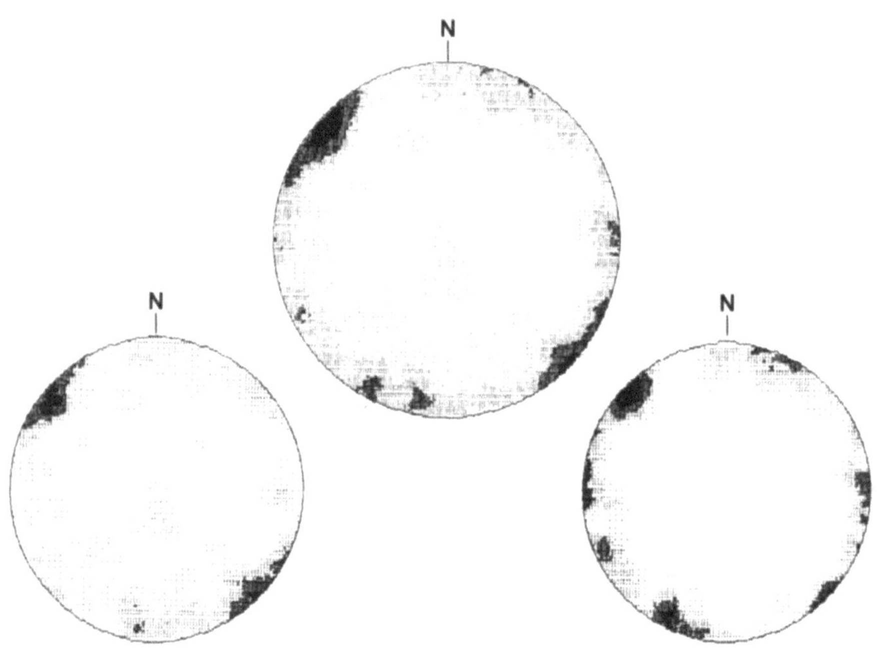

Abb. 9.16: Darstellung der Ergebnisse der Kluftaufnahme im SCHMIDT'schen Netz

a: oben: Klüftung im Arbeitsgebiet (Zahl aufgenommener Klüfte n = 542)

b: unten links: Klüftung in unmittelbarer Nähe der Eichenberg-Gotha-Saalfelder Störungszone (bis ca. 200 m Entfernung)

c: unten rechts: Klüftung im störungsfernen Bereich (> 200 m Entfernung)

Störungen

Störungen sind Trennflächen im Gebirge, an denen ein vertikaler, schräger oder horizontaler Versatz der beiden angrenzenden Schollen stattgefunden hat. Im Gegensatz zu den Klüften überwiegt bei den Störungen im Untersuchungsgebiet eindeutig die herzynische Richtung. Meist handelt es sich um synthetische Abschiebungen. Häufig ist im Aufschluß eine spätere Überpressung der Abschiebung mit teilweiser Kompensation der Abschiebungsbeträge erkennbar (*Abb. 9.1* und *Abb. 9.7*).

Während die herzynischen Störungen meist über 10 m breite Störungszonen mit Schichtverstellungen im m-Bereich darstellen, zeichnen sich die erzgebirgisch bis rheinisch streichenden Querstörungen durch einen glatten Verlauf mit nur geringfügiger vertikaler Verstellung der angrenzenden Schollen aus. Häufig sind an die Querstörungen Erosionsrinnen gebunden. Als Beispiel sei hier der Rotehüttenweg genannt. Die in den *Abb. 11.34* bis *11.41* gezeigten reflexionsseismischen Profile und Karten vermitteln einen Eindruck von der Architektur des Störungsmusters und der lokal wechselnden Dominanz einzelner Störungsrichtungen.

Lineare Elemente

Neben Schicht- und Kluftflächen wurden an einigen Punkten (max. 32) auch lineare Gefügeelemente aufgenommen. Lineare Elemente wie Faltenachsen, Harnische, Mikrokarren und Runzelung treten sowohl auf Schichtflächen („Schichtflächenharnische“) als auch auf Klüften auf. Ihre Darstellung muß immer unter Berücksichtigung der Lage der Fläche, auf der das Linear gemessen wurde, erfolgen. Die *Abb. 9.17* zeigt Lineationen auf Harnischflächen im SCHMIDT'schen Netz, die wie die Schichtung (*Abb. 9.15*) die NW - SE- Hauptstörungsrichtung erkennen lassen.

Tektonische Verhältnisse im Untergrund der Altablagerung

Nach den Ergebnissen der gemeinsamen Auswertung von Luftbildern (Kap. 10) und seismischen Resultaten sowie einer Extrapolation der im Umfeld auszuhaltenden tektonischen Situation in den durch den Abfallkörper bedeckten Bereich werden die Verhältnisse unter der Altablagerung durch ein Mosaik kompliziert gegeneinander verstellter Kleinschollen bestimmt. Begrenzt werden diese leistenförmigen Schollen von steilen NW-SE streichenden Störungen und NE-SW streichenden Querstörungen. Die unmittelbar südlich der Straße Holzhausen-Arnstadt am Deponiefuß durch die Reflexionsseismik nachgewiesene herzynische Störung stellt dabei nur eines von mehreren Begleitelementen der südwestlichen Störungsschar der Saalfeld-Arnstadt-Gotha- Eichenberger Störungszone dar (*Abb. 9.7*). Besonders gut kann man das durch herzynische Störungen kontrollierte Kleinschollenmosaik in den reflexionsseismischen Profilen an den Lagerungsstörungen des als Reflektor seismisch gut faßbaren Trochitenkalkes erkennen (*Abb. 11.34 - 11.41*).

Während südlich der Bohrung E11 meist synthetische Aufschiebungen (Südscholle auf/über die Nordscholle) auftreten, sind im unmittelbaren Deponieuntergrund auch antithetische Abschiebungen erkennbar. Insgesamt überwiegen aber eindeutig die auf eine antiherzynische Einengung in SW-NE Richtung zurückzuführenden Aufschiebungen.

Bedingt durch das generelle Schichteinfallen nach NNE befinden sich im NE-Teil der Altablagerung noch ca. 30 m Unterer Keuper im Liegenden des Abfallkörpers. Im Süden ist dagegen nur noch eine geringmächtige Keuperschuttdecke verbreitet, die durch den Steinbruchbetrieb abgetragen wurde. Im Bereich der größten Mächtigkeit des Abfallkörpers (> 25 m), liegt der Abfall direkt auf dem Oberen Muschelkalk (mo). Der im intakten Zustand relativ wasserundurchlässige mo ist jedoch hier stark gestört, so daß er nicht als Stauhorizont angesehen werden kann. In den Kalksteinbänken des mo treten Klüfte mit einer offenen Weite > 1 cm auf (Bohrung E10).

Der Mittlere Muschelkalk (mm) ist stark verkarstet. Aufgrund der in Bohrung E11 angetroffenen Verhältnisse (Gestängenachfall) und der in der Luftbildauswertung 200 m südwestlich der Altablagerung nachgewiesenen Dolinenbildung (*Abb. 10.5*) muß auch unter der Altablagerung mit größeren Karsthohlräumen im mm gerechnet werden.

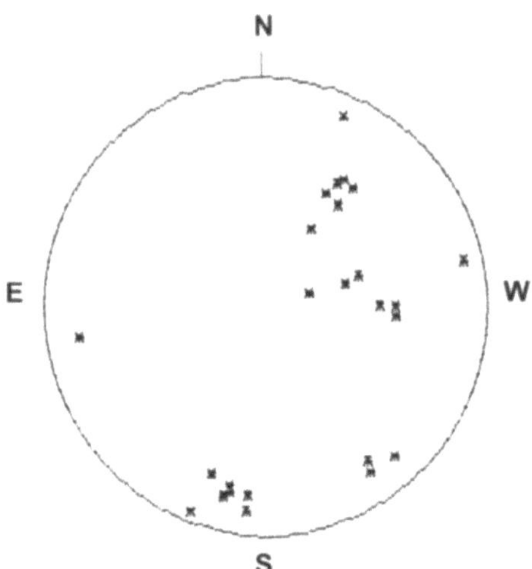

Abb. 9.17: Lineation auf Harnischflächen. Die Lineare zeigen die NW- SE - Richtung als Hauptbeanspruchungsrichtung saxonischer Tektonik.

9.7.4 Hydrogeologische Verhältnisse

Angaben zu den hydrogeologischen Eigenschaften der im Untersuchungsgebiet verbreiteten stratigraphischen Einheiten sind im Kap. 9.7.1 zu finden. Abgesehen von geringmächtigen grundwasserführenden Quartärablagerungen, die erst im nördlichen Vorland des Eulenberges an Bedeutung gewinnen, sind im Untergrund der Altablagerung die stratigraphischen Einheiten des Muschelkalk und des Keuper für die Grundwasserführung bedeutsam, die über lokale Störungssysteme und Karsthohlräume in komplizierter Weise miteinander kommunizieren. Die Basis dieses grundwasserführenden Systems wird von den vergleichsweise undurchlässigen Tonsteinen des Oberen Buntsandstein (Röt) gebildet.

Im Unteren Muschelkalk sind besonders die Kalksteine der Oolith-, Terebratula- und Schaumkalkzone als grundwasserleitende Horizonte wirksam, die einen ergiebigen Kluftgrundwasserleiter bilden. Der Mittlere Muschelkalk ist im Bereich der Störungszone aufgrund der hier vorkommenden, z. T. stark ausgelaugten Gipse, Dolomite und Kalksteine als ausgesprochener Karstgrundwasserleiter ausgebildet. Mit der Bohrung E11 konnten Karsthohlräume von mehr als 1 m Breite nachgewiesen werden. Als grundwasserführender Horizont im Oberen Muschelkalk ist im Thüringer Becken der Trochitenkalk (moT) ausgebildet, der auch am Eulenberg als gut durchlässiges Schichtglied auftritt. Der Untere Keuper besteht aus geringdurchlässigen Ton- und Schluffsteinen, in die jedoch lokal Sandstein-, Kalkstein- und Dolomitbänke mit guter Wasserdurchlässigkeit eingeschaltet sind.

Der Anschnitt von Klüften und kleinen Störungen auf Schichtflächen in den Aufschlüssen ist häufig durch Mikrokarren gekennzeichnet, die eine zeitweise Wasserzirkulation anzeigen. Das sind sichere Hinweise darauf, daß auf Kluftzonen entlang von Störungen besonders günstige Bedingungen für die Verkarstung bestehen. Dabei ergeben die mit Dehnungseffekten einhergehenden Abschiebungen durchlässigere Zonen als die zu Aufschiebungen ausgestalteten Abschnitte, die weniger stark hydraulisch wirksam sind.

Die Grundwasseroberfläche bildet im Bereich der Altablagerung keine stetig ausgebildete Potentialfläche. Sie zeigt sich morphologisch gegliedert, teilweise gespannt und von Störungs- und Dichtkluftzonen stark modifiziert. Der Grundwasserspiegel kulminiert im Abfallkörper (Bohrung E4) und fällt von da in nordöstliche und in südwestliche Richtung steil ab (s. *Abb. 9.18*)

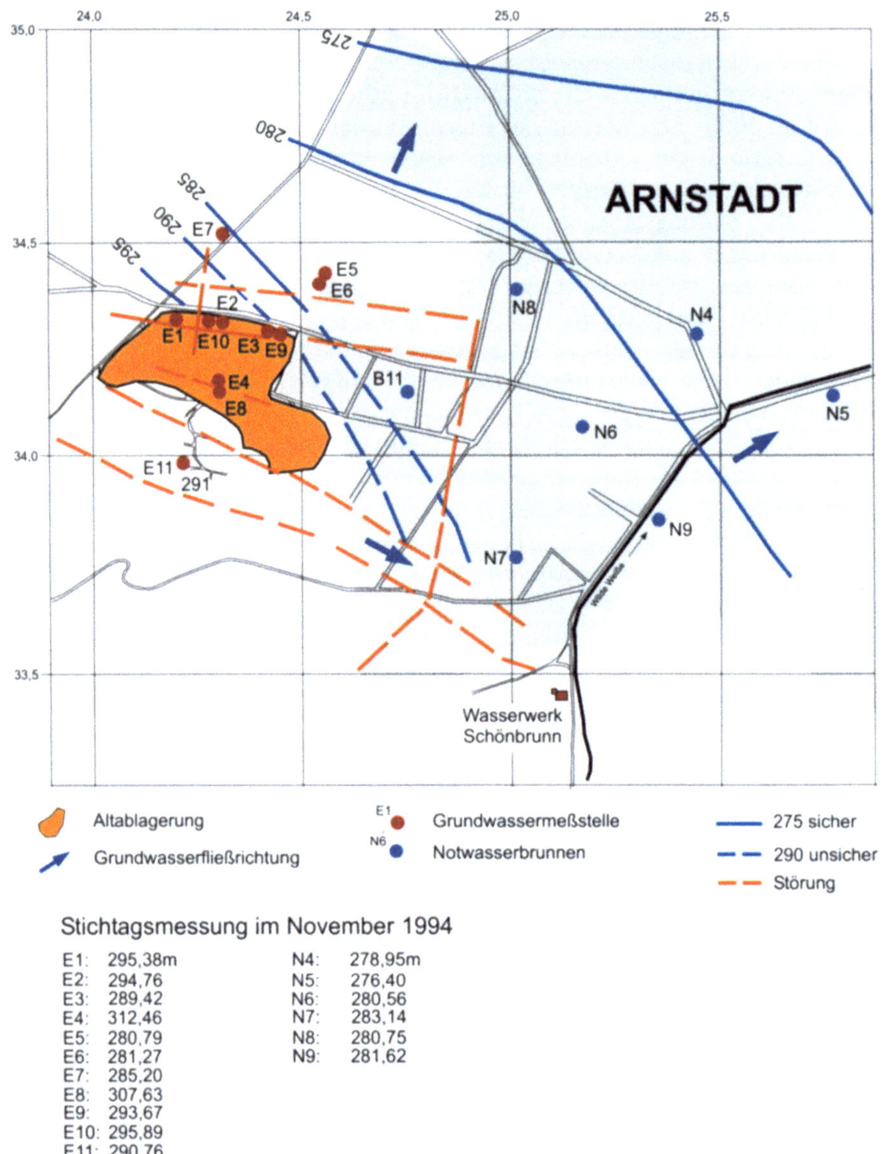

Abb. 9.18: Verlauf der Grundwasserisohypsen nach einer Stichtagsmessung im November 1994. GFE Halle 1995, im Auftrag der BGR

Es ist anzunehmen, daß wegen der höheren Durchlässigkeit lockerer Abfallschüttungen im Durchschnitt unter der Altablagerung durch eine höhere Infiltration von Niederschlagswasser auch eine stärkere Grundwasserneubildung stattfindet als in der natürlichen Umgebung. Der Druckausgleich vollzieht sich durch das relativ langsam von einer Stauwasserkalotte im Deponiekörper in das Umland abströmende Grundwasser (s. auch Kap. 4.6 im Band 7).

Diese Modellvorstellung wird durch die Grundwasserspiegelentwicklung vom April bis November 1994 belegt. In diesem Zeitraum wurden in einigen als Grundwassermeßstellen ausgebauten Bohrungen mit Datenloggern, die in einer Tiefe von ca. 7,5 m unter Wasseroberfläche eingebaut wurden, der Wasserstand durch Drucksensoren und die Temperatur in zeitlichen Abständen von 5 min automatisch registriert (JÜRGES 1994). Der Vergleich der aufgezeichneten Ganglinien mit den Niederschlagsbilanzen an der 5 km südlich der Untersuchungsfläche gelegenen Wetterstation Dosdorf zeigt, daß sich stärkere Regengüsse (Perioden P1 und P2) im Umfeld der Altablagerung entfernungsabhängig ca. 5 bis 14 Tage später auf die Grundwasserstände auswirken als innerhalb des Abfallkörpers. Wie aus dem generellen Ganglinienverlauf abzulesen ist, werden diese Vorgänge durch rasche und von den Niederschlagsereignissen unabhängige Wasserspiegelbewegungen im Untergrund überlagert (*Abb. 9.19*).

Wie kompliziert die hydraulischen Verhältnisse im Karstaquifer am Eulenberg sind, zeigt der unterschiedliche Ganglinienverlauf in den unmittelbar benachbarten Meßstellen E4 und E8 (Lageskizze in *Abb. 9.18*). Während in E4 im Beobachtungszeitraum eine den anderen Meßstellen vergleichbare stetige Abnahme der Wasserstände auftrat, setzte in E8 nach 165 Beobachtungstagen plötzlich ein rasches Abfallen ein. Die Grundwasseroberfläche sank innerhalb von 40 Tagen um 5,8 m - das bedeutet ca. 15 cm pro Tag! Die permanente Aufzeichnung der Wasserstände mit Datenloggern erwies sich als eine geeignete Methode, um die hydraulischen Eigenschaften des Deponieuntergrundes zu untersuchen.

Auch aus dem Monitoring der Milieuparameter (spezifische elektrische Leitfähigkeit, pH-Wert und Wassertemperatur) wurden Daten zur Beschreibung des hydrodynamischen Regimes gewonnen (s. auch Kap. 5). In der im Abstrombereich liegenden Bohrung E3 korreliert die Leitfähigkeit des Wassers mit dem Ganglinienverlauf. Nach starken Regenfällen steigt die Leitfähigkeit mit dem Wasserstand im Bohrloch an und sinkt gleichermaßen in Trockenperioden ab. Die Wassertemperaturen lassen in den Meßstellen im Umfeld der Deponie keine signifikanten Änderungen erkennen. Nur in den im unmittelbaren Einzugsbereich der Altablagerung positionierten Bohrungen E2, E4, E8 wurden nach Niederschlägen spontane Temperaturabsenkungen beobachtet.

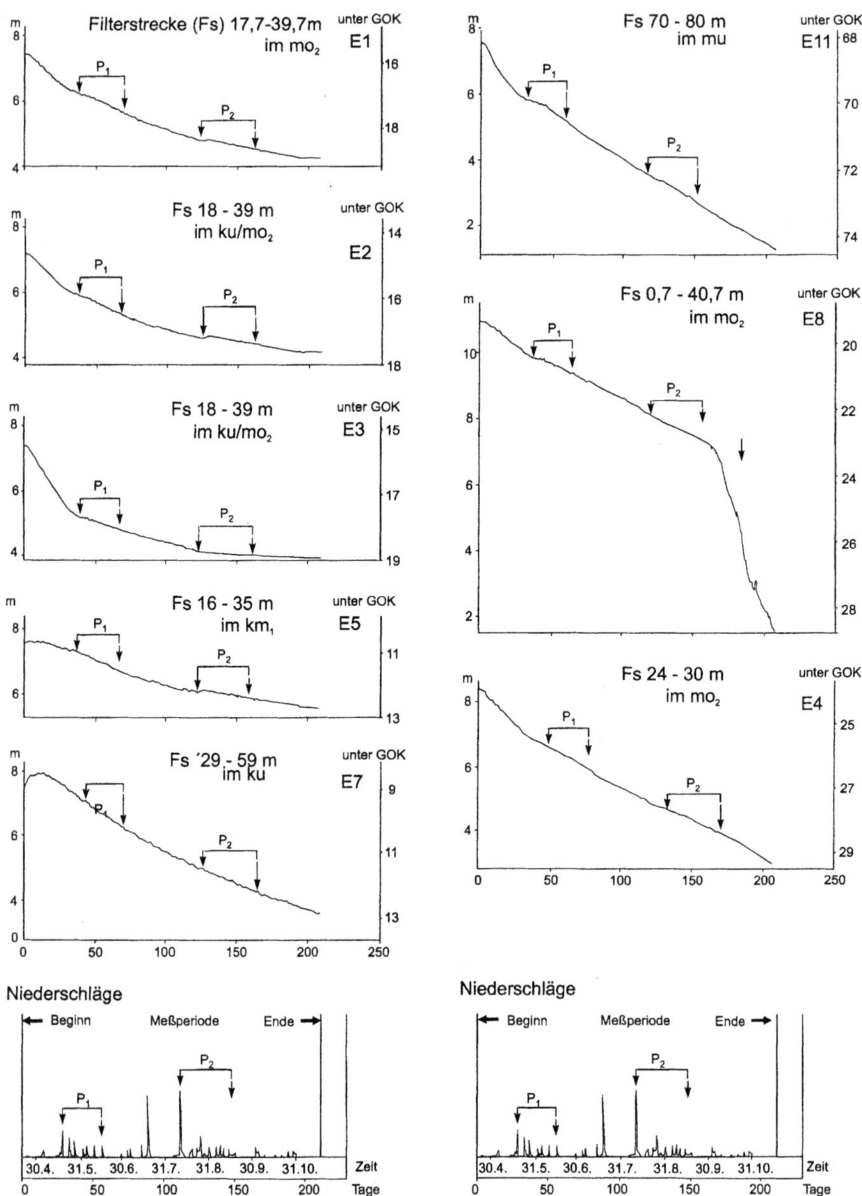

Abb. 9.19: Grundwasserganglinien in Meßstellen auf der Altablagerung und deren Umfeld. Die Aufzeichnung erfolgte durch Langzeitbeobachtung mit automatisch registrierenden Datenloggern (Intervall 5 min). *Oben*: Ganglinien. *Unten*: Niederschlagshöhen im Aufzeichnungszeitraum an der 5 km südlich gelegenen Meßstelle Dosdorf. Die Grundwasserneubildung durch die Niederschläge äußert sich in geringen Abweichungen vom Trend der Ganglinie (Pfeile). Messungen im Zeitraum 31.4. - 15.11.94 durch Geo-Infometric Hildesheim (1994), im Auftrag der BGR

Die Ergebnisse der hydrogeologischen Untersuchungen untermauern Modellvorstellungen, wonach Grund- und Sickerwässer unter der Altablagerung in die Tiefe und an ihrem Südrand entlang der Südrandstörung des Wachsenburggrabens in Südostrichtung fließen. Damit liegt auch die Bohrung E11 nicht, wie ursprünglich angenommen, im Anstrombereich, sondern im Abstrom der Deponie, wofür auch eine hier nachgewiesene geringe Schadstoffbelastung (Kap. 12) spricht. Das ESE-Gefälle der Schichten im Niveau des als Stauerhorizont wirksamen Röt wird durch die Ergebnisse der reflexionsseismischen Profile belegt. Große Bedeutung kommt den in Nordost-Südwest-Richtung verlaufenden Querstörungen zu, da sie die Sickerwässer des Abfallkörpers den überregionalen Störungssystemen beschleunigt zuführen. Die höchsten Grundwassergeschwindigkeiten treten im verkarsteten Mittleren Muschelkalk im Einflußbereich der herzynischen Störungszonen auf. Nach der beobachteten Zeitdifferenz zwischen einem Havariefall im Bereich von Bittstädt und dem Eintreffen der Schadstoffe in der „Schönbrunnquelle“ kann mit Abstandsgeschwindigkeiten von 200 m/h gerechnet werden (mdl. Mitteilung G. MERZ, Thüringer Landesanstalt für Geologie Weimar).

Ergebnisse hydraulischer Tests

Im November 1992 wurden in den Bohrungen E10 und E11 hydraulische Formationstests (Packertests) durchgeführt (HARBORTH et al., 1992). Die Ziele der Arbeiten bestanden in:

- Bestimmung der hydraulischen Parameter wie Permeabiltät und Speicherkapazität
- Prüfung, welche hydraulischen Testverfahren und welche Auswertemethoden zur Untersuchung des Deponieuntergrundes am besten geeignet sind
- Bewertung des Einflusses, den der Ausbau einer Bohrung zur Grundwassermeßstelle auf die Testdurchführung und die Testergebnisse ausübt.

Die Bohrung E10 wurde zunächst im nicht ausgebauten Zustand getestet (open hole test), danach im ausgebauten (cased hole test). Im einzelnen wurden folgende Tests gefahren:

- Puls-Test
- Slug-Test
- Injektionstest
- Pumptest
- WD-Test

Generell läßt sich sagen, daß die Formationsparameter (für E10 gemessen in 30 m Teufe) mit guter Genauigkeit bestimmt werden konnten. Die Permeabilitäten schwanken zwischen 0,9 und 1,3 $\cdot$ 10^{-13} m^2. Der Bohrlochspeicherkoeffizient bewegt sich zwischen 0,1 und 2,3 · 10^{-8} m^3/Pa. Die hohen Werte dürften darauf zurückgehen, daß in der Injektionsphase bereits vorhandene Fließwege erweitert wurden. Die Zone erhöhter Durchlässigkeit dürfte einen Radius von 20 m um das Bohrloch gehabt haben. Die Reichweite der hydraulischen Tests wurde mit ca. 220 m bestimmt. Die Analyse der Testergebnisse hat gezeigt, daß sowohl vor als auch nach dem Ausbau der Grundwassermeßstellen gesicherte Daten über die Hydraulik des Gebirges zu erhalten sind. Durch entsprechend aufwendige Prozeduren und Korrekturen bei der Auswertung war es sogar möglich, trotz teilweise ungünstig positionierter Filterstrecken und undichter Gewindeverbindungen der Vollwandrohre, konsistente Berechnungsergebnisse zu erhalten.

Zu den Testmethoden ist zu sagen, daß die Auswertung einer Schließphase beim Injektionstest nach einer ausreichend langen Fließphase mit konstanter Rate die genauesten Ergebnisse liefert. Um eine Abschätzung der Durchlässigkeit zu erhalten, sind jedoch auch Slug- und Puls-Tests geeignet. Für die Auswertung ist es ohne Belang, ob produziert oder injiziert wird. Die Formationsdurchlässigkeit kann jedoch bei Injektionstests beeinflußt werden, wenn sich dabei Trennflächen erweitern. Andererseits ist es für einen Produktionstest aber notwendig, daß der Ruhewasserspiegel so weit oberhalb des Testintervalls liegt, daß ein hinreichender Druckabfall erzeugt werden kann. Wegen der durch den Steinbruchbetrieb verursachten Gebirgsauflockerung kann jedoch die ungestörte Formationsmächtigkeit oberhalb des Testintervalls geringer sein, als es nach außen sichtbar ist. Damit wurde möglicherweise das Überdeckungsdruckniveau überschätzt.

Hydraulische Tests an Deponiestandorten finden i. d. R. oberflächennah statt. Deshalb können Injektionstests (auch WD-Tests) schon bei niedrigen Drucken zu unerwünschten Rissen im Gebirge führen. Hier ist also generell Vorsicht geboten.

9.7.5 Morphologie und Dimensionen des Abfallkörpers

Der Abfallkörper bildet eine mit Bermen versehene Schütthalde. Das Relief seiner Liegendbegrenzung wird durch die Grubenbaue und das Bermensystem von Abraumhalden der ehemaligen Baugrube bestimmt.

Die E-, W- und N-Begrenzung des Abfallkörpers kann sowohl nach der Morphologie als auch nach den Ergebnissen der geophysikalischen Messungen ermittelt werden (Kap. 11). Eine exakte Bestimmung der Südbegrenzung könnte aber nur durch Schürfe erfolgen, da der Deponiekörper hier an das natürliche Hanggefälle angeglichen und z. T. in die südlich anschließende Kleingartenanlage einbezogen wurde. Die Ergebnisse der Oberflächengeophysik sind in diesem Bereich durch die Einflüsse metallischer Störquellen (Stahlträger, Rohre, Leitungen) nicht eindeutig zu interpretieren (s. Kap. 11.3).

Die Auflagefläche der Altablagerung ist morphologisch stark gegliedert. Bereits zum Aufnahmezeitpunkt der „Deutschen Grundkarte“ im Jahr 1946 war der Eulenberg durch Massenumlagerungen großen Ausmaßes gekennzeichnet. Unmittelbar südlich der Straße Arnstadt - Holzhausen ist auf den Luftbildern der Jahre 1945 bis 1961 ein ca. 4 m hoher Wall zu erkennen. Diese aus Muschelkalkschotter bestehende, später teilweise eingeebnete Halde des Baugrubenaushubes, lagert direkt auf den Schichten des Unteren Keupers. Südlich des Walls ist auf der „Deutschen Grundkarte“ ein ca. 200 m • 120 m großes Plateau zu erkennen. Die genaue Lage der hier zur Zeit des zweiten Weltkrieges vorhandenen Gebäude ist auf dem Kartenausschnitt in *Abb. 9.2b* dokumentiert. Im Bereich des ehemaligen Schießplatzes bildete dieses Plateau noch bis 1993 die Geländeoberfläche. Nur das südliche Drittel ist vom Abfall bedeckt. Die nördliche Begrenzung des eigentlichen Abfallkörpers verläuft also noch ca. 100 m südlich des Zaunes. Im SE schließt sich das L-förmige Gelände der ehemaligen Baugrube an. Die Böschungshöhen dieser in den Oberen Muschelkalk gebrochenen Grube lassen sich aus der „Deutschen Grundkarte“ direkt ermitteln und betragen 25 m im Westen, 23 m im Süden, 10 - 20 m im Osten und 15 m im Norden.

Im zentralen Teil beträgt die Mächtigkeit des Abfalls bis zu 26 m. Allein die im Bereich der Baugrube befindliche Abfallmenge umfaßt mehr als 100 000 m^3. Auf diesem Teil des Abfallkörpers sind Kleingärten und Wochenendhäuser angelegt worden. Südöstlich der Baugrube wurde weiterer bei den Steinbrucharbeiten anfallender Abraum aufgehaldet. Auch auf diesem Gelände befinden sich heute Gartenanlagen.

Die Oberfläche des Abfallkörpers besteht aus einem System mehrerer Bermen mit steilen Böschungswinkeln. Die Höhendifferenz zwischen den Bermen liegt bei 4 - 7 m. Im zentralen Bereich (südlich des ehemaligen Schießstandes) beträgt die Böschungshöhe sogar 12 m. Der gesamte Höhenunterschied innerhalb des in 3 Terrassen gegliederten Böschungssystems summiert sich somit auf 33 m. Die Böschungen weisen häufig Hangneigungen größer 1:1 auf. Eine dauerhafte Standfestigkeit ist nicht gewährleistet. Im Rahmen der 1994 durchgeführten Erdstoffeinlagerungen erfolgte bereits ein teilweiser Ausgleich der steilen Böschungen.

Durch eine computergestützte "Subtraktion" der 1946er Geländeoberfläche von der heutigen, neu vermessenen Geländeoberfläche konnte die Geländeveränderung, die in etwa dem Volumen des Abfalls entspricht, bestimmt werden. Die erhaltene Isopachenkarte zeigt die Zweiteilung des Abfallkörpers in einen nördlichen und einen südöstlichen Teil. Der vollständig im Bereich der heutigen Umzäunung befindliche nördliche Anteil besitzt eine Ausdehnung von ca. 300 m • 150 m bei Mächtigkeiten bis max. 12 m. Unmittelbar an diesen Bereich schließt sich der wesentlich mächtigere (bis 26 m) südöstliche Teil an, der mit einer Fläche von ca. 90 m • 90 m zu etwa zwei Dritteln außerhalb der heutigen Umzäunung liegt. Das Gesamtvolumen des Abfallkörpers wurde mit 430 000 m^3 berechnet und beträgt damit nur etwa die

Hälfte des im Vormodell (Kap. 9.4) nach Deponieprotokollen ermittelten Abfallaufkommens, auch wenn noch geringe Kompaktionseffekte des locker geschütteten Materials in Betracht gezogen werden müssen.

Literatur

BARTHOLOMÄUS, W. A. (1993): Untersuchung von zwei gekernten Bohrungen unter besonderer Berücksichtigung des Trennflächengefüges am Deponiestandort Eulenberg westlich Arnstadt/Thüringen im Rahmen des "Verbundvorhabens Deponieuntergrund" GEONOVA GmbH, Hannover, unveröff. Bericht im Auftrag der BGR.

BÖHME, O. (1995): Hydrogeologische und hydrochemische Untersuchung von Grundwässern. Deponie Eulenberg Landkreis Arnstadt. GFE GmbH, Halle, im Auftrag der BGR.

BUBNOFF, S. v. (1955): Der geotektonische Charakter Thüringens. Abh. Akad. Wiss. Berlin Kl. Math. u. Naturwiss. 1953/3; Abh. z. Geotekt. 5, Akademie-Verlag Berlin, 5-18.

DOCKTER, J. (1974): Keuper. - in: Hoppe, W. & Seidel, G. (Hrsg.): Geologie von Thüringen. 1. Aufl., 633 - 682; Gotha/Leipzig (H. Haack).

FAHLBUSCH, K. (1955): Zur Stratigraphie im südwestlichen Thüringer Becken, Abh. Akad. Wiss. Berlin, Kl. Math. u. Naturwiss. 1953/3; Abh. z. Geotekt. 5, Akademie-Verlag Berlin, 22-28.

FAHLBUSCH, K. (1955): Die Saalfeld-Gotha-Eichenberg Störungszone im Raum Arnstadt Abh. Akad. der Wiss. Berlin Kl. Math. u. Naturwiss. 1953/3; Abh. z. Geotekt. 5, Akademie-Verlag Berlin, 63-95.

FRANKE, A. (1940): Die Landschaftsgestaltung des Gleichengebietes. Beitr. z. Geol. v. Thüringen, Jena V (1940) 1-6, 304-305.

HARBORTH, B., OSTROWSKI, L. & ZEIPERT, B. (1992): Auswertung von hydraulischen Tests, durchgeführt auf der Lokation Eulenberg bei Arnstadt / Thüringen. Golder Associates, Celle, unveröff. Bericht, im Auftrag der BGR.

HOPPE, W. & SEIDEL, G. (1974): Geologie von Thüringen. Hermann Haack, Geographisch - Kartographische Anstalt Gotha / Leipzig.

JÜRGES, H. -W. (1994): Wasserstandsmessungen Deponie Eulenberg, Arnstadt. Geo-Infometric, Hildesheim, unveröff. Bericht im Auftrag der BGR.

KÄSTNER, H., SEIDEL, G., STEINMÜLLER, A., UNGER, K. P. & WIEFEL, H. (1996): Symbolschlüssel Stratigraphische Skala von Thüringen. Geowiss. Mitt. v. Thür. Bh. 4, Weimar.

MARTINI, H. J. (1940): Saxonische Zerrungs- und Pressungsformen im Thüringer Becken. Geotekt. Forsch., Berlin, **5**, 124-134.

RICHTER, G. (1936): Der Sedimentationsraum des Unteren Keupers zwischen Harz und Thüringer Wald. Festschr. Hans Stille, Stuttgart, 116-136.

SCHMIDT, W. (1993): Bericht über durchgeführte Bohrlochmeßarbeiten am Deponiestandort Eulenberg und deren Ergebnisse. BLM GmbH, Niederlassung Gotha, im Auftrag der BGR.

SCHMIDT, J. (1993a): Ergebnisbericht über die geologische Aufnahme im Bereich der südwestlichen Störungsschar der Eichenberg - Gotha - Saalfelder Störungszone im Raum Holzhausen/Arnstadt. Erkundung von Deponiestandorten - Teststandort Eulenberg. Institut für Geologie der TU Bergakademie Freiberg/Sa., im Auftrag der BGR.

SCHMIDT, J. (1993b): Der Untergrund der Altlast „Eulenberg" bei Arnstadt - ein tektonisches Modell und Beiträge zur Umweltgeologie. Bergakademie Freiberg, Diplomarbeit.

SCHREINER, M. & KREYSING, K. (1997): Handbuch zur Erkundung des Untergrundes von Deponien und Altlasten, Band **4**, Geotechnik, Hydrogeologie. Springer Berlin.

SCHUBERT, J. (1990): Versuch einer stratigraphischen Zuordnung der lithologischen Angaben im Protokoll der Bohrung Arnstadt I/39. Thüringer Landesanstalt für Geologie, Weimar.

SEIDLITZ, W. v. (1928): Die Vergitterung tektonischer Achsen im Bauplan Thüringens. Beitr, Geol. Thür., **1**, Jena, 1-15.

TESCHKE, H. -J. (1959): Einführung in die Tektonik des südwestlichen Thüringer Beckens. Exkursionsführer Thüringer Becken Jahrestagung der Geol. Gesell. der DDR vom 23. bis 26. April 1959 in Weimar, Akademie-Verlag Berlin, 9-26.

VORTHMANN, P. (1933): Die Eichenberg-Saalfelder Störungszone von Paulinzella bis zur Wachsenburg. Beitr. z. Geol. v. Thür., Jena **III**, 1-6, 8-32.

WEBER, H. (1955): Einführung in die Geologie Thüringens. Berlin.

WUNDERLICH, J. (1990): Gefährdungsabschätzung von Deponien im Landkreis Arnstadt (Erstbewertung), Deponie am Eulenberg westlich Arnstadt. GEOS Ingenieurbüro GmbH Jena im Auftrag der Kreisverwaltungsbehörde Arnstadt.

WUNDERLICH, J. (1992a): Ergebnisbericht über die Resultate der Schürfe an der ehemaligen Deponie Eulenberg, Landkreis Arnstadt. GEOS Ingenieurbüro GmbH Jena im Auftrag der BGR.

WUNDERLICH, J. (1992b): Ergebnisbericht Kontrollpegelbohrungen und Erkundungsarbeiten am Deponiekörper Deponie Eulenberg, Landkreis Arnstadt. GEOS Ingenieurbüro GmbH Jena im Auftrag der Kreisverwaltungsbehörde Arnstadt.

WUNDERLICH, J. (1992c): Ergebnisbericht Pegelbohrungen im Bereich der verfüllten Bunkeranlage („Bergbad") der Deponie Eulenberg, Landkreis Arnstadt. GEOS Ingenieurbüro GmbH Jena im Auftrag der Kreisverwaltungsbehörde Arnstadt.

WUNDERLICH, J. (1992d): Ergebnisbericht Kontrollpegelbohrungen im nördlichen Vorland der Deponie Eulenberg, Landkreis Arnstadt. GEOS Ingenieurbüro GmbH Jena im Auftrag der Kreisverwaltungsbehörde Arnstadt.

ZIMMERMANN, E. (1924): Erläuterungen zur geologischen Karte, Blatt Arnstadt, 2. Aufl..

10 Geofernerkundung

FRIEDRICH KÜHN, PAUL KRULL & JÖRG SCHMIDT

Beim Einsatz der Geofernerkundung zur Erkundung von Altablagerungen stehen folgende Fragen im Vordergrund:

- Vorhandensein, Zustand und Verbreitung abdichtender Gesteinsschichten,
- Existenz möglicher Migrationswege für kontaminierte Wässer aus der Altablagerung in das Umfeld,
- Ablauf und Besonderheiten der Abfallablagerung.

Dafür werden folgende Methoden eingesetzt:

- Satellitengestützte Verfahren,
- Flugzeuggestützte Aufnahmeverfahren.

Zur Methodik der Geofernerkundung bei der Lösung von Aufgaben im Doponie- und Altlastenbereich wird auf KÜHN & HÖRIG (1994) verwiesen. Für den Standort Eulenberg liegen die Ergebnisse einer photogeologischen Satelliten- und Luftbildinterpretation (KRULL & SCHMIDT, 1990, KÜHN, 1992 und SCHMIDT, 1993) sowie einer Auswertung multitemporaler Luftbilder unter Einbeziehung von Ergebnissen der geophysikalisch-geologischen Erkundung zur historischen Standortanalyse vor (KÜHN et. al. 1995).

Satelliten-Fernerkundungssysteme kommen vorwiegend für die Klärung regionaler Zusammenhänge in Maßstäben von 1:500 000 bis 1:100 000, in Ausnahmefällen bis 1:50 000, zur Anwendung. Für umweltorientierte geowissenschaftliche Aufgabenstellungen sind Satellitenbilder aufgrund ihrer begrenzten Bodenauflösung nur in Einzelfällen anwendbar. Den hohen Anforderungen bei der Deponie- und Altlastenerkundung werden gegenwärtig nur geometrisch hochauflösende Luftbilder und Daten nichtphotographischer Flugzeugsysteme (Scanner) gerecht. Das Luftbild ist wegen seiner geringen Herstellungskosten, der einfachen Handhabbarkeit und des hohen Informationswertes nach wie vor das Hauptarbeitsmittel zur Lösung vielseitiger geowissenschaftlicher Aufgabenstellungen. Darüber hinaus kann das Luftbild dazu beitragen, die Besonderheiten eines Geländes schneller zu erfassen und Geländearbeiten zielgerichtet anzusetzen (BÖKER & KÜHN, 1992).

Senkrechtluftbilder für umweltgeologische Verwendungen werden üblicherweise in Maßstäben von 1:20 000 bis 1:5 000 hergestellt. Die dafür erforderlichen Flughöhen liegen zwischen 750 und 3 000 m über der Geländeoberfläche. Der herkömmliche Luftbildfilm für Bildformate von 23 x 23 cm erfaßt dabei Geländeausschnitte von 4 600 x 4 600 m (Maßstab 1:20 000) bzw. 1 150 x 1 150 m (Maßstab 1:5 000). Die Bandbreite der verwendeten Filmarten umfaßt die schwarzweißen panchromatischen Filme über Infrarotfilme bis zu den Color- und Color-Infrarot-Luftbildfilmen. Ihre Verwendung richtet sich im allgemeinen nach der zu lösenden Aufgabe.

Ein wesentlicher Vorteil von Senkrechtluftbildern ist es, dem Auswerter einen räumlichen Eindruck des jeweiligen Geländes zu vermitteln. Beispielsweise können damit Verfüllungen von Hohlformen oder auch Abflußbahnen und Sammelstellen von Sickerwässern aus Deponien und Altlasten erkannt und kartiert werden. Darüber hinaus geben typische Änderungen des Kleinreliefs Hinweise auf Klüftung und tektonische Störungen.

Gesteinsformationen und Bodentypen sind oft an Farb- oder Grautonänderungen, typischen Formen des Reliefs, bestimmten Vegetationsarten, charakteristischen Formen der Oberflächenentwässerung oder Arten der Landnutzung zu erkennen. Im Grundsatz gilt, daß mit zunehmender anthropogener und technogener Beeinflussung der jeweiligen Landschaft die Schwierigkeit einer geologischen Auswertung von Luftbildern wächst. Bei der Auswertung von Luftbildern für umweltgeologische Untersuchungen treffen diese Einschränkungen nur bedingt zu, da gerade Altlasten eine Folge der Entwicklung von Industrie und Zivilisation sind.

Bei der Erkundung von Altablagerungen wird zumeist mit Recherchen in Archiven begonnen, um anhand von älteren Luftbildern die historische Entwicklung des Untersuchungsgebietes zu rekonstruieren. Zu den wichtigsten Quellen gehören die Archive der Landesvermessungsämter. Daneben sind Bundesbehörden, kommunale Verwaltungen, Luftbildfirmen, militärische Einrichtungen, private Datenbanken und Nutzerfirmen im Besitz von Luftbildarchiven. Übersichten zu Luftbildarchiven finden sich bei ALBERTZ (1991) und STRATHMANN (1993). Wichtige Quellen historischer Luftbilder aus dem zweiten und z. T. auch aus dem ersten Weltkrieg sind die Archive der amerikanischen und britischen Luftaufklärung. Seit den fünfziger Jahren werden in Deutschland regelmäßig, meist in Abständen von etwa fünf Jahren, Luftbildflüge zur Laufendhaltung des topographischen Kartenbestandes durchgeführt.

10.1 Ergebnisse

10.1.1 Auswertung der Satellitenbilder

Die *Abb. 10.1* zeigt ein phototektonisches Schema für die weitere Umgebung des Standortes Eulenberg. Grundlage für diese Karte bildete eine Photolineationskarte, die nach visueller Dechiffrierung von Scanneraufnahmen der Landsat-Satelliten 1 bis 5 (Bahnhöhen ca. 700 bis 920 km) und Photoaufnahmen von zwei sowjetischen Kosmos-Satelliten (Bahnhöhen ca. 200 und 275 km) erarbeitet wurde. Es wurden dabei alle Photolineationen berücksichtigt, die eine mögliche geologisch-tektonische Relevanz aufweisen. Zur Eliminierung von „Pseudolineationen", die durch die Aufnahmetechnik (Scanner-Zeilen) oder anthropogene Strukturen (Bergbau, Trassen, Land- und Forstwirtschaft) verursacht sind, erfolgte bei der Dechiffrierung ein Abgleich mit topographischen Karten.

Die in dem Schema ausgewiesenen Photolineationen sind nach diesem Befund nichtanthropogene lineare Bildelemente, die vorwiegend auf das bruchtektonisch kontrollierte Erosionsverhalten der Gesteine (Geländekanten, Talformen, ober- und unterirdische Hohlformen, Dränagenetz), auf lineare Aufreihungen von Durchfeuchtungsanomalien und dadurch bedingte Vegetationsanomalien u. a. zurückgehen. Diese Lineare, die auch dann trassierbar sind, wenn ihre Breite unterhalb der Auflösung liegt (bei Landsat 30 - 80 m), enthalten Hinweise auf tektonische Richtungen. Sie können Störungen, Klüften, Schichtgrenzen und Faltenstrukturen u. a. zugeordnet werden. Durch die Kombination und den Vergleich mit anderen geowissenschaftlichen Fakten und Daten (Bohrungen, Kartierungsergebnisse, Meßdaten geophysikalischer Regionalmessungen u. a.) wurde die tektonische Relevanz der Photolineationen untersucht mit der Zielstellung, das regionale Bruchstörungsmuster zu präzisieren.

In dem unmittelbar an die Ortslage Arnstadt angrenzenden Untersuchungsgebiet bildet die NW-SE-verlaufende Eichenberg-Gotha-Saalfelder Störungszone das dominierende Strukturelement. Zusätzlich ist eine Vergitterung der von dieser Störungszone geprägten tektonischen Hauptrichtung mit SW-NE bis SSW-NNE- und etwa E-W-verlaufenden Elementen zu registrieren, die z. T. auch in den Ergebnissen der Luftbildinterpretation und in den geophysikalischen Ergebnissen nachgewiesen werden konnten (s. Kap. 10.1.2 und 11).

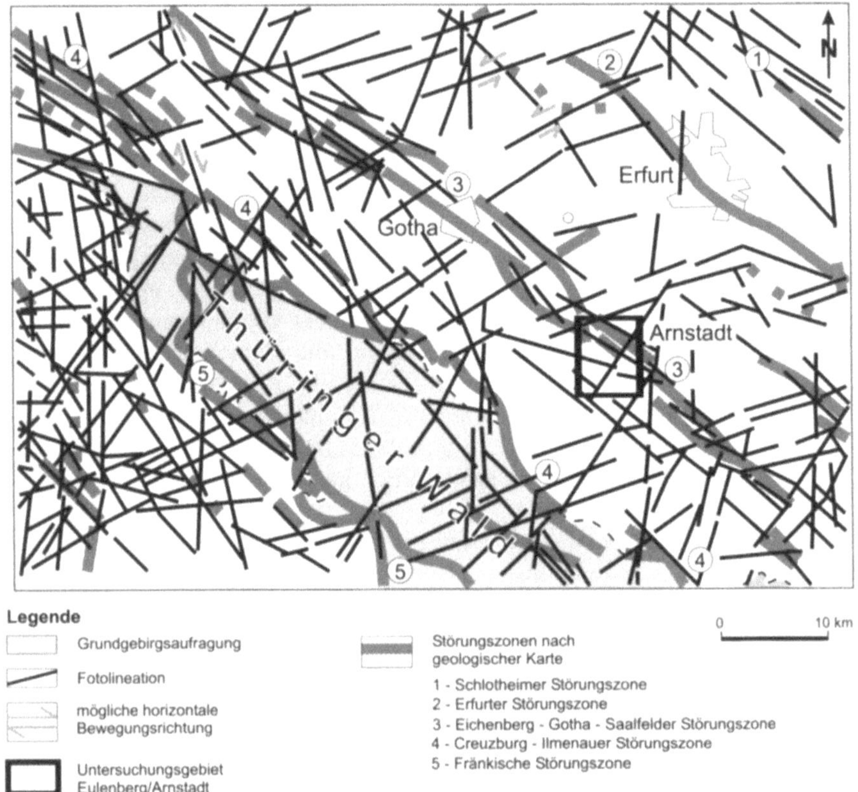

Abb. 10.1: Phototektonisches Schema Thüringische Senke (Nach KRULL & SCHMIDT, 1990). Diese Interpretationskarte zeigt, daß im Untersuchungsgebiet mit einer Vergitterung der NW-SE verlaufenden (saxonischen) Hauptstörungsrichtung mit NE-SW bis NNE-SSW und E-W gerichteten Störungssystemen zu rechnen ist

10.1.2 Luftbildauswertung

Multitemporale Luftbildauswertung

Für die Rekonstruktion der Entwicklung des Deponiestandortes von 1944 bis zur Gegenwart liegen folgende Luftbild-Serien vor:

- Schwarzweiß-Luftbilder der laufenden topographischen Befliegungen aus den Jahren 1961, 1971, 1981 als Stereo-Paare sowie ein Farbinfrarot (CIR)-Luftbild von 1991.
- Kriegsluftbilder der US-Luftwaffe aus den Jahren 1944 und 1945.

Abb. 10.2: Farbinfrarot (CIR)-Luftbild des Deponiestandortes Eulenberg vom 7. August 1991 mit Lage des reflexionsseismischen Profils EU 4 in *Abb. 9.7* (Aufnahme: Hansa Luftbild GmbH im Auftrag des Landkreises Arnstadt)

Das Luftbild der Befliegung von 1991 zeigt, daß große Teile des Geländes inzwischen bebaut sind (*Abb. 10.2*).

Da unmittelbar zu Projektbeginn noch keine Luftbilder verfügbar waren und diese erst zeitverzögert beschafft werden konnten, erfolgte die Luftbildauswertung aus Gründen der Projektsteuerung parallel zu den bereits laufenden geophysikalischen Arbeiten. Die damit praktizierte Reihenfolge, welche vom Grundsatz der Auswertung von Fernerkundungsdaten zu Beginn eines Projektes abweicht, ermöglichte jedoch einerseits die Kontrolle und Präzisierung der geophysikalischen Ergebnisse, andererseits wird damit auch deutlich, daß eine mit relativ geringem Aufwand zu Projektbeginn durchgeführte Luftbildauswertung zum optimalen Ansatz von Folgeuntersuchungen mit anderen Methoden (Geophysik, Bohrungen) wesentlich beitragen kann. Wegen mächtiger heterogener Ablagerungen aus Hangschutt und Abfall, deren Wirkung das geophysikalische Anomalienbild des Untergrundes „störend" überlagert, wäre es außerordentlich schwierig geworden, allein aus den geoelektrischen, geomagnetischen, gravimetrischen und seismischen Messungen die geologische Situation an der Basis der Deponie zu klären und die vermuteten unterirdischen Anlagenreste am Standort lagegetreu zu lokalisieren.

Im Zusammenhang mit der Errichtung unterirdischer Anlagen während des Zweiten Weltkrieges erfolgten massive Eingriffe in die Gesteinsschichten an der heutigen Basis der Altablagerung. Deshalb war es naheliegend, nach Luftbildern aus dieser Zeit zu recherchieren. Dabei wurde ermittelt, daß der Standort Arnstadt/Eulenberg in den Jahren 1944 und 1945 mehrfach Ziel amerikanischer Aufklärungsflüge gewesen ist. Luftbilder dieser Flüge und sogenannte „Target Information Sheets" (*Abb. 10.3*), die von den Aufklärungsfliegern für die Einweisung der Bomberpiloten und zur späteren Trefferaufklärung erstellt wurden, konnten aus dem Nationalarchiv in Washington beschafft werden.

Auf Grund der Problematik „Deponieuntergrund" wurden schwerpunktmäßig die Luftbilder aus der Zeit von 1944 - 1961 ausgewertet. Diese gestatteten eine Einsichtnahme in das Gelände und in Teile der unterirdischen Anlage, bevor in den 60er und 70er Jahren mit der Aufhaldung von Abfällen begonnen wurde (*Abb. 10.4*). Eine nach stereoskopischer Auswertung dieser Luftbilder abgeleitete Situationsskizze des Geländes zeigt *Abb.10.5*.

Nach den Angaben der amerikanischen Luftaufklärung handelte es sich bei der Anlage um teilweise fertiggestellte unterirdische Labor- und Fertigungsräume. Hier sollen Präzisionsinstrumente, Kontrollapparaturen für Flügelbomben und andere geheime Waffensysteme hergestellt worden und bis zu 5 000 Arbeitskräfte beschäftigt gewesen sein. In den Verlagerungskennblättern der „Geheimen Aufstellung unterirdischer Räume" des Reichsministeriums für Rüstung und Kriegsproduktion vom 4.8.1944 (Bundesarchiv Berlin, Abteilung Reich, Archivalieneinheit R3/3010) findet man unter der Bezeichnung „Siemens & Halske, WWR Arnstadt - für Erstling u. ä. Funkmess" einen Hinweis, der diesen Angaben widerspricht. Danach war das Objekt lediglich für eine Verlagerung kriegswichtiger Zweige der Elektroindustrie vorgesehen. Das Datum der Ausgabe des Dokumentes würde auch bedeuten, daß eine Produktionsaufnahme bis zum August 1944 noch nicht erfolgte und bis Kriegsende wegen des im Luftbild sichtbaren Zustandes nicht mehr realisiert werden konnte.

Im Luftbild des Jahres 1945 ist als auffälligstes Geländemerkmal eine tiefe Grube mit den Konturen eines offensichtlich unvollendeten unterirdischen Bauwerkes erkennbar. Dieses Bauwerk besitzt eine L-Form und hat äußere Maße von etwa 70 m x 55 m. Im Luftbild selbst ist nicht zu erkennen, ob es sich bei dem längeren östlichen Teil der Anlage um die Abdeckung eines Untergeschosses oder um ein Fundament handelt. Mit einer geophysikalischen Penetrationssondierung, die eine Betondecke durchörterte, konnte ein darunterliegender freier Raum nachgewiesen werden (Abb. 11.49 in Kap. 11.6).

SECRET
U.S. SECRET

NOT TO BE TAKEN INTO THE AIR

Date 26 August 1944

TARGET INFORMATION SHEET

GERMANY

Op. No. GL 2618	Place ARNSTADT nr. ERFURT	Lat. : 50° 50' N.
A.M. No 3(m) 18	Category AIRCRAFT COMPONENTS	Long. : 10° 56' E.
D.T.M. No. ---	Sub-catgy. Aircraft Instruments	Alt. : 1070 feet.

ALL PREVIOUS INFORMATION SHEETS AND AMENDMENTS THERETO ARE CANCELLED.

TARGET MAP STANDARD 1941 (MAGNETIC) TYPE MAP DATED

DESCRIPTION

(i) The TARGET is the INSTRUMENT WORKS of SIEMENS & HALSKE A.G., at ARNSTADT in Thuringia. It stands in open country, at a point one mile N. by W. of ARNSTADT. The target is identified with some difficulty, as there are few distinguishing landmarks in the area. It is located on a N. facing slope, which overlooks the branch railway line running S.-N. to join the FRANKFURT a.M. - BERLIN main line at NEU-DIETENDORF half way between GOTHA and ERFURT. Immediately to the S. of the target area are scattered groups of small woods. The target is adjacent to a sparsely built-up area.

(ii) The construction of this plant is reported to have started in 1938, when both A.E.G. and the SIEMENS & HALSKE A.G., were stated to have erected workshops in the area for the manufacture of precision instruments. It is possible that both plants are included within the target outline. The target is now reported to specialise on the construction of precision instruments more particularly control apparatus for flying bombs and possibly for other secret weapons. The plant is reported to employ nearly 5,000 workers, and is rated at priority 1.

(iii) The total target area (See Illustration 3(m) 18/2) is about 1,000 yards long and 600 yards wide; its major axis running S.W.-N.E. The entire target area is most straggling in outline, though the built up portions are quite compact. The chief distinguishing feature is the deeply sunk main structure (1), a level L shaped building with dimensions of 180' x 95', and 135' x 70', which may be either the foundation for a building still to be completed, or a roof of a possible underground factory. The large spoil heaps (3) together with buildings (4), (5) and (6) alone stand out within the general target outline.

Information is not at present available regarding detailed particulars of Obstructions to low flying attacks in the area of this target and, rather than delay the issue of this Information Sheet, this data is being omitted for the present. If this information is required for this particular target it will be obtained and supplied at short notice on application to A.I.3c(1).

The most prominent landmark near this target is the small town of ARNSTADT itself, standing one mile E. by S. of the target area.

VITAL PARTS

Instructions with regard to Aiming Points on particular targets are usually given in Operational Orders, but the following notes are given for guidance purposes and for consideration in relation to other operational factors involved.

The vital parts selected are as follows, the identity numbers referring to illustration 3(m) 18/2.

(i) The PRIMARY VITAL PART is the main structure (1).
(ii) The SECONDARY VITAL PART is the group of buildings (4), (5) and (6).
(iii) GENERAL AIMING POINTS taking into account the concentration of the more important parts of the plant are at (1) and (5).

/ DECOYS

Abb. 10.3: Beschreibung des Zielobjektes bei Arnstadt durch ein „Target Information Sheet“ der US Luftwaffe vom 26. August 1944 (Recherche und Beschaffung: Luftbilddatenbank in Würzburg, im Auftrag der BGR)

Der Vergleich der 1944er und 1945er Bilder läßt vermuten, daß zu diesem Zeitpunkt das Baugeschehen entweder bereits eingestellt war oder nur noch sehr langsam verlief. Für die Einstellung der Bauarbeiten spricht der hohe Wasserstand in der Anlage (*Abb. 10.4, rechts unten*). Da Wasser ebenfalls in der nach Nordosten gerichteten Verlängerung der Grube in einem höheren Niveau als die übrige Wasserfläche steht, liegt die Schlußfolgerung nahe, daß ein nach der photogeologischen Luftbildauswertung (*Abb. 10.6*) interpretiertes und durch das Ergebnis der Seismik und eines Baggerschurfes nachgewiesenes NW-SE streichendes wasserführendes Kluftsystem beim Vortrieb eines Tunnels in nordöstliche Richtung angefahren wurde. Ein Wassereinbruch aus diesem Störungssystem hat offenbar zur Einstellung der Arbeiten geführt.

In der Mitte der Westböschung ist eine große Öffnung erkennbar (Breite ca. 6 und Höhe ca. 3 m). Sie liegt im Niveau der Wasserfläche und wird durch eine deutlich erkennbare künstliche Sperre trockengehalten. Mehr oder weniger sichere Indikationen für weitere Mundlöcher sind im Bereich eines in der Baugrube bestehenden Rundweges erkennbar. (*Abb. 10.4* und *10.5*). Bei der Bewertung von sichtbaren Eingängen und Mundlöchern sollte aber immer vorausgesetzt werden, daß der Projektant der Anlage auch Scheineingänge vorgesehen haben könnte, um eine Luftaufklärung zu erschweren. Auf dem Luftbild von 1961, das bis auf die fehlenden Gebäude das Gelände noch im Zustand von 1945 zeigt, ist relativ sicher erkennbar, daß die ehemaligen Mundlöcher zwischenzeitlich zerstört wurden. Aus der im Verlagerungskennblatt angegebenen Flächengröße von 3 000 m^2, die in etwa der Grundfläche des im Luftbild und in der Deutschen Grundkarte von 1951 sichtbaren Bauwerkes entspricht, kann geschlußfolgert werden, daß keine weiteren Flächen für Produktionszwecke verfügbar waren. Auch die 1996 unmittelbar westlich des im 1945er Luftbild sichtbaren Einganges (*Abb. 10.4* und *10.5*) geteufte Bohrung E13 lieferte keinen Hinweis auf einen Hohlraum. Bei den sichtbaren Öffnungen im Böschungsbereich könnte es sich also um Pilotstollen oder Scheineingänge handeln und nicht um die Zugänge zu unterirdischen Erweiterungsbauten. Diese Variante wird durch eine Befragung von Zeitzeugen aus der Arnstädter Bevölkerung, die ebenfalls keine Hinweise auf unterirdische Bauwerke ergab, gestützt (frdl. Mitteilung von Herrn Rechtsanwalt Brunzel, Meiningen).

Abb. 10.4 (Folgeseiten): Zurückverfolgung der Standortentwicklung der Deponie am Eulenberg anhand von Luftbild-Zeitschnitten aus den Jahren 1981, 1971, 1961 und 1945 (Stereopaar); vgl. auch Luftbild von 1991 in *Abb. 10.2* (Recherche und Beschaffung: Luftbilder 1945: Luftbilddatenbank in Würzburg; Luftbilder 1961 bis 1981: KAZ Bildmeß GmbH Leipzig im Auftrag der BGR

1981

1971

1961

1945

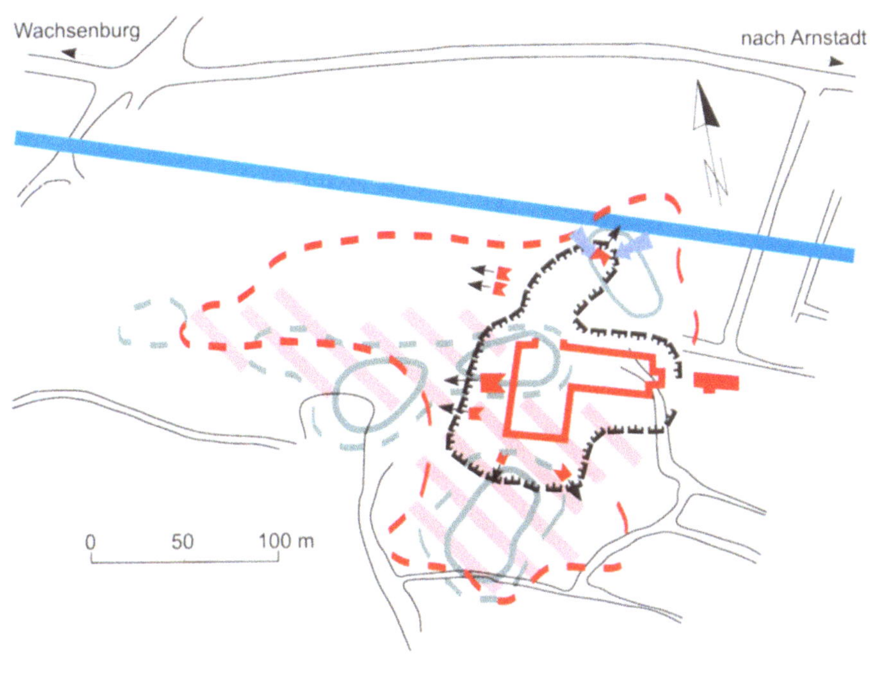

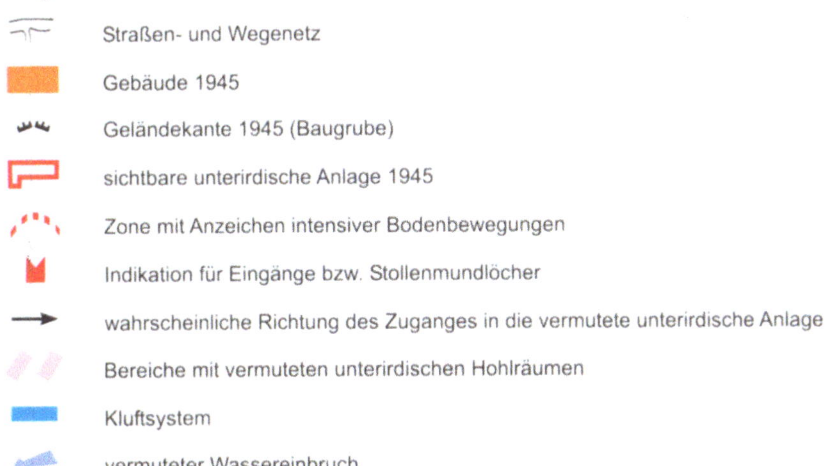

Abb. 10.5: Ergebnis der komplexen Auswertung von Archivluftbildern (KÜHN & HÖRIG, 1995)

Auch wenn ein Teil der Aussagen noch Unsicherheiten in sich birgt, konnten wichtige Informationen zum Untersuchungsobjekt erhalten werden. Dazu gehören in erster Linie Angaben zu Geländebereichen, wo Material vom Liegendstauer der Altablagerung abgetragen wurde. Unter den heutigen Bedingungen am Standort erscheint ein Abfließen kontaminierter Wässer über die inzwischen mit Abfällen verfüllte Baugrube in das beim Anlegen des Bauwerkes angefahrene Störungssystem und damit in das unmittelbare Umfeld als möglich. Hieraus ergeben sich Ansatzpunkte für zielgerichtete Überprüfungen und Beprobungen mit hydrogeologischen Verfahren.

Photogeologische Luftbildauswertung

Für dieses Auswertungsziel konnten im Bereich der Altablagerung lediglich die Luftbilder der Befliegungen aus den Jahren 1945 und 1961 verwendet werden. Später haben hier die Störfaktoren durch Bebauung und militärische Übungen erheblich zugenommen, so daß eine geologisch orientierte Auswertung nahezu unmöglich wurde. Es wurde trotzdem versucht, über noch erkennbare typische Reliefformen und lineare Elemente Aussagen zu möglichen Störungs- und Kluftsystemen im Bereich der Altablagerung abzuleiten. Für das weitere Umfeld wurden die Ergebnisse der Luftbildauswertung von SCHMIDT (1993) einbezogen.

Das Muster der Photolineationen in *Abb. 10.6* wird im Bereich der Altablagerung i. w. durch zwei Richtungen bestimmt. Gegenüber den z. T. sicheren SW-NE verlaufenden Lineationen sind schwächere ESE-WNW gerichtete Indikationen zu beobachten. Das Auftreten ESE verlaufender Indikationen, die in Richtung Arnstadt als Erosionsformen erscheinen, war ein erster Hinweis auf ein durch die seismischen Messungen nachgewiesenes und einen Baggerschurf verifiziertes Kluftsystem im Untergrund der Altablagerung (Kap. 9 und 11.5).

Südwestlich der Altablagerung ist der NW-SE verlaufende südliche Strang der Hauptstörungszone deutlich durch Photolineationen angezeigt. Deren Erkennbarkeit nimmt nach Osten jedoch ab, da hier der im Westen auftretende hohe Versatzbetrag auf zahlreiche Parallelstörungen verteilt ist. Die Mehrzahl der zu beobachtenden Lineationen ist etwa N-S bis NNE-SSW gerichtet. Dabei handelt es sich um Querstörungen, die durch Wasserrisse und scharf begrenzte Grautonunterschiede gekennzeichnet sind (SCHMIDT, 1993). Der Vergleich mit *Abb. 10.1* zeigt eine generelle Übereinstimmung der Luftbild-Indikationen mit den Hauptrichtungen der Photolineationen in den Satellitenbildern.

Größere tektonische Strukturen sind anhand morphologischer Kriterien zu erkennen. Entlang einer Linie, die im Norden des Untersuchungsgebietes durch die Aufwölbungen des Arnsberges und des Weinberges markiert ist, läßt sich der nördliche Teilabschnitt der Eichenberg-Gotha-Saalfelder Störungszone gut verfolgen. Noch deutlicher ist der südliche Teilabschnitt dieser

Störungszone durch Geländeabbrüche am Eulenberg und am Pfennigsberg zu erkennen. Auffallend ist, daß in der von beiden Störungssträngen eingeschlossenen Wachsenburgmulde kein Wasserlauf dem Streichen der Muldenachse folgt. Das Netz der Oberflächenwässer nutzt häufig die rheinisch (NNE) bis erzgebirgisch streichenden Querstörungen.

Grautonanomalien in den Luftbildern sind Anzeichen für unterschiedliche Gesteinseinheiten bzw. unterschiedliche Bodenfeuchte. So erscheint die mit wasserstauenden quartären und Keupersedimenten gefüllte Niederung der Wachsenburgmulde im Luftbild dunkler als die Hochflächen des Muschelkalkes. Der südliche Strang der Eichenberg-Gotha-Saalfelder Störungszone (E-G-S in *Abb. 10.6*) ist im Luftbild als ein über mehrere Kilometer langer 50 bis 100 Meter breiter heller Streifen verfolgbar. Durch die entwässernde Wirkung der Störungszone ist deren Ausbiß relativ trocken. Der geringere Wassergehalt verursacht auch die sehr hohen Widerstandswerte im Ergebnis der geoelektrischen Schlumberger-Kartierung (Abb. 11.6). Bei zunehmender Bedeckung durch Lockersedimente (Lößlehm) wird die störungskontrollierte Grautonanomlie unschärfer.

Südlich der Altablagerung sind in allen Luftbildern Karstanzeichen zu erkennen. So fällt eine runde Lichtung im Tambuchsforst auf. Dieser Erdfall wurde schon von ZIMMERMANN (1924) als etwa 20 m tiefer und 60 m breiter Erdfall beschrieben. Heute zeigt sich diese Doline im Luftbild mit einem Durchmesser von mehr als 100 m. Auch die runde Lichtung in dem kleinen Waldstück südlich der Altablagerung erweist sich als Doline. Als Ursache der Erdfälle sind durch eindringende Sickerwässer oder Kluftwässer verursachte Karsterscheinungen im Bereich der Störungszone anzusehen.

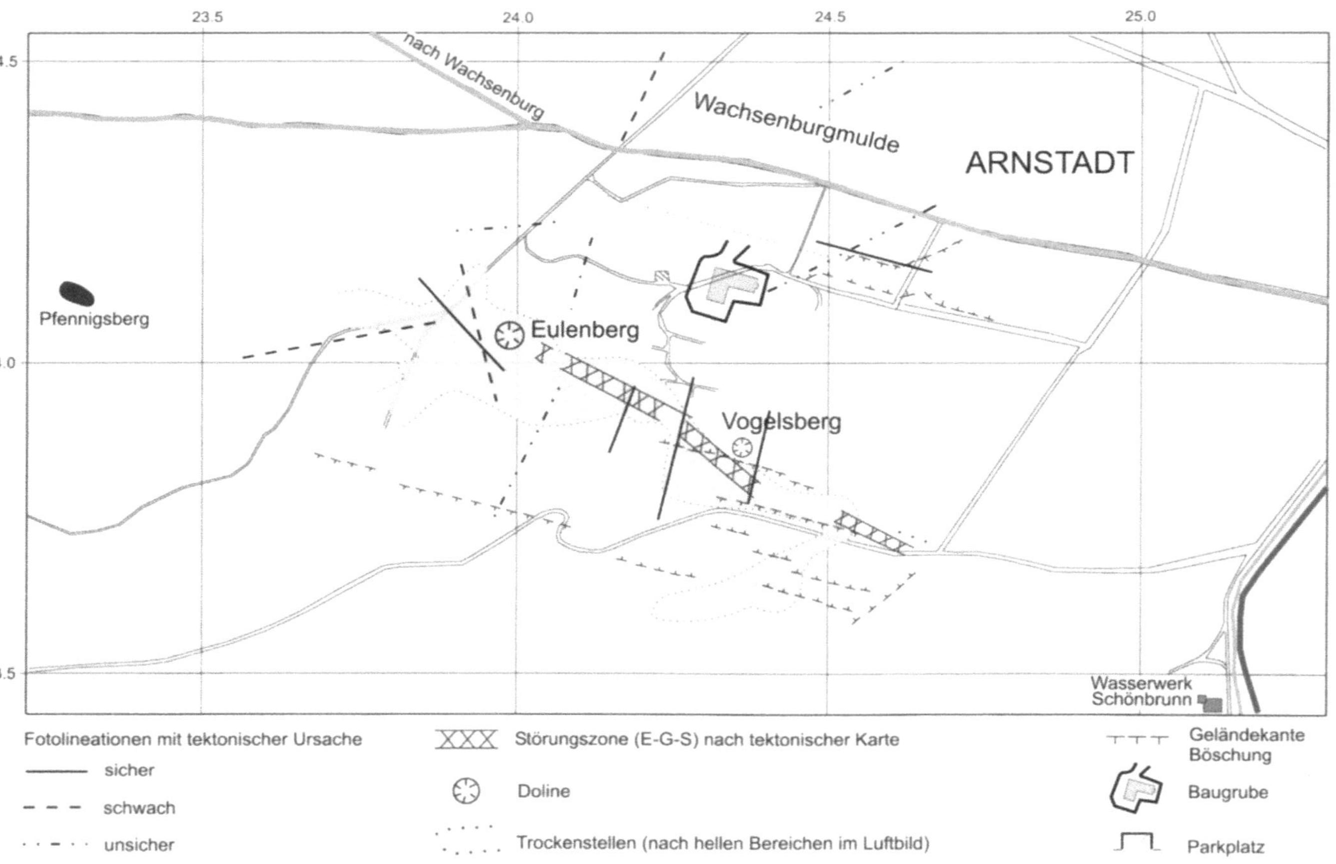

Abb. 10.6: Ergebnis der photogeologischen Luftbildauswertung

Literatur

ALBERTZ, J. (1991): Grundlagen der Interpretation von Luft- und Satellitenbildern: Eine Einführung in die Fernerkundung. Wiss. Buchges., Darmstadt.

BÖKER, F. & KÜHN, F. (1992): Zur Verwendung von Luftbildern bei der geologischen Kartierung. Z. angew. Geol., **38**, 80-85.

KÜHN, F. & HÖRIG, B. (1995): Handbuch zur Erkundung des Untergrundes von Deponien und Altlasten, Bd. 1, Geofernerkundung. Springer, Berlin

KÜHN, F. (1992): Ergebnisse der Luftbildauswertung für den Deponiestandort Eulenberg bei Arnstadt. Teil I und Teil II. Bundesanstalt für Geowissenschaften und Rohstoffe, unveröff. Bericht.

KÜHN, F., KNÖDEL, K., KRUMMEL, H. & LANGE, G. (1994): Kombinierte Nutzung von Luftbildern und geophysikalischen Methoden bei der Untersuchung eines Deponiestandortes. Z. angew. Geol., **40**, 61-68.

KRULL, P. & SCHMIDT, D. (1990): Musterblatt einer fototektonischen Karte der DDR im Maßstab 1:200 000, Blatt 61 (Gotha). Gesellschaft für Umwelt- und Wirtschaftsgeologie mbH Berlin, unveröff. Bericht.

SCHMIDT, J. (1993): Ergebnisbericht über die geologische Aufnahme im Bereich der südwestlichen Störungsschar der Eichenberg-Gotha-Saalfelder Störungszone im Raum Holzhausen/Arnstadt. Institut für Geologie der TU Bergakademie Freiberg, im Auftrag der BGR, unveröff. Bericht.

STRATHMANN, F.-W. (1993): Taschenbuch zur Fernerkundung. Wichmann, Karlsruhe.

ZIMMERMANN, E. (1924): Erläuterungen zu Blatt Arnstadt, 2. Aufl.

Quellen für Karten und Bilder:

Hansa Luftbild GmbH, Elbestraße 5, 48145 Münster.

KAZ Bildmeß GmbH, Karl- Rothe- Str. 10-14, 04133 Leipzig.

Luftbilddatenbank in Würzburg, Saalgasse 3-5, 97082 Würzburg.

11 Geophysikalische Erkundung

11.1 Magnetik

KLAUS KNÖDEL & GERHARD LANGE

Überall auf der Erde gibt es ein natürliches Magnetfeld, das eine Kompaßnadel in die (magnetische) Nordrichtung einstellt. Diesem aus dem Erdinneren stammenden, in Jahren bis Jahrzehnten veränderlichen magnetischen Hauptfeld überlagert sich ein in Bruchteilen von Sekunden bis Tagen veränderlicher Feldanteil, der seinen Ursprung außerhalb des Erdkörpers in der Ionosphäre und Magnetosphäre hat. Zu diesen globalen Anteilen des erdmagnetischen Feldes kommt ein zeitlich nahezu konstantes Anomalienfeld, das die unterschiedliche Magnetisierung des Materials in der oberen Erdkruste widerspiegelt. Man unterscheidet eine induzierte und eine remanente Magnetisierung, die sich überlagern und vektoriell addieren. Die induzierte Magnetisierung ist proportional zu dem am Ort herrschenden Magnetfeld. Die remanente („dauerhafte") Magnetisierung ist abhängig vom Gehalt an ferromagnetischen Stoffen und von deren Entstehungsgeschichte. Die Maßeinheit für die Flußdichte des Magnetfeldes ist T (Tesla) und für die Magnetisierung A m^{-1} (Ampere pro Meter). Die Angabe der Meßwerte für das Magnetfeld erfolgt in der Einheit nT (Nanotesla, 1 nT = 10^{-9} T).

Als Ursachen für das geomagnetische Anomalienfeld kommen nicht nur geologische Strukturen wie Basalte, metamorphe Gesteine und Erzlagerstätten, sondern auch Einlagerungen von eisenhaltigem Abfall (z. B. Autowracks, alte Haushaltsgeräte, Bauschutt mit Armierung, Verpackungsmaterial wie Fässer, Lack- und Farbbehälter, Konservendosen sowie Aschen u. a.) in Deponien und Altablagerungen in Betracht. Dieser Umstand wird zur Suche und Abgrenzung verborgener Altablagerungen genutzt. Um das Anomalienfeld zu erfassen und daraus Aussagen über dessen Ursachen abzuleiten, müssen aus dem gemessenen Gesamtfeld das Haupt- und das Variationsfeld eliminiert werden.

11.1.1 Methodik

Zielstellung der magnetischen Messungen war die Abgrenzung der Altablagerung, die Lokalisierung größerer magnetisch wirksamer Einlagerungen sowie die Konturierung möglicher stahlbetonbewehrter unterirdischer Bauten des verborgenen militärischen Bauwerkes (*Abb. 10.4* und *10.5*).

Zum Einsatz kam ein Protonenmagnetometer in Gradiometer-Konfiguration zur Messung des magnetischen Totalfeldes und seines vertikalen Gradienten. Da das anomale Magnetfeld mit der dritten Potenz des Abstandes Störkörper - Meßsonde abnimmt, verringert sich der Einfluß oberflächennaher Störkörper rasch mit der Sensorhöhe. Durch geeignete Sensor-Anordnungen kann dieser Effekt zur Glättung der gemessenen Anomalienfelder verwendet werden. Nach Testmessungen auf einem Profilabschnitt über der Altablagerung wurde für den unteren Sensor eine Höhe von 1,3 und für den oberen Sensor eine Höhe von 2,7 m über der Erdoberfläche gewählt, um die Auswirkungen kleiner oberflächennaher Einlagerungen ausreichend zu unterdrücken. Die Vermessung erfolgte auf einem regelmäßigen Gitter mit einem Punktabstand von 5 m.

Parameter der Feldarbeiten:

Größe des Untersuchungsgebietes	500 m · 600 m
Profilabstand	5 m
Meßpunktabstand	5 m (Ausfälle durch Bebauung)
Anzahl der Meßpunkte	7 513
Anzahl Wiederholungspunkte	73
Dauer der Messungen	11 Tage
Personaleinsatz	1 Beobachter
Meßgröße	Totalintensität und Vertikalgradient
Abstand der Sensoren von der Erdoberfläche	obere S.: 2,7 m untere S.:1,3 m
Gerätetyp	Geometrics G 856-AX
Basisstation für die Variationskorrektur	G 856 (Meßintervall 10 s)

Als erster Bearbeitungsschritt nach dem Übertragen der Meßwerte aus dem Speicher des Meßgerätes auf den Auswertungsrechner wurden die o. g. Korrekturen angebracht. Während die Gradienten keiner weiteren Bearbeitung bedürfen, da Hauptfeld und Variationen durch die Differenzbildung bei zeitgleicher Messung des Totalfeldes an beiden Sensoren bereits eliminiert sind, müssen an den Einzelwerten des Totalfeldes Reduktionen vorgenommen werden, um das Anomalienfeld abzutrennen. Bei einer im allgemeinen geringen Größe der Meßgebiete und kurzen Meßzeiten kann bei Messungen im Rahmen der Deponieerkundung mit einem Normalfeldwert[1] für das gesamte Meßgebiet gearbeitet werden. In vielen Fällen ist der Bezug aller Meßwerte auf einen ungestörten (nichtanomalen) Basispunkt ausreichend. Für das Meßgebiet Eulenberg wurde ein Wert von 48 178 nT ermittelt. Die

[1] Das Normalfeld wird durch eine Funktion der geographischen Länge und Breite, der Höhe über NN und der Zeit beschrieben. Zur Bestimmung der Normalfeldkorrektur verwendet man Normalfeldtabellen oder Berechnungen auf der Basis des Internationalen Geomagnetischen Referenzfeldes (IGRF), das laufend aktualisiert wird.

Variationsregistrierung zur Reduktion der zeitlichen Variationen des Magnetfeldes erfolgte mit einer in Abständen von 10 Sekunden automatisch messenden Basisstation.

Dargestellt werden die Anomalien des Totalfeldes und/oder der Vertikalgradienten als Isanomalenkarte. Aus diesen Darstellungen können oft unmittelbar Aussagen über den Untergrund abgeleitet werden. Zur Methodik magnetischer Messungen wird auf Band 3 „Geophysik" des Handbuches, Kapitel 3 verwiesen.

11.1.2 Ergebnisse

Die *Abb. 11.1* zeigt die Isanomalen der Totalintensität (*oben*) und der Gradientenmessung (*unten*). Das Gebiet innerhalb der Verbreitungsgrenzen des Abfalls zeichnet sich in beiden Meßgrößen durch ein unruhiges Isolinienbild deutlich gegenüber den nichtmagnetischen Gesteinen des umgebenden Keupers und Muschelkalks ab. Die weißen Flächen innerhalb der Meßfläche zeigen Meßlücken bzw. Bereiche, wo extrem gestörte Meßwerte von der weiteren Bearbeitung ausgeschlossen wurden. Das Ergebnis läßt erkennen, daß ein Teil der Gärten im südwestlichen Teil der Anlage auf der Altablagerung angelegt wurde. In der Bohrung E12 konnte bis zu einer Tiefe von 6 m metallhaltiger Abfall nachgewiesen werden.

Die gemessenen Gradienten (Totalfeld an der unteren Sonde minus Totalfeld der oberen Sonde) zeigen mit hoher Auflösung die Verbreitung ferromagnetischen Materials. Dagegen erscheint das Totalfeld (hier Wert der oberen Sonde) als ein Nebeneinander großflächiger Strukturen mit positiven und negativen Anomalienwerten. Auffallend ist, daß die positiven Anomalien nur teilweise mit den durch die Ergebnisse der Gravimetrie (*Abb. 11.3*), der Mise-à-la-Masse-Messungen (*Abb. 11.8*) und der Penetrationssondierungen (*Abb. 11.46*) nachgezeichneten Abfallmächtigkeiten korrelieren. So erscheint der Bereich, unter dem durch die Penetrationssondierungen AS 55, 56 und 57 eine ca. 23 m mächtige Schicht aus aschereichem Hausmüll und Bauschutt in der Baugrube nachgewiesen wurde, als Minimum in der Totalfeldintensität und der westlich angrenzende Bereich, in dem die Penetrationssondierungen AS 87 und AS 5 eine nur 6 m mächtige Abfallschicht gleicher Zusammensetzung belegen (Sondierungsprofil VI), als ausgeprägtes Maximum. Der Lagevergleich mit den in der Abbildung eingetragenen Böschungen zeigt, daß die Minima dem Verlauf der Geländestufen folgen. Zur Erklärung dieses Sachverhaltes, der auch bei Messungen auf anderen Deponien beobachtet wurde, sind einige Betrachtungen notwendig.

Das Anomalienbild über ferrometallischen Ablagerungen wird meist durch die dem Material im Fertigungsprozeß aufgeprägte remanente Magnetisierung dominiert. Diese Anteile, die bei Stahl das Mehrfache des induzierten Betrages erreichen können, überlagern sich in Abhängigkeit von der Lage der

Einzelobjekte innerhalb des Abfallkörpers und führen zu einer resultierenden Magnetisierung. Wenn diese entgegen dem erdmagnetischen Feld gerichtet ist (inverse Magnetisierung), werden negative Anomalien im Totalfeld und dem Gradienten beobachtet. Bei großen Mengen eingelagerter ferromagnetischer Bestandteile kann deren statistische Verteilung zu Kompensationseffekten führen, so daß sich die Anteile remanenter Magnetisierung in ihrer Summenwirkung auslöschen und der induzierte Feldanteil überwiegt. So erscheinen Abfallkörper mit hohen Anteilen ferromagnetischer Substanzen häufig im Anomalienbild der Totalintensität mit einem stärkeren Südmaximum und einem schwächeren Nordminimum. Das ist das typische Bild einer Anomalie der (induzierten) Totalintensität über einem Störkörper bei magnetischen Messungen in Mitteleuropa, wo die Inklination des geomagnetischen Hauptfeldes 60 - 70 Grad beträgt. Der Störkörper selbst ist im Übergangsbereich zwischen den Extrema zu suchen.

Eine andere bei magnetischen Messungen häufig zu beobachtende Erscheinung ist, daß bei Annäherung an magnetische Körper oberhalb der Erdoberfläche im und über dem Niveau der Sonden (z. B. Metallzäune, Stahlmasten, Fahrzeuge etc.) Minima im Totalfeld auftreten. Als Ursache für die negativen Anomalien im Bereich der Böschungen werden analoge Effekte gesehen. Somit lassen sich die negativen Totalfeldanomalien in dem durch bis zu 10 m hohe Bermen gebildeten Bereich nördlich der Bohrungen Gas 1 und E4 sowie um die Bohrung E8 als induzierte oder durch magnetisch wirksames Material oberhalb des Meßniveaus verursachte Minima erklären und nicht als Bereiche mit reduziertem Metallgehalt. Infolge der komplizierten Überlagerung dieser Effekte und der Wirkung von ferromagnetischem Material in allen Tiefenbereichen ist die Lokalisierung und Tiefenabschätzung größerer Störkörper innerhalb des Abfallkörpers und der Nachweis von Stahlbetonteilen des unter dem Abfall verborgenen Bauwerkes extrem erschwert bis unmöglich. Eine quantitative Modellierung bzw. Massenabschätzung ist nicht beherrschbar. Auch Aussagen zur qualitativen stofflichen Differenzierung des Inhaltes (Bauschutt, organische Abfälle, Stahlschrott), die durch einige Beispiele an anderen Standorten belegt werden, können am Standort Eulenberg nicht getroffen werden. Die Ergebnisse sind in hohem Maße durch den Einfluß des Reliefs an der Oberfläche des Abfallkörpers geprägt.

Die ursprünglich auf die Altablagerung und deren unmittelbaren Randbereich begrenzte Meßfläche wurde im nordwestlichen Teil um eine quadratische Teilfläche erweitert, um die dort in den Luftbildern von 1961 und 1971 erkennbare sternförmige Struktur zu untersuchen (*Abb. 10.4*). Da dieser Bereich aber in beiden Meßgrößen als ungestört erscheint, ist auszuschließen, daß hier ferromagnetisches Material (Rohrleitungen) oder stromführende Kabel verbreitet sind. Die Anomalien in der Isolinienkarte des Gradienten, die nördlich der Altablagerung dem Verlauf der Straße folgen, werden durch stromführende Leitungen verursacht.

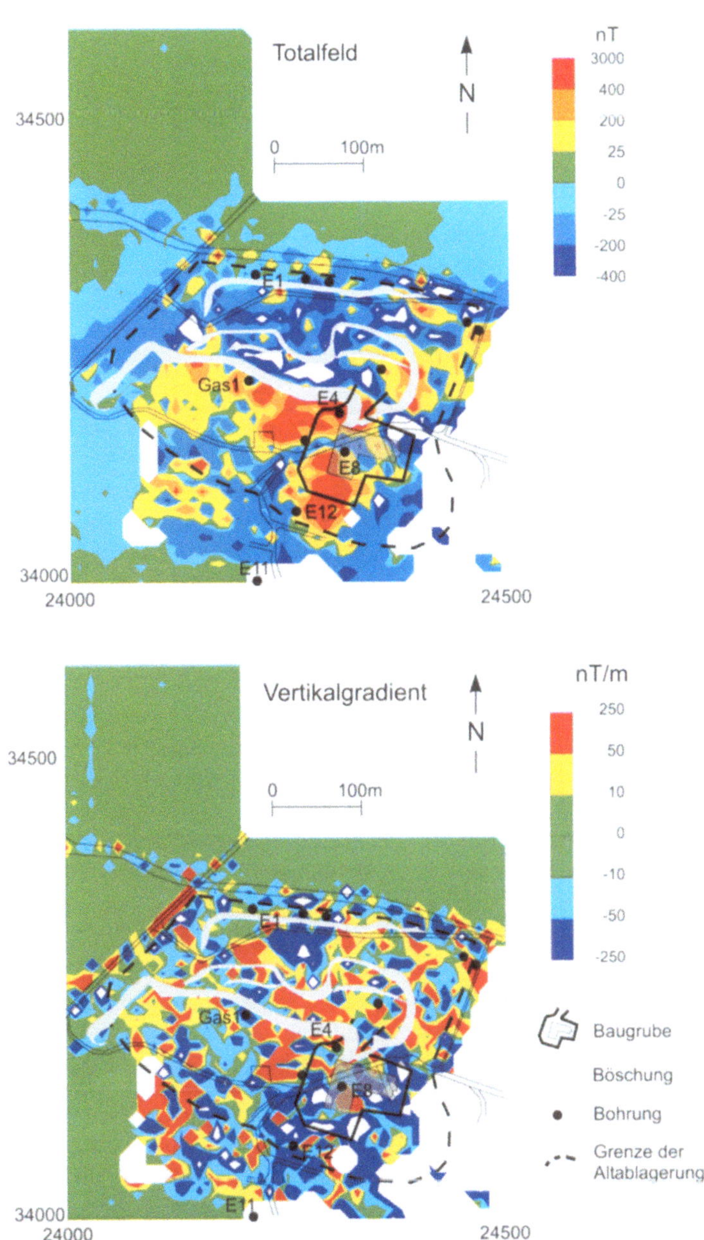

Abb. 11.1: Anomalien der magnetischen Totalintensität in 2,7 m Sensorhöhe (*oben*) und Vertikalgradient der Totalintensität, als Differenz der gemessenen Totalintensitäten in 2,7 und 1,3 m Sensorhöhe (*unten*). Geophysik GGD 1992, im Auftrag der BGR

11.2 Gravimetrie

HARALD LINDNER & UWE CASTEN

Das Schwerefeld ist wie das Magnetfeld ein natürliches Potentialfeld und besitzt die Dimension einer Beschleunigung. In der Praxis werden die Meßwerte in der Einheit MilliGal (mGal) angegeben (1mGal = 10^{-5} m s^{-2} =10 µm s^{-2}). Die Hauptursache des Schwerefeldes liegt in der durch das Newtonsche Gravitationsgesetz beschriebenen Massenanziehung zwischen der Erde und einer beliebigen Masse. Diese Masse bestimmt sich aus dem Produkt ihres Volumens und ihrer Dichte. Außer der Anziehungsbeschleunigung wirken an einem Meßpunkt noch die von der Rotation der Erde verursachte breitenabhängige Zentrifugalbeschleunigung sowie die von Mond und Sonne verursachten Gezeiten.

Für die geophysikalische Erkundung sind die auf Dichteinhomogenitäten zurückzuführenden Schwereanomalien von Bedeutung. Dabei wird die Differenzdichte zwischen einer Einlagerung und ihrer Umgebung wirksam. So erzeugt eine Einlagerung in einem Material höherer Dichte (z. B. eine Rinne mit Sand- oder Kiesfüllung in einer Geschiebemergelschicht) eine negative Schwereanomalie. Auch Deponien und die meisten Altablagerungen verursachen wegen der negativen Dichtedifferenzen zwischen dem Deponiekörper und der Umgebung negative Schwereanomalien. Gravimetrische Messungen können deshalb eingesetzt werden zum Auffinden und Abgrenzen verdeckter Altablagerungen, zur Bestimmung der Mächtigkeit und der Dichte von Deponiekörpern und zum Nachweis von Hohlräumen.

Mit den in der Erkundung zur Schweremessung eingesetzten Gravimetern sind nur Relativmessungen möglich, d. h. es werden Schweredifferenzen, bezogen auf einen Anschlußpunkt bekannten Schwerewertes oder auf einen frei gewählten Bezugspunkt, gemessen. Das absolute Niveau der Meßwerte spielt bei lokalen Messungen im Rahmen der Deponieerkundung keine Rolle. Mit modernen Instrumenten läßt sich die Schwere mit einer Genauigkeit von ± 0,005 mGal messen. Die Messung an einem Punkt dauert ca. 2 - 3 Minuten, so daß ein erfahrener Beobachter an einem zehnstündigen Arbeitstag, in Abhängigkeit von den Geländeverhältnissen, ca. 60 - 120 Punkte vermessen kann.

11.2.1 Methodik

Da zu Beginn der Untersuchungen die Lage der im Untergrund der Altablagerung vermuteten unterirdischen Wehrbauten unbekannt war, und Luftbilder bzw. Baupläne aus der Zeit vor dem Beginn der Ablagerung von

Abfällen noch nicht zur Verfügung standen, wurde versucht, entsprechende Informationen über Schweremessungen zu erhalten. Aufgrund der Dichteunterschiede zwischen den Gesteinen des Keupers ($\rho \approx 2{,}3 \cdot 10^3$ kg m^{-3}) und des Muschelkalkes ($\rho \approx 2{,}5 \cdot 10^3$ kg m^{-3}) sowie den in die offene Baugrube verkippten Abfällen ($\rho \approx 1{,}54 \cdot 10^3$ kg m^{-3}) war mit einer Dichtedifferenz von ca. $-0{,}8 \cdot 10^3$ kg m^{-3} zu rechnen, so daß über der verfüllten Baugrube ein deutliches Schwereminimum erwartet werden konnte.

Die gravimetrischen Messungen erfolgten auf einer etwa quadratischen Meßfläche mit der Altablagerung im Zentrum. Die Meßpunkte lagen auf einem regulären Gitter mit einem Punktabstand von 20 m. Lediglich im Bereich steiler Böschungen und bei Hindernissen durch Bebauung innerhalb der Gartenanlagen wurde geringfügig von dem vorgegebenen Punktgitter abgewichen.

Wegen der Höhenabhängigkeit der Schwere ist eine Höhenreduktion der gemessenen Schwerewerte erforderlich. Dafür erfolgte neben der Koordinatenbestimmung ein Präzisionsnivellement aller Meßpunkte. Sowohl für die Gravimeter- als auch für die Höhenmessungen wurde ein in das staatliche Netz eingebundener Bezugspunkt im Deponieumfeld gewählt. Die Ermittlung der Höhen erfolgte durch ein Nivellement in Schleifenform mit Anschluß an diesen Bezugspunkt. Der Betrag des Abschlußfehlers betrug dabei 0,014 m, was einem höhenbedingten Fehler der Schwerewerte von 0,003 mGal entspricht. Zur Bestimmung des Instrumentengangs des Gravimeters erfolgte am Bezugspunkt alle 45 Minuten eine erneute Messung der Schwere. Die Meßpunkte des regulären Netzes wurden routinemäßig einmal (Einschleifenmethode) und 15 Prozent davon wiederholt gemessen. Aus diesen Wiederholungsmessungen ergab sich als Fehler des Aufnahmenetzes ein Wert von 0,011 mGal.

Auf dem zur Lokalisierung vermuteter unterirdischer Erweiterungen des in Abb. 10.4 sichtbaren Bauwerkes angelegten Profils (*Abb. 11.5*) wurden wegen der extrem hohen Genauigkeitsforderungen bei der Hohlraumerkundung alle Meßpunkte zweifach gemessen (Zweischleifenmethode).

Parameter für die Feldarbeiten der flächenhaften Vermessung:

Größe des Untersuchungsgebietes	500 m x 420 m
Meßpunktabstand	20 m x 20 m
Meßtechnik	Einschleifenmethode
Anzahl der Meßpunkte	476
Anzahl Wiederholungspunkte	64
Dauer der Messungen	6 Tage (a 10 h)
Personaleinsatz	2 Meßingenieure
	2 Meßgehilfen
Gerätetyp	Sodin-Gravimeter

Als erster Bearbeitungsschritt wurden die Meßdaten einer Gang- und Gezeitenkorrektur unterzogen, um die bei den Wiederholungsmessungen am

Bezugspunkt ermittelten Abweichungen, die neben dem Instrumentengang auch die Gezeitenwirkung enthalten, zu eliminieren. Anschließend erfolgten an den korrigierten Meßwerten noch Reduktionen:

- Freiluftreduktion,
- Bouguer-Reduktion (Plattenreduktion),
- Normalschwere-Reduktion und
- Geländereduktion.

Als Reduktionsniveau wurde NN gewählt. Die Umgebungsdichte für die Bouguer-Reduktion betrug 2 300 kg m^{-3}. Die Geländekorrektur erfolgte mit den gemessenen Punkthöhen. Der Fehler der Schwerewerte nach der Bouguer-Reduktion beträgt max. 0,023 mGal. Die nach o. g. Bearbeitungsschritten erhaltenen Werte, die als Bouguer-Anomalien bezeichnet werden, bilden die Grundlage der weiterführenden Interpretation.

Für die Interpretation gravimetrischer Anomalien werden neben qualitativ beschreibenden Darstellungen in Profil- oder Kartenform auch quantitative Aussagen angestrebt. Aus der Form und Amplitude einer Anomalie können Rückschlüsse auf ihre Ursachen gezogen werden - v. a. Angaben zur Lagerungsteufe, Mächtigkeit und lateralen Ausdehnung einer Dichtestruktur. Formeln zur Berechnung einfacher zwei- und auch dreidimensionaler Störkörper geben u. a. LINDNER & SCHEIBE (1978) und TELFORD et al. (1990) an. Für die Modellierung der Schwereanomalien komplizierter Strukturen werden computergestützte Modellierungsverfahren eingesetzt. Als Ausgangsdaten für die Rechnungen sind neben Vorgaben zur Geometrie der Störkörper auch Dichtewerte erforderlich. Angaben zu Gesteinsdichten findet man bei KOPF (1963), SCHÖN (1983) und KNÖDEL et al. (1997).

Da die Gravimetrie als geophysikalisches Potentialverfahren der Wirkung des Äquivalenzprinzips unterliegt, ist es grundsätzlich nicht möglich, allein aus gravimetrischen Meßergebnissen eindeutige Rückschlüsse auf die Tiefenlage und die Form von Strukturen zu ziehen. Modellierungsergebnisse sind deshalb stets als Lösungen im Rahmen der vorgegebenen geologischen Randbedingungen aufzufassen.

11.2.2 Ergebnisse

Die in *Abb. 11.2* aufgeführte Zusammenstellung von Dichtewerten des Abfalls zeigt die auch an anderen Deponiestandorten beobachtete starke Inhomogenität des Abfallkörpers. Die Werte in *Abb. 11.2* wurden aus den Ergebnissen der bei den Penetrationssondierungen (Kap. 11.6) durchgeführten Gamma-Gamma-Messungen (STICKEL, 1993) abgeleitet.

In *Abb. 11.3* sind die Bouguer-Anomalien, die Verbreitungsgrenzen des

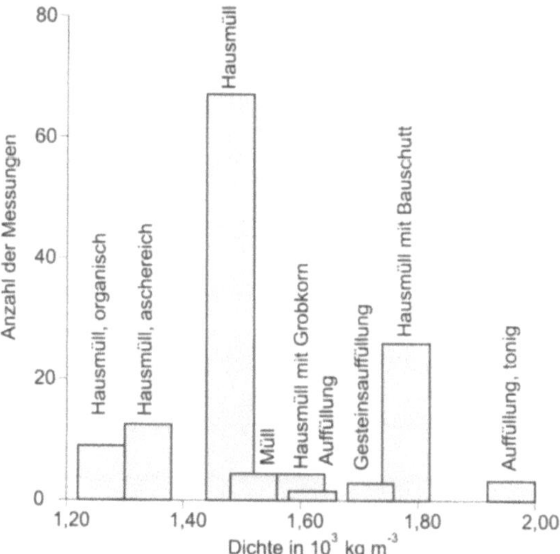

Abb. 11.2: Dichtewerte des Schüttgutes der Altablagerung Eulenberg (zusammengestellt nach Angaben von STICKEL, 1993)

Abfalls sowie der Umriß der Baugrube nach den Luftbildern und der deutschen Grundkarte von 1951 dargestellt. Die Karte zeigt ein durch Maxima und Minima gegliedertes Isolinienbild. Das Maximum in der nördlichen Hälfte (+ 0,4 mGal) sowie die Maxima im Osten (+ 0,2 mGal) und über anstehendem Muschelkalk im Südwesten (+ 0,3 mGal) sind möglicherweise Effekte aus dem tieferen Untergrund.

Im Bereich der verfüllten Baugrube tritt ein markantes Minimum (< -0,5 mGal) hervor, das aus der negativen Dichtedifferenz zwischen Abfall und geologischem Untergrund resultiert. Auch außerhalb der Baugrube bilden sich Bereiche erhöhter Abfallmächtigkeit als Minima im Schwerefeld ab. Das aufgefiederte Schwereminimum im südöstlichen Teil der Meßfläche könnte von dem hier als Aushub bei Anlage der Baugrube abgelagerten Lockermaterial verursacht sein. Die Bouguer-Schwerekarte liefert jedoch keine Hinweise auf die nach der Luftbildinterpretation (Kap.10) erwarteten verborgenen Hohlräume. Die davon möglicherweise verursachten geringen negativen Anomalien werden von dem dominierenden Minimum über dem Zentrum des Abfallkörpers verdeckt.

Abb. 11.3 (nächste Seite, *oben*)**:** Karte der Bouguer-Anomalien nach SCHULZE et al. (1992) im Auftrag der BGR

Abb. 11.4 (nächste Seite, *unten*)**:** Abgedeckte Schwerekarte nach Elimination der Schwerewirkung der Altablagerung. Die Umrandungen kennzeichnen die Grenzen der Abfallverbreitung und den Umriß der verdeckten Baugrube. Die Linie A - B markiert die Lage des in *Abb. 11.5* dargestellten Profilschnittes. CASTEN 1994 a, b, im Auftrag der BGR

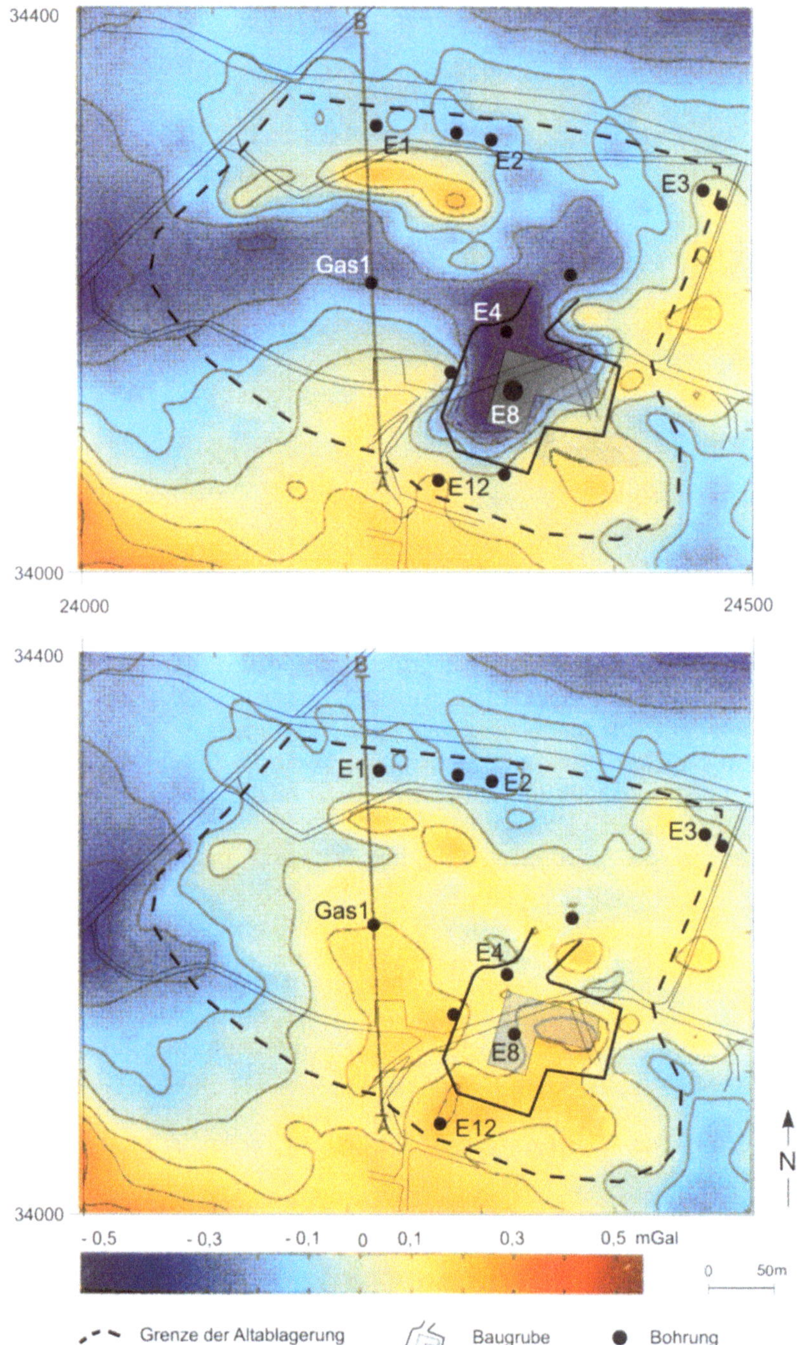
34400
34000
24000
24500
B
A
E1
E2
E3
Gas1
E4
E8
E12
- 0,5
- 0,3
- 0,1
0
0,1
0,3
0,5 mGal
0
50m
N
Grenze der Altablagerung
Baugrube
Bohrung

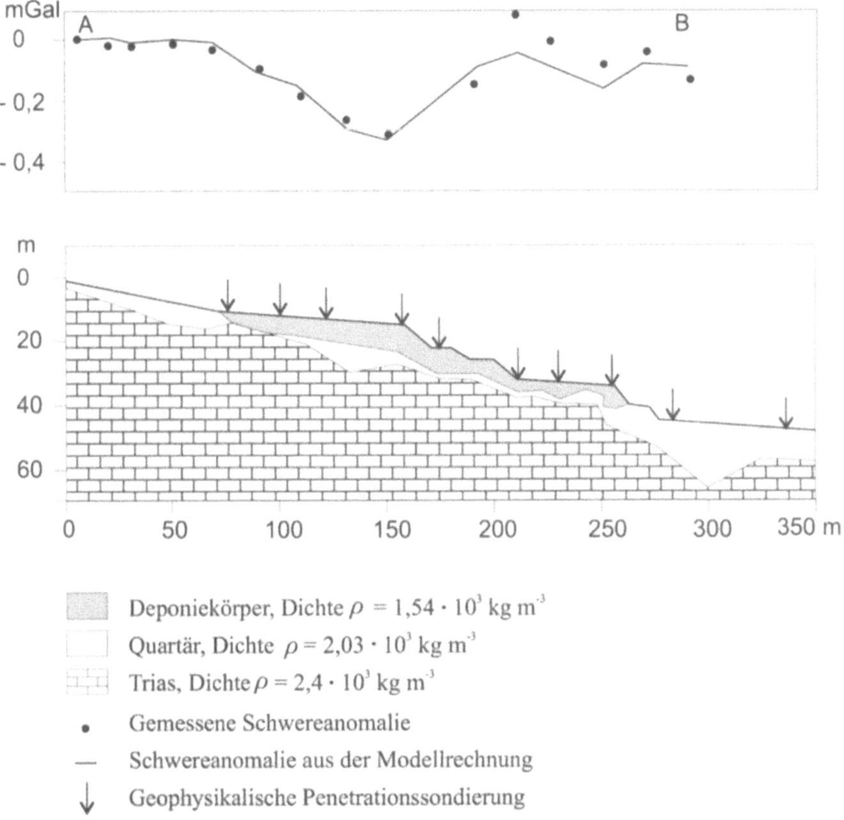

Abb. 11.5: Profilberechnung über der Altablagerung Eulenberg, Linie A-B, Vergleich von gemessener und berechneter Schwere

Durch eine Vorwärtsmodellierung erfolgte mit der Modelldichte für den Abfallkörper $\rho = 1{,}54 \cdot 10^3$ kgm^{-3} eine flächenhafte Berechnung der Schwerewirkung der gesamten Altablagerung. Diese wurde von den in *Abb 11.3* gezeigten Bouguer Anomalien abgezogen. Das Ergebnis - auch als abgedeckte Schwerekarte bezeichnet - ist in *Abb. 11.4* dargestellt. Im wesentlichen verbleiben hier nur noch Restanomalien, welche von Inhomogenitäten im Liegenden der Altablagerung stammen.

Eine zweidimensionale Profilberechnung (*Abb. 11.5*) veranschaulicht die Wirkung des Abfallkörpers. Unter Vorgabe eines Mächtigkeits- und Dichtemodells für die Altablagerung und den geologischen Untergrund (Startmodell) wurde durch Vorwärtsrechnung das Schwerefeld berechnet. Der angenommene Dichtewert des Schüttgutes in der Altablagerung von $1{,}54 \cdot 10^3$ kg m^{-3} entspricht dem Mittel der Dichtewerte nach den Penetrationssondierungen (*Abb. 11.2*). Zur Modellverbesserung wurden, basierend auf dem Startmodell, in einem iterativen Prozeß die Differenzen zwischen gemessenen und berechneten Schwereanomalien minimiert. Der Vergleich der berechneten mit den gemessenen Schwerewerten zeigt, daß eine befriedigende Annäherung beider Schwerekurven nur zwischen Profilmeter 10 und 200 erzielt wurde. Die ungenügende Kurvenanpassung zwischen 210 und 290 m könnte durch größere Abweichungen von den angenommenen Abfallmächtigkeiten bzw. den genutzten Dichtewerten verursacht sein. Wie die Bouguer-Karte liefert auch dieses Profil keine Hinweise für vermutete Hohlräume.

11.3 Gleichstromgeoelektrik

GERHARD LANGE

11.3.1 Methodik

Die mit der Gleichstromgeoelektrik untersuchte Materialeigenschaft des Untergrundes ist der spezifische elektrische Widerstand ρ, gemessen in Ohmmetern [Ωm], bzw. dessen Kehrwert, die elektrische Leitfähigkeit σ (in Siemens - [S]). Die Angabe in Leitfähigkeitseinheiten wird in der Elektromagnetik (Kap. 11.4) bevorzugt.

Der elektrische Widerstand eines Gesteins ist abhängig von seinem Wassergehalt, dem Mineralgehalt des Wassers, der Lithologie (Porenraumstruktur) und vom Tongehalt. Im allgemeinen nimmt der Widerstand mit zunehmender Wassersättigung, steigendem Mineralisationsgrad und wachsendem Anteil toniger Bestandteile ab. Die Werte für Widerstände natürlicher geologischer Materialien und Abfälle liegen im Bereich von 1 - 20 000 Ωm. So wie natürliche Sedimente und Gesteine ein lithologieabhängiges Widerstandsverhalten aufweisen, zeigen auch qualitativ unterschiedliche Abfallfraktionen typische Widerstandsbereiche. Für Hausmüll liegen die Werte zwischen 3 und 30 Ωm, für Bauschutt zwischen 70 und 100 Ωm und für gemischte Abfälle um 50 Ωm. Da die aus einem Abfallkörper austretenden Sickerwässer oft mit Elektrolyten befrachtet sind, äußern sich die entstehenden „Schadstoff-Fahnen“ durch einen niedrigen spezifischen Widerstand des durchströmten Materials.

Der elektrische Widerstand eines Gesteins ist auch abhängig von seinem Verfestigungsgrad. Obwohl lockere trockene Sande extrem hohe Widerstände bis zu 20 000 Ωm und mehr aufweisen können, sind Lockergesteine in der Regel niederohmiger als Festgesteine. Verwitterungsprozesse und tektonische Beanspruchung können aber die Widerstände von Festgesteinen stark herabsetzen. Störungen und Kluftsysteme, die durch tektonische Vorgänge entstanden sind, zeigen sich aufgrund erhöhter Wasserwegsamkeit und Begleitmineralisation sowie Verlehmung/Vertonung offener Klüfte meist als Bereiche niedrigerer Widerstände gegenüber dem umgebenden Gestein und lassen sich dann gut nachweisen.

Bei einer gleichstromgeoelektrischen Messung wird über zwei Metallspieße (Elektroden) ein Gleichstrom I oder niederfrequenter Wechselstrom (1 bis 30 Hz) in den Boden eingespeist. Der leitfähige Untergrund schließt den Stromkreis und es bildet sich ein Potentialfeld aus, das von der Position der Elektroden und der Leitfähigkeitsverteilung im Untergrund bestimmt wird. Mit zwei Meßelektroden (Sonden) werden an der Erdoberfläche Potentialdifferenzen (Spannungen) V gemessen. Aus den Meßwerten für I und V sowie einem für die gewählte Meßanordnung spezifischen Geometriefaktor K (in m) kann der sog. scheinbare spezifische Widerstand $\rho_S = K \cdot V/I$ berechnet werden. Diese Bezeichnung für ρ_S (Angabe ebenfalls in Ωm) wurde gewählt, weil die durch eine Messung an der Erdoberfläche gewonnenen Werte nicht vom wahren spezifischen Widerstand eines äquivalenten homogenen Halbraumes zu unterscheiden sind. Der Geometriefaktor K hängt von der geometrischen Anordnung der Elektroden und Sonden ab und läßt sich für eine gewählte Konfiguration einfach berechnen (s. Band 3 des Handbuches). Die nach den gebräuchlichen Formeln berechneten K-Werte sind exakt nur für ebene Meßflächen gültig. Ein starkes Oberflächenrelief im Bereich der Meßanordnung führt durch Verzerrung der Stromsysteme zur Vortäuschung von zu hohen oder zu niedrigen Widerständen (s. *Abb. 11.7*)

Die Vierpunktanordnung (zwei Elektroden, zwei Sonden) wird als Grundkonfiguration aller gleichstromgeoelektrischen Verfahren einschließlich der elektrischen Bohrlochmeßverfahren in zahlreichen Varianten benutzt. Die Eigenschaften der verwendeten Anordnung wie Erkundungstiefe sowie horizontales und vertikales Auflösungsvermögen sind von vielen Faktoren (Geometrie der Anordnung, Leitfähigkeitsverteilung im Untergrund, Empfindlichkeit gegenüber lateralen Effekten usw.) abhängig und nicht explizit anzugeben. Generell nimmt mit wachsendem Elektrodenabstand AB die Erkundungstiefe zu und die Auflösung ab.

Aus der Vielzahl der in der Oberflächengeoelektrik erprobten Elektroden-Sonden-Anordnungen sollen nur wenige genannt werden, die eine größere praktische Bedeutung haben: Wenner-, Schlumberger-, Dipol-Dipol-, Pol-Dipol- und Gradient-Anordnung. Elektroden und Sonden sind hier in einer Linie angeordnet, so daß eine Messung technologisch einfach durchgeführt werden kann. Im Handbuch Band 3 werden mehrere Kriterien zur Auswahl der optimalen Anordnung genannt (z. B. Erkundungstiefe, horizontale und vertikale Auflösung, Empfindlichkeit gegenüber oberflächennahen Inhomogenitäten etc.). Die genannten Vierpunkt-Anordnungen werden zur Sondierung und Kartierung verwendet.

Die Sondierung dient zur Ermittlung der vertikalen Leitfähigkeitsverteilung in einem (horizontal)geschichteten Untergrund. Bei der Messung wird die Position der Sonden beibehalten und der Abstand AB der Elektroden in definierten Schritten vergrößert. Der Bezugspunkt für die Meßwerte an der Erdoberfläche bleibt unverändert. Die (doppeltlogarithmische) Darstellung der gemessenen scheinbaren spezifischen Widerstände ρ_S als Funktion des halben Elektrodenabstandes (AB/2) wird als „Sondierungskurve" bezeichnet.

Für eine Kartierung bleibt die Elektroden-Sonden-Anordnung unverändert, d. h. man wählt eine Anordnung mit festem AB und wandert mit der gleichbleibenden Geometrie über die zu erkundende Fläche. Die gemessenen ρ_S-Werte bezieht man jeweils auf das Zentrum der Aufstellung.

Um Einlagerungen zu kartieren, die gegenüber ihrer Umgebung einen deutlich niedrigeren Widerstand aufweisen, kann eine als Mise-à-la-Masse bezeichnete spezielle Anordnung verwendet werden. Voraussetzung dafür ist die Möglichkeit zur Erdung einer Elektrode im leitfähigen Bereich, um den Speisestrom direkt einzuleiten. Man benutzt als Erdungsstelle häufig vorhandene Bohrungen oder Pegel. Die zweite Elektrode wird in einer sehr großen Entfernung von der Untersuchungsfläche angeordnet, so daß ihr Einfluß auf die Potentialverteilung vernachlässigt werden kann. Bei der Messung müssen nur noch eine oder zwei Sonden bewegt werden, was die Mobilität gegenüber einer linienhaften Vierpunktanordnung erhöht und den Aufwand erheblich reduziert. Die Messung mit einer Sonde im „Einmannverfahren" liefert das Potential und die Messung mit zwei Sonden den Gradienten des Potentialfeldes am Meßort. Zur Vermeidung störender Eigenpotentiale muß mit unpolarisierbaren Sonden gearbeitet werden.

Kartierungsergebnisse werden als Widerstandsprofile ρ_S (x) oder in der x-y-Ebene (Erdoberfläche, Meßfläche) als Isanomalenpläne ρ_S (x, y) dargestellt. Zusätzliche Korrekturen sind nur bei stärkerem Geländerelief erforderlich (*Abb. 11.7*). Die in den Profilen und Karten für einen bestimmten Tiefenbereich (der „Erkundungstiefe") angezeigten lateralen Leitfähigkeitsänderungen ermöglichen eine qualitative geologische Interpretation. Um bei Mise-à-la-Masse-Messungen aussagekräftige Werte des Potentials bzw. des Potentialgradienten zu erhalten, sind Schwankungen der Sendestromstärke durch Normierung auszugleichen. Zur Ermittlung des scheinbaren spezifischen Widerstandes müssen hier wegen der wechselnden Aufstellungsgeometrie für jeden Meßpunkt neue *K*-Faktoren berechnet werden.

Die Zurückrechnung der in einer Sondierungskurve dargestellten vertikalen ρ_S-Verteilung auf die Schichtparameter (wahrer spezifischer Widerstand und Mächtigkeit) der stromdurchflossenen Einzelschichten erfolgt durch computergestützte Inversion. Standard dafür sind Rechnerprogramme für ein- und zweidimensionale Untergrundmodelle. Die Inversion erfolgt durch schrittweise Anpassung von Modellkurven an die gemessenen Sondierungskurven. Man beginnt mit einem plausiblen Startmodell, das nach geologischen Normalprofilen (s. Kap. 9.7.2), Bohrungsdaten oder Ergebnissen anderer geophysikalischer Verfahren aufgestellt wird. Auch an der Form einer Sondierungskurve können in günstigen Fällen Schichtanzahl und Widerstandsverhältnisse im Untergrund erkannt werden. Neben dem jeweils erhaltenen Ergebnis lassen sich wegen der Gültigkeit des Äquivalenzprinzips weitere Modelle finden, die eine gemessene Sondierungskurve ebenfalls innerhalb eines gewissen Fehlerbereichs reproduzieren. Um aus dieser Vielfalt das beste Modell auszuwählen, ist die Orientierung an einem fundierten geologischen Modell für das Untersuchungsgebiet notwendig.

11.3.2 Ergebnisse

Kartierung und Sondierung

Abbildung *11.6a* zeigt das Ergebnis einer flächenhaften Widerstandskartierung als Karte des scheinbaren spezifischen Widerstandes. Zur Bestimmung der optimalen Wirkungstiefe und des Meßpunktabstandes wurden vor Beginn der Messungen an mehreren Punkten Schlumberger-Widerstandssondierungen durchgeführt. Die Ergebnisse dieser Sondierungen zeigten, daß die durch den Widerstandskontrast zwischen dem höherohmigen Material des Muschelkalkes und den niederohmigen Hangendschichten (Quartär bis Unterer Keuper) gekennzeichneten geologischen Strukturen bei einem (halben) Elektrodenabstand AB/2 = 50 m optimal abgebildet werden. Für die Kartierung wurde deshalb eine Schlumberger-Konfiguration mit diesem Elektrodenabstand und einem Sondenabstand von 10 m gewählt.

Neben der deutlichen Abgrenzung der Altablagerung als Widerstandsminimum zeigt sich nördlich davon eine weitere Minimalzone. Ursache dieses Widerstandsminimums ist eine mit niederohmigen Ton-Schluff-Mergelsteinen des Mittleren Keupers gefüllte Spezialmulde innerhalb der Wachsenburgmulde, die im Westen und Osten von lokalen SSW-NNE-streichenden Hochlagen des Muschelkalks begrenzt wird. Hinweise auf die Existenz rheinisch streichender Strukturelemente wurden bereits durch die Satellitenbildauswertung erhalten (Kap 10.1). Ohne die Einbeziehung von Ergebnissen der seismischen Erkundungsarbeiten (Profile EU12, 27, 21/28, 30 und 35) und die überraschenden Befunde der Bohrungen E5 bis E7 bezüglich der hydrogeologischen Situation wäre für den niederohmigen Bereich eine Fehlinterpretation als Kontaminationsaureole der Deponie wahrscheinlich gewesen (siehe Kap. 9.4). Die Interpretation der die Spezialmulde im Westen flankierenden Zone erhöhter Widerstände als Muschelkalkhochlage unter geringmächtiger Bedeckung, die allein nach dem geoelektrischen Meßergebnis nur zu vermuten ist, wird durch die seismischen Untersuchungen bestätigt. Das markante Widerstandsmaximum im Südwesten der Meßfläche bildet den nahe bzw. direkt an der Erdoberfläche anstehenden Muschelkalk ab.

Abbildung *11.6b* zeigt ein in E-W-Richtung über die Meßfläche verlaufendes Widerstandsprofil. Wegen des relativ großen Meßwertebereichs wurden die ρ_S-Werte auf einer logarithmischen Skala über den Meßpunkten (Punktabstand 20 m) dargestellt. Im Zentralbereich des Profils erscheint die mit tonhaltigen Sedimenten gefüllte Spezialmulde als niederohmige Zone im Kontrast zu den westlich sowie östlich flankierenden Muschelkalkhochlagen.

Parameter der Widerstandskartierung:

Größe des Gebietes	1000 m x 1000 m (ca. 30 % Ausfall durch Bebauung)
Profilabstand / Meßpunktabstand	40 m / 10 m
Meßanordnung: Schlumberger	Elektrodenabstand AB/2 =50 m, Sondenabstand MN/2 = 10 m
Meßpunktanzahl	1747
Wiederholungsmessungen	92
mittlerer Fehler aus der Wiederholung	2,6%
Dauer der Messungen (ohne Einmeßarbeiten)	6 Tage
Personaleinsatz	4
Meßgerät	GM 270A (28,8 Hz) mit Datenlogger

Die Sondierungskurven der an den eingetragenen Punkten durchgeführten Schlumberger-Tiefensondierungen in *Abb. 11.6c* zeigen, daß die in der Karte und dem Profil dargestellte Widerstandsverteilung keine oberflächennahe Ursache besitzt, sondern die Verhältnisse in einem dem Elektrodenabstand AB/2 = 50 m entsprechenden tieferen Bereich abbildet. Man sieht, daß unter einer relativ geringmächtigen Deckschicht mit Widerständen um ca. 100 Ωm die Werte nach unten erst ab- und dann wieder zunehmen. Solche Sondierungskurven werden auch als Minimumtyp bezeichnet. Die abnehmenden Widerstände widerspiegeln den Einfluß niederohmiger bindiger Sedimente des Quartär bzw. des Mittleren Keuper. Die Widerstandserhöhung zeigt den bei größeren Elektrodenabständen zunehmenden Einfluß des unterlagernden hochohmigen Muschelkalks. Wegen der tektonischen Beanspruchung im störungsnahen Bereich sind die spezifischen Widerstände des bruchkompetenten Muschelkalks gegenüber kompaktem Gestein zwar herabgesetzt, aber höher als für den bindigen Mittleren Keuper. Die bei den Sondierungen realisierten Elektrodenabstände bis zu max. 420 m ermöglichen eine Darstellung der Untergrundverhältnisse bis etwa 100 m Tiefe. Die nach der Inversion der Einzelsondierungen erhaltenen Schichtenprofile zeigen eine relative Absenkung der Muschelkalkschichten im Bereich der Keuper-Spezialmulde (*Abb. 11.6d*).

Abb. 11.6: (auf der nachfolgenden Seite)

a: Ergebnisse der Widerstandskartierung nach Schlumberger (N-S-Richtung)
b: Widerstandsprofil auf der Linie A - B
c: Sondierungskurven der Schlumberger-Sondierungen
d: geoelektrisches Schichtenprofil nach Inversion der Sondierungen unter c.

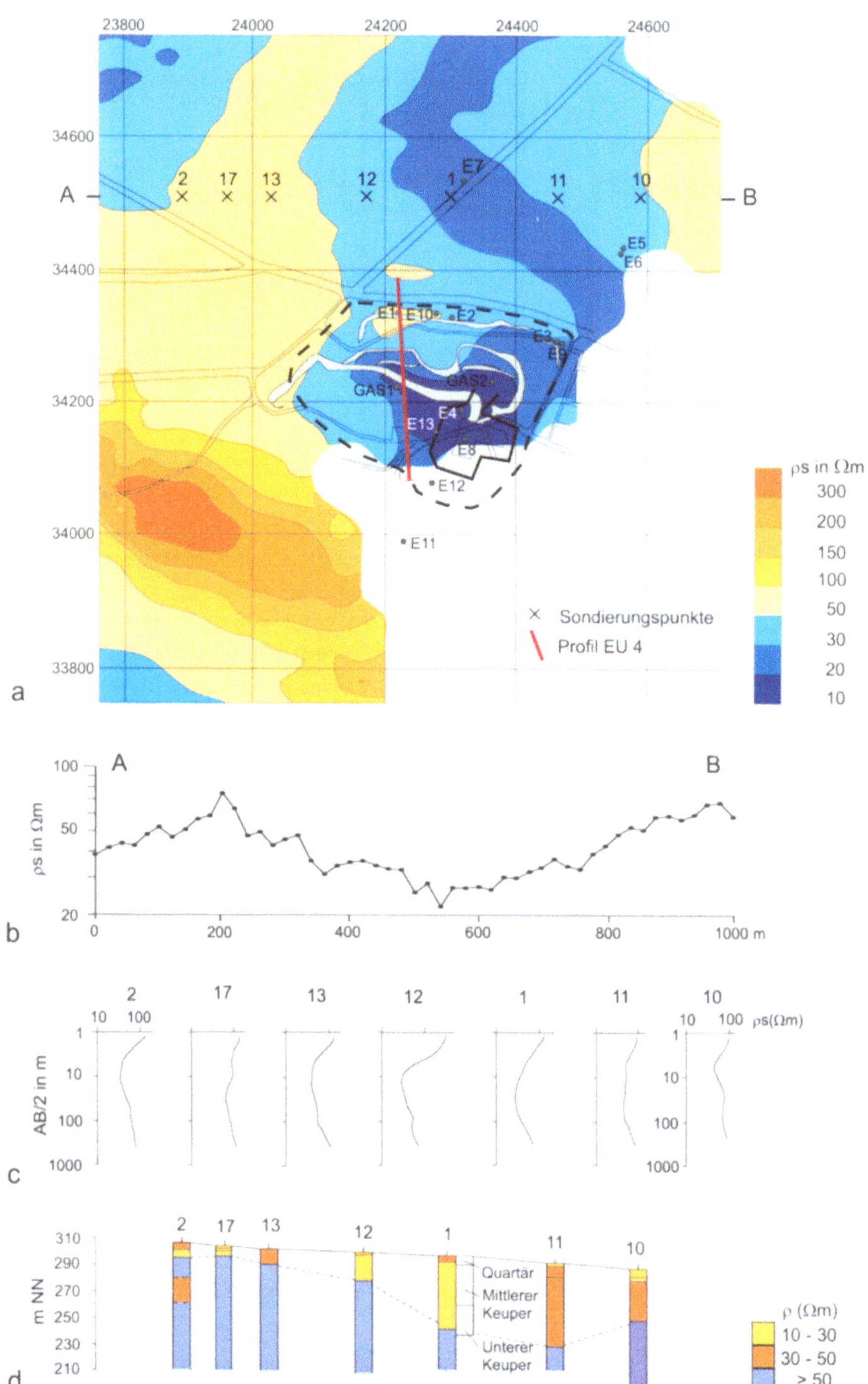

23800
24000
24200
24400
24600
34600
34400
34200
34000
33800
A
B
2
17
13
12
1
11
10
E7
E5
E6
E1
E10
E2
E3
E9
GAS1
GAS2
E4
E13
E8
E12
E11
Sondierungspunkte
Profil EU 4
ρs in Ωm
300
200
150
100
50
30
20
10
a
ρs in Ωm
0
200
400
600
800
1000 m
b
AB/2 in m
ρs(Ωm)
c
m NN
Quartär
Mittlerer Keuper
Unterer Keuper
ρ (Ωm)
10 - 30
30 - 50
> 50
d

Normalerweise können die bei einer geoelektrischen Kartierung erhaltenen Meßwerte direkt in interpretationsfähige Profile und Karten umgesetzt werden. Lediglich bei bewegtem Gelände mit Neigungen >10° im Bereich einer Meßauslage ist der Einfluß des Reliefs zu beachten und gegebenenfalls zu korrigieren. Die *Abb. 11.7* zeigt ein N-S-Profil (überhöht) über den Abfallkörper auf der Trasse des reflexionsseimischen Profils EU4 (rote Linie in *Abb. 11.6a*).

Die starken Widerstandsschwankungen zwischen Profilmeter 430 und 620 sind aber nicht durch die seismisch nachgewiesene tektonische Störungszone verursacht, sondern durch den Einfluß der steilen Böschungen zu erklären. Die angenommene Bedingung einer ebenen Meßfläche wird hier verletzt, so daß starke Verzerrungen des Potentialfeldes an der Halbraumgrenze Luft/Boden auftreten, die sich auf die scheinbaren spezifischen Widerstände auswirken. Ein im Vergleich zum Halbraum mit ebener Oberfläche durch Reliefeinfluß vergrößertes Volumen (Hohlform) führt zur Verringerung der Stromdichte und damit zur Vortäuschung einer niederohmigeren Schicht. Im umgekehrten Fall (Kuppe) entsteht ein zu hoher ρ_S-Wert. Die durch starke Reliefschwankungen im Profilverlauf verursachten Effekte täuschen somit kleinräumig schwankende Widerstände vor. Nach der Reliefkorrektur mit einem 2D-Modellierungsprogramm zeigt sich ein relativ ruhiger Verlauf.

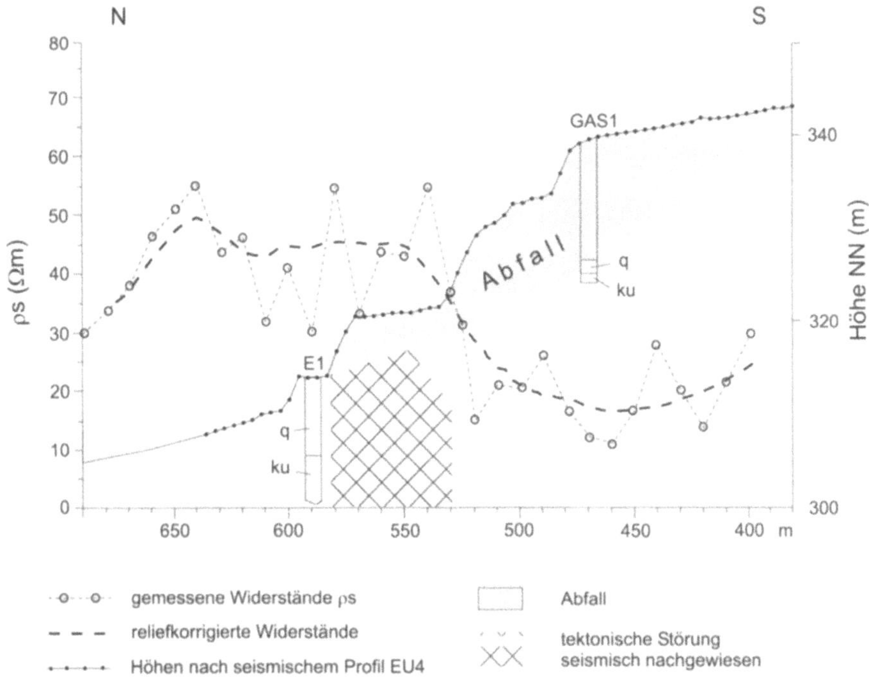

Abb. 11.7: Einfluß des Reliefs auf die gemessenen scheinbaren spezifischen Widerstände

Mise-à-la-Masse

Zur Bestimmung der Abfallverbreitung wurde im Zentralteil der mit der Schlumbergerkartierung vermessenen Fläche (*Abb. 11.6a*) eine Mise-à-la-Masse-Messung durchgeführt. Für die Erdung der Speiseelektrode A mußte ein Bohrgestänge von 6 m Länge in den Deponiekörper eingebracht werden, da die Grundwasseroberfläche in den geeignet positionierten Bohrungen erst unter der Basis des Abfallkörpers angetroffen wurde (SEIDEL, 1994). Die flächenhafte Messung erfolgte mit einer Gradientenanordnung auf N-S verlaufenden Profilen. Um die Messung rationell durchzuführen, wurden die beiden unpolarisierbaren Meßsonden wechselseitig in Profilrichtung umgesetzt.

Die *Abb. 11.8* zeigt die gemessenen Potentialgradienten (oben) und die daraus berechneten scheinbaren spezifischen Widerstände (unten). Der Verlauf des Potentialgradienten läßt keine Beziehungen zu den nach der geologischen Kartierung und den anderen geophysikalischen Verfahren bekannten Strukturen erkennen. Dieser Tatbestand ist unerwartet, da die Konturen eines leitfähigen Körpers erfahrungsgemäß durch den Gradienten schärfer abgebildet werden als durch das Potential. Eine Ursache dafür ist, daß sich bei Gradientenmessungen in Gebieten mit relativ geringen Widerstandskontrasten und einem nicht radial auf die Speiseelektrode orientierten Sondenpaar der meßbare Signalpegel stark verringert, wenn der Meßpunkt in Höhe der senkrecht zum Meßprofil verlaufenden Verbindungslinie Meßpunkt-Speiseelektrode liegt. Bei den in N-S-Richtung verlaufenden Profilen führte dieser Effekt zur „Einschnürung" des Potentiallinienverlaufs im Zentralteil und starker N-S-Orientierung der Isolinien.

Dagegen widerspiegelt die Karte der scheinbaren spezifischen Widerstände die Konturen der Abfallverbreitung. Besonders interessant ist die ausgezeichnete Korrelation mit dem gravimetrischen Meßergebnis (*Abb 11.3*). Sowohl die Form der Anomalie über der Baugrube als auch lokale Anomalien stimmen lagemäßig gut überein. In dem in *Abb. 11.6a* gezeigten Ergebnis der Schlumberger-Kartierung ist südlich der Altablagerung eine große Meßlücke zu erkennen. Hier sind infolge schwieriger Geländeverhältnisse und eingeschränkter Zugänglichkeit Probleme bei der Aufstellung einer linearen Schlumberger-Anordnung mit 100 m Auslagenweite entstanden, die zu Meßpunktausfall führten. Durch die flexiblere Anpassung an die Geländebedingungen war es möglich, diese Meßlücke bei Mise-à-la-Masse-Messungen zu schließen.

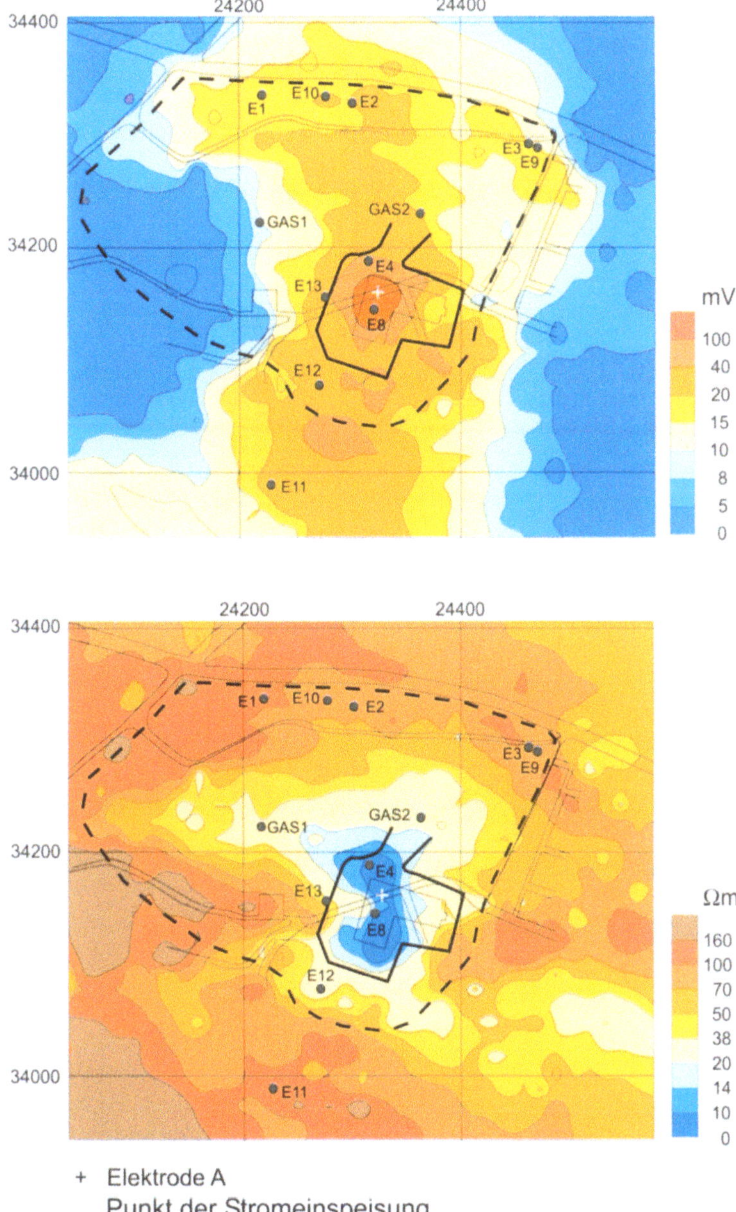

Abb. 11.8: Mise-à-la-Masse. Gemessene Potentialgradienten (*oben*) und berechnete scheinbare spezifische Widerstände (*unten*). Geophysik GGD 1994, im Auftrag der BGR.

Parameter der Feldarbeiten

Größe des Meßgebietes	400 m x 530 m
Meßverfahren	Potentialgradient, Sondenabstand 10 m
Profilabstand /-richtung	20 m / N-S
Meßpunktabstand	10 m auf Profil, bei Hindernissen freie Lage
Gesamtzahl Meßpunkte (MP)	1014
Koordinaten der Speiseelektrode A	x = 573 m , y = 401 m
Tiefe der Elektrode Ausbau der Erdungsstelle	6 m (1 Bohrgestänge) 24 Mannstunden, 1 Bohrgerät
Meßleistung inkl. Einmessung	11- 25 MP / h mit 3 Personen

11.4 Elektromagnetik

KNUT SEIDEL, GERHARD LANGE, GÉZA REZESSY & LÁSZLO VÉRTESY

11.4.1 Methodik

Elektromagnetische Meßverfahren werden zur Untersuchung von Leitfähigkeitsstrukturen im Untergrund eingesetzt. Grundlage ist das Induktionsprinzip. Durch die Induktionswirkung des Magnetfeldes eines in der Sendespule fließenden Wechselstroms entstehen im leitfähigen Untergrund Wirbelstromsysteme, deren magnetisches Feld, das Sekundärfeld, sich dem Primärfeld der Sendespule überlagert. Am Ort des Empfängers werden mit Luft- oder Ferritkernspulen eine oder mehrere magnetische Komponenten des resultierenden Gesamtfeldes registriert. Das Gesamtfeld besitzt die gleiche Frequenz wie das Primärfeld, unterscheidet sich jedoch, abhängig von der Leitfähigkeitsverteilung im Untergrund, in Intensität, Richtung und Phasenlage. Betrachtet wird ein phasengleicher Realteil (Inphase) und ein um 90° phasenverschobener Imaginärteil (Outphase).

Die bei elektromagnetischen Messungen erzielbaren Erkundungstiefen nehmen mit der Erhöhung von Meßfrequenz und Leitfähigkeit des Untergrundes ab. Dieses Verhalten ist durch den Skineffekt[2] begründet. Bei den meisten elektromagnetischen Verfahren wird durch die relative Nähe von Sender- und Empfängerspule (sog. Nahfeldbedingungen) zusätzlich ein geometrischer Dämpfungseffekt wirksam, so daß auch der Spulenabstand den erkundbaren Tiefenbereich bestimmt.

Die elektromagnetisch ermittelten Leitfähigkeiten (oder ihr Kehrwert, die spezifischen Widerstände) können sich deutlich von den durch Gleichstrommessung gewonnenen Werten unterscheiden. Wegen eines schrägen bis vertikalen Stromflußes ergeben sich die mit der Gleichstromgeoelektrik gemessenen Widerstände als Reihenschaltung der duchlaufenen Einzelschichten. Bei den elektromagnetischen Verfahren fließen die induzierten

---

[2] Stromsysteme werden mit wachsender Frequenz in Richtung der Oberfläche des Leiters gedrängt. Ein Maß für den Skineffekt ist die elektromagnetische Eindringtiefe (Skintiefe). Die Skintiefe δ ist die Tiefe, in der das elektromagnetische Feld auf ca. 37 % des Oberflächenwertes abgeklungen ist. Für ebene Wellen berechnet man δ nach folgender Zahlenwertgleichung: $\delta = 503 \sqrt{\rho\,(\mathrm{Ohmm}) \,/\, f(\mathrm{Hz})}$. Bei kleinen Spulenabständen und Messungen an der Erdoberfläche wird dieser Wert jedoch bereits bei geringeren Tiefen erreicht.

Wirbelströme innerhalb der Schichten auf etwa konzentrischen Ringen parallel zu den Schichtgrenzen. Damit ergibt sich analog der Gesamtwiderstand aus einer Parallelschaltung der Einzelschichten und ist deshalb meist geringer als bei den Gleichstromverfahren. Die „Kanalisierung“ der induzierten Wirbelströme in leitfähigem Material prädestiniert die Elektromagnetik für den Nachweis leitfähiger Schichten und Einlagerungen.

Der wesentliche Vorteil der elektromagnetischen Verfahren ist, daß Leitfähigkeitsmessungen auch dann durchgeführt werden können, wenn der Einsatz von Gleichstromverfahren erschwert oder praktisch unmöglich ist. Das betrifft versiegelte Bereiche und Gebiete mit hochohmiger Bedeckung wie trockene Sande, anstehendes Festgestein oder tiefgefrorene Böden. Weitere Vorteile resultieren aus dem relativ geringen Raumbedarf der Meßanordnung. Bezogen auf eine bestimmte Erkundungstiefe beträgt der Abstand von Sende- und Empfangsspule meist weniger als ein Drittel der für Gleichstrommessungen erforderlichen Auslagenweiten. Vorteile gegenüber den Gleichstromverfahren sind auch die hohe Mobilität, der geringere Personalbedarf sowie die Reduzierung des Einflusses seitlicher Inhomogenitäten und lokaler oberflächennaher Leitfähigkeitsanomalien. Nachteilig ist die höhere Anfälligkeit gegenüber Störeinflüssen durch stromführende ober- und unterirdische Leitungen.

Wie bei der Gleichstromgeoelektrik sind Kartierungen und Sondierungen möglich. Bei einer Kartierung bewegt man die tragbaren Sende- und Empfangsspulen in einem festen gegenseitigen Abstand durch das Gelände und erfaßt laterale Leitfähigkeitsänderungen für jeweils eine oder mehrere Meßfrequenzen. Bei Verwendung mehrerer Frequenzen an jedem Meßpunkt spricht man von einer Sondierungskartierung. Die Bestimmung der vertikalen Leitfähigkeitsverteilung durch Sondierung kann sowohl durch die Änderung der Frequenz (Frequenz- oder parametrische Sondierung) als auch über die Änderung des Spulenabstandes (geometrische oder Abstandssondierung) realisiert werden.

Für die Auswertung von Kartierungsergebnissen werden meist die gemessenen Feldkomponenten, wie Real- und Imaginärteil, sowie daraus abgeleitete Größen als Profile oder Karten dargestellt und die ausgewiesenen Anomalien qualitativ interpretiert. Auch der Vergleich mit Modellkurven für Standardsituationen wird häufig durchgeführt. Einige Geräte, darunter das MaxMin-System, sind in der Lage Leitfähigkeiten direkt zu messen. Das ist jedoch nur dann möglich, wenn der Spulenabstand wesentlich kleiner ist als die für die entsprechende Leitfähigkeit und Arbeitsfrequenz gültige Skintiefe (McNeill, 1980).

Die Ermittlung der vertikalen Leitfähigkeitsverteilung aus elektromagnetischen Sondierungen wird durch Anwendung computergestützter Inversionsprogramme durchgeführt. Während man aber aus der Form einer Sondierungskurve der Gleichstrom-Geoelektrik in vielen Fällen auf die Schichtenzahl und die Widerstandsverhältnisse näherungsweise schließen kann, ist dies bei den Sondierungskurven für die elektromagnetischen Meßgrößen nicht ohne weiteres möglich (s. *Abb. 11.10*). Die Aufstellung eines Startmodells für die Inversion erfordert deshalb Zusatzinformationen aus den Ergebnissen anderer geophysikalischer Verfahren und der Geologie. Eine vertiefende Beschreibung der elektromagnetischen Verfahren enthält der Band 3 des Handbuchs.

Für die Durchführung elektromagnetischer Messungen existiert weltweit eine Vielzahl von Geräten mit unterschiedlichen konstruktiven Merkmalen. Am Standort Eulenberg wurden die beiden Gerätesysteme MaxMin und MAXIPROBE eingesetzt.

MaxMin

MaxMin ist ein Multifrequenz-System, das durch zahlreiche wählbare Spulenabstände und mehrere mögliche Spulenanordnungen[3] in seinen Eigenschaften in weiten Grenzen variiert werden kann. Vorrangig unterstützt wird die Messung mit horizontalen Spulen (HLEM oder SLINGRAM). Die exakte Horizontierung der Spulenebenen wird durch Libellen und elektronische Anzeigevorrichtungen kontrolliert. Die Steuerung des Meßablaufs erfolgt durch den MaxMin-Computer. Neben der Messung von Real- und Imaginärteil findet in diesem Rechner eine Berechnung der scheinbaren Leitfähigkeit statt, die zusammen mit den Meßgrößen und den Meßpunktkoordinaten abgespeichert wird. Messungen sind möglich mit Spulenabständen von 10 bis 320 m (in festen Schritten) und folgenden 10 Frequenzen: 110, 220, 440, 880, 1760, 3520, 7040, 14080, 28160 und 56320 Hz. Eine Kabelverbindung zwischen Sender und Empfänger dient der Übertragung des Referenzsignals für das Primärfeld.

Prinzipiell können mit dem Gerät Kartierungen und Sondierungen durchgeführt werden. Bei einer Kartierung sind der verwendete Spulenabstand und die Frequenzen jeweils durch Testmessungen auf den zu erkundenden Tiefenbereich und die Leitfähigkeitsverhältnisse einzustellen. Maximale Empfindlichkeit besitzt ein HLEM-System für Tiefenbereiche, die etwa 40 % des Spulenabstandes betragen. Bei der Messung muß der Spulenabstand exakt eingehalten werden. Für stark geneigte Profilabschnitte ist wie bei den Gleichstromverfahren (*Abb. 11.7*) eine Korrektur der Geländeeffekte notwendig.

---

[3] Die Eigenschaften elektromagnetischer Meßsysteme werden wesentlich durch die Anordnung der Sende- und Empfangsspulen bestimmt. In der Praxis beschränkt man sich meist auf horizontal oder vertikal ausgerichtete Spulenebenen.

MAXIPROBE

Das MAXIPROBE-System wurde für Sondierungen bis zu 1 500 m Erkundungstiefe entwickelt. Als Sendespule dient eine an der Erdoberfläche aufliegende große Kabelschleife von 5,5 bis 50 m Durchmesser, der dem jeweiligen Erkundungstiefenbereich angepaßt wird. Der Sendeteil liefert 256 diskrete Frequenzen zwischen 1 Hz und 58,5 kHz. Im Empfangsteil werden mit zwei aufeinander senkrecht stehenden kleinen Spulen die vertikale und eine horizontale Komponente des magnetischen Gesamtfeldes gemessen. Da die Auswertung auf dem Verhältnis beider Meßgrößen (Hz/Hr) basiert, ist eine Kabelverbindung zwischen Sender und Empfänger nicht erforderlich.

Das Meßsystem kann zur Sondierung und Kartierung eingesetzt werden. Bei einer Frequenzsondierung bleiben die Positionen von Sender und Empfänger unverändert. Mit hohen Frequenzen beginnend vergrößert sich durch die schrittweise Verringerung der Meßfrequenz die Erkundungstiefe und ermöglicht somit eine Erfassung des vertikalen Widerstandsprofils. Die Kartierung wird entweder mit festem Sender und wanderndem Empfänger durchgeführt, oder indem man Sender und Empfänger im konstanten Abstand über das Profil bewegt. An jedem Meßpunkt werden ca. 20 - 40 Frequenzen gemessen.

Für die Auswertung der Sondierungsergebnisse bestehen zwei Möglichkeiten: Numerische Inversion und graphische Auswertung. Im ersten Fall erfolgt mit einem Inversionsprogramm die Anpassung einer Modellkurve an die Frequenzsondierungskurve. Eine Besonderheit ist die graphische Auswertung. Dabei wird die Widerstands-Tiefenfunktion als Knickpunkt-Kurve dargestellt (*Abb. 11.10*).

11.4.2 Ergebnisse

MaxMin-Messungen

Da neben geologischen auch methodische Fragestellungen gelöst werden sollten, wurden an jedem Meßpunkt alle 10 verfügbaren Frequenzen gemessen. Routinemäßig nutzt man für Kartierungszwecke nur 2 bis 4 Frequenzen, die durch vorherige Testmessungen zu ermitteln sind.

Abbildung *11.9* zeigt eine Karte der vom MaxMin-Computer berechneten scheinbaren Leitfähigkeit für die Frequenz 7040 Hz (*oben*) und die Real- und Imaginärteile für 5 ausgewählte Frequenzen auf einem E-W-Profil (*unten*).

Parameter der Feldarbeiten:

Größe des Untersuchungsgebietes	1 000 m*1 000 m,
Profilabstand /Meßpunktabstand	40 m / 10 m
Anzahl der Meßpunkte	1 531 (N-S-Profile)
Spulenabstand (horizontale Spulen)	40 m,
Anzahl der gemessenen Frequenzen	10
Personaleinsatz	1 Beobachter, 2 Meßgehilfen,
Zeitbedarf	ca. 4 min. pro Meßpunkt.

Die laterale Leitfähigkeitsverteilung entspricht dem Ergebnis der Gleichstromkartierung (*Abb. 11.6*). Im Süden bildet sich deutlich die Hochlage des Muschelkalkes als Gebiet niedriger Leitfähigkeiten ab. Der von hier ausgehende Muschelkalkrücken, der sich unter geringmächtiger Bedeckung schwach einfallend nach NNE erstreckt, zeichnet sich ebenfalls durch niedrigere Leitfähigkeiten gegenüber der Umgebung ab. Im Zentrum der Meßfläche dominiert die Altablagerung Eulenberg als Bereich sehr hoher Leitfähigkeitswerte. Im nördlichen Teil des Meßgebietes ist der Bereich der Keupermulde mit gering variierenden erhöhten Leitfähigkeiten zu erkennen. Zwei schmale Anomalienzüge folgen hier den eingetragenen Kabeltrassen. Dabei zeigt sich die höhere Anfälligkeit elektromagnetischer Verfahren gegenüber den Störwirkungen stromführender Leitungen, die in dieser Weise bei der Gleichstromgeoeletrik nicht zu beobachten ist (*Abb. 11.6*).

Die Profildarstellung (*unten*) zeigt, daß sich Leitfähigkeitsanomalien sowohl im Real- als auch im Imaginärteil widerspiegeln. Bei $x \approx 450$ m ist in allen Meßgrößen der Rand des Abfallkörpers deutlich erkennbar. Das „Umkippen“ des Imaginärteils für die Frequenz 28 160 Hz ist durch die sich infolge des Leitfähigkeitssprungs sprunghaft ändernden elektromagnetischen Kopplungsbedingungen verursacht. Bei bestimmten Konstellationen für Meßfrequenz, Leitfähigkeit und Spulenabstand ist es möglich, daß die Meßgrößen nicht mehr gleichsinnig verlaufen. Die Anomalie bei $x = 110$ m ist auf die Störwirkung des in der Karte eingetragenen Erdkabels zurückzuführen.

Mit der *Abb. 11.10* wird die Bestimmung der Mächtigkeit des Abfallkörpers durch eine Frequenzsondierung an der auf der Altablagerung geteuften Bohrung E4 gezeigt und den Ergebnissen der Schlumberger-Sondierung sowie der MAXIPROBE-Frequenzsondierung gegenübergestellt. Bei der Sondierung wurden für einen Spulenabstand von 40 m die Inphase- und Outphase-Werte aller 10 Frequenzen von 110 bis 56 320 Hz gemessen und durch ein Inversionsprogramm bearbeitet. Als Startmodell diente das Ergebnis der Schlumberger-Sondierung. Die Anpassung der Modellkurven an die gemessenen Inphase- und Outphasewerte gelang erst durch Reduzierung der spezifischen Widerstände auf etwa 50% des Gleichstromwertes bei

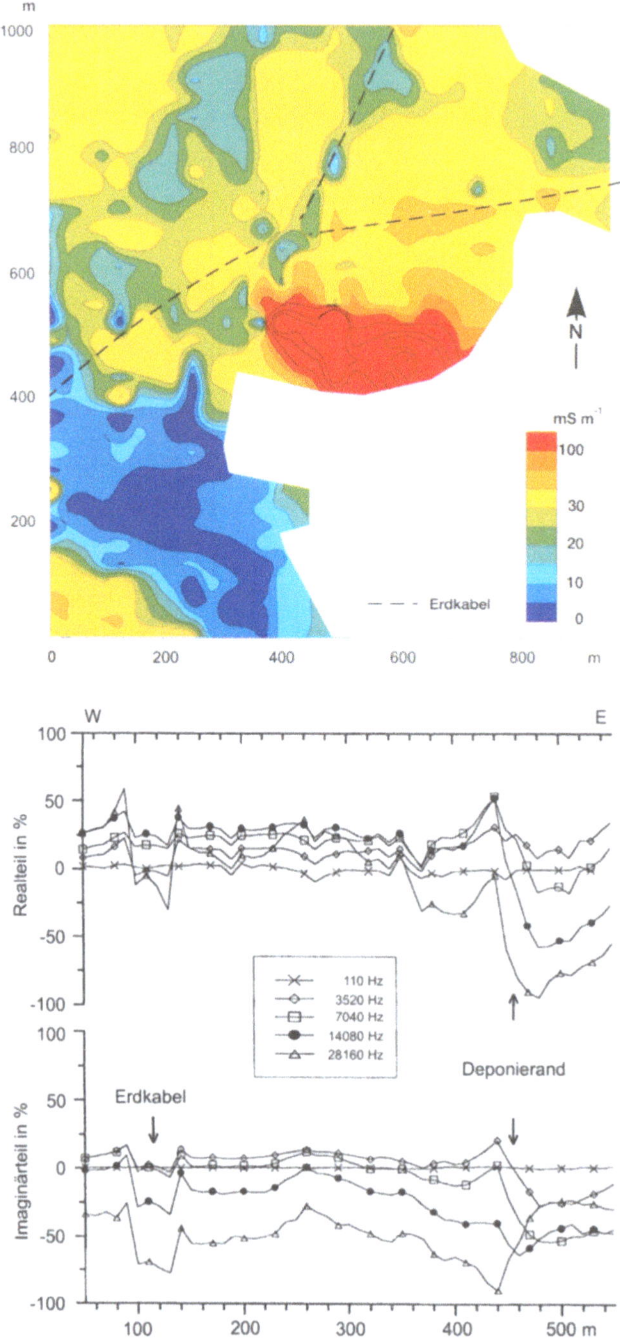

Abb. 11.9: *Oben:* Scheinbare Leitfähigkeiten für die Frequenz 7 040 Hz. Unten: Real- und Imaginärteile für 5 ausgewählte Frequenzen über einem E-W-Profil bei y = 450 m. Der Spulenabstand beträgt 40 m. Geophysik GGD, im Auftrag der BGR

festgehaltenen Schichtmächtigkeiten. Das Ergebnis verdeutlicht die oben beschriebenen Unterschiede bei der Leitfähigkeitsbestimmung zwischen Gleichstromgeoelektrik und Elektromagnetik. Die im oberen Teil der Abbildung eingetragene Knickpunktkurve der graphischen MAXIPROBE-Auswertung zeigt durch einen deutlichen Knick den Leitfähigkeitssprung an der Schichtgrenze zwischen dem leitfähigen Abfallkörper und dem hochohmigen Muschelkalk an.

MAXIPROBE-Messungen

Zielstellungen dieser Messungen waren der Nachweis struktureller Elemente des mesozoischen Untergrundes, die Kartierung von Bruchstörungen sowie die Erfassung kontaminierter Bereiche. Das Meßprogramm umfaßte sowohl Multifrequenz-Sondierungen als auch Sondierungskartierungen auf insgesamt 43 Profilen.

Die Ergebnisse wurden dargestellt als Knickpunktkurven, Profile und Karten des Neigungswinkels der Polarisationsellipse[4] sowie Widerstandskarten für 17 ausgewählte Frequenzen von 229 bis 58594 Hz. Für 120 Einzelsondierungen auf den Profilen wurden Schichtmodelle durch Inversion berechnet. Dabei wurden in der Mehrzahl der Fälle 3-Schicht-Modelle erhalten. Die Startmodelle der Modellierung basieren auf dem geologischen Normalprofil für den Raum Arnstadt (*Tab. 9.2*). Für die einzelnen Schichtabschnitte wurden dabei folgende spezifische Widerstände verwendet:

Keuper	15 - 30 Ohmm
Oberer Muschelkalk	40 - 80 Ohmm
Mittlerer und Unterer Muschelkalk	100 - 500 Ohmm

Die Widerstandskarten entsprechen in Form und Aussagewert i. w. den Ergebnissen der Schlumberger- und der MaxMin-Kartierung (*Abb. 11.6* und *11.9*).

Das hohe Schichtauflösungsvermögen der MAXIPROBE Multifrequenz-Elektromagnetik und die Korrelation der Ergebnisse mit geologischen Profilen wird durch Knickpunktkurven-Profile demonstriert. An jedem Meßpunkt der gezeigten Einzelprofile wurden bei einem Sender-Empfänger-Abstand von L = 100 m 33 diskrete Frequenzen im Bereich von 229 Hz bis 58,6 kHz gemessen. An weiteren Punkten erfolgte durch die Erweiterung von L auf 200 bis 300 m eine Vergrößerung der Erkundungstiefe, so daß Informationen bis zu Tiefen > 200 m unter Gelände gewonnen wurden.

---

[4] Der Neigungswinkel der großen Halbachse der Polarisationsellipse wird aus den für jede Frequenz gemessenen horizontalen und vertikalen Magnetfeldkomponenten berechnet. Neigungswinkel sind gegenüber topographischen Effekten und Störungen durch Kabel und Leitungen relativ unempfindlich.

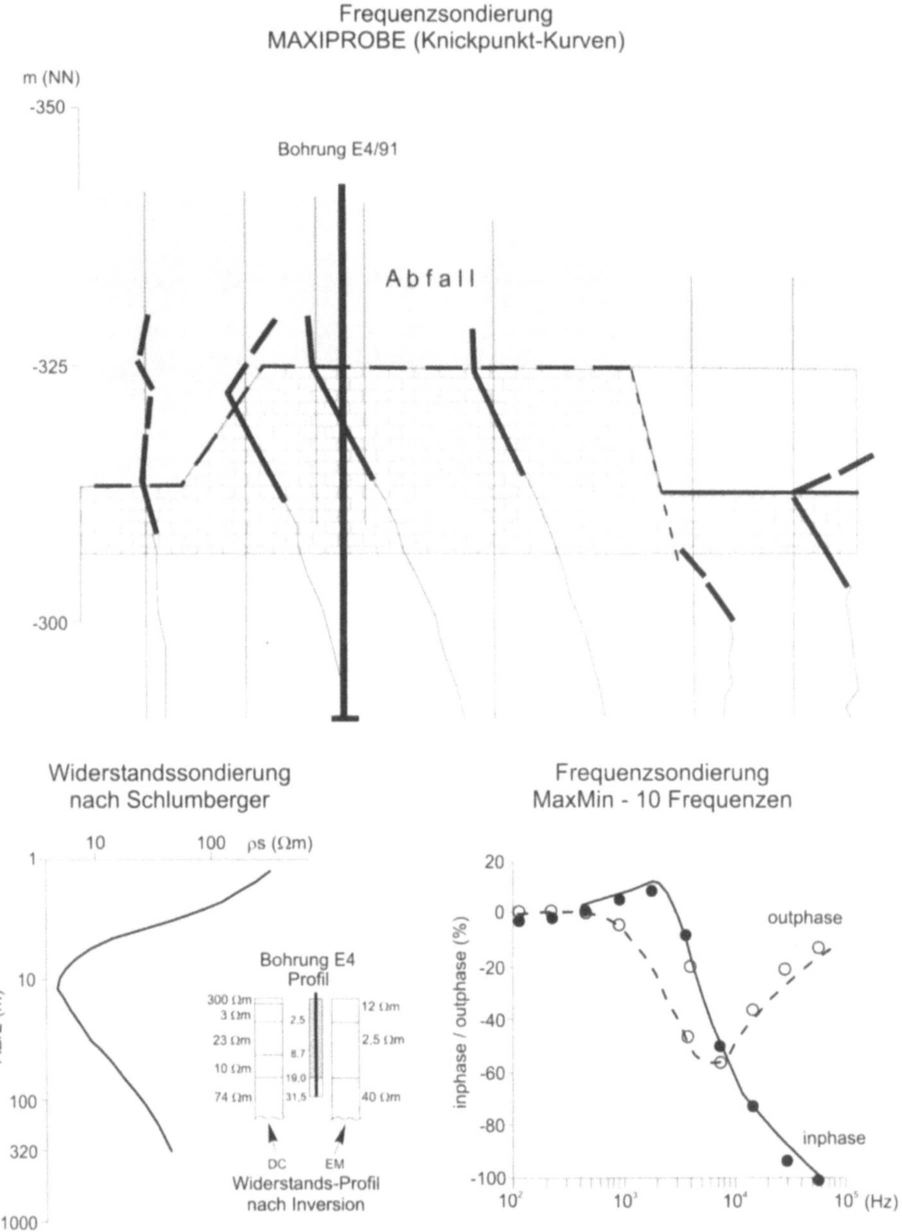

Abb. 11.10: Bestimmung der Mächtigkeit des Abfallkörpers mit geoelektrischen Verfahren. Die Unterschiede zwischen gleichstromgeoelektrischen (DC) und elektromagnetischen (EM) Schichtwiderständen resultieren aus einem unterschiedlichen Stromfluß im Untergrund.

In den einzelnen Knickpunktkurven werden die Relationen der Schichtwiderstände durch unterschiedliche Neigungen der Kurvenabschnitte angezeigt. Eine Auslenkung nach links bedeutet Widerstandsabnahme und eine Auslenkung nach rechts Widerstandszunahme. Die Schichtgrenzen werden den Knickpunkten zugeordnet.

Auf dem südlich der Altablagerung verlaufenden Profil E 400 zeigen sich zwischen den Profilmetern 800 und 840 sowohl in den Knickpunktkurven als auch im Ergebnis der Inversion für den Muschelkalk auffallend niedrige spezifische Widerstände von 5 - 10 Ohm m (*Abb. 11.11*). Da dieses Profil unmittelbar an die Altablagerung anschließt, kann der Einfluß kontaminierter Wässer mit erhöhter Leitfähigkeit, die sich ausgehend vom Abfallkörper im geklüfteten und verkarsteten Muschelkalk in südlicher Richtung ausbreiten, vermutet werden. Diese Interpretationsvariante wird gestützt durch das Ergebnis des benachbarten reflexionsseismischen Profils EU28, auf dem im betrachteten Tiefenbereich ein Einfallen der Reflexionshorizonte nach Südwesten zu beobachten ist. Damit wäre der Abfluß schadstoffbefrachteter Sickerwässer in südliche Richtung zu erklären. Auch die Karte der Grundwasserisohypsen (*Abb. 9.18*) und die Ergebnisse von Wasseranalysen in der ca. 200 m östlich stehenden Bohrung E11 (s. Kap. 12) stützen diese Interpretation.

Weitere Sondierungskartierungen wurden auf den reflexionsseismischen Profilen EU21, EU27 und EU28 durchgeführt (s. Kap. 11.5). Der Vergleich dieser unterschiedlichen Meßverfahren ist besonders aufschlußreich für die Einschätzung des Aussagewertes der Multifrequenz-Messungen. Das MAXI-PROBE-Profil S27 (*Abb. 11.12)* verläuft auf der Trasse des reflexionsseismischen Profils EU27 zwischen den seismischen Anregungspunkten AP 144 – 246 (*Abb. 11.37*). Bereits in den Ergebnissen der Schlumberger- und MaxMin-Kartierung zeichnet sich hier ein NNE-verlaufender Quersattel innerhalb des Wachsenburggrabens ab (*Abb. 11.6* und *11.9*). Durch die Ergebnisse der Reflexionsseismik wird südlich des Arnstädter Weinberges eine Hochlage der Muschelkalkoberfläche unter geringmächtigem Unteren Keuper belegt. Das Profil S27 bildet diese Situation als Hochlage höherohmiger (50 - 100 Ohm m) Kalkschichten des Oberen Muschelkalks ab. Das diese Schichten unterlagernde niederohmige Material mit Widerstandswerten zwischen 20 und 30 Ohm m dürfte den Tonsteinen des Oberen Muschelkalk (moc) entsprechen (s. Kap. 9.7). Deutlich zu erkennen ist eine tektonische Störung an der westlichen Flanke des Quersattels zwischen den Sondierungspunkten 27/225 und 27/219. Die aus dem Versatz der hochohmigen Schicht (100 Ohm m) abzuleitende Sprunghöhe der Störung beträgt ca. 25 m.

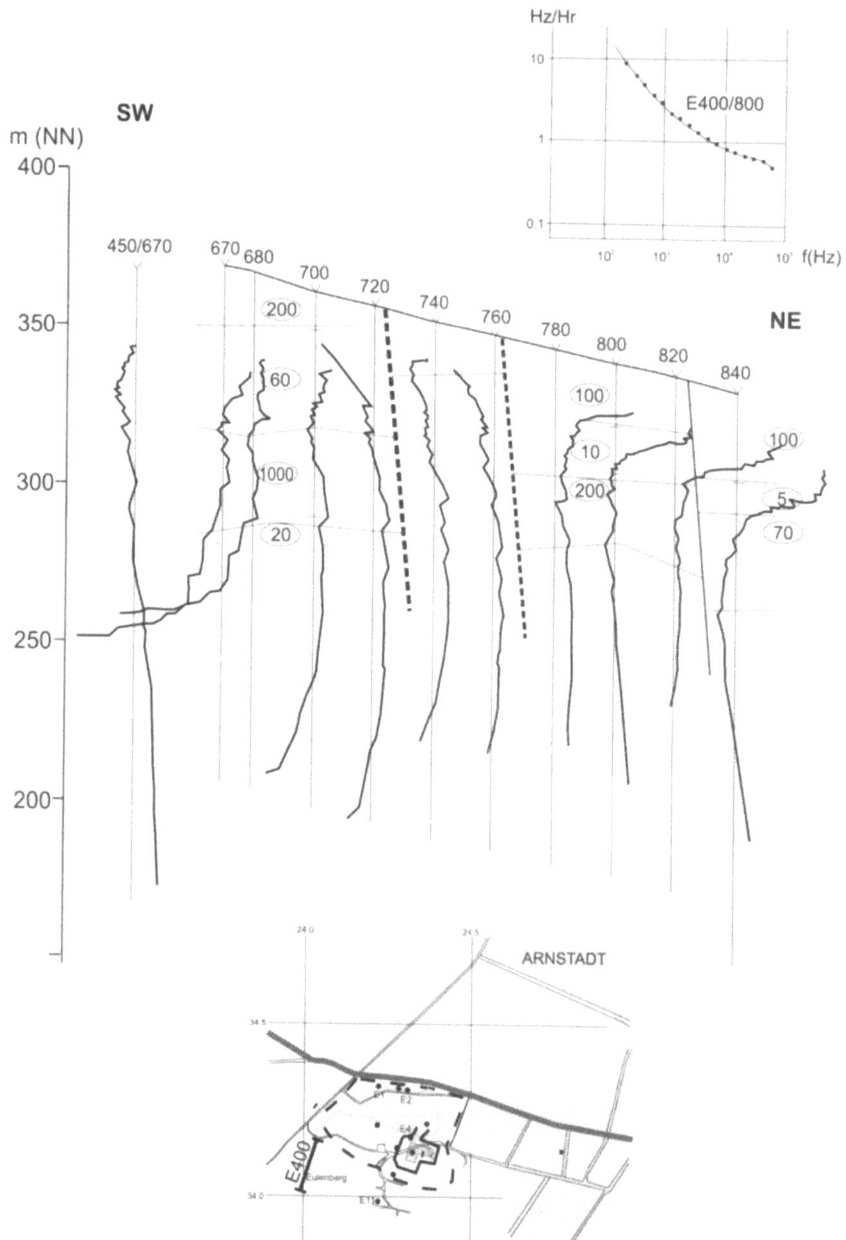

Abb. 11.11: MAXIPROBE-Sondierungskartierung, Profil E 400. Die in den Knickpunktkurven und den Inversionsergebnissen erkennbaren niedrigen Widerstände (Werte innerhalb der Kreise) zwischen den Punkten 800 und 840 m könnten durch schadstoffbefrachtete Sickerwässer verursacht sein, die aus dem Abfallkörper in südliche Richtung abfließen. *Unten* ist die Lage des Profils eingetragen, *oben* eine Sondierungskurve. ELGI Budapest 1993, im Auftrag der BGR

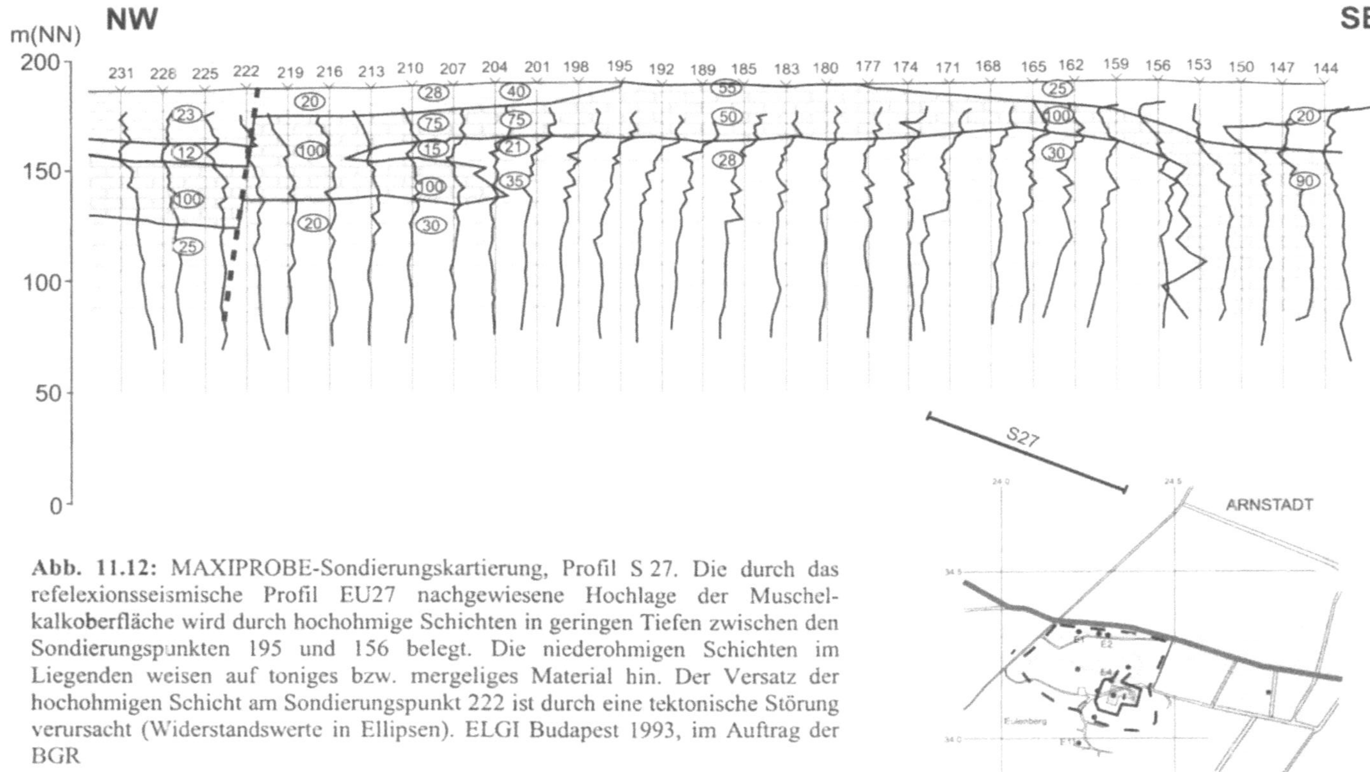

Abb. 11.12: MAXIPROBE-Sondierungskartierung, Profil S 27. Die durch das refelexionsseismische Profil EU27 nachgewiesene Hochlage der Muschelkalkoberfläche wird durch hochohmige Schichten in geringen Tiefen zwischen den Sondierungspunkten 195 und 156 belegt. Die niederohmigen Schichten im Liegenden weisen auf toniges bzw. mergeliges Material hin. Der Versatz der hochohmigen Schicht am Sondierungspunkt 222 ist durch eine tektonische Störung verursacht (Widerstandswerte in Ellipsen). ELGI Budapest 1993, im Auftrag der BGR

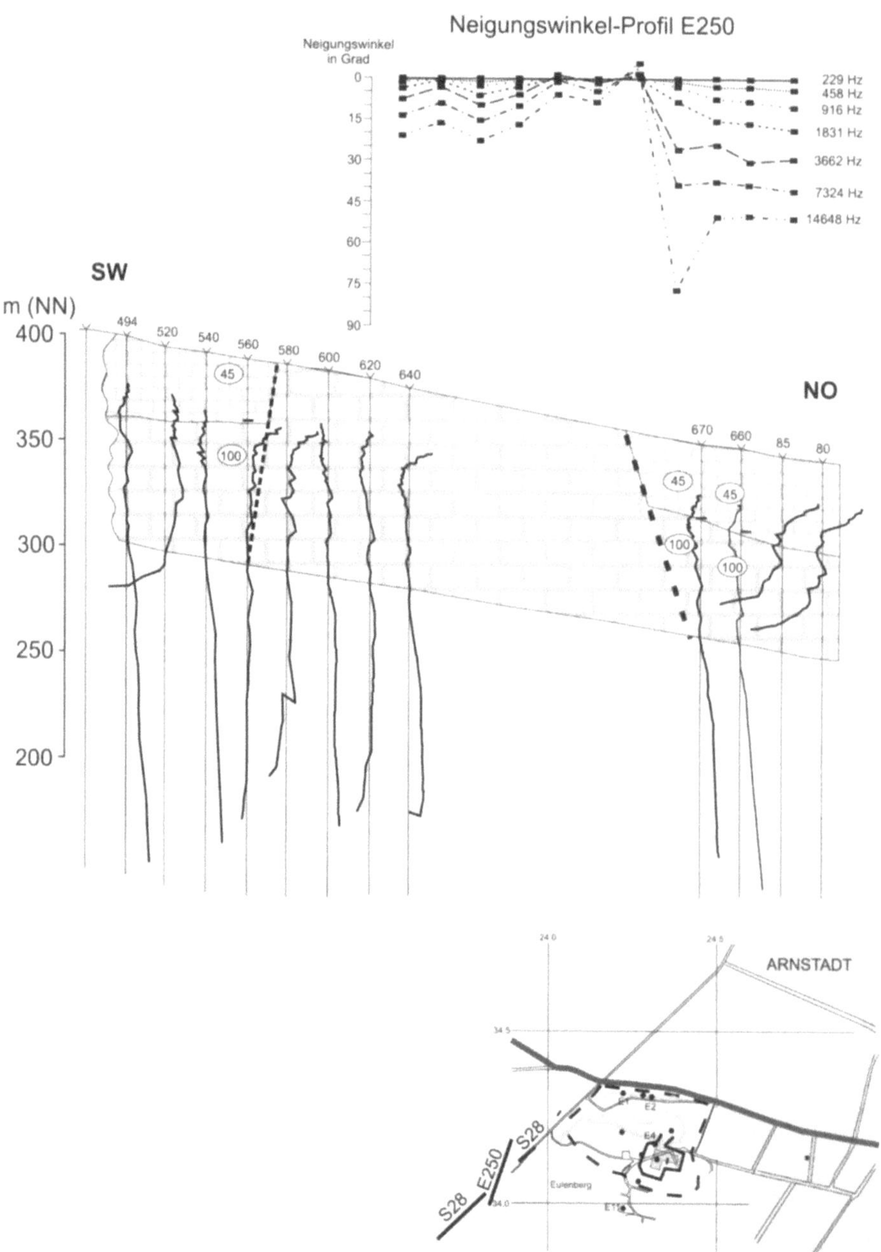

Abb. 11.13: MAXIPROBE-Sondierungskartierung, Profil S28 auf der Trasse des reflexionsseismischen Profils EU28. Der mittlere Teil der Abbildung zeigt die ermittelten Knickpunktkurven und das abgeleitete geologische Schichtenmodell (Widerstandswerte in Ellipsen). Die rechts oben eingtragenen Neigungswinkelkurven zeigen die durch eine tektonische Störung mit Schichtversatz verursachten Änderungen des Neigungswinkels der Polarisationsellipse. ELGI Budapest 1993, im Auftrag der BGR

Das MAXIPROBE-Profil S28 (*Abb. 11.13*) folgt dem Verlauf des reflexionsseismischen Profils EU28 zwischen den AP 80 und 269. In diesem Bereich sind zahlreiche Bruchstörungsanzeichen zu erkennen, die eine Zuordnung der Reflexionen zu stratigraphisch-lithologischen Grenzen abschnittsweise erschweren bzw. unmöglich machen. Während sich auf dem reflexionsseismischen Profil markante Schichtneigungen in den durch Störungen begrenzten Leistenschollen widerspiegeln, zeigen die MAXIPROBE-Ergebnisse an den Störungen meist vertikalen Versatz von Schichtpaketen. Dies könnte einerseits durch die wesentlich geringere Ergebnisdichte gegenüber der Seismik begründet sein (Sondierungsabstand 20 m Reflexionspunktabstand 2 m), andererseits basieren die Verfahren auf unterschiedlichen physikalischen Prinzipien, wobei sich Unterschiede im Wassergehalt der Schichten in den seismischen Eigenschaften anders widerspiegeln als in den elektrischen Leitfähigkeiten. Generell ergänzen sich jedoch die Aussagen dieser unterschiedlichen Meßverfahren. Die stratigraphische Zuordnung der seismischen Ergebnisse zwischen den seismischen Anregungspunkten AP 90 und 120 orientierte sich am MAXIPROBE-Ergebnis, welches dazu veranlaßte, das unter der Verwitterungsschicht anzutreffende Material als Mittleren Muschelkalk einzustufen statt sie dem Oberen Muschelkalk zuzuordnen.

Für die zwischen den Sondierungspunkten 450/640 und 450/670 durch Ausfall von Sondierungspunkten entstandene Meßlücke wurden die Ergebnisse des spitzwinklig verlaufenden Profils E250 übertragen. Damit wird gezeigt, wie sich eine tektonische Störung in den berechneten Neigungswinkeln der Polarisationsellipse (Frequenzen 229 bis 14648 Hz) widerspiegelt. Die mit abnehmender Frequenz einhergehende Verringerung der Unterschiede in den Neigungswinkeln weist darauf hin, daß ab größerer Tiefe (ca. 30 m unter Gelände) keine materialbedingten elektrischen Widerstandskontraste mehr wirksam sind.

11.5 Seismik

HEINRICH KRUMMEL & WERNER MEYER

Seismische Verfahren sind seit langem Standard in der Erdöl-/Erdgas-Exploration. Die für den dabei relevanten Zieltiefenbereich bis zu einigen tausend Metern genutzten Meß- und Auswertungsprinzipien sind aber nicht direkt auf die Erkundung geringer Aufschlußtiefen übertragbar. Mit den heute für die Feldmessung und die Auswertung zur Verfügung stehenden Mitteln ist es jedoch möglich, auch Untergrundstrukturen in ingenieurtechnisch- und umweltrelevanten oberflächennahen Tiefenbereichen mit hoher Auflösung zu erfassen.

Grundlage der Refraktions- und Reflexionsseismik ist die gezielte Anregung elastischer (seismischer) Wellen zur Durchschallung des Untergrundes. Die Aufzeichnung der an die Erdoberfläche zurückkehrenden seismischen Wellen - das seismische Echo - läßt Rückschlüsse auf den strukturellen und lithologischen Aufbau der Gesteinsschichten im Untergrund zu. So werden seismische Wellen an Grenzflächen, wie sie bei einem Wechsel einer Gesteinsart, einer Störungsfläche oder auch anthropogenen Einlagerungen (z. B. Tanks, Fundamente, etc.) auftreten, reflektiert, gebeugt oder gestreut. Bei bekannter Meßgeometrie kann durch Messung der Laufzeiten und Bestimmung der materialspezifischen Wellengeschwindigkeiten ein Untergrundmodell erstellt werden, das die Struktur und das Material der geologischen Schichten widerspiegelt.

Bei einer Feldmessung wird seismische Energie mit seismischen Quellen (z. B. Sprengungen, Hammerschläge und Fallgewichte) angeregt und das seismische Echo aus dem Untergrund gleichzeitig von vielen Erschütterungsaufnehmern (Geophonen), die in äquidistanten Abständen auf einer Linie - dem seismischen Profil - im Gelände angeordnet sind, aufgezeichnet. Dieser Vorgang wird nacheinander mehrmals ausgeführt, wobei jedesmal Anregungspunkt und Geophonauslage entlang des Profils um einen bestimmten Betrag versetzt werden. Auf diese Weise können beliebig lange Strecken im Gelände „seismisch" erfaßt werden. Die Aufzeichnungen der einzelnen Geophone, die Seismogramme, werden zu seismischen Sektionen zusammengefaßt und so dargestellt, daß sie sich wie ein Abbild des Untergrundes lesen lassen. Die Abstände zwischen den Geophonpunkten betragen in Abhängigkeit von der geforderten strukturellen Auflösung, der Erkundungstiefe sowie den wirtschaftlichen Rahmenbedingungen 1 - 5 m.

Bei der Signalanregung werden Kompressions- oder Scherwellen (P- oder S-Wellen) erzeugt, die sich als Folge elastischer Deformation in der Erde ausbreiten. In der Ingenieur- und Umweltgeophysik sind im Regelfall sprengstofflos arbeitende Oberflächenquellen hoher Mobilität gefordert, wie z. B.

leistungsstarke beschleunigte Fallgewichte. Die Wirksamkeit einer seismischen Quelle hängt neben ihrer Stärke wesentlich von der Bodenbeschaffenheit ab. Der anstehende Gesteinstyp, die Mächtigkeit der Verwitterungsschicht und die Grundwassersituation beeinflussen maßgeblich Stärke und Form des Quellsignals. Bei lockeren Böden kann ein großer Teil der Anregungsenergie durch die Bodenverdichtung „verbraucht" werden, so daß nur ein geringer Teil der freigesetzten Energie in elastische Wellen umgewandelt wird. Refraktions- und reflexionsseismische Erkundungsverfahren nutzen überwiegend P-Wellen als Informationsträger.

Am Teststandort Eulenberg, der sich durch komplizierte geologische Verhältnisse und kleinräumig stark wechselnde „seismische" Bedingungen auszeichnet, wurden umfangreiche Messungen durchgeführt (KÜHN et al., 1994). Zum einen ist der Abfallkörper mit Mächtigkeiten bis ca. 25 m in der Baugrube einer unterirdischen Anlage zu nennen. Hier ist mit niedrigen seismischen Geschwindigkeiten sowie einer hohen Absorption seismischer Energie und dem damit verbundenen Verlust hoher Frequenzen im Signal zu rechnen. Es war die Frage zu lösen, ob sich diese anthropogenen Strukturen seismisch nachweisen lassen. Zum anderen stehen im Süden der Altablagerung mächtige Sedimente des Oberen Muschelkalks an, die sich durch relativ hohe Geschwindigkeiten auszeichnen. Im Norden der Erkundungsfläche sind diese zum Teil verkarsteten Kalke durch Keupertone überlagert. Da der Standort durch die markante NW-SE streichende Eichenberg-Gotha-Saalfelder Störungszone gequert wird, mußte mit einer Vielzahl von Begleitstörungen im unmittelbaren Umfeld gerechnet werden.

Folgende Erkundungsziele wurden verfolgt:

- Erkundung der Lagerungsverhältnisse im Untergrund und dem Umfeld der Altablagerung,
- Kartierung von Auflockerungszonen und Inhomogenitäten als Hinweise auf tektonisch beanspruchte Bereiche,
- Erfassung und Beschreibung des regionalen und lokalen Störungssytems,
- Abgrenzung der Altablagerung zum gewachsenen Untergrund,
- Konturierung der unter dem Abfall verborgenen ehemaligen Baugrube,
- Bestimmung von Mächtigkeit und Auflagefläche des Abfallkörpers,
- Erfassung von Strukturen innerhalb des Abfallkörpers,
- Lokalisierung möglicher künstlicher Hohlräume.

Darüber hinaus galt es methodisch aufzuzeigen, inwieweit seismische Verfahren generell zur strukturellen und lithologischen Beschreibung des Untergrundes von Deponien und Altlasten genutzt werden können. Der Zielteufenbereich beginnt an der „Rasensohle" und reicht bis ca. 200 m Tiefe. Am Teststandort kamen folgende seismische Verfahren teilweise in Kombination zum Einsatz:

- (Standard)-Refraktionsseismik,
- Refraktionstomographie und
- hochauflösende 2-D-Reflexionsseismik.

Damit wurden die für die Lösung umweltrelevanter Fragestellungen bewährten oberflächenseismischen Erkundungsverfahren getestet. Ein Teil der Messungen wurde, soweit es das Gelände und das zur Verfügung stehende Budget zuließen, auf den gleichen Profilen durchgeführt, so daß die Ergebnisse unmittelbar verglichen werden konnten. Für ausgewählte Datensätze erfolgte eine parallele Auswertung mit unterschiedlichen Inversionstechniken.

In *Tab. 11.1* sind die wesentlichen Geometrie- und Aufnahmeparameter der einzelnen Messungen sowie deren Erkundungsziele aufgelistet. *Abb. 11.14* zeigt den Lageplan der seismischen Profile.

Tab. 11.1: Erkundungsziele und Geometrie-/Aufnahmeparameter der seismischen Messungen

Typ	Refraktion	2-D-Reflexion (lokal), Refraktionstomographie	2-D-Reflexion (regional)
Erkundungsziele:	Lage der Deponie, Abfallmächtigkeit; Hinweise auf Störungen, Lithologie	Abfallmächtigkeit, Lagerungsstörungen	regionales Störungssystem, Lithologie
Quelle:	EWG III	EWG III, Hammer	EWG III
Apparatur:	ABEM Terraloc Mark III	BISON DIPF 9048	BISON DIPF 9048
Kanalzahl:	24	48	48
Profilgeometrie:	Aufstellungsweite: 92 m	Zentralaufstellung	Zentralaufstellung
Geophonpunktabstand:	4 m (bei 0 m und 92 m auf 2 m bzw. 90 m eingerückt)	4 m (EU02, 04,05,12) 2 m (EU03)	4 m (EU22,23, 28,29,-35,36) bzw. 6 m (EU21,24, 25,26,27,30)
Schußpunktabstand:	23 m (innerhalb der Aufstellung) 46 m (Fernschüsse)	4 m bzw. 2 m	4 m bzw. 6 m
Registrierlänge:	200 ms	250 ms bzw. 500 ms	500 ms
Abtastrate: Schüsse:	0,2 ms ca. 460	0,5 ms ca. 430	1 ms ca. 2 100
Gesamt:	8 Profile, ca. 4 500 m	5 Profile, ca. 1 800 m	12 Profile, ca. 11 000 m

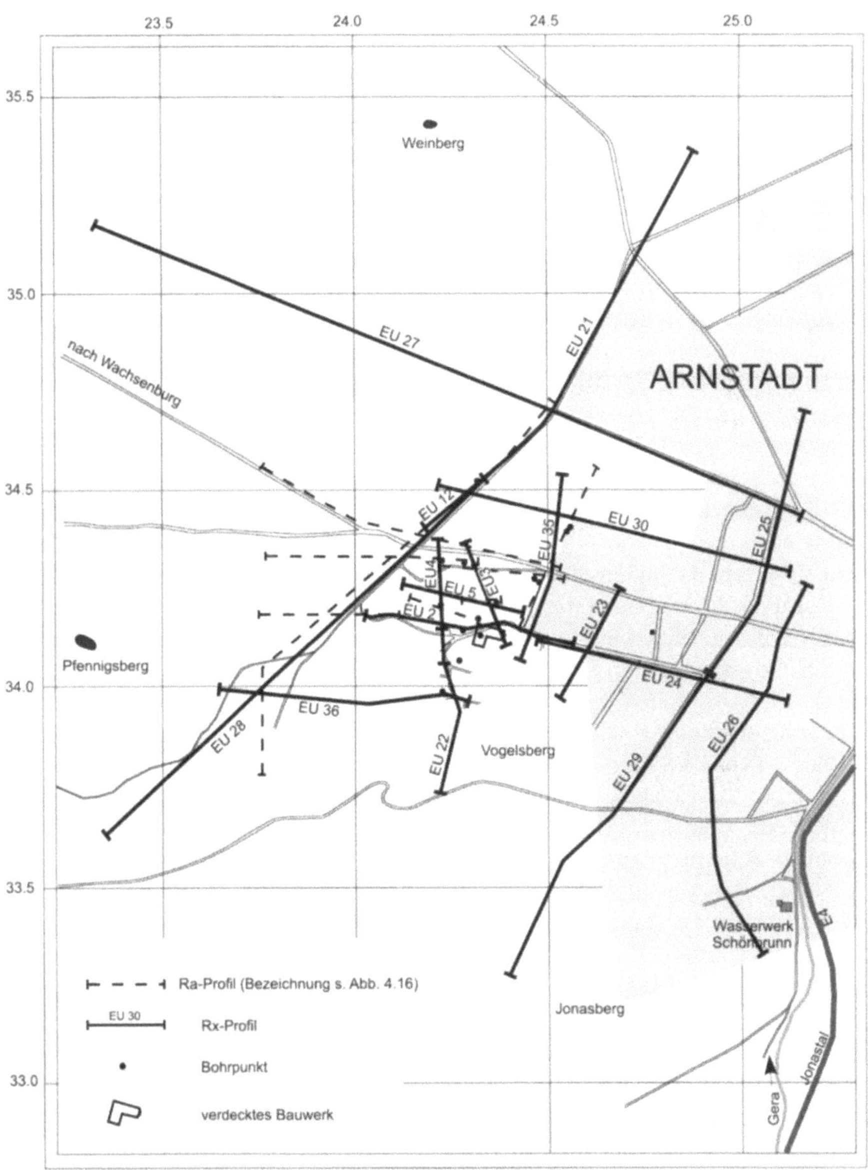

Abb. 11.14: Lageplan aller seismischen Profile am Teststandort Eulenberg

11.5.1 Refraktionsseismik

Die Grundaufgabe refraktionsseismischer Messungen ist die Ermittlung der Teufenlage von Schichtgrenzen und der seismischen Geschwindigkeiten dieser Schichten, um daraus Aussagen über den strukturellen Aufbau des Untergrundes und dessen Geschwindigkeitsprofil ableiten zu können. Im folgenden werden an einem einfachen Zwei-Schichten-Fall (*Abb. 11.15*) die Prinzipien und Begriffe der Refraktionsseismik erläutert (siehe GEBRANDE & MILLER 1985, GGU 1994, SANDMEIER & LIEBHARDT 1997).

Die Refraktionsseismik nutzt einen bestimmten seismischen Wellentyp - die refraktierte Welle (auch Kopfwelle oder Mintrop-Welle). Diese breitet sich entlang von Grenzflächen (Schichtgrenzen) aus, die Gesteinspakete mit unterschiedlicher seismischer Impedanz I (Produkt aus Wellengeschwindigkeit v und Dichte ρ) trennen. Damit es zur Ausbildung einer refraktierten Welle kommt, muß die Impedanz I_2 in der Liegend-Schicht größer sein als die Impedanz I_1 in der Hangend-Schicht. Dies ist in der Regel dann erfüllt, wenn v_2 größer als v_1 ist. Bei der Ausbreitung der Welle entlang der Grenzfläche, die in der schnelleren Liegendschicht mit der Geschwindigkeit v_2 erfolgt, wird ständig Energie an die Erdoberfläche abgestrahlt, wo sie mit Geophonen registriert werden kann (*Abb. 11.15 unten*). Die Datenaufnahme erfolgt üblicherweise entlang einer Linie mit überlappenden Profilstücken.

Refraktierte Wellen treten erst ab der kritischen Entfernung x_c von der Quelle auf und bilden ab der Entfernung $x_{ü}$ (Überholdistanz) die Ersteinsätze im Seismogramm (*Abb. 11.15 oben*). Die kritische Entfernung wird bestimmt durch den kritischen Winkel i_c (Grenzwinkel der Totalreflexion), für den der Brechungswinkel 90° wird und die refraktierte Welle entlang der Grenzfläche verläuft. Die Überholdistanz (Knickpunktentfernung) gibt an, ab welcher Entfernung die Einsätze der refraktierten schnelleren Welle aus der Liegend-Schicht die Einsätze der direkt gelaufenen langsameren Welle aus der Hangend-Schicht „überholen".

Für die Auswertung refraktionsseismischer Daten müssen als erster Schritt die Laufzeiten der Ersteinsätze bestimmt („gepickt") und in Laufzeitfeldern dargestellt werden. Das Laufzeitfeld (*Abb. 11.15*) setzt sich aus den Laufzeiten der direkten Welle und ab der Überholentfernung $x_{ü}$ aus den Laufzeiten der refraktierten Welle zusammen. Die Steigung der Geraden der refraktierten Welleneinsätze (Laufzeitgerade) in den Laufzeit-Entfernungsdiagrammen entspricht bei einer söhligen Lagerung der reziproken wahren Geschwindigkeit der Liegendschicht. In diesem Fall genügt zur Geschwindigkeitsbestimmung ein Schußpunkt am Anfang der Auslage. Bei geneigten oder gekrümmten Schichten ist, ebenso wie bei lateralen Geschwindigkeitsänderungen, zur Bestimmung der wahren Refraktorgeschwindigkeit zusätzlich ein Schuß am Ende der Auslage notwendig (Gegenschuß). Aus Schuß und Gegenschuß werden für den Refraktor unterschiedliche Scheingeschwindigkeiten ermittelt, aus denen sich die wahre Geschwindigkeit ableiten läßt. Die Mächtigkeit d der

Hangend-Schicht berechnet sich im einfachen Fall aus der Überholdistanz $x_ü$ oder dem Achsenabschnitt t_i in Verbindung mit v_1 und v_2. Der Achsenabschnitt t_i wird auch als Intercept-Zeit bezeichnet und ergibt sich als Schnittpunkt der Verlängerung der Laufzeitgeraden refraktierter Einsätze mit der Ordinate (*Abb. 11.15* oben).

Neben einem geschichteten Untergrund werden mit refraktionsseismischen Verfahren auch Strukturen mit einer kontinuierlichen Geschwindigkeitszunahme zur Tiefe erfaßt. Dabei erfahren die seismischen Wellen zahllose kontinuierlich ablaufende Brechungsvorgänge und gelangen auf einer kreisähnlichen Bahn zur Erdoberfläche zurück. Aus der Laufzeitkurve dieser sogenannten Tauchwellen läßt sich die Geschwindigkeitszunahme mit der Tiefe berechnen.

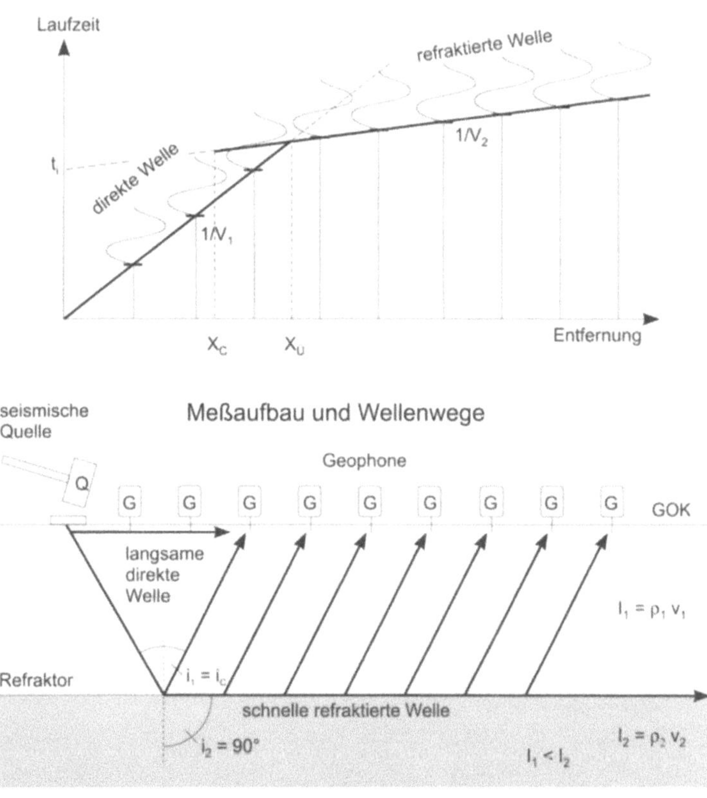

Abb. 11.15: Prinzipskizze zur Refraktionsseismik, GGU (1994)

Im Prinzip kann die Refraktionsseismik Untergrundverhältnisse mit einer beliebigen Anzahl von Schichten behandeln. In der Praxis beschränkt sich die Auswertung aber auf maximal 4 bis 5 Schichten. Die Schichtgrenzen können im allgemeinen Fall einen söhligen, geneigten oder auch gekrümmten Verlauf aufweisen. Aufgrund der relativ langen horizontalen Wellenwege mittelt die Refraktionsseismik über größere horizontale Bereiche. Das strukturelle Auflösungsvermögen ist daher geringer als bei der Reflexionsseismik (Kap. 11.5.3). Andererseits liefert die Refraktionsseismik direkt die Ausbreitungsgeschwindigkeiten seismischer Wellen und eignet sich gut für Übersichtsmessungen sowie Untersuchungen im oberflächennahen Bereich, wo die Reflexionsseismik nur mit größerem Aufwand gute Ergebnisse erzielen kann. Refraktions- und Reflexionsseismik sind daher keine konkurrierenden Verfahren sondern ergänzen sich gegenseitig.

Bei der Auswertung refraktionsseismischer Daten unterscheidet man kinematische und dynamische Verfahren. Die kinematischen Verfahren beschränken sich auf die Interpretation der Laufzeiten. Sie werden standardmäßig bei kleinräumigen refraktionsseismischen Untersuchungen angewendet, wobei man meist nur die Laufzeiten der im Seismogramm zuerst ankommenden Wellen (Ersteinsätze) auswertet. Bei den dynamischen Verfahren werden auch die Amplituden und der Frequenzinhalt der refraktierten Wellenfelder in die Auswertung einbezogen.

Für die Auswertung der Ersteinsätze existieren direkte Inversionsverfahren, die eine Rekonstruktion von Schichtgrenzen und Schichtgeschwindigkeiten direkt aus den Laufzeitdaten erlauben. Gängige Verfahren sind die Intercept-Zeit-Methode, die 1-D-Inversion, die Generalized Reciprocal Methode (GRM) (PALMER, 1981) sowie das Wellenfrontenverfahren (ROCKWELL, 1967).

Neben den direkten Inversionsverfahren existieren Methoden zur iterativen Vorwärtsmodellierung sowie zur refraktionsseismischen Tomographie. Diese Verfahren benötigen im allgemeinen ein Startmodell, auf dessen Grundlage Modellrechnungen durchgeführt werden. Die so gewonnenen Modelldaten werden mit den Beobachtungen für sämtliche Schußpunkte und Empfängerauslagen verglichen. Aus diesem Vergleich leitet man Modelländerungen ab, die als Basis für eine neue Modellrechnung dienen. Der Prozeß wird solange fortgesetzt, bis eine hinreichend genaue Anpassung an die Daten erreicht ist. Der Unterschiede zwischen direkten Inversionsverfahren und den iterativen Methoden sind in *Tab. 11.2* dargestellt.

Am Teststandort Eulenberg kamen bei der Auswertung sowohl Standard- (GRM-Analyse) und iterative Inversionsverfahren (1-D-Inversion, 2-D Network-Raytracing) sowie Refraktionstomographie zur Anwendung. Die nachstehende Einführung zu den Inversionsverfahren folgt im wesentlichen SANDMEIER & LIEBHARDT (1997).

Tab. 11.2: Gegenüberstellung: Standard - Iterative Inversionsverfahren (SANDMEIER & LIEBHARDT 1997)

Standard-Inversionsverfahren	Iterative Verfahren
Inversion GRM-, Wellenfront-, Intercept-Zeit-Verfahren	Vorwärtsmodellierung 1-D-analytische Lösungen 2-D-Raytracing, Network-Raytracing, Finite Differenzen (FD) 3-D-Raytracing, Network-Raytracing Refraktionstomographie
Prinzip: Das Modell wird direkt aus den Daten extrahiert. Jede Schicht wird unabhängig ermittelt. Für tieferliegende Schichten muß der Oberbau bekannt sein.	Prinzip: – Startmodell – Berechnung der entsprechenden Laufzeitkurven – Vergleich der berechneten und gemessenen Laufzeiten – Veränderung des Modells, falls notwendig – Automatisation dieses zyklischen Prozesses unter best. Voraussetzungen möglich
Probleme: – prinzipiell nur „gemäßigte" Strukturen invertierbar (GRM, Intercept-Zeit-Verfahren) – Inversion berücksichtigt nur einen Teil der Daten – Zuordnung der Ersteinsätze zu Schichten muß hinreichend genau bekannt sein.	Probleme: – Vorinformationen in Form eines Startmodelles nötig (z. B. aus GRM) – zeitaufwendig und Erfahrung erforderlich
Vorteile: – einfach und schnell einsetzbar – keine Vorinformationen in Form eines Startmodelles notwendig.	Vorteile: – gesamtes Datenmaterial kann in die Modellerstellung einfließen (incl. spätere Einsätze oder Reflexionen) – keine Zuordnung der Ersteinsätze zu Schichten notwendig.

Mit der GRM-Methode ist es möglich, für Schuß und Gegenschuß aus den zugeordneten Ersteinsatzlaufzeiten sowohl die Schichtgeschwindigkeiten als auch die Schichtmächtigkeiten getrennt zu berechnen. Da das Verfahren die Berechnung der Schichtmächtigkeiten für jeden Geophonort erlaubt, kann es auch bei einer bewegten Topographie der Grenzflächen eingesetzt werden. Weil für jeden Geophonort ein Wert für die Schichtgeschwindigkeit bestimmt wird, können laterale Geschwindigkeitsvariationen erkannt werden.

Die 1-D-Modellierung ist eine Vorwärtsmodelliertechnik, bei der die Laufzeiten in Abhängigkeit von ihrem Auftauchpunkt an der Erdoberfläche analytisch berechnet werden. Dabei wird angenommen, daß die Geschwindigkeit der seismischen Wellen im Untergrund nur von der Tiefe abhängt (1-dimensionale Geschwindigkeits-Tiefenverteilung). Bei der interaktiven 1-D-Modellierung werden zunächst eine „plausible" Geschwindigkeits-Tiefenverteilung vorgegeben und dazu die Laufzeiten der refraktierten Wellen berechnet. Dieses Startmodell wird dann solange verändert, bis die berechneten Laufzeiten der refraktierten Wellen mit den gemessenen Laufzeiten gut übereinstimmen. Dabei können beliebige Geschwindigkeits-Tiefenverteilungen vorgegeben werden incl. Gradienten- oder Geschwindigkeits-Inversionszonen.

Im Falle komplexer Untergrundverhältnisse, wie sie oftmals im oberflächennahen Bereich vorkommen, sind das Network-Raytracing oder die FD-Lösung[5] den Standard-Raytracing-Verfahren vorzuziehen, da sie zum einen den Modellraum besser „durchleuchten" (z. B. keine Schattenzonen) und zum anderen auch Wellenphänomene wie Diffraktionen oder das Umlaufen von Niedriggeschwindigkeitszonen berücksichtigen (KNÖDEL et al., 1997).

11.5.1.1 Anlage und Durchführung der Feldmessungen

Die Anlage der refraktionsseismischen Profile (SCHULZE et al., 1992) erfolgte nach den Ergebnissen der gravimetrischen und gleichstromgeoelektrischen Messungen (Kap. 11.2 und 11.3). Insgesamt wurden 8 Profile mit einer Gesamtlänge von ca. 4,5 km vermessen. Die Ergebnisse der Profile Ra II und Ra VI wurden für die Planung der reflexionsseismischen Messungen verwendet. Teile dieser Profile sind lageidentisch mit den reflexionsseismischen Profilen EU12 und EU02 (*Abb. 11.14*). In das Profilnetz wurden alle zum Zeitpunkt der Messungen niedergebrachten oder festgelegten Bohrungen eingebunden. Die Höhenbestimmung der Geophonpunkte erfolgte durch Nivellement. *Abb. 11.16* zeigt den Lageplan der refraktionsseismischen Profile.

[5] Berechnung der Wellengleichung nach der Methode der Finiten Differenzen.

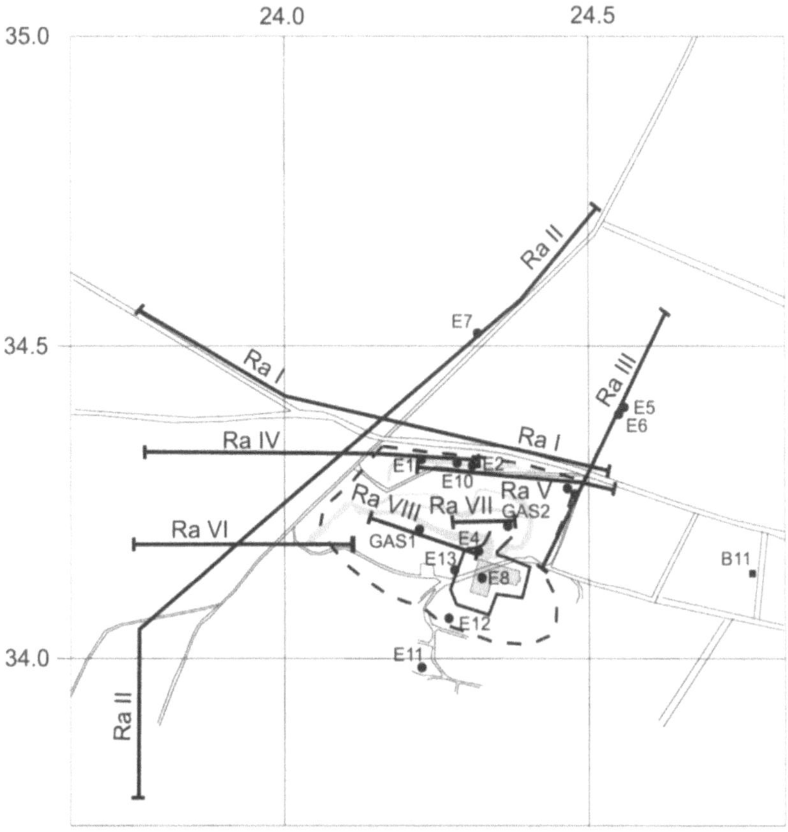

Abb. 11.16: Lageplan der refraktionsseismischen Profile Ra I - Ra VIII

Vor Beginn der Feldarbeiten wurden Testmessungen zur Bestimmung des optimalen Meßregimes durchgeführt. Dabei deutete sich ein komplizierter seismischer 3 Schichtfall mit starken lateralen Geschwindigkeitsänderungen an. Deshalb wurde zu Beginn mit 13, später mit 9 Anregungspunkten pro Aufstellung bei einem Geophonpunktabstand von 4 m gearbeitet. Der maximale Offset[6] von -92 m war für die sprengstofflose Quelle (EWG III) unter den vorliegenden Bedingungen eine vertretbare Grenze, um noch Records[7] mit hinreichender Qualität zu registrieren. Informationen zu den Geometrie- und Aufnahmeparametern sowie zu den eingesetzten Geräten findet man in *Tab 11.1* und *11.3*.

---

[6] Abstand Geophon-Anregungspunkt (Standort der Quelle).

[7] Als Record wird die digitale Aufzeichnung seismischer Signale an den Empfangspunkten (Geophonen) bezeichnet.

Tab. 11.3: Geräte

Apparatur:	TERRALOC MARK III (ABEM), 24 Kanäle
Geophontyp:	SM 120 (Sensor Nederland BV)
Quelle:	EWG III (BISON), Stapelgrad (Vertikalstapelung): 1 - 5; max. 9

11.5.1.2 Auswertung und Interpretation

Eine vollständige Auswertung der Profile Ra I bis Ra VIII erfolgte durch SCHULZE et al. (1992). Die Inversion der Laufzeitkurven wurde dabei mit dem Programm GREMIX, das auf der General Reciprocal Method (GRM) nach PALMER (1981) basiert, durchgeführt. Die Profile Ra I und Ra VI wurden zusätzlich mit einem weiteren Standardinversionsverfahren (interaktive 1-D-Modellierung) sowie einem Verfahren aus der Gruppe der iterativen Methoden (Network-Raytracing) bearbeitet, um einen Vergleich der unterschiedlichen Inversionsverfahren hinsichtlich Aussagekraft sowie Handhabung und Aufwand zu ermöglichen (SANDMEIER et al., 1992).

GRM-Auswertung (Profile Ra I - Ra VIII)

Die Ergebnisse der GRM-Auswertung sind als doppelt überhöhte Vertikalprofile dargestellt (*Abb. 11.17 - Abb. 11.23*). Die für den Liegend-Refraktor ermittelten Geschwindigkeiten sind darin durch unterschiedliche Schraffuren gekennzeichnet. In den Profilschnitten sind Bohraufschlüsse und Inversionsergebnisse der geoelektrischen Widerstandssondierungen eingetragen (Kap. 11.3). (Legende für *Abb. 11.17 - 11.23* in *Abb 11.23*).

Auf dem am nördlichen Rand der Altablagerung in E-W Richtung verlaufenden Profil Ra I können zwei Refraktorhorizonte angesprochen werden, deren Geschwindigkeiten zwischen 1 000 m/s - 1 500 m/s und 2 000 m/s - 3 200 m/s variieren. Diese großen Bandbreiten sind Hinweise für gestörte Lagerungsverhältnisse. Auffällig ist die „Aufwölbung" des zweiten Refraktors. Diese Hochlage des Liegend-Refraktors spiegelt sich auch in der Morphologie der Geländeoberfläche wider. Die Widerstandkartierung nach Schlumberger zeigt hier deutlich höhere Werte der scheinbaren spezifischen Widerstände als an den Flanken (*Abb. 11.6*). Zur Klärung der lithologischen Ursachen sind Bohrungen erforderlich.

Auf dem das Untersuchungsgebiet von SW nach NE querenden Profil Ra II konnte bei Profilmeter 550 eine markante Lagerungsstörung nachgewiesen werden, die im geologischen Profilschnitt als Abschiebung und Zerrüttungszone in Erscheinung tritt (*Abb. 11.18*).

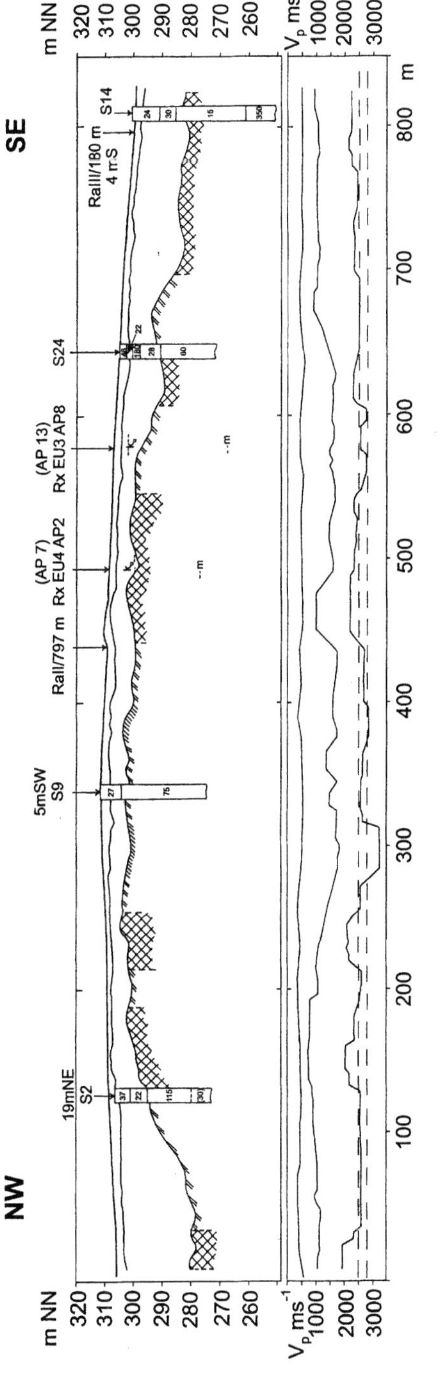

Legende in Abb. 11.23

Abb. 11.17: Refraktionsseismik, Profil Ra I, Geophysik GGD 1992, im Auftrag der BGR

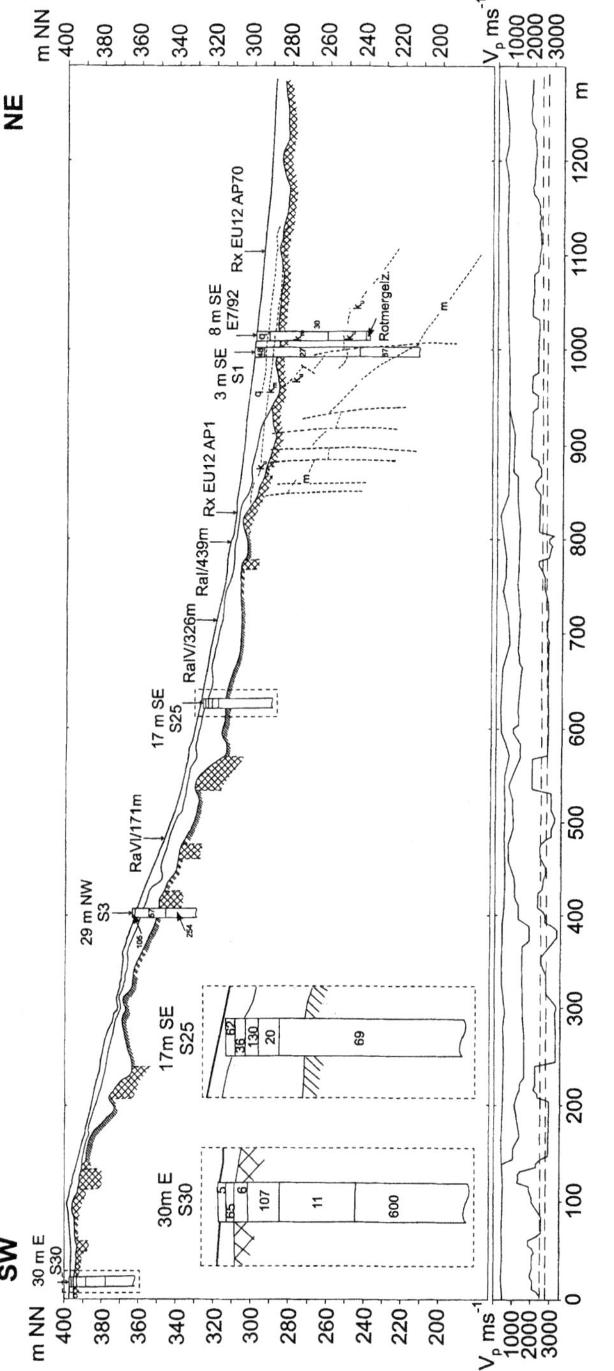

Abb. 11.18: Refraktionsseismik, Profil Ra II, Geophysik GGD 1992, im Auftrag der BGR

Nach der geologischen Kartierung (*Abb. 9.3*) entspricht diese Zone einer Verwerfung mit herzynischer Streichrichtung. Nordöstlich dieser Störung sind Sedimente des Unteren Keuper verbreitet. Weitere Störungsbereiche, die durch eine deutliche Geschwindigkeitsverminderung im Liegend-Refraktor charakterisiert sind[8], liegen bei Profilmeter 130 und 230. Dieser Geländeabschnitt wird durch die Eichenberg-Gotha-Saalfelder Störungszone geprägt (s. Kap. 9). Betrachtet man die Geschwindigkeitsverteilung des Liegend-Refraktors entlang des Profils Ra II, fällt eine deutliche Zweiteilung mit relativ hohen Geschwindigkeiten im südlichen und relativ niedrigen Geschwindigkeiten im nördlichen Abschnitt auf. Der Übergangsbereich liegt im nördlichen Randbereich der Altablagerung. Hier wird die Grenze zwischen den Kalksteinen des Oberen Muschelkalkes und einer lokalen Keupermulde (Wachsenburgmulde) erfaßt, in der Sedimente des Mittleren Keupers mit großer Mächtigkeit abgelagert sind. Dieses Bild spiegelt sich auch in der Verteilung des scheinbaren spezifischen Widerstandes wider (*Abb. 11.6*). Im südlichen Teil des Meßgebietes liegen die Werte größtenteils weit über 50 Ωm (Muschelkalk), während sie im Bereich der Keupermulde auf ca. 30 Ωm abfallen (Tonmergelstein des Mittleren Keupers). Hier ist die Schichtgrenze Mittlerer / Unterer Keuper aufgrund der großen Mächtigkeiten des Mittleren Keupers und des steilen Einfallens der Schichten des Unteren Keupers refraktionsseismisch nicht mehr nachzuweisen. Hinzu kommt, daß der Übergangsbereich zur Keupermulde durch eine tiefreichende Störungszone mit zahlreichen Staffelbrüchen modifiziert ist[9]. Dieses Beispiel verdeutlicht die Grenzen des GRM-Verfahrens bezüglich der räumlichen Auflösung und der Tiefenreichweite bei tektonisch gestörtem Untergrund.

Auf dem N-S verlaufenden Profils Ra III am östlichen Rand der Altablagerung wurde bei Profilmeter 90 ein Versatz im Liegend-Refraktor um ca. 10 m nachgewiesen. Damit verbunden ist eine Abnahme der Refraktorgeschwindigkeit von 2 800 m/s auf ca. 2 300 m/s (*Abb. 11.19*). Dieses Verhalten weist auf eine tektonische Störung mit größerem Schichtenversatz hin. Die Ergebnisse der Messung waren Anlaß, im entsprechenden Profilabschnitt einen ca. 30 m langen und 2,5 m tiefen Schurf zum direkten Aufschluß der Störung anzulegen (*Abb. 9.9* in Kap. 9). Damit konnte eine Abschiebung nachgewiesen werden, bei der das hangende Niveau der Lichten Mergel gegen die Rotmergelzone verworfen wurde (WUNDERLICH, 1992a). Aus der stratigraphischen Einstufung der aufgeschlossenen Schichten ergibt sich ein Verwerfungsbetrag von 10 bis max. 15 m. Diese seismisch erfaßte bisher unbekannte Störung besitzt für die Bewertung des lokalen Grundwasserregimes eine wesentliche Bedeutung, da sie als möglicher Austragspfad

---

[8] Nach den Erfahrungen bei der seismischen Erkundung mesozoischer Gesteine in tektonisch beanspruchten Gebieten verursachen Lagerungsstörungen deutliche Geschwindigkeitsanaomalien am Liegend-Refraktor.

[9] Diese Lagerungsverhältnisse wurden mit reflexionsseismischen Messungen nachgewiesen (Kap. 11.5.3.2).

kontaminierter Sickerwässer aus dem Abfallkörper in die Umgebung fungieren kann (s. Kap. 9 und 12).

Auf dem W-E-verlaufenden Profil Ra IV bildet im Bereich der Bohrungen E1 und E2 die Quartärbasis den tiefsten erfaßten Refraktor (Liegendrefraktor). Die niedrigen Geschwindigkeiten unmittelbar westlich von E1 sind Anzeichen für eine Störungszone. Etwa ab dem in einer Talung verlaufenden Plattenweg, der die westliche Grenze der Altablagerung bildet, sind ein höheres Geschwindigkeitsniveau am Liegendrefraktor und eine zunehmende Mächtigkeit der Hangendschicht zu erkennen (*Abb. 11.20*). Das an Bohrung E1 etwa parallel zu Ra IV geführte Profil Ra V tangiert die Störungszone unmittelbar. Auch auf diesem Profil werden sehr niedrige Geschwindigkeiten beobachtet. Während der Liegendrefraktor aber hier an der Basis der Rotmergelzone verläuft, ist der darüber ausgebildete Refraktionshorizont einer schallharten Schicht im Grenzbereich Rotmergelzone/Quartärbasis zuzuordnen (*Abb. 11.21*). Die Zuordnung zu unterschiedlichen stratigraphischen Niveaus wäre ohne Bohraufschluß nicht möglich.

Das E-W verlaufende Profil Ra VI kreuzt in der östlichen Hälfte die Altablagerung. Auffallend ist bei Profilmeter 550 ein markantes Abtauchen des zweiten Refraktors um ca. 15 m bei gleichzeitigem Auslaufen des ersten Refraktors. Bis Profilmeter 610 verläuft der zweite Refraktor im gleichen Tiefenniveau, um ab Profilmeter 610 bis 630 wieder um 10 m anzusteigen. Auch der erste Refraktor tritt wieder in Erscheinung. Die auffällige Tieflage des zweiten Refraktors markiert den über die ehemalige Baugrube verlaufenden Bereich. Das Fehlen des ersten Refraktors mit seiner für den Keuper charakteristischen Geschwindigkeit von ca. 1200 m/s zeigt, daß im Bereich der Baugrube die Keupersedimente vollständig ausgeräumt wurden. Hier liegt der Abfall direkt auf dem Muschelkalk. Die Abfallmächtigkeit erreicht im Tiefsten der Baugrube ca. 25 m. Die Flanken der Baugrube bilden sich im seismischen Bild relativ flach ab, während Archivfotos der offenen Baugrube (*Abb. 9.4 und 9.5*) ein fast senkrechtes Abfallen zeigen. Diese „Verwischung" der steilstehenden Strukturen ist methodisch begründet. Schichtneigungen größer als ca. 20° werden bei Anwendung der GRM als Inversionsverfahren nicht mehr richtig dargestellt (siehe auch SANDMEIER & LIEBHARDT, 1997). Im östlichen Bereich wird durch den stetigen lateralen Übergang der seismischen Geschwindigkeit zwischen Deponiematerial in der Baugrube (hier vorwiegend Bauschutt) und Keupersedimenten eine eindeutige Festlegung der Grenzen der Baugrube zusätzlich erschwert.

Mit den über die Altablagerung verlaufenden Profilen Ra VI und VIII wird gezeigt, daß die Basis des Abfallkörpers außerhalb der ehemaligen Baugrube mit guter Genauigkeit nachgewiesen werden kann (*Abb. 11.22* und *Abb. 11.23*). Die Geschwindigkeiten betragen im Deponiematerial ca. 500 m/s und in den im Liegenden einsetzenden Keupersedimenten ca. 1 000 m/s. Die Grenze zum Muschelkalk wird durch einen Refraktor mit einer Geschwindigkeit von ca. 2 500 m/s gekennzeichnet. Der Abfall hat in der Umgebung der Profile Ra VII (nicht abgebildet) und Ra VIII eine Mächtigkeit von ca. 8-12 m, unterlagert von einer 5-10 m mächtigen Keuperschicht. Eine Besonderheit zeigt sich am südöstlichen Ende des Profils Ra VIII, das den Bereich der ehemaligen Baugrube nur randlich erfaßt. Hier ergibt sich aus dem Anschluß an die Bohrung E 4 eine Zweiteilung des Deponiekörpers in aschereichen Abfall über Bauschutt. Die Geschwindigkeit für Bauschutt unterscheidet sich nicht von der des seitlich angrenzenden Unteren Keupers. Ohne diese Information würde man für den Keuper eine scheinbare Hochlage interpretieren. Dieses Beispiel verdeutlicht, daß für eine Interpretation refraktionsseismischer Messungen in lateral inhomogenen Gebieten in jedem Fall Bohrungen heranzuziehen sind.

Die gewonnen Informationen lassen sich wie folgt zusammenfassen:

Im Bereich der Altablagerung war es möglich, die Mächtigkeit des Abfalls abzuschätzen. Mit dem W-E verlaufenden Profil Ra VI konnten die seitlichen Begrenzungen und die Tiefe der ehemaligen Baugrube bestimmt werden. Anhand der Wellengeschwindigkeiten des Liegend-Refraktors sind in allen Profilen erste Strukturaussagen über die Lagerungsverhältnisse im Untergrund möglich, wobei zu beachten ist, daß diese Informationen z. T. unterschiedlichen Teufenniveaus bzw. stratigraphischen Einheiten zuzuordnen sind. Der Bereich der Altablagerung wird im Norden und im Süden von herzynisch streichenden Störungen tangiert. An dem bereits aus der geologischen Kartierung bekannten südlichen Ast der Störungszone setzen nach NE die den Untergrund der Altablagerung bildenden Gesteine des Unteren Keuper ein. Indikationen für eine lokal begrenzte Störungszone zeigen sich am nördlichen Rand der Altablagerung mit deutlich flachherzynischer Streichrichtung. Auf dem Profil Ra III wird diese Störung mit einem entsprechenden Versatz im Liegendrefraktor erfaßt.

11.5.1.3 Methodenvergleich refraktionsseismischer Interpretationsverfahren

Anhand eines Datensatzes wurde ein methodischer Vergleich verschiedener refraktionsseismischer Interpretationsverfahren durchgeführt (SANDMEIER et al., 1992; SANDMEIER & LIEBHARDT, 1997). Die Auswertung beschränkt sich auf das Profil Ra I im Vorfeld der Altablagerung und das die Ablagerung querende Profil Ra VI (*Abb. 11.16*). Für die Interpretation beider Profile kamen die interaktive 1-D-Modellierung, die GRM-Analyse als direktes reziprokes Inversionsverfahren und das Network-Raytracing (iterative Vorwärtsmodellierung) zur Anwendung. Es wurde versucht, das durch die Vorwärtsmodellierung entwickelte Modell möglichst einfach zu halten und dennoch eine optimale Datenanpassung zu gewährleisten.

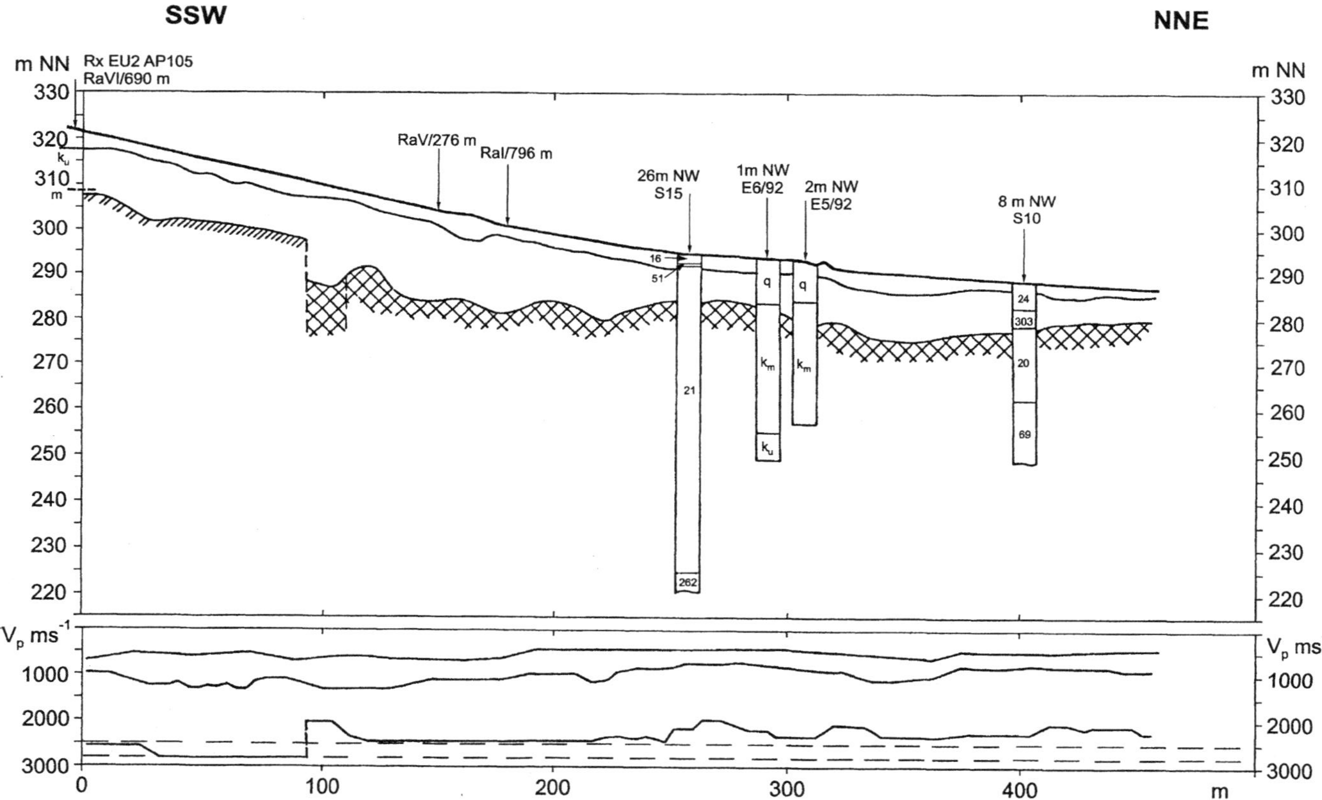

Abb. 11.19: Refraktionsseismik, Profil Ra III, Geophysik GGD 1992, im Auftrag der BGR

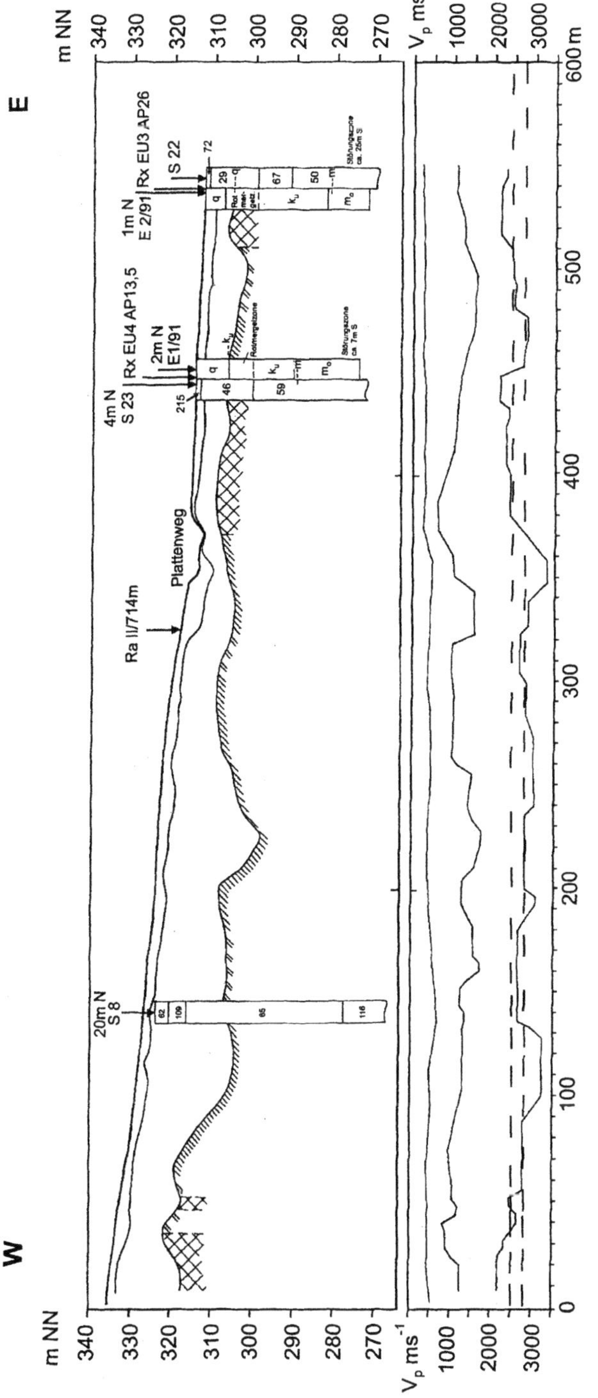

Abb. 11.20: Refraktionsseismik, Profil Ra IV, Geophysik GGD 1992, im Auftrag der BGR

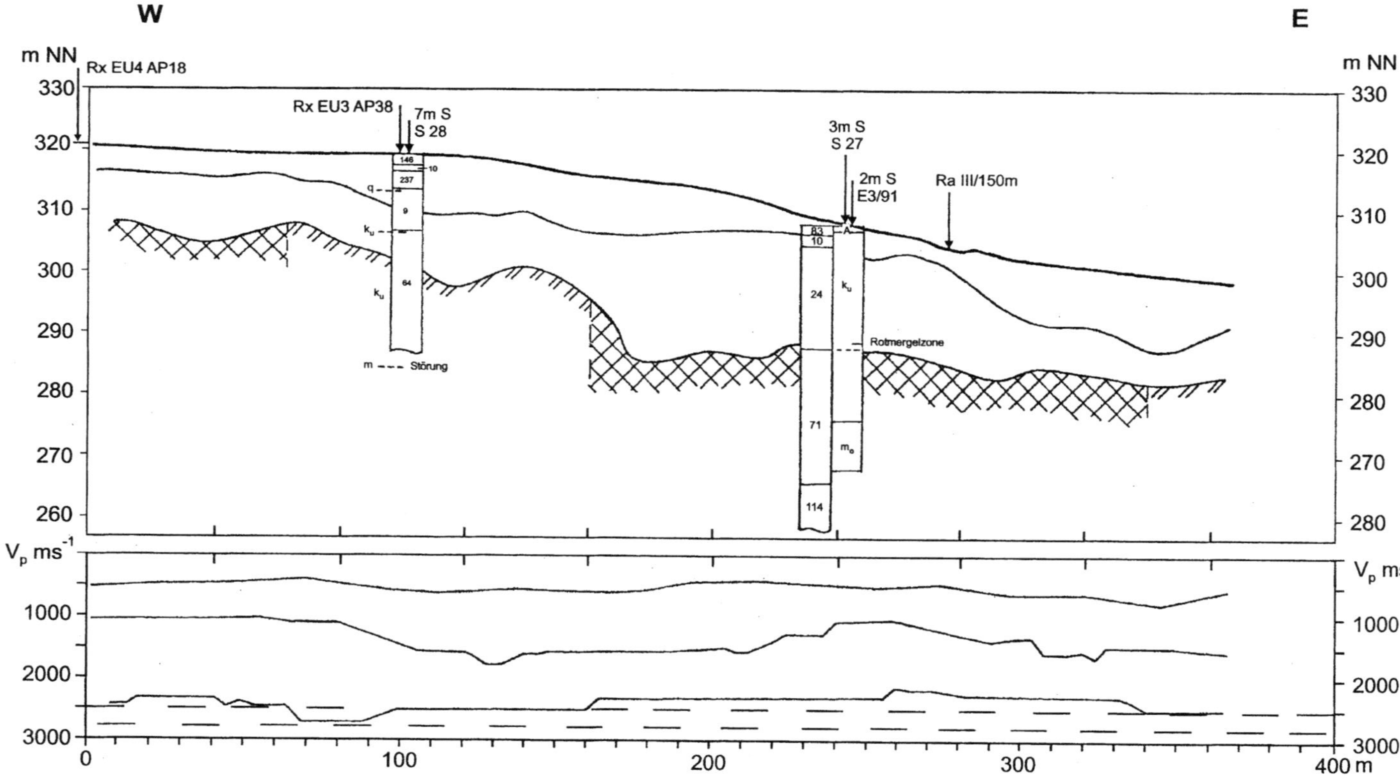

Abb. 11.21: Refraktionsseismik, Profil Ra V, Geophysik GGD 1992, im Auftrag der BGR

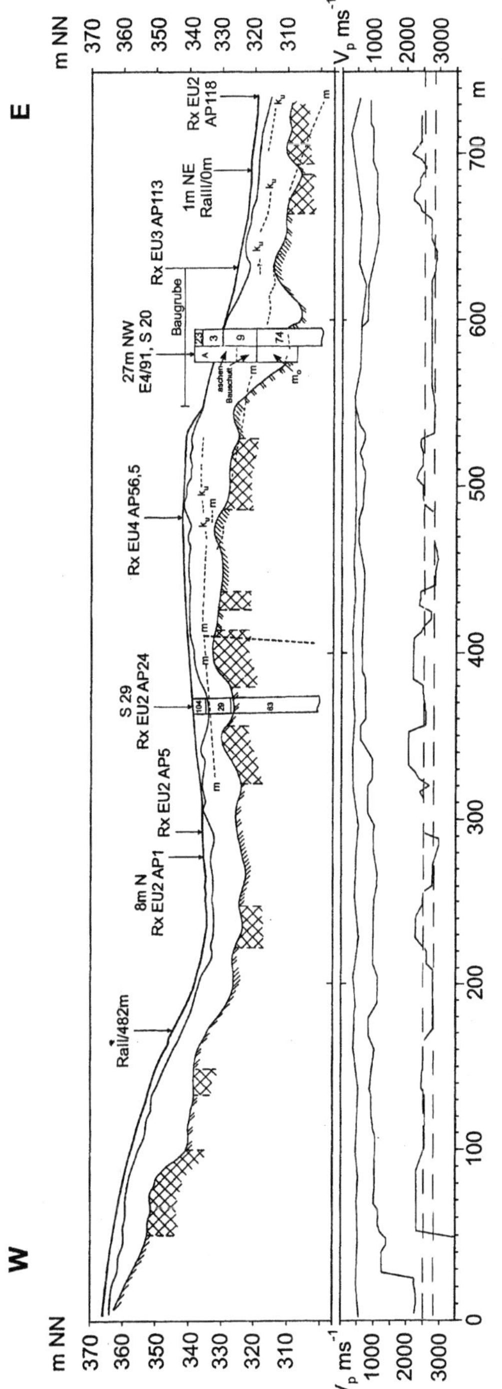

Abb. 11.22: Refraktionsseismik, Profil Ra VI, Geophysik GGD 1992, im Auftrag der BGR

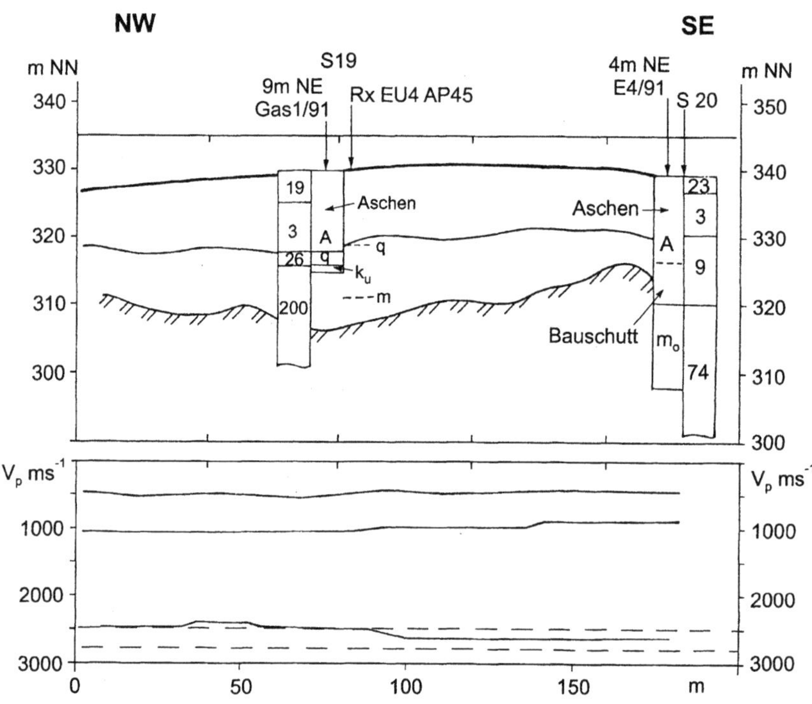

Abb. 11.23: Refraktionsseismik, Profil Ra VIII, Geophysik GGD 1992, im Auftrag der BGR

Legende für die Abb. 11.17 bis 11.23

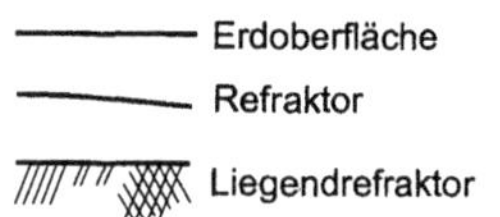

Reflexionsseismisches Tiefenprofil

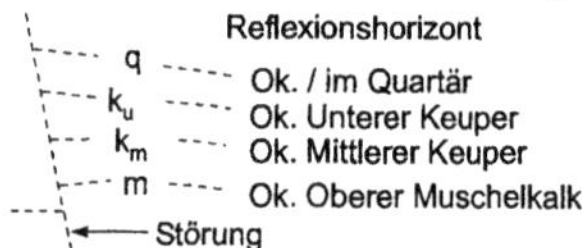

Geoelektrisches Vertikalprofil aus quantitativer Auswertung der Widerstandssondierungen (VES)

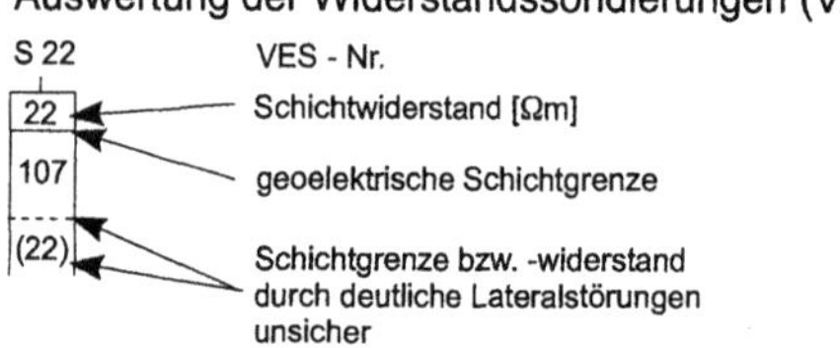

Signatur an Liegendrefraktor nach Longitudinalwellengeschwindigkeit

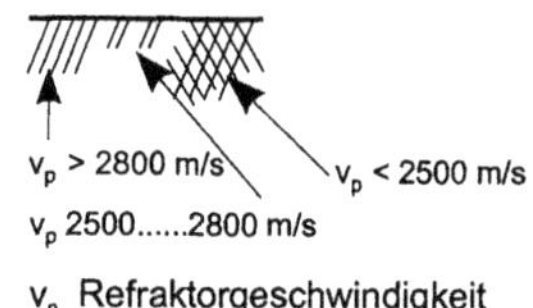

v_p Refraktorgeschwindigkeit

Bohrung Eulenberg 7/92

E7/92
q
k_u
k_m
Endteufe

A - Aufschüttung Deponie
q - quartäre Lockerbedeckung
k_m - Mittlerer Keuper
k_u - Unterer Keuper
m_o - Oberer Muschelkalk

Abbildung *11.24* und *Abb. 11.25* zeigen die Interpretationsergebnisse: Jeweils rechts sind die Untergrundmodelle und links die aus den Felddaten ermittelten Laufzeitkurven und die Laufzeitkurven für das Untergrundmodell dargestellt. Modell A stellt das Interpretationsergebnis mittels interaktiver 1-D-Modellierung, Modell B mittels GRM-Analyse und Modell C mittels Network-Raytracing dar.

Die Interpretationsergebnisse für das Profil Ra I (*Abb. 11.24*) zeigen, daß die Modelle generell übereinstimmen (Hochlage des Liegend-Refraktors). Die Ergebnisse der beiden Standardinversionen (Modell A und B) können als gleichwertig betrachtend werden. Auffallend sind die starken Undulationen im Liegend-Refraktor. Diese sind methodisch bedingt, da die direkten Inversionsverfahren sämtliche Laufzeitschwankungen auf die entsprechende Schichtgrenze projizieren, falls diese durch den Oberbau nicht bereits kompensiert werden. Durch die Inversion mittels Network-Raytracing (Modell C) wird ein „glatterer" Verlauf der Refraktoren erzielt und die wesentlichen lateralen Inhomogenitäten sind klarer ausgeprägt (z. B. steilerer Abfall bzw. Anstieg der Schichtgrenzen). Der Vergleich der synthetisch berechneten Laufzeiten der Refraktionseinsätze für die Modelle A, B und C mit den gemessenen Laufzeiten zeigt, daß das Modell C die realen Daten erheblich besser anpaßt als die Modelle A und B. Dies erkennt man nicht nur an der durchschnittlichen Abweichung von 1,5 ms (Modell C) gegenüber 3,9 und 3,6 ms (Modelle A und B), sondern vor allem auch an der Anpassung der Krümmungen der Laufzeitkurven.

Auch für das über die mit Abfall verfüllte Baugrube verlaufende Profil Ra VI wurde eine optimierte Interpretation mit Hilfe der Vorwärtsmodellierung durchgeführt und den Ergebnissen der Standardinterpretation gegenübergestellt (*Abb. 11.25*). Bezüglich der Anpassungsgüte sowie der Modellunterschiede gelten im wesentlichen die für Profil Ra I getroffenen Aussagen. Der beste Angleich an die Felddaten gelingt wiederum durch Modell C. Für Modell A und B betragen die durchschnittlichen Abweichungen der Laufzeiten 3,3 bzw. 3,5 ms, für Modell C 2,2 ms. In diesem Zusammenhang muß noch auf einen wichtigen Punkt hingewiesen werden, der für die Erfassung steilstehender Grenzen wie z. B. die Abbruchkante der ehemaligen Baugrube von Bedeutung ist. Die gemessenen Laufzeiten weisen im Bereich der Profilkoordinaten 550 bis 650 m starke Schwankungen auf (vgl. Pfeil in *Abb. 11.25*), die sich in negativen Scheingeschwindigkeiten und sogar in einem „Überholen" des von einem entfernteren Schuß stammenden Laufzeitastes (Geophonkoordinaten 590-640 m von Schuß 506 sowie 552) manifestieren. Dieser Bereich stellt genau die verfüllte Baugrube dar. Standardinversionsverfahren wie die GRM-Analyse oder die interaktive 1-D-Modellierung erlauben ein solches „Überholen" nicht, wie sich auch in dem Vergleich der Modell- und Meßdaten in der *Abb. 11.24,* Modelle A und B, erweist. Wie das Modell C zeigt, ist es möglich, mit Hilfe der Vorwärtsmodellierung diesen Effekt zu erklären. Das „Überholen" wurde dadurch verursacht, daß die Wellen vom entfernteren Schußpunkt die Baugrube umlaufen haben, wohingegen dies den Wellen vom näheren Schußpunkt nicht möglich ist und sie dadurch eine deutliche Zeitverzögerung erfahren. Durch Berücksichtigung dieser Effekte kann die laterale Begrenzung der Baugrube auf ca. ± 5 m und die Tiefe der Baugrube auf ca. ± 2 m genau erfaßt werden.

11.5.1.4 Schlußfolgerungen

Die Ergebnisse des methodischen Vergleichs können wie folgt zusammengefaßt werden (SANDMEIER et al. 1992, SANDMEIER & LIEBHARDT, 1997):

- 1-D-Modellierung und GRM-Analyse sind geeignete Verfahren zur Inversion eines Startmodells. Bei einfacher Geologie, d. h. geringe Anzahl von Schichten und keine steilstehenden Schichtgrenzen, werden keine zusätzlichen Verfahren benötigt.
- Die Standard-1-D- und 2-D-Inversionsverfahren liefern auch bei komplizierten Verhältnissen eine relativ gute Abbildung der Untergrundstrukturen. Der Informationsgehalt der Daten wird allerdings nicht vollständig ausgeschöpft. Dazu sind weitergehende Interpretationen (z. B. mit iterativen Verfahren) notwendig.
- Der Geschwindigkeits- und Tiefenbestimmung der obersten Schicht (Verwitterungs- oder Langsamschicht) muß für die Interpretation oberflächennaher Strukturen besondere Aufmerksamkeit geschenkt werden, da hier oftmals große laterale Änderungen der elastischen Eigenschaften auftreten. Dadurch hervorgerufene mögliche Interpretationsfehler setzen sich in die Tiefe fort. Für die Inversion dieser Schicht eignet sich die interaktive 1-D-Modellierung besser als die 2-D-reziproken Methoden.
- Der Einsatz iterativer Vorwärtsmodelliertechniken erlaubt durch den Einbezug des kompletten Datenmaterials sowie durch die einfache und flexible Möglichkeit von Plausibilitätsbetrachtungen eine gute Anpassung der Modelle an die Felddaten und ein besseres Verständnis der Wellenwege und damit auch der Bandbreite möglicher Modelle.
- Ein gutes Werkzeug für die Vorwärtsmodellierung ist das sog. Network-Raytracing-Verfahren, da es für beliebig komplizierte Modelle einsetzbar ist, die Möglichkeit beinhaltet, Strahlenwege zu verfolgen und deutlich schneller als ein FD-Approximationsverfahren ist.
- Ob der teilweise relativ hohe Aufwand einer verbesserten Datenanpassung durch eine iterative Vorwärtsmodellierung gerechtfertigt ist, muß im Einzelfall entschieden werden. Im Falle „einfacher" Untergrundverhältnisse und Zuordnung reicht die Beschränkung auf eine der reziproken Methoden und/oder die 1-D-Inversionsverfahren vielfach aus.

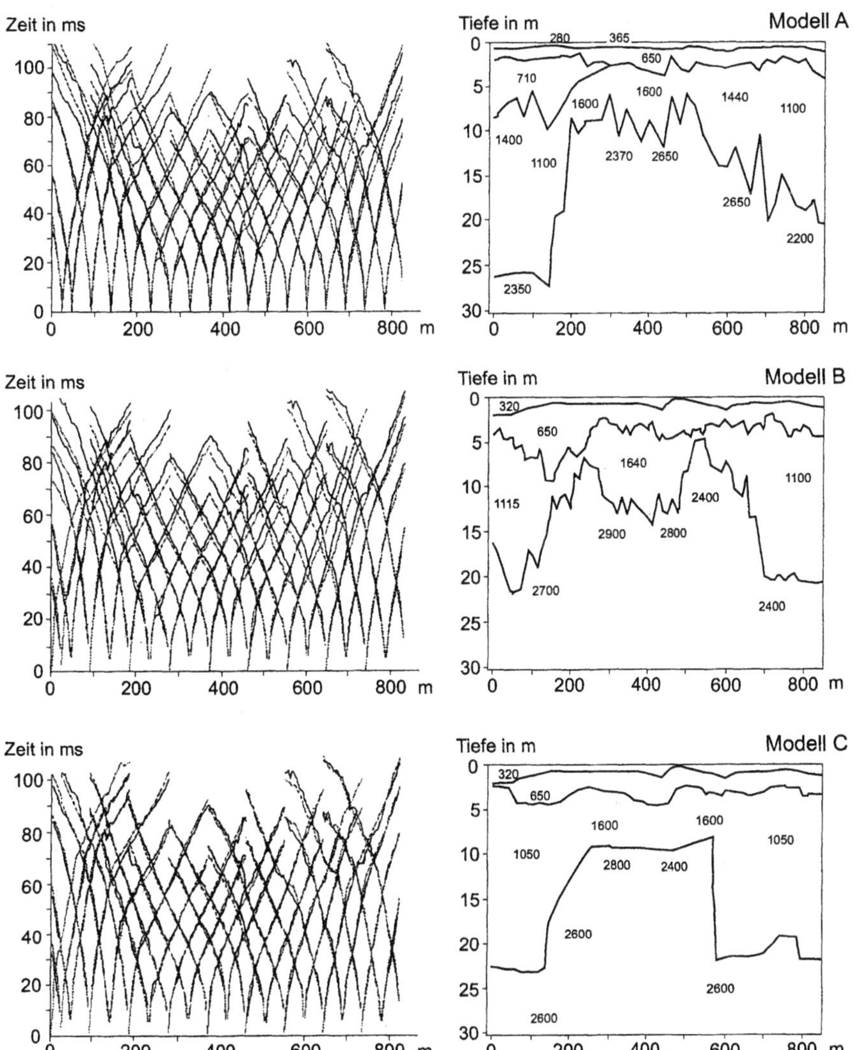

Abb. 11.24: Refraktionsseismische Auswertung des Profils Ra I: Vergleich der beobachteten Laufzeitkurven mit den Ergebnissen der Modellrechnung (linke Seite) sowie zugehörige Modelle (rechte Seite). Nach SANDMEIER et al. (1992)

Modell A: 1-D-Inversion: Interaktive Modellanpassung auf CMP-sortierte Daten und lineare Interpolation der gewonnenen 1-D-Modelle. Mittlere Abweichung der Laufzeiten 3,9 ms.

Modell B: GRM-Analyse: Mittlere Abweichung der Laufzeiten 3,6 ms.

Modell C: Vorwärtsmodellierungen (Network-Raytracing): Mittlere Abweichung der Laufzeiten 1,5 ms.

Geschwindigkeiten (Zahlenwerte in den Modellen) in m s^{-1}. Weitere Erklärungen im Text.

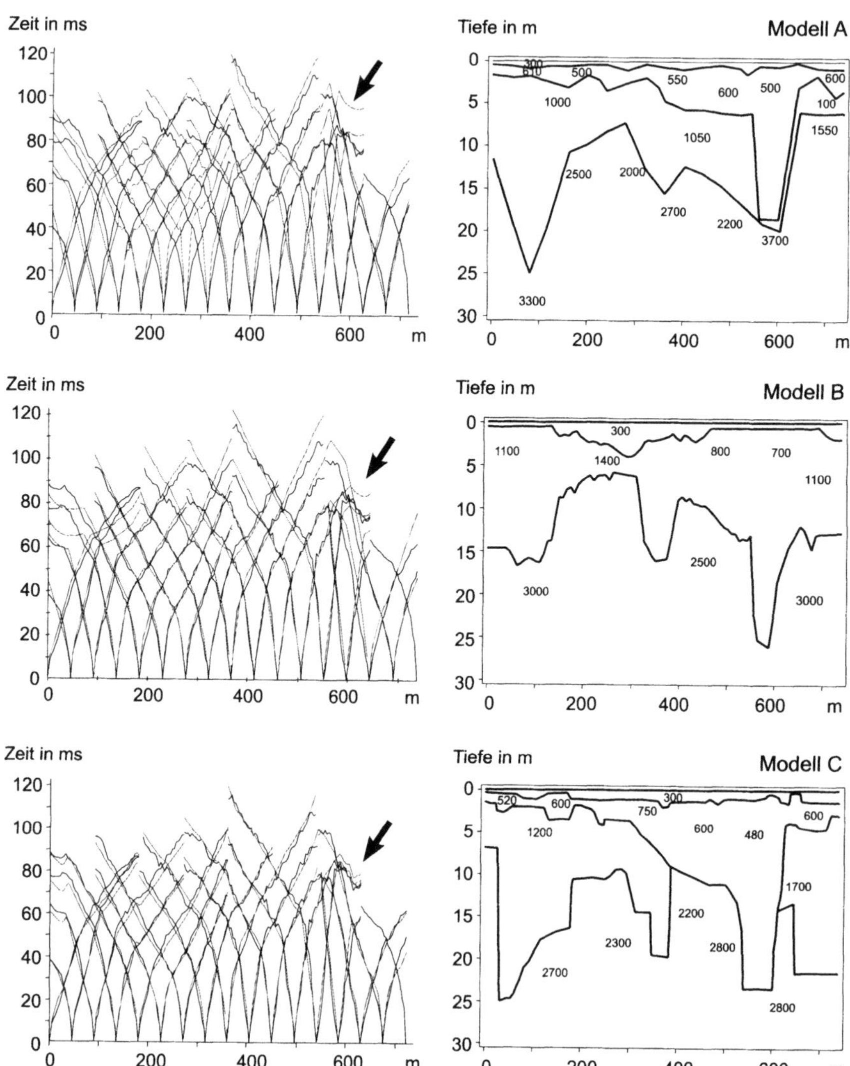

Abb. 11.25: Refraktionsseismische Auswertung des Profils Ra VI: Vergleich der beobachteten Laufzeitkurven mit den Ergebnissen der Modellrechnung (linke Seite) sowie zugehörige Modelle (rechte Seite). Nach SANDMEIER et al. (1992)

Modell A: 1-D-Inversion: Interaktive Modellanpassung auf CMP-sortierte Daten und lineare Interpolation der gewonnenen 1-D-Modelle. Mittlere Abweichung der Laufzeiten 3,3 ms.

Modell B: GRM-Analyse: Mittlere Abweichung der Laufzeiten 3,5 ms.

Modell C: Vorwärtsmodellierungen (Network-Raytracing): Mittlere Abweichung der Laufzeiten 2,2 ms.

Geschwindigkeiten (Zahlenwerte in den Modellen) in m s^{-1}. Weitere Erklärungen im Text.

- Das Ergebnis einer refraktionsseismischen Inversion sollte durch Vorwärtsmodellierung überprüft werden. Dabei wird das zum erhaltenen Untergrundmodell gehörende seismische Wellenfeld berechnet und mit dem im Feld gemessenen Wellenfeld verglichen. Stimmen beide Wellenfelder in ihren Charakteristika (Laufzeiten, Amplituden u. ä.) nicht überein, muß das Inversionsergebnis verbessert werden.

11.5.2 Refraktionstomographie

Liegen im Untersuchungsgebiet komplexe Lagerungsverhältnisse vor, z. B. kleinräumige laterale und vertikale Inhomogenitäten, steht mit der Refraktionstomographie ein geeignetes Verfahren zur Verfügung. Dabei wird ein Untergrundmodell zugrunde gelegt, das nicht nur an Schichtgrenzen auftretende sprunghafte, sondern auch quasi-kontinuierliche Änderungen der seismischen Geschwindigkeit (sog. Geschwindigkeitsgradienten) berücksichtigt. Die Strahlenwege der refraktierten Wellen sind in diesem Fall gekrümmt und werden als Tauchwellen bezeichnet (*Abb. 11.30c*) (s. auch UTECHT et al., 1996).

Bei der refraktionstomographischen Auswertung werden die ermittelten Laufzeit-Datensätze der refraktierten Wellen als „Projektionen“[10] der seismischen Geschwindigkeitsverteilung im Untergrund aufgefaßt. Der Untergrund wird durch ein Zellraster beschrieben, wobei jeder Zelle ein Geschwindigkeitswert zugeordnet ist. Für die Berechnung des Geschwindigkeitsfeldes aus den Laufzeiten muß die Meßgeometrie im Feld so angelegt sein, daß hinreichend viele sich kreuzende Strahlen den Untergrund durchlaufen. An die Signalqualität der Ersteinsätze sind unter dem Gesichtspunkt der Auflösung von Geschwindigkeitsanomalien im Untergrund hohe Anforderungen zu stellen.

Für die tomographische Auswertung eignen sich generell analytische Methoden, Matrix-Inversion und algebraische Rekonstruktionsverfahren. In der Ingenieur- und Umweltgeophysik werden, begründet durch die Meßgeometrie im Feld und die vergleichsweise geringe Rechenzeit im Labor, vor allem die algebraischen Methoden benutzt. Etabliert ist vor allem SIRT (Simultaneous Iterative Reconstruction Technique). Hierbei wird ein Startmodell, das meist die konventionelle Refraktionsseismik liefert, durch den Vergleich von gemessenen und theoretischen Laufzeitdaten iterativ modifiziert und verbessert.

Einen Überblick über die theoretischen Grundlagen der seismischen Tomographie sowie praktische Beispiele geben z. B. NOLET (1987), RÜTER & GELBKE (1986) und STEWART (1991).

---

[10] Eine Projektion ist ein zentraler Begriff der Tomographie, der auch für tomographische Anwendungen in der Medizin und der Materialprüfung verwendet wird.

11.5.2.1 Anlage und Durchführung der Feldmessungen

Grundlage der refraktionstomographischen Auswertung war ein reflexionsseismischer Datensatz bestehend aus 5 Einzelprofilen mit einer Gesamtlänge von ca. 1 800 m (BAUER & SEITZ, 1992). Die Profile EU02, EU03, EU04 und EU05 verlaufen direkt auf der Altablagerung, das Profil EU12 im nördlichen Vorland (*Abb. 11.14* und *11.31*).

Eine Übersicht über Zielstellung, Ausführung und Parameter der Messungen vermitteln *Tab. 11.1* und *Tab. 11.4*. Durch die strikt eingehaltene Zentralaufstellung mit 24 Spuren in beiden Profilrichtungen konnten lediglich maximale Offsets von 96 bzw. 48 m (Profil EU03) realisiert werden.

Tab. 11.4: Parameter der reflexionsseismischen Messungen (SEITZ & BAUER, 1992)

Parameter	Profile EU12, EU02	Profil EU03	Profile EU04, EU05
Aufstellungsart	zentral	zentral	zentral
Kanalzahl	48	48	48
Abtastrate	0,5 ms	0,5 ms	0,5 ms
Recordlänge	250 ms	500 ms	250 ms
Aufnahmefilter	60 - 500 Hz	28 - 500 Hz	28 - 500 Hz
Notchfilter	ohne	ohne	ohne
Anregung am Kanal	24	24	24
Geophongruppenabstand	4 m	2 m	4 m
Anregungspunktabstand	4 m	2 m	4 m
Aufstellungsweite	-92... + ...96 m	-46... + ...48 m	-92... + ...96 m
Vorverstärkung	0 - 60 dB, variabel	0 - 60 dB, variabel	0 - 60 dB, variabel
Geophonbündelung	1fach	1fach	6fach Nest
Geophontyp	L40 A-1 Mark Products Inc.	L40 A-1 Mark Products Inc.	L40 A-1 Mark Products Inc.
Anregungsart	EWG III	EWG III Hammer	EWG III Hammer
Vertikalstapelgrad	1-3fach	1-6fach	2-5fach

11.5.2.2 Auswertung und Interpretation

Die Auswertung erfolgte nach dem SIRT Verfahren, das zunächst die Erstellung eines 2-dimensionalen Grundmodells $v(x,z)$ fordert (UTECHT & SCHADE, 1993). Dieses Startmodell basierte auf einer konventionellen Auswertung des Laufzeitfeldes mittels GRM. Die Ersteinsätze aller seismischen Spuren wurden angerissen und in entsprechenden Laufzeitdiagrammen dargestellt. Zur Erfüllung der hohen Genauigkeitskriterien war ein manuelles „Picking" der Laufzeiten notwendig. Generell betrug die Genauigkeit im Anriß der Laufzeitdaten bei durchschnittlicher Signalqualität ± 1,5 ms. Zur weiteren

Aufbereitung der Daten wurden die Laufzeitfelder einer Regression bzw. Prüfung der Gleichheit von reziproken Zeiten unterworfen (BRÜCKL, 1987). Fehlerhafte Laufzeiten konnten auf diese Weise weitgehend eliminiert werden. Im Anschluß erfolgte die GRM-Inversion mit einem vom Kontraktor entwickelten Software-Paket.

Die konventionell mit GRM berechneten Geschwindigkeits-Tiefen-Modelle bildeten die Grundlage für die refraktionstomographische Auswertung. Die Startmodelle wurden zunächst durch ein Raster mit einer Zellgröße von 2 m · 2 m approximiert. Schichtenabhängig wurden Geschwindigkeitsgradienten in z-Richtung von 5 bzw. 10 ms^{-1} pro Zelle zugelassen. Eine zusätzliche Glättung des Zellrasters führte zu schmalen Übergangszonen an den Schichtgrenzen.

Die eigentliche refraktionstomographische Auswertung mittels SIRT erfolgte unter Zulassung gekrümmter Laufwege der seismischen Strahlen. Dieses rechenzeitintensive Curved-Ray-Verfahren umfaßt folgende Schritte, die mehrmals durchlaufen werden, um das seismische Startmodell iterativ zu verbessern:

- Ermittlung des Strahlenverlaufs für jedes Schuß-Geophon-Paar im aktuellen Geschwindigkeits-Tiefen-Modell, d. h. Bestimmung des Abstrahlwinkels am Schußpunkt, unter dem das jeweilige Geophon getroffen wird (Ray-Tracing).
- Berechnung der theoretischen Laufzeit zwischen Schuß und Geophon für den jeweils ermittelten Strahlenverlauf.
- Ermittlung der Laufzeitdifferenz zwischen theoretischem und gemessenem Wert für das jeweilige Schuß-Geophon-Paar.
- Modifikation des Geschwindigkeits-Tiefen-Modells anhand der ermittelten Laufzeitdifferenz(en) durch Anpassung der Geschwindigkeitsdaten der durchlaufenen Zellen (Least-Squares-Fit).

Für den Laufzeitenvergleich werden nur diejenigen Strahlen verwendet, die den Geophonpunkt innerhalb eines vorgegebenen Radius, der kleiner ist als die Zellenlänge, treffen. Bei der Modifikation der Geschwindigkeiten sollte eine Beschränkung der Daten auf einen plausiblen Wertebereich und/oder eine Glättung erfolgen.

Bei allen Profilen wurde der Iterationsvorgang nach 10 Durchläufen abgebrochen. Die durchschnittliche Abweichung der berechneten von den gemessenen Laufzeiten betrug 2 - 3 ms. Dieser Wert lag nur geringfügig über der Genauigkeit im Anriß der Laufzeitdaten.

Die *Abb. 11.26 - 11.30* zeigen die Ergebnisse der tomographischen Auswertung als Profilschnitte. Farblich codiert ist die ermittelte Geschwindigkeitsverteilung im Untergrund. Längs der horizontalen Achse ist die Entfernung der Geophonpunkte von der Profilkoordinate 0 m aufgetragen. Für die Anfangs- und Endbereiche der reflexionsseismischen Linien können aufgrund der Meßgeometrie nur extrapolierte Teufen- und Geschwindigkeitswerte angegeben werden. Das Startmodell aus der GRM-Inversion ist mit Zahlen (Geschwindigkeitswerte) und Linien (Schichtgrenzen) ebenfalls abgebildet.

Die GRM-Auswertung der Profile EU03, EU04 und EU05 lieferte 2-Schicht-Modelle. Die Profile EU02 und EU12 zeigen abschnittsweise 3 Schichten. Der Liegend-Refraktor ist bei Teufenlagen zwischen 2 und 21 m durch seismische Geschwindigkeiten im Bereich von 1 100 - 3 250 m/s gekennzeichnet. Für das Hangende erscheinen profilabhängig Geschwindigkeiten von 250 - 900 m/s. Die auf den Profilen EU12 und EU02 abschnittsweise vorliegende Zwischenschicht zeigt Geschwindigkeitswerte von 400 - 1 250 m/s.

Der Vergleich der Vertikalschnitte aus der GRM-Inversion mit den entsprechenden Tomogrammen zeigt eine gute Übereinstimmung, so daß die Startmodelle bestätigt werden. Für gleiche Teufenlagen zeigen die Tomogramme aber meist geringere Geschwindigkeiten als die refraktionsseismischen Schnitte. Diese Differenzen sind vermutlich auf geringmächtige „Schichten" zurückzuführen, welche bei der konventionellen Auswertung der Laufzeitdaten (Profile EU03-EU05) unberücksichtigt oder unerkannt blieben (sog. „verborgene" Schichten).

Im folgenden werden die refraktionstomographischen Auswertungen der Profile EU02, EU04 (diese Profile queren die Altablagerung) und EU12 (Profil aus dem Umfeld) eingehender diskutiert.

Profil EU02

Abbildung *11.26* zeigt das refraktionstomographische Modell für das in W-E Richtung über den zentralen Bereich der Altablagerung verlaufende Profil. Die verfüllte Baugrube wird im Bereich der Profilkoordinaten 260 - 340 m erfaßt. Deutlich läßt sich eine Trogstruktur mit steilen Böschungen erkennen. Das abgelagerte Material mit seismischen Geschwindigkeiten von 300 - 500 m/s erreicht hier eine Mächtigkeit bis zu 20 m. Der östliche Übergang Baugrube/anstehendes Festgestein zeichnet sich gegenüber dem westlichen durch einen wesentlich geringeren Geschwindigkeitskontrast aus. Dieses Bild läßt sich damit erklären, daß östlich der Baugrube Keupersedimente mit einer Mächtigkeit von ca. 5 - 10 m über Muschelkalk lagern, während westlich der Baugrube nur geringmächtige Keupersedimete vorhanden sind, die von Abfall überlagert werden. Im Baugrubenbereich deuten sich innerhalb des Abfalls im östlichen Bereich etwas höhere seismische Geschwindigkeiten an. Dies könnte auf ein „schallhärteres" Schüttgut wie z. B. Bauschutt hindeuten.

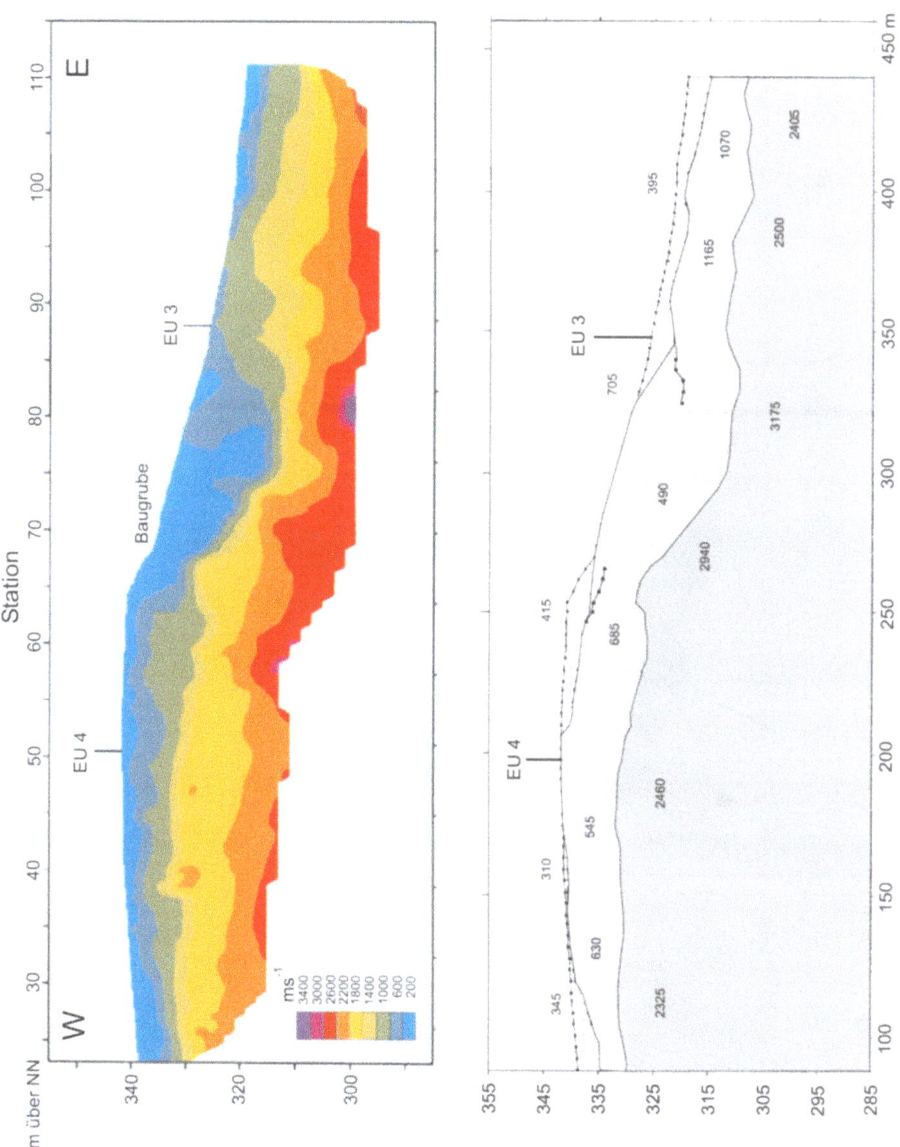

Abb. 11.26: *Oben:* Refraktionstomographischer Schnitt des Profils, EU02.
Unten: Startmodell aus der GRM-Inversion. THOR (1993), im Auftrag der BGR

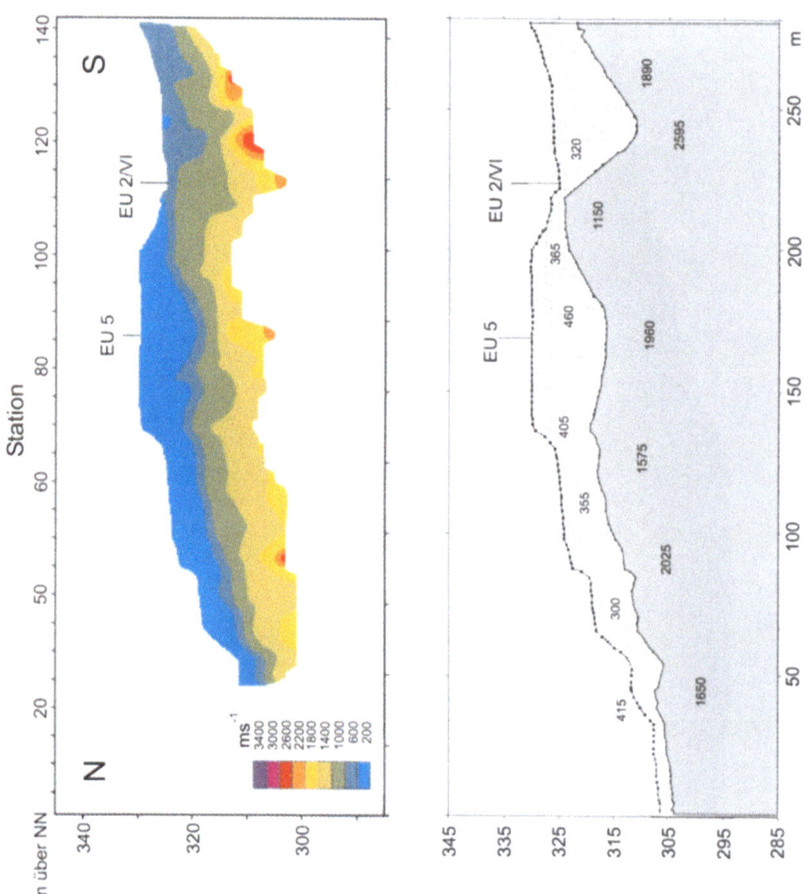

Abb. 11.27: *Oben:* Refraktionstomographischer Schnitt des Profils, EU03.
Unten: Startmodell aus der GRM-Inversion. THOR (1993), im Auftrag der BGR

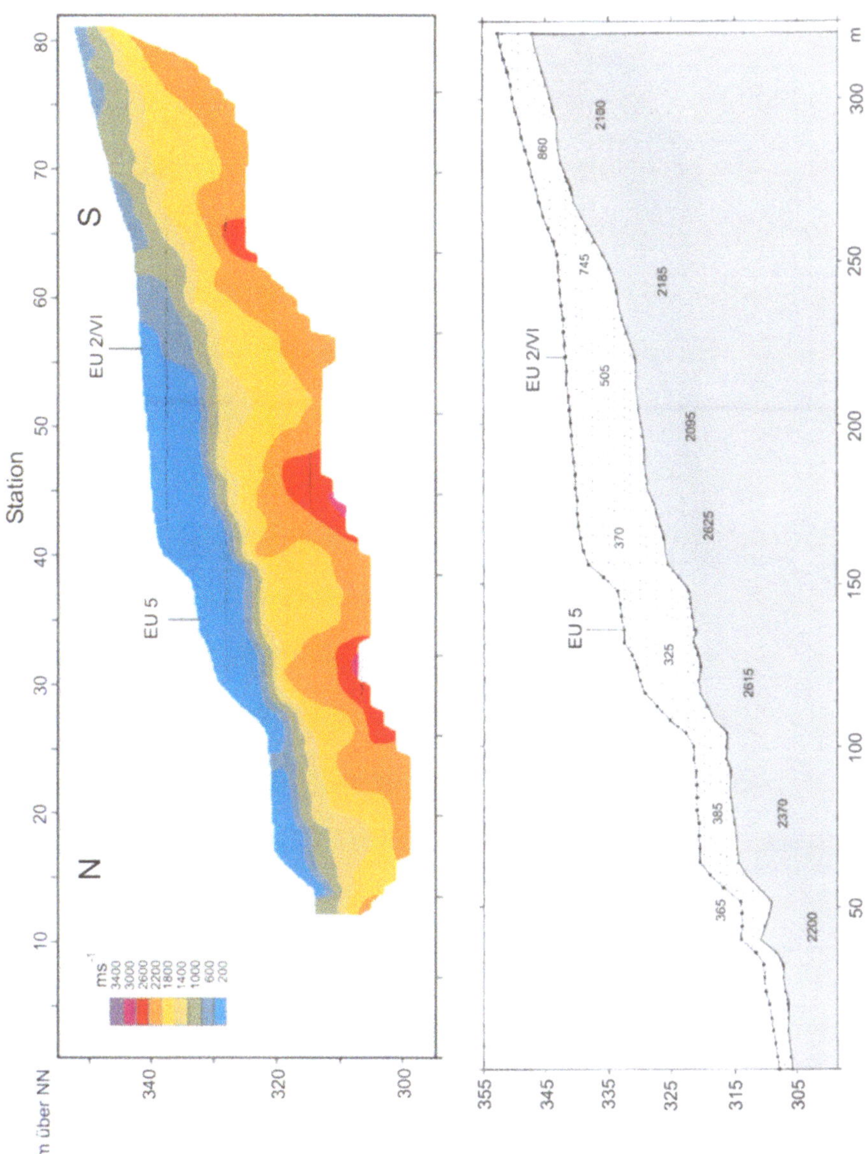

Abb. 11.28: *Oben:* Refraktionstomographischer Schnitt des Profils, EU04.
Unten: Startmodell aus der GRM-Inversion. THOR (1993), im Auftrag der BGR

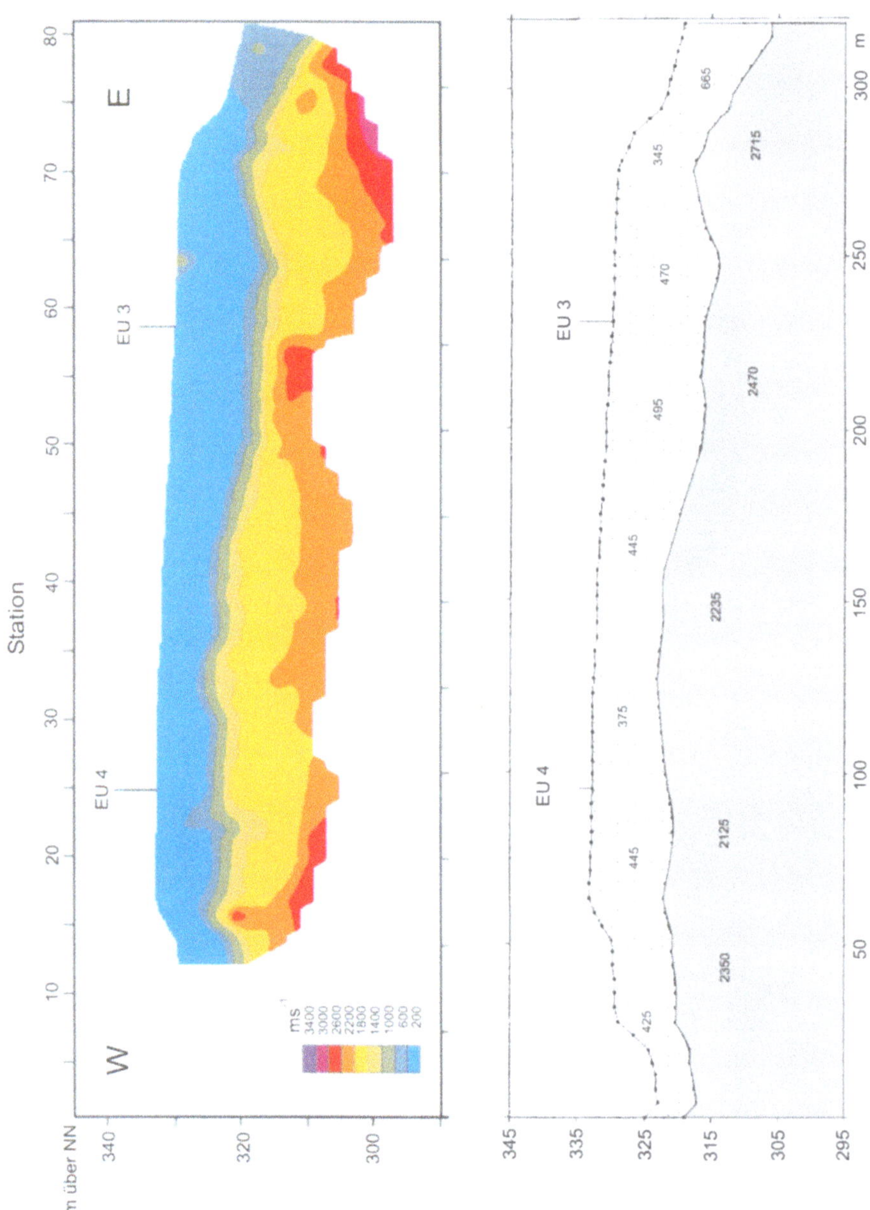

Abb. 11.29: *Oben:* Refraktionstomographischer Schnitt des Profils, EU05.
Unten: Startmodell aus der GRM-Inversion. THOR (1993), im Auftrag der BGR

Profil EU04

Profil EU04 verläuft in N-S Richtung über den Abfallkörper (*Abb. 11.28*). Während die refraktionsseismische Auswertung ein einfaches 2-Schichtmodell ergibt, zeigt das Tomogramm eine deutliche Gliederung. Bei Profilmeter 225 befindet sich der (laterale) Übergang vom anstehenden Gestein zum Abfallkörper, der bei Profilmeter 50 wieder endet. Deutlich ist die Abgrenzung von Abfall zu Festgestein („Deponiebasis“) zu sehen. An der „Deponiebasis“ fällt am nördlichen Ende (Profilmeter 55 - 75) eine ausgeprägte laterale Geschwindigkeitsänderung auf, die auf die Existenz einer Störungszone hinweist. Dieses Ergebnis konnte durch nachfolgende Schürfe und Bohrungen bestätigt werden (*Abb. 9.7*).

Profil EU12

Die Grundlage der Auswertung bildet das in *Abb. 11.30a* dargestellte Laufzeitfeld der Ersteinsätze refraktierter Wellen. Die Laufzeitkurven besitzen nur einen Knickpunkt, d. h. der Untergrund kann durch ein 2-Schichtmodell beschrieben werden. Eine Ausnahme bildet der Bereich der Profilkoordinaten 80 - 120 m, in dem die Laufzeitkurven gekrümmt sind. Hier ist eine kontinuierliche Geschwindigkeitszunahme mit der Tiefe zu erwarten. Die Auswertung der Laufzeiten mit Hilfe der GRM liefert das Startmodell (*Abb. 11.30b*) für die iterative refraktionstomographische Bearbeitung. *Abbildung. 11.30c* zeigt die Strahlenverläufe für das nach 10 Iterationen vorliegende modifizierte Untergrundmodell. Aus Gründen einer übersichtlichen Darstellung ist nur jeder dritte Strahl dargestellt. Deutlich wird die hohe Überdeckung der „Durchstrahlung“ des Untergrundes. Dies ist eine Voraussetzung für die erfolgreiche Anwendung der Refraktionstomographie. Das entsprechende Tomogramm (*Abb. 11.30d*) läßt im Bereich der Profilkoordinaten 80 - 120 m eine tiefreichende Gradienten-Zone mit vergleichsweise geringen seismischen Geschwindigkeiten erkennen, die als Störungszone interpretiert werden kann. Dieser Bereich im Vorfeld der Altablagerung kann nach geologischen Vorinformationen mit einer Zone in Verbindung gebracht werden, in der Staffelbrüche anzutreffen sind. Der Untergrund wurde tektonisch stark zerrüttet und aufgelockert, was sich seismisch in einer Geschwindigkeitsabnahme widerspiegelt. Bei der GRM-Auswertung (*Abb. 11.30b*) kann dieser zerrüttete Bereich nur mit der Einführung einer zusätzlichen („Pseudo-“) Schicht mit niedriger seismischer Geschwindigkeit modelliert werden. Dies liegt daran, daß das GRM-Verfahren als Ergebnis ein Untergrundmodell mit geschichtetem Aufbau liefert. Kleinräumige laterale bzw. vertikale Geschwindigkeitsanomalien bzw. -gradienten im Untergrund können nicht exakt aufgelöst werden. Hier liefert die Refraktionstomograhie Resultate, die den „wahren“ Verhältnissen im Untergrund besser entsprechen.

11.5.2.3 Schlußfolgerungen

Die refraktionstomographische Auswertung konnte gegenüber der klassischen refraktionsseismischen Auswertung (hier GRM) die Untergrundstrukturen besser auflösen. So konnte der laterale Übergang vom anstehenden Festgestein zum Abfallkörper klar erfaßt werden. Die Abfallbasis ließ sich entlang der Profile mit hoher Genauigkeit kartieren. Damit einher ging die Bestimmung der Abfallmächtigkeit, die aufgrund der bewegten Oberflächentopographie des Abfallkörpers (Hangdeponie mit Bermen) zwischen 0 und ca. 20 m variiert. Durch kleinräumige laterale Geschwindigkeitsänderungen an der Basis der Altablagerung konnten Störungszonen im Anstehenden unter dem Abfall lokalisiert werden. Dies gelang in gleicher Weise im Bereich des nördlichen Vorlandes der Altablagerung. Ebenso war es möglich, eine Differenzierung der Lithologie an der Basis des Abfallkörpers vorzunehmen. Bereiche mit Keuper- und Muschelkalksedimenten konnten getrennt werden. Die Struktur der ehemaligen Baugrube wurde horizontal und vertikal unter einer ca. 20 m mächtigen Bedeckung erfaßt.

Um eine refraktionstomographische Auswertung sinnvoll einsetzen zu können, muß ein Datensatz mit einer hohen Überdeckung des Untergrundes vorliegen. Im Idealfall liegen Schuß- und Geophonpunktabstände in der gleichen Größenordnung. In Analogie zu reflexionsseismischen Feldmessungen sollte erfahrungsgemäß ein Verhältnis von 3:1 nicht überschritten werden. Unerläßlich ist zudem eine topographische Vermessung aller Schuß- und Geophonpunkte in ihrer Raumlage (x, y, z) mit einer Genauigkeit besser als 10 cm.

An die Signalqualität der Ersteinsätze sind unter dem Gesichtspunkt der Auflösung von Geschwindigkeitsanomalien im Untergrund hohe Anforderungen zu stellen. Ein manuelles „Picking" der Laufzeiten ist erfahrungsgemäß ratsam.

Abb. 11.30: (nachfolgende Seite) Deponiestandort Eulenberg, Refraktionstomographie Profil EU12. THOR (1993), im Auftrag der BGR

a: Laufzeitfelder der Hin- und Rückschüsse

b: Refraktionsseismisches Startmodell nach GRM-Auswertung

c: Strahlenverläufe für das nach der 10. Iteration vorliegende Untergrundmodell (jeder dritte Strahl)

d: Refraktionstomographisches Endmodell (Tomogramm)

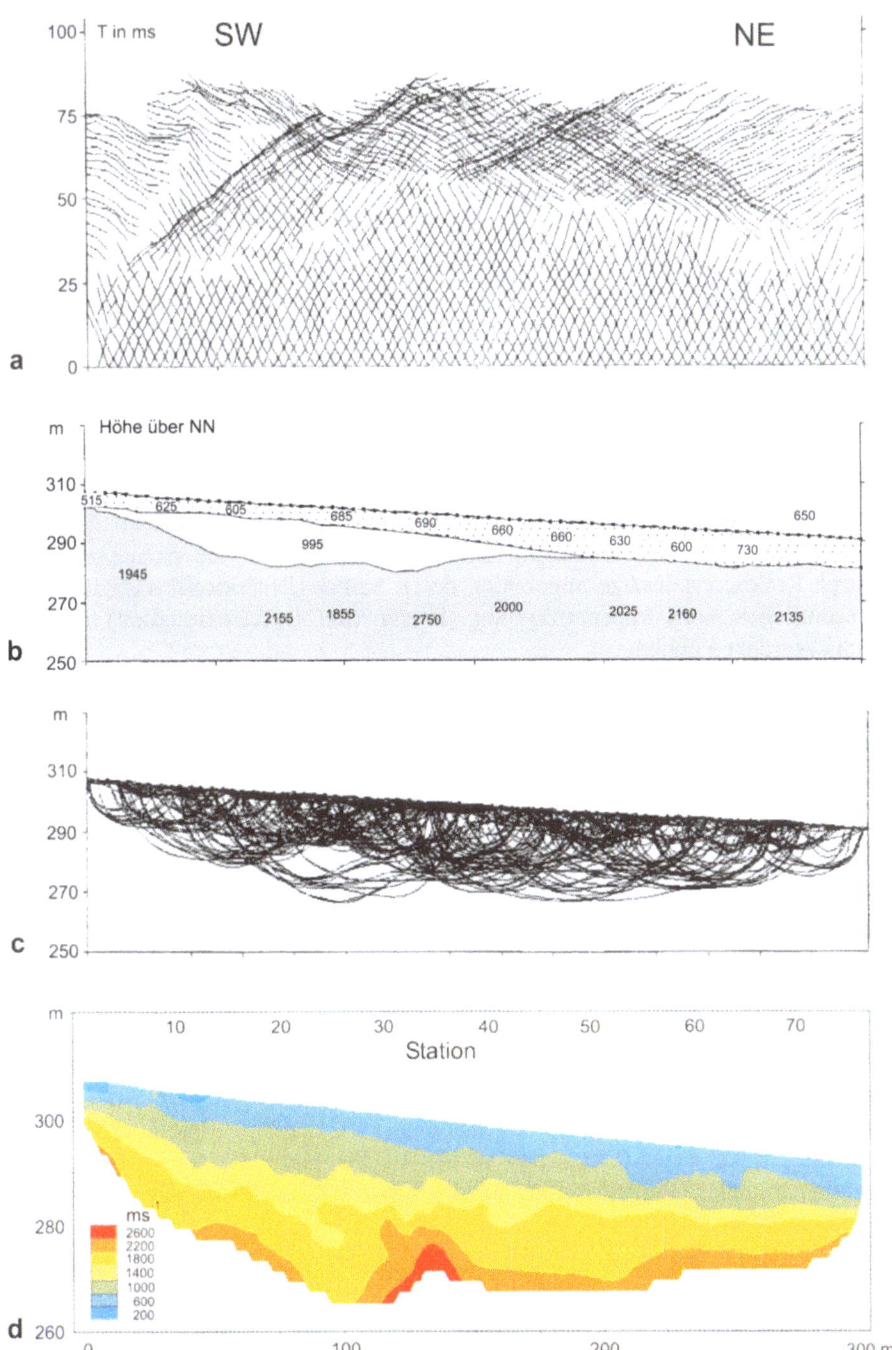
a
T in ms
SW
NE
100
75
50
25
0
b
m
Höhe über NN
310
290
270
250
515
625
605
685
690
660
660
630
600
730
650
995
1945
2155
1855
2750
2000
2025
2160
2135
c
m
310
290
270
250
d
m
10
20
30
40
50
60
70
Station
300
280
260
ms
2600
2200
1800
1400
1000
600
200
0
100
200
300 m

11.5.3 2-D-Reflexionsseismik

Im Bereich der Altablagerung Eulenberg und in ihrer Umgebung wurden 17 reflexionsseismische Profile mit einer Gesamtlänge von 12,5 km vermessen. Diese Arbeiten erfolgten in zwei Etappen - im Dezember 1991 (5 Profile) und im November/Dezember 1992 (12 Profile). Die Profile der ersten Etappe konzentrierten sich vorrangig auf die Erfassung des Untergrundes der Altablagerung (EU02-EU05, EU12) und die Profile der zweiten Etappe auf die Erkundung der strukturellen Situation in der Umgebung der Altablagerung (EU21-EU30, EU35, EU36).

Bei reflexionsseismischen Messungen werden Kompressionswellen (P-Wellen), für Spezialaufgaben auch Scherwellen (S-Wellen) angeregt und empfangen. Die Meßergebnisse unterzieht man einer umfangreichen rechentechnischen Bearbeitung - dem seismischen Prozessing (YILMAZ, 1987). Ein wesentliches Ergebnis dieses Prozessings ist die Laufzeitsektion, d. h. eine Darstellung der seismischen Spuren in einer senkrecht unter dem Bezugsniveau des Profils verlaufenden Ebene. Darin werden die Schichtgrenzen durch Reflexionseinsätze abgebildet, deren Stärke (Reflexionskoeffizient) im wesentlichen vom Impedanzsprung (Dichte mal Geschwindigkeit) an den Schichtgrenzen abhängt.

Für eine Teufendarstellung der Ergebnisse ist die Transformation der Zeitsektion in einen Tiefenschnitt erforderlich. Das dafür notwendige Geschwindigkeitsfeld wird durch Laufzeitmessungen in Bohrungen bestimmt.

Die Umsetzung der seismischen Ergebnisse in einen geologischen Schnitt verlangt eine Interpretation, d. h. Phasenkorrelation und geologische Bewertung der Reflexionseinsätze. Die lithologisch/stratigraphische Ansprache der Reflexionen geschieht i. d. R. über den Anschluß an Bohrungen.

11.5.3.1 Anlage und Durchführung der Feldmessungen

Abbildung *11.31* zeigt den Lageplan der reflexionsseismischen Profile. Vor den routinemäßigen Feldmessungen wurden an 2 Tagen Testmessungen durchgeführt. Deren Aufgabe war die Ermittlung des optimalen Anregungspunkt (AP)- und Empfangspunktabstandes (EP), der Signalquelle (EWG III, Hammer 3 kg bzw. 6 kg), des vertikalen Stapelgrades, der Geophonaufnahmeparameter (Einzelgeophon, Geophonbündel 6fach) und der Aufnahmefilterparameter (Low-cut-Filter, Notch-Filter etc.).

Nach Auswertung der Testmessungen wurden die Feldparameter für die Profilmessungen festgelegt (*Tab. 11.4* und *11.5*). *Tab. 11.6* enthält eine Aufstellung des eingesetzten Personals, die typisch für einen Meßtrupp zur Durchführung oberflächennaher reflexionsseismischer Messungen ist.

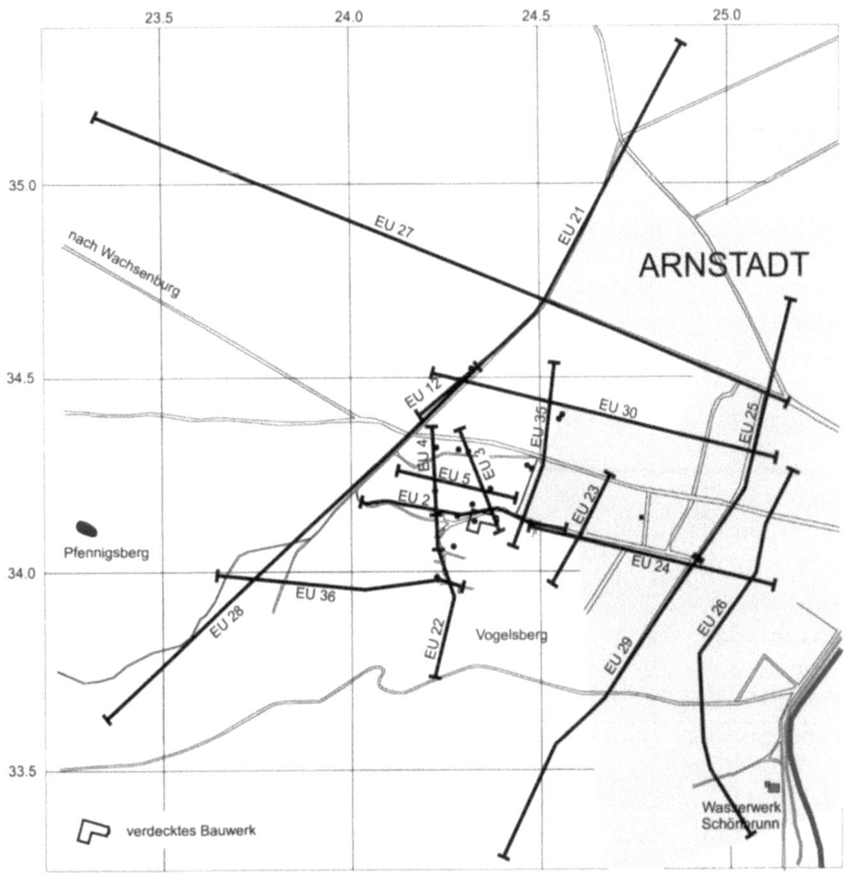

Abb. 11.31: Lageplan der reflexionsseismischen Profile

Tab. 11.5: Feldparameter "Reflexionsseismik Eulenberg" zweite Meßkampagne (MEYER, 1993a)

Parameter	Profile EU21	Profil EU27	Profile EU24-26, 30	Profile EU22, 23, 28 29, 35, 36
Aufstellungsart	zentral	zentral	zentral	zentral
Apparatur	BISON 9048	BISON 9048	BISON 9048	BISON 9048
Kanalzahl	48	48	48	48
Abtastrate	1 ms	1 ms	1 ms	1 ms
Recordlänge	1 000 ms	500 ms	500ms	500 ms
Aufnahmefilter	60 - 250 Hz	60 - 250 Hz	60 - 250 Hz	60 - 250 Hz
Notchfilter	ohne	ohne	ohne	ohne
Anregung am Kanal	24	24	24	24
Geophonabstand	6 m	6 m	6 m	4 m
Schußpunktabstand	6 m	12 m	6 m	4 m
Aufstellungsweite	-138..+144 m	-138..+144 m	-138..+144 m	-92..+96 m
Vorverstärkung	0 - 60 dB, variabel	0 - 60 dB, variabel	0 - 60 dB, variabel	0 - 60 dB, variabel
Geophonbündelung	1fach	1fach	1fach	1fach
Geophontyp Eigenfrequenz	L40 A-1 60 Hz	L40 A-1 60 Hz	L40 A-1 60 Hz	L40 A-1 60 Hz
Anregungsart alternativ	EWG III	EWGIII	EWGIII Hammer	EWG III Hammer
Vertikalstapelgrad	1 - 4	1 - 6fach	1 - 8	1 - 8
Überdeckungsgrad	24	12	24	24

Tab. 11.6: Eingesetztes Personal „Reflexionsseismik Eulenberg“ (MEYER, 1993a)

1 Truppleiter/Operator	Logistik der Messungen, Registrierung der Daten
1 Quellenmaschinist	Bedienung des Fallgewichts, Aufbau und Umbau Kabellage
1 Vermesser	Einmessen der Profile, topographische Dokumentation
3 Seismikarbeiter	Aufbau und Umbau der Kabel- und Geophonausrüstung, Quellenbedienung, 2. Vermesser
1 Feldinterpretator	Feldinterpretation, Refraktionsauswertung, Qualitätskontrolle

Die Bearbeitung der Meßergebnisse erfolgte auf PC in den Programmsystemen SEISTRIX-2, MicroMAX und KINGDOM II mit folgendem Bearbeitungsablauf:

- Disketteneingabe der Registrierungen (48-kanalige Records),
- Amplitudenwiederherstellung (AGC),
- Bildung der Geometriefiles,
- Eingabe statischer Korrekturen (bezogen auf ein geneigtes oberflächennahes Bezugsniveau)
- CMP-Sortierung mit Füllung der Spurköpfe, Bandpaßfilterung (25-35 ... 120-150 Hz) und Anbringung der statischen Korrekturen,
- Festlegung des Mutings,
- Bestimmung der kombinierten Ansätze für die dynamischen Korrekturen,
- Endstapelung mit Bandpaßfilterung (25-35 ... 120-150 Hz) nach der Stapelung,
- Kohärenzfilterung,
- Anbringen statischer Laufzeitkorrekturen (bezogen auf ein horizontales Bezugsniveau) und
- Ausgabe der Ergebnisse über Drucker/Plotter.

Die kombinierten Geschwindigkeitsansätze für die dynamischen Korrekturen wurden durch Fächerstapelung (Velocity Scan) mit konstanten Geschwindigkeiten (300 ... 3 000 m/s in Schrittweiten von 20 ... 1 000 m/s) ermittelt. Um Informationsverluste im oberflächennahen Bereich zu vermeiden, wurde für die statischen Korrekturen ein geneigtes Bezugsniveau oberhalb des Reliefs der Beobachtungslinie verwendet. Vor der Zeit-Tiefenstreckung erfolgte ein Reliefausgleich auf ein horizontales Bezugsniveau mit einer Geschwindigkeit von 2 000 m/s für die Strecke zwischen Bezugsniveau und Erdoberfläche. Entsprechend den sehr unterschiedlichen Geländehöhen haben die einzelnen Profile auch unterschiedliche Bezugsniveaus. Diese „geländekorrigierten" Zeitschnitte wurden nach Anbringung einer Phasenkorrektur von 14 ms einer Zeit-Tiefenstreckung mit vertikal und horizontal variablen Geschwindigkeiten unterzogen. Für jedes Profil wurde dafür ein Geschwindigkeitsmodell erstellt, das auf regionalen Geschwindigkeitsdaten und den Ergebnissen der Refraktionsauswertung basiert. Die Geschwindigkeiten sind in *Tab. 11.7* zusammengefaßt.

Tab. 11.7: Geschwindigkeitswerte für die am Standort Eulenberg verbreiteten Schichtkomplexe (MEYER, 1993a)

Lockersedimente bis zur Basis der Langsamschicht	500 - 900 m/s
Für die im Liegenden folgenden Schichtkomplexe (abhängig von der lithologischen Einstufung):	
Mittlerer Keuper	2 000 - 2 300 m/s
Unterer Keuper	2 400 - 2 500 m/s
Oberer und Mittlerer Muschelkalk	2 750 - 3 000 m/s
Unterer Muschelkalk und Buntsandstein	3 500 m/s

11.5.3.2 Auswertung und Interpretation

Zur Geologie des Untersuchungsgebietes wird auf das Kap. 9 verwiesen. Die Interpretation der reflexionsseismischen Meßdaten stützt sich auf die Ergebnisse der geologischen Oberflächenkartierung und der in den Jahren 1991 und 1992 abgeteuften Bohrungen E1 - E7 sowie Gas 1 und Gas 2 (WUNDERLICH, 1992b).

Die Profile EU26, EU28 und EU29 erfassen den Südweststrang der Eichenberg-Gotha-Saalfelder Störungszone. Im Nordosten sind auf den Profilen EU21, EU25 und EU26 noch einzelne Teilstörungen des nordöstlichen Stranges erkennbar. Die Zuordnung der Reflexionen zu stratigraphisch-lithologischen Grenzflächen ist aufgrund der zahlreichen durch Bruchstörungen verursachten Korrelationsunterbrechungen oft unsicher, zumal unterschiedliche Grenzflächen Reflexionen mit ähnlichem Schwingungsbild verursachen können.

Nachfolgend werden die direkt über die Altablagerung verlaufenden reflexionsseismischen Profile der ersten Meßkampagne vorgestellt. Danach folgt eine Interpretation der wichtigsten Einzelprofile aus der zweiten Meßkampagne - unterteilt in N-S und E-W verlaufende Profile. Zum Abschluß werden die aus den Einzelprofilen abgeleiteten Kriterienkarten zu den Lagerungsverhältnissen der mesozoischen Schichten und eine Strukturkarte der Muschelkalkoberfläche entworfen.

Erste Meßkampagne: Reflexionsseismische Profile über die Altablagerung

In den Zeitschnitten der Profile EU02 - EU05 und EU12 sind Indikationen beginnend bei Tiefen von 4 m aus dem Abfallkörper bis zur Deponiebasis und aus dem Untergrund bis zu Tiefen von mehr als 150 m nachweisbar. Die Zeitschnitte wurden nach der Erstellung geologischer Modelle und der dafür plausiblen Geschwindigkeitsfelder durch einfache Streckung der Spuren in Tiefenschnitte umgesetzt. Bedingt durch die großen Geschwindigkeitsunterschiede zwischen Abfall bzw. quartären Ablagerungen und den Sedimenten des Keupers und Muschelkalks im Liegenden werden durch den Transformationsprozeß Verzerrungen im Phasenbild verursacht. Damit erscheint der

Frequenzinhalt der Signale im Tiefenschnitt gegenüber dem Zeitschnitt verschoben.

Abbildung *11.32* zeigt das Profil EU02, das die Altablagerung in E-W -Richtung quert und dabei den zentralen Bereich der ehemaligen Baugrube erfaßt. Das Profil EU04 (*Abb. 11.33*) verläuft in N-S-Richtung. Nach dem Phasenbild läßt sich die Reflexion der generell nach NE einfallenden Muschelkalkoberfläche zuordnen. Im Bereich der ehemaligen Baugrube (EU02, AP 65 - 95) wird das charakteristische Reflexionsbild der Muschelkalkoberfläche unterbrochen bzw. stark abgeschwächt. Die Erfassung der Basis des Abfallkörpers ist in diesem Teil daher nur schwer möglich. In den anderen Bereichen kann die Mächtigkeit der Abfallschüttung dagegen gut abgeschätzt werden und variiert zwischen ca. 5 und 10 m.

Wichtigstes Strukturelement auf dem Profil EU04 ist eine Störungszone am nördlichen Deponierand, die auch schon auf den refraktionsseismischen Profilen (Kap. 11.5.1) erkannt werden konnte. Auffallend ist, daß die Schichten des Muschelkalkes im Bereich dieser Störung ein gegenüber der Geländeoberfläche abweichendes Einfallen nach Süden aufweisen. Diese strukturelle Situation ist für das lokale Grundwasserregime wesentlich, da damit neue Gesichtspunkte für die Rekonstruktion der Ausbreitungswege möglicher Sickerwässer aus der Altablagerung in die Umgebung vorliegen.

Zweite Meßkampagne: Nord-Süd Profile

Wie die Montage der SW - NE verlaufenden Profile EU21/EU28 in *Abb. 11.34* zeigt, kann das Untersuchungsgebiet deutlich in zwei etwa durch die Straße Arnstadt-Holzhausen getrennte Teile gegliedert werden. Die geologische Legende für die *Abb. 11.34-11.39* ist in *Abb. 11.39* zu entnehmen. Nördlich der Straße (EU21) lassen sich Reflexionen mit charakteristischen Schwingungsbildern über längere Strecken korrelieren. Bruchstörungen sind in der Regel sicher auszuhalten. Die känozoische Bedeckung wird bis zu 10 m mächtig. Die Reflexionszuordnung wird vor allem durch die Ergebnisse der Bohrungen E6 und E7 gestützt. Südlich der Straße (EU21) steigt das Gelände nach Süden an. Die Mächtigkeit der känozoischen Bedeckung nimmt ab und Muschelkalk steht z. T. direkt an der Oberfläche an. Die oberflächennah anstehenden schallharten Schichten scheinen den größten Teil der angeregten Energie zu reflektieren - die Eindringtiefe der Messungen nimmt deutlich ab. Zahlreiche Korrelationsunterbrechungen durch gehäufte Bruchstörungsindikationen erschweren eine sichere Phasenzuordnung. Als reflektierende Grenze dürften die kristallinen Bankzonen des Muschelkalkes (Trochitenkalk - mo_1, Schaumkalkzone und Terebratelzone - mu) in Frage kommen. Eine vergleichbare Gliederung zeigen auch die in östlicher Richtung parallel verlaufenden Profile EU25/EU29 (*Abb 11.35*) und das Profil EU26 (*Abb. 11.36*).

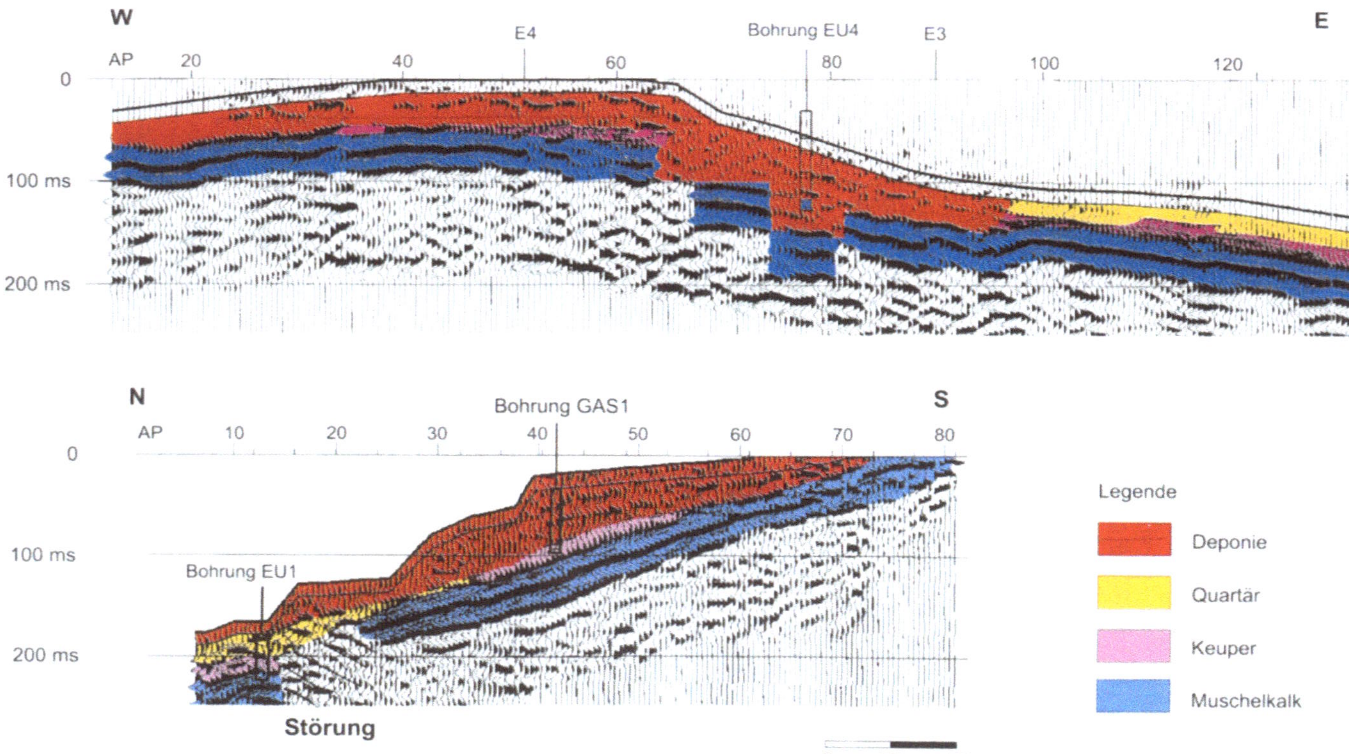

Abb. 11.32 (oben): Reflexionsseismik, Profil EU02. Geophysik GGD 1992, im Auftrag der BGR

Abb. 11.33 (unten): Reflexionsseismik, Profil EU04. Geophysik GGD 1992, im Auftrag der BGR

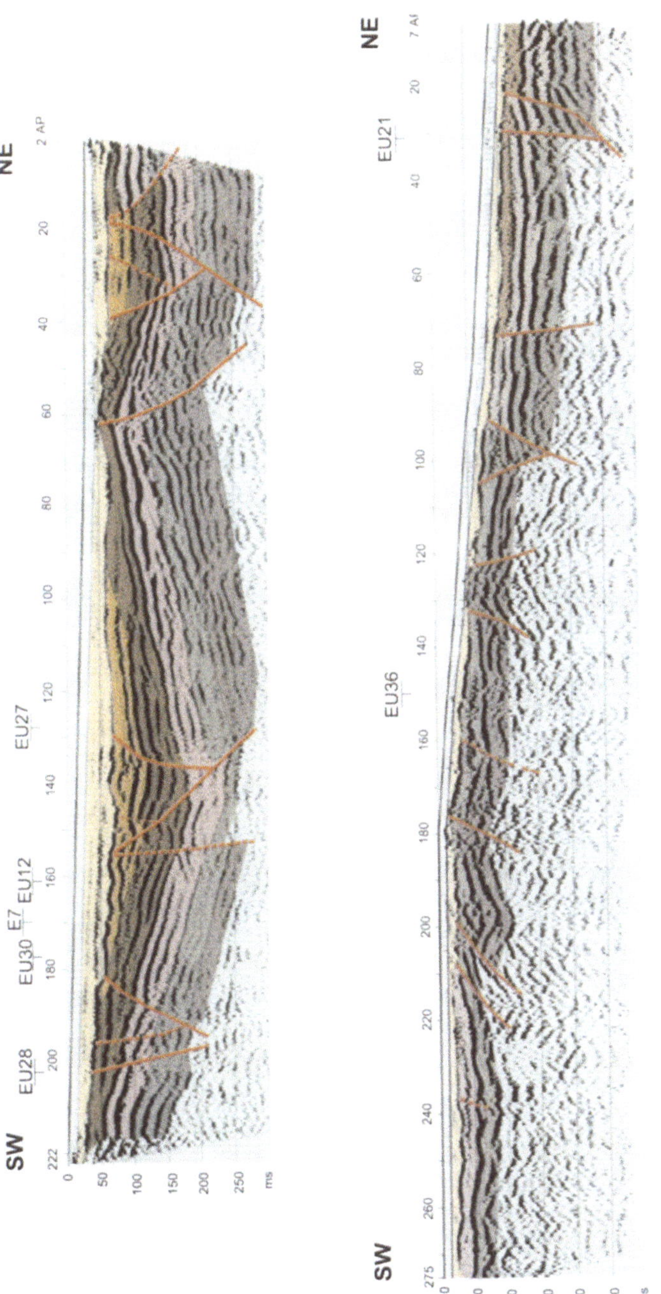

Abb. 11.34: Reflexionsseismik, Profile EU21 (oben) und EU28 (unten). Geophysik GGD 1993, im Auftrag der BGR

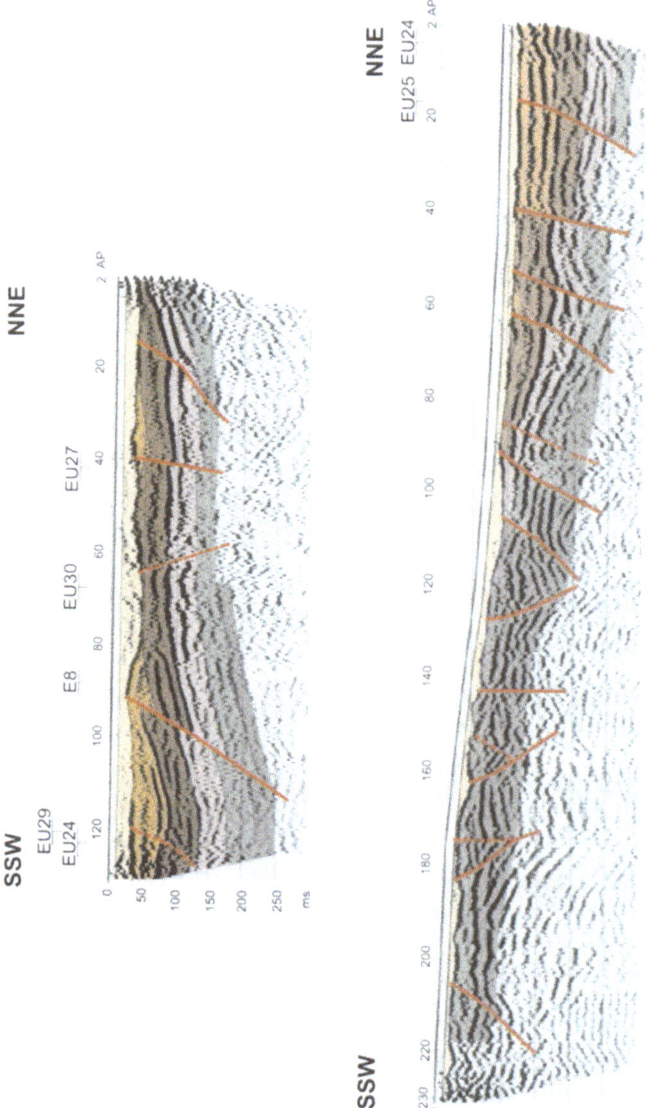

Abb. 11.35: Reflexionsseismik, Profile EU25 (oben) und EU29 (unten). Geophysik GGD 1993, im Auftrag der BGR

Die im Profil EU21 eingetragenen Bruchstörungen sind sicher erfaßt. Nur die am Profilanfang (AP 1-20) eingezeichnete, nach Norden einfallende Aufschiebung ist unsicher. Anhaltspunkt für diese Deutung ist der durch horstartige Hebung des Muschelkalks entstandene Arnstädter Weinberg, der nur wenige hundert Meter nordwestlich des Profils liegt (*Abb. 11.14*). Die erfaßte Hochlage der Muschelkalkoberfläche zwischen AP 50-80 zeichnet sich auch im Maxiprobe-Ergebnis (Kap. 11.4) deutlich ab. Für das Profil EU28 ergibt sich die Zuordnung der Muschelkalkoberfläche aus dem Anschluß an das Profil EU21 und damit an die Bohrung E7. Die zwischen den AP 120 und 135 interpretierte horstartige Hochlage des Unteren Muschelkalkes kann auch als breite Störungszone gedeutet werden. Südlich dieser Hochlage belegen die Reflexionen ein zunächst steiles, in südlicher Richtung zunehmend flacher werdendes Schichteinfallen. Die zum Teil sehr intensiven Reflexionen dürften der Oberfläche des Trochitenkalkes (Grenze mm/mo) zuzuordnen sein.

Auf dem Profil EU25 fallen die Schichten in südlicher Richtung ein. Am Profilanfang ist die Muschelkalkoberfläche ca. 20 m unter der Erdoberfläche zu erwarten. Die Zuordnung stützt sich auf den über das Profil EU30 realisierten Anschluß an die Bohrung E6. Am Beginn des Profils EU29 belegen die Reflexionen einen relativ steilen Schichtanstieg nach Süden. Phasenachsenversetzungen, Neigungswechsel der Reflexionen und Störwellen deuten auf das Vorhandensein zahlreicher Bruchstörungen, die eine sichere Phasenzuordnung nahezu unmöglich machen. Die getroffene Zuordnung stützt sich auf die geologische Kartierung (Kap. 9) und die Ergebnisse der Parallelprofile.

Das Bild der Wellenfelder am Anfang des Profils EU26 entspricht dem Charakter des in einer Entfernung von ca. 150 m parallel verlaufenden Profils EU25. Bis zum AP 60 zeigen die Reflexionen ein generelles Einfallen in südlicher Richtung. Zwischen den AP 60 und 100 ist die Interpretation wenig sicher. Die Schichten steigen hier flach nach Süden an. Die Muschelkalkoberfläche könnte in einer Tiefe von ca. 130 m unter der Erdoberfläche liegen. Besonders problematisch bleibt die Interpretation der vereinzelten Reflexionselemente zwischen den AP 80 und 100. Die kurzen, verhältnismäßig stark geneigten Phasenachsen könnten auf die Existenz einer breiten Störungszone zurückzuführen sein. In Anlehnung an die geologische Oberflächenkartierung sind die deutlichen Reflexionen zwischen den AP 100 und 172 den Bankzonen mit kristallinen Kalken im Unteren Muschelkalk zuzuordnen.

Zweite Meßkampagne: Ost-West Profile

Das Profil EU27 (*Abb. 11.37*) wurde ca. 1 200 m über das eigentliche Untersuchungsgebiet hinaus in Richtung auf den Kernbereich des Wachsenburggrabens verlängert. Damit konnte ein bereits nach der geologischen und geoelektrischen Kartierung vermuteter Quersattel südlich des Arnstädter Weinberges zwischen den AP 150 und 220 erfaßt werden. In dessen Toplage ist die Muschelkalkoberfläche bereits in ca. 25 m Tiefe unter Unterem Keuper zu erwarten. Die Kartierungsergebnisse der Geoelektrik belegen mit einem deutlichen SW-NE streichenden Maximum in den scheinbaren spezifischen Widerständen, daß sich der Sattel in südwestlicher Richtung fortsetzt (*Abb 11.6*). Auch die Maxiprobe-Profilierung entlang des Profils EU27 bildet eine deutliche Hochlage hochohmiger Schichten ab (*Abb. 11.12*). Das hufeisenförmige Minimum der Geoelektrik um die Bohrungen E5, E6 und E7 wird vermutlich durch toniges Material des Mittleren Keupers verursacht, dessen Verbreitungsgrenze unter Känozoikum nach den reflexionsseismischen Ergebnissen in diesem Gebiet verläuft.

Das im östlichen Bereich zu Profil EU27 parallel verlaufende Profil EU30 (*Abb. 11.38*) kann weitgehend sicher interpretiert werden. Die Zuordnung wird durch den Anschluß an die Bohrung E6 gestützt. Auch die in das Profil eingetragenen Störungen sind sicher erfaßt. Die bei AP 100 angegebene seismische Störung dürfte mit der von der 15 m südlich des Profils geteuften Bohrung durchfahrenen Störung identisch sein. Der zwischen den AP 85 und 100 ausgehaltene Halbgraben wird von einer Tieflage der Basis des Känozoikums begleitet, die mit der Störung in Zusammenhang stehen könnte.

Das Profil EU24 (*Abb. 11.39*) östlich der Deponiefläche zeigt einen generellen Schichtanstieg in südwestlicher Richtung, der durch Störungen geringer Sprunghöhe unterbrochen wird. Die Zuordnung der Grenze Keuper/ Muschelkalk ist für den südwestlichen Teil des Profils (AP 60 - 107) durch den Anschluß an das Profil EU02 gesichert. Die Tieflage der Muschelkalkoberfläche am Profilanfang (AP 7 - 60) ergibt sich nach den Anschlüssen an die Profile EU25/EU29 und EU26.

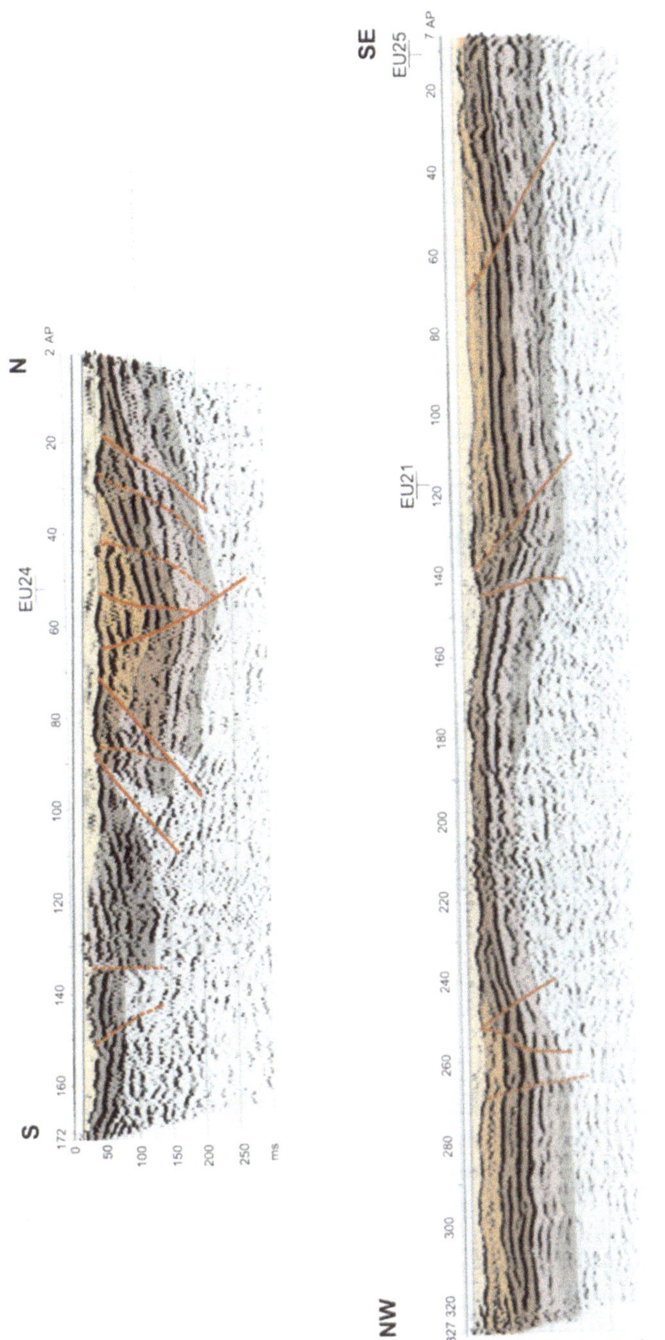

Abb. 11.36 (oben): Reflexionsseismik, Profil EU26. Geophysik GGD 1993, im Auftrag der BGR

Abb. 11.37 (unten): Reflexionsseismik, Profil EU27. Geophysik GGD 1993, im Auftrag der BGR

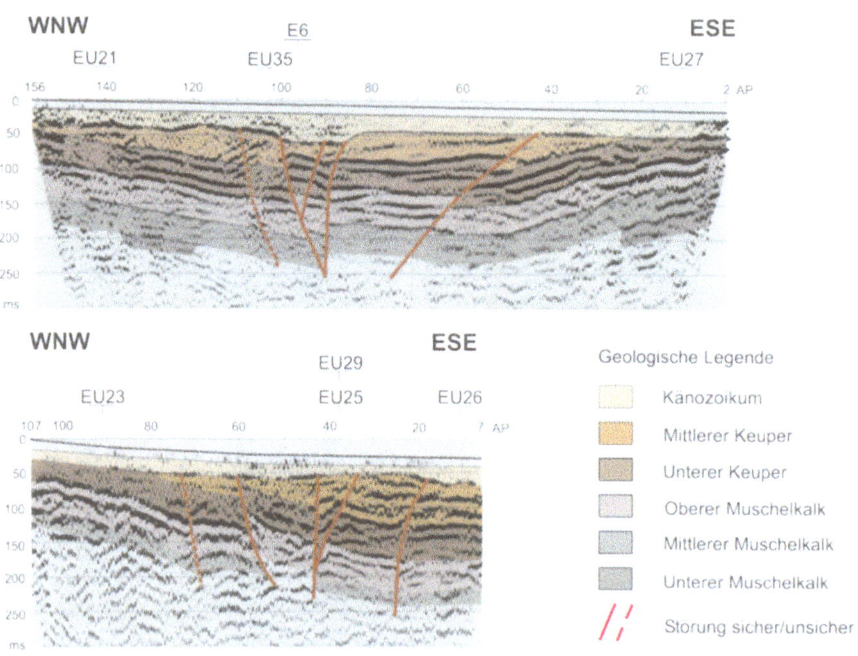

Abb. 11.38 *Oben*: Reflexionsseismik: Profil EU30. Geophysik GGD 1993, im Auftrag der BGR
Abb. 11.39 *Unten* Reflexionsseismik: Profil EU24. Geophysik GGD 1993, im Auftrag der BGR

Die Kriterienkarten „Bruchstörungen" und „Schollengliederung"

Mit diesen beiden Kriterienkarten wurde versucht, die Information über die Lagerungsverhältnisse und das Störungsinventar der mesozoischen Schichten aus den Ergebnissen der geophysikalischen Meßverfahren und geologischen Untersuchungen in synoptischen Schemata zusammenzufassen. Die Grundlage dafür sind Fakten wie das Einfallen der Schichten sowie Verlauf und Charakter von Bruchstörungen, die im wesentlichen nach den reflexionsseismischen Messungen als Profilsignaturen eingetragen wurden.

Die Kriterienkarte „Bruchstörungen" enthält Detailinformationen zu Lage und Ausbildung von Bruchstörungen, zum Einfallen der mesozoischen Schichten sowie die nach den geophysikalischen Meßergebnissen wahrscheinlichen Störungslinien. Es wurde versucht, die reflexionsseismisch nachgewiesenen Bruchstörungen über mehrere Profile zu trassieren (*Abb. 11.40*). Die Verbindung von Bruchstörungen, z. T. über Abstände von mehreren hundert Metern, wird lokal durch die flächenhaften Ergebnisse der Geoelektrik gestützt, bleibt aber problematisch. Diese Unsicherheit gilt besonders für den Südteil des Untersuchungsgebietes. Hier häufen sich die Anzeichen von

Bruchstörungen, wodurch sich zwangsläufig oft mehrere Verbindungsvarianten anbieten.

Bei einer generalisierten Betrachtung der an den Profilen eingetragenen Angaben zum Schichteinfallen lassen sich Bereiche gleicher Einfallsrichtung aushalten. Das Ergebnis - eine Schollengliederung des Untersuchungsgebietes - zeigt die zweite Kriterienkarte (*Abb. 11.41*). Damit werden größere Gebiete gleicher Einfallsrichtung abgebildet und eine grobe Gliederung des Untersuchungsgebietes ermöglicht. Die ausgewiesenen strukturellen Einheiten werden nicht in jedem Fall durch Störungen voneinander getrennt. Nach dem Charakter des Störungsinventars und der Teilschollengeometrie kann das Untersuchungsgebiet generell in 2 Teilbereiche gegliedert werden - einen Süd- und einen Nordteil.

Südteil des Untersuchungsgebietes

Beide Kriterienkarten lassen erkennen, daß südlich der Straße Arnstadt-Holzhausen das strukturelle Bild von NW-SE bis WNW-ESE streichenden Störungen geprägt wird. Die Hauptstörung, eine Aufschiebung mit gehobenem Südflügel, verläuft NW-SE streichend von Profil EU28 (AP 70 - 100) über Profil EU36 (AP 130 - 150), die Bohrung E11 und das Profil EU22 (AP 50 - 60) bis zum Profil EU26 (AP 135). Möglicherweise zerschlägt sie ab Profil 29 in zwei Teilstörungen, die auf Profil EU26 eine verhältnismäßig steil nach Süden einfallende Teilscholle mit unsicherer stratigraphischer Zuordnung einschließen.

Nordöstlich der Hauptstörung fallen die Schichten generell nach Nordwesten ein. Im Südwesten sind die Schichtneigungen geringer und die Richtung des Schichteinfallens wechselt. Weitere herzynisch streichende Störungselemente deuten sich sowohl nordöstlich als auch südwestlich der Hauptstörung an. Eine wichtige Rolle spielt die mit den Profilen EU23 (AP 60 - 75), EU29 (AP 35 - 45) und EU26 (AP 75 - 85) als nach Südwesten einfallende Aufschiebung erfaßte Störung, die sich eventuell über den Anschlußbereich der Profile EU04 und EU22 in nordwestlicher Richtung fortsetzt.

Die Existenz der bereits mit den ersten reflexionsseismischen Profilen (EU03 und EU04) unmittelbar südlich der Straße Arnstadt-Holzhausen erfaßten Störung wurde mit den Profilen EU28 (AP 20 - 35) und EU35 (AP 50 - 60) bestätigt. Ihre Trassierung über 4 Profile bestätigt auch das bereits nach der geologischen Luftbildinterpretation erkennbare E-W-Streichen (*Abb.10.6*). Sie ist die nordöstlichste Teilstörung des südwestlichen Stranges der Störungszone. Beiderseits dieser Störung fallen die Schichten in entgegengesetzter Richtung ein. Die Fortsetzung nach Osten über das Profil EU35 hinaus ist unklar. Eventuell besteht eine Verbindung zu der mit dem Profil EU25 (AP 95 - 105) eindeutig nachgewiesenen Störung, die ebenfalls als nach Südwesten einfallende Aufschiebung ausgebildet ist. Für letztere sind auch andere Verbindungsvarianten denkbar.

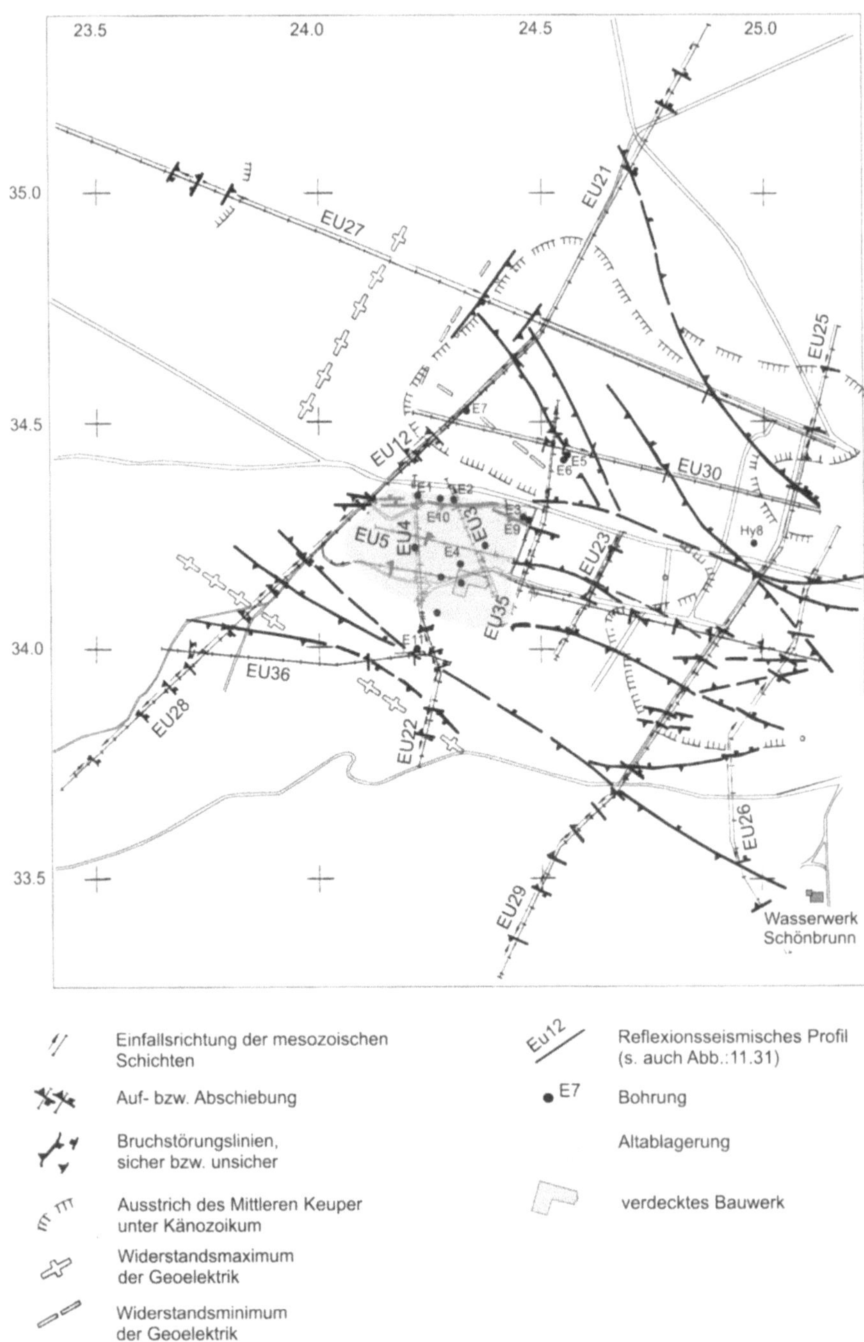

Abb. 11.40: Kriterienkarte: Bruchstörungen. Geophysik GGD 1993, im Auftrag der BGR

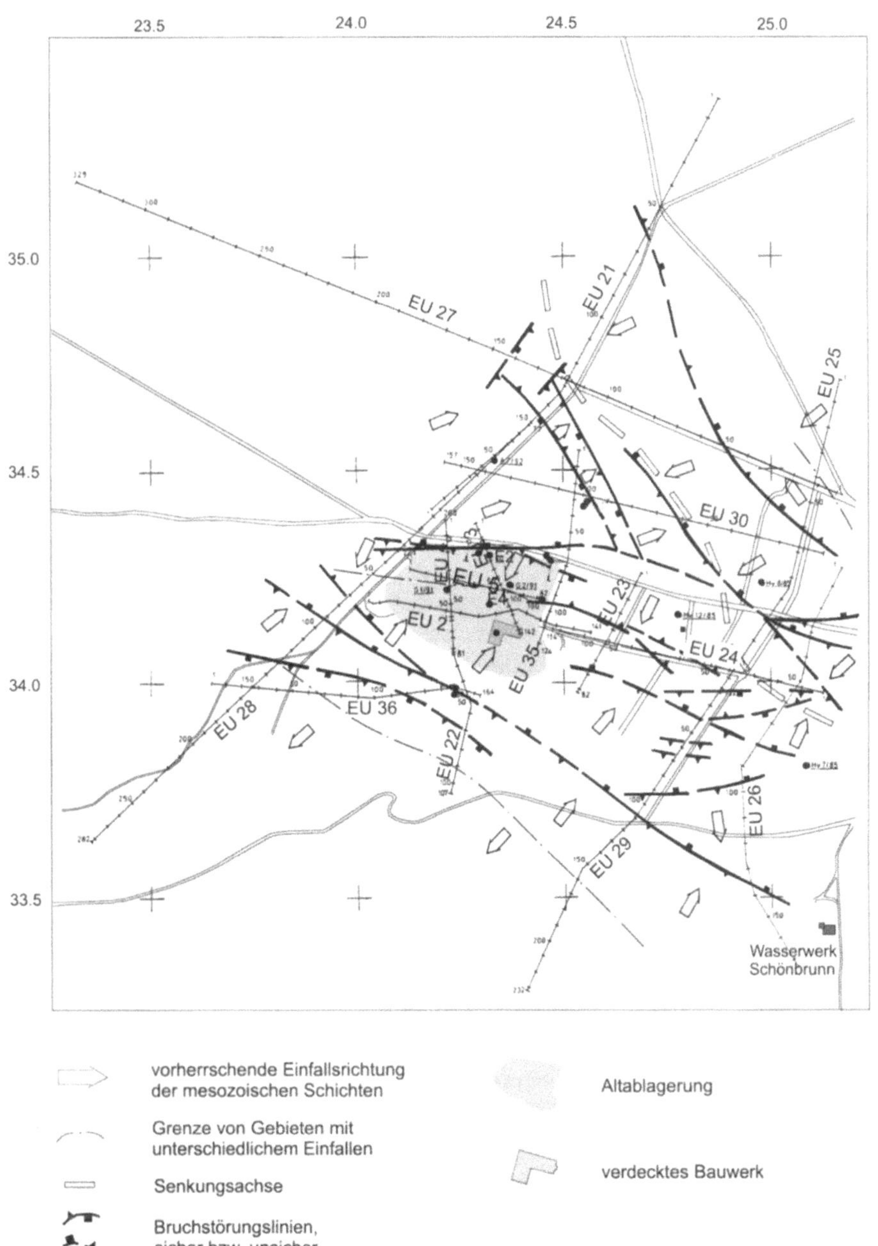

Abb. 11.41: Kriterienkarte: Schollengliederung. Geophysik GGD 1993, im Auftrag der BGR

Nordteil des Untersuchungsgebietes

Nördlich der Straße Arnstadt-Holzhausen dominieren nach den reflexionsseismischen Meßergebnissen steilherzynisch streichende Störungen. Ausschlaggebend für die Verbindung der Störungsindikationen in dieser Richtung war die nahezu vollständige Übereinstimmung des Erscheinungsbildes der mit den Profilen EU21 (AP 130 - 155) und EU30 (AP 85 - 100) erfaßten Störung. Beide Profile bilden einen Halbgraben ab, der im Südwesten durch eine Aufschiebung und im Nordosten durch eine Abschiebung begrenzt wird. Die von den beiden Störungszonen begrenzte Scholle fällt flach nach Nordosten ein. Die Störungen konvergieren mit zunehmender Teufe und bilden eine nach Nordosten einfallende Aufschiebung mit einer Begleitabschiebung (Y-Sprung) ab, die südlich des Profils EU30 nicht mehr nachweisbar ist. Sie endet wohl an den eher flachherzynisch (100 - 125°) streichenden Teilstörungen des südwestlichen Astes der Eichenberg-Gotha-Saalfelder Störungszone. Auch im Nordwesten ist ihr weiterer Verlauf unklar. Eine Verbindung mit den als Abschiebungen gedeuteten Störungen auf Profil EU27 (AP 120 -145) ist wegen des unterschiedlichen Verwerfungssinnes nicht anzunehmen. Der steile Abfall der mesozoischen Schichten, den auch die Ergebnisse der gleichstromgeoelektrischen (*Abb. 11.6*) und der Maxiprobe-Messungen (*Abb. 11.12*) widerspiegeln, läßt vermuten, daß dieses charakteristische Störungselement entweder an den in der Karte angedeuteten Querstörungen endet oder nach Nordwesten ausklingt.

Weiter östlich sind annähernd parallel verlaufende Störungen verfolgbar. Die mit den Profilen EU30 (AP 45 - 65) und EU25 (AP 95 - 105) nachgewiesene nach Südwesten einfallende Aufschiebung könnte zwischen den Profilen EU25 und EU26 an den Störungen des südwestlichen Störungsstranges enden oder diese versetzen. Nach Nordwesten dürfte sie ausklingen oder an der nordöstlichen Randstörung des beschriebenen Halbgrabens enden. Eine nach Nordosten einfallende Abschiebung wurde mit den Profilen EU21 (AP 55 - 65), EU25 (AP 55 - 65) und EU27 (AP 45 - 65) erfaßt. Aufgrund der großen Entfernung von ca. 500 m ist die Verbindung zwischen den Profilen EU21 und EU27 allerdings nicht gesichert.

Trotz der für regionaltektonische Aussagen relativ kleinen Meßfläche und Unsicherheiten in den Details ergibt sich insgesamt ein plausibles Störungsmuster. Die steilherzynisch streichenden Störungen im Nordteil des Meßgebietes liegen diagonal zwischen den herzynisch streichenden Teilstörungssystemen der Eichenberg-Gotha-Saalfelder Störungszone im Nordosten und Südwesten. Der deutliche Versatz der einzelnen Störungsaufbrüche, wie der des Arnstädter Weinberges und des Arnsbergs, könnte mit Querstörungen in Verbindung stehen. Ob diese auch das südwestliche Teilstörungssystem durchschlagen, ist mit dem vorliegenden Profilnetz nicht zu klären.

Die deutliche Gliederung in Zonen mit unterschiedlichem Einfallen der mesozoischen Schichten ist auch im Nordteil des Untersuchungsgebietes offenbar. Eine das Meßgebiet in NW-SE Richtung durchquerende Achse trennt einen nordöstlichen Bereich mit Südwesteinfallen von einem südwestlichen Gebiet mit Nordosteinfallen. Die Grenze verläuft von der Profilkreuzung EU21/EU27 im Nordwesten über das Profil EU30 (AP 50 - 60) bis zum Kreuzungsbereich der Profile EU24/EU25/EU29 und EU24/EU26 im Südosten. Nach den Ergebnissen der Bohrungen Hy Arnstadt 8/85 und 12/85 kann diese Senkungsachse unterbrochen sein (siehe auch Abschnitt „Strukturkarte der Muschelkalkoberfläche").

Strukturkarte der Muschelkalkoberfläche

Die Konstruktion dieser Karte (*Abb. 11.42*) war mit Schwierigkeiten und einigen Unsicherheiten verbunden, weil eine durch Bohrergebnisse gesicherte Phasenzuordnung nur im Gebiet um die Bohrungen E1 bis E10 und damit nur in dem verhältnismäßig kleinen zentralen Teil des Untersuchungsgebietes möglich ist. Außerhalb dieses Gebietes stützt sich die Zuordnung auf Schwingungsbildvergleiche, die durch zahlreiche von Bruchstörungen verursachte Korrelationsunterbrechungen erschwert sind. In den Bereichen, wo der Untergrund nicht unter känozoischer Bedeckung verborgen ist, wurden zusätzlich die Ergebnisse der Oberflächenkartierung hinzugezogen. Zuordnungsfehler können in Teilen des Untersuchungsgebietes nicht ausgeschlossen werden[11].

Dominierendes Strukturelement ist eine das Untersuchungsgebiet in NW-SE-Richtung querende Senkungsachse. Absolute Tieflagen sind zwischen den Profilen EU27 und EU30 sowie im Kreuzungsbereich der Profile EU24/EU25/EU29 und EU24/EU26 erkennbar. Die Verbindung zwischen beiden Tieflagen ist deutlich schwächer ausgeprägt. In nordöstlicher Richtung, steigt die Muschelkalkoberfläche um mehr als 100 m an (Profile EU21, EU25 und EU26). Auffällig ist, daß die Tieflage abrupt an dem NE-SW streichenden Quersattel südlich des Arnstädter Weinberges (Profil EU27) endet. Dabei dürften NE-SW streichende Störungen eine Rolle spielen. Für die Stichprofile EU21 und EU27 bleibt die Darstellung unter Berücksichtigung der großen Profilabstände fragmentarisch.

---

[11] In diesem Zusammenhang muß das Ergebnis der Bohrung Hy Arnstadt 8/85 diskutiert werden. Sie traf unter Pleistozän 15 m Tonsteine an, die in den höheren Mittleren Keuper eingestuft wurden (km4, km3). Würde diese Einstufung zutreffen, müßten auf dem ca. 85 m entfernten Profil EU25 (etwa AP 80 - 90) noch ca. 150 m Mittlerer Keuper ausgehalten werden. Die Muschelkalkoberfläche wäre dann ca. 120 m tiefer als auf dem Profil angegeben (ca. 70 m ü. NN bzw. 220 m u. Flur) zu erwarten. Mit dem Ergebnis der Bohrung E6 und des Profils EU30 läßt sich dieses Ergebnis nicht vereinbaren. Eine Einstufung der erbohrten Tonsteine zum tieferen Mittleren Keuper (km1) wäre dagegen mit den reflexionsseismischen Meßergebnissen im gesamten Nordostteil des Meßgebietes zwangloser zu erklären (s. auch Kap. 9).

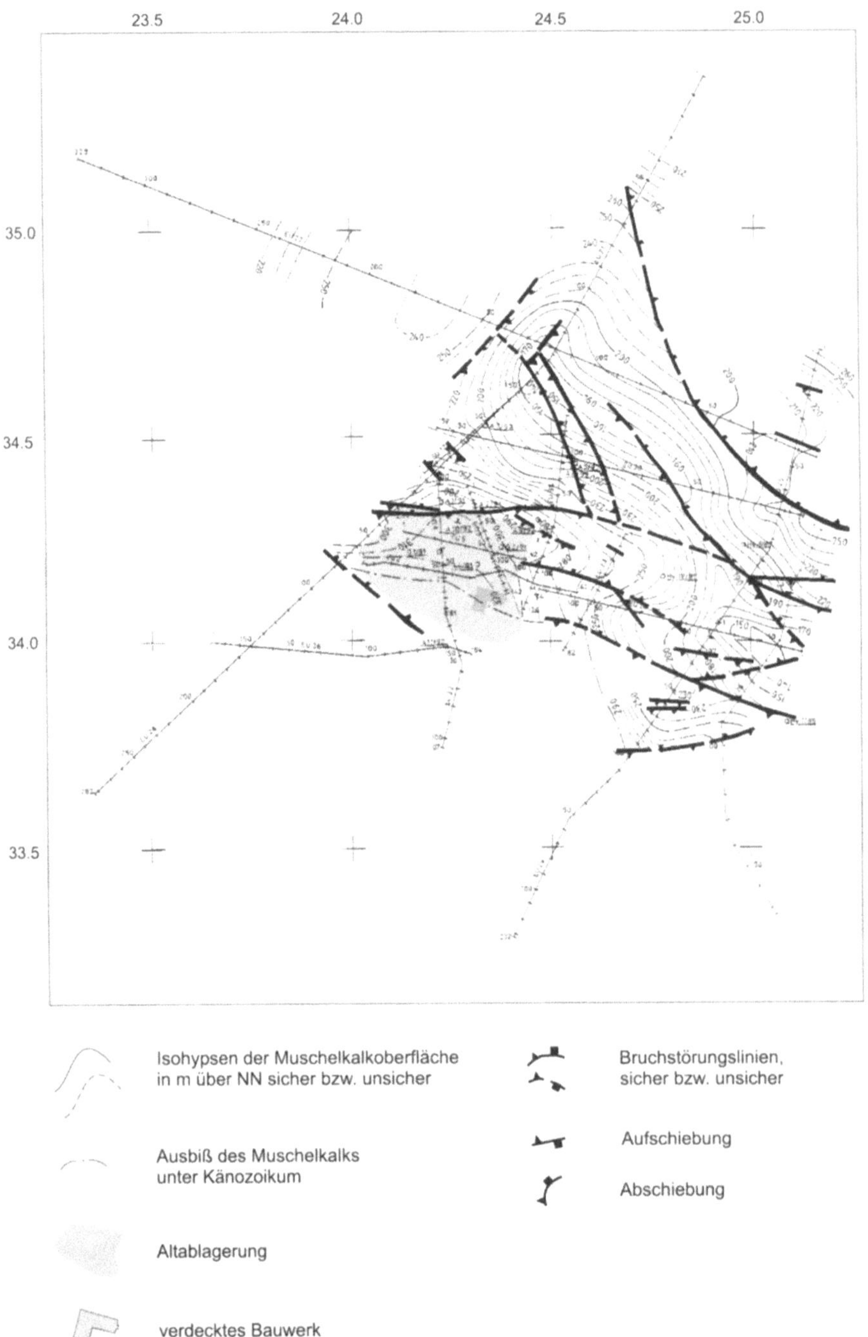

Abb. 11.42: Strukturkarte der Muschelkalkoberfläche, Geophysik GGD 1993, im Auftrag der BGR

Auch nach Südwesten steigt die Muschelkalkoberfläche rasch um 100 bis 130 m an. Südlich der Straße Arnstadt-Holzhausen verflacht der Anstieg, und in einem schmalen Bereich zwischen den Profilen EU28 und EU23 ist sogar ein leichtes Einfallen nach Südwesten erkennbar. Damit erklären sich auch die geringen Teufenunterschiede in den Bohrungen E1/91 (290 m ü. NN), E2/91 (282 m ü. NN), E3/91 (276 m ü. NN) und 10/92 (ca. 290 m ü. NN). So ergibt sich das Bild einer plateauartigen flachen Hochlage, die bis zu Bohrung Hy Arnstadt 12/85 (Muschelkalkoberfläche ist extrapoliert bei ca. 240 m ü. NN zu erwarten) spornartig nach Osten zu reichen scheint. Der Übergang in östlicher Richtung zur Tieflage im Kreuzungsbereich der Profile EU24/EU25/EU29 und EU24/EU29 ist aufgrund der Meßlücke unklar. Die Ergebnisse des Profils EU24 könnten auch für eine Beteiligung NE-SW streichender Querstörungen sprechen. Für die mit den Profilen EU26 (AP 80 - 95) bzw. EU29 (AP 40 - 95) erfaßte Scholle ist die Zuordnung trotz der Übereinstimmung mit dem Bohrergebnis Hy Arnstadt 7/85 nicht sicher. Für die vorgelegte Interpretation spricht das Schwingungsbild der Reflexion, die der Muschelkalkoberfläche zugeordnet wurde.

Trotz möglicher Unsicherheiten veranschaulicht die Strukturkarte der Muschelkalkoberfläche die Lagerungsverhältnisse der mesozoischen Schichten im Untersuchungsgebiet sehr gut und ergänzt die beiden oben beschriebenen Kriterienkarten. Im Nordteil des Untersuchungsgebietes, wo der Muschelkalk nicht das unmittelbar Liegende des Känozoikums bildet, spiegelt sie die Lagerungsverhältnisse der mesozoischen Schichten auch unter mächtiger pleistozäner Bedeckung im Detail wider.

Zusammenfassung

Grundlage für die Konstruktion der o. g. Karten waren die Ergebnisse von 17 reflexionsseismischen Profilen, die meist eindeutige Angaben über Lage, Einfallsrichtung und Charakter tektonischer Störungen sowie zum Einfallen der Schichten im Liegenden des Känozoikums bzw. der Verwitterungsschicht ermöglichen. Wie bei der Lage des Untersuchungsgebietes innerhalb der Eichenberg-Gotha-Saalfelder Störungszone zu erwarten war, sind häufig durch Bruchstörungen verursachte Korrelationsunterbrechungen zu verzeichnen, die eine lithologisch-stratigraphische Zuordnung der Reflexionen erschweren. Mit Hilfe der im Untersuchungsgebiet abgeteuften Bohrungen, der geologischen Oberflächenkartierung und der Ergebnisse der Geoelektrik gelang dennoch über weite Strecken eine plausible Zuordnung. Die refraktionsseismischen Meßergebnisse (Kap. 11.5.1) als auch die Refraktionsauswertungen entlang der reflexionsseismischen Profile lieferten Informationen über die Geschwindigkeitsverteilung im Untergrund und damit die für eine Zeit-/Tiefentransformation der reflexionsseismischen Profile notwendigen Angaben.

Mit den Messungen ist die südwestliche Teilstörungszone der Eichenberg-Gotha-Saalfelder Störungszone erfaßt worden. NW-SE bis E-W streichende Einzelstörungen konnten nachgewiesen werden. Die nordöstlichste Teilstörung des südwestlichen Stranges der Eichenberg-Gotha-Saalfelder Störungszone liegt unmittelbar südlich der Straße Arnstadt-Holzhausen und begrenzt damit den nördlichen Rand der Altablagerung. NE-SW streichende Störungen sind in den Meßergebnissen, möglicherweise bedingt durch die gewählten Profilrichtungen, nicht erkennbar.

Nördlich der Straße Arnstadt-Holzhausen belegen die Meßergebnisse steilherzynisch streichende Störungselemente, die im Südosten an der südwestlichen Störungszone enden bzw. deren Einzelstörungen versetzen. Im Nordwesten könnten sie bis in das nordöstliche Teilstörungssystem reichen und damit eine vermittelnde Stellung zwischen beiden Ästen der Störungszone einnehmen. Daß diese Querstörungen an der Versetzung im Streichen der markanten Störungsaufbrüche des Arnstädter Weinbergs und des Arnsbergs beteiligt sind, kann vermutet werden. Auffällig sind die Tieflagen der mesozoischen Schichten zwischen den Profilen EU27 und EU30 bzw. im Kreuzungsbereich der Profile EU24/EU25/EU29 und EU24/EU26, die zusammen eine NW-SE streichende Senkungsachse bilden, in deren Verlauf mächtiger Mittlerer Keuper unter pleistozäner Bedeckung zu erwarten ist.

11.5.4 Vergleichende Bewertung seismischer Verfahren zur Erkundung von Deponien und Altlasten

Für die flächenhafte Erkundung von Altablagerungen, Altstandorten und Deponien hat in den letzten Jahren vor allem die Seismik an Bedeutung gewonnen (KNÖDEL et al. 1997, VOGELSANG 1993).

Die Vorteile der seismischen Verfahren im Vergleich zu Potentialverfahren, wie z. B. der Geoelektrik und der Magnetik, liegen in der relativen Unempfindlichkeit bezüglich Bebauung, Flächenversiegelung und Leitungen. Die heute im Rahmen der Feldmessung und der Auswertung zur Verfügung stehenden Mittel ermöglichen es, auch oberflächennahe Strukturen (Schichtenfolgen, Störungen, Hohlräume etc.) mit hoher Auflösung zu erfassen. Dafür stehen verschiedene Verfahren zur Verfügung, die sich durch den Feldaufwand, die Auswertung und die Interpretationsmöglichkeiten unterscheiden. Hierzu gehören:

- Konventionelle Refraktionsseismik
- Refraktionstomographie
- 2-D-Reflexionsseismik

Alle drei Verfahren kamen bei der Erkundung der Altablagerung Eulenberg zum Einsatz. Im folgenden werden die Eigenschaften der unterschiedlichen seismischen Verfahren zusammenfassend dargestellt (siehe *Tab. 11.8* und *Tab. 11.9*) und über die bei den Arbeiten gewonnenen Erfahrungen berichtet.

Konventionelle Refraktionsseismik

Die konventionelle Refraktionsseismik erbrachte folgende Ergebnisse:
Die Mächtigkeit des Abfallkörpers konnte abgeschätzt werden. Die randlichen Begrenzungen der ehemaligen Baugrube wurden auf dem W-E verlaufenden Profil Ra II kartiert und die Tiefe der Baugrube angenähert bestimmt. Die für den Liegend-Refraktor ermittelten Geschwindigkeiten ermöglichten erste Aussagen über die Lagerungsverhältnisse im Untergrund. Es konnte nachgewiesen werden, daß die Altablagerung im Norden und im Süden von herzynisch streichenden Störungen tangiert wird. Die südliche Störungszone war bereits aus der geologischen Kartierung bekannt. An ihr setzen nach NE die den Untergrund der Altablagerung bildenden Gesteine des Unteren Keupers ein. Indikationen für eine lokal begrenzte Störungszone mit flachherzynischer Streichrichtung zeigen sich am nördlichen Randbereich der Altablagerung.

Die Ergebnisse belegen, daß die konventionelle Refraktionsseismik als Übersichtsmessung für eine erste Beurteilung des lithologisch-strukturellen Aufbaus geeignet ist. Es konnten sowohl geologische als auch anthropogen verursachte „Schlüsselstrukturen", die für eine Gefährdungsabschätzung von Bedeutung sind, räumlich eingegrenzt werden. Eine stratigraphische Zuordnung der Refraktoren war nur bedingt möglich, da der Untergrund lateral und vertikal stark heterogen aufgebaut ist. Hier zeigt sich die Schwäche der konventionellen Refraktionsseismik, die nur dann zufriedenstellende stratigraphische Ergebnisse liefert, wenn der Untergrund vergleichsweise homogen und einfach geschichtet ist. Eine Verbesserung des Interpretationsergebnisses erhielt man durch Anwendung einer iterativen Vorwärtsmodellierung (Network-Raytracing) statt der klassischen GRM-Auswertung. Damit ergaben sich bessere Resultate insbesondere bei der Modellierung der mit Abfall verfüllten Baugrube. So ließen sich die steilstehenden Böschungen mit höherer Genauigkeit auflösen und die Teufenlage der Sohle der Baugrube präziser bestimmen.

Abbildung *11.43* zeigt den Vergleich. In Grautönen mit unterlegten Geschwindigkeitswerten dargestellt ist die GRM-Auswertung des über den Abfallkörper verlaufenden Profils EU02 (siehe auch *Abb. 11.26*). Darin sind zwei Bereiche zu erkennen, die durch die Baugrube im mittleren Abschnitt getrennt sind. Im Osten liegt ein 3 Schichtfall und westlich der Baugrube ein 2 Schichtfall vor. Danach sind östlich der Baugrube über der Muschelkalkbasis mit Geschwindigkeiten von mehr als 2 400 m/s noch Keupersedimente größerer Mächtigkeit mit Geschwindigkeiten um ca. 1 100 m/s anzutreffen. Im westlichen Teil lagert der Abfall direkt auf dem Muschelkalk bzw. die Keupersedimente weisen eine so geringe Mächtigkeit auf, daß sie seismisch nicht mehr nachweisbar sind. Die Lage der Baugrube wurde gut erfaßt. Lediglich die steilstehenden Böschungen werden durch die GRM „geglättet" wiedergegeben.

Tab. 11.8: Anwendungsbereiche der seismischen Verfahren zur Deponie- und Altlasten-erkundung

Verfahren	Anwendungsbereiche	Mögliche Profil-geometrie	Bemerkungen
Konventionelle Refraktionsseismik	Übersichtsmessungen zur Klärung des generellen strukturellen und lithologischen Aufbaus des Untergrundes bis zu einer Tiefe von ca. 50 m	Kreuzprofile	Bei der Erkundung oberflächennaher Untergrundstrukturen ergänzen sich Refraktions- und Reflexionsseismik gegenseitig.
Refraktions-tomographie	Detailmessungen an Schlüsselpositionen im Gelände mit Erkundungsteufen bis 100 m	Profilabschnitte ausgewählter refraktions- und reflexionsseismischer Messungen	Daher ist es empfehlenswert, die Profile so anzulegen, daß alle drei Auswertemethoden bei Bedarf gemeinsam durchgeführt werden können.
2-D-Reflexions-seismik	Detailmessungen zur Klärung des strukturellen und lithologischen Aufbaus des Untergrundes im Teufenbereich von ca. 10 - 500 m.	Profilnetze, senkrecht kreuzende Profile	Durch die moderne Feldtechnik ist eine zeit- und kostengünstige Realisierung innerhalb einer Meßkampagne möglich.

Über dem Ergebnis der GRM-Auswertung ist als (stark ausgezogenes) Linienmodell das Ergebnis einer interaktiven 2-D-Raytracing-Modellierung gezeichnet (PASASA & WENZEL, 1996). Damit wird die GRM-Auswertung bestätigt. Differenzen treten lediglich im Bereich der Baugrube auf, wo das Raytracing-Verfahren methodisch bedingt eine höhere Auflösung der steilstehenden Böschungen erreicht.

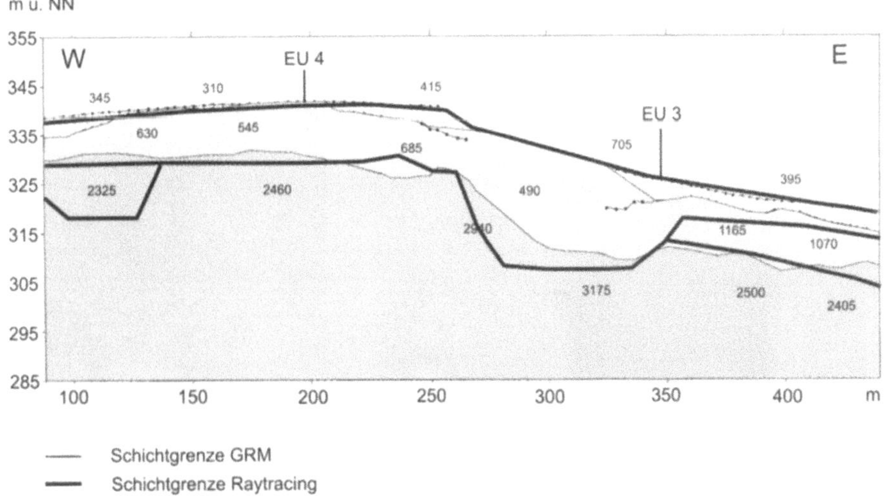

Abb. 11.43: Vergleich der refraktionsseismischen Auswertung mit der Generalized Reciprocal Method (GRM) (UTECHT & SCHADE, 1993) und eines interaktiven 2-D-Raytracing Verfahrens (PASASA & WENZEL, 1996) für das reflexionsseismische Profil EU02. Lageplan siehe *Abb. 11.14*. Erläuterungen im Text

Refraktionstomographie

Die refraktionstomographische Auswertung reflexionsseismischer Profile zeigt die Möglichkeit zur Erfassung kleinräumiger lateraler Änderungen im Untergrund. So konnte der Übergang vom anstehenden Festgestein zum Abfallkörper kartiert werden. Der Verlauf der Basis des Abfallkörpers ließ sich mit hoher Genauigkeit bestimmen. Damit einher ging die Ermittlung der Mächtigkeit des Abfalls, die aufgrund der bewegten Oberflächentopographie zwischen 0 und ca. 20 m variiert. Durch kleinräumige laterale Geschwindigkeitsänderungen an der Deponiebasis konnten Störungszonen im Anstehenden unter dem Abfall lokalisiert werden.

Abbildung *11.44* zeigt den Vergleich der Ergebnisse des Penetrationssondierungsprofils IV und des refraktionstomographisch ausgewerteten Profils EU4. Beide Profile verlaufen auf der gleichen Trasse in N-S-Richtung über den Abfallkörper. Dieser Vergleich verdeutlicht eine ausgezeichnete Korrelation des Tomogramms mit den lithologischen Verhältnissen. Der Übergang vom Abfall zum anstehenden Gestein kann klar abgegrenzt werden. Die Abfallmächtigkeiten werden exakt ermittelt. Am nördlichen Fuß des Abfallkörpers wird die mit einem Schichtversatz verbundene Störungszone erfaßt (s. *Abb. 11.33*).

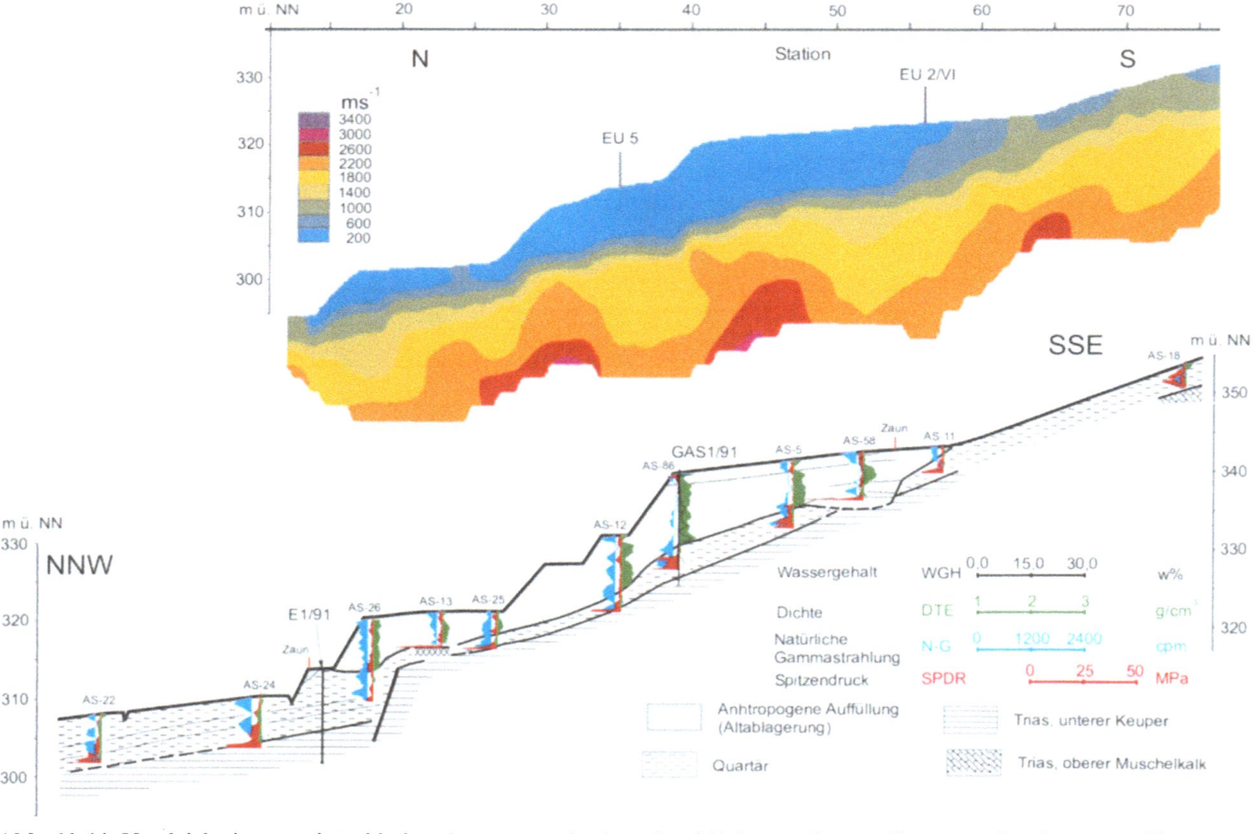

Abb. 11.44: Vergleich einer stratigraphischen Auswertung, basierend auf 11 Penetrationssondierungen; für ein N-S Profil über den Deponiekörper Eulenberg (STICKEL, 1993) mit der refraktionstomographischen Auswertung des reflexionsseismischen Profils EU04 (UTECHT & SCHADE, 1993). Erläuterungen im Text

Ebenso ist es möglich, eine Differenzierung der Lithologie an der Basis des Abfalls vorzunehmen. Es konnten Bereiche mit Quartär und Keuper von Muschelkalksedimenten unterschieden werden.

Die Refraktionstomographie ist auf eine hohe Überdeckung angewiesen, wie sie z. B. bei einer reflexionsseismischen Messung erfolgt. Aufgrund des erhöhten Prozessing-Aufwandes, der durch das aufwendige (manuelle) Anreißen der Ersteinsätze bedingt wird, ist sie wirtschaftlich nicht für Übersichtsmessungen mit großen Profillängen geeignet. Ihre Stärke liegt in der Detailerkundung an Schlüsselpositionen, die sich durch komplizierte Lagerungsverhältnisse und sprunghafte laterale lithologische Wechsel auszeichnen. Hier kann sie erheblich zur Klärung des lithologisch-strukturellen Aufbaus beitragen.

2-D-Reflexionsseismik

Die reflexionsseismischen Messungen lieferten eine Fülle von Informationen über die Lagerungsverhältnisse der mesozoischen Schichten. Sie ermöglichen überwiegend eindeutige Angaben über Lage, Einfallsrichtung und Charakter tektonischer Störungen sowie das Einfallen der Schichten im Liegenden des Känozoikums bzw. der Verwitterungsschicht. Die Ergebnisse bildeten die Grundlage für die Konstruktion dreier Karten, welche die gewonnenen Informationen zu einem Strukturmodell zusammenzufassen: Die Kriterienkarten „Bruchstörungen" und „Schollengliederung" und die „Strukturkarte der Muschelkalkoberfläche".

In den reflexionsseimischen Profilen, die auf der Altablagerung liegen, ließen sich Indikationen, beginnend bei Tiefen von 4 m aus dem Abfallkörper bis unter dessen Basis und aus dem Untergrund bis in Tiefen von über 150 m nachweisen. Relativ sicher konnten die der Muschelkalkoberfläche zuzuordnenden Reflexionen an der Basis des Abfallkörpers bestimmt werden. Im Bereich der ehemaligen Baugrube wird das charakteristische Reflexionsbild der Muschelkalkoberfläche unterbrochen bzw. stark abgeschwächt. Die Erfassung der Abfallbasis war in diesem Teil daher nur schwer möglich. In den anderen Bereichen konnte die Abfallmächtigkeit gut abgeschätzt werden und variiert zwischen ca. 5 und 10 m. Ein wichtiges geologisches Strukturelement ist die Störungszone am nördlichen Deponierand, die bereits auf den refraktionsseismischen Profilen erkannt werden konnte. Auffallend ist auch, daß der Muschelkalk abschnittsweise ein N-S-Schichteinfallen aufweist.

Die Ergebnisse belegen, daß die Reflexionsseismik auch für oberflächennahe Untersuchungsobjekte mit Erfolg eingesetzt werden kann. Schwierigkeiten sind dann zu erwarten, wenn Luftschall und Oberflächenwellen die reflektierten Wellen maskieren, da aufgrund der kurzen Laufwege noch keine Trennung der einzelnen Wellentypen erfolgt ist. *Abb. 11.45* zeigt hierzu ein typisches Beispiel (PASASA & WENZEL, 1996). Dargestellt ist links die Feldabspielung eines seismischen Schusses auf einem Profil, das direkt über die Altablagerung verläuft. Da in den schußpunktnahen Spuren Störwellen wie etwa der Luftschall und der Ground-roll dominieren, sind etwaige Reflexionseinsätze verdeckt. Für größere Offsets setzen die mit niedriger Geschwindigkeit laufenden Reflexionen der ersten Schichtgrenze später ein als die Reflexionen von der zweiten Schichtgrenze.

Das rechte Bild zeigt ein synthetisches Seismogramm, das auf einem Geschwindigkeitsmodell der Refraktionsseismik basiert. Reflexionseinsätze erreichen die schußnahen Spuren bei 32 und 45 ms aus einer Tiefe von ca. 6 und 18 m. Die erste Schichtgrenze entspricht dem Übergang Abfall /Keuper, die zweite dem Übergang Keuper/Muschelkalk.

Der Vergleich verdeutlicht, daß zur Auswertung reflexionsseismischer Ergebnisse aus oberflächennahen Schichten „Fingerspitzengefühl" und Erfahrung gehören, um echte Reflexionseinsätze zu erkennen und auszuwerten. Eine Überprüfung der Ergebnisse durch synthetische Vorwärtsmodellierung ist hier angeraten.

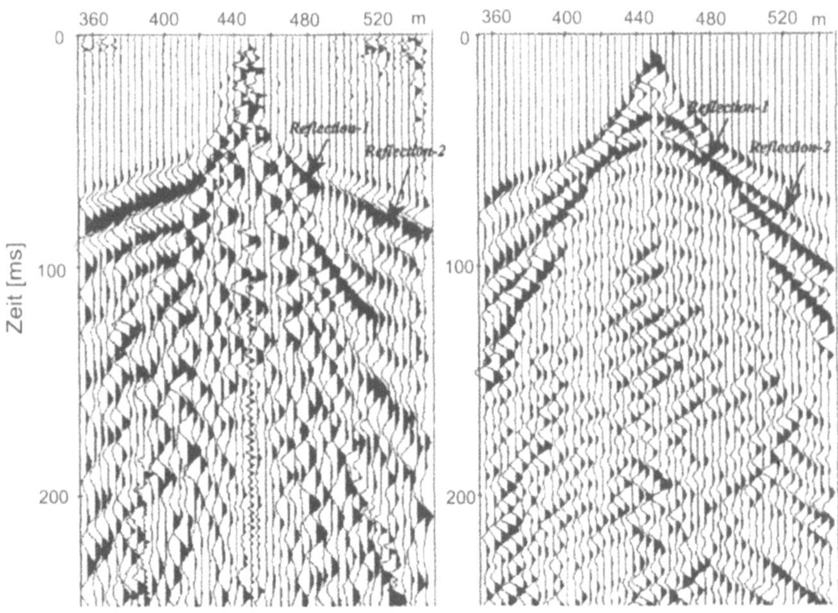

Abb. 11.45: Bild eines typischen Feldseismogramms vom Profil EU2, AP45 (links) und eines synthetischen Seismogramms (rechts). Im Feldseismogramm sind die Reflexionen 1 und 2 durch starke Oberflächenwellen und den Luftschall überdeckt. Das synthetische Seismogramm wurde durch eine Modellrechnung mit den refraktionsseismisch ermittelten Geschwindigkeiten berechnet. PASASA & WENZEL, 1996.

Vergleich der Verfahren und Schlußfolgerungen für den Einsatz

Die konventionelle Refraktionsseismik ist eine Untersuchungsmethode mit relativ geringem Feld- und Auswertungsaufwand. Sie eignet sich gut für Übersichtsmessungen in Gebieten, wo keine oder nur wenige Informationen über den Aufbau des Untergrunds vorliegen. Die Erkundungstiefen liegen im Bereich bis zu 50 m. Zufriedenstellende Ergebnisse werden dann erreicht, wenn der Untergrund vergleichsweise homogen und einfach geschichtet ist.

Ist der Untergrund des Untersuchungsgebiets heterogen und komplex aufgebaut, sind die Resultate der konventionellen Refraktionsseismik nur mit Einschränkungen interpretierbar. Dies gilt insbesondere dann, wenn relativ kleindimensionierte Strukturen oder Objekte (Störungszonen, Rinnenstrukturen, Hohlräume, etc.), die mit einer Verringerung der seismischen Geschwindigkeit verbunden sind, erfaßt werden sollen. In diesem Fall ermöglicht es die Refraktionstomographie, ein differenzierteres Modell des Untergrundes zu erstellen. Die entsprechenden Geschwindigkeitsanomalien können wesentlich sicherer und genauer erfaßt werden. Die Erkundungstiefen betragen bis zu 100 m und sind bei gleicher Aufstellungsgeometrie erheblich größer als bei der konventionellen Refraktionsseismik. Die Refraktionstomographie erfordert für die Realisierung eines ausreichend hohen Überdeckungsgrades eine größere Anzahl von Anregungspunkten. Der Aufwand der Datenakquisition im Feld und des Datenprozessings ist mit dem der Reflexionsseismik vergleichbar.

Mit der 2-D-Reflexionsseismik können für die Lösung ingenieur- und umweltgeophysikalischer Fragestellungen Untergrundbereiche bis zu Teufen von ca. 1 000 m mit hoher lateraler und vertikaler Auflösung erkundet werden. Wegen der benötigten Geophongruppen- und Schußpunktanzahl ist der Aufwand der Feldmessung vergleichsweise hoch. Für den Nachweis von Schichtgrenzen in geringen Tiefen muß mit einem erhöhten Prozessing-Aufwand gerechnet werden, um die sich überlagernden Nutz- und Störwellen zu trennen. Hier besteht noch Forschungsbedarf. Der Zeit- und Kostenaufwand für die Auswertung und Interpretation nimmt aber, bedingt durch neue Entwicklungen auf dem Hard- und Software-Sektor, ständig ab.

Da Refraktions- und Reflexionsseismik unterschiedliche Teufenbereiche abdecken, die sich jedoch überlappen, ergänzen sich die Verfahren bei vielen Anwendungen. So können reflexionsseismisch ermittelte Informationen aus größeren Tiefen die Interpretation refraktionsseismischer Daten in bezug auf oberflächennahe Strukturen oftmals unterstützen. Erfahrungsgemäß erleichtert ein reflexionsseismisches Strukturbild des Untergrunds die Ansprache der refraktionsseismischen Daten erheblich. Häufig können refraktionsseismisch erfaßte oberflächennahe Störungen mit reflexionsseismisch nachgewiesenen Störungssystemen in größeren Tiefen korreliert werden. Dies ist z. B. im Hinblick auf die Kartierung evtl. Wasserwegsamkeiten von großer Bedeutung. Aufgrund dieser Überlegungen wird empfohlen, seismische Messungen so anzulegen, daß sowohl eine refraktions- als auch eine reflexionsseismische

Auswertung der gewonnenen Daten möglich ist. Damit können Folgemessungen, die mit zusätzlichen Kosten und Aufwand verbunden sind, vermieden werden. Traditionell wird aber meist noch zwischen beiden Verfahren unterschieden. Durch die moderne Feldtechnik (Seismographen mit 120 und mehr Kanälen, sprengstofflos arbeitende Signalquellen großer Leistung) sowie die Kapazität und Geschwindigkeit der heute verfügbaren Computer stehen Mittel zur Verfügung, um Refraktions- und Reflexionsseismik zeit- und kostengünstig innerhalb einer Meßkampagne, "auf einen Streich", durchzuführen (UTECHT et al., 1996).
Eine zusammenfassende Darstellung der seismischen Verfahren bietet *Tab. 11.9*.

Tab. 11.9: Vergleich seismischer 2-D-Aufschlußverfahren (nach UTECHT et al., 1996)

	Konventionelle Refraktionsseismik	Refraktionsseismische Tomographie	2-D-Reflexionsseismik
Anwendungsbereiche:	Allgemeine Strukturerkundung: lithologischer Aufbau, Störungen Bestimmung der Deckschicht-/ Abraummächtigkeit und der Grundwasserteufenlage Erfassung des Grundwasserstauers bzw. der Basis von Altablagerungen und Deponien (Einfallen, Undulationen)	Detaillierte Strukturerkundung: lithologischer Aufbau, Störungen Kartierung der Deckschicht-/Abraummächtigkeit und der Grundwasserteufenlage Kartierung der Basis von Altablagerungen und Deponien Erfassung von Auflockerungs- oder Kluftzonen, Verwerfungen, Rinnenstrukturen, etc. Ortung von Fundament- und Gebäuderesten, Tunneln und Schächten (evtl. Hohlräume), Tanks, etc.	Hochauflösende Strukturerkundung des oberflächennahen und des tieferen Untergrunds (lithologischer Aufbau, Diskordanzen, Störungssysteme) Erfassung lateraler Faziesänderungen
Einsatzgebiete:	Untergrund mit weitgehend homogen geschichtetem Aufbau	Untergrund mit heterogenem Aufbau	homogen geschichteter und heterogen aufgebauter Untergrund
Erkundungstiefe:	bis ca. 50 m	bis ca. 100 m	ca. 5 - 1 000 m
Feldaufwand:	gering Geophongruppenanzahl pro Schuß: meist 24 - 72 Verhältnis der Geophon- und Schußpunktabstände: 1 : 6 bis 1 : 24	erhöht Geophongruppenanzahl pro Schuß: meist 48 - 96 Verhältnis der Geophon- und Schußpunktabstände: 1 : 2 bis 1 : 4	hoch Geophongruppenanzahl pro Schuß: meist 72 - 120 Verhältnis der Geophon- und Schußpunktabstände: 1 : 1 bis 1 : 3
Processing/ Auswertung:	Bestimmung der Laufzeitdaten Bearbeitung des Laufzeitfeldes Inversion mit geringem Rechenaufwand Erstellung von Profilschnitten	Erstellung eines Grundmodells anhand der Ergebnisse der konventionellen refraktionsseismischen Auswertung Iterative Inversion des Laufzeitfeldes mit erhöhtem Rechenaufwand	Diverse Bearbeitungsschritte mit vergleichsweise hohem Rechenaufwand (Sortierung, Filterung, Dekonvolution, Korrekturen, Geschwindigkeitsanalyse, Stapelung, Migration, Zeit-Tiefen-Inversion, etc.) Profilweise Erstellung von Zeit- und Tiefensektionen
Interpretationsziel:	Zuordnung der Schichtgrenzen zu geologischen oder anthropogen bedingten Untergrundstrukturen Erkennen von Störungen durch laterale Geschwindigkeitsänderungen längs der Schichtgrenzen	Erstellung eines hochauflösenden Strukturbildes des Untergrundes Zuordnung von lateral vergleichbaren Geschwindigkeitsbereichen zu geologischen Schichten Nachweis von Inhomogenitäten durch lokale Geschwindigkeitsanomalien	Zuordnung von kohärenten Reflexionseinsätzen zu geologischen Schichtgrenzen Erkennen von Verwerfungen, Schichtlücken, etc.
Ergebnis:	Schichtenmodell mit Teufe und seismischer Geschwindigkeit an jedem Geophonpunkt	Hochauflösende vertikale Verteilung der seismischen Geschwindigkeit entlang eines Profils	Seismische Zeit-/Tiefensektion, die als Strukturbild des Untergrunds zu interpretieren ist

11.6 Geophysikalische Penetrationssondierungen

JÁNOS STICKEL, GERHARD LANGE, & KLAUS KNÖDEL

11.6.1 Methodik

Die geophysikalische Penetrationssondierung ist eine Methode zur Erkundung oberflächennaher Lockersedimente (Sand, Kies, Ton, Torf, Gesteinsschutt, kohlenartige Formationen, einige vulkanische Tuffe und anthropogene Ablagerungen). Auch weniger verfestigte geringmächtige Sandsteine und Mergel können durchteuft werden. Das bewährte Aufschlußverfahren der Drucksondierung wird dabei mit ausgewählten Methoden der geophysikalischen Bohrlochmessung und einer Technik zur gezielten Entnahme von Boden- und Wasserproben kombiniert. Damit können Informationen über die Struktur und den Stoffbestand des Untergrundes gewonnen werden, die sonst nur durch den gemeinsamen Einsatz von Bohrungen, geophysikalischen Bohrlochmessungen und Laboruntersuchungen an Bodenproben gewonnen werden könnten. Mit Penetrationssondierungen können auch in solchen Bereichen Informationen erhalten werden, wo aufgrund lockerer Sedimentation (z. B. trockene Sande) kein Kerngewinn aus Bohrungen möglich ist.

Im Gegensatz zur Bohrtechnik ist die Veränderung der Gesteinsschichten beim Durchteufen gering, da sich das Werkzeug nicht dreht, das Gestein nicht zerkleinert und gefördert, sowie keine Spülung verwendet wird. Die einzige Änderung, der das Material unterliegt, ist eine Verdichtung in der unmittelbaren Umgebung des unter Druck eindringenden Sondierungsgestänges. Dieses Gestänge hat einen Durchmesser von 32 bis 50 mm und besteht aus 1 bis 5 m langen Segmenten. Die notwendige Kraft zum Eindringen in den Boden wird von einem hydraulischen Druckwerk mit einer Druckkraft von 60 bis 200 kN geliefert. Die maximal mögliche Druckkraft hängt vom Gewicht des Fahrzeuges und der durch Erdanker aufzufangenden Gegenkraft ab.

Die Messung der Parameter erfolgt in zwei Phasen: Während des Eindringens liefern mechanische Sensoren im Gestängekopf den Spitzendruck (Spitzenwiderstand) und den zum Eindringen notwendigen Gesamtdruck. In der zweiten Phase werden im Inneren des Gestänges verschiedene Sonden herabgelassen, um die natürliche Gamma-Strahlung zu messen, Gamma-Gamma-Messungen zur Dichtebestimmung durchzuführen und über Neutron-Neutron-Messungen den Wassergehalt zu ermitteln. In einem automatisierten rechnergestützten Auswertungsprozeß werden dann für die lithologische

Zuordnung diejenigen Meßparameter herangezogen, die voneinander unabhängige Materialeigenschaften widerspiegeln: z. B. der Spitzenwiderstand als Maß für die Festigkeit des Gesteins, die natürliche Gamma-Strahlung als Maß für den Ton- oder Aschegehalt und die Gesteinsdichte nach Gamma-Gamma-Messung. Für diese drei Größen gewinnt man durch gezielt angesetzte Sondierungen und den Vergleich mit Bohrergebnissen in den für das Untersuchungsgebiet typischen geologischen Formationen Eichwerte, die in einem Grundparametersystem gespeichert werden. Mit der Auswertesoftware erfolgt über den Vergleich der Meßwerte mit diesen Eichwerten die Materialansprache und die Festlegung der Schichtgrenzen sowie die Umsetzung der Meßparameter in ein lithologisches Profil. Die Ergebnisse werden als Diagramme sowie in Profil- oder in Tabellenform wiedergegeben und durch weitere Angaben, wie Lage des angetroffenen Ruhewasserspiegels, Zustand des Sondenloches etc., ergänzt. Nach dem Abteufen können teufenorientiert Boden- und Wasserproben entnommen werden. Mit einer speziellen Filtersonde sind auch Durchlässigkeitsuntersuchungen in der ungesättigten und gesättigten Zone möglich. Eine vertiefende Verfahrensbeschreibung findet sich im Band 3 des Handbuches (KNÖDEL et al., 1997).

Um das Auflösungsvermögen und die im Meßgebiet erzielbaren Erkundungstiefen einschätzen zu können, wurden an den Bohrungen GAS 1, GAS 2, E6, E7 und E8 im Abstand von wenigen Metern Penetrationssondierungen geteuft. Die *Abb. 11.46* zeigt exemplarisch das Schichtenprofil der Bohrung E8 und die fünf Parameterprofile der Sondierung AS-56. Im vorliegenden Fall korreliert die gemessene Dichte nur abschnittsweise mit dem durch Kernaufnahme erhaltenen Bohrprofil. Bauschuttreiche Ablagerungen mit größerer Mächtigkeit im Schichtenprofil erscheinen in der Sondierung als Folgen dünner Schichten mit wechselnder Dichte. Die Variation der Dichte wird durch die Mischung organischen und feinkörnigen Materials verursacht. Grobkörnige Fraktionen werden deutlicher durch Anomalien des Spitzendrucks und der natürlichen Gamma-Strahlung angezeigt. Aschereiche Schichten sind an höheren Gamma-Aktivitäten zu erkennen.

Insgesamt zeigt der an den o. g. Bohrungen durchgeführte Vergleich das höhere Auflösungsvermögen der geophysikalischen Penetrationssondierung. Durch deren Meßparameter werden lithofazielle Details erfaßt, die mit einer nach lithologischen und strukturellen Gesichtspunkten durchgeführten makroskopischen Kernaufnahme häufig nicht erkennbar sind. Bei der Untersuchung des Abfallkörpers kamen auch die Vorteile der Penetrationssondierung für Arbeiten in kontaminierten Bereichen zum Tragen, da sich die vom Arbeitsschutz geforderten besonderen Vorkehrungen, die bei Bohrungen meist einen hohen logistischen und finanziellen Aufwand verursachen, erheblich einschränken lassen.

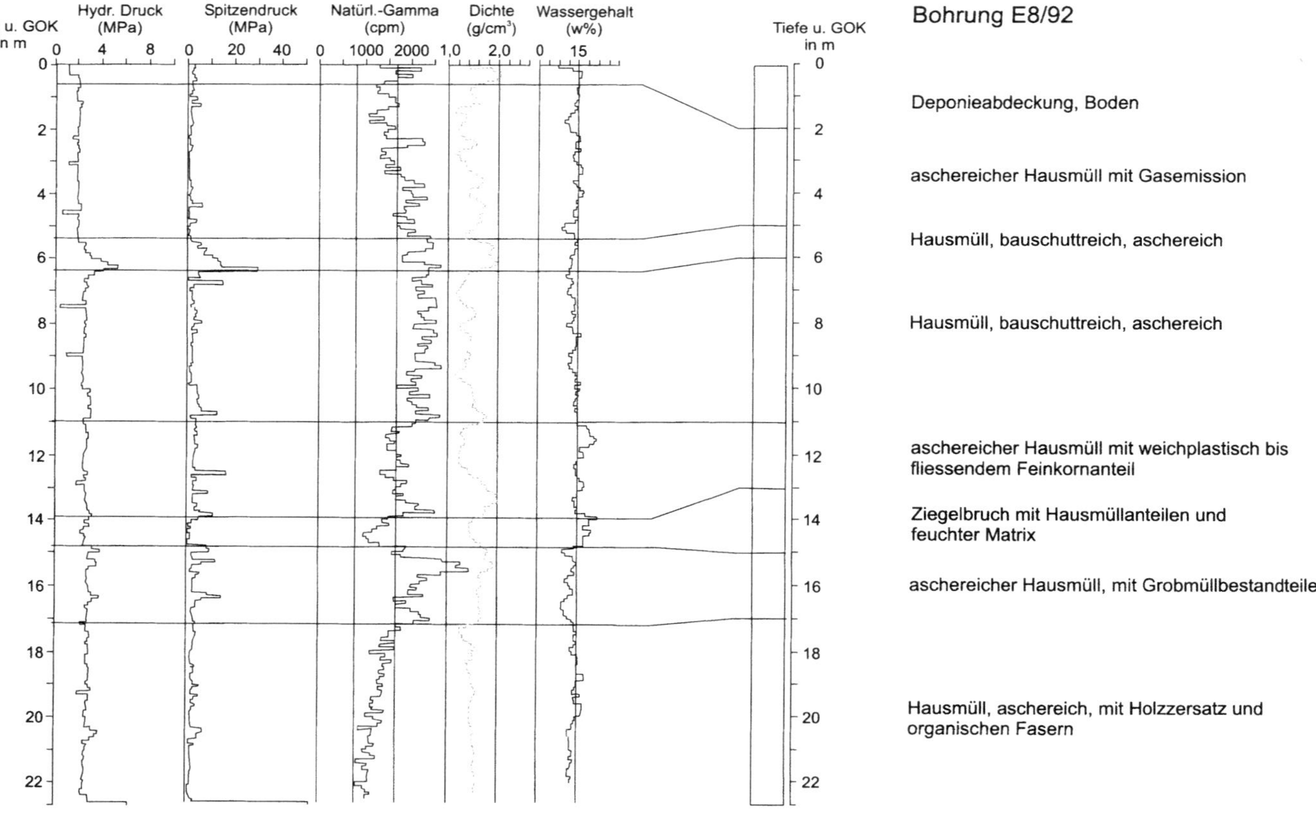

Abb. 11.46: Vergleich von Penetrationssondierung (links) und Bohrprofil (rechts) am Beispiel der Kernbohrung E8 und der Sondierung AS-56. ELGI Budapest, 1994, im Auftrag der BGR.

11.6.2 Ergebnisse

Mit den Penetrationssondierungen wurden folgende Erkundungsziele verfolgt:

- Lithologische Untersuchung der oberflächennahen Sedimente,
- Ermittlung von Mächtigkeit und Stoffbestand des Abfallkörpers,
- Bestimmung der Dichten und des Wassergehaltes der Abfallfraktionen,
- Angaben zu Lage und Zustand des unter der Altablagerung verborgenen Bauwerkes,
- Untersuchung der Gesteine im Liegenden des Abfallkörpers,
- Nachweis von Störungszonen und geklüfteten Bereichen,
- Entnahme von Boden- und Wasserproben aus dem Abfallkörper und der Umgebung.

Die *Abb. 11.47* zeigt den Lageplan der Sondierungspunkte und der interpretierten Profile. Schwerpunktmäßig konzentrierte sich die Erkundung mit den Profilen II und IV bis VI auf den Abfallkörper. Die auf den Profilen I, III und VII durchgeführten Sondierungen liefern Angaben zu Bodenarten, Sedimentationsverhältnissen sowie der tektonischen und hydrogeologischen Situation im Umfeld der Altablagerung. Weiterführende Informationen zur Standortsituation können den Kap. 2 und 3 entnommen werden.

Parameter der Feldarbeiten:

Größe des Meßgebietes	700 m · 900 m = 0,63 km^2
Anzahl der Sondierungspunkte	90
Gesamtlänge der Sondierungen	792 m
Sondierungstiefen	2 - 23 m
Boden- und Wasserproben	200 Boden- und 4 Wasserproben
Maximale Druckkraft	160 kN
Gemessene Parameter: Gesamtdruckkraft, Spitzenwiderstand, natürliche Gamma-Aktivität, Gamma-Gamma-Dichte, Neutron-Neutron-Wassergehalt,	
Personal	3 Techniker,
Zeitraum der Arbeiten	November/Dezember 1992
Arbeitsaufwand	25 Arbeitstage

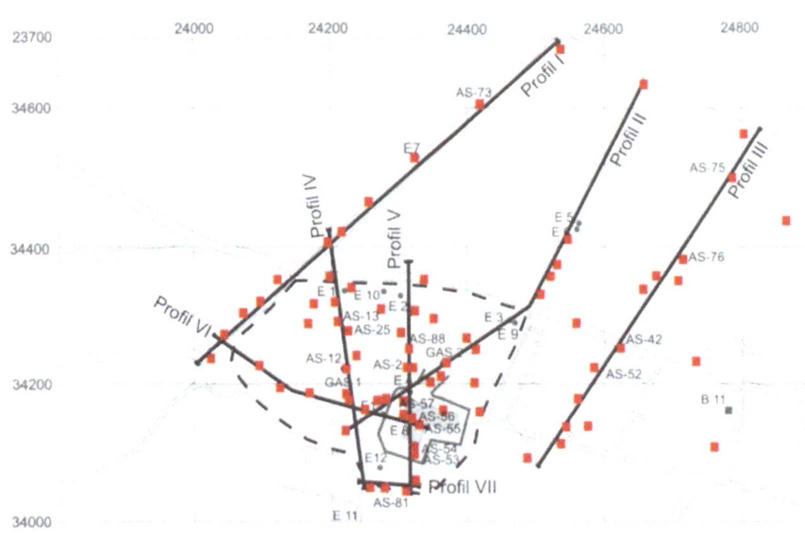

Abb. 11.47: Lage der Sondierungspunkte und der interpretierten Profile I bis VII. ELGI Budapest 1994, im Auftrag der BGR

Struktur und Eigenschaften des Abfallkörpers

Die Verhältnisse innerhalb und unter der Altablagerung werden durch die in der *Abb. 11.48* gezeigten Profile IV, V und VI dargestellt. In den Profilen V und VI sind die Konturen der Baugrube und des verborgenen Bauwerkes erkennbar. Im Zentrum der Baugrube erreichen die abgelagerten Abfälle mit ca. 25 m die größten Mächtigkeiten. Eine Gliederung des Abfallkörpers in unterschiedliche Abfallfraktionen ist nach den Parametern Spitzenwiderstand, Dichte und natürliche Gamma-Strahlung möglich. Danach besteht der größte Teil des Abfallkörpers, in Übereinstimmung mit den Deponieprotokollen, aus Bauschutt, Schlacken, Aschen und Abfällen mit hohen Anteilen organischen Materials. Aschen aus der Industrie und Haushalten sind über mittlere bis hohe natürliche Gamma-Aktivitäten sowie niedrige Dichten zu identifizieren. Bauschutt erkennt man an relativ hohen Dichte- und Spitzenwiderstandswerten und organisches Material geringer Festigkeit am niedrigen Spitzenwiderstand bei veränderlicher Gamma-Aktivität. Über eine Verwendung der auf dem Abfallkörper ermittelten Dichtewerte für die Auswertung und Interpretation von Schweremessungen wird im Kap. 11.2 berichtet.

Einige Sondierungen ermöglichen die Klassifizierung von Bodenarten und Gesteinen unterhalb der Auflagefläche des Abfallkörpers. Interessant ist, daß über den Spitzenwiderstand innerhalb des inhomogenen Abfallkörpers für größere Strecken aushaltende Schichten mit höherem Verfestigungsgrad nachweisbar sind (eingetragene Grenzen in *Abb. 11.48*). Die Sondierung AS-55 durchörterte die Reste einer Betondecke (B) des in den Luftbildern erkennbaren Bauwerkes (*Abb. 10.4*). Dabei ist eine deutliche Spitzendruck-Erhöhung mit nachfolgender Entlastung aufgetreten. Durch eine gezielte Probenahme konnte ein Trümmerrest der Betondecke entnommen werden. In den unter dem Hohlraum anstehenden Muschelkalk konnten aber weder die Sondierung AS-55 noch die benachbarten Sondierungen AS-56 und AS-57 eindringen. Die Zuordnung des Materials im Liegenden erfolgte deshalb nach dem Ergebnis der benachbarten Kernbohrung E8 (*Abb. 11.47*).

Den unterschiedlichen Durchlässigkeiten der Abfallfraktionen entsprechend zeigen die Wassergehaltskurven ein differenziertes Tiefenprofil, das mit dem Dichteprofil in reziproker Weise korreliert. Bereiche mit erhöhtem Wassergehalt weisen meist geringe Dichten auf. Geringe Dichten (< 1 g/cm^3) sind charakteristisch für gering kompaktiertes Material.

Nach dem Ergebnis der Sondierungen AS-56 und AS-57 war zum Zeitpunkt des Abteufens eine freie Wasseroberfläche, wie sie auf den Luftbildern der Jahre 1945 und 1961 (*Abb. 10.4*) und den Fotos vom „Bergbad“ (*Abb 9.4*) zu sehen ist, nicht vorhanden. Das zu diesem Zeitpunkt überraschende Ergebnis steht jedoch im Einklang mit dem sichtbar trockenen Zustand der Baugrube in den Aufnahmen aus dem Jahre 1954 (*Abb. 9.5*). Auch die Ergebnisse der kontinuierlichen Wasserstandsmessungen (JÜRGES, 1994) zeigen, daß extreme Wasserspiegelschwankungen auch kurzzeitig auftreten (*Abb. 9.19*). Nach den Sondierungsergebnissen vom November 1992 herrschten im Liegenden des Abfallkörpers relativ trockene Verhältnisse. Der hier abgelagerte Hangschutt zeigte bei den mit der Filtersonde in situ durchgeführten Versickerungsmessungen primär eine gute Durchlässigkeit. Innerhalb weniger Stunden veränderten sich die hydraulischen Eigenschaften jedoch gravierend. Das im ungesättigten Zustand verhältnismäßig gut durchlässige Material mit k_f-Werten von ca. $5 \cdot 10^{-5}$ m/s zeigte bereits nach einer Stunde Versickerungsdauer Stauereigenschaften. Der nach 16 Stunden gemessene k_f-Wert war geringer als 10^{-7} m/s. Das würde bedeuten, daß dieses Material bei einer durch erneuten Wasseranstieg eintretenden Vollsättigung als Barriere gegen einen möglichen Schadstoffaustrag aus dem Abfallkörper in das unterlagernde Gebirge wirksam wird.

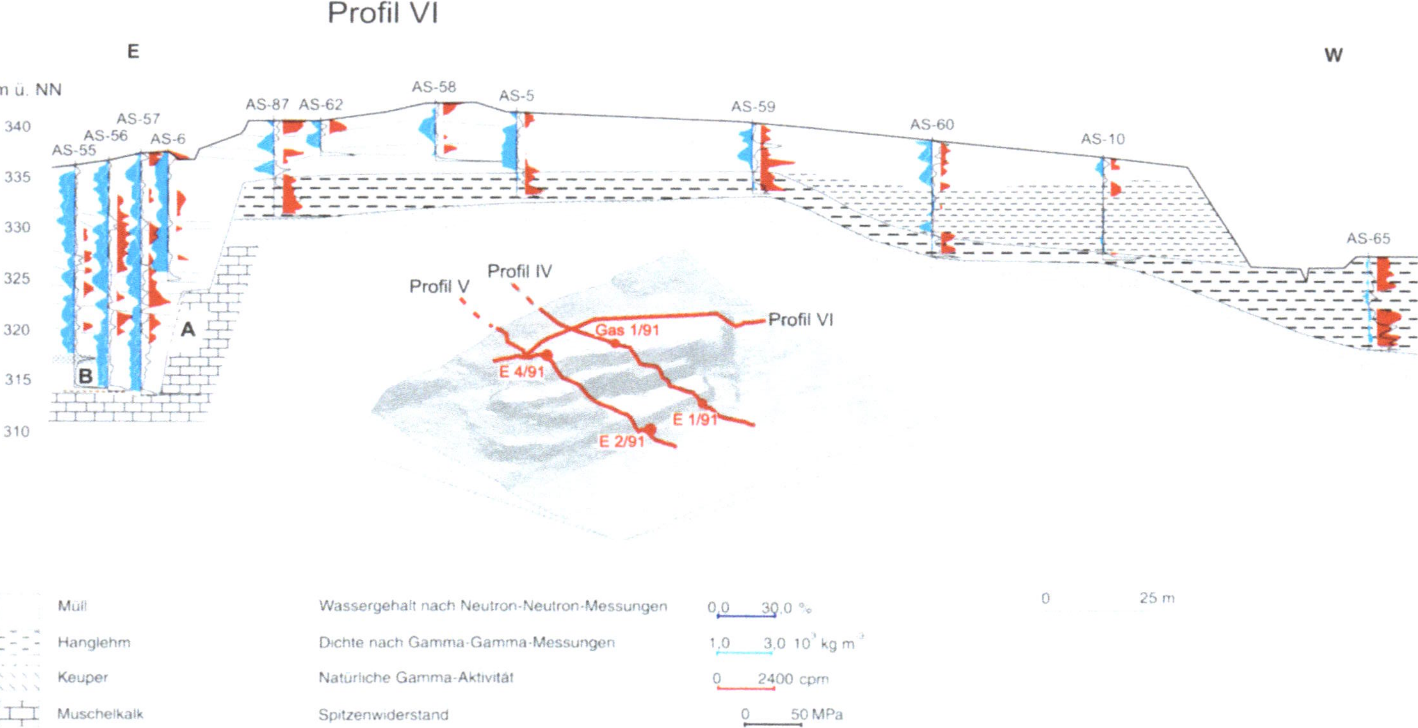

Abb. 11.48: Hochauflösende Erkundung des Abfallkörpers durch Penetrationssondierungen. Die Profile V und VI zeigen den Zustand des unter dem Abfall verborgenen Bauwerkes und die Geometrie der Baugrube. Mit A und C wurden die nach der Luftbildinterpretation als Stolleneingänge interpretierten Merkmale symbolisch eingetragen. B kennzeichnet die durchörterte Betondecke. Außerhalb der Baugrube sind Hinweise auf tektonische Störungen erhalten worden (Zonen 1 und 2). ELGI Budapest, 1994, im Auftrag der BGR

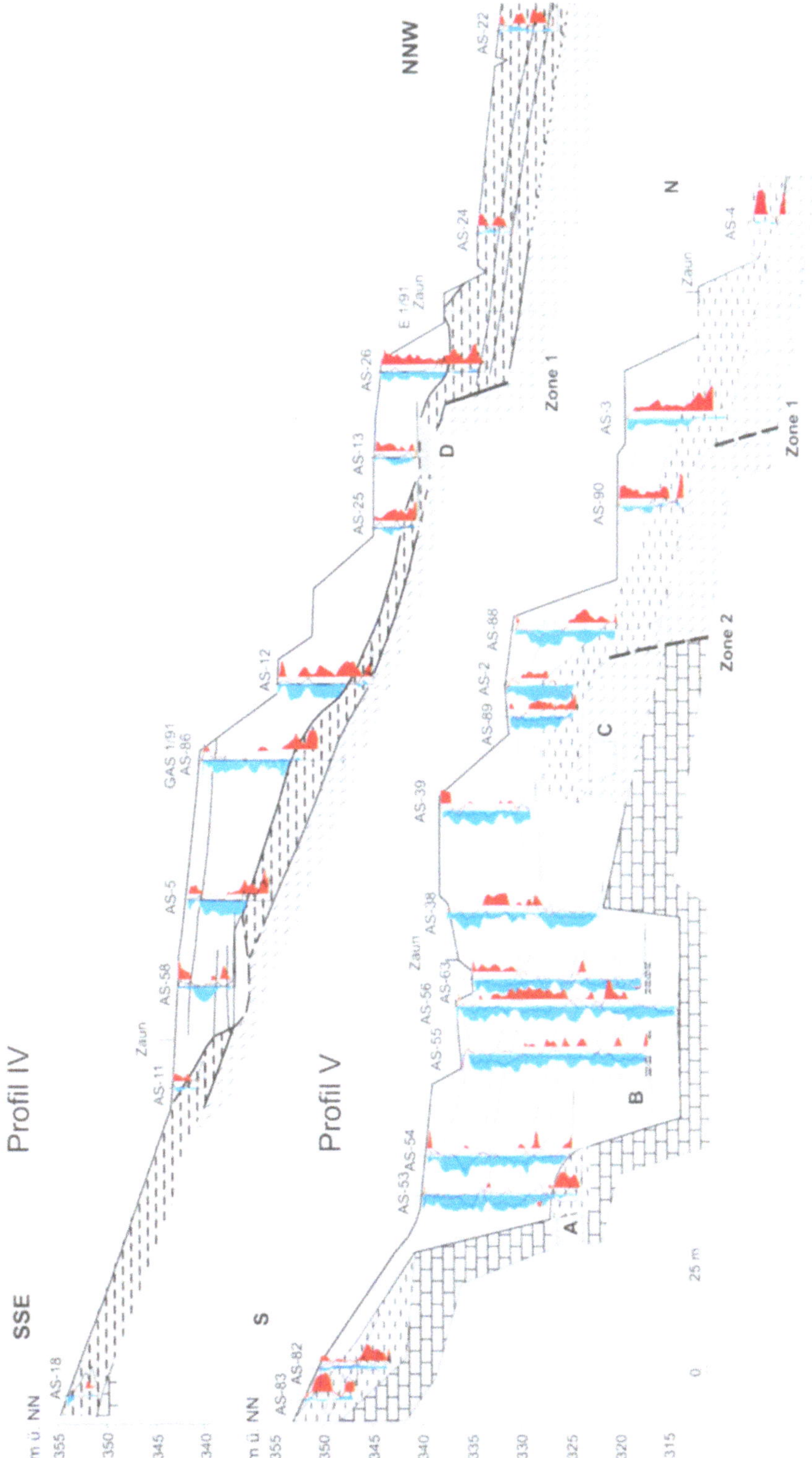
Profil IV
SSE
NNW
Profil V
S
N
m ü NN
Zone 1
Zone 2
Zaun
A
B
C
D
AS-18
AS-11
AS-58
AS-5
GAS 1/91
AS-86
AS-12
AS-25
AS-13
AS-26
E 1/91
AS-24
AS-22
AS-83
AS-82
AS-53
AS-54
AS-55
AS-56
AS-63
AS-38
AS-39
AS-89
AS-2
AS-88
AS-90
AS-3
AS-4
0
25 m

Verifizierung der Luftbildauswertung

Die Sondierungen AS-89 und AS-2 im Profil V wurden auf einen auffälligen Bereich an der westlichen Böschung der Baugrube angesetzt. Hier sind im Luftbild zwei kleine Gruben erkennbar, die als mögliche Stolleneingänge interpretiert wurden. Im Profil V ist dieser Bereich mit „C" gekennzeichnet. Die exakte vertikale Position war nach dem Luftbild nicht festzulegen. Durch beide Sondierungen konnten unter dem Abfallkörper etwa 2 m Quartär aufgeschlossen werden. Hinweise auf Grabungsspuren durch aufgelockerte Bereiche oder Hohlräume, welche die Hypothese der Luftbildinterpretation stützen, wurden aber nicht erhalten.

Die an der Südböschung der Baugrube vor dem mit „A" bezeichneten vermuteten Eingang geteuften Sondierungen AS-53 und AS-54 enden auf etwa gleichem Niveau im Oberen Muschelkalk. Die Verbindungslinie der Endteufen verläuft annähernd horizontal und bildet einen im Luftbild erkennbaren in der Baugrube umlaufenden Transportweg ab. Bei dem zwischen der Unterkante des Abfallkörpers und dem Muschelkalk aufgeschlossenen Lockermaterial handelt es sich um Hanglehme, die durch Rutschungen hierher geraten sein könnten. Direkte Hinweise auf einen Stolleneingang oder entsprechendes Material aus der Bautätigkeit wurden nicht erhalten. Auch im Profil IV verläuft die Verbindungslinie der von den Sondierungen AS-13 und AS-25 erreichten Endteufen etwa horizontal. Da die Trias-Oberfläche in den weiter südlich positionierten Sondierungen generell ein Nord-Einfallen von etwa 10 Grad zeigt, liegt hier ebenfalls eine Besonderheit vor. Die Erklärung liefert der Vergleich mit dem Luftbild von 1945, das an dieser Stelle eine Baracke zeigt (*Abb. 9.2b*). Die Sondierung AS-13 endet möglicherweise in den Resten des Fundamentes. Die gemessene geringe natürliche Gamma-Strahlung im Bereich der Endteufe ist ein Indiz für Betonreste (Bereich D).

Mit keiner der zielgerichtet auf Besonderheiten im Luftbild abgeteuften Sondierungen wurden Hinweise auf künstliche Hohlräume erhalten. Fast alle Sondierungen im Bereich der Baugrube enden auf dem Oberen Muschelkalk. Bei dem unmittelbar über diesem Festgesteinskomplex lagernden Lockermaterial geringer Mächtigkeit handelt es sich um quartären Hangschutt, der hier autochthon abgelagert wurde oder durch Umlagerung in diese Position gelangt ist.

Tektonik und Hydrogeologie

In dem durch die Eichenberg-Gotha-Saalfelder Störungszone geprägten Untersuchungsgebiet sind sichere Aussagen zur Schollengliederung und zum Baustil einzelner Störungen nur dann möglich, wenn auch eine der Kleinräumigkeit entsprechende hohe laterale und vertikale Informationsdichte realisiert wird. Die nach den Ergebnissen der Seismik ausgewiesenen lateralen Störungsabstände von etwa 20 m in stark gestörten Bereichen südlich der

Straße Arnstadt-Wachsenburg und bis zu 350 m im Bereich der Wachsenburgmulde (*Abb. 11.36 - 11.42*) erfordern eine hohe laterale Meßpunktdichte, die mit den Penetrationssondierungen aus Kapazitätsgründen nicht zu realisieren war. Dagegen ist das vertikale Auflösungsvermögen der Methode höher als das der anderen am Standort eingesetzten Verfahren.

Ungestörte Bereiche werden durch gleichförmige Abschnitte in den Sondierungskurven angezeigt. Sprunghafte Erhöhungen der Eindringtiefe bei Antreffen aufgelockerter oder verwitterter Sedimente und daraus resultierende deutliche Änderungen der Neigung der Liegendschicht sind Hinweise auf Bruchstörungen in den Trias-Schichten. Trotz der relativ geringen Aufschlußtiefen konnten an einigen Punkten, in guter Übereinstimmung mit den seismischen Profilen und der Luftbild-Interpretation, Störungsanzeichen nachgewiesen werden (s. Kap. 9 und 11.5). Auf dem westlich der Altablagerung verlaufenden Profil I (*Abb. 11.47*) wurden zwischen jeweils zwei benachbarten Sondierungen Unterschiede in der Quartärmächtigkeit bis zu 4 m auf einer Horizontalentfernung von 25 m nachgewiesen. Diese Mächtigkeitsunterschiede sind sichere Anzeichen für tektonische Störungen mit Versatz der liegenden Triasschichten. Die in einem lateralen Abstand von etwa 50 m auf dem südlichen Profilabschnitt nachgewiesenen Störungselemente wurden mit Zone 1 und Zone 2 bezeichnet. Dabei handelt es sich um Teilstörungen des südlichen Astes der Eichenberg-Gotha-Saalfelder Störungszone. Unterhalb der Altablagerung konnte auf den Profilen IV und V die Fortsetzung beider Störungen erfaßt werden (*Abb. 11.48*). Der auf dem Profil V zwischen AS-2 und AS-88 nachgewiesene deutliche Versatzbetrag von Zone 2 tritt in dem weiter westlich verlaufenden Profil IV (hier erwartet zwischen AS-12 und AS-25) allerdings nicht auf. Auf dem der Ortslage Arnstadt am nächsten liegenden Profil III wird zwischen den Sondierungspunkten AS-52 und AS-42 (*Abb. 11.47*) wiederum eine Störung erfaßt, die bezüglich ihrer Lage und Sprunghöhe als Fortsetzung der Zone 1 angesprochen werden kann. Die Sondierung AS-52 liegt auf dem gehobenen Flügel der Störung und erreichte den Keuper. Dagegen ist die auf dem abgesunkenen Flügel geteufte Sondierung AS-42 in pleistozänen Kiesen steckengeblieben.

Die in Bohrungen und Penetrationssondierungen durchgeführten Grundwasserspiegelmessungen zeigen eine Gliederung des Untersuchungsgebietes in zwei hydrogeologisch unterschiedliche Bereiche. Zwischen den im Einflußbereich einer tektonischen Störung am nördlichen Fuß des Abfallkörpers geteuften Bohrungen E1, E2, E3 und E9/E10 (*Abb. 9.10*) bestehen direkte hydraulische Verbindungen. Dagegen korrespondieren die Pegel im nördlichen Vorland der Altablagerung nach den Ergebnissen von Kurzzeit-Pumpversuchen weder untereinander noch mit den Pegeln auf dem Abfallkörper. Beim Abteufen der Bohrungen E5 bis E7 wurde der Wasseranschnitt erst in Tiefen zwischen 25 und 40 m unter GOK (In E7 und E5 267 m, in E6 253 m ü. NN) in der Residualbrekzie des Mittleren Keuper angetroffen. Nach dem Aufschluß stieg der Wasserspiegel durch Druckausgleich schnell an. In den drei Bohrungen stellte sich ein Ruhewasserspiegel bei 280,9 m ü. NN im Mittleren Keuper ein (WUNDERLICH, 1992c).

Für die Beschreibung des hydraulischen Regimes in der Keupermulde nördlich der Altablagerung liefern die hier geteuften Penetrationssondierungen wertvolle Informationen. Während die südlich der Linie E7 - E5/6 positionierten Sondierungen ein durchgehend trockenes Profil aufweisen, wurde für die nördlich dieser Linie in den quartären Terrassenschottern stehenden Sondierungen bei einer Stichtagsmessung ein Ruhewasserspiegel von 280,6 m NN ermittelt. Damit besitzen die Terrassenschotter das gleiche Druckpotential wie der durch die Bohrungen E5 bis E7 aufgeschlossene gespannte Aquifer im Unteren Keuper und könnten auch daraus gespeist werden. Als mögliche hydraulische Verbindungen kommen eine zwischen den Sondierungen AS-73 auf Profil I und AS-75/AS-76 auf Profil III verlaufende seismisch nachgewiesene Störungszone aber auch andere Kluft- und Zerrüttungszonen in dem durch ein kompliziertes Schollenmosaik geprägten Untergrund in Betracht. Die Resultate der in den Bohrungen durchgeführten Pumpversuche zeigen, daß es neben den größeren Kluft- und Auflockerungszonen eine Vielzahl weiterer, miteinander nicht direkt verbundener Grundwasser-Migrationsbahnen unterhalb der Druckspiegelhöhe gibt, auf denen das Wasser in geringen Mengen mehr oder weniger kontinuierlich fließt (WUNDERLICH, 1992c).

11.7 Literatur

BAUER, M. & SEITZ, R. (1992): Reflexionsseismische Messungen Deponie Eulenberg. Unveröff. Zwischenbericht, Geophysik GmbH (Leipzig), im Auftrag der Bundesanstalt für Geowissenschaften und Rohstoffe, Hannover.

BISHOP, T. N., BUBE, K. P., CUTLER, R. T., LANGAN, R. T., LOVE, P. L., RESNICK, J. R., SHUEY, R. T., SPINDLER, D. A. & WYLD, H. P. (1985): Tomographic Determination of Velocity and Depth in Laterally Varying Media. Geophysics, **50**, 902-923.

BÖHME, O. (1995): Hydrogeologische und hydrochemische Untersuchungen von Grundwässern. Deponie Eulenberg/Landkreis Arnstadt. GFE GmbH Halle, im Auftrag der Bundesanstalt für Geowissenschaften und Rohstoffe, Hannover.

BRÜCKL, E. (1987): The Interpretation of Traveltime Fields in Refraction Seismology. Geophysical Prospecting, **37**, 717-751.

BURGER, R. (1993): Untersuchung verschiedener refraktionsseismischer Inversionsverfahren im oberflächennahen Bereich anhand von Feldexperimentsimulationen und realen Daten. Diplomarbeit, Universität Karlsruhe.

CASTEN , U. (1994a): Modellierung des Untergrundes im Bereich der Deponie Eulenberg bei Arnstadt/Thüringen bezüglich seines strukturellen und lithologischen Aufbaus mit Hilfe vorliegender gravimetrischer Daten. Ruhr-Universität Bochum, Institut für Geophysik, im Auftrag der Bundesanstalt für Geowissenschaften und Rohstoffe, Hannover.

CASTEN, U. (1994b): Gravimetrische Modellierung des Untergrundes im Bereich der Deponie Eulenberg bei Arnstadt, Thüringen. Unveröff. Forschungsbericht. Institut für Geophysik, Ruhr-Universität-Bochum, im Auftrag der Bundesanstalt für Geowissenschaften und Rohstoffe, Hannover.

CASTEN, U. (1995): Mikrogravimetrische Messungen im Bereich der Deponie Eulenberg bei Arnstadt (Thüringen). Ruhr-Universität Bochum, Institut für Geophysik, im Auftrag der Bundesanstalt für Geowissenschaften und Rohstoffe, Hannover.

DRASKOVITS, P. & SIMON, A. (1992): Application of geoelectric methods using buried electrodes in exploration. Geophys. Prosp., **40**, 573-586.

EDELMANN, H. A. K. (1997): Seismische Aufnehmer und Aufnahmeapparaturen. In: Knödel, K., Krummel, H. & Lange, G. (Hrsg.): Handbuch zur Erkundung des Untergrundes von Deponien und Altlasten. Band **3**, Geophysik, 485-509, Springer Berlin.

FAHLBUSCH, K. (1955): Die Saalfeld-Gotha-Eichenberg-Störungszone im Raum Arnstadt. Abh. Dt. Akad. Wiss. Berlin, Kl Math., allg. Naturwiss., 1953, Berlin.

FERTIG, J. (1997): Seismik, Grundlagen. In: KNÖDEL, K., KRUMMEL, H., LANGE, G. (Hrsg.): Handbuch zur Erkundung des Untergrundes von Deponien und Altlasten. Band **3**, Geophysik, 405-446, Springer Berlin.

FOX, R. C., HOHMANN, G. W., KILLPACK, T. J. & RIJO, L. (1980): Topographic effects in resistivity and induced-polarization surveys. Geophysics, **45**, 75-93.

GAERTNER, H. (1997): 2-D-Reflexionsseismik. In: KNÖDEL, K., KRUMMEL, H., LANGE, G. (Hrsg.): Handbuch zur Erkundung des Untergrundes von Deponien und Altlasten. Band **3**, Geophysik, 600-630, Springer Berlin.

GEBRANDE, H. & MILLER, H. (1985): Refraktionsseismik. In: BENDER, F. (Hrsg.): Angewandte Geowissenschaften, 226-260, Enke, Stuttgart.

GGU, GESELLSCHAFT FÜR GEOPHYSIKALISCHE UNTERSUCHUNGEN MBH (1994): Die Refraktionsseismik. Firmenprospekt, Karlsruhe.

HAHN, A., PETERSEN, N. & SOFFEL, H. (1985): Geomagnetik. In: BENDER, F. (Hrsg.): Angewandte Geowissenschaften **II** : Methoden der Angewandten Geophysik und mathematische Verfahren in den Geowissenschaften. 57-155, Enke, Stuttgart.

HERBST, R., KAPP, I. & LÜCK, E. (1992): Interpretation flachseismischer Daten von der Altdeponie Arnstadt-Eulenberg. In: Projektleitung „Deponieuntergrund“ (Hrsg.): Berichtsband zum 2. Statusseminar. 25.-27.11.1992, 613-628, Hannover.

HUBRAL, P., SANDMEIER, K. J. & LIEBHARDT, G. (1993): Entwicklung eines Aufzeichnungs- und Interpretationspaketes auf Kleinrechnerbasis für kleinräumige refraktionsseismische Untersuchungen. In: Berichtsband zum 3. Statusseminar des Verbundvorhabens „Methoden zur Erkundung und Beschreibung des Untergrundes von Deponien und Altlasten“. Projektleitung „Deponieuntergrund“ (Hrsg.), 290-309, Bundesanstalt für Geowissenschaften und Rohstoffe, Hannover.

JÜRGES, H.-W. (1994): Wasserstandsmessungen Deponie Eulenberg, Arnstadt. Unveröffent. Gesamtbericht, Geo-Infometric, Gesellschaft für Umwelt- und Geo-Servive GmbH (Hildesheim), im Auftrag der Bundesanstalt für Geowissenschaften und Rohstoffe, Hannover.

KISS, J., REZESSY, G. & VÉRTESY, L. (1993): Ergebnisse der strukturgeophysikalischen Messungen am Teststandort Eulenberg bei Arnstadt/Thüringen. Elektromagnetische Sondierungen und Kartierung mit dem MAXIPROBE EMR-16. ELGI, Budapest, im Auftrag der Bundesanstalt für Geowissenschaften und Rohstoffe, Hannover.

KNÖDEL, K., KRUMMEL, H & LANGE, G. (1997): Handbuch zur Erkundung des Untergrundes von Deponien und Altlasten. Band 3, Geophysik, Springer Berlin.

KNÖDEL, K., KRUMMEL, H., MATTIAT, B., WEHNER, H., KREYSING, K & DUMKE, I. (1993): Forschungsverbundvorhaben „Methoden zur Erkundung und Beschreibung des Untergrundes von Deponien und Altlasten“. Geol. Jb., **A 142**, 321-333, Hannover.

KOPF, M. (1963): Dichtebestimmung an Gesteinen des Osterzgebirges. Freiberger Forschungshefte, **C114**, Freiberg.

KRAJEWSKI, C., DRESEN, L., GELBKE, C. & RÜTER, H. (1989): Iterative Tomographic Methods to Locate Seismic Low-Velocity Anomalies: a Model Study. Geophysical Prospecting, **37**, 717-751.

KRUMMEL, H. (1997): Seismische Quellen. In: Knödel, K., Krummel, H. & Lange, G. (Hrsg.): Handbuch zur Erkundung des Untergrundes von Deponien und Altlasten, Band 3, Geophysik, 447-509, Springer Berlin.

KÜHN, F., KNÖDEL, K., KRUMMEL, H. & LANGE, G. (1994): Kombinierte Nutzung von Luftbildern und geophysikalischen Methoden bei der Untersuchung eines Deponiestandortes. Zeitschrift für Angewandte Geologie, **40**, 61-68.

LIEBHARDT, G. & K. J. SANDMEIER (1992): Refraktionsseismische Feldexperimentsimulationen - Beispiele und Einsatzmöglichkeiten. AbfallwirtschaftsJournal 4/1992, Nr. 2.

LINDNER, H. (1992): Zur Problematik der Dichtebestimmung von Deponiekörpern mit geophysikalischen Verfahren. Geophysikalische Untersuchungen von Deponien und Altlasten, H. 2, Institut für Geophysik, TU Bergakademie Freiberg, 16-21.

LINDNER, H., MAURITSCH, H., MILITZER, H., RÖSLER, R., SCHEIBE, R., SEIBERL, W., WALACH, G. & WEBER, F. (1984): In MILITZER, H. & WEBER, F. (Hrsg.): Angewandte Geophysik, **1**: Gravimetrie und Magnetik, Springer Wien und Akademie-Verlag Berlin.

LINDNER, H. & SCHEIBE, R. (1978): Die Berechnung von δg- und δT- Anomalien für regelmäßige homogene Störkörper. Gerlands Beiträge zur Geophysik, Leipzig, **87**, 29-45.

MCNEILL, J. D. (1980): Electromagnetic terrain conductivity measurements at low induction numbers. Geonics Technical Note TN-6.

MEYER, W. (1992): Ergebnisbericht über reflexionsseimische Messungen, Eulenberg/ Arnstadt. Geophysik GGD, im Auftrag der Bundesanstalt für Geowissenschaften und Rohstoffe, Hannover.

MEYER, W. (1993a): Ergebnisbericht Reflexionsseismische Messungen Eulenberg/Arnstadt. Geophysik GmbH (Leipzig), im Auftrag der Bundesanstalt für Geowissenschaften und Rohstoffe, Hannover.

MEYER, W. (1993b): Abschlußbericht Reflexionsseismik Eulenberg/Arnstadt. Geophysik GmbH (Leipzig), im Auftrag der Bundesanstalt für Geowissenschaften und Rohstoffe, Hannover.

MILITZER, H. & SCHEIBE, R. (1981): Grundlagen der angewandten Geomagnetik. Freiberger Forschungsheft **C 352,** Dt. Verlag für Grundstoffindustrie, Leipzig.

MILITZER, H. & WEBER, F. (1985): Angewandte Geophysik, **2**, Geoelektrik-Geothermik-Radiometrie-Aerogeophysik. Springer Berlin, Akademie Berlin.

MUNDRY, E. (1985): Gleichstromverfahren. In: BENDER, F. (Hrsg.): Angewandte Geowissenschaften Band II: Methoden der Angewandten Geophysik und mathematische Verfahren in den Geowissenschaften. 299-338, Enke, Stuttgart,.

NOLET, G. (Ed.) (1987): Seismic Tomography: With applications in global seismology and exploration geophysics. Dordrecht.

PALMER, D. (1981): An introduction to the Generalized Reciprocal Method of seismic refraction interpretation. Geophysics, **46**, 1508-1518.

PALMER, D. (1988): Refraction Seismics. Handbook of Geophysical Exploration: Seismic Exploration, Vol. **13**, Geophysical Press, London/Amsterdam.

PASASA, L. & WENZEL, F. (1996): Application of shallow seismic to waste disposal sites. Presented at 56th DGG-meeting in Freiberg, 18-23 March 1996.

ROCKWELL, D. W. (1967): A General Wavefront Method. In A.W. MUSGRAVE: Seismic refraction profiling. Soc. Explor. Geophys., 363-415.

RÜTER, H. & GELBKE, C. (1986): Seismische Tomographie. In: Seismik auf neuen Wegen, 6. Mintrop-Seminar, W. BUDACH, L. DRESEN, J. FERTIG & H. RÜTER (Hrsg.), 207-242, Unikontakt, Ruhr-Universität Bochum.

SANDMEIER, K.-J., HUBRAL, P. & LIEBHARDT, G. (1992): Entwicklung eines Aufzeichnungs- und Interpretationspaketes auf Kleinrechnerbasis für kleinräumige refraktionsseismische Untersuchungen. In: Berichtsband zum 2. Statusseminar des Verbundvorhabens „Methoden zur Erkundung und Beschreibung des Untergrundes von Deponien und Altlasten“, Projektleitung „Deponieuntergrund“ (eds), 183-201, Bundesanstalt für Geowissenschaften und Rohstoffe, Hannover.

SANDMEIER, K.-J. & LIEBHARDT, G. (1997): Refraktionsseismik. In: KNÖDEL, K., KRUMMEL, H. & LANGE, G. (Hrsg.): Handbuch zur Erkundung des Untergrundes von Deponien und Altlasten. Band **3** Geophysik, 510-599, Springer Berlin.

SCHMIDT, J. (1993): Ergebnisbericht über die geologische Aufnahme im Bereich der südwestlichen Störungsschar der Eichenberg-Gotha-Saalfelder Störungszone im Raum Holzhausen/Arnstadt. Geologisches Institut der TU Bergakademie, Freiberg, im Auftrag der Bundesanstalt für Geowissenschaften und Rohstoffe, Hannover.

SCHMID, E. E. & ZIMMERMANN, E. (1924): Erläuterungen zur Geologischen Karte von Preußen und benachbarten Bundesstaaten. Blatt Arnstadt, Preuß. Geol. Landesanstalt, Berlin.

SCHÖN, J. (1983): Petrophysik - Physikalische Eigenschaften von Gesteinen und Mineralen. Enke, Stuttgart.

SCHULZE, B., SEIDEL, K. & SEIDEMANN, O. (1992): Ergebnisbericht über magnetische, gravimetrische, geoelektrische und refraktionsseismische Messungen am Teststandort Eulenberg. Bericht Geophysik GGD, Leipzig, im Auftrag der Bundesanstalt für Geowissenschaften und Rohstoffe, Hannover.

SEIDEL, K. (1994): Ergebnisbericht (Nachtrag) Deponie Eulenberg-Methode „Mise-à-la-Masse“. Geophysik GGD, Leipzig, im Auftrag der Bundesanstalt für Geowissenschaften und Rohstoffe, Hannover.

SEITZ, R. & BAUER, M. (1992): Reflexionsseismische Messungen Deponie Eulenberg. Technischer Bericht, unveröffentl. Zwischenbericht, Geophysik GmbH (Leipzig), im Auftrag der Bundesanstalt für Geowissenschaften und Rohstoffe, Hannover.

STEWART, R. R. (1991): Exploration seismic tomography: Fundamentals, Course Notes Series, 3, S.N. Domenico (Series Ed.), Society of Exploration Geophysicists, Tulsa.

STICKEL J. (1994): Ergebnisse der strukturgeologischen Messungen am Teststandort Eulenberg bei Arnstadt/Thüringen. ELGI Budapest, im Auftrag der Bundesanstalt für Geowissenschaften und Rohstoffe, Hannover.

TELFORD, W. M., GELDART, L. P. & SHERIFF, R. E.(1990): Applied Geophysics. Cambridge University Press, Cambridge, New York, Port Chester, Melbourne, Sydney.

UTECHT, T. (1997): Refraktionstomographie. In: KNÖDEL, K., KRUMMEL, H. & LANGE, G. (Hrsg.): Handbuch zur Erkundung des Untergrundes von Deponien und Altlasten, Band 3 Geophysik, 510-599, Springer Berlin.

UTECHT, T. & SCHADE, J. (1993): Deponie Eulenberg, Refraktionstomographie. Unveröff. Arbeitsbericht, THOR Geophysikalische Prospektion GmbH (Kiel), im Auftrag der Bundesanstalt für Geowissenschaften und Rohstoffe, Hannover.

UTECHT, T., SCHULZ-RINCKE, V., KRUMMEL, H. & LANGE, G. (1996): Auf einen Streich: Refraktions- und Reflexionsseismik. TerraTech, **5**, 27-31.

VOGELSANG, D. (1993): Geophysik an Altlasten, Leitfaden für Ingenieure, Naturwissenschaftler und Juristen. 2. erw. Auflage, Springer Berlin.

WUNDERLICH, J. (1991): Vorstudie zum Forschungsverbundvorhaben Deponieuntergrund; Untersuchungsobjekt: Deponie am Eulenberg westlich Arnstadt/Thüringen. GEOS-Ingenieurbüro GmbH (Jena), im Auftrag der Bundesanstalt für Geowissenschaften und Rohstoffe, Hannover.

WUNDERLICH, J. (1992a): Ergebnisbericht über die Resultate der Schürfe an der ehemaligen Deponie Eulenberg im Landkreis Arnstadt. GEOS-Ingenieurbüro GmbH (Jena), im Auftrag der Bundesanstalt für Geowissenschaften und Rohstoffe, Hannover.

WUNDERLICH, J. (1992b): Kontrollpegelbohrungen und Erkundungsarbeiten am Deponiekörper Deponie Eulenberg/Landkreis Arnstadt, unveröff. Ergebnisbericht, GEOS-Ingenieurbüro GmbH (Jena), im Auftrag der Bundesanstalt für Geowissenschaften und Rohstoffe, Hannover.

WUNDERLICH, J. (1992c): Ergebnisbericht Kontrollpegelbohrungen im nördlichen Vorland der Deponie Eulenberg/Landkreis Arnstadt (Altlastenerkundung Deponie Eulenberg, 3. Etappe). GEOS Ingenieurbüro GmbH Jena, im Auftrag der Kreisverwaltungsbehörde Arnstadt.

YILMAZ, Ö. (1987): Seismic Data Processing. Investigations in Geophysics No. 2. Society of Exploration Geophysicists, Tulsa/Oklahoma.

12 Milieusondenmessungen und hydrogeochemische Untersuchungen

OLAF BÖHME, KLAUS KNÖDEL & GERHARD LANGE

In der Vorstudie aus dem Jahr 1990 zum Chemismus des Grundwassers im Umfeld der Altablagerung Eulenberg stand die Frage nach dem Ausmaß der von den abgelagerten Abfällen ausgehenden Kontamination und der Ausdehnung einer möglichen Schadstoff-Fahne im Vordergrund. Es wurde dabei angenommen, daß austretende Schadstoffe mit einem dem Oberflächenrelief entsprechenden nach NE gerichteten Grundwasserstrom wandern (WUNDERLICH, 1991). Zunächst wurden deshalb Proben vorhandener, teilweise genutzter Wasseraustritte und Brunnen untersucht. Bei der knapp 1 km nordöstlich der Altablagerung gelegenen „Riesenlöffelquelle", einer aus dem nordwestlichen Vorland gespeisten Störungsquelle, fielen deutlich erhöhte AOX- und Kohlenwasserstoffwerte auf. Eine mögliche Verunreinigung durch Sickerwässer aus dem Abfallkörper war nicht auszuschließen. Auch im Brunnen B 11 der unmittelbar östlich an die Altablagerung angrenzenden Kleingartenanlage „Sonnenblick" traten erhöhte Gehalte an Kupfer, Zink und Eisen auf, die auf den Einfluß der Altablagerung zurückgeführt wurden.

Weitere Untersuchungen im Jahr 1991 erfaßten nochmals die Probenahmepunkte des Vorjahres sowie die zwischenzeitlich eingerichteten Pegel E1, E2 und E3 am Nordrand der Altablagerung sowie E4 auf dem Abfallkörper. Nach den Analysen ist das in E4 angetroffene Grundwasser schadstoffbelastet. Dies gilt insbesondere für Schwermetalle, aber auch die Phenol- und Cyanidkonzentrationen sind leicht erhöht. Ferner liegen sehr hohe Chlorid- und Sulfatkonzentrationen vor.

Das Grundwasser in den Meßstellen am Nordrand des Abfallkörpers (E1, E2 und E3) ist ebenfalls deutlich belastet, die Schadstoffkonzentrationen sind hier jedoch geringer. Grenz- bzw. Sanierungsrichtwerte werden bei Magnesium, Eisen, Mangan und Nitrit überschritten. Daneben sind geringfügig bis deutlich erhöhte Werte bei Blei, Zink und Cadmium sowie bei Phosphaten, Kohlenwasserstoffen, organischen Halogenverbindungen (AOX) und polyzyklischen Aromaten (PAK) festzustellen.

Bezüglich seines Chemismus weist das durch die Grundwassermeßstellen und Brunnen erschlossene Grundwasser im Untersuchungsgebiet ein stark differenziertes Tiefenprofil mit vielfachen Sprüngen und Peaks auf. Für die detaillierte Erfassung des Grundwasserchemismus derartiger für Karstgebiete typischer Verhältnisse ist die üblicherweise durchgeführte Pumpbeprobung, die zu starker Vermischung führt, nicht geeignet. Ausgehend davon wurde eine hydrogeologisch-hydrochemische Studie zu folgenden Aspekten durchgeführt:

- Erprobung der Meßtechnik und einer Methodik zur tiefenorientierten Wasserprobenahme,
- Aussagen über die von der Altablagerung ausgehenden Schadstoffe.

12.1 Methodik

Die Gewinnung repräsentativer tiefenorientierter Grundwasserproben ist ein Problem, das für Wasserversorgungsunternehmen und für die landesweite Grundwasserüberwachung, aber insbesondere für schadensfallbezogene Erkundungs- und Kontrollmaßnahmen von großer Bedeutung ist. Sowohl flächenhafte als auch kleinräumige Stoffeinträge führen zu vertikalen Konzentrationsprofilen im Grundwasserleiter. Für die Wasserbeschaffenheitsüberwachung ist deshalb die Kenntnis der vertikalen Konzentrationsverteilung von ausschlaggebender Bedeutung (DVWK, 1997).

Eine Methode zur tiefenorientierten Erkundung der Beschaffenheit von Grund- und Oberflächenwässern ist die In-situ-Messung der Milieuparameter elektrische Leitfähigkeit, Temperatur, pH-Wert, Redoxpotential und Sauerstoffgehalt mit einer Milieusonde. So erlaubt die elektrische Leitfähigkeit eine schnelle Abschätzung der chemischen Beschaffenheit der Wässer. Die Temperatur gibt Hinweise auf exotherme Reaktionen und ist ein Indikator für Fließbewegungen. Das Lösungsverhalten und die Geschwindigkeit stofflicher und biologischer Reaktionen sind temperaturabhängig. Der pH-Wert zeigt an, ob eine wäßrige Lösung sauer, neutral oder basisch reagiert. Er beeinflußt die Löslichkeit zahlreicher Stoffe und damit deren Mobilität. Vertiefende Aussagen zur Technologie der Milieusondenmessungen und zu den Eigenschaften der Milieuparameter finden sich im Band 3 des Handbuchs sowie bei HÖLTING (1989), MATTHESS (1990), VOIGT (1990) und JORDAN & WEDER (1995).

Die aufgenommenen Parameterprofile können Hinweise auf Zuflüsse von Wässern und die Höhe ihrer Mineralisation bzw. die Belastung im verfilterten Bereich einer Grundwassermeßstelle geben. Auffällige Profilbereiche sind Ansatzpunkte zur gezielten Probenahme für die nachfolgende chemische Analytik. Am Standort Eulenberg kam ein sehr genau positionierbares Probeentnahmegerät zum Einsatz (BÖHME, 1995). Die wiederholte Profilvermessung und Schichtbeprobung ermöglicht eine räumlich-zeitliche Erfassung der Schadstoffverteilung und die Ermittlung von Maximalkonzentrationen, die in Kluftwasserleitern in eng begrenzten Bereichen auftreten können und deshalb bei der Pumpbeprobung durch Verdünnung nicht erkannt würden.

In 4 Meßkampagnen von März 1993 bis November 1994 wurden die Milieuparameter Temperatur, Leitfähigkeit und pH-Wert in situ als Funktion der Tiefe ermittelt. In das Monitoring wurden die zu Grundwassermeßstellen für die Langzeitbeobachtung ausgebauten Bohrungen E1 bis E11 im unmittelbaren Umfeld sowie auf der Altablagerung und die 1985 geteuften Notwasserbrunnen N4 bis N9 im Stadtgebiet von Arnstadt einbezogen (s. *Abb. 12.1*, *Abb. 9.10* und *9.18*). Da die Brunnen des Notwassersystems mit Stahlrohren ohne Tonsperren zwischen den Filterstrecken ausgebaut sind, eignen sie sich nur bedingt als Grundwasserbeobachtungsstellen.

Nach Kalibrierung der Milieusonde und Messung der Wasserspiegelhöhe in den Einzelmeßstellen wurden die o. g. Parameter mit einem vertikalen Abstand von 25 cm ermittelt. Damit war bei vertretbarem Aufwand eine ausreichende vertikale Auflösung gesichert. Der erste Meßpunkt lag jeweils direkt unter dem Wasseranschnitt und der letzte im Bereich der Bohrlochsohle. Vor Beginn der Messungen erfolgte die Bestimmung der Lage des Grundwasserspiegels mit einem Lichtlot. Der Wasserspiegel wurde anschließend mit der Milieusonde anhand des Leitfähigkeitssprunges an der Grenze Luft/Wasser angefahren. Die vor den Profilmessungen und den Einzelbeprobungen gemessenen Wasserspiegelstände konnten für die Konstruktion von Grundwassergleichenplänen herangezogen werden (s. *Abb. 9.18*).

Um unverfälschte Temperaturwerte zu erfassen, ist zu Beginn und während des gesamten Meßprogramms eine Angleichung der Sondentemperatur an die Temperatur des Wassers erforderlich. In Abhängigkeit vom Temperaturgradienten in der Bohrung sollte deshalb in jeder angefahrenen Tiefe eine Verweildauer der Sonde von mindestens 10 s vor dem Meßvorgang eingehalten werden. Durch vorsichtiges Absenken der Sonde sind Verwirbelungen des Wassers zu verhindern. Die Meßwerte der Milieuparameter werden mit einem Datenlogger aufgezeichnet. Zur Vermeidung von Verschleppungseffekten müssen der Sondenkörper, die Sensoren und das Kabel nach jeder Profilvermessung gereinigt werden. In anomalen Bereichen der Milieuparameter wurden teufenorientiert Wasserproben entnommen.

Zusätzlich zur profilhaften Milieuparametermessung wurden im Zeitraum vom April bis November 1994 in den Bohrungen E1, E2, E4, E5, E7, E8 und E11 in festen Tiefen mit eingebauten Rohrdatenloggern die Parameter Druck (entsprechend der Wasserspiegelhöhe) und Temperatur sowie in E3 zusätzlich die Leitfähigkeit registriert (JÜRGES, 1994). Die Ergebnisse der Wasserspiegelmessungen sind in Kap. 9.7.4 dargestellt und werden dort diskutiert. Die dabei gleichzeitig gemessenen Wassertemperaturen lassen im Umfeld der Altablagerung keine signifikanten Anomalien erkennen. Nur in den Meßstellen auf dem Abfallkörper ergeben sich nach Niederschlägen spontane Temperaturabsenkungen.

Abbildung 12.2 (oben) zeigt die Leitfähigkeitsprofile der Pegel am Nordrand der Altablagerung. Bei ausreichend dichtem Meßpunktabstand wie in diesem Bereich lassen sich die Profile miteinander korrelieren. Lokale Variationen in den Leitfähigkeitskurven werden als Schichtzuflüsse interpretiert. Die nach größeren Tiefen hin zu beobachtende Abnahme der Leitfähigkeit weist auf den Zustrom unbeeinflußten Wassers hin. Dieses Beispiel verdeutlicht eine in der Leitfähigkeit zum Ausdruck kommende erheblich variierende Mineralisation des Grundwassers. Es ist eine deutliche Zunahme von E 1 nach E 9, d. h. in Richtung ESE zu erkennen (*Abb. 12.2* unten). Dieses Verhalten deutet auf einen in dieser Richtung verlaufenden Zustrom schadstoffbelasteter Sickerwässer aus dem Abfallkörper.

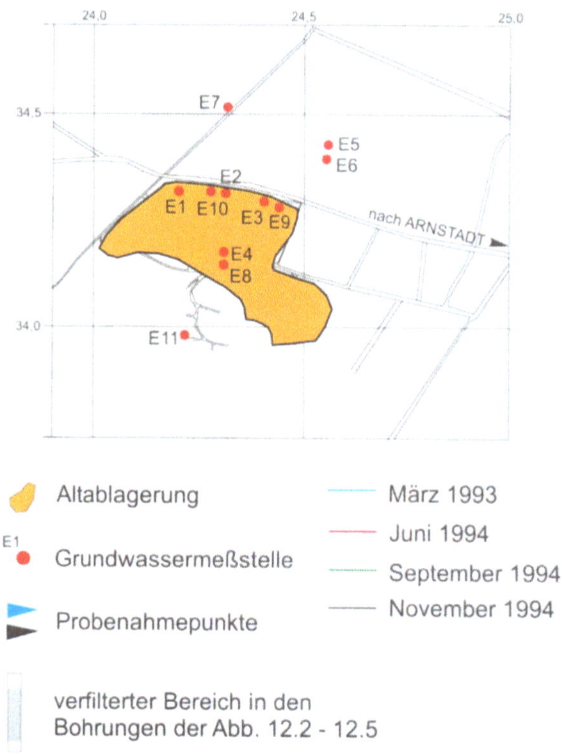

Abb. 12.1: Lage der untersuchten Grundwassermeßstellen. Die Zeitpunkte der Milieusondenmessungen und der teufenorientierten Probenahme sind in den folgenden Abb. 12.2 - 12.5 durch die hier angegebenen Farben gekennzeichnet

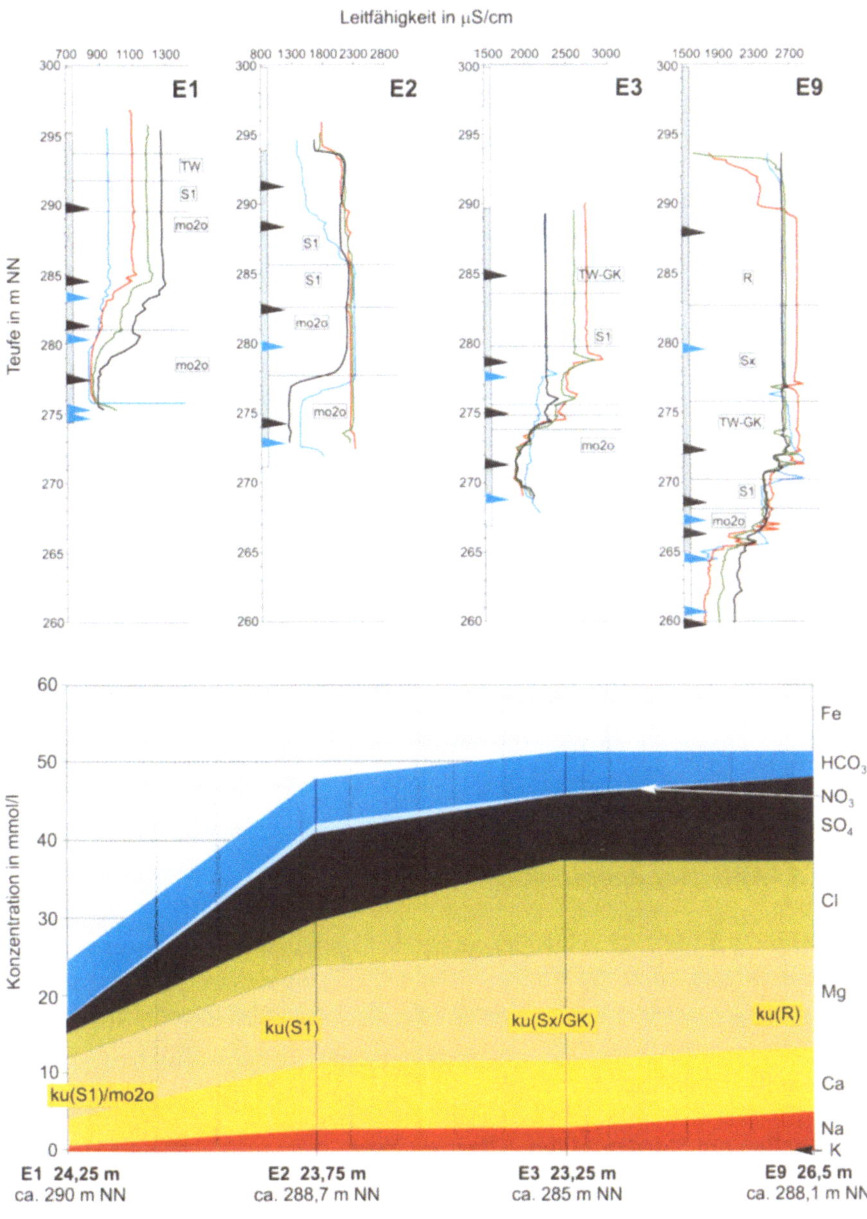

Abb. 12.2: Leitfähigkeitsprofile der Bohrungen am Nordrand der Altablagerung - Versuch einer Korrelation. Die gemessenen Leitfähigkeiten belegen räumlich-zeitliche Unterschiede in der Mineralisation. Die Leitfähigkeitsabnahme nach der Tiefe weist auf den Zustrom unbeeinflußten Grundwassers hin. *Oben:* Leitfähigkeitsprofile der Bohrungen E1, E2, E3 und E9. *Unten:* Korrelation der Hauptinhaltsstoffe über diese Meßstellen. GFE Halle, 1995, im Auftrag der BGR

Abschnittsweise schwanken die Werte sehr stark mit einzelnen ausgeprägten Maxima, die auf horizontale Zuflüsse höher mineralisierter Wässer zurückzuführen sind. Das gilt in gleicher Weise für Temperatur und pH-Wert. Diesen hydrodynamisch aktiven Zonen stehen Abschnitte mit über viele Meter konstanten Werten gegenüber. Hier können vertikale Wasseraustauschprozesse über Klüfte oder durch die Bohrung geschaffene hydraulische Verbindungen zu einer Homogenisierung des Grundwasserchemismus führen. Die einzelnen Profilabschnitte lassen sich weitgehend den Einheiten des lithologischen Schichtenprofils zuordnen.

Die an markanten Punkten der Milieuparameterprofile gezielt entnommenen und analysierten Wasserproben bestätigen die anomalen Milieuparameter durch erhöhte Chlorid- und Sulfatkonzentrationen (Sulfat bis > 500 mg/l), Bor- und Bromidgehalte um 1 mg/l und AOX-Werte bis 50 µg/l sowie einem stark zugunsten von Magnesium verschobenen Calcium /Magnesium-Verhältnis. Zur Bohrlochsohle hin macht sich der Zustrom unbeeinflußter Tiefenwässer durch steigende Hydrogencarbonat- Konzentrationen bemerkbar. Auffallend ist, daß die im Abstand mehrerer Monate aufgenommenen Profile bei unveränderter Charakteristik vielfach parallel zur Abszisse verschoben sind. Diese Verschiebungen stehen in Zusammenhang mit den kontinuierlich registrierten Wasserspiegelschwankungen und weisen auf veränderte Zuflußverhältnisse bzw. Verdünnungseffekte hin. (s. Kap. 9.7.4)

12.2 Ergebnisse

12.2.1 Milieusondenmessungen

Die *Abb. 12.3* bis *12.5* zeigen ausgewählte Ergebnisse der Profilvermessung. Dargestellt sind darin die Tiefenprofile der Einzelparameter sowie Angaben zur stratigraphischen Einheit (Kap. 9.7.1), die Lage des Filterabschnittes und die gewählten Probenahmepunkte. Im folgenden werden einige Ergebnisse vorgestellt und diskutiert.

Meßstellen am Nordrand der Altablagerung

Bohrung E1

Der pH-Wert weist über das Gesamtprofil relativ konstante Werte zwischen 6,9 und 7,2 auf. Die Differenzierung dieser Kurven für die unterschiedlichen Zeitpunkte korreliert in umgekehrter Weise mit den entsprechenden Leitfähigkeitsprofilen. Die Temperaturkurve zeigt ab einer Tiefe von ca. 5 m u. GOK über alle Meßzeitpunkte einen konstanten Verlauf bei 9,3° C[1].

Die deutlichsten Indikationen zeigen mit einer auffallend guten Reproduzierbarkeit die Leitfähigkeitskurven. Auffallend ist die Tendenz der Leitfähigkeitserhöhung von März 1993 bis zum Ende des Monitorings im November 1994. Dies könnte auf eine mit fallenden Wasserspiegelhöhen einhergehende geringere Verdünnung der aus dem Abfallkörper austretenden schadstoffbefrachteten Wässer hinweisen. Mit Erreichen des unteren Drittels der Grenzschichten im Oberen Muschelkalk (mo2o) wird ein deutlicher Leitfähigkeitsabfall sichtbar, der einen hydrodynamisch besonders aktiven Bereich im Oberen Muschelkalk anzeigt. Eine leichte Leitfähigkeitszunahme tritt dann kurz vor der Endteufe ein (*Abb. 12.2* und *12.3*).

Bohrung E3

Die Filterstrecke verläuft in den Schichten des Unteren Keuper (ab Rotmergelzone) bis zu den Grenzschichten des Oberen Muschelkalks (mo2o). Den ausgeprägtesten Kurvenverlauf zeigt wiederum die Leitfähigkeit. Bis zu einer Tiefe von 279 m NN konnten während der einzelnen Meßkampagnen nahezu konstante Werte registriert werden, die sich im absoluten Niveau (zwischen 2300 und 2700 µS cm^{-1}) unterscheiden. Erst ab Oberkante Grenzschichten tritt eine vergleichsweise geringe Differenzierung auf (*Abb. 12.2*). Die mit einem Rohrdatenlogger erfaßten Parameter Druck, Temperatur und Leitfähigkeit zeigen, daß die Leitfähigkeitskurve parallel zur Wasserspiegelkurve verläuft (JÜRGES, 1994). Nach starken Regenfällen steigt die Leitfähigkeit mit dem Wasserstand im Bohrloch an und sinkt gleichermaßen in niederschlagsärmeren Perioden ab (s. auch Kap. 9.7.4).

[1] Das langjährige Mittel der Bodentemperatur an der Wetterstation Erfurt beträgt ca. 9,0 °C.

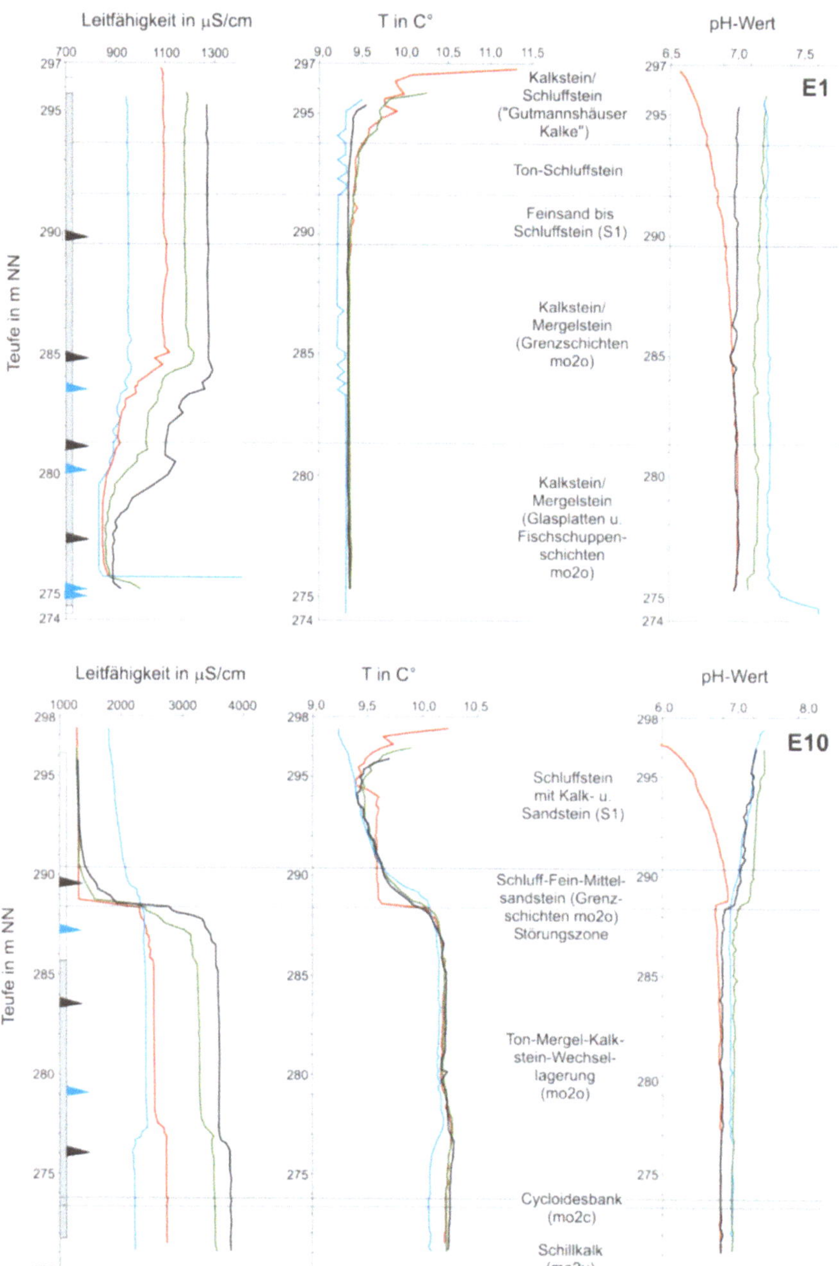

Abb. 12.3: Milieusondenprofile der Grundwassermeßstellen E1 und E10 am Nordrand der Altablagerung. BGR und GFE Halle im Auftrag der BGR.

Bohrung E9

Diese Meßstelle wurde als Schrägbohrung für den Aufschluß der durch die Seismik und einen Baggerschurf nachgewiesenen tektonischen Störung abgeteuft. Die Verfilterung wurde vorgenommen von 15 bis 60 m unter GOK, darunter erfolgte bis zur Endteufe der Ausbau mit PVC-Vollrohr. Die Filterunterkante zeigt sich deutlich im Verlauf aller Milieuparameter[2].

Der pH-Wert liegt über das gesamte Profil zwischen 6,8 und 7,0. Im Temperaturprofil zeigen sich mehrere kleine lokale Extrema. Eine leichte Temperaturzunahme bei ca. 272 m NN korreliert mit einer Leitfähigkeitsabnahme. Der Temperatursprung von 10,5 auf 10° C kurz über dem Vollrohr geht einher mit einer weiteren sprunghaften Abnahme der Leitfähigkeit von 2400 auf Werte unter 2100 µS/cm. Diese anomalen Bereiche zeigen eine erhöhte hydraulische Wirksamkeit der Grenzschichten (mo2) im Oberen Muschelkalk an (*Abb. 12.2*)

Bohrung E10

Eine deutliche Differenzierung der Leitfähigkeitskurve in einen geringermineralisierten Bereich bis 286 m NN mit Werten zwischen 1200 und 1800 µS cm^{-1} und einen höher mineralisierten Bereich bis zur Endteufe mit Werten im Bereich zwischen 2400 und 3600 µS cm^{-1} spiegelt sich auch in den Inhaltsstoffen wider. Zu beobachten ist, wie in E1 und E3, eine zeitliche Variation der Leitfähigkeitskurven (*Abb. 12.2*). Ein ausgeprägtes Temperaturminimum im Vollrohrbereich wird durch das geringere Temperaturpotential im Unteren Keuper verursacht (*Abb. 12.3*).

Meßstellen auf dem Abfallkörper

Bohrungen E4 und E8

Beide Meßstellen durchteufen den Abfallkörper und erreichen den Oberen Muschelkalk. Während E4 nur im Oberen Muschelkalk verfiltert ist, wurde E8 über die Gesamttiefe mit Filterrohr ausgebaut. Der Grundwasserspiegel wurde bei einer Stichtagsmessung in E4 bei ca. 310 m und in E8 bei ca. 298 m erreicht. Dieses Meßergebnis belegt gespannte Grundwasserverhältnisse. Die Aufzeichnungen der Wasserstände von Ende 1992 bis November 1994 zeigen, daß der Ruhewasserspiegel unterhalb des Abfallkörpers steht. Durch den im Oberen Muschelkalk stehenden Deponiefuß gelangen die Sickerwässer

---

[2] Die Angaben für die Schrägbohrungen E9 und E10 sind auf vertikale Tiefen unter GOK bezogen.

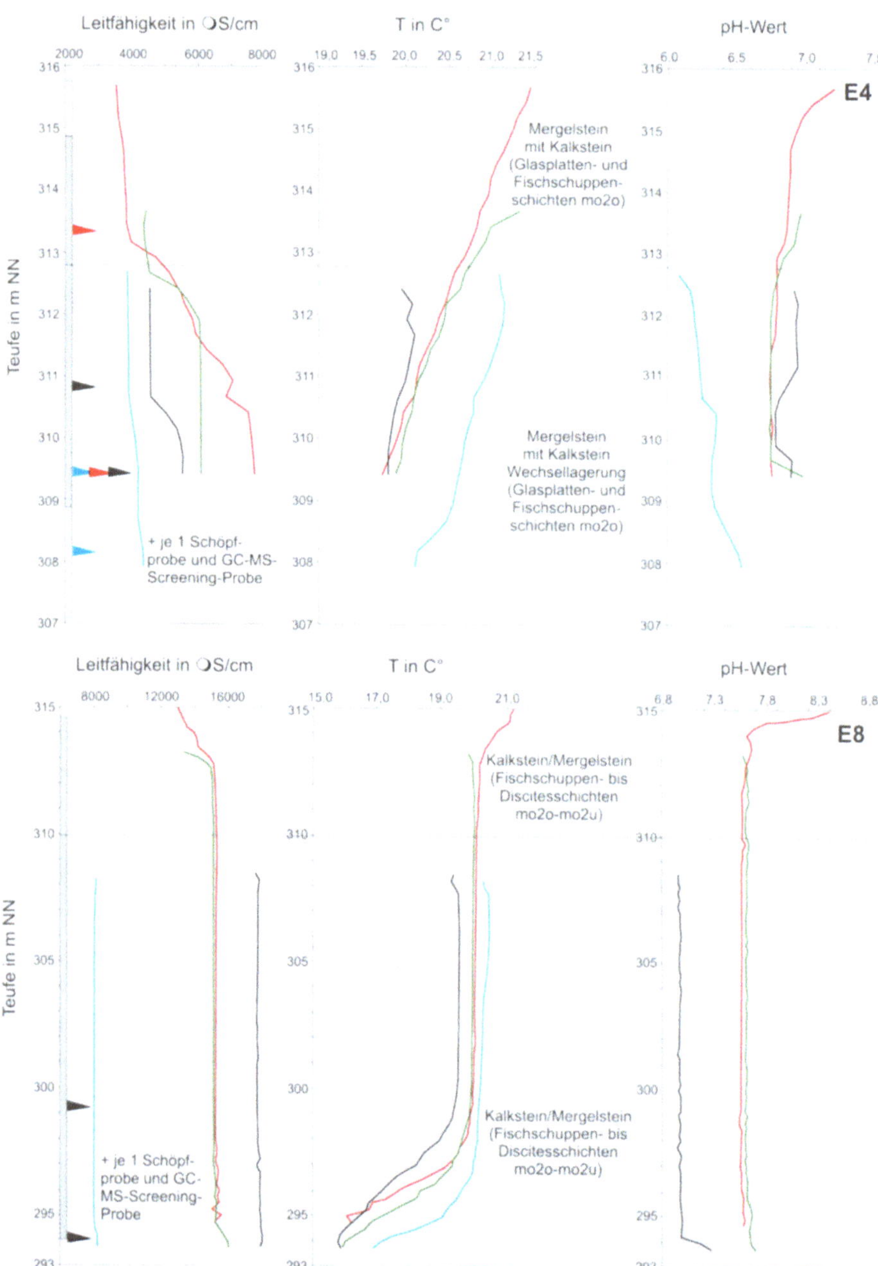

Abb. 12.4: Milieusondenprofile der Grundwassermeßstellen E4 und E8 im Zentralteil der Altablagerung. BGR und GFE Halle im Auftrag der BGR.

aus dem Abfallkörper direkt in das Gebirge. Eine hydraulische Kommunikation zwischen E4 und E8 kann aber nach den Wasserstandsmessungen ausgeschlossen werden (s. Kap. 9.7.4). Auch über die Milieuparameter pH-Wert und Leitfähigkeit ist eine Korrelation zwischen E4 und E8 nicht möglich. In beiden Meßstellen belegen hohe Temperaturen im oberen Profilabschnitt exotherme Reaktionen innerhalb des Abfallkörpers. Die Temperaturabnahme mit der Tiefe weist auf die Zumischung von weniger belastetem Tiefenwasser hin (*Abb. 12.4*).

In E4 wird eine Zunahme der Leitfähigkeit mit der Tiefe beobachtet. Markante Sprünge werden durch Wasserspiegelschwankungen verschoben. Im März 1993 wurden die geringsten Leitfähigkeiten (3900 - 4300 µS cm^{-1}) gemessen. Während die Messung vom Juni 1994 im Niveau der Endtiefe noch sehr hohe Leitfähigkeiten mit einem Maximalwert von 7800 µS cm^{-1} ausweist, ist eine Abnahme über ca. 6000 bis auf 5500 µS cm^{-1} im November 1994 feststellbar. Hier wird der Anteil des anthropogen unbeeinflußten Wassers, vermutlich aus dem Einzugsgebiet des Pfennigsberges, wieder größer und führt zur Verdünnung der Sickerwässer.

In der Bohrung E8 sind in allen Meßkurven, außer der Temperatur, kaum Niveauschwankungen zu beobachten. Das kann als Indiz für vertikale Sickerwasserbewegungen gewertet werden (s. auch Kap. 4.6 und 5 in Bd. 7). Deutlich wird das an den konstant hohen Temperaturen (19 - 21° C). Im unteren Drittel des Meßprofils wird durch Frischwasserzufluß eine Abkühlung um ca. 4° C verursacht. Auffallend ist die starke Erhöhung der Leitfähigkeit von 8000 µS cm^{-1} im März 1993 auf 18 000 µS cm^{-1} im November 1994, die auf einen erhöhten Schadstoffeintrag hinweist. Der durch die Temperaturabsenkung indirekt nachgewiesene Wasserzufluß im unteren Abschnitt wird in den Leitfähigkeiten allerdings nicht sichtbar (*Abb. 12.4*).

Meßstellen nördlich der Altablagerung im Bereich der Keupermulde

Die Meßstellen E5, E 6 und E7 wurden angelegt, um eine Kontrolle der nach den Analyseergebnissen in den Bohrungen E1 bis E3 prognostizierten vom Abfallkörper ausgehenden Schadstoff-Fahne in Richtung der vermuteten Hauptabstromrichtung zu gewährleisten.

Die pH-Werte bewegen sich in allen drei Meßstellen in einem Niveau zwischen 7,0 und 7,5. Auch die Temperaturprofile weisen insgesamt nur eine geringe Schwankungsbreite zwischen 8,9 und 9,0° C auf. In den Meßstellen E5 und E6 wird eine Leitfähigkeitsabnahme nach der Tiefe beobachtet (*Abb. 12.4*). Markante Sprünge, die jedoch während der Einzelmessungen unterschiedliche Amplituden aufweisen, zeigen sich im Gipskeuper (km1). Hier sinkt die Leitfähigkeit von > 780 auf 700 µS cm^{-1}. Die durch eine geringe Mineralisation verursachte niedrige Leitfähigkeit in den Bohrungen E5 und E6 erreicht mit Werten um 580 µS cm^{-1} in E6 ein absolutes Minimum.

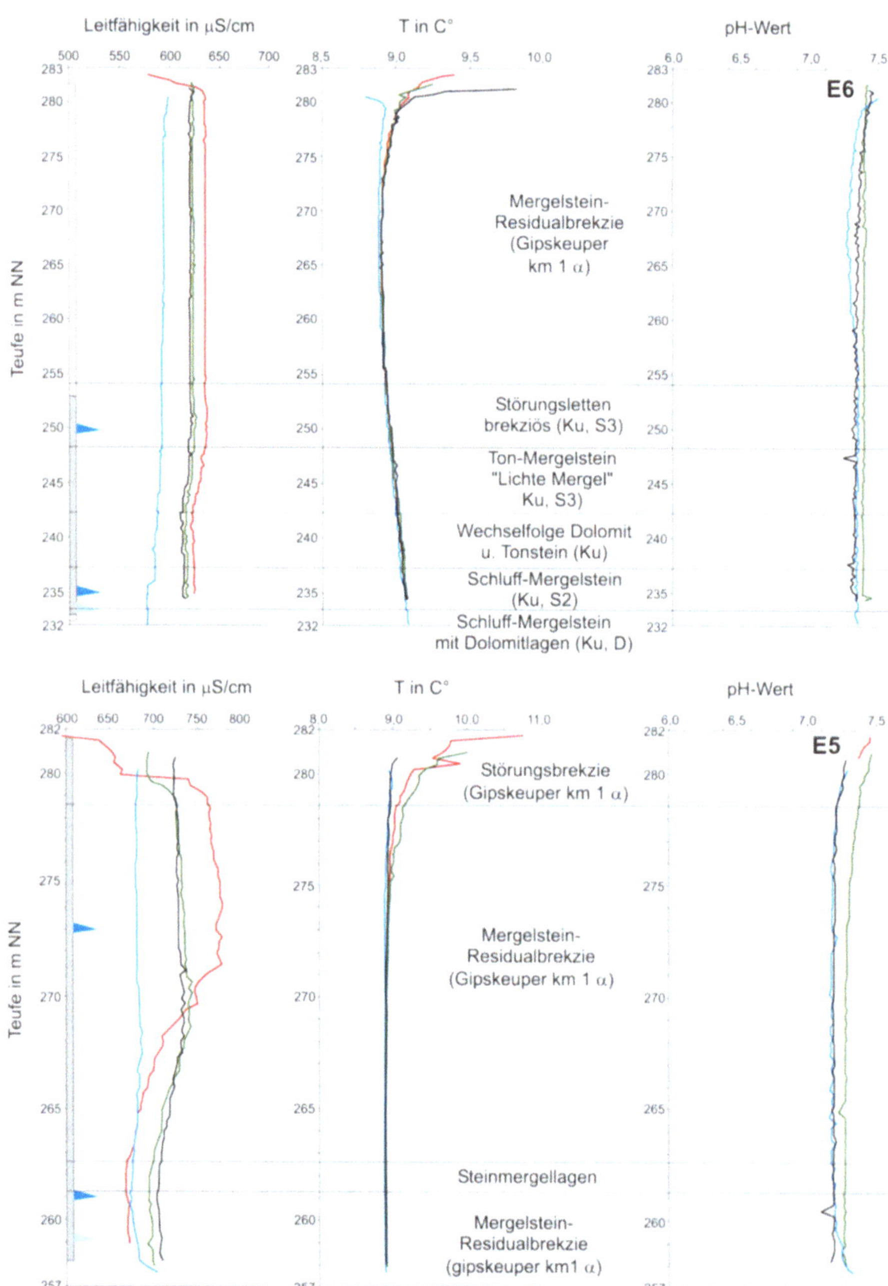

Abb. 12.5: Milieusondenprofile der Grundwassermeßstellen E5, E6 und E7 im Bereich der Keupermulde. BGR und GFE Halle im Auftrag der BGR.

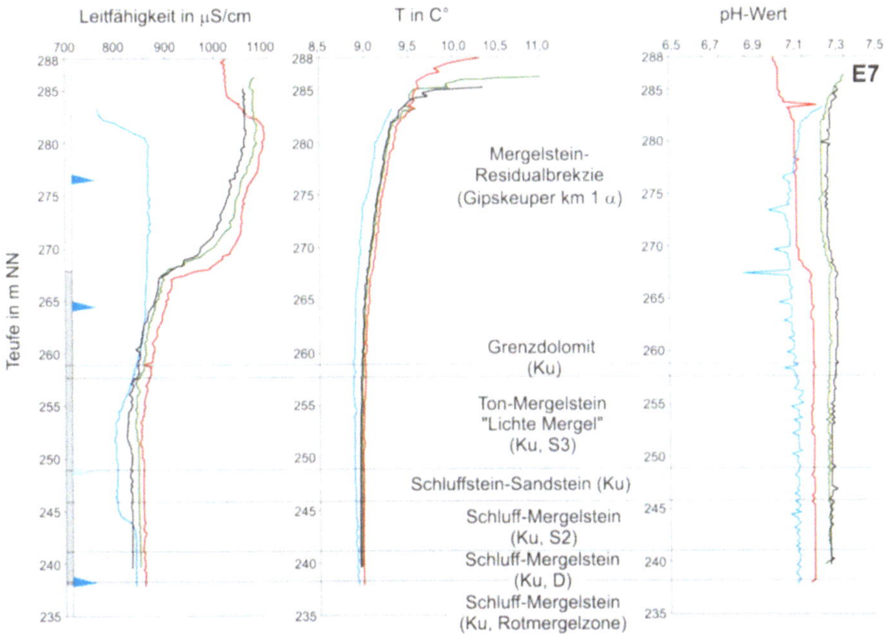

Abb. 12.5: Fortsetzung

Derart geringe Leitfähigkeiten werden an der westlich davon positionierten Meßstelle E7 nicht gemessen. Hier wurden im oberen Horizont der Mergelstein-Residualbrekzie des Gipskeupers (km1) Leitfähigkeiten von 1100 µS cm^{-1} beobachtet, die bis unter 800 µS cm^{-1} im Bereich der Lichten Mergel abfallen. Dieser markante Leitfähigkeitsabfall tritt etwa im Niveau des Wasseranschnittes im Gipskeuper ein, der sich in E5 im gleichen stratigraphischen Abschnitt, aber auf einem anderen absoluten Niveau wiederfindet.

Auffällig ist, daß in allen 3 Meßstellen die höchsten Leitfähigkeiten und damit verbunden auch das ausgeprägteste Leitfähigkeitsprofil im Juni 1994 auftreten. Dies könnte mit fallenden Wasserständen zusammenhängen, die auf einen abnehmenden horizontalen Zustrom hinweisen. Bei den Wasserspiegelmessungen wurde in einem Gesamtzeitraum von 200 Tagen an der Bohrung E7 eine Abnahme von mehr als 4 m und an E5 von 2 m registriert (s. *Abb. 9.19*). Eine Erklärung für die geringe Abnahme in E5 könnte die Nähe zu den seismisch nachgewiesenen Störungen (*Abb. 11.40*) liefern, deren Einfluß eine hydraulische Entspannung bedingt.

Meßstelle E11 südlich der Altablagerung

Die Bohrung E11 wurde nach dem Kenntnisstand von 1993 im vermutlichen Anstrom niedergebracht. Das Bohrergebnis war überraschend, da im Oberen und stark verkarsteten Mittleren Muschelkalk keine Wasserführung nachgewiesen werden konnte. Erst im Oberen Wellenkalk wurde ein Grundwasserhorizont ereicht, dessen wahrscheinlich ungespannter Ruhewasserspiegel zwischen 10 und 20 m unter dem Niveau des Wasserspiegels in der Bohrung E8 lag. Die kontinuierlichen Wasserspiegelaufzeichnungen (*Abb. 9.19*) belegen den Einfluß eines großen Speichersystems. Die Vermutung liegt nahe, daß hier der unterirdische Speicher für die Schönbrunnquellen erreicht wurde.

Diese Vermutung wird durch den Vergleich des Grundwasserchemismus und des Quellniveaus der Schönbrunnquellen bestätigt. Der niedrigste gemessene Grundwasserspiegel in E11 (3. September 1993) korrespondiert mit einer deutlichen Verringerung der Quellschüttung auf 30 l/s bei einem mehrjährigen Mittel von 60 l/s. Die Temperaturkurven zeigen einen für alle Meßkampagnen gleichbleibenden Wert von 9,7° C. Die Leitfähigkeiten liegen im oberen Bereich zwischen 750 und 880 µS cm^{-1}. Ein bei allen Messungen auftretender Niveausprung im unteren Teil läßt sich nicht durch lithologisch zuordenbare Zuflußhorizonte erklären und deutet auf eine Schichtung des Grundwasserkörpers.

12.2.2 Analysenergebnisse der tiefenorientiert entnommenen Proben

Nach Vorliegen der Milieusondenprofile aller Meßstellen wurden die Probenahmetiefen in Abhängigkeit von der Profilcharakteristik festgelegt. Bei der Probenahme wurde eine spezielle Sonde eingesetzt, die es ermöglicht, mit geringem Aufwand eine tiefenorientierte Wasserprobenahme auch leichtflüchtiger Stoffe unter In-situ-Verhältnissen bis zu 200 m Tiefe zu garantieren. Die mit einem Gasdruckbehälter arbeitende Sonde stellt eine interessante Alternative zur Mehrfachpacker-Technik dar. Durch den Einsatz von Inertgas (Stickstoff) ist gesichert, daß das Probenmaterial bis zur Analytik keinem störenden Umwelteinfluß unterliegt. Die Proben wurden vor Ort entsprechend der zu untersuchenden Parameter konserviert, täglich ins Labor transportiert und dort analysiert. Im einzelnen wurden folgende Ergebnisse erhalten:

Bohrung E1

Die Abnahme der Leitfähigkeit im mo2 spiegelt sich deutlich im Rückgang der Chlorid- und Sulfat-Ionen wider. Die leichte Zunahme des HCO_3^- -Gehaltes mit der Tiefe, die sich auf die Leitfähigkeitsänderung nicht so deutlich

Ca/Mg innerhalb eines Jahres zugunsten der Mg^{2+}-Ionen. Besonders deutlich zeigt sich das im dritten Probenahmezyklus im November 1994, in der dem Maximum der Leitfähigkeitsmessung entsprechenden Tiefe von 24,25 m unter GOK (*Abb. 12.2*). Ein Eintrag von Fe-Ionen wird insbesondere durch Schichtwässer aus dem Keuper verursacht. Die erhöhte Konzentration an der Bohrlochsohle dürfte durch gravitatives Absinken bedingt sein.

Bohrung E3

Die Abnahme der Leitfähigkeiten im unteren Drittel läßt den Vergleich mit E1 zu (*Abb. 12.2*). Auch hier wächst der Anteil der HCO_3^- -Ionen mit der Tiefe. Daraus kann auf den Zustrom unbeeinflußten Wassers geschlossen werden. Das Leitfähigkeitsmaximum bei 279 m NN wird wiederum durch eine leichte Erhöhung der Kationen Ca^{2+}, Mg^{2+} und der Anionen HCO_3^- und SO_4^{2-} verursacht. Der Bor- und Bromidgehalt liegt mit 1 mg/l in der gleichen Größenordnung wie an den Meßstellen E9 und E10 und nimmt mit der Tiefe ab.

Bohrung E9

Das ausgeprägte Leitfähigkeitsprofil veranlaßte zur Entnahme von fünf teufenorientierten Wasserproben. Die geringeren Leitfähigkeiten im unteren Teufenabschnitt werden i. w. durch abnehmende Gehalte an $CaSO_4$ und Chlorid in den hier anströmenden Wässern verursacht und sind geogenen Ursprungs (*Abb. 12.2*). Dagegen weisen Bor- und Bromidgehalte um 1 mg/l, Eisengehalte von ca. 2 mg/l und AOX-Gehalte von ca. 50 µg/l auf anthropogenen Einfluß hin. Auch in dieser Meßstelle konnte, wie in E1, eine Verschiebung des Verhältnisses Ca/Mg zugunsten des Magnesiums festgestellt werden.

Bohrung E10

Die zeitliche Variation der Leitfähigkeitskurven (*Abb. 12.3*) wird vor allem durch schwankende Mg^{2+}-, Na^+-, Cl^+- und SO_4^{2-}-Gehalte bedingt. Die Gehalte an Bor (1,2 mg/l) und Bromid (1,4 mg/l) liegen im unteren Teil der Meßstrecke höher als in den Meßstellen E1 und E2. Auffällig ist der hohe Eisengehalt (6 mg/l), der nur in den Meßstellen E8 und E4 auf dem Abfallkörper übertroffen wird. Auch die erhöhten AOX-Gehalte bis 100 µg/l (nur an E11 höher) können ein Indikator für Sickerwässer aus dem Abfallkörper sein.

Bohrungen E5 bis E7

An den Analysenergebnissen ist eine geochemische Verwandtschaft der hier entnommenen Wässer erkennbar (*Tab. 12.1*). In der Bohrung E7 treten hohe Nitratwerte (bis 66 mg/l) und eine Belastung mit LCKW (26 µg/l Trichlormethan) sowie Spuren von Cd, As und Br auf. Erhöhte Nitratwerte in der Bohrung E5 sind wahrscheinlich auf Einflüsse der benachbarten Kleingartenanlage zurückzuführen. Der Chemismus der Wässer in der Bohrung E6 und auch die hier geringsten im Untersuchungsgebiet gemessenen Leitfähigkeiten sind Indikationen für anthropogen unbeeinflußtes Wasser.

Tab. 12.1: Chemismus der Wässer in den Bohrungen E5, E6 und E7

Meßstelle	Tiefe in m	Ca	Mg	Cl	SO_4	HCO_3
E5	20,25	95	38	30,9	15,7	366
E5	33,00	53	37	27,2	15,7	274
E6	43,75	39	41	23,9	16,1	360
E6	58,75	38	49	22,2	16,1	330
E7	20,00	106	37	34,3	13,1	329
E7	32,75	79	37	38,9	41,6	250
E7	59,75	79	36	35,3	39,8	230

Bohrungen E4 und E8

Der Grundwasserchemismus dieser beiden auf dem Abfallkörper liegenden Meßstellen unterscheidet sich deutlich von den anderen Bohrungen und den Brunnen des Notwassersystems. Die zeitliche Variation der Gesamtmineralisation in der Bohrung E4 zeigt eine Abhängigkeit vom Wasserangebot. Die höchste Mineralisation wurde im Juni 1994 im unteren Profilabschnitt bei relativ hohem Wasserstand registriert. Den höchsten Anteil an Kationen liefern Mg^{2+} (40%) sowie Ca^{2+} und Na^{+} (> 30 %). Die Sulfate liegen z. T über 50 % . Das belegt einen direkten Austrag von Sickerwässern in den liegenden Muschelkalk. Bor und Bromid mit Gehalten zwischen 1,5 - 43 mg/l und AOX mit ca. 100 µg/l weisen auf einen anthropogenen Eintrag hin.

Im Bereich der Bohrung E8 erfolgte im Deponiebetrieb die Verkippung von z. T. hochkontaminierten Abprodukten. Entsprechend hoch ist die in den Wasserproben nachgewiesene Belastung. Wie in der Bohrung E4 belegen Temperaturen von ca. 20° C exotherme Reaktionen innerhalb des Abfallkörpers. Die extrem hohen Leitfähigkeiten werden hauptsächlich durch Na^{+}- und

Tab. 12.2: Analyse der Wasserprobe vom September 1994 in der Bohrung E8 - im Vergleich mit den Werten der Hollandliste für Grundwasser

Inhaltsstoffe (in µg/l)	B-Wert	C-Wert	E8
Ammonium (N)	1 000	3 000	163 000
Kupfer (Cu)	50	200	94
AOX	60 - 300	stärker belastet	84

B-Wert: nähere Untersuchung erforderlich; C-Wert: Sanierung erforderlich

Mg^{2+}- sowie durch SO_4^{2-}- und Cl^-- Ionen verursacht. Hohe Belastungen mit Ammonium in der Probe vom September 1994 überschreiten die Sanierungsrichtwerte der Hollandliste (C-Wert) um ein Vielfaches (*Tab. 12.2*).

Bohrung E11

Bereits die Wasserstände lassen einen Zusammenhang zwischen den hier entnommenen Wasserproben und denen der ca. 1100 m südöstlich gelegenen Schönbrunnquellen vermuten. Die *Tab. 12.3* zeigt eine Werteübersicht mit Analysenergebnissen des Jahres 1994 für Mischwasserproben aus der dem Abfallkörper am nächsten gelegenen „Mempelquelle“ und einer Wasserprobe aus der Bohrung E11.

AOX-Gehalte bis zu 200 µg/l belegen eine starke anthropogene Belastung. Die mit der Tiefe abnehmenden Gehalte lassen auf einen vertikalen Eintrag schließen. In E11 wurden auch die höchsten Werte für Kupfer gemessen. Die in der Mempelquelle und der Bohrung E11 nachgewiesenen anthropogenen Einflüsse bedürfen einer näheren Untersuchung. Eine direkte Verbindung zu den hochbelasteten Wässern im Untergrund der Altablagerung ist nicht auszuschließen.

Tab.12.3: Ergebnisse der Wasseranalysen für Proben aus der Mempelquelle vom Januar 1995 und einer teufenorientiert entnommenen Probe aus der Bohrung E11 vom September 1994

Probe	11	12	13	13a	14	15	Bohrung E11
LF µS/cm	680	880	900	890	850	900	810
AOX µg/l	75	13	16	10	10	11	200
Bor mg/l	< 0,005	0,063	< 0,005	0,033	<0,005	0,11	0,33
Cu mg/l	0,016	< 0,002	< 0,002	<0,002	<0,002	<0,002	0,5

Schlußfolgerungen

Die durch Milieusondenmessungen nachgewiesenen Extremwerte widerspiegeln sich eindeutig in den Analysewerten der teufenorientiert entnommenen Wasserproben. Leitfähigkeitsmaxima entsprechen einer Zunahme der Inhaltsstoffe. Da die Milieusondenprofile einen zeitlichen Gang aufweisen, sollte der zeitliche Abstand zwischen Profilvermessung und anschließender teufenorientierter Probenahme möglichst gering gehalten werden. Aus technischen Gründen lag am Eulenberg zwischen Messung und Probenahme ein Zeitraum von ca. einer Woche.

Wie die Profilvermessung und die Wasseranalytik belegen, gelangen Deponiesickerwässer aus dem Abfallkörper unmittelbar ins anstehende Gebirge. Die Meßstelle E8 steht im Zentrum der Altablagerung direkt über den ehemaligen Wehrbauten. Auf Grund der hier nachgewiesenen hohen Schadstoffbelastung ist davon auszugehen, daß sich ein wesentlicher Teil der kontaminierten Sickerwässer in dem durch die Penetrationssondierung AS56 (*Abb. 11.47-11.49)* nachgewiesenen Hohlraum unterhalb der im Luftbild (*Abb. 10.4*) sichtbaren Bunkerdecke befindet. Zum Zeitpunkt des Abteufens dieser Sondierung wurde hier allerdings kein freies Wasser nachgewiesen, was wiederholt die hohe Dynamik des Karstaquifers am Eulenberg belegt (s. Kap. 9.7.4 und 11.6). Der Deponiefuß unterliegt somit einem Wechsel von Wasserführung und Trockenfallen. Dies führt zu ständig veränderlichen Milieubedingungen und verhindert die Einstellung eines dauerhaften Gleichgewichtszustandes. Bei der wiederholten Durchströmung des Abfallkörpers nach dem Anstieg des Wasserspiegels können somit bedeutende Mengen von Schadstoffen in den Grundwasserstrom eingebracht werden (Kap. 4.6 in Bd. 7).

Die hohen AOX-, Kupfer- und Nitratgehalte in der Meßstelle E11 lassen auf den Einfluß von Sickerwassereinträgen durch einen nach Süden und Südosten gerichteten Grundwasserabstrom schließen. Diese Vermutung steht im Einklang mit dem Ergebnis des reflexionsseismischen Profils EU28 (Kap. 11.4) und dem nach Süden gerichteten Abfall der Grundwasseroberfläche in diesem Bereich (*Abb. 9.18*).

Aus dem Nordteil der Altablagerung, die hier z. T. auf Sedimenten des Unteren Keupers lagert, erfolgt der Abstrom kontaminierter Wässer in nordöstlicher Richtung. Er wird durch die seismisch nachgewiesene und durch einen Schurf verifizierte tektonische Störung (*Abb. 9.7*) abgeschnitten, so daß vom Abfallkörper ausgehend kein Zustrom in die weiter nördlich vorgelagerte Keupermulde erfolgt. Der über die Schichtwässer in den Keupersedimenten transportierte Sickerwasseranteil ist vergleichsweise gering. Auch nach den Wasseranalysen aus den im weiteren Abstrombereich gelegenen Notwasserbrunnen (*Abb. 9.18*) ergaben sich keine Hinweise auf Zuflüsse aus der Altablagerung.

12.2.3 Die Beschaffenheit der Wässer im Wasserwerk Schönbrunn

Die Altablagerung am Eulenberg liegt im Randbereich der engeren Schutzzone des Wasserwerks Schönbrunn. Inwieweit der nach Südosten gerichtete Grundwasserabstrom und damit kontaminierte Wässer die Quellen des 1100 m entfernten Wasserwerkes gefährden, ist wegen fehlender Beobachtungsstellen im dazwischenliegenden Bereich schwer zu beurteilen, zumal auch keine Markierungsversuche durchgeführt wurden. Da alle zum Zeitpunkt der Vorstudie (WUNDERLICH, 1991) vorliegenden Analysewerte der Quellen des Wasserwerkes Schönbrunn unterhalb der Grenzwerte der Trinkwasserverordnung (TVO) lagen, war eine Kontamination durch die Altablagerung Eulenberg nicht nachweisbar. Sie ist dennoch nicht auszuschließen, da durch die hohe Ergiebigkeit der störungsgebundenen Quellen eventuelle Schadstoffeinträge sehr stark verdünnt werden.

Im Bereich des Wasserwerkes Schönbrunn wurden einzelne Quellbereiche auf die Inhaltsstoffe Bor und AOX untersucht *Tab. 12.3*. Diese Bestimmung ist zwar in der TVO nicht vorgeschrieben, sie besitzt jedoch für den Untersuchungsrahmen große Bedeutung. Bedingt durch die starken Schüttungen der Schönbrunnquellen berechnen sich allerdings so hohe Verdünnungen, daß selbst erhebliche Kontaminationen kaum oder nicht nachweisbar wären. Dies gilt aber nur, wenn die Schönbrunnquellen insgesamt aus einem zusammenhängenden Grundwasserspeicher gespeist werden. Die Wasseranalytik der sechs Quellaustritte ergab, daß die der Altablagerung Eulenberg nächstgelegene „Mempelquelle“ eine Sonderstellung einnimmt. Höhere Kupfer-, Bor- und AOX-Konzentrationen als in den anderen Quellen weisen auf einen Zusammenhang mit der Meßstelle E11 hin, wo eine starke Belastung mit diesen Stoffen gefunden wurde. Darauf deutet auch die beobachtete zeitliche Korrespondenz zwischen dem temporären Absinken des Ruhewasserspiegels in E11 unter das Niveau der Quellfassungen in Schönbrunn und einem gleichzeitigen deutlichen Rückgang der Schüttung der Mempelquelle. Dies ist ein starkes Indiz für eine direkte hydraulische Verbindung mit der Altablagerung. Auch eine Beeinflussung der anderen Quellen ist nicht auszuschließen. Die Wasserspiegelbewegungen in E11 legen eine Verbindung mit einem großen Grundwasserspeicher nahe, der sehr wahrscheinlich mit dem Speicher identisch ist, der das Wasserwerk Schönbrunn speist.

Literatur

BÖHME, O. (1995): Hydrogeologische und hydrochemische Untersuchungen von Grundwässern - Deponie Eulenberg/Landkreis Arnstadt. Gutachten GFE GmbH Halle, im Auftrag der Bundesanstalt für Geowissenschaften und Rohstoffe.

COLDEWEY, W. G. & KRAHN, L. (1991): Leitfaden zur Grundwasseruntersuchung in Festgesteinen bei Altablagerungen und Altstandorten. Land Nordrhein- Westfalen.

DIN 38404, Teil 4 - 6: Deutsche Einheitsverfahren zur Wasser-, Abwasser- und Schlammuntersuchung. Physikalische und physikalisch-chemische Kenngrößen (Gruppe C, C4 – C6), Bestimmung der Temperatur, des pH-Wertes und der Redox-Spannung.

DIN 27888: Wasserbeschaffenheit, Bestimmung der elektrischen Leitfähigkeit, ISO 7888, 1985, Deutsche Fassung EN 27888, 1993.

DVWK (Hrsg.) (1994): Grundwassermeßgeräte. Schriftenreihe des Deutschen Verbandes für Wasserwirtschaft und Kulturbau e. V., Heft 107, Wirtschafts- und Verl.-Ges. Gas und Wasser, Bonn.

DVWK (Hrsg.) (1997): Tiefenorientierte Probenahme aus Grundwassermeßstellen. Merkblätter der Wasserwirtschaft 245/1997, Kommissionsvertrieb Wirtschafts- und Verlagsgesellschaft Gas und Wasser mbH, Bonn.

HÖLTING, B. (1989): Hydrogeologie, Einführung in die Allgemeine und Angewandte Hydrogeologie. Enke, Stuttgart.

IMU Institut für Material- und Umweltanalytik Erfurt (1993): Laborprotokolle zur Wasseranalytik 1. -3. Meßzyklus und Kurzbeprobung Quellen Wasserwerk Schönbrunn. Im Auftrag der Bundesanstalt für Geowissenschaften und Rohstoffe.

JORDAN, H. & WEDER, H.-J. (1995): Hydrogeologie, Grundlagen und Methoden, Regionale Hydrogeologie: Mecklenburg-Vorpommern, Brandenburg und Berlin, Sachsen-Anhalt, Sachsen, Thüringen. Enke, Stuttgart.

JÜRGES, H.-W. (1994): Wasserstandsmessungen Deponie Eulenberg, Arnstadt. Gesamtbericht. Geo-Infometric, Hildesheim, im Auftrag der Bundesanstalt für Geowissenschaften und Rohstoffe.

KNÖDEL, K., KRUMMEL, H. & LANGE, G. (1997): Handbuch zur Erkundung des Untergrundes von Deponien und Altlasten, Band 3: Geophysik, Springer, Berlin.

LHOTZKY, K. & BARTSCH, U. (1993): Deponie Eulenberg, Arnstadt/Thüringen: Bericht zur Auswertung der Profilvermessung März/April 1993. Ingenieurgesellschaft Lhotzky und Partner, Braunschweig, im Auftrag der Bundesanstalt für Geowissenschaften und Rohstoffe.

LHOTZKY, K. (1994): Grundwasseruntersuchung - Gutachten Altdeponie Eulenberg, LK. Arnstadt. Ingenieurgesellschaft Lhotzky und Partner, Braunschweig, im Auftrag der Bundesanstalt für Geowissenschaften und Rohstoffe.

MATTHESS, G. (1990): Die Beschaffenheit des Grundwassers. Borntraeger, Berlin.

VOIGT, H.-J. (1990): Hydrogeochemie, Eine Einführung in die Beschaffenheitsentwicklung des Grundwassers. Springer, Berlin.

WILKEN, H. & KNÖDEL, K. (1999): Handbuch zur Erkundung des Untergrundes von Deponien und Altlasten, Band 7: Handlungsempfehlungen für die Erkundung der geologischen Barriere bei Deponien und Altlasten, Springer, Berlin.

WUNDERLICH, J. (1991): Vorstudie zum Forschungsverbundvorhaben Deponieuntergrund. Untersuchungsobjekt Deponie Eulenberg westlich Arnstadt/Thüringen. GEOS-Ingenieurbüro Jena, im Auftrag der Bundesanstalt für Geowissenschaften und Rohstoffe.

Fallbeispiel Rabenstein/Chemnitz

13 Aufgabe, Lösungsweg und Übertragbarkeit der Ergebnisse

KLAUS KNÖDEL & GERHARD LANGE

Der Standort Rabenstein westlich von Chemnitz im Bereich des Autobahndreiecks Chemnitz-Nord wurde aus der vergleichenden Bewertung von insgesamt zehn Standortmöglichkeiten nach den Kriterien der Nutzwertanalyse (SENG, 1978) für die Errichtung einer Deponie des Abfallwirtschaftsverbandes Chemnitz favorisiert.

Mit methodischen Arbeiten im Rahmen des Forschungsverbundvorhabens „Methoden zur Erkundung und Beschreibung des Untergrundes von Deponien und Altlasten" (Kurztitel „Deponieuntergrund") sollte gezeigt werden, welchen Beitrag die interdisziplinäre geowissenschaftliche Forschung zur Erkundung eines Standortes für eine Deponieneuanlage bei einem Untergrund aus metamorphen Gesteinen leisten kann. Es war nicht Ziel dieses Vorhabens, das Untersuchungsgebiet flächendeckend zu erkunden oder eine gutachterliche Bewertung der Eignung des Standortes vorzunehmen. Im Vordergrund der Arbeiten stand immer der methodische Aspekt. Vollständigkeit konnte aber auch hinsichtlich der Methodik mit den verfügbaren Mitteln nicht erreicht werden. Die Erfahrungen und Ergebnisse der Untersuchungen werden hier dargestellt, um Handlungsempfehlungen für die Arbeiten an vergleichbaren Standorten zu liefern. Die methodischen Beispiele geben Anhaltspunkte zur Leistungsfähigkeit und zu den Grenzen der eingesetzten Verfahren unter den Standortbedingungen. Sie ersetzen nicht die Beratung durch erfahrene Geowissenschaftler.

Standortsituation

Der Standort Rabenstein liegt auf dem äußeren Schiefermantel des Sächsischen Granulitgebirges. Unmittelbar südlich verläuft die Granulitgebirgsrandstörung (Hohensteiner Störung). Die Hohensteiner Störung, auf deren herausgehobenem Flügel sich das Untersuchungsgebiet befindet, bildet die Grenze der regionalen tektonischen Einheiten Granulitgebirge und Erzgebirgische Senke (*Abb. 13.1*).

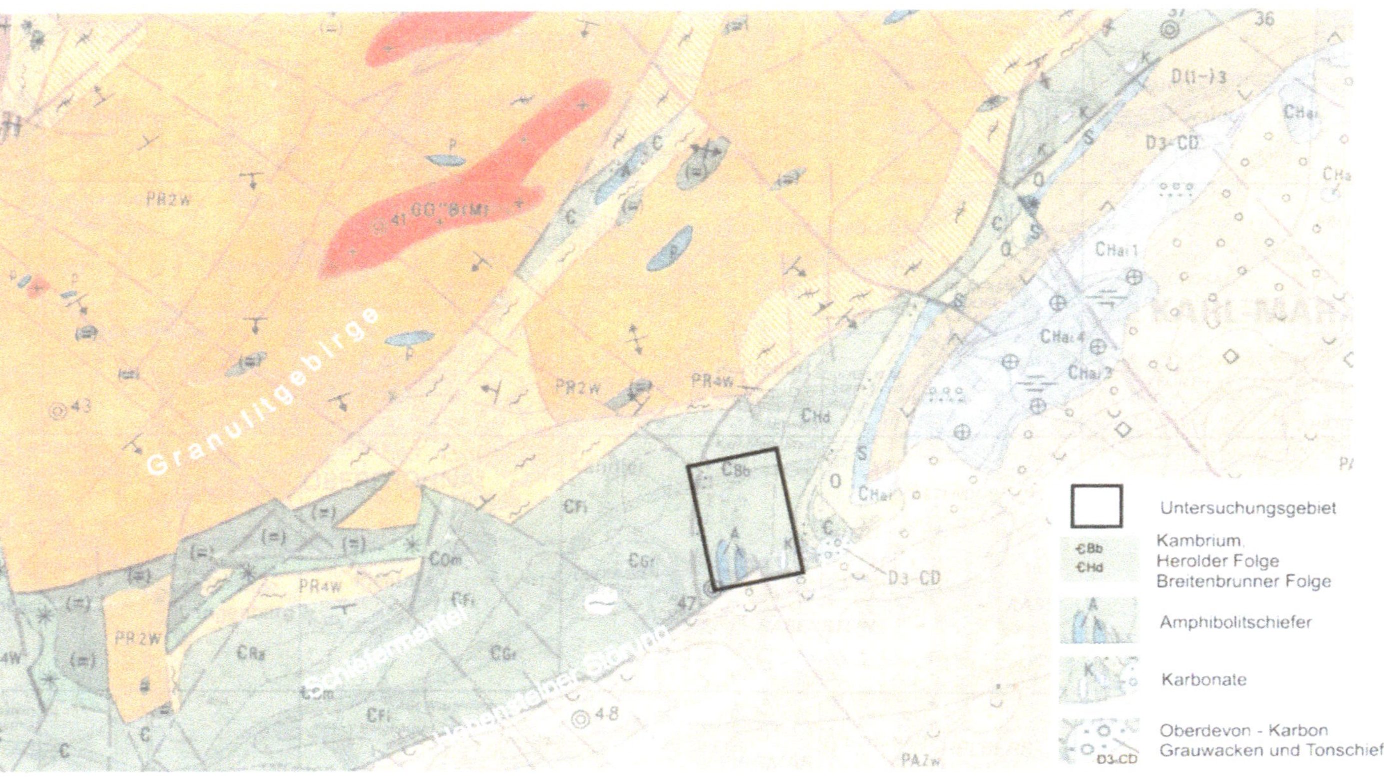

Abb. 13.1: Geologische Karte ohne Känozoikum (Ausschnitt Südwestrand Granulitgebirge aus der Karte 1:100 000). Zentrales Geologisches Institut, Berlin (1988)

Der Untergrund besteht aus einer Folge schwachmetamorpher Gesteine, die im wesentlichen der Grünschieferfazies zuzuordnen sind. Im engeren Untersuchungsgebiet stehen NE-SW bis N-S-streichende und mit 20 - 50° SE bis E einfallende Serien von Phylliten, Glimmer- und Schwarzschiefern mit Einlagerungen von Amphiboliten, Quarziten und Karbonatgesteinen z. T. unter geringmächtiger Bedeckung an. Die Phyllite sind in Wechsellagerung mit dunkelgrauen Glimmerschiefern und feingebänderten, dunkelgrauen bis schwarzen Schwarzschiefern verbunden. Die wegen sandiger Einlagerungen eine linsenartige Textur aufweisenden Schwarzschiefer enthalten lagenweise hohe Anteile an Pyrit und Markasit. Die Schwarzschiefer zerfallen plattig und sind im allgemeinen von zahlreichen, mit Calcit und Quarz erfüllten Klüften durchzogen. In Einschaltungen graugrüner und dunkelgrauer bis schwarzer Amphibolite sind häufig vulkanogene Edukte sichtbar.

Weitere Einlagerungen in die Phyllit-, Glimmerschiefer- und Schwarzschieferfolgen sind Metakarbonate. Die meist feinkristallin und dickbankig bis massig ausgebildeten weißgrauen bis schwarzgrauen Calcit-Marmore und Kalkphyllite wurden in der Vergangenheit in dem heute für Besucher zugänglichen Bergwerk Niederrabenstein abgebaut. Sie sind teils kompakt, teils im mm- bis cm-Bereich von tonigen Bändern durchzogen. Auch flaserige und brekziöse Partien treten auf.

Etwa seit der Oberkreide führten intensive Lösungsvorgänge in den kalkigen Partien zur Bildung von Höhlen und Spalten. Ein maßgeblicher Faktor für die Aggresivität der Lösungen dürfte der hohe Pyritgehalt der Schwarzschiefer gewesen sein. Der liegende Abschnitt dieser Gesteinsserie wird lithostratigraphisch als Äquivalent der Grießbacher Folge, ihr mittlerer und hangender Abschnitt (engerer Standortbereich) als Äquivalent der Phyllite der Breitenbrunner und Herolder Folge des Kambriums der Erzgebirgsrandzone angesprochen. Diese Gesteine liegen am Rabenstein teils in Grünschieferfazies, teils in Amphibolitfazies vor.

Durch eine vulkanotektonische Absenkung des Erzgebirgischen Beckens im Oberkarbon und unteren Perm kam es zu einer großflächigen, am Rabenstein nur noch in lokalen Senken erhaltenen Rotliegend-Sedimentation. Die in unmittelbarer Nähe des Untersuchungsgebietes anstehenden Gesteine des unteren Rotliegenden werden in den Bereich der Härtensdorfer Schichten gestellt. In die Konglomerate, Tone und Letten sind Eruptiva und Pyroklastite eingeschaltet.

Das heutige strukturelle und geomorphologische Bild entstand im Verlauf varistischer, permischer, saxonischer und känozoischer Schollenbewegungen. Im Zusammenhang mit jüngeren Hebungsbewegungen - wohl in der Oberkreide und im Alttertiär - kam es im Bereich des Untersuchungsgebietes zu tiefreichenden Verwitterungserscheinungen, die z. B. in der Bohrung Rabenstein R3 bis in mindestens 60 m Tiefe nachgewiesen wurden. Der Einfluß aggressiver Lösungen führte zu einer tiefgründigen Zersetzung und Verlehmung der Phyllite, Glimmer- und Schwarzschiefer, deren Struktur in den Verwitterungsböden teilweise noch gut erkennbar ist. Diese kalkfreien Verwitterungsbildungen werden durch jüngeren Lehm, bei dem es sich u. a. um umgelagerten weichselzeitlichen Lößlehm handelt, überlagert. In Flachbohrungen wurden Anzeichen pleistozäner periglazialer Rutschungen angetroffen.

Wegen ihres hohen Informationswertes sind Luftbilder ein wichtiges Arbeitsmittel zur Lösung geowissenschaftlicher Aufgabenstellungen. Sie können dazu beitragen, die Besonderheiten eines Geländes schneller zu erfassen und Geländearbeiten zielgerichtet anzusetzen. Die nach der Luftbildauswertung ausgewiesenen Photolineationen lassen für das Untersuchungsgebiet drei vorherrschende Richtungen erkennen, aus denen auf die Existenz mehrerer tektonischer Störungszonen geschlossen werden kann: die NNW-SSE, die NNE-SSW- und die E-W-Richtung.

Das Kluft- und Störungsmuster, die damit verbundenen Engkluftzonen sowie der in einzelnen Aufschlüssen beobachtete hohe „Durchtrennungsgrad des Gebirges" erlaubt Rückschlüsse auf eine Anisotropie der hydraulischen Leitfähigkeit im Streichen von Großklüften, steilen Engkluftzonen und tektonischen Störungszonen. Da diese Trennflächen und tektonischen Elemente zum großen Teil steil einfallen, ist zumindest im Bereich geringmächtiger Verwitterungsbildungen und Hangschuttdecken mit einem relativ schnellen Eintritt des Sickerwassers in die Kluftwasserleiter des Grundgebirges zu rechnen. Unter „Grundgebirge" werden hier summarisch die im Untersuchungsgebiet verbreiteten kambrischen low-grade-Metamorphite (Phyllite, Amphibolite, Marmore usw.) des Granulitgebirgs-Schiefermantels verstanden. In den aus hydrogeologischer und ingenieurgeologischer Sicht bemerkenswerten Metakarbonaten treten z. T. größere Verkarstungserscheinungen auf. Die detaillierte Kenntnis der Lagerungsverhältnisse des Grundgebirges ist deshalb eine Voraussetzung für die Beurteilung des Deponiestandortes.

Erkundungsmethoden, Erkundungsziele und durchgeführte Arbeiten

Geologie und Hydrogeologie

In den Jahren 1991 bis 1995 wurden folgende Untersuchungen durchgeführt:

- geologische Kartierung 1 : 5 000 als eine auf Schürfe gestützte Lesestein-Kartierung,
- Zusammenstellung neuer regionalgeologischer Erkenntnisse,
- Luftbildinterpretation und geomorphologisch fundierte Störungsanalyse,
- strukturtektonische Aufnahme,

- Bearbeitung bzw. Neuinterpretation älterer und neuer Bohrungen (einschl. Bohrlochgeophysik und hydraulischer Tests),
- Auswertung von Grundwassermeßstellen.

Luftbildinterpretation und geomorphologische Störungsanalyse: Ziel dieser Arbeiten war es, das Bruchstörungsmuster unter Berücksichtigung einer Gefügeaufnahme zu ermitteln. Hierfür wurden eine Lineationsanalyse und geomorphologische Analysen durchgeführt. Diese Untersuchungen ermöglichten Rückschlüsse auf das tektonische Störungsmuster im Untergrund. Insgesamt wurden 21 infrarotsensibilisierte Farbluftbilder und 4 panchromatische Schwarzweiß-Luftbilder ausgewertet und die Ergebnisse in Kartenform dargestellt. Wegen der geringen Photolineationsdichte war es nur bedingt möglich, statistische Aussagen zum Verlauf der als Störungs- bzw. Engkluftzonen interpretierten Lineationen zu treffen. Die aus den Photolineationskarten abgeleiteten vorherrschenden Richtungen wurden mit den Streichrichtungen der Klüftung in Tages- sowie Untertageaufschlüssen verglichen und durch eine geomorphologische Analyse des Geländereliefs (nach Höhenlinien) kontrolliert.

Strukturtektonische Aufnahme: Auf der Grundlage der geologischen Kartierung und den Ergebnissen geophysikalischer Messungen erfolgte eine Dokumentation der zugänglichen geologischen Aufschlüsse. Insgesamt sind acht aufgelassene, z. T. stark verwachsene und wassergefüllte Steinbrüche strukturtektonisch untersucht worden. Die dabei erfaßten Strukturelemente wurden richtungsstatistisch ausgewertet. Das daraus abgeleitete Muster der überwiegend steilstehenden Störungen entspricht dem durch die geomorphologische Analyse und die Luftbildinterpretation ermittelten Störungsmuster. Durch eine Neubearbeitung von Tiefbohrungen der ehemaligen SDAG Wismut und umfassende Nutzung der Ergebnisse der im Jahre 1993 geteuften Bohrungen konnte die Grundlage für ein geologisches Untergrundmodell des Standortes erstellt werden.

Bohrungen: Die Lagerungsverhältnisse des Grundgebirges im Gebiet des Galgenberges wurden zu verschiedenen Zeiten durch Bohrungen erkundet. Relevant für die Bewertung des geplanten Deponiestandortes waren neben den im Verbundvorhaben „Deponieuntergrund“ neu geteuften Bohrungen auch Altbohrungen der ehemaligen SDAG Wismut.

Im November 1992 wurden östlich des Galgenberges auf einer Fläche von 0,7 km^2 14 Flachbohrungen als Schneckenbohrungen niedergebracht. In diesem Bereich war durch geoelektrische Messungen eine bis ca. 70 m tiefe, etwa N-S-streichende mit Verwitterungsbildungen gefüllte Rinnenstruktur lokalisiert worden. Ziel der Flachbohrungen war es, den Aufbau und die

Mächtigkeit der das Grundgebirge bedeckenden Lockermassen (Verwitterungsbildungen) und die hydrogeologische Situation im Lockergesteinsbereich zu untersuchen. Weiterhin sollten Erkenntnisse über den Zustand des unter den Verwitterungsbildungen anstehenden Grundgebirges gewonnen werden. Neben den Flachbohrungen wurden um eine jeweilige Zentralbohrung - die Bohrungen Rabenstein R1, R3 und R5 - eine bis drei Beobachtungsbohrungen für die Durchführung hydraulischer Tests gruppiert und zu Meßstellen ausgebaut. An der am östlichen Rand der möglichen Deponiefläche positionierten Bohrung R5 wurde ein hydrogeologisches Testfeld eingerichtet. Dafür wurden sternförmig um die 100 m tiefe Bohrung R5 drei 35 m tiefe Bohrungen in einem Abstand von 7 Metern zur Zentralbohrung niedergebracht. Diese Bohrungsgruppe liegt in einem Bereich mit geringer Lockergesteinsmächtigkeit.

Hydraulische Tests: Im März 1993 wurden auf den nicht ausgebauten Bohrungen Rabenstein R1 und R2 hydraulische Formationstests als Packertests durchgeführt. Mit diesen Testarbeiten wurden folgende Ziele verfolgt:

- Bestimmung hydraulischer Parameter und des Initialdruckes der getesteten Formationen.
- Ermittlung der für vergleichbare Standorte am besten geeigneten hydraulischen Testverfahren und Auswertemethoden.
- Bewertung des Einflusses, den der Ausbau einer Bohrung zur Grundwassermeßstelle auf die Testdurchführung und die Testergebnisse ausübt.

Untersuchungen im hydrogeologischen Testfeld: Die Untersuchungen erfolgten im Zeitraum von August 1993 bis November 1995 in vier Abschnitten:

- Voruntersuchungen zur Klärung der geologischen Verhältnisse durch Bohrkernaufnahme und Fernsehsondierungen im Bohrloch.
- Pumpversuche, Slug- und Bail-Tests über den gesamten Teufenbereich der Zentralbohrung R5 für eine Erstbewertung der Gesteinsdurchlässigkeiten.
- Abtrennung mehrerer Intervalle der Zentralbohrung durch Packer. In jedem Intervall Ausführung verschiedener Tests, ohne die Versuchsausrüstung zu ändern. Ziel dieser Untersuchungsreihe waren der Vergleich verschiedener Testverfahren unter gleichen Randbedingungen und die Ermittlung der Reaktionen in den Beobachtungsbohrungen.
- Auffüllversuche in ausgewählten Intervallen der Zentralbohrung zur Messung der Druckausbreitung (Interferenztests). Dafür wurden einzelne Intervalle in den Beobachtungsbohrungen abgepackert und darin die Reaktion gemessen. Anschließend erfolgten erneute Auffüllversuche in den Intervallen der Zentralbohrung. Um die Zuflußbereiche und die

Ankunftszeiten des Wassers in den Beobachtungsbohrungen feststellen zu können, wurde es mit einem Tracer (Kochsalz) markiert. Durch die Tracermarkierung konnte eine Schadstoffausbreitung simuliert werden.

Geophysik

Die im Untersuchungsgebiet durchgeführten geoelektrischen, elektromagnetischen und magnetischen Messungen unterstützen die geologischen Arbeiten zur Klärung des Aufbaus von Grund- und Deckgebirge sowie zur Erkundung des regionalen und lokalen Grundwassersystems. Da bekannt war, daß Teile der im Meßgebiet vorkommenden Gesteine (Phyllite, Hornblendeschiefer und Amphibolite) magnetisch wirksam sind, waren von den Ergebnissen der Magnetik Aussagen zur Lithologie und zur Tektonik des Grundgebirges zu erwarten. Aus den Ergebnissen der Geoelektrik und Elektromagnetik konnten Angaben zur Mächtigkeit der Lockerbedeckung und zum tektonischen Baustil des Untergrundes abgeleitet werden.

Magnetik: Das 1400 m · 2000 m große Untersuchungsgebiet wurde bei einem Punktabstand von 10 m (reguläres Gitter) mit einem Protonenmagnetometer vermessen. Bestimmt wurden die Anomalien des magnetischen Totalfeldes für zwei Sondenhöhen (0,65 und 2,05 m) und der daraus ermittelte Vertikalgradient.

Geoelektrik: Zu Beginn der geoelektrischen Messungen sind 7 Widerstandssondierungen nach Schlumberger als Kreuzsondierungen durchgeführt worden. Aus den Ergebnissen dieser Sondierungen wurden optimale Wirkungstiefen für die mit Schlumberger-Konfiguration auf E-W-Profilen durchgeführten Widerstandskartierungen abgeleitet. Mit der dem Elektrodenabstand AB/2 = 50 m entsprechenden Wirkungstiefe sollten die Mächtigkeit der Lockergesteinsbedeckung und das tektonische Inventar des Grundgebirges erkundet werden. Aus den Ergebnissen der Kreuzsondierungen konnte auch abgeleitet werden, daß für fundierte Aussagen zur Lockermaterialverbreitung eine weitere Kartierung mit wesentlich geringerer Wirkungstiefe (AB/2 = 10 m) notwendig ist. Eine senkrecht zur ersten Meßrichtung auf N-S- verlaufenden Profilen durchgeführte zusätzliche Widerstandskartierung mit AB/2 = 50 m sollte zu einer möglichst vollständigen Erfassung des tektonischen Inventars beitragen. Mit den als Isolinienpläne des scheinbaren spezifischen Widerstandes dargestellten Ergebnissen der drei Widerstandskartierungen wird die laterale Leitfähigkeitsverteilung im Untersuchungsgebiet qualitativ verdeutlicht.

Im Anschluß an die Kartierungen wurden insgesamt 71 Widerstandssondierungen nach Schlumberger mit einer maximalen Aufstellungsweite

AB/2 = 420 m durchgeführt. Der mittlere Abstand der Sondierungspunkte betrug ca. 200 m. Die Ergebnisse der durch Inversionsrechnung quantitativ ausgewerteten Widerstandssondierungen zeigen die teufenmäßige Verteilung der Leitfähigkeiten als geoelektrische Schichtmodelle.

Elektromagnetik: Die bei der Kartierung eingesetzte Apparatur EM34-3XL erlaubt die Leitfähigkeitsmessung in mehreren Kombinationen von Spulenabstand (10, 20, 40 m) und -anordnung. Zur Ermittlung der optimalen Meßparameter wurden deshalb vor der Kartierung Tests auf ausgewählten Profilen durchgeführt. Diese Tests zeigten die besten Resultate im Horizontalmodus bei einem Spulenabstand von 20 m. Der Spulenabstand 10 m schied aufgrund der zu geringen Erkundungstiefe aus, und für 40 m waren die Ergebnisse weniger detailliert und weniger stabil als für 20 m Spulenabstand. Die Vergleiche mit den bereits vorliegenden Ergebnissen der Widerstandskartierungen zeigten, daß die mit der gewählten Kombination gemessene Werteverteilung in ihrer strukturellen Aussage sehr gut den Ergebnissen der Widerstandskartierung mit AB/2 = 50 m entspricht. Neben der geologischen Aussage der Ergebnisse und ihrer Vergleichbarkeit mit der Widerstandskartierung standen Fragen zur Meßtechnologie und dem zeitlichen sowie personellen Aufwand im Mittelpunkt des Interesses. In vergleichbaren Gebieten liefern elektromagnetische Messungen bei der Kartierung mit geringerem Personaleinsatz in kürzerer Zeit gleichwertige Ergebnisse.

Aussagen zur Lithologie, Tektonik und Lockergesteinsbedeckung: Auf der Basis der geoelektrischen Untersuchungen sind zwei Karten konstruiert worden, in denen die geophysikalischen Meßergebnisse in eine geologische Aussage umgesetzt wurden. So ist aus den Ergebnissen der Widerstandskartierungen und -sondierungen sowie der Elektromagnetik unter Einbeziehung von Ergebnissen der Magnetik und der geologischen Lesesteinkartierung ein lithologisch-tektonisches Schema des Untersuchungsgebietes erstellt worden. Es zeigt die nach den geophysikalischen Informationen wahrscheinlichen lithologischen Grenzen und tektonischen Störungen. Die Gesteinsansprache entspricht der Lesesteinkartierung. Die Trassierung und Klassifizierung der tektonischen Störungen erfolgte nach geophysikalischen Indikationen (z. B. Anomalienform und -amplitude).

Geophysikalische Bohrlochmessungen: Geophysikalische Bohrlochmessungen gehören zum Standardprogramm bei der Erkundung von Standorten für die Neuanlage von Deponien. Durch ihren Einsatz werden Erkenntnisse über die Eigenschaften der Geologischen Barriere in situ gewonnen. Für die lithologische Gliederung sowie die Einschätzung geomechanischer und hydraulischer Eigenschaften sind die Ergebnisse folgender Bohrlochmessungen maßgeblich:

- Gamma-Ray-Log (GR),
- Gesteinsdichte-Log (GGD),
- Neutron-Neutron-Log (NN),
- Widerstandslog (EL, FEL, Laterolog),
- Magnetiklog (MAL),
- Akustiklog (AL),
- „Bore Hole Tele Viewer" (BHTV),
- Flowmetermessung und Fluid-Logging, zur Messung von Flüssigkeitsbewegungen,
- Kaliberlog (CAL), zur Beurteilung des Bohrlochzustandes und für die Korrektur anderer Bohrlochmeßverfahren,
- Abweichungsmessungen, zur Teufenkorrektur von erfaßten Schicht- und Trennflächen.

Die Meßwerte wurden in gleichmäßigen Teufenschritten digital aufgezeichnet. Die im Zusammenhang mit der Kernaufnahme durchgeführten optischen und geophysikalischen Bohrlochmessungen ermöglichten es, die Geologie im Bereich des hydrogeologischen Testfeldes unter besonderer Berücksichtigung des Trennflächengefüges detailliert zu erfassen. Durch eine Kombination von Fluid-Logging und Flowmetermessung konnte das Bohrprofil in unterschiedliche hydrodynamisch aktive Bereiche gegliedert werden.

Ermittlung der Sickerwasserrate (Grundwasserneubildung) aus bodenkundlichen Daten

Für den Teststandort Rabenstein erfolgte die Berechnung der Sickerwasserrate im Bereich der vorgesehenen Ablagerungsfläche und ihrer näheren Umgebung mit dem Regressionsansatz von RENGER & WESSOLEK (1994). Nach der Bestimmung der effektiven Durchwurzelungen und nutzbaren Feldkapazitäten für homogene Einheiten (Standorttypen) wurden unter Einbeziehung der Werte langfristiger mittlerer Niederschläge für Winter- und Sommerhalbjahr Sickerwasserraten für den ebenen Standort berechnet. Durch Relieffaktoren konnte diese Berechnung über ein Triangulationsmodell an den landwirtschaftlich genutzten Hangstandort angepaßt werden. Die Kenntnis der Grundwasserneubildungsrate ist erforderlich für die Eichung eines standortspezifischen Grundwasserströmungsmodells.

Untersuchungen der geogenen Grundbelastung mit mobiler Vor-Ort-Analytik

Im Sommer 1994 sind mit kostengünstiger mobiler Vor-Ort-Analytik die Schwermetallgehalte im Boden erfaßt worden. Die ermittelten Gehalte wurden in Abhängigkeit von den verschiedenen Gesteinseinheiten im Liegenden flächenhaft und im Bodenprofil dargestellt. Für diese Untersuchungen sind auf einer Teilfläche am Galgenberg insgesamt 25 Rammkernsondierungen mit einer Tiefe von 3 m zur Entnahme von Bodenproben niedergebracht worden. Die gezogenen Kerne wurden mittels Röntgenfluoreszenzanalyse vor Ort auf Schwermetallgehalte und die Gehalte weiterer wichtiger Elemente untersucht. Ziel der Untersuchungen war es, die Aussagefähigkeit der „mobilen Analytik" bei der Bestimmung der geogenen Grundbelastung zu prüfen.

Zusammenfassung und Übertragbarkeit der methodischen Ergebnisse

Zur Erkundung der geologischen Barriere wurden am Teststandort Rabenstein stufenweise verschiedene Erkundungsmethoden eingesetzt. Einen ersten Überblick über die Standortsituation vermittelte eine als Lesesteinkartierung durchgeführte geologische Geländeaufnahme. Es folgten flächenhafte magnetische, geoelektrische und elektromagnetische Kartierungen zur strukturellen und lithologischen Differenzierung des Untergrundes. Das Bohrprogramm umfaßte u. a. Kernaufnahmen, hydraulische Tests und geophysikalische Bohrlochmessungen.

Das wichtigste Ergebnis für die Bewertung der geologischen Barriere am Standort Rabenstein stellt das Schema der Verbreitung und Mächtigkeit von Lockermaterial nach gleichstromgeoelektrischen und elektromagnetischen Kartierungen und Widerstandssondierungen dar. Dieses Modell wurde inzwischen durch die zielgerichtet geteuften Flachbohrungen bestätigt. Damit konnten die bisherigen Vorstellungen zur Lockergesteinsbedeckung im Gebiet Rabenstein grundlegend revidiert werden.

Das Untersuchungsgebiet wird östlich des Galgenberges von einer NNE-SSW-streichenden, etwa 1 500 m langen, 400 m breiten und bis zu 70 m tiefen Rinnenstruktur durchzogen. Diese rinnenartige Struktur endet an einer E-W-streichenden Störungszone, die sich im Norden des Untersuchungsgebietes als kurze, aber auffällige Geländekante andeutet und auch auf den Luftbildern als Lineation erkennbar ist. Ob die Anlage der Rinnenstruktur einer Verkarstung der Metakarbonate folgt, kann aufgrund der vorliegenden Bohr- und Kartierungsergebnisse nicht beurteilt werden. Die Rinnenfüllung besteht aus überwiegend lehmig/tonigen Verwitterungsprodukten, in denen vermutlich mehrere eng begrenzte Grundwasserniveaus auftreten, die untereinander nicht kommunizieren. Deshalb kann lokal auch gespanntes Grundwasser angetroffen werden. Der Grundwasserabstrom erfolgt ausgehend von einer vom Galgenberg aus nach Osten verlaufenden Wasserscheide nach ENE und SSW.

Die im hydrogeologischen Testfeld aus der Kernaufnahme und einer TV-Sondierung gewonnenen Ergebnisse fügen sich zu einem einheitlichen Bild zusammen. In der in den Bohrungen angetroffenen Folge von Metasedimenten und Metabasiten wurde entsprechend der Hauptfoliation (S_1) eine bevorzugte Streichrichtung von 30 - 60° bei einem Einfallen von 30 - 50° ermittelt. Die aus den Polpunktdiagrammen und den Fallwinkeldiagrammen der Kernaufnahme ermittelte zweite Foliation (S_2) fällt bei einer Streichrichtung von 60 bis 90° mit 40 bis 60° ein. Eine als Ablösungsfläche wirkende dritte Foliation (S_3) kann, insbesondere durch das Ergebnis der Polpunktauswertung für die Bohrung R7, mit einer Richtung von 270 bis 300° vermutet werden.

Aus den Schichtenverzeichnissen und den Kluftprofilen der TV-Sondierung lassen sich Abhängigkeiten zwischen Klüftung und Lithologie ableiten und Homogenbereiche abgrenzen. Im Gegensatz zu den Phylliten weisen die Schwarzschiefer und Amphibolite eine geringere Klüftung auf. Anhand der Kluftprofile lassen sich einzelne Bereiche der Bohrungen hinsichtlich ihrer Wasserwegsamkeit gut korrelieren. Wahrscheinlich stellen die stark geklüfteten Bereiche der Phyllite bevorzugte Fließwege dar. Diese Fließwege werden durch fein geschieferten, gering geklüfteten Schwarzschiefer unterbrochen. Nach der Lithologie und den Ergebnissen der Kluftauswertung ließ sich jedoch keine Verbindung zwischen den Klüften in den ober- und unterhalb der Schwarzschiefer angetroffenen Phylliten konstruieren, auch wenn dies nach Auswertung der TV-Sondierung zunächst möglich erschien. In den Schwarzschiefern konnten bei der Kernaufnahme kaum Fe- und Mn-Hydroxide als Anzeichen für Wasserwegsamkeiten festgestellt werden. So liegt die Vermutung nahe, daß es sich unterhalb der Schwarzschiefer um einen gespannten Kluftwasserleiter handelt. Diese Annahme wird gestützt durch die Beobachtung, daß sich unmittelbar nach den Bohrarbeiten ein Grundwasserspiegel einstellte, der deutlich über dem während des Bohrens angetroffenen Wasserspiegel steht. Dieser Kluftwasserleiter ist hauptsächlich in den Phylliten und Amphiboliten ausgebildet.

Vergleich der Ergebnisse hydraulischer Tests vor und nach dem Ausbau einer Bohrung zur Grundwassermeßstelle

Bei den vor dem Ausbau durchgeführten Tests wurde eine Permeabilität von etwa $5 \cdot 10^{-14}$ m^2 ermittelt, wobei zwischen den Testintervallen eines Screening-Tests und des ersten „regulären" Tests keine deutlichen Unterschiede auftreten. Die nach dem Ausbau ermittelte etwas höhere Permeabilität ist z. T. sicher auf den Einfluß des Filterkieses zurückzuführen, zum anderen ist es wahrscheinlich, daß die Tonsperre nicht vollständig abgedichtet hat, so daß die Intervall-Länge nicht richtig abgeschätzt werden konnte. Bei Tests in ausgebauten Bohrungen sollte man in jedem Fall sicherstellen, daß der eingebrachte Ton ausreichend Zeit zum Quellen hat. Sowohl vor als auch nach dem Ausbau zeigt sich eindeutig eine Abnahme der Permeabilität bei späteren Testzeiten.

Durchlässigkeitsverhalten des Gebirges und Simulation einer Schadstoffausbreitung

Nach der geologischen Bohrkernaufnahme wurde das Meßprogramm für die Untersuchung der Gebirgsdurchlässigkeit mit einer Fernsehkamera-Befahrung zur Einmessung der angetroffenen Gefügeelemente begonnen. Die daran anschließenden hydraulischen Versuche auf dem hydrogeologischen Testfeld begannen mit Pumpversuchen sowie Slug- und Bail-Tests über die gesamte Bohrlochstrecke. Der Verlauf der Absenkungs- und Wiederanstiegsphase im Pump- und in den Beobachtungsbrunnen zeigte ein quasihomogenes Bild des Untergrundes an. Die bei den Pumpversuchen ermittelten Transmissivitäten liegen im Bereich von $T = 5{,}1 \cdot 10^{-5}$ bis $2{,}9 \cdot 10^{-4}$ m²/s. In jeder Bohrung wurden anschließend je fünf Slug- und Bail-Tests durchgeführt. Die Mittelwerte dieser Ergebnisse schwanken im Bereich von $T = 2{,}1 \cdot 10^{-5}$ bis $1{,}0 \cdot 10^{-4}$ m²/s und liegen damit im Größenbereich der Pumpversuchsergebnisse. Die Untersuchungen zeigen, daß Slug- und Bail-Tests für Durchlässigkeitsuntersuchungen gut geeignet sind. Der Nachteil dieser Tests ist deren geringe Reichweite im Gebirge. Vorteilhaft wirken sich dagegen der sehr geringe Zeitaufwand für die Tests selbst und das gegenüber Meßwertschwankungen relativ unempfindliche Auswerteverfahren von BOUWER & RICE (1976) aus.

In der Zentralbohrung R5 des Testfeldes sind insgesamt 18 Intervalle mit einer Länge von jeweils 2,6 m durch eine Doppelpackeranordnung separiert und mit Slug- und Bail-Tests, Wasserdrucktests, Pulse-Tests und Drill-Stem-Tests untersucht worden. Die Meßdaten wurden nach unterschiedlichen Verfahren ausgewertet. Die einzelnen Verfahren konnten über einen am Mittelwert aller Ergebnisse orientierten Vergleich bewertet werden.

Bei der Auswertung haben die in ihrer Durchführung einfachen Slug- und Bail-Tests am besten abgeschnitten. Die Versuchsdauer beträgt je nach Durchlässigkeit einige Minuten bis einige Stunden. Bis zu einer Durchlässigkeit von $k_f = 1 \cdot 10^{-7}$ m/s dauert ein Slug-Test im Schnitt bis zu zwei Stunden, wobei die Testzeit durch längere Testintervalle verringert werden kann.

Auch die durchgeführten Wasserdrucktests (WD-Tests) haben sich bewährt. Die Ergebnisse liegen sehr dicht beieinander, wobei die Reichweite der Tests im Bereich von etwa 10 m lag. Vor und nach jedem WD-Test wurde mit Slug- und Bail-Tests überprüft, ob durch die Wassereinleitung während des WD-Tests nachhaltige Änderungen im Gebirge entstanden sind. Die Ergebnisse zeigten, daß durch die relativ geringen Drücke (max. 0,15 MPa) keine Veränderungen im Gebirge hervorgerufen wurden. Der Aufwand für die Durchführung eines WD-Tests ist allerdings recht groß.

Der Drill-Stem-Test (DST-Test) kann nach den Erfahrungen auf dem Testfeld Rabenstein nicht empfohlen werden. Bei den nur geringen Druckunterschieden liefert die Schließphase im flachen Bereich nur selten brauchbare Daten. Für den Einsatz in tieferen Bereichen - der Test stammt aus der Erdölindustrie - ist er sicherlich hervorragend geeignet. Die Fließphase des DST-Tests entspricht einem Bail-Test. Ihre Auswertung liefert ebenso wie beim Bail-Test gute Ergebnisse. Zwar ist der Aufwand für die Durchführung eines DST-Tests nicht höher als bei anderen Versuchen, jedoch ist ein sogenanntes Shut-in-Ventil erforderlich, das nur als kostspielige Einzelanfertigung zu beziehen ist.

Der Pulse-Test ist das einzige Testverfahren, mit dem Durchlässigkeitsbeiwerte $k_f < 10^{-7}$ m/s erfaßt werden können. Bei Durchlässigkeiten $k_f > 10^{-7}$ m/s verläuft der Druckausgleich so schnell, daß die Meßdaten nicht mehr ausgewertet werden können. Der technische Aufwand für die Durchführung ist recht hoch. Der Test selbst ist jedoch sehr einfach durchzuführen und liefert auch bei der mehrfachen Wiederholung stabile Ergebnisse. Während der Tests in den Intervallen wurden zwei Bereiche beobachtet, die sich deutlich im Zu- und Abflußverhalten unterscheiden. Die Ergebnisse der Tests, bei denen Wasser in das Gebirge eingeleitet wird, liegen hier fast eine Zehnerpotenz über den Tests, bei denen das Wasser aus dem Gebirge in das Intervall strömt.

In zwei der in der Zentralbohrung R5 getesteten Intervalle wurden Interferenztests durchgeführt. Hierbei wird in einer Bohrung in einem definierten Bereich ein Druck aufgebracht und die Reaktion in den ebenfalls separierten Bereichen einer Beobachtungsbohrung gemessen. Es wurden zwei Intervalle mit mittleren Durchlässigkeiten von $k_f = 1 \cdot 10^{-6}$ m/s und $k_f = 5 \cdot 10^{-6}$ m/s ausgewählt. In diese Intervalle wurde bis zur Einstellung eines konstanten Druckes im Testintervall Wasser eingeleitet. Die Messungen in den jeweiligen Beobachtungsintervallen der Nachbarbohrungen wurden solange durchgeführt bis sich auch hier konstante Reaktionen zeigten. Auf diese Weise ließ sich ein differenziertes Bild der Wasserausbreitung innerhalb des Testfeldes gewinnen. Der Wassertransport verläuft hier auf Schichtflächen und deren Schnittflächen. Dabei sind die höchsten und schnellsten Reaktionen in Richtung des Einfallens sowie des Streichens zu beobachten. Auf anderen Trennflächen verläuft dieser Prozeß sehr viel langsamer bei deutlich niedrigeren Raten. Parallel zu den Interferenztests wurden in den einzelnen Beobachtungsintervallen Slug- und Bail-Tests durchgeführt. Die Durchlässigkeitsverteilungen in den Beobachtungsbohrungen des Testfeldes weichen deutlich von der Zentralbohrung R5 ab. Während die Durchlässigkeiten im oberen Bereich der Beobachtungsbohrungen niedriger sind, liegen sie im mittleren Bereich um bis zu eine Zehnerpotenz höher als in R5. Im unteren Bereich liegen die

Durchlässigkeiten zum Teil um zwei Zehnerpotenzen höher als in der Zentralbohrung.

Im Anschluß an die Interferenztests wurde in den Intervallen der Zentralbohrung mit derselben Versuchsausrüstung jeweils ein Tracer-Test durchgeführt. Die dabei festgestellten Hauptzuflußbereiche der Tracer entsprechen den bei den Interferenztests ermittelten Abschnitten. Entgegen den Erwartungen wurden aber in den Intervallen, wo die höchsten Reaktionen auftraten, nicht die höchsten Tracerkonzentrationen gemessen. Diese lagen in Bereichen mittlerer Reaktionen der Interferenztests.

Der Schadstofftransport verläuft also im wesentlichen auf den Trennflächen, die auch hydraulisch gut wirksam sind. In den Vorzugsrichtungen, wo die schnellsten und höchsten Reaktionen während der Interferenztests angetroffen wurden, verläuft auch die Schadstoffausbreitung am schnellsten. Die höheren Konzentrationen wurden jedoch in den Richtungen mittlerer hydraulischer Aktivität beobachtet. Das ist auf Verdünnungsvorgänge zurückzuführen, da in den hydraulisch aktiveren Bereichen mehr Grundwasser zur Verfügung steht. Räumlich betrachtet eilt der Schadstoff in den hydraulischen Vorzugsrichtungen der Hauptkonzentrationsfront voraus. Über das Langzeitverhalten können aufgrund der recht kurzen Versuchszeiten von etwa sieben Stunden jedoch keine Aussagen getroffen werden.

Wie die Untersuchungen zeigten, lassen sich nach den Ergebnissen hydraulischer Versuche hydraulische Vorzugsrichtungen von weniger aktiven Bereichen unterscheiden. Auf eine damit verbundene Hauptausbreitung der Schadstoffe können allerdings keine sicheren Hinweise geliefert werden. Inwieweit hydraulische Tests und deren Ergebnisse generell in der Lage sind, Aussagen zur Schadstoffbewegung im Untergrund treffen zu können, bleibt fraglich. Vermutlich liefern nur Tracerversuche unter natürlichen hydraulischen Bedingungen sichere Aussagen zu dieser Problematik.

Methodische Schlußfolgerungen aus der oberflächengeophysikalischen Vermessung

Für die geophysikalische Erkundung von Deponiestandorten in geologisch ähnlich gebauten Gebieten ist eine Methodenkombination Magnetik, Geoelektrik und Elektromagnetik vorteilhaft. Das Magnetfeld wurde mit dem Meßpunktabstand von 10 m gut erfaßt. Eine geringere Meßpunktdichte hätte die unmittelbar an der Oberfläche anstehenden bzw. ausstreichenden magnetisch wirksamen Gesteine und die technischen Quellen nur unzureichend abgebildet. Das zweite Meßniveau erhöht die Sicherheit bei der Beurteilung der erhaltenen Meßwerte.

Zur Festlegung der Meßparameter für Widerstands- und elektromagnetische Kartierungen sind gezielt angesetzte Widerstands-Kreuzsondierungen erforderlich. Für die Ermittlung der Lockermaterialverbreitung ist eine zusätzliche Widerstandskartierung mit kleinem AB/2 (hier 10 m) von großem Nutzen. Auch wenn in diesem Meßgebiet der Beweis nicht überzeugend ausgefallen ist, sollten zur optimalen Erfassung des tektonischen Inventars auch zukünftig geoelektrische Widerstandskartierungen in zwei Meßrichtungen vorgesehen werden.

Für eine schnelle Kartierung ist die elektromagnetische Apparatur EM34-3XL hervorragend geeignet. Sie liefert bei entsprechender Wahl der Meßkonfiguration mit geringerem Aufwand der Widerstandskartierung gleichwertige Ergebnisse. Die Möglichkeiten, mit diesem Gerät auch Sondierungen durchzuführen, sind jedoch eingeschränkt. Um quantitative Aussagen zur vertikalen Leitfähigkeitsverteilung zu erhalten, müßte das Meßgebiet (oder ausgewählte Profile) mit allen drei zur Verfügung stehenden Spulenabständen übermessen werden. Das führt jedoch zu einer beträchtlichen Erhöhung des Aufwandes.

Als günstige Methodenkombination für die Beschreibung der vertikalen Gliederung des Untergrundes wird die Durchführung gezielt angesetzter Widerstandssondierungen nach Auswertung der elektromagnetischen Kartierungsergebnisse empfohlen. Bei aller Problematik sind Widerstandssondierungen zur Mächtigkeitsbestimmung der Lockermaterialbedeckung über Festgesteinskomplexen unverzichtbar. Eine weitergehende quantitative Interpretation für größere Tiefenbereiche ist allerdings nur beschränkt möglich. Der Abstand von ca. 200 m zwischen den Sondierungspunkten erwies sich an diesem Standort als optimal.

14 Geologie

HORST AUST & GERHARD LANGE

14.1 Lage und geologischer Rahmen des Standortes

Der Standort Rabenstein mit der Lokalität Galgenberg befindet sich auf kristallinem Untergrund mit periglazialer Bedeckung. Ein Luftbild der topographischen Landesaufnahme aus dem Jahre 1988 zeigt das vorwiegend landwirtschaftlich genutzte Untersuchungsgebiet im Autobahndreieck Chemnitz-Nord. Der Wechsel dunkler und heller Zonen in den vegetationsfreien Bereichen verdeutlicht den lokal stark unterschiedlichen Durchfeuchtungsgrad der oberen Bodenschichten Die dunklen Flecken sind z. T. stauvernäßte Bereiche. Einzelne helle Streifen innerhalb der potentiellen Deponieauflagefläche sind in der stereoskopischen Betrachtung als Drainagen erkennbar (*Abb. 14.1*).

Dieser Standort wurde aus der vergleichenden Bewertung von insgesamt zehn Möglichkeiten nach den Kriterien der Nutzwertanalyse (SENG, 1978) für die Errichtung einer Deponie des Abfallwirtschaftsverbandes Chemnitz favorisiert. In der Geologischen Karte ohne Känozoikum ist die Position des Standortes auf dem südlichen äußeren Schiefermantel des Sächsischen Granulitgebirges unmittelbar nördlich der Granulitgebirgs-Randstörung (Hohensteiner Störung) zu sehen (*Abb. 13.1*). Die Hohensteiner Störung bildet die Grenze zweier regionaler tektonischer Einheiten - das Granulitgebirge im Norden und die permokarbonische Erzgebirgische Senke im Süden. Das Untersuchungsgebiet liegt im Kreuzungsbereich regionaler Störungszonen. Bereits die Morphologie läßt eine lokale Vergitterung mit der äquatorialen (E-W-) Richtung erkennen. Der Standort wird von zwei etwa N-S-streichenden Störungssystemen im Westen und Osten sowie zwei E-W-streichenden Störungen im Norden und Süden flankiert. Im Untersuchungsgebiet selbst dominiert die meridionale (N-S) Richtung.

Die Hohensteiner Störung wird von mehreren parallelen Teilstörungen sowie quer dazu verlaufenden Bruchzonen begleitet und ist in Verbindung mit psammitischen Bildungen gut wasserwegsam. Die in Richtung Standort verlaufenden Querstörungen stellen als mögliche hydraulische Verbindungen für die Ausbreitung von Deponie-Sickerwässern eine potentielle Gefahrenquelle für zahlreiche auf ausgeprägten Störungszonen angelegte Chemnitzer

Tiefbrunnen dar. In der Regel trifft man in den klüftungsfreundlichen metamorphen Gesteinen des Standortes kleinräumige Grundwasservorkommen mit komplizierten geohydraulischen Bedingungen an, deren unterirdische Einzugsgebiete nicht genau bekannt sind. Innerhalb der Verwitterungszone des Festgesteins sind geringmächtige Grundwasserleiter in Tallagen ausgebildet, die z. T. nur temporär Grundwasser führen und direkt in die bestehenden Vorfluter entwässern (SEIFERT, 1991).

Abb. 14.1: Luftbild der topographischen Landesaufnahme. Aufnahmezeitpunkt April 1988. Kartierungs- und Auswertungszentrum (KAZ) Leipzig.

Der äußere Schiefermantel des Granulitgebirges gehört großtektonisch zu einem während der variszischen Orogenese entstandenen Faltenbau mit den Antiklinalen Granulitgebirge und Erzgebirge sowie der dazwischenliegenden Synklinale der Erzgebirgischen Senke (PIETZSCH, 1951). Die Richtung des Faltendruckes gibt PIETZSCH mit NW-SE bzw. N-S an. Die endgültige Prägung des strukturellen und geomorphologischen Bildes beruht auf tektonischen Ereignissen im Zeitraum Oberkarbon/Rotliegendes sowie meso- und känozoischen Schollenbewegungen, die zur Hebung des Erzgebirges führten. Das so entstandene bruch- und faltentektonische Inventar der am Untersuchungsstandort anstehenden Metamorphite weist ein generelles Einfallen nach Osten auf, wobei die Gesteinslagen unterschiedlich stark geschiefert und teilweise leicht verfaltet bis flachwellig verbogen sind.

Der Untergrund des Standortes (das „Grundgebirge") wird von einer Folge schwachmetamorpher kambrischer Gesteine gebildet, die im wesentlichen der Grünschieferfazies zuzuordnen sind. Im engeren Untersuchungsgebiet steht eine NE-SW- bis N-S-streichende und mit 20 - 50° SE bis E einfallende Serie von Phylliten, Glimmer- und Schwarzschiefern mit Einlagerungen von Amphiboliten, Quarziten und Karbonatgesteinen (Kalkphyllite, Marmore) an. Die silbergrau und grünlich gefärbten Phyllite enthalten kieselschieferartige Einlagerungen, in denen Spumellarien[1] gefunden wurden. In Wechsellagerungen sind sie mit dunkelgrauen Glimmerschiefern und feingebänderten, dunkelgrauen bis schwarzen Schwarzschiefern (Meta-Schwarzschiefern) verbunden, die wegen sandiger Einlagerungen eine linsenartige Textur aufweisen. Die erhöhten Gehalte an Pyrit und Markasit führten bei Wasserzufuhr zu aggressiven Lösungen, die den Zersatz angrenzender Gesteine intensivierten. In die Schwarzschiefer sind graugrüne und dunkelgraue bis schwarze Amphibolite eingeschaltet, in denen häufig vulkanogene Edukte sichtbar sind. Sie zerfallen plattig und sind im allgemeinen von zahlreichen mit Calcit und Quarz erfüllten Klüften durchzogen.

Weitere Einlagerungen in diese Phyllit-, Glimmerschiefer- und Schwarzschiefer-Folgen sind Karbonate, die im jetzigen Schaubergwerk Rabensteiner Felsendome abgebaut wurden. Dabei handelt es sich um weißgraue bis schwarzgraue Calcit-Marmore und Kalkphyllite, die meist feinkristallin und dickbankig bis massig ausgebildet sind. Sie sind teils kompakt, teils im Millimeter- bis Zentimeter-Bereich von tonigen Bändern durchzogen. Auch flaserige und brekziöse Partien kommen vor. Seit der Oberkreide kam es in dieser hydrogeologisch bemerkenswerten Gesteinsserie zu Verkarstungserscheinungen, d. h. zur Bildung von Höhlen und Spalten. Dabei dürfte der hohe Pyritgehalt der Schwarzschiefer maßgeblich für die Aggressivität der Lösungen gewesen sein. Der liegende Abschnitt dieser Gesteinsserie wird lithostratigraphisch als Äquivalent der Grießbacher Folge, ihr mittlerer und

[1] Kugelige Form der Strahlentierchen. Seit dem Kambrium eindeutig nachweisbare Form der Wirbellosen.

hangender Abschnitt im engeren Standortbereich als Äquivalent der Phyllite der Breitenbrunner und Herolder Folge des Kambrium interpretiert. Diese Gesteine liegen am Rabenstein teils in Grünschieferfazies, teils in Amphibolitfazies vor (SEIFERT 1991).

Im Gegensatz zu der noch von der SDAG Wismut vorgenommenen Einstufung in das Silur und Devon (GALJAPIN et al., 1976), werden die Schwarzschiefer und Metakarbonate von FREYER et al. (1982) in das Unterkambrium bis obere Mittelkambrium gestellt. Diese Alterseinstufung beruht auf dem Nachweis von Algen, Archaeocyathinen- und Poriferen-Resten in den Metakarbonaten von Niederrabenstein. Nur die Zuordnung der Metabasite zum Devon scheint noch akzeptabel, allerdings müßten diese dann als devonische Intrusionen innerhalb der Phyllit-Schwarzschiefer-Metakarbonatfolge aufgefaßt werden. Die *Tab. 14.1* zeigt eine verfeinerte lithostratigraphische Einordnung der auch im Untersuchungsgebiet verbreiteten kristallinen Komplexe. Das Gefügeinventar dieser Metamorphite (Foliation, Faltenachsen, Lineationen, cogenetische Klüftung und Scherflächen) ist der variszischen Hauptdeformation (sudetische Phase) zuzurechnen.

Bei der vulkanotektonischen Anlage der Erzgebirgischen Senke im Oberkarbon und unteren Perm kam es zu einer großflächigen, am Rabenstein nur noch in lokalen Senken erhaltenen Rotliegend-Sedimentation. Die in unmittelbarer Nähe des Untersuchungsgebietes anstehenden Gesteine des unteren Rotliegenden (Autun) werden in den Bereich der Härtensdorfer Schichten gestellt (FISCHER, 1985). In die Konglomerate, Tone und Letten sind Eruptiva und Pyroklastite eingeschaltet.

Das heutige strukturelle und geomorphologische Bild entstand im Verlauf variszischer, permischer, saxonischer und känozoischer Schollenbewegungen. Im Zusammenhang mit einer jüngeren Heraushebung des Untersuchungsgebietes - wohl in der Oberkreide und im Alttertiär - kam es zu tiefreichenden Verwitterungserscheinungen, die z. B. in der Bohrung Rabenstein R3 bis in mindestens 60 m Tiefe nachgewiesen wurden. Sie führten zu einer Zersetzung und Verlehmung der Phyllite, Glimmer- und Schwarzschiefer, deren Struktur in den Verwitterungsböden noch gut erkennbar ist. Diese Zersetzungsprodukte sind kalkfrei. Sie werden durch jüngeren Lehm, u. a. umgelagerten weichselzeitlichen Lößlehm, überlagert. Im Pleistozän kam es zu periglazialen Rutschungen. Die dabei verfrachteten Ablagerungen wurden in den Bohrungen angetroffen.

In der ersten Etappe der Standortuntersuchung, noch vor Durchführung der geophysikalischen Arbeiten, wurden alle zu diesem Zeitpunkt verfügbaren Unterlagen nach einheitlichen Gesichtspunkten überarbeitet und durch eine Lesesteinkartierung ergänzt (LEGLER, 1992). Das danach aktualisierte geologische Vormodell und den geologischen Schnitt zeigt die *Abb. 14.2*.

Supergruppe	Hauptgruppe		Gruppe	Folge	Schichten	Charakteristika	Mächtigkeit [m]
≈ 500 Ma		>>Oberer mono toner Komplex<<	Schwarzburger Gruppe	Phycodenfolge	Phycodenschiefer	bändrig-streifige Schluffphyllite	150 ... 200
					~?~ Phycodendachschiefer	eintönige schichtungsarme Schluffphyllite	150 ... 200
				Frauenbach-Folge	~?~ O*Fr*2 O*Fr1*	Phyllite z.T. kohlenstoffführend; Quarzite (Geyerscher Wald - Henneholz; Meinersdorf)	300 ... 350 (max. 600) 350 ... 400 (max. 800)
		>>Bunter Komplex<<(des Erzgebirges)	Thumer Gruppe	Halbmeiler Folge	nicht differenziert	Phyllite mit Quarziten und Metabasiten	< 100 ... 300
				Herolder Folge	nicht differenziert	Phyllite bis Glimmerschiefer mit Graphitschiefer, Kalkglimmerschiefer, Marmor (Metabasite)	100 ... 350
			Jáchymov- (Joachimsthaler) Gruppe	Breitenbrunner Folge	~~~ örtlich *€BbN4* *€BbN3* *€BbN2* *€BbN1* (? ↓)	im Typusgebiet: bunt; in Erzgebigsnordrandzone (*€ BbN*): psammitbetont. Metabasite	100 ... 400 400 ... 700
				Grießbacher Folge	Schichten von Bŏzi Dar	*G*m-Gneise (Metarhyolithoide und -tuffe?), Marmor	350 ... 600
					Schichten von Plavno	Metagrauwacken, Metakarbonatgesteine	150 ... 500
				~?~	Zechengrund-schichten	Graphitführung	100 ... 350

Tab. 14.1: Übersicht über die lithostratigraphischen Einheiten im Kristallin des Erzgebirges (Stand 1988). Gekürzt aus LORENZ & HOTH (1990).

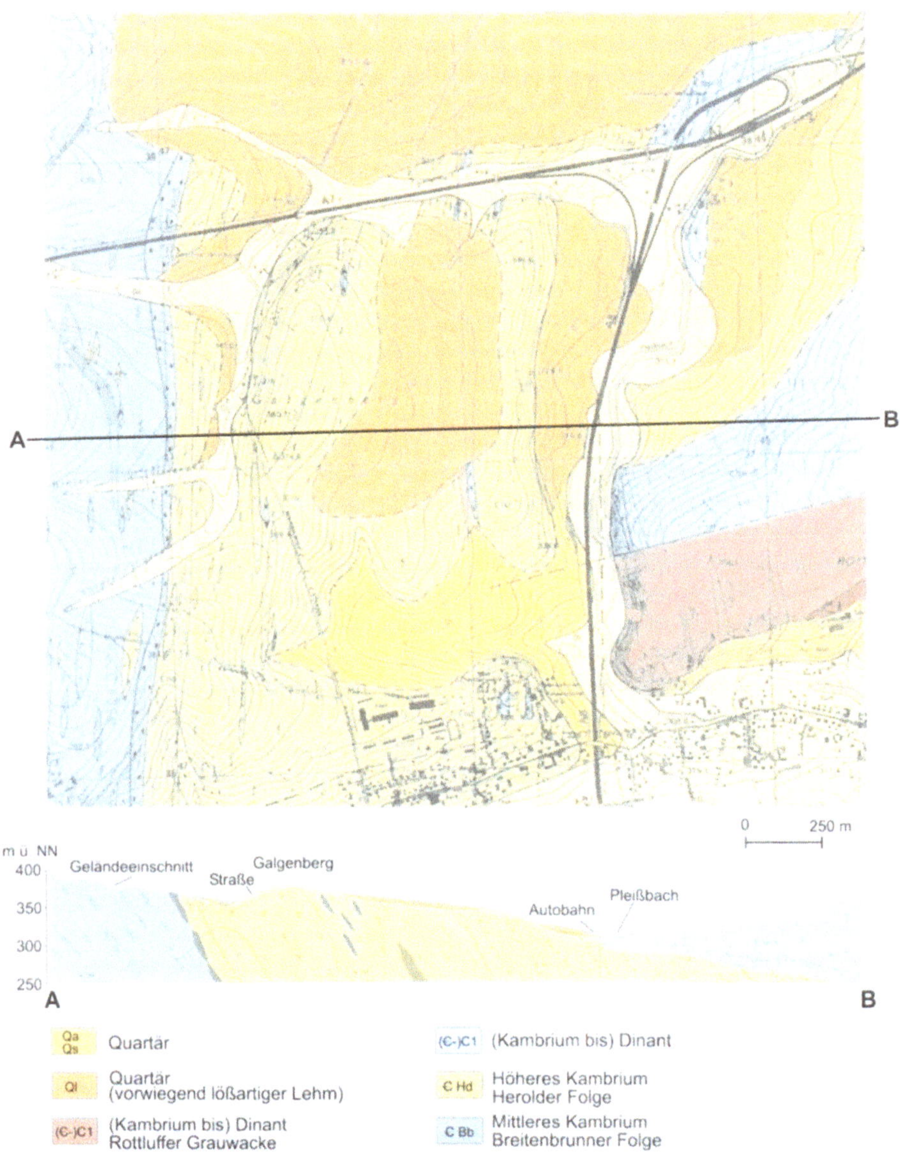

Abb. 14.2: Karte der Lesesteinkartierung (*oben*) und geologischer Schnitt A – B (*unten*). GEOS Freiberg, 1992, im Auftrag der BGR

14.2 Ältere geologische und geophysikalische Arbeiten

Die Umgebung des Standortes Rabenstein war bereits seit Mitte der 50-er Jahre bis 1990 Ziel von Erkundungsarbeiten des vormaligen VEB Geophysik Leipzig, der ehemaligen SDAG Wismut und des Zentralen Geologischen Instituts der DDR. Diese Untersuchungen, im Verbund mit den Kartierungsergebnissen der Freiberger Geologen, lieferten wichtige regionalgeologische Fakten und Vorkenntnisse für die Arbeiten im Rahmen der Teststandortforschung.

Die ersten magnetischen Messungen des VEB Geophysik Leipzig in diesem Gebiet wurden im Zeitraum von 1955 - 1965 durchgeführt. Die Meßpunktabstände lagen zwischen ca. 300 m bei der regionalen Landesaufnahme und unter 10 m bei lokalen Spezialmessungen. Eine flächendeckende gravimetrische Vermessung mit Punktabständen von ca. 300 m führte 1972 die SDAG Wismut durch.

Im Rahmen der Neubewertung des Rohstoffpotentials im Südteil der ehemaligen DDR durch das Zentrale Geologische Institut erfolgte im Jahre 1986 eine aerogeophysikalische Befliegung des Raumes Mittelsachsen im Maßstab 1 : 25 000 (LINDNER et al., 1988). Mit den dabei durchgeführten magnetischen und gammaspektroskopischen Messungen wurde auch der Standort Rabenstein erfaßt. Die geophysikalische Vermessung und die begleitenden petrophysikalischen Untersuchungen waren auf folgende Probleme gerichtet:

- Strukturelle Abgrenzung des Granulitgebirges, des nordwestsächsischen Eruptivkomplexes und der Vorerzgebirgssenke,
- Erfassung des tektonischen Inventars,
- Lagerungsverhältnisse sowie stoffliche Gliederung des präpermosilesischen Grundgebirges,
- Lokalisierung verdeckter geophysikalischer Störkörper und
- Abgrenzung von Basiten, Ultrabasiten und Granitoiden sowie von kontaktmetasomatischen Aureolen.

Besonders informativ sind die aus den gravimetrischen Meßdaten abgeleiteten Lokalfelder nach Griffin und die Profile zweidimensionaler Modellrechnungen. Die magnetische ΔT-Isanomalenkarte und Störkörperberechnungen für ausgewählte Anomalien des Totalfeldes sowie der nach bewährten Kriterien durchgeführte geophysikalische Störungsnachweis sind für den Bereich des Standortes besonders aussagekräftig.

Die ehemalige SDAG Wismut prospektierte bis Mitte der 70-er Jahre im südlichen Randbereich des Granulitgebirges auf Uranlagerstätten des „Ronneburger Typs". Dieser Lagerstättentyp ist an die im Untersuchungsgebiet zonal (N-S) verbreiteten, z. T. unter geringer Bedeckung anstehenden

Schwarzschiefer gebunden. In der ersten Phase dieser Untersuchungen bereitete man durch ein umfangreiches geophysikalisches Meßprogramm, das im einzelnen Gravimetrie, Magnetik, Geoelektrik, Gamma-Spektroskopie und Radon-Messungen umfaßte, Ansatzpunkte für Bohrungen vor. Dem N-S-Verlauf einer von den Wismut-Geologen als „Galgenberg-Zone" bezeichneten tektonischen Störungszone folgend wurden im westlichen Randbereich des Untersuchungsraumes sieben Tiefbohrungen bis max. 440 m und nördlich der Autobahn A4 zwei Galerien Flachbohrungen bis 35 m geteuft. Die Lage dieser Bohrungen und der im Rahmen des Verbundprojektes geteuften Flach- und Kernbohrungen zeigt die *Abb. 14.3*. Von den Wismut-Tiefbohrungen liegen Schichtenverzeichnisse und tw. Kernmärsche im Kernlager Schlema des Geologischen Archivs Sachsen vor. Die Flachbohrungen liefern Angaben zur Lockergesteinsbedeckung, die in der Karte der Lockergesteinsmächtigkeit (*Abb. 17.10*) umgesetzt wurden.

Abb. 14.3: Karte der Bohrpunkte. Eingetragen sind die Tiefbohrungen (T) - und Flachbohrungen (W) der SDAG Wismut sowie die im Rahmen der Standortuntersuchung geteuften Kernbohrungen (R)- und Flachbohrungen (F)

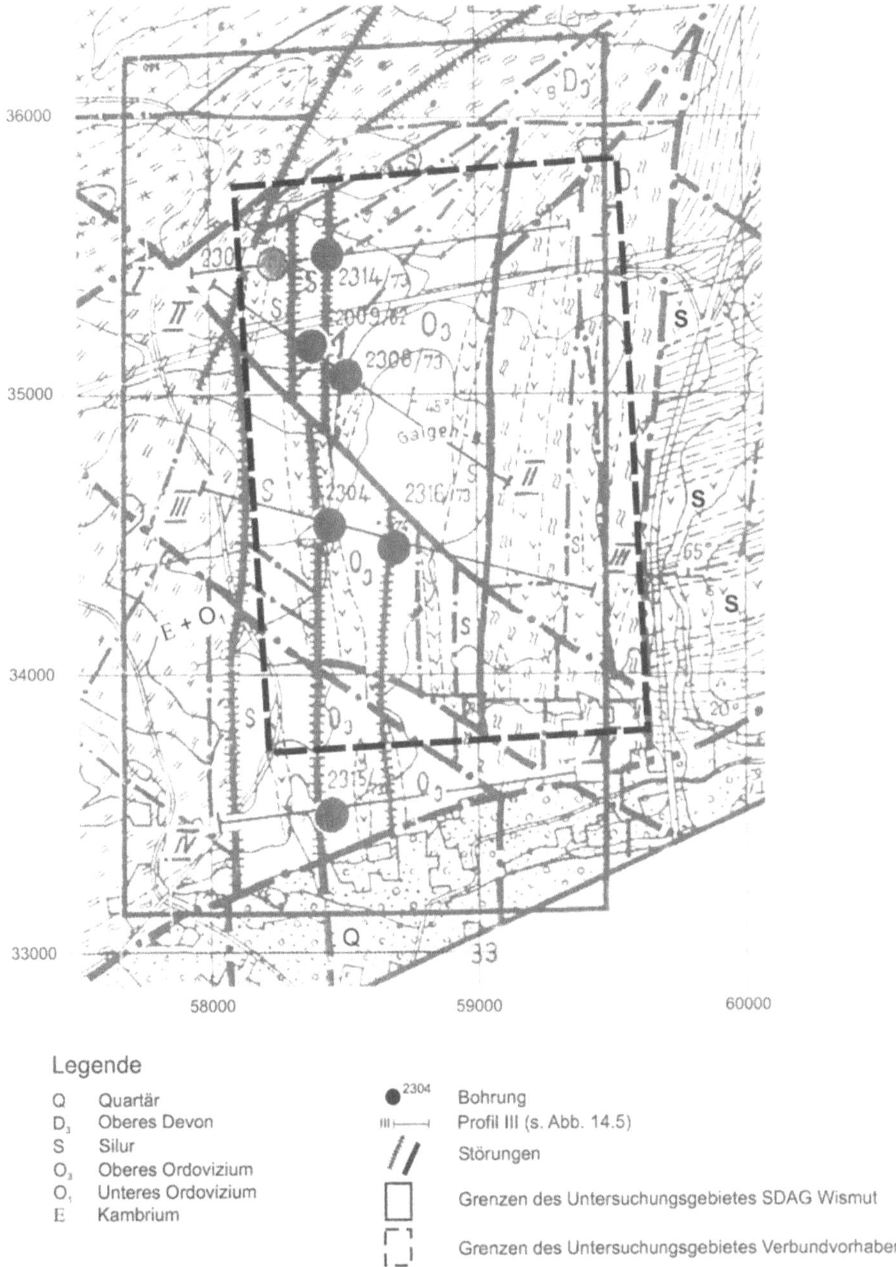

Abb. 14.4: Strukturgeologische Karte nach Ergebnissen der SDAG Wismut. Die stratigraphisch/lithologischen Einheiten werden von drei Hauptstörungssystemen kontrolliert. Nach Unterlagen der SDAG Wismut, Geologisches Archiv Sachsen

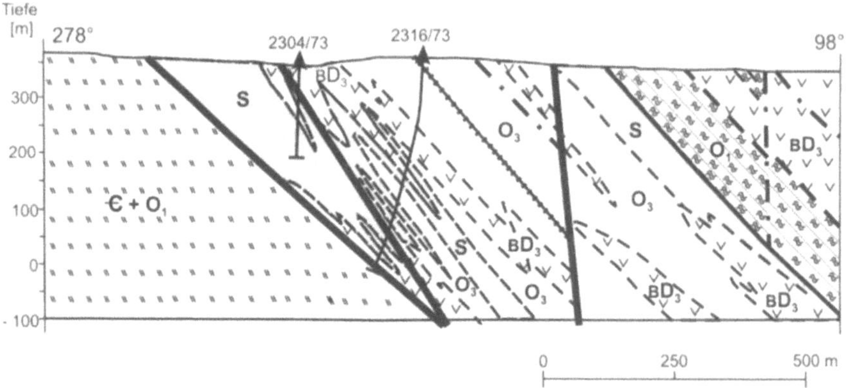

Abb. 14.5: Nach Bohrergebnissen konstruierter gelogischer Schnitt III. Bei der Bohrung T2316 ist deutlich zu sehen, daß sich das Bohrgestänge gegen das Schichteinfallen einstellt. Nach Unterlagen der SDAG Wismut, Geologisches Archiv Sachsen

Der nach den Unterlagen der Tiefbohrungen von den Wismut-Geologen konstruierte geologische Schnitt und die „Tektonische Karte" (*Abb. 14.5* und *14.4*) zeigen den variszisch geprägten komplizierten Baustil des Untergrundes mit teilweiser Verschuppung und. Schichtwiederholung. Die Störungsflächen fallen im Westteil flach nach SE ein und versteilen in östlicher Richtung. Die nur geringe Sprunghöhen aufweisenden Störungen sind mit tonig-lehmigen Verwitterungsprodukten gefüllt und werden häufig von bis zu 10 m mächtigen brekziösen Zonen begleitet. In den Bohrkernen wurden hohe Anteile karbonatischer Partien nachgewiesen. Die Hauptstörungen der „Galgenberg-Zone" verlaufen mit Anzeichen von Äquidistanz N - S. Als altangelegte Brüche waren sie über lange Zeiträume aktiv und kontrollierten Sedimentation und Lithologie. Der Falten- und Schuppenbau wird durch NW-SE, NE-SW und E-W-verlaufende Störungen überlagert. Die Fazieseinheiten der produktiven Schwarz- und Kieselschiefer und die silurisch/kambrischen Kalke setzen an diesen Querstörungen ab oder werden in deren Verlauf eingelenkt (GALJAPIN et al., 1976).

In der „Einschätzung der Rohstofführung im Südteil der DDR" stellen SCHWANDTKE et al. (1989) die Grundzüge der Geologie des Raumes Mittelsachsen dar. Für den prävariszischen Bereich ergeben sich folgende Aussagen:

- Der Vulkanit-Karbonat-Phyllit-Gesteinskomplex von Rabenstein als Äquivalent der Herolder Folge wird paläontologisch ins (?obere) Mittelkambrium eingestuft (FREYER et al., 1982).

- Die Herolder Folge erreicht im Gebiet westlich Chemnitz-Niederrabenstein mit ca. 350 m ihre größte Mächtigkeit, wobei der Vulkanitanteil zwischen 50 - 70 %, der Kalkanteil um 20 % und der Pelitanteil zwischen 20 und 30 % liegen. Nach NE nehmen die Mächtigkeiten ab, nach SE ist eine Zunahme der sapropelitischen Fazies der Tonschiefer zu verzeichnen.
- Die Kalke stellen genetisch Riffbildungen bzw. deren Aufbereitungsmaterial dar (SCHNEIDER et al., 1988). Die sie begleitenden Tonschiefer gehören im Gebiet Rabenstein größtenteils dem Sapropelittyp an und sind als lagunäre Bildungen des „Back Reef"-Bereiches anzusehen.
- Südlich des Teststandortes grenzt die Hohensteiner Störung die gefalteten jungcadomischen, untergeordnet auch variszischen Bildungen von den variszischen Molassen ab. Ihre Fortsetzung unter den Molassen ist geophysikalisch indiziert und ihr allgemein steiles Einfallen in südliche Richtung in lokalen Aufschlüssen belegt.

15 Luftbildinterpretation und geomorphologische Störungsanalyse

STEPHAN BACHMANN

15.1 Methodik

Ziel der Luftbildinterpretation und der geomorphologischen Störungsanalyse ist die Beschreibung des Bruchstörungsmusters im Untergrund des Standortes. Dafür wurden eine Lineationsanalyse nach Luftbildern und eine geomorphologische Bestandsaufnahme im Gelände durchgeführt. Bei der Auswertung sind die Ergebnisse der als geologisches Vormodell vorliegenden Lesesteinkartierung (*Abb. 14.2*) berücksichtigt worden. Die Interpretation konnte durch Gefügeaufnahmen in Tagesaufschlüssen und am Kernmaterial der Bohrungen ergänzt und abgeglichen werden. Die Luftbildauswertung stützt sich auf die bei KRONBERG (1984), BANKWITZ (1984) und FRANZKE et al. (1992) beschriebenen Kriterien. Weiterführende Hinweise zur Methodik der Luftbildinterpretation und zur Gewinnung von Fernerkundungsdaten vermitteln die Fallbeispiele Schöneiche-Mittenwalde sowie Eulenberg/Arnstadt und der Band 1 des Handbuches.

Insgesamt wurden 21 infrarot-sensibilisierte Color-Infrarot-(CIR-) Luftbilder im Maßstab 1 : 5 000 und 4 panchromatische Schwarzweiß-Luftbilder der topographischen Landesaufnahme 1988 mit einem Aufnahmemaßstab von 1 : 12 500 ausgewertet. Zusätzlich konnte ein 83 x 45 cm großes Schwarzweiß-Luftbild im Maßstab 1 : 5 000 genutzt werden, das vom Stadtgut Oberrabenstein für die Vorbereitung der Flachbohrungen zur Verfügung gestellt wurde. Die Qualität dieser Aufnahme ist zwar nicht so gut wie die der Schwarzweiß-Luftbilder im Maßstab 1 : 12 500, es sind aber noch Objekte von ca. 1 m^2 Größe erkennbar. Die dichte Waldbedeckung im Westteil ließ jedoch nur eine Auswertung im Bereich des Galgenberges zu.

Die CIR-Luftbilder besitzen generell eine gute Farbqualität und ein hohes Auflösungsvermögen. Ausgewertet wurden drei benachbarte Bildreihen, wobei jedes Luftbild eine Fläche von etwa 4 km x 4 km überdeckt. Bei den panchromatischen Schwarzweißluftbildern handelt es sich um drei Bildpaare, die eine Fläche von etwa 5 x 6 km überdecken. In den Aufnahmen sind Geländeobjekte mit einer Fläche unter 1 m^2 noch erkennbar. Bei der mit einem

Zeiss-Spiegelstereoskop durchgeführten stereoskopischen Bildbetrachtung und Auswertung wurden Photolineationen und flächenhafte Objekte, die sich durch Grauton- und Farbtonunterschiede sowie Helligkeitskontraste gegenüber ihrer Umgebung auszeichnen, abgegrenzt und in Interpretationskarten eingetragen. Die nach den Einzelbildern erstellten Interpretationskarten sind anschließend zu einer Karte für das Gesamtgebiet zusammengestellt worden.

15.2 Ergebnisse

Auswertung der Luftbilder im Maßstab 1 : 5 000

In den CIR-Luftbildern ist eine Vielzahl von Photolineationen zu erkennen, die nach den Erfahrungen bei der Luftbildinterpretation im Mittelgebirgsraum Deutschlands Störungs- bzw. Engkluftzonen abbilden. Die beiden markanten Streichrichtungen NNW-SSE und E-W widerspiegeln den Verlauf von Taleinschnitten, Depressionen oder Geländekanten. Der Bereich des potentiellen Deponiestandortes wird von einem System NNE-SSW- bzw. NNW-SSE-streichender Photolineationen durchzogen, deren Länge im Durchschnitt 400 m beträgt. In dem E-W-streichenden Tal nördlich des Stadtgutes Rabenstein zeigt sich ein Kreuzungsbereich mit deutlich erhöhter Lineationsdichte. Die sich in den Luftbildern durch Helligkeitskontraste abzeichnenden flächenhaften Objekte können als Ausbißbereiche von Gesteinshorizonten oder als Gebiete unterschiedlicher Verwitterung und Durchfeuchtung interpretiert werden.

Das im gleichen Maßstab vorliegende Schwarzweiß-Luftbild überdeckt nur ein kleines Teilgebiet des Untersuchungsraumes. Die Dichte der erkennbaren Photolineationen ist im Vergleich zu den CIR-Luftbildern deutlich geringer. Allerdings sind lineare Elemente über wesentlich größere Entfernungen (bis 2200 m) als in den Farbluftbildern verfolgbar. Dabei ist jedoch zu berücksichtigen, daß Unterschiede im Filmmaterial, Aufnahmezeitpunkt, Sonnenstand, Wetter, Flugwinkel zum Objekt u. a. die Erkennbarkeit von Photolineationen und flächenhafter Objekte beeinflussen können.

Folgende im Gelände kartierbare tektonische Elemente sind in den Luftbildern als Photolineationen erkennbar:

- Eine etwa 2 km lange Lineation östlich des Galgenberges, dem Verlauf der Rinnenstruktur folgend.
- Ein Kreuzungsbereich von Lineationen innerhalb eines E-W-streichenden Tals etwa 350 m nördlich des Stadtgutes als Naßstellenbereich im Umfeld von Wasserfassungen.

- Ein weiterer Kreuzungsbereich von Photolineationen liegt etwa 500 m nordöstlich der Galgenberg-Kuppe. Hier zeigt sich eine auffällige Geländekante, die auf eine Störung hinweist. Auch in diesem Bereich wurden Naßstellen und ein witterungsabhängiger Quellaustritt kartiert.
- Ein Gebiet intensiver bruchtektonischer Beanspruchung wird in der Umgebung der Tiefbohrungen T2309 und T2304 vermutet. Die hier kartierten Störungen streichen NW-SE und E-W.
- In Richtung der Burg Oberrabenstein verlaufen bis zu etwa 1500 m lange NNW-SSE-streichende Lineationen. Im unmittelbaren Bereich der Burg wurden ca. 15 cm mächtige, mit Breccien gefüllte Störungen gleichen Streichens beobachtet.

Auswertung der Luftbilder aus der topographischen Landesaufnahme

Ein Einzelluftbild aus der als Stereopaare vorliegenden Luftbildserie der topographischen Landesaufnahme des Jahres 1988 zeigt die *Abb. 14.1*. Das Auflösungsvermögen dieser im Maßstab 1 : 12 500 aufgenommenen panchromatischen Schwarzweißluftbilder ist für eine geologische Auswertung ausreichend hoch. Es sei darauf hingewiesen, daß sich im Gelände kartierbare Störungen von 1 - 1,5 m Breite bei diesem Aufnahmemaßstab als Photolineationen mit einer Breite von ca. 0,1 mm im Luftbild abzeichnen. Lineare Elemente sind aber selbst dann noch im Luftbild erkennbar, wenn ihre Breite unterhalb der theoretischen Auflösung liegt (KRONBERG, 1984). Die Länge der trassierbaren Photolineationen variiert hier zwischen 50 und 800 m. Der Bereich des Teststandortes ist durch ein dichtes Lineationsmuster NNW-SSE- und NNE-SSW- sowie vereinzelt ENE-WSW-streichender Photolineationen gekennzeichnet. Zwei Lineationen von ca. einem Kilometer Länge folgen dem NNE-SSW-Streichen der Rinnenstruktur (*Abb. 15.1*).

Interpretation

In sämtlichen photogeologischen Interpretationskarten für das Untersuchungsgebiet sind im Lineationsmuster drei vorherrschende Richtungen zu erkennen:

- NNE-SSW- und NNW-SSE-streichende Lineationen im Bereich der Rinnenstruktur,
- einzelne NNW-SSE-streichende Lineationen im Bereich der Burg Oberrabenstein und
- einige ENE-WSW bis E-W-streichende Lineationen nördlich des Stadtgutes.

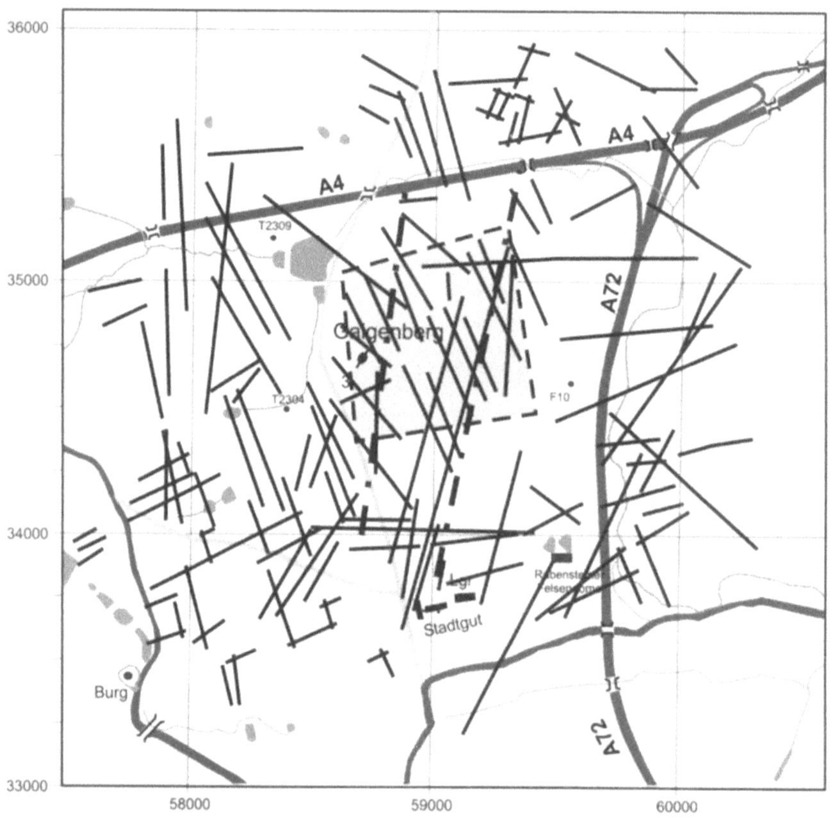

Abb. 15.1: Photolineationsmuster nach Auswertung von Schwarzweißluftbildern der topographischen Landesaufnahme des Jahres 1988. TU Bergakademie Freiberg, 1993, im Auftrag der BGR

Da diese Lineationen mit auffälligen morphologischen Elementen wie Geländekanten, Depressionen oder Taleinschnitten korrespondieren, kann auf die Existenz mehrerer tektonischer Störungszonen geschlossen werden.
Bei der statistischen Auswertung von Photolineationskarten sind vor allem die Anzahl und die Länge der Lineationen pro Richtung von Interesse. Wegen der meist geringen Lineationsdichte im Untersuchungsgebiet sind quantitative Angaben zum Streichen und zur Dichte der als Störungs- bzw. Engkluftzonen interpretierten Lineationen allerdings nur bedingt möglich. Die in *Abb. 15.2 a* gezeigte Richtungsrose beschreibt das Streichen sämtlicher in den Interpretationskarten eingetragenen Lineationen. Die sich daraus für das Untersuchungsgebiet ergebende Lineationsdichte (Gesamtlänge pro Fläche) beträgt durchschnittlich 5,2 km/km^2. Das entspricht einem mittleren Störungsabstand von ca. 250 m. Die ermittelten Streichrichtungen wurden mit den Ergebnissen der Kluftaufnahme verglichen (siehe Kap. 16). Zahlreiche der in den Luftbildern als längliche bis schlauchförmige Grauton-Zonen erscheinenden Bereiche zeigten sich als Naßstellen. Sie liegen oft im Kreuzungsbereich von Lineationen, so z. B. nördlich und südlich des Galgenberges und südöstlich der Flachbohrung F10.

Geomorphologische Analyse

Die geologische Luftbildinterpretation wurde durch eine geomorphologische Analyse des Geländereliefs ergänzt. Grundlage dafür bildete die Karte der Lesesteinkartierung (*Abb. 14.2*) im Maßstab 1 : 5 000 mit eingetragenen Höhenlinien. Es zeigte sich, daß markante morphologische Elemente wie Täler, Depressionen und Geländekanten durch Photolineationen nachgezeichnet werden. Die Streichrichtungen dieser Lineationen wurden in Klassen zusammengefaßt und als Richtungsrose dargestellt (*Abb.15.2 a*).

Diese Richtungsrose zeigt folgende dominierende Richtungen:

- Ein E-W bzw. SE-NW gerichtetes System und
- ein NNE-SSW bzw. NNW-SSE orientiertes System.

In der *Tab. 15.1* sind die Streichrichtungen nach der strukturtektonischen Aufnahme den aus der Luftbildinterpretation abgeleiteten Richtungen sowie den Richtungen der Achsen morphologischer Elemente gegenübergestellt.

Tab. 15.1: Streichrichtungen strukturtektonischer Elemente (Klüfte, Störungen), Photolineationen und morphologischer Elemente

Klüfte	Störungen	Photolineationen	Täler, Depressionen und Geländekanten
NNW-SSE NNE-SSW ESE-WNW	NNW-SSE NNE-SSW ESE-WNW	NNW-SSE NNE-SSW ENE-WSW	NNW-SSE NNE-SSW SE-NW / E-W

Die Richtungsrose für die morphologischen Elemente (*Abb. 15.2b*) zeigt eine Dominanz der äquatorialen (E-W bzw. SE-NW) Richtung gegenüber den meridionalen Richtungen. Diese Richtungen fügen sich gut in das Störungsmuster ein.

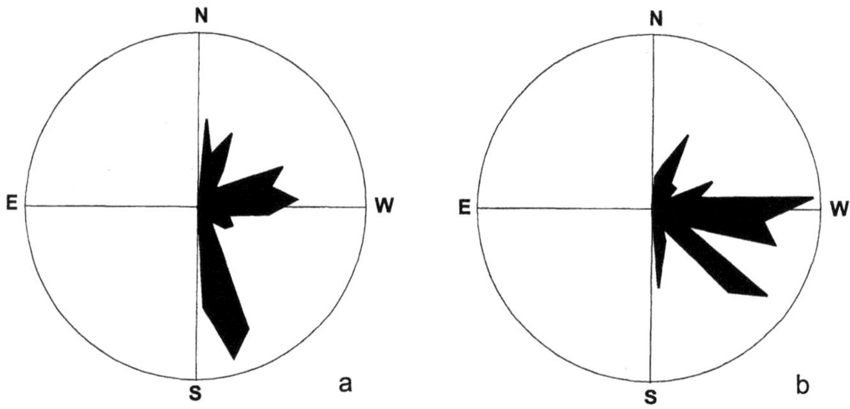

Abb. 15.2 a, b: Streichrichtungen von Photolineationen und geomorphologischen Elementen in Richtungsrosen-Darstellung, **a** Gesamtheit der in den Interpretationskarten eingetragenen Photolineationen, **b** Photolineationen, die Achsen geomorphologischer Elemente nachzeichnen

16 Strukturtektonische Aufnahme

STEPHAN BACHMANN

Für die strukturtektonische Aufnahme des Kluft- und Störungsinventars waren Tagesaufschlüsse in z. T. wassergefüllten, meist stark bewachsenen Steinbrüchen und die Untertageaufschlüsse der „Rabensteiner Felsendome“ verfügbar (*Abb. 16.1*). Eine wichtige Ergänzung für die richtungsstatistische Auswertung der dabei erfaßten tektonischen Strukturelemente bildeten die Karte der Lesesteinkartierung (*Abb. 14.2*) und die Ergebnisse der flächenhaften geoelektrischen und magnetischen Messungen (*Abb. 17.2 ff*). Durch die Neubearbeitung der Wismut-Tiefbohrungen unter Einbeziehung von Ergebnissen der im Rahmen der Standortuntersuchung neu geteuften Flach- und Kernbohrungen, konnte ein strukturtektonisches Modell für den Untergrund des potentiellen Deponiestandortes aufgestellt werden. Die Lage der Bohrpunkte zeigt *Abb 14.3*.
Bei der strukturtektonischen Aufnahme wurden folgende Elemente erfaßt und bewertet:

- Foliation (S1) - Hauptgefügefläche der phyllitischen Gesteinstypen, vorwiegend parallel, selten subparallel zur vermutlichen Schichtung. Lokal kommt es auch zu einem durch Zerscherung entstandenen tektonischen Lagenbau.
- Foliationsfalten (B1-Falten) - Achsen gefalteter S1-Flächen im m-Bereich oder zu diesen parallele intrafoliale Falten im cm- bis dm-Bereich.
- Lineare (L1) - den B1-Falten ± parallele Minerallineationen auf S1.
- Fläche der zweiten Schieferung (S2) - Runzelschieferung i. S. von HOEPPENER (1955).
- Lineare (L2) - Fältelungsachsen von S1 zwischen S2-Flächen.
- Foliationsparallele oder schwach diskonforme Scherflächen - Flächen einer Deformation im Sprödbereich (mit cm-mächtigen Myloniten).
- ac- und h0l-Klüftung - nicht sicher definierbare Kluftbildung, i. w. der S1/B1-Deformation zuzuordnen, jedoch oft von jüngeren Bewegungen überprägt.

- Jüngere Bruchstörungen - als Engkluft- oder Mylonit- bzw. Breccienzonen ausgebildet, z. T älterer Klüftung (s. o.) folgend, zeitlich heterogen.

Mit Ausnahme der „jüngeren Bruchstörungen“ ist dieses Inventar der „variszischen Deformation“ zuzuordnen.

Strukturtektonische Aufnahme der Tagesaufschlüsse

Die Lage der Tagesaufschlüsse I bis VIII zeigt *Abb. 16.1.* An jeder Lokation sind die Durchschnittswerte für die Fallrichtung und die Fallwinkel der Foliation (Schieferung S1) eingetragen. Die wegen der ungünstigen Aufschlußverhältnisse nur wenigen erfaßten Faltenachsen zeigen ein generelles ESE-WNW-Streichen. Damit übereinstimmend verläuft die Lineation überwiegend ESE-WNW und fällt mit flachem Winkel nach ESE ein.

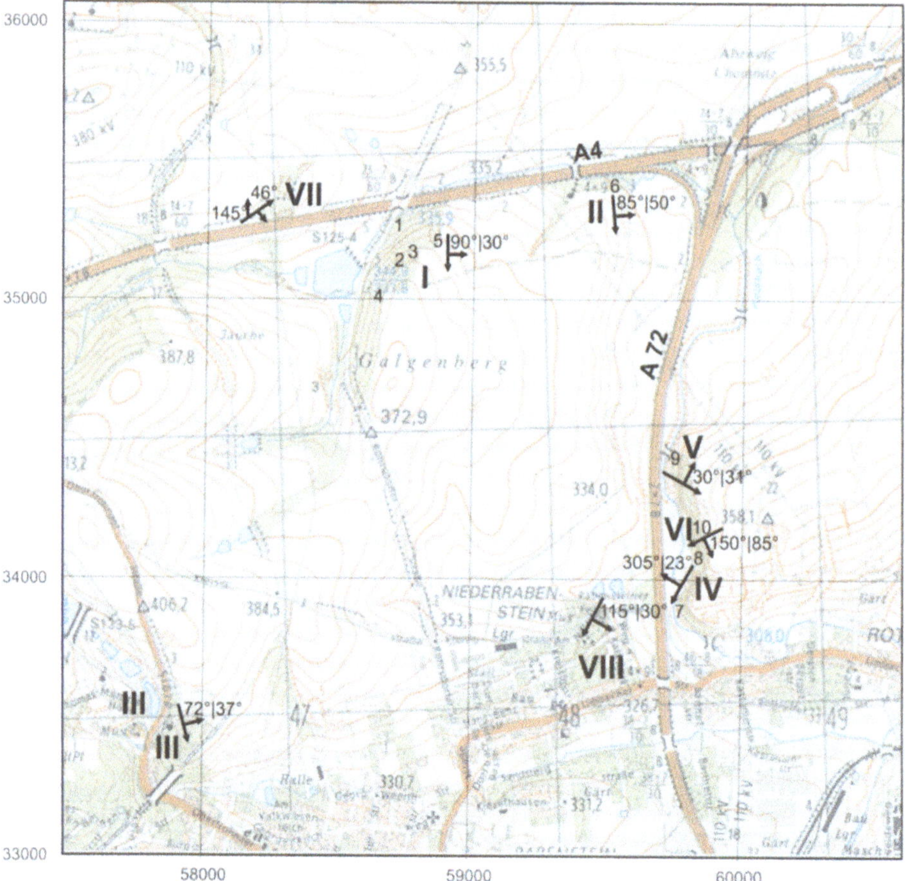

Abb. 16.1: Lage der Aufschlüsse mit Angaben zu Fallrichtung und Fallwinkel. TU Bergakademie Freiberg, 1993, im Auftrag der BGR

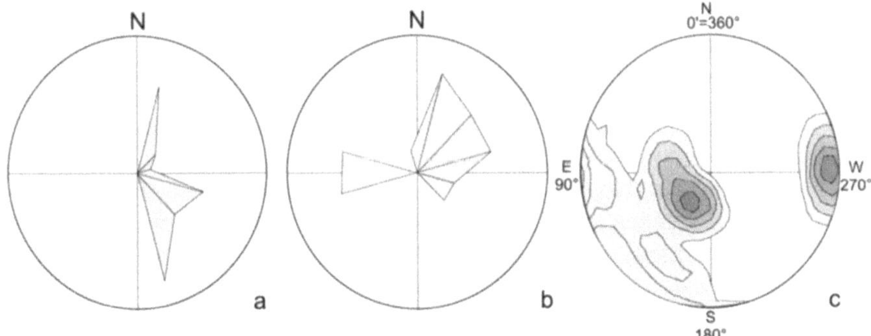

Abb. 16.2: Ergebnisse der strukturtektonischen Aufnahme. a: Richtungsrosen des Streichens der Bruchstörungen, b: Richtungsrosen des Fallens der Bruchstörungen, c: Isopyknendiagramm für das Einfallen der Störungen. TU BAF, 1993, im Auftrag der BGR

Die in den *Abb. 16.2 a-b* dargestellten Richtungsrosen belegen das Streichen der Bruchstörungen. Die Meßergebnisse aus 26 Einzelmessungen wurden in 30° -Intervallen zusammengefaßt mit Klassenmitteln von 15°, 45° usw. (MÖBUS, 1988). Das im SCHMIDT'schen Netz dargestellte Diagramm der Flächen gleicher Besetzungsdichte (Isopyknendiagramm) zeigt, daß die flachen Störungen in der Mehrzahl nach NE und die steilen Störungen nach W einfallen (*Abb. 16.2 c*).

In *Tab. 16.1* sind die Vorzugsrichtungen für das Streichen und Fallen der in den Tagesaufschlüssen kartierten Störungen zusammengestellt.

Tab. 16.1: Vorzugsrichtungen der in den Tagesaufschlüssen erfaßten Störungen

Streichrichtung	Fallrichtung
NNW / SSE	NNE bis ENE
ESE/WNW	WSW bis WNW
NNE/SSW	ESE

Die richtungsstatistische Auswertung des Flächen- und Linearengefüges sowie der erfaßten Klüfte und Störungen zeigt folgendes:

- Die dem Lagengefüge folgende etwa N-S-streichende Foliation fällt mit 25 - 50° nach E ein. Abweichungen hiervon werden auf die die Bruchtektonik bestimmenden N-S- und E-W-streichenden Störungen zurückgeführt.
- Die der Foliation zuzuordnenden axialen Elemente (B1, L1) streichen ESE-WNW und tauchen mit etwa 15 - 30° ESE ab.
- Dem S1/B1-L1-Gefüge können generell NNE-SSW-streichende, steil nach WNW bzw. ESE einfallende ac-Klüfte und ac-nahe Klüfte zugeordnet werden. Eine weitere Richtungsgruppe des Kluftbildes streicht WNW-ESE

mit steilem Einfallen nach NNE bzw. SSW. Diese Klüfte können als h0l-Klüfte angesprochen werden.

- Steil stehende Engkluftzonen und Kleinstörungen entsprechen dem Kluftmuster. Dabei folgen die ESE-WNW und E-W-streichenden Störungen offensichtlich der h0l-Richtung des S1/B1-L1-Gefüges. Die NNW-SSE- bis NNE-SSW-streichenden, in der Regel nach W einfallenden Störungen lassen sich generell der ac- und ac-nahen Klüftung des S1/B1-L1-Gefüges zuordnen. Eine zumindest partielle Neuanlage dieser Richtung kann jedoch nicht ausgeschlossen werden. NNE-SSW-streichende, mit etwa 50° nach E einfallende Störungen können als antithetische Elemente der nach W fallenden Störungen gleicher Struktur aufgefaßt werden.

Das Muster der steilstehenden Störungen entspricht dem Störungsmuster der geomorphologischen Analyse und der Luftbildinterpretation. Mit dem S1/B1-L1-Gefüge scheinen genetisch flache SE-NW bis N-S-streichende, mit 25 bis 50° nach E bis NE fallende, foliationskonform bis -diskonform orientierte Sprödbruchflächen verbunden zu sein, die älter als die steilstehenden Bruchstörungen sind.

Das Kluft- und Störungsmuster, die damit verbundenen Engkluftzonen sowie der in einzelnen Aufschlüssen zu beobachtetende hohe „Durchtrennungsgrad des Gebirges" läßt Rückschlüsse auf eine Anisotropie der geohydraulischen Leitfähigkeit im Streichen von Großklüften, steilen Engkluftzonen und Störungen bzw. Störungszonen zu (s. Kap. 19). Da diese Elemente zum großen Teil steil einfallen, ist in Abhängigkeit von der Bedeckung - zumindest im Bereich geringmächtiger Verwitterungsbildungen und von Hangschuttdecken - mit einem relativ schnellen Eintritt des Sickerwassers in den tieferen Untergrund zu rechnen.

Strukturtektonische Aufnahme in den Rabensteiner Felsendomen

Das Schaubergwerk „Rabensteiner Felsendome" befindet sich am nördlichen Rand von Niederrabenstein (*Abb. 16.1*). Hier sind über- und untertage die in Phyllite, Schwarz- und Amphibolitschiefer eingeschalteten Metakarbonate (Calcitmarmore) der Herolder Folge aufgeschlossen.

Der Marmor von Niederrabenstein wurde vermutlich bereits seit dem Mittelalter abgebaut. Im Jahre 1375 werden erstmals „calkgruben" in einer Verkaufsstudie erwähnt. Der unterirdische Abbau ist seit 1728 urkundlich belegt. Bis zur Einstellung im Jahre 1907 wurden vier Sohlen aufgefahren. In den zwanziger Jahren unseres Jahrhunderts wurde der ehemalige, heute noch etwa 50 x 80 m große Tagebau zu einem Naturtheater ausgebaut. Die steilen, bis zu 20 m hohen Steinbruchwände sind im Fußbereich zugänglich. Die beiden oberen Sohlen des Untertagebereiches sind heute als Schaubergwerk zu besichtigen. Die beiden tieferen Sohlen stehen unter Wasser.

Im Schaubergwerk sind die generell flach bis mittelsteil nach E bis SE einfallenden Metakarbonate und ihre Begleitgesteine gut aufgeschlossen. Im Dekameter- bis Meterbereich sind intrafoliale Falten und Boudinage-Strukturen sichtbar. Eine foliationskonforme bis diskonforme Durchscherung führt zur Ausbildung von Scherkörpergefügen im Dekameter- bis Meterbereich (DIETRICH, 1965). Dieses Lagerungsbild ist zweifellos der variszischen (sudetischen) Deformation zuzurechnen. Es wurde später durch steile Bruchstörungen und Mylonitzonen spätvariszischen und saxonischen Alters überprägt.

Die in *Abb. 16.3* dargestellten Ergebnisse der Aufnahme strukturtektonischer Elemente durch DIETRICH (1965) und GEISSLER & TRA THI NHUAN (1975) liefern folgende Aussagen:

- *Schieferung (S1):* Vorherrschend sind eine N-S Streichrichtung mit flachem Einfallen nach E und eine NNW-SSE Richtung mit flachem Einfallen nach SW.

- *B1-Faltenachsen und L1-Lineationen*: Die Streichrichtung der Faltenachsen ist ESE-WNW mit flachem Einfallen nach ESE bzw. WNW. Daneben tritt eine NNW-SSE-orientierte Richtung mit flachem Einfallen der Faltenachsen nach NNW bzw. SSE auf. In Übereinstimmung damit streicht die Lineation vorwiegend SE-NW und fällt flach nach SE ein. Die damit wahrscheinlich im Zusammenhang stehenden zugehörigen NNE-SSW-streichenden Klüfte (ac Klüftung) stellen vermutlich Dehnungsklüfte und somit Vorzeichnungen für jüngere, N-S-streichende Störungen dar.

- *Flache, foliationskonforme und schwach diskonforme Störungen*: Ein autogenes Störungssystem mit NW-SE bis N-S-Streichen und flachem Einfallen nach NE könnte Sprödbruchflächen darstellen, an denen es zu Ab- und Aufschiebungsbewegungen gekommen ist.

- *Harnischflächen (flache Störungen)*: Diese Flächen streichen NNW-SSE mit flachem Einfallen nach NE und ENE-WSW mit steilem Einfallen nach NNE bis SSW. Der Zusammenhang von Harnischflächen und zugehöriger Rillung wurde durch eine von HOEPPENER (1955) entwickelte Methode dargestellt (*Abb. 16.4*). Ein Teil der Bewegungen hat dabei vermutlich an den NNW-SSE-streichenden Schieferungsflächen (S1) stattgefunden. Dabei treten vorwiegend schräge Auf- und Abschiebungen auf. Die Harnischflächen sind meist schaufelartig-krummflächig ausgebildet.

- *Abschiebungen*: Die vorherrschende Streichrichtung ist NW-SE mit flachem Einfallen nach NE. Daneben ist eine ENE-WNW-Streichrichtung mit flachem bis steilem Einfallen nach SW ausgebildet. Entsprechend streichen die Rillungen der Abschiebungen in der Hauptsache W-E mit deutlichem Einfallen nach West (DIETRICH, 1965).

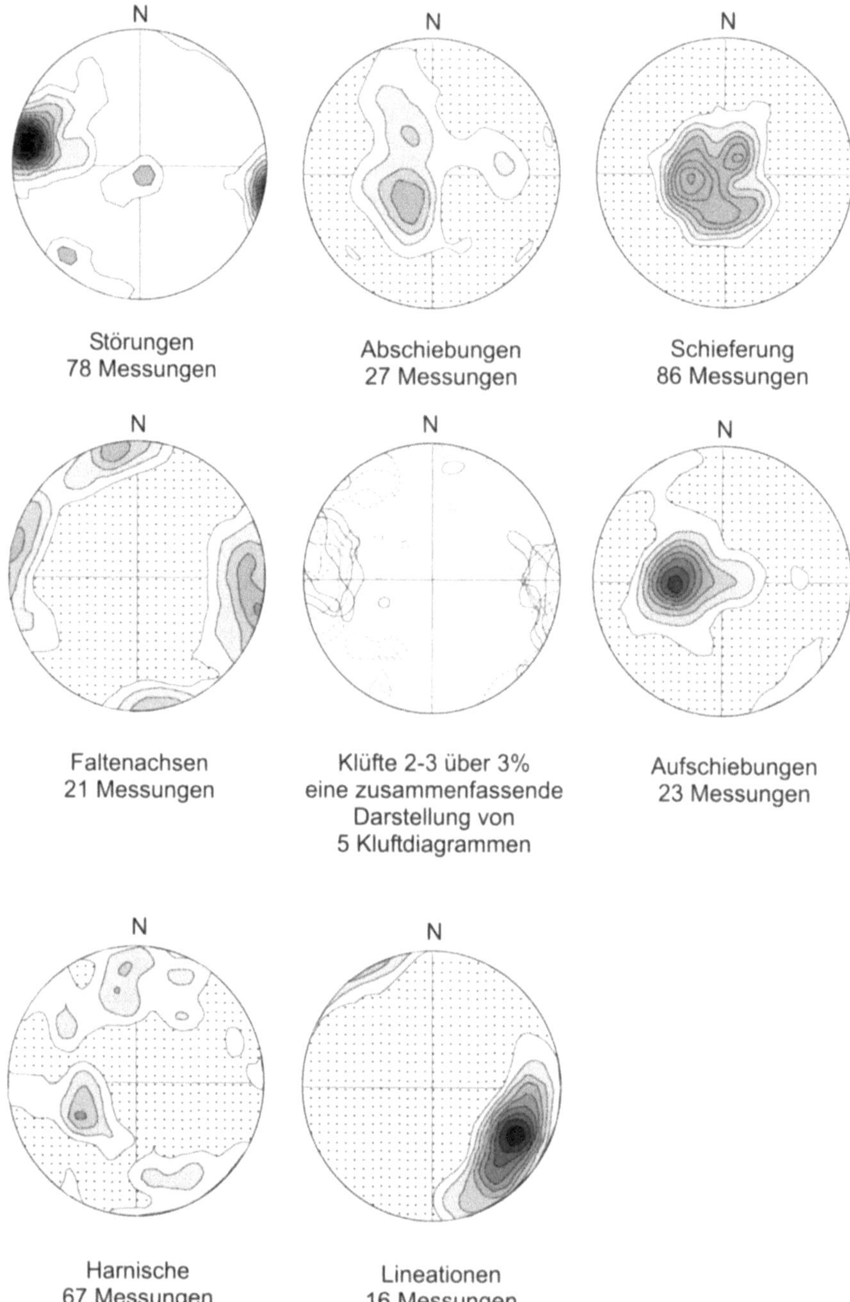

Abb. 16.3: Tektonisches Inventar der Rabensteiner Felsendome in Lagekugelprojektion (untere Halbkugel). Darstellung nach DIETRICH (1965)

- *Aufschiebungen*: Es treten zwei Richtungen auf -ein deutlich ausgeprägtes N-S-Streichen mit flachem Einfallen nach E und ein NE-SW-Streichen mit steilem Einfallen nach NNW bzw. SSE. Da Ab- und Aufschiebungen ein nahezu identisches Maximum ihrer Raumlagewerte besitzen, ist eine mehrfache Durchbewegung an diesen Flächen, die etwa NNE-SSW streichen und flach nach NNE bis E einfallen, anzunehmen.
- *Klüfte*: Es sind zwei Kluftrichtungen ausgebildet -eine vorherrschende N-S-Richtung (vermutlich ac-Klüftung der B1-Foliation) mit steilem Einfallen nach W bzw. E und eine NE-SW- bis E-W-Richtung mit steilem Einfallen nach NW bzw. SE. Nach DIETRICH (1965) streichen die großflächigen Klüfte etwa N-S (wie die beobachtete Haupt-ac-Klüftung), während die mit Calcit verkitteten Klüfte der untergeordnet auftretenden zweiten Kluftrichtung zugeordnet werden können. Sie streichen etwa WNW-ESE und fallen vorzugsweise nach SSW ein.
- *Steile Störungen*: Die Raumlage der Störungen paßt sich der Raumlage der Klüftung an. Die Störungen streichen in der Mehrzahl N-S und fallen steil nach W und flach bis steil nach E ein. Daneben ist eine NW-SE-Richtung mit steilem Einfallen nach NNE bzw. SSW ausgebildet.

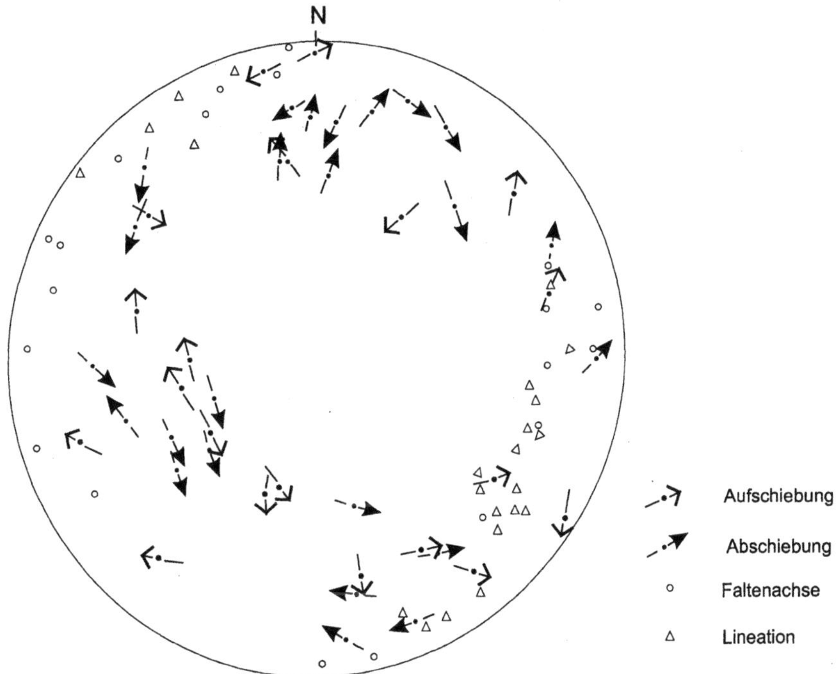

Abb. 16.4: Harnischflächen und Richtungen in Lagekugelprojektion (untere Halbkugel). Die Pfeile geben die Bewegungsrichtung der Hangendscholle an. Messungen von DIETRICH (1965)

Zusammenfassende Interpretation

Die Auswertung der in den Tagesaufschlüssen und in den „Rabensteiner Felsendomen" aufgenommenen Gefügestrukturen liefert ein übereinstimmendes Ergebnis. Danach können folgende Aussagen getroffen werden:

- Die dem Lagengefüge folgende Foliation streicht in den Übertageaufschlüssen auf dem Galgenberg N-S bis NNW-SSE und fällt mit 25 - 50° nach E bis ENE ein. Im Vergleich dazu streichen die im Schaubergwerk aufgeschlossenen Metakarbonate und ihre Begleitsedimente N-S bis NNE-SSW und fallen mit durchschnittlich 30° nach E bis SE ein.
- Die der Foliation zuzuordnenden axialen Elemente (B1, L1) streichen überwiegend ESE-WNW mit flachem Einfallen 10 - 30° nach ESE bzw. WNW. Daneben tritt eine NNW-SSE-orientierte Richtung mit flachem Einfallen nach ESE bzw. WNW auf.
- Dem S1/B1-L1-Gefüge werden in der Mehrzahl NNE-SSW streichende, steil nach W bzw. E einfallende ac- bzw. ac-nahe Klüfte zugeordnet. Die ESE-WNW streichenden Klüfte werden als h0l-Klüfte angesehen. Das Einfallen der Klüfte ist steil. Die große Trennflächen bildenden Klüfte streichen N-S und fallen steil nach E bzw. W ein.
- Eine weitere Kluftrichtung streicht NNW-SSE bis N-S. Ihre Altersstellung zum System der syngenetischen Klüfte (ac-Klüfte, h0l-Klüfte) ist unklar. Da diese Klüfte mit Auf- und Abschiebungsbewegungen in Verbindung gebracht werden können, ist ihre syn- bis postgenetische Anlage möglich.
- Mit dem S1/B1-L1- Gefüge scheinen flache, NW-SE bis N-S-streichende, mit 10 - 20° nach E bis NE fallende, foliationskonform bis schwach diskonform orientierte Sprödbruchflächen verbunden zu sein. Die linsenförmige Ausbildung der Kalke wird genetisch mit Auf- und Abschiebungsbewegungen an diesen Sprödbruchflächen (Scherflächen) in Verbindung gebracht. Diese sind vermutlich älter als die steilstehenden Bruchstörungen.
- Steilstehende Engkluftzonen und Kleinstörungen entsprechen dem Kluftmuster. Dabei folgen die ESE-WNW streichenden Störungen der h0l-Klüftung des S1/B1-L1-Gefüges. Die NNW-SSE bis NNE-SSW-streichenden Störungen fallen steil nach W bzw. E ein und werden der ac- und ac-nahen Klüftung zugeordnet. Eine teilweise Neuanlage dieser Richtungen in Verbindung mit oberrotliegenden oder postrotliegenden Bewegungen ist wahrscheinlich.
- Das Muster der steilstehenden Störungen entspricht dem durch die geomorphologische Analyse und die Luftbildinterpretation ermittelten gemeinsamen Störungsmuster.

17 Geophysik

GERHARD LANGE & GÜNTER STEINER

Die Geophysik untersucht die Verteilung der physikalischen Parameter in der Erde durch Messungen auf oder über der Erdoberfläche ohne Eingriff in den Untergrund. Eine Ausnahme bilden die geophysikalischen Bohrlochmessungen. Geophysikalische Verfahren werden eingesetzt, um ein räumliches Modell des Deponieuntergrundes zu entwerfen, Störungszonen nachzuweisen und das Grundwassersystem zu erkunden. Notwendige Voraussetzung für ihren sinnvollen Einsatz ist das Vorhandensein von Anomalien der physikalischen Materialparameter (Magnetisierung, Dichte, spezifischer elektrischer Widerstand etc.). Vor Durchführung der Messungen sollte abgeschätzt werden, ob die zu erwartenden Anomalien in den Meßgrößen einen Einsatz rechtfertigen.

Am Standort Rabenstein wurden geomagnetische, elektromagnetische sowie gleichstromgeoelektrische Kartierungen und Sondierungen durchgeführt, die durch ein umfangreiches Bohrlochmeßprogramm in Einzelbohrungen ergänzt wurden. Die Ergebnisse dieser Bohrlochmessungen werden im Kap. 20 vorgestellt.

Um die oberflächengeophysikalischen Messungen unter Beachtung der Streichrichtung bekannter geologischer Strukturen und der Geländeverhältnisse optimal durchzuführen, ist ein entsprechend orientiertes Profilnetz mit lokalen Koordinaten vermessen und durch sieben Basispunkte im Gelände vermarkt worden. Damit ist eine Aufrichtung des Meßnetzes für Nachfolgearbeiten jederzeit möglich. Zur Einbindung der Ergebnisse in das Netz trigonometrischer Punkte, in dem z. B. die Lage von Bohrungen erfaßt wird, sind bei der Datenbearbeitung die lokalen Meßpunktkoordinaten in das Gauß-Krüger-System des Landesnetzes transformiert worden. Die Karten der geophysikalischen Ergebnisse (*Abb. 17.2 - 17.7* und *17.11*) erscheinen deshalb einheitlich um einen Winkel von 4,7 Grad nach Nordwest gedreht.

Vertiefende Erläuterungen der Grundlagen, Anwendungsmöglichkeiten und Einsatzkriterien der Geophysik sowie Hinweise zu den Vermessungsarbeiten werden im Band 3 des Handbuches gegeben.

17.1 Magnetik

Während am Eulenberg bei Arnstadt mit der Magnetik die Verbreitungsgrenzen und die Struktur eines anthropogenen Abfallkörpers erkundet wurden (*Kap. 11.1*), verfolgten die magnetischen Messungen am Standort Rabenstein das Ziel, Hinweise auf Strukturen der geologischen Barriere eines potentiellen Deponiestandortes zu erhalten. Anomalien magnetisch wirksamer Störkörper sind Indikationen möglicher Schwächezonen im Untergrund, da die Platznahme gangförmiger Einlagerungen und anderer Intrusivköper an störungskontrollierte Vorgänge gebunden ist.

Die in *Tab. 17.1* aufgeführten Werte magnetischer Suszeptibilitäten der im Untersuchungsgebiet verbreiteten Gesteine zeigen z. T. erhebliche Kontraste. Magnetisch wirksames Material mit hohen Suszeptibilitäten sind devonische Diabase sowie Amphibolite, Fruchtschiefer und Serpentinite des Kambrium. Material mit geringen Suszeptibilitäten sind z. B. die quartären Lockersedimente, Ton- und Kieselschiefer, Quarzite und auch Karbonate, die im ehemaligen Kalkwerk Rabenstein untertägig abgebaut wurden. Da auch Verwitterungsprozesse an geologischen Störungen durch Mineralumbildung zu sekundären Änderungen der magnetischen Eigenschaften führen können, war zu erwarten, daß mit der Magnetik eine Abgrenzung von Gesteinskomplexen und der Nachweis tektonischer Störungen möglich ist. Detaillierte Erfahrungen zu diesem Problem sind bereits bei JUBELT & LAUTERBACH (1954) dokumentiert, die in einem westlich des Teststandortes gelegenen Gebiet bei der Prospektion auf Nickelhydrosilikat-Vorkommen magnetische Messungen mit Punktabständen unter 5 m durchführten. Die dabei eingesetzten Geräte und Auswertungstechniken sind zwar mit dem heutigen Standard nicht zu vergleichen, nach den Ergebnissen dieser Messungen konnte aber der für die hier zu erkundende Gesamtfläche von 1400 m x 2000 m gewählte Meßpunktabstand von 10 m x 10 m als optimal eingeschätzt werden.

Der Teststandort Rabenstein war bereits im Jahre 1986 Teilgebiet eines Untersuchungsprogramms, das im Rahmen der Neueinschätzung des Ressourcenpotentials mineralischer Rohstoffe im Südteil der ehemaligen DDR u. a. aerogeophysikalisch erkundet wurde (LINDNER et al., 1988; SCHWANDTKE et al., 1989).

Die *Abb. 17.1* zeigt die Karte der magnetischen Totalintensität (ΔT-Karte) nach einer aerogeophysikalischen Befliegung mit den Grenzen des aktuellen Untersuchungsgebietes. Die Aufreihung starker magnetischer Anomalien im westlichen Randbereich verdeutlicht die N-S-Richtung, an der ein Versatz älterer SW-NE verlaufender tektonischer Elemente zu beobachten ist. Die zwischen den beiden magnetischen Anomalien nördlich der Autobahn verlaufende magnetische Flanke widerspiegelt die erzgebirgische Richtung des regionalmetamorph beeinflußten Schiefermantels des Granulitgebirges. Im Bereich des Standortes liegt eine Vergitterung mehrerer tektonischer Richtungen mit einer Dominanz der meridionalen Richtung vor. Das Anomalienbild zeigt ein plateauartiges magnetisches Hoch südwestlich des Galgenberges und ein magnetisches Minimum östlich davon.

Tab. 17.1: Magnetische Eigenschaften der im Untersuchungsgebiet verbreiteten Gesteine und petrographischen Einheiten (Zusammengestellt nach Angaben von LINDNER et al., 1988 und GALJAPIN et al., 1976)

Stratigraphie / Petrographie	Suszeptibilität κ in 10^{-5} SI, Wertebereich	Suszeptibilität κ Mittelwert
Quartär		
Lößlehm,		< 25
Kiese, Sande		
Permokarbon		
Tuffogene Bildungen		< 50
Sandsteine, Konglomerate, Tonsteine		
Devon		
Tonschiefer schluffig		25
Tonschiefer		30
Grauwacken		30
Diabase	30 - 6800	150
Silur		
Alaunschiefer		15
Kieselschiefer		25
Kalkstein/Mergelstein	0 - 50	15
Ordovizium		
Tonschiefer		10
Tonschiefer schwarz, phyllitisch	< 20 - 40	25
Phyllite	20 - 60	25
Quarzite	0 - 35	5
Kambrium		
Amphibolite	30 - 2500	100
Fruchtschiefer/Knotenschiefer	20 - 320	80
Granulite	0 - 15	5
Muskovitglimmerschiefer	0 - 40	20
Serpentinite	180 - 4000	2000
Schwarzschiefer	0 - 50	< 20

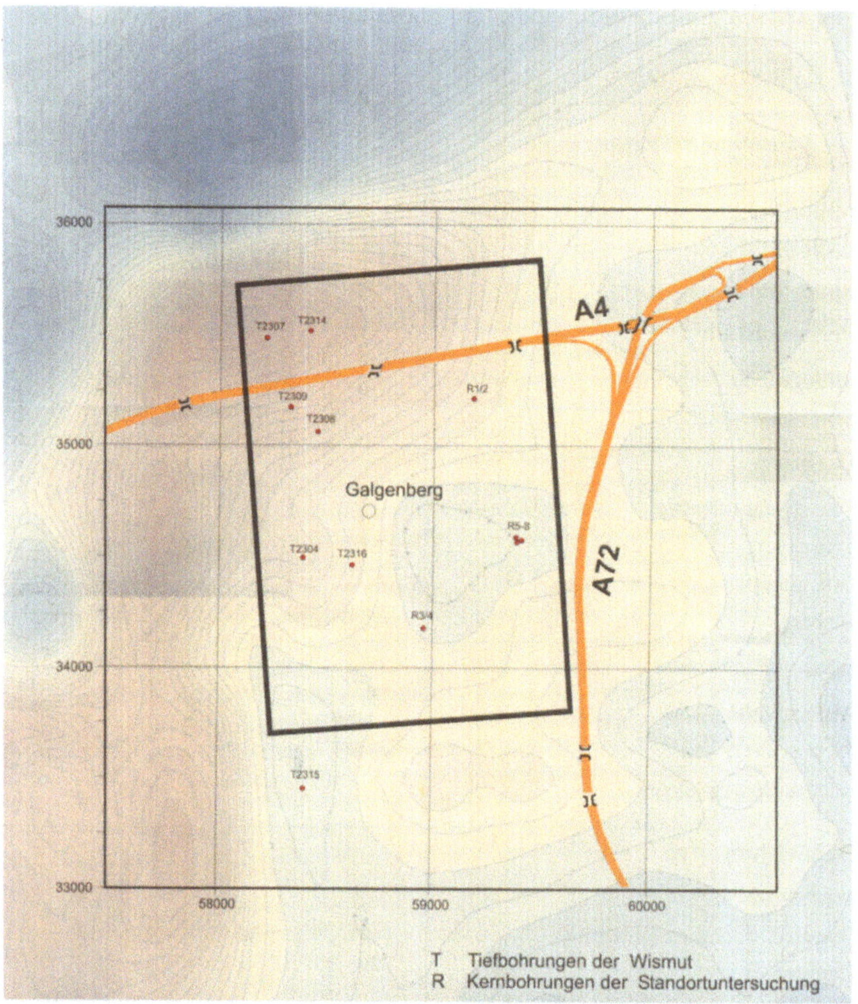

Abb. 17.1: Magnetische Totalintensität nach einer aerogeophysikalischen Befliegung. VEB Kombinat Geophysik, Leipzig 1988, im Auftrag des ehem. Zentralen Geologischen Instituts

Bedingt durch die Flughöhe von 100 m über Grund, Profilabstände von 250 m und mittlere Meßpunktabstände von 70 m ist die Auflösung dieser aeromagnetischen Messung jedoch zu gering für eine Erkundung des Deponieuntergrundes. Die dafür erforderliche Detailliertheit kann nur durch bodengebundene Messungen oder durch eine Hubschrauberbefliegung in geringen Flughöhen erhalten werden (s. Kap. 4.1).

Tab. 17.2: Parameter der geomagnetischen Bodenmessungen

Größe des Untersuchungsgebietes	1 400 m * 2 000 m
Meßpunktabstand	10 m x 10 m
Anzahl der Meßpunkte	26 854
Dauer der Messungen	33 Arbeitstage
Personaleinsatz	2 Beobachter, 1 Techniker
Anzahl der Messungen an Kontrollpunkten	447
Meßgrößen	Totalintensität und Vertikalgradient
Mittlerer Fehler für das Feld ΔT im Niveau 2,05m	2,3 nT
Mittlerer Fehler für den Vertikalgradienten	2,2 nT/m
Abstand der Sensoren von der Erdoberfläche	0,65 und 2,05 m
Gerätetyp	G 856-AX
Verwendung einer Basisstation	G 856 (Meßintervall 10 s)

Die *Abb. 17.2 - 17.3* zeigen die Ergebnisse der geomagnetischen Bodenmessungen, die mit den in *Tab. 17.2* angegebenen Parametern durchgeführt wurden.

Wegen der hohen Empfindlichkeit des Vertikalgradienten für oberflächennahe magnetische Störkörper zeigt die *Abb. 17.2* in erster Linie Strukturen, die auf menschliche Aktivitäten zurückzuführen sind: Autobahn, Rohrleitungen, Erdkabel und Hochspannungsleitungen, Wege, den Rand eines Speicherbeckens, Bebauung, Schrott u. ä.. Mit einem Kabelsuchgerät wurden die linearen Anomalienzüge südöstlich des Speicherbeckens Altendorf überprüft und dabei Erdkabel und Gasleitungen in Tiefen von ca. 1 - 1,5 m geortet. Deutlich zu erkennen sind Straßen und Wege durch die magnetische Wirkung der Schotter. Abgebildet wird auch der Verlauf einer alten, heute nicht mehr benutzten Straße. Einige lokale Anomalien konnten als oberflächennahe geologische Störkörper interpretiert werden.

Die magnetische Totalintensität (*Abb. 17.3*) zeigt eine Anzahl konzentrischer und linearer Anomalien, die überwiegend von geologischen Störkörpern verursacht sind. Trotz sorgfältigen Editierens gestörter Meßwerte sind insbesondere im nördlichen Teil der Meßfläche noch die Einflüsse starker technischer Störquellen (die Trasse einer Hochspannungsleitung, die parallel zur Autobahn geführte Erdgasleitung und das den Galgenberg in SSW-NNE-Richtung querende Erdkabel) zu erkennen.

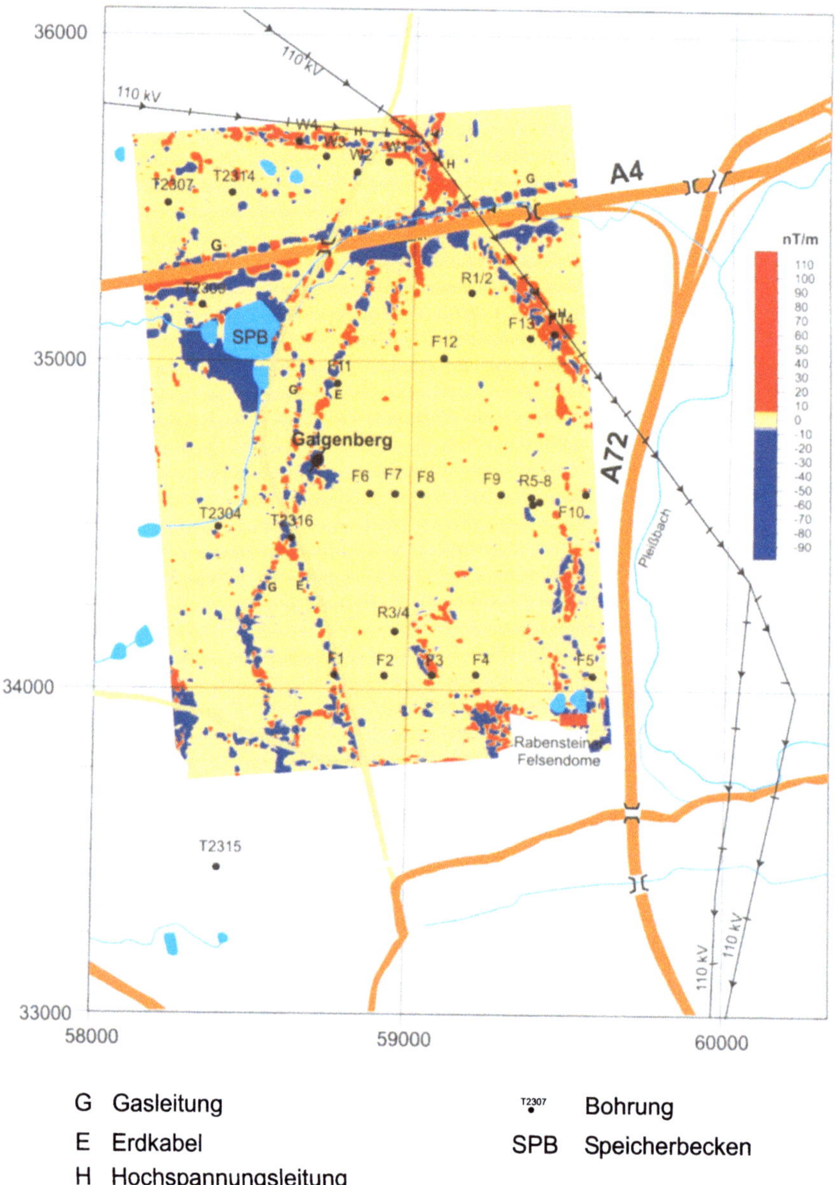

G Gasleitung
E Erdkabel
H Hochspannungsleitung
T2307 Bohrung
SPB Speicherbecken

Abb. 17.2: Vertikalgradient der magnetischen Totalintensität, berechnet aus Messungen in 2,05 und 0,65 m Sensorhöhe. Geophysik GGD 1992, im Auftrag der BGR

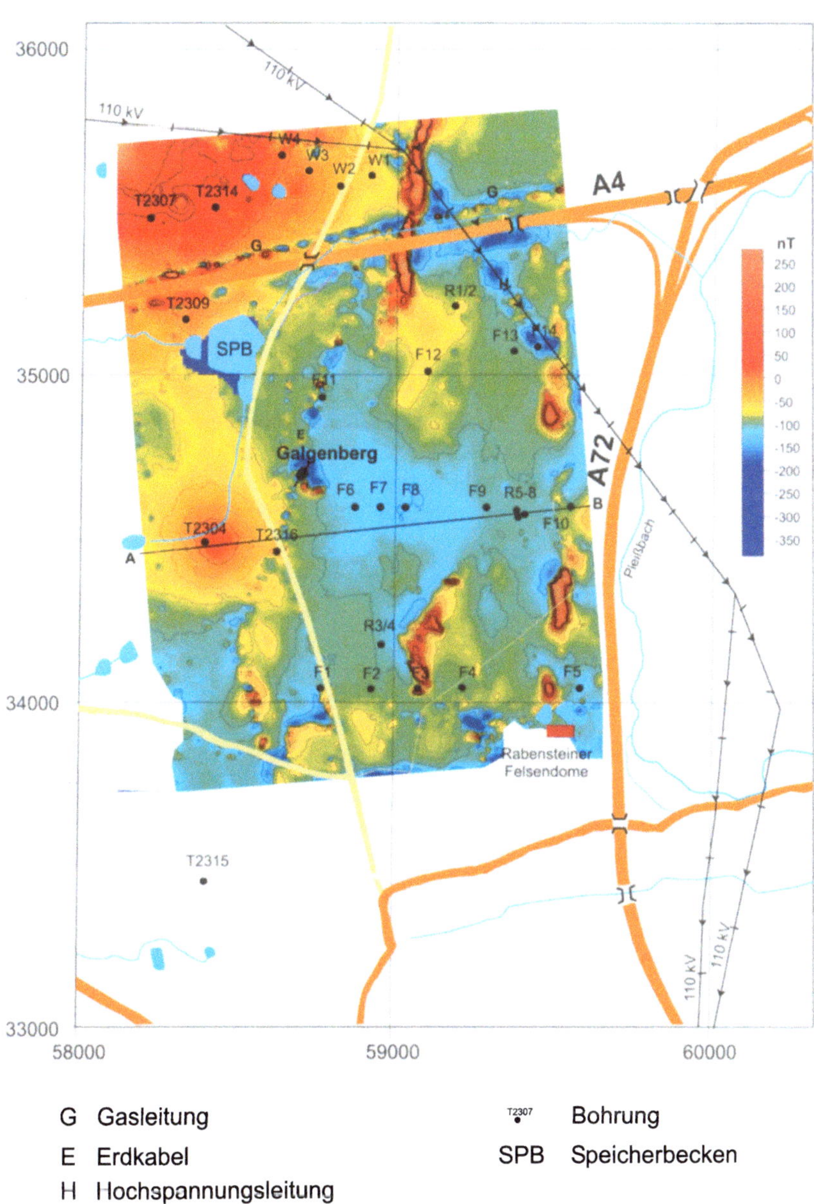

Abb. 17.3: Anomalien der magnetischen Totalintensität, gemessen in einer Sensorhöhe von 2,05 m. Geophysik GGD 1992, im Auftrag der BGR

Die geologischen Störkörper lassen sich wie folgt einteilen: Verdeckte magnetisch wirksame Gesteinskomplexe ohne deutlichen Bezug zur oberflächennah zu beobachtenden Lithologie und Tektonik und in Hochlagen bzw. Intrusionen sowie in anstehendes bzw. unter geringmächtiger Bedeckung lagerndes magnetisch wirksames Material. Die *Abb. 17.4* zeigt das Inventar der durch Modellierung aus den Anomalien abgeleiteten magnetisch wirksamen Störkörper mit den berechneten Parametern Oberkantentiefe und Suszeptibilität. Zur Erhöhung der Aussagesicherheit wurden bei der Parameterbestimmung auch die Ergebnisse der Aeromagnetik berücksichtigt.

Als Ursache der bereits in der aeromagnetischen Anomalienkarte erkennbaren konzentrischen Anomalie südwestlich des Galgenberges wird ein in größerer Tiefe lagernder Störkörper vermutet. Die computergestützte Inversion ergab eine Oberkantentiefe OF = 75 m und eine Suszeptibilität $k = 1050 * 10^{-5}$ SI-Einheiten. Diesen Teufenwert erhält man auch mit einer einfachen Abschätzung aus der Halbwertsbreite der Anomalie, wenn für eine angenommene Kugelform des Störkörpers der gleiche k-Wert verwendet wird. Nach dem Äquivalenzprinzip sind noch weitere Störkörpermodelle möglich.

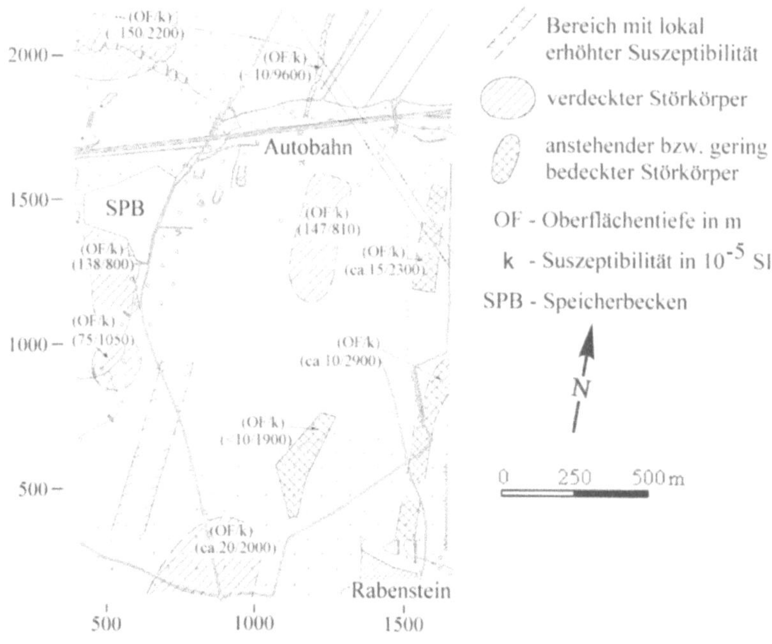

Abb. 17.4: Inventar an magnetisch wirksamen Störkörpern mit Angaben zu den Oberflächentiefen und Suszeptibilitäten nach der Modellierung. Geophysik GGD 1992, im Auftrag der BGR

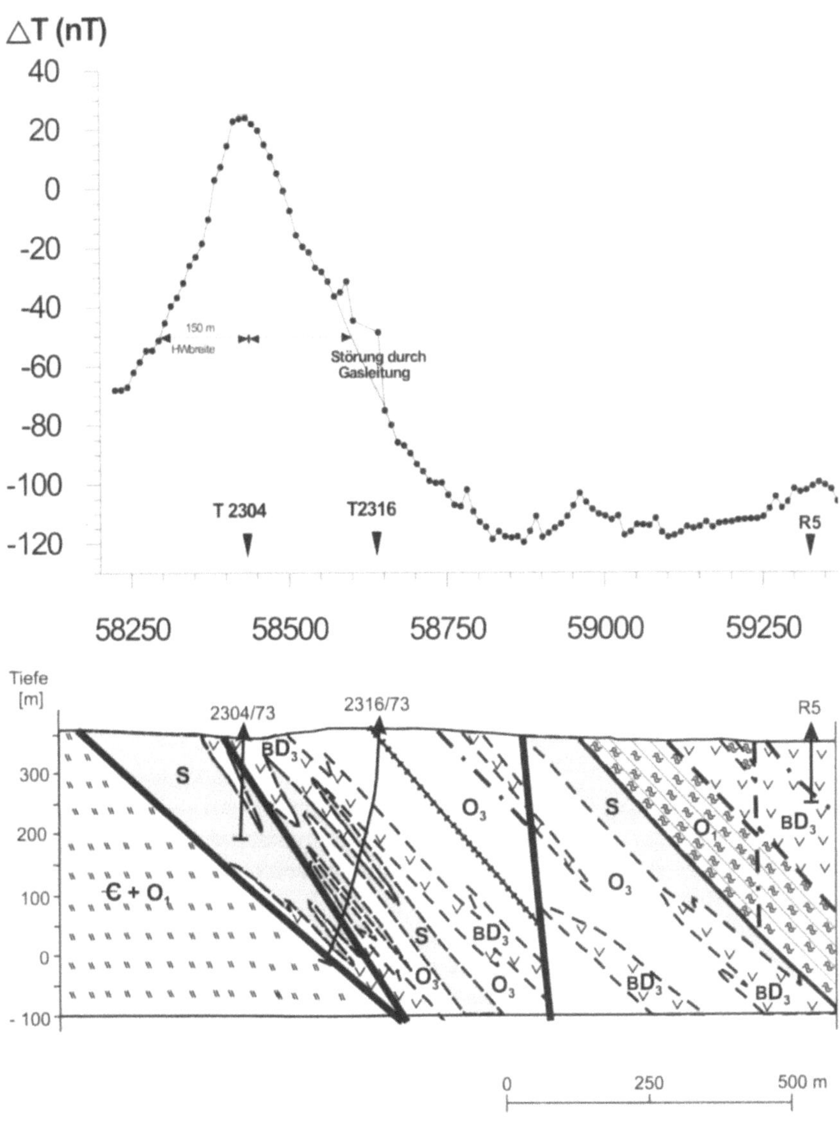

Abb. 17.5: Geomagnetische Messungen. *Oben*: Profil A - B über die lokale Anomalie der Totalintensität südlich des Galgenberges. *Unten*: Geologischer Schnitt nach Unterlagen der Wismut GmbH

Auf diese Problematik soll die *Abb. 17.5* hinweisen. *Oben* wird das über die Anomalie verlaufende ΔT-Profil und *unten* ein generalisierter geologischer Schnitt nach GALJAPIN et al. (1976) mit den beiden im Zentrum und im Randbereich der Anomalie stehenden Tiefbohrungen T2304 und T2316 gezeigt. Beide Bohrungen durchteuften im gesamten Tiefenbereich magnetisch wirksame Phyllite, Amphibolite, Hornblende- und Glimmerschiefer, zwischen denen abschnittsweise z. T. mächtigere Serien magnetisch unwirksamer Kalke, Alaun- und Schwarzschiefer lagern. Unter Berücksichtigung der Wertebereiche von *Tab. 17.1* ergibt sich ein sehr heterogenes Suszeptibilitätsprofil, wie es generell im Untergrund des tektonisch stark beeinflußten Standortes anzutreffen sein dürfte. Der im geologischen Schnitt gezeigte komplizierte Falten- und Schuppenbau ist ein Hinweis darauf, daß magnetische Anomalien auch durch Schichten mit höheren Suszeptibilitäten, die an der Oberfläche bzw. unter geringmächtiger Lockergesteinsbedeckung ausstreichen, verursacht sein können. In diesem Sinne können die linearen positiven Anomalien östlich der Bohrungen R3/4, nordwestlich der Bohrung R1/2 und die am östlichen Meßgebietsrand in N-S-Richtung aufgereihten Anomalien interpretiert werden, welche die nach der Lesesteinkartierung hier ausgewiesenen Amphibolschiefer und Phyllite begleiten (*Abb. 17.8*).

Im Bereich der auffälligen großen Anomalie nordwestlich der Autobahn (Oberflächentiefe 150 m, κ =2200 x 10^{-5} SI) sind kontaktmetamorphe Frucht- und Knotenschiefer verbreitet. Aus dem Vorhandensein dieser Metamorphite wurde bei früheren Kartierungsarbeiten auf die Existenz eines granitischen Tiefenkörpers geschlossen. Dieser Granitpluton konnte jedoch in keiner der hier geteuften Tiefbohrungen T2307, T2314 und T2309 nachgewiesen werden. Die Kongruenz der magnetischen Anomalie mit einem lokalen Schwerehoch der Gravimetrie und die Verbreitung basischer Ganggesteine im Randbereich der Anomalie sind deutliche Anzeichen eines basischen Tiefenkörpers (GALJAPIN et al., 1976).

Die markante schmale Anomalie hoher Amplitude bei x = 59 000 m, die in N-S-Richtung die Autobahn quert, ist mit großer Wahrscheinlichkeit durch eine künstliche Störquelle verursacht. Die Modellrechnung lieferte eine Oberkantentiefe <10 m und eine weit außerhalb der Wertebereiche nach *Tab 17.1* liegende Suszeptibilität von 9600 * 10^{-5} SI. Gegen die Annahme eines geologischen Störkörpers sprechen auch die ungewöhnlich starken Gradienten des Totalfeldes in diesem Kreuzungsbereich mehrerer technischer Störquellen.

Besondere Beachtung verdient das magnetische Minimum im Zentralbereich der Meßfläche, das sich bereits in der Anomalienkarte der Aeromagnetik abzeichnet (*Abb. 17.1*). Da das Minimum annähernd kongruent mit einer hier nachgewiesenen Rinnenstruktur verläuft, in der die Mächtigkeiten des lehmig-tonigen Lockermaterials der Rinnenfüllung Werte über 60 m erreichen, könnte es durch die großen Abstände zu magnetisch wirksamen

Gesteinen im metamorphen Stockwerk verursacht sein (*Abb. 17.9 und 17.10*). Es könnte aber auch mit einer großflächigen Verbreitung karbonatischer Serien zusammenhängen, deren Verkarstung zur Anlage der Rinnenstruktur führte. Die Karbonate sind praktisch unmagnetisch.

17.2 Gleichstromgeoelektrik und Elektromagnetik

Am Teststandort Rabenstein wurden in großem Umfang gleichstromgeoelektrische und elektromagnetische Kartierungen sowie Widerstands-Tiefensondierungen mit folgender Zielstellung durchgeführt:

- Ermittlung von Mächtigkeit und Material der Lockergesteinsbedeckung,
- Erfassung von Störungs- und Kluftzonen im Festgesteinskomplex,
- Untersuchung des Einflusses der Kartierungsrichtung und
- Methodenvergleich zwischen Gleichstromgeoelektrik und Elektromagnetik bezüglich ihres Aussagewertes, Aufwandes und Technologie.

Angaben zur Mächtigkeit und den Eigenschaften der Deckschichten sind für die Qualitätseinschätzung der geologischen Barriere von erstrangiger Bedeutung. Nach den aktuellen geologischen Karten und regionalen Vorstellungen war am Rabenstein nur in den Niederungen und gebunden an den Verlauf der Fließgewässer mit erhöhten Mächtigkeiten holozäner Deckschichten (>10m) über Festgestein gerechnet worden. Im Zentralteil des Standortes, der durch eine exponierte Hanglage gekennzeichnet ist, wurde die Verbreitung ausgedünnter Lößlehmdecken und nur eine geringmächtige Verwitterungsschicht erwartet.

Kartierungen

Die Ermittlung von Verbreitung und Mächtigkeit der Lockergesteinsbedeckung über Festgestein ist wegen der im Normalfall zu erwartenden hohen Widerstands- bzw. Leitfähigkeitskontraste ein bevorzugtes Anwendungsgebiet für die geoelektrischen und elektromagnetischen Verfahren. Deshalb wurden, parallel zur geomagnetischen Messung, gleichstromgeoelektrische Kartierungen mit Schlumberger-Anordnungen von AB/2 = 10 und 50 m sowie eine elektromagnetische Kartierung mit einem EM34-3 durchgeführt. Tabelle *17.3* gibt einen Überblick über die eingesetzten Verfahren, Profilrichtungen und den Erkundungstiefenbereich. Die Festlegung der Meßgeometrie der Schlumberger-Anordnungen erfolgte nach den Ergebnissen von Tiefensondierungen, die an 7 ausgewählten Punkten in Kreuzauslage durchgeführt wurden. Die Meßparameter der elektromagnetischen Messungen wurden so gewählt, daß etwa der gleiche Erkundungstiefenbereich wie für die Schlumberger-Anordnung mit AB/2 = 50 m erfaßt wird. Die *Abb. 17.6* und *17.7* zeigen die Ergebnisse der in E-W-Richtung und damit senkrecht zu den etwa N-S-verlaufenden geologischen Hauptstrukturen durchgeführten Schlumberger-Kartierungen mit AB/2 = 10 und 50 m. Die Profilabstände betragen jeweils 30 m und die Meßpunktabstände auf den Profilen generell 10 m. Trotz der unterschiedlichen Erkundungstiefen sind die ermittelten Widerstandsverteilungen, bis auf lokale Unterschiede, annähernd kongruent. Auch der Vergleich mit dem Ergebnis einer zur besseren Erfassung möglicher E-W-ausgerichteter Störungsmuster in N-S-Richtung durchgeführten Kartierung mit AB/2 = 50 m läßt nur lokale Unterschiede erkennen.

Die in gelben und roten Farben erscheinenden Bereiche hoher Widerstandswerte im östlichen und zentralen Teil der Meßfläche widerspiegeln Hochlagen der Metamorphite. Die Lockergesteinsbedeckung ist hier z. T. geringer als 2 Meter mächtig. Aus der Deckungsgleichheit der Kartierungsergebnisse kann auf ein steiles Einfallen an den Flanken dieser Strukturen geschlossen werden. Das auffällige langgestreckte Maximum, das sich vom Galgenberg über die Autobahn nach NNE erstreckt, wird im Streichen (bei x ≈ 58750) zusätzlich durch einen Niveausprung charakterisiert. Während sich dieser Bereich nach der Magnetik nicht sicher abgrenzen läßt, zeigt der Vergleich mit der lithotektonischen Karte (*Abb. 17.8*), daß sowohl das Maximum als auch der Verlauf des Niveausprunges mit hier ausgehaltenen Gesteinsgrenzen korrelieren. Im höherohmigen westlichen Teil des Maximums sind verwitterungsbeständigere Fleck- und Knötchenschiefer verbreitet. Der niederohmigere östliche Teil verläuft kongruent mit den hier verbreiteten Phylliten.

Tab. 17.3: Eingesetzte gleichstromgeoelektrische und elektromagnetische Verfahren

Methode	**AB/2**	**Richtung**	**Erkundungs-tiefenbereich**
Schlumberger-Kartierung	10 m	E - W	ca. 3 m
Schlumberger-Kartierung	50 m	E - W	ca. 15 m
Schlumberger-Kartierung	50 m	N - S	ca. 15 m
Schlumberger-Tiefensondierungen	Max. 420 m	z. T.Kreuz-sondierung	ca. 120 m
EM 34 / 3-Kartierung	VLEM / 20 m (Spulenabstand)	E - W	ca. 15 m

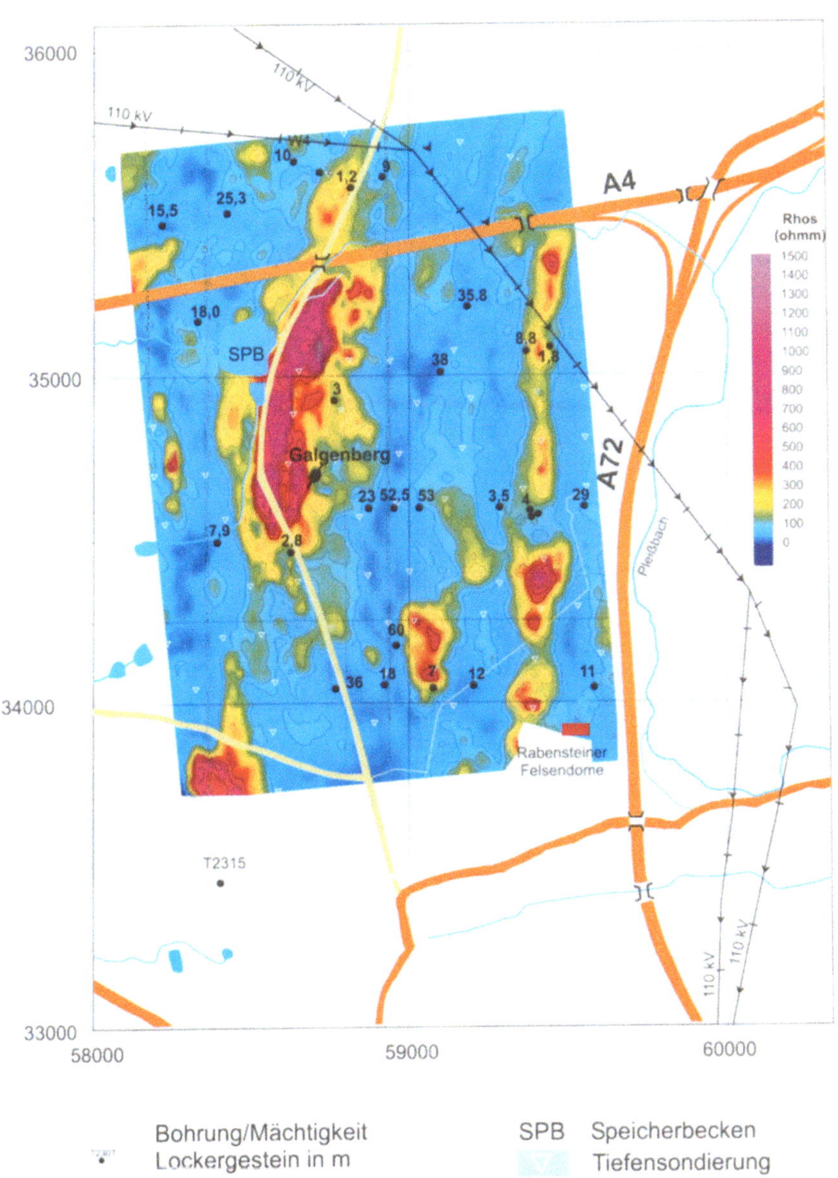

Abb. 17.6: Ergebnis der Schlumberger-Widerstandskartierung mit AB/2=10 m, Profilrichtung E-W. Geophysik GGD 1992, im Auftrag der BGR

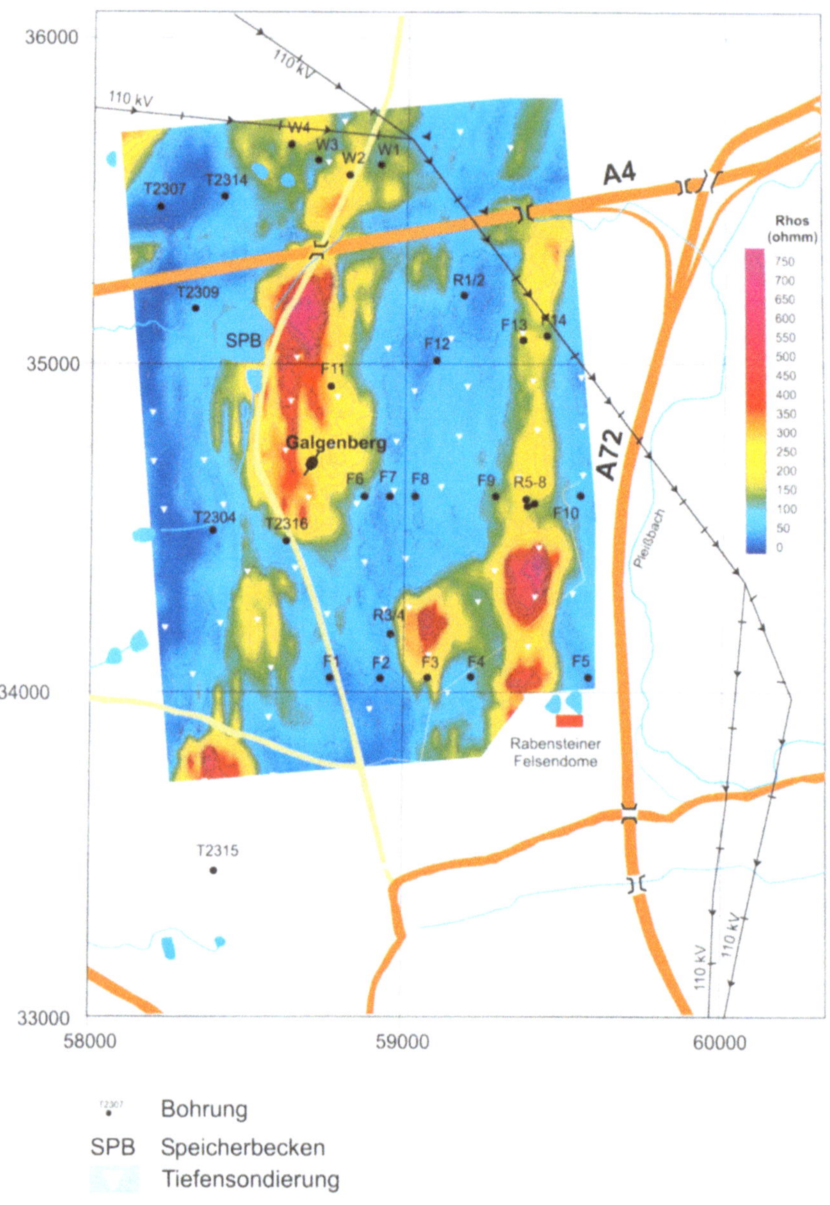

Abb. 17.7: Ergebnis der Widerstandskartierung mit einer Schlumberger-Anordnung AB/2 = 50 m, Profilrichtung E-W. Geophysik GGD 1992, im Auftrag der BGR

Das zweite Widerstandsmaximum im östlichen Randbereich der Meßfläche ist offensichtlich durch die hier kartierten Amphibolite verursacht. Auch die Magnetik zeigt in diesem Bereich, allerdings lageverschoben nach Osten, lokale Maxima. Die Verschiebung könnte dadurch bedingt sein, daß innerhalb der steilstehenden Amphibolschiefer einzelne Schichten mit höheren Magnetitgehalten eingebettet sind. Diese Situation zeigt, daß sich die Ergebnisse von Geoelektrik und Magnetik ergänzen und zu einer Präzisierung der geologischen Kartierung beitragen.

Das lokale Widerstandsmaximum nordwestlich der Rabensteiner Felsendome, das sich lagegleich auch als Anomalien der magnetischen Totalintensität und des magnetischen Gradienten abzeichnet, könnte durch eine Hochlage von Phylliten oder Amphiboliten verursacht sein. Die Position dieser Hochlage wird auffällig durch ein erzgebirgisch (WSW-ENE) verlaufendes tektonisches Element kontrolliert, an dem die beiden oben beschriebenen NNE-streichenden Hochlagen der Metamorphite abbrechen bzw. versetzen. Durch blaue Farbtöne wird im Bereich zwischen den beiden Hochlagen metamorpher Serien eine ca. 400 m breite NNE-SSW verlaufende Zone erhöhter Lockergesteinsmächtigkeit nachgezeichnet. Im Zentralteil dieser Rinnenstruktur werden nach den Ergebnissen der hier durchge führten Widerstands-Tiefensondierungen Mächtigkeiten über 50 m erreicht (*Abb. 17.9*). Diese großen Mächtigkeiten sind durch nachfolgende BGR-Bohrungen und die erst nach Abschluß der geophysikalischen Messungen verfügbaren Ergebnisse der Wismut-Bohrungen bestätigt worden (*Abb. 17.10*). Nach den Bohrprofilen besteht die Grabenfüllung aus Lößlehm, periglazialem Hangschutt, reliktisch erhaltenen tonigen Basissedimenten des Rotliegenden und prärotliegenden Verwitterungsbildungen. Der Übergang zum kristallinen Untergrund ist generell durch tiefgründige Verwitterung gekennzeichnet. Die lehmig-tonigen Lockersedimente sind mit einem hohen Anteil von Gesteinsbruchstücken durchsetzt.

Der Verlauf der Rinne parallel zu den tektonischen Hauptstrukturen, ihre steilen Flanken und die in den Bohrungen nachgewiesenen Verwitterungserscheinungen sind deutliche Anzeichen einer tektonischen Anlage und einer daran gebundenen erosiven Entstehung bei der prätertiären Landschaftsformung. Die Rinnenstruktur selbst folgt entweder der bruchtektonischen Vorzeichnung und/oder, unter Berücksichtigung des Auftretens von Metakarbonaten im Bereich der Rinnenstruktur, einem Zug fossiler Dolinen (HOFMANN et al., 1993). Auf die Deckungsgleichheit mit einem magnetischen Minimum wurde bereits oben hingewiesen.

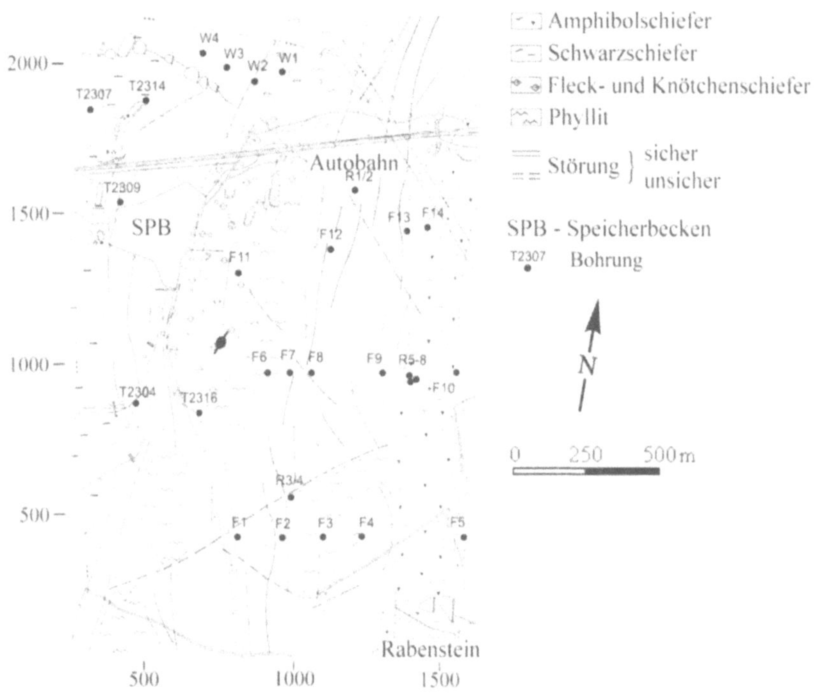

Abb. 17.8: Lithotektonische Karte nach einer Lesesteinkartierung unter Berücksichtigung von Aufschlüssen sowie geoelektrischen und geomagnetischen Messungen. Geophysik GGD 1992, im Auftrag der BGR

Im westlichen Randbereich des Untersuchungsgebietes zeigt das Ergebnis der Widerstandskartierung mit AB/2 = 50 m eine N-S-streichende Zone extrem niedriger scheinbarer spezifischer Widerstände (*Abb. 17.7*). Nach den Ergebnissen einiger Tiefensondierungen sind hier unterhalb von Lößlehm und periglazialem Material Schichten mit spezifischen Schichtwiderständen von 1 bis 5 Ohmmeter verbreitet, bei denen es sich um kambrische Schwarzphyllite (Schwarzschiefer) handelt, die bereits im Rahmen der geophysikalischen Untersuchungen zur Uran-Prospektion von den Geophysikern der SDAG Wismut näher untersucht wurden. Zur Kartierung der Verbreitungsgrenzen dieses Materials, das sich neben einem erhöhten Urangehalt durch einen hohen Graphitgehalt (Elektronenleiter) auszeichnet, wurden damals Radon-Bodengasmessungen und Eigenpotentialmessungen eingesetzt. Dabei sind maximale Eigenpotentiale bis zu +600 mV gemessen worden (GALJAPIN et al., 1976).

Die Lesesteinkartierung zeigt in diesem Bereich einen ca. 50 m breiten N-S-verlaufenden Streifen anstehenden Schwarzschiefers (*Abb. 14.2 und 17.8*). Es kann davon ausgegangen werden, daß diese Schwarzschiefer an einigen Stellen unter einer geringmächtigen Bedeckung durch Material mit höherem spezifischen Widerstand anstehen. Durch den Vergleich der beiden geoelektrischen Kartierungsergebnisse mit unterschiedlichen Wirkungstiefen wird diese Vermutung bestätigt. Während für AB/2=50 m (*Abb. 17.7*) die Widerstandsanomalie über ihren gesamten N-S-Verlauf etwa gleiche niedrige scheinbare spezifische Widerstände zeigt, sind für das flachere Erkundungstiefenniveau der Kartierung mit AB/2 = 10 m die Widerstände an einigen Stellen deutlich erhöht, z. B. südwestlich des Speicherbeckens (*Abb. 17.6*). Die im Bereich der Leitfähigkeitsanomalie durchgeführten Tiefensondierungen liefern für die Schwarzschiefer Oberkantentiefen von ca. 9 m, die nach Osten zunehmen bis auf Werte von ca. 60 m außerhalb der Anomalie. Daraus läßt sich, in Übereinstimmung mit den geologischen Fakten, ein Schichteinfallen nach Osten ableiten. Zur Erfassung der westlichen Verbreitungsgrenze der Schwarzschiefer wurden einige E-W-Profile der Widerstandskartierung für AB/2 = 50 m nach Westen verlängert. Damit war es möglich, das Ergebnis der Lesesteinkartierung auch in diesem Bereich zu präzisieren.

Tiefensondierungen

Widerstands-Tiefensondierungen in Festgesteinsgebieten sind problematisch, da hier die Voraussetzung für ihre Anwendbarkeit - das Vorliegen annähernd horizontaler Schichtlagerung („Eindimensionalität") im Normalfall nicht gegeben ist. Die „Eindimensionalität" wird dann verletzt, wenn eine starke tektonische Beanspruchung des Untergrundes zur Schichtverstellung mit Neigungen größer 10°, zum Schichtversatz an Störungsflächen und zur Klüftung des Gesteins geführt hat. Nach den Ergebnissen der Widerstandskartierungen konnte aber davon ausgegangen werden, daß für den Standort Rabenstein eine Situation vorliegt, die ihn als Übergangsbereich von Lockergestein zu Festgestein charakterisiert. Bereits die einfache Abschätzung der Wirkungstiefe der zur Kartierung eingesetzten Meßanordnungen ergab, daß die Mächtigkeit der Lockergesteine in weiten Bereichen mehr als 15 m beträgt. Die Zielstellung für die Tiefensondierungen bestand somit darin, die Mächtigkeit der Deckschichten quantitativ zu erfassen, sie kartenmäßig darzustellen und mögliche Indikationen tektonischer Störungen zu erkennen. Die ermittelten Schichtwiderstände sollten qualitative Aussagen zum Material der Deckschichten liefern. Dabei konnte davon ausgegangen werden, daß unter einer geringmächtigen Lößlehmbedeckung in tieferen Bereichen i. w. Lehm- und Tonschluffe als Verwitterungsprodukte der am Standort verbreiteten Boden-Ausgangsgesteine (basische Metamorphite und Magmatite sowie Karbonatgesteine) anzutreffen sind. Damit wurden, abhängig vom Wassergehalt des Materials, spezifische elektrische Widerstände zwischen 30 und 500 Ωm erwartet. Eine Ausnahme bilden die graphitführenden Schwarzschiefer im westlichen Teil des Untersuchungsraumes mit extrem niedrigen Werten im Bereich von 1 - 5 Ωm.

Abb. 17.9.: Mächtigkeit der Lockergesteinsbedeckung nach Ergebnissen der geoelektrischen Tiefensondierungen und Kartierungen. Geophysik GGD, 1992, im Auftrag der BGR

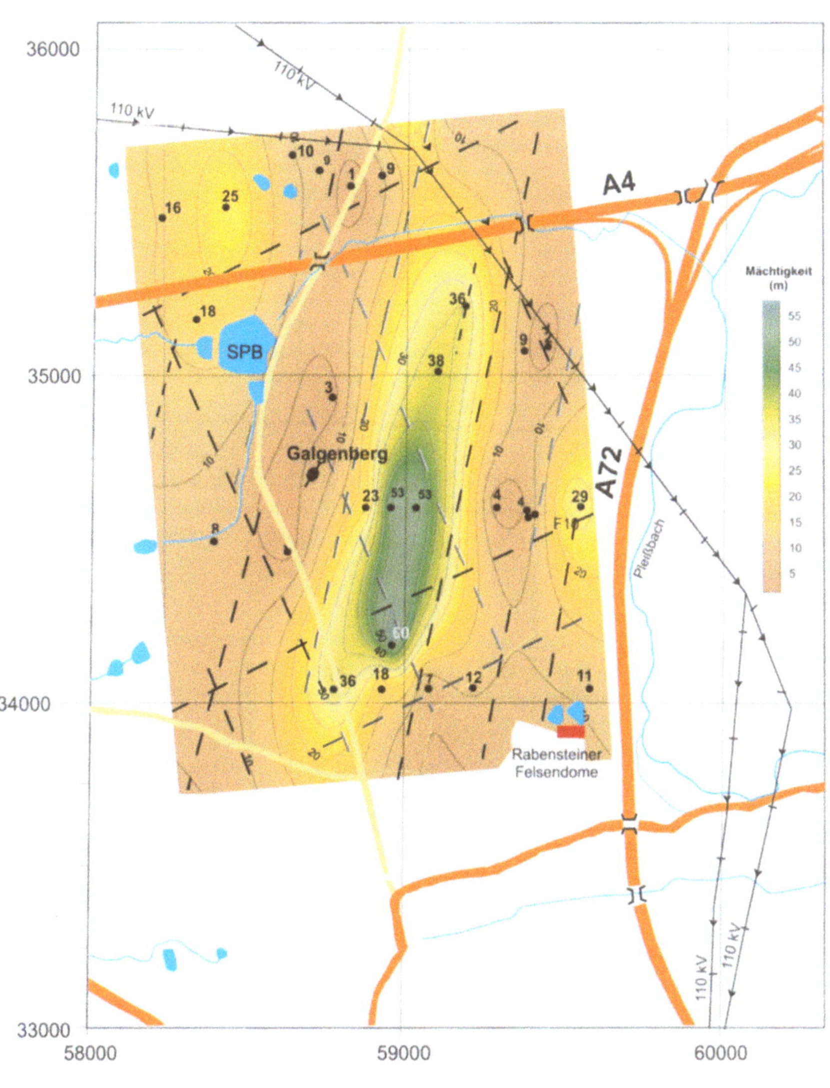

Abb. 17.10: Mächtigkeitskarte des Lockergesteins nach Bohrergebnissen

Insgesamt wurden am Rabenstein 71 Tiefensondierungen mit maximalen Auslagenweiten AB/2 = 420 m gemessen, die mit einem mittleren Abstand von ca. 200 m relativ gleichmäßig auf der Untersuchungsfläche verteilt sind. Die Lage der Sondierungspunkte ist in den Ergebnissen der Kartierung (*Abb. 17.6, 17.7 und 17.9*) eingetragen. Die zur Sondierung verwendete Schlumberger-Konfiguration wurde an den Sondierungspunkten in der Regel parallel zum N-S-Streichen der geologischen Hauptstrukturen angeordnet.

Die Form der Sondierungskurven ändert sich häufig über kurze Entfernungen sehr stark, so daß es schwierig ist, charakteristische Kurventypen für bestimmte Teilgebiete zu erkennen. Das ist durch laterale und vertikale Änderungen der Widerstandsverhältnisse als Folge starker Schichtneigungen verursacht. Während die Grenze Verwitterungsschicht/ Festgestein wegen des hier auftretenden starken Widerstandskontrastes noch relativ sicher festzulegen ist, zeigen die in den Sondierungskurven auszuhaltenden Grenzen innerhalb des Festgesteins lediglich Bereiche unterschiedlichen Erhaltungszustandes und keine Schichtgrenzen an. Einzelne Meßkurven sind bei größeren Auslagenweiten offensichtlich durch laterale Inhomogenitäten so stark gestört, daß nur die „ungestörten" Kurventeile auswertbar waren. Die Interpretation wurde durch das Fehlen geeigneter Kalibrierungsbohrungen erschwert.

Das Modell zur Verbreitung und Mächtigkeit des Lockergesteins und die Abgrenzung von Lithotypen (*Abb. 17.8)* sowie das Störungsmuster in *Abb. 17.10* basieren im wesentlichen auf den Ergebnissen der gleichstromgeoelektrischen Tiefensondierungen und Kartierungen. Die Interpretation stützt sich dabei auch auf die Lesesteinkartierung und die Ergebnisse der Magnetik. Das wichtigste Ergebnis dieser gemeinsamen Interpretation ist das Schema der Verbreitung und Mächtigkeit von Lockermaterial (*Abb. 17.9*). Dieses Modell ist durch die Wismut-Bohrungen, die BGR-Flachbohrungen FB1 - 13 und die Kernbohrungen R1-5 bestätigt, deren Ergebnisse in eine Mächtigkeitskarte umgesetzt worden sind (*Abb. 17.10*). Trotz der aufgetretenen Probleme beweist dieses Beispiel, daß Widerstandssondierungen für die Bestimmung der Mächtigkeit von Lockergesteins- und Verwitterungsschichten über Festgesteinskomplexen unverzichtbar sind. Der relativ große mittlere Abstand von ca. 200 m zwischen den Sondierungen erwies sich, am Ergebnis gemessen, als ausreichend.

Methodische Arbeiten

Zur Emittlung der lateralen Widerstandsverteilung wurden Schlumberger-Kartierungen mit AB/2 = 50 m in zwei orthogonalen Richtungen durchgeführt, die jeweils senkrecht bzw. parallel zum Streichen der tektonischen /lithologischen Einheiten verlaufen. Mit der zweiten Kartierungsrichtung sollten mögliche ± parallel zur ersten Kartierungsrichtung verlaufende Störungssysteme sicherer erfaßt werden. Es zeigte sich aber überraschend eine

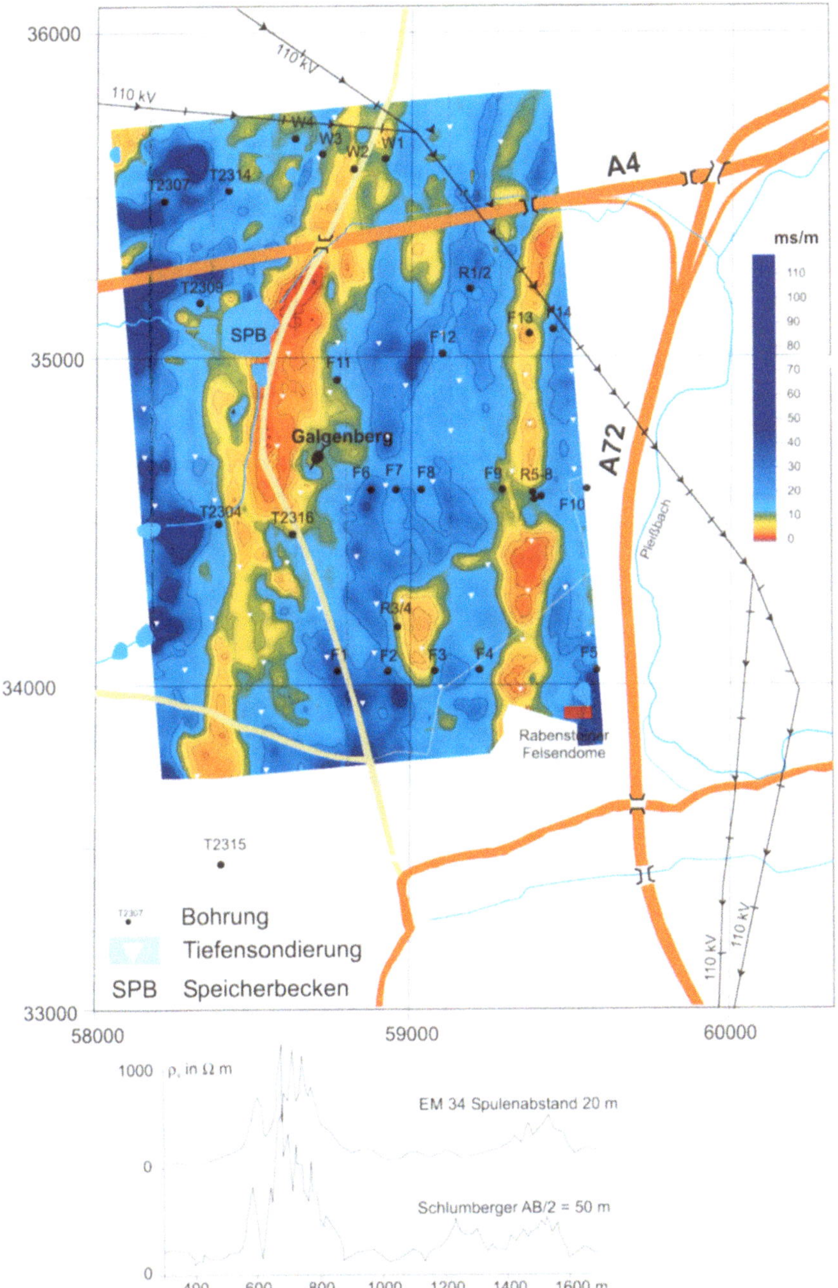

Abb. 17.11: Ergebnis der elektromagnetischen Kartierung. *Oben:* Flächenhafte Verteilung der scheinbaren Leitfähigkeiten. *Unten*: Vergleich der elektromagnetischen Kartierung mit den Ergebnissen der Schlumberger-Kartierung auf einem E-W-Profil. Geophysik GGD 1992, im Auftrag der BGR

fast völlige Kongruenz beider Ergebnisse. Im Detail erkennbare Differenzen resultieren lediglich aus den ungleichen Aufpunktabständen, die sich aus 30 m Profilabstand und 10 m Meßpunktabstand auf den Profilen ergeben.

Ein aus technologischer Sicht wertvolles Ergebnis ergibt sich aus dem auf den E-W-Profilen durchgeführten Vergleich der Kartierungsergebnisse der Gleichstromgeoelektrik und der Elektromagnetik. Die elektromagnetischen Messungen wurden mit einer Apparatur EM 34/3-XL (Spulenabstand 20 m, Frequenz 1,6 kHz, Spulenebenen senkrecht, koplanar) durchgeführt. Daraus resultiert eine Erkundungstiefe von ca. 15 m, so daß die Ergebnisse mit der Schlumberger-Konfiguration AB/2 = 50 m vergleichbar sind (*Tab. 17.2*). Die *Abb. 17.11* zeigt die aus den elektromagnetischen Messungen ermittelte laterale Leitfähigkeitsverteilung. Wie die Vergleiche mit der flächenhaften Widerstandsverteilung (*Abb. 17.7*) und mit einem repräsentativen Profil dieser Schlumberger Kartierung zeigen, liefern beide Verfahren die gleiche Aussage. Dieses Ergebnis ist für die Planung zukünftiger Messungen in Gebieten mit ähnlichen geologischen Verhältnissen aufschlußreich. Mit der elektromagnetischen Kartierung wurde bei geringerem Personaleinsatz (3 Personen bei der elektromagnetischen Kartierung, 5 Personen bei der Widerstandskartierung) in kürzerer Zeit ein gleichwertiges Ergebnis erhalten.

18 Bohrungen

Bohrungen sind ein wichtiges Aufschlußverfahren bei der Erkundung des Untergrundes von Deponien und Altlasten. In den Empfehlungen des Arbeitskreises „Geotechnik der Deponien und Altlasten“ - GDA der Deutschen Gesellschaft für Geotechnik (1997) wird eine sorgfältige Erkundung des Deponieuntergrundes und des hydrologischen Umfeldes nach den geltenden DIN-Normen gefordert. Die Grundsätze für den Aufschluß durch Schürfe und Bohrungen sind in der DIN 4021 festgelegt.

Die Bohrverfahren lassen sich unterteilen in das Abteufen mit und ohne Spülung. Bei den Verfahren mit Spülung wird das Bohrgut von der Bohrspülung aufgenommen und an der offenen Bohrlochwand vorbei stetig zutage gefördert. Bei den Bohrverfahren ohne Spülung wird das Bohrgut in meist nicht stetiger Form gefördert. Diese Verfahren eignen sich zum Bohren in Lockergesteinen und gering kompaktierten Festgesteinen. Die Gewinnung geeigneten Kernmaterials ist nur mittels Trockenbohrverfahren möglich. Bohrspülungen können das geochemische und biochemische Milieu beeinflussen.

Am Standort Rabenstein wurde als Trockenbohrverfahren die Hohlbohrschnecken - Technologie bei der Erkundung der zentralen Rinnenstruktur mit großer Lockergesteinsmächtigkeit eingesetzt. Eine vertiefende Beschreibung der einzelnen Bohrverfahren und ihrer Einsatzmöglichkeiten findet man im Band 4 „Geotechnik und Hydrogeologie“ und bei COLDEWEY & KRAHN (1991).

Das angestrebte Bohrergebnis entsteht durch Überwachung des Bohrprozesses, Analyse des Bohrgutes, Durchführung, Auswertung und Interpretation geophysikalischer Bohrlochmessungen sowie anderer Untersuchungen im Bohrloch (z. B. hydraulische Tests). Geophysikalische Bohrlochmessungen sollten in keinem Fall fehlen. Sie sind nicht nur für die Interpretation oberflächengeophysikalischer Messungen notwendig, sondern sie stellen auch eine Brücke zwischen geophysikalischer Erkundung und hydrogeologischer Modellierung dar. Mit Bohrlochmessungen werden physikalische Größen (Dichte, spezifischer elektrischer Widerstand, Geschwindigkeit elastischer Wellen etc.), geometrische Größen (Kaliber, Neigung, Azimut, Klüfte) und technische Zustände (Verrohrung, Zementation, Lage der Filter und Tonsperren) ermittelt. Eine kurze Vorstellung der Bohrlochmeßverfahren wird in Kap. 20 gegeben. Vertiefende Hinweise enthält der Band 3 des Handbuches.

18.1 Bohrungen der SDAG WISMUT

Von hohem Aussagewert für die Beschreibung der Lagerungsverhältnisse im Grundgebirge des Standortes sind die von der ehemaligen SDAG Wismut in den Jahren 1962 und 1972 unmittelbar westlich des Untersuchungsgebietes niedergebrachten Kernbohrungen (*s. Abb. 14.3*). Mit Ausnahme des nicht mehr vorhandenen Kernmaterials der Bohrungen 2309/62 und 2315/73 konnten die Kerne der restlichen Bohrungen im Kernlager Niederschlema bemustert und mit den im Technisch-Wissenschaftlichen-Zentrum der ehemaligen Wismut AG in Chemnitz archivierten Schichtenverzeichnissen abgeglichen werden. Das Faktenmaterial der petrographisch einwandfrei und sorgfältig dokumentierten 40 mm-Kerne wurde in Profilschnitte umgesetzt, in denen die einzelnen Serien der durchteuften Metamorphite zu „Lithologischen Einheiten" zusammengefaßt sind (*Abb. 14.4* und *14.5*).

Bei der Erstellung geologischer Profilschnitte ist zu berücksichtigen, daß die angegebenen Schichtmächtigkeiten vom Bohrlochverlauf beeinflußt sind. Insbesondere bei starken Schichtneigungen im Untergrund treten größere Abweichungen zwischen durchteuften und wahren Schichtmächtigkeiten auf. Erfahrungsgemäß tendiert der Bohrmeißel dazu, sich beim Bohrprozeß senkrecht zur Schichtung einzustellen (*Abb. 14.5*). Die dabei auftretenden Abweichungen von der Vertikalen sind von technischen Parametern und vom geologischen Bau des Untergrundes abhängig. Eine Rolle spielen dabei Bohrdruck, Biegefestigkeit des Bohrgestänges, Schichtneigung, tektonische Störungen, Wechsel in der Lithologie etc. Bohrungen können aber nicht nur vom Lot abweichen, sondern auch ihr Azimut ändern. In den Wismut-Bohrungen ist ein allgemeiner Trend der Richtungsänderung nach SSW bis SW erkennbar (*Abb. 18.1*).

Die Erfassung der räumlichen Lage des Bohrlochverlaufs erfolgt durch stationäre oder kontinuierliche Messungen in offenen oder verrohrten Bohrungen. Dabei werden mit einer Pendel-Kompaß-Kombination Neigung und Azimut gemessen und aufgezeichnet (siehe Band 3 Geophysik).

Die *Tabelle 18.1* zeigt die Ergebnisse dieser technischen Bohrlochmessung in sechs Wismut-Bohrungen. In *Abb. 18.1* ist der Bohrlochverlauf für die im Bereich der starken magnetischen Anomalie nördlich der Autobahn (*Abb 17.3*) geteuften Bohrung T2307 zweidimensional dargestellt. Richtungs- und Neigungsmessungen wurden in Abständen von jeweils 25 m durchgeführt.

Die der „Galgenberg Zone" folgenden Bohrungen erschlossen eine etwa N-S-streichende, mittelsteil nach Osten einfallende Wechselfolge aus feinkörnigen Glimmerschiefern, grauen psammitischen Phylliten mit Meter bis Dekameter mächtigen Einschaltungen von Schwarzphylliten, Metakarbonaten, Amphiboliten und Amphibolschiefern („Grünschiefern"), die als Metabasite angesprochen werden.

Tab. 18.1: Parameter der Wismut-Tiefbohrungen (Angaben in Meter und Grad)

Tiefbohrung Nr.	**T2304**	**T2307**	**T2308**	**T2314**	**T2315**	**T2316**
Hochwert	34501	35466	35054	35499	33491	34469
Rechtswert	58431	58270	58504	58472	58430	58654
Höhe des Ansatzpunktes ü. NN	357,5	363,8	334,6	355,5	354,1	371,8
„flache Länge" am Endpunkt*	172,2	168,9	439	260	412,7	401,8
„söhlige Länge" am Endpunkt*	26,4	29,6	148,1	50,1	79,8	119,5
Winkelabweichung am Endpunkt	201,42	244,40	262,17	264,60	246,87	236,52
Höhe des Endpunktes über NN	187,7	198,6	-75,8	103,7	-48,9	-8,5

*Als „söhlige Länge" wird der Abstand eines Punktes vom Lot und als „flache Länge" seine Entfernung vom Bohransatzpunkt bezeichnet

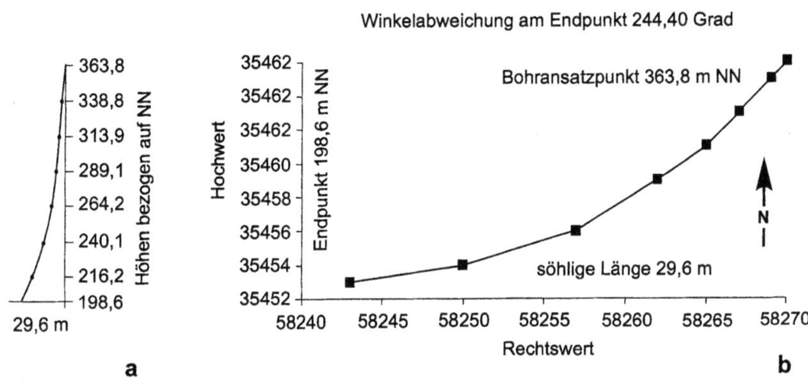

Abb. 18.1: Bohrlochverlauf nach technischer Bohrlochmessung in der Bohrung T 2307. Nach Ergebnissen der Wismut GmbH

In der Bohrung T2309/62 fällt nach den Angaben aus dem Schichtenprofil die Foliation mit 50° nach Osten ein. In 50 m Tiefe u. GOK wurde eine ca. 3 m breite, wahrscheinlich steil einfallende Störung durchteuft, die Teil eines ausgedehnten Störungssystems sein könnte. Dieses System deutet sich auch morphologisch an durch das Einmünden eines N-S-streichenden Tals in das E-W-streichende Tal des Forellenbaches, dem die Autobahn A4 folgt. Nach der strukturtektonischen Aufnahme und der Luftbildinterpretation wird angenommen, daß die Bohrung im Kreuzungsbereich steil einfallender, N-S- und E-W-streichender Störungszonen steht.

Durch die Bohrung T2308/73 wurden neben Metakarbonaten Phyllite, Schwarzschiefer, Amphibolite und Amphibolschiefer aufgeschlossen. Das Hangende besteht aus Verwitterungsbildungen (v. a. zersetzte Phyllite und Schwarzschiefer). Nimmt man als Bezugsgröße ein gleichmäßiges ungestörtes Einfallen der Metakarbonate von etwa 30° nach E an, müßten sie bis in etwa 500 m Tiefe unterhalb des Untersuchungsgebietes abtauchen. In der 1991 geteuften Kernbohrung R1 wurde jedoch bereits in 53 m Tiefe ein etwa 20 m mächtiges schwarzes Metakarbonat angetroffen, das vermutlich dem in der Bohrung T2308 angetroffenen Material entspricht. Im Tiefenbereich von 55,5 – 70 m kam es in der Bohrung R1 bei der Durchörterung von mehreren mit sandigem Material gefüllten Hohlräumen zu starken Spülungsverlusten. Nach der strukturtektonischen Aufnahme und der Luftbildauswertung wird hier der Verlauf einer Bruchstörung mit größerem vertikalen Versatzbetrag im Untergrund vermutet. An der Oberfläche deutet sich diese Störung als markante Geländekante und einen zeitweiligen Quellaustritt an.

Aus den Bohrergebnissen ergeben sich weitere Hinweise auf Bruchstörungen mit größeren Versatzbeträgen. So wurden in der Bohrung T2314/73 Metakarbonate angetroffen, die jedoch bereits in der ca. 200 m weiter westlich gelegenen Bohrung T2307 nicht mehr nachweisbar sind.

In den Tiefbohrungen T2304/73 und T2316/73 wurden Gesteinsserien mit divergentem Einfallen durchteuft (*Abb. 14.4* und *17.5*). Eine schlüssige lithologisch-stratigraphische Korrelation dieser Serien ist nur dann möglich, wenn zwischen beiden Bohrungen eine N-S-streichende Bruchstörung mit einem Versatzbetrag von ca. 100 m angenommen wird, wobei der westliche Block gehoben und der östliche abgesenkt ist. Die bruchtektonische Verstellung der Metamorphite läßt sich nur aus den unterschiedlichen Tiefen der eingeschlossenen Metakarbonate rekonstruieren. Die auftretenden Amphibolite können als sillartige altpaläozoische Intrusionen („Intrusive Sheets“) aufgefaßt werden. Hierfür spricht das Fehlen von Pillow-Stukturen, Mandelstein-Gefügen, Metatuffen oder -tuffiten.

18.2 Flachbohrungen des BGR-Bohrteams

Im November 1992 wurden östlich des Galgenberges die 14 Flachbohrungen F1 bis F14 im Trockenbohrverfahren mit einer Hohlbohrschnecke niedergebracht. Erkundungsziele waren die Bestimmung von Material und Mächtigkeit der Lockergesteinsbedeckung sowie die Lieferung von Informationen zur hydrogeologischen Situation. Zusätzlich sollten Erkenntnisse über den Zustand des unmittelbar unter den Lockermassen anstehenden Grundgebirges gewonnen werden. Die Mehrzahl der Bohrungen drang noch ca. 1 - 2 m tief in das durch Verwitterungsprozesse aufgelockerte „Grundgebirge“ ein. Die auf einer in ENE-Richtung und zwei in E-W-Richtung verlaufenden Linien angeordneten Bohrungen konzentrierten sich auf die durch die geophysikalischen Messungen ermittelte etwa N-S-streichende Rinnenstruktur (siehe *Abb. 14.3, 17.9* und *17.10*).

Die Bohrarbeiten wurden durch stark wechselnde Witterungsbedingungen mit anhaltenden Niederschlägen beeinträchtigt. Durch die Niederschläge wurde die Ansprache des geförderten Bohrgutes, das nicht in Kernkisten abgelegt, sondern unmittelbar vor Ort bemustert wurde, z. T. stark beeinträchtigt. So waren die rotvioletten „Letten“ des Rotliegenden in einigen Fällen erst einige Tage nach den Bohrarbeiten identifizierbar, wenn der Feinkornanteil und randliche Verschmutzungen aus dem Bohrgut ausgewaschen waren. Die Teufenzuordnung ist durch die vom Bohrprozeß verursachten Verschleppungen des Materials begrenzt. Bei starker Wasserführung innerhalb des Bohrloches kam es zu einem plastischen Fließen des Lehms und des aufgelockerten Grundgebirges. Der Übergang zum Anstehenden war deshalb oft nur schwer zu erkennen.

Ergebnisse

In den Bohrungen F7, F8, F10 und F13 wurden rote bis rotviolette Tone und Letten angetroffenen, die dem Basisbereich des Rotliegenden zugeordnet werden. Etwa 500 m südlich bzw. östlich der Bohrungen stehen Basisbildungen des Rotliegenden an. Nach LEHMANN & SIEGERT (1908) handelt es sich dabei um Konglomerate, Sandsteine und Schieferletten des unteren Rotliegenden bzw. um einen Unteren Porphyrtuff des mittleren Rotliegenden. Die in den Bohrungen nachgewiesenen Basisbildungen könnten somit Äquivalente der Härtensdorfer Schichten i. S. von FISCHER (1985) sein. BLÜHER (1964) nimmt an, daß diese Bildungen ehemals auch nördlich der heutigen Grenzen verbreitet waren. Sie wurden in Depressionen eines prä- bzw. unterrotliegenden Reliefs vor der Erosion bewahrt und erreichen rezente Mächtigkeiten bis zu 70 m. Die Depressionen könnten infolge der Verkarstung von Metakarbonaten entstanden sein. Verkarstungserscheinungen wurden in der Kernbohrung R1 durch Spülungsverlust und das Auftreten von Lösungserscheinungen in den Bohrkernen nachgewiesen. Die zwischen den Flachbohrungen ausstreichenden Phyllite und Schwarzschiefer sind als Lesesteine kartiert worden (*Abb. 14.2* und *17.8*).

Mit den BGR-Flachbohrungen konnte die bereits durch die geoelektrischen Ergebnisse ausgewiesene Rinnenstruktur östlich des Galgenberges bestätigt werden (*Abb. 17.9*). Ergänzt durch die in den Flach- und Kernbohrungen der Wismut ermittelten Mächtigkeitswerte konnte eine Karte der Lockergesteinsmächtigkeit für das gesamte Untersuchungsgebiet erstellt werden (*Abb. 17.10*). Es wird deutlich, daß die Konturen der etwa NNE-SSW-streichenden, 1 500 m langen, 400 m breiten und bis zu 70 m tiefen Rinnenstruktur durch das aus den Ergebnissen der flächenhaften geophysikalischen

Messungen und der Luftbildinterpretation ermittelte Störungsmuster kontrolliert werden. Die NNE-verlaufende Rinnenachse liegt etwa auf der Linie der Bohrungen F1 - F8 - F12 - R1. In der Bohrung F8 wurde das Festgestein in 53 m Teufe noch nicht erreicht. Die Flanken der Rinne fallen nach W bzw. E mit ca. 12° ein. Die Rinnenfüllung besteht aus überwiegend autochthonen Verwitterungsprodukten. Ob zwischen der Anlage der Rinnenstruktur und der Verkarstung von Metakarbonaten ein Zusammenhang besteht, kann aufgrund der bisher vorliegenden Bohr- und Kartierungsergebnisse nicht eindeutig beurteilt werden.

Auch aus hydrogeologischer Sicht lieferten die Bohrungen interessante Ergebnisse. In den Flachbohrungen F6 - F8 wurden mehrere, z. T. nur geringmächtige wasserführende Schichten nachgewiesen. Lithologische Wechsel in der Rinnenfüllung führten hier zur Ausbildung lokal begrenzter Grundwasserleiter. Da diese Grundwasserleiter häufig untereinander nicht kommunizieren, kann es zur Bildung von gespanntem Grundwasser kommen. Bei einer in der Bohrung F1 durchgeführten Wasserstandsmessung stieg der Wasserspiegel innerhalb einer halben Stunde von 15 m auf 6 m unter GOK an.

Der aus den Ruhewasserständen konstruierte Grundwassergleichenplan läßt eine etwa der Linie F6 - F8 folgende E-W-orientierte Wasserscheide erkennen. Von einer Hochlage im Bereich des Galgenberges erfolgt der Abstrom nördlich dieser Wasserscheide nach NE in Richtung Forellenbach und südlich davon nach SE in Richtung Oberrabenstein (*Abb. 18.2*). Dem Relief folgend verringert sich die Tiefe des Grundwasserspiegels in den gleichen Richtungen von durchschnittlich 20 auf 0 m unter GOK bei Annäherung an die in den Tallagen verlaufenden Fließgewässer. Die Sickerwässer fließen auf geringdurchlässigen Schichten innerhalb der Verwitterungsbildungen in Richtung des Hanggefälles und münden als Hang- oder Talquellen in die Vorfluter. Die nach dem Vergleich der Grundwassertiefen mit den Geländehöhen zu erwartenden Grundwasseraustritte wurden tatsächlich als Naßstellen und Hangquellen angetroffen. In Bereichen geringmächtiger Verwitterungsbildungen und Hangschuttdecken ist jedoch mit einem relativ schnellen Eintritt der Sickerwässer in das von einem hohen Durchtrennungsgrad gekennzeichnete Grundgebirge zu rechnen.

Sedimentologische Untersuchungen an Kernmaterial

Um die Einstufung der in den Flachbohrungen F7, F8, F10 und F13 nachgewiesenen Rotliegend-Sedimente zu überprüfen, sind aus der Bohrung F10 vier Proben entnommen worden. Das Probenmaterial wurde im Labor unter Verwendung eines Siebsatzes mit Fraktionen > 2,0 mm / > 1 mm / > 0,2 mm und > 0,063 mm geschlämmt. Die Siebfraktionen 0,2 - 0,063 mm sind anschließend getrocknet worden. Nachdem die Calcitkruste der Schwerminerale durch Kochen in verdünnter Salzsäure beseitigt war, erfolgte eine gravitative Trennung in Tetrabromäthan (Bromoform). Die gereinigten und getrockneten Schwermineralfraktionen sind als Streupräparate im Sedimentologie-Labor des Instituts für Geologie der TU Bergakademie Freiberg auf ihre Zirkonführung untersucht worden (KURZE, 1993).

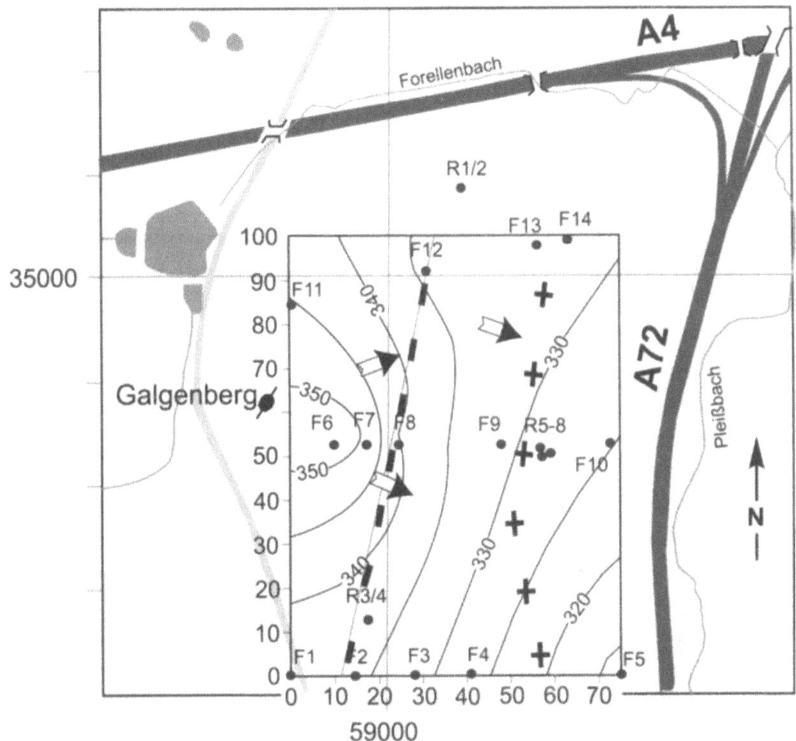

Abb. 18.2: Grundwasserisohypsen nach den in den BGR-Flachbohrungen gemessenen Ruhewasserständen

Die nachgewiesenen Zirkone waren teils gerundet, teils idiomorph, durchsichtig und zerbrochen. Während die gerundeten Zirkone vermutlich den Metamorphiten aus dem Bereich des Granulitgebirges oder aus dessen Schiefermantel entstammen, könnten die idiomorphen, z. T. zerbrochenen Zirkone aus Rotliegend-Pyroklastiten abzuleiten sein. Die Form der Zirkone und die Rotfärbung der Letten machen es wahrscheinlich, daß es sich bei den roten bis rotvioletten Tonen und Letten um Äquivalente der Härtensdorfer Schichten des tiefsten Rotliegenden (FISCHER, 1985) handelt, in die Tuffe oder Tuffite („Unterer Porphyrtuff") eingeschaltet sind.

18.3 Kernbohrungen des Verbundvorhabens

Im Rahmen der Standortuntersuchung wurden an den drei Lokationen R1, R3 und R5 um eine Haupt- (oder Zentralbohrung) eine bis drei Beobachtungsbohrungen für die Durchführung hydraulischer Tests gruppiert und zu hydrogeologischen Meßstellen ausgebaut. Der für die Bohrungen R1 und R3 geplante Einbau von Filterstrecken im Festgestein unterblieb, da die Bohrung R1 vor dem Ausbau verstürzte und die in der Rinnenstruktur mit erhöhter Lockergesteinsmächtigkeit geteufte Bohrung R3 das Bohrziel im Festgestein nicht erreichte.

Der Ansatzpunkt der Bohrung R5 als Zentralbohrung für ein hydrogeologisches Testfeld wurde in Abhängigkeit von den Ergebnissen der Bohrungen R1 und R3 gewählt. Das Ergebnis dieser Bohrung, die auf einer durch die geophysikalischen Messungen ausgewiesenen Hochlage der Metamorphite geteuft wurde, bestätigte die prognostizierte geringe Lockergesteinsmächtigkeit (*Abb. 17.7* und *17.9*).

Die Lage der Bohrpunkte zeigt die *Abb. 14.3.* Eine Aufstellung mit Angaben zu den technischen Parametern, den in den Bohrungen durchgeführten Bohrlochuntersuchungen (hydraulische Tests) und dem bohrlochgeophysikalischen Meßprogramm enthält die *Tab. 18.2.* Die hydraulischen Tests werden im Kap. 19 und die Bohrlochmessungen im Kap. 20 vorgestellt.

Tab. 18.2: Parameter der Kernbohrungen

Bohrung	**R 1/93**	**R 2/93**	**R 3/93**	**R 4/93**	**R 5/94**	**R 6 – R 8/94**
Hochwert	^{45}59200	^{45}59200	^{45}58972	^{45}58967,9	^{45}59387,8	gleichseitiges
Rechtswert	^{56}35200	^{56}35200	^{56}34194,3	^{56}34191,3	^{56}34591,4	Dreieck um R5
Höhe NN	350 m	350 m	350 m	350 m	344,6 m	344,6 m
Endteufe u. GOK	70,5 m	50 m	63 m	27 m	100 m	35 m
Durchmesser	146 / 200 mm	146 / 200 mm			178 mm	146 mm
Neigung bei ET.	senkrecht	10 gon	4,6 gon	3 gon	ab 80 m > 5 gon	senkrecht
Befahrbarkeit	bis 55 m	bis 49 m	bis 61 m	bis 25 m	bis Endteufe	bis Endteufe
Bohrverfahren	Seilkern	Seilkern	Seilkern	Rotary-Spülb.	Seilkern	Seilkern
Kernprogramm	Liner	ohne	Vollkern		96% Kerngewinn	100% Kerngewinn
Bohrlochgeo-physikalisches Meßprogramm	CL, NN, FEL, GR,GG, SAL, FLOW, TEMP, ABF, VIDEO, BA	CAL, NN, FEL, GR, GG, SAL, FLOW, TEMP, ABF, VIDEO, BA	CAL, NN, FEL, GR, GG, SAL, FLOW, TEMP, ABF, VIDEO, BA	CALI, NN, FEL, GR,GG, SAL, FLOW, TEMP, BA, ABF, VIDEO	CAL, GR, FEL, IL ELKN, ELGN, SP, GG, NN, MAL, SAL, TEMP, ABF FLOW, MIL, AL, BA,	
Hydrogeolog. Tests	Screening, Doppelpacker				Pumpversuche, Slug und Bail, WD Pulse, Drill-Stem, Interferenz, Tracer	Hydrog. Testfeld, Beobachtungs-bohrungen

CAL: Kalibermessung
FEL: fokussiertes Widerstandslog
ELKN: Widerstand, kleine Normale
ELGN: Widerstand, große Normale
IL: Induktionslog
GR: Natürliche Gammastrahlung
GG: Gamma-Gamma-Messung
NN: Neutron-Neutron-Messung
SP: Eigenpotential
MAL: Magnetiklog
SAL: Salinitätslog
TEMP: Temperaturlog
MIL: Milieuparameter
FLOW: Messung der Strömung
ABF: Akustisches Bohrlochfernsehen
VIDEO: Bohrlochfernsehen
BA: Bohrlochabweichung
AL: Akustiklog

Die Bohrungen Rabenstein R1 und R2

Der Abstand zwischen den Ansatzpunkten der Bohrung R1 und der nördlich davon stehenden Bohrung R2 beträgt nur 5,3 m. Wegen des generellen N-S-Streichens der Schichten und petrographischen Einheiten wurde davon ausgegangen, daß die Verhältnisse der Bohrung R1 auf R2 übertragbar sind. Deshalb wurde nur in R1 ein Kernprogramm gefahren.

Das Abteufen der Bohrung R1 durch die Firma Geophysik GmbH Leipzig und die anschließenden Tests dauerten wegen extremer Witterungsbedingungen und technischer Probleme einige Wochen. Da die Bohrung nach Erreichen der Endteufe etappenweise von 70 auf 54 m unter GOK verstürzte, waren keine hydraulischen Tests in den karbonatischen Horizonten möglich. Lediglich im tiefsten Teil des verwitterten Glimmerschiefers zwischen 44 und 49 m wurde ein Doppelpackertest durchgeführt. Beim Bohren wurde das Gestein bis 16 m noch im trockenen Zustand angetroffen. Nach Abschluß der Arbeiten stellte sich bei 8,7 m unter GOK der Ruhewasserspiegel ein. Die Bohrung R1 ist bis 49 m Teufe mit Vollwand- und Filterrohren ausgebaut. Die Verfilterung mit Quarzfilterkies erfolgte im Teufenbereich von 30,0 - 19,4 m, d. h. auf einer Strecke, die etwa doppelt so lang ist wie die Länge der eingebauten Filterrohre. Diese Verfilterung wirkte sich auf die in der Bohrung durchgeführten hydraulischen Tests aus (s. Kap.19).

Nach Angaben des Bohrmeisters sind die in R2 durchteuften Gesteinskomplexe allgemein standfester als in R1. Auch wurden hier in den Metakarbonaten (Marmor) keine Hohlräume angetroffen. Während der Testarbeiten bestand zwischen beiden Bohrungen eine hydraulische Verbindung.

Der Kerngewinn aus R1 kann als zufriedenstellend angesehen werden. Auf ein orientiertes Kernen mittels exzentrischem Vorbohren zur Anbringung einer Markierung (*s. Abb. 9.9)* mußte aber aus technischen Gründen verzichtet werden. Die aufgenommenen Kerne wurden dem Umweltamt Chemnitz überlassen. Der beim Abteufen der Bohrung auftretende Kernverlust und -zerfall wurden durch folgende Faktoren verursacht

- Bohren mit zu hoher Kronenlast bei gleichzeitig zu geringem Spülungsdruck führte im Festgestein (hier Marmor) zu kleinstückigem Zerspringen und im Lockergestein (Lehm) zum Zerdrücken des Gebirges auf der Sohle.
- Da beim Ziehen zerbrochener Kerne Gesteinsstücke in das Bohrloch zurückfielen, rastete das Kerninnenrohr beim Wiedereinführen in die Führung des Bohrgestänges nicht wieder ein. Die im Rohr verklemmten Stücke versperren dem absinkenden Innenrohr den Weg. So kann beim Weiterbohren der von unten hereindringende neu entstehende Kern das Kerninnenrohr am Kernfänger hochdrücken und das Innenrohr bleibt leer.
- Bohrbedingtes Zerbrechen des Kerns und Verlust des Kernfängers führten beim Ziehen zu teilweisem bis vollständigen Rückfall des Kerns auf die Bohrlochsohle. Beim Versuch, den mehr oder weniger schräg im Bohrloch

stehenden Kern bzw. seine Teile zu fangen, lassen sich aber bestenfalls Teile des verlorenen Kernmarsches retten.

- An Lehmtapeten auf Klüften kann der Kern zerschert und zerrieben werden.

Kurzprofil der Bohrung R1

0 - 0,5 m	Lößlehm der Weichsel-Eiszeit, umgelagert
- 35,5 m	Phyllit, zu halbfreiem Lehm zersetzt, unstrukturiert, trocken, mit Paketen von festem, stark zerklüftetem Phyllit (durch periglaziale Rutschungen umgelagert ?). Alter der tiefgründigen Verwitterung: Oberkreide - Alttertiär Alter des Phyllits: Kambrium (Herolder Folge)
- 38,4 m	Phyllit, unverwittert, silbergrau und grünlich, Schieferung 30 - 40°, zur Teufe steiler werdend. In einer kieselschieferartigen Lage wurden in Schliffen Spumellarien nachgewiesen.
- 53,0 m	Glimmerschiefer, dunkelgrau. Auf Schieferungsflächen Staurolith (?). Sämtliche Klüfte sind verheilt.
- 70,5 m	Marmor, grau, mit Karsthohlraum (in dem das Gestänge absackte) von 55,5 - ca. 57 m) und tonigen Zwischenlagen (mit Pyritlagen?). Das Gestein zerfällt in maximal 30 cm lange Stücke. Zahlreiche mit Calcit verheilte Klüfte. Der Spülungsverlust hielt bis 70 m Teufe an. Im Karsthohlraum unklassierter, mit Calcit verkitteter Lehm. Der Hohlraum sollte lagenparallel verlaufen.

Die Bohrungen Rabenstein R3 und R4

Obwohl die Bohrungen Rabenstein R3 und R4 ebenfalls bei schlechten Witterungsbedingungen abgeteuft wurden, konnte die geplante Endteufe ohne besondere Schwierigkeiten zügig erreicht werden. Bereits während des Bohrens bildete sich in R3 ein Ruhewasserspiegel bei 7 m unter GOK. Ein Klarspülen der Bohrungen war nicht möglich, da von den Bohrlochwänden ständig lehmig/tonige Suspension eingetragen wurde.

Beide Bohrungen stehen in der durch die geoelektrischen Messungen nachgewiesenen N-S-streichenden Rinnenstruktur mit erhöhter Lockergesteinsmächtigkeit (*Abb. 17.9*). Die nach den geoelektrischen Ergebnissen prognostizierte Rinnengeometrie wird durch die bei der Standorterkundung geteuften Bohrungen und ältere Wismut Bohrungen verifiziert (*Abb. 17.10*).

Die Kernbohrung R3 stand bis zur Endteufe bei 60 m in tiefgründig verwitterten Phylliten, Glimmer- und Schwarzschiefern, die als unstrukturierter, halbfester gelber bis brauner Lehm vorliegen. Das lehmige Material bildet eine wirksame hydrogeologische Barriere. Im oberen Abschnitt der verlehmten Gesteine werden Änderungen des Schichteinfallens und „Brekzienzonen“ (verursacht durch periglaziale Vorgänge ?) beschrieben. Auftretende Klüfte waren verfüllt. Vereinzelt treten helle Tonmineral-Neubildungen als Kluftbeläge auf. Als Bildungsalter des Zersatzlehms wird in Anlehnung an LEGLER (1992) oberkretazisches bis (alt)tertiäres Alter angenommen. In diesem Zeitabschnitt wirkten vor allem an tektonischen Störungen aggressive Wässer auf das Gebirge ein. Der Säuregehalt dieser Wässer dürfte den pyritreichen Schwarzschiefern entstammen.

Kurzprofil der Bohrung R3

0 - 9 m	Lehm hellgelbbraun
- 12 m	Lehm beige/gelbbraun
- 24,5 m	Lehm schwarzgrau (graphitfarben) mit Helligkeitsminimum bei 21 m (Schwarzschiefer)
- 38 m	Lehm gelbbraun, lagenweise graubraun, in Flecken rostfarbenbraun
- 57 m	Lehm olivgraubraun
57 - 60 m	Glimmerschiefer bis Phyllit, geringer verwittert. Einfallen der Schieferung 9°, steiler als in Bohrung R1.

Neben den hier wiedergegebenen Kurzprofilen für die Bohrungen R1 und R3 sind im Untersuchungsbericht von BARTHOLOMÄUS (1993) detaillierte Schichtenverzeichnisse nach dem Symbolschlüssel Geologie (PREUSS et al., 1991) enthalten, deren Informationsgehalt weit über die Kurzprofile hinausgeht. Während für R1 noch eine lithostratigraphische Gliederung nach dem Konzept von LEGLER (1992) versucht worden ist, wurde bei R3 darauf verzichtet.

Nicht durch die Kernaufnahme erfaßbar waren strukturelle und texturelle Elemente, deren Homogenitätsbereich die Kerndimensionen wesentlich übersteigt. Ebenso wurden Hohlräume (Übergang Glimmerschiefer/Marmor in R1) nicht oder bestenfalls teilweise erfaßt (Karsthöhlensediment). Der gewonnene Kern des umgebenden Gesteins lieferte dazu keine Anhaltspunkte; die Kernlücke ließ sich auch durch technische Ursachen erklären. Der Hinweis auf einen Hohlraum ergab sich durch das plötzliche Absinken des Gestänges in R1.

Nur durch die Kernaufnahme konnte eine genetische Erklärung für die oberflächennahen Lehme gegeben werden. Aussagen zur Textur und Struktur wären anders nicht möglich gewesen. Darüber hinaus sind Kerne Voraussetzung für aufbauende Untersuchungsverfahren (Mineralogie, chemische Analyse, petrophysikalische Messungen, Mikroskopie etc.). Das ausgetragene Bohrklein lieferte nur Informationen über Korngröße, Farbe und Kalkgehalt. Wegen des auftretenden Nachfalls in der Bohrung war allerdings eine teufengerechte Zuordnung des Materials nicht möglich. Über die Umwandlungsgeschichte, ihre relativ-chronologischen Einzelvorgänge, die Ausgangsgesteine, deren Textur, das Auftreten tektonischer Elemente und andere Eigenschaften erlaubt das Bohrklein keine oder nur sehr stark eingeschränkte Aussagen.

Die Bohrungen Rabenstein R5 bis R8

Ursprüngliches Ziel der Bohrung R5 war der vollständige Aufschluß des von der Bohrung R1 nicht durchbohrten Metakarbonathorizontes. Da aber im Bohrprofil von R5 nur geringmächtige Einschaltungen von Metakarbonaten angetroffen wurden, erfolgte die Einstellung der Bohrung nach einer Gesamtbohrzeit von 12 Arbeitstagen bei der projektierten Endteufe von 100 m. Der obere Bereich der Bohrung wurde mit einem pneumatisch betriebenen Vibrohammer trocken und der untere, gekernte Abschnitt im Seilkernverfahren mit Spülung geteuft. Der auf den Gesamtkern bezogene Kerngewinn betrug 95,8%. Unterhalb von 50 m traten Spülungsverluste bis zu 30 % auf.

Für die Durchführung umfangreicher hydraulischer Tests im Festgesteinskomplex wurden im Abstand von 7 m zur Hauptbohrung R5 drei Nebenbohrungen R6 - R8 mit Bohrtiefen von jeweils 35 m ebenfalls als Kernbohrungen geteuft. Diese Bohrungsgruppe wird nachfolgend als Testfeld bezeichnet (s. Abb. 19.16).

Die aus den Bohrungen gewonnenen Kerne sind unter besonderer Berücksichtigung des Trennflächengefüges aufgenommen worden (SEHM, 1994). Bei den erbohrten Gesteinsserien handelt es sich im wesentlichen um Phyllite, Schwarzschiefer, Amphibolite und Quarzite. Eine detaillierte lithostratigraphische Parallelisierung zwischen den benachbarten Bohrungen ist jedoch trotz der geringen Abstände schwierig.

Die Bohrkernaufnahme und die Ergebnisse einer TV-Sondierung liefern Aussagen zum strukturellen und tektonischen Inventar des Untergrundes im Bereich des Testfeldes. Danach werden die Haupttrennflächen durch Schieferungsflächen (S1) gebildet, die unter 30 - 50° nach Nordost einfallen. Eine weitständigere zweite Trennflächenschar (S2) fällt mit 60 - 90° ebenfalls nach Nordost ein. Die Phyllite weisen einen wesentlich stärkeren Durchtrennungsgrad als die Schwarzschiefer und Amphibolite auf.

Nachfolgend werden die in den Bohrungen des Testfeldes erfaßten Gefügeelemente beschrieben.

Schichtung, Schieferung, Sedimentstrukturen

Die Schichtung ist in den Phylliten und Schiefern am Wechsel pelitischer und sandig/siltiger Lagen zu erkennen. Die Schiefer unterhalb der Amphibolitschiefer weisen neben einer laminaren Feinschichtung eine Flaser- und

Linsenschichtung mit bis zu 0,8 cm mächtigen Sand- oder Siltlagen auf. Als Sedimentstrukturen kommen gelegentlich Belastungsstrukturen (im Liegendkontakt von Metakarbonaten zu Sapropeliten), Wulstschichtung in den Schiefern und Breccierung, Fließfältelung sowie Rutschstrukturen vor. Die aus tuffitischem Material hervorgegangenen Amphibolitschiefer lassen eine grobe Schichtung erkennen.

Durch die Schieferung kann die Schichtung überprägt und zerschert werden. Die in allen Gesteinsfolgen der Bohrung nachweisbare Foliation (S1) ist meist die Hauptablösungsfläche. Je nach petrographischer Ausbildung ist sie das vorherrschende (Phyllite, Schwarzschiefer) oder weniger ausgeprägte Gefügemerkmal (Amphibolite, Quarzite). Die Hauptschieferung ist über Material-, Farb- oder Korngrößenunterschiede im mm- bis sub-mm-Bereich erkennbar. Die zweite Schieferung (S2) stellt sich als sehr enge Kluftschar dar (Runzelschieferung bzw. Schubklüftung). Die auf S1 häufig ausgebildeten parallelen Feinrunzelungen werden als δ2-Linearen der zweiten Schieferung zugeordnet. Foliationsfalten wurden vor allem in den feingebänderten Quarzitschiefern (u.a. von 92,6 bis 94,2 m) zusammen mit einer zweiten Schieferung beobachtet.

Die S1-Fallwinkeldiagramme sind der Abb. 18.3 a zu entnehmen. In den Phylliten streuen die Werte der Hauptschieferung zwischen 30 und 50°, wobei bis ca. 10 m Tiefe das Maximum bei 35 - 45° und bis zur Unterkante der Phyllite bei 25 - 35° liegt. Die in den Phylliten gut einmeßbare Schubklüftung (S2) fällt mit einem Spektrum von 40 - 60° steiler ein.

Im Bereich der Amphibolite/Amphibolitschiefer streuen die Einfallwerte, möglicherweise materialbedingt, zwischen 20 und 40°. Generell verflacht sich das Einfallen von 30 - 40° bei 56 m auf einen Mittelwert von 25°. In 60 - 70 m Teufe wird es etwas steiler (30 - 45°), um sich dann in den Schiefern, Quarzitschiefern, Metakarbonaten und Sapropeliten ab 86,2 m bis zur Endteufe erneut zu verflachen (10 - 20°). Wahrscheinlich macht sich aber hier die ab 80 m zunehmende Bohrlochabweichung bemerkbar (s. Tab. 18.2). Eine Beziehung zwischen Gesteinsart und Einfallen der Schieferung war nicht mit Sicherheit festzustellen. Jüngere Bewegungen führten zur Ausbildung foliationsparalleler oder schwach diskonformer Scherflächen, zur Zerscherung von Mineraltrümern, und zu cm-mächtigen Mylonitbildungen oder einem stufenartigen Abreißen von Quarzitbelägen auf den Scherflächen.

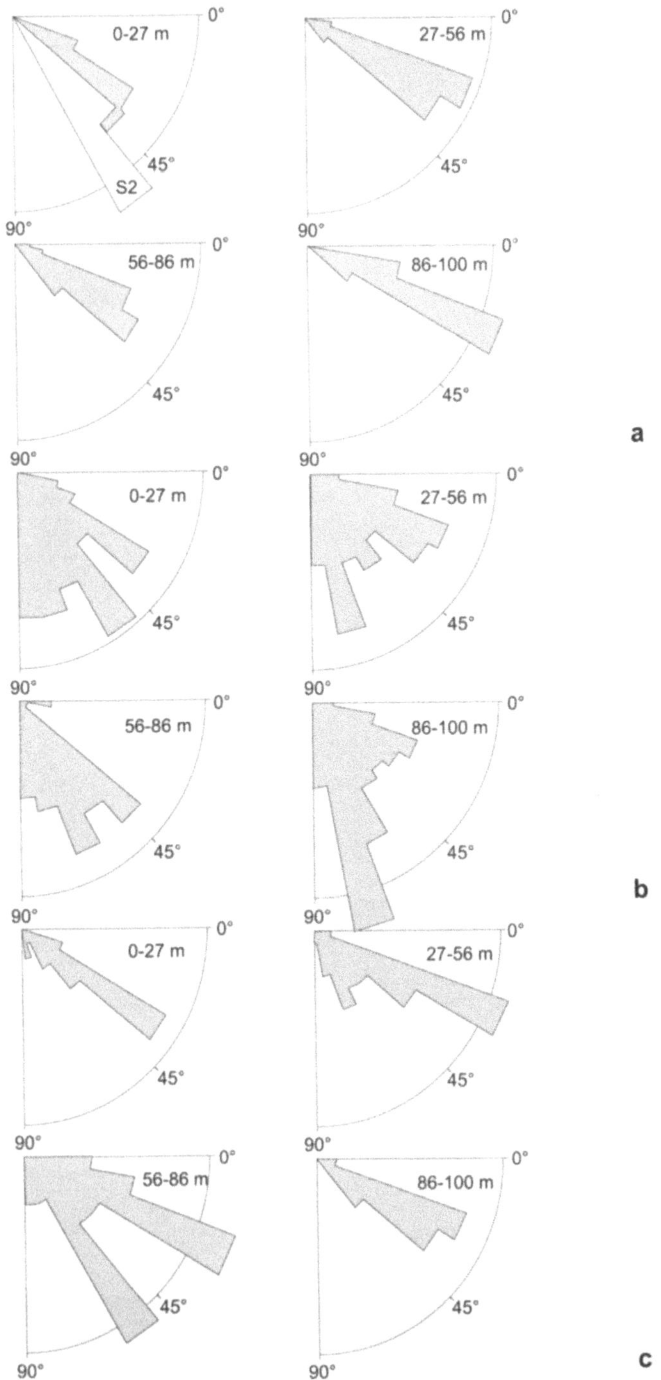

Abb. 18.3: Aufnahme des Trennflächengefüges in der Bohrung R5. a: Schichtung und Schieferung, b: Klüftung, c: Gangbildungen und Trümer. UWG Berlin, 1994, im Auftrag der BGR.

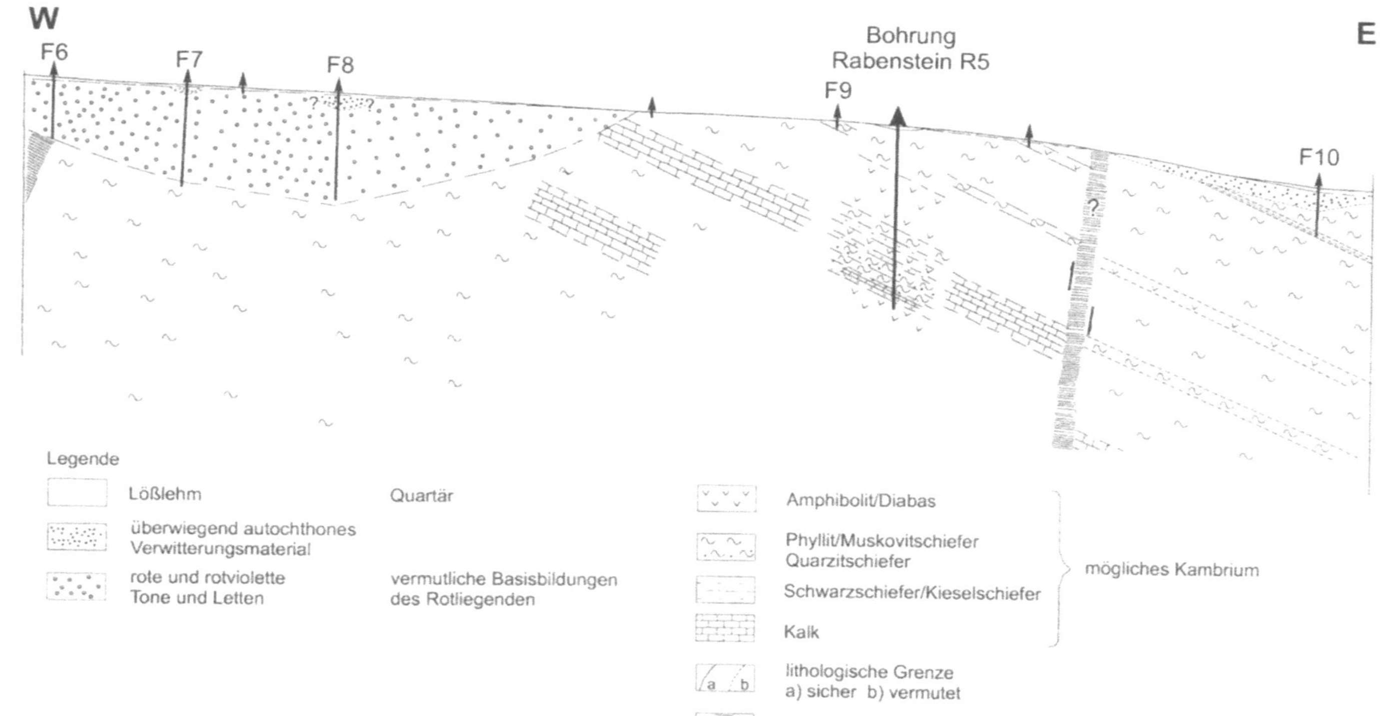

Abb. 18.4: Nach den Ergebnissen der Bohrung Rabenstein R 5 präzisierter geologischer Schnitt. BACHMANN (1993) und SEHM (1994), im Auftrag der BGR.

Klüftung

Die klufttektonische Beanspruchung ist in den verschiedenen Gesteinsarten unterschiedlich. In den Metapeliten (Phyllite, Sapropelite) ist sie geringer als in den spröderen, stärker zerklüfteten Amphiboliten. Hinsichtlich der Kluftfüllung werden unterschieden: primär geschlossene Klüfte (< 0,2 mm Öffnungsweite); durch Mineralisation oder Zersatzmaterial verheilte Klüfte und offene Klüfte, deren Füllung gelöst oder weggeführt wurde.

Die Kluftmessungen wurden richtungsstatistisch ausgewertet und in Fallwinkeldiagrammen dargestellt (*Abb. 18.3 b*). Die Klüfte im Teufenbereich bis 26,5 m (Phyllite) belegen mit >50% die Spannweiten 30 - 40°, 50 - 60° und 70 - 90°, wobei das 55°-Einfallen dominiert. Der Streubereich aller gemessenen Einfallwerte ist mit 30 bis 90° relativ groß. Der Bereich 30 - 40° entspricht dabei den parallel bis subparallel zur Hauptschieferung einfallenden Klüften. Die 50 - 60°-Werte dürften zur 2. Schieferung gehören. Die Winkel der antithetisch zu S1 einfallenden Klüfte liegen bei 60 - 90°. Dies gilt auch für die rechtwinklig zu S1 einfallenden Kluftscharen. Flache, zur Hauptschieferung entgegengesetzt einfallende Klüfte kommen seltener vor. Die Kluftflächen sind meist uneben, unregelmäßig mit weitwelliger Oberfläche. Die relativ seltenen Harnischstriemungen fallen steil ein. Im Bereich der sandig gebänderten Phyllite ist der Kluftabstand geringer, kleinstückiger Zerfall ist häufig. Die mit Lockermaterial (Sand, Mylonit) gefüllten Klüfte und Spalten sind wasserführend.

In den Amphiboliten und Amphibolitschiefern (Bereich bis 56 m) ist das Kluftspektrum unterschiedlich. Entgegengesetzt der Hauptschieferung einfallende Klüfte belegen sowohl steiles (50 - 70°) als auch flacheres (20 - 35°) Einfallen, wobei ebenso wie bei den winklig in S1 einfallenden Klüften steiles Einfallen überwiegt. Kluftbeläge bzw. -füllungen kommen vor allem auf den steilen Klüften vor. Meist sind sie primär geschlossen. Sie fallen bevorzugt zwischen 50 - 80° ein. Mineralisierte Trümer werden von ihnen mit geringem Versatz durchschlagen, schneiden aber ihrerseits auch flache Calcit-Quarz-Trümer ab. Oberhalb 52 m Teufe sind mit Calcit oder Quarz verheilte Klüfte relativ häufig. Viele Kluftfüllungen sind teilweise oder vollständig gelöst, so daß die Klüfte jetzt offen sind.

Im Teufenbereich von 56,0 bis 86,2 m, in dem Schiefer, Quarzit- und Schwarzschiefer sowie Quarzite miteinander wechsellagern, überwiegt ein Einfallen der Klüfte von 40 - 50° bzw. 60 - 70°. Im Gegensatz zur Klüftung in den Phylliten und Amphiboliten sind hier die Werte relativ einheitlich. Parallel bis subparallel zur Hauptschieferung verlaufende Klüfte nehmen ab. Als Hauptablösungsfläche tritt die Foliation gegenüber den steilen Klüften zurück. Antithetisch zu S1 einfallende Klüfte sind auf den Bereich zwischen 35 und 55° beschränkt, steiles Einfallen ist seltener. In diesem Teufenbereich sind viele Klüfte mit Mineralisationen verheilt. Auch Harnischflächen mit Striemungen, mylonitische Bildungen und Lösungsrückständen kommen vor.

Unterhalb 86,2 m bis zur Endteufe überwiegen in den hier lagernden Amphiboliten, Metakarbonaten und Sapropeliten die mit 60 - 80° einfallenden Klüfte. An zweiter Stelle kommt eine Kluftschar, die mit 20 - 35° parallel bis subparallel der Hauptschieferung folgt. Kluftbeläge bzw. -füllungen und antithetisch zur S1 einfallende Klüfte bevorzugen steile (70 - 80°) und nur selten flache Einfallrichtungen. Mit zunehmender Teufe nimmt die Zahl mineralisierter Klüfte ab.

Störungen

Die Gesteinsserien sind zwar vergleichsweise intensiv zerklüftet, doch sind Störungen größerer Mächtigkeit mit Mylonit- oder Brekzienzonen nicht festzustellen. Kernverlust in den Phylliten ist meist auf tiefgründige Verwitterung und Auflockerung zurückzuführen.

Nur der im Tiefenbereich von 62,8 bis 63,8 m innerhalb der Sapropelite aufgetretene totale Kernverlust deutet auf eine tektonische Störung hin. In diesem Teufenbereich wurden aszendente und deszendente Wasserströmungen nachgewiesen (Kap. 20). Die bruchtektonische Beanspruchung des Gebirges in kleinem Maßstab wird belegt durch Harnisch-Rillungen und -Spiegel auf Kluft- und Schieferungsflächen (schräge Auf- und Abschiebungen, Seitenverschiebungen), Kluft- und Schieferungsflächen mit stufenartig abgerissenen Quarzbelägen, Bruchflächen, die parallel bis subparallel zur Foliation verlaufen und mit mylonitischen bzw. brekziiertem Material belegt sind, von Kluftzonen ausgehende Zerrüttung des Gesteins und mit Calcit und Quarz mineralisierte Klüfte.

Kluftfüllungen und Mineralisationen

Tonmineralbildungen wurden angetroffen auf Klüften und anderen Trennflächen, in Nestern, Linsen, Auslaugungshohlräumen sowie als feindisperse Imprägnationen. In den Amphiboliten kommen außerdem talkähnliche Zersetzungsprodukte, dunkelgrüner kurzfasriger Serpentin, grüngraue bis hellgrünliche Chloritbildungen, Pyrit, Calcit als Rekristallisationscalcit sowie neugebildeter Quarz vor.

Quarz- und Calcittrümer sind im Schiefer und Quarzitschiefer nur unbedeutend (z. B. von 59,18 - 59,25 m). Im Schwarzschiefer kann es dagegen zu einer intensiven Verquarzung kommen, so daß bereichsweise die Sapropelite nur als Relikte erhalten sind. Im allgemeinen kommen nur schmale, 2 - 4 cm mächtige Quarzgängchen vor, die an Schicht- oder Schieferungsflächen bzw. Klüften tektonisch zerschert sein können. In den Sapropeliten treten durch mobilisierten Quarz gebildete Faltenbilder auf, die in ihrem Erscheinungsbild „ptygmatischen Falten“ in Kristallin-Gesteinen ähneln.

Die Raumstellung der zahlreichen eingemessenen Trümer und Gangbildungen in den vier wichtigsten Bohrungsabschnitten zeigt *Abb. 18.3c.* Die Quarz- und Quarz-Calcit-Gängchen fallen meist mit 20 - 30°, gelegentlich bis 40° ein, d.h. ± parallel zur Schichtung bzw. Schieferung. Steileres Einfallen (50 - 70°, vereinzelt 80°) wurde in der Bohrung zwischen 26,5 und 86,2 m in den Metabasiten, Schiefern, Quarzitschiefern und Quarziten auf schieferungsparallelen Flächen beobachtet. Allgemein sind die steil einfallenden Gängchen älter als die flachen, da sie von den letztgenannten durchschlagen werden. Bei gleichem Einfallen werden einzelne Gängchen durch jüngere Bewegungen entlang von Schieferungsflächen zerschert; andere nicht. Für die hydrogeologischen Verhältnisse der Bohrung sind Lösungshohlräume von Interesse, die sowohl im Gestein als auch in den Gängchen auftreten. Diese durch Lösung von Calcit entstandenen Hohlräume können Durchmesser von mehreren Zentimetern erreichen. Sie treten gehäuft bis etwa 52 m Bohrteufe auf.

Kurzprofil der Bohrung R5

0 - 0,2 m	Mutterboden, dunkelbraun, humos, mit Phyllitbrocken.
- 4,0 m	Lehm, halbfest bis fest, kalkfrei, im oberen Teil graugrün bis olivgrün, im unteren Teil graugrün und ockerfarben sowie gelblich, bis 4 m trocken, lagenweise Phyllitbrocken (u. a. bei 3,0 - 3,2 m).
- 26,5 m	Phyllit, graugrün, grünlichgrau und bräunlichgrau, mit hellen siltigen und feinsandigen Lagen (mit wellenförmiger Fein- bis Linsenschichtung). Zur Teufe zunehmend Einschaltungen von dunkelgrauen bis schwarzen Phylliten („sapropelitische Ausbildung") und amphibolitischen Gesteinen. Nach Lithologie: Herolder Folge (Kambrium sensu LEGLER, 1992).
- 26,8 m	Quarzit
- 56,0 m	Amphibolite, dunkelgrüngrau bis dunkelgrau, bläulich und schwarzgrün angewittert, mit erkennbaren vulkanischen Edukten und Einlagerungen von phyllitischen Schiefern. Auf Klüften Kalkspat (oberhalb 52 m teilweise ausgelaugt) und Quarz, ferner Serpentin, talkige Zersetzungsprodukte sowie Pyrit. Nach Lithostratigraphie (sensu LEGLER, 1992): Herolder Folge (Kambrium). Wechsellagerungen zwischen den Phylliten und Amphiboliten wurden in den Bohrungen Rabenstein 5 - 8 angetroffen.
- 86,2 m	„Schiefer und Quarzitschiefer", mittel - bis dunkelgrüngrau, mit 0,5 cm mächtigen hellgrauen sandigen Bändern und Linsen. Vereinzelt, so bei 56,0 - 60,0 m und 82,0 - 83,1 m, Lagen von weißgrauem feinkristallinem Karbonat, feinschichtig zerschert, wobei die Karbonatsubstanz in Mikrorisse bzw. Klüfte „abgequetscht" ist. Im Quarzitschiefer vereinzelt Granat-Körner. Aus Analogiegründen: Lithostratigraphische Einstufung in die Herolder Folge (sensu LEGLER, 1992).
ET 100 m	Schwarzschiefer (Sapropelite), infolge hohen Graphitgehalts abfärbend, splittrig brechend. Auf Schicht- und Kluftflächen feinverteilter Pyrit, feiner

Quarz in dünnen Lagen, Wülsten und Knauern. Bei 88,0 - 90,0 m drei Lagen von feingebändertem Calcitmarmor (bis 0,4 m mächtig). Bei 91,0 - 92,6 m enge Wechselfolge von Sapropelit, Quarzitschiefer und bis 2 cm mächtigen Metakarbonat-Lagen. Der Kontakt dieser Karbonate zu den angrenzenden Sapropeliten ist im Hangenden relativ eben und scharf, im Liegenden durch enge Wechsellagerung und Ausbildung von Sackungsstrukturen und Belastungsstrukturen (load structures) im Calcitmarmor gekennzeichnet. Die lithostratigraphische Einstufung in die Herolder Folge der Thumer Gruppe (sensu LEGLER, 1992, s. a. *Tab. 14.1*) beruht auf der engen Verbindung von Amphiboliten, Metakarbonaten, Sapropeliten und Schiefern bzw. Quarzitschiefern.

Kurzprofil der Bohrung R6

0 - 1,2 m	Lehm, dunkelbraun, stark schluffig, mit Phyllitbrocken und einzelnen Quarzknauern
- 4,1 m	Auflockerungszone: Lehm (aus verwittertem Phyllit entstanden), graugrün und olivgrün, mit Phyllitbrocken
- 12,35 m	Phyllit, graugrün, bis 6 m stark verwittert
- 16,1 m	Schwarzschiefer, dunkelgrau bis schwarz, feingeschiefert, in Lagen höheren Sandgehalts linsenartige Textur
- 18,35 m	Phyllit, dunkelgraugrün
- 23,8 m	Wechsellagerung von Amphibolit und Phyllit
- ET 35 m	Amphibolit, dunkelgrau bis schwarz, kompakt, plattig zerfallend, auf Kluftfüllungen Quarz und Calcit

Kurzprofil der Bohrung R7

0 - 1,4 m	Lehm, dunkelbraun, stark schluffig, mit Phyllitbrocken und einzelnen Quarzknauern
- 3,9 m	Auflockerungszone: Lehm (aus verwittertem Phyllit entstanden), graugrün und olivgrün, mit Phyllitbrocken
- 17,4 m	Wechsellagerung von Amphibolit und Phyllit, bis 4,5 m stark verwittert
- 25,9 m	Schwarzschiefer
- ET 35 m	Amphibolit, dunkelgrau bis schwarz, plattig zerfallend

Kurzprofil der Bohrung R8

0 - 0,7 m	Lehm, dunkelbraun, stark schluffig, mit Quarzknauern und Phyllitbrocken
- 4,2 m	Auflockerungszone: Lehm (aus verwittertem Phyllit entstanden), graugrün und olivgrün, mit Phyllitbrocken
- 17,1 m	Phyllit, graugrün, nach unten dunkler werdend
- 18,75 m	Schwarzschiefer, dunkelgrau bis schwarz, feingeschiefert, lagenweise linsenartige Textur

- 20,7 m	Phyllit, dunkelgraugrün
- 23,0 m	Schwarzschiefer
- 26,2 m	Amphibolit, dunkelgrau bis schwarz, plattig zerfallend
- 27,5 m	Schwarzschiefer
- ET35 m	Amphibolit (wie oben)

Hydrogeologische Verhältnisse

Hydrogeologische Prozesse verlaufen in den Bohrungen R1 bis R8 unterschiedlich. In der Bohrung Rabenstein R1 wurden bereits im Ruhezustand erhebliche Wasserbewegungen beobachtet, die in der benachbarten Bohrung Rabenstein R2 kaum nachweisbar waren. Diese unterschiedlichen Verhältnisse sind mit großer Wahrscheinlichkeit durch den Bohrprozeß verursacht, als die wasserführenden Klüfte mit feinkörnigem Material („Schlamm“) zugesetzt wurden. Der Zustand der Bohrungen war dadurch zu Beginn der hydraulischen Tests unterschiedlich (s. Kap 19).

Beim Abteufen der Bohrung R1 war zwischen 55,5 und 57,0 m das Gestänge in einen durch Verkarstung entstandenen Hohlraum durchgesackt. Die Bohrung war somit bei der Bohrlochmessung nur bis 55,5 m befahrbar. Der Ruhewasserspiegel lag bei 9,5 m. Bereits im Ruhezustand sind vertikale Strömungen im Bohrloch nachweisbar. So erfolgt im Teufenbereich zwischen 14 und 22 m über Kluftsysteme ein abwärts gerichteter Zustrom in das Bohrloch. In den Teufenintervallen 24 bis 27 m, 37 bis 39 m und bei 54,4 m treten Verluste auf, wobei bei 54 m offensichtlich nochmals ein Zustrom erfolgt. Unterhalb von 54,4 m ist auch bei Belastung keine Verdünnung des zugeführten elektrolytischen Tracers (SAL4, SAL5-Messungen erfolgten bei Bohrlochanregung) und damit auch keine Wasserbewegung zu beobachten. Bei einer Belastung der Bohrung durch eine Wasserspiegelaufhöhung um 3,5 m konnten 50 l/min injiziert werden. Über das gesamte Profil zeigen sich Verluste auf Einzelklüften oder Kluftsystemen. Auch die im Ruhezustand produzierenden Horizonte nehmen bei Belastung Wasser auf (*Abb. 20.1*).

In der Bohrung R2 ist im Ruhezustand nur im Bereich von 13 bis 14 m ein schwacher Zustrom zu erkennen. Eine geringe Wassermenge fließt abwärts, die bei 34 m und bei Endteufe vom Gebirge wieder aufgenommen wird. Bei Belastung durch Wasserzugabe lassen sich eine Reihe weiterer Verlusthorizonte nachweisen, deren Aufnahme insgesamt aber gering ist. Bei einer Wasserspiegelaufhöhung um 2,3 m nimmt die Bohrung ca. 1,2 l/min auf. Die wichtigsten hydrodynamisch wirksamen Horizonte liegen bei 13,5, 16,5 und 20,5 m. Die Bohrlochwand ist nicht frei von Spülungsfiltrat-Ablagerungen, d. h. die Klüfte sind durch „Bohrschmand“ zugesetzt.

In den Bohrungen R3 und R4 konnte im „Ruhezustand“ ein Absinken des Wasserspiegels registriert werden. Hier wurde offenbar die Spülung erst kurz vor der Messung ausgetauscht, so daß sich noch kein hydrodynamisches

Gleichgewicht in den Bohrungen einstellen konnte. Die Bohrungen stehen praktisch unter Auflast. Einen Ruhestand im Sinne von „anregungsfrei" gab es in diesen Bohrungen vor Beginn der Messungen nicht.

Die Bohrung R3 zeigt ohne zusätzliche Anregung (durch Injektion) ein Absinken des Wasserspiegels, d. h. sie steht aus den o. g. Gründen unter Auflast. Dabei nimmt sie 0,5 l/min Wasser auf. Zusätzlich speisen zwei Horizonte zwischen 15 und 20 m Tiefe Wasser in die Bohrung ein. Der Wasserstrom erfolgt abwärts. Bereits bei 29 m ist jedoch der größte Teil des zugeströmten Fluids wieder vom Gebirge aufgenommen. Bis zur Endteufe sind untergeordnet noch vereinzelte Horizonte mit geringer Hydrodynamik nachweisbar. Durch zusätzliche Belastung mittels Wassereingabe ließ sich die Aufnahmemenge der Bohrung auf ca. 1,7 l/min steigern. Dabei tritt bereits bei 9 m Teufe ein Verlust von ca. 50 % des injizierten Wassers auf. Weitere Verlusthorizonte waren jedoch auch in größeren Tiefen nicht nachweisbar. Nach einem Vergleich mit den Fließraten der Bohrung R1 ist davon auszugehen, daß auch in der Bohrung R3 die Klüfte im wesentlichen durch schlammige Ablagerungen zugesetzt sind.

Auch die Bohrung Rabenstein R4 steht ohne zusätzliche Anregung unter Auflast. Sie nimmt ca. 1 l/min Wasser auf. Verlusthorizonte lassen sich im Tiefenbereich zwischen 4 und 14 m lokalisieren. Zwischen 15 und 20 m speisen drei Horizonte Wasser in die Bohrung ein, welches abwärts fließt und bei 25 m wieder aufgenommen wird. Durch eine zusätzliche Anregung ließ sich die Wasseraufnahme der Bohrung auf ca. 2,3 l/min steigern. Dabei wurden die produzierenden Horizonte „erdrückt", d. h. sie wurden hydrodynamisch invers wirksam und nahmen bei Belastung Wasser auf. Während der Bohrarbeiten wurde bei allen vier Bohrungen ein verstärkter Wasserzutritt in ca. 30 - 35 m Teufe registriert. Nach den Bohrarbeiten lief das Wasser zunächst artesisch aus und fiel im Laufe des Jahres bis auf ca. 3 m unter Gelände ab.

In der Bohrung Rabenstein R5 lief das Wasser im Winter 94/95 artesisch aus. Entgegen den bis dahin vorliegenden Informationen handelt es sich also hier um einen gespannten Grundwasserleiter. Ein Grundwasserstauer im herkömmlichen Sinne ist aber nicht vorhanden. Vielmehr muß es sich um ein mehr oder weniger eigenständiges Kluftsystem handeln, das während der Bohrarbeiten angeschnitten wurde. Die Tiefenlage dieses Kluftsystems läßt sich nicht genau angeben. In der Bohrung R5 wurde ein verstärkter Zufluß bei 23,8 m Teufe, in der Bohrung R7 in ca. 32 m Teufe festgestellt. Durch den Anschnitt des Kluftsystems wurde der bis dahin ungesättigte Bereich aufgefüllt und gesättigt. Die hydrogeologischen Verhältnisse im Bereich der Bohrung R 5 werden durch das bruchtektonische Inventar bestimmt, das wegen des hohen Durchtrennungsgrads des Gebirges Wegsamkeiten für migrierende Lösungen schafft. Die im allgemeinen mit 20 - 40°, 50 - 65° und 70 - 85° einfallenden Kluftsysteme sind für die Einschätzung der Wasserwegsamkeit von großer Bedeutung (Kap. 19).

Die Abscheidung der z. T. altersverschiedenen Quarz-Calcit-Mineralisationen auf offenen Spalten sowie die Lösung von Hohlräumen in Karbonaten und deren Füllung mit zerriebenem Nebengestein, Sand oder Ton setzen verschiedenartige Migrationsvorgänge voraus. Nach der 1. und 2. Schieferung entstanden bei späteren Bewegungen offene Kluft- und Spaltflächen und foliationsparallele bis diskonforme Scherflächen mit bis cm-mächtigen Mylonitbelägen, auf denen Lösungen zirkulieren konnten.

Keine hydrogeologischen Wegsamkeiten bestanden dagegen auf solchen Kluftzonen, die mit Tonmineralneubildungen oder Myloniten aufgefüllt wurden. Auch in stärker verfalteten Abschnitten sowie engklüftigen Gesteinen lagen schlechte bis fehlende Wegsamkeiten für zirkulierende Lösungen vor.

Die *Abb. 18.5* zeigt die Ganglinien der Grundwasserstände in den Bohrungen R5 - R8 (*oben*) und die Niederschlagsmengen an der Wetterstation Chemnitz für den Zeitraum vom 01. 01. 94 - 28. 02. 95 (*unten*). Ein direkter Zusammenhang zwischen den Grundwasserganglinien und den Niederschlägen, wie mit einer analogen Darstellung für den Standort Eulenberg bei Arnstadt gezeigt werden konnte (s. *Abb. 9.19*), ist nach dieser synoptischen Darstellung nicht zu erkennen. Die hydrogeologischen Verhältnisse am Standort Rabenstein werden maßgeblich durch die hydraulische Leitfähigkeit des Trennflächengefüges und der Verkarstungserscheinungen des Metakarbonatkomplexes beeinflußt. Die im Mittel bei pH = 9 liegenden pH-Werte lassen auf eine Herkunft des Wassers aus den karbonatischen Schichtkomplexen schließen. Das Grundwasser folgt dabei der Einfallrichtung der Hauptfoliation (s. Kap. 19). Das Untersuchungsareal wird durch den lokalen Vorfluter dieses Gebietes, den Pleißbach, entwässert.

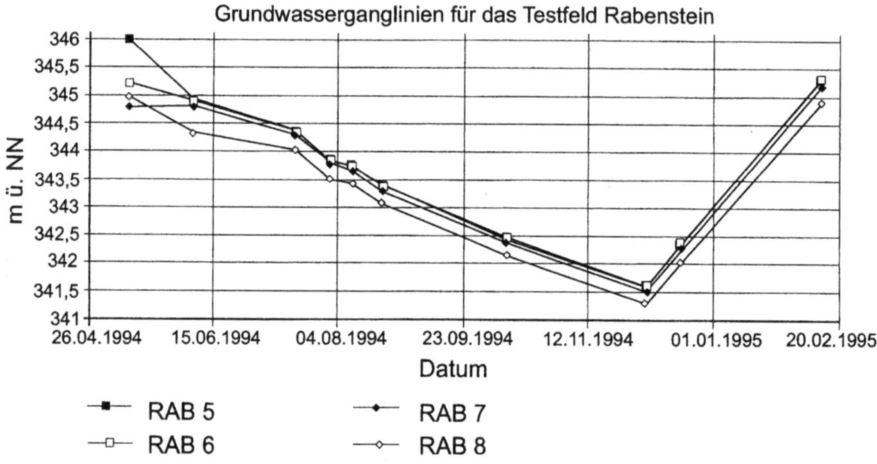

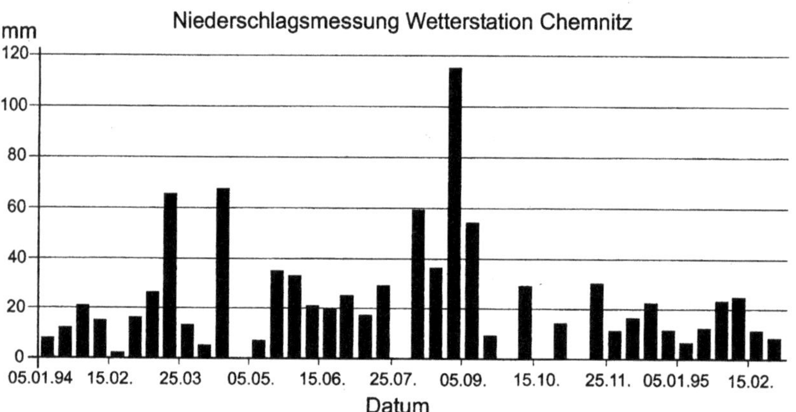

Abb. 18.5:. Grundwasserganglinien für das Testfeld Rabenstein - Bohrungen R5 - R8 (*oben*) und Dekadensummen der Niederschläge an der Wetterstation Chemnitz für den Zeitraum 01.01.1994 - 28.02.1995. Quelle: Deutscher Wetterdienst, Wetteramt Dresden (*unten*). TU Berlin, im Auftrag der BGR

19 Hydraulische Testverfahren

Uwe Tröger

Hydraulische Testverfahren werden zur Abschätzung der Gebirgsdurchlässigkeit eingesetzt. Relevante Parameter für die quantitative Beschreibung der hydraulischen Leitfähigkeit sind die Transmissivität, die Permeabilität und der Durchlässigkeitsbeiwert (k_f-Wert). Da die meisten Verfahren, mit Ausnahme des Langzeitpumpversuchs, nur angenäherte Werte für diese Parameter liefern, sollten generell verschiedene Methoden verwendet werden, um verfahrensabhängige Fehler erkennen und ausschließen zu können. Die einzelnen Methoden sind jeweils für das entsprechende Untersuchungsobjekt unter Berücksichtigung der Erkundungstiefe, der Bohrlochgeometrie und -stabilität sowie dem Grundwasserleitertyp und der erforderlichen Aussagegenauigkeit zu wählen (Coldewey & Krahn, 1991).

Die am Standort Rabenstein im Festgestein durchgeführten hydraulischen Tests sind wesentlich umfangreicher als die entsprechenden Untersuchungen an den Standorten Schöneiche (Porengrundwasserleiter) und Eulenberg (Karst- und Kluftgrundwasserleiter). Am gleichen Objekt konnten hier unterschiedliche Test- und Auswerteverfahren erprobt und die spezifischen Ergebnisse miteinander verglichen werden. Deshalb werden in diesem Kapitel auch Details beschrieben, die für Arbeiten an vergleichbaren Standorten aus methodischer Sicht wertvolle Information enthalten können.

Hydraulische Tests lassen sich vom Prinzip her in zwei Typen einteilen. Es gibt Verfahren, welche die Reaktion eines GW-Leiters auf Zugabe oder Entnahme von Wasser untersuchen. Dabei unterscheiden sich wiederum Tests mit konstanter von denen mit nichtkonstanter Zugabe/Entnahme. Die zweite Gruppe basiert auf Druckimpulsen. Der GW-Leiter wird dabei mit einem kurzzeitigen Über- oder Unterdruck beaufschlagt und das Verhalten beim Druckausgleich beobachtet (*Tab.19.1*).

Der Pumpversuch stellt das anerkannteste und auch immer geforderte Verfahren zur Ermittlung der Gebirgsdurchlässigkeit dar. Die umfangreichste Darstellung wird für alle Versuchsanordnungen in Krusemann & De Ridder (1991) gegeben. Im Talsperrenbau wurde für den Fels als gängiges hydraulisches Testverfahren der Wasserdrucktest (WD-Test) eingeführt, da die Wassersäule im Staubecken erhebliche Drücke auf das Gebirge ausübt. Eine Weitung der Trennflächen ist deshalb nicht ausgeschlossen und soll im

Test deshalb simuliert werden. Da ein Aufstau, wenn auch nicht in gleicher Größenordnung, innerhalb eines Deponiekörpers auch auftreten kann, bietet sich dieses Verfahren ebenfalls an. Bei diesem Verfahren wird auf einer durch Packer abgedichteten Teststrecke Wasser unter konstantem Druck zugeführt. Damit können verschiedene Parameter einer Formation bestimmt werden, die durch andere Verfahren nur schwer oder gar nicht zugänglich sind. Vor allem sind Aussagen darüber möglich, welche Eigenschaft die getestete Formation in einiger Entfernung vom Bohrloch hat. Das Verfahren erlaubt, sofern ein entsprechendes Gerät vorhanden ist, eine schnelle und kostengünstige Ermittlung der Wasserwegsamkeit in relativ großen Festgesteinsbereichen. Nachteilig ist, daß nur angenäherte Werte für die Gebirgsdurchlässigkeit ermittelt werden können. Es sollte jedoch eine modifizierte Anlage, die mit geringen Drücken gefahren werden kann, eingesetzt werden, da die beim Verfahren üblichen hohen Wasserdrücke keine sinnvolle Simulation erlauben (POIER, 1996).

Bei der Durchführung von Drucktests werden die Fließrate und die Druckveränderungen im Bohrloch als Funktion der Zeit beobachtet. Dabei wird eine der beiden Größen kontrolliert eingestellt und die Reaktion des Systems (z. B. die Druckänderung im Bohrloch) gemessen. Drucktests lassen sich in Produktions- und Injektionstests einteilen. Abhängig von der Art der Testdurchführung unterscheidet man weiter Constant Rate- und Constant Pressure-Tests, Slug- und Bail-Tests, Pulse- und Impuls-Tests. Die Kombination aus einem Slug-Test, gefolgt von einem Constant Rate-Test, wird auch als Drill-Stem-Test (DST, Gestängetest) bezeichnet.

Slug- und Bail-Tests sind die preiswertesten Verfahren, die schnell durchgeführt werden können und den geringsten apparativen Aufwand darstellen. Beim Slug-Test erzeugt man zunächst eine Druckdifferenz zwischen Initialdruck und momentanem Druck durch eine schnelle Veränderung der Flüssigkeitssäule über dem Testintervall. Anschließend wird der Druckausgleich beobachtet, wobei das Test- oder Formationsfluid aus der Formation oder in die Formation (Injektion) frei fließen kann. Bei einem Bail-Test wird der Wasserspiegel im Bohrloch durch das Entfernen eines Verdrängungskörpers abgesenkt und der zeitabhängige Wiederanstieg auf das Ausgangsniveau gemessen.

Beim Pulse- und Impuls-Test (Druckstoß-Test) wird über einen kurzen Zeitraum mit einer relativ großen Rate produziert oder injiziert. Die beiden Testarten unterscheiden sich durch die Zeitdauer der Fließphase. Für einen Impuls-Test sind die Fließrate sowie die Fließdauer (meist 30 Sekunden bis 2 Minuten) meßbar. Beim Pulse-Test versucht man, die Fließphase „unendlich“ kurz zu halten und die Rate aus der Druckdifferenz abzuschätzen.

Neben den genannten Tests gibt es weitere spezielle Verfahren, wie z. B. Interferenztests und Fördertests. Die Art der durchzuführenden Tests ist abhängig von den Zielen der Testkampagne. Wenn man nur an einer

Tab. 19.1: Übersicht der hydraulischen Testverfahren

Hydraulische Testverfahren					
Druckausgleich durch Fließen des Wassers				Druckausgleich durch Druckabbau	
Entnahme (Produktion)		Zugabe (Injektion)		Überdruck	Unterdruck
konstant	nicht konstant	konstant	nicht konstant		
Pumpversuch (Langzeit)	Pumpversuch (Kurzzeit) Bail-Test	Auffüll-versuch Packertest	Auffüll-versuch Slug-Test DST-Test	Pulse-Test, Impuls-Test Einschwing-verfahren	DST-Test

Abschätzung der Permeabilität interessiert ist, bieten sich Slug-, Pulse- oder Impuls-Tests an. Bei diesen Tests erhält man schon nach kurzer Zeit die gewünschte Information. Für die Bestimmung des statischen Formationsdrucks ist es günstig, wenn man eine längere Schließphase auswerten kann. Möchte man weit in die Formation „hineinsehen", um z. B. Fließgrenzen zu bestimmen, bieten sich Tests mit konstanter Rate und einer anschließenden langen Schließphase an

Bei der Analyse der einzelnen Fließphasen wird das Verhalten der untersuchten Formation in drei Bereiche gegliedert, die in den aufgezeichneten Druckdaten zeitlich aufeinanderfolgend zu beobachten sind (siehe *Abb. 19.1*):

- Zunächst zeigt sich der Einfluß des bohrlochnahen Bereichs, in dem der Druckverlauf durch den Bohrlochspeichereffekt und durch eine „gestörte" Zone um das Bohrloch bestimmt wird. Diese Zone entsteht normalerweise beim Bohren und bei Arbeiten vor dem Testbeginn. Es kann sowohl eine Verbesserung des Flusses z. B. durch eine Auflockerung oder Rißerzeugung als auch eine Verschlechterung z. B. durch Porenverstopfung entstehen. Der Bohrlochspeicherkoeffizient (Wellbore Storage-Konstante) und der Skin-Faktor[1] beschreiben dieses Verhalten.

- Der mittlere Zeitbereich wird durch das Verhalten der ungestörten Formation bestimmt. Hier zeigen sich Effekte wie der Fluß zwischen Matrix und Klüften oder die Veränderung von Durchlässigkeit und Speicherfähigkeit mit der Entfernung vom Bohrloch.

- Falls die Testphase lange genug andauert, läßt sich im letzten Bereich der Einfluß von Begrenzungen des Reservoirs erkennen. Die Analyse liefert dann den Abstand zu den Grenzflächen und die Art der Begrenzung.

---

[1] Der Skineffekt ist eine hydraulische Bemessungsgröße für die Ankopplung eines Brunnens an den wassererfüllten Kluftkörper. Er bewirkt einen zeitunabhängigen Druckverlust (oder Druckaufbau), der durch den Skin-Faktor angegeben wird (HÖLTING, 1996).

Eine detaillierte Beschreibung der einzelnen Testverfahren ihrer Einsatzmöglichkeiten und Literaturhinweise enthält der Band 4 „Geotechnik und Hydrogeologie" des Handbuches.

19.1 Hydraulische Tests in den Bohrungen Rabenstein R1 und R2

Im März 1993 wurden in den Bohrungen R1 und R2 hydraulische Formationstests durchgeführt (HARBORT et al., 1993). Die Versuche sind im offenen und im ausgebauten Bohrloch gefahren worden. In der Bohrung R1 wurden zwei Packer-Tests als Screening-Tests und in R2 ein Packer-Test als Screening-Test sowie zwei „reguläre" Doppelpackertests in der unverrohrten Bohrung und danach in dem zur Grundwassermeßstelle ausgebauten Bohrloch durchgeführt. Mit diesen Testarbeiten wurden folgende Ziele verfolgt:

- Ermittlung hydraulischer Parameter wie Permeabilität, Durchlässigkeitsbeiwert, Transmissivität[2], Speicherkoeffizient, Skin-Faktor und (statischer) Initialdruck in Abhängigkeit von der Teufenlage.
- Ermittlung der für vergleichbare Standorte am besten geeigneten hydraulischen Testverfahren und Auswertemethoden.
- Beschreibung der Auswirkungen des Bohrlochausbaus auf die Testdurchführung und die Ergebnisse.

Um quantitative Aussagen zum dritten Punkt liefern zu können, wurde die Bohrung R2 zuerst im nicht ausgebauten Zustand getestet (Open Hole-Test, Test 1). Nach Ausbau zur Grundwassermeßstelle erfolgte ein zweiter Test (Cased Hole-Test, Tests 2 und 3). Die Planung, Durchführung und Analyse der Tests erfolgte durch Golder Associates, Celle. Die Untertageausrüstung, die Meßgeräte und die Übertageapparatur sowie das technische Personal wurden von Baker Oil Tools, Celle gestellt. Für die Analyse des Druckverlaufes sind die Programme INTERPRET/2 von SCIENTIFIC SOFTWARE INTERCOMP sowie ITAP (Integrated Test and Analysis Package) von Golder Associates eingesetzt worden.

Die Analyse der in der Bohrung R2 durchgeführten Tests schließt die Testergebnisse aus der Bohrung R1 ein, da die Tests zeitgleich ausgeführt wurden, der Abstand beider Bohrungen nur ca. 5 m beträgt und zwischen beiden Bohrungen eine hydraulische Verbindung besteht.

---

[2] Die Transmissivität T (in m^2/s) stellt einen integralen Wert der Durchlässigkeit eines GW-Leiters dar, der einer Inhomogenität der Gebirgsdurchlässigkeit eher gerecht wird als der Durchlässigkeitsbeiwert (k_f-Wert) und näherungsweise auch für Kluftgesteine gelten kann (HÖLTING, 1996).

Die Testausrüstung

Zur Testdurchführung wurde eine Konfiguration, bestehend aus einem aufblasbaren Doppelpacker (Surface Controlled Inflation, SCI) und einem untertägigen Schließventil (Shut-in Tool, SIT) eingesetzt. Für die Erfassung der Druck- und Temperaturwerte wurde ein Dreifachdruckaufnehmer (Triple Conductive Wire Line, TCWL) der Firma Baker-Lynes benutzt, der die Daten direkt an ein Datenerfassungssystem liefert. Damit ist eine gute Kontrolle des Testverlaufes gegeben, da die Möglichkeit besteht, auf unvorhergesehene Ereignisse zu reagieren und den Testverlauf anzupassen. Bei einer Doppelpacker-Konfiguration mißt der Sensor P1 den Druck in der Zone unterhalb des unteren Packers, P2 den Druck im Testintervall und P3 den Ringraumdruck oberhalb des oberen Packers (*Tab. 19.2*). Der Meßbereich der Druckaufnehmer liegt zwischen 0 - 6,7 kPa bei einer Auflösung von 0,3 kPa. Zur Kompensation temperaturbedingter Änderungen werden zusätzlich die Temperaturen an den Druckaufnehmern erfaßt.

Das Wasser für die Injektion ist mittels Tankwagen angefahren worden. Die injizierten Wasservolumina wurden über ein Flow-Control Board geleitet und dabei die Gesamtrate mit einem Bopp & Reuter-Durchflußmeßgerät gemessen. Als Teststrang wurden Steigrohre mit einer Rohrlänge von 2,8 m und einem Innendurchmesser von 72,8 mm verwendet. Dies entspricht einem lichten Steigrohrvolumen von 4,16 Liter/m. Aufgrund konstruktiver Besonderheiten der eingesetzten Bohranlage war es nicht möglich Produktionspumptests mittels der speziellen Spülpumpe durchzuführen.

Die Druck- und Temperaturverläufe während des Open-Hole-Tests in der Bohrung R2 zeigt *Abb. 19.1*.

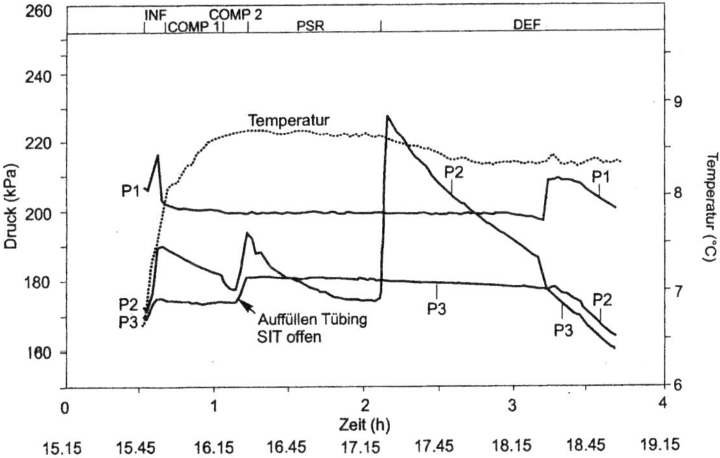

Abb. 19.1: Open-Hole Test (Test 1) im Bohrloch R2 - Druckverläufe P1, P2, P3 und Temperaturkurve. Mit INF, COMP1/2, PSR und DEF sind die 5 Phasen des Tests bezeichnet. Golder Associates, 1993, im Auftrag der BGR

Tab. 19.2: Angaben zum Testequipment und Testintervall beim Doppelpackertest in R2

Packer	5 3/8"
Bohrlochdurchmesser	200 mm
Top Testintervall (UK ob. Packer)	17,10 m unter GOK
Basis Testintervall (OK unt. Packer)	22,30 m unter GOK
Länge der Teststrecke	5,20 m
Volumen des Testintervalls (geom.)	0,163 m^3
Volumen Shut-in Tool (SIT)	0,019 m^3
Volumen des Testintervalls (hydr.)	0,182 m^3 (incl. Volumen Shut-in Tool)
Druckaufnehmer P3: Ringraumdruck	bei 12,90 m
Druckaufnehmer P2: Testintervalldruck	bei 13,15 m
Druckaufnehmer P1: unter der Garnitur	bei 13,41 m

Testverlauf

Der Test untergliedert sich in 5 Phasen:

	Aktivität	**Abkürzung**
1.	Setzen der Doppelpackergarnitur	INF
2.	Compliance 1	COMP 1
3.	Compliance 2	COMP 2
4.	Schließphase (statischer Druck)	PSR
5.	Lösen der Packergarnitur (Deflation)	DEF

In dem ab 16.29 Uhr mit Sicherheit eingeschlossenen Testintervall wurde bis 17.23 Uhr der statische Formationsdruck gemessen (PSR-Phase). Gegen Ende der PSR-Phase stabilisierte sich P2 bei 171,2 kPa. Da dieser Druck als statischer Formationsdruck der Testzone angesehen werden kann, wurde die PSR-Phase beendet und das Shut-in Tool geöffnet. Der sofortige Anstieg des Druckes P2 auf über 220 kPa bestätigt, daß das SIT während der PSR-Phase geschlossen war. Aus Zeitgründen wurde bereits ab 17.24 Uhr mit dem Lösen der Packergarnitur begonnen.

Da die Deflation wegen des großen Packervolumens sehr langsam vor sich ging (Packer Inflate-Line vermutlich eingefroren), war es möglich, die Deflation-Phase (DEF) als Slug-Injection Test auszuwerten. Die „Sprünge“ in den Druckverläufen P1, P2, P3 ab 18.27 Uhr zeigen das Ende der Deflation-Phase an. Auffällig ist, daß P1 nach Beendigung der Deflation auf einem hohen Niveau verbleibt. Den statischen Formationsdruck erhält man durch Extrapolation.

Die Daten der „Pseudo“-Slugphase wurden mit dem Programm ITAP analysiert. Für die Analyse sind die in *Tab. 19.3* eingetragenen Parameter verwendet worden:

Tab. 19.3: Eingangsparameter für die Analyse der „Pseudo-Slughase“

Parameter	Symbol	Wert	Einheit
Porosität (geschätzt)	Φ	0,10	[-]
Bohrlochradius	r_w	0,100	[m]
Temperatur	t°	8,8	[°C]
Formationsvolumenfaktor	Bw	1,0	[Rm^3/m^3]
Wasserviskosität	μ_w	$1{,}33 \cdot 10^{-3}$	[Pa s]
Wasserkompressibilität	cw	$4{,}4 \cdot 10^{-7}$	[1/kPa]
Gesteinskompressibilität	cr	$1{,}0 \cdot 10^{-7}$	[1/kPa]
Totale Kompressibilität	ct	$5{,}4 \cdot 10^{-7}$	[1/kPa]

Die Druckwerte sind in logarithmischer Darstellung aufgetragen und mit Typkurven nach COOPER et al. (1967) und RAMEY et al. (1975) angepaßt worden. Für die Analyse wurde folgendes Modell angesetzt:

Innere Randbedingungen:	Wellbore Storage und Skin
Formationstyp:	Homogener Grundwasserleiter
Äußere Randbedingungen:	Unendliche laterale Ausdehnung

Als Eingangswert für den Druck ist der nach Ende der PSR-Phase gemessene initiale Formationsdruck P2 (171,2 kPa) benutzt worden. Die *Abb. 19.2* zeigt *oben* die drei Ramey-Kurven A-C und *unten* die Simulations-Kurve (Modellkurve). Die beste Anpassung der Modellkurve an die Meßdaten, liefert eine Permeabilität $k_w = 5{,}0 \cdot 10^{-14}\ m^2$ und ein positiver Skin s = +1,9. Die Kurven zeigen, daß der Typkurvenparameter und damit auch der Skinfaktor in Richtung kleiner Werte eindeutig beschränkt ist. Den genauen Wert kann man jedoch nicht angeben.

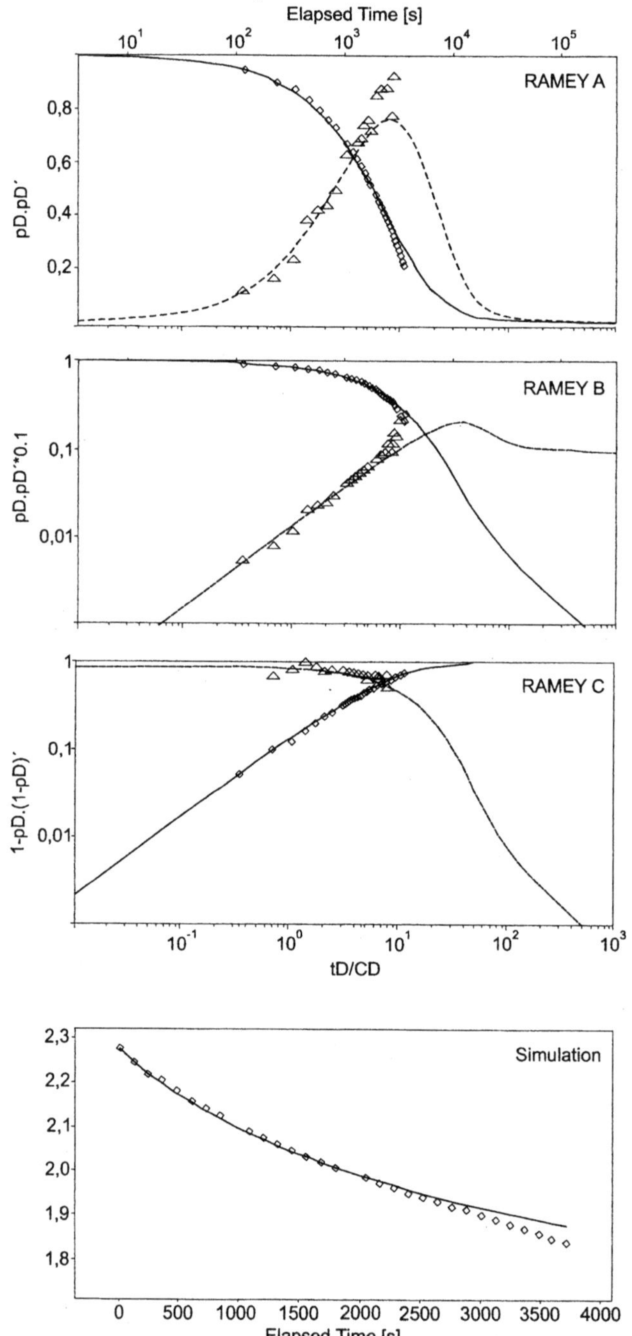

Abb. 19.2: *Oben:* Ramey-Kurven A-C für den Packertest in der Bohrung R2. *Unten:* Simulationskurve (Modellkurve). Golder Associates, 1993, im Auftrag der BGR

Ergebnisse

Die *Tab. 19.4* zeigt Ergebnisse der im offenen und im ausgebauten Bohrloch R2 durchgeführten hydraulischen Tests.

Tab. 19.4: Ergebnisse der hydraulischen Tests in der Bohrung Rabenstein R2. Golder Associates, 1993, im Auftrag der BGR

Testphase	Test 1 SI			Test 2 SI			Test 2 IPI
Auswerteart	Ramey A	Ramey B	Ramey C	Ramey A	Ramey B	Ramey C	STCM[1]
kw [m^2]	4,8 10^{-14}	4,8 10^{-14}	5,0 10^{-14}	5,5 10^{-14}	5,5 10^{-14}	5,5 10^{-14}	5,4 10^{-14}
C [m^3Pa^{-1}]	4,3 10^{-7}	4,3 10^{-7}	4,3 10^{-7}	4,3 10^{-7}	4,3 10^{-7}	4,3 10^{-7}	4,5 10^{-9}
s [-]	1,8	1,8	1,8	0,7	0,7	0,7	-2,0
p_s [kPa]	171	171	171	241	241	241	242
h [muGok]	6,01	6,01	6,01	7,28	7,28	7,28	7,18
$(\Phi c_t h)_{1/2}$ [-]	-	-	-	-	-	-	11,7
$(kh/\mu)_{1/2}$ [-]	-	-	-	-	-	-	1,3
r_1 [m]	-	-	-	-	-	-	11
d_1 [m]	-	-	-	-	-	-	68

Testphase	Test 2 IPI			Test 3 IPW	Test 3 SWS
Auswerteart	Ramey A	Ramey B	Ramey C	STCM	STCM
kw [m^2]	1,8 10^{-16}	1,8 10^{-16}	1,8 10^{-16}	3,4 10^{-13}	1,2 10^{-13}
C [m^3Pa^{-1}]	8,8 10^{-11}	8,8 10^{-11}	8,8 10^{-11}	2,2 10^{-8}	5,4 10^{-9}
s [-]	-0,8[1]	-0,8[1]	-0,8[1]	-2,0	-2,0
p_s [kPa]	241	241	241	227	227
h [muGok]	7,28	7,28	7,28	7,22	7,22
$(\Phi c_t h)_{1/2}$ [-]	-	-	-	0,9	0,5
$(kh/\mu)_{1/2}$ [-]	-	-	-	10,7	10,7
r_1 [m]	-	-	-	5,0	10,0
d_1 [m]	-	-	-	15,0	-

Abkürzungen und Einheiten

kw	Permeabilität (m^2)	μ	Viskosität des Wassers (Pa s)
C	Wellbore Storage Konstante (m^3/Pa)	IPI	Impuls Injection
s	Skin (dimensionslos)	IPW	Impuls Withdrawal
p	Formationsdruck - initial (Pa)	SWS	Slug Withdrawal
h	äquival. Spiegeltiefe nach Lichtlot (m)	SI	Slug Injection
Φc	Porosität (dimensionslos)	STCM	Superposition type curve matching
r_1	Composite Radius (m)		
d_1	Entfernung zur Fließgrenze (m)		

Vor dem Ausbau erhält man eine Permeabilität $k_w \cong 5 \cdot 10^{-14}$ m^2, wobei zwischen den beiden Testintervallen des Screening-Tests (Test 1) und des ersten „regulären" Tests (Test 2) keine deutlichen Unterschiede auftreten.

Die größere Permeabilität im Ergebnis des nach dem Ausbau durchgeführten Test 3 ist sicher z. T. auf den Einfluß des Filterkieses zurückzuführen. Zum anderen ist es wahrscheinlich, daß die Tonsperre nicht vollständig abgedichtet hat, so daß die Länge des Testintervalls nicht korrekt bemessen werden konnte. Bei Tests in ausgebauten Bohrungen sollte man in jedem Fall sicherstellen, daß der eingebrachte Ton ausreichend Zeit zum Quellen hat. Weiterhin muß berücksichtigt werden, daß das Testintervall beim Test 3 mehr als doppelt so lang war als beim Test 2 und somit ein zusätzlicher, eventuell stärker geklüfteter, vom Bohrloch entfernter Bereich der Formation beeinflußt wurde. Sowohl vor als auch nach dem Ausbau zeigt sich eindeutig eine Abnahme der Permeabilität bei späteren Testzeiten. Dies kann u. a. durch die Verringerung der Durchlässigkeit mit der Entfernung vom Bohrloch erklärt werden.

Der Ruhewasserspiegel in der Bohrung R2 wurde für die Intervalle der Tests 2 und 3 nach Lichtlotmessung bei 7,28 bzw. 7,22 m unter GOK bestimmt. Für den Test 1 lag der statische Spiegel bei 6,01 m unter GOK. Leider waren bei beiden Tests vor und nach dem Ausbau die Schließphasen nach den Pumpinjektionstests (in R1) durch technische Probleme so stark gestört, daß sie nicht ausgewertet werden konnten. Für die Bestimmung der Heterogenitätsparameter und des Einflusses hydraulischer Barrieren hätte die Analyse dieser Phasen sicher eindeutigere Ergebnisse geliefert als die Pulse- und Slugtests.

In diesem Zusammenhang ist generell anzumerken, daß infolge der vielen technischen Probleme, bedingt durch die Ausstattung der Bohranlage und die unter dem Gefrierpunkt liegenden Temperaturen, ein großer Teil des Testprogramms nicht durchgeführt oder nicht ausgewertet werden konnte. So war es z. B. nicht möglich, mit einer Spülpumpe zu produzieren, weil der Kettenantrieb der Bohranlage den Aufbau eines Pumpenantriebs verhinderte. Desweiteren war es nicht möglich, den Teststrang in jeder Testphase sauber abzufangen, was dazu führte, das der Packer mehrfach abrutschte.

Die Analyse der beiden Tests hat aber gezeigt, daß man sowohl vor als auch nach dem Ausbau gesicherte Daten über die Formation hätte erhalten können, wenn der Ausbau in der richtigen Weise durchgeführt worden wäre. Im vorliegenden Fall wurde jedoch die Kiesstrecke zu lang ausgeführt und die Tonsperren haben offenbar nur unvollständig abgedichtet. Dadurch war es nicht möglich, beide Tests im selben Intervall mit identischen Testverläufen durchzuführen, so daß die Daten nicht direkt verglichen werden können. Insbesondere war es nach dem Ausbau problematisch festzustellen, auf welcher Intervallstrecke getestet wurde. Trotz der während der Testkampagne aufgetretenen technischen Probleme sind die Ergebnisse aber aussagekräftig.

19.2 Untersuchungen im hydrogeologischen Testfeld

Im Frühjahr 1994 wurde an der Bohrung R5 ein hydrogeologisches Testfeld angelegt. Dafür sind im Abstand von sieben Metern zur Zentralbohrung R5 drei jeweils 35 Meter tiefe Kernbohrungen niedergebracht worden. Diese Bohrungen R6, R7, R8 bilden ein gleichseitiges Dreieck, in dem die Verbindungslinie R8-R7 in Nordrichtung verläuft (*Abb. 19.16*). Diese Anordnung wurde entsprechend der generellen Einfallsrichtung des Trennflächengefüges und der prognostizierten Grundwasserfließrichtung gewählt. Ziel der Testarbeiten war die Untersuchung des Durchlässigkeitsverhaltens paläozoischer Gesteine und die Beschreibung einer Schadstoffausbreitung entlang von Trennflächen im Festgestein[3]. Die Untersuchungen wurden mit Geräten der Fachgebiete Hydro- und Ingenieurgeologie der Technischen Universität Berlin, die teilweise eigens hierfür präpariert wurden, in folgenden Schritten durchgeführt:

- Voruntersuchungen zur Klärung der geologischen Verhältnisse. Über die Ergebnisse der in diesem Rahmen durchgeführten Bohrkernaufnahme und der bohrlochgeophysikalischen Messungen wird in den Kapiteln 18.3 und 20 berichtet.
- Für die Erstbewertung der Gesteinsdurchlässigkeiten wurden Pumpversuche sowie Slug- und Bail-Tests über den gesamten Teufenbereich der Zentralbohrung R5 gefahren.
- In mehreren durch Packer getrennten Intervallen der Bohrung R5 erfolgten unterschiedliche Tests mit der gleichen Ausrüstung. Damit war es möglich, die Ergebnisse verschiedener Testverfahren unter gleichen Randbedingungen vergleichen zu können und die entsprechenden Reaktionen in den Beobachtungsbohrungen zu beschreiben.
- Auffüllversuche mit konstanter Druckhöhe in ausgewählten Intervallen der Zentralbohrung zur Messung der Druckausbreitung (Interferenztests). Für diesen Zweck wurden einzelne Intervalle in den Beobachtungsbohrungen abgepackert und hier die Reaktion gemessen. Danach erfolgten erneut Auffüllversuche in den Testintervallen der Zentralbohrung. Um die Eintrittsstellen und -zeiten des Wassers in den Beobachtungsbohrungen feststellen zu können, wurde das Wasser diesmal mit einem Tracer (Kochsalz) markiert. Durch die Tracer-Markierung konnte eine Schadstoffausbreitung simuliert werden.

Unter verschiedenen Randbedingungen sollten im Zeitraum von August 1994 bis November 1995 folgende Verfahren erprobt werden:

---

[3] Im folgenden Text wird der DIN – Begriff Grundwassermeßstellen nicht benutzt, da alle Bohrungen auch wie Brunnen behandelt und ausgebaut wurden.

- Pumpversuch,
- Slug-/Bail-Test,
- Pulse-Test,
- Drill-Stem-Test,
- Einschwingverfahren
- Wasserdrucktest (Packertest, WD-Test),
- Auffülltest.

Alle Tests wurden in durch Packer getrennten Bohrlochabschnitten durchgeführt. In der Zentralbohrung R5 wurden dabei insgesamt 18 Intervalle von jeweils 2,6 m Länge mit einer Doppelpackeranordnung separiert und mit Slug- und Bail-Tests, WD-Tests, Pulse-Tests und Drill-Stem-Tests untersucht. Die Versuchsdauer betrug je nach Durchlässigkeit einige Minuten bis einige Stunden. Bis zu einer Durchlässigkeit $k_f = 1 \cdot 10^{-7}$ m/s dauert z. B. ein Slug-Test durchschnittlich ca. zwei Stunden.

Neben einer generellen Abnahme der Durchlässigkeiten mit der Tiefe zeigten sich deutlich von dem jeweiligen Trennflächengefüge kontrollierte Änderungen der Durchlässigkeiten und unterschiedliche Reichweiten der Tests in verschiedenen Tiefen. Die für Untersuchungen in der ungesättigten Zone geeigneten Auffüllversuche und WD-Tests konnten leider nicht im vorgesehenen Rahmen durchgeführt werden, da am gesamten Standort Rabenstein keine mächtigere ungesättigte Zone angetroffen wurde.

19.2.1 Pumpversuche

In den Beobachtungsbohrungen R6 - R8 wurde jeweils nach einem Kurzzeitpumpversuch von etwa 6 Stunden Dauer die Wiederanstiegsphase gemessen. In der Bohrung R5 sollte anschließend ein stationärer Pumpversuch durchgeführt werden. Dieser Versuch wurde aber nach 75 Stunden Pumpdauer abgebrochen, ohne den stationären Zustand zu erreichen. Die Wasserstände, sowohl im Pump- als auch in den Beobachtungsbrunnen, sind während der Versuche kontinuierlich mit elektronischen Druckaufnehmern aufgezeichnet worden. Die Auswertung der Daten für die Pumpphase in den Beobachtungsbrunnen erfolgte mit der THEIS-Standardkurve und dem Geradlinienverfahren von COOPER & JACOB (1946) (*Abb. 19.3*). Der Wiederanstieg wurde mit dem Wiederanstiegsverfahren nach THEIS (in LANGGUTH & VOIGT, 1980) ausgewertet (*Abb. 19.4*). Die ermittelten Transmissivitäten sind in *Tab. 19.5* zusammengefaßt.

Abbildung 19.3 zeigt, daß auch nach einer Pumpzeit von 75 Stunden kein stationärer Zustand erreicht worden ist. Die nahezu identisch verlaufende Absenkung in den Beobachtungsbohrungen ist ein Beleg für die Isotropie des

Grundwasserleiters, was den Einsatz der auf Homogenität und Isotropie basierenden Auswertungsverfahren begründet. Im Förderbrunnen R5 zeigen sich zu Beginn des Versuchs deutlich die Einflüsse von Brunnenspeicherung und/oder Skin-Effekt. Das Verhalten in den Brunnen R6 - R8 ist ähnlich. Nach einer Pumpzeit von 6 - 7 Stunden wird der Bereich des radialen Fließens gerade noch in einem auswertbaren Maße erfaßt. Der näherungsweise S-förmige Verlauf der Absenkungskurve im Förderbrunnen ist auch im Wiederanstieg zu erkennen.

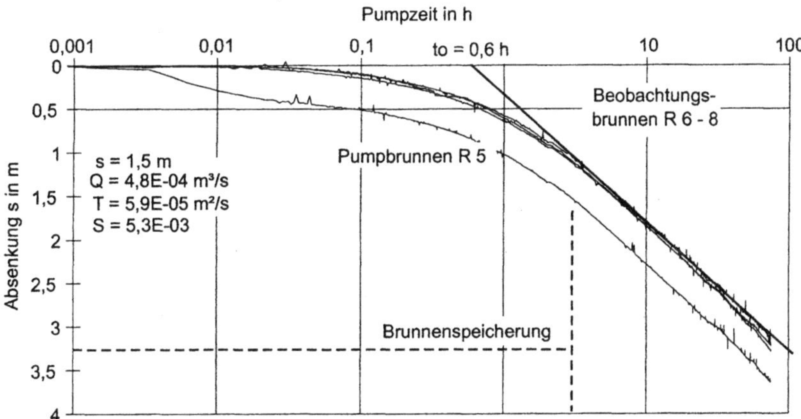

Abb. 19.3: Pumpversuch in der Bohrung R5. Die nahezu identisch verlaufende Absenkung in den Beobachtungsbrunnen R6 - R8 indiziert einen quasi homogenen GW-Leiter. Deshalb konnten die auf Homogenität basierenden Auswerteverfahren verwendet werden.

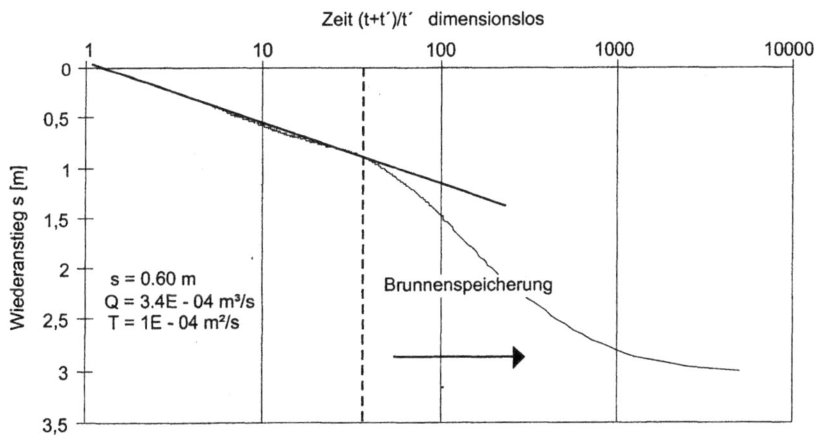

Abb. 19.4: Auswertung des Wiederanstiegs in der Bohrung R8 nach dem Verfahren von THEIS.

Tab. 19.5: Ergebnisse der Auswertung von Pumpversuchen in den Bohrungen R5 – R8 nach verschiedenen Verfahren.

Pumpbrunnen	Beobachtungsbrunnen Transmissivitäten T in m^2/s			
	Auswertung nach COOPER & JACOB			
	R5	R6	R7	R8
R5		$5{,}9 \cdot 10^{-5}$	$5{,}9 \cdot 10^{-5}$	$5{,}9 \cdot 10^{-5}$
R6	-		$1{,}1 \cdot 10^{-4}$	$8{,}9 \cdot 10^{-5}$
R7	$6{,}6 \cdot 10^{-5}$	$6{,}6 \cdot 10^{-5}$		$6{,}6 \cdot 10^{-5}$
R8	$8{,}1 \cdot 10^{-5}$	$1{,}1 \cdot 10^{-4}$	$8{,}3 \cdot 10^{-5}$	
	Auswertung nach THEIS (Standardkurve)			
R5	$7{,}3 \cdot 10^{-5}$	$5{,}3 \cdot 10^{-5}$	$5{,}1 \cdot 10^{-5}$	$5{,}2 \cdot 10^{-5}$
R6	-	$1{,}6 \cdot 10^{-4}$	$1{,}0 \cdot 10^{-4}$	$1{,}8 \cdot 10^{-4}$
R7	$8{,}5 \cdot 10^{-5}$	$9{,}6 \cdot 10^{-5}$	$1{,}0 \cdot 10^{-4}$	$9{,}0 \cdot 10^{-5}$
R8	$9{,}9 \cdot 10^{-5}$	$8{,}5 \cdot 10^{-5}$	$7{,}0 \cdot 10^{-5}$	$7{,}9 \cdot 10^{-5}$
	Auswertung nach dem Wiederanstiegsverfahren von THEIS			
R5	$5{,}9 \cdot 10^{-5}$	$5{,}9 \cdot 10^{-5}$	$5{,}9 \cdot 10^{-5}$	$6{,}3 \cdot 10^{-5}$
R6	$2{,}9 \cdot 10^{-4}$	$5{,}9 \cdot 10^{-5}$	$6{,}0 \cdot 10^{-5}$	$9{,}0 \cdot 10^{-5}$
R7	$9{,}0 \cdot 10^{-5}$	$5{,}9 \cdot 10^{-5}$	$9{,}5 \cdot 10^{-5}$	$8{,}0 \cdot 10^{-5}$
R8	$1{,}0 \cdot 10^{-4}$	$9{,}5 \cdot 10^{-5}$	$9{,}3 \cdot 10^{-5}$	$9{,}6 \cdot 10^{-5}$

19.2.2 Slug- und Bail-Tests

Im Anschluß an die Pumpversuche wurden Slug- und Bail-Tests durchgeführt. Die Testauswertung erfolgte nach den Verfahren von BOUWER & RICE (1976) und PERES et al. (1989a, b). *Tab. 19.6* zeigt die Durchschnittswerte der damit ermittelten Transmissivitäten.

Die Auswertung nach PERES et al. (1989 a, b) ergibt durchweg geringere Transmissivitäten. Die Bail-Tests liefern für beide Verfahren im Vergleich zu den Slug-Tests geringfügig höhere Werte. Dies ist vermutlich dadurch verursacht, daß die Bail-Tests mit höheren Druckgradienten ausgeführt wurden. Die damit erzielten größeren Reichweiten wirken sich auf den Druckausgleich im Brunnen aus.

Tab. 19.6: Transmissivitäten T nach den in den Bohrungen R5 – R8 durchgeführten Slug- und Bail-Tests. Die Auswertung erfolgte nach BOUWER & RICE und PERES et al.

	R 5 T [10^{-04} m^2/s]		R 6 T [10^{-04} m^2/s]		R 7 T [10^{-04} m^2/s]		R 8 T [10^{-04} m^2/s]	
	B.&R.	PERES	B.&R.	PERES	B.&R.	PERES	B.&R.	PERES
Slug-Test	1,5	0,47	1,0	0,46	0,61	0,37	0,46	0,21
Bail-Test	2,7	0,67	1,5	0,76	0,74	0,49	0,85	0,42
∅	2,1	0,57	1,3	0,61	0,68	0,43	0,66	0,32

Die Ergebnisse sind Mittelwerte aus jeweils fünf Einzeltests. Diese große Anzahl von Tests wurde durchgeführt, um die Reproduzierbarkeit der Verfahren bewerten zu können. Für die Slug-Tests wird durch die geringen Abweichungen der Einzelwerte vom jeweiligen Mittelwert (Wert nach PERES) eine sehr gute Reproduzierbarkeit und damit eine hohe Zuverlässigkeit der Ergebnisse angezeigt. Die gleiche Aussage gilt für die nach BOUWER & RICE (1976) ausgewerteten Tests. Alle Testwerte weichen um weniger als 0,1 Zehnerpotenzen vom Mittelwert ab. Bei der Bail-Test-Auswertung nach PERES zeigt sich ein ähnliches Bild wie bei der Auswertung nach BOUWER & RICE.

Ein direkter Vergleich beider Verfahren ist aufgrund der unterschiedlichen Versuchsbedingungen allerdings nur eingeschränkt möglich. Die Messung der Wasserstände in den Beobachtungsbrunnen hat bei den Pumpversuchen deutliche Reaktionen und bei den Slug- und Bail-Tests keine Reaktionen gezeigt. Das spricht dafür, daß die Ergebnisse der Pumpversuche für einen größeren Bereich und die Ergebnisse der Slug- und Bail-Tests nur für die nähere Bohrlochumgebung Gültigkeit haben. Da aber die Einzelergebnisse der Pumpversuche nahe beieinander liegen und sich aus dem Absenkungstrichter ein quasi homogener Grundwasserleiter ableiten läßt, sollten die Resultate generell miteinander vergleichbar sein.

Abbildung 19.5 zeigt die Abweichungen der nach Slug- und Bail-Tests von den nach Pumpversuchen ermittelten Transmissivitäten. Für diesen Vergleich wurden die Ergebnisse aus Absenkung und Wiederanstieg eines Pumpversuchs und der jeweiligen Slug- und Bail-Tests gemittelt.

In *Abb. 19.6* werden die Ergebnisse der Bail-Tests den Ergebnissen des jeweiligen Pumpversuchs gegenübergestellt. Bis auf die Versuche in der Bohrung R5, wo das Verfahren von PERES die beste Übereinstimmung mit dem Pumpversuch zeigt, stimmen die Ergebnisse der Bail-Tests nach BOUWER & RICE am besten mit denen der Pumpversuche überein. Sehr deutlich wird in dieser Darstellung auch die Übereinstimmung der Absenkungs- und Wiederanstiegsphase der Pumpversuche.

Insgesamt zeigt sich eine gute Übereinstimmung der Ergebnisse, wobei die Auswertung der Bail-Tests nach BOUWER & RICE gegenüber dem Verfahren von PERES et al. geringere Abweichungen der Einzelwerte aufweist. Darüber hinaus ist das Verfahren von BOUWER & RICE einfacher zu handhaben und weniger anfällig gegenüber kleinen Meßwertschwankungen.

Bei den Versuchen erfolgte der Druckausgleich über die gesamte Bohrlochstrecke. Bei langen Filterstrecken bleibt aber die Reaktion der Slug- und Bail-Tests auf die nähere Bohrlochumgebung beschränkt. Durch die Wahl langer Filterstrecken wird andererseits ein größerer Bereich des Gebirges erfaßt, wodurch sich auch ein geklüfteter Grundwasserleiter, wie im vorliegenden Fall, quasi homogen und isotrop verhält. Damit kann auf einfachere Auswerteverfahren zurückgegriffen werden. Nachteilig ist, daß nur ein

Mittelwert für einen größeren Bereich gemessen wird, und einzelne höher oder geringer durchlässige Bereiche nicht detailliert erfaßt werden.

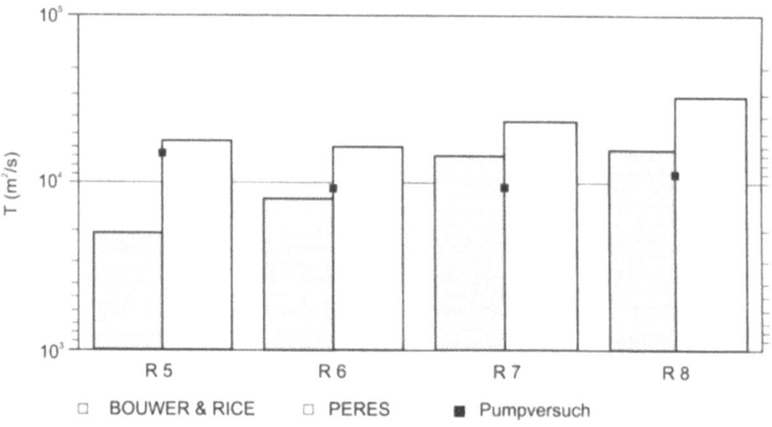

Abb. 19.5: Auswertung eines Pumpversuchs. Vergleich der Transmissivitäten T mit den Mittelwerten der Auswertung von Slug- und Bail-Tests nach BOUWER & RICE und PERES et al. für die Bohrungen R5 - R8

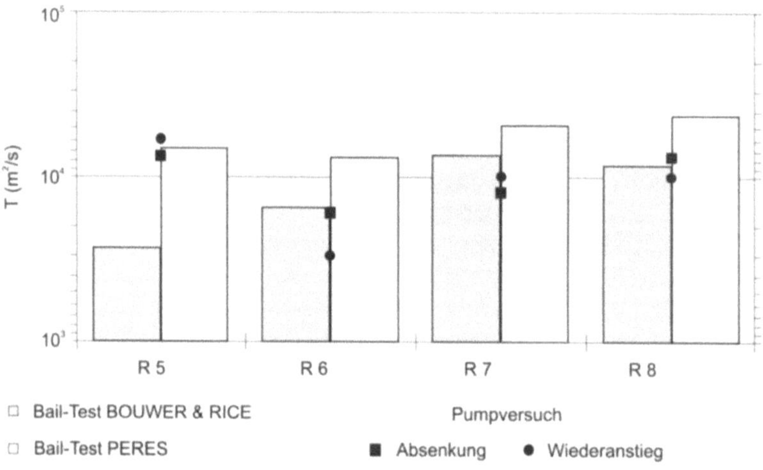

Abb. 19.6: Transmissivitäten aus Pumpversuchen (Absenkung und Wiederanstieg) im Vergleich mit den Ergebnissen der nach BOUWER & RICE und PERES et al. ausgewerteten Bail-Tests

19.2.3 Versuche in Testintervallen der Zentralbohrung R5

In der Zentralbohrung R5 wurden in verschiedenen Intervallen von jeweils 2,6 m Länge nacheinander mehrere hydraulische Tests durchgeführt. Dafür ist die Versuchsausrüstung so gewählt worden, daß keine Veränderungen an der Apparatur notwendig waren. In *Tab. 19.7* sind die Einzelintervalle und die jeweils durchgeführten Tests aufgeführt. Pulse-Tests, die naturgemäß nur in sehr dichten Gesteinsbereichen durchgeführt werden können, waren lediglich in den Intervallen von 22,7 - 32,8 m und 35,2 - 37,8 m möglich.

In der Durchführung unterscheiden sich die einzelnen Versuche nur geringfügig. Für einen Slug- oder Bail-Test gibt es zwei verschiedene Möglichkeiten. Zum einen kann die Verdrängungskörpermethode angewendet werden, bei der ein Körper schlagartig in das Gestänge bis unter den Ruhewasserspiegel hinabgelassen und der Druckausgleich mit dem Druckaufnehmer registriert wird. Beim Bail-Test wird dann der Körper wieder herausgezogen. Die zweite Möglichkeit besteht darin, das Ventil zu schließen und das Gestänge für einen Slug-Test aufzufüllen oder für einen Bail-Test leerzupumpen. Das Öffnen des Ventils führt dann zu einer schlagartigen

Tab. 19.7: Hydraulische Tests in der Zentralbohrung R5. Zusammenstellung der in den einzelnen Testintervallen durchgeführten Versuche

Intervall [m]	Testart				
	Slug-Test	Bail-Test	WD-Test	DST-Test	Pulse-Test
5,2 – 7,8	x		x		
5,9 – 8,5	x	x			
7,7 –10,3	x			x	
9,0 – 11,6	x	x	x		
10,2 – 12,8	x	x			
11,5 – 14,1	x	x	x	x	
12,7 – 15,3	x	x	x		
15,2 – 17,8	x	x	x		
16,5 – 19,1	x	x	x		
17,7 – 20,3	x	x	x	x	
20,2 – 22,8	x	x	x	x	
22,7 – 25,3					x
25,2 – 27,8	x	x		x	x
27,7 – 30,3	x	x			x
30,0 – 32,8	x	x			x
32,7 – 35,3	x	x	x	x	
35,2 – 37,8	x	x			x
37,7 – 40,3	x	x	x	x	

Druckänderung im Testintervall. Dieses Prinzip wird auch bei DST-Tests angewendet. Das Ventil wird geschlossen, das Gestänge leergepumpt und durch das Öffnen ein Druckausgleich ermöglicht. Durch erneutes Schließen des Ventils (Schließphase) ist der Druckausgleich nur im Gebirge möglich.

Beim Pulse-Test wird über einen Schlauch mit einer im Gestänge befindlichen Pumpe bei geöffnetem Ventil im Testintervall ein Überdruck erzeugt. Dieser wird einige Sekunden gehalten, bevor das Ventil geschlossen wird. Der Druckausgleich findet dann wiederum im Gebirge statt.

Beim WD-Test bleibt das Ventil während des gesamten Versuchs geöffnet. Über einen Schlauch mit zwischengeschaltetem Durchflußmengenmesser wird Wasser in das Intervall gedrückt und die Druckhöhe durch den im Testintervall befindlichen Druckaufnehmer registriert.

Die Ergebnisse der nach den verschiedenen Verfahren ausgewerteten Tests werden nachfolgend diskutiert.

Slug- und Bail-Tests

Die Slug- und Bail-Tests wurden nach den Verfahren von BOUWER & RICE (B&R) (1976), RAMEY et al. (R) (1975), PERES (P) (1989) und MATEEN (M) (1983) ausgewertet Die Mittelwerte der Ergebnisse von je zwei Slug-Tests sind in *Tab. 19.8* zusammengefaßt.

Tab. 19.8: Gebirgsdurchlässigkeiten (k_f-Werte) nach den mit verschiedenen Verfahren ausgewerteten Slug-Tests

Intervall	k_f-Wert in m/s				
[m]	B&R	M (PSS)	R	P	M (T)
5,2 – 7,8	$5{,}7\ 10^{-6}$	$1{,}4\ 10^{-4}$	$1{,}4\ 10^{-5}$	$1{,}5\ 10^{-5}$	$7{,}11 10^{-5}$
7,7 –10,3	$2{,}1\ 10^{-6}$	$5{,}3\ 10^{-5}$	$5{,}6\ 10^{-5}$	$2{,}7\ 10^{-6}$	$2{,}38\ 10^{-4}$
9,0 – 11,6	$9{,}2\ 10^{-7}$	$3{,}1\ 10^{-5}$	$1{,}2\ 10^{-5}$	$5{,}2\ 10^{-6}$	
10,2 – 12,8	$1{,}0\ 10^{-6}$	$3{,}0\ 10^{-6}$	$2{,}5\ 10^{-6}$	$2{,}3\ 10^{-6}$	$2{,}27\ 10^{-5}$
11,5 – 14,1	$6{,}2\ 10^{-7}$	$1{,}8\ 10^{-5}$	$4{,}4\ 10^{-6}$	$1{,}2\ 10^{-6}$	$3{,}17\ 10^{-5}$
12,7 – 15,3	$1{,}4\ 10^{-6}$	$1{,}1\ 10^{-5}$	-	$1{,}4\ 10^{-6}$	
15,2 – 17,8	$2{,}4\ 10^{-6}$	$2{,}1\ 10^{-5}$	$2{,}7\ 10^{-5}$	$2{,}2\ 10^{-6}$	
16,5 – 19,1	$1{,}2\ 10^{-6}$	$2{,}9\ 10^{-5}$	$7{,}7\ 10^{-6}$	$1{,}6\ 10^{-6}$	$6{,}10\ 10^{-5}$
17,7 – 20,3	$2{,}5\ 10^{-6}$	$2{,}1\ 10^{-4}$	$2{,}7\ 10^{-5}$	$1{,}8\ 10^{-6}$	$1{,}70\ 10^{-4}$
20,2 – 22,8	$5{,}1\ 10^{-7}$	$6{,}8\ 10^{-6}$	$1{,}9\ 10^{-6}$	$7{,}3\ 10^{-7}$	$3{,}31\ 10^{-5}$
22,7 – 25,3	-	-	-	-	
25,2 – 27,8	$2{,}2\ 10^{-7}$	$7{,}5\ 10^{-6}$	$1{,}1\ 10^{-6}$	$4{,}4\ 10^{-7}$	$1{,}53\ 10^{-5}$
27,7 – 30,3	$1{,}7\ 10^{-7}$	$4{,}1\ 10^{-6}$	$1{,}1\ 10^{-6}$	$1{,}0\ 10^{-7}$	$1{,}36\ 10^{-5}$
30,0 – 32,8	$2{,}3\ 10^{-7}$	$1{,}2\ 10^{-6}$	$3{,}4\ 10^{-7}$	$1{,}6\ 10^{-7}$	$1{,}16\ 10^{-5}$
32,7 – 35,3	$2{,}8\ 10^{-6}$	$1{,}4\ 10^{-5}$	$6{,}8\ 10^{-6}$	$1{,}2\ 10^{-6}$	
35,2 – 37,8	$1{,}2\ 10^{-7}$	$3{,}1\ 10^{-7}$	$1{,}2\ 10^{-7}$	$6{,}0\ 10^{-8}$	$6{,}80\ 10^{-6}$
37,7 – 40,3	$2{,}4\ 10^{-6}$	$4{,}1\ 10^{-5}$	$1{,}9\ 10^{-5}$	$1{,}4\ 10^{-6}$	

Die Ergebnisse der einzelnen Auswerteverfahren innerhalb eines Intervalls schwanken zwischen einer halben und zwei Zehnerpotenzen. Nach BOUWER & RICE und PERES werden die niedrigsten Durchlässigkeitswerte erhalten. Die Ergebnisse liegen, mit Ausnahme des 1. Intervalls, sehr dicht beieinander.

Die höchsten k_f-Werte liefert die Auswertung nach MATEEN. Die mittlere Abweichung zu den Werten nach BOUWER & RICE und PERES liegt bei einer Zehnerpotenz, die maximalen Abweichungen liegen bei 2 Zehnerpotenzen. Die Ergebnisse nach RAMEY et al. liegen zwischen denen von MATEEN und BOUWER & RICE bzw. PERES. Hier erreichen die mittleren Abweichungen zwischen den Werten nach RAMEY und MATEEN 0,6 und zwischen RAMEY und BOUWER & RICE bzw. PERES eine ganze Zehnerpotenz. In den unteren Intervallen liegen die Testergebnisse näher zusammen, wobei die Reihenfolge - kleinere Durchlässigkeiten bei BOUWER & RICE, höhere Durchlässigkeiten bei MATEEN - erhalten bleibt. Ein ähnliches Bild zeigt sich auch bei den Bail-Tests (*Tab. 19.9*).

Tab. 19.9: Ergebnisse der nach verschiedenen Verfahren ausgewerteten Bail-Tests

Intervall	k_f-Wert in m/s				
	B&R	M (PSS)	R	P	M (T)
5,2 – 7,8	-	-	-	-	-
7,7 –10,3	2,1 10^{-6}	-	9,5 10^{-6}	1,7 10^{-6}	-
9,0 – 11,6	7,1 10^{-7}	3,9 10^{-6}	1,2 10^{-5}	7,8 10^{-7}	7,00 10^{-6}
10,2 – 12,8	8,1 10^{-7}		1,4 10^{-6}	5,8 10^{-7}	1,80 10^{-5}
11,5 – 14,1	3,2 10^{-7}		4,5 10^{-7}	4,4 10^{-7}	2,70 10^{-6}
12,7 – 15,3	1,4 10^{-6}	2,8 10^{-5}	-	9,6 10^{-7}	-
15,2 – 17,8	2,4 10^{-6}	2,3 10^{-5}	-	1,4 10^{-6}	9,35 10^{-5}
16,5 – 19,1	6,9 10^{-7}	9,1 10^{-6}	6,1 10^{-6}	9,8 10^{-7}	3,17 10^{-5}
17,7 – 20,3	2,0 10^{-6}	4,3 10^{-5}	1,5 10^{-5}	3,0 10^{-6}	1,36 10^{-4}
20,2 – 22,8	5,5 10^{-7}	2,7 10^{-5}	-	1,1 10^{-6}	3,60 10^{-5}
22,7 – 25,3	-	-	-	-	-
25,2 – 27,8	1,4 10^{-7}	7,3 10^{-6}	2,0 10^{-6}	4,9 10^{-7}	1,17 10^{-5}
27,7 – 30,3	1,9 10^{-7}	5,4 10^{-6}	8,5 10^{-7}		5,44 10^{-6}
30,0 – 32,8	1,7 10^{-7}	1,4 10^{-6}	-	1,6 10^{-7}	-
32,7 – 35,3	1,3 10^{-7}	2,7 10^{-6}	3,6 10^{-7}	2,2 10^{-7}	7,94 10^{-6}
35,2 – 37,8	1,6 10^{-7}	--	-	1,6 10^{-7}	-
37,7 – 40,3	3,8 10^{-7}	2,3 10^{-5}	-	4,2 10^{-7}	1,59 10^{-5}

Die Ergebnisse der Bail-Tests sind lückenhaft, da die Auswertung mit den beiden Typkurvenverfahren schwierig war. Die Auswertung nach BOUWER & RICE (B&R) und PERES (P) liefert auch hier die geringsten Durchlässigkeiten, wobei die Werte beider Verfahren dicht beieinander liegen. Die Auswertung nach RAMEY (R) ergibt wiederum mittlere Durchlässigkeitsbeiwerte.

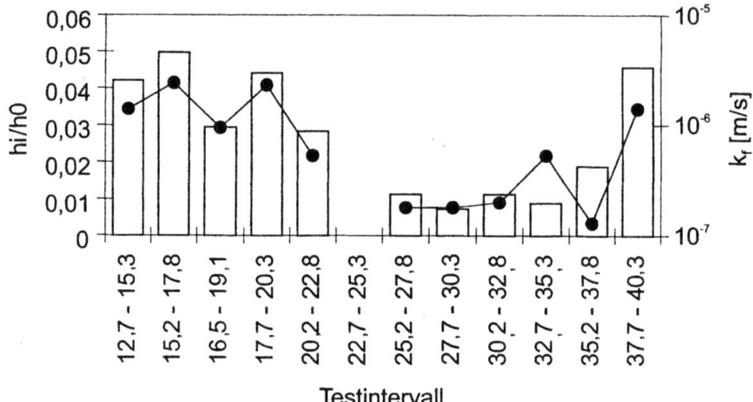

Abb. 19.7: Reaktion der Wassersäule in der Beobachtungsbohrung R5 (Säulen) und die in den Testintervallen ermittelten Durchlässigkeiten (Punkte). Der Abstand zum Testbrunnen beträgt 7 m

Die parallel zu den Tests in den Beobachtungsbohrungen R6 - R8 registrierten Reaktionen (Lage der GW-Spiegel nach Lichtlot) liegen im Zentimeterbereich. Eine klare Richtungsabhängigkeit konnte nicht beobachtet werden. Da aber nicht immer mit dem gleichen Initialdruck gearbeitet wurde, sind auch die jeweiligen Reaktionen nicht direkt vergleichbar. Deshalb wurden in *Abb 19.7* die Reaktionen hi normiert auf den Ruhewasserspiegel h0 dargestellt

Abbildung 19.7 zeigt die durchschnittlichen Reaktionen der Slug- und Bail-Tests im Beobachtungsbrunnen und die Durchlässigkeiten (k_f-Werte) nach BOUWER & RICE. Es wird deutlich, daß im Abstand von 7 m zur Zentralbohrung mit zunehmendem k_f-Wert die Reaktionen ebenfalls größer werden. Eine Abweichung von diesem Verhalten zeigt sich lediglich im Tiefenintervall 35,2 - 37,8 m.

Die Reichweite R der durchgeführten Tests kann für die Intervalle unterhalb 12,7 m unter GOK mit R > 7 m angegeben werden. Oberhalb von 12,7 m wurden keine Reaktionen mehr registriert, was anzeigt, daß die Reichweite hier geringer als der Abstand zur Zentralbohrung ist.

Wasserdruck- Tests

In mehreren Intervallen der Zentralbohrung R5 sind Wasserdruck-Tests (WD-Tests) durchgeführt worden (*Tab. 19.7*). Während aber bei WD-Tests normalerweise Drücke bis zu einigen MPa aufgebracht werden, betrugen hier die Drücke maximal 0,15 MPa bei Druckstufen von 0,03 MPa. Die Wasserdrucktestanlage der Ingenieurgeologie der TU-Berlin wurde speziell für das Untersuchungsobjekt umgebaut (s. a. Kap. 19.2).

Aus der Darstellung der Druckstufen über der zugegebenen Wassermenge (Druck-Mengen-Diagramm) lassen sich Rückschlüsse auf das Gebirgsverhalten ziehen. Musterkurven, zur Beschreibung dieses Verhaltens liefern

KLOPP & SCHIMMER (1977) und EWERT (1979). Da diese Kurven aber nach WD-Tests mit sehr hohen Drücken erstellt wurden ist ein Vergleich mit den hier durchgeführten Tests nur bedingt möglich. Da bei den dabei verwendeten Drücken noch kein Aufreißen des Gebirges eintritt, sind Unregelmäßigkeiten im Kurvenverlauf ausnahmslos auf Erosionserscheinungen zurückzuführen. *Abbildung 19.8* zeigt exemplarisch das Druck-Mengen-Diagramm für den WD-Test im Intervall 12,7 - 15,3 m.

Zwischen dem aufgebrachten Druck und der zugeführten Wassermenge besteht eine fast lineare Abhängigkeit. Auffallend ist, daß bei niedrigen Druckstufen die injizierten Wassermengen geringfügig voneinander abweichen. Da das zuvor bei den höheren Druckstufen eingespeiste Wasser wieder zurückfließt, wird jetzt insgesamt weniger Wasser für die Aufrechterhaltung des Drucks benötigt. Da sich auch bei den übrigen WD-Tests ähnliches Verhalten zeigt, kann auf ein in diesem Druckbereich plastisches Verhalten des Gebirges geschlossen werden.

Eine erste Auswertung der Durchlässigkeit erfolgte nach der in der Praxis häufig verwendeten Formel des EARTH MANUAL (1974). Für jeden Versuch wurden dafür die Mittelwerte aus den verwendeten fünf Druckstufen gebildet. Da bei den Einzelversuchen gleichzeitig die Reaktion in den Beobachtungsbrunnen gemessen wurde, ist eine zusätzliche Auswertung nach THIEM (1906) möglich. Dabei werden auch die Druckhöhen in den Beobachtungsbrunnen berücksichtigt. In *Abb. 19.9* sind die Ergebnisse der Auswertung für die einzelnen Testintervalle dargestellt.

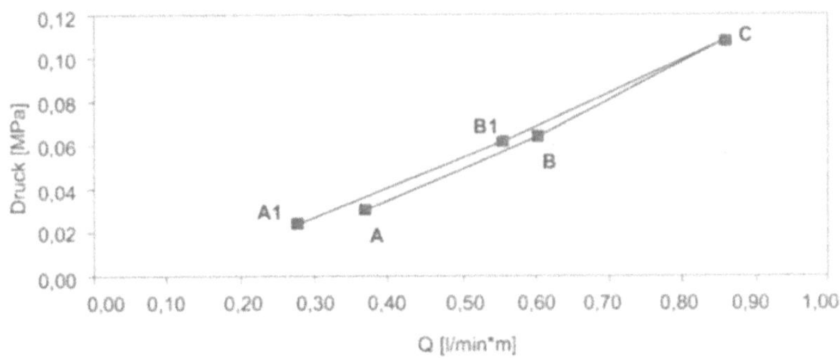

Abb. 19.8: Druck-Mengen-Diagramm für den WD-Test in der Bohrung R5, Teufenintervall 12,7 – 15,3 m. Die Druckstufen wurden in der Reihenfolge A, B, C, B1 und A1 gefahren

Das teufenabhängige Durchlässigkeitsprofil zeigt höhere Werte im oberen Bereich bis 7,7 m unter GOK ($k_f = 3 \cdot 10^{-6}$ m/s) gefolgt von einem geringer durchlässigen Bereich bis 14,1 m unter GOK mit $k_f = 5 \cdot 10^{-7}$ m/s. Von 12,7 - 22,7 m und von 32,7 - 40,3 m folgen zwei Bereiche mit $k_f = 9 \cdot 10^{-7}$ m/s. Die Tatsache, daß von 22,7 - 32,8 m bei den verwendeten geringen Drücken die Wasseraufnahme nicht mehr zuverlässig gemessen werden konnte, weist auf geringere Durchlässigkeiten hin. Höhere Drücke wurden aber nicht aufgebracht, um das Gebirge nicht nachhaltig zu schädigen. Vor und nach einigen der WD-Tests wurde jeweils noch ein Slug- und ein Bail-Test durchgeführt. Die Schwankungen der dabei ermittelten k_f-Werte liegen unter einer Zehntel Zehnerpotenz, wobei die ermittelten Durchlässigkeitswerte keine Änderungen als Folge des vorher durchgeführten WD-Tests erkennen lassen.

Da die Reaktion der Wassersäule während der Tests im Zentimeterbereich lag, wird gefolgert, daß die Gesamtreichweite nur wenig mehr als 7 m beträgt. Die kleinen Differenzen zwischen den Ergebnissen werden durch die relativ geringen Unterschiede zwischen der Filterlänge (2,6 m) und der Reichweite erklärt. Solange die Filterlänge kürzer als die tatsächliche Reichweite des Versuchs ist, liefert die Formel des EARTH MANUAL zu geringe Durchlässigkeiten. Da aber die Filterstrecken bei fast allen Untersuchungen kleiner als die Reichweiten sind, sollte diese Formel nur für eine erste Abschätzung der Durchlässigkeit herangezogen werden, für die endgültige Bewertung jedoch nicht.

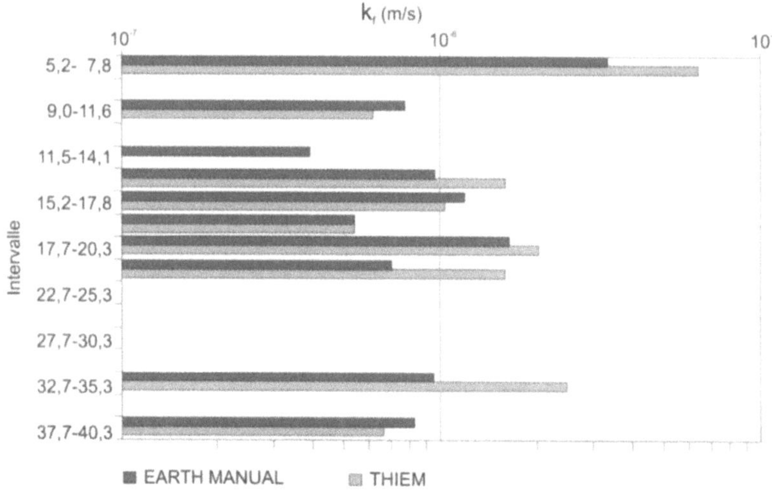

Abb. 19.9: WD-Test - Auswertung nach der Formel des EARTH-MANUAL (1974) und nach THIEM (1906)

Die nach THIEM und der EARTH MANUAL-Formel ermittelten Durchlässigkeitsbeiwerte werden in *Abb. 19.10* den Q_{WD}-Werten[4] gegenübergestellt. Die verwendeten Q_{WD}–Werte wurden aus den Druck-Mengen-Kurven für 1 bar (0,1 MPa) abgelesen (*Abb. 19.8*).

Eine Q_{WD}- k_f-Wert-Beziehung, wie sie HEITFELD & HEITFELD (1979 und 1992) für mergelige Kreidekalksteine, sowie SCHRAFT & RAMBOW (1984) für den hessischen Buntsandstein angeben, ist hier nicht ableitbar, da der Bereich der Durchlässigkeiten zu schmal ist. Von $k_f = 5 \cdot 10^{-7} - 2 \cdot 10^{-6}$ m/s steigen die Q_{WD}-Werte nur geringfügig an, so daß hier eher ein linearer Zusammenhang gesehen werden könnte. Wegen der zu kleinen Datenmenge wäre es spekulativ, eine Beziehung zwischen allen Q_{WD}-Werten anzugeben.

Der Vergleich mit den Q_{WD}-k-Wert-Beziehungen von HEITFELD & HEITFELD (1992) zeigt, daß die hier verwendeten Q_{WD}-Werte (ca.1 l/min m für 0,1 MPa) sehr viel kleiner sind als die von diesen Autoren ermittelten Werte (6 l/min ·m für 0,5 MPa).

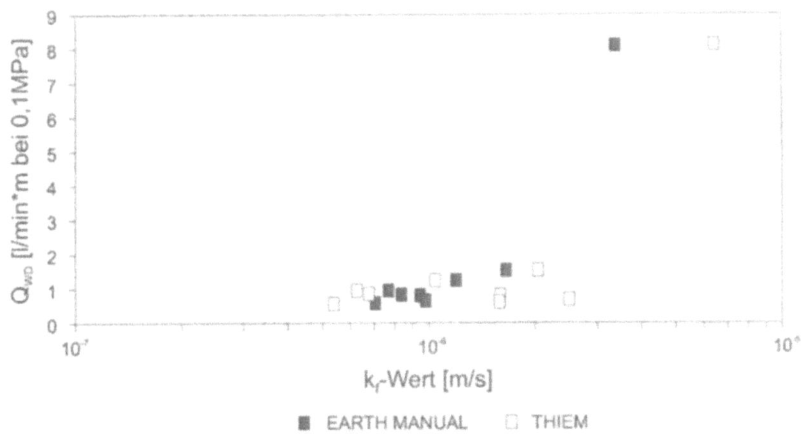

Abb. 19.10: Hydraulisches Testfeld Rabenstein. Q_{WD}-k-Wert-Beziehung

[4] Q_{WD}-Wert: Auf 1 m Teststrecke normierte Menge versickernden Wassers pro Zeiteinheit.

Drill-Stem -Tests (DST)

Die DST-Tests wurden mit jeweils zwei Fließ- und zwei Schließphasen durchgeführt. Die erste Fließphase wurde dabei kurz und die zweite länger gehalten. An jede Fließphase schloß sich eine Schließphase (Ventil geschlossen) an. Für die Auswertung standen somit zwei Schließphasen zur Verfügung, die nach dem Wiederanstiegsverfahren von HORNER (1951), und eine Fließphase, die nach den Verfahren von MATEEN (1983) und RAMEY et al. (1975) ausgewertet wurden. Da die Fließphase einem Bail-Test entspricht (das Öffnen des Ventils verursacht eine schlagartige Absenkung der Wassersäule im Testintervall), wurden die Fließphasen zusätzlich nach dem Verfahren von BOUWER & RICE ausgewertet. Das Verfahren von MATEEN beruht auf einem Ansatz für doppelt poröse Medien, das Verfahren von RAMEY et al. wurde für homogene Medien entwickelt. Da die Versuche gezeigt hatten, daß sich die einzelnen Intervalle unterschiedlich verhalten können, sollen hier beide Ansätze miteinander verglichen werden. In *Abb. 19.11* sind die ermittelten Durchlässigkeitsbeiwerte dargestellt.

Während alle Tests nach HORNER und BOUWER & RICE ausgewertet werden konnten, war dies bei den zwei Typkurvenverfahren nicht möglich. In den Intervallen 20,2 - 22,8 m und 25,2 - 27,8 m konnte durch keine der Typkurven eine ausreichende Deckung mit der Meßkurve erzielt werden. Im Intervall von 7,7 - 10,3 m ergab sich nur mit einer der Kurven von RAMEY et al. eine zufriedenstellende Deckung. Bei den übrigen Tests gelang dies für beide Typkurvenscharen.

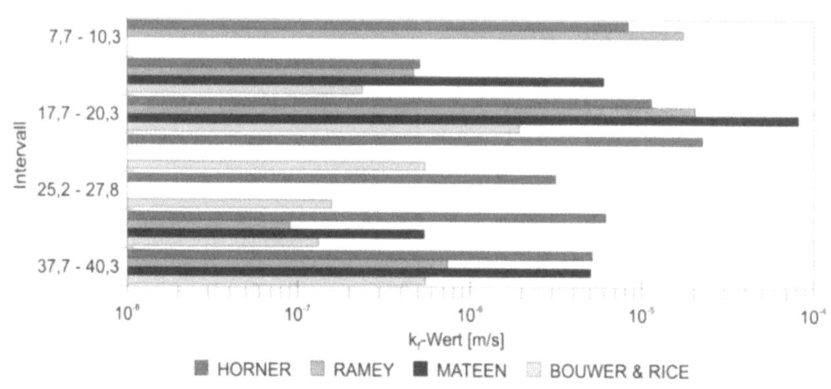

Abb. 19.11: DST-Tests in verschiedenen Intervallen der Bohrung R5. Die Auswertung erfolgte nach den Verfahren von HORNER, RAMEY et al., MATEEN und BOUWER & RICE

Auf den ersten Blick läßt *Abb. 19.11* ein breites Ergebnisspektrum erkennen. Bei näherer Betrachtung zeigt sich jedoch, daß die Werte nach RAMEY et al. und MATEEN in einzelnen Intervallen um eine Zehnerpotenz auseinander liegen, wobei nach RAMEY et al. generell die geringeren Durchlässigkeiten erhalten wurden. Gleiches Verhalten zeigen die Auswertungen nach HORNER und BOUWER & RICE (ausgenommen die drei oberen Intervalle) und die nahezu identischen Ergebnisse nach HORNER und RAMEY et al. Bei den unteren Intervallen liegt ein Sonderfall vor. Hier spielen unterschiedliche Zu- und Abflußraten eine Rolle, was aber erst im Vergleich mit den anderen Testverfahren erkennbar wird.

Pulse-Tests

Der Pulse-Test ist nur für den Einsatz in sehr gering durchlässigen Gebirgsbereichen geeignet. Von HAYASHI et al. (1987) wird eine obere Grenze des Durchlässigkeitsbereiches $k_f \leq 1 \cdot 10^{-7}$ m/s und eine untere Grenze $k_f => 1 \cdot 10^{-13}$ m/s angegeben. Der bei den in der Bohrung R5 durchgeführten Untersuchungen ermittelte Wert $k_f \leq 2 \cdot 10^{-7}$ m/s bestätigt die angegebene obere Grenze.

Pulse-Tests wurden in fast allen Intervallen durchgeführt, da der Test in kurzer Zeit abläuft und der Versuchsaufbau dabei nicht verändert werden muß. Meist verlief der Druckausgleich jedoch so schnell, daß selbst mit einer zeitlichen Auflösung von 0,25 s keine auswertbare Meßkurve erhalten werden konnte. Verwertbare Daten wurden nur in den Intervallen zwischen 22,7 - 37,8 m unter GOK erhalten (*Tab 19.7*).

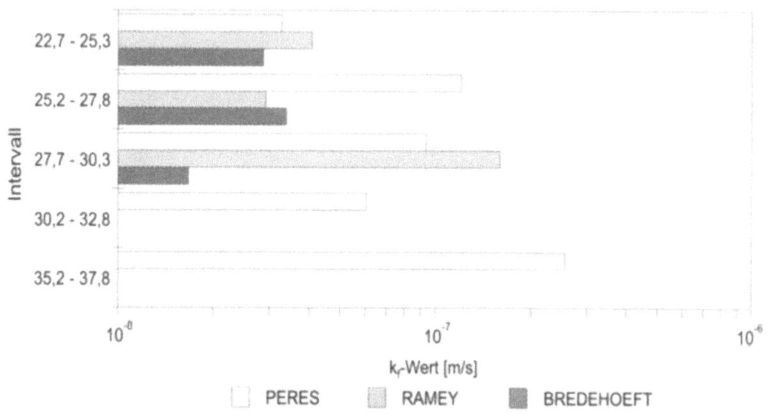

Abb. 19.12: Auswertung der Pulse-Tests nach den Verfahren von RAMEY (1975), PERES (1989) und BREDEHOEFT & PAPADOPULOS (1980)

Die Auswertung erfolgte nach den Typkurvenverfahren von BREDEHOEFT & PAPADOPULOS (1980), RAMEY et al. (1975) sowie dem Verfahren von PERES (1989). Die Ergebnismittelwerte von vier bis sechs einzelnen Tests in jedem Intervall sind in *Abb. 19.12* zusammengestellt. Das Verfahren von PERES ist dabei das einzige, mit dem alle Tests ausgewertet werden konnten. Bei den Typkurvenverfahren gab es meist Anpassungsprobleme, so daß einige Tests nicht und andere nur mit einer abschnittsweisen Übereinstimmung von Typ- und Meßkurve auswertbar waren. Insgesamt wurden 24 Tests durchgeführt. Davon konnten nach PERES 22, nach RAMEY 8 und nach BREDEHOEFT 5 Tests ausgewertet werden. Für die beiden unteren Intervalle liegen nur Ergebnisse nach PERES vor.

Zusammenfassende Bewertung der Test- und Auswertungsverfahren

Aus Kosten- und Zeitgründen wird der Umfang für geohydraulische Untersuchungen meist so gering wie möglich gehalten. Oft wird auf ein Testverfahren zurückgegriffen, mit dem der jeweilige Bearbeiter am besten vertraut ist oder das am kostengünstigsten erscheint. Welches Auswerteverfahren verwendet wird, spielt meist eine untergeordnete Rolle. Ein gelieferter k_f-Wert wird häufig unkritisch als absolute und feststehende Größe verwendet, ohne vertiefende Betrachtungen über die Güte des Ergebnisses anzustellen.

Bei einer Beurteilung der Testverfahren sind aber generell die unterschiedlichen Randbedingungen zu betrachten. Bei Slug- und Bail-Tests sowie der Fließphase von DST-Tests sind z. B. die Strömungsverhältnisse nicht stationär, wobei es sich beim Slug-Tests um eine Zugabe und beim Bail-Test sowie der Fließphase des DST-Tests um eine Entnahme von Wasser handelt. Der einzige unter stationären Bedingungen laufende Versuch auf dem Testfeld war der WD-Test. Kurzpumpversuche konnten nicht ausgeführt werden. Der Pulse-Test und der DST-Test (Schließphase) sind Verfahren, bei denen der Druckausgleich nicht über das im Gebirge fließende Wasser erfolgt, sondern vielmehr ein reiner Druckaufbau- bzw. Druckabbau stattfindet.

Vor diesem Hintergrund und wegen der unterschiedlichen Reichweiten im Gebirge sind die Tests z. T. nicht direkt vergleichbar. Durch die Kombination verschiedener Versuche können jedoch Abschätzungen der Ergebnisgüte vorgenommen und für den konkreten Fall geeignete Testverfahren ermittelt werden. Dabei sind auch praktische Aspekte der Durchführung im Gelände und der Auswertung zu berücksichtigen.

In *Tab. 19.10* sind die in der Bohrung R5 mit verschiedenen Test- und Auswerteverfahren erhaltenen Ergebnisse für vergleichende Betrachtungen zusammengefaßt. Durch *Abb. 19.13* wird verdeutlicht, daß die ermittelten k_f-Werte zwischen dem 0,5- und dem 2,5-fachen einer Zehnerpotenz schwanken. Bei den Maximalwerten handelt es sich, bis auf zwei Intervalle, ausschließlich um Werte nach dem Verfahren von MATEEN. Dabei lieferten 10mal ein Slug- und 4mal ein Bail-Test die Ausgangsdaten. Die zwei Ausnahmen sind Ergebnisse der Auswertung von Slug-Tests nach RAMEY et al.

Die untere Grenze des Wertebereichs stellt sich differenzierter dar. Hier lieferte in sechs Fällen ein WD-Test den kleinsten k_f-Wert, wobei je drei Werte nach THIEM und dem EARTH MANUAL berechnet wurden. Vier Minimalwerte wurden nach einem Bail-Test ermittelt, wovon wiederum je zwei Werte von BOUWER & RICE und PERES stammen. In drei Fällen lieferten Pulse-Tests die geringsten Werte. In einem Fall lieferte die Fließphase eines DST-Tests, ausgewertet nach RAMEY, den niedrigsten k_f-Wert.

Im Gesamtvergleich zeigt sich für die Slug- und Bail-Tests, die WD-Tests und die Pulse-Tests eine gute Übereinstimmung der Ergebnisse. Größere Abweichungen treten nur bei den Auswertungen nach RAMEY et al. und MATEEN auf. Die DST-Tests liefern nur dann im Rahmen der anderen Ergebnisse liegende Werte, wenn die Fließphase nach BOUWER & RICE ausgewertet wird. Die Auswertung der Schließphase nach HORNER zeigt zum Teil gute Übereinstimmungen, die Abweichungen können aber auch mehr als eine Zehnerpotenz betragen. Läßt man die Auswertungen nach MATEEN und RAMEY et al. unberücksichtigt, reduziert sich die Schwankungsbreite der Ergebnisse erheblich. Sie liegt dann größtenteils nur noch bei maximal einer halben Zehnerpotenz.

In vier der fünf Intervalle, in denen Pulse-Tests durchgeführt wurden, waren auch Slug- und Bail-Tests sowie ein DST-Test möglich. Die Ergebnisse der nach PERES ausgewerteten Pulse-Tests zeigen eine gute Übereinstimmung mit denen der anderen Verfahren. Die Auswertung nach BREDEHOEFT & PAPADOPULOS war, ebenso wie bei RAMEY et al., wegen schlechter Typkurvenanpassung nicht immer möglich. Die Abweichungen für die auswertbaren Tests liegen bei einer Zehnerpotenz.

Tab.19.10: Ergebnisse der nach verschiedenen Verfahren ausgewerteten unterschiedlichen Tests in der Bohrung R5. Die Abkürzungen bedeuten: BR - Brouwer & Rice; M - Mateen; E – Earth Manual; TH - Thiem; B - Bredehoeft; H-HORNER. -- kein Test; xx Test nicht auswertbar.

Intervall in m GOK	Testart und Auswerteverfahren k_f-Werte in 10^{-6} m/s																
	Slug Test				Bail-Test				WD-Test		DST-Test				Pulse-Test		
	BR	M	R	P	BR	M	R	P	E	TH	H	R	BR	M	P	R	B
5,2-7,8	5,70	144,0	14,40	14,80	--	--	--	--	3,366	6,410	--	--	--	--	--	--	--
7,7-10,3	2,10	53,30	55,80	2,70	2,10	xx	9,530	1,70		--	8,39	17,5	6,740	xx	--	--	--
9,0-11,6	0,920	30,90	11,50	5,220	0,710	3,880	12,20	0,777	0,776	0,625	--	--	--	--	--	--	--
10,2-12,8	1,00	3,020	2,450	2,340	0,810	xx	1,360	0,580	--	--	--	--	--	--	--	--	--
11,5-14,1	0,620	17,70	4,420	1,20	0,320	xx	0,453	0,435	0,390	xx	0,512	0,473	0,238	6,050	--	--	--
12,7-15,3	1,40	11,40	xx	1,420	1,40	27,90	xx	0,962	0,956	1,604	--	--	--	--	--	--	--
15,2-17,8	2,40	20,90	27,10	2,20	2,40	22,60	xx	1,360	1,202	1,042	--	--	--	--	--		
16,5-19,1	1,20	29,00	7,670	1,580	0,690	9,070	6,050	0,979	0,541	0,540	--	--	--	--	--		
17,7-20,3	2,50	208,0	27,20	1,80	2,0	43,40	15,10	2,960	1,664	2,043	11,440	20,40	1,940	81,60	--		
20,2-22,8	0,510	6,810	1,940	0,729	0,550	26,80	xx	1,110	0,710	1,602	22,595	xx	0,547	xx	--		
22,7-25,3	--	--	--	--	--	--	--	--	--	--	--	--	--	--	0,033	0,041	0,029
25,2-27,8	0,220	7,50	1,10	0,438	0,140	7,250	1,990	0,490	--	--	3,170	xx	0,158	xx	0,121	0,029	0,034
27,7-30,3	0,170	4,070	1,090	0,104	0,190	5,430	0,849	xx	--	--	--	--	--	--	0,094	0,160	0,017
30,2-32,8	0,230	1,190	0,340	0,161	0,170	1,360	xx	0,155	--	--	--	--	--	--	0,061	xx	xx
32,7-35,3	2,80	13,70	6,780	1,150	0,130	2,720	0,363	0,224	0,984	2,497	6,20	0,091	0,132	0,544	--	--	--
35,2-37,8	0,13	0,306	0,122	0,060	0,160	xx	xx	0,162	--	--	--	--	--	--	0,256	xx	xx
37,7-40,3	2,40	40,70	19,40	1,410	0,380	22,70	xx	0,423	0,838	0,675	5,160	0,741	0,550	5,063	--	--	--

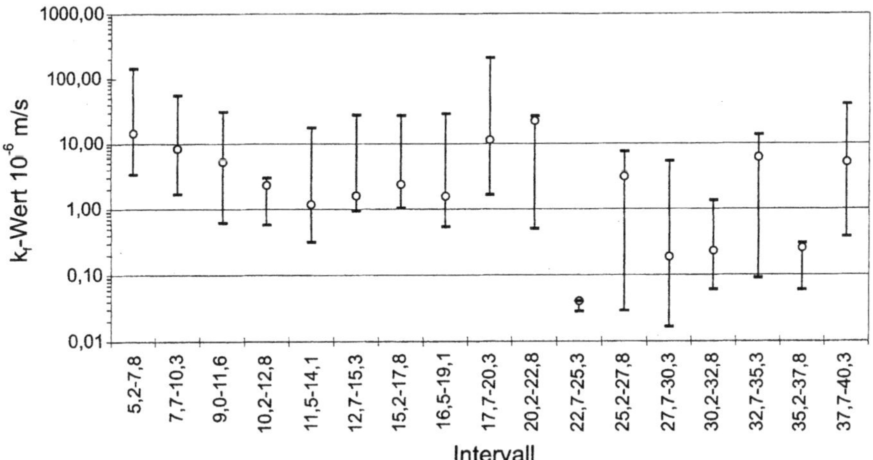

Abb. 19.13: In Einzelintervallen nach verschiedenen Test- und Auswerteverfahren ermittelte Durchlässigkeitsbeiwerte k_f (Minima und Maxima im Vergleich zum Mittelwert: o). Bei den Maxima sind die Auswertungen nach RAMEY und MATEEN nicht berücksichtigt.

In zwei der unteren Intervalle, von 32,7 - 35,3 und 37,7 - 40,3 m unter GOK, wurde jeweils ein Phänomen beobachtet, das durch unterschiedliche Zu- und Abflußverhältnisse erklärbar ist. Die Werte nach den Slug- und Bail-Tests zeigen hier Unterschiede im Bereich einer Zehnerpotenz, wobei die Slug-Tests die höheren Durchlässigkeiten lieferten. Bei einem Slug-Test fließt während des Druckausgleichs Wasser in das Gebirge, während beim Bail-Test Wasser aus dem Gebirge zufließt. An den ermittelten k_f-Werten und der jeweiligen Meßkurve ist erkennbar, daß in diesen Intervallen bei gleichem Über- bzw. Unterdruck mehr Wasser ab- als zufließt. Die WD-Tests, bei denen ebenfalls Wasser in das Gebirge eingespeist wird, liefern mit denen der Slug-Tests gut übereinstimmende Ergebnisse. Ein weiterer Hinweis auf unterschiedliche Zu- und Abflüsse in diesen beiden Intervallen ist, daß die Schließphase der DST-Tests einen auswertbaren Meßverlauf zeigte, während bei den Pulse-Tests der Druckabbau so schnell erfolgte, daß keine auswertbare Meßkurve aufgenommen werden konnte. Die Fließphase entspricht hier einem Bail-Test, bei dem ein Fließen aus dem Gebirge in das Testintervall angeregt wird. Die Auswertung der Fließphase nach BOUWER & RICE (1976) liefert wiederum mit den Bail-Tests übereinstimmende Ergebnisse. Unter Berücksichtigung dieser Beobachtungen lassen sich für die einzelnen Intervalle der Bohrung R5 gewichtete Durchlässigkeitsbeiwerte angeben (*Abb 19.14*).

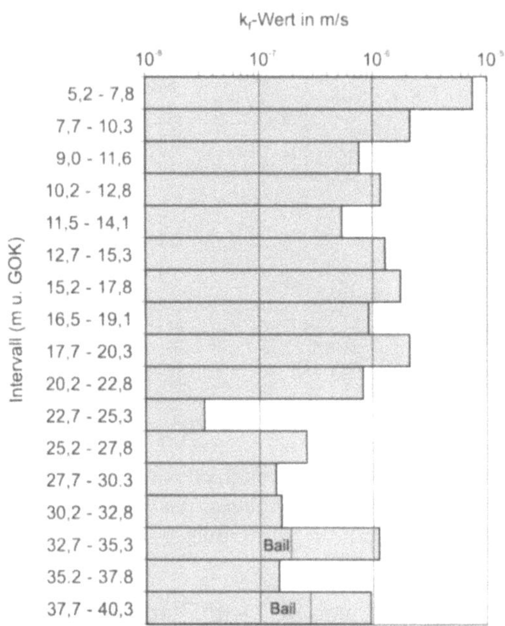

Abb. 19.14: Durchlässigkeisbeiwerte in Testintervallen der Bohrung R5 (gewichtete Mittelwerte)

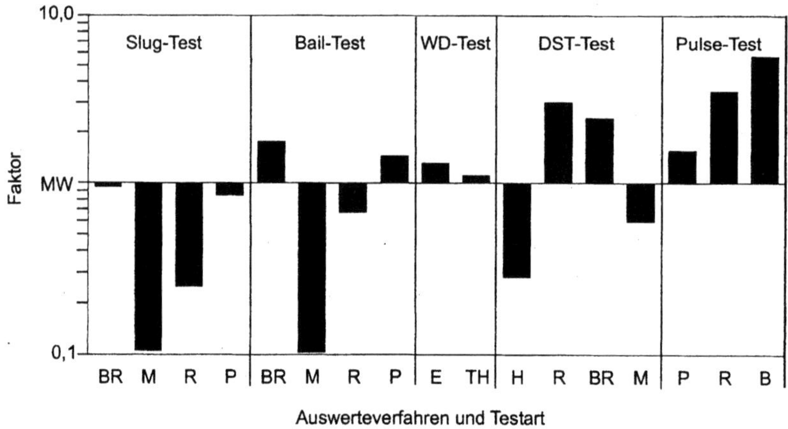

Abb. 19.15: Mittlere Abweichungen vom Mittelwert der Durchlässigkeitsbeiwerte nach unterschiedlichen Test- und Auswerteverfahren. Für Faktoren >1 sind die Durchlässigkeiten geringer, für Faktoren <1 größer als der gewichtete Mittelwert (MW). BR: BOUWER & RICE, M: MATEEN, R: RAMEY; P: PERES, E: EARTH MANUAL, H: HORNER, TH: THIEM

Abbildung 19.15 zeigt die Abweichungen der nach unterschiedlichen Test- und Auswerteverfahren erhaltenen Durchlässigkeitsbeiwerte vom gewichteten Mittelwert (MW) dieser Werte. Daraus ergeben sich folgende Aussagen:

- Slug- und Bail-Tests sind zur Durchlässigkeitsbestimmung gut geeignet. Ihre Ergebnisse stimmen gut mit den Werten aus Pumpversuchen überein. Die Testdauer beträgt in Abhängigkeit von der Durchlässigkeit Minuten bis Stunden. Nachteilig ist ihre geringe Reichweite im Gebirge. Auch bei der Auswertung haben diese Tests am besten abgeschnitten. Bei den Slug-Tests zeigt sich eine sehr gute Reproduzierbarkeit der nach BOUWER & RICE und PERES ermittelten Werte. Die von RAMEY und MATEEN entwickelten Typkurvenverfahren lieferten nur ungenügende Ergebnisse.

- Auch die mit hohem Aufwand durchgeführten Wasserdrucktests haben sich auf dem Testfeld bewährt. Ihre Reichweite im Gebirge lag bei etwa 10 m. Die Ergebnisse der nach THIEM und der Formel des EARTH MANUAL erfolgten Auswertung liegen dicht beeinander. Da die weitverbreitete Formel des EARTH MANUAL, deren Reichweite etwa der Filterlänge entspricht, bei größeren Reichweiten keine befriedigenden Ergebnisse liefert, sollte in jedem Falle eine Beobachtungsbohrung zur Verfügung stehen. Vor und nach einem WD-Test ist durch Slug- und Bail-Tests zu überprüfen, ob nachhaltige Änderungen im Gebirge eingetreten sind.

- Der Drill-Stem-Test (DST-Test) kann nach den Erfahrungen auf dem Testfeld Rabenstein nicht empfohlen werden. Bei den geringen Druckunterschieden liefert die Schließphase im flachen Bereich nur selten brauchbare Daten. Die Auswertung der einem Bail-Test entsprechenden Fließphase liefert mit dem Verfahren von BOUWER & RICE gute Ergebnisse. Die höchsten Abweichungen vom Mittelwert zeigt die Auswertung der Schließphase nach HORNER.

- Der Pulse-Test ist das einzige Verfahren, mit dem Durchlässigkeiten $k_f < 10^{-7}$ m/s erfaßt werden können. Bei k_f-Werten $>10^{-7}$ m/s verläuft der Druckausgleich so schnell, daß keine auswertbare Meßkurve erhalten wird. Der Test ist zwar einfach durchzuführen, erfordert aber einen hohen technischen Aufwand (Shut-in-Ventil). Für die Auswertung ist das Verfahren von PERES zu empfehlen. Die Ergebnisse nach PERES stimmen im Grenzbereich gut mit den anderen Verfahren überein und liegen am dichtesten am MW.

19.3 Untersuchung einer Schadstoffausbreitung

Neben den Arbeiten zur Ermittlung des Durchlässigkeitsverhaltens der paläozoischen Festgesteinsserien stellten Untersuchungen zur Schadstoffausbreitung einen weiteren Schwerpunkt der standortbezogenen Arbeiten dar. Bereits in der Vorbereitungsphase des Verbundvorhabens „Deponieuntergrund" sind Forschungsarbeiten zu dieser Problematik geleistet worden. So wurde das Strömungsverhalten von Wasser in Klüften im Rahmen der Arbeiten von WITTKE (1970), WITTKE & LOUIS (1968) sowie LOUIS (1967) untersucht. Die Beschreibung der Zusammenhänge zwischen Transportprozessen und chemischen Reaktionen in Kluftgesteinen stand im Mittelpunkt von Arbeiten des Niedersächsischen Landesamtes für Bodenforschung (WITTKE & BOSCH 1989, KERZEL 1986 und KÄSS 1992). Dabei hat sich gezeigt, daß eine Übertragbarkeit von Laborergebnissen auf In-situ-Versuche in klüftigen Medien wegen der Kompliziertheit der Strömungsvorgänge innerhalb von Kluftsystemen problematisch ist.

Da das hydrogeologische Testfeld eine gute Basis für den Vergleich hydraulischer Testverfahren bildete, wurde das Arbeitsprogramm um In-situ-Untersuchungen zur Schadstoffausbreitung erweitert. Trotz einer hochgradigen Standortbezogenheit der zu erwartenden Ergebnisse sind solche Untersuchungen für die Modellierung von Strömungsprozessen und der Schadstoffausbreitung unverzichtbar. Die durchgeführten Versuche dienten dem Test geeigneter Verfahren für eine effektive Akquisition von Ausgangsdaten der Modellierung und lieferten neue Erkenntnisse zu Schadstofftransportvorgängen.

Schwerpunktmäßig wurden im Testfeld Interferenz- und Tracertests, sowie zusätzlich in jedem Beobachtungsintervall jeweils ein Slug- und Bail-Test mit der Verdrängungskörpermethode durchgeführt. Damit sollten zum einen die Durchlässigkeitsverteilung des Untergrundes detaillierter erfaßt und zum anderen gesichertere Rückschlüsse auf den Zusammenhang zwischen Durchlässigkeit und Tracerausbreitung ermöglicht werden.

Mit der sternförmigen Bohrungsanordnung war das hydrogeologische Testfeld für die Simulation einer „Schadstoffausbreitung" durch Tracertests gut geeignet. Für die Tests sind aber keine „Schadstoffe" i. e. S., sondern handelsübliches Kochsalz verwendet worden. Um den Wirkungsradius des mit den hydraulischen Tests untersuchten Bereiches genau abgrenzen und die „Schadstoff"-Ausbreitungsrichtung sicher erfassen zu können, wurden zuerst umfangreiche Interferenztests durchgeführt. Der Vergleich mit der tatsächlichen Ausbreitung des „Schadstoffes" und des Wirkungsbereiches der hydraulischen Tests sollte Aufschluß darüber geben, inwieweit bereits hydraulische Tests repräsentative Aussagen über eine mögliche Schadstoffausbreitung liefern können.

19.3.1 Interferenztests

Für die Interferenztests wurden zwei Intervalle mit mittleren Durchlässigkeiten in der Bohrung R5 gewählt. Damit war zu erwarten, daß bei der Injektion meßbare Reaktionen in den Beobachtungsbohrungen R6 - R8 auftreten. *Abbildung 19.16* zeigt den schematischen Versuchsaufbau (*links*) und eine Lageskizze des Testfeldes mit dem Verlauf der Haupttrennflächenschar (*rechts*). Für die Arbeiten in R5 wurde die gleiche Ausrüstung wie für die hydraulischen Versuche in den Testintervallen (Kap. 19.2.3) eingesetzt. Statt des dort verwendeten 2"-Gestänges wurde aber hier in R5 ein 1"-Gestänge eingesetzt und das 2"-Gestänge, jetzt mit einer Doppelpackergarnitur ausgerüstet, in die jeweilige Beobachtungsbohrung R6 - R8 eingebaut. Die Länge der Testintervalle in R5 betrug 2,6 und die Länge der jeweiligen Beobachtungsintervalle 2,5 m.

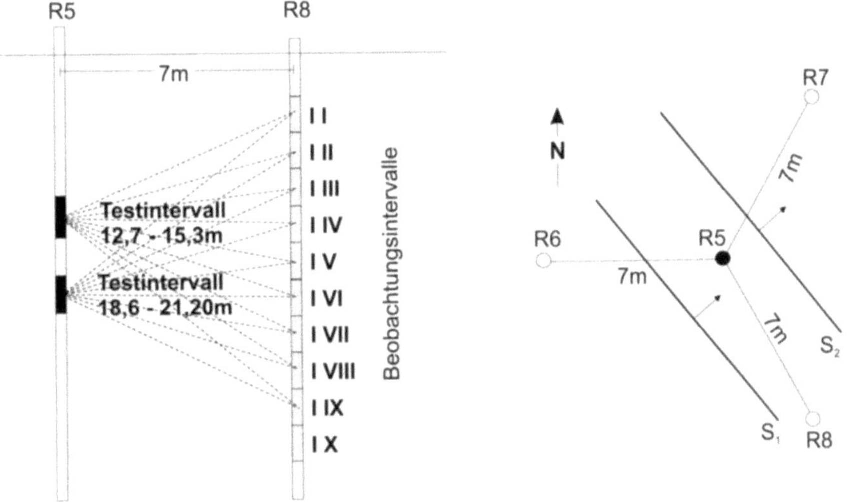

Abb. 19.16: Interferenztests in den Bohrungen R5 und R8 des hydraulischen Testfeldes. *Links:* Lage der Test- und Beobachtungsintervalle *Rechts:* Anordnung der Bohrungen mit Angaben zu Streich- und Fallrichtungen der Haupttrennflächenschar

Für die Interferenztests wurde aus einem Vorratsbehälter Wasser in das abgeschlossenene Testintervall eingespeist bis sich im Test- und im Beobachtungsbrunnen ein konstanter Druck einstellte. Der Injektionsdruck ist so gewählt worden, daß im Beobachtungsintervall meßbare (konstante) Reaktionen entstehen, ohne daß durch Erosionserscheinungen neue zusätzliche Wasserwege geschaffen werden. Der Druckaufbau wurde durch die Einstellung eines konstanten Druckspiegels von 3 m Wassersäule (0,03 MPa) in R5 realisiert. Im Testintervall sind die eingespeiste Wassermenge und der Druck, in den Beobachtungsintervallen nur der Druck gemessen worden. In jeder Beobachtungsbohrung wurden in 10 abgepackerten Intervallen (I I – I X) die Reaktionen beobachtet. Auf diese Weise konnte ein differenziertes Bild der Wasserausbreitung im Bereich des Testfeldes erhalten werden. Um den großen gerätetechnischen Aufwand für eine gleichzeitige Meßdurchführung zu umgehen, ist für jedes Beobachtungsintervall ein getrennter Auffüllversuch durchgeführt worden (Gesamtzahl 30). Die Tiefen der Einzelintervalle wurden, wie bei den Versuchen unter *Kap. 19.2.3*, auf die Rohroberkante der Bohrung R5 (345 m ü. NN) als einheitliches Bezugsniveau (BN) bezogen.

Die beiden als Verpreß- (Test-) Intervalle gewählten Abschnitte der Bohrung R5 zeigt *Abb. 19.16* (*links*). Der mittlere Durchlässigkeitsbeiwert für das obere Intervall liegt bei $k_f = 1 \cdot 10^{-6}$ m/s und für das untere Intervall bei $k_f = 5 \cdot 10^{-6}$ m/s. Die durchschnittlich eingeleiteten Wassermengen betrugen 85 bzw. 218 l/h und die mittleren Druckhöhen im oberen Intervall 3,0 und im unteren Intervall 3,03 m.

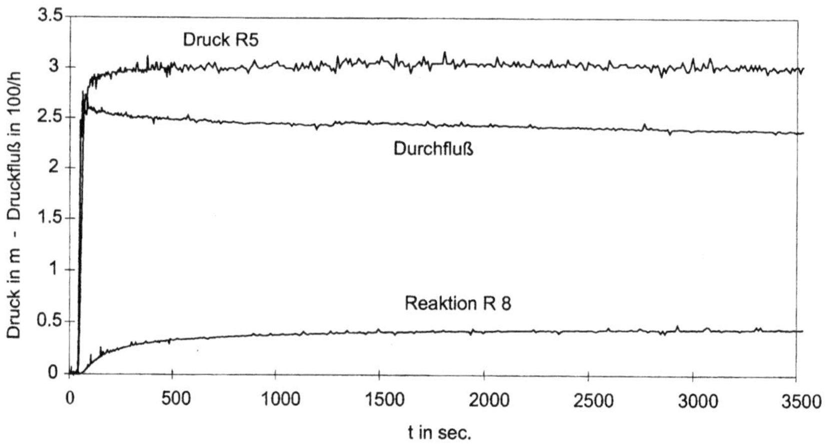

Abb. 19.17: Interferenztest zwischen den Bohrungen R5 (Intervall 18,6 – 21,2 m) und R8 (Intervall 17,1 – 19,6 m). oben: Durchflußmengen und zeitlicher Verlauf der Druckkurve in R5. Die Reaktion in R8 (untere Kurve) tritt zeitlich verzögert und gedämpft ein

Ergebnisse

Abbildung 19.17 zeigt den zeitlichen Druckverlauf eines im unteren Testintervall durchgeführten Interferenztests. Beobachtet wurde in der Bohrung R8 im Intervall von 17,1 - 19,6 m u. BN. Mit dem Einschalten der Pumpe steigen Druck und Durchfluß in R5 sofort steil an und nähern sich dann asymptotisch einem konstanten Wert. Der im 5. Intervall der Beobachtungsbohrung R8 registrierte Druckanstieg verläuft verzögert und langsamer. Die Annäherung an einen konstanten Wert dauert ebenfalls länger. Durchschnittlich stellte sich im Beobachtungsintervall nach jeweils einer Stunde konstanter Druck ein. Für das gezeigte Beispiel betrug die Erhöhung der Wassersäule im Beobachtungsintervall 0,45 m. Derartig ausgeprägte Druckänderungen waren nicht bei allen Versuchen zu verzeichnen. Teilweise konnten die Reaktionen nur geschätzt werden.

Abbildung 19.18 a - c zeigen die in den Beobachtungsbohrungen R6 – R8 gemessenen Reaktionen bei den im oberen und unteren Testintervall der Bohrung R5 durchgeführten Auffüllversuchen.

In der Bohrung R6 wurden bei der Einspeisung im oberen Intervall von R5 Reaktionen unter 5 cm und in drei Intervallen keine Reaktionen gemessen. Bei der Injektion im unteren Intervall der Bohrung R5 zeigten sich deutlich höhere Reaktionen mit einem Maximum im Intervall 12,3 - 14,8 m. Im Bereich darüber nehmen die Reaktionen schlagartig, darunter allmählich ab. In den Intervallen von 17,1 - 19,6 und von 19,5 - 22,0 m setzt die Reaktion am schnellsten ein (*Abb. 19.18 a*).

Abbildung 19.18 b zeigt die Reaktionen in der Bohrung R7, die bei den Auffüllversuchen im oberen Intervall von R5 wiederum sehr gering sind. Bei den Versuchen im unteren Intervall zeigten sich deutliche Reaktionen mit einem Maximum von 50 cm im Intervall 21,9 - 24,4 m. Die Reaktionen in den darüber und darunter liegenden Intervallen nehmen mit zunehmender Entfernung ab. Am schnellsten reagierte das Intervall in dem auch die höchste Reaktion gemessen wurde. Mit zunehmender Entfernung tritt die Reaktion immer später ein.

Ein wiederum anderes Bild zeigt sich in der Bohrung R8 (*Abb. 19.18 c*). Die oberen vier Intervalle lassen deutliche Reaktionen auf die Auffüllversuche im oberen Testintervall von R5 erkennen. Darunter sind nur noch sehr geringe bis gar keine Reaktionen zu beobachten. Die Auffüllversuche im unteren Intervall verursachten wiederum deutlich höhere Reaktionen mit einem Maximum bei 19,5 - 22,0 m. Von hier ausgehend nehmen die Werte nach oben und unten wieder stark ab. Auch in R8 decken sich die kürzesten Reaktionszeiten mit den höchsten Reaktionen. Während aber oberhalb dieser Intervalle die Tests nur unwesentlich langsamer reagieren, nehmen darunter die Reaktionszeiten deutlich zu.

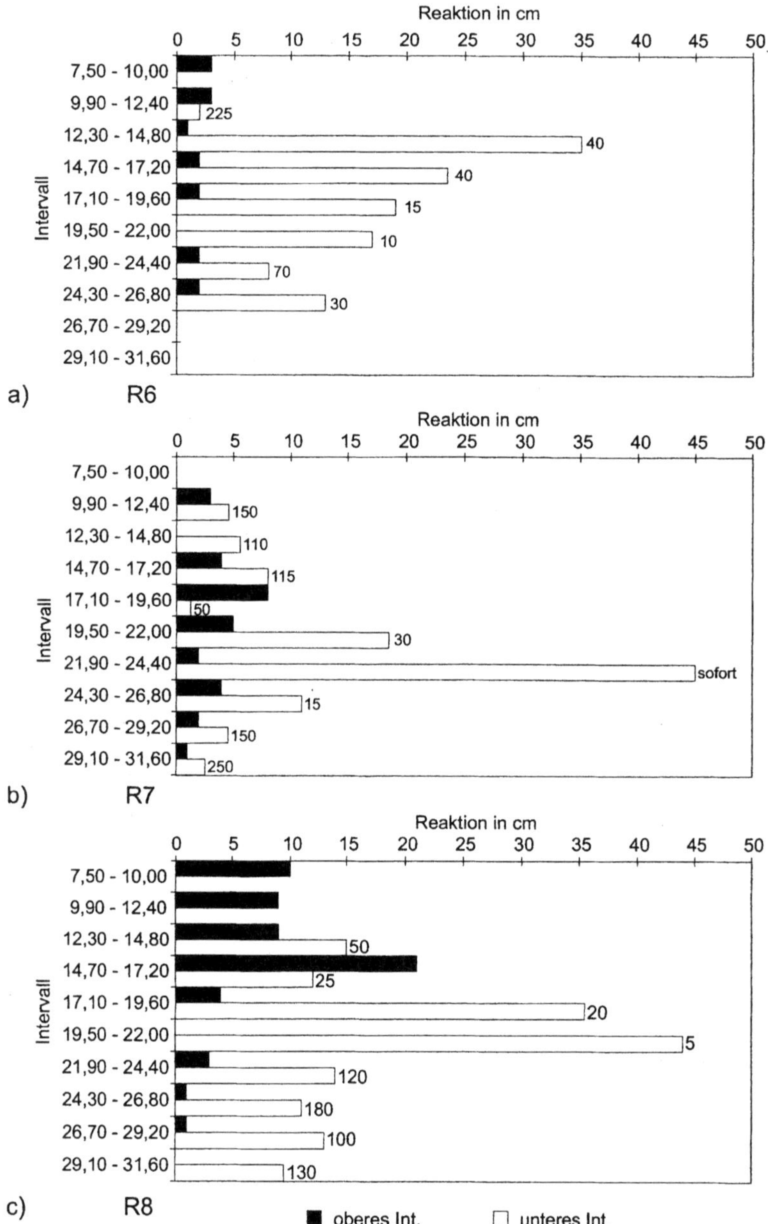

Abb. 19.18 a - c: Auffüllversuche in der Bohrung R5 (oberes und unteres Intervall) und die in den Beobachtungsbrunnen R6, R7 und R8 gemessene Reaktion. Eingetragen sind hier die Erhöhung der Wasserspiegel in cm als Säulen und die Reaktionszeiten in Sekunden als Zahlenwerte

Für die Rekonstruktion der Fließwege des Wassers im Festgestein sind detaillierte Kenntnisse der Tektonik von wesentlicher Bedeutung, da der Fluidtransport fast ausschließlich über Trennflächen erfolgt. Die in *Abb. 19.16 (rechts)* eingetragenen Fallwinkel und Streichrichtungen der Trennflächen wurden mittels einer Videokamera-Befahrung gemessen. Die Haupttrennflächenschar S_1 ist nach den gemessenen Gefügedaten mit 40/40 festgelegt worden, wobei die Spannweite der Werte stark schwankt (20-50 / 30-50). Von der Bohrung R5 aus gesehen fällt S_1 in Richtung R7 ein während das Streichen etwa in Richtung der Bohrung R8 verläuft. Bei einem 40°-Einfallen und einem Abstand R = 7 m müßten die in der Bohrung R5 angetroffenen Trennflächen R7 etwa 5,5 m tiefer und die Bohrungen R8 und R6 in einem etwa 1 bzw. 4 m höheren Niveau schneiden. Für den Standort Rabenstein liegt somit ein stark zerschertes Gebirge vor, was auch die geohydraulischen Untersuchungen gezeigt haben. Das Gebirge kann als Grundwasserleiter bis Grundwasserhemmer beschrieben werden.

Tabelle 19.11 zeigt die Tiefenbereiche, in denen die in der Bohrung R5 angetroffenen Haupttrennflächen S_1 die jeweils 7 m entfernten Beobachtungsbohrungen R6 - R8 durchsetzen. Dafür wurden die Tiefen der in R5 nachgewiesenen S_1-Trennflächen für einen Einfallswinkel von 40° E extrapoliert. Untergeordnet werden zwei weitere Trennflächenscharen beobachtet. Die eine kann mit den Gefügedaten 60/60 (S_2) als Streuung der S_1 angesehen werden. Eine bereits bei der Kernansprache beschriebene dritte Trennfläche (S_3) fällt entgegengesetzt mit 285/40 nach W ein.

Mit diesen Angaben lassen sich die in den Beobachtungsbohrungen eintretenden Reaktionen auf eine Wasserzufuhr in den beiden Intervallen der Bohrung R5 erklären (*Abb 19.16*). In allen Bohrungen traten die stärksten Reaktionen tatsächlich bei den in *Tab. 19.11* eingetragenen Tiefen ein.

In der Bohrung R6 wurden die stärksten Reaktionen auf die Tests im oberen Testintervall von R5 in den zwischen 7,5 - 12,4 m liegenden Intervallen beobachtet. Die insgesamt sehr geringen Reaktionen heben sich allerdings noch deutlich von den anderen Intervallen ab. Für das untere Testintervall in R5 wurden die stärksten Reaktionen zwischen 12,4 - 19,6 m beobachtet, wobei sie nach oben schlagartig und nach unten langsam schwächer werden. Eine erneute Erhöhung der Reaktion und ein früheres Einsetzen deutet sich im Intervall 24,3 - 26,8 an (*Abb. 19.18 a*). In diesem Bereich zeigen die Trennflächen der Schar S_3 die schnellsten Reaktionen, gefolgt von den Intervallen mit den stärksten Reaktionen.

Tab. 19.11: Extrapolierte Tiefen des Durchsatzes der in den Testintervallen der Bohrung R5 angetroffenen S1-Trennflächen in den Beobachtungsbohrungen R6 – R8

Testintervall (m u. Bezugsniveau)	**Extrapolierte Schnitt-Tiefe der Trennflächen S1 in den Beobachtungsbohrungen** (m u. Bezugsniveau 345 m NN)		
R5	**R6**	**R7**	**R8**
12,7 - 15,3	8,7 - 11,3	18,1 - 20,7	11,8 - 14,4
18,6 - 21,2	14,6 - 17,2	24,0 - 26,6	17,7 - 20,3

In R7 liegen die stärksten Reaktionen für beide Testintervalle etwas oberhalb der berechneten Tiefen, wobei hier die Reaktionen nach oben langsamer abnehmen als nach unten. Der zeitliche Einsatz der Reaktionen deckt sich sehr gut mit der Reaktionshöhe. Die im horizontalen Bereich des unteren Testintervalls von R5 liegenden Intervalle reagieren immer noch sehr schnell, wenn auch langsamer als bei den beiden tiefer liegenden Intervallen. Die Reaktionszeiten in den übrigen Intervallen sind erheblich länger (*Abb. 19.18 b*).

In der Bohrung R8 zeigen sich die insgesamt stärksten Reaktionen. Deutliche Maxima liegen knapp unterhalb der berechneten Schnitt-Tiefen. Nach der Berechnung kreuzen die Trennflächen die Bohrung R8 nur ca. einen Meter oberhalb einer in Richtung R5 verlaufenden horizontalen Linie. Die Reaktionszeiten sind hier deutlich kürzer als in den übrigen Intervallen. Im unteren Bereich wirkt sich die Verschneidung mit den entgegengesetzt einfallenden Trennflächenscharen aus, die hier Verbindungen zwischen den einzelnen S_1-Flächen herstellen.

Das Wasser bewegt sich auf Trennflächen und deren Verschneidungslinien. Die beste Anbindung zwischen Test- und Beobachtungsintervall wird über die Trennflächenschar S_1 hergestellt. In der Bohrung R7 liefert sie die schnellsten und höchsten Reaktionen im Einfallen. In R8 liegen die höchsten und schnellsten Reaktionen ebenfalls in der Trennflächenschar S_1, wobei das Wasser hier im Streichen der Trennflächen zirkuliert. Ober- und unterhalb der direkten Verbindung der S_1-Schar sind die Reaktionen konstant hoch. Dabei sind in Richtung des Einfallens generell die höchsten und schnellsten Reaktionen zu beobachten. In Kombinationen aus Streichen und Fallen oder Lineamenten und Trennflächen dauert die Reaktion sehr viel länger und ist deutlich niedriger. Auch hierbei ist eine Abhängigkeit von der Einfallsrichtung zu beobachten. Die kürzeren Zeiten werden in Richtung der Verschneidungslineamente beobachtet, die längeren Zeiten zwar in der gleichen Richtung, aber entgegengesetzt zum Einfallen der Lineamente.

In der Bohrung R6 liegen die höchsten Reaktionen ebenfalls im Bereich von Ausbißlinien der S_1-Schar. Hier fließt das Wasser jedoch in einer Richtung, die eine Kombination aus Streichen und Fallen darstellt. Die

Maximalreaktionen sind insgesamt niedriger als in den anderen Beobachtungsbohrungen, die Reaktionszeiten aber am längsten. In Richtung R6 scheint die horizontale Ausbreitung am schnellsten abzulaufen. Das ist möglicherweise auf die Kombination von Verschneidungsflächen mit den Trennflächen zurückzuführen. Die Transportwege des Wassers und die Druckausbreitung lassen sich deshalb nicht mit den Modellen beschreiben, auf denen die in Kap. 19.2 beschriebene Auswertung hydraulischer Tests basiert.

19.3.2 Slug- und Bail-Tests

Parallel zu den Interferenztests wurden in jedem Intervall der Bohrungen R6 - R8 jeweils ein Slug- und ein Bail-Test durchgeführt. Die Ergebnisse beider Tests stimmen gut überein. Bereiche mit unterschiedlichen Zu- und Abflüssen konnten aber nicht nachgewiesen werden. Die *Abb. 19.19 a - c* zeigt die aus den beiden Testarten gemittelten Durchlässigkeiten im Tiefenprofil. Während das Durchlässigkeitsprofil in den Bohrungen R6 und R7 ähnlich ist, ergibt sich für R8 ein völlig anderes Bild.

Interessant ist der Vergleich mit der Durchlässigkeitsverteilung in der Bohrung R5 *(Abb. 19.14)*. Während die oberen Intervalle der Bohrungen R6 – R8 niedrige Durchlässigkeiten ($k_f = 1 \cdot 10^{-7}$ m/s) aufweisen, wurden hier in R5 mit $k_f = 2 - 6 \cdot 10^{-5}$ m/s die höchsten Durchlässigkeiten ermittelt. Im Tiefenbereich von 10 bis 20 m liegen die k_f-Werte bei $1 \cdot 10^{-6}$ m/s. In den Beobachtungsbohrungen sind aber fast ausnahmslos höhere Durchlässigkeiten von z. T. bis zu einer Zehnerpotenz ermittelt worden. Im unteren Abschnitt sind die Unterschiede noch deutlicher. Mit Ausnahme der Bohrung R8 liegen die k_f-Werte in den Beobachtungsbohrungen zum Teil um zwei Zehnerpotenzen höher als in der Injektionsbohrung R5.

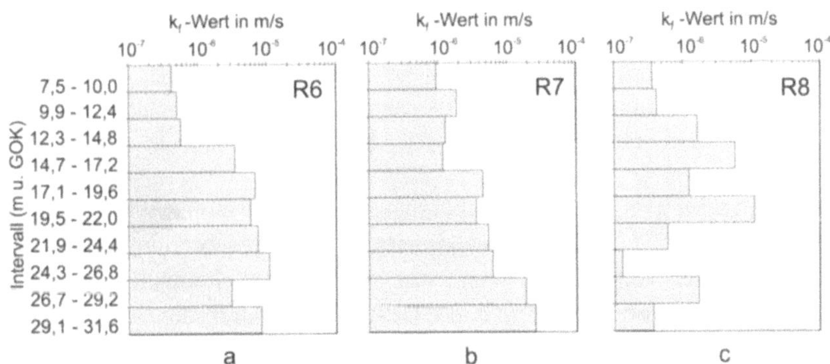

Abb. 19.19 a - c: Slug- und Bail-Tests in den Beobachtungsbohrungen R6 - R8 des hydraulischen Testfeldes. Die nach beiden Testarten für das jeweilige Intervall erhaltenen k_f-Werte stimmen gut überein. Dargestellt sind Mittelwerte der Einzelergebnisse

Auch der Vergleich mit den Ergebnissen der Interferenztests zeigt keine gute Übereinstimmung. Die Intervalle, in denen hohe Reaktionen beobachtet wurden, lieferten nicht wie erwartet auch die höchsten Durchlässigkeitsbeiwerte. Dieses Verhalten wird durch die bei den Interferenztests gewonnene Erkenntnis erklärt, daß die Wasserwegsamkeiten durch das Trennflächensystem geprägt werden. Die unterschiedlichen Durchlässigkeiten in den Beobachtungsbohrungen und der Zentralbohrung lassen sich aber nur zweitrangig durch Wechsel im Trennflächengefüge des Gebirges erklären. Der Hauptgrund für die Nichtübereinstimmung dürften die relativ kurzen Testintervalle sein. Damit dominieren einzelne Trennflächen und deren Geometrie das Fließverhalten im bohrungsnahen Raum.

19.3.3 Tracertests

Bei den Tracertests wurde nacheinander in die beiden Testintervalle der Bohrung R5 mittels Druckpumpe eine hochkonzentrierte Kochsalzlösung injiziert und die Ankunft des Tracers in den nicht abgepackerten Beobachtungsbohrungen durch profilhafte Leitfähigkeitsmessungen beobachtet. Die Leitfähigkeit der Salzlösung für die Injektion im oberen Testintervall wurde mit 42 000 µS/cm und für das untere Testintervall, wegen der deutlich höheren Reaktionen bei den Interferenztests, mit 25 000 µS/cm eingestellt. Der Druck und die Durchflußraten für die Tracerinjektion sind nach den Werten der Interferenztests gewählt worden.

Die Leitfähigkeitsmessung in den Beobachtungsbohrungen erfolgte mit einer Leitfähigkeitsmeßsonde (Milieusonde). Das jeweilige Meßintervall lag zwischen Ende Standrohr und 35 m unter GOK. Für einen besseren Vergleich sind die Einzeltiefen wieder auf das einheitliche Bezugsniveau (BN. = 345 m NN) umgerechnet worden. Da die Vermessung einer Bohrung in Halbmeterschritten etwa 15 Minuten dauerte, betrugen die Zeitabstände zwischen den Einzelmessungen etwa 50 Minuten. Um eine Störung der Leitfähigkeitsverteilung durch Verwirbelung zu vermeiden, wurde während der Versuche auf eine teufenorientierte Probenahme mit Probenschöpfer verzichtet.

Da für die Tracertests die Versuchsausrüstung der Interferenztests verwendet wurde, läßt sich die zeitliche und räumliche Tracerausbreitung direkt mit deren Ergebnissen vergleichen. Somit war es möglich zu kontrollieren, ob die mit den hydraulischen Tests erfaßten Bereiche auch durch den gezielt eingebrachten Tracer bzw. Schadstoff erreicht werden. Die *Abb. 19.20 - 19.22* zeigen die zeitliche Entwicklung der Leitfähigkeitsverteilung in den Beobachtungsbohrungen R6 - R8 nach der Injektion des Tracers in den auch für die Interferenztests gewählten zwei Testintervallen der Bohrung R5 (Lage siehe *Abb. 19.16*).

In *Abb. 19.20 links* ist die zeitliche Entwicklung der Leitfähigkeitsverteilung in der Bohrung R8 von der Nullmessung vor der Tracereingabe bis zur maximalen Beobachtungszeit zu sehen. Vierzig Minuten nach der Tracerinjektion ist an der Leitfähigkeitserhöhung in 16 m Tiefe die Ankunft des Tracers zu erkennen. Mit zunehmender Meßdauer steigt die Leitfähigkeit weiter an und die Tracerfront dehnt sich nach oben aus, bis sich nach etwa vier Stunden zwischen 5 - 16 m eine einheitliche Leitfähigkeitserhöhung auf etwa 2250 - 2500 µS/cm eingestellt hat. Unterhalb 16 m wurde keine Veränderung registriert. Zu diesem Zeitpunkt hätte der Versuch abgebrochen werden können. Da jedoch noch genügend Tracerlösung vorhanden war und in den anderen Beobachtungsbohrungen noch keine Reaktion zu registrieren war, wurde der Injektionsdruck von 0,03 auf 0,05 MPa erhöht. Die letzten beiden Kurven der *Abb. 19.20* (*links*) zeigen die Reaktion auf diese Druckerhöhung. Wiederum steigt die Leitfähigkeit bei 16 m Tiefe deutlich und darüber verzögert an. Unterhalb von 16 m war ebenfalls keine Reaktion zu messen.

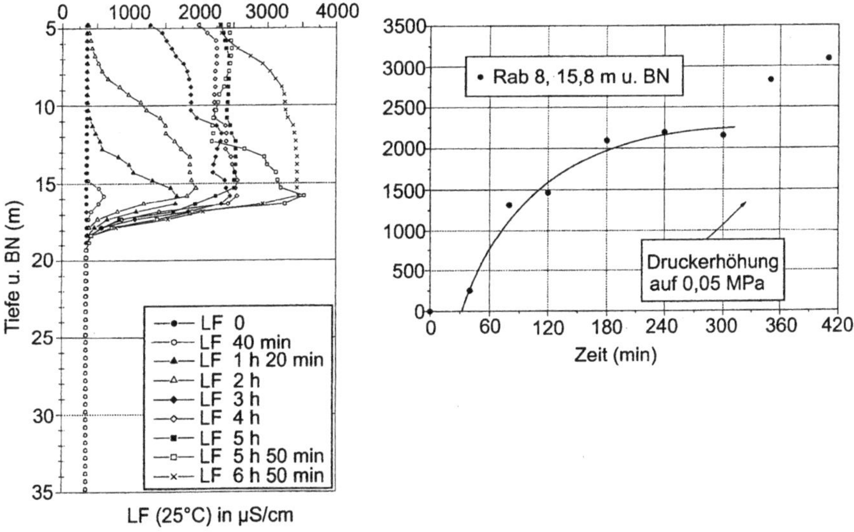

Abb. 19.20: Tracertest in der Beobachtungsbohrung R8. *links*: Leitfähigkeitsverteilung (LF) zu unterschiedlichen Zeitpunkten nach Injektion einer Kochsalzlösung (LF = 42 000 µS/cm) im oberen Testintervall der Bohrung R5. Im Zeitintervall bis zu 5h nach Beginn des Tests erfolgte der Tracer-Input unter einem Druck von 0,03 MPa. Nach 5 h 50 min erfolgte eine Druckerhöhung auf 0,05 MPa. *rechts*: Entwicklung der Leitfähigkeit im Hauptzuflußbereich des Tracers bei 15,8 m u. BN

Abbildung 19.20 (*rechts*) zeigt den Verlauf des Leitfähigkeitsanstieges im Maximum der Reaktion (Hauptzuflußbereich) bei 15,8 m u. BN. Bei einem Druck von 0,03 MPa wird der Maximalwert von ca. 2 500 µS/cm nach 4 Stunden annähernd erreicht. Aus der Extrapolation der Kurve nach vorn ergibt sich eine Tracerankunftszeit von 32 Minuten nach Versuchsbeginn. Auf die nach 330 Min. erfolgte Druckerhöhung auf 0,05 MPa erfolgt ein erneuter starker Anstieg, der knapp zwei Stunden später wieder in einen flacheren Verlauf übergeht.

Abbildung 19.21 a-c zeigt die Leitfähigkeitsverteilung in den Bohrungen R6 - R8 zu verschiedenen Zeitpunkten nach der Tracerinjektion im unteren Intervall von R5 und *Abb. 19.22* die daraus abgeleitete zeitliche Entwicklung der Leitfähigkeit in den jeweiligen Hauptzuflußbereichen. In der Bohrung R6 läßt sich, trotz einer insgesamt sehr geringen Leitfähigkeitserhöhung von maximal 12 µS/cm sieben Stunden nach dem Tracerinput, aus dem Kurvenverlauf eindeutig ein Zuflußbereich bei 17 m lokalisieren. Fast glockenförmig bildet sich eine Tracerwolke um den Maximalbereich aus. Die letzte Meßreihe nach 7 h zeigt einen weiteren Anstieg der Leitfähigkeit, obwohl der Tracer nicht mehr unter Druck in das Gebirge eingeleitet wurde. Der Druck baut sich demnach in Richtung R6 langsam ab, wodurch es zu einem Nachfließen von höher konzentrierten Wässern kommt. Wie lange dieses Nachfließen anhält, kann anhand der vorliegenden Meßreihe nicht abgeschätzt werden.

Abbildung 19.21 b zeigt die zeitliche Abfolge der Leitfähigkeitsprofile in der Bohrung R7. Vor Versuchsbeginn lag die Leitfähigkeit über fast dem gesamten Bohrlochbereich bei 313 µS/cm, um dann ab 32,5 m u. BN sprunghaft auf 327 µS/cm anzusteigen. Dieser Kurvenverlauf deutet an, daß der untere Bereich hydraulisch nicht aktiv ist, so daß sich absinkende gelöste Stoffe hier sammeln können und die Leitfähigkeitserhöhung verursachen. Eine deutliche Zunahme der Leitfähigkeit wurde bereits 45 Minuten nach Versuchsbeginn in ca. 23,5 m Tiefe registriert. Dieses Maximum wird mit der Zeit immer höher, wobei sich nach 2 Stunden ein weiteres, kleineres Maximum bei 21 m andeutet. Während nach oben eine generelle Leitfähigkeitserhöhung bis ca. 9 m u. BN zu beobachten ist, bleibt unterhalb von 27 m das Bild nahezu unverändert. Die wiederum 15 Minuten nach Versuchsende gemessene letzte Meßreihe zeigt, daß das Maximum nicht weiter zunimmt und nur oben erhalten bleibt. Das könnte ein Hinweis darauf sein, daß unterhalb von 23,5 m Wasser zufließt und die Tracerwolke verdünnt (s. auch *Abb. 19.20*).

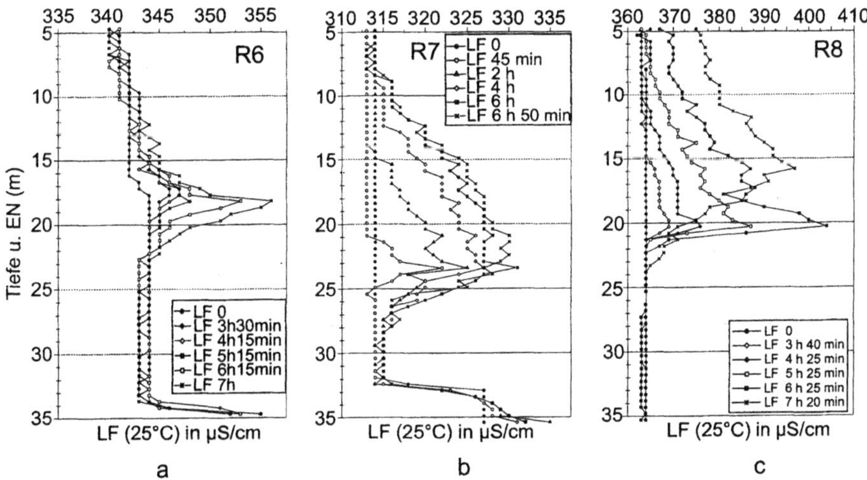

Abb. 19.21 a–c: Zeitliche Entwicklung der Leitfähigkeitsprofile in den Bohrungen R6 – R8 nach dem Tracerinput im unteren Intervall der Bohrung R5. Der Zuflußbereich des Tracers ist in R6 am schärfsten abgebildet. In den Bohrungen R7 und R8 werden deutliche Maxima durch aufsteigendes Wasser verschleppt. Dadurch ist nicht klar erkennbar, ob auch noch an anderen Stellen Tracer zufließt

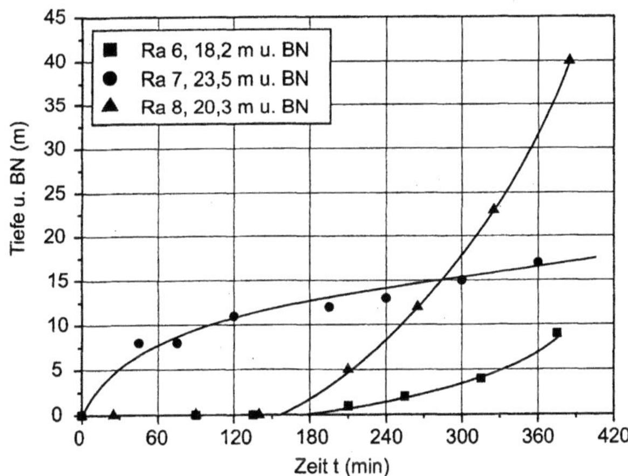

Abb. 19.22: Zeitliche Entwicklung der Leitfähigkeit in den Hauptzuflußbereichen der Beobachtungsbohrungen R6 – R8 bei kontinuierlichem Tracerinput im unteren Testintervall der Bohrung R5. Dargestellt sind die Leitfähigkeitsunterschiede zum unbeeinflußten Grundwasser

Abbildung 19.21c zeigt die Leitfähigkeitsentwicklung in der Bohrung R8. Erste Reaktionen sind hier in der 3 h 40 min nach Versuchsbeginn erfolgten Messung im Tiefenbereich 15 - 22 m u. BN erkennbar. Das Maximum bei 20,3 m wird in den folgenden Messungen bestätigt. Nach oben nimmt die Leitfähigkeit stetig zu und zeigt ein zweites Maximum bei 16 m, während unterhalb von 22 m keine Veränderung zu beobachten ist. Nach 6 h 25 min wurde ein 40 µS/cm über der Leitfähigkeit des unbeeinflußten Wassers liegender Maximalwert gemessen. Die wiederum 35 Minuten nach Versuchsende erfolgte letzte Messung zeigt noch deutlicher als in der Bohrung R7 die Änderung des Leitfähigkeitsmaximums nach oben durch Verdünnung.

Durch *Abb. 19.22* wird ersichtlich, daß die Leitfähigkeitsentwicklung in den Hauptzuflußbereichen jeder Bohrung anders verläuft. Durch Extrapolation der Meßwerte kann der Zeitpunkt der Tracerankunft bestimmt werden.

In der Bohrung R7 war bereits kurz nach Versuchsbeginn eine Reaktion zu beobachten. Nach einem schnellen Anstieg der Leitfähigkeit erfolgte aber im Laufe des Versuchs eine starke Verflachung des Kurvenverlaufs. In R8 war eine erste meßbare Reaktion nach 2 h 40 min zu verzeichnen. Danach stieg die Leitfähigkeit stark an und erreichte nach 6,5 h mit 40 µS/cm den höchsten gemessenen Wert. Der Kurvenverlauf läßt jedoch erkennen, daß das Maximum noch nicht erreicht ist. In R6 kam der Tracer zuletzt an. Erst nach 3 h begann die Leitfähigkeit zuerst langsam, dann etwas stärker zu steigen. Insgesamt wurde hier jedoch mit 12 µS/cm die geringste Leitfähigkeitserhöhung während des gesamten Tracertests gemessen.

Die im Testfeld durchgeführten Versuche weichen von üblichen Tracerversuchen ab, bei denen nach einer kurzzeitigen punktförmigen Tracerzugabe die Ausbreitung unter natürlichen hydraulischen Bedingungen beobachtet wird. Hier erfolgte eine kontinuierliche Einleitung des Tracers in das Gebirge unter konstantem Druck. Typische Durchgangskurven, die bei konventionellen Tests nach einer mehr oder weniger langen Versuchszeit ein Maximum erreichen und dann wieder abfallen, waren dabei nicht zu erwarten. Vielmehr hätte sich nach einer bestimmten Zeit in den Beobachtungsbohrungen eine Maximalkonzentration einstellen müssen, die von der hydrodynamischen und -mechanischen Dispersion abhängt. In Kluftwasserleitern ist hauptsächlich die hydromechanische Dispersion (Konvektion und molekulare Dispersion) wirksam (MATTHESS & UBELL 1983). Die maximale Konzentration wäre erst nach dem Ablauf aller Austausch-, Verdünnungs- und Reaktionsprozesse und der Einstellung einer Sättigung erreicht worden. Wie durch *Abb. 19.22* verdeutlicht wird, hätten diese Prozesse wegen des ständigen Zuflusses von unbeeinflußtem Grundwasser jedoch sehr lange angedauert. Nur beim Test im oberen Intervall von R5 wurde dieser Zustand in der Bohrung R8 fast erreicht

Im Sinne der standardmäßigen Auswertung von Tracerversuchen läßt sich aus der Erstankunftszeit des Tracers t und der horizontalen Entfernung x zwischen Eingabe- und Beobachtungsbohrung die maximale Abstandsgeschwindigkeit v_w für einen gegebenen hydraulischen Gradienten i bestimmen. Die für beide Tracerversuche mit den entsprechenden Werten ermittelten maximalen Abstandsgeschwindigkeiten sind in *Tab. 19.12* zusammengestellt.

Tab.19.12: Nach Tracerversuchen zwischen der Testbohrung R5 und den jeweiligen Beobachtungsbohrungen R6 – R8 ermittelte maximale Abstandsgeschwindigkeiten v_w. Der Abstand x zwischen Eingabe- und Beobachtungsbohrung beträgt generell 7 m. Für R7 war die Zeit t der Erstankunft des Tracers nicht exakt zu ermitteln

Beobachtungsbohrung	**Testintervall in der Bohrung R5**	
	oberes Intervall	unteres Intervall
R6	keine Tracerankunft	t = 180 min v_w = 6,5 10^{-4} m/s
R7	keine Tracerankunft	t = 0,017 – 40 min v_w = 7 – 2,9 10^{-3} m/s
R8	t = 32 min v_w = 3,6 10^{-3} m/s	t = 160 min v_w = 7,3 10^{-4} m/s

19.3.4 Bewertung der Interferenz- und Tracer-Tests

Die bei den Interferenztests ermittelten Ausbreitungsrichtungen zeigen deutliche Abhängigkeiten vom Kluftnetz und dessen Verschneidungsflächen. In den Beobachtungsbohrungen R6 - R8 konnten ausgeprägte Maxima der Druckausbreitung registriert werden, die sich mit den Ausbißtiefen der das jeweilige Testintervall der Bohrung R5 schneidenden Trennflächen decken. Die höchsten und schnellsten Reaktionen wurden in der Einfallsrichtung der Haupttrennflächenschar gemessen, gefolgt von deren Streichrichtung. Die aus Kombinationen von Streichen und Fallen resultierenden Ausbreitungswege liefern langsamere und niedrigere Reaktionen, wobei aber auch hier eine klare Abhängigkeit von der Einfallsrichtung zu erkennen ist.

Da der Wassertransport in erster Linie auf dem Trennflächensystem erfolgt, stellt sich für jede Bohrung eine neue Situation dar. Da die in der Bohrung R5 ermittelten Vorzugsrichtungen auch für die Beobachtungsbohrungen gelten, kann geschlossen werden, daß die ermittelten Durchlässigkeiten richtungsabhängig sind. Größenordnungsmäßig hätten sich etwa gleiche Werte einstellen müssen, doch sind die Unterschiede so groß, daß noch andere Ursachen vorliegen müssen. Einerseits ist das Gebirge relativ wechselhaft, was die großen Unterschiede erklären würde; andererseits haben in der Bohrung R5 die Bohrarbeiten sehr viel länger gedauert als bei den Beobachtungsbohrungen. Auch wurde bei den Versuchen wiederholt Wasser eingeleitet, so daß Klüfte freigespült und toniges Material resedimentiert werden konnte.

Die in der Bohrung R5 durchgeführten Tracertests lieferten ebenfalls ausgeprägte Zuflußbereiche. *Tabelle 19.13* stellt die durch beide Testarten in den einzelnen Beobachtungsbohrungen ermittelten Zuflußbereiche gegenüber. In den Bohrungen R7 und R8 stimmen die Hauptzuflußbereiche mit denen der Interferenztests und den berechneten Ausbißtiefen der Haupttrennflächenschar überein. In R6 liegen die Hauptzuflußbereiche bei den Interferenztests leicht über und bei den Tracertests leicht unter der berechneten Tiefe. Bei den Interferenztests traten die höchsten Reaktionen oberhalb der berechneten Tiefe ein, die schnellsten Reaktionen jedoch etwa in Richtung der horizontalen Verbindungslinie zum Testintervall der Bohrung R5.

Theoretisch wären die höchsten Tracerkonzentrationen im Niveau der für die jeweilige Beobachtungsbohrung berechneten Hauptzuflußbereiche zu erwarten gewesen. Aus *Abb. 19.22* wird jedoch deutlich, daß die Ausbreitung des Schadstoffes in Abhängigkeit von der Raumstellung der Trennflächen unterschiedlich verläuft. Die etwa in Einfallsrichtung zu R5 liegende Bohrung R7 zeigt sehr schnelle, aber gemessen am Zustrom sehr geringe Reaktionen. In der etwa im Streichen der Haupttrennflächen geteuften Bohrung R8 traf der Tracer erst nach 2 1/2 Stunden Versuchszeit ein. Es handelt sich aber dabei um die stärksten zu beobachtenden Reaktionen, die auch nach Versuchsende weiterhin deutlich anstiegen. In der Bohrung R6 zeigte sich erst nach 3 Stunden eine meßbare Reaktion die dann relativ langsam ansteigt.

Bei den Tests im oberen Intervall der Bohrung R5 waren in R8 die höchsten Reaktionen bei den Interferenztests und sehr starke Reaktionen bei den Tracertests zu beobachten. Die Entwicklung der Leitfähigkeit verläuft dabei ähnlich wie in der Bohrung R7 beim Tracertest im unteren Intervall von R5.

Tab. 19.13: Tiefen der Hauptzuflußbereiche nach bei den Interferenz- und Tracertests und Ausbißtiefen der Hauptrennflächenschar. Tiefenangaben in m u. BN = 345 m NN

Bohrung	**Ausbißtiefen**		**Hauptzuflüsse bei Interferenztests**		**Hauptzuflüsse bei Tracertests**	
	oberes Int.	unteres Int.	oberes Int.	unteres Int.	oberes Int.	unteres Int.
R5	12,7 – 15,3	18,6 – 21,2	-	-	-	-
R6	8,7 – 11,3	14,6 – 17,2	undeutlich	12,3 – 14,8	keine	18,2
R7	18,1 – 20,7	24,0 – 26,3	17,1 – 19,6	21,9 – 24,4	Reaktion	23,5
R8	11,8 – 14,4	17,7 – 20,3	14,7 – 17,2	19,5 – 22,0	15,8	20,3

MAIER & DÖRHÖFER (1994) weisen anhand der auf einem Testfeld im Bereich der Sonderabfalldeponie Münchehagen aufgenommenen Tracerdurchgangskurven darauf hin, daß parallel zur „hydraulischen Vorzugsrichtung" die Konvektion, d. h. der reine Partikeltransport im Wasser der bestimmende Transportmechanismus ist. Auf dem Testfeld Rabenstein konnte das insofern bestätigt werden, als in der hydraulischen Vorzugsrichtung (Haupttrennflächenschar S_1) die ersten - allerdings geringen - Reaktionen zu beobachten waren. Während des Tests im oberen Intervall der Bohrung R5 wurde eine maximale Erhöhung von 5 % der Ausgangskonzentration gemessen. Im unteren Intervall lag die Erhöhung bei knapp 0,2 % der Ausgangskonzentration. Da die Durchlässigkeit des unteren Intervalls höher ist als im oberen Intervall - es wurde bei gleichem Druck die 2,5fache Wassermenge eingeleitet - ist davon auszugehen, daß im Bereich des unteren Intervalls mehr Grundwasser für eine Verdünnung zur Verfügung steht. Die maximalen Abstandsgeschwindigkeiten liegen für beide Tracerankünfte in der gleichen Größenordnung (3,6 und $2{,}9 \cdot 10^{-3}$ m/s).

Widersprüchlich ist, daß trotz der geringeren Durchlässigkeit des oberen Testintervalls von R5 in einer der Beobachtungsbohrungen höhere Konzentrationen gemessen wurden als beim entsprechenden Test im unteren Intervall. Da beim Tracertest im oberen Intervall die Ausgangskonzentration um fast das Doppelte höher war, müßte hier für eine entsprechende Verdünnung wesentlich mehr Grundwasser zur Verfügung stehen.

Anders ist die Situation beim Schadstofftransport im Streichen der Haupttrennflächenschar und bei einer Kombination von Streichen und Fallen. Der Durchbruch des Tracers erfolgte zwar erst sehr viel später, jedoch ist die Konzentration sehr viel höher (*Abb. 19.22*). Verdünnungsprozesse spielen hier zwar auch eine nicht unerhebliche Rolle, aufgrund des geringeren Angebotes an Grundwasser breitet sich aber ein höher konzentrierter Tracer langsamer aus. Für das Testfeld Rabenstein bedeutet das, daß die Schadstoffausbreitung im Einfallen der Haupttrennflächenschar am schnellsten abläuft. Im Streichen und auf Verschnittflächen breitet sich der Schadstoff langsamer, aber höher konzentriert aus.

Hydraulische Versuche in geklüfteten Festgesteinen liefern Informationen über bevorzugte Fließrichtungen des Wassers. Aussagen zur Ausbreitung eines im Wasser enthaltenen Schadstoffes können jedoch aus den dabei erhaltenen Ergebnissen nicht direkt abgeleitet werden. Die hier durchgeführten Untersuchungen zeigen zwar deutlich, daß trotz einer ausgeprägten hydraulischen Vorzugsrichtung die Ausbreitung der am höchsten konzentrierten Lösungen in anderen Richtungen erfolgt. Das mit einem Salztracer erhaltene Ergebnis könnte durchaus anders aussehen, wenn statt Kochsalz ein „Schadstoff" anderer Dichte und chemischer Aktivität verwendet würde. Generell ist zu schlußfolgern, daß die aus hydraulischen Versuchen gewonnenen Kenntnisse über hydraulische Vorzugsrichtungen nicht ausreichen, um auch gesicherte Aussagen über räumliche aber besonders die zeitliche Schadstoffausbreitung liefern zu können.

Die Ergebnisse der Durchlässigkeitsuntersuchungen in den Beobachtungsbohrungen (Kap. 19.2.2) zeigen ebenfalls keine Übereinstimmung mit den Hauptzuflußbereichen der Interferenz- oder Tracertests. Hätte man allein anhand der Durchlässigkeitsprofile versucht, eine hydraulische Vorzugsrichtung abzuleiten, wäre ein völlig falsches Bild entstanden. Erst durch die Kombination verschiedener Methoden lassen sich eindeutige Aussagen über die Schadstoffausbreitung treffen. Die am Standort Rabenstein durchgeführten Tracerversuche sind sowohl bezüglich ihrer Technologie als auch in der Form ihrer Auswertung bisher einmalig. Bei dieser Form der Durchführung wird die Geochemie des Grundwasserleiters im untersuchten Bereich gestört. Das gesteckte Untersuchungsziel - der direkte Vergleich mit den unter gleichen Bedingungen durchgeführten Interferenztests - wurde jedoch erreicht. Inwieweit hydraulische Tests geeignet sind, Aussagen im Hinblick auf Schadstoffbewegungen im Untergrund treffen zu können, bleibt generell fraglich. Die vermutlich einzige Sicherheit darüber bieten Tracerversuche unter natürlichen hydraulischen Bedingungen.

20 Bohrlochmessungen

Geophysikalische Bohrlochmessungen liefern Erkenntnisse über die Eigenschaften der Geologischen Barriere in situ, die über den Informationsgewinn durch den geologischen Aufschluß hinausgehen. Sie sind deshalb ein unverzichtbares Werkzeug für die Erkundung des Untergrundes. In Bohrungen und Grundwassermeßstellen werden damit Angaben zu physikalischen Parametern des Untergrundes und zu technischen Zuständen der Bohrung (Ausbau, Durchmesser, Neigung) gewonnen. Um eine hohe Sicherheit der geologischen Aussage zu erreichen, werden standardmäßig mehrere unterschiedliche Meßverfahren eingesetzt.

Die bei einer Messung aufgezeichneten und teufengerecht dargestellten Meßgrößen bezeichnet man als Log. Nach den für mehrere Meßverfahren gewonnenen Logs erfolgt in einem integrierten Auswertungsprozeß die lithologische Ansprache der durch die Bohrung aufgeschlossenen Schichten sowie die Gewinnung einiger für die Hydrogeologie wichtiger Parameter (Gebirgsdurchlässigkeit, Porosität, Wassergehalt, chemische Parameter des Grundwassers, Strömungsprofile etc.).

Wie das nach einer Kernaufnahme erstellte Schichtenprofil liefert auch die Bohrlochmessung lediglich Informationen über den bohrlochnahen Raum. Die Eindringtiefen der einzelnen Verfahren und damit die Relevanz ihrer Aussagen für die Eigenschaften des Gebirges sind unterschiedlich und liegen in der Größenordnung von Dezimetern bei den kernphysikalischen Verfahren (Dichte-, Porositätsmessung) bis in den Meterbereich für die elektrischen und akustischen Verfahren. Anhand markanter Indikationen in den Meßkurven ist eine Korrelation von Schichten und Schichtkomplexen zwischen benachbarten Bohrungen eines Gebietes möglich.

Im Band 3 des Handbuches werden die physikalischen Prinzipien der Verfahren, ihr Informationsgehalt sowie die Meßmethoden und Meßeinrichtungen umfassend beschrieben. Hier findet man auch weiterführende Fachliteratur. Kapitel 4.6 zeigt ein Beispiel für den Einsatz der Bohrlochgeophysik in Lockergesteinskomplexen.

20.1 Messungen in den Bohrungen Rabenstein R1 bis R4

Um die Möglichkeiten geophysikalischer Bohrlochmessungen in einem Gebiet mit kristallinem Untergrund zu demonstrieren, wurde am Standort Rabenstein ein umfangreiches Meßprogramm durchgeführt. In der ersten Meßkampagne (Februar/März 1993) sind die Bohrungen R1 bis R4 mit den in *Tab. 20.1* aufgeführten Verfahren vermessen worden (SCHMIDT, W., 1993).

Bei einer Messung wird im Normalfall in der entsprechenden Bohrung eine Sonde mit geringer Geschwindigkeit aufwärts bewegt und das Meßsignal teufengerecht aufgezeichnet. Aus den gespeicherten Daten können im Auswertungsprozeß die physikalischen Eigenschaften der durchfahrenen Schichten ermittelt und eine lithologische Gliederung des Schichtprofils abgeleitet werden.

Der Aussagegehalt und die Form der Ergebnisse wird durch die *Abb. 20.1 - 20.3* für die Bohrung Rabenstein R1 beispielgebend dargestellt und in den folgenden Abschnitten beschrieben.

Tab. 20.1: In den Bohrungen R1 – R4 eingesetzte Bohrlochmeßverfahren

Verfahren	Abk.	Meßparameter /Information
Kaliber 4-Arm und 3-Arm	CAL	Bohrlochdurchmesser
Fokussiertes Elektrolog	FEL	Spezifischer elektrischer Gesteinswiderstand
Gamma-Ray Log	GR	Natürliche Gammastrahlung (Tongehalt)
Gamma-Gamma-Dichte Log	GGD	Integrale Gamma-Streustrahlung (Porosität)
Neutron-Neutron Log	NN	Gestreute/gebremste Neutronen (Wassergehalt)
Bohrlochabweichung	BA	Neigung und Azimut der Bohrung
Bohrlochfernsehen	BHTV	Bildhafte Abbildung der Bohrlochwand
Akustisches Bohrlochfernsehen	ABF	Laufzeit und Amplitude von reflektierten Schallwellen
Flowmeter	FLOW	Vertikalkomponente der Fluidströmung
Temperatur	TEMP	Temperatur im Bohrloch
Leitfähigkeit (Salinität)	SAL	Elektrischer Widerstand des Bohrlochfluids

Temperatur- und Leitfähigkeitsmessungen

Allgemein wird zu Beginn des Meßeinsatzes eine Nullmessung von Leitfähigkeit und Temperatur durchgeführt (SAL/TEMP). Diese Kombination ist eines der wenigen Meßprogramme, bei denen im Bohrloch abwärts gemessen wird. Da sie nach einer Ruhephase erfolgt, in der sich die Bedingungen im Bohrloch denen des umgebenden Gesteins angleichen können, sind die Meßwerte weitgehend unbeeinflußt vom Bohrprozeß. So können beispielsweise hydraulisch aktive Horizonte erkannt werden. Ein gutes Beispiel dafür ist die Kernbohrung R1, in der bereits in den Nullmessungen der Temperatur die drei dominierenden hydraulisch aktiven Bereiche bei 16, 25 und 54 m Teufe zu erkennen sind (*Abb. 20.1*). Allerdings war die Standzeit vor der Vermessung noch nicht ausreichend, so daß der Temperaturausgleich zwischen Spülungssäule und Gebirge nicht vollständig stattfinden konnte.

Erfahrungsgemäß ist die Leitfähigkeitsmessung die sicherste Methode zur Zuflußprofilierung, die auch unter ungünstigen Bedingungen gute Ergebnisse liefert. Sie wird weder durch trübes Wasser, noch durch nachfallende Gesteinspartikel beeinträchtigt. Eine Bedingung für den Nachweis hydrodynamischer Prozesse im Bohrloch mittels zeitlich versetzter Leitfähigkeitsmessungen ist die Verwendung einer Klarwasserspülung während des Bohrens, um zu vermeiden, daß die Bohrlochwand an den wasserführenden Horizonten zugesetzt wird. Falls eine Anreicherung von Schwebstoffen im Wasser beim Durchteufen toniger Schichten auftritt, kann diese durch den abschließenden Spülungsaustausch so weit reduziert werden, daß sie sich auf die Leitfähigkeitsmessung nicht mehr auswirkt.

Zu Beginn der Messung wird der als „Leitfähigkeitspille" bezeichnete elektrolytische Tracer injiziert. Dabei sollen möglichst teufenbezogene „Wolken" gesetzt werden, um mit den nachfolgenden Leitfähigkeitsmessungen die Fronten des höher mineralisierten Wassers zu verfolgen (*Abb. 20.1 rechts*). Die Verdünnung des Tracers im Bereich von Zufluß- oder Verlusthorizonten ermöglicht es, vertikale Flüssigkeitsbewegungen in der Spülungssäule zu messen und die Fließraten zu quantifizieren. Als elektrolytischer Tracer wird wegen seiner Umweltverträglichkeit ausschließlich Kochsalz verwendet. Für die Markierung sind ca. 2 – 3 kg Salz pro Bohrung ausreichend. Wenn nachfolgend geochemische Untersuchungen durchgeführt werden sollen, ist eine Anregung der Bohrung durch Entlasten der Wassersäule günstig, da hierbei ein Großteil der eingebrachten Tracersubstanz zutage gefördert wird. Es kann davon ausgegangen werden, daß der Tracer nach einem Kurzzeitpumpversuch wieder aus der Bohrung entfernt ist. Bei Zufluß stärker mineralisierter Wässer mit erhöhter Leitfähigkeit aus dem Gebirge und Austausch der Spülungssäule gegen Klarwasser kann eventuell auf die Eingabe des Tracers verzichtet werden.

Die SAL/TEMP-Messungen werden in der Regel in zwei Arbeitsschritten durchgeführt, zunächst im Ruhezustand und danach bei Anregung der

Bohrung (Abpumpen bzw. Wasserzugabe). Unter bestimmten Bedingungen können z. B. gespannte Grundwässer oder Potentialunterschiede zwischen mehreren Grundwasserstockwerken nachgewiesen werden. Beispiele hierfür bieten die Bohrungen R1, R3 und R4. In der Mehrzahl der Fälle sind im Ruhezustand jedoch keine Strömungsvorgänge nachzuweisen. Dann müssen sie durch Anregung in der Bohrung provoziert werden. Wie sich in der Bohrung R1 zeigte, wird bei schneller Anregung auch der Tracer schnell aus der Bohrung verdrängt. Da bei einer Belastung durch Wasserzugabe häufig starke Verluste des injizierten Wassers oberhalb oder in Höhe des Ruhewasserspiegels auftreten, sollte einer Entlastung durch Abpumpen der Vorzug gegeben werden.

Kalibermessungen

Die Messung des Bohrlochkalibers (CAL) ist sowohl für den Bohrbetrieb (Ausbau) als auch für die Interpretation der anderen geophysiklischen Messungen notwendig. Allgemein kann aus Kalibermessungen auch auf Struktur, Härte und Gefüge des durchbohrten Gesteins, enthaltene Bindemittel, seine Festigkeit und technischen Eigenschaften geschlossen werden. In der Bohrung R1 wurden z. B. zwischen 8 und 12 m Tiefe größere Phyllitbrocken in lehmigem Zersatzmaterial angetroffen. Das Feinkorn wurde beim Bohren gelöst, die Brocken brachen aus der Bohrlochwand, und es entstand eine Kaverne. Dagegen bildete sich im verwitterten Glimmerschiefer ein glattwandiges Bohrloch. Im Marmor und Kalkstein kam es an Klüften und Hohlräumen zu Ausbrüchen aus der Bohrlochwand. Ein derartiger Ausbruch an der Grenze zwischen Glimmerschiefer und Marmor bei 53 – 54 m Tiefe führte zum Versturz der Bohrung R1 (*Abb. 20.1 links*).

Flowmetermessungen

Die Flowmetermessung (FLOW) ist ein Verfahren zur Bestimmung von vertikalen Flüssigkeitsströmungen im Bohrloch, die durch Zu- und Abflüsse verursacht sind. Es kann dann angewendet werden kann, wenn der Einsatz eines Tracers aus wasserrechtlichen Gründen untersagt ist. Das Verfahren arbeitet allerdings nur bei artesisch gespanntem Grundwasser und/oder in durch Förderung oder Infiltration angeregten Bohrungen. Flowmetermessungen sind erst oberhalb eines bestimmten Schwellwertes möglich und versagen bei schwachen Vertikalströmungen. Die Meßsysteme sind darüberhinaus stark anfällig gegenüber störenden Einflüssen aus dem Bohrloch. Wegen dieser Empfindlichkeit konnte in den Bohrungen R1 – R4 keine einzige brauchbare Flowmetermessung durchgeführt werden. Nach dem Durchbohren toniger Schichten hatte sich der Zersatz von der Bohrlochwand gelöst und war im Wasser zu Tonflocken gequollen, die eine Drehbewegung des Impellers blockierten.

Spezifischer elektrischer Gesteinswiderstand

Die Messung des spezifischen Gesteinswiderstands gehört zum Standard-Meßprogramm für eine lithologische Auswertung. Neben den beiden „klassischen" Meßanordnungen Gradient-Messung und Potential-Messung (Große Normale - GN / kleine Normale - KN) haben sich die fokussierten Meßanordnungen (FEL) etabliert. Das FEL ist einfach zu handhaben und erzeugt eine gut auflösende Meßkurve anhand der eine Feingliederung des Profils möglich ist. Feine Tonlagen von einigen Zentimetern Mächtigkeit im kompakten Festgestein sind als lokale Minima meist gut erkennbar. Häufig zeigen sich auch trockene kompakte Schichten geringer Mächtigkeit als lokale Maxima.

In dem durch *Abb. 20.2* gezeigten FEL-Log für die Bohrung R1 ist zwischen 22 und 25 m Tiefe ein ca. 3 m mächtiges Paket kompakten Gesteins innerhalb stärker verwitterter oder zersetzter Phyllite durch die Widerstandszunahme von 60 auf 100 Ωm gut erkennbar. Nach dem NN-Log läßt sich die Widerstandserhöhung der Phyllite durch eine Abnahme ihres Wassergehaltes erklären. Generell fällt auf, daß unabhängig vom durchteuften Material die elektrischen Widerstände mit dem Wassergehalt nach NN-Log korrelieren (siehe unten). Die als Ausreißer erscheinenden Maxima bei 12 und 54 m Tiefe sind durch die im CAL-Log erkennbaren kavernösen Bereiche verursacht.

Natürliche Gammastrahlung

Im Lockergestein wird bei der Messung der natürlichen Gammastrahlung (GR-Log) von einem korrelativen Zusammenhang zwischen Intensität und Tongehalt unter Bezug auf das im Tonmineral enthaltene radioaktive Isotop K^{40} ausgegangen. Bis zu einer Gammaaktivität von ca. 200 API[1] ist diese Beziehung auch gut anwendbar. Im Festgestein kann man aber von einer solchen Korrelation generell nicht ausgehen. Deshalb erfolgt die Interpretation

---

[1] Um die Gamma-Messungen mit unterschiedlichsten Sondenkonstruktionen vergleichbar zu machen, wurde die international vereinbarte Kalibrierung in API-Einheiten (American Petroleum Institute Unit) eingeführt. Damit werden die Meßkurven in API-Einheiten skaliert. Eine API-GR-Unit ist der 200. Teil des gemessenen Aktivitätsunterschieds zwischen einer Formation niedriger Radioaktivität und einer Schicht hoher Radioaktivität des Kalibriermodells an der Universität Houston. Die hohe Aktivität der Modellformation ergibt sich aus den Gehalten von 13 ppm Uran, 24 ppm Thorium und 4 % Kalium. Die Sekundärkalibrierung oder Feldkalibrierung erfolgt mit geometrisch fixierten Prüfstrahlern geringer Aktivität unter Berücksichtigung der Hintergrundstrahlung

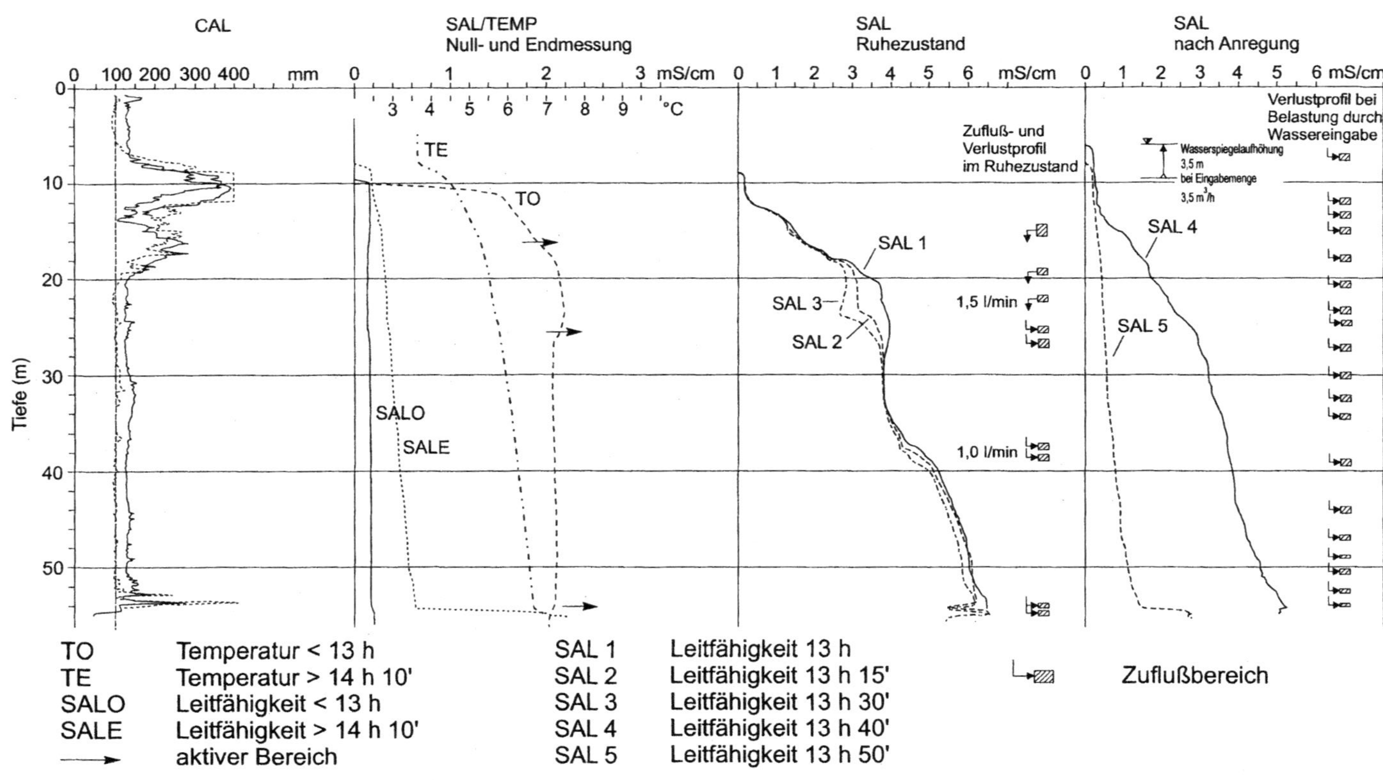

Abb. 20.1: Bohrlochmessungen in der Bohrung Rabenstein 1/93 (R1), Kalibermessung, Temperatur- und Leitfähigkeitsmessung (SAL/TEMP), BLM GmbH, Niederlassung Gotha, 1993, im Auftrag der BGR

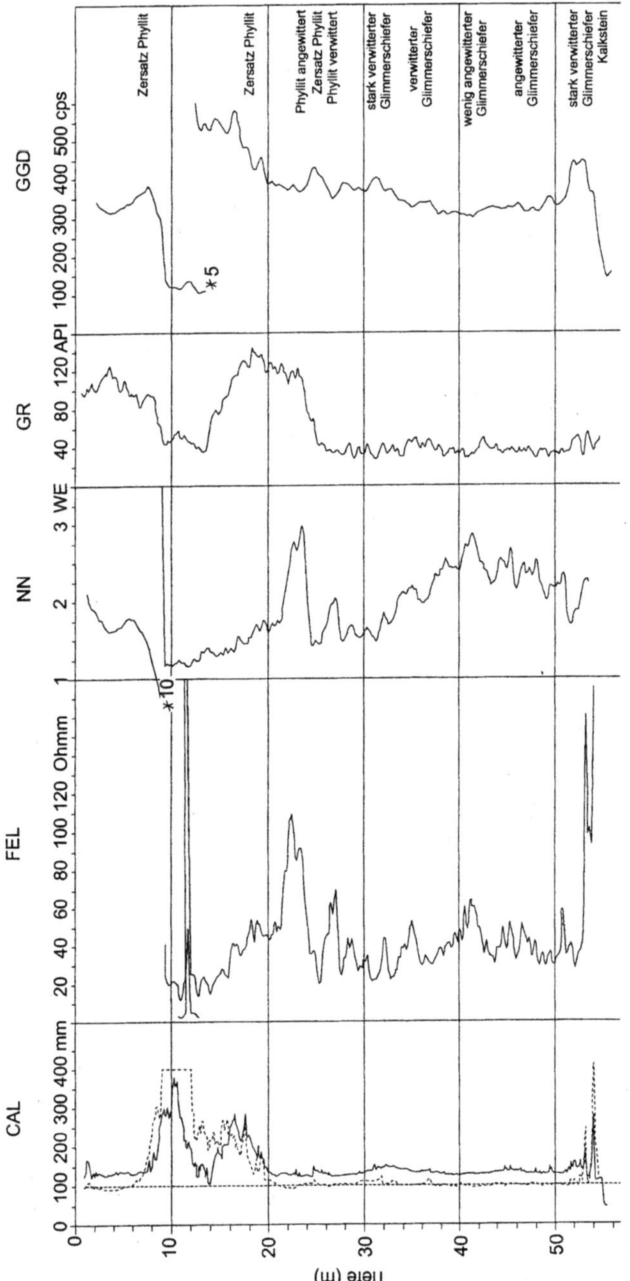

Abb. 20.2: Bohrlochmessungen in der Bohrung Rabenstein 1/93 (R 1). Kalibermessung, elektrischer Widerstand nach FEL und radioaktive Verfahren. Abkürzungen siehe in *Tab. 8.1* und im Text. BLM GmbH, Niederlassung Gotha, 1993, im Auftrag der BGR.

zumeist nach Normalprofilen. Abweichungen von den darin enthaltenen Modellvorstellungen lassen sich nur durch weiterführende Untersuchungen - in diesem Fall die lithologische Kernaufnahme (s. Kap. 18.3) klären.

Das GR-Log zeigt zwischen 14 und 26 m Tiefe ein breites Maximum. Dieses Maximum widerspiegelt die Anreicherung tonigen Materials mit einem erhöhten K^{40}-Gehalt in dem stark verwitterten und geklüfteten phyllitischen Material. Der unterlagernde Glimmerschiefer besitzt trotz einer den Phylliten ähnlichen Zusammensetzung wesentlich geringere Aktivitäten. Das Minimum zwischen 8 und 14 m innerhalb des Phyllitkomplexes ist dagegen von Ausbrüchen aus der Bohrlochwand verursacht, die sich im CAL-Log abbilden. Innerhalb des dem GR-Maximum entsprechenden Tiefenbereichs fällt eine markante Widerstandszunahme nach dem FEL-Log ins Auge. Nach dem NN-Log entspricht dieses Maximum einer Zone mit geringerem Wassergehalt innerhalb der Phyllite und weist auf deren Erhaltungszustand hin (*Abb. 20.2 Mitte*).

Gamma-Gamma-Dichte Messung

Die Gamma-Gamma-Dichte-Messung (GGD-Log) ist ein ergänzendes Meßverfahren zur Bestimmung der Gesteinsdichte. Im Festgestein kann aus den durch hohe Impulsraten angezeigten niedrigeren Gesteinsdichten auf Schwächezonen geschlossen werden. In den Bohrungen R1 und R2 spiegeln sich die Grenzen zwischen stärker und geringer verwitterten Phylliten und den kompakteren Glimmerschiefern auch in der Dichtekurve wider. Im Bereich von Kalibererweiterungen zwischen 8 und 14 m wird die Messung durch Streustrahlung aus der Spülung stark beeinflußt (*Abb. 20.2 rechts*). Auch in ca. 52 m Tiefe werden beim Übergang in den Kalkstein (Marmor) zu geringe Dichtewerte vorgetäuscht, die anhand des Kaliberlogs korrigiert werden müssen. Um die Einflüsse der Bohrlochwand erkennen und reduzieren zu können, sollte nach Möglichkeit eine zweikanalige GGD-Messung mit unterschiedlichen Abständen von Strahlungsquelle und Meßsensor durchgeführt werden. Durch die „Lang-Kurz-Korrektur“ lassen sich Einflüsse von Kalibererweiterungen, Filterkuchen etc. eliminieren.

Neutron-Neutron-Messung

Die Neutron-Neutron-Messung (NN-Log) ist ein Meßverfahren zur Bestimmung des Wassergehalts bzw. der Porosität wassergesättigter Gesteine. Die schnellen Neutronen der Neutronenquelle verlieren bei den Zusammenstößen mit den Atomkernen der Formation laufend Energie und werden als thermische und/oder epithermische Neutronen von den Detektoren der Sonde gezählt. Der wirkungsvollste Energietransfer erfolgt mit den massegleichen Wasserstoffkernen, d. h. je höher die Wasserstoffkonzentration (Wassergehalt) desto geringer ist die von den Detektoren registrierte Neutronenzahl pro Zeiteinheit (cps). Damit ist die gemessene Neutronen-Zählrate umgekehrt proportional dem Wassergehalt bzw. der Porosität in wassergesättigten Gesteinen. Die Kalibrierung der Neutron-Neutron-Messung kann auch in Wassereinheiten (WE) erfolgen, die ebenso umgekehrt proportional zum Wassergehalt sind.

Als Porositätsmeßverfahren findet das NN-Log vorwiegend im sedimentären Lockergestein Anwendung (Kap. 4.6). Aber auch im klüftigen und teilweise verwitterten Festgestein hat sich dieses Verfahren u. a. zur lithologischen Gliederung profiliert. Seine Stärke liegt in der guten Trennung zwischen feuchten bindigen Verwitterungsprodukten (Schluff, Ton) und trockenem kompakten oder gering porösem Festgestein. Die Neutron-Neutron-Messung reagiert sehr stark auf Haftwasser und auf das in die Matrix der Tonminerale eingebaute Kristallwasser. Für die Porositätsbestimmung sind das Störeffekte, da diese Anteile allein nach der NN-Messung nicht vom freien Porenwasser zu unterscheiden sind. Bei der lithologischen Gliederung dienen sie als Tonindikator.

In der Bohrung R1 sind in der NN-Kurve schluffige und tonige Bereiche deutlich von weniger verwitterten Bereichen zu trennen. Die bis in ca. 38 m Tiefe verlehmten Phyllite und Glimmerschiefer zeigen niedrige WE-Einheiten. Einige Bereiche weniger verwitterten (trockeneren) Gesteins sind an höheren WE-Werten erkennbar, wie z. B. zwischen 22 und 24 m, wo auch die FEL-Meßkurve einen erhöhten Widerstand anzeigt. Innerhalb der Glimmerschiefer nimmt nach dem NN-Log der Wassergehalt bis zu einer Tiefe von ca. 40 m ab und darunter wieder zu. Dieser Zustand spiegelt sich auch wider im Trend des Gesteinswiderstandes nach dem FEL-Log. Der Übergang vom verlehmten zum gering angewitterten Glimmerschiefer bei etwa 38 m Tiefe verläuft nach dem NN-Log allmählich. Deutlich ist der starke Einfluß der Auskesselungen zwischen 8 und 18 m (vgl. CAL-Log in *Abb. 20.2 links*).

Akustisches Bohrlochfernsehen

Messungen mit dem akustischen Bohrlochfernseher (ABF) wurden in den Bohrungen R1 bis R3 durchgeführt. Die akustische Abbildung der Bohrlochwand erfolgt nach dem Impuls-Echo-Verfahren. *Abbildung 20.3* zeigt das Ergebnis der ABF-Messung in der Bohrung R1. Im Amplitudenbild werden schallharte Bereiche (große Amplituden) durch helle Farben wiedergegeben. Im Laufzeitbild widerspiegeln helle Farben kurze Laufzeiten. Aus der Lage und der Amplitude der Extrema werden Streichen und Fallen der als „Sinuskurven" erscheinenden Klüfte bestimmt.

Offensichtlich bewirkte feiner Schlamm an der Bohrlochwand eine starke Dämpfung des akustischen Signals, so daß nur andeutungsweise einige Strukturen erkennbar sind. Zwischen 23,5 und 24,5 m ist eine grob strukturierte Schichtung mit leichtem Einfallen nach Osten sichtbar. Dabei handelt es sich nach der Kernbeschreibung um die Unterkante eines kompakten Phyllits, welcher auch im FEL- und NN-Log deutlich zu erkennen ist (*Abb. 20.2*). Eine weitere feine Struktur in Art einer Schieferung ist bei 27 m Teufe zu erkennen. Auch hier sind die Indikationen der NN- und der Widerstandsmessung ähnlich, wenn auch nicht so deutlich ausgeprägt. In der Kernansprache wurde dieser Bereich als Phyllit-Zersatz beschrieben (s. Kap. 18.3). Auch im Intervall zwischen 35 und 45 m sind im angewitterten Glimmerschiefer nach Osten einfallende geschieferte Strukturen erkennbar. Einzelne Klüfte sind nicht mit Sicherheit zu unterscheiden, vermutlich weil sie durch den Bohrprozeß mit tonigem Material zugesetzt sind. Das fleckige, nur stellenweise kontrastreiche Bild zeigt, daß die Bohrlochwand meist stark mit Schlamm belegt ist.

Bohrlochfernsehen (BHTV)

Alle vier Bohrungen hatten mächtige Bereiche zersetzter Metapelite und Phyllite durchteuft, die an der Oberfläche als Schluffe oder Tone verbreitet sind. Aus diesem Zersatzmaterial bildete sich während des Bohrens eine dickflüssige Suspension, die sich an der Bohrlochwand absetzte. Da dieser Zersatz während des Klarspülens in Lösung ging, waren keine aussagefähigen Videoaufnahmen möglich. Deshalb wurde eine Kamerabefahrung nur im spülungsfreien Teil der Bohrungen R3 und R4 durchgeführt. Die Einfahrt der Kamera wurde von ständigem Nachfall aus der Bohrlochwand begleitet. Mit dem Eintauchen der Kamera in die Wassersäule endete die Aufzeichnung.

In den Fernsehaufnahmen sind lediglich einige durch Schichtung, Klüftung sowie durch Ausbrüche bzw. Auswaschungen aus der Bohrlochwand gebildete grobe Strukturen zu erkennen. Kluftanalysen und rechnergestützte Gefügeanalysen auf der Basis optischer Meßwerte waren mit dem erhaltenen Material nicht möglich. Die auch durch Klarpumpen der Bohrlöcher nicht zu beseitigende Trübung des Wassers setzte der Videobefahrung objektive Grenzen. Diesbezüglich ist das optische System dem akustischen ABF-System unterlegen.

Durch den Einsturz der Bohrung Rabenstein R1 im Übergang von Glimmerschiefer zu den Karbonaten und der davon verursachten Nichtbefahrbarkeit des Teufenbereichs unterhalb von 55 m beschränkte sich der vermessene Bohrungsabschnitt auf die z. T. tiefgründig zersetzten Phyllite und Glimmerschiefer. Die hydrogeologisch bedeutenderen karbonatischen Bereiche konnten nicht vermessen werden.

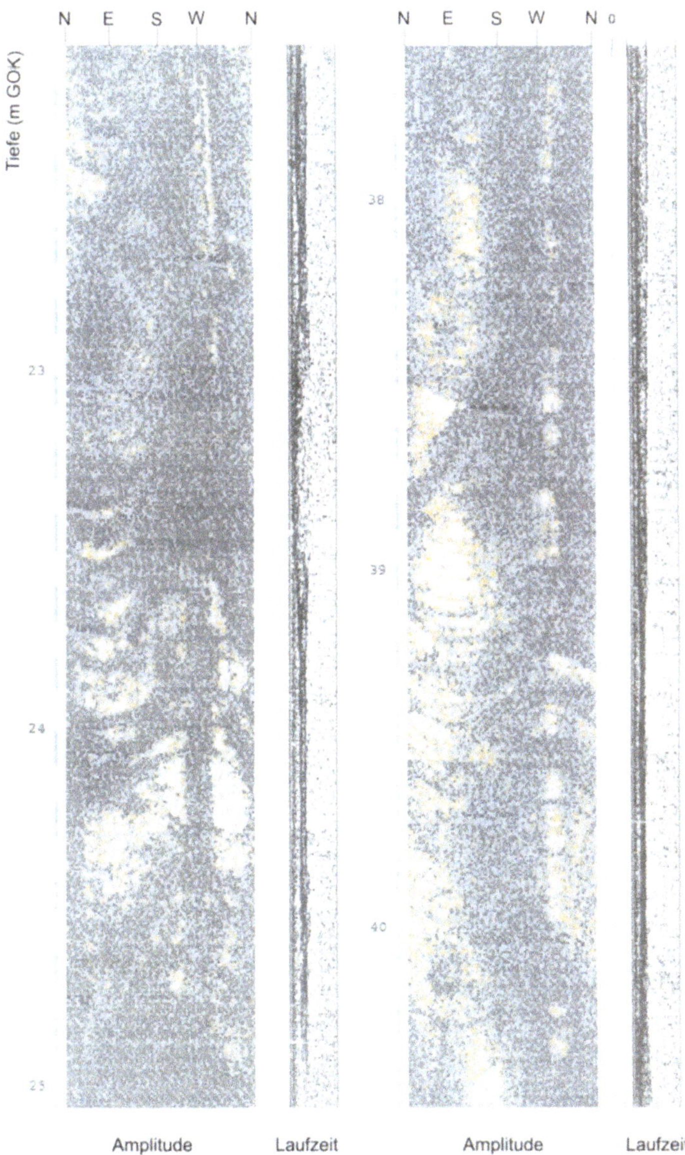

Abb. 20.3: Akustisches Bohrlochfernsehen in zwei ausgewählten Tiefenbereichen der Bohrung R1. BLM GmbH Niederlassung Gotha, 1994, im Auftrag der BGR

20.2 Messungen in der Bohrung Rabenstein R5

In der 100 m tiefen Zentralbohrung R5 des hydrogeologischen Testfeldes bestanden wegen des angetroffenen Gebirgszustandes und einer geringmächtigen Lockergesteinsbedeckung wesentlich günstigere Voraussetzungen für die Demonstration der Leistungsfähigkeit bohrlochgeophysikalischer Verfahren im Festgestein. Deshalb wurde hier ein umfangreiches Spektrum von Meßverfahren eingesetzt (CLAUSS, 1994).

Auch in dieser Bohrung war es möglich, die ermittelten Daten mit einer durch die UWG Berlin erstellten Kernaufnahme vergleichen zu können (Kap. 18.3). Die Testbohrung R5 wird auch zukünftig für Prüfzwecke und methodische Entwicklungen bohrlochgeophysikalischer Meßverfahren im Festgestein zur Verfügung stehen. Zusätzlich zu dem bereits in den Bohrungen R1 bis R4 eingesetzten Meßmethoden wurde mit hier folgenden Verfahren gemessen:

- Akustiklog (AL)
- Magnetiklog (MAL),
- Widerstandsmessung kleine und große Normale (EL.KN und EL.GN),
- Induktionslog (IL),
- Eigenpotentialmessung (SP) und
- Milieusondenmessungen (MIL).

Eine synoptische Darstellung von Meßkurven der eingesetzten Verfahren und des geologischen Kurzprofils nach der Kernaufnahme zeigen die *Abb. 20.4* bis *20.6*. Nachfolgend werden die einzelnen Logs diskutiert.

Gamma-Ray-Log

Die Messung der natürlichen Gammastrahlung (GR) erfolgte bei Aufwärtsfahrt mit einer Sondengeschwindigkeit von 4 m/min. Das Log zeigt im oberen Teil einen gleichförmigen Verlauf. Nur im unteren Teil der Bohrung sind ausgeprägte Maxima zu erkennen, die den Pegel der überlagernden Phyllite und Amphibolite um das bis zu 6-fache übertreffen (*Abb. 20.4*). Diese erhöhten Aktivitäten sind durch die in den Schwarzschiefern enthaltenen radioaktiven Nuklide der Uran-Radium-Reihe verursacht. Die Korrelation mit niedrigen Widerständen (< 10 Ohmm) nach den Logs der elektrischen Bohrlochmessung (FEL, KN, GN) und scharf begrenzten Anomalien des Eigenpotentials (SP) belegt die durch den hohen Graphitgehalt verursachte elektronische Matrixleitfähigkeit (*Abb. 20.5 links*).

Gamma-Gamma-Dichte-Log

Das Dichtelog (GGD) wurde ebenfalls bei Aufwärtsfahrt mit einer Fahrgeschwindigkeit von 4 m/min gemessen. Als Gammastrahlungsquelle kam ein Caesium-Präparat (^{137}Cs) mit einer Aktivität von 625 MBq zum Einsatz. Die Sonde enthält zwei Detektoren im Abstand von 0,15 m und 0,35 m zur Quelle, die bei simultaner Messung eine Korrektur von Einflüssen der Bohrlochspülung und des Kalibers gestatten. Unterschiedliche Partien innerhalb der Festgesteinskomplexe lassen sich dann gegeneinander abgrenzen, wenn die Differenzdichten größer als 0,1 g/m^3 sind. Nach dem gemessenen Kurvenverlauf ist sowohl eine lithologische Gliederung als auch die Abgrenzung von Bereichen unterschiedlicher Auflockerung und Verwitterung möglich. Die innerhalb des Phyllitkomplexes von ca. 2,7 auf 2,9 g/cm^3 zunehmenden Dichten sind ein Hinweis auf die mit der Tiefe ansteigende Festigkeit der Phyllite. Oberhalb von 8 m Teufe zeigen relative Minima einige verwitterte Lagen im Phyllit an. Im Teufenbereich unterhalb 45 m werden stark klüftige Amphibolitschiefer durch Minima im GGD- und NN-Log sowie Maxima in den Akustiklog-Laufzeiten AL.DELT indiziert (*Abb. 20.4 rechts*).

Neutron-Neutron-Log

Die NN-Messung erfolgte bei Aufwärtsfahrt mit einer Geschwindigkeit v = 4 m/min. Als Neutronenquelle wurde das Californium-Isotop ^{252}Cf verwendet. Der Abstand Quelle-Detektor (Sondenspacing) betrug 0,4 m. Neben der lithologischen Gliederung wurde das Neutron-Log zur Beurteilung von Festigkeit und Klüftigkeit des Gebirges herangezogen. Die Werte des NN-Logs nehmen im Phyllitkomplex von < 2 WE auf ca. 4 WE zu. Im oberen Teil lassen sich einzelne Verwitterungshorizonte über eine deutliche Zunahme der WE-Werte identifizieren. Die Liegendgrenze des Phyllitkomplexes wird durch einen markanten Anstieg von 4 auf 6 WE bei ca. 29 m Teufe angezeigt. Generell zeigen sich wasserführende klüftige Bereiche als lokale Minima, und Bereiche mit höherer Festigkeit als Maxima. In der Meßkurve heben sich die sapropelitischen schiefrigen Lagen (i. d. R. Schwarzschiefer) durch deutliche lokale Maxima von den Phylliten und Amphiboliten ab, was auf einen geringeren Wassergehalt hinweist (*Abb. 20.4 Mitte*).

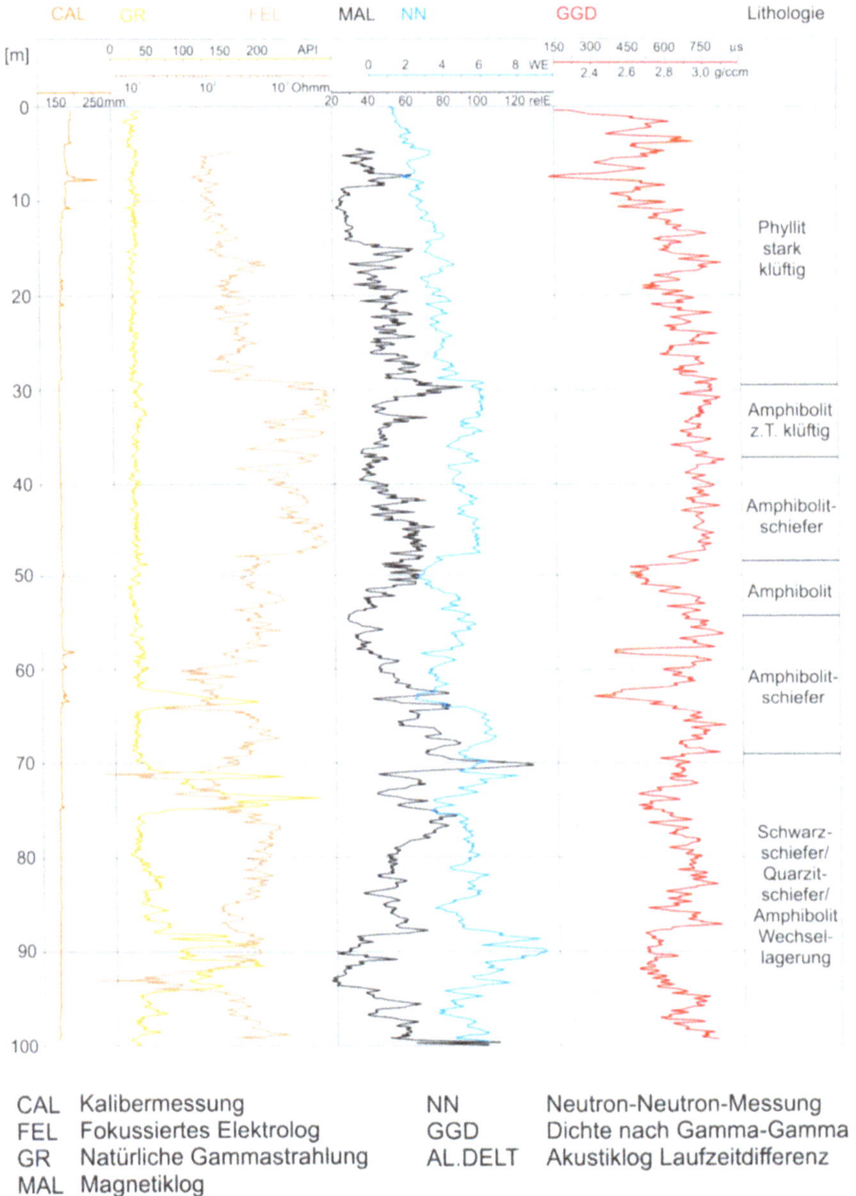

Abb. 20.4: Bohrung Rabenstein R5. Bohrlochmessungen zur lithologischen Gliederung und zum Nachweis klüftiger Bereiche und wasserführender Schichten. BLM GmbH, Niederlassung Leipzig, 1994, im Auftrag der BGR

Widerstandslog, Laterolog und Induktionslog

Die Messung des elektrischen Widerstandes erfolgte mit dem Induktionslog (IL), Potentialsonden unterschiedlichen „spacings" (Große Normale - EL.GN kleine Normale - EL.KN) und mit einem Fokussiertem Elektrolog (FEL). Dabei handelte es sich um ein für hochohmiges Gebirge geeignetes spezielles 3-Elektroden-Laterolog (Brunnen-FEL). Alle Messungen erfolgten bei Aufwärtsfahrt. Die Fahrgeschwindigkeit betrug bei den Potentialsonden 10 m/min bei der FEL-Sonde und beim Induktionslog 8 m/min. *Abb 20.5* zeigt die Logs der genannten Verfahren.

Während die mit galvanischer Ankopplung arbeitenden konventionellen Widerstandslogs EL.GN /KN und das FEL nur in nicht ausgebauten und mit leitfähiger Spülung gefüllten Bohrungen einsetzbar sind, ermöglicht das IL-Log Leitfähigkeitsmessungen auch in trockenen oder mit schlecht leitender Spülung gefüllten Bohrungen, die entweder offen oder mit Kunststoffrohren ausgebaut sind. Um den Bohrlocheinfluß zu reduzieren, werden fokussierende Systeme mit mehreren Sender- und Empfängerspulen eingesetzt. Ein entscheidender Nachteil des Induktionslogs ist, daß es nur in Gesteinsabschnitten mit spezifischen Widerständen < 300 Ωm (Verwitterungs- und Zerrüttungszonen) auswertbare Ergebnisse liefert. Für die Schichtgliederung der hochohmigen Gesteinspartien der Bohrung R5 war das Induktionslog nicht verwertbar.

Zur lithologischen Einstufung und Abschätzung der Gebirgsfestigkeit wurden die Widerstandswerte der konventionellen Verfahren herangezogen. Schichtgrenzen zeigen sich häufig durch sprunghaften Anstieg oder Abfall des Widerstandes. Bereiche zunehmender Verwitterung und Auflockerung des Gebirges sind durch abnehmende Widerstände gekennzeichnet. Der im FEL und den Meßkurven der Potentialsonden bis etwa 29 m Tiefe erkennbare deutliche Trend der Widerstandszunahme weist, wie bereits das Dichtelog, auf eine mit der Tiefe zunehmende Festigkeit des Phyllitkomplexes hin. Die innerhalb des Phyllits in allen Kurven erkennbaren lokalen Maxima sind durch eingelagerte höherohmige phyllitische Schiefer verursacht. In allen Messungen ist bei 29 m Tiefe der Wechsel von Phyllit zu Amphibolit durch eine sprunghafte Widerstandszunahme angezeigt. Nach dem FEL steigen die durchschnittlichen Widerstandswerte hier von 200 auf 2 000 Ohm m und in den EL-Logs von 400 auf 3 000 Ohm m. Die unterhalb 29 m Teufe auftretenden Meßwertschwankungen indizieren Bereiche stärkerer Schieferung. Auffällige Widerstandsminima (< 20 Ohm m) bei 72 m und zwischen 90 und 94 m sind durch hochleitfähige Schwarzschieferlagen verursacht. Bereits in den Ergebnissen der Widerstandskartierung und der elektromagnetischen Kartierung zeichneten sich an der Oberfläche ausstreichende und verwitterte Schwarzschiefer als deutliche Widerstandsminima ab (Kap. 17.2).

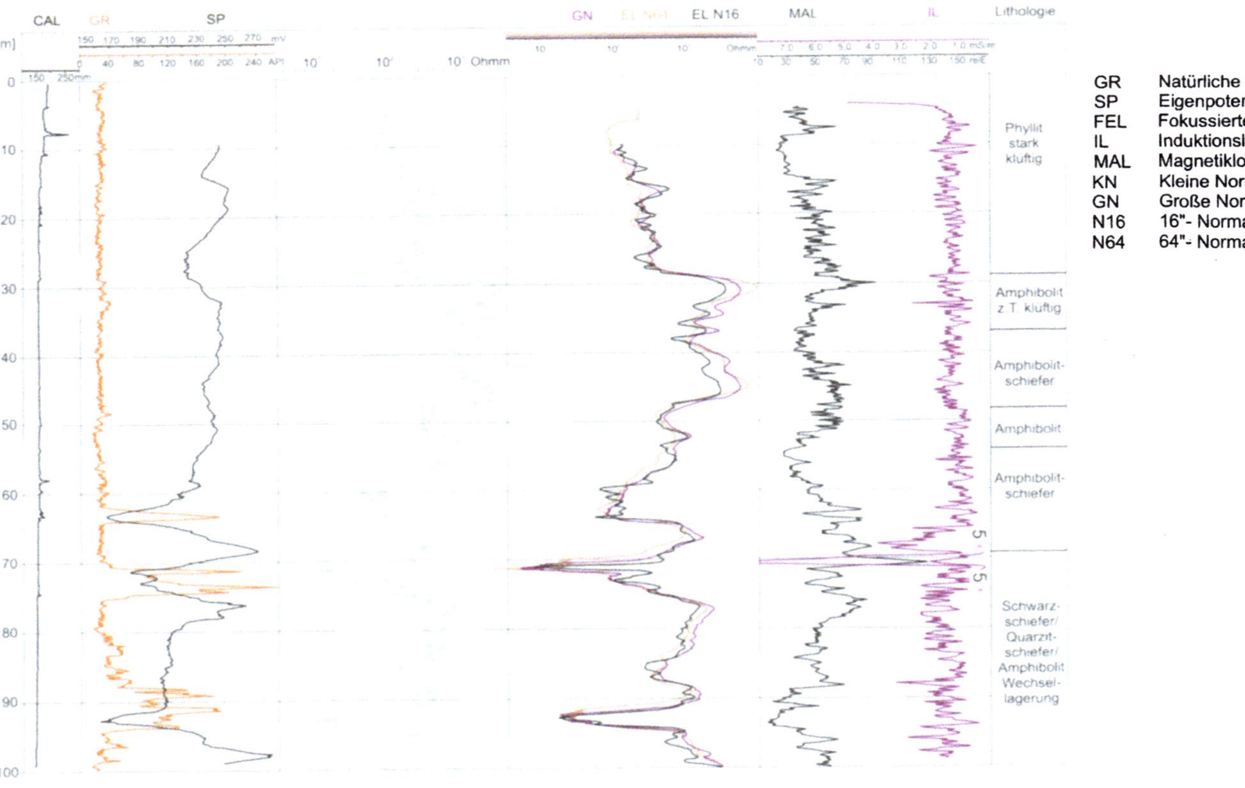

GR	Natürliche Gammastrahlung
SP	Eigenpotential
FEL	Fokussierter Elektrolog
IL	Induktionslog
MAL	Magnetiklog
KN	Kleine Normale
GN	Große Normale
N16	16"- Normale
N64	64"- Normale

Abb. 20.5: Bohrlochmessungen in der Bohrung R5. BLM GmbH, Niederlassung Leipzig,1994, im Auftrag der BGR

Magnetiklog

Das Magnetiklog (MAL) arbeitet, wie das IL-Log, nach dem Induktionsprinzip. Registriert wird aber nicht die elektrische Leitfähigkeit, sondern die (relative) magnetische Suszeptibilität. Das Verfahren spricht auf ferro- und paramagnetische Bestandteile der Gesteine oder kluftfüllender Minerale an (z. B. Magnetit, Pyrit). Bei der in Aufwärtsfahrt erfolgten Messung betrug die Geschwindigkeit der MAL-Sonde 4 m/min.

Das Log weist auf eine starke Differenzierung der durchteuften Gesteinsserien hin und bestätigt damit die im Kap. 17.1 getroffenen Aussagen. Auffällig erhöhte Suszeptibilitätswerte besitzen die unterhalb der Phyllite in allen Tiefenbereichen erbohrten Amphibolite (*Abb. 20.5 rechts*). Dieser Aspekt ist für die Interpretation der Magnetik-Oberflächenmessungen von Bedeutung. Die Indikationen in der Meßkurve zeigen eine gute Übereinstimmung mit der nach den anderen Verfahren erhaltenen Schichtgliederung und eine auffallend gute Korrelation mit den elektrischen Widerstandsverfahren. Die untergeordnet zu beobachtende Korrelation mit dem IL-Log ist durch das gleiche Wirkungsprinzip bedingt. Für routinemäßige Messungen in ähnlich aufgebauten Festgesteinskomplexen wie am Rabenstein sind die als Spezialverfahren einzustufenden MAL-Messungen allerdings nicht notwendig.

Akustiklog

Die eingesetzte Akustik-Log (AL)-Sonde besteht aus zwei Ultraschall-Sendern und einem Empfänger. Der Abstand des Empfängers zum Sender 1 beträgt 1 m (AL.T1) und zum Sender 2 1,5 m (AL.T2). Das Log wurde bei Aufwärtsfahrt mit einer Geschwindigkeit von 2 m/min gemessen. Da sich aufgelockerte Bereiche im Vergleich zu dichten Formationen durch längere Laufzeiten der Kompressionswellen auszeichnen, konnte das AL zur Identifikation von Kluft- und Zerrüttungszonen herangezogen werden. Im Hangendbereich des Phyllits (oberhalb 10 m) werden Zonen stärkerer Verwitterung durch einen deutlichen Anstieg der Laufzeiten in den Kurven AL.DELT angezeigt. Sapropelitische Schichten sowie gering verwitterter und wenig geklüfteter Phyllit zeichnen sich als schallharte Materialien durch kurze Laufzeiten aus. Besonders auffällig ist, daß ab ca. 29 bis 47 m Tiefe die mittlere Laufzeit von 350 µs im Phyllit auf 220 µs im Amphibolit zurückgeht, um dann bei 47 und 57 m, jeweils an der Ober- und Untergrenze des Amphibolitschiefers wieder sprunghaft anzusteigen. Die Schwarzschiefer und die Schwarzschiefer /Quarzit Amphibolit-Wechsellagerung unterhalb 74 m erscheinen als relativ homogene schallharte Bereiche mit Laufzeiten von ca. 200 µs (*Abb. 20.4* und *20.6*).

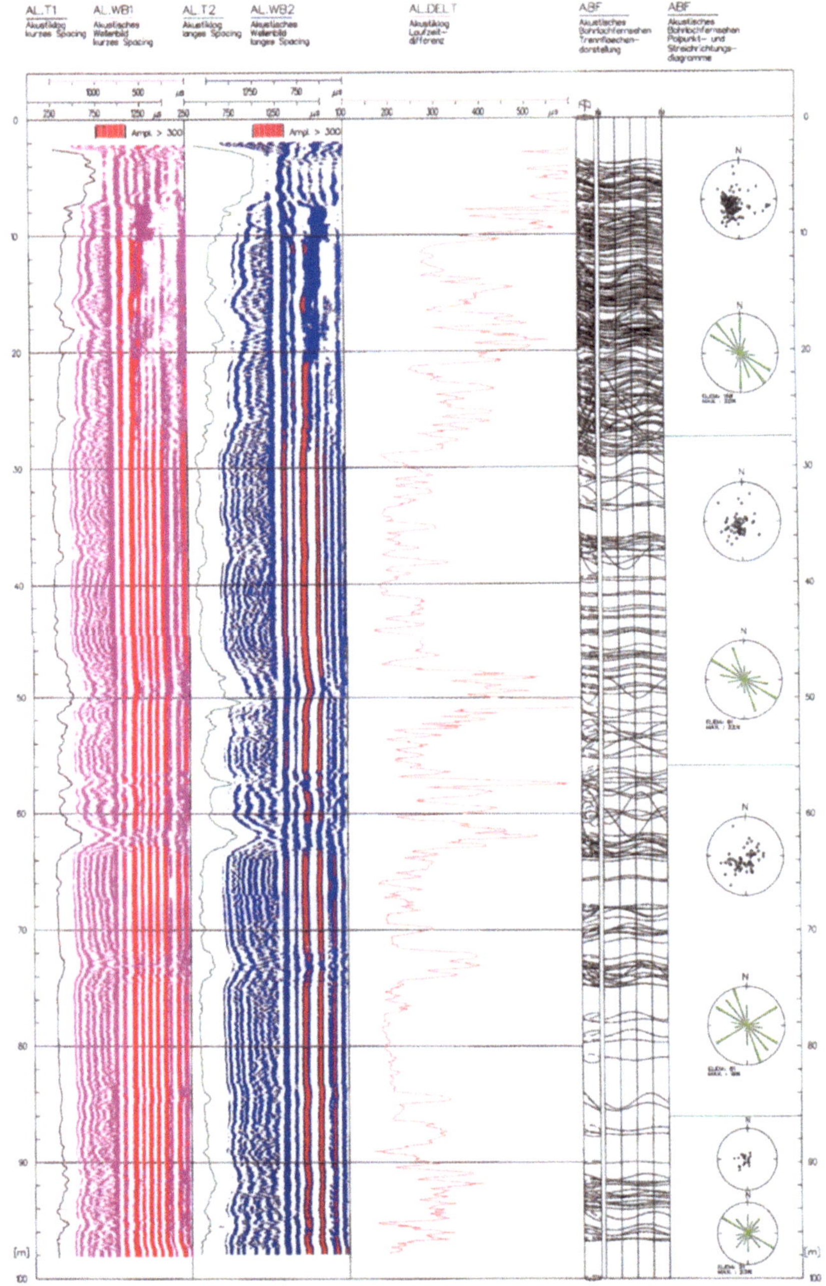

Abb. 20.6: Teststandort Rabenstein, kristallines Festgestein. Akustiklog-Messungen zur Untersuchung des Trennflächengefüges. BLM GmbH Niederlassung Leipzig, 1994, im Auftrag der BGR

Akustisches Bohrlochfernsehen (ABF)

Die ABF-Messung erfolgte als einziges Verfahren bei Auf- und Abwärtsfahrt. Die Fahrgeschwindigkeit der Sonde betrug jeweils 2 m/min. Damit wurde eine vertikale Auflösung von ca. 2 cm erreicht. Das Verfahren ermöglicht die Aufnahme und räumliche Darstellung des Trennflächengefüges. Die Amplituden-/Laufzeit-Darstellung zeigt die Kluftverteilung im Bohrloch. Schallhartes Material (z. B. Amphibolit) zeichnet sich durch große Amplituden und kurze Laufzeiten aus. Höhere Farbdichten zeigen schallweiches Gebirge mit langen Laufzeiten und kleinen Amplituden an (z. B. geklüftete und verwitterte Phyllite). Trennflächen sind in der „Abwicklung der Bohrlochwand" deutlich als „Sinuskurven" zu erkennen. Allerdings ist nicht ersichtlich, um welche Art von Trennflächen (Schichtfugen oder Klüfte) es sich handelt. Es zeigt sich, daß der Phyllitkomplex intensiv von Trennflächen durchzogen ist. Im Amphibolitkomplex (ab 29 m Teufe) geht deren Zahl merklich zurück. Am geringsten geklüftet erscheinen die Bereiche zwischen 65 und 90 m Tiefe, wo weniger bruchkompetente Amphibolite und Quarzitschiefer durchteuft wurden. Aus den dargestellten Polpunkt- und Streichrichtungsdiagrammen läßt sich eine generelle Einfallsrichtung nach NE bei einem mittleren Einfallen von ca. 30 - 40° ablesen. Zu erkennen sind auch die drei Hauptstreichrichtungen N-S, NW-SE und WNW-ESE (*Abb. 20.6 rechts*).

Fluid-Logging und Flowmetermessung

Das Fluid-Logging (SAL/TEMP) wurde, wie in der Bohrung R1, als Tracermessung realisiert. Dafür ist in den Teufenabschnitten, in denen nach den Ergebnissen der Kernaufnahme und der o. g. Messungen Zuflüsse vermutet werden (hier 25 - 30, 60 - 65 und 80 - 95 m) Kochsalz eingeleitet worden. Anschließend erfolgten im zeitlichen Abstand von ca. 20 min sieben Salinitätsmessungen über das gesamte Bohrloch mit einer konstanten Fahrgeschwindigkeit von 6 m/min. Damit war es möglich, die durch den Tracer-Input entstandenen Leitfähigkeitsfronten zu verfolgen.

Die Flowmetermessung wurde bei einer Fahrgeschwindigkeit v = 8 m/min durchgeführt. Die Überlagerung mit der Flüssigkeitsbewegung wurde entsprechend korrigiert.

Das Grundwasser im Bereich der Bohrung R5 war zum Zeitpunkt der Messungen artesisch gespannt. Mit dem kombinierten Einsatz von Fluid-Logging und Flowmetermessung unter Einbeziehung von Messungen der Temperatur und des Redoxpotentials war es möglich, Zufluß- und Verlusthorizonte zu erfassen und das Strömungsprofil innerhalb des Bohrlochs abzuleiten.

Abbildung 20.7 zeigt die Einzelmeßkurven des Fluid-Loggings, die Flowmeter-Logs und die Meßkurven für die Milieuparameter Leitfähigkeit,

Redoxpotential, pH-Wert und Temperatur. Ein wichtiges Ergebnis dieser Messungen ist das Strömungsprofil im Ruhezustand. Die eingetragenen Pfeile zeigen die Zu- und Abflußbereiche und die Richtung der Vertikalströmung. Wie erwartet sind die nach Auswertung der elektrischen Messungen und des NN-Logs als klüftig angesprochenen Bereiche auch hydrodynamisch aktiv. Die Hauptzuflüsse sind in der Flowmeterkurve an Anstiegen und in den Fluid-Logs an den zeitlichen Änderungen des Kurvenverlaufs zu erkennen. Die mit 3,5 l/min höchste Zuflußrate wurde im Teufenbereich von 21 - 26 m ermittelt. Dieser starke Zufluß erzeugt eine Aufwärtsbewegung der aufgesalzenen Wässer, die durch Verlagerung der Maxima nach oben angezeigt wird. Die mit 1,2 l/min größte Verlustrate ist in der Auflockerungszone zwischen 7,4 - 8 m gemessen worden. Auch die Kurven der Temperatur, des Redoxpotentials und der Leitfähigkeit SALO (Salinität) enthalten deutliche Anzeichen für Zuflußhorizonte.

Durch die Kombination von Kluftanalyse (nach ABF) und Zuflußprofilierung mittels Fluid-Logging und Flowmetermessung konnten in der Zentralbohrung R5 wasserführende Klüfte sicher lokalisiert werden. Da sich das Grundwasser im allgemeinen in Richtung der Hauptfoliation bewegt, war es möglich, aus der bekannten Raumlage von Klüften hydraulische Verbindungen mit den Nachbarbohrungen zu rekonstruieren (vgl. Kap. 19.3). Hinweise auf Zonen erhöhter Wasserwegsamkeiten liefern auch die in den Bohrprotokollen dokumentierten Spülungsverluste (s. Kap. 18.3).

Messung der Milieuparameter

Ein Methode zur Erkundung der Beschaffenheit des Grundwassers ist die Messung der Milieuparameter elektrische Leitfähigkeit, Temperatur, pH-Wert, Redoxpotential und Sauerstoffgehalt. Wie oben erwähnt, konnten aus der Verteilung dieser Parameter Hinweise auf hydrodynamisch aktive Bereiche gewonnen werden. Vertiefende Hinweise zu den Grundlagen der Messungen enthält das Kapitel Milieusondenmessungen im Band 3 des Handbuches. Umfangreiche Beispiele zum Aussagewert der Messungen, insbesondere für den zielgerichteten Einsatz nachfolgender geochemischer Untersuchungen, finden sich in den entsprechenden Kapiteln zu den Standorten Schöneiche und Eulenberg.

Die Kurven der gemessenen Milieuparameter sind in *Abb. 20.7 links* eingetragen. Der Aussagewert des Redoxpotentials und der Temperatur für die Lokalisierung hydrodynamisch aktiver Bereiche wurde bereits oben beschrieben. Von besonderem Wert für die Charakterisierung der angetroffenen Grundwässer ist der pH-Wert. Dieser im Mittel bei 9,0 liegende Wert zeigt ein nur wenig differenziertes Profil. Die erkennbare geringe Abnahme im Tiefenintervall zwischen 54 und 64 m bestätigt einen hier im Strömungsprofil ausgehaltenen Zuflußbereich.

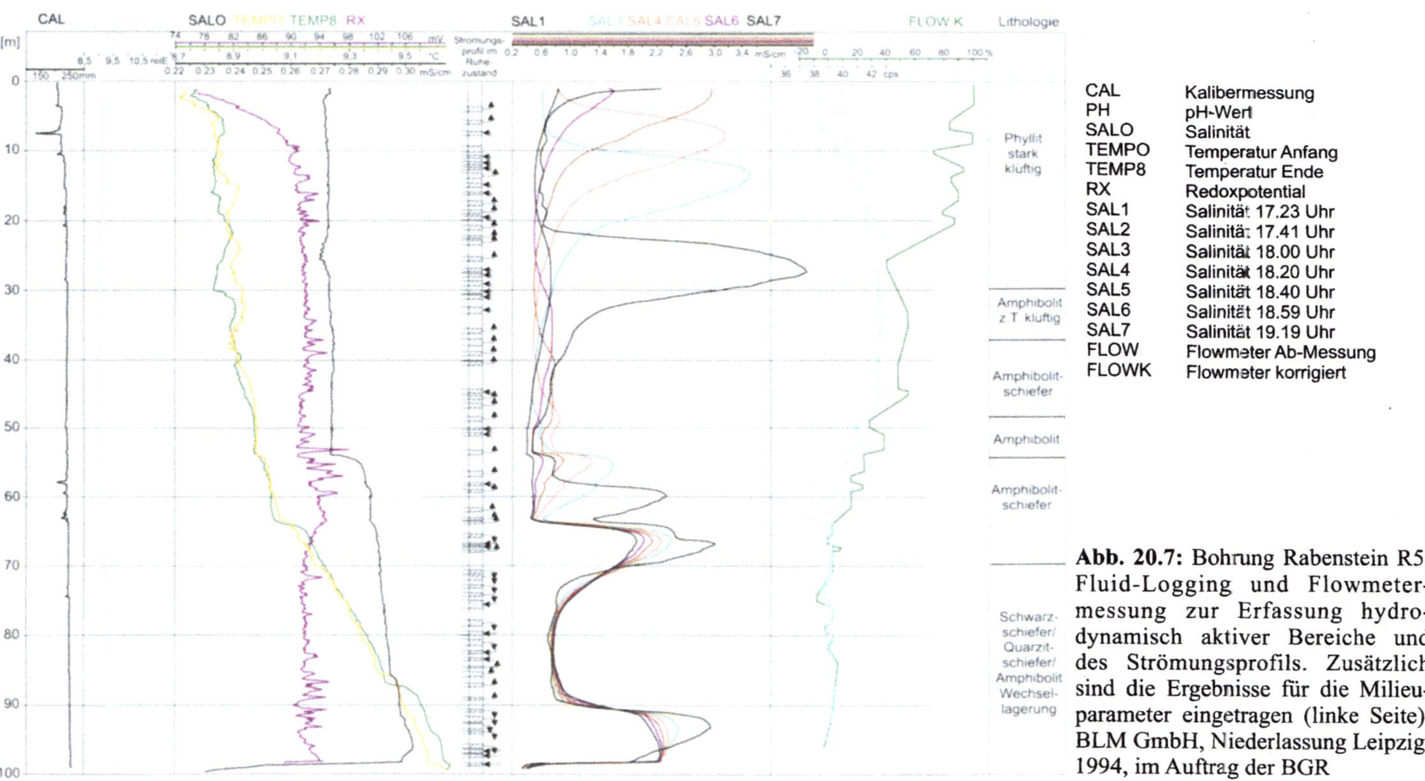

Abb. 20.7: Bohrung Rabenstein R5. Fluid-Logging und Flowmetermessung zur Erfassung hydrodynamisch aktiver Bereiche und des Strömungsprofils. Zusätzlich sind die Ergebnisse für die Milieuparameter eingetragen (linke Seite). BLM GmbH, Niederlassung Leipzig, 1994, im Auftrag der BGR

Der relativ hohe pH-Wert von 9,0 läßt darauf schließen, daß das in der Bohrung angetroffenene Grundwasser aus dem Karbonatkomplex stammt. Ein weiterer Beleg für die Herkunft der Wässer aus den in größeren Tiefen verbreiteten karbonatischen Gesteinen sind die Ergebnisse von Analysen der Wismut (GALJAPIN et al., 1976). Danach sind die in den Tiefbohrungen angetroffenen Grundwässer hydrogenkarbonat- und sulfatreich, besitzen aber trotz intensiver landwirtschaftlicher Nutzung des Gebietes nur geringe Nitratgehalte. Auch das ist ein Beleg dafür, daß es sich um Tiefenwässer handelt. Nach der Kernaufnahme wurden die ersten kalkigen Partien in einer Tiefe von ca. 80 m nachgewiesen. Unterhalb von 64 m treten vergleichsweise geringe, überwiegend abwärts gerichtete Strömungen auf. Es ist anzunehmen, daß in den zahlreichen Klüften eine Umströmung der Bohrung stattfindet, und das Wasser in höher gelegenen Horizonten wieder eintritt. Oberhalb von 64 m zeigt das Strömungsprofil überwiegend aufwärts gerichtete Wasserbewegungen (*Abb. 20.7 Mitte*).

21 Ermittlung der Grundwasserneubildungsrate aus bodenkundlichen Daten

MICHAEL FUCHS

21.1 Methodik

Die Ermittlung des Grundwasserdargebotes ist ein zentrales Problem für die Bewertung der hydrogeologischen Situation eines potentiellen Deponiestandortes. Der wichtigste Faktor ist darin die sich für das Einzugsgebiet aus dem langjährigen Mittel der Niederschläge ergebende Grundwasserneubildung. Für eine hydraulische Modellierung werden Angaben über die anfallenden Sickerwassermengen und Sickerwasserraten benötigt. Anhand dieser Angaben erfolgt die Eichung des verwendeten Modells und die Festlegung von Randbedingungen der Modellierung.

Zur Bestimmung von Sickerwasserraten werden zahlreiche erprobte Methoden, z. T. in Kombination, angewendet. Weiterführende methodische Hinweise dazu finden sich in der Literatur. Da sich der im Übergangsbereich von peri-glazialer Lockergesteinsbedeckung zum kristallinen Untergrund liegende Standort Rabenstein durch ein ausgeprägtes Relief und das Auftreten von Hangquellen auszeichnet, ist er als Fallbeispiel auch aus methodischer Sicht interessant. Die Datengrundlage ist durch das Vorliegen zahlreicher gut dokumentierter Aufschlüsse und großmaßstäbiger geologischer und geophysikalischer Karten hervorragend.

Im einzelnen konnten folgende Daten in die Auswertung einbezogen werden:

Bodenkundliche Daten:

- 51 Sondierungen einer bodenkundlichen Aufnahme (BGR Berlin),
- 5 Kernbohrungen (Aufnahme GEONOVA Hannover, UWG Berlin),
- 14 Flachbohrungen (BGR Hannover, Aufnahme TU BA Freiberg),
- 2 Schurfgräben und 11 Schürfe (Aufnahme GEOS Freiberg),
- 1 Karte der Lesesteinkartierung (GEOS Freiberg),
- 1 Schema der Verbreitung und Mächtigkeit von Lockergestein (Geophysik GmbH Leipzig),

- 26 Grablöcher der Reichsbodenschätzung (Archiv Finanzamt Chemnitz).
- Meteorologische Daten:
  - langfristige Niederschlagsmittelwerte der letzten 30 Jahre für das Winter- und Sommerhalbjahr an der Wetterstation Chemnitz (DWD, Offenbach)
  - tägliche Temperatur- und Niederschlagswerte der Wetterstation Chemnitz für den Zeitraum 1991 - 1995 (DWD, Offenbach)

Die Grenzen des Untersuchungsgebietes sowie die Lage der bodenkundlichen Sondierungen und der Grablöcher der Reichsbodenschätzung sind in der Karte der Bodenausgangsgesteine eingetragen (*Abb. 21.1*). Die Bohrpunkte zeigt *Abb. 14.3*.

Mit einer Flächengröße von ca. 1,68 km^2 umfaßt das Untersuchungsgebiet die Hochfläche in der Umgebung des potentiellen Deponiestandortes. Die Festlegung der Grenzen des Gebietes erfolgte im wesentlichen nach Reliefmerkmalen und dem Verlauf der Fließgewässer ohne die Berücksichtigung eines möglicherweise größeren Grundwassereinzugsgebietes. Die Trassen der Autobahnen in den Tälern nördlich und östlich der Hochfläche bilden Grenzen, die auch für das hydraulische Modell gelten könnten, ebenso wie die das Gebiet im Westen begrenzende Röhrsdorfer Straße. Problematischer ist die südliche Begrenzung, da in diesem Bereich der Karbonatkomplex der Rabensteiner Felsendome anschließt und der Übergang zwischen dem Schiefermantel des Granulitgebirges und dem Rotliegendkomplex der Erzgebirgischen Senke als Störungszone ausgebildet ist (Kap. 14).

Für die Ermittlung der Sickerwasserrate bestehen folgende Möglichkeiten:

- Messung,
- Simulation und
- empirische Schätzung.

Eine genaue, aber kosten- und zeitaufwendige Methode ist die Messung der Versickerung durch Lysimetermonolithen, die in Dauerbeobachtungsflächen zur Klärung von Bodenwasserhaushalt und Stofftransportprozessen installiert werden. Basierend auf langjährigen Messungen sind in den letzten Jahren Simulationsmodelle für ebene Standorte mit tiefgründigen Böden entwickelt worden. Derartige Modelle werden seitens des NLfB und der BGR für die Beschreibung des Bodenwasserhaushaltes und des Stofftransports verwendet. Das numerische Simulationsmodell SIMWASSER (STENITZER & MÜLLER, 1996) berechnet den Wasserhaushalt und den Ertrag von Pflanzenbeständen bei unterschiedlicher Wasserversorgung.

Am Rabenstein wurden empirische Schätzfunktionen verwendet, die auf dem Ansatz von RENGER & WESSOLEK (1994) basieren. Diese Regressionsgleichungen sind auf einjährige Berechnungszeiträume mit langfristigen Niederschlagsmittelwerten ausgelegt. Eingangsdaten sind Niederschlag, potentielle Evapotranspiration und pflanzenverfügbares Bodenwasser. Die für ebene Standorte konzipierten Regressionsgleichungen können aber aufgrund ihres Bezugs auf die nutzbare Feldkapazität des effektiven Wurzelraums auch unter den Bedingungen der am Rabenstein verbreiteten flachgründigen Böden angewendet werden. Die *Tab. 21.1* zeigt die verwendeten Regressiongleichungen.

Zur Umsetzung der für ebene Standorte berechneten Sickerwasserraten auf Hangstandorte existieren nur wenige Ansätze. Das Simulationsmodell GLADIS des GLA Nordrhein-Westfalen berücksichtigt die Hangneigung über entsprechende Quotienten. Im empirischen Ansatz des NLfB (FIS Boden 1992) werden für Hangneigungsstufen entsprechend ihrer Exposition Zu- und Abschläge berechnet. Neuere Arbeiten liegen von RENGER & WESSOLEK (1994) und, speziell für landwirtschaftlich genutzte Hangstandorte, von WESSOLEK (1997) vor. Entsprechend der Exposition dieser Standorte ermittelt WESSOLEK die Umrechnungsfaktoren auf der Grundlage von Geländemessungen und zweidimensionalen Wasserhaushaltsberechnungen.

Um Relieffaktoren abzuleiten, sind Boden und Klimaraum zu berücksichtigen. Mit einem mittleren jährlichen Niederschlag von 700 mm besitzt der Standort Rabenstein eine positive klimatische Wasserbilanz von 150 mm und eine mittlere nutzbare Feldkapazität des effektiven Wurzelraums von 243 mm. Unter Berücksichtigung dieser Größen und der in *Tab 21.2* eingetragenen Faktoren erfolgte die Umrechnung für die in Hanglage befindlichen Nutzflächen (Ackerland und Grünland). Im Bezug auf den Strahlungseintrag verhalten sich E- und W- Hänge wie die Ebene. Für bewaldete Flächen können die für den ebenen Standort berechneten Werte verwendet werden. Die bei WESSOLEK (1997) aufgeführten „Runoff-Ereignisse" können mit dieser Methode allerdings nicht erfaßt werden. Darauf wird unten eingegangen.

Tab. 21.1: Nutzungsabhängige Regressionsgleichungen (RENGER & WESSOLEK 1994)

Nutzung	**Regressionsgleichung**
Ackerland	GWNj = 0,92(Nw) + 0,61(Ns) - 153(log Wpfl) - 0,12(ETpot) + 109
Grünland	GWNj = 0,90(Nw) + 0,52(Ns) - 286(log Wpfl) - 0,10(ETpot) + 330
Nadelwald	GWNj = 0,71(Nw) + 0,67(Ns) - 166(log Wpfl) - 0,19(ETpot) + 127

GWNj - jährliche Grundwasserneubildung in mm
Nw - mittlerer Niederschlag im Winterhalbjahr (1.10. bis 31.3.) in mm
Ns - mittlerer Niederschlag im Sommerhalbjahr (1.4. bis 30.9.) in mm
Wpfl - pflanzenverfügbares Bodenwasser in mm
ETpot - mittlere jährliche potentielle Evapotranspiration nach HAUDE (1955) in mm

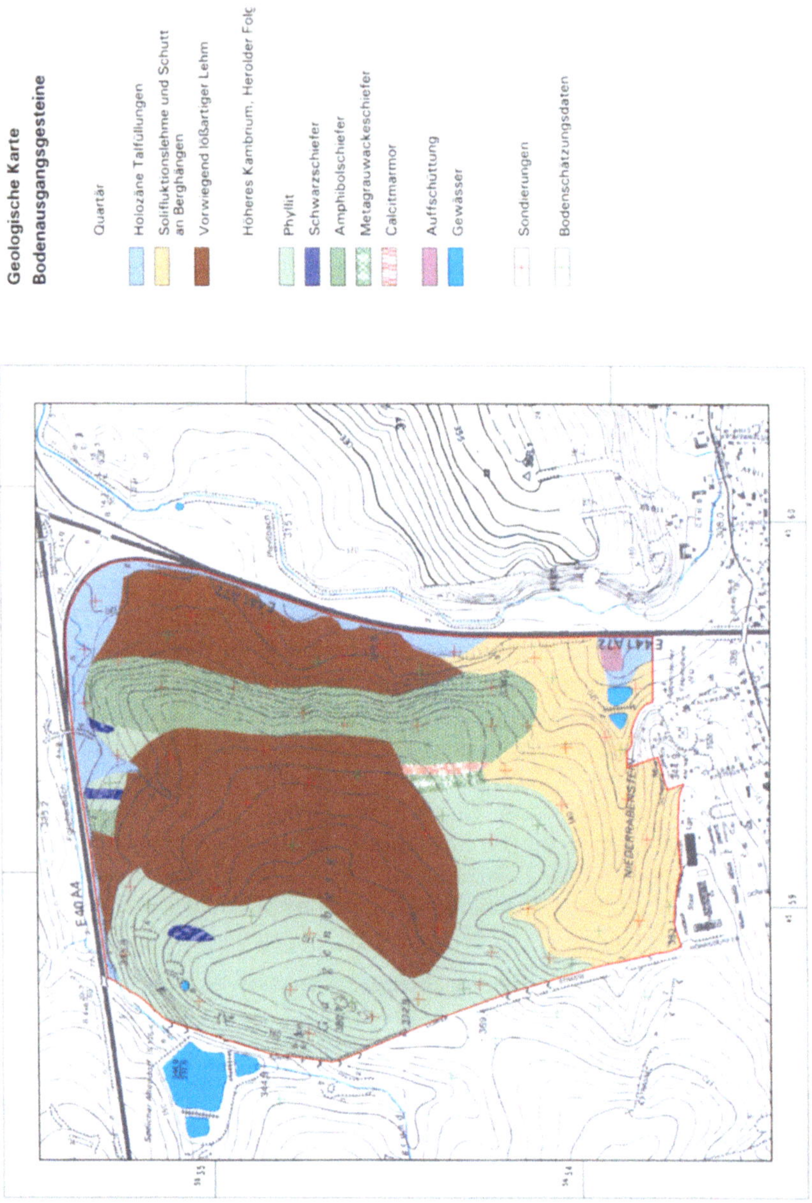

Abb. 21.1: Karte der Bodenausgangsgesteine und Grenzen des Untersuchungsgebietes

Tab. 21.2: Faktoren zur Modifikation der Sickerwasserraten auf landwirtschaftlich genutzten geneigten Standorten (WESSOLEK 1997)

Exposition	Hangneigungsstufen (in Prozent)			
	5	**10**	**15**	**20**
N	1,04	1,07	1,11	1,15
NE/NW	1,02	1,04	1,06	1,09
S	0,96	0,92	0,89	0,86
SE/SW	0,98	0,96	0,94	0,93

21.2 Bearbeitungsschritte und Ergebnisse

Die Berechnung der Sickerwasserrate setzt die Bildung homogener Einheiten voraus. Nach Sichtung und Auswertung vorhandener Altunterlagen wurde im Untersuchungsgebiet eine an die bodenkundliche Aufnahme angelehnte Bodenartenkartierung gezielt durchgeführt. Anhand dieser Ergebnisse sind alle verfügbaren Aufschlüsse durch vertikale Abfolgen der Bodenartenunterguppen nach Kartierungsanleitung KA4 (AG Bodenkunde, 1994) beschrieben worden. Die interpolierten Flächen ergeben dann mit der Karte der Bodenausgangsgesteine (*Abb. 21.1*) und den durch die Bodenartenkartierung verifizierten geologischen Ausgangsmaterialien die Karte der typisierten Substratbfolgen und Bodenartenuntergruppen (*Abb. 21.2*). Die in *Abb. 21.1* eingetragenen lithologischen Grenzen bestätigten sich überwiegend. Änderungen ergaben sich lediglich im Verlauf des Amphibolschieferrückens, der weiter südlich angetroffen wurde. Für die über dem Festgestein (hauptsächlich Phyllit) lagernden mächtigeren Hangschluffe wird in der Substratbezeichnung nicht das unterlagernde Festgestein geführt. Bodenausgangsgesteine sind hier die Hangschluffe selbst. Der Übergang von Hangschluffen und Verwitterungsböden über Phyllit in Löß und Lößlehme ist im Gelände an der Abnahme der Steinigkeit bzw. Grusigkeit gut erkennbar.

Die vertikale Typisierung erfolgte tiefenstufenbezogen nach KA4, wobei die Intervalle 3, 7 und 12 dm zum Tragen kamen. Das Ergebnis ist eine Zweischichtbeschreibung als Grundlage der Berechnung. In der *Abb. 21.2* sind die eingetragenen Substratgruppen durch die erste Stelle des Substratschlüssels (SUBID) gekennzeichnet, die folgender Gründigkeit angehören:

Mittel- bis tiefgründige Böden

- fluviatile Schluffe und Lehme der holozänen Täler (1*)[1]
- kolluviale Hangschluffe in Vergesellschaftung mit Kryo-Schluffen und Kryo-Löß (2*)
- Löß und Lößlehme (3*)
- Anthroschluff (7*)

Flachgründige Böden

- Hangschluffe über Verwitterungsböden und Schluffverwitterungsböden aus Phyllit (4*)
- Hangschluffe über Verwitterungsböden aus Schwarzschiefer (5*)
- Hangschluffe über Verwitterungsböden und Schluffverwitterungsböden aus Amphibolschiefer (6*)

Zur Ermittlung der Kennwerte sind die Substrattypen nach Genese, Abfolge der Bodenartenuntergruppen und Lagerungsdichten zu insgesamt 16 Standorttypen zusammengefaßt worden. Dabei wurde tiefenstufenbezogen gearbeitet. Eine weitere Unterteilung erfolgte nach den auf den entsprechenden Flächen mit der Nutzungsart korrespondierenden Humusklassen. Entsprechend den in der Methodendokumentation aufgestellten Regeln werden für die nutzbare Feldkapazität je nach Humusgehalt Zu- und Abschläge getätigt (HENNINGS, 1994). In *Tab. 21.3* sind die derart abgeleiteten Größen auszugsweise für 5 Standorttypen gezeigt.

Für die Berechnung der Sickerwasserrate am ebenen Standort, ist als nächster Schritt die Nutzung einzubeziehen (*Abb. 21.3*). Die Bodenstandorte ergeben mit Berücksichtigung der Nutzung homogene Einheiten, für die eine Berechnung nach RENGER & WESSOLEK (1994) vorgenommen werden kann.

Die nutzbare Feldkapazität des effektiven Wurzelraums berechnet sich als Summe der tiefenstufenbezogenen nutzbaren Feldkapazität über die effektive Durchwurzelungstiefe. Da der Rabenstein ein „grundwasserferner" Standort ist, kann hier die kapillare Aufstiegsrate vernachlässigt werden. Auch die in der *Abb. 21.3* dargestellten stauvernässten Bereiche sind in diesem Ansatz nicht berücksichtigt. Somit wird das pflanzenverfügbare Bodenwasser durch die nutzbare Feldkapazität des effektiven Wurzelraums repräsentiert.

[1] * kennzeichnet jeweils die zweite Ziffer der Legenden-Nummer (LegNr.) in *Abb. 21.2*

Tab. 21.3: Kennwerte für 5 Standorttypen am Teststandort (Auszug aus 16 Typen)

Standorttyp	Bodenarten-untergruppe nach KA4	We [dm]	SUBID Zusammen-fassung	Bodenarten-untergruppe	kf [cm/d]	Lagerungs-dichte	Tiefen-stufe	Nutzung	Humus-klasse	nFK [mm/dm]
1	Us//Uls	10	11	Us	80	3	0 - 3	F	4	29
							0 - 3	G	3	25
							0 - 3	A	2	23
							3 - 7		0	22
				Uls	50	3	7 -12		0	22
2	Uls	10	12	Uls	50	3	0 - 3	G+O	3	24
							3 - 12		0	22
3	Uls//Lu	9	13, 71	Uls	50	3	0 - 3	G+O	3	24
							3 - 7		0	22
				Lu	50	4	7 -12		0	16
4	Us//Uls	10	21	Us	80	3	0 - 3	G	3	25
							0 - 3	A	2	23
							3 - 7		0	22
				Uls	50	3	7 -12		0	22
5	Us//Uls	10	22	Us	80	3	0 - 3	F	4	29
							0 - 3	A	2	23
							3 - 7		0	22
				Uls	50	2	7 -12		0	26

We effektive Durchwurzelungstiefe
kf Durchlässigkeitsbeiwert
nFK nutzbare Feldkapazität

Nutzung:

A Acker
F Forst
G Grünland
O Ödland

Ein weiterer klimatischer Eingangswert ist die potentielle Evapotranspiration (ET_{pot}) nach HAUDE (1955) dargestellt in GROSSMANN (1996). Hier wird mit einem ET_{pot}-Ansatz von 550 mm gearbeitet. Dieser Ansatz ist mittlerweile modifiziert und wird bundesweit einheitlich durch die FAO-Referenzverdunstungs-Werte geregelt (HAD 2000). Die in den *Tab.21.4* und *21.5* wiedergegebenen Niederschlagshöhen und Sickerwasserraten verschiedener Jahre unterstreichen die Notwendigkeit einer Verwendung langfristiger Mittelwerte.

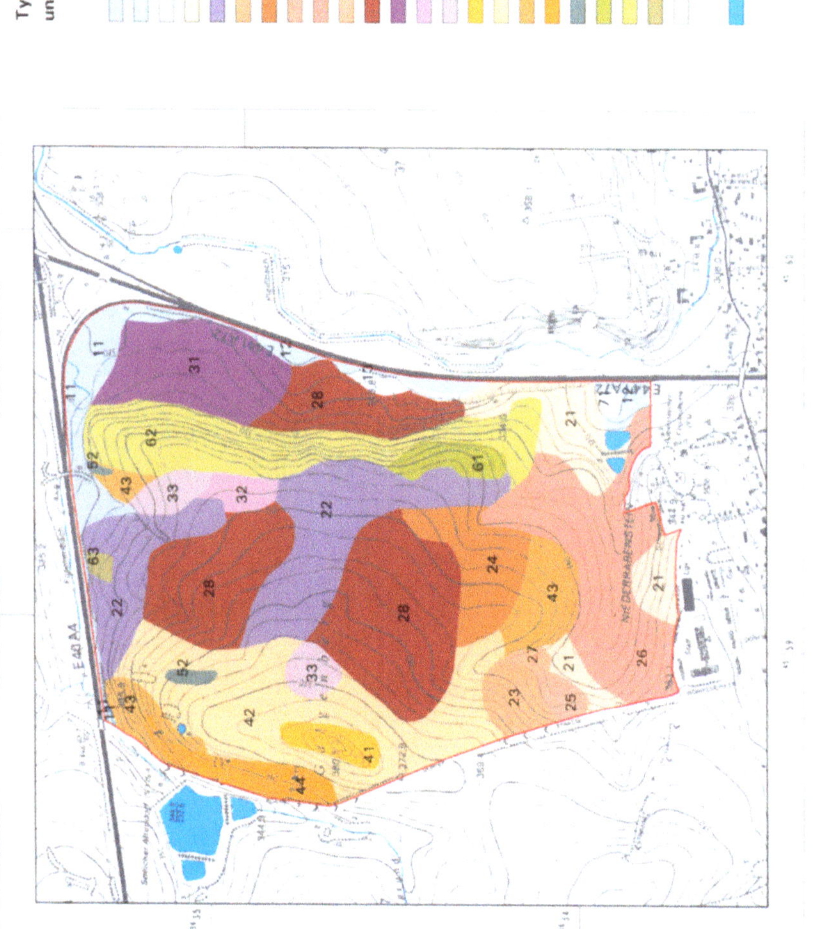

Abb. 21.2: Karte der typisierten Substratabfolgen und Bodenartenuntergruppen.

Tab. 21.4: Niederschlagshöhen und entsprechende Jahresmittelwerte an der Wetterstation Chemnitz 4412 (Angaben in mm)

Jahr	Winterhalbjahr 1. 10. - 31. 3.	Sommerhalbjahr 1. 4. - 30. 9.
1991/1992	299	362
1992/1993	219	397
1993/1994	362	530
1994/1995	419	650
Mittelwert 1991 - 1995	325	485
Mittelwert über 30 Jahre	273	427

Tab. 21.5: Nutzbare Feldkapazität des effektiven Wurzelraums (nFKWe) und jährliche Sickerwasserraten (SWRj) für verschiedene Jahre und Jahresmittelwerte. Hier werden auszugsweise die gleichen Standorttypen (1-5) wie in *Tab. 21.3* dargestellt

Standorttyp	Nutzung 1 – Wald 2 – Grünland 3 - Ackerland	nFKWe [mm]	SWRj [mm] 1991/1992	SWRj [mm] 1992/1993	SWRj [mm] 1993/1994	SWRj [mm] 1994/1995	SWRj [mm] Mittel 1991-1995	SWRj [mm] Mittel 30 Jahre
1	1	241	82	49	239	360	182	107
	2	229	57	4	201	315	144	68
	3	223	179	127	340	466	278	195
2	1	226	86	53	244	365	187	112
	2	226	59	5	203	317	146	69
3	1	192	98	65	256	376	199	123
	2	192	79	26	223	337	166	90
4	1	229	85	52	243	364	186	111
	2	229	57	4	201	315	144	68
	3	223	179	127	340	466	278	195
5	1	253	78	45	236	356	179	104
	3	235	176	124	336	462	275	192

Abb. 21.3: Nutzungen und Nutzungsarten der Böden mit Angaben zu stauvernäßten Bereichen und Hangquellen (Situation im Jahre 1997).

In die weiteren Berechnungen fließen die auf langfristigen Niederschlagsmittelwerten basierenden Sickerwasserraten ein. Für die Transformation der für ebene Standorte berechneten Werte auf Hangstandorte ist ein Höhenmodell, welches Exposition und Neigung berücksichtigt, erforderlich. Für den Teststandort Rabenstein wurde dieses Modell nach der Topographischen Karte 1:10 000 über Triangulation und Trendflächenanalyse erarbeitet. Entsprechend der Exposition und Hangneigung wurden für die Skalierung des Triangulationsmodells die Faktoren der *Tab. 21.2* verwendet. Schwach geneigte Bereiche mit Hangneigungen unter 3 Grad werden im Bezug auf die Strahlungsbilanz wie Ebenen behandelt.

Im letzten Schritt werden die für den ebenen Standort berechneten Sickerwasserraten durch die im Triangulationsmodell eingesetzten Faktoren auf geneigte Flächen umgerechnet. Das Ergebnis ist als Karte der Sickerwasserrate dargestellt (*Abb. 21.4*). Diese Karte wird durch die in *Abb. 21.3* ersichtlichen Konturen der Nutzflächen dominiert.

Die *Tab. 21.6* vermittelt einen Überblick zu den jährlichen Versickerungsraten für den Teststandort unter nutzungsspezifischen Aspekten.

Tab. 21.6: Nutzungsspezifische Versickerungsraten (SWR) am Teststandort Rabenstein

Nutzung	Minimum SWR [mm/a]	Maximum SWR [mm/a]
Ackerland	168	225
Grünland	25	90
Nadelwald	85	123

Es wird deutlich, daß die Nutzung den höchsten Stellenwert besitzt. Als nachfolgendes Element sind die Lößböden und lößdominierten Kryo- und Hangschluffe bestimmend. Sie treten als Böden mit hohem Wasserspeicherungsvermögen durch geringere Versickerungsraten gegenüber der Umgebung hervor. Starke Kontraste zu benachbarten Substraten zeigen sich vor allem auf Grünland.

Erst als drittes Konturenelement machen sich starke Hangneigungen bemerkbar. Dabei treten vor allem Nord- und Südhänge durch ihre höheren zu- bzw. abschlägigen Faktoren hervor. Da die meisten Hangbereiche am Rabenstein aber in E- bzw. W-Richtung einfallen, und die stärksten Hangneigungen mit N-/NW-Exposition in bewaldeten Flächen auftreten, sind die getätigten Zu- und Abschläge minimal. Auch die für Ackerland berechneten höchsten Sickerwasserraten variieren durchschnittlich lediglich um 10 - 20 mm/a. Am deutlichsten machen sich die Zu- und Abschläge in der E-W verlaufenden Solifluktionssenke nördlich der Ortslage Niederrabenstein bemerkbar (*Abb. 21.1*). Hier liegen auf Teilbereichen des landwirtschaftlich genutzten Nordhanges auch die Maxima der Sickerwasserrate. Weitere Maxima zeigen sich auf dem Nordhang nahe der Autobahn A4.

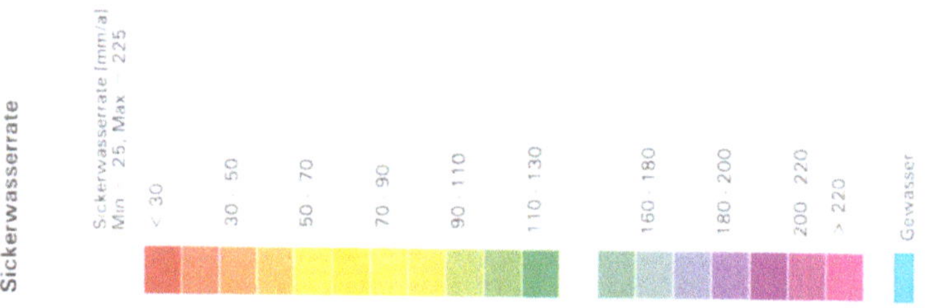

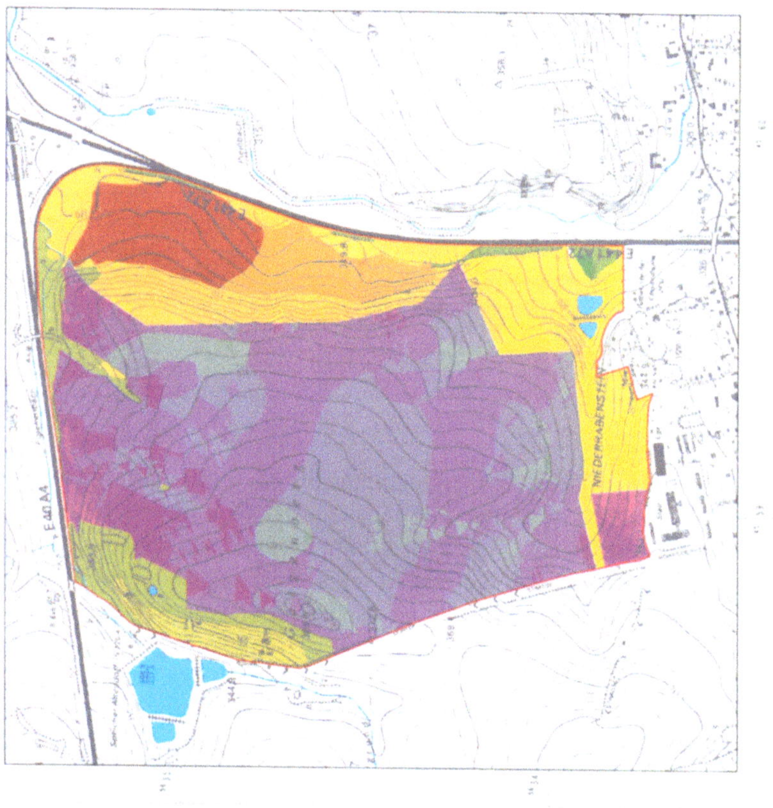

Abb. 21.4: Karte der Sickerwasserraten für das Untersuchungsgebiet Rabenstein.

Die *Tab. 21.7* zeigt die auf die Gesamtgröße des Untersuchungsgebietes von 168 Hektar bezogenen Flächenanteile für die jeweiligen Intervalle gleicher Versickerungsrate. Daraus ergibt sich eine Gesamtsickerwassermenge von 247 523 m^3, die in einem Jahr die Bodenzone des Untersuchungsgebietes passiert.

Folgende Faktoren nehmen Einfluß auf die ermittelte Sickerwassermenge und führen gegebenenfalls zu einer Modifizierung der Angaben:

- Überschätzung der Faktoren für die Anpassung der Sickerwasserraten auf den unebenen Standort,
- Vorhandene intakte Drainagesysteme,
- Oberflächlicher Abfluß (Runoff-Ereignisse) mit Entwässerung über den Pleißbach als Vorfluter,
- Austritt der Sicker- und Stauwässer über Hangquellen.

Tab 21.7: Flächengrößen entsprechend der Skalierung der Sickerwasserrate in *Abb. 21.4* für Intervalle gleicher Versickerungsraten

SWR Intervall [mm/a]	Flächengröße [ha]
<30	10,28
30-50	0,08
50-70	25,73
70-90	10,14
90-110	13,45
110-130	1,65
160-180	12,18
180-200	80,88
200-220	13,28
>220	0,38

Zu einer Überschätzung der Sickerwasserrate kann es vor allem an stark geneigten Hängen kommen WESSOLEK (1997). Da starke Hangneigungen mit nördlicher bzw. südlicher Expositon im Untersuchungsgebiet auf den landwirtschaftlich genutzten Flächen nur untergeordnet auftreten, ist diese Fehlergröße vernachlässigbar.

Bei der stereoskopischen Betrachtung des Luftbildes (*Abb. 14.1*) ist im Bereich heller Flächen im Zentrum der Abbildung eine systematische Rohrdränung erkennbar. Die Drainagen sind teilweise zerstört und Lagepläne nur lückenhaft verfügbar. Die Bodenartenkartierung im April 1997 erbrachte die Bestätigung, daß große Teile der landwirtschaftlich genutzten Fläche nicht mehr wirkungsvoll entwässert werden. Nur für die Solifluktionssenke, die nach Osten in den Pleißbach entwässert, gibt es Hinweise auf eine teilweise Funktionsfähigkeit des Drainagesystems. Da die Menge der Entwässerung nicht abschätzbar ist, muß sie als modifizierendes Element vernachlässigt werden.

Für die Betrachtung des oberflächlichen Abflusses liegt durch die Arbeit von WESSOLEK (1997) eine grobe Abschätzung vor. Dort werden die Voraussetzungen für Runoff-Ereignisse erläutert und Abschätzungen für Abflußgrößen an ausgewählten Standorten gegeben. Danach sind am Teststandort Rabenstein nur Teilflächen mit Hangneigungsstufen größer 20 % und mit einer Kulturpflanzenbedeckung unter 30 %, zumindest jahreszeitlich bedingt, betrachtenswert. Der N-S verlaufende Amphibolschieferrücken (*Abb. 21.1*) als solch herausragendes Neigungselement ist mit 70 % Flächenanteil von Grünland und grasbewachsenem Ödland bedeckt. Nur 30 % seiner stark geneigten Hänge werden ackerbaulich genutzt. Hier muß mit Runoff-Ereignissen gerechnet werden. Für diese Gebiete kann im groben Schätzrahmen eine Verminderung der Sickerwasserrate um 16 mm/a angenommen werden. Das ergibt, bezogen auf die betroffene Fläche von 0,1 ha, eine Verlustgröße von rund 14 m^3, die aber gegenüber der Gesamtsickerwassermenge zu vernachlässigen ist.

Der wohl größte Verlust tritt durch Hangquellen auf. Im Untersuchungsgebiet wurden zwei Hangquellen lokalisiert, die im Norden in lößdominierten Hangschluffen austreten (*Abb. 21.3*). Sie entwässern das Gebiet nach Norden in den Forellenbach. Da zumindest eine dieser Hangquellen eine ackerbaulich genutzte Fläche entwässert, ist von einer Abhängigkeit der Entwässerung von den Niederschlagsereignissen und den Jahreszeiten (Schneeschmelze) auszugehen.

Zur Abschätzung der Grundwasserneubildung durch Sickerwässer für Festgesteinsgebiete existieren Richtwerte. So gehen GABRIEL & ZIEGLER (1990) bei einer mittleren Sickerwasserrate von 175 mm/a von einem Verlust über Hangquellen und Vorfluter von 80 mm/a aus. Diese Verlustrate kann 10 - 40 % des Gebietsabflusses ausmachen. Wenn man für den Teststandort Rabenstein die untere Schranke ansetzt, ergibt sich als grober Überschlag eine Verlustrate von rund 25 000 m^3, die von der berechneten Gesamtsickerwassermenge von 247 523 m^3 abzuziehen wäre.

22 Untersuchung der geogenen Grundbelastung mit mobiler Vor-Ort-Analytik

WERNER HILTMANN & JOHANNES FLACHOWSKY

Geochemische Untersuchungen sind von großer Bedeutung, wenn es darum geht, die Quellen erhöhter Schadstoffwerte im Umfeld einer betriebenen Deponie sicher nachzuweisen und den Verursachern zuordnen zu können (s. Fallbeispiel Schöneiche-Mittenwalde). Bei der Neuanlage von Deponien spielt auch die Frage der natürlichen Hintergrundbelastung des Bodens - der geochemische „Background" - eine wichtige Rolle, insbesondere dann, wenn der Deponiestandort von erhöhten Schwermetallgehalten der Bodenausgangsgesteine geprägt ist.

Im Rahmen ihrer Erkundungsarbeiten am Rabenstein wurden von den Wismut-Geologen geochemische Untersuchungen durchgeführt, die sich naturgemäß auf die Uran-Begleitelemente Blei, Kupfer, Zink, Nickel und Arsen konzentrierten. Mit den dabei eingesetzten spektralanalytischen Verfahren wurden Schwermetallgehalte ermittelt, die z. T. um das 20 bis 30-fache über den durchschnittlichen natürlichen Gehalten für Lößlehm liegen. Es zeigte sich auch, daß die Hintergrund-Werte der in der Nachbarschaft anstehenden ordovizischen Schwarzschiefer und der silurischen Kieselschiefer 3- bis 6- mal so hoch sind wie die Werte der am Standort verbreiteten Phyllite. Die nachgewiesenen lokalen Anomalien sind allerdings meist sekundärer Natur, d. h. durch Verfrachtungsprozesse aus den produktiven Zonen entstanden (GALJAPIN et al., 1976; SCHWANDTKE et al., 1989).

Bei geochemischen Untersuchungen kann Vor-Ort-Analytik mit einem mobilen Laboratorium oft wesentlich zeitsparender und damit kostengünstiger sein. Um die Aussagefähigkeit der „mobilen Analytik" bei der Bestimmung der geochemischen Grundbelastung zu prüfen und den erforderlichen zeitlichen und analytischen Aufwand zu ermitteln, wurde im Sommer 1994 eine Teilfläche des Untersuchungsgebietes durch das mobile Labor des Umweltforschungszentrums Leipzig auf Schwermetalle untersucht. Die Schwermetallverteilung sollte in Abhängigkeit von den Gesteinseinheiten des Untergrundes sowohl im Bodenprofil als auch flächenhaft beschrieben werden (HILTMANN, 1995).

22.1 Methodik

Am Osthang des Galgenberges wurden auf einem in N-S- und drei in W-E-Richtung verlaufenden Profilen von ca. 800 m Länge Rammkernsondierungen zur Entnahme von Bodenproben durchgeführt. Die Profile erfaßten im westlichen Randbereich den nach der geologischen Oberflächenkartierung als „Fleck- und Knotenschiefer" angesprochenen Gesteinszug und die auflagernde Phyllitzone. Im Zentralbereich wurde die Rinnenstruktur mit erhöhter Lockergesteinsmächtigkeit unter Lößbedeckung überstrichen und am Ostrand sind die Amphibolschiefer der Herolder Folge erfaßt worden (*Abb. 22.1*). Insgesamt wurden 25 Rammkernsondierungen im mittleren Abstand von 125 m bis zu einer Tiefe von 3 m niedergebracht. Die Kerne sind in jeweils 8 Abschnitte: von 0-10, 10-30, 30-50, 50-100, 100-150, 150-200, 200-250 und 250-300 cm unterteilt worden. Aus jedem Abschnitt wurde eine repräsentative Bodenprobe entnommen.

Nach der Bestimmung des Wassergehaltes wurden etwa 30 g jeder Probe getrocknet, auf < 100 µm aufgemahlen und mittels Röntgenfluoreszenzanalyse (Spektrace TX 6000 der Firma Noran) vor Ort auf ihre Schwermetallgehalte und die Gehalte anderer wichtiger Elemente (As, Ba, Ca, Co, Cu, Fe, Mn, Ni, Pb, Sn, Ti, Zn) untersucht. Die Messung erfolgte in drei Prozeduren für Elemente niedriger, mittlerer und höherer Ordnungszahl, wobei 16 Elemente simultan mit einer Gesamtmeßzeit von ca. 15 min bestimmt werden Die Auswertung und graphische Darstellung der Elementverteilungen erfolgte mit dem Programm STATISTIKA (FLACHOWSKY et al., 1994).

22.2 Ergebnisse

Die Schwermetallkonzentration zeigt im Bodenprofil eine sprunghafte Zunahme mit der Tiefe. In von Profil zu Profil wechselnden Tiefenbereichen steigen die Gehalte auf ein Mehrfaches der für die oberflächennahen Horizonte ermittelten Werte. So liegt die Nickel-Konzentration in den Deckschichten zwischen 25 und 50 mg/kg und steigt zwischen 0,75 und 2 m Tiefe abrupt auf Werte über 60 - 150, lokal sogar bis auf Werte über 300 mg/kg an. Ein gleiches Verhalten zeigen die Werte für Zink. Im Südwesten des Untersuchungsgebietes, wo vorwiegend Lehm, Löß und tonige Verwitterungsböden in größerer Mächtigkeit verbreitet sind, treten dagegen über das gesamte Bodenprofil gleichbleibend niedrige Konzentrationen auf (*Abb. 22.2a - c*).

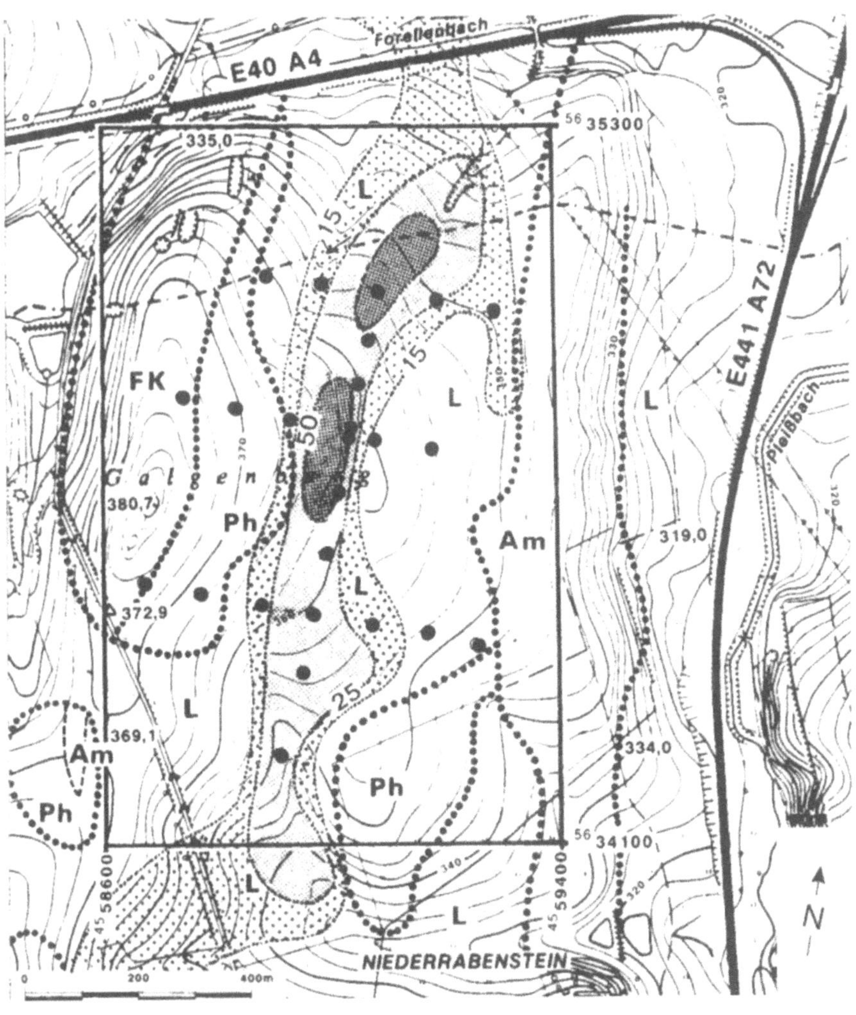

● Rammsondierung

Lockergesteinszone mit Mächtigkeit in m

••••••• Grenzen der lithologischen Einheiten

Ph Phyllit
FK Fleck- und Knötchenschiefer
Am Amphibolschiefer
L Lößlehm

Abb. 22.1: Untersuchungsgebiet, Verbreitungsgrenzen lithologischer Einheiten und Lage der Rammsondierungen

Die Gesamtsituation ist ein Hinweis darauf, daß kein genetisch einheitliches Bodenprofil vorliegt. Deutlich wird die für Mittelgebirgsregionen charakteristische Gliederung in Hauptlage, Mittellage (am Standort nicht ausgebildet) und Basislage erkennbar (AG BODENKUNDE, 1994). Über dem autochthonen Basisgestein bzw. dessen Auflockerungszone folgt eine periglaziale, stark durch äolisches Material (Lößlehm) geprägte Deckschicht. Diese „Hauptlage" ist durch ein individuelles, genetisch unabhängiges Schwermetallspektrum gekennzeichnet. Die in einzelnen Bodenprofilen gleichbleibend geringen Schwermetallkonzentrationen deuten auf eine mächtige Lößüberdeckung, deren Basis hier bei Endteufe der Sondierungen (3 m) nicht erreicht wurde.

Entsprechend den schichtspezifischen Gehalten sind die räumlichen Konzentrationsverteilungen für die Haupt- und die Basislage getrennt zu betrachten. In den Deckschichten („Hauptlage") liegt nur eine geringe flächenhafte Variation der Schwermetallkonzentration vor. Die in der *Abb. 22.2 a, c* für Zink dargestellte Situation gilt in ähnlicher Weise für alle analysierten Elemente. Die in den Deckschichten (Tiefenbereich 0,3 - 0,5 m) nachgewiesenen Werte von 25 - 40 mg/kg für Nickel und 10 - 25 mg/kg für Kupfer entsprechen etwa den in der Bodenkundlichen Kartieranleitung (AG BODENKUNDE, 1994) aufgeführten Durchschnittsgehalten für Löß (Ni 20 - 30 mg/kg und Cu 10 - 20 mg/kg). Im Gegensatz dazu ist das Verteilungsmuster in der autochthonen Basislage deutlich differenziert bei wesentlich höheren Gehalten. Die *Abb. 22.2 b, c* zeigen die Konzentrationsverteilungen von Nickel und Zink im Tiefenbereich von 1,5 – 2,0 m. Dieses Verteilungsmuster stimmt in allen beprobten Tiefenabschnitten der Basislage weitgehend überein und ist in seiner Grundstruktur für alle Elemente gleich, mit Ausnahme von Arsen und Kupfer.

Die höchsten Schwermetallkonzentrationen liegen generell im Nordwesten des Untersuchungsgebietes vor. Die hier nachgewiesenen Gehalte für Ni > 300, Cu > 100, Zn > 1000 mg/kg sind charakteristisch für basische Magmatite (Diabase) oder liegen noch darüber (Ni 200 - 400, Cu 50 - 90, Zn 100 - 160 mg/kg).

Diese Werte sollten auch für Amphibolit als dem metamorphen geochemischen Äquivalent des Diabases zutreffen. Die erhöhten Konzentrationen, die für Co, Cu, Ni und Zn noch über dem B-Wert der Holland-Liste liegen, lassen sich mit den durch die Lesesteinkartierung ausgewiesenen und in Bohrungen angetroffenen Amphibolschiefern in Verbindung bringen. Diese sind wahrscheinlich weiter verbreitet als nach der Lesesteinkartierung vermutet. Danach wird hier Fleck- und Knötchenschiefer ausgewiesen, in dem der Amphibolschiefer nur in linsenförmigen Einschaltungen auftreten soll. In südlicher Richtung fallen die Werte über kurze Entfernungen stark ab. Die im größten Teil des Untersuchungsgebietes vorliegenden niedrigeren Werte übersteigen aber in allen Fällen die Gehalte im überlagernden Lehm und Löß um ein Mehrfaches.

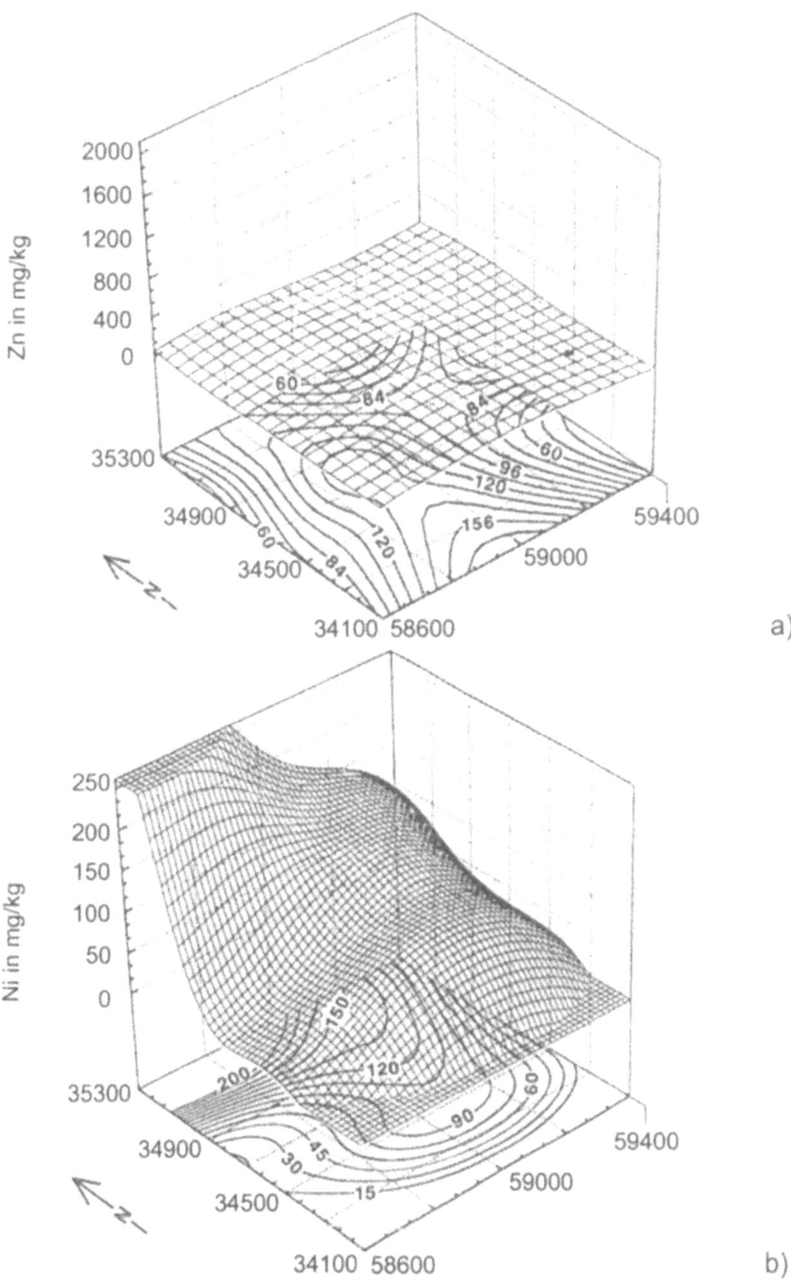

Abb. 22.2 a-d: a) Zinkgehalt des Bodens in der Deckschicht (Hauptlage), 0,3-0,5 m Tiefe, b) Nickelgehalt der Basislage in 1,5-2,0 m Tiefe, c) Zinkgehalt der Basislage in 1,5-2,0 m Tiefe (in mg/kg), d) Wassergehalt der Basislage in 1,5-2,0 m Tiefe (in %).

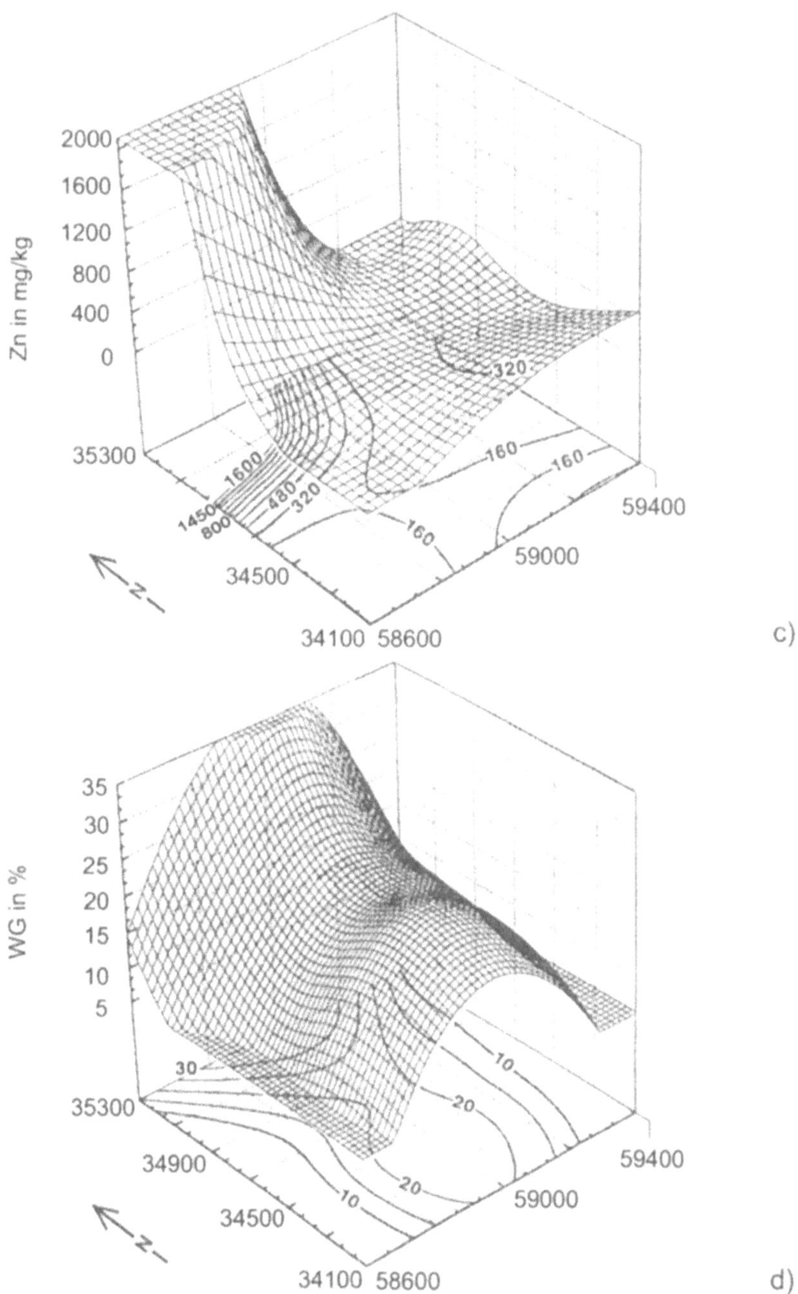
2000
1600
1200
800
400
0
Zn in mg/kg
320
160
160
160
1600
1450
800
480
320
35300
34500
34100
58600
59000
59400
N
c)
35
30
25
20
15
10
5
WG in %
30
10
20
20
10
35300
34900
34500
34100
58600
59000
59400
N
d)

In dieser Differenzierung bildet sich die lithologische Variabilität des Untergrundes ab. Der Großteil der in der Basislage im Übergang zum verwitterten Phyllit ermittelten Gehalte (Ni >50 - 150, Cu 25 - >50 ppm) ist in Übereinstimmung mit den von HINDEL & FLEIGE (1991) für Tonschiefer angegebenen Werten (Ni 70 - 100, Cu 20 - 40 ppm). Diese Werte können auch für die im Untersuchungsgebiet dominierenden Phyllite, die das geochemische Äquivalent des Tonschiefers darstellen, angenommen werden.

Die relativ niedrigen, nur mäßig variierenden Schwermetallgehalte im größten Teil des Untersuchungsgebietes gehen darauf zurück, daß der Untergrund hier aus Phyllit aufgebaut ist. Auch das im zentralen Rinnenbereich anzutreffende tiefgründig verwitterte Material ist durchgehend phyllitischer Natur.

Am Ostrand des Untersuchungsgebietes sollte nach der geologischen Vorstudie kambrischer Amphibolschiefer auftreten (SEIFERT, 1991). Nach den Ergebnissen der mobilen Analytik ist das allerdings wenig wahrscheinlich, da die ermittelten Schwermetallgehalte den Phylliten entsprechen. Dieser Befund wird gestützt durch das hier in mehreren Bohrungen und Schürfen angetroffene phyllitische Material.

Der ermittelte Wassergehalt in den Deckschichten zeigt mit Werten zwischen 17 und 22 % nur geringfügige Schwankungen. Unterhalb von 1 m Tiefe zeichnet sich aber in der Basislage deutlich eine in N-S-Richtung verlaufende Zone mit lokalen Spitzenwerten über 30 % ab. Die höheren Wassergehalte folgen dem Verlauf der mit tiefgründig verwitterten Lockergesteinen erfüllten Rinnenstruktur (*Abb. 22.2 d und 22.1*).

23 Literatur zum Teststandort Rabenstein

Anmerkung: Die Kapitel 18 und 20 des Fallbeispieles Rabenstein wurden unter Verwendung der im Auftrag der Bundesanstalt für Geowissenschaften und Rohstoffe angefertigten und hier zitierten Ergebnisberichte erstellt. Um den fachlichen Inhalt dieser Arbeiten in einer dem vorliegenden Band entsprechenden kompakten Form darzustellen, wurden die Originalergebnisse z. T. stark gekürzt und einige für den Leser hilfreiche Querverweise eingearbeitet

ARBEITSGEMEINSCHAFT (AG) BODENKUNDE (1994): Bodenkundliche Kartieranleitung, 4. Auflage. Bundesanstalt für Geowissenschaften und Rohstoffe (BGR), Hannover.

BACHMANN, S. (1993): Der Untergrund des geplanten Deponiestandortes Rabenstein - der Versuch einer geologisch, tektonischen Modellierung. Ergebnisbericht TU Bergakademie Freiberg, im Auftrag der BGR.

BANKWITZ, P. & E. (1984): 6. und 7. Lehrheft Geofernerkundung, Geologie/Lagerstättenkunde. Zentralstelle für Lehr- und Organisationsmittel des Ministeriums für Hoch- und Fachschulwesen, Zwickau.

BARTHOLOMÄUS, W. A. (1993): Untersuchung von zwei gekernten Bohrungen unter besonderer Berücksichtigung des Trennflächengefüges am geplanten Deponiestandort Rabenstein nordwestlich Chemnitz/Sachsen im Rahmen des Verbundvorhabens „Deponieuntergrund“. GEONOVA GmbH, Hannover, im Auftrag der BGR.

BLÜHER, H.-J. (1964): Bemerkungen zur geologischen Gliederung des altpaläozoischen Schiefergebirges zwischen Rabenstein und Oberlichtenau. WTI Heft **5**, ZGI Berlin.

BOUWER, H. & RICE, R. C. (1976): A slug test for determining hydraulic conducticity of unconfined aquifers with completely or partially penetrating wells. Water Resources Research, **12**, 423-428.

BREDEHOEFT, J. D. & PAPADOPULOS, S. S. (1980): A method for determining the hydraulic properties of tight formations. Water Resources Research, **16**, 233-238.

CLAUSS, J. (1994): Bericht zu den Ergebnissen geophysikalischer Bohrlochmessungen am Bohrpunkt Rabenstein 5/94. BLM, Gesellschaft für bohrlochgeophysikalische und geoökologische Messungen mbH, Niederlassung Leipzig, im Auftrag der BGR.

COLDEWEY, W. G. & KRAHN, L. (1991): Leitfaden zur Grundwasseruntersuchung in Festgesteinen bei Altablagerungen und Altstandorten. Landesamt für Wasser und Abfall NRW, Düsseldorf.

COOPER, H. H., BREDEHOEFT, J. D. & PAPADOPULOS, I. S. (1967): Response of a finite-diameter well to an instantaneous charge of water. Water Resources Research, **3**, 263-269.

COOPER, H. H. & JACOB, C. E. (1946): A generalized graphical method for evaluating formation constants and summarizing well-field history. Am. Geophys. Union Trans., **27**, 516-534.

DIETRICH, P. (1965): Zur Geologie des Kalksteinvorkommens von Niederrabenstein. Unveröff. Meldearbeit, TU Bergakademie Freiberg.

EARTH MANUAL (1974): A water resources technical publication. A Guide to the Use of Soils as Foundations and as Construction Materials for Hydraulic Structures, 2nd ed. U.S. Department of the Interior, Water and Power Resources Service (U.S. Bureau of Reclamation), Washington.

EWERT, F. K. (1979): Untersuchungen zu Feldinjektionen, Teil 1. Münster. Forsch. Geol. Paläont., **49**, Münster.

FISCHER, F. (1985): Late Palaeozoic and Cenozoic continental sedimentation and magmatism in the southern part of the G.D.R. Academy of Sciences of the G.D.R., Central Institute for Physics of the Earth, Potsdam.

FLACHOWSKY, J., FREIBERG, A., RÄMMLER, A. & URHAHN, T. (1994): Elementverteilung im Boden des potentiellen Deponiestandortes Rabenstein. Umweltforschungszentrum Leipzig-Halle GmbH, im Auftrag der BGR.

FRANZKE, J., BANKWITZ, P. & BANKWITZ, E. (1992): Die Bruchtektonik des Harzes und seines Vorlandes nach Satellitenfotos. Z. geol. Wiss., **20**, 209-218.

FREYER, G., GEISSLER, E., HOTH, K. & NHUAN, T. T. (1982): Die Altersstellung des Karbonatgesteinshorizontes Rabenstein-Auerswalde und ihre Bedeutung für die Geologie des südöstlichen Schiefermantels des Sächsischen Granulitgebirges. Z. Geol. Wiss., **10**, 1403-1424.

GABRIEL, B. & ZIEGLER, G. In: WERNER, W. & WODSAK H.-P. (1994): Stickstoff- und Phosphateintrag in die Fließgewässer Deutschlands unter besonderer Berücksichtigung des Eintragsgeschehens im Lockergesteinsbereich der ehemaligen DDR. agrarspectrum, **22**. Verlagsunion Agrar, Frankfurt/Main.

GEISSLER, E. & NHUAN, T. T. (1975): Zur Geologie der Rabensteiner unterirdischen Felsendome. Städt. Museen, Karl-Marx-Stadt (Chemnitz).

GALJAPIN, L.A., RUSETZKIJ, V. & SCHULZ, W. (1976): Geologischer Bau und Perspektivität der Uranführung an der Südostumrandung des Granulitgebirges. Bericht über die Arbeiten im Zeitraum 1973 - 1976 (in Russisch). SDAG Wismut, Geologisches Archiv Sachsen, Chemnitz.

GROSSMANN, J. (1996): Eingangsdaten und Parameter zur Berechnung der Grundwasserneubildung mit einem Einschicht-Bodenwasserhaushaltsmodell. DGM **40**, 204 – 211.

HAD 2000: Hydrologischer Atlas von Deutschland. Hrsg. Bundesministerium für Umwelt, Naturschutz und Reaktorsicherheit. (Inhalt unter: http://had.bafg.de/had080/Start.htm)

HARBORT, B., OSTROWSKI, L. P. & ZEIPERT, B. (1993): Auswertung von hydraulischen Tests, durchgeführt auf der Lokation Rabenstein 2 bei Chemnitz/Sachsen. Golder Associates, Celle, im Auftrag der BGR.

HAUDE, W. (1955): Zur Bestimmung der Verdunstung auf möglichst einfache Weise. Mitt. Dt. Wetterdienst, **11**, 1-23.

HAYASHI, K., ITO, T. & ABÉ, H. (1987): New method for the determination of in situ hydraulic properties by pressure pulse Test and application to the Higashi Hachimantai Geothermal Field. Geophys. Res., **92**, 9168-9174.

HEITFELD, K. H. (1979): Durchlässigkeitsuntersuchungen im Festgestein mittels WD-Test. Mitt. Ing.- u. Hydrogeologie, **9**, 175–218.

HEITFELD, K.-H. & HEITFELD, M. (1992): Auswertung von WD-Testen in Gebirgsbereichen mit geringen Durchlässigkeiten. Mitt. Ing.- u. Hydrogeologie, **48**, Übergabeheft, 13-23.

HENNINGS, V. (1994): Methodendokumentation Bodenkunde. Geol. Jb. Reihe F, **31**, Hannover.

HILTMANN, W. (1995): Bodenuntersuchungen auf geogene Grundbelastung mit mobiler Vor-Ort-Analytik. In: SCHREINER, M., KRUMMEL, H., KNÖDEL, K., LANGE, G., HILTMANN, W., AUST, H., KREYSING, K., WIPPERMANN, T. & WILKEN, H.: Schlußbericht „Forschungsverbundvorhaben Methoden zur Erkundung und Beschreibung des Untergrundes von Deponien und Altlasten“, BGR Hannover.

HINDEL, R. & FLEIGE, H. (1991): Schwermetalle in Böden der Bundesrepublik Deutschland - geogene und anthropogene Anteile. Texte **10/91**, Umweltbundesamt, Berlin.

HÖLTING, B. (1996): Hydrogeologie (Einführung in die allgemeine und angewandte Hydrogeologie), 5. Aufl. Enke, Stuttgart.

HOEPPENER, R. (1955): Tektonik im Schiefergebirge. Geol. Rundschau, **44**, Enke, Stuttgart.

HOFMANN, J., Schmidt, J. & Bachmann, S. (1993): Der Teststandort Galgenberg bei Rabenstein. In: Altlasten und Deponien über Festgesteinen - Strukturmodelle an zwei Testgebieten. 3. Statusseminar zum Verbundvorhaben „Methoden zur Erkundung und Beschreibung des Untergrundes von Deponien und Altlasten. Berichtsband der Projektleitung BGR, Hannover.

HORNER, D. R. (1951): Pressure build up in wells. Proc. 3. World Petr. Cong., The Hague, Sec. II, 503–523.

JUBELT, R. & LAUTERBACH, R. (1954): Die Metabasitkörper des südwestlichen Sächsischen Granulitgebirges. Geologie, **6/7**, 773-803, Akademie-Verlag, Berlin.

KÄSS, W. (1992): Geohydrologische Markierungstechnik. Lehrbuch der Hydrogeologie, **9**, Bornträger, Stuttgart

KERZEL (1986): Komponenten des Stofftransports in Porengrundwasserleitern. Mitt. Inst. für Wasserbau u. -wirtschaft der RWTH Aachen, **59**.

KLOPP, R. & SCHIMMER, R. (1977): Ergebnisse differenzierter Auswertung von WD-Testen bei Abdichtungsarbeiten an der Mönetalsperre. Bericht 1. Nat. Tagung Ing. Geol., Paderborn, 381–392

KRONBERG, P. (1984): Photogeologie - Einführung in die Grundlagen und Methoden der geologischen Auswertung von Luftbildern. Enke, Stuttgart.

KRUSEMANN, G. P. & DE RIDDER, N. A. (1991): Analysis and evaluation of pumping test data. Internat. Inst. Land Reclamation and Improvement, **11**. Wageningen, Niederlande.

KURZE, M. (1993): Bericht zu den sedimentologischen Untersuchungen am Kernmaterial von BGR-Flachbohrungen Rabenstein. TU Bergakademie Freiberg, Institut für Geologie, im Auftrag der BGR.

LANGGUTH, H.-R. & VOIGT, R. (1980): Hydrogeologische Methoden. Springer, Heidelberg.

LEGLER, C. (1992): Teststandort Rabenstein/Chemnitz - Geologische Karte 1 : 5000 (Lesesteinaufnahme) und Geologischer Schnitt, mit Erläuterungen. GEOS Freiberg Ingenieuergesellschaft, im Auftrag der BGR.

LEHMANN, J. & SIEGERT, T. (1908): Erläuterungen zur geologischen Spezialkarte des Königreich Sachsens, Sektion Hohenstein. Giesecke u. Devrient, Leipzig.

LINDNER, H., BECKER, H., KITTEL, C., KÖHLER, R., SCHENKE, G. & WEIN, D. (1988): Aeromagnetik/Gravimetrie-Komplexbericht Mittelsachsen. VEB Kombinat Geophysik Leipzig, im Auftrag des ehem. Zentralen Geologischen Instituts, Berlin.

LINDNER, H., SEIDEL, K. & STEINER, G. (1992): Ergebnisbericht über geoelektrische, elektromagnetische und magnetische Messungen im Gebiet Rabenstein/Chemnitz. Geophysik GmbH Leipzig, im Auftrag der BGR.

LORENZ, W. & HOTH, K. (1990): Lithostratigraphie im Erzgebirge - Konzeption, Entwicklung, Probleme und Perspektiven. Abh. Staatl. Museum Mineral. u. Geol. z. Dresden, **37**, 7–35.

LOUIS, C. (1967): Strömungsvorgänge in klüftigen Medien und ihre Wirkung auf die Standsicherheit von Bauwerken und Böschungen im Feld. - Diss. TH Karlsruhe.

MAIER, J. & DÖRHÖFER, G. (1994): Schadstofftransport in klüftigen Tongesteinen. Feld- und Laboruntersuchungen unter besonderer Berücksichtigung organischer Schadstoffe. Altlast Sonderabfalldeponie Münchehagen. In: Umweltgeologie heute, **4**. Ernst und Sohn, Berlin.

MATEEN, K. (1983): Slug test data analysis in reservoirs with double porosity behavior. - Stanford Geothermal Program, Interdisciplinary Research in Engineering and Earth Science, SGP-TR-**70**, Stanford University.

MATEEN, K. & RAMEY, H. J. Jr. (1984): Slug test data analysis in reservoirs with double porosity behavior. Society of Petroleum Engineers of AIME, SPE 12779, 459-468.

MATTHESS, G. & UBELL, K. (1983): Allgemeine Hydrogeologie - Grundwasserhaushalt. Lehrbuch der Hydrogeologie, **1**, Bornträger, Berlin.

MÖBUS, G. (1988): Tektonik - Eine methodische Einführung für Studium und Praxis. Deutscher Verlag für Grundstoffindustrie, Leipzig.

MURAWSKI, H. (1983): Geologisches Wörterbuch, 8. Aufl., Enke Stuttgart.

PERES, A. M. M. (1989): Analysis of slug and drillstem tests. Diss., Order No. 9004161, University of Tulsa.

PERES, A. M. M., ONUR, M. & REYNOLDS, A. C. (1989a): A new General pressure analysis procedure for determining aquifer properties from slug test data. - Water Resources Research, **25**, 1591-1602.

PERES, A. M. M., ONUR, M. & REYNOLDS, A. C. (1989b): A New General Pressure Analysis Procedure for Slug Tests. Society of Petr. Eng, SPE 18801, 553-566.

PIETZSCH, K. (1951): Abriß der Geologie von Sachsen. Verlag Volk und Wissen, Berlin.

POIER, V. (1996): Hydraulische Untersuchungen und Schadstoffausbreitung in geklüfteten Festgesteinen. Dissertation, TU Berlin.

PREUSS, H. et al. (1991): Symbolschlüssel Geologie. BGR/NLfB, Hannover.

RAMEY H. J. JR., AGARWAL, R. G. & MARTIN, I. (1975): Analysis of slug-test or DST flow period data. The Journal of Canadian Petr. Technology, **33**, 37-47.

RENGER, M. & WESSOLEK, G. (1994): Influence of slope and exposition on water balance of soils. Z. Pflanzener. Bodenk., **157**, 165-173.

SCHMIDT, W. (1993): Bericht über die durchgeführten Bohrlochmeßarbeiten am Deponiestandort Rabenstein und deren Ergebnisse (Bohrungen Rabenstein 1 - 4). BLM, Niederlassung Gotha, im Auftrag der BGR.

SCHNEIDER, J., KURZE, M., ELICKI, O. (1988): Stratigraphische Einstufung und Lithologie der Karbonatgesteinsvorkommen Auerswald - Rabenstein und Bertelsdorf. Forschungsbericht, TU Bergakademie Freiberg.

SCHRAFT, A. & RAMBOW, D. (1984): Vergleichende Untersuchungen zur Gebirgsdurchlässigkeit im Buntsandstein Osthessens. Geol. Jahrbuch Hessen, **112**, 235-261.

SCHWANDTKE, E., GROSCHE, G., LÄCHELT, A., RÖLLIG,G., EICHBERG, M., PÖTZSCH, B., KRUSE, B. & METTCHEN, H. J. & TESSIN, R. (1989): Einschätzung Rohstoffführung Grundgebirgseinheiten Südteil DDR - Mittelsachsen. Unveröff. Abschlußbericht Zentrales Geologisches Institut, Berlin.

SEHM, K. (1994): Kernmarschaufnahme der Bohrung Rabenstein 5 unter besonderer Berücksichtigung des Trennflächengefüges. Bericht der UWG Gesellschaft für Umwelt- u. Wirtschaftsgeologie, Berlin, im Auftrag der BGR.

SEIFERT, G. (1991): Vorstudie zum Teststandort Rabenstein: Geologische, hydrogeologische und geotechnische Untersuchungen. GEOS Freiberg Ingenieurgesellschaft mbH, im Auftrag der BGR.

SENG, H. J. (1978): Die Notwendigkeit einer einheitlichen Standortbeurteilung von Abfalldeponien. Wasser und Boden, **30**, 34–37.

STENITZER, E. & MÜLLER, U. (1996): Wasserhaushalts- und Ertragsmodell SIMWASER. Arbeitshefte Boden, **1**, NLfB Hannover.

THIEM (1906): Hydrogeologische Methoden. Gebhardt, Leipzig

Topographisches Meßtischblatt: Karl-Marx-Stadt-Rottluff im Maßstab 1:10 000 (Ausgabe für die Volkswirtschaft), Nr. 1307-234.

Topographisches Meßtischblatt: Limbach-Oberfrohna im Maßstab 1:25 000 (Ausgabe f. d. Volkswirtschaft), Nr. 1307-23.

TRÖGER, U. & POIER, V. (1996): Durchlässigkeitsverhalten natürlicher paläozoischer Untergrundabdichtungen und Schadstoffausbreitung entlang von Trennflächen. Abschlußbericht zum BMFT-Projekt 1450865, TU Berlin, im Auftrag der BGR

WESSOLEK G. (1997): Abschätzung der Grundwasserneubildung von Hangstandorten. Unv. Bericht, FU Berlin, im Auftrag der BGR.

WITTKE, W. & LOUIS, C. (1968): Modellversuche zur Durchströmung klüftiger Medien. Felsmech. u. Ing.-Geol., Suppl. **IV**, 52-78

WITTKE, W. (1970): Dreidimensionale anisotrope Kluftwasserströmung. - Mitt. d. Versuchsanstalt f. Wasserbau u. Kulturtechnik der TH Karlsruhe, **158**, 300-322.

WITTKE, W. & BOSCH, G. (1989): Modell zur räumlichen Schadstoffausbreitung im Untergrund. Inst. für Grundbau, Bodenmechanik, Felsmechanik und Verkehrswasserbau der RWTH Aachen, **18**, 224–243.

ZSCHERPE, G. & STEINBRECHER, D. (1997): Bohrlochgeophysik. In.: KNÖDEL, K., KRUMMEL, H. & LANGE, G. : Handbuch zur Erkundung des Untergrundes von Deponien und Altlasten, Band 3, Geophysik, Springer Berlin.

Sachverzeichnis

AAS → Atomabsorptionsspektrometrie
AAS GR → Atomabsorptionsspektrometrie mit Graphitrohr
AAS-HS → Atomabsorptionsspektrometrie mit Hydridsystem
Absenkungstrichter 855
Abstandsgeschwindigkeit 152, 518, 545, 591, 885-887
Adsorbierbare Organische Halogenverbindungen (AOX) 9, 213-214, 225, 228-230, 242-243, 301-303, 310, 319, 321-323, 331, 348-367, 419-420, 731, 736, 745-749
Aerationszone 295
Aerogeophysik 5, 11, 13, 97-111, 775, 796-798
AES → Atomemissionsspektrometrie
Akustiklog 761, 825, 900-901, 905-906
Akustisches Bohrlochfernsehen 543, 825, 890, 897-899, 907
Altbergbau 43
Altlast 5, 8, 12, 64, 84, 97, 597-598
Altlastverdachtsfläche 80, 83-84
Anomalie
-, geochemische 9, 206, 232-239, 261, 269, 273, 279-290, 294-298, 301-309, 322, 331, 335-336, 350-368, 413-420, 925
-, geophysikalische, 105-107, 613-624, 632, 636, 639, 673, 681-682, 711-715, 759-760, 775, 795-796, 799-804, 809, 811
-, der Temperatur 69, 84-85, 88
Antimon (Sb) 210, 298, 359
AOX → Adsorbierbare Organische Halogenverbindungen
API-Einheit 194-196, 893
Aquifer 12, 113, 129-130, 142
Äquivalenzprinzip 620, 627, 802
Archivluftbild 65, 75, 607
Atomabsorptionsspektrometrie (AAS) 9, 226-227, 230, 416
Atomabsorptionsspektrometrie mit Graphitrohr (AAS-GR) 9, 226-227
Atomabsorptionsspektrometrie mit Hydridsystem (AAS-HS) 9, 226-227, 416
Atomemissionsspektrometrie (AES) 9, 416
Atomemissionsspektrometrie mit induktiv gekoppeltem Plasma (ICP-AES) 9, 226-227
Auffüllversuche 758, 851-852, 875-876
Aufladefähigkeit 6, 115-124, 129-131, 145
Auflockerungszone 649, 724, 908, 928
Aufschlüsse 24, 412, 561, 575-583, 756-757, 779, 787-790, 794, 911, 915
-, geologische 756-757
Bachsedimente 226, 245-250, 281
Bail-Test 758, 764-765, 842-843, 851-872, 879-880
Barium (Ba) 279, 281
Barriere
-, geochemische 239-240, 245, 278, 323

-, geologische 40, 287, 719, 760-762, 796, 805, 827, 889
-, hydraulische 146, 148, 719, 850
Basisabdichtung 41, 211, 434
Basispunkt 614, 795
Befliegung 63, 66-69, 75, 78, 98, 600-601, 608, 775, 796-798
Beprobung 93, 142-143, 220, 233, 305, 443, 563, 732-733
Berliner Liste 9, 246, 248, 272, 274, 278-279, 282, 284, 289-290, 294, 302-308, 313, 315, 371, 374-389, 412-414, 417-418
Beryllium (Be) 279, 281
Bestimmungsgrenze 223-230, 298, 370
BHTV → Bore Hole Tele Viewer → Bohrlochfernsehen
biologischer Sauerstoffbedarf (BSB) 214, 225, 242-245
Biphenyle 301, 308
Blei (Pb) 271, 274, 278, 294, 374, 389, 418, 500, 731, 925-928,
Boden 4-10, 762,
Bodenart 64, 447-474, 501, 915-917, 923
Bodenausgangsgestein 441-442, 447, 912, 915, 925
Bodenchemie 499
Bodenfeuchte 68, 80, 84, 609
Bodenform 441-446, 454-463, 477, 502
Bodengasmessung 810
Bodengeochemie 252
Bodenkunde 4, 8, 11, 15, 221, 254, 429-504, 761, 911-924, 928
Bodenluft 89
Bodennutzung 263, 267-269, 279-290, 362, 367-371, 374-378, 390, 411, 417-420, 433-437, 492-498, 913, 916-921
Bodenprobenahme 8, 220, 430, 443, 464, 465
Bodenprofil 221, 474-475, 478, 762, 925-928
Bodenschätzung 437-439, 443-450
Bodensubstrat 23, 75-77, 82, 86-89, 220, 253, 257, 263-264, 274, 291, 300, 322, 328, 358, 365, 369-371, 417, 447-448, 450, 454, 456, 458, 468-471, 475-477, 492-503, 915-916, 921
Bohrkern 563-566, 778, 821, 829
Bohrkernaufnahme 13, 565, 715, 758, 761-764, 829, 851, 889, 896, 900, 907, 910
Bohrkernorientierung 563-566, 826
Bohrlochfernsehen → Bore Hole Tele Viewer → BHTV 543, 567, 761, 825, 890, 897-899, 907
Bohrlochmessung 7, 11, 26, 175, 193-197, 543, 714, 760-762, 795, 817-819, 824-825, 837, 889-910
Bohrspülung 817
Bohrungen 23-25, 115, 562-575, 757-758, 762-765, 776-778, 817-840
Bohrverfahren 24, 563-566, 817, 820, 825
Bor (B) 279, 736, 745-749
Bouguer-Anomalie 620-621
Brandenburger Liste 272
Brunnen 132, 194-197, 511-512, 516-517, 523-525, 731-733, 746-748, 770, 852-855, 860-861, 874-876, 903

BSB → biologischer Sauerstoffbedarf
Cadmium (Cd) 243, 248, 287, 412, 500, 731
Cäsium (Cs) 299
chemischer Sauerstoffbedarf (CSB) 225, 242-244
Chrom (Cr) 282-285, 382, 499, 500
CIR-Luftbild → Color-Infrarot-Luftbild
Clarkewert 261, 269-270, 273, 282-285, 294-299, 370, 373
Clusteranalyse 9, 13, 233-236, 269, 317, 328, 335-337, 356, 365-367, 376, 402, 413-414, 417-420
Color-Infrarot-Luftbild (CIR-Luftbild) 66, 77, 85-93, 781-782
CSB → chemischer Sauerstoffbedarf
Cyanid 9, 213-214, 223, 228-230, 303-307, 310, 320-323, 348, 366, 374, 378, 382, 416, 419, 559, 731
Darcy 510
Deponie 105, 116, 124-125, 129-136, 148, 185, 190-191, 925
-, gas 69, 73, 211
-, körper 4, 40-42, 63-65, 69, 74-75, 77, 82, 86, 95, 162, 165-166, 210-211, 361, 509, 518-519, 545, 589, 592, 618, 632, 663, 842
-, sickerwasser 5, 115, 119,
-, umfeld 74, 80, 414, 559, 619
-, untergrund 40, 74, 522, 559-560, 586-591, 602, 795, 798, 817
Dichte 155, 175-180, 184, 191-195, 464-465, 468, 540, 618-624, 652, 684, 714 - 722, 795, 817, 890, 896, 901-907
Dioxine 301, 309-318, 349, 387-388, 421 425, 427
Dispersion 884
Doppelpacker 764, 826
Drainage 74-78, 91, 769, 923-924
Drill-Stem-Test (DST-Test) 764-765, 842-843, 852, 857-858, 864-871
Drucksondierung 714
DST-Test → Drill-Stem-Test
Durchflußrate 880
Durchlässigkeit 12, 76, 130, 142, 148, 197, 464-465, 474, 477-478, 545, 575, 587-592, 715, 719, 758, 764-766, 841-844, 850-852, 858-865, 869-874, 879-880, 885-888
Durchlässigkeitsbeiwert (k_f-Wert) 511, 517-518, 525-529, 765, 841, 844, 859, 863-864, 869-874, 880, 917
Earth Manual 861-863, 867, 870-871
EDRFA → Energiedispersive Röntgenfluoreszenzanalyse
Eigenpotential 627, 810, 825, 900
Eindringtiefe 27, 118, 178, 689, 723, 889
Eingreifwert 248, 272-274, 278, 282-284, 289-297, 303, 306, 389
Elektromagnetik 5, 97, 102, 541, 625, 635-647, 759-760, 766-767, 805, 816
Elementdispersion 239
Eluate 230, 411-413
EM 34 806, 816

Emissionsstruktur 9, 209, 416
Emittent 220, 279-282, 287, 296
Energiedispersive Röntgenfluoreszenzanalyse (EDRFA) 9, 226 - 228, 298, 416
Energiedispersive Röntgenfluoreszenzanalyse mit polarisiertem Röntgenstrahl (P-EDRFA) 226-228
Environmental Protection Agency (US-EPA) 225, 228, 230
EOX → extrahierbare organisch gebundene Halogenverbindungen
Erdalkaliionen 257, 287
Erkundungstiefe 112, 142, 149, 626-628, 635-648, 711-715, 759-760, 805-806, 811, 816, 841
ETP → Evapotranspiration
Evapotranspiration (ETP) 458, 472, 503, 508, 913, 917
extrahierbare organisch gebundene Halogenverbindungen (EOX) 9, 213-214, 228-230, 301-304, 310, 319-323, 332, 348-356, 359-367, 416-420
Extraktion 410-412
Faktoranalyse 233-235, 263, 301, 319-322, 335-336, 360, 365, 367-369, 419-420
Fallgewicht 142, 648-649, 686
Feldkapazität (nFK) 458, 468-470, 508, 761, 913, 916-917, 919
Fernerkundung → Geofernerkundung
Festgestein 625, 636, 676, 681-682, 707, 722, 749, 770, 805, 811, 814, 817, 822-826, 841-842, 872, 877, 887, 893, 896-906, 915, 924
Fließgeschwindigkeit 430
Flughöhe 5, 67, 97-98, 598, 798
Fluid-Logging 761, 907-908
Fluor (F) 9, 213-214, 223, 229, 296
Frequenzsondierung 638-639
Gamma-Gamma-Messung 175-178, 184, 194-197, 620, 714-717, 825, 890, 896, 901
Gaschromatographie 9, 225, 230, 416
Gauß-Krüger-System 795
Gebirgsdurchlässigkeit 764, 841-842, 858, 889
Gefährdungsabschätzung 10-11, 83, 209, 220, 230, 269, 705
Gefährdungspotential 4, 63, 80, 302, 413, 418
Gefahrenwert 9, 246, 248, 272-274, 278-279, 282-285, 289-290, 294, 302-308, 370-371, 374-389, 412-414, 417, 418
Gefüge 566, 578, 584-585, 757, 761, 764, 772, 781, 787-791, 794, 820, 829-830, 851-852, 877, 880, 892, 898, 906-907
Geländerelief → Relief
Generalized Reciprocal Method (GRM) 159-160, 165, 654-682, 705-707
Geochemie 8, 11, 209-420, 731-750, 888, 925-931
geochemischer Belastungsgradindex 389 - 408, 413, 418
geochemischer Untergrund 254, 294, 301, 307, 362, 370, 391, 417
geochemisches Feld 289
Geoelektrik → Gleichstromgeoelektrik

Geofernerkundung 4, 11, 13, 63-95, 369, 417, 420, 539, 551, 597-610, 781
Geologie 4, 11, 15-60, 538, 543, 547-594, 750, 756, 761, 769-779
Geologische Karten 23-24, 31, 216, 220, 552
Geophysik 5, 23-29, 97-207, 540, 543, 597-602, 613-729, 750, 757-762, 766, 795-816, 821, 824, 826
Geschiebelehm 60, 165, 246, 248, 323, 441, 461, 474
Geschiebemergel 12, 22, 27-30, 35-38, 41-44, 57, 60, 113, 125, 141, 148-149, 176, 180-185, 200, 206, 296, 322-323, 419-420, 441, 499, 515, 525, 618
Gestängetest 842
Gewässer 72, 215, 239-240, 244-245, 297, 509-528, 550, 561
Gleichstromgeoelektrik
5-6, 11, 112-113, 130-132, 146-149, 152, 540, 625-636, 641, 694, 696, 703-704, 759, 766, 776, 805, 809, 816
Gravimetrie 540, 615, 618-624, 776, 804
Grenzwert 209, 238, 248, 269, 272, 303, 306, 371, 376, 402, 412-413, 749
GRM → Generalized Reciprocal Method
Grundwasser 23-29, 360, 433-443, 468-478, 731-736, 738-750, 889, 892, 907-910
Grundwasserbelastung 301, 307, 402, 414
Grundwasserbeschaffenheit 23, 26
Grundwasserbewegung 6, 11, 152-154, 509, 513, 529
Grundwasserfließrichtung 6, 200, 500, 516, 851
Grundwassergleichen 153, 822-829
Grundwasserleiter 3, 23, 28, 59, 118, 125 - 132, 134, 136, 142, 151-154, 191, 200, 509-530, 732, 770, 822, 838, 841, 847, 853-855, 877, 888
Grundwassermeßstelle 7, 11-13, 23, 142-143, 193-198, 200-205, 509-511, 516-525, 529-530, 589-592, 731-734, 738-742, 750, 757-758, 763, 844, 889
Grundwassermodellierung 513-531
Grundwasserneubildung 199, 206-207, 429-504, 506, 511-513, 518, 526-530, 544-545, 589-590, 761, 911-924
Grundwasserstauer 29, 59, 131, 148, 574, 838
Grundwasserstufe 447-448, 454, 457-458
Grundwassersystem 12, 512, 545, 759, 795
Halogene 301-302, 308, 317, 418, 731
Hangneigung 444, 464, 473, 913-915, 921-924
Harnischflächen 561, 585-586, 791-793, 833
Hauptelemente 238
Hauptkomponenten 9, 223, 230, 234, 254, 259-261, 267, 336, 373, 414-416
Hausmüll 40, 68, 72, 95, 209-210, 217-219, 266, 311,

323, 328, 331, 350-359, 363-365, 559, 615, 625
Hintergrundgehalt 9, 317, 416-418
Hintergrundwert 210, 246, 248, 303, 306, 309, 316, 369, 371, 391
Hochleistungsflüssigkeits-chromatographie (HPCL) 230
Homogenität → Inhomogenität
HPCL → Hochleistungs-flüssigkeitschromatographie
HRGC-MS → 229-230
Hubschrauber 97-100, 798
Humusgehalt 255, 259, 282, 402, 449-451, 470-471, 477-478, 499, 916
hydraulische Leitfähigkeit → Leitfähigkeit, hydraulische
hydraulische Tests 591-592, 758, 762-766, 817, 824, 841-888
Hydrogeochemie 239-240, 750
Hydrogeologie 509-534, 538, 587-591, 722-724, 731-750, 837-840
ICP-AES → Atomemissions-spektrometrie mit induktiv gekoppeltem Plasma
ICP-MS → Massenspektrometrie mit induktiv gekoppeltem Plasma
Induktionslog 194, 825, 900, 903
Infrarot 5, 89, 598-601
Inhomogenität → Homogenität 618-620, 623, 626, 636, 649, 669, 673, 713, 814, 853
Interferenztest 758, 765-766, 842, 851, 872-875, 879-881, 885-888
Internationales Toxizitätsäquivalent → ITE 314
Inversion 116, 145, 150, 156, 627-629, 636-644, 650-680, 713, 802
Isomeren-Muster 317
ITE → Internationales Toxizitätsäquivalent
KA4 → bodenkundliche Kartieranleitung,
-, Kartieranleitung, bodenkundliche (KA4) 8, 221, 429, 443, 447-456, 468-472, 508, 915-917, 928
(KAK) → Kationenaustausch-kapazität
Kalibermessung 194-196, 543, 825, 892
Karbonatgehalt 274, 452, 473
Karstgrundwasserleiter 537, 545, 550, 587
Kartierung 15, 22, 25, 30-31, 542, 546, 551-555, 560-561, 578, 581, 626-632, 636-649, 658-663, 693-694, 701-705, 711-713, 756-762, 766-767, 795, 804-816, 915, 923
Kationenaustauschkapazität (KAK) 257
Kernaufnahme → Bohrkern-aufnahme
Kernbohrung 12, 776, 787, 814, 818-821, 824-829, 851
Kerngewinn 24, 564-565, 714, 825-826, 829
k_f-Wert → Durchlässigkeits-beiwert
Klima 37, 267, 429, 432-433, 441, 464, 472, 503, 913
KLOKE-Richtwert 272
Kluft → Klüftung
Kluftfläche 543, 545, 560, 585, 833-883

Kluftgrundwasserleiter 544, 559, 575, 579, 587, 841
Kluftnetz 537, 581, 885
Klüftung 42, 59, 515, 559-560, 566-567, 581-587, 598, 604, 608-609, 625, 724, 732, 736, 756-757, 763, 770-772, 782, 785-794, 805, 811, 828-830, 833-839, 841-843, 850, 855, 872, 884-887, 892, 896-898, 905-908, 910
Kobalt (Co) 281
Kompartiment 252
Kompressionswelle → Longitudinalwelle 156-158, 684, 905
Kongenere 311, 359, 362, 418
Kontamination 7-9, 27, 41, 59, 191, 628, 731, 749
Kriegsluftbild 78, 539, 600
Kupfer (Cu) 282-284, 390, 499-500, 731, 747-749, 925, 928
Lagekugelprojektion 792-793
LCKW → Leichtflüchtige Chlorkohlenwasserstoffe 9, 416, 746
Leitfähigkeit
-, elektrische 7, 9, 112, 125, 146-149, 152, 199-207, 223, 231, 251, 254-256, 323, 376, 412, 416-417, 540-543, 625-627, 635-647, 732-748, 759-760, 805, 811, 815-816, 890-891, 900, 903-908
-, hydraulische 191, 756, 790, 839, 841, 880-886
Lesesteinkartierung 561, 760, 762, 772, 774, 781, 785, 787, 804, 810-811, 814, 911, 928
LHKW → Leichtflüchtige Halogenkohlenwasserstoffe 213-214, 230, 302
Lockergestein 1, 625, 758-762, 776, 804-806, 809-814, 817, 820-821, 824, 826-827, 889, 893, 897
Longitudinalwelle → Kompressionswelle
Luftbild 5, 7, 41, 63, 67, 75-76, 82-84, 100, 537-540, 551-555, 585-586, 593, 597-609, 616, 621, 697, 719-723, 748, 756-757, 762, 769-770, 781-785, 790, 794, 819-822, 923
Luftbildinterpretation 63-95, 597-610, 781-786
Magnetik 97-100, 105, 540-541, 613-617, 704, 759, 766, 776, 795-806, 809, 814
Magnetiklog 196-197, 761, 825, 900, 905
Magnetische Suszeptibilität 905
Massenspektrometrie mit induktiv gekoppeltem Plasma (ICP-MS) 224-225, 230
MAXIPROBE 541, 637-647, 693-694, 700, 726
MAXMIN 541, 636-643
Medianwert 232, 239-240, 250, 255-257, 270, 290, 307-309
Migration 410, 412, 713, 724
Milieuparameter 7, 199-200, 589, 732-733, 736-741, 825, 907-908
Milieusondenmessung 7, 11, 199-207, 543, 550, 731-748, 900, 908
Mineralölkohlenwasserstoff (MKW) 9, 225, 228, 230, 302-305, 310, 320, 323,

327-328, 348, 351-367, 374-384, 413-420
Mise-à-la-Masse 615, 626-634, 728
Mittelmaßstäbliche Landwirtschaftliche Standortkartierung (MMK) 429, 443, 445, 508
Mittlerer Grundwasserstand (MNGW) 439, 454-462, 470-477, 492-498, 508
MKW → Mineralölkohlenwasserstoff
MMK → Mittelmaßstäbliche Landwirtschaftliche Standortkartierung
MNGW → Mittlerer Grundwasserstand
Mobilität 264, 274, 290, 295-298, 300, 305, 359, 627, 636, 648, 732
Modalwert 232-233, 255, 261, 270, 274, 285, 297, 366, 369-373, 406, 417
Modell → Modellierung
Modellierung 9-11, 22-29, 34, 43, 115-118, 125, 131-136, 155-162, 509-530, 551, 558-560, 589-591, 616, 620, 623, 627, 631, 636-641, 646 - 648, 654-663, 669-682, 687-688, 705-713, 762, 772, 775, 781, 787, 795, 802-804, 814, 847-848, 872, 879, 911-913, 921
Molybdän (Mo) 294-295, 376
Monitoring 589, 733, 737
Multielementanalyse 319
Neutron-Neutron-Messung 194-197, 714, 825, 896-897
nFK → Feldkapazität
NIBIS → Niedersächsisches Boden-Informationssystem
Nickel (Ni) 290-291, 390, 499-500, 796, 925-929,
Niederländische Liste 272
Niedersächsisches Boden-Informationssystem (NIBIS) 8, 429, 458, 472, 508
Normalprofil 34-35, 41, 45, 581, 627, 641, 896
Nutzungsart 311, 314, 431, 458, 469
organische Schadstoffe 231, 300
organischer Kohlenstoff 254-255
orientierende Untersuchung 10-11
Orientiertes Kernen → Bohrkernorientierung
Packer 591, 744, 842-852, 873
PAK → Polycyclische aromatische Kohlenwasserstoffe
PCB → Polychlorierte Biphenyle
PCDD → Polychlorierte Dibenzo-p-dioxine
PCDF → Polychlorierte Dibenzofurane
P-EDRFA → Energiedispersive Röntgenfluoreszenzanalyse mit polarisiertem Röntgenstrahl
Penetrationssondierung, geophysikalische 6, 11, 26, 29,175-184, 543, 602, 615, 620, 623, 707, 714-724, 748
Permeabilität 591, 763-764, 841-850
Pestizide 213-214, 300-302
Pflanzenschäden 64, 77, 89
Phenol 9, 213-214, 225, 228-230, 253, 301-311, 320-323, 331, 349, 361, 366, 374, 406-407, 416-420, 731
pH-Wert 7-9, 199, 202-207, 211, 223, 238, 254-263, 266-267, 271, 274, 279-282, 285-291, 294-295, 298-299, 332,

358-361, 374, 382, 402, 414-418, 499-502, 732-733, 736, 739-741, 839, 908-910
Polychlorierte Biphenyle (PCB) 9, 213-214, 228-230, 301-303, 308-311, 320-323, 330-331, 349-367, 371-374, 406, 416-420
Polychlorierte Dibenzo-p-dioxine (PCDD) 9, 221, 230, 259, 289, 301-303, 309-323, 330-334, 350-367, 371-378, 387-388, 413-420
Polychlorierte Dibenzofurane (PCDF) 9, 221, 309-323, 331-333, 352-367, 387, 416-420
Polycyclische aromatische Kohlenwasserstoffe (PAK) 301
Porosität 149, 152, 847-849, 889-890, 896-897
Probenahme 7, 175, 220-223, 231-233, 414, 719, 731-736, 744-748, 880
-, tiefenorientierte 143
Prüfwert 273, 303, 306-310, 316, 371-372
Pufferkapazität 257, 259
Pulse-Test 764-765, 842-843, 852, 857-858, 865-871
Pumpversuch 511, 517-518, 525, 529-530, 723-724, 758, 764, 825, 841-843, 851-856, 866, 871, 891
Pyrohydrolyse 9, 226-227, 416
Quartäre Rinnen 168-174
Quecksilber (Hg) 285, 302, 500
Q_{WD}-Wert 863
Rammkernsondierung 762, 926
Redox 199-207, 732, 907-908
Referenzwert 248, 272, 296, 313-315, 373-377
Reflexionsseismik 156, 165, 174, 542, 562, 585, 643, 648-654, 684-706, 709-713
Refraktionsseismik 155-156, 160-162, 542, 650-654, 673, 704-713
Refraktionstomographie 156, 160-165, 542, 650, 654-655, 673-683, 704-711
Reichsbodenschätzung 8, 429, 443, 448, 912
Relief 461-462, 598, 608, 616, 626-627, 631, 687, 757, 785, 821-822, 911-913
-, darstellung 105, 107
-, korrektur 149-150, 631
RFA → Röntgenfluoreszenzanalyse
Richtwert 246, 272, 274, 282, 294, 297, 306, 313-315, 370-374, 378, 388, 424, 501, 731, 747, 924
Risikoabschätzung 371
Röntgenfluoreszenzanalyse 9, 762, 926
Salinitätsmessung 907
Sanierungszielwert 273, 299, 306, 316, 369
Satellitenbild 5, 597-599, 608, 628
Sauerstoffgehalt 732, 908
Schadstoff 10, 13, 625, 643-644, 719, 925
Schadstoffausbreitung 5-6, 10-11, 83, 210, 759, 764-766, 851, 872, 887-888
Schadstoffeintrag 741
Schadstoffexposition 210
Schadstoffmigration 209, 322, 559
Schadstoffrückhaltepotential 10-11
Schadstoffspektrum 220, 231

Schichtfläche 537, 567, 579-587, 765
Schließphase 592, 765, 843, 846, 850, 858, 864-871
Schrägbohrung 563-568, 739
Schurf 8, 93, 430, 479-491, 561-562, 579, 604, 608, 661, 739, 748, 911
Schwereanomalie → Anomalie, geophysikalische
Schwermetall 9, 199, 209, 214, 245, 248, 269-271, 287, 295-296, 300, 369-378, 388-390, 406, 410-418, 499-501, 731, 925-928, 931
Schwermetallbindung 361, 410
Schwermetallmobilisierung 360
Seismik 6, 11, 604, 647 - 729
Sickerwasser 40, 115, 119, 124, 130, 145, 149, 230, 429-430, 434, 454, 458, 473, 492-498, 502-503, 518-519, 528-530, 559, 741, 748, 756, 761, 790, 911-924
Silber (Ag) 289
Skin - Effekt 635-636, 843-844, 847-849, 853
Slug- und Bail-Test 758, 764-765, 842, 851-860, 866-872, 879-880
Slug-Test 539, 591, 842-843, 852-858, 866-871
Sondierung 26-31, 112-119, 129-137, 140-150, 626-629, 636-647, 759-763, 766-767, 795, 911-912, 926-928
Sondierung → Tiefensondierung
Sondierungskartierung 112, 149, 150, 636, 641-646
Sondierungskurve 116, 626-638, 644, 723, 814
Sorption 240, 263
Speicherkoeffizient 511, 592, 843-844
Spitzendruck → Spitzenwiderstand
Spitzenwiderstand → Spitzendruck 175-184, 714-716, 719
Spurenelement 223, 238, 245-246, 249, 254, 269-270, 322, 414-416
Stofftransport 509, 522, 912
Störungszone 157, 174, 537, 544-552, 558-567, 577, 582-587, 591, 599, 608-609, 631, 649, 661-663, 681-682, 688-693, 697-724, 769, 776, 785, 790, 795, 819, 912
Substrat → Bodensubstrat
Suszeptibilität 195, 796-797, 802-804
Symbolschlüssel Geologie 828
Target Information Sheet 602-603
Tektonik 548, 558, 566, 574, 581-586, 759-760, 787-794
-, tektonisch 37, 59, 787-792, 796, 802, 804-814
tektonische Störung 598, 631, 643-647, 661, 723, 748, 756-757, 762, 818, 834
Temperatur 7, 432, 465, 732-746, 845-847, 890-891, 907-908, 912
Temperatur, des Grundwassers 199-206
Tensid 213-214
TE-Wert → Toxizitätsäquivalent
Theis 517-518, 852-854
Thermalbild 88
Thermalfernerkundung 67, 95
Thermographie-System 67

Thorium (Th) 100, 108, 111, 242, 299-300
Tiefensondierung 805-806, 809-814
Toleranzwert 316
Tomogramm 676-682, 707-708
Tomographie → Refraktionstomographie
Toxizitätsäquivalent → TE-Wert 313-318
Tracer 6, 152, 759, 766, 825, 837, 851, 872, 880-888, 891-892, 907
Tracertest 766, 872, 880-888
Transmissivität 10, 510-513, 525, 530, 764, 841, 844, 852-856
Transportmodell 522
Trockenbohrverfahren 24, 564, 817, 820
Übertragbarkeit von Ergebnissen 1-14, 535-546, 753-767
Überwachung 10-11
ungesättigte Zone 852
Uran (U) 100, 109, 111, 299, 775, 810, 900, 925
US-EPA → Environmental Protection Agency
Vanadium (V) 295
Varianz 319-322
Vegetation 11, 64, 67-69, 80, 89-91, 309-311, 432-433, 472, 598-599
Verdachtsfläche (Altlast) 10, 80, 83, 89, 206, 213-217, 220, 299, 352, 360, 364, 434-439, 499
Verdrängungskörpermethode 857, 872
Verkarstung 537, 550, 575-577, 587, 756, 762, 771, 805, 821-822, 837-839
Vitalitätskartierung 89-93
Vorfluter 154, 240, 430, 770, 822, 839, 923-924
Vor-Ort-Analytik 762, 925-931
Wasserdruck-Test (WD-Test) 539, 591-592, 764-765, 841, 852, 857-862, 866-869, 871
Wassergehalt 27, 58, 82, 86, 175, 178, 464, 468, 609, 625, 647, 714-719, 814, 889-890, 893, 896-897, 901, 926, 929-931
Wasserspiegelmessung 723, 733, 743
WDRFA → Wellenlängendispersive Röntgenfluoreszenzanalyse
WD-Test → Wasserdruck-Test
Wellenlängendispersive Röntgenfluoreszenzanalyse (WDRFA) 9
Widerstand
-, elektrischer 102-104, 112-125, 129-136, 140-142, 150, 193-197, 625-632, 636-638, 641-643, 646-647, 661, 795, 805-811, 814-816, 825, 890, 893, 896-905
Widerstandskartierung 540-541, 759-760, 766-767, 807-811, 816, 903
Wiederanstiegsverfahren 852-854, 864
Wirkungstiefe → Erkundungstiefe
Wismut (Bi) 289
Wolfram (W) 253, 296-297
Wurzelraum 458, 468-471, 913, 916, 919
Zink (Zn) 291, 499-500, 731, 925-929
Zinn (Sn) 296-297
Zuordnungswert 303

MIX
Papier aus verantwortungsvollen Quellen
Paper from responsible sources
FSC® C105338

If you have any concerns about our products, you can contact us on
ProductSafety@springernature.com

In case Publisher is established outside the EU, the EU authorized representative is:
Springer Nature Customer Service Center GmbH
Europaplatz 3, 69115 Heidelberg, Germany

Printed by Libri Plureos GmbH
in Hamburg, Germany